U0203476

火力发电厂
技术监督标准汇编

上 册

中国华能集团公司 编

内 容 提 要

为规范和加强火力发电厂技术监督工作，促进技术监督工作规范、科学、有效开展，保证发电机组及电网安全、可靠、经济、环保运行，预防人身和设备事故的发生，中国华能集团公司依据 DL/T 1051—2007《电力技术监督导则》和国家、行业相关标准、规范，组织编制和修订了集团公司《电力技术监督管理办法》及火力发电厂绝缘、继电保护及安全自动装置、励磁、电测、电能质量、汽轮机、锅炉、热工、节能、环境保护、金属、化学、锅炉压力容器、供热等 14 项专业监督标准。监督标准规定了火电相关设备和系统在设计选型、制造、安装、运行、检修维护过程中的相关监督范围、项目、内容、指标等技术要求，火力发电厂监督组织机构和职责、全过程监督范围和要求、技术监督管理的内容要求。其适用于火力发电设备设计选型、制造、安装、生产运行全过程技术监督工作。

图书在版编目（CIP）数据

火力发电厂技术监督标准汇编/中国华能集团公司编. —北京：中国电力出版社，2015.9（2020.10 重印）
ISBN 978-7-5123-8178-0

Ⅰ. ①火… Ⅱ. ①中… Ⅲ. ①火电厂–技术监督–标准–汇编–中国 Ⅳ. ①TM621-65

中国版本图书馆 CIP 数据核字（2015）第 197536 号

中国电力出版社出版、发行
（北京市东城区北京站西街 19 号 100005 http://www.cepp.sgcc.com.cn）
三河市百盛印装有限公司印刷
各地新华书店经售

*

2015 年 9 月第一版 2020 年 10 月北京第二次印刷
787 毫米×1092 毫米 16 开本 76 印张 1879 千字
印数 2001—3000 册 定价 **230.00** 元（上、下册）

序

电力体制改革以来，中国华能集团公司电力产业快速发展，截至 2014 年 12 月，公司可控发电装机容量突破 1.5 亿千瓦，已成为全球装机规模最大的发电企业。电力技术监督作为保障发供电设备安全、可靠、经济、环保运行的重要抓手，在公司创建世界一流企业战略目标发挥重要作用。2010 年公司发布火电 12 项技术监督标准，以规范火电厂各项监督的技术标准，指导电厂技术人员在设备管理中落实各项国标、行标，技术标准保证了监督工作的规范性、科学性、先进性。5 年来，火电技术监督标准的实施，在保证电厂的安全生产经济运行、防止设备事故发生方面发挥了重要作用。

在集团公司开展电厂安全生产管理体系创建工作中，发现技术监督标准没有解决监督管理问题。锅炉及附属系统、设备主要是通过节能、锅炉压力容器及金属等专业进行间接监督，不能对锅炉及附属设备进行全面监督。公司热电联产机组及热力管网发展迅速，供热面积逐年递增，但随之暴露出来很多问题，如热网的水质控制、加热器／管网腐蚀、热网的节能经济运行、计量管理、供热可靠性等方面都亟须规范。另外，近几年涉及电力行业的国家、行业许多技术标准进行了修订，也颁布了一些新的标准；随着发电机组容量、参数的不断提高，国家、行业对节能、环保提出了更高的要求，旧的技术标准已经不能满足公司强化技术监督的要求。因此迫切火电 12 项监督技术标准进行整体修订，并制订锅炉和供热监督标准，以适应集团公司安全生产管理的需要。

为进一步完善公司的标准体系，强化公司技术监督管理工作，充分发挥技术监督在安全生产的重要抓手作用，全面提升电厂安全生产管理水平，达到"一流的安全生产管理水平、一流的设备可靠性、一流的技术经济指标"，确保电力安全生产管理水平创一流。2014 年，集团公司组织西安热工研究院有限公司、各电力产业和局域子公司、部分发电企业专业人员开展了火力发电厂监督标准的修订和制订工作，标准共分为绝缘监督、继电保护及安全自动装置监督、励磁监督、电测监督、电能质量监督、汽轮机监督、锅炉监督、热工监督、节能监督、环保监督、金属监督、化学监督、压力容器监督技术、供热监督 14 项。

《火力发电厂绝缘监督标准》等 14 项技术标准是按照国家发改委颁布的《电力工业技术

监督导则》（DL/T1051-2007）要求，在原标准的基础上，根据2009年以来国家和行业有关火电技术标准、规程和规范的要求进行了补充、删减和修改，并结合《华能电厂安全生产管理体系要求》而修编的。标准修订、制订的指导思想是：以最新火电的国家、行业与技术监督相关的导则、标准、规范为依据，重点梳理2009年及以后颁布的国标、行标，并对监督技术标准之前引用采纳相关重要标准的情况进行梳理排查；充分吸收国内、外火力发电机组研究总结的监督方面新技术、先进经验、研究成果；结合近5年来集团公司技术监督服务过程中发现的由于电厂在标准采纳执行过程中造成机组非停或设备损坏的问题，总结经验教训，提炼相关措施要求纳入监督标准和管理要求中。标准内容应涵盖火力发电机组的设计、基建、调试、验收、运行、检修、改造等全过程的技术规范、管理重点和评价考核要求。

集团公司将于2015年1月发布新的火电技术监督标准。各产业、区域子公司和发电企业要组织对新标准的学习、贯彻和执行，进一步提高安全生产水平和技术监督水平，为集团公司发电设备安全、可靠、经济、环保运行奠定坚实基础。

在火电监督标准即将出版之际，谨对所有参与和支持火电监督标准编写、出版工作的单位和同志们表示衷心的感谢！

寇伟

2015年1月

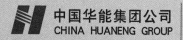

中国华能集团公司火力发电厂技术监督标准汇编

前　言

电力体制改革以来，中国华能集团公司电力产业快速发展，截至 2014 年 12 月，集团公司可控发电装机容量突破 1.5 亿千瓦，已成为全球装机规模最大的发电企业。电力技术监督作为保障发供电设备安全、可靠、经济、环保运行的重要抓手，在集团公司创建世界一流企业战略目标中发挥着重要作用。2010 年集团公司发布火电 12 项、水电 12 项技术监督标准，指导发电企业技术人员在设备管理中落实各项国家标准、行业标准。5 年来，技术监督标准的实施保证了监督工作的规范性、科学性和先进性。

为进一步完善集团公司标准体系，强化技术监督管理工作，充分发挥技术监督超前预控的作用，全面提升发电企业安全生产管理水平，达到"一流的安全生产管理水平、一流的设备可靠性、一流的技术经济指标"。2014 年，集团公司组织西安热工研究院有限公司、各电力产业公司、区域公司和发电企业专业人员开展了《电力技术监督管理办法》和火电、水电技术监督标准修订，以及《锅炉监督标准》《供热监督标准》的新编工作。其中《火力发电厂绝缘监督标准》由陈志清、吕尚霖、梁志钰、陈仓、蓝洪林、冯海斌、南江、魏强、杨春明、李培健主编，《火力发电厂继电保护及安全自动装置监督标准》由杨博、马晋辉、曹浩军、吴敏、杨敏照主编，《火力发电厂励磁监督标准》由都劲松、苏方伟、王福晶主编，《火力发电厂电测监督标准》由周亚群、曹浩军、王勤、刘洋、冯一主编，《火力发电厂电能质量监督标准》由舒进、贺飞、张晓、闫明、郑昀主编，《火力发电厂汽轮机监督标准》由刘丽春、安欣、崔光明、杨涛、陈凡夫、关志宏主编，《火力发电厂锅炉监督标准》由杨辉、党黎军、张宇博、应文忠主编，《火力发电厂燃煤机组热工监督标准》由任志文、周昭亮、王靖程、徐建鲁、王家兴主编，《火力发电厂燃煤机组节能监督标准》由张宇博、党黎军、渠富元、刘丽春、杨辉主编，《火力发电厂燃煤机组环境保护监督标准》由侯争胜、张广孙、吴宇、施永健、张光斌主编，《火力发电厂燃煤机组金属监督标准》由马剑民、姚兵印、张志博、王金海、邹智成、朱建华主编，《火力发电厂燃煤机组化学监督标准》由柯于进、滕维忠、王国忠、陈裕忠、何文斌、韩旭主编，《火力发电厂锅炉压力容器监督标准》由张志博、马剑民、姚兵印主编，《火力发电厂供热监督标准》由安欣、马明、司源、孙吉广、马德红、马强主编。《水力发电厂绝缘监督标准》由陈志清、杨春明、陈仓、李培健、南江、梁志钰、蓝洪林、吕尚霖、冯海斌、魏强主编，《水力发电厂继电保护及安全自动装置监督标准》由杨博、马晋辉、曹浩军、黄献生、吴敏、杨敏照主编，《水力发电厂励磁监督标准》由都劲松、张会军、杨强主编，《水力发电厂电测与热工计量监督标准》由燕翔、吕凤群、舒晓滨、仝辉主编，《水力发电厂电能质量监督标准》由舒进、贺飞、闫明、张晓、郑昀主编，《水力发电厂水轮机监督标准》由乔进国、裴海林、姜发兴、齐巨涛、郭良波、郭金忠、王新乐主编，《水力发电厂水工监督标准》由邱小弟、字陈波、李黎、蒋金磊、杨立新、汪俊波主编，《水力发电厂监控自动化监督标准》由刘永珺、杜景琦、王靖程、李军、禹跃美、贾成、李天平主编，《水力发电厂节能监督标准》由万散航、卢云江、朱宏、许跃主编，《水力发电厂环境保护监督标准》由吴明波、梅增荣、夏一丹主编，《水力发电厂金属监督标准》由董东旭、曾云军、李定利、蒋三林、许宏伟、邓博主编，《水力发电厂化学监督标准》由杨建凡、柯于进、刘晋曦、张震、韦占海、滕维忠主编。

各专业监督标准按照 DL/T 1051—2007《电力技术监督导则》要求，重点梳理 2009 年以后新颁布的国家、行业标准，充分吸收国内外发电行业新技术、先进经验和研究成果，对近年来集团公司系统发电企业发生的非停或设备损坏事件总结经验教训，提炼措施纳入到标准中，涵盖机组设计、基建、调试、验收、运行、检修、改造等全过程监督的技术规范、管理重点和评价考核要求。其中监督技术标准部分，强调技术监督工作执行的技术要求，明确了相关行业标准推荐性技术要求执行的边界条件，对部分行业标准在现场执行中存在的问题予以进一步澄清，对因设备更新升级而不再采纳的技术条文进行删减，补充了现有标准中缺失的内容，对公司设备中发生过的共性、典型性问题提出了具体的技术措施和要求；监督管理要求部分，强调如何落实技术监督工作中的各项技术要求，即"5W1H"：如何通过监督管理来执行技术标准，监督管理要求由监督基础管理、监督日常管理内容和要求、全过程监督中各阶段监督重点三部分组成；监督评价与考核部分，强调对发电企业技术监督工作落实执行情况的评估与评价，形成完整的闭环管理，监督评价与考核由评价内容、评价标准、评价组织与考核三部分构成。标准内容力求全面、贴近实际，便于理解和操作执行，具备科学性和先进性。由于编写人员的水平所限，难免存在疏漏和不当之处，敬请广大读者批评指正。

修编后的监督标准涵盖了火力、水力发电企业主要专业，进一步完善了集团公司技术监督体系，符合国家、行业对发电企业专业监督的最新技术规定，具有更强的实用性和可操作性，对确保电厂及其接入电网的安全稳定运行，规范和提升电厂专业技术工作具有积极指导意义。

在监督标准即将出版之际，谨对所有参与和支持火电、水电监督标准编写、出版工作的单位和同志们表示衷心的感谢！

编　者

2015 年 5 月

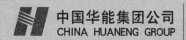
目　录

序

前言

技术标准篇

管理标准篇

中国华能集团公司

CHINA HUANENG GROUP

中国华能集团公司火力发电厂技术监督标准汇编

Q/HN-1-0000.08.017—2015

技术标准篇

火力发电厂绝缘监督标准

2015 – 05 – 01 发布

2015 – 05 – 01 实施

目　次

前　言

为加强中国华能集团公司火力发电厂技术监督管理，保证火力发电厂高低压电气设备的安全可靠运行，特制定本标准。本标准依据国家和行业有关标准、规程和规范，以及中国华能集团公司发电厂的管理要求、结合国内外发电的新技术、监督经验制定。

本标准是中国华能集团公司所属火力发电厂绝缘监督工作的主要依据，是强制性企业标准。

本标准自实施之日起，代替 Q/HB-J-08.L01—2009《火力发电厂绝缘监督技术标准》。

本标准由中国华能集团公司安全监督与生产部提出。

本标准由中国华能集团公司安全监督与生产部归口并解释。

本标准起草单位：西安热工研究院有限公司、华能国际电力股份有限公司、华能澜沧江水电股份有限公司。

本标准主要起草人：陈志清、吕尚霖、梁志钰、陈仓、蓝洪林、冯海斌、南江、魏强、杨春明、李培健。

本标准审核单位：中国华能集团公司安全监督与生产部、中国华能集团公司基本建设部、华能国际电力股份有限公司、华能澜沧江水电股份有限公司。

本标准主要审核人：赵贺、武春生、罗发青、张俊伟、陈作文、崔恒胜、马晋辉、唐湘运。

本标准审定：中国华能集团公司技术工作管理委员会。

本标准批准人：寇伟。

火力发电厂绝缘监督标准

1 范围

本标准规定了中国华能集团公司（以下简称"集团公司"）所属火力发电厂高低压电气设备绝缘监督相关的技术标准内容和监督管理要求。

本标准适用于集团公司火力发电厂高低压电气设备的监督工作。

2 规范性引用文件

下列文件对于本文件的应用是必不可少的。凡是注日期的引用文件，仅所注日期的版本适用于本文件。凡是不注日期的引用文件，其最新版本（包括所有的修改单）适用于本文件。

GB 311.1　高压输变电设备的绝缘配合

GB 755　旋转电机　定额和性能

GB 1094.1　电力变压器　第 1 部分　总则

GB 1094.2　电力变压器　第 2 部分　温升

GB 1094.3　电力变压器　第 3 部分　绝缘水平、绝缘试验和外绝缘空气间隙

GB 1094.5　电力变压器　第 5 部分　承受短路的能力

GB1094.6　电力变压器　第 6 部分　电抗器

GB1094.11　电力变压器　第 11 部分　干式电力变压器

GB 1984　高压交流断路器

GB 4208　外壳防护等级（IP 代码）

GB 7674　额定电压 72.5kV 及以上气体绝缘金属封闭开关设备

GB 11023　高压开关设备六氟化硫气体密封试验方法

GB 11032　交流无间隙金属氧化物避雷器

GB 14048（所有部分）　低压开关设备和控制设备

GB 20840.1　互感器　第 1 部分：通用技术要求

GB 20840.2　互感器　第 2 部分：电流互感器的补充技术要求

GB 20840.3　互感器　第 3 部分：电磁式电压互感器的补充技术要求

GB 26860　电力安全工作规程　发电厂和变电站电气部分

GB 50061　66kV 及以下架空电力线路设计规范

GB 50065　交流电气装置的接地设计规范

GB 50147　电气装置安装工程　高压电器施工及验收规范

GB 50148　电气装置安装工程　电力变压器、油浸电抗器、互感器施工及验收规范

GB 50149　电气装置安装工程　母线装置施工及验收规范

GB 50150　电气装置安装工程　电气设备交接试验标准

GB 50168　电气装置安装工程　电缆线路施工及验收规范

GB 50169　电气装置安装工程　接地装置施工及验收规范

GB 50170　电气装置安装工程　旋转电机施工及验收规范

GB 50217　电力工程电缆设计规范

GB 50254　电气装置安装工程　低压电器施工及验收规范

GB 50660　大中型火力发电厂设计规范

GB/T 3190　变形铝及铝合金化学成分

GB/T 4109　交流电压高于1000V的绝缘套管

GB/T 4942.1　旋转电机整体结构的防护等级（IP代码）分级

GB/T 5231　加工铜及铜合金牌号和化学成分

GB/T 6075.3　机械振动　在非旋转部件上测量评价机器的振动　第3部分：额定功率大于15kW额定转速在120r/min至15 000r/min之间的在现场测量的工业机器

GB/T 6451　油浸式电力变压器技术参数和要求

GB/T 7064　隐极同步发电机技术要求

GB/T 7354　局部放电测量

GB/T 7595　运行中变压器油质量

GB/T 8349　金属封闭母线

GB/T 8905　六氟化硫电气设备中气体管理和检测导则

GB/T 9326（所有部分）　交流500kV及以下纸或聚丙烯复合纸绝缘金属套充油电缆及附件

GB/T 10228　干式变压器技术参数和要求

GB/T 11017（所有部分）　额定电压110kV（U_m=126kV）交联聚乙烯绝缘电力电缆及其附件

GB/T 11022　高压开关设备和控制设备标准的共同技术要求

GB/T 12706（所有部分）　额定电压1kV（U_m=1.2kV）到35kV（U_m=40.5kV）挤包绝缘电力电缆及附件

GB/T 13499　电力变压器应用导则

GB/T 14049　额定电压10kV架空绝缘电缆

GB/T 14542　运行变压器油维护管理导则

GB/T 17468　电力变压器选用导则

GB/T 19749　耦合电容器及电容分压器

GB/T 20113　电气绝缘结构（EIS）热分级

GB/T 20140　透平型发电机定子绕组端部动态特性和振动试验方法及评定

GB/T 20840.5　互感器　第5部分：电容式电压互感器的补充技术要求

GB/T 21209　变频器供电笼型感应电动机设计和性能导则

GB/T 22078（所有部分）　额定电压500kV（U_m=500kV）交联聚乙烯绝缘电力电缆及其附件

GB/T 25096　交流电压高于1000V变电站用电站支柱复合绝缘子　定义、试验方法及接收准则

GB/T 26218（所有部分）　污秽条件下使用的高压绝缘子的选择和尺寸确定

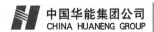

GB/Z 18890（所有部分）　额定电压 220kV（U_m=252kV）交联聚乙烯绝缘电力电缆及其附件

DL/T 266　接地装置冲击特性参数测试导则

DL/T 342　额定电压 66kV～220kV 交流聚乙烯电力电缆接头安装规程

DL/T 343　额定电压 66kV～220kV 交流聚乙烯电力电缆 GIS 终端安装规程

DL/T 344　额定电压 66kV～220kV 交流聚乙烯电力电缆户外终端安装规程

DL/T 401　高压电缆选用导则

DL/T 402　高压交流断路器订货技术条件

DL/T 474（所有部分）　现场绝缘试验实施导则

DL/T 475　接地装置特性参数测量导则

DL/T 486　高压交流隔离开关和接地开关

DL/T 492　发电机环氧云母定子绕组绝缘老化鉴定导则

DL/T 572　电力变压器运行规程

DL/T 573　电力变压器检修导则

DL/T 574　变压器分接开关运行维修导则

DL/T 586　电力设备监造导则

DL/T 596　电力设备预防性试验规程

DL/T 603　气体绝缘金属封闭开关设备运行及维护规程

DL/T 615　高压交流断路器参数选用导则

DL/T 617　气体绝缘金属封闭开关设备技术条件

DL/T 618　气体绝缘金属封闭开关设备现场交接试验规程

DL/T 620　交流电气装置的过电压保护和绝缘配合

DL/T 626　劣化盘形悬式绝缘子检测规程

DL/T 627　绝缘子用常温固化硅橡胶防污闪涂料

DL/T 651　氢冷发电机氢气湿度的技术要求

DL/T 664　带电设备红外诊断应用规范

DL/T 705　运行中氢冷发电机用密封油质量标准

DL/T 722　变压器油中溶解气体分析和判断导则

DL/T 725　电力用电流互感器使用技术规范

DL/T 726　电力用电磁式电压互感器使用技术规范

DL/T 727　互感器运行检修导则

DL/T 728　气体绝缘金属封闭开关设备选用导则

DL/T 729　户内绝缘子运行条件　电气部分

DL/T 801　大型发电机内冷水水质及系统技术要求

DL/T 804　交流电力系统金属氧化物避雷器使用导则

DL/T 815　交流输电线路用复合外套金属氧化物避雷器

DL/T 838　发电企业设备检修导则

DL/T 848（所有部分）　高压试验装置通用技术条件

DL/T 849（所有部分）　电力设备专用测试仪器通用技术条件

DL/T 864　标称电压高于 1000V 交流架空线路用复合绝缘子使用导则

DL/T 865　126kV～550kV 电容式瓷套管技术规范

DL/T 911　电力变压器绕组变形的频率响应分析法

DL/T 970　大型汽轮发电机非正常和特殊运行及维护导则

DL/T 984　油浸式变压器绝缘老化判断导则

DL/T 1001　复合绝缘高压穿墙套管技术条件

DL/T 1054　高压电气设备绝缘技术监督规程

DL/T 1111　火力发电厂厂用高压电动机调速节能导则

DL/T 1164　汽轮发电机运行导则

DL/T 1253　电力电缆线路运行规程

DL/T 5092　（110～500）kV 架空送电线路设计技术规程

DL/T 5153　火力发电厂厂用电设计技术规定

DL/T 5352　高压配电装置设计技术规程

JB/T 6204　高压交流电机定子线圈及绕组绝缘耐电压试验规范

JB/T 6227　氢冷电机气密封性检验方法及评定

JB/T 6228　汽轮发电机绕组内部水系统检验方法及评定

JB/T 8446　隐极式同步发电机转子匝间短路测量方法

JB/T 10314　高压绕线转子三相异步电动机技术条件

JB/T 10315.2　高压三相异步电动机技术条件　第 2 部分：YKK、YKK-W 系列（机座号 355～630）

国电发〔2002〕777 号　电力安全工器具预防性试验规程（试行）

国能安全〔2014〕161 号　防止电力生产事故的二十五项重点要求

Q/HN-1-0000.08.002—2013　中国华能集团公司电力检修标准化管理实施导则（试行）

Q/HN-1-0000.08.049—2015　中国华能集团公司电力技术监督管理办法

Q/HB-G-08.L01—2009　华能电厂安全生产管理体系要求

Q/HB-G-08.L02—2009　华能电厂安全生产管理体系评价办法（试行）

华能安〔2014〕271 号　中国华能集团公司电力技术监督专责人员上岗资格管理办法（试行）

3　总则

3.1　高低压电气设备绝缘监督必须贯彻"安全第一、预防为主"的方针。

3.2　绝缘监督的目的：对高低压电气设备绝缘状况和影响到绝缘性能的污秽状况、接地装置状况、过电压保护等进行全过程监督，以确保高低压电气设备在良好绝缘状态下运行，防止绝缘事故的发生。

3.3　绝缘监督范围：50MW 及以上容量的发电机；电力变压器、电抗器、互感器、开关设备、耦合电容器、套管、绝缘子、电力（动力）电缆、电动机、金属氧化物避雷器；封闭母线；接地装置等；以及高压试验仪器仪表和绝缘工器具。

3.4　本标准规定了火力发电厂高低压电气设备从设计选型和审查、监造和出厂验收、安装和投产验收、运行维护、检修到技术改造，直至设备退出运行的全过程监督的标准，以及对高压试验仪器仪表和绝缘工器具试验、检测和保管维护的监督标准，并规定了绝缘监督管理要求、评价与考核标准，它是火力发电厂绝缘监督工作的基础，也是建立绝缘监督体系的依据。

3.5 高低压电气设备绝缘监督应符合本标准和现行国家、电力行业标准有关的规定。对于进口设备的绝缘监督，参照本标准执行，具体监督项目和试验标准可按合同规定执行。其他电气设备可参照执行。

3.6 各电厂应按照集团公司《华能电厂安全生产管理体系要求》《电力技术监督管理办法》中有关技术监督管理和本标准的要求，结合本厂的实际情况，制定电厂绝缘监督管理标准；依据国家和行业有关标准和规范，编制、执行运行规程、检修规程和检验及试验规程等相关/支持性文件；以科学、规范的监督管理，保证绝缘监督工作目标的实现和持续改进。

3.7 从事绝缘监督的人员，应熟悉和掌握本标准及相关标准和规程中的规定。

4 监督技术标准

4.1 汽轮发电机监督

4.1.1 设计选型审查

4.1.1.1 总的技术要求

4.1.1.1.1 发电机技术条件应符合 GB/T 7064、GB 755、GB 50660 和相关反事故措施的要求。

4.1.1.1.2 发电机的额定容量应与汽轮机的额定出力（TRL）相匹配；发电机的最大连续输出容量应与汽轮机的最大连续出力（T-MCR）相匹配。

4.1.1.1.3 发电机的非正常运行和特殊运行能力及相关设备配置，应符合 DL/T 970 的规定。

4.1.1.2 本体结构设计要求

4.1.1.2.1 发电机定子、机座、端盖、出线罩和冷却器外罩等具有足够的强度和刚度。定子机壳与铁芯之间有弹性连接的隔振措施。

4.1.1.2.2 定子线棒槽内固定及绕组端部固定应牢靠，定子绕组端部具有伸缩结构（刚—柔结构）。定子铁芯采取防止松动措施，铁芯端部结构如压指、压板等采用无磁性材质，并采取有效的屏蔽措施，避免产生局部过热。

4.1.1.2.3 发电机机壳、端盖、端罩、出线套管的接合面具有良好的粗糙度和平面度，密封严密，避免漏氢。

4.1.1.2.4 发电机滑环端的轴承座与底板和油管间、油密封座与端盖间加装便于在运行中测量绝缘电阻的双层绝缘垫。

4.1.1.2.5 发电机各部分结构强度在设计时应考虑能承受发电机单相接地故障或主变压器高压侧三相故障，以及发电机定子绕组出口端电压为 105% 的额定电压、满负荷时三相突然短路故障等任何形式的突然短路事故，而不发生有害变形。

4.1.1.2.6 发电机出线罩座采用非磁性材料，设计结构上能承受每个出线套管上分别吊装所需电流互感器的荷重和防振要求。具有防止漏氢的可靠技术措施并装设漏氢报警装置。

4.1.1.2.7 送出线路具有串联补偿的发电机，应准确掌握汽轮发电机组轴系扭转振动频率，以配合电网管理单位或部门共同防止次同步谐振。

4.1.1.3 氢气系统

4.1.1.3.1 一套完整的氢气冷却系统，包括控制机内氢气压力的调节阀，连接供气系统的接头、氢气干燥器。若氢气冷却器冷却水的水质不良，其管材宜选用耐腐蚀性强的 B30。氢气干燥器宜选用吸附式，并保证有足够的冷却容量。

4.1.1.3.2 一套完整的置换气体系统（通常用 CO_2）可安全地向机座内充气和置换氢气。如果用加压空气从机内置换 CO_2，除置换 CO_2 过程外，要确保空气不能进入发电机内，例如使用可移开的管接头设施，并配置换气体的纯度监测器。

4.1.1.3.3 氢气纯度、压力、湿度、温度除设有防爆型就地指示和报警装置外，还设置输出到远方（DCS）指示及报警输出接点，并设置氢气消耗量及漏氢的在线监测器。

4.1.1.4 内冷水系统

4.1.1.4.1 一套完整的内冷水系统包括泵、冷却器、过滤器和控制内冷水温度的调节器。冷却器材质根据冷却水的水质选定，若冷却水的水质不良，应考虑选用耐腐蚀的材料。

4.1.1.4.2 内冷却水系统配置应符合 DL/T 801 的要求。定子、转子的内冷水应有进出水压力、流量、温度测量装置；定子还应有直接测量进、出发电机水差压的测量装置，并将测量信号传至集控室显示。

4.1.1.4.3 内冷却水系统应有导电率、pH 值的在线测量装置，并将测量信号传至集控室显示。

4.1.1.4.4 应有保持水质合格的设备。设有漏水监测装置及将漏入机内液体排出的措施。

4.1.1.5 密封油系统

一套完整的密封油系统，包括监测密封油仪表盘。密封油的温度、油压、压差信号应能送达 DCS。配备主供油泵异常时，应能自动切换至密封油紧急备用的供给设备。若有必要需配备从密封油中除气和除水的装置。密封油系统用的密封垫应采用耐油材料。

4.1.1.6 监测装置

4.1.1.6.1 对各部分温度检测元件的要求：

a) 定子铁芯（汽、励端）、压指、压板、屏蔽层埋置足够数量的测温元件，装设位置应考虑到引线漏环电流磁场的影响，以满足测量精度要求。测温元件数量满足进相试验的要求。

b) 每相定子绕组槽内至少应埋置 2 个检温计。氢内冷发电机的定子绕组出风口处至少应埋置 3 个检温计。对功率不小于 200MW 水内冷发电机的定子绕组，在每槽绕组层间各埋置 1 个检温计，并在线圈出水端绝缘引水管的水接头上安装 1 个测水温的检温计。

c) 冷却介质、轴承的检温计配置应符合 GB/T 7064 的规定。

d) 应对检温元件的类型（热电阻或热电偶；单支或双支）、热电偶分度号等提出要求。

4.1.1.6.2 对自动监测装置的要求：

a) 对功率 200MW 及以上的发电机，根据需要配备必要的质量可靠的监测器，以提高运行的可靠性，如配备漏水监测器、漏氢、漏油监测器，氢气纯度、湿度、温度检测仪等；并可根据发电机的运行状况，选配发电机绝缘过热监测器、局部放电监测仪、转子匝间短路监测器、定子绕组端部振动监测器等在线监测装置。

b) 对功率 200MW 及以上的发电机，有功、无功负荷及电气参数，振动、各测温点温度、冷却、密封及润滑介质参数等测量，必须配有与计算机连接的监测系统接口。

4.1.2 监造和出厂验收

4.1.2.1 监造范围

根据 DL/T 1054 的规定，200MW 及以上容量的发电机应进行监造和出厂验收。

4.1.2.2 监造内容

4.1.2.2.1 发电机本体制造质量见证项目可参照 DL/T 586 的规定。

4.1.2.2.2 主要监造内容：

 a) 重要部件的原材料材质、关键部件的加工精度；

 b) 定子铁芯损耗发热试验；

 c) 定、转子的内冷却通道密封性、流通性检验；

 d) 发电机转子匝间短路动态波形法检测；

 e) 转子动态平衡及超速试验。

4.1.2.3 出厂验收

 a) 确认重要部件、原材料材质和供货商符合订货技术协议的要求；

 b) 确认关键部件的加工精度符合图纸的要求；

 c) 确认铁芯、定子、转子的装配工艺符合工艺文件要求，过程检验合格；

 d) 出厂试验项目齐全、试验方法正确，试验结果合格；

 e) 移交发电机出厂试验报告、同类产品型式试验报告、产品使用说明书、安装说明书及图纸等技术文件。

4.1.3 安装和投产验收

4.1.3.1 运输及保管

4.1.3.1.1 发电机定、转子及部件运输时，应妥善包装，以适应运输、吊装和装卸，应有防雨雪、防潮、防锈、防腐蚀、防振、防冲击等措施。运输发电机水冷部件时，应排净和吹干内部水系统中的水并采取防冻措施。

4.1.3.1.2 安装前的保管应满足防尘、防冻、防潮、防爆和防机械损伤等要求。最低保管温度为5℃。应避免转子存放导致大轴弯曲。严禁定、转子内部落入异物。各进、出法兰应采取有效措施妥善封盖。

4.1.3.2 安装监督重点

4.1.3.2.1 发电机安装应严格按照 GB 50170 及产品安装文件的相关规定执行。

4.1.3.2.2 发电机的引线及出线的安装应符合下列要求：

 a) 引线及出线的接触面良好、清洁、无油垢，镀银层不应锉磨。

 b) 引线及出线的连接应紧固，当采用铁质螺栓时，连接后不得构成闭合磁路。

 c) 大型发电机的引线及出线连接后，应按制造厂的规定进行绝缘包扎处理。

4.1.3.2.3 氢冷发电机必须分别对定子、转子及氢、油、水系统管路等做严密性试验，试验合格后，方可做整体性气密试验。试验压力和技术要求应符合制造厂规定。

4.1.3.2.4 水内冷发电机绝缘水管不得碰及端盖，不得有凹瘪现象，绝缘水管相互之间不得碰触或摩擦。当有触碰或摩擦时应使用软质绝缘物隔开，并应使用不刷漆的软质带扎牢。

4.1.3.3 投产验收

4.1.3.3.1 安装结束后，发电机应按 GB 50150 进行交接试验，其中标准中规定的特殊试验项目，应由具备相应资质的单位实施。对于定子绕组端部固有振动频率测试及模态分析宜进行现场试验，以验证出厂试验数据，并作为安装原始数据，为日后发电机运行、检修提供参考数据。全部试验合格后，方可申请启动验收。

4.1.3.3.2 启动调试应符合订货技术要求、调试大纲、相关规程及反事故措施的规定。

4.1.3.3.3 试运行时应考核发电机出力、效率、振动值、氢冷发电机漏氢量是否达到制造厂的保证值。

4.1.3.3.4 验收时，应按时提交产品说明书、图纸；安装验收技术记录、调试报告等技术资料和文件。

4.1.4 运行监督

4.1.4.1 运行监视和监测

4.1.4.1.1 发电机运行中的监视、检查和维护应依据 DL/T 1164 执行。

4.1.4.1.2 发电机运行参数应定时检查记录。励磁系统绝缘监测装置应每班记录一次。轴承绝缘的检查在机组大、小修后进行。

4.1.4.1.3 在额定负荷及正常的冷却条件下运行时，发电机各部分温度应在合格范围，温度限值和温升限值见附录 A。

4.1.4.1.4 P_N 不大于 200MW 发电机，轴承出油温度不超过 65℃，轴瓦温度不超过 80℃；P_N 大于 200MW 发电机，轴承出油温度不超过 70℃，轴瓦温度应低于 90℃。温度记录周期应在现场运行规程中规定。

4.1.4.1.5 发电机稳态运行中，其振动限值应符合表 1～表 3 的要求。若轴承座或轴振振动值变化显著，即越过 B 值的 25%，无论是增加或减小，应报警并采取措施查明变化的原因，必要时根据振动值决定是否停机。

表 1 轴承座振动限值（速度）
mm/s

范　　围	转　　速 r/min	
	1500 或 1800	3000 或 3600
A	2.8	3.8
B	5.3	7.5
C	8.5	11.8

表 2 轴振相对位移限值（峰—峰值）
μm

范　　围	转　　速 r/min			
	1500	1800	3000	3600
A	100	90	80	75
B	200	185	165	150
C	320	290	260	240

表 3 轴振绝对位移限值（峰—峰值）
μm

范　　围	转　　速 r/min			
	1500	1800	3000	3600
A	120	110	100	90

表3（续）

范　围	转　速 r/min			
	1500	1800	3000	3600
B	240	220	200	180
C	385	350	320	290

注：表1～表3中说明如下。

范围 A：振动数值在此范围内的设备可认为是良好的并可不加限制地运行。

范围 B：振动数值在此范围内的设备可以接受作长期运行。

范围 C：振动数值落入此范围内，开始报警，提请注意安排维修。一般该机器还可以运行一段有限时间直到有合适机会进行检修为止。振动数值超出范围 C 时，就瞬时跳闸。

4.1.4.1.6 实时或定期监测轴电压。可利用与大轴表面接触良好的碳刷或扁铜带引出轴电压信号，将轴电压信号接入专门配备的精密监测装置进行实时监测和报警，或者定期（视情况周期可为半年或 1 年）手工取样，接入示波器测量。监测装置或示波器的采样频率应不低于 500kHz。轴电压应不大于 20V。

4.1.4.1.7 运行中，应定期用红外成像仪或红外点温计检测集电环—碳刷装置的发热情况，监测周期应在现场运行规程中规定。

4.1.4.2　氢气系统运行监视

4.1.4.2.1 氢气冷却系统正常运行时，发电机内氢压应达额定值，不宜降氢压运行。机内氢压应高于定子内冷水水压。

4.1.4.2.2 氢气冷风温度：间接冷却的发电机为 30℃～40℃；直接冷却的发电机为 35℃～46℃。

4.1.4.2.3 氢气冷却系统正常运行时，发电机内氢气纯度按容积计应在 96%以上。氢气中氧的体积分数不得超过 0.5%。

4.1.4.2.4 氢冷系统正常运行时，发电机内氢气允许湿度范围应满足 DL/T 651 的要求。在运行氢压下，氢气允许湿度的高限见表4，允许湿度的低限为露点温度–25℃。

表4　发电机在运行氢压下的氢气允许湿度高限值

发电机内最低温度 ℃	5	≥10
发电机在运行氢压下的氢气允许湿度高限（露点温度 t_d） ℃	–5	0

注：发电机内最低温度，可按如下规定确定：
1. 稳定运行中的发电机：以冷氢温度和内冷水入口水温中的较低值，作为发电机内的最低温度值。
2. 停运和开、停机过程中的发电机：以冷氢温度、内冷水入口水温、定子线棒温度和定子铁芯温度中的最低值。
3. 作为发电机内的最低温度值，如制造厂家规定的湿度标准高于本标准，则应按厂家标准执行

4.1.4.2.5 应定期检查在线漏氢监测装置各测点的氢气含量，其值应在合格范围。当轴承油系统或主油箱内含氢量（体积）超过 1%时应查出漏氢原因。当封闭母线外套内氢气含量超过 1%时应停机查明原因。当内冷水系统中的漏氢量大于 0.3m³/d 时可在计划停机时安排消缺，若漏氢量大

于 5m³/d 时应立即停机处理。另一种方法，当内冷水箱内的含氢量（体积）超过 2%时，应加强监视，若超过 10%应立即停机处理。

4.1.4.2.6 对于全氢冷发电机，定子线棒出口风温差达到 8K 或定子线棒间温差超过 8K 时，应立即停机，排除故障。

4.1.4.3 内冷水系统运行监视

4.1.4.3.1 新投运机组，应测量运行工况下内冷却水进出口的水压、流量、温度、压差、温差等基础数据，录入发电机台账；已投运的机组，应在内冷却水系统大修清理后补测录入。

4.1.4.3.2 正常情况下，应保证进入 P_N 不小于 200MW 发电机的内冷水温度为 40℃～50℃；进入 P_N 小于 200MW 发电机的内冷水温度为 20℃～45℃。且定子内冷水进水温度应高于氢气冷风温度，以防止定子绕组结露。

4.1.4.3.3 运行中，应在线连续测量内冷却水的电导率和 pH 值，定期测量含铜量及当时内冷却水的流量、含氨量、硬度。

4.1.4.3.4 内冷却水水质应符合 DL/T 801 的要求，见表 5～表 7。

表 5 发电机定子空心铜导线冷却水水质控制标准

pH 值（25℃）	电导率（25℃）µS/cm	含铜量 µg/L	溶氧量 [a] µg/L
8.0～9.0	0.4～2.0	≤20	—
7.0～9.0			≤30
[a]　仅对 pH＜8 时控制			

表 6 双水内冷发电机内冷却水水质控制标准

pH 值（25℃）		电导率（25℃）µS/cm	含铜量，µg/L	
标准值	期望值		标准值	期望值
7.0～9.0	8.0～9.0	＜5.0	≤40	≤20

表 7 发电机定子不锈钢空心导线内冷却水水质控制标准

pH 值（25℃）	电导率（25℃）µS/cm
6.5～7.5	0.5～1.2

4.1.4.3.5 运行中的监测数据出现下列情况之一，应做相应处理：

a) 相同流量下，内冷却水进、出发电机压差的变化比档案基础数据不小于 10%时，应进行检查及综合分析，并考虑反冲洗处理。

b) 定子线棒出水温度高于 80℃时，应检查及综合分析和反冲洗；达 85℃时应立即降负荷，确认测温数据正确后，停机处理。

c) 定子线棒单路出水接头间温差达 8K 时，应及时检查分析并安排反冲洗等处理措施。当出水接头间温差达 12K 时，应立即停机处理。

d) 定子线棒层间各检温计测量值间的温差达 8K 时应做综合分析，或做反冲洗处理观察。当线棒层间各检温计测量值间的温差达 14K 时，应立即停机处理。

4.1.4.4 密封油系统运行监视

a) 密封油系统应保证发电机转轴处漏氢量最少，保持机内氢气质量合格和氢压稳定。

b) 密封油质应符合 DL/T 705 的要求，200MW 及以上容量发电机的油中含水量不得大于 50μL/L。

c) 密封瓦内压力油室的油压应高于机内氢压，其压差值应依照产品技术文件的规定。

4.1.4.5 检查维护

a) 发电机及其附属设备，应由值班人员进行定期的外部检查，检查周期应在现场运行规程中规定。此外，在短路以后，应对发电机进行必要的检查。

b) 集电环（滑环）的检查和维护应由电气专业人员负责。现场规程应规定检查时间和次数，并定期用吸尘器或压缩空气清除灰尘和碳粉。使用压缩空气吹扫时，压力应不超过 0.3MPa（表压），压缩空气中应无水分和油（可用手试）。

c) 加强封闭母线微正压装置的运行管理，定期测量封闭母线内空气湿度；定期检查封闭母线与主变压器低压侧升高座连接处是否存在积水、积油；机组大修时检查盘式绝缘子密封垫、窥视孔密封垫及非金属伸缩节的密封性，若存在密封不良或材质老化应及时更换。

d) 应定期检查分析发电机绝缘过热、局部放电、转子匝间短路、定子端部振动等在线监测装置运行情况，发现报警时，应立即分析数据合理性，并根据发电机运行参数及大修试验数据进行综合判断，必要时应停机处理。

4.1.5 检修监督

4.1.5.1 检修周期及项目

发电机的检修周期及项目应按照集团公司《电力检修标准化管理实施导则（试行）》的规定，参照 DL/T 838 及产品技术要求，并结合电厂实际情况来制定。

4.1.5.2 检修监督重点

a) 检查发电机定子绕组端部及铁芯紧固件，如压板紧固螺栓和螺母、支架固定螺母和螺栓、引线夹板螺栓、汇流管所用卡板和螺栓、穿芯螺杆螺母等的紧固和磨损情况。

b) 检查大型发电机环形接线、过渡引线、鼻部手包绝缘、引水管水接头等处绝缘情况。

c) 测量定子绕组波纹板的间隙，并重新打紧松动的槽楔。

d) 引水管外表应无伤痕。严禁引水管交叉接触，引水管之间、引水管与端罩之间应保持足够的绝缘距离。

e) 检查定子铁芯有无松动、粉末或黑色泥状油污甚至断齿等异常现象。

f) 大修抽转子后，应对氢内冷转子通风道进行通风试验、检查导电螺钉的密封性、转子护环探伤、转子风扇叶片。

g) 检查导电螺钉的密封情况及导电螺钉与导电杆之间接触情况。

h) 防止发电机内遗留金属异物。防止锯条、螺钉、螺母、工具等金属杂物遗留在定子内部，特别应对端部线圈的夹缝、上下渐伸线之间位置做详细检查，必要时使用内窥镜逐一检查。

i) 定期校验定子各部分的测温元件，保证测温元件的准确性。

j) 冲洗外水路系统、连续排污，直至水路系统内可能存在的污物和杂物除尽为止。水质合格后，方允许与发电机内水路接通。制造厂有特殊规定者应遵守制造厂的规定。

k) 大修后，气密试验不合格的氢冷发电机严禁投入运行。整体气密性试验每昼夜最大允许漏气量见表8。

l) 两班制调峰发电机的检修项目应符合 DL/T 970 的规定。

表8 整体气密性试验每昼夜最大允许漏气量（0.1MPa，20℃）

额定氢压 MPa	≥0.5	<0.5 ≥0.4	<0.4 ≥0.3	<0.3 ≥0.2	<0.2 >0.1	<0.1
最大允许漏气量 m³/d	4.7	4.2	3.8	2.0	1.3	1.1

4.1.6 预防性试验及诊断性试验

4.1.6.1 预防性试验的试验周期、项目和要求按 DL/T 596 及产品技术文件的规定执行。

4.1.6.2 宜结合机组检修，应用交流阻抗法检测转子绕组是否存在匝间短路，其试验方法和判据参照 JB/T 8446。

4.1.6.3 200MW 及以上的发电机，大修时检查发现定子绕组端部线圈的磨损、紧固情况有问题时，应做定子绕组端部固有频率及模态试验，其试验方法和判据参照 GB/T 20140。

4.1.6.4 氢冷氢发电机漏氢量大，查找氢气系统或部件泄漏点，应进行气密封性检验，其试验方法和判据参照 JB/T 6227。

4.1.6.5 下列情况应进行分路流量试验，其试验方法和判据参照 JB/T 6228。

a) 水内冷发电机定子、转子线棒温度异常；

b) 定子内冷水进出口水压差异常。

4.1.6.6 定子铁芯有异常时，应结合实际情况进行发电机定子铁芯诊断试验（ELCID），或铁损试验。

4.1.6.7 空冷发电机、绕组端部绝缘表面有变色甚至放电、碳化现象等明显电晕特征的氢冷发电机，或者试验中有不明原因的直流泄漏电流增大现象的电机，应进行起晕试验。

4.1.6.8 判定发电机环氧云母定子绕组绝缘老化情况，应进行老化鉴定试验，其试验方法和判据参照 DL/T 492。

4.2 变压器（电抗器）监督

4.2.1 设计选型审查

4.2.1.1 电力变压器的设计选型应符合 GB/T 17468、GB/T 13499 和 GB 1094.1、GB 1094.2、GB 1094.3、GB 1094.5 等电力变压器相关技术标准和反事故措施的要求。油浸式电力变压器的技术参数和要求应满足 GB/T 6451 等标准的规定；电抗器的性能应满足 GB/T 10229 等标准的规定；干式变压器的技术参数和要求应满足 GB/T 10228、GB 1094.11 等标准的规定。

4.2.1.2 应对变压器的重要技术性能提出要求，包括：容量、短路阻抗、损耗、绝缘水平、温升、噪声、抗短路能力、过励磁能力等。

4.2.1.3 应对变压器用硅钢片、电磁线、绝缘纸板、绝缘油及钢板等原材料；套管、分接开关、套管式电流互感器、散热器（冷却器）及压力释放器等重要组件的供货商、供货材质和技术性能提出要求。

4.2.1.4 变压器订购前，制造厂应提供变压器绕组承受突发短路冲击能力的型式试验或计算报告，以及提供内线圈失稳的安全系数。设计联络会前，应取得所订购变压器的抗短路能力动态计算报告，并进行核算。

4.2.1.5　变压器套管的过负荷能力应与变压器允许过负荷能力相匹配。外绝缘不仅要提出与所在地区污秽等级相适应的爬电比距要求，还应对伞裙形状提出要求。重污秽区可选用大小伞结构瓷套。应要求制造厂提供淋雨条件下套管人工污秽试验的型式试验报告。不得订购密集型伞裙的瓷套管，防止瓷套出现裂纹断裂和外绝缘污闪、雨闪故障。

4.2.1.6　变压器的设计联络会除讨论变压器外部接口、内部结构配置、试验、运输等问题外，还应着重讨论设计中的电磁场、电动力、温升和负荷能力等计算分析报告，保证设备有足够的抗短路能力、足够的绝缘裕度和负荷能力。

4.2.1.7　潜油泵的轴承应采取 E 级或 D 级，禁止使用无铭牌、无级别的轴承。对强油导向的变压器油泵应选用转速不大于 1500r/min 的低速油泵。

4.2.2　监造和出厂验收

4.2.2.1　监造范围

根据 DL/T 1054 的规定，220kV 及以上电压等级的变压器、电抗器应进行驻厂监造。

4.2.2.2　主要监造内容

4.2.2.2.1　核对硅钢片、电磁线、绝缘纸板、钢板、绝缘油等原材料的供货商、供货材质是否符合订货技术条件的要求。

4.2.2.2.2　核对套管、分接开关、散热器等配套组件的供货商、技术性能是否符合订货技术条件的要求。

4.2.2.2.3　对关键的工艺环节，包括：器身绝缘装配，引线及分接开关装配，器身干燥的真空度、温度及时间，总装配时清洁度检查，带电部分对油箱绝缘距离检查，注油的真空度、油温、时间及静放时间等应进行过程跟踪。考察生产环境、工艺参数控制、过程检验是否符合工艺规程的要求。

4.2.2.2.4　见证出厂试验。关键的出厂试验，如：长时感应耐压及局部放电（ACLD）试验，应严格在规定的试验电压和程序条件下进行。测量电压为 $1.5U_\mathrm{m}/\sqrt{3}$ 时，220kV 及以上电压等级变压器高、中压端的局部放电量不大于 100pC。110kV（66kV）电压等级变压器高压侧的局部放电量不大于 100pC。

4.2.2.2.5　供货的套管应安装在变压器上进行工厂试验。

4.2.2.2.6　所有附件在出厂时均应按实际使用方式经过整体预装。

4.2.2.3　出厂验收

4.2.2.3.1　除对规定受监造的变压器、电抗器进行出厂验收以外，有条件时宜对主变压器、油浸式高压并联电抗器、启动备用变压器、高压厂用变压器、重要的厂用变压器（励磁变压器等）进行出厂验收。

4.2.2.3.2　出厂验收内容如下：

　　a)　确认电磁线、硅钢片、绝缘纸板、钢板和变压器油等原材料的出厂检验报告及合格证符合相关的技术要求。

　　b)　确认套管、分接开关、压力释放器、气体继电器、套管电流互感器等配套件出厂试验报告及合格证符合相关的技术要求。压力释放器、气体继电器、套管电流互感器等应有工厂校验报告。

　　c)　确认油箱、铁芯、绕组、引线、绝缘件等制造及器身组装、总装配符合制造厂工艺规范的要求，检验合格。

    d) 按监造合同规定的整机试验项目进行验收。确认试验项目齐全，试验方法正确，试验设备仪器、仪表检定合格，满足试验要求，试验结果符合相关标准的要求。

4.2.3 安装和投产验收

4.2.3.1 运输和保管

4.2.3.1.1 变压器运输应有可靠的防止设备运输撞击的措施，应安装具有时标、且有合适量程的三维冲击记录仪。充气运输的变压器，运输中油箱内的气压应为 0.01MPa～0.03MPa，有压力监视和气体补充装置。

4.2.3.1.2 设备到达现场，由制造厂、运输部门、电厂三方人员共同检查和记录运输和装卸中的受冲击情况，受到冲击的大小应低于制造厂及合同规定的允许值，记录纸和押运记录应由电厂留存。

4.2.3.1.3 安装前的保管期间应经常检查设备情况，对充油保管的变压器检查有无渗油，油位是否正常，外表有无锈蚀，并每六个月检查一次油的绝缘强度；对充气保管的变压器应检查气体压力和露点，要求压力维持在 0.01MPa～0.03MPa，露点低于−40℃，以防设备受潮。

4.2.3.2 安装监督重点

4.2.3.2.1 严格按 GB 50148 的规定和产品技术要求进行现场安装。

4.2.3.2.2 变压器器身吊检和内检过程中，对检修场地应落实责任、设专人管理，做到对人员出入以及携带工器具、备件、材料等的严格登记管控，严防异物遗留在变压器内部。

4.2.3.2.3 注入的变压器油应符合 GB/T 7595 规定，110kV（66kV）及以上变压器必须进行真空注油，其他变压器有条件的时也应采用真空注油。

4.2.3.2.4 安装在供货变压器上的套管必须是进行出厂试验时该变压器所用的套管。油纸电容套管安装就位后，220kV 套管应静放 24h，330kV～500kV 套管应静放 36h；750kV 套管应静放 48h 后方可带电。

4.2.3.2.5 变压器外部组部件的所有密封面安装要符合工艺要求，保证安装完工后不出现任何渗漏油现象。外部所有端子箱、控制箱的防护等级应符合相关技术条件的要求。

4.2.3.3 投产验收

4.2.3.3.1 变压器安装最后一项试验工作要测量运行分接位置的直流电阻，测试结果应与出厂试验数据或大修前的数据相符。变压器送电前，要确认分接开关位置正确无误。

4.2.3.3.2 安装工作结束后，变压器应按照 GB 50150 规定的项目进行交接试验，试验合格。

4.2.3.3.3 新投运的变压器油中溶解气体含量见表 9。注油静置后与耐压和局部放电试验 24h 后、冲击合闸及额定电压下运行 24h 后，各次测得的氢气、乙炔和总烃含量应无明显区别，油中氢气、总烃和乙炔气体含量应符合 DL/T 722 的要求。

表 9　新投运的变压器油中溶解气体含量

μL/L

气　　体	氢	乙　　炔	总　　烃
变压器和电抗器	＜10	0	＜20
套管	＜150	0	＜10
注 1：套管中的绝缘油有出厂试验报告，现场可不进行试验。 注 2：电压等级为 500kV 的套管绝缘油，宜进行油中溶解气体的色谱分析			

4.2.3.3.4　变压器、电抗器应进行启动试运行，带可能的最大负荷连续运行 24h。

4.2.3.3.5　变压器、电抗器在试运行前，应按规定的检查项目进行全面检查，确认其符合运行条件，方可投入试运行。

4.2.3.3.6　变压器、电抗器在试运行时，应进行 5 次空载全电压冲击合闸试验，且无异常情况发生；当发电机与变压器间无操作断开点时可不做全电压冲击合闸。第一次受电后持续时间不应少于 10min，励磁涌流不应引起保护装置的误动。带电后，检查变压器噪声、振动无异常；本体及附件所有焊缝和连接面，不应有渗漏油现象。

4.2.3.3.7　变压器投产验收时，应提交产品说明书、试验记录、合格证件安装技术记录、试验报告等全部技术资料和文件。

4.2.4　运行监督

4.2.4.1　巡查检查周期

4.2.4.1.1　变压器的运行维护应依据 DL/T 572 执行，日常巡视检查和定期检查的周期应由现场规程规定。正常巡视检查应每班不少于一次，夜间闭灯巡视应每周不少于一次。

4.2.4.1.2　对以下情况应加强巡视：

a)　新安装或大修后投运的设备，应缩短巡视周期，运行 72h 后转入正常巡视。

b)　特殊运行时，如过负荷，带缺陷运行等。

c)　恶劣气候时，如异常高、低温季节，高湿度季节。

4.2.4.2　日常巡视检查重点

a)　变压器的油温（见附录 A）和温度计、储油柜的油位及油色均正常，各部位无渗油、漏油。

b)　套管油位应正常，套管外部无裂纹、无严重油污、无放电痕迹及其他异常现象。

c)　变压器音响均匀、正常。

d)　吸湿器完好，吸附剂干燥。

e)　引线接头、电缆、母线无发热迹象。

f)　压力释放器无动作、防爆膜完好无损。

g)　有载分接开关的分接位置及电源指示应正常。

h)　有载分接开关的在线滤油装置工作位置及电源指示应正常。

i)　气体继电器内充满油，应无气体。

j)　各控制箱和二次端子箱、机构箱应关严，无受潮，温控装置工作正常。

k)　控制箱和二次端子箱内接线端子及各元件应牢固；无发热、受潮，箱门应严密，以防受潮。

l)　注意变压器冷却器冬、夏季以及不同负荷下的运行方式，避免出现油温过高或者过低的情况。

4.2.4.3　特殊巡视检查

在下列情况下应进行特殊巡视检查：

a)　新设备或经过检修、改造的变压器在投运 72h 内；

b)　带严重缺陷运行时，根据缺陷情况重点检查有关部位；

c)　气象突变（如大风、大雾、大雪、冰雹、寒潮等）时；

d)　雷雨季节特别是雷雨后；

e) 高温季节、高峰负载期间。

4.2.4.4 定期检查

定期检查时应增加以下检查项目：

a) 各部位的接地应完好，并定期测量铁芯和夹件的接地电流；

b) 外壳及箱沿应无异常发热；

c) 有载调压装置的动作情况应正常；

d) 消防设施应齐全完好；

e) 各种保护装置应齐全、良好；

f) 各种温度计应在检定周期内，超温信号应正确可靠；

g) 电容式套管末屏有无异常声响或其他接地不良现象；

h) 变压器套管及连接头等部位红外测温；

i) 气体继电器防雨情况是否可靠；

j) 接线端子及端子绝缘的盐雾腐蚀情况。

4.2.4.5 异常情况加强监督

在下列异常情况下应加强监督：

a) 变压器铁芯接地电流超过规定值（100mA）时；

b) 油色谱分析结果异常时；

c) 瓦斯保护信号动作时；

d) 瓦斯保护动作跳闸时；

e) 变压器在遭受近区突发短路跳闸时；

f) 变压器运行中油温超过注意值时；

g) 变压器振动噪声和振动增大时。

4.2.5 检修监督

4.2.5.1 检修策略

推荐采用计划检修和状态检修相结合的检修策略，检修项目应根据运行状况和状态评价结果动态调整。

4.2.5.2 变压器状态评估

变压器状态评估时应对下面资料进行综合分析：

a) 运行中所发现的缺陷、异常情况、事故情况、出口短路次数及具体情况。

b) 负载、温度和主要组、部件的运行情况。

c) 历次缺陷处理记录。

d) 上次小修、大修总结报告和技术档案。

e) 历次试验记录（包括油的化验和色谱分析），了解绝缘状况。

f) 大负荷下的红外测温试验情况。

4.2.5.3 检修质量要求

变压器本体和组部件的检修质量要求应符合 DL/T 573、DL/T 574 及产品技术文件的规定。

4.2.5.4 器身检修监督重点

4.2.5.4.1 器身检修的环境及气象条件：

a) 环境无尘土及无其他污染的晴天。

b) 空气相对湿度不大于 75%，如大于 75%时应采取必要措施。

4.2.5.4.2 大修时器身暴露在空气中的时间应不超过如下规定：

 a) 空气相对湿度≤65%，为 16h；

 b) 空气相对湿度≥75%，为 12h。

4.2.5.4.3 现场器身干燥，宜采用真空热油循环或真空热油喷淋方法。有载分接开关的油室应同时按照相同要求抽真空。

4.2.5.4.4 采用真空加热干燥时，应先进行预热，并根据制造厂规定的真空值进行抽真空；按变压器容量大小，以 10℃/h～15℃/h 的速度升温到指定温度，再以 6.7kPa/h 的速度递减抽真空。

4.2.5.4.5 变压器油处理：

 a) 大修后，注入变压器及套管内的变压器油质量应符合 GB/T 7595 的要求；

 b) 注油后，变压器及套管都应进行油样化验与色谱分析；

 c) 变压器补油时应使用牌号相同的变压器油，如需要补充不同牌号的变压器油时，应先做混油试验，合格后方可使用。

4.2.5.4.6 防止变压器吊检和内部检查时绝缘受损伤。

4.2.5.4.7 检修中需要更换绝缘件时，应采用符合制造厂技术要求、检验合格的材料和部件，并经干燥处理。

4.2.5.4.8 投入运行前必须多次排除套管升高座、油管道中的死区、冷却器顶部等处的残存气体。

4.2.5.4.9 大修、事故抢修或换油后的变压器，施加电压前静止时间不应少于以下规定：

 a) 110kV 为 24h；

 b) 220kV 为 48h；

 c) 500（330）kV 为 72h。

4.2.5.4.10 变压器更换冷却器时，必须用合格绝缘油反复冲洗油管道、冷却器和潜油泵内部，直至冲洗后的油试验合格并无异物为止。如发现异物较多，应进一步检查处理。

4.2.5.4.11 大修完复装时，应注意检查油箱顶部与铁芯上夹件的间隙，如有碰触应进行消除。

4.2.5.5 干式变压器检修监督重点

 a) 干式变压器检修时，要对铁芯和绕组的固定夹件、绝缘垫块检查紧固，检查低压绕组与屏蔽层间的绝缘，防止铁芯和绕组下沉、错位、变形，发生烧损。

 b) 检查冷却装置，应运行正常，冷却风道清洁畅通，冷却效果良好。

 c) 对测温装置进行校验。

4.2.6 预防性试验及诊断性试验

4.2.6.1 变压器预防性试验的项目、周期、要求应符合 DL/T 596 的规定及制造厂的要求。

4.2.6.2 变压器红外检测的方法、周期、要求应符合 DL/T 664 的规定。

4.2.6.3 在下列情况进行变压器现场局部放电试验，试验方法参照 GB/T 7354。

 a) 变压器油色谱异常，怀疑设备存在放电性故障。

 b) 绝缘部件或部分绕组更换并经干燥处理后。

4.2.6.4 在下列情况进行绕组变形试验，试验方法参照 DL/T 911。

 a) 正常运行的变压器应至少每 6 年进行一次绕组变形试验。

b) 电压等级 110kV 及以上的变压器在遭受出口短路、近区多次短路后，应做低电压短路阻抗测试或频响法绕组变形测试，并与原始记录进行比较，同时应结合短路事故冲击后的其他电气试验项目进行综合分析。

4.2.6.5 对运行 10 年以上、温升偏高的变压器可进行油中糠醛含量测定，以确定绝缘老化的程度，必要时可取纸样做聚合度测量，进行绝缘老化鉴定。试验方法和判据参照 DL/T 984。

4.2.6.6 事故抢修装上的套管，投运后的首次计划停运时，可取油样做色谱分析。

4.2.6.7 停运时间超过 6 个月的变压器，在重新投入运行前，应按预防性规程要求进行有关试验。

4.2.6.8 增容改造后的变压器应进行温升试验，以确定其负荷能力。

4.2.6.9 必要时对油中气相色谱异常的大型变压器安装气相色谱在线监测装置，监视色谱的变化。

4.3 互感器、耦合电容器及套管的技术监督

4.3.1 设计选型审查

4.3.1.1 互感器设计选型应符合 GB 20840.1、DL/T 725、DL/T 726 等标准及相关反事故措施的规定。电流互感器的技术参数和性能应满足 GB 1208 的要求。电磁式电压互感器的技术参数和性能应满足 GB 1207 的要求。电容式电压互感器的技术参数和性能应满足 GB/T 20840.5 的要求。

4.3.1.2 耦合电容器选型应符合 GB/T 19749 等标准及相关反事故措施的规定。

4.3.1.3 高压电容式套管选型应符合 GB/T 4109、DL/T 865、DL/T 1001 等标准及相关反事故措施的规定。

4.3.2 监造和出厂验收

4.3.2.1 监造范围

根据 DL/T 1054 的规定，220kV 及以上电压等级的气体绝缘和干式互感器应进行监造和出厂验收。

4.3.2.2 主要监造内容

4.3.2.2.1 检查工厂的生产条件是否满足产品工艺要求。

4.3.2.2.2 核对重要原材料如硅钢片、金属件、电磁线、绝缘支撑件、浇注用树脂、绝缘油、SF_6 气体等的供货商、供货质量是否满足订货技术条件的要求。

4.3.2.2.3 核对外瓷套或复合绝缘套管、SF_6 压力表和密度继电器、防爆膜或减压阀等重要配套组件的供货商、产品性能是否满足订货技术条件的要求。

4.3.2.2.4 见证外壳焊接工艺是否符合制造厂工艺规程规定，探伤检测和压力试验是否合格。

4.3.2.2.5 见证器身绝缘装配、引线装配、器身干燥、树脂浇注等关键工艺程序，考察生产环境、工艺参数控制、过程检验是否符合工艺规程的规定。

4.3.2.2.6 见证出厂试验。每台设备必须按订货技术条件的要求进行试验。

4.3.2.3 出厂验收

4.3.2.3.1 确认硅钢片、电磁线、绝缘材料、金属件、浇注用树脂、绝缘油、SF_6 气体等的出厂检验报告及合格证符合相关的技术要求。

4.3.2.3.2 确认瓷套或复合绝缘套管、SF_6 压力表和密度继电器、防爆膜或减压阀等重要配套

组件的出厂试验报告及合格证符合相关的技术要求。

4.3.2.3.3　确认部件制造及器身装配、总装配符合制造厂的工艺规程要求。

4.3.2.3.4　按合同规定的整机试验项目进行验收。确认试验项目齐全、试验方法正确、试验设备及仪器、仪表满足试验要求，试验结果符合相关标准的规定。

4.3.3　安装和投产验收

4.3.3.1　运输和保管

4.3.3.1.1　油浸式互感器、耦合电容器的运输和放置应按产品技术条件的要求执行。

4.3.3.1.2　SF_6 绝缘电流互感器运输时，制造厂应采取有效固定措施，防止内部构件振动移位损坏。运输时所充的气压应严格控制在允许范围内，每台产品上安装振动测试记录仪器，到达目的地后应在各方人员到齐情况下检查振动记录。若振动记录值超过允许值，则产品应返厂检查处理。

4.3.3.1.3　电容式套管运输应有良好的包装、固定措施；运输套管应该装设有三维冲撞记录仪，并在达到现场后进行运输过程检查，确定运输过程无异常。

4.3.3.1.4　互感器、耦合电容器在安装现场应直立式存放，并有必要的防护措施。干式环氧浇注式互感器要户内存放，并有必要的防护措施。

4.3.3.1.5　电容式套管可以在安装现场短时水平存放保管，但若短期内（不超过一个月）不能安装，应置于户内且竖直放置；若水平存放，顶部抬高角度应符合制造厂要求，避免局部电容芯子较长时间暴露在绝缘油之外，影响绝缘性能。

4.3.3.2　安装监督重点

4.3.3.2.1　互感器、耦合电容器、高压电容式套管安装应严格按 GB 50148 和产品的安装技术要求进行，确保设备安装质量。

4.3.3.2.2　电流互感器一次端子所承受的机械力不应超过制造厂规定的允许值，其电气连接应接触良好，防止产生过热性故障。应检查膨胀器外罩、将军帽等部位密封良好，连接可靠，防止出现电位悬浮。互感器二次引线端子应有防转动措施，防止外部操作造成内部引线扭断。

4.3.3.2.3　气体绝缘的电流互感器安装时，密封检查合格后方可对互感器充 SF_6 气体至额定压力，静置 1h 后进行 SF_6 气体微水测量。气体密度继电器必须经校验合格。

4.3.3.2.4　电容式电压互感器配套组合要和制造厂出厂配套组合相一致，严禁互换。

4.3.3.2.5　电容式套管安装时注意处理好套管顶端导电连接和密封面，检查端子受力和引线支承情况、外部引线的伸缩情况，防止套管因过度受力引起密封破坏渗漏油；与套管相连接的长引线，当垂直高差较大时要采取引线分水措施。

4.3.3.3　投产验收

4.3.3.3.1　互感器、耦合电容器、高压套管安装后，应按照 GB 50150 进行交接试验。

4.3.3.3.2　投产验收的重点监督项目：

　　a)　各项交接试验项目齐全、合格；

　　b)　设备外观检查无异常；

　　c)　油浸式设备无渗漏油；

　　d)　SF_6 设备压力在允许范围内；

　　e)　变压器套管油位正常，油浸电容式穿墙套管压力箱油位符合要求；

f) 复合外套设备的外套、硅橡胶伞裙规整，无开裂、变形、变色等现象；

g) 接地规范、良好。

4.3.3.3.3 投产验收时，应提交基建阶段的全部技术资料和文件。

4.3.4 运行监督

4.3.4.1 正常巡检周期

互感器、耦合电容器、高压套管运行监督应依据 DL/T 727 的规定进行。正常巡视检查应每班不少于一次，夜间闭灯巡视应每周不少于一次。

4.3.4.2 加强巡视

以下情况应加强巡视：

a) 新安装或大修后投运的设备，应缩短巡视周期，运行 72h 后转入正常巡视。

b) 特殊运行时，如过负荷，带缺陷运行等。

c) 恶劣气候时，如异常高、低温季节，高湿度季节。

4.3.4.3 油浸式设备

油浸式互感器、变压器套管、油浸式穿墙套管巡视检查项目：

a) 设备外观完整无损，各部连接牢固可靠；

b) 外绝缘表面清洁、无裂纹及放电现象；

c) 油位正常，膨胀器正常；

d) 无渗漏油现象；

e) 无异常振动，无异常声响及异味；

f) 各部位接地良好〔电流互感器末屏接地，电压互感器 N（X）端接地〕；

g) 引线端子无过热或出现火花，接头螺栓无松动现象；

h) 电压互感器端子箱内熔断器及自动断路器等二次元件正常；

i) 330kV 及以上电容式电压互感器分压电容器各节之间防晕罩连接可靠；

j) 分压电容器低压端子 N（δ、J）与载波回路连接或直接可靠接地；

k) 电磁单元各部分正常，阻尼器接入并正常运行。

4.3.4.4 SF$_6$ 气体绝缘互感器、复合绝缘套管

SF$_6$ 气体绝缘互感器、复合绝缘套管巡视检查项目：

a) 压力表、气体密度继电器指示在正常规定范围，无漏气现象。

b) 运行中应巡视检查气体密度表，SF$_6$ 气体年漏气率应小于 0.5%。

c) 若压力表偏出绿色正常压力区时，应引起注意，并及时按制造厂要求停电补充合格的 SF$_6$ 新气。一般应停电补气，个别特殊情况需带电补气时，应在厂家指导下进行，控制补气速度约为 0.1MPa/h。

d) 运行中 SF$_6$ 气体含水量应对应于 20℃测量的露点温度不高于-30℃，若超标时应尽快退出运行进行处理。

e) 复合绝缘套管表面清洁、完整、无裂纹、无放电痕迹、无变色老化迹象。

4.3.4.5 环氧树脂浇注互感器

环氧树脂浇注互感器巡视检查项目：

a) 互感器无过热，无异常振动及声响；

b) 互感器无受潮，外露铁芯无锈蚀；

c) 外绝缘表面无积灰、粉蚀、开裂，无放电现象。

4.3.4.6 绝缘油

绝缘油监督的主要内容：

a) 绝缘油应符合 GB/T 7595 和 DL/T 596 的规定。

b) 当油中溶解气体色谱分析异常，含水量、含气量、击穿强度等项目试验不合格时，应分析原因并及时处理。

c) 互感器油位不足应及时补充，应补充试验合格的同油源同品牌绝缘油。如需混油时，必须按规定进行有关试验，合格后方可进行。

4.3.4.7 SF_6 气体

SF_6 气体监督的主要内容：

a) SF_6 气体按 GB/T 8905 管理，应符合 GB 12022 和 DL/T 596 的规定；

b) 当互感器 SF_6 气体含水量超标或气体压力下降，年泄漏率大于 1%时，应分析原因并及时处理；

c) 补充的气体应按有关规定进行试验，合格后方可补气。

4.3.4.8 异常运行的监督重点

运行中互感器、高压套管发生异常现象时，应对其处理进行监督。

a) 瓷套、复合绝缘外套表面有放电现象应及时处理。

b) 运行中存在渗漏油的互感器、电容器、油浸电容式高压套管，应根据情况限期处理；严重漏油及电容式电压互感器电容单元渗漏油应立即停止运行。

c) 已确认存在严重内部缺陷的互感器、电容器、高压套管应及时进行更换。

d) 复合绝缘外套电流互感器、高压套管出现外护套破裂，硅橡胶伞裙严重龟裂，严重老化变色，失去憎水性时，应及时停止运行进行更换。

e) 运行中温度异常的互感器、高压套管应及时停电处理。现场无法处理的故障或已对绝缘造成损伤时，应进行更换。运行中温度异常的电容器、环氧浇注式互感器应及时进行更换，避免长期存在缺陷造成事故。

f) 电容式变压器套管备品应在库房垂直存放，存放时间超过一年的备品使用时应进行局部放电试验、额定电压下介质损检测和油中溶解气体色谱分析，试验合格后方可使用。

4.3.5 检修监督

4.3.5.1 互感器、电容器、高压套管检修随机组、线路、开关站检修计划安排；临时性检修针对运行中发现的缺陷及时进行。

4.3.5.2 110kV 及以上电压等级的互感器、电容器、高压套管不应进行现场解体检修。

4.3.5.3 110kV 以下老式电磁式互感器检修项目、内容、工艺及质量应符合 DL/T 727 相关规定及制造厂的技术要求。

4.3.6 预防性试验

4.3.6.1 互感器、耦合电容器、高压套管预防性试验应按照 DL/T 596 的规定进行。

4.3.6.2 红外测温检测的方法、周期、要求应符合 DL/T 664 的规定。

4.3.6.3 定期进行复合绝缘外套憎水性检测。

4.3.6.4 定期按可能出现的最大短路电流验算电流互感器动、热稳定电流是否满足要求。

4.4 高、低压开关设备监督

4.4.1 设计选型审查

4.4.1.1 高压开关设备的设计选型应符合 GB 1984、GB/T 11022、DL/T 402、DL/T 486、DL/T 615 等标准和相关反事故措施的规定。

4.4.1.2 低压开关设备的设计选型应符合 GB 14048 的规定。

4.4.1.3 断路器操动机构应优先选用弹簧机构、液压机构（包括弹簧储能液压机构）。

4.4.1.4 SF_6 密度继电器与开关设备本体之间的连接方式应满足不拆卸校验密度继电器的要求。密度继电器应装设在与断路器同一运行环境温度的位置，以保证其报警、闭锁触点正确动作。

4.4.1.5 高压开关设备机构箱、汇控箱内应有完善的驱潮防潮装置，防止凝露造成二次设备损坏。

4.4.1.6 高压开关柜配电室应配置通风、驱潮防潮装置，防止凝露导致绝缘事故。

4.4.2 监造和出厂验收

4.4.2.1 监造范围

根据 DL/T 1054 的规定，220kV 及以上电压等级的高压开关设备应进行监造和出厂验收。

4.4.2.2 主要监造内容

4.4.2.2.1 断路器监造项目和技术要求见表 10。

表 10 断路器监造项目和技术要求

序号	项目名称	监造方法	标准或要求
1	瓷套	现场见证	瓷件密封面表面粗糙度、形位公差及外观应符合制造厂技术条件；例行内水压试验、弯曲试验，应符合技术要求
2	绝缘子	现场见证	材质检验；拉力强度取样试验；例行工频耐压试验；局部放电试验；检查环氧浇注工艺；电性能试验，应符合产品技术要求
3	绝缘拉杆	现场见证	机械强度取样试验、例行工频耐压试验，局部放电试验，应符合技术要求
4	灭弧室	现场见证	触头质量、喷嘴材料进厂验收，应符合制造厂技术条件
5	传动件（连板、杆）	文件见证	材质杆棒拉力强度测定、零件硬度测定，应符合产品技术要求
6	传动箱、罐体	现场见证	焊缝探伤检查；密封性试验、水压试验，应符合技术要求
7	并联电容器	文件见证	电容量、介损值、工频耐压、局部放电，应符合有关标准要求
8	并联电阻	文件见证	每相并联电阻值，应符合订货技术要求
9	套管式电流互感器	文件见证	准确度测试、伏安特性测试，应符合订货技术要求
10	操动机构	现场见证	操动机构特性，应符合产品技术要求

表 10（续）

序号	项目名称	监造方法	标准或要求
11	总装出厂试验	现场见证	检查产品铭牌参数与订货技术要求一致；机械特性、操作特性、电气特性、检漏试验等均应符合订货技术要求
12	包装运输	现场见证	符合工厂包装规范要求、有良好的防震措施

4.4.2.2.2　隔离开关监造项目和技术要求见表 11。

表 11　隔离开关监造项目和技术要求

序号	项目名称	监督方法	标准或要求
1	支持或操作绝缘子	现场见证	瓷件形位公差及外观应符合订货技术协议；机械强度试验，应符合技术要求
2	操动机构	现场见证	无变形，无卡涩，操作灵活
3	总装出厂试验	现场见证	检查产品铭牌参数与订货技术协议一致；各项技术参数：绝缘试验、机械操作试验、回路电阻测量，均应符合订货技术要求
4	包装运输	现场见证	符合工厂包装规范要求、有良好的防振措施

出厂验收：

除了对规定的受监造高压开关设备进行出厂验收以外，有条件时宜对批量采购的真空断路器进行出厂验收。

4.4.3　安装和投产验收

4.4.3.1　SF$_6$ 断路器

4.4.3.1.1　SF$_6$ 断路器的安装：

a) SF$_6$ 断路器现场安装应符合 GB 50147、产品技术条件和相关反事故措施的规定。

b) 设备及器材到达现场后应及时检查；安装前的保管应符合产品技术文件要求。

c) 72.5kV 及以上电压等级断路器的绝缘拉杆在安装前必须进行外观检查，不得有开裂起皱、接头松动和超过允许限度的变形。

d) SF$_6$ 气体注入设备后必须进行湿度试验，且应对设备内气体进行 SF$_6$ 纯度检测，必要时进行气体成分分析。

e) 断路器安装完成后，应对设备载流部分和引下线进行检查。均压环应无划痕、毛刺，安装应牢固、平整、无变形；均压环宜在最低处打排水孔。

f) SF$_6$ 断路器安装后应按 GB 50150 进行交接试验。耐压过程中应进行局部放电检测。

4.4.3.1.2　SF$_6$ 断路器的投产验收：

a) 断路器应固定牢靠，外表清洁完整；动作性能应符合产品技术文件的规定。

b) 电气连接应可靠且接触良好。

c) 断路器及其操动机构的联动应正常，无卡阻现象；分、合闸指示应正确；辅助开关动作应正确可靠。

d) 密度继电器的报警、闭锁定值应符合产品技术文件的要求；电气回路传动应正确。

e) SF_6 气体压力、泄漏率和含水量应符合 GB 50150 及产品技术文件的规定。

f) 接地应良好，接地标识清楚。

g) 验收时，应移交基建阶段的全部技术资料和文件。

4.4.3.2 隔离开关

4.4.3.2.1 隔离开关的安装：

a) 隔离开关现场安装应符合 GB 50147、产品技术条件和相关反事故措施的规定。

b) 隔离开关安装后应按 GB 50150 进行交接试验，各项试验应合格。

4.4.3.2.2 隔离开关的投产验收：

a) 操动机构、传动装置、辅助开关及闭锁装置应安装牢固，动作灵活可靠；位置指示正确。

b) 合闸时三相不同期值应符合产品技术文件要求。

c) 相间距离及分闸时触头打开角度和距离，应符合产品技术文件要求。

d) 触头应接触紧密良好，接触尺寸应符合产品技术文件要求。

e) 隔离开关分合闸限位正确。

f) 合闸直流电阻测试应符合产品技术文件要求。

g) 验收时，应移交基建阶段的全部技术资料和文件。

4.4.3.3 真空断路器和高压开关柜

4.4.3.3.1 安装和调整：

a) 应按产品技术条件和 GB 50147 的规定进行现场安装和调整；

b) 真空断路器和高压开关柜安装后应按 GB 50150 进行交接试验，各项试验应合格。

4.4.3.3.2 投产验收：

a) 电气连接应可靠接触；绝缘部件、瓷件应完好无损。

b) 真空断路器与操动机构联动应正常、无卡阻；分、合闸指示应正确；辅助开关动作应准确、可靠。

c) 高压开关柜应具备电气操作的"五防"功能。

d) 高压开关柜所安装的带电显示装置应显示正确。

e) 验收时，应移交基建阶段的全部技术资料和文件。

4.4.3.4 低压开关

4.4.3.4.1 应按照产品技术条件和 GB 50254 的规定进行现场安装和验收。

4.4.4 运行监督

4.4.4.1 SF_6 断路器

4.4.4.1.1 日常巡检重点项目：

a) 每天当班巡视不少于一次，每日定时记录 SF_6 气体压力和温度。

b) 断路器各部分及管道无异声（漏气声、振动声）及异味，管道夹头正常。

c) 套管无裂痕，无放电声和电晕。

d) 引线连接部位无过热、引线弛度适中。

e) 断路器分、合位置指示正确，并和当时实际运行工况相符。

f) 罐式断路器应检查防爆膜有无异状。

g) 机构箱密封良好；防雨、防尘、通风、防潮及防小动物进入等性能良好，内部干燥清洁。

h) 液压操动系统的油系统液位和油泵的启动次数、打压时间。

4.4.4.1.2 定期巡检项目：

a) 检查分合闸缓冲器，防止由于缓冲器性能不良使绝缘拉杆在传动过程中受冲击，同时应加强监视分合闸指示器与绝缘拉杆相连的运动部件相对位置有无变化；

b) 定期检查断路器操动机构分合闸脱扣器的低电压动作特性，防止低电压动作特性不合格造成拒动或误动；

c) 未加装汽水分离装置和自动排污装置的气动操动机构应定期放水；

d) 每年对断路器安装地点的母线短路容量与断路器铭牌做一次校核。

4.4.4.1.3 特殊巡检项目：

a) 断路器在开断故障电流后，值班人员应对其进行巡视检查；

b) 高压断路器分合闸操作后的位置核查，尤其对发电机变压器组断路器以及起联络作用的断路器，在并网和解列时，应到运行现场核实其机械实际位置，并根据电压、电流互感器或带电显示装置确认断路器触头状态。

4.4.4.1.4 SF_6 气体的质量监督：

a) SF_6 气体湿度监测：灭弧室气室含水量应小于 300μL/L（体积比），其他气室小于 500μL/L（体积比）。

b) SF_6 气体泄漏监测：每个隔室的年漏气率不大于 1%。

c) SF_6 断路器补气时应使用经检验合格的 SF_6 气体。

4.4.4.2 隔离开关

巡视检查项目：

a) 外绝缘、瓷套表面无严重积污，运行中不应出现放电现象；瓷套、法兰不应出现裂纹、破损或放电烧伤痕迹。

b) 涂敷 RTV 涂料的瓷外套涂层不应有缺损、起皮、龟裂。

c) 操动机构各连接拉杆无变形；轴销无变位、脱落；金属部件无锈蚀。

4.4.4.3 真空断路器和高压开关柜

巡视检查重点项目：

a) 分、合位置指示正确，并与当时实际运行工况相符；

b) 支持绝缘子无裂痕及放电异声；

c) 引线接触部分无过热，引线弛度适中。

4.4.4.4 低压开关

巡视检查重点项目：

a) 分、合位置指示正确，并与当时实际工况相符；

b) 无异音、异常发热；

c) 无蒸气、无腐蚀性液体侵蚀。

4.4.5 检修监督

4.4.5.1 SF₆ 断路器

SF₆ 断路器检修周期和要求：

a) 断路器应按现场检修规程规定的检修周期和具体短路开断次数及状态进行检修。

b) 断路器的各连接拐臂、联板、轴、销进行检查，如发现弯曲、变形或断裂，应找出原因，更换零件并采取预防措施。

c) 液压（气动）机构分、合闸阀的阀针应无松动或变形，防止由于阀针松动或变形造成断路器拒动；分、合闸铁芯应动作灵活，无卡涩现象，以防拒分或拒合。

d) 断路器操动机构检修后应检查操动机构脱扣器的动作电压是否符合 30% 和 65% 额定操作电压的要求。在 80%（或 85%）额定操作电压下，合闸接触器是否动作灵活且吸持牢靠。

4.4.5.2 隔离开关

隔离开关的检修周期和要求：

a) 隔离开关应按现场检修规程规定的检修周期进行检修，不超期。

b) 绝缘子表面应清洁；瓷套、法兰不应出现裂纹、破损；涂敷 RTV 涂料的瓷外套憎水性良好，涂层不应有缺损、起皮、龟裂。

c) 主触头接触面无过热、烧伤痕迹，镀银层无脱落现象；回路电阻测量值应符合产品技术文件的要求。

d) 操动机构分合闸操作应灵活可靠，动静触头接触良好。

e) 传动部分应无锈蚀、卡涩，保证操作灵活；操动机构线圈最低动作电压符合产品技术文件的要求。

f) 应严格按照有关检修工艺进行调整与测量，分、合闸均应到位。

g) 试验项目齐全，试验结果应符合有关标准、规程要求。

4.4.5.3 真空断路器和高压开关柜

真空断路器和高压开关柜检修周期和要求：

a) 真空断路器和高压开关柜应按有关规程规定的检修周期进行检修，不超期；

b) 真空灭弧室的回路电阻、开距及超行程应符合产品技术文件要求，其电气或机械寿命接近终了前必须提前安排更换。

4.4.6 预防性试验

4.4.6.1 高压开关设备预防性试验的项目、周期和要求应按 DL/T 596 及产品技术文件执行。

4.4.6.2 高压支柱绝缘子应定期进行探伤检查。

4.4.6.3 用红外热像仪测量各连接部位、断路器、隔离开关触头等部位。检测方法、评定准则参照 DL/T 664。试验周期：

a) 交接及大修后带负荷一个月内（但应超过 24h）；

b) 220kV 及以上变电站和通流较大的开关设备 3 个月，其他 6 个月；

c) 必要时。

4.5 气体绝缘金属封闭开关设备（GIS/HGIS）监督

4.5.1 设计选型审查

4.5.1.1 总的技术要求

a) GIS 的选型应符合 DL/T 617、DL/T 728 和 GB 7674 等标准和相关反事故的要求；对

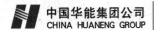

GIS 外壳内部元件的选择应满足其各自的标准要求。

b) 根据使用要求,确定 GIS 各元件在正常负荷条件和故障条件下的额定值,并考虑系统的特点及其今后预期的发展来选用 GIS。

4.5.1.2 结构及组件的要求

a) 额定值及结构相同的所有可能要更换的元件应具有互换性。

b) 应特别注意气室的划分,避免某处故障后劣化的 SF_6 气体造成 GIS 的其他带电部位的闪络,同时也应考虑检修维护的便捷性。

c) GIS 的所有支撑不得妨碍正常维修巡视通道的畅通。

d) GIS 的接地连线材质应为电解铜,并标明与地网连接处接地线的截面积要求。

e) 当采用单相一壳式钢外壳结构时,应采用多点接地方式,并确保外壳中感应电流的流通,以降低外壳中的涡流损耗。

f) 接地开关与快速接地开关的接地端子应与外壳绝缘后再接地,以便测量回路电阻,校验电流互感器变比,检测电缆故障。

4.5.2 监造和出厂验收

4.5.2.1 监造范围

根据 DL/T 1054 的规定,220kV 及以上电压等级的 GIS 成套设备应进行监造和出厂验收。

4.5.2.2 主要监造内容

GIS 监造项目参照 DL/T 586,重点项目见表 12。

表 12　GIS 监造项目

序号	监造部件	监造方法	见证项目
1	盘式、支持绝缘子	现场见证	1)材质、外观及尺寸检查; 2)电气性能试验; 3)机械性能试验
2	触头、防爆膜	现场见证	1)射线检验; 2)机械尺寸
3	外壳	文件见证	1)材质报告; 2)焊接质量检查和探伤试验
		现场见证	水压试验
4	出线套管	文件见证	配套厂家出厂试验报告
		现场见证	1)焊接质量检查和探伤试验; 2)水压试验
5	伸缩节	文件见证	质量保证书
6	电压互感器	现场见证	配套厂家出厂试验
7	避雷器	现场见证	配套厂家出厂试验
8	电流互感器	文件见证	1)一般结构检查; 2)绝缘电阻测量; 3)绕组电阻测量; 4)极性试验; 5)误差试验; 6)励磁特性试验

表12（续）

序号	监造部件	监造方法	见 证 项 目
9	断路器	现场见证	1）一般结构检查； 2）机械操作试验； 3）闭锁装置动作试验； 4）二次线路确认； 5）液压泵充油试验； 6）机械特性试验
10	隔离开关 接地开关	文件见证	1）一般结构检查； 2）分、合试验
		现场见证	电气连锁试验
11	运输单元组装 套管单元 母线单元	现场见证	1）SF$_6$气体密封检查； 2）一般结构检查
		现场见证	1）辅助回路绝缘试验； 2）主回路电阻测量
		停工待检	1）主回路雷电冲击耐压试验； 2）主回路工频耐压试验
		现场见证	超声波检查
		停工待检	局部放电测量
12	包装及待运	现场见证	现场查看

4.5.2.3 出厂验收

确认试验项目齐全、试验方法正确、试验设备及仪器、仪表满足试验要求，各部件、单元试验结果符合相关标准的规定。

4.5.3 安装和投产验收

4.5.3.1 运输和保管

GIS 的运输和保管要求：

a）GIS 运输和保管条件应符合产品技术文件的规定。

b）GIS 应在密封和充低压力的干燥气体（如 SF$_6$ 或 N$_2$）的情况下包装、运输和储存，以免潮气侵入。

c）GIS 的运输包装符合制造厂的包装规范，并应能保证各组成元件在运输过程中不致遭到破坏、变形、丢失及受潮。对于外露的密封面，应有预防腐蚀和损坏的措施。

d）各运输单元应适合于运输及装卸的要求，并有标志，以便用户组装。包装箱上应有运输、储存过程中必须注意事项的明显标志和符号。

e）设备及器材在安装前的保管期限应符合产品技术文件要求，在产品技术文件没有规定时应不超过 1 年。

4.5.3.2 安装监督重点

a）GIS 安装应符合产品技术文件和 GB 50147 的规定。

b）GIS 在现场安装后、投入运行前的交接试验项目和要求，应符合 GB 11023、GB 50150

及 DL/T 618 以及产品技术文件等有关规定。

4.5.3.3 投产验收

在验收时，应进行下列检查：

a) GIS 应安装牢靠、外观清洁，动作性能应符合产品技术文件的要求。

b) 螺栓紧固力矩应达到产品技术文件的要求。

c) 电气连接应可靠、接触良好。

d) GIS 中的断路器、隔离开关、接地开关及其操动机构的联动应正常、无卡阻现象；分合闸指示应正确；辅助开关及电气闭锁应动作正确、可靠。

e) 密封继电器的报警闭锁值应符合规定，电气回路传动应正确。

f) SF_6 气体漏气率和含水量应符合相关标准和产品技术文件的规定。

g) 验收时，应移交基建阶段的全部技术资料和文件。

4.5.4 运行监督

4.5.4.1 运行维护的基本技术要求

GIS 运行维护技术要求应符合 DL/T 603 的规定，其内容包括：

a) GIS 室的安全防护措施；

b) GIS 主回路和外壳接地；

c) GIS 外壳温升；

d) GIS 维护；

e) 检修质量保证；

f) GIS 中 SF_6 气体质量。

4.5.4.2 GIS 维护项目与周期

GIS 维护项目：

a) 巡视检查；

b) 定期检查；

c) 临时性检查；

d) 分解维修。

4.5.4.2.1 巡视检查。每天至少 1 次，主要内容如下：

a) 断路器、隔离开关及接地开关及快速机动开关的位置指示正确，与当时实际运行工况相符。

b) 断路器和隔离开关的动作指示是否正确，记录其累积动作次数。

c) 各种指示灯、信号灯和带电检测装置的指示是否正常，控制开关的位置是否正确，控制柜加热器的工作状态是否按规定投入或切除。

d) 各种压力表、油位计的指示是否正常。

e) 避雷器的动作计数器指示值是否正常，在线检测泄漏电流指示值是否正常。

f) 裸露在外的接线端子有无过热，汇控柜内有无异常现象。

g) 可见的绝缘件有无老化、剥落，有无裂纹。

h) 现场控制盘上各种信号指示、控制开关的位置正常及盘内加热器完好。

i) 各类配管及阀门有无损伤、锈蚀，开闭位置是否正确，管道的绝缘法兰与绝缘支架是否良好。

j) 压力释放装置防护罩无异样，其释放出口无障碍物，防爆膜无破裂。

k) 接地可靠，接地线、接地螺栓表面无锈蚀。

l) 设备有无漏气（SF_6气体、压缩空气）、漏油（液压油、电缆油）。

4.5.4.2.2 定期检查。GIS 处于全部或部分停电状态下，专门组织的维修检查。每 4 年进行 1 次定期检查，或按实际情况而定。主要内容如下：

a) 对操动机构进行详细维修检查，处理漏油、漏气或某些缺陷，更换某些零部件；

b) 维修检查辅助开关；

c) 检查或校验压力表、压力开关、密度继电器或密度压力表；

d) 检查传动部位及齿轮等的磨损情况，对转动部件添加润滑剂；

e) 断路器的最低动作压力与动作电压试验；

f) 检查各种外露连杆的紧固情况；

g) 检查接地装置；

h) 必要时进行绝缘电阻、回路电阻测量；

i) 清扫 GIS 外壳，对压缩空气系统排污。

4.5.4.2.3 临时性检查。根据 GIS 设备的运行状态或操作累计动作数值，依据制造厂的运行维护检查项目和要求进行必要的临时性检查，主要内容如下：

a) 若气体湿度有明显增加时，应及时检查其原因。

b) 当 GIS 设备发生异常情况时，应对有怀疑的元件进行检查和处理。

临时性检查的内容应根据发生的异常情况或制造厂的要求确定。

4.5.4.2.4 分解检修。GIS 处于全部或部分停电状态下，对断路器或其他设备的分解检修，其内容与范围应根据运行中发生的问题而定，这类分解检修宜由制造厂负责或在制造厂指导下协同进行。每 15 年或按制造厂规定应对主回路元件进行一次大修。主要内容如下：

a) 断路器本体一般不用检修，达到制造厂规定的操作次数或表 13 的操作次数应进行分解检修。

b) 电气回路。

c) 操动机构。

d) 绝缘件检查。

e) 相关试验。

表 13 断路器动作（或累计开断电流）次数

使 用 条 件	规定操作次数 次
空载操作	3000
开断负荷电流	2000
开断额定短路开断电流	15

4.5.4.3 GIS 中 SF_6 气体质量

4.5.4.3.1 SF_6 气体泄漏监测。根据 SF_6 气体压力、温度曲线、监视气体压力变化，发现异常应查明原因。

a) 气体压力监测：检查次数和抄表依实际情况而定。

b) 气体泄漏检查：必要时，当发现压力表在同一温度下，相邻两次读数的差值达 0.01MPa～0.03MPa 时，应进行气体泄漏检查。

c) 气体泄漏标准：每个隔室年漏气率小于 1%。

d) SF_6 气体补充气：根据监测各隔室的 SF_6 气体压力的结果，对低于额定值的隔室，应补充 SF_6 气体，并做好记录。GIS 设备补气时，新气质量应符合标准。

4.5.4.3.2 SF_6 气体湿度监测。

a) 周期：新设备投入运行及分解检修后 1 年应监测 1 次；运行 1 年后若无异常情况，可隔 1～3 年检测 1 次。如湿度符合要求，且无补气记录，可适当延长检测周期。

b) SF_6 气体湿度允许标准见表 14，或按制造厂标准。

表 14 SF_6 气体湿度允许标准

气　室	有电弧分解的气室	无电弧分解的气室 μL/L
交接验收值	≤150	≤250
运行允许值	≤300	≤500
注：测量时环境温度为 20℃，大气压力为 101 325Pa		

4.5.5 检修监督

4.5.5.1 检修策略

GIS 设备达到规定的分解检修年限后，应进行分解检修。检修年限可根据设备运行状况适当延长。因内部异常或故障引起的检修应根据检查结果，对相关元、部件进行处理或更换。分解检修项目应根据设备实际运行状况并与制造厂协商后确定。分解检修应由制造厂负责或在制造厂指导下协同进行，推荐由制造厂承包进行。

4.5.5.2 分解检修项目的确定

分解检修项目应根据设备实际运行状况并与制造厂协商后确定，分解检修项目依据下列因素确定：

a) 密封圈的使用期、SF_6 气体泄漏情况；

b) 断路器开断次数、累计开断电流、断路器操作次数、断路器操动机构实际状况；

c) 隔离开关的操作次数；

d) 其他部件的运行状况；

e) SF_6 气体压力表计、压力开关、二次元器件运行状况。

4.5.5.3 检修质量保证

分解检修后应进行下列试验：

a) 绝缘电阻测量；

b) 主回路耐压试验；

c) 元器件试验：元器件包括断路器、隔离开关、互感器、避雷器等，应按各自标准进行；

d) 主回路电阻测量；

e) 密封试验；

f) 连锁试验；

g) SF$_6$气体湿度测量；

h) 局部放电试验（必要时）。

各项试验结果符合相关标准的规定，验收合格。

4.5.6 预防性试验

a) GIS 的试验项目、周期和要求应符合 DL/T 596 的规定。

b) SF$_6$新气质量检测和运行中 SF$_6$ 气体的检测项目、周期和要求应符合 DL/T 603 的规定。

4.6 金属氧化物避雷器监督

4.6.1 设计选型审查

a) 金属氧化锌避雷器的设计选型应符合 GB 311.1、GB 11032、DL/T 815 和 DL/T 804 中的有关规定和相关反事故措施的要求。

b) 为避免雷电侵入波过电压损坏发电厂高压配电装置的绝缘，应在变电站出线处布设避雷器。

c) 用于保护发电机灭磁回路、GIS 等的金属氧化物避雷器的设计选型应特殊考虑，其技术要求需经供需双方协商确定。

4.6.2 监造和出厂验收

4.6.2.1 监造范围

根据 DL/T 1054 的规定 330kV 及以上电压等级的避雷器应进行监造和出厂验收。

4.6.2.2 主要监造内容

4.6.2.2.1 ZnO 及其他金属氧化物添加物、橡胶密封件及材料、绝缘支持棒、电极用银浆等原材料检验报告及合格证。

4.6.2.2.2 主要配套件如避雷器外套、防爆片、压缩弹簧、泄漏电流及放电计数在线监测器等出厂试验报告及合格证。

4.6.2.2.3 工艺环境、工艺控制、过程检测符合制造厂工艺文件要求。

4.6.2.2.4 对避雷器使用的阀片及密封材料进行抽检试验。

4.6.2.3 出厂试验

4.6.2.3.1 确认 ZnO 及其他金属氧化物添加物、橡胶密封件及材料等原材料检验报告及合格证符合技术要求。

4.6.2.3.2 确认主要配套件如避雷器外套、防爆片、泄漏电流及放电计数监测器等出厂试验报告、合格证符合技术要求。

4.6.2.3.3 确认金属氧化物阀片制造工艺符合制造厂工艺规程的规定、检验合格。

4.6.2.3.4 确认避雷器使用的阀片及密封材料抽检试验合格。

4.6.2.3.5 按监造合同规定的试验项目进行出厂试验，确认试验结果符合相关标准的要求。

4.6.3 安装和投产验收

4.6.3.1 避雷器的安装和投产验收应符合 GB 50147 的要求。

4.6.3.2 复合外套避雷器在运输时严禁与腐蚀性物品放在同一车厢；保存时应存放无强酸碱及其他有害物质的库房中，温度范围在−40℃～＋40℃。产品水平放置时，应避免伞裙受力。

4.6.3.3 避雷器安装前，应进行下列检查：

 a) 瓷外套或复合外套应无裂纹、无损伤，与金属法兰应胶装牢固；金属法兰结合面应平整、无外伤或铸造砂眼，法兰泄水孔应通畅。

 b) 各节组合单元应经试验合格，底座绝缘应良好。

 c) 应取下运输时用以保护避雷器防爆膜的防护罩，防爆膜应完好、无损。

 d) 避雷器的安全装置应完整无损。

 e) 地下隐蔽工程应满足设计要求。

4.6.3.4 避雷器组装时，其各节位置应符合产品出厂标志的编号。

4.6.3.5 避雷器的绝缘底座安装应水平。

4.6.3.6 避雷器应垂直安装，其垂直度符合制造厂的要求。

4.6.3.7 避雷器各连接处的金属接触表面应洁净、没有氧化膜和油漆、导通良好。

4.6.3.8 并列安装的避雷器三相中心应在同一直线上，相间中心距离允许偏差为 10mm。

4.6.3.9 避雷器的排气通道应通畅，排气通道口不得朝向巡检通道，排出气体不致引起相间或对地闪络，并不得喷及其他电气设备。

4.6.3.10 均压环应水平安装；安装深度满足设计要求；在最低处宜打排水孔。

4.6.3.11 设备接线端子的接触面应平整、清洁；连接螺栓应齐全、紧固，紧固力矩应符合要求；避雷器引线的连接不应使设备端子受到超过允许的承受应力。

4.6.3.12 避雷器安装后，按照 GB 50150 的要求进行交接试验。

4.6.3.13 验收时，各项检查合格，并提交基建阶段的全部技术资料和文件。

4.6.4 运行维护

4.6.4.1 避雷器定期巡视，监视泄漏电流和放电计数，并加强数据分析。

4.6.4.2 检查绝缘外套有无破损、裂纹和电蚀痕迹。

4.6.4.3 定期进行避雷器运行中带电测试。当发现异常情况时，应及时查明原因。

4.6.4.4 定期开展外绝缘的清扫工作，每年应至少清扫 1 次。

4.6.5 预防性试验

4.6.5.1 避雷器预防性试验的周期、项目和要求按 DL/T 596 执行。

4.6.5.2 红外检测，其方法、检测仪器及评定准则参照 DL/T 664。检测周期如下：

 a) 交接及大修后带电 1 个月内（但应超过 24h）。

 b) 220kV 及以上变电站 3 个月；其他 6 个月。

 c) 必要时。

4.7 设备外绝缘及绝缘子监督

4.7.1 设计选型审查

 a) 绝缘子的型式选择和尺寸确定应符合 GB/T 26218.1～GB/T 26218.3、GB 50061、DL/T 5092 等标准的相关要求。设备外绝缘的配置应满足相应污秽等级对统一爬电比距的要求，并宜取该等级爬电比距的上限。

 b) 室内设备外绝缘的爬距应符合 DL/T 729 的规定，并应达到相应于所在区域污秽等级的配置要求，严重潮湿的地区要提高爬距。

4.7.2 运行维护

 a) 日常运行巡视，设备外绝缘应无裂纹、无破损，无放电痕迹。如出现爬电现象，及时采取防范措施。

b）合理安排清扫周期，提高清扫效果。110kV～500kV 电压等级每年清扫一次，宜安排在污闪频发季节前 1 个～2 个月内进行。

c）定期进行现场污秽度测量，掌握所在地区的现场污秽度、自清洗性能和积污规律，以现场污秽度指导全厂外绝缘配合工作。

d）选择现场污秽度测量测量点的要求：

   1）厂内每个电压等级选择 1 个、2 个测量点，参照绝缘子以 7 片～9 片为宜，并悬挂于接近母线或架空线高度的构架上；

   2）测量点的选取要从悬式绝缘子逐渐过渡到棒形支柱绝缘子；

   3）明显污秽成分复杂地段应适当增加测量点。

e）当外绝缘环境发生明显变化及新的污源出现时，应核对设备外绝缘爬距，不满足规定要求时，应及时采取防污闪措施，如防污闪涂料或防污闪辅助伞裙等。对于避雷器瓷套不宜单独加装辅助伞裙，但可将辅助伞裙与防污闪涂料结合使用。

f）防污闪涂料的技术要求：

   1）防污闪涂料的选用应符合 DL/T 627 的技术要求，宜优先选用 RTV－Ⅱ型防污闪涂料；

   2）运行中的防污闪涂层出现起皮、脱落、龟裂等现象，应视为失效，应采取复涂等措施；

   3）防污闪涂层在有效期内一般不需要清扫或水洗；

   4）发生闪络后防污闪涂层若无明显损伤，也可不重涂。

g）对复合外套绝缘子及涂覆防污闪涂料的设备应设置憎水性监测点，并定期开展憎水性检测。检测周期依据 DL/T 864 要求进行，监测点的选择原则是在每个生产厂家的每批防污闪涂料中，选择电压等级最高一台设备的其中一相作为测量点。

h）按 DL/T 596 的要求，做好绝缘子低、零值检测工作，并及时更换低、零值绝缘子。

4.7.3 预防性试验

a）支柱绝缘子、悬式绝缘子和合成绝缘子的试验项目、周期和要求应符合 DL/T 596 的规定。

b）复合绝缘子的运行性能检验项目按 DL/T 864 执行。

c）绝缘子红外检测参照 DL/T 664 规定的检测方法、检测仪器及评定准则进行。

4.8 电力电缆线路监督

4.8.1 设计选型审查

a）电力电缆线路的设计选型应符合 GB 50217、GB 11033、GB/T 11017、GB/Z 18890、GB/T 9326、GB/T 14049、DL 5000 和 DL/T 401 等各相应电压等级的电缆及附件的规定。

b）审查电缆的绝缘水平、导体材料和截面、绝缘种类、金属护套、外护套、敷设方式等以及电缆附件的选择是否安全、经济、合理。

c）审查终端的型式和性能是否满足使用条件的要求。

d）审查电缆敷设路径设计是否合理，包括运行条件是否良好，运行维护是否方便，防水、防盗、防外力破坏、防虫害的措施是否有效等。

e) 审查电缆的防火阻燃设计是否满足反事故技术措施，包括防火构造、分隔方式、防火阻燃材料、阻燃性或耐火性电缆的选用，以及报警或消防装置等的选择是否耐久可靠、经济、合理。

f) 提出对原材料，如导体、绝缘材料、屏蔽用半导电材料、铅套用铅、绝缘纸及电缆油的供货商和供货质量要求。

4.8.2 监造和出厂验收

4.8.2.1 监造范围

根据 DL/T 1054 的规定，对 220kV 及以上电压等级的电力电缆及附件进行监造和出厂验收。

4.8.2.2 主要监造内容

4.8.2.2.1 检查工厂从原料进厂到电缆出厂整个流程的生产条件是否满足电缆的制造要求。

4.8.2.2.2 见证主要原材料，如导体、交联聚乙烯材料、屏蔽用半导电材料、皱纹铝套用铝、铅套用铅、外护套混合材料、绝缘纸、云母带、电缆油等原材料的供货厂家及供货质量。

4.8.2.2.3 见证各工艺环节是否符合制造厂工艺规程的要求，过程检验是否合格。

4.8.2.2.4 见证附件如接头和终端、（充油电缆）压力箱等的出厂试验及抽样试验。

4.8.2.2.5 见证电缆出厂试验及抽样试验。

4.8.2.3 出厂验收

4.8.2.3.1 确认原材料的供货商及供货质量符合订货合同要求。

4.8.2.3.2 确认电缆制造中过程检验合格。

4.8.2.3.3 按监造合同规定的试验项目（例行试验和抽样试验），对电缆和附件进行验收。试验结果符合相关标准和订货技术协议的要求。

4.8.2.3.4 审查电缆及附件的预鉴定试验和型式试验报告。

4.8.3 安装和投产验收

a) 电缆及其附件的运输、保管，应符合 GB 50168 的要求。当产品有特殊要求时，应符合产品的技术要求。

b) 电缆及其附件到达现场后，应按下列要求及时进行检查：

1) 产品的技术文件应齐全。

2) 电缆型号、规格、长度应符合订货要求，附件应齐全；电缆外观不应受损。

3) 电缆封端应严密。当外观检查有怀疑时，应进行受潮判断或试验。

4) 附件部件应齐全，材质质量应符合产品技术要求。

5) 充油电缆的压力油箱、油管、阀门和压力表应符合要求且完好无损。

c) 电缆及其有关材料的储存应符合相关的技术要求。

d) 电缆及附件在安装前的保管期限为一年及以内。当需长期保管时，应符合设备保管的专门规定。

e) 电缆在保管期间，电缆盘及包装应完好，标志应齐全，封端应严密。当有缺陷时，应及时处理。

f) 充油电缆应经常检查油压，并做记录，油压不得降至最低值。当油压降至零或出现真空时，应及时处理。

g) 电缆线路的安装应按已批准的设计方案进行施工。

h）电缆线路敷设和安装方式应符合 GB 50168、GB 50169、GB 50217、DL/T 342、DL/T 343 和 DL/T 344 等有关的规定。

i）金属电缆支架全长均应有良好的接地；直埋电缆在直线段每隔 50m～100m 处、电缆接头处、转弯处、进入建筑物等处，应设置明显的方位标志或标桩。

j）在隧道、沟、浅槽、竖井、夹层等封闭式电缆通道中，不得布置热力管道，严禁有易燃气体或易燃液体的管道穿越。

k）电缆终端和接头应严格按制作工艺规程要求制作，制作环境应符合有关的规定，其主要性能应符合相关产品标准的规定。

l）新、扩建工程中，应按反事故措施的要求落实电力电缆的防火措施，包括：

　　1）严格按正确的设计图册施工，做到布线整齐，各类电缆按规定分层布置，电缆的弯曲半径应符合要求，避免任意交叉，并留出足够的人行通道。

　　2）控制室、开关室、计算机室等通往电缆夹层、隧道、穿越楼板、墙壁、柜、盘等处的所有电缆孔洞和盘面之间缝隙（含电缆穿墙套管与电缆之间缝隙）必须采用合格的不燃或阻燃材料封堵。

　　3）电缆竖井和电缆沟应分段做防火隔离，对敷设在隧道和厂房内构架上的电缆要采取分段阻燃措施；补充竖井封堵方式、电缆沟防火隔离距离具体数据。

　　4）应尽量减少电缆中间接头的数量。如需要，应按工艺要求制作安装电缆头，经质量验收合格后，再用耐火防爆槽盒将其封闭。

m）电力电缆投入运行前，除按 GB 50150 的规定进行交接试验外，还应按 DL/T 1253 的要求，进行下列项目的试验：

　　1）充油电缆油压报警系统试验。

　　2）线路参数试验，包括测量电缆线路的正序阻抗、负序阻抗、零序阻抗、电容量和导体直流电阻等。

　　3）电缆线路接地电阻测量。

n）隐蔽工程应在施工过程中进行中间验收，并做好见证。

o）验收时，应按 GB 50168 和 GB 50217 的要求进行检查，各项检查合格。并应提交设计资料和电缆清册、竣工图、施工记录及签证等基建阶段的全部技术资料，以及试验报告等有效文件。

4.8.4　运行维护

a）电力电缆运行中应按 DL/T 1253 的规定进行定期巡查和不定期巡查。

b）电缆巡查周期：

　　1）电缆沟、隧道电缆井及电缆架等电缆线路每 3 个月至少巡查一次；

　　2）电缆竖井内的电缆，每半年至少巡查一次；

　　3）应结合运行状态评价结果，适当调整巡视周期，对挖掘暴露的电缆，按工程情况，酌情加强巡视。

c）终端头巡查周期：

　　1）电缆终端头、中间接头根据现场运行情况每 1 年～3 年停电检查一次。

　　2）装有油位指示的电缆终端头，应监视油位高度。污秽地区的电缆终端头的巡视与清扫的期限，可根据当地的污秽程度予以确定。

3） 有油位指示的终端头，每年夏、冬季检查一次。

    d） 巡查重点：

        1） 电缆夹层、隧道内人行通道是否畅通，照明是否充足，是否堆放杂物；电缆沟是否保持清洁，有无积尘和积水。

        2） 电缆夹层、电缆沟、隧道、电缆井及电缆架等电缆线路分段防火和阻燃隔离设施是否完整，耐火防爆槽盒是否开裂、破损。

        3） 电缆外皮、中间接头、终端头有无变形漏油，温度是否符合要求，钢铠、金属护套及屏蔽层的接地是否完好；终端头是否完整，引出线的接点有无发热现象和电缆铅包有无龟裂漏油。

        4） 电缆槽盒、支架及保护管等金属构件的接地是否完好，接地电阻是否符合要求；支架是否严重腐蚀、变形或断裂脱开；电缆的标志牌是否完整、清晰。

        5） 靠近高温管道、阀门等热体的电缆隔热阻燃设施是否完整。

        6） 直埋电缆线路的方位标志或标桩是否完整无缺，周围土地温升是否超过 10℃。

4.8.5 状态检修

    a） 应积极开展状态检修工作。依据电缆线路的状态检测和试验结果、状态评价结果，考虑设备风险因素，动态制定设备的维护检修计划，合理安排检修的计划和内容。

    b） 电缆线路新投运 1 年后，应对电缆线路进行全面检查，收集各种状态量，进行状态评价，评价结果作为状态检修依据。

    c） 对于运行达到一定年限，故障或发生故障概率明显增加的设备，宜根据设备运行及评价结果，对检修计划及内容进行调整。

4.8.6 预防性试验

    a） 电力电缆的预防性试验应按 DL/T 596 的规定进行，对于交联聚乙烯电缆应采用交流耐压试验代替直流耐压试验。

    b） 用红外热像仪检测电缆终端和非埋式电缆中间接头、瓷套表面、交叉互联箱、外护套屏蔽接地点等部位。检测方法、检测仪器及评定准则参照 DL/T 664。检测周期：

        1） 交接及大修后带负荷 1 个月内（但应超过 24h）；

        2） 负荷较重的电缆，以及 220kV 及以上 3 个月，其他 6 个月；

        3） 必要时。

4.9 高压电动机监督

4.9.1 设计选型审查

    a） 电动机的设计选型应符合 GB 755、GB/T 21209、DL/T 5153、DL/T 1111 等标准的规定。

    b） 审查电动机选型是否适用运行现场环境温度、相对湿度、海拔等地理环境，以及运行电压和频率、中性点接地方式等基本电气运行条件。

    c） 审查电动机能否满足拖动设备对其机械性能、启动性能、调速性能、制动性能和过载能力等的要求，能效等级指标是否符合技术协议。

    d） 电动机外壳防护型式和冷却方法是否满足现场条件；轴承型式和润滑方式是否合理；电动机检测装置及配件是否齐全、满足运行需要；安装方式、结构是否合理，检修维护是否方便。

e) 提出对原材料，如硅钢片、导体、绝缘材料、半导电材料、绝缘纸及云母带的供货商和供货质量要求。

f) 查阅近年发布的高能耗电动机清单，避免选用高能耗产品。

4.9.2 安装和投产验收

a) 电动机的安装和投产验收按照 GB 50170 的规定执行。

b) 电动机采取运到现场验收，重点检查外包装完整，无破损和变形，电动机外观检查符合要求，产品出厂技术资料齐全。对重要或返厂维修的电动机宜采用文件见证，或者现场见证。

c) 安装时重点检查如下内容：

    1) 电动机基础、地脚螺栓孔、预埋件及电缆管位置、尺寸和质量，应符合设计和有关标准的要求。

    2) 转子的转动灵活，不得有碰卡声。

    3) 润滑脂无变色、变质及变硬等现象，其性能应符合电动机的工作条件。

    4) 定子、转子之间的气隙的不均匀度应符合产品技术条件的规定；当无规定时，垂直、水平径向空气间隙与平均空气间隙之差与平均空气间隙之比宜为 $\pm 5\%$。

    5) 引出线鼻子焊接或压接良好；裸露带电部分的电气间隙应符合产品技术条件的规定。

    6) 底座和电动机外壳接地符合相关标准的规定。

d) 电动机启动前应按 GB 50150 进行交接试验，各项试验合格。

e) 电动机安装检查结束后，应进行空载试验，宜进行带载试验。

f) 电动机试运中，重点监督声音、振动、各部位温度，其性能符合产品技术条件，电动机旋转方向符合要求，电气参数在规定的范围，应与出厂值相一致，远动信号与现场应一致。

g) 验收时，制造厂应提交产品说明书、检查及试验记录、合格证及安装使用图纸等技术文件。

4.9.3 运行维护

a) 电动机连续负载运行时，电源电压应在 $(1\pm5\%)U_N$ 范围内，不应超过 $(1\pm10\%)U_N$；相间不平衡电压不得超过 5%，不平衡电流不得超过额定值的 10%，且任一相电流不应超过额定值。

b) 电动机各部分温度在额定冷却条件下应符合产品技术文件的规定，在制造厂无明确规定时，可参照 JB/T 10314、JB/T 10315 等标准执行：

    1) 集电环温升应不超过 80K，滚动轴承温度应不超过 95℃，滑动轴承温度应不超过 80℃。当轴承无埋置检温元件，对于滚动轴承轴承室外壳温度不超过 80℃，滑动轴承出油温度不超过 65℃。

    2) 运行中电动机绕组温度不应超过 GB/T 20113 规定，正常监视温度不宜超过表 15 温度限值。

表15　运行中电动机的允许外壳温度

热分级	A	E	B	F
外壳温度 ℃	75	80	85	90

3）　对未安装绕组测温元件的电动机，必要时可监测外壳温度，制造厂无明确要求的不宜超过表16的经验值，否则，应采取措施降低温度或降低出力。

表16　运行中电动机绕组的允许温度

热分级	Y	A	E	B	F	H	C
最高允许工作温度 ℃	90	105	120	130	155	180	200
正常监视温度 ℃		90	105	120	130	155	180
极限短时工作温度 ℃			135	145	170	195	

c）　振动监督：

1）　滚动轴承不允许轴向振动；滑动轴承允许轴向窜动2mm，最大不超过4mm。

2）　安装振动传感器的电动机运行时，轴相对振动值应不超过产品技术文件的规定。无厂家的规定时，可参照表17。

表17　运行中电动机的轴相对振动值

额定转速 r/min	3000	1500	1000	750及以下
最大的轴相对位移 μm	50	80	100	120

3）　对未安装振动传感器的电动机，必要时可监测轴承座的振动，其限值应符合GB/T 6075.3的规定，见表18。建议报警值通常不超过区域B上限的1.25倍；停机值通常不应超过区域C上限的1.25倍。

表18　转轴高度 $H \geqslant 315mm$ 的电机轴承座的振动限值

支承类型	区域边界	位移均方根值 μm	速度均方根值 mm/s
刚　性	A/B	29	2.3
	B/C	57	4.5
	C/D	90	7.1

表 18（续）

支承类型	区域边界	位移均方根值 μm	速度均方根值 mm/s
柔　性	A/B	45	3.5
	B/C	90	7.1
	C/D	140	11.0

注 1：区域 A，新交付的设备的振动通常落在该区域；

注 2：区域 B，设备振动处在该区域通常认为可无限制长期运行；

注 3：区域 C，设备振动处在该区域一般不适宜做长时间连续运行，通常设备可在此状态运行有限时间直到有采取补救措施的合适时机为止；

注 4：区域 D，设备振动处在该区域通常认为其振动烈度足以导致设备损坏

    d）　封闭电动机应进行定期巡查，其周期按现场规程的规定执行。重点检查项目如下：

        1）　运行环境应满足规定的电动机使用要求；

        2）　电动机及其所带机械各部位温度应正常、无异声；

        3）　电动机的振动、窜动应不超过规定值；

        4）　电动机各防护罩、接线盒、控制箱无异常情况；

        5）　润滑油或冷却系统工作正常，无漏水、漏油现象；

        6）　变频调速系统工作正常；

        7）　直流或绕线式电动机滑环或整流子无火花，压力均匀，电刷不跳动。

4.9.4　检修监督

    a）　电动机的检修宜随机组或主系统设备检修周期和状态检修进行，检修项目按检修规程及制造厂要求制定。电动机检修应按检修文件包执行。

    b）　检修时，重点监督定子绕组端部绑线、垫块的紧固情况、线棒有无磨损，绝缘有无膨胀、过热和损伤现象；铁芯压紧螺钉应不松动，硅钢片之间紧密，无生锈、磨损现象；槽楔有无变色、松动、枯焦和断裂现象；转子鼠笼条和短路环有无脱焊、断裂、松脱；轴颈与轴承内径的紧力配合应符合规定的要求。

    c）　检修后进行空载试车检查：检查各转动部分是否灵活；安装是否牢固；启动和运行时电压、电流是否正常，有无不正常的振动和噪声；绕线式电动机还应检查滑环和电刷接触是否良好，有无跳动等。

4.9.5　预防性试验

电动机预防性试验的项目、周期、要求应符合 DL/T 596 的规定。

4.10　封闭母线监督

4.10.1　设计选型审查

    a）　封闭母线的设计选型应符合 GB/T 8349 的规定。

    b）　封闭母线的导体宜采用铝材或铜材，并符合 GB/T 3190 或 GB/T 5231 的要求。

    c）　外壳的防护等级应按 GB 4208 的要求选择，一般离相封闭母线为 IP54 级；共箱封闭母线由供需双方商定。

d) 对湿度、盐雾大的地区，应有干燥防潮措施，中压封闭母线可选用 DMC 或 SMC 支柱绝缘子或由环氧树脂与火山岩无机矿物质复合材料成型而成的全浇注母线。长距离、大容量的联络母线可选用气体绝缘金属封闭母线 GIL。

e) 对封闭母线配套设备，包括：电流互感器、电压互感器、高压熔断器、避雷器、中性点消弧线圈或接地变压器等提出供货商和技术性能要求。

f) 审查封闭母线的结构是否安全可靠、运行维护方便，包括：测温装置、密封隔氢措施及漏氢监测装置、防火措施、防结露措施、热胀冷缩或基础沉降的补偿装置、发电机三相短路试验装置、防止配套设备柜内故障波及母线措施等。

4.10.2 安装和投产验收

a) 封闭母线的安装及验收应符合 GB 50149 的规定。

b) 封闭母线运输单元到达现场后，封闭母线的检查及保管应符合下列规定：

    1) 开箱清点，对规格、数量及完好情况进行外观检查；

    2) 封闭母线若不能及时安装，应存放在干燥、通风、没有腐蚀性物质的场所，并应对存放、保管情况每月进行一次检查；

    3) 封闭母线现场存放应符合产品技术文件的要求，封闭母线段两端的封罩应完好无损；

    4) 母线零件应储存在仓库的货架上，并保持包装完好、分类清晰、标识明确。

c) 安装前，应检查并核对母线及其他连接设备的安装位置及尺寸，并应对外壳内部、母线表面、绝缘支撑件及金具表面进行检查和清理，绝缘子、盘式绝缘子和电流互感器经试验合格。

d) 母线与外壳间应同心，其误差不得超过 5mm，段与段连接时，两相邻段母线及外壳应对准，连接后不应使母线及外壳受到机械应力，以及碰撞和擦伤外壳。

e) 母线焊接应在封闭母线各段全部就位并调整误差合格后进行。

f) 外壳封闭前，应对母线、TV、TA 等设备再次进行清理、检查、验收。

g) 焊接封闭母线外壳的相间封闭母线短路板时，位置必须正确，以免改变封闭母线原来磁路而引起外壳发热。接地引线应采用非导磁材料。

h) 安装结束后，与发电机、变压器等设备连接以前，按照 GB/T 8349 进行交接试验。试验时电压互感器等设备应予以断开。试验项目如下：

    1) 绝缘电阻测量；

    2) 额定 1min 工频干耐受电压试验；

    3) 自然冷却的离相封闭母线，其户外部分应进行淋水试验；

    4) 微正压充气的离相封闭母线，应进行气密封试验。

4.10.3 投产验收

在验收时，应进行下列检查：

a) 金属构件加工、配制、螺栓连接、焊接等应符合现行标准的有关规定，焊缝应探伤检查合格。

b) 所有螺栓、垫圈、闭口销、锁紧销、弹簧垫圈、锁紧螺母等应齐全、可靠。

c) 母线配制及安装架设应符合设计规定，且连接正确，螺栓紧固，接触可靠；相间及对地电气距离符合要求。

d) 瓷件应完整、清洁；铁件和瓷件胶合处均应完整无损。

e) 相色正确；接地良好。

f) 验收时，应移交基建阶段的全部技术资料和文件。

4.10.4 运行维护

a) 对新投产机组，巡视检查时应关注基础沉降或其他原因引起的封闭母线位移或变形，如封闭母线外壳焊缝开裂、伸缩节开裂、绝缘子密封材料变形等现象，并及时上报。

b) 运行中，应定期监视金属封闭母线导体及外壳，包括外壳抱箍接头连接螺栓及多点接地处的温度和温升。正常运行时不应超过产品技术文件的规定，若无规定时应按附录A执行。

c) 定期巡视在线漏氢监测装置，监视每相封闭母线及中性点箱的氢气含量。当封闭母线外套内氢气含量超过1%时，应停机查漏消缺。

d) 微正压装置应投入自动运行，在运行中应加强巡视检查，保证空气压缩机和干燥器工作正常。如果微正压装置长时间连续运行而不停顿，应查明原因。如果安装了封闭母线泄水设备，应定期排水。

e) 封闭母线的外壳及支持结构的金属部分应可靠接地。

f) 当封闭母线通过短路电流时，外壳的感应电压应不超过24V。

g) 定期开展封母绝缘子密封检查和绝缘子清扫工作。应根据当地的气候条件和设备特点等制定相应的检查、清扫周期。

h) 封闭母线停运后，做好封闭母线绝缘电阻的跟踪测量。在机组启动前，尤其是在阴雨潮湿、大雾等湿度较大的气候条件下，要提前测定绝缘电阻，以保证当封闭母线绝缘不合格时，有足够时间进行通风干燥处理。

4.10.5 预防性试验

a) 封闭母线预防性试验的项目、周期、要求应符合DL/T 596的规定。

b) 母线红外检测参照DL/T 664规定的检测方法、检测仪器及评定准则进行。

4.11 接地装置监督

4.11.1 设计选型审查

a) 接地装置的设计选型应依据GB 50065、DL/T 621等有关规定进行，审查地表电位梯度分布、跨步电压、接触电压、接地阻抗等指标的安全性和合理性，以及防腐、防盗措施的有效性。

b) 新建工程设计，应结合长期规划考虑接地装置（包括设备接地引下线）的热稳定容量，并提出接地装置的热稳定容量计算报告。

c) 在扩建工程设计中，除应满足新建工程接地装置的热稳定容量要求以外，还应对前期已投运的接地装置进行热稳定容量校核，不满足要求的必须在本期的基建工程中一并进行改造。

d) 接地装置腐蚀比较严重的电厂宜采用铜质材料的接地网，不应使用降阻剂。

e) 变压器中性点应有两根与主接地网不同地点连接的接地引下线，且每根引下线均应符合热稳定的要求。重要设备及设备架构等宜有两根与主接地网不同地点连接的接地引下线，且每根接地引下线均应符合热稳定要求。严禁将设备构架作为引下线。连接引线应便于定期进行检查测试。

f) 当输电线路的避雷线和电厂的接地装置相连时，应采取措施使避雷线和接地装置有便于分开的连接点。

4.11.2 施工和投产验收

4.11.2.1 施工监督重点

4.11.2.1.1 施工单位应严格按照设计要求进行施工，接地装置的选择、敷设及连接应符合 GB 50169 的有关要求。

4.11.2.1.2 接地体顶面埋设深度应符合设计规定，接地线应采取防止发生机械损伤和化学腐蚀的措施，接地干线应在不同的两点及以上与接地网相连接，每个电气装置的接地应以单独的接地线与接地汇流排或接地干线相连接，严禁在一个接地线中串接几个需要接地的电气设备。

4.11.2.1.3 接地体（线）的连接应采用焊接，焊接必须牢固无虚焊。接至电气设备上的接地线，应用镀锌螺栓连接；有色金属接地线不能采用焊接时，可用螺栓连接、压接、热剂焊（放热焊接）方式连接。采用搭焊接时，其搭接长度必须符合相关规定。不同材料接地体间的连接应进行防电化学腐蚀处理。

4.11.2.1.4 预留的设备、设施的接地引下线必须确认合格，隐蔽工程必须经监理单位和建设单位验收合格后，方可回填土；并应分别对两个最近的接地引下线之间测量其回路电阻，确保接地网连接完好。

4.11.2.1.5 敷设的接地网应采取防护及防盗措施。

4.11.2.2 投产验收

4.11.2.2.1 接地装置验收应在土建完工后尽快安排进行。特性参数测量应避免雨天和雨后立即测量，应在连续天晴 3 天后测量。交接验收试验应符合 GB 50150 的规定。

4.11.2.2.2 大型接地装置除进行 GB 50150 规定的电气完整性试验和接地阻抗测量，还必须考核场区地表电位梯度、接触电位差、跨步电位差、转移电位等各项特性参数测试，以确保接地装置的安全。试验的测试电源、测试回路的布置、电流极和电压极的确定以及测试方法等应符合 DL/T 475 的相关要求。有条件时宜按照 DL/T 266 进行冲击接地阻抗、场区地表冲击电位梯度、冲击反击电位测试等冲击特性参数测试。

4.11.2.2.3 对高土壤电阻率地区的接地网，在接地电阻难以满足要求时，应由设计确定采用相对措施后，方可投入运行。

4.11.2.2.4 在验收时应按下列要求进行检查：

a) 接地施工质量符合 GB 50169 的要求；

b) 整个接地网外露部分的连接可靠，接地线规格正确，防腐层完好，标志齐全明显；

c) 避雷针（带）的安装位置及高度符合设计要求；

d) 供连接临时接地线用的连接板的数量和位置符合设计要求；

e) 工频接地电阻值及设计要求的其他测试参数符合设计规定。

4.11.2.2.5 验收时，应移交实际施工的记录图、变更设计的证明文件、安装技术记录（包括隐蔽工程记录等）、测试记录等资料和文件。

4.11.3 维护监督重点

a) 对已投运的接地装置，应根据地区短路容量的变化，校核接地装置（包括设备接地引下线）的热稳定容量，并结合短路容量变化情况和接地装置的腐蚀程度有针对性地对接地装置进行改造。对不接地、经消弧线圈接地、经低阻或高阻接地系统，必须按异点两相接地校核接地装置的热稳定容量。

b）接地引下线的导通检测工作应 1 年～3 年进行一次，其检测范围、方法、评定应符合 DL/T 475 的要求，并根据历次测量结果进行分析比较，以决定是否需要进行开挖、处理。

c）定期（时间间隔应不大于 5 年）通过开挖抽查等手段确定接地网的腐蚀情况。根据电气设备的重要性和施工的安全性，选择 5 个～8 个点沿接地引下线进行开挖检查，要求不得有开断、松脱，或严重腐蚀等现象。如发现接地网腐蚀较为严重，应及时进行处理。铜质材料接地体地网不必定期开挖检查。

4.11.4 预防性试验

a）接地装置试验的项目、周期、要求应符合 DL/T 596 的规定。

b）接地装置的特征参数及土壤电阻率测定的一般原则、内容、方法、判据、周期参照 DL/T 475。

4.12 高压试验仪器仪表监督

4.12.1 监督范围

绝缘技术监督有关的高压试验仪器、仪表及装置的选型审查和验收、周期定检、维护及使用。

4.12.2 选型审查和验收

a）高压试验仪器、仪表及装置的选型应依据 GB 50150、DL/T 596、DL/T 474.1～DL/T 474.5、DL/T 848.1～DL/T 848.5、DL/T 849.1～DL/T 849.6 等国家标准、行业标准的有关规定和实际工作需要进行，应能充分保证本企业绝缘技术监督工作的有效开展，表 19 可供参考。

b）高压试验仪器、仪表及装置选型应考虑产品技术是否先进、性能是否准确可靠、是否经济合理、使用方便。对存在较严重缺陷的产品，要根据改进情况通过技术审查后方可选用。

c）高压试验仪器、仪表及装置到达现场后，应在规定期限内进行验收检查，并应符合下列要求：

1）包装良好、外观检查合格；

2）开箱检查型号、规格符合订货要求，仪器、仪表及装置无损伤，附件、备件齐全；

3）产品装箱单、出厂检验报告（合格证）、使用说明书、功能和技术指标测试报告等技术文件齐备。

表 19 常用高压试验设备一览表（仅供参考）

序号	设备名称	技 术 规 格	用 途
1	发电机工频高压试验装置（成套谐振试验装置）	额定输出电压及额定容量根据需要	发电机定子绕组交流耐压试验
2	工频高压试验装置	额定输出电压 50kV、75kV、100kV 及以上；输出电压及额定容量根据需要	35kV 及以下设备交流耐压试验、避雷器阻性电流停电测试等试验

表 19（续）

序号	设备名称	技　术　规　格	用　　途
3	三倍频试验变压器装置	额定输出电压 3kVA、5kVA；额定容量根据需要	分级绝缘电压互感器、电容式电压互感器的中间变压器的感应耐压试验
4	直流高压发生器	电压等级及容量根据被测设备测量要求选用。直流电压的纹波系数不大于 3%。 60kV（2mA），带高压表头；120kV（3mA），带高压表头； 300kV（3mA），带高压表头	发电机、变压器、避雷器、少油断路器、电缆等设备的直流试验
5	交直流分压器	60kV、120kV、300kV	配合直流高压发生器作测量用，也可用于交流测量
6	自动高压介质损耗测试仪	内附 10kV 高压电源，分档或连续可调；$\tan\delta$ 测量范围 0～0.1，相对误差 ≤2%；电容量测量范围不小于 40 000pF，相对误差 ≤1%。能对 CVT C2 进行自激法测试，带低压屏蔽；变频或移相抗干扰	变压器绕组、套管、电容器、互感器等设备绝缘介损及电容量测试
7	绝缘电阻测试仪	输出电压：500V、1000V、2500V、5000V 等，按相关试验要求选用； 型式：数字式； 最大输出电流：1mA 以上（大型变压器选用 3mA 以上）； 量程：大于 100GΩ	发电机、变压器、断路器、避雷器、电缆等设备绝缘电阻测试
8	变比自动测试仪	具有能同时测试三相变比和组别测试测试功能； 最小测量范围：1～1000； 准确度：0.1 级	变压器变比及联结组别测试；电压互感器、消弧线圈变比测试
9	有载分接开关测试仪	可带绕组测量，过渡电阻测量： 量程：大于 40Ω； 分辨率：0.01Ω	变压器有载分接开关测试
10	直流电阻测试仪	100mA～5A，0～20kΩ	110kV 及以下变压器、高压电抗器、放电线圈、电压互感器绕组直流电阻
10	直流电阻测试仪	5A～50A（一体机）	220kV 及以上变压器直流电阻测试，也可用于 110kV 以下的变压器测试
11	变压器绕组变形测试仪	扫频检测范围：1kHz～1MHz； 扫频频率精确度：≤0.01%； 扫描频率间隔：<2kHz； 检测精确度：动态检测范围为 −100dB～20dB，且在 −80dB～20dB 范围内的检测精确度 <±1dB	变压器绕组变形测试

表 19（续）

序号	设备名称	技 术 规 格	用 途
12	开关回路电阻测试仪	输出电流 100A 以上，测量范围 0μΩ～1999μΩ	断路器回路电阻测试
13	真空断路器真空度测试仪	定性测量、定量测量	真空断路器真空度测试
14	高压断路器综合测试仪	能测量断路器动作电压、时间特性、速度（能测量 SF6、真空等断路器）、真空断路器弹跳时间	断路器机械特性测试
15	氧化锌避雷器阻性电流测试仪	有带电测试功能（方便测试，不需改造接地引下线）	避雷器阻性电流试验或带电测试
16	电缆交流耐压及变压器局放试验系统	110kV 及以下交联电缆交流耐压试验；110kV 以上变压器等的局部放电和感应耐压试验	110kV 及以下交联电缆交流耐压试验，110kV 以上变压器等的局部放电和感应耐压试验
17	35kV 及以下电缆交流耐压试验仪	35kV 及以下电缆交流耐压试验	35kV 及以下交联电缆交流耐压试验
18	避雷器放电计数器检测仪	可充电，输出电压 2000V	避雷器放电计数器试验
19	接地电阻测试仪	异频法，0A～40A；接地绝缘电阻表；杆塔接地电阻钳形电流表测试仪，根据需要配置	地网工频接地电阻、杆塔、配电室、小型地网、避雷针等接地电阻测量、杆塔接地电阻
20	便携式低温远红外测温仪	测温范围：0℃～300℃	运行设备日常巡视测试
21	便携式低温远红外热像仪	测温范围：0℃～300℃	运行设备热异常测试
22	电导率仪		绝缘子盐密测试
23	GPS 定位仪	新线路杆塔坐标定位（测量接地网接地电阻时对电流极、电压极定位）	新线路杆塔坐标定位（测量接地网接地电阻时对电流极、电压极定位）
24	电力设备接地装置引下线导通测量仪	测量范围：0Ω～2Ω；准确度：不低于 1.0 级；分辨率：1mΩ；测量半径 36m	设备接地引下线接地情况
25	电流互感器特性综合测试仪	电流输出 0A～300A；电压输出 0～2500V（能自动打印伏安特性曲线）	500kV 及以下 TA（含套管 TA）特性试验
26	电缆故障探测仪	电缆故障探测	电缆故障探测
27	消谐器试验仪	消谐器试验	消谐器试验
28	无线核相器	220kV 及以下（电流型或电压型）	核相
29	数字式电容表	能不拆线进行电容器组中单只电容量测试	并联电容器电容量测试

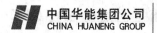

表19（续）

序号	设备名称	技 术 规 格	用 途
30	数字万用表	带峰值测量；抗感应电	分压器二次电压测量；测量低压交直流电压；测量电阻等
31	交流、直流电压表及电流表、直流微安表（带毫安挡）	各测量范围：准确度：0.2级～0.5级	电压、电流测量

4.12.3 定期检定

a) 新购置仪器仪表必须送有检验资质的单位进行检验，首检合格后才能投入使用。

b) 试验设备应由相应资质的检定机构进行检定校验。

c) 绝缘监督的测量仪器检验周期为一年，电气标准表检验周期按相关标准执行。

4.12.4 使用维护

a) 现役的试验设备必须经过检定校验合格、在检定校验有效期内、合格标志清晰完整，未经检定校验或检定不合格的试验设备应视为失准，禁止使用。

b) 试验仪器仪表应放置在干燥恒温的房间，保持仪器清洁，并根据其保养、维护要求，进行及时或定期的干燥处理、充电、维护等，确保仪器正常。

4.13 绝缘工器具监督

4.13.1 检验监督

电气绝缘工具应按 GB 26860 规定的周期、要求进行检验。试验方法参照国家电力公司2002 年发布的《电力安全工器具预防性试验规程（试行）》执行。常用电气绝缘工具试验一览表见表20。

表20 常用电气绝缘工具试验一览表

序号	名称	电压等级 kV	周期	交流工频耐压 kV	持续时间 min	泄漏电流 mA	说明
1	绝缘杆	10	每年一次	45	1		试验长度 0.7m
		35		95	1		试验长度 0.9m
		63		175	1		试验长度 1.0m
		110		220	1		试验长度 1.3m
		220		440	1		试验长度 2.1m
		330		380	5		试验长度 3.2m
		500		580	5		试验长度 4.1m
2	电容型验电器	10	每年一次	45	1		（1）试验长度与绝缘杆的试验长度相同；（2）启动电压值不高于额定电压的40%，不低于额定电压的15%
		35		95	1		
		63		175	1		
		110		220	1		
		220		440	1		
		330		380	5		
		500		580	5		

表20（续）

序号	名称		电压等级 kV	周期	交流工频耐压 kV	持续时间 min	泄漏电流 mA	说明
3	绝缘挡板		6～10	每年一次	30	1		
			35（20～44）		80	1		
4	绝缘罩		6～10	每年一次	30	1		
			35（20～44）		80	1		
5	绝缘夹钳		10	每年一次	45	1		试验长度0.7m
			35		95			试验长度0.9m
6	绝缘胶垫		高压	每年一次	15	1		使用于带电设备区域
			低压		3.5	1		
7	绝缘手套		高压	每六个月一次	8	1	≤9	
			低压		2.5	1	≤2.5	
8	绝缘靴		高压	每六个月一次	15	1	≤7.5	
9	核相器	绝缘部分工频耐压试验	10	每年一次	45	1		试验长度0.7m
			35		95			试验长度0.9m
		动作电压试验		每年一次				最低动作电压应达到0.25倍额定电压
		电阻管泄漏电流试验	10	每六个月一次	10	1	≤2	
			35		35			
10	绝缘绳		高压	每六个月一次	100/0.5m	5		
11	携带型短路接地线	操作棒的工频耐压试验	10	每年一次	45	1		试验电压加在护环与紧固头之间
			35		95	1		
			63		175	1		
			110		220	1		
			220		440	1		
			330		380	5		
			500		580	5		
		成组直流电阻试验		不超过5年	在各接线鼻之间测量直流电阻，对于25mm²，35mm²，50mm²，70mm²，95mm²，120mm²的各种截面，平均每米的电阻值应分别小于 0.79mΩ，0.56mΩ，0.40mΩ，0.28mΩ，0.21mΩ，0.16mΩ			同一批次抽测，不少于2条，接线鼻与软导线压接的应做该试验

表 20（续）

序号	名称		电压等级 kV	周期	交流工频耐压 kV	持续时间 min	泄漏电流 mA	说明
12	个人保护接地线	成组直流电阻试验		不超过 5 年	在各接线鼻之间测量直流电阻，对于 $10mm^2$，$16mm^2$，$25mm^2$ 的截面，平均每米的电阻值应小于 $1.98mΩ$，$1.24mΩ$，$0.79mΩ$			同一批次抽测，不少于两条

4.13.2　保管监督

绝缘工器具应登记造册，并建立每件工具的试验记录。应设置专用的绝缘工器具的存放场所，该存放场所应保持干燥，应装设恒温除湿装置。对不合格的绝缘工器具，应有明显的标示并单独存放；对不能修复的绝缘工器具，应及时报废处理。

4.13.3　使用监督

使用绝缘工器具前应仔细检查其是否损坏、变形、失灵，并使用 2500V 绝缘电阻表或绝缘检测仪进行分段绝缘检测（电极宽 2cm，极间宽 2cm），阻值应不低于 700MΩ。操作绝缘工具时应戴清洁、干燥的手套，并应防止绝缘工器具在使用过程中脏污和受潮。

5　监督管理要求

5.1　监督基础管理工作

5.1.1　绝缘监督管理的依据

电厂应按照集团公司《电力技术监督管理办法》和本标准的要求，制定电厂绝缘监督管理标准，并根据国家法律、法规及国家、行业、集团公司标准、规程、规范、制度，结合电厂实际情况，编制或执行绝缘监督相关/支持性文件；建立健全技术资料档案，以科学、规范的监督管理，保证高压电气设备安全可靠运行。

5.1.2　绝缘监督管理应具备的相关/支持性文件

a)　绝缘监督管理标准；

b)　电气设备运行规程；

c)　电气设备检修规程；

d)　电气设备预防性试验规程；

e)　高压试验设备、仪器仪表管理制度；

f)　安全工器具管理标准；

g)　设备检修管理标准；

h)　设备缺陷管理标准；

i)　设备点检定修管理标准；

j)　设备技术台账管理标准；

k)　设备异动管理标准；

l)　设备停用、退役管理标准；

m)　事故、事件及不符合管理标准。

5.1.3　技术资料档案

5.1.3.1　基建阶段技术资料

a) 符合实际情况的电气设备一次系统图、防雷保护与接地网图纸；

b) 制造厂提供的设备整套图纸、说明书、出厂试验报告；

c) 设备监造报告；

d) 设备安装验收记录、缺陷处理报告、交接试验报告、投产验收报告。

5.1.3.2　设备清册及设备台账

a) 受监督电气一次设备清册；

b) 电气设备台账；

c) 设备外绝缘台账；

d) 试验仪器仪表台账。

5.1.3.3　试验报告和记录

a) 电力设备预防性试验报告；

b) 绝缘油、SF_6 气体试验报告；

c) 特殊试验报告（事故分析试验报告、鉴定试验报告等）；

d) 在线监测装置数据及分析记录。

5.1.3.4　运行维护报告和记录

a) 电气设备运行分析月报；

b) 发电机特殊、异常运行记录（调峰运行、短时过负荷、不对称运行等）；

c) 变压器异常运行记录（超温、气体继电器动作、出口短路、严重过电流等）；

d) 断路器异常运行记录（短路跳闸、过负荷跳闸等）；

e) 日常运行日志及巡检记录。

5.1.3.5　检修报告和记录

a) 检修文件包（检修工艺卡）记录；

b) 检修报告；

c) 变压器油处理及加油记录；

d) SF_6 气体补气记录；

e) 日常设备维修记录；

f) 电气设备检修分析季（月）报。

5.1.3.6　缺陷闭环管理记录

略

5.1.3.7　事故管理报告和记录

a) 设备非计划停运、障碍、事故统计记录；

b) 事故分析报告。

5.1.3.8　技术改造报告和记录

a) 可行性研究报告；

b) 技术方案和措施；

c) 质量监督和验收报告；

d) 竣工总结和后评估报告。

5.1.3.9 监督管理文件

a) 与绝缘技术监督有关的国家、行业、集团公司技术法规、标准、规范、规程、制度；

b) 电厂绝缘技术监督标准、规程、规定、措施等；

c) 绝缘技术监督年度工作计划和总结；

d) 绝缘技术监督季报、速报；

e) 绝缘技术监督预警通知单和验收单；

f) 绝缘技术监督会议纪要；

g) 绝缘技术监督工作自我评价报告和外部检查评价报告；

h) 绝缘技术监督人员技术档案、上岗考试成绩和证书；

i) 与设备质量有关的重要工作来往文件。

5.2 日常管理内容和要求

5.2.1 健全监督网络与职责

5.2.1.1 各电厂应建立健全由生产副厂长（总工程师）或总工程师领导下的绝缘技术监督三级管理网。第一级为厂级，包括生产副厂长（总工程师）领导下的绝缘监督专责人；第二级为部门级，包括运行部电气专工，检修部电气专工；第三级为班组级，包括各专工领导的班组人员。在生产副厂长（总工程师）领导下由绝缘监督专责人统筹安排，协调运行、检修等部门，协调化学、热工、金属、汽轮机等相关专业共同配合完成绝缘监督工作。绝缘监督三级网严格执行岗位责任制。

5.2.1.2 按照集团公司《华能电厂安全生产管理体系要求》和《电力技术监督管理办法》，编制电厂绝缘监督管理标准，做到分工、职责明确，责任到人。

5.2.1.3 电厂绝缘技术监督工作归口职能管理部门在电厂技术监督领导小组的领导下，负责绝缘技术监督的组织建设工作，建立健全技术监督网络，并设绝缘技术监督专责人，负责全厂绝缘技术监督日常工作的开展和监督管理。

5.2.1.4 电厂绝缘技术监督工作归口职能管理部门每年年初要根据人员变动情况及时对网络成员进行调整；按照人员培训和上岗资格管理办法的要求，定期对技术监督专责人进行专业和技能培训，保证持证上岗。

5.2.2 确认监督标准符合性

5.2.2.1 绝缘监督标准应符合国家、行业及上级主管单位的有关规定和要求。

5.2.2.2 每年年初，绝缘监督专责人应根据新颁布的标准及设备异动情况，对电厂电气设备运行规程、检修规程等规程、制度的有效性、准确性进行评估，修订不符合项，经归口职能管理部门领导审核、生产主管领导审批完成后发布实施。国标、行标及上级监督规程、规定中涵盖的相关绝缘监督工作均应在电厂规程及规定中详细列写齐全，在电气设备规划、设计、建设、更改过程中的绝缘监督要求等同采用每年发布的相关标准。

5.2.3 确认仪器仪表有效性

5.2.3.1 应配备必需的绝缘监督仪器、仪表，建立相应的试验室。

5.2.3.2 应编制绝缘监督用仪器仪表使用、操作、维护规程，规范仪器仪表管理。

5.2.3.3 应建立绝缘监督用仪器仪表设备台账，根据检验、使用及更新情况进行补充完善。

5.2.3.4 根据检定周期和项目，制定绝缘监督仪器、仪表的年度校验计划，按规定进行检验、送检和量值传递，对检验合格的可继续使用，对检验不合格的送修或报废处理，保证仪器仪表的有效性。

5.2.4 监督档案管理

5.2.4.1 电厂应按照本标准规定的文件、资料、记录和报告目录以及格式要求，建立健全绝缘技术监督各项台账、档案、规程、制度和技术资料，确保技术监督原始档案和技术资料的完整性和连续性。

5.2.4.2 技术监督专责人应建立化学绝缘监督档案资料目录清册，根据监督组织机构的设置和设备的实际情况，明确档案资料的分级存放地点，并指定专人整理保管，及时更新。

5.2.5 制定监督工作计划

5.2.5.1 绝缘技术监督专责人每年 11 月 30 日前应组织制订下年度技术监督工作计划，报送产业公司、区域公司，同时抄送西安热工院。

5.2.5.2 电厂绝缘技术监督年度计划的制订依据至少应包括以下几方面：

    a）国家、行业、地方有关电力生产方面的政策、法规、标准、规程和反措要求；

    b）集团公司、产业公司、区域公司、电厂技术监督管理制度和年度技术监督动态管理要求；

    c）集团公司、产业公司、区域公司、电厂技术监督工作规划和年度生产目标；

    d）技术监督体系健全和完善化；

    e）人员培训和监督用仪器设备配备和更新；

    f）主、辅设备目前的运行状态；

    g）技术监督动态检查、预警、月（季）报提出问题的整改；

    h）收集的其他有关电气设备设计选型、制造、安装、运行、检修、技术改造等方面的动态信息。

5.2.5.3 电厂绝缘技术监督工作计划应实现动态化，即每季度应制订绝缘技术监督工作计划。年度（季度）监督工作计划应包括以下主要内容：

    a）技术监督组织机构和网络完善；

    b）监督管理标准、技术标准规范制定、修订计划；

    c）人员培训计划（主要包括内部培训、外部培训取证，标准规范宣贯）；

    d）技术监督例行工作计划；

    e）检修期间应开展的技术监督项目计划；

    f）监督用仪器仪表检定计划；

    g）技术监督自我评价、动态检查和复查评估计划；

    h）技术监督预警、动态检查等监督问题整改计划；

    i）技术监督定期工作会议计划。

5.2.5.4 电厂应根据上级公司下发的年度技术监督工作计划，及时修订补充本单位年度技术监督工作计划，按照集团公司《电力技术监督管理办法》的规定，实现技术监督工作计划的动态调整，并发布实施。

5.2.5.5 绝缘监督专责人每季度对绝缘监督各部门的监督计划的执行情况进行检查，对不满足监督要求的通过技术监督不符合项通知单的形式下发到相关部门进行整改，并对绝缘监督的相关部门进行考评。技术监督不符合项通知单编写格式见附录 B。

5.2.6 监督报告报送管理

5.2.6.1 绝缘监督速报的报送

当电厂发生重大监督指标异常，受监控设备有重大缺陷、故障和损坏事件，火灾事故等重大事件后 24h 内，应将事件概况、原因分析、采取措施按照附录 E 的格式，以速报的形式报送产业公司、区域公司和西安热工院。

5.2.6.2 绝缘监督季报的报送

绝缘技术监督专责人应按照附录 D 的季报格式和要求，组织编写上季度绝缘技术监督季报。经电厂归口职能管理部门汇总后，于每季度首月 5 日前，将全厂技术监督季报报送产业公司、区域公司和西安热工院。

5.2.6.3 绝缘监督年度工作总结报告的报送

5.2.6.3.1 绝缘技术监督专责人应于每年 1 月 5 日前编制完成上年度技术监督工作总结，并报送产业公司、区域公司和西安热工院。

5.2.6.3.2 年度绝缘监督工作总结报告的主要编写内容应包括以下几方面：

    a) 主要监督工作完成情况、亮点和经验与教训；

    b) 设备一般事故、危急缺陷和严重缺陷统计分析；

    c) 监督工作存在的主要问题和改进措施；

    d) 下年度工作思路和重点。

5.2.7 监督例会管理

5.2.7.1 电厂每年至少召开两次技术监督工作会，检查评估、总结、布置技术监督工作，对技术监督中出现的问题提出处理意见和防范措施。工作会议要形成纪要，布置的工作应落实并有监督检查。

5.2.7.2 例会主要内容包括：

    a) 上次监督例会以来绝缘监督工作开展情况；

    b) 绝缘监督范围内设备及系统的故障、缺陷分析及处理措施；

    c) 绝缘监督存在的主要问题、解决措施/方案；

    d) 上次监督例会提出问题整改措施完成情况的评价；

    e) 技术监督工作计划发布及执行情况，监督计划的变更；

    f) 集团公司技术监督季报、监督通讯、新颁布的国家、行业标准规范、监督新技术学习交流；

    g) 监督需要领导协调和其他部门配合和关注的事项；

    h) 至下次监督例会时间内的工作要点。

5.2.8 监督预警管理

5.2.8.1 绝缘技术监督三级预警项目见附录 F，电厂应将三级预警识别纳入日常绝缘监督管理和考核工作中。

5.2.8.2 对于上级监督单位签发的预警通知单（见附录 G），电厂应认真组织人员研究有关问题，制定整改计划，整改计划中应明确整改措施、负责部门、责任人和完成日期。

5.2.8.3 问题整改完成后，按照验收程序要求，向预警提出单位提出验收申请，经验收合格后，由验收单位填写预警验收单（见附录 H）报送预警签发单位备案。

5.2.9 监督问题整改

5.2.9.1 整改问题的提出

a) 上级或技术监督服务单位在技术监督动态检查、预警中时提出的整改问题；

b) 《火电技术监督报告》中明确集团公司或产业公司、区域公司督办问题；

c) 《火电技术监督报告》中明确的电厂需要关注及解决的问题；

d) 电厂绝缘监督专责人每季度对各部门绝缘监督计划的执行情况进行检查，对不满足监督要求的情况提出整改问题。

5.2.9.2 问题整改管理

a) 电厂收到技术监督评价报告后，应组织有关人员会同西安热工院或技术监督服务单位，在两周内完成整改计划的制订和审核，并将整改计划报送集团公司、产业公司、区域公司，同时抄送西安热工院或技术监督服务单位。

b) 整改计划应列入或补充列入年度监督工作计划，电厂按照整改计划落实整改工作，并将整改实施情况及时在技术监督季报中总结上报。

c) 对整改完成的问题，电厂应保存问题整改相关的试验报告、现场图片、影像等技术资料，作为问题整改情况及实施效果评估的依据。

5.2.10 监督评价与考核

5.2.10.1 电厂应将《绝缘技术监督工作评价表》，见附录 J 中的各项要求纳入日常绝缘监督管理工作中。

5.2.10.2 按照《绝缘技术监督工作评价表》的要求，编制完善各项绝缘技术监督管理制度和规定，并认真贯彻执行完善各项绝缘监督的日常管理和检修记录，加强受监设备的运行技术监督和检修技术监督。

5.2.10.3 电厂应定期对技术监督工作开展情况组织自我评价，对不满足监督要求的不符合项以通知单的形式下发到相关部门进行整改，并对绝缘监督的相关部门及责任人进行考核。

5.3 各阶段监督重点工作

5.3.1 设计与设备选型阶段

5.3.1.1 新建（扩建）工程的电气设计与设备选型审查应依据 GB/T 311.1、GB 50660、DL/T 5352 等国家、行业相关的现行标准和反事故措施的要求及工程的实际需要，提出绝缘监督的意见和要求。

5.3.1.2 参与工程电气设计审查。根据工程的规划情况及特点，提出对电厂的主接线、启备电源、厂用电系统、设备选型，以及厂区、主厂房电缆的敷设等绝缘监督的要求。

5.3.1.3 参与设备采购合同审查和设备技术协议签订。对设备的结构、性能和技术参数等提出绝缘监督的意见；并明确对性能保证的考核、监造方式和项目、技术资料、技术培训、运输等方面的要求。

5.3.1.4 对高压试验仪器仪表及装置的配置和选型，提出绝缘监督的具体要求。

5.3.1.5 参加设计联络会。对设计中的技术问题；招标方与投标方及各投标方之间的接口问题提出绝缘监督的意见和要求，将设计联络结果形成文件归档，并监督执行。

5.3.2 监造和出厂验收阶段

5.3.2.1 参加设备监造服务合同的签订。审查监造单位及人员的资质；提出对监造工作的要求，包括监造方式和监造项目、监造工作简报的报送、制造中出现不合格项时的处置等。

5.3.2.2　监造中，验收监造单位编制的监造简报。及时了解设备的制造质量、进度、设计修改及工艺改进情况、出现的不合格项及处理。当发现重大质量问题时，应及时与监造单位联系，必要时到制造厂与厂方协商处理。

5.3.2.3　参加出厂验收试验。确认出厂设备质量符合国家和行业相关法规、标准及设备供货合同的技术要求。

5.3.2.4　了解合同设备出厂前的防护、维护、入库保管和包装发货情况。有问题时，及时通知监造单位或联系制造厂解决。

5.3.2.5　监造工作结束后，应及时验收监造单位提交的监造报告。监造报告应内应翔实，包括产品制造过程中出现的问题及处理的方法和结果等。

5.3.2.6　有条件时，可安排生产运营阶段的绝缘监督人员参加设备监造，提早了解设备的结构、性能和维护。

5.3.3　安装和投产验收阶段

5.3.3.1　参加电建监理合同的签订。审查监理单位及人员的资质，对监理单位工作提出绝缘监督意见。

5.3.3.2　审查电力监理单位编制的监理实施细则。

5.3.3.3　工程施工中，验收监理单位编制的监理月报。及时了解工程进度、质量、工程变更、出现的不合格项及处理。当发现重大质量问题时，应及时与监理单位联系，必要时与电建单位协商处理。

5.3.3.4　参加高压电气设备运达现场时的验收。按照订货合同和相关标准对设备进行外观检查，并形成验收报告。

5.3.3.5　对于重要的施工环节和竣工后质量无法验证的项目，应进行现场监督和抽查。

5.3.3.6　参加设备交接验收试验。确认试验项目齐全（包括特殊试验项目），各项试验符合 GB 50150、订货合同技术要求和调试大纲要求。

5.3.3.7　参加投产验收。验收时进行现场实地查看，发现安装施工及调试不规范、交接试验方法不正确、项目不全或结果不合格、设备达不到相关技术要求、基础资料不全等不符合绝缘监督要求的问题时，应要求立即整改，直至合格。

5.3.3.8　监督电建单位按时移交全部基建技术资料，并由资料档案室及时将资料清点、整理、归档。

5.3.3.9　有条件时，可安排生产运营阶段的绝缘监督人员参加交接试验和投产验收，及时了解投运设备的初始状态。

5.3.4　生产运营阶段

5.3.4.1　运行维护

a)　根据国家和行业有关的电气设备运行规程和产品技术条件文件，结合电厂的实际制定本厂的《电气设备运行规程》，并按规程的要求进行设备运行中监督。

b)　严格按相关运行、维护规范和规程及反事故措施的要求，组织运行和检修人员对高压电气设备进行巡视检查和处理工作。发现异常时应予以消除；对存在的问题需按相关规定加强运行监视。

c)　对运行中设备发生的事故，应组织或参与事故分析工作，制定反事故措施，并做好统计上报工作。

d) 执行年度电气设备预防性试验计划，当试验表明可能存在缺陷时，应采取措施予以消除。对已超过预试周期的设备，应加强运行监视。

e) 建立健全仪器仪表台账，编制仪器仪表检定计划，定期进行检验。新购置的仪器仪表检验合格后，方可使用。

f) 编写电气设备运行月度分析报告，掌握设备运行状态的变化，对设备状况进行预控。

5.3.4.2 检修技改

a) 根据集团公司《电力检修标准化管理实施导则（试行）》、国家和行业有关的电气设备检修规程和产品技术条件文件，结合电厂的实际，制订本厂的《电气设备检修规程》及定期修编，并建立检修文件包。

b) 每年根据设备的实际绝缘情况和运行状况，依据集团公司《检修标准化管理实施导则（试行）》的要求，编制年度检修计划，包括检修原因、依据、项目、目标等，报上级主管部门批准后执行。

c) 检修时，应对集团公司通报的高压电气设备缺陷及电力系统出现的家族缺陷警示作重点检查。

d) 检修过程中，按检修文件包的要求进行工艺和质量控制，执行质监点（W、H 点）监督及三级（班组、专业、厂级）现场验收、签字。

e) 检修后，按 DL/T 596 及相关标准的要求进行验收试验，试验合格后方可投运。

f) 检修完毕，应及时编写检修报告及履行审批手续，将有关检修资料归档。

g) 定期编写电气设备检修分析报告，掌握设备当前的缺陷状况和健康水平。

h) 技改项目按照集团公司《电力生产资本性支出项目管理办法》的规定，做好项目可研、立项、项目实施及后评价的全过程监督。

i) 当高压电气设备从技术经济性角度分析继续运行不再合理时，宜考虑退出运行和报废。退役和报废管理按规定履行审批程序。

6 监督评价与考核

6.1 评价内容

6.1.1 绝缘监督评价考核内容见附录 J《绝缘技术监督工作评价表》。

6.1.2 绝缘监督评价内容分为绝缘监督管理、技术监督实施两部分。监督管理评价和考核项目 31 项，标准分 400 分；技术监督实施评价和考核项目 71 项，标准分 600 分，共计 102 项，标准分 1000 分。

6.2 评价标准

6.2.1 被评价的电厂按得分率的高低分为四个级别，即优秀、良好、合格、不符合。

6.2.2 得分率高于或等于 90% 为"优秀"；80%～90%（不含 90%）为"良好"；70%～80%（不含 80%）为"合格"；低于 70% 为"不符合"。

6.3 评价组织与考核

6.3.1 技术监督评价包括：集团公司技术监督评价；属地电力技术监督服务单位技术监督评价；电厂技术监督自我评价。

6.3.2 集团公司定期组织西安热工院和公司内部专家，对电厂技术监督工作开展情况、设备状态进行评价，评价工作按照集团公司《电力技术监督管理办法》规定执行，分为现场评价和定期评价。

6.3.2.1 集团公司技术监督现场评价按照集团公司年度技术监督工作计划中所列的电厂名单和时间安排进行。各电厂在现场评价实施前应按附录I进行自查，编写自查报告。西安热工院在现场评价结束后三周内，应按照集团公司《电力技术监督管理办法》附录C的格式要求完成评价报告，并将评价报告电子版报送集团公司安生部，同时发送产业、区域子公司及电厂。

6.3.2.2 集团公司技术监督定期评价按照集团公司《电力技术监督管理办法》及本标准要求和规定，对电厂生产技术管理情况、机组障碍及非计划停运情况、绝缘监督报告的内容符合性、准确性、及时性等进行评价，通过年度技术监督报告发布评价结果。

6.3.2.3 集团公司对严重违反技术监督制度、由于技术监督不当或监督项目缺失、降低监督标准而造成严重后果、对技术监督发现问题不进行整改的电厂，予以通报并限期整改。

6.3.3 电厂应督促属地技术监督服务单位依据技术监督服务合同的规定，提供技术支持和监督服务，依据相关监督标准定期对电厂技术监督工作开展情况进行检查和评价分析，形成评价报告并将评价报告电子版和书面版报送产业、区域子公司及电厂，电厂应将报告归档管理，并落实问题整改。

6.3.4 电厂应按照集团公司《电力技术监督管理办法》及华能电厂安全生产管理体系要求建立完善技术监督评价与考核管理标准，明确各项评价内容和考核标准。

6.3.5 电厂应每年按附录H，组织安排绝缘监督工作开展情况的自我评价，根据评价情况对相关部门和责任人开展技术监督考核工作。

附 录 A

（规范性附录）

高压电气设备的温度限值和温升限值

A.1 发电机部件的温升限值和温升限值（引用 GB/T 7064－2008 的有关部分）

空冷发电机温升限值见表 A.1，氢气间接冷却的温升限值见表 A.2，氢气和水直接冷却的温升限值见表 A.3。

表 A.1 空冷发电机温升限值

（引用 GB/T 7064－2008 的有关部分）

部 件	测量位置和测量方法	冷却介质为40℃时的温升限值 K	
		热分级 130（B）	155（F）
定子绕组	槽内上下层绕组间埋置检温计法	85	110
转子绕组	电阻法	间接冷却：90 直接冷却：75（副槽） 65（轴向）	115 75（副槽） 65（轴向）
定子铁芯	埋置检温计法	80	105
集电环	温度计法	80	105
不与绕组接触的铁芯及其他部件	这些部件的温升在任何情况下都不应达到使绕组或邻近的任何部位的绝缘或其他材料有损坏危险的数值		

表 A.2 氢气间接冷却的温升限值

（引用 GB/T 7064－2008 的有关部分）

部 件	测量位置和测量方法	冷却介质为40℃时的温升限值 K		
		氢气绝对压力 MPa	热分级 130（B）	155（F）
定子绕组	槽内上、下层线圈埋置检温计法	0.15 及以下 ＞0.15 且 ≤0.2 ＞0.2 且 ≤0.3 ＞0.3 且 ≤0.4 ＞0.4 且 ≤0.5	85 80 78 73 70	105 100 98 93 90
转子绕组	电阻法		85	105
定子铁芯	埋置检温计法		80	100

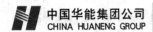

表 A.2（续）

部　件	测量位置和测量方法	冷却介质为40℃时的温升限值 K		
		氢气绝对压力 MPa	热分级 130（B）	155（F）
不与绕组接触的铁芯及其他部件	这些部件的温升在任何情况下不应达到使绕组或邻近的任何部位的绝缘或其他材料有损坏危险的数值			
集电环	温度计法		80	100

表 A.3　氢气和水直接冷却的温度限值
（引用 GB/T 7064－2008 的有关部分）

部　件	测量位置和测量方法	冷却方法和冷却介质	温度限值 ℃	
			热分度 130（B）	130（F）
定子绕组	直接冷却有效部分的出口处的冷却介质检温计法	水	90	90
		氢气	110	130
	槽内上、下层线圈埋置检温计法	水	90[a]	90[a]
转子绕组	电阻法	氢气直接冷却转子全长上径向出风区数目[b]： 　1 和 2 　3 和 4 　5～7 　8～14 　14 以上	100 105 110 115 120	115 120 125 130 135
定子铁芯	埋置检温计法		120	140
不与绕组接触的铁芯及其他部件	这些部件的温度在任何情况下不应达到使绕组或邻近的任何部位的绝缘或其他材料有损坏危险的数值			
集电环	温度计法		120[c]	140

[a]　应注意用埋置检温计法测得的温度并不表示定子绕组最热点的温度，如冷却水和氢气的锥高温度分别不超过有效部分出口处的限值（90℃和110℃），则能保证绕组最热点温度不会过热，埋置检温计法测的温度还可以用来监视定子冷却水系统的运行，在定子绝缘引水管出口端未装设水温检温计时，则仅靠定子绕组上下层间的埋置检温计来监视定子绕组冷却水的运行，此时，埋置检温计的温度限值不应超过 90℃。

[b]　转子绕组的温度限值是以转子全长上径向出风区的数目分级的。端部绕组出风在每端算一个风区，两个反方向的轴向冷却气体的共同出风口应作为两个出风区计算。

[c]　集电环（滑环）的绝缘等级应与此温度限值相适应

A.2 变压器的温度限值和温升限值

油浸式变压器顶层油在额定电压下的一般限值见表 A.4，干式变压器绕组温升限值见表 A.5。

表 A.4 油浸式变压器顶层油在额定电压下的一般限值
（引用 DL/T 572－2010 的有关部分）

冷却方式	冷却介质最高温度 ℃	最高顶层油温 ℃
自然循环自冷、风冷	40	95
强迫油循环风冷	40	85
强迫油循环水冷	30	70

表 A.5 干式变压器绕组温升限值
（引用 GB 1094.11－2007 的有关部分）

绝缘系统温度 ℃	额定电流下的绕组平均温升限值 K
105（A）	60
120（E）	75
130（B）	80
155（F）	100
180（H）	120
200	130
220	150
注：当所设计的变压器是在海拔超过 1000m 处运行，而其试验又是在正常海拔处进行时，如制造单位与用户间无另外协议，则表中所给出的温度限值应根据运行地的海拔超过 1000m 部分，以每 500m 为一级按下列数值相应降低：对于自冷式变压器为 2.5%；对于风冷式变压器为 5%	

A.3 互感器的温升限值、套管的温度限值

电流互感器不同部位不同绝缘材料的温升限值见表 A.6，电压互感器不同部位、不同材料的温升限值见表 A.7，套管的温度限值见表 A.8。

表 A.6 电流互感器不同部位不同绝缘材料的温升限值
（引用 DL/T 725－2000 的有关部分）

序号	互感器部位	绝缘材料及耐热等级	温升限值 K		
			油中	SF₆中	空气中
1	绕组	油浸式的所有绝缘耐热等级	60	—	—
		油浸且全密封的所有绝缘耐热等级	65	—	—

表 A.6（续）

序号	互感器部位	绝缘材料及耐热等级		温升限值 K		
				油中	SF$_6$中	空气中
1	绕组	充填沥青胶的所有绝缘耐热等级		—	—	50
		干式（不浸油，不充胶）	绝缘耐热等级			
			Y	—	45	45
			A	—	60	60
			E	—	75	75
			B	—	85	85
			F	—	110	110
			H	—	135	135
2	不与绝缘材料（油除外）接触的金属零件	裸铜、裸铜合金、镀银		—	105	105
		裸铝、裸铝合金、镀银		—	95	95
3	绕组（或导体）端头或接触连接处	裸铜、裸铜合金、镀银		65	50	
		镀锡、搪锡		50	65	60
		镀锡、搪锡		75	75	
4	铁芯及其他金属结构零件表面			不得超过所接触或邻近的绝缘材料温度		
5	油顶层	一般情况		50	—	—
		油面充有惰性气体或全密封时		55	—	—

注1：表中所列限值是以第4章使用环境条件为依据的。如果环境温度（互感器周围介质温度）高于4.1节的数值时，应将表中的温升限值减去所超过的温度值。

注2：如果互感器工作在海拔超出1000m的地区，而试验是在海拔低于1000m处进行时，应将表中的温升限值按工作地点海拔超出1000m之每100m减去下述数值：油浸式互感器为0.4%；干式互感器为0.5%。

注3：对于油中的镀锡或搪锡的绕组端头或接触连接处，其温升为50K或不超过油顶层温升

表 A.7 电压互感器不同部位、不同绝缘材料的温升限值
（引用 DL/T 726-2000 的有关部分）

序号	互感器部位	绝缘材料及耐热等级	温升限值 K		
			油中	SF$_6$中	空气中
1	绕组	油浸式的所有绝缘耐热等级	60	—	—
		油浸且全密封的所有绝缘耐热等级	65	—	—

表 A.7（续）

序号	互感器部位	绝缘材料及耐热等级			温升限值 K		
					油中	SF₆中	空气中
1	绕组	充填沥青胶的所有绝缘 耐热等级					50
		干式 （不浸油， 不充胶）	绝缘 耐热 等级	Y	—	45	45
				A	—	60	60
				E	—	75	75
				B	—	85	85
				F	—	110	110
				H	—	135	135
2	不与绝缘材料（油除外） 接触的金属零件	裸铜、裸铜合金、镀银				105	105
		裸铝、裸铝合金、镀银				95	95
3	铁芯及其他金属结构零件表面	不得超过所接触或邻近的 绝缘材料温度					
4	油顶层	一般情况			50	—	—
		油面充有惰性气体或 全密封时			55	—	—

注1：表中所列限值是以第 4 章使用环境条件为依据的。如果环境温度（互感器周围介质温度）高于
4.1 节的数值时，应将表中的温升限值减去所超过的温度值。

注2：如果互感器工作在海拔超出 1000m 的地区，而试验是在海拔低于 1000m 处进行时，应将表中的
温升限值按工作地点海拔超出 1000m 后，每高出 100m 减去下述数值：油浸式互感器为 0.4%；
干式互感器为 0.5%

表 A.8 套管的温度限值
（引用 DL/T 865－2004 的有关部分）

序号	套管的温度极限 ℃		套管金属部分最热点相对于环境空气温度的温升 ℃	
1	胶粘纸套管	120	胶粘纸套管接触处	≤90
2	油浸纸套管	105	油浸纸套管接触处	≤75

注：对于其他绝缘材料的套管，其温度极限由供需双方商定

A.4　高压开关设备和控制设备各种部件、材料和绝缘介质的温度和温升极限

高压开关设备和控制设备各种部件、材料和绝缘介质的温度和温升极限见表 A.9。

表 A.9　高压开关设备和控制设备各种部件、材料和绝缘介质的温度和温升极限
（引用 GB/T 11022－2011 的有关部分）

部件、材料和绝缘介质的类别 （见注 1、注 2 和注 3）	最大值	
	温度 ℃	周围空气温度 不超 40℃时的温升 K
1　触头（见注 4）		
（1）裸铜或裸铜合金：		
1）在空气中；	75	35
2）在 SF$_6$ 中（见注 5）；	105	65
3）在油中。	80	40
（2）镀银或镀镍（见注 6）：		
1）在空气中；	105	65
2）在 SF$_6$ 中（见注 5）；	105	65
3）在油中。	90	50
（3）镀锡（见注 6）：		
1）在空气中；	90	50
2）在 SF$_6$ 中（见注 5）；	90	50
3）在油中	90	50
2　用螺栓的或与其等效的连接（见注 4）		
（1）裸铜、裸铜合金或裸铝合金：		
1）在空气中；	90	50
2）在 SF$_6$ 中（见注 5）；	115	75
3）在油中。	100	60
（2）镀银或镀镍（见注 6）：		
1）在空气中；	115	75
2）在 SF$_6$ 中（见注 5）；	115	75
3）在油中。	100	60

表 A.9（续）

部件、材料和绝缘介质的类别 （见注1、注2和注3）	最大值	
	温度 ℃	周围空气温度 不超40℃时的温升 K
（3）镀锡（见注6）：		
1）在空气中；	105	65
2）在SF₆中（见注5）；	105	65
3）在油中	100	60
3 其他裸金属制成的或有其他镀层的触头或连接（见注7）	（见注7）	（见注7）
4 用螺钉或螺栓与外部导体连接的端子（见注8）		
（1）裸的；	90	50
（2）镀银、镀镍或镀锡；	105	65
（3）其他镀层	（见注7）	（见注7）
5 油开关装置用油（见注9和注10）	90	50
6 用作弹簧的金属零件	（见注11）	（见注11）
7 绝缘材料以及与下列等级的绝缘材料接触的金属部件（见注12）		
（1）Y；	90	50
（2）A；	105	65
（3）E；	120	80
（4）B；	130	90
（5）F；	155	155
（6）瓷漆：油基合成；	100	60
	120	80
（7）H；	180	140
（8）C：其他绝缘材料	（见注13）	（见注13）
8 除触头外，与油接触的任何金属或绝缘	100	60

表 A.9（续）

部件、材料和绝缘介质的类别 （见注 1、注 2 和注 3）	最大值	
	温度 ℃	周围空气温度 不超 40℃时的温升 K
9　可触及的部件 （1）在正常操作中可触及的； （2）在正常操作中不需触及的	 70 80	 30 40

注 1：按其功能，同一部件可能属于表 A.9 中的几种类别，在这种情况下，允许的最高温度和温升值是相关类别中的最低值。

注 2：对真空开关装置，温度和温升的极限值不适用于处在真空中的部件，其余部件不应超过表 A.9 给出的温度和温升值。

注 3：应注意保证周围的绝缘材料不受损坏。

注 4：当接合的部件具有不同的镀层或一个部件是裸露的材料时，允许的温度和温升应为：

    a）对触头为表 A.9 项 1 中最低允许值的表面材料的值；

    b）对连接为表 A.9 项 2 中最高允许值的表面材料的值。

注 5：SF_6 是指纯 SF_6 或纯 SF_6 与其他无氧气体的混合物。

    a）由于不存在氧气，把 SF_6 开关设备中各种触头和连接的温度极限加以协调是合适的。在 SF_6 环境下，裸铜或裸铜合金零件的允许温度极限可以和镀银或镀镍的零件相同。对镀锡零件，由于摩擦腐蚀效应，即使在 SF_6 无氧的条件下，提高其允许温度也是不合适的，因此对镀锡零件仍取在空气中的值。

    b）对裸铜和镀银触头在 SF_6 中的温升正在考虑中。

注 6：按照设备的有关技术条件：

    a）在关合和开断试验后（如果有的话）；

    b）在短时耐受电流试验后；

    c）在机械寿命试验后。

    有镀层的触头在接触区应该有连续的镀层，否则触头应被视为是"裸露"的。

注 7：当使用的材料在表 A.9 中没有列出时，应该研究它们的性能，以便确定其最高允许温升。

注 8：即使和端子连接的是裸导体，其温度和温升值仍有效。

注 9：在油的上层的温度和温升。

注 10：如果使用低闪点的油，应特别注意油的气化和氧化。

注 11：温度不应达到使材料弹性受损的数值。

注 12：绝缘材料的分级见 GB/T 11021。

注 13：仅以不损害周围的零部件为限

A.5　电缆导体最高允许温度

电缆导体最高允许温度见表 A.10。

表 A.10　电缆导体最高允许温度
（引用 DL/T 1253－2013 的有关部分）

电缆类型	电压 kV	最高运行温度 ℃	
		额定负荷时	短路时
聚氯乙烯	1	70	160

表 A.10（续）

电缆类型	电压 kV	最高运行温度 ℃	
		额定负荷时	短路时
黏性浸渍纸绝缘	10	70	250[a]
黏性浸渍纸绝缘	35	60	175
不滴流纸绝缘	10	70	250[a]
	35	65	175
自容式充油电缆	66～500	85	160
交联聚乙烯	1～500	90	250[a]
[a] 铝芯电缆短路允许最高温度为200℃			

A.6 金属封闭母线各部位的允许温度和温升

金属封闭母线最热点的温度和温升的允许值见表 A.11。

表 A.11 金属封闭母线最热点的温度和温升的允许值
（引用 GB/T 8349－2000 的有关部分）

金属封闭母线的部件		最高允许温度 ℃	最高允许温升 K
导体		90	50
螺栓紧固的导体或外壳的接触面	镀银	105	65
	不镀	70	30
外壳		70	30
外壳支持结构		70	30

附 录 B
（规范性附录）
技术监督不符合项通知单

编号（No）：××-××-××

发现部门：	专业：	被通知部门、班组：	签发：	日期：20××年××月××日

不符合项描述	1. 不符合项描述： 2. 不符合标准或规程条款说明：
整改措施	3. 整改措施： 制订人/日期：　　　　　　　　　审核人/日期：
整改验收情况	4. 整改自查验收评价： 整改人/日期：　　　　　　　　　自查验收人/日期：
复查验收评价	5. 复查验收评价： 复查验收人/日期：
改进建议	6. 对此类不符合项的改进建议： 建议提出人/日期：
不符合项关闭	整改人：　　　自查验收人：　　　复查验收人：　　　签发人：
编号说明	年份＋专业代码＋本专业不符合项顺序号

附　录　C

（资料性附录）

绝缘技术监督资料档案格式

C.1　受监督电气一次设备清册格式

C.1.1　设备清册编制要素

a）　序号；

b）　KKS 编码；

c）　设备名称；

d）　型号；

e）　技术规格；

f）　出厂日期；

g）　出厂编号；

h）　制造厂家；

i）　投运日期。

C.1.2　设备清册编制要求
C.1.2.1　分组管理

设备清册可以设备类型为主体，再按机组或电压等级分组；或者以机组或电压等级为主体，再按设备类型分组。

C.1.2.2　文本文档格式

可采用 Word 文档或者 Excel 工作表，推荐采用 Excel 工作表。

C.2　设备台账格式

C.2.1　设备台账目录
C.2.1.1　封面
C.2.1.2　正文

a）　设备技术规范及附属设备技术规范；

b）　制造、运输、安装及投产验收情况记录；

c）　运行维护情况记录；

d）　预防性试验记录；

e）　检修情况记录；

f）　重要故障记录；

g）　设备异动记录；

h）　重要记事。

C.2.1.3　设备基建阶段资料及图纸目录
C.2.2　设备台账编制要求

a）　设备台账是由一个文本文档（Word 文档或者 Excel 工作表）和一个文件夹组成。

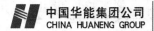

b) 文本文档用来记录设备从设计选型和审查、监造和出厂验收、安装和投产验收、运行、检修到技术改造的全过程绝缘监督的重要内容；文件夹用来保存和提供文本文档所需的相关资料。

c) 设备台账的记录应简明扼要，详细内容可通过超链接调用文件夹中的相关资料，或者通过索引在文件夹中查找到相关的资料。

C.2.3 变压器台账示例

C.2.3.1 封面

a) 设备名称；

b) KKS 编码；

c) 管理部门；

d) 责任人；

e) 建档日期。

C.2.3.2 正文

a) 设备技术规范及附属设备技术规范：变压器技术规范见表 C.1，无载调压分接头开关见表 C.2，套管形电流互感器技术规范见表 C.3，冷却器技术规范见表 C.4。

表 C.1 变压器技术规范

项　目		数　据
型　号		
额定容量 MVA		
额定电压 kV	高压侧	
	低压侧	
额定电流 A	高压侧	
	低压侧	
额定频率 Hz		
相数		
绝缘水平		
冷却方式		
绕组允许温升 ℃		
顶层油允许温升 ℃		
空载电流 %		
阻抗电压 %		

表 C.1（续）

项 目		数 据
空载损耗 kW		
负载损耗 kW		
总损耗 kW		
绕组联结组标号		
中性点接地方式	高压侧	
	低压侧	
调压方式		
变压器绝缘油型号		
油重量 t		
总重量 t		
制造日期		
制造厂家		
投运日期		

表 C.2 无载调压开关分接头规范

分接挡位	分接头 %	电压 V	电流 A
1			
2			
3			
4			
5			

表 C.3 套管形电流互感器技术规范

装置位置	顺序号	互感器型号	电流比 A	准确级
高压侧				
高压侧中性点				

表 C.4　冷 却 器 技 术 规 范

冷却器功率 kW		冷却器组数	
冷却器用风扇		冷却器用油泵	
型　号		型　号	
台　数		台　数	
单台功率 kW		单台功率 kW	
电流 A		电　流 A	
动力电源		动力电源	

b）　制造、运输、安装及投产验收情况记录：制造、运输、安装及投产验收情况记录见表 C.5。

表 C.5　制造、运输、安装及投产验收情况记录

设备名称	主变压器	制造厂家	
运输单位		电建单位	
制造过程出现的 问题及处理	问题及处理		
	索引或超链接		
运输过程出现的 问题及处理	问题及处理		
	索引或超链接		
	备注		

c）　运行维护记录：变压器运行维护记录见表 C.6。

表 C.6 变压器运行维护记录

缺陷发现日期	
缺陷简述	
处理情况	
遗留问题及跟踪监督	
索引或超链接	
运行维护人员		审核	

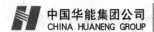

d) 预防性试验记录:

1) 油中溶解气体色谱。变压器油中溶解气体色谱见表C.7。

表C.7 变压器油中溶解气体色谱

检测日期	油中溶解气体色谱数据 μL/L							
	H_2	CH_4	C_2H_6	C_2H_4	C_2H_2	总烃	CO	CO_2

2) 绝缘油油质。主变压器绝缘油油质见表C.8。

表C.8 主变压器绝缘油油质

检测日期	外状	水分 mg/L	介质损耗因数,90℃	击穿电压 kV	油中含气量 %	糠醛含量 mg/L

3) 电气性能。主变压器电气性能见表C.9。

表C.9 主变压器电气性能

检测日期	绕组连同套管直流电阻 mΩ						绕组连同套管		电容型套管		绕组连同套管泄漏电流 μA	铁芯接地电流 mA
	高压 A相	高压 B相	高压 C相	低压 A相	低压 A相	低压 A相	$\tan\delta$ %	$\Delta\tan\delta$ %	C_X pF	$\tan\delta$ %		

e) 检修记录。主变压器检修记录见表 C.10。

表 C.10　主 变 压 器 检 修 记 录

设备名称		检修日期	
检修性质		检修等级	
主要检修 内容			
检修中发现的 问题及处理			
遗留问题			
索引或超链接			
检修人员		审核	

f) 重要故障记录（包括：一类事故、障碍、危急缺陷和严重缺陷）。重要故障记录见表 C.11。

表 C.11 重 要 故 障 记 录

故障名称		发生日期	
故障性质		非停时间	
事件简述			
原因分析			
处理方法			
防范措施			
索引或超链接			
记录		审核	

g) 设备异动记录（包括：改进、更换、报废）。设备异动记录见表 C.12。

表 C.12 设 备 异 动 记 录

设备名称		异动日期	
异动原因			
异动依据			
异动内容			
异动效果			
索引或超链接			
记录		审核	

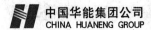

h) 设备重要记事。设备重要记事见表 C.13。

表 C.13 设 备 重 要 记 事

事件名称		发生日期	
事件描述			
索引或超链接			
记录		审核	

i) 设备基建阶段资料及图纸目录。设备基建阶段资料及图纸目录见表 C.14。

表 C.14 设备基建阶段资料及图纸目录

序号	资料及图纸名称	索引号	保存地点
1			
2			
3			
4			
5			
6			
7			
8			
9			
10			
11			
12			
13			

C.3 设备外绝缘台账格式

设备外绝缘台账见表 C.15。

表 C.15 设 备 外 绝 缘 台 账

设备名称	技术规格	外绝缘材质	爬电距离 mm	设备统一爬电比距 mm/kV	2014 年		2015 年	
					现场污秽度测量值 mg/cm²	统一爬电比距测量值 mm/kV	现场污秽度测量值 mg/cm²	统一爬电比距测量值 mm/kV

C.4 高压试验仪器仪表台账格式

高压试验仪器仪表台账见表 C.16。

表 C.16 高压试验仪器仪表台账

序号	仪器仪表名称	型号	技术规格	购入日期	供货商	检验周期	2014 年		2015 年	
							检验日期	仪器状态	检验日期	仪器状态
1										
2										
3										
4										
5										
6										
注1：仪器状态包括合格、待修理、报废； 注2：台账中应保留两个检验周期的检验报告										

C.5 预防性试验报告格式

试验报告的内容如下：

C.5.1 被试设备及试验条件

a) 试验报告编号；

b) 电厂名称；

c) 设备主要参数；

d) 试验时间；

e) 试验性质（交接试验、定期预防性试验、检修试验、诊断性试验）；

f) 天气及环境温度、湿度。

C.5.2 试验记录

a) 试验项目；

b) 试验数据（必要时提供出厂值或上次试验值）；

c) 试验方法（试验电压、试验温度等）；

d) 试验仪器（型号和规格、准确度、有效期、出厂编号）；

e) 试验依据（执行标准、试验结果判据）；

f) 试验结论；

g) 试验人员和审核。

C.5.3 变压器试验报告示例

油浸电力变压器试验报告见表 C.17。

表 C.17 油浸电力变压器试验报告

试验报告编号：

电厂名称				设备名称			试验日期		
试验性质				天气		环境温度		环境湿度	
主要参数	型号						额定容量		
	额定电压			阻抗电压			投运日期		
	额定电流			联结组别			制造厂家		

1 绕组连同套管的直流电阻							测量时油温		℃
高压绕组	相别分接	直流电阻实测值 mΩ			换算至 75℃时直流电阻值 mΩ			75℃时最大值 %		
		A—O	B—O	C—O	A—O	B—O	C—O		
	I								
	II								
	III								
	IV								
	V								
低压绕组 mΩ	ab	bc	ca	ab	bc	ca			

2 绕组绝缘电阻、吸收比和极化指数					测量时顶层油温		℃	
测试部位		R_{15}	R_{60}	R_{600}	吸收比 K_i	极化指数 P_i	R_{60} 上次测量值	
高压对低压和地 MΩ	耐压前							
	耐压后							

表 C.17（续）

低压对地 MΩ	耐压前				
	耐压后				
铁芯—地 MΩ		铁芯—上夹件 MΩ		上夹件—地 MΩ	

3 绕组连同套管的 tanδ 和电容值		试验电压	10kV	测量时顶层油温	℃
测试部位	绕组实测值		套管末屏实测值		绕组上次测量值	
	tanδ_{x1} %	C_{x1} pF	tanδ_{x2} %	C_{x2} pF	tanδ_0 %	C_0 pF
高压对地压和地						
低压对地						

4 油纸电容型套管的 tanδ 和电容值			试验电压	10kV	测量时油温	℃
相别	主绝缘实测值			套管末屏实测值		主绝缘上次测量值	
	R_{x1} MΩ	tanδ_{x1} %	ΔC_{x1} pF	R_{x2} MΩ	tanδ_{x2} %	C_{x2} pF	tanδ_0 %	C_0 pF
A								
B								
C								
O								

5 绕组连同套管的直流泄漏电流				测量时顶层油温	℃
测试部位	高压绕组实测值			低压绕组实测值		
	上次值	测量值	ΔI %	上次值	测量值	ΔI %
直流试验电压 kV						
绕组泄漏电流 μA						

试验仪器仪表	名 称	型号和技术规格	准确度	有效期	出厂编号
	直流电压表				
	直流微安表				
	兆欧表				
	介损测试仪				
试验依据					
结论					
试验人员			审核		

C.6 电气设备运行分析月报编写格式

20××年××月电气设备运行分析报告

（编写人：×××）

一、发电机运行分析

主要内容：

（1）发电机运行状况：

    1）最高负荷；

    2）最低负荷；

    3）平均负荷率；

    4）计划停运小时；

    5）非计划停运小时；

    6）各部分的温度（定子铁芯最高温度、定子绕组最高温度及温差、绕组出水最高温度及温差）；

    7）振动及异常噪声；

    8）集电环和碳刷状况。

（2）氢、水、油系统运行状况：

    1）氢、水、油的品质（指标最大值，平均合格率）；

    2）漏氢量；

    3）发电机内冷水进出口水压差。

（3）发现的问题和处理（包括试验、检修、运行、巡视中发现的一般事故和一类障碍、危急缺陷和严重缺陷）。

（4）存在的问题。

二、变压器运行分析

主要内容：

（1）变压器上层油温度；

（2）变压器油中溶解的特征气体含量（最近的两次 H_2、C_2H_2、总烃数据，注明试验日期）；

（3）干式变压器绕组温度；

（4）发现的问题和处理（包括试验、检修、运行、巡视中发现的一般事故和一类障碍、危急缺陷和严重缺陷）；

（5）存在的问题。

三、高压配电设备运行分析

主要内容：

（1）发现的问题和处理（包括试验、检修、运行、巡视中发现的一般事故和一类障碍、危急缺陷和严重缺陷）；

（2）存在问题。

四、厂用电系统设备运行分析

主要内容：

（1）发现的问题和处理（包括试验、检修、运行、巡视中发现的一般事故和一类障碍、危急缺陷和严重缺陷）；

（2）存在的问题。

C.7 电气设备检修季度（月）分析编写格式

20××年第×季（月）度电气设备检修分析报告
（编写人：×××）

一、计划检修情况

主要内容（有照片、数据时应附照片、数据说明）：

（1）主要检修工作：

    1） 发电机；

    2） 变压器；

    3） 高压配电设备；

    4） 厂用电系统设备。

（2）检修中发现的问题及处理。

（3）遗留的问题。

二、故障（事故、危急缺陷和严重缺陷）检修情况

主要内容（有照片、数据时应附照片、数据说明）：

（1）事件简述；

（2）原因分析；

（3）检修中发现的问题及处理；

（4）防范措施；

（5）遗留的问题。

C.8 故障分析报告格式（包括一类事故、障碍、危急缺陷和严重缺陷）

故障分析报告见表 C.18。

表 C.18 故 障 分 析 报 告

故障名称		发生日期	
故障性质		非停时间	
事件简述			

表 C.18（续）

原因分析	
处理方法	
防范措施	
索引或超链接	
记录		审核	

附 录 D

（规范性附录）

绝缘技术监督季报编写格式

××电厂20××年×季度绝缘技术监督季报

编写人：×××　固定电话/手机

审核人：×××

批准人：×××

上报时间：20××年××月××日

D.1　上季度集团公司督办事宜的落实或整改情况

D.2　上季度产业（区域）公司督办事宜的落实或整改情况

D.3　绝缘监督年度工作计划完成情况统计报表

年度技术监督工作计划和技术监督服务单位合同项目完成情况统计报表见表 D.1。

表 D.1　年度技术监督工作计划和技术监督服务单位合同项目完成情况统计报表

发电厂技术监督计划完成情况			技术监督服务单位合同工作项目完成情况		
年度计划项目数	截至本季度完成项目数	完成率 %	合同规定的工作项目数	截至本季度完成项目数	完成率 %

D.4　绝缘监督考核指标完成情况统计报表

D.4.1　监督管理考核指标报表（见表 D.2～表 D.4）

监督指标上报说明：每年的 1 季度～3 季度所上报的技术监督指标为季度指标；每年的 4 季度所上报的技术监督指标为全年指标。

表 D.2　技术监督预警问题至本季度整改完成情况统计报表

一级预警问题			二级预警问题			三级预警问题		
问题项数	完成项数	完成率 %	问题项数	完成项数	完成率 %	问题项目	完成项数	完成率 %

表 D.3　技术监督动态检查提出问题本季度整改完成情况统计报表

检查年度	检查提出问题项目数项			电厂已整改完成项目数统计结果			
	严重问题	一般问题	问题项合计	严重问题	一般问题	完成项目数小计	整改完成率 %

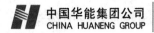

表 D.4　20××年×季度仪表校验率统计报表

年度计划应校验仪表台数	截至本季度完成校验仪表台数	仪表校验率 %	考核或标杆值 %
			100

D.4.2　技术监督考核指标报表（见表 D.5～表 D.7）

表 D.5　20××年×季度预试完成率季度统计报表

主设备预试情况				一般设备预试情况			
应试 总台数	实试 总台数	预试率 %	考核值 %	应试 总台数	实试 总台数	预试率 %	考核值 %
			100				98
注 1：主设备：指连接在发电机出口的电气一次设备（包括启动备用变压器）； 注 2：一般设备：指连接在高压厂用工作母线上的 6kV（或 10kV）电气一次设备							

表 D.6　20××年×季度缺陷消除率季度统计报表

危急缺陷消除情况				严重缺陷消除情况			
缺陷项数	消除项数	消除率 %	考核值 %	缺陷项数	消除项数	消除率 %	考核值 %
			100				≥90
注 1：严重缺陷：暂时尚能坚持运行，但需尽快处理的缺陷； 注 2：危急缺陷：直接危及人身及设备的安全，须立即处理的缺陷							

表 D.7　20××年×季度设备完好率季度统计报表

主设备完好情况				一般设备完好情况			
主设备 总台数	完好设备 总台数	完好率 %	考核值 %	一般设备 总台数	完好设备 总台数	完好率 %	考核值 %
			100				≥98
注：同表 D.5 注							

D.4.3　技术监督考核指标简要分析

填报说明：分析指标未达标的原因。

D.5　本季度主要的绝缘监督工作

填报说明：简述绝缘监督管理、试验、检修、运行、设备异动及设备遗留缺陷跟踪的情况，有照片、数据时应附上照片、数据。

D.6 本季度绝缘监督发现的问题、原因及处理情况

填报说明：包括试验、检修、运行、巡视中发现的一般事故和一类障碍、危急缺陷和严重缺陷，一般按事件描述、原因分析、处理情况和防范措施来说明。有照片、数据时应附上照片、数据。

D.6.1 一般事故及一类障碍

D.6.2 危急缺陷

D.6.3 严重缺陷

D.7 绝缘下季度的主要工作

D.8 附表

华能集团公司技术监督动态检查专业提出问题至本季度整改完成情况见表 D.8，《华能集团公司火电技术监督报告》专业提出的存在问题至本季度整改完成情况见表 D.9，技术监督预警问题至本季度整改完成情况见表 D.10。

表 D.8　华能集团公司技术监督动态检查专业提出问题至本季度整改完成情况

序号	问题描述	问题性质	西安热工院提出的整改建议	发电厂制定的整改措施和计划完成时间	目前整改状态或情况说明
注 1：填报此表时需要注明集团公司技术监督动态检查的年度； 注 2：如 4 年内开展了 2 次检查，应按此表分别填报。待年度检查问题全部整改完毕后，不再填报					

表 D.9　《华能集团公司火电技术监督报告》专业提出的存在问题至本季度整改完成情况

序号	问题描述	问题性质	问题分析	解决问题的措施及建议	目前整改状态或情况说明
注：要注明提出问题的《技术监督报告》的出版年度和季度					

表 D.10　技术监督预警问题至本季度整改完成情况

预警通知单编号	预警类别	问题描述	西安热工院提出的整改建议	发电厂制定的整改措施和计划完成时间	目前整改状态或情况说明

附 录 E
（规范性附录）
技 术 监 督 信 息 速 报

单位名称			
设备名称		事件发生时间	
事件概况	注：有照片时应附照片说明。		
原因分析			
已采取的措施			
监督专责人签字		联系电话传　真	
生产副厂长或总工程师签字		邮　箱	

附 录 F

（规范性附录）

绝缘技术监督预警项目

F.1 一级预警

对二级预警项目未整改或未按期完成整改。

F.2 二级预警

a） 高压电气设备已处在事故边缘，仍继续在运行。

b） 由于绝缘监督不到位，造成发电机、主变压器绝缘严重损坏。

c） 发生重大损坏、危急缺陷事件未及时报送速报。

d） 对一级预警项目未整改或未按期完成整改。

F.3 三级预警

a） 设备设计、选型、制造和安装存在问题，影响投运后设备安全运行。

b） 设备出厂、投产、设备及材料采购验收中，不按照有关标准进行检查和验收。

c） 以下设备预试周期超过相关规定：

    1） 200MW 及以上发电机；

    2） 220kV 及以上电压等级高压电气设备。

d） 对监督检查发现的问题具备整改条件未及时整改。

e） 大、小修和临修以及技改中安排的涉及设备安全运行的项目，有漏项及不上报。

f） 设备的试验数据和资料失实。

附 录 G
（规范性附录）
技术监督预警通知单

通知单编号：T- 　　　　　预警类别编号： 　　　　　日期： 　年　月　日

发电企业名称	
设备（系统）名称及编号	
异常情况	
可能造成或已造成的后果	
整改建议	
整改时间要求	
提出单位	签发人

注：通知单编号：T—预警类别编号—顺序号—年度。预警类别编号：一级预警为1，二级预警为2，三级预警为3。

附 录 H
（规范性附录）
技术监督预警验收单

验收单编号：Y-　　　　　　　预警类别编号：　　　　　　日期：　　年　　月　　日

发电企业名称	
设备（系统）名称及编号	
异常情况	
技术监督 服务单位 整改建议	
整改计划	
整改结果	

验收单位		验收人	

注：验收单编号：Y—预警类别编号—顺序号—年度。预警类别编号：一级预警为1，二级预警为2，三级预警为3。

附　录　I

（规范性附录）

技术监督动态检查问题整改计划书

I.1　概述

I.1.1　叙述计划的制定过程（包括西安热工院、技术监督服务单位及电厂参加人等）。

I.1.2　需要说明的问题，如：问题的整改需要较大资金投入或需要较长时间才能完成整改的问题说明。

I.2　重要问题整改计划表

重要问题整改计划表，见表 I.1。

表 I.1　重要问题整改计划表

序号	问题描述	专业	监督单位提出的整改建议	电厂制定的整改措施和计划完成时间	电厂责任人	监督单位责任人	备注

I.3　一般问题整改计划表

一般问题整改计划表，见表 I.2。

表 I.2　一般问题整改计划表

序号	问题描述	专业	监督单位提出的整改建议	电厂制定的整改措施和计划完成时间	电厂责任人	监督单位责任人	备注

附 录 J

（规范性附录）
绝缘技术监督工作评价表

序号	评价项目	标准分	评价内容与要求	评分标准
1	绝缘监督管理	400		
1.1	组织与职责	50	查看电厂技术监督机构文件、上岗资格证	
1.1.1	监督组织健全	10	建立健全监督领导小组领导下的三级绝缘监督网，在归口职能部门设置绝缘监督专责人	（1）未建立三级绝缘监督网，扣10分； （2）未落实绝缘监督专责人或人员调动未及时变更，扣10分
1.1.2	职责明确并得到落实	10	专业岗位职责明确，落实到人	专业岗位设置不全或未落实到人，每一岗位扣10分
1.1.3	绝缘专责持证上岗	30	厂级绝缘监督专责人持有效上岗资格证	未取得资格证书或证书超期，扣30分
1.2	标准符合性	50	查看： (1)保存国家、行业与绝缘监督有关的技术标准、规范； (2)电厂"绝缘监督管理标准""电气运行规程""电气检修规程""预防性试验规程"	
1.2.1	绝缘监督管理标准	10	要求： （1）编写的内容、格式应符合《华能电厂安全生产管理体系要求》和《华能电厂安全生产管理体系管理标准编制导则》的要求，并统一编号； （2）编写的内容符合国家、行业法律、法规、标准和《华能集团公司电力技术监督管理办法》相关的要求，并符合电厂实际	（1）不符合《华能电厂安全生产管理体系要求》和《华能电厂安全生产管理体系管理标准编制导则》的编制要求，扣10分； （2）不符合国家、行业法律、法规、标准和《华能集团公司电力技术监督管理办法》相关的要求和电厂实际，扣10分
1.2.2	国家、行业技术标准	15	要求： （1）保存的技术标准符合集团公司年初发布的绝缘监督标准目录； （2）及时收集新标准，并在厂内发布	（1）缺少标准或未更新，每个扣5分； （2）标准未在厂内发布，扣10分

表（续）

序号	评价项目	标准分	评价内容与要求	评分标准
1.2.3	企业技术标准	15	要求： 电厂"电气运行规程""电气检修规程""预防性试验规程"： （1）符合或严格于国家和行业现行技术标准，包括：巡视周期、试验周期、检修周期；性能指标、运行控制指标、工艺控制指标。 （2）符合本厂实际情况。 （3）按时修订	（1）不符合要求（1）、（2），每项扣10分； （2）不符合要求（3），每项扣5分； （3）企业标准未按时修编，每一个企业标准扣10分
1.2.4	标准更新	10	标准更新符合管理流程	不符合标准更新管理流程，每个扣10分
1.3	仪器仪表	50	现场查看；查看仪器仪表台账、检验计划、检验报告	
1.3.1	仪器仪表台账	10	建立仪器仪表台账，栏目应包括：仪器仪表型号、技术参数（量程、精度等级等）、购入时间、供货单位；检验周期、检验日期、使用状态等	（1）仪器仪表记录不全，一台扣5分； （2）新购仪表未录入或检验；报废仪表未注销和另外存放，每台扣10分
1.3.2	仪器仪表资料	10	（1）保存仪器仪表使用说明书； （2）编制红外检测、避雷器阻性电流测量等专用仪器仪表操作规程	（1）使用说明书缺失，一件扣5分； （2）专用仪器操作规程缺漏，一台扣5分
1.3.3	仪器仪表维护	10	（1）仪器仪表存放地点整洁，并配有温度计、湿度计； （2）仪器仪表的接线及附件不许另作他用； （3）仪器仪表清洁、摆放整齐； （4）有效期内的仪器仪表应贴上有效期标识，不与其他仪器仪表一道存放； （5）待修理、已报废的仪器仪表应另外分别存放	不符合要求，一项扣5分
1.3.4	检验计划和检验报告	10	有仪表检验计划，送检的仪表应有对应的检验报告	不符合要求，每台扣5分
1.3.5	对外委试验使用仪器仪表的管理	10	应有试验使用的仪器仪表检验报告复印件	不符合要求，每台扣5分
1.4	监督计划	50	现场查看电厂监督计划	

表（续）

序号	评价项目	标准分	评价内容与要求	评分标准
1.4.1	计划的制定	20	（1）计划制定时间、依据符合要求； （2）计划内容应包括： 1）管理制度制定或修订计划； 2）培训计划（内部及外部培训、资格取证、规程宣贯等）； 3）检修中绝缘监督项目计划； 4）动态检查提出问题整改计划； 5）绝缘监督中发现重大问题整改计划； 6）仪器仪表送检计划； 7）技改中绝缘监督项目计划； 8）定期工作； 9）网络会议计划	（1）计划制定时间、依据不符合，一个计划扣10分； （2）计划内容不全，一个计划扣5~10分
1.4.2	计划的审批	15	符合工作流程：班组或部门编制→策划部绝缘专责人审核→策划部主任审定→生产厂长审批→下发实施	审批工作流程缺少环节，一个扣10分
1.4.3	计划的上报	15	每年11月30日前上报产业、区域子公司，同时抄送西安热工院	计划上报不按时，扣15分
1.5	监督档案	50	现场查看查看监督档案、档案管理的记录	
1.5.1	监督档案清单	15	应建有监督档案资料清单。每类资料有编号、存放地点、保存期限	不符合要求，一类扣5分
1.5.2	报告和记录	20	（1）各类资料内容齐全、时间连续； （2）及时记录新信息； （3）及时完成预防性试验报告、运行月度分析、定期检修分析、检修总结、故障分析等报告编写，按档案管理流程审核归档	（1）第（1）、（2）项不符合要求，一件扣5分； （2）第（3）项不符合要求，一件扣10分
1.5.3	档案管理	15	（1）资料按规定储存，由专人管理； （2）记录借阅应有借、还记录； （3）有过期文件处置的记录	不符合要求，一项扣10分
1.6	评价与考核	40	查阅评价与考核记录	
1.6.1	动态检查前自我检查	10	自我检查评价切合实际	（1）没有自查报告扣10分； （2）自我检查评价与动态检查评价的评分相差10分及以上，扣10分

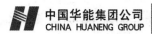
表（续）

序号	评价项目	标准分	评价内容与要求	评分标准
1.6.2	定期监督工作评价	10	有监督工作评价记录	无工作评价记录，扣10分
1.6.3	定期监督工作会议	10	有监督工作会议纪要	无工作会议纪要，扣10分
1.6.4	监督工作考核	10	有监督工作考核记录	发生监督不力事件而未考核，扣10分
1.7	工作报告制度执行情况	50	查阅检查之日前四个季度季报、检查速报事件及上报时间	
1.7.1	监督季报、年报	20	（1）每季度首月5日前，应将技术监督季报报送产业、区域子公司和西安热工院； （2）格式和内容符合要求	（1）季报、年报上报迟报1天扣5分； （2）格式不符合，一项扣5分； （3）报表数据不准确，一项扣10分； （4）检查发现的问题，未在季报中上报，每1个问题扣10分
1.7.2	技术监督速报	20	按规定格式和内容编写技术监督速报并及时上报	（1）发生危急事件未上报速报一次扣20分； （2）未按规定时间上报，一件10分； （3）事件描述不符合实际，一件扣15分
1.7.3	年度工作总结报告	10	（1）每年元月5日前组织完成上年度技术监督工作总结报告的编写工作，并将总结报告报送产业、区域子公司和西安热工院； （2）格式和内容符合要求	（1）未按规定时间上报，扣10分； （2）内容不全，扣10分
1.8	监督考核指标	60	查看仪器仪表校验报告；监督预警问题验收单；整改问题完成证明文件；预试计划及预试报告；现场查看，查看检修报告、缺陷记录	
1.8.1	监督预警问题整改完成率	15	要求：100%	不符合要求，不得分
1.8.2	动态检查存在问题整改完成率	15	要求：从发电企业收到动态检查报告之日起：第1年整改完成率不低于85%；第2年整改完成率不低于95%	不符合要求，不得分
1.8.3	试验仪器仪表校验率	5	要求：100%	不符合要求，不得分
1.8.4	预试完成率	5	要求： （1）主设备 100% （2）一般设备 98%	不符合要求，不得分

表（续）

序号	评价项目	标准分	评价内容与要求	评分标准
1.8.5	缺陷消除率	10	要求： （1）危急缺陷 100%； （2）严重缺陷 90%	不符合要求，不得分
1.8.6	设备完好率	10	要求： （1）主设备 100%； （2）一般设备 98%	不符合要求，不得分
2	监督过程实施	600		
2.1	汽轮发电机	120		
2.1.1	预防性试验	10	查看预试报告。要求： （1）试验周期符合规程的规定； （2）项目齐全； （3）方法正确； （4）数据准确； （5）结论明确； （6）试验使用检定合格仪器仪表； （7）报告经审核	不符合要求，一项扣5分
2.1.2	发电机缺陷	20	查看试验报告、检修报告。要求：不存在严重缺陷，包括： （1）铁芯松动； （2）定子线棒、引线固有频率和端部整体的椭圆固有频率落入应避开的范围； （3）定子绕组端部松动、磨损； （4）定子空心导线局部堵塞； （5）转子绕组匝间短路； （6）振动值超标； （7）轴电压大于20V； （8）不合格预试项目	存在严重缺陷，一项扣10分
2.1.3	电气运行参数	10	现场查看，运行记录。要求：有功功率、电压、电流、频率、励磁电压和电流符合发电机技术条件；没有由于设备的原因，如转子绕组匝间短路、振动值超标、超温等限制出力和电流的现象	不符合要求，一项扣5分
2.1.4	各部分温度	10	现场查看，标准各部分温度符合 DL/T 1164 和电厂运行规程的要求： （1）定子铁芯轭部、齿部温度限值120℃； （2）定子绕组温度限值90℃，温差限值8℃； （3）定子绕组出水温度限值85℃，温差限值8℃； （4）定子端部冷却元件出水温度限值85℃； （5）集电环温度限值120℃	不符合要求，一项扣5分

表（续）

序号	评价项目	标准分	评价内容与要求	评分标准
2.1.5	氢气系统运行参数	10	现场查看，运行参数符合 DL/T 1164 和电厂运行规程的要求： （1）氢压：额定氢压； （2）冷氢温度为 35℃～46℃； （3）压差：① 双流环为空侧油压高于机内氢压为 0.08MPa；氢侧油压与空侧油压尽量相等；② 单流环：油压高于机内氢压为 0.05MPa；③ 三流环：空侧油压高于机内氢压为 0.05MPa；氢侧油比空侧油压高 0.01MPa	不符合要求，一项扣 5 分
2.1.6	氢气品质	5	现场查看、查看氢气品质试验记录。要求： （1）氢气纯度（容积分数）大于 96%；每日检测一次。 （2）氢压下湿度：允许低限为露点温度−25℃；当机内温度为 5℃时，允许露点温度高限为−5℃；当机内温度≥10℃时，露点温度高限为 0℃；每日检测一次	不符合要求，一项扣 5 分
2.1.7	氢气泄漏	10	现场查看，查看含氢量检测记录。要求： （1）漏氢量：符合 DL/T 1164 及制造厂家的规定；每月检测一次。 （2）在线漏氢量监测：① 封母外套内含氢量不超过 1%；② 密封油系统内含氢量不超过 1%；每周检测一次；③ 内冷水系统中漏氢量不大于 $0.3m^3/d$ 或体积含氢量不超过 2%；每日检测一次	不符合要求，一项扣 10 分
2.1.8	内冷水系统运行参数	5	现场查看。符合 DL/T 1164 和电厂运行规程的要求： （1）进水温度为 40℃～50℃； （2）水压和水流量符合制造厂技术文件； （3）内冷水进水温度高于冷氢温度	不符合要求，一项扣 5 分
2.1.9	内冷水品质	10	现场查看、查看内冷水品质试验记录。要求： （1）集控室有电导率、pH 值显示，三日检验一次。 （2）空心铜导线：① 电导率为 $0.4\mu S/cm$～$2\mu S/cm$；② pH 值为 8～9 时；③ 当 pH 值为 7.0～8.0 时，应控制水中溶氧量不大于 $30\mu g/L$；含铜量不大于 $20\mu g/L$。 （3）不锈钢空心导线：① 电导率为 $0.5\mu S/cm$～$1.2\mu S/cm$；② pH 值为 6.5～7.5；③ 含铜量为 $20\mu g/L$	不符合要求，一项扣 10 分

表（续）

序号	评价项目	标准分	评价内容与要求	评分标准
2.1.10	密封油品质	5	现场查看、查看密封油品质试验记录。 要求： （1）水分＜50mg/L；机械杂质无，半月化学检验一次。 （2）运动黏度（40℃）：与新油原测定值的偏差不大于20%；酸值：≤0.30KOHmg/g，半年检验一次。 （3）空气释放值（50℃）为10min；泡沫特性（24℃）为600mL；闪点（开口杯）不低于新油原测定值15℃，每年检验一次	不符合要求，一项扣5分
2.1.11	集电环及炭刷装置巡查和维护	5	查看巡查和维护记录。要求： （1）检查时间和次数符合运行规程的规定； （2）定期用压缩空气清扫碳粉； （3）无火花、无碳粉堆积； （4）各电刷的电流分担均匀（差值10%）； （5）无过热、无异常噪声	不符合要求，一项扣5分
2.1.12	内冷水系统维护	5	查看检修记录、试验报告。 （1）定期对定子线棒反冲洗； （2）发现内冷水定子、转子线棒温度异常后，做定子、转子线棒分路流量试验	不符合要求，一项扣5分
2.1.13	检修过程监督	10	查检修文件包记录。要求： （1）项目齐全； （2）检修试验合格； （3）见证点现场签字； （4）质量三级验收	不符合要求，一项扣10分
2.1.14	在线监测装置	5	现场检查，查看记录。 （1）工作正常； （2）定期巡检； （3）定期记录数据； （4）定期数据分析	不符合要求，一项扣5分
2.2	变压器及电抗器	110		
2.2.1	预防性试验	10	查看预防性试验报告。要求： （1）试验周期符合规程的规定； （2）项目齐全； （3）方法正确； （4）数据准确； （5）结论明确； （6）试验使用检定合格仪器仪表； （7）报告经审核	不符合要求，一项扣10分

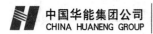
表（续）

序号	评价项目	标准分	评价内容与要求	评分标准
2.2.2	变压器缺陷	20	查看预防性试验报告。要求： （1）不存在放电性缺陷和过热性缺陷； （2）预防性试验项目合格	不符合要求，一项扣10分
2.2.3	巡检和记录	10	查看巡检记录。要求： （1）日常巡视每天一次；夜间巡视每周一次。 （2）特殊巡视检查：① 新投运或检修改造后运行72h内；② 有严重缺陷时；③ 气象突变（如：大风、大雾、大雪、冰雹、寒潮等）时；④ 雷雨季节特别是雷雨后；⑤ 高温季节、高峰负载期间；⑥ 变压器急救负载运行时	不符合要求，一项扣10分
2.2.4	变压器本体	10	现场查看、查看检查和维护记录。要求： （1）最高上层油温不超过85℃； （2）铁芯、夹件外引接地良好，接地电流不超过100mA； （3）无异常噪声和振动； （4）无渗漏油	不符合要求，一项扣10分
2.2.5	冷却装置	10	现场查看，查看检查和维护记录。要求： （1）冷却器应定期冲洗； （2）无异物附着或严重积污； （3）风扇运行正常； （4）油泵转动时无异常噪声、振动或过热现象、密封良好； （5）无渗漏油	不符合要求，一项扣10分
2.2.6	套管	10	现场查看，查看维护记录。要求： （1）瓷套外表面应无损伤、爬电痕迹、闪络、接头过热等现象； （2）油位正常； （3）无渗漏油； （4）爬距满足污区要求； （5）无过热； （6）每次拆接末屏引线后，应有确认套管末屏接地的记录	不符合要求，一项扣10分
2.2.7	温度计	5	现场查看，查看温度计检验报告。 要求： （1）应定期检查校验温度计； （2）现场温度计指示的温度、控制室温度显示装置、监控系统的温度三者应基本保持一致，误差不超过5℃	不符合要求，一项扣5分

表（续）

序号	评价项目	标准分	评价内容与要求	评分标准
2.2.8	储油柜	5	查看检查和维护记录。要求： （1）加强储油柜油位的监视，特别是温度或负荷异常变化时；巡视时应记录油位、温度、负荷等数据； （2）应定期检查实际油位，不出现假油位现象； （3）运行年限超过 15 年储油柜，应更换胶囊或隔膜	不符合要求，一项扣 5 分
2.2.9	吸湿器	5	现场查看，查看维护记录。要求： （1）硅胶颜色正常，受潮硅胶不超过 2/3； （2）吸湿器油杯的油量要略高于油面线； （3）呼吸正常	不符合要求，一项扣 5 分
2.2.10	干式变压器	10	现场查看，查看红外检测记录。要求： （1）铁芯、浇注线圈、风道无积灰； （2）引线、分接头及其他导电部分无过热	不符合要求，一项扣 10 分
2.2.11	检修过程监督	10	查检修(含油处理)文件包(卡)记录。要求： （1）按期检修； （2）器身暴露时间符合规定； （3）真空注油； （4）检修试验合格； （5）见证点现场签字； （6）质量三级验收	不符合要求，一项扣 10 分
2.2.12	在线监测装置	5	抽查巡检及数据记录。要求： （1）工作正常； （2）定期巡检； （3）定期记录数据； （4）定期与离线数据对比分析	不符合要求，一项扣 5 分
2.3	互感器、耦合电容器及套管	80		
2.3.1	预防性试验	10	查看预防性试验报告。要求： （1）试验周期符合规程的规定； （2）项目齐全； （3）方法正确； （4）数据准确； （5）结论明确； （6）试验使用检定合格仪器仪表； （7）报告经审核	不符合要求，一项扣 10 分

表（续）

序号	评价项目	标准分	评价内容与要求	评分标准
2.3.2	设备缺陷	15	现场查看，查看巡检记录。要求： （1）互感器绝缘油中不出现C_2H_2； （2）电容器无渗漏油； （3）没有预防性试验不合格项目	不符合要求，一项扣15分
2.3.3	巡检和记录	10	查看巡检和记录。要求： （1）正常巡视检查每天一次；闭灯巡视应每周不少于一次。 （2）特殊巡视检查：① 新安装或大修后投运的设备，运行72h内；② 过负荷、带缺陷运行；③ 恶劣气候时，如异常高、低温季节，高湿度季节	不符合要求，一项扣10分
2.3.4	油浸式互感器和套管	10	现场查看，查看巡检和记录。要求： （1）设备外观完整无损，各部连接牢固可靠； （2）外绝缘表面清洁、无裂纹及放电现象； （3）油色、油位正常，膨胀器正常； （4）无渗漏油现象； （5）无异常振动，无异常音响及异味； （6）各部位接地良好； （7）引线端子无过热或出现火花，接头螺栓无松动现象	不符合要求，一项扣5分
2.3.5	SF_6 气体绝缘互感器	5	现场查看，抽查巡检和记录。要求： （1）压力表、气体密度继电器指示在正常规定范围，无漏气现象； （2）SF_6 气体年漏气率应小于0.5%； （3）若压力表偏出绿色正常压力区时，应引起注意，并及时按制造厂要求停电补充合格的 SF_6 新气； （4）一般应停电补气，个别特殊情况需带电补气时，应在厂家指导下进行，控制补气速度约为0.1MPa/h	不符合要求，一项扣5分

表（续）

序号	评价项目	标准分	评价内容与要求	评分标准
2.3.6	环氧树脂浇注互感器	5	现场查看，抽查巡检和记录。要求： （1）无过热； （2）无异常振动及声响； （3）外绝缘表面无积灰、粉蚀、开裂，无放电现象	不符合要求，一项扣5分
2.3.7	根据电网发展情况，核算电流互感器动热稳定电流是否满足要求	5	查看动热稳定电流核算报告。要求： （1）按时校验； （2）校验结果合格	不符合要求，一项扣5分
2.3.8	SF_6 气体密度计校验	5	查看校验报告。要求： （1）按时检验； （2）性能符合制造厂的技术条件	不符合要求，一项扣5分
2.3.9	电容式套管存放	5	查阅维护记录。对水平放置保存期超过一年的110（66）kV及以上的备品套管，当不能确保电容芯子全部浸没在油面以下时，安装前应进行局部放电试验、额定电压下的介质损耗试验和油中气相色谱分析	不符合要求，一项扣5分
2.3.10	检修过程监督	10	查检修文件卡记录。要求： （1）按期检修； （2）项目齐全； （3）检修试验合格； （4）见证点现场签字； （5）质量三级验收	不符合要求，一项扣10分
2.4	高压开关设备及GIS	100		
2.4.1	预防性试验	10	查看预防性试验报告。要求： （1）试验周期符合规程的规定； （2）项目齐全； （3）方法正确； （4）数据准确； （5）结论明确； （6）试验使用检定合格仪器仪表； （7）报告经审核	不符合要求，一项扣10分

表（续）

序号	评价项目	标准分	评价内容与要求	评分标准
2.4.2	设备缺陷	20	现场查看，查看巡检记录和预防性试验报告。要求：不存在严重缺陷，包括： （1）导电回路部件温度超过设备允许的最高运行温度； （2）瓷套或绝缘子严重积污； （3）断口电容有明显的渗油现象； （4）液压或气压机构频繁打压； （5）分合闸线圈最低动作电压超出标准和规程要求； （6）SF_6气体湿度严重超标； （7）SF_6气室严重漏气，发出报警信号； （8）预防性试验不合格	不符合要求，一项扣10分
2.4.3	巡检和记录	10	查看巡检记录。要求： （1）日常巡检； （2）定期巡检； （3）特殊巡检的巡视周期和项目符合规定	不符合要求，一项扣10分
2.4.4	SF_6断路器	10	现场查看、检查维护记录。要求： （1）导电回路部件温度低于允许的最高允许温度； （2）液压或气压机构打压时间符合规定； （3）分、合闸回路动作电压符合规定； （4）气动机构自动排污装置工作正常； （5）弹簧机构操作无卡涩； （6）操动机构箱应密封良好，防雨、防尘、通风、防潮等性能良好，并保持内部干燥清洁； （7）接地完好等	不符合要求，一项扣10分
2.4.5	隔离开关	5	现场查看、抽查检查和维护记录。要求： （1）外绝缘、瓷套表面无严重积污，运行中不应出现放电现象；瓷套、法兰不应出现裂纹、破损或放电烧伤痕迹。 （2）涂覆RTV涂料的瓷外套憎水性良好，涂层不应有缺损、起皮、龟裂。 （3）对隔离开关导电部分、转动部分、操动机构检查与润滑。 （4）支操动机构各连接拉杆无变形；轴销无变位、脱落；金属部件无锈蚀。 （5）持绝缘子无裂痕及放电异声	不符合要求，一项扣5分

表（续）

序号	评价项目	标准分	评价内容与要求	评分标准
2.4.6	真空断路器	5	现场查看、抽查检查和维护记录。要求： （1）分、合位置指示正确，并与当时实际运行工况相符； （2）支持绝缘子无裂痕及放电异声； （3）真空灭弧室无异常； （4）接地完好； （5）引线接触部分无过热，引线弛度适中	不符合要求，一项扣5分
2.4.7	GIS	10	现场查看、查看检查和维护记录。要求： （1）外壳、支架等无锈蚀、损伤，瓷套有无开裂、破损或污秽情况。 （2）设备室通风系统运转正常，氧量仪指示大于18%，SF_6气体不大于1000mL/L。无异常声音或异味。 （3）气室压力表、油位计的指示在正常范围内，并记录压力值。 （4）套管完好、无裂纹、无损伤、无放电现象。 （5）避雷器在线监测仪指示正确，并记录泄漏电流值和动作次数。 （6）断路器动作计数器指示正确，并记录动作次数等	不符合要求，一项扣10分
2.4.8	SF_6气体	10	查看预防性试验报告、检验报告。要求： （1）SF_6气体湿度监测：灭弧室气室含水量应小于300μL/L，其他气室小于500μL/L； （2）SF_6气体泄漏监测：每个隔室的年漏气率不大于1%； （3）SF_6气体密度继电器定期检验	不符合要求，一项扣10分
2.4.9	每年核算最大负荷运行方式下安装地点的短路电流	5	查看每最大短路电流核算报告。要求：额定短路开断电流应大于最大负荷运行方式下安装地点的短路电流	不符合要求，一项扣5分
2.4.10	断路器弹簧机构	5	查看测试记录。要求： （1）应定期进行机械特性试验，测试其行程曲线是否符合厂家标准曲线要求； （2）对运行10年以上的弹簧机构可抽检其弹簧拉力，防止因弹簧疲劳，造成断路器动作不正常	不符合要求，一项扣5分

表（续）

序号	评价项目	标准分	评价内容与要求	评分标准
2.4.11	检修过程监督	5	查看检修文件卡记录。要求： （1）按期检修； （2）项目齐全； （3）检修试验合格； （4）见证点现场签字； （5）质量三级验收	不符合要求，一项扣5分
2.4.12	在线监测装置	5	查看巡检及数据记录。要求： （1）工作正常； （2）定期巡检； （3）定期记录数据及分析	不符合要求，一项扣5分
2.5	设备外绝缘及绝缘子	40		
2.5.1	现场污秽度测量	10	查看测量报告。要求符合DL/T 596、GB/T 26218.1—2010 的规定： （1）检测周期为1年； （2）参考绝缘子串安装正确； （3）测量污秽度的参数符合现场污秽类型； （4）试验结果正确； （5）报告经审核	不符合要求，一项扣10分
2.5.2	设备缺陷	10	现场查看，查看检查和维护记录。要求不存在缺陷： （1）严重积污； （2）绝缘子表面有裂纹或破损； （3）法兰有裂纹； （4）防污闪措施受到损坏； （5）支柱绝缘子基础沉降造成垂直度不满足要求； （6）预防性试验不合格	不符合要求，一项扣10分
2.5.3	外绝缘爬电比距	5	查看外绝缘爬电比距台账、地区污秽等级文件、现场污秽度测量记录。要求：爬电比距符合所在地区污秽等级要求，不满足要求的应采取增爬措施	不符合要求，一项扣5分
2.5.4	空冷岛下应设现场污秽度测点	5	现场查看。要求：参考绝缘子串位置、安装正确	不符合要求，一项扣5分
2.5.5	瓷绝缘清扫周期	5	查看清扫记录。要求：根据地区污秽程度每年1次～2次	不符合要求，一项扣5分
2.5.6	防污闪措施有效性	5	查看预防性试验报告。要求： （1）复合绝缘子和涂覆RTV涂料外绝缘表面的憎水性符合要求； （2）增爬伞裙胶合良好，不变形、不破损	不符合要求，一项扣5分

表（续）

序号	评价项目	标准分	评价内容与要求	评分标准
2.6	电力电缆线路	40		
2.6.1	预防性试验	10	查看预防性试验报告。要求： （1）试验周期符合规程的规定； （2）项目齐全； （3）方法正确； （4）数据准确； （5）结论明确； （6）试验使用检定合格仪器仪表； （7）报告经审核	不符合要求，一项扣10分
2.6.2	电缆缺陷	10	查运行维护记录：要求不存在缺陷： （1）预防性试验不合格； （2）运行中电缆头放电	不符合要求，一项扣10分
2.6.3	电缆巡检	10	查看巡检和记录。要求： （1）电缆沟、隧道、电缆井及电缆架等电缆线路每三个月至少巡查一次； （2）电缆竖井内的电缆，每半年至少巡查一次； （3）电缆终端头、中间接头由现场根据运行情况1年~3年停电检查一次； （4）有油位指示的终端头，每年夏、冬季检查一次	不符合要求，一项扣10分
2.6.4	电缆检查和维护	10	现场查看，查看检查和维护记录。要求： （1）电缆夹层、电缆沟、隧道、电缆井及电缆架等电缆线路分段防火和阻燃隔离设施完整，耐火防爆槽盒无开裂、破损。 （2）电缆外皮、中间接头、终端头无变形漏油；温度符合要求；钢铠、金属护套及屏蔽层的接地完好；终端头完整，引出线的接点无发热现象和电缆铅包有龟裂漏油。 （3）电缆槽盒、支架及保护管等金属构件接地完好，接地电阻符合要求；支架无严重腐蚀、变形或断裂脱开；电缆标志牌完整、清晰。 （4）靠近高温管道、阀门等热体的电缆隔热阻燃设施是否完整。 （5）直埋电缆线路的方位标志或标桩是否完整无缺，周围土地温升是否超过10K	不符合要求，一项扣10分
2.7	高压电动机	35		

表（续）

序号	评价项目	标准分	评价内容与要求	评分标准
2.7.1	预防性试验	10	查看预防性试验报告。要求： (1) 试验周期符合规程的规定； (2) 项目齐全； (3) 方法正确； (4) 数据准确； (5) 结论明确； (6) 试验使用检定合格仪器仪表； (7) 报告经审核	不符合要求，一项扣10分
2.7.2	电动机缺陷	10	现场查看，查看巡检记录和预防性试验报告。要求不存在严重缺陷，包括： (1) 定子绕组槽内松动、端部绑扎不紧及引出线固定不牢； (2) 鼠笼转子笼条与短路环断裂和开焊； (3) 异常噪声； (4) 预防性试验不合格	不符合要求，一项扣10分
2.7.3	电动机巡查和维护	5	现场查看，查看检查和维护记录。要求： (1) 巡查周期符合要求； (2) 绕组不超温，外壳无积灰、异常振动和常噪声	不符合要求，一项扣5分
2.7.4	电动机检修过程监督	10	查看检修文件卡记录。要求： (1) 按期检修； (2) 项目齐全； (3) 检修试验合格； (4) 见证点现场签字； (5) 质量三级验收	不符合要求，一项扣10分
2.8	封闭母线	35		
2.8.1	预防性试验	10	查看预防性试验报告。要求： (1) 试验周期符合规程的规定； (2) 项目齐全； (3) 方法正确； (4) 数据准确； (5) 结论明确； (6) 试验使用检定合格仪器仪表； (7) 报告经审核	不符合要求，一项扣10分
2.8.2	封闭母线缺陷	10	现场查看、查看巡检记录。要求不存在缺陷： (1) 封母导体及外壳超温； (2) 变压器与封母连接处积水或积油，未处理； (3) 外壳内不能维持微正压； (4) 停运后，封闭母线绝缘电阻降低以致影响启动； (5) 预防性试验不合格	不符合要求，一项扣10分

表（续）

序号	评价项目	标准分	评价内容与要求	评分标准
2.8.3	巡检和维护	10	现场查看、查看巡检记录。要求： （1）定期监视金属封闭母线导体及外壳，包括外壳抱箍接头连接螺栓及多点接地处的温度和温升； （2）检查、确保空气压缩机和干燥器正常工作； （3）封闭母线的外壳及支持结构的金属部分应可靠接地； （4）定期开展封母绝缘子密封检查和绝缘子清扫工作； （5）封闭母线停运后，做好封闭母线绝缘电阻跟踪测量	不符合要求，一项扣5分
2.8.4	防范变压器与封闭母线连接处绝缘子受潮措施	5	现场查看、查看检修记录。要求： （1）从排污口引出连接管并装设阀门； （2）定期巡视、排污	不符合要求，一项扣5分
2.9	避雷器及接地装置	40		
2.9.1	预防性试验	10	查看预防性试验报告。要求： （1）试验周期符合规程的规定； （2）项目齐全； （3）方法正确； （4）数据准确； （5）结论明确； （6）试验使用检定合格仪器仪表； （7）报告经审核	不符合要求，一项扣10分
2.9.2	设备缺陷	10	现场查看。要求不存在缺陷： （1）伞裙破损、硅橡胶复合绝缘外套的伞裙变形； （2）瓷绝缘外套、基座、法兰出现裂纹； （3）绝缘外套表面有放电； （4）均压环出现歪斜； （5）预防性试验不合格等	不符合要求，一项扣10分

表（续）

序号	评价项目	标准分	评价内容与要求	评分标准
2.9.3	巡视维护	10	现场查看、查看巡视维护记录。要求： （1）110kV 及以上电压等级避雷器应安装交流泄漏电流在线监测表计，每天至少巡视一次，每半月记录一次。 （2）定期开展外绝缘的清扫工作，每年应至少清扫一次。 （3）对于运行 10 年以上的接地网，应抽样开挖检查，确定腐蚀情况，以后开挖检查时间间隔应不大于 5 年。 （4）严禁利用避雷针、变电站构架和带避雷线的杆塔作为低压线、通信线、广播线、电视天线的支柱	不符合要求，一项扣 10 分
2.9.4	校核接地装置的热稳定容量	5	查看校核报告。要求：每年根据变电站短路容量的变化，校核接地装置(包括设备接地引下线)的热稳定容量，并根据短路容量的变化及接地装置的腐蚀程度对接地装置进行改造。对于变电站中的不接地、经消弧线圈接地、经低阻或高阻接地系统，必须按异点两相接地校核接地装置的热稳定容量	不符合要求，一项扣 5 分
2.9.5	防止在有效接地系统中出现孤立不接地系统，并产生较高工频过电压的异常运行工况	5	现场查看。要求：110kV～220kV 不接地变压器的中性点过电压保护应采用棒间隙保护方式；对于 110kV 变压器，当中性点绝缘的冲击耐受电压不大于 185kV 时，还应在间隙旁并联金属氧化物避雷器，间隙距离及避雷器参数配合应进行校核。间隙动作后，应检查间隙的烧损情况并校核间隙距离	不符合要求，一项扣 5 分

中国华能集团公司

CHINA HUANENG GROUP

中国华能集团公司火力发电厂技术监督标准汇编

Q/HN-1-0000.08.018—2015

技术标准篇

火力发电厂继电保护及安全自动装置监督标准

2015 - 05 - 01 发布

2015 - 05 - 01 实施

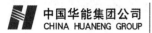

目　次

前　　言

为加强中国华能集团公司火力发电厂技术监督管理，提高继电保护及安全自动装置运行可靠性，保证火力发电厂和电网安全稳定运行，特制定本标准。本标准依据国家和行业有关标准、规程和规范，以及中国华能集团公司所属发电厂的管理要求、结合国内外发电的新技术、监督经验制定。

本标准是中国华能集团公司所属火力发电厂继电保护及安全自动装置技术监督工作的主要依据，是强制性企业标准。

本标准自实施之日起，代替Q/HB-J-08.L03—2009《火力发电厂继电保护监督技术标准》。

本标准由中国华能集团公司安全监督与生产部提出。

本标准由中国华能集团公司安全监督与生产部归口并解释。

本标准起草单位：西安热工研究院有限公司、中国华能集团公司安全监督与生产部、华能国际电力股份有限公司。

本标准主要起草人：杨博、马晋辉、曹浩军、吴敏、杨敏照。

本标准审核单位：中国华能集团公司安全监督与生产部、中国华能集团公司基本建设部、北方联合电力有限责任公司、华能山东发电有限公司、华能黑龙江发电有限公司。

本标准主要审核人：赵贺、武春生、罗发青、张俊伟、侯永军、刘兰海、汪强。

本标准审定：中国华能集团公司技术工作管理委员会。

本标准批准人：寇伟。

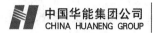
火力发电厂继电保护及安全自动装置监督标准

1 范围

本标准规定了中国华能集团公司（以下简称"集团公司"）火力发电厂继电保护及安全自动装置（以下简称"继电保护"）监督的基本原则、监督范围、监督内容和监督管理要求。

本标准适用于集团公司火力发电厂的继电保护技术监督工作。

2 规范性引用文件

下列文件对于本文件的应用是必不可少的。凡是注日期的引用文件，仅注日期的版本适用于本文件。凡是不注日期的引用文件，其最新版本（包括所有的修改单）适用于本文件。

GB 1094.5　电力变压器　第 5 部分：承受短路的能力

GB 20840.2　互感器　第 2 部分：电流互感器的补充技术要求

GB 50171　电气装置安装工程　盘、柜及二次回路接线施工及验收规范

GB 50172　电气装置安装工程　蓄电池施工及验收规范

GB/T 7261　继电保护和安全自动装置基本试验方法

GB/T 14285　继电保护和安全自动装置技术规程

GB/T 14598.301　微机型发电机变压器故障录波装置技术要求

GB/T 14598.303　数字式电动机综合保护装置通用技术条件

GB/T 15145　输电线路保护装置通用技术条件

GB/T 15544.1　三相交流系统短路电流计算　第 1 部分：电流计算

GB/T 19638.1　固定型阀控式铅酸蓄电池　第 1 部分：技术条件

GB/T 19638.2　固定型阀控式铅酸蓄电池　第 2 部分：产品品种和规格

GB/T 19826　电力工程直流电源设备通用技术条件及安全要求

GB/T 22386　电力系统暂态数据交换通用格式

GB/T 26862　电力系统同步相量测量装置检测规范

GB/T 26866　电力系统的时间同步系统检测规范

GB/T 50062　电力装置的继电保护和自动装置设计规范

DL/T 242　高压并联电抗器保护装置通用技术条件

DL/T 280　电力系统同步相量测量装置通用技术条件

DL/T 317　继电保护设备标准化设计规范

DL/T 478　继电保护和安全自动装置通用技术条件

DL/T 526　备用电源自动投入装置技术条件

DL/T 527　继电保护及控制装置电源模块（模件）技术条件

DL/T 540　气体继电器检验规程

DL/T 553　电力系统动态记录装置通用技术条件

DL/T 559　220kV～750kV 电网继电保护装置运行整定规程

DL/T 572　电力变压器运行规程

DL/T 584　3kV～110kV 电网继电保护装置运行整定规程

DL/T 587　微机继电保护装置运行管理规程

DL/T 623　电力系统继电保护及安全自动装置运行评价规程

DL/T 624　继电保护微机型试验装置技术条件

DL/T 667　远动设备及系统　第 5 部分：传输规约　第 103 篇：继电保护设备信息接口配套标准

DL/T 670　母线保护装置通用技术条件

DL/T 671　发电机变压器组保护装置通用技术条件

DL/T 684　大型发电机变压器继电保护整定计算导则

DL/T 744　电动机保护装置通用技术条件

DL/T 770　变压器保护装置通用技术条件

DL/T 860　（所有部分）电力自动化通信网络和系统

DL/T 866　电流互感器和电压互感器选择及计算导则

DL/T 886　750kV 电力系统继电保护技术导则

DL/T 995　继电保护和电网安全自动装置检验规程

DL/T 1073　电厂厂用电源快速切换装置通用技术条件

DL/T 1100.1　电力系统的时间同步系统　第 1 部分：技术规范

DL/T 1153　继电保护测试仪校准规范

DL/T 1309　大型发电机组涉网保护技术规范

DL/T 5044　电力工程直流系统设计技术规程

DL/T 5136　火力发电厂、变电站二次接线设计技术规程

DL/T 5137　电测量及电能计量装置设计技术规程

DL/T 5153　火力发电厂厂用电设计技术规定

DL/T 5294　火力发电建设工程机组调试技术规范

DL/T 5295　火力发电建设工程机组调试质量验收及评价规程

电安生〔1994〕191 号　电力系统继电保护及安全自动装置反事故措施要点

国能安全〔2014〕161 号　防止电力生产事故的二十五项重点要求

Q/HB-G-08.L01—2009　华能电厂安全生产管理体系要求

Q/HB-G-08.L02—2009　华能电厂安全生产管理体系评价办法（试行）

Q/HN-1-0000.08.002—2013　中国华能集团公司电力检修标准化管理实施导则（试行）

Q/HN-1-0000.08.049—2015　中国华能集团公司电力技术监督管理办法

华能安〔2011〕271 号　中国华能集团公司电力技术监督专责人员上岗资格管理办法（试行）

3　总则

3.1　继电保护监督是保证火力发电厂和电网安全稳定运行的重要基础工作，应坚持"安全第一、预防为主"的方针，实行全过程监督。

3.2　继电保护监督的目的：通过对继电保护全过程技术监督，确保继电保护装置可靠运行。规划设计阶段，应充分考虑继电保护的适应性，避免出现一次系统特殊接线方式造成继电保护配置及整定难度的增加。配置选型阶段，做到继电保护系统设计符合技术规程、设计规程和"反事故措施"要求，继电保护装置应符合继电保护技术要求和工程要求。安装调试阶段，应严格控制工程质量，保证工程建设与工程设计图实相符、调试项目齐全。验收投产阶段，应严把新设备投产验收关，严格履行工程建设资料移交手续。运行维护阶段，应加强继电保护定值整定计算与管理、软件版本管理、日常运行管理和运行分析评价管理；应严格执行检验规程要求，严格控制检验周期，推行继电保护现场标准化作业，严格履行现场安全措施票，确保现场作业安全。

3.3　本标准规定了火力发电厂继电保护在规划设计、配置选型、安装调试、验收投产、运行维护等阶段的技术监督要求，以及继电保护监督管理要求、评价与考核标准，它是火力发电厂继电保护监督工作的基础，亦是建立继电保护技术监督体系的依据。

3.4　各电厂应按照集团公司《华能电厂安全生产管理体系要求》《电力技术监督管理办法》中有关技术监督管理和本标准的要求，结合本厂的实际情况，制定电厂继电保护监督管理标准；依据国家和行业有关标准和规范，编制、执行运行规程、检修规程、检修文件包等相关/支持性文件；以科学、规范的监督管理，保证继电保护监督工作目标的实现和持续改进。

3.5　继电保护监督范围主要包括以下几方面：

　　a)　继电保护装置：发电机、变压器、母线、电抗器、电动机、电容器、线路（含电缆）、断路器、短引线等的保护装置及自动重合闸装置、过电压及远方跳闸装置。

　　b)　安全自动装置：厂用电源快速切换装置、备用电源自动投入装置、自动准同期装置及其他安全稳定控制装置。

　　c)　故障录波及测距装置、同步相量测量装置。

　　d)　继电保护通道设备、继电保护相关二次回路及设备。

　　e)　电力系统时间同步系统。

　　f)　直流电源系统。

3.6　从事继电保护监督的人员，应熟悉和掌握本标准及相关标准和规程中的规定。

4　监督技术标准

4.1　设计阶段监督

4.1.1　一般规定

4.1.1.1　继电保护设计阶段基本要求

4.1.1.1.1　继电保护设计中，装置选型、装置配置及其二次回路等的设计应符合 GB/T 14285、GB/T 14598.301、GB/T 14598.303、GB/T 15145、GB/T 22386、DL/T 242、DL/T 280、DL/T 317、DL/T 478、DL/T 526、DL/T 527、DL/T 553、DL/T 667、DL/T 670、DL/T 671、DL/T 744、DL/T 770、DL/T 886、DL/T 1073、DL/T 1309、DL/T 5044、DL/T 5136、电安生〔1994〕191 号和国能安全〔2014〕161 号等相关标准要求。

4.1.1.1.2　在系统设计中，除新建部分外，还应包括对原有系统继电保护不符合要求部分的改造方案。

4.1.1.2 装置选型应满足的基本要求

4.1.1.2.1 应选用经电力行业认可的检测机构检测合格的微机型继电保护装置。

4.1.1.2.2 应优先选用原理成熟、技术先进、制造质量可靠，并在国内同等或更高的电压等级有成功运行经验的微机型继电保护装置。

4.1.1.2.3 选择微机型继电保护装置时，应充分考虑技术因素所占的比重。

4.1.1.2.4 选择微机型继电保护装置时，在集团公司及所在电网的运行业绩应作为重要的技术指标予以考虑。

4.1.1.2.5 同一厂站内同类型微机型继电保护装置宜选用同一型号，以利于运行人员操作、维护校验和备品备件的管理。

4.1.1.2.6 要充分考虑制造厂商的技术力量、质保体系和售后服务情况。

4.1.1.2.7 继电保护设备订货合同中的技术要求应明确微机型保护软件版本。制造厂商提供的微机型保护装置软件版本及说明书，应与订货合同中的技术要求一致。

4.1.1.2.8 微机型继电保护装置的新产品，应按国家规定的要求和程序进行检测或鉴定，合格后方可推广使用。检测报告应注明被检测微机型保护装置的软件版本、校验码和程序形成时间。

4.1.1.3 电力线路、变压器、电抗器、母线和母联保护的通用要求

4.1.1.3.1 220kV 及以上电压等级线路、变压器、高压并联电抗器、母线和母联（分段）及相关设备的保护装置的通用要求、保护配置及二次回路的通用要求、保护及辅助装置标号原则执行 DL/T 317 标准。

4.1.1.3.2 110kV 及以下电压等级线路、变压器、高压并联电抗器、母线和母联（分段）及相关设备的保护装置的通用要求、保护配置及二次回路的通用要求、保护及辅助装置标号原则参照 DL/T 317 的相关规定执行。

4.1.1.4 发电机变压器组及厂用电系统保护的通用要求

发电机变压器组及厂用电系统的保护装置的通用要求、保护配置及二次回路的通用要求、保护及辅助装置标号原则可参照 DL/T 317 的相关规定执行。

4.1.1.5 继电保护双重化配置

4.1.1.5.1 电力系统重要设备的微机型继电保护均应按以下要求采用双重化配置，双套配置的每套保护装置均应含有完整的主、后备保护，能反应被保护设备的各种故障及异常状态，并能作用于跳闸或给出信号：

a) 100MW 及以上容量发电机变压器组电气量保护应采用双重化配置。600MW 及以上发电机变压器组除电气量保护采用双重化配置外，对非电气量保护也应根据主设备配套情况，有条件的可进行双重化配置。

b) 220kV 及以上电压等级发电厂的母线电气量保护应采用双重化配置。

c) 220kV 及以上电压等级线路、变压器、电抗器等设备电气量保护应采用双重化配置。

d) 大型发电机组和重要发电厂的启/备用变压器电气量保护宜采用双重化配置。

4.1.1.5.2 双重化配置的继电保护应满足以下基本要求：

a) 两套保护装置的交流电流应分别取自电流互感器（TA）互相独立的绕组；交流电压宜分别取自电压互感器（TV）互相独立的绕组。其保护范围应交叉重叠，避免死区。

b) 两套保护装置的直流电源应取自不同蓄电池组供电的直流母线段。

c) 两套保护装置的跳闸回路应与断路器的两个跳闸线圈分别一一对应。

d) 两套保护装置与其他保护、设备配合的回路应遵循相互独立的原则。

e) 每套完整、独立的保护装置应能处理可能发生的所有类型的故障。两套保护之间不应有任何电气联系，当一套保护退出时不应影响另一套保护的运行。

f) 电力线路纵联保护的通道（含光纤、微波、载波等通道及加工设备和供电电源等）、远方跳闸及就地判别装置应遵循相互独立的原则按双重化配置。

g) 有关断路器的选型应与保护双重化配置相适应，应具备双跳闸线圈机构。

h) 采用双重化配置的两套保护装置宜安装在各自保护柜内，并应充分考虑运行和检修时的安全性。

4.1.1.6 保护装置应具有故障记录功能

保护装置应具有故障记录功能，以记录保护的动作过程，为分析保护动作行为提供详细、全面的数据信息，但不要求代替专用的故障录波器。保护装置故障记录应满足以下要求：

a) 记录内容应为故障时的输入模拟量和开关量、输出开关量、动作元件、动作时间、返回时间、相别；

b) 应能保证发生故障时不丢失故障记录信息；

c) 应能保证在装置直流电源消失时，不丢失已记录信息。

4.1.1.7 其他重点要求

4.1.1.7.1 保护装置应优先通过继电保护装置自身实现相关保护功能，尽可能减少外部输入量，以降低对相关回路和设备的依赖。

4.1.1.7.2 应优化回路设计，在确保可靠实现继电保护功能的前提下，尽可能减少屏（柜）内装置间以及屏（柜）间的连线。

4.1.1.7.3 制定保护配置方案时，对两种故障同时出现的稀有情况可仅保证切除故障。

4.1.1.7.4 保护装置在 TV 一、二次回路一相、二相或三相同时断线、失压时，应发告警信号，并闭锁可能误动作的保护。

4.1.1.7.5 技术上无特殊要求及无特殊情况时，保护装置中的零序电流方向元件应采用自产零序电压，不应接入 TV 的开口三角电压。

4.1.1.7.6 保护装置在 TA 二次回路不正常或断线时，应发告警信号，除母线保护外，允许跳闸。

4.1.1.7.7 在各类保护装置接于 TA 二次绕组时，应考虑到既要消除保护死区，同时又要尽可能减轻 TA 本身故障时所产生的影响。对确实无法解决的保护动作死区，在满足系统稳定要求的前提下，可采取启动失灵和远方跳闸等后备措施加以解决。

4.1.1.7.8 电力设备或线路的保护装置，除预先规定的以外，都不应因系统振荡引起误动作。

4.1.1.7.9 双重化配置的保护，宜将被保护设备或线路的主保护（包括纵、横联保护等）及后备保护综合在一整套装置内，共用直流电源输入回路及交流 TV 和 TA 的二次回路。该装置应能反应被保护设备或线路的各种故障及异常状态，并动作于跳闸或给出信号。

4.1.1.7.10 对仅配置一套主保护的设备，应采用主保护与后备保护相互独立的装置。

4.1.1.7.11 保护装置应具有在线自动检测功能，包括保护硬件损坏、功能失效和二次回路异常运行状态的自动检测。自动检测应是在线自动检测，不应由外部手段启动；并应实现完善的检测，做到只要不告警，装置就处于正常工作状态，但应防止误告警。

4.1.1.7.12 除出口继电器外，装置内的任一元件损坏时，装置不应误动作跳闸，自动检测回路应能发出告警或装置异常信号，并给出有关信息指明损坏元件的所在部位，在最不利情况下应能将故障定位至模块（插件）。

4.1.1.7.13 保护装置的定值应满足保护功能的要求，应尽可能做到简单、易整定。

4.1.1.7.14 保护装置应以时间顺序记录的方式记录正常运行的操作信息，如断路器变位、开入量输入变位、连接片切换、定值修改、定值区切换等，记录应保证充足的容量。

4.1.1.7.15 保护装置应能输出装置的自检信息及故障记录，后者应包括时间，动作事件报告，动作采样值数据报告，开入、开出和内部状态信息，定值报告等。装置应具有数字、图形输出功能及通用的输出接口。

4.1.1.7.16 保护装置应具有独立的 DC/DC 变换器供内部回路使用的电源。拉、合装置直流电源或直流电压缓慢下降及上升时，装置不应误动作。直流消失时，应有输出触点以启动告警信号。直流电源恢复（包括缓慢恢复）时，变换器应能自启动。

4.1.1.7.17 保护装置不应要求其交、直流输入回路外接抗干扰元件来满足有关电磁兼容标准的要求。

4.1.1.7.18 使用于 220kV 及以上电压的电力设备非电量保护应相对独立，并具有独立的跳闸出口回路。

4.1.1.7.19 继电器和保护装置的直流工作电压，应保证在外部电源为 80%～115%额定电压条件下可靠工作。

4.1.1.7.20 跳闸出口应能自保持，直至断路器断开。自保持宜由断路器的操作回路来实现。

4.1.1.7.21 大型发电机主保护配置方案宜进行定量化及优化设计。

4.1.1.7.22 保护跳闸出口连接片及与失灵回路相关连接片采用红色，功能连接片采用黄色，连接片底座及其他连接片采用浅驼色。

4.1.1.7.23 发电厂出线方式为一路出线或同杆并架双回线路，同时跳闸会造成母线出现零功率的发电厂应加零功率保护、功率突变或稳控装置。

4.1.1.7.24 电力设备和线路的原有继电保护装置，凡不能满足技术和运行要求的，应逐步进行改造。数字式继电保护装置的合理使用年限一般不低于 12 年，对于运行不稳定、工作环境恶劣的微机型继电保护装置可根据运行情况适当缩短使用年限。发电厂应根据设备合理使用年限做好改造方案及计划工作。

4.1.1.7.25 继电器室环境条件应满足继电保护装置和控制装置的安全可靠要求。应考虑空调、必要的采暖和通风条件以满足设备运行的要求。要有良好的电磁屏蔽措施，同时应有良好的防尘、防潮、照明、防火、防小动物措施。

4.1.1.7.26 对于安装在断路器柜中 10kV～66kV 微机型继电保护装置，要求环境温度在 −5℃～45℃范围内，最大相对湿度不应超过 95%。微机型继电保护装置室内最大相对湿度不应超过 75%，应防止灰尘和不良气体侵入。微机型继电保护装置室内环境温度应在 5℃～30℃范围内，若超过此范围应装设空调。

4.1.2 发电机保护设计阶段监督

4.1.2.1 一般要求

容量在 1000MW 级及以下的发电机的保护配置应符合 GB/T 14285、DL/T 671、DL/T 1309 相关要求。对下列故障及异常运行状态，应装设相应的保护。容量在 1000MW 级以上的发电

机可参照执行。

    a) 定子绕组相间短路；

    b) 定子绕组接地；

    c) 定子绕组匝间短路；

    d) 发电机外部相间短路；

    e) 定子绕组过电压；

    f) 定子绕组过负荷；

    g) 定子绕组分支断线；

    h) 转子表层（负序）过负荷；

    i) 励磁绕组过负荷；

    j) 励磁回路接地；

    k) 励磁电流异常下降或消失；

    l) 定子铁芯过励磁；

    m) 发电机逆功率；

    n) 频率异常；

    o) 失步；

    p) 发电机突然加电压；

    q) 发电机启、停机故障；

    r) 其他故障和异常运行。

4.1.2.2 配置监督重点

4.1.2.2.1 对发电机变压器组，当发电机与变压器之间有断路器时，100MW 以下的发电机装设单独的纵联差动保护；对 100MW 及以上发电机变压器组，每一套主保护应具有发电机纵联差动保护和变压器纵联差动保护作为定子绕组相间短路、发电机外部相间短路主保护。

4.1.2.2.2 对于定子绕组为星形接线，每相有并联分支且中性点有分支引出端子的发电机，应装设零序电流型横差保护和裂相横差保护，作为发电机内部匝间短路、定子绕组分支断线的主保护，保护应瞬时动作于停机。

4.1.2.2.3 200MW 及以上容量发电机应装设启、停机保护，该保护在发电机正常运行时应可靠退出。

4.1.2.2.4 200MW 及以上容量发电机变压器组的出口断路器应配置断口闪络保护，断口闪络保护出口延时选 0.1s～0.2s，机端有断路器的动作于机端断路器跳闸，机端没有断路器的动作于灭磁同时启动断路器失灵保护。

4.1.2.2.5 对 300MW 及以上机组宜装设误上电保护。误上电保护的全阻抗特性整定和低频低压过电流特性整定，其出口延时选 0.1s～0.2s，动作于全停。

4.1.2.2.6 200MW 及以上发电机应装设失步保护。在短路故障、系统同步振荡、电压回路断线等情况下，保护不应误动，通常保护动作于信号。当振荡中心在发电机—变压器组内部，失步运行时间超过整定值或电流振荡次数超过规定值时，保护动作于全停，并保证断路器断开时的电流不超过断路器允许开断电流。

4.1.2.2.7 对 300MW 及以上汽轮发电机，发电机励磁回路一点接地、发电机运行频率异常、励磁电流异常下降或消失等异常运行方式，保护动作于停机，宜采用程序跳闸方式。采用程序跳闸方式，由逆功率继电器作为闭锁元件。

4.1.2.2.8　300MW 及以上发电机，应装设过励磁保护。保护装置可装设由低定值和高定值两部分组成的定时限过励磁保护和反时限过励磁保护。

　　a)　定时限过励磁保护，低定值部分带时限动作于信号和降低励磁电流；高定值部分动作于程序跳闸。

　　b)　发电机组过励磁保护如果配置反时限保护，反时限保护应动作于程序跳闸。

　　c)　反时限的保护特性曲线应与发电机的允许过励磁能力相配合。

　　d)　过励磁保护长时间运行的定值不得低于 1.07 倍。

　　e)　汽轮发电机装设了过励磁保护可不再装设过电压保护。

4.1.2.2.9　自并励发电机的励磁变压器宜采用电流速断保护作为主保护，过电流保护作为后备保护。对交流励磁发电机的主励磁机的短路故障宜在中性点侧的 TA 回路装设电流速断保护作为主保护，过电流保护作为后备保护。

4.1.3　电力变压器保护设计阶段监督

4.1.3.1　一般要求

对升压、降压、联络变压器保护的设计，应符合 GB/T 14285、DL/T 317、DL/T 478、DL/T 572、DL/T 671、DL/T 684 和 DL/T 770 等标准的规定。对变压器下列故障及异常运行状态，应装设相应的保护：

　　a)　绕组及其引出线的相间短路和中性点直接接地或经小电阻接地侧的接地短路；

　　b)　绕组的匝间短路；

　　c)　外部相间短路引起的过电流；

　　d)　中性点直接接地或经小电阻接地电力网中外部接地短路引起的过电流及中性点过电压；

　　e)　过负荷；

　　f)　过励磁；

　　g)　中性点非有效接地侧的单相接地故障；

　　h)　油面降低；

　　i)　变压器油温、绕组温度过高及油箱压力过高和冷却系统故障；

　　j)　其他故障和异常运行。

4.1.3.2　配置监督重点

4.1.3.2.1　220kV 及以上电压等级变压器保护应配置双重化的主、后备保护一体变压器电气量保护和一套非电量保护。

4.1.3.2.2　330kV 及以上电压等级变压器保护的主保护应满足：

　　a)　配置纵差保护或分相差动保护。若仅配置分相差动保护，在低压侧有外附 TA 时，需配置不需整定的低压侧小区差动保护；

　　b)　为提高切除自耦变压器内部单相接地短路故障的可靠性，可配置由高中压和公共绕组 TA 构成的分侧差动保护；

　　c)　可配置不需整定的零序分量、负序分量或变化量等反映轻微故障的故障分量差动保护。

4.1.3.2.3　220kV 电压等级变压器保护的主保护应满足：

a) 配置纵差保护；

b) 可配置不需整定的零序分量、负序分量或变化量等反映轻微故障的故障分量差动保护。

4.1.3.2.4 变压器保护各侧 TA 应按以下原则接入：

a) 纵差保护应取各侧外附 TA 电流；

b) 330kV 及以上电压等级变压器的分相差动保护低压侧应取三角内部套管（绕组）TA 电流；

c) 330kV 及以上电压等级变压器的低压侧后备保护宜同时取外附 TA 电流和三角内部套管（绕组）TA 电流。两组电流由装置软件折算至以变压器低压侧额定电流为基准后共用电流定值和时间定值。

4.1.3.2.5 变压器非电气量保护不应启动失灵保护。变压器非电量保护应同时作用于断路器的两个跳闸线圈。未采用就地跳闸方式的变压器非电量保护应设置独立的电源回路（包括直流空气小断路器及其直流电源监视回路）和出口跳闸回路，且必须与电气量保护完全分开。当变压器采用就地跳闸方式时，应向监控系统发送动作信号。

4.1.3.2.6 在变压器低压侧未配置母线差动和失灵保护的情况下，为提高切除变压器低压侧母线故障的可靠性，宜在变压器的低压侧设置取自不同电流回路的两套电流保护。当短路电流大于变压器热稳定电流时，变压器保护切除故障的时间不宜大于 2s。

4.1.3.2.7 作用于跳闸的非电量保护，启动功率应大于 5W，动作电压在额定直流电源电压的 55%～70% 范围内，额定直流电源电压下动作时间为 10ms～35ms，加入 220V 工频交流电压不动作。

4.1.4 并联电抗器保护设计阶段监督

4.1.4.1 一般要求

对油浸式并联电抗器的保护配置，应符合 GB/T 14285、DL/T 242、DL/T 317 和 DL/T 572 相关要求。对下列故障及异常运行方式，应装设相应的保护：

a) 线圈的单相接地和匝间短路及其引出线的相间短路和单相接地短路；

b) 油面降低；

c) 油温度升高和冷却系统故障；

d) 过负荷；

e) 其他故障和异常运行。

4.1.4.2 **配置监督重点**

4.1.4.2.1 主保护有：

a) 主电抗器差动保护；

b) 主电抗器零序差动保护；

c) 主电抗器匝间保护。

4.1.4.2.2 主电抗器后备保护有：

a) 主电抗器过电流保护；

b) 主电抗器零序过电流保护；

c) 主电抗器过负荷保护。

4.1.4.2.3 中性点电抗器后备保护有：

a) 中性点电抗器过电流保护；

b) 中性点电抗器过负荷保护。

4.1.4.3 其他

4.1.4.3.1 高压电抗器非电量保护包括主电抗器和中性点电抗器，主电抗器 A、B、C 相非电量分相开入，作用于跳闸的非电量保护三相共用一个功能连接片。

4.1.4.3.2 作用于跳闸的非电量保护，启动功率应大于 5W，动作电压在额定直流电源电压的 55%～70%范围内，额定直流电源电压下动作时间为 10ms～35ms，加入 220V 工频交流电压不动作。

4.1.4.3.3 重瓦斯保护作用于跳闸，其余非电量保护宜作用于信号。

4.1.5 母线保护设计阶段监督

4.1.5.1 一般要求

母线保护应符合 GB/T 14285、DL/T 317、DL/T 670 及当地电网相关要求，并满足以下重点要求：

a) 保护应能正确反应母线保护区内的各种类型故障，并动作于跳闸；

b) 对各种类型区外故障，母线保护不应由于短路电流中的非周期分量引起 TA 的暂态饱和而误动作；

c) 对构成环路的各类母线（如 3/2 断路器接线、双母线分段接线等），保护不应因母线故障时流出母线的短路电流影响而拒动；

d) 母线保护应能适应被保护母线的各种运行方式；

e) 双母线接线的母线保护，应设有电压闭锁元件；

f) 母线保护仅实现三相跳闸出口，且应允许接于本母线的断路器失灵保护共用其跳闸出口回路；

g) 母线保护动作后，除 3/2 断路器接线外，对不带分支且有纵联保护的线路，应采取措施，使对侧断路器能速动跳闸；

h) 母线保护应允许使用不同变比的 TA；

i) 当交流电流回路不正常或断线时应闭锁母线差动保护，并发出告警信号，对 3/2 断路器接线可以只发告警信号不闭锁母线差动保护。

4.1.5.2 配置监督重点

4.1.5.2.1 3/2 断路器接线方式每段母线应配置两套母线保护，每套母线保护应具有断路器失灵经母线保护跳闸功能，保护功能包括：

a) 差动保护；

b) 断路器失灵经母线保护跳闸；

c) TA 断线判别功能。

4.1.5.2.2 双母线接线方式配置双套含失灵保护功能的母线保护，每套线路保护及变压器保护各启动一套失灵保护。保护功能包括：

a) 差动保护；

b) 失灵保护；

c) 母联（分段）失灵保护；

d) 母联（分段）死区保护；

e) TA 断线判别功能；

f) TV 断线判别功能。

4.1.6 线路保护设计阶段监督

4.1.6.1 一般要求

4.1.6.1.1 线路保护配置及设计应符合 GB/T 14285、GB/T 15145、DL/T 317 及当地电网相关要求。

4.1.6.1.2 110kV 及以上电压线路的保护装置，应具有测量故障点距离的功能。故障测距的精度要求对金属性短路误差不大于线路全长的 ±3%。

4.1.6.1.3 220kV 及以上电压线路的保护装置其振荡闭锁应满足如下要求：

a) 系统发生全相或非全相振荡，保护装置不应误动作跳闸；

b) 系统在全相或非全相振荡过程中，被保护线路如发生各种类型的不对称故障，保护装置应有选择性的动作跳闸，纵联保护仍应快速动作；

c) 系统在全相振荡过程中发生三相故障，故障线路的保护装置应可靠动作跳闸，并允许带短延时。

4.1.6.1.4 220kV 及以上电压线路（含联络线）的保护装置应满足以下要求：

a) 除具有全线速动的纵联保护功能外，还应至少具有三段式相间、接地距离保护，反时限和/或定时限零序方向电流保护的后备保护功能。

b) 对有监视的保护通道，在系统正常情况下，通道发生故障或出现异常情况时，应发出告警信号。

c) 能适用于弱电源情况。

d) 在交流失压情况下，应具有在失压情况下自动投入的后备保护功能，并允许不保证选择性。

e) 联络线应装设快速主保护，保护动作于断开联络线两端的断路器。220kV 及以上的联络线应装设双重化主保护。

f) 联络线可与其一端的电力设备共用纵联差动保护；但是当联络线为电缆或管道母线而且其连接线路时，需配置独立的 T 区保护，确保联络线内发生单相故障，应动作三跳，启动远跳，并可靠闭锁重合闸，而在线路故障时可靠不动作。

g) 当联络线两端电力设备的纵差保护范围均不包括联络线时，应装设单独的纵联差动保护。

h) 当联络线长度大于 600m 时，应装设单独的主保护，宜采用光纤纵联差动保护。

i) 对各类双断路器接线方式，当双断路器所连接的线路或元件退出运行而断路器之间的仍连接运行时，应装设短引线保护以保护双断路器之间的连接线。

j) 联络线的每套保护应能对全线路内发生的各种类型故障均快速动作切除。对于要求实现单相重合闸的线路，在线路发生单相经高阻接地故障时，应能正确选相并动作跳闸。

k) 对于远距离、重负荷线路及事故过负荷等情况，宜采用设置负荷电阻线或其他方法，避免相间、接地距离保护的后备段保护误动作。

l) 应采取措施，防止由于零序功率方向元件的电压死区导致零序功率方向纵联保护拒动，但不宜采用过分降低零序动作电压的方法。

4.1.6.1.5 纵联距离（方向）保护装置中的零序功率方向元件应采用自产零序电压。纵联零序方向保护不应受零序电压大小的影响,在零序电压较低的情况下应保证方向元件的正确性;对于平行双回或多回有零序互感关联的线路发生接地故障时,应防止非故障线路零序方向保护误动作。

4.1.6.1.6 有独立选相跳闸功能的线路保护装置发出的跳闸命令,应能直接传送至相关断路器的分相跳闸执行回路。

4.1.6.2 配置监督重点

4.1.6.2.1 3/2断路器接线方式:

a) 线路、过电压及远方跳闸保护按以下原则配置:

    1) 配置双重化的线路纵联保护,每套纵联保护应包含完整的主保护和后备保护。

    2) 配置双重化的远方跳闸保护,采用"一取一"或"二取二"经就地判别方式,当系统需要配置过电压保护时,过电压保护应集成在远方跳闸保护装置中。

b) 断路器保护及操作箱按以下原则配置:

    1) 断路器保护按断路器配置。失灵保护、重合闸、充电过流(2段过流+1段零序电流)、三相不一致和死区保护等功能应集成在断路器保护装置中。

    2) 配置双组跳闸线圈分相操作箱。

c) 短引线保护按以下原则配置:配置双重化的短引线保护,每套保护应包含差动保护和过流保护。

4.1.6.2.2 双母线接线方式:

a) 配置双重化的线路纵联保护,每套纵联保护应包含完整的主保护和后备保护以及重合闸功能;

b) 当系统需要配置过电压保护时,配置双重化的过电压保护及远方跳闸保护,过电压保护应集成在远方跳闸保护装置中,远方跳闸保护采用"一取一"或"二取二"经就地判别方式;

c) 配置分相操作箱及电压切换箱。

4.1.6.2.3 自动重合闸:

a) 使用于单相重合闸线路的保护装置,应具有在单相跳闸后至重合前的两相运行过程中,健全相再故障时快速动作三相跳闸的保护功能。

b) 用于重合闸检线路侧电压和检同期的电压元件,当不使用该电压元件时,TV断线不应报警。

c) 检同期重合闸所采用的线路电压应该是自适应的,可自行选择任意相间或相电压。

d) 取消"重合闸方式转换开关",自动重合闸仅设置"停用重合闸"功能连接片,重合闸方式通过控制字实现。

e) 单相重合闸、三相重合闸、禁止重合闸和停用重合闸应有而且只能有一项置"1",如不满足此要求,保护装置报警并按停用重合闸处理。

f) 对220kV及以上电压等级的同杆并架双回线路,为了提高电力系统安全稳定运行水平,可采用按相自动重合闸方式。

4.1.7 断路器保护设计阶段监督

4.1.7.1 一般要求

断路器保护的设计应符合GB/T 14285、DL/T 317等的相关标准要求。

4.1.7.2 配置监督重点

4.1.7.2.1 220kV 及以上电压等级线路或电力设备的断路器失灵时应启动断路器失灵保护,并应满足以下要求:

a) 失灵保护的判别元件一般应为电流判别元件与保护跳闸触点组成"与门"逻辑关系。对于电流判别元件,线路、变压器支路应采用相电流、零序电流、负序电流组成"或门"逻辑关系。判别元件的动作时间和返回时间均不应大于 20ms,其返回系数也不宜低于 0.9。

b) 双母线接线变电站的断路器失灵保护在保护跳闸触点和电流判别元件同时动作时去解除复合电压闭锁,故障电流切断、保护收回跳闸命令后应重新闭锁断路器失灵保护。

c) 3/2 断路器接线的失灵保护应瞬时再次动作于本断路器的跳闸线圈跳闸,再经一时限动作于断开其他相邻断路器。

d) "线路－变压器"和"线路－发变组"的线路和主设备电气量保护均应启动断路器失灵保护。当本侧断路器无法切除故障时,应采取启动远方跳闸等后备措施加以解决。

e) 变压器的断路器失灵时,除应跳开失灵断路器相邻的全部断路器外,还应跳开本变压器连接其他电源侧的断路器。

4.1.7.2.2 失灵保护装设闭锁元件的设计应满足以下原则要求:

a) 3/2 断路器接线的失灵保护不装设闭锁元件;

b) 有专用跳闸出口回路的单母线及双母线断路器失灵保护应装设闭锁元件;

c) 与母线差动保护共用跳闸出口回路的失灵保护不装设独立的闭锁元件,应共用母线差动保护的闭锁元件;

d) 发电机、变压器和高压电抗器、断路器的失灵保护,为防止闭锁元件灵敏度不足应采取相应措施或不设闭锁回路;

e) 母联(分段)失灵保护、母联(分段)死区保护均应经电压闭锁元件控制;

f) 除发电机出口断路器保护外,断路器失灵保护判据中严禁设置断路器合闸位置闭锁触点或断路器三相不一致闭锁触点。

4.1.7.2.3 失灵保护动作跳闸应满足下列要求:

a) 对具有双跳闸线圈的相邻断路器,应同时动作于两组跳闸回路;

b) 对远方跳对侧断路器,宜利用两个传输通道传送跳闸命令;

c) 保护动作时应闭锁重合闸;

d) 发电机变压器组的断路器三相位置不一致保护应启动失灵保护;

e) 应充分考虑 TA 二次绕组合理分配,对确实无法解决的保护动作死区,在满足系统稳定要求的前提下,可采取启动失灵和远方跳闸等后备措施加以解决;

f) 断路器保护屏上不设失灵开入投(退)连接片,需要投(退)线路、变压器等保护的失灵启动回路时,通过投(退)线路、变压器等保护屏上各自的启动失灵连接片实现。

4.1.7.2.4 双母线接线的断路器失灵保护应满足以下要求:

a) 母线保护双重化配置时,断路器失灵保护应与母线差动共用出口,应采用母线保护装置内部的失灵电流判据。两套母线保护只接一套断路器失灵保护时，该母线保护出口应同时启动断路器的两个跳闸线圈。

b) 为解决主变压器低压侧故障时，按母线集中配置的断路器失灵保护中复压闭锁元件灵敏度不足的问题，主变压器支路应具备独立于失灵启动的解除复压闭锁的开入回路。"解除复压闭锁"开入长期存在时应告警。宜采用主变压器保护"动作触点"解除失灵保护的复压闭锁，不采用主变压器保护"各侧复合电压闭锁动作"触点解除失灵保护复压闭锁。启动失灵和解除失灵电压闭锁应采用主变压器保护不同继电器的跳闸触点。

c) 母线故障主变压器断路器失灵时，除应跳开失灵断路器相邻的全部断路器外，还应跳开本变压器连接其他电源侧的断路器，失灵电流再判别元件应由母线保护实现。

d) 为缩短失灵保护切除故障的时间，失灵保护跳其他断路器宜与失灵跳母联共用一段时限。

4.1.7.2.5 3/2 断路器主接线形式的断路器失灵保护应满足以下要求：

a) 设置线路保护三个分相跳闸开入，主变压器、线路保护（永久跳闸）共用一个三相跳闸开入。

b) 设置相电流元件，零、负序电流元件，发电机变压器组单元设置低功率因数元件。TV 断线后退出低功率因数元件。保护装置内部设置"有无电流"的相电流判别元件，其最小电流门槛值应大于保护装置的最小精确工作电流（$0.05I_N$）；作为判别分相操作断路器单相失灵的基本条件。

c) 失灵保护不设功能投/退连接片。

d) 三相不一致保护如需增加零、负序电流闭锁，其定值可以和失灵保护的零、负序电流定值相同，均按躲过最大负荷时的不平衡电流整定。

e) 线路保护分相跳闸开入和发电机变压器组（线路保护永久跳闸）三相跳闸开入，失灵保护应采用不同的启动方式：

1) 任一分相跳闸触点开入后经电流突变量或零序电流启动并展宽后启动失灵；

2) 三相跳闸触点开入后不经电流突变量或零序电流启动失灵；

3) 失灵保护动作经母线差动保护出口时，应在母线差动保护装置中设置灵敏的、不需整定的电流元件并带 20ms～50ms 的固定延时。

4.1.7.2.6 其他要求：

a) 断路器三相不一致保护功能应由断路器本体机构实现，断路器三相位置不一致保护的动作时间应与其他保护动作时间相配合；

b) 断路器防跳功能应由断路器本体机构实现，防跳继电器动作时间应与断路器动作时间配合；

c) 断路器的跳、合闸压力异常闭锁功能应由断路器本体机构实现；

d) 500kV 变压器低压侧断路器宜双组跳闸线圈三相联动断路器。

4.1.8 故障记录及故障信息管理设计阶段监督

4.1.8.1 一般要求

4.1.8.1.1 容量 100MW 及以上的发电机组、110kV 及以上升压站、启/备电源等应装设专用故障录波装置。故障录波器设计应满足 GB/T 14285、GB/T 14598.301、DL/T 5136 相关要求。

4.1.8.1.2 发电厂应按机组配置故障录波装置。200MW 及以上容量发电机变压器组应配置专用故障录波器。

4.1.8.1.3 发电厂 110kV 及以上配电装置按电压等级配置故障录波装置。

4.1.8.1.4 启/备电源变压器、高压公用变压器可根据录波信息量与机组合用或单独设置。

4.1.8.1.5 并联电抗器可与相应的系统故障录波装置合用，也可单独设置。

4.1.8.1.6 故障录波装置的电流输入应接入 TA 的保护级线圈，可与保护装置共用一个二次绕组，接在保护装置之后。

4.1.8.2 配置监督重点

4.1.8.2.1 微机型故障录波装置的主要功能：

a) 装置应具有非故障启动、数据记录频率不小于 1kHz 的连续录波功能，能完整记录电力系统大面积故障、系统振荡、电压崩溃等事件的全部数据，数据存储时间不小于 7 天。

b) 装置应具有连续录波数据的扰动自动标记功能。当电网或发电机发生较大扰动时，装置能根据内置自动判据在连续录波数据上标记出扰动特征，以便于事件（扰动）提醒和数据检索。

c) 装置应有模拟量启动、开关量启动及手动启动方式，应具备外部启动触点的接入回路。

d) 装置应具有必要的信号指示灯及告警信号输出触点，装置应具有失电报警功能，并有不少于两副触点输出。

e) 装置应具有自复位功能，当软件工作不正常时应能通过自复位等手段自动恢复正常工作，装置对自复位命令应进行记录。

f) 装置屏（柜）端子不应与装置弱电系统（指 CPU 的电源系统）有直接电气上的联系。针对不同回路，应分别采用光电耦合、带屏蔽层的变压器磁耦合等隔离措施。

g) 装置应有独立的内部时钟，每 24h 与标准时钟的误差不应超过 ±1s；应提供外部标准时钟（如北斗、GPS 时钟装置）的同步接口，与外部标准时钟同步后，装置与外部标准时钟的误差不应超过 ±1ms，以便于对反应同一事件的异地多端数据进行综合分析。

4.1.8.2.2 微机型故障录波装置记录量的配置：

a) 交流电压量：用于记录发电厂的升压站母线电压、线路电压、发电机机端电压、高低压厂用母线电压、不停电电源输出电压等；

b) 交流电流量：用于记录发电厂的发电机机端电流、中性点各分支电流、励磁变压器高压侧电流、高压厂用变压器高压侧电流、电力线路电流、主变压器各侧电流、主变压器中心点/间隙电流及母联、旁路、分段等联络断路器电流等；

c) 直流量：用于记录发电厂的直流控制电源的正极对地电压、负极对地电压、发电机转子电压/电流、主励磁机转子电压/电流等；

d) 开关量：用于记录发电厂继电保护及安全自动装置的跳闸/重合触点、开关辅助及其他重要触点等。

4.1.8.2.3 故障信息传送原则：

a) 全厂的故障信息，必须在时间上同步。在每一事件报告中应标定事件发生的时间。

b) 传送的所有信息，均应采用标准规约。

4.1.8.2.4 微机型故障录波装置离线分析软件配置。离线分析软件应配有能运行于常用操作系统下的离线分析软件，可对装置记录的连续录波数据进行离线的综合分析。数据的综合分析功能应包括：

a) 采用图形化界面；

b) 录波数据应能快速检索、查询；

c) 应具有编辑、漫游功能，提供波形的显示、叠加、组合、比较、剪辑、添加标注等分析工具，可选择性打印；

d) 应具有谐波分析（不低于 7 次谐波）、序分量分析、矢量分析等功能，能将记录的电流、电压及导出的阻抗和各序分量形成相量图，并显示阻抗变化轨迹；

e) 故障的计算分析，应能计算频率、有功功率、无功功率、功率因数、差流和阻抗等导出量，计算精度满足使用要求；

f) 提供格式应符合 GB/T 22386 规定的数据，以方便与其他故障分析设备交换数据。

4.1.9 电力系统同步相量测量装置设计阶段监督

4.1.9.1 一般要求

发电厂可按电力系统要求配置电力系统相量测量装置。装置应满足 GB/T 14285、DL/T 280 及 DL/T 5136 相关要求。

4.1.9.2 配置监督重点

4.1.9.2.1 同步相量测量装置应能够与多个调度端和其他子站系统通信，通信信号带有统一时标。

4.1.9.2.2 同步相量测量装置应具有与就地时间同步的对时接口，同步对时准确度为 1μs，就地对时时钟准确度满足不了要求时，可考虑同步相量测量装置设置专用的同步时钟系统。

4.1.9.2.3 同步相量测量装置独立组柜，可分散布置也可集中布置，发电厂和变电站相量测量装置应组网构成子站，统一上送测量信息。

4.1.9.2.4 同步相量测量装置的信息上传调度端可与调度自动化系统共用通道，也可采用独立通道。

4.1.10 电力系统时间同步系统设计阶段监督

4.1.10.1 一般要求

发电厂时间同步系统应符合 DL/T 317、DL/T 1100.1、DL/T 5136 的相关规定。发电厂应统一配置一套时间同步系统；单机容量 300MW 及以上的发电厂及有条件的场合宜采用主、备式时间同步系统，两台同步时钟一主一备，以提高时间同步系统的可靠性。

4.1.10.2 配置监督重点

4.1.10.2.1 时间同步系统宜单独组屏，便于设备扩展和校验。同步时钟应输出足够数量的不同类型时间同步信号。需要时可以增加分时钟以满足不同使用场合的需要。设备较集中且距离主时钟较远的场所可设分时钟，分时钟与主时钟对时。

4.1.10.2.2 当时间同步系统采用两路无线授时基准信号时，宜选用不同的授时源。

4.1.10.2.3 当时间同步系统通过以太网接口为不同安全防护等级的系统提供时间基准信号时，应符合相关安全防护规定的要求。

4.1.10.2.4 发电厂同步时钟系统主时钟可设在网控继电器室，也可设在发电厂的单元机组电子设备间内。

4.1.10.2.5　要求进行时间同步的设备应包括以下设备：

 a)　记录与时间有关信息的设备，如故障录波器、发电厂电气监控管理系统、发电厂网络监控系统、变电站计算机监控系统、调度自动化系统、自动电压控制（AVC）装置、保护信息管理系统等；

 b)　微机型继电保护装置、安全自动装置等；

 c)　有必要记录其作用时间的设备，如调度录音电话、行政电话交换网计费系统等；

 d)　工作原理建立在时间同步基础上的设备，如同步相量测量装置、线路故障行波测距装置、雷电定位系统等；

 e)　要求在同一时刻记录其采集数据的系统，如电能量计量系统等；

 f)　分散控制系统（DCS）；

 g)　各类管理信息系统（MIS）；

 h)　其他要求时间统一的装置。

4.1.10.2.6　发电厂设备时间同步技术要求可按照表1有关规定确定。

表1　发电厂设备时间同步技术要求表

序号	设　备　名　称	时间同步准确度	推荐使用的时间同步信号
1	安全自动装置	10ms	IRIG-B 或 1PPS/1PPM＋串口对时报文
2	同步相量测量装置	1μs	IRIG-B 或 1PPS＋串口对时报文
3	无功电压自动投切装置	10ms	IRIG-B 或 1PPS/1PPM＋串口对时报文
4	线路行波故障测距装置	1μs	IRIG-B 或 1PPS＋串口对时报文
5	微机型保护装置	10ms	IRIG-B 或 1PPS/1PPM＋串口对时报文
6	故障录波器	1ms	IRIG-B 或 1PPS/1PPM＋串口对时报文
7	测控装置		
8	计算机监控后台系统	1s	网络对时 NTP 或串口对时报文
9	RTU/远动工作站	1ms	IRIG-B 或 1PPS/1PPM＋串口对时报文
10	电能量计量终端	1s	网络对时 NTP 或串口对时报文
11	关口电能表		
12	继电保护管理子站		
13	设备在线监测装置		
14	图像监视系统		
15	分散控制系统（DCS）		IRIG-B 或网络对时 NTP 或串口对时报文
注：PPS 是 pulse per secound 缩写			

4.1.11 继电保护通道设计阶段监督

4.1.11.1 一般要求

电力线路全线速动主保护的通道按照 GB/T 14285、DL/T 317、DL/T 5136 要求设置。

4.1.11.2 配置监督重点

4.1.11.2.1 双重化配置的线路纵联保护通道应相互独立，通道及接口设备的电源也应相互独立。

4.1.11.2.2 线路纵联保护优先采用光纤通道。当构成全线速动线路主保护的通信通道采用光纤通道，且线路长度不大于 50km 时，应优先采用独立光纤芯通道；50km 以上线路宜采用复用光纤，采用复用光纤时，优先采用 2Mbit/s 数字接口，还可分别使用独立的光端机。具有光纤迂回通道时，两套装置宜使用不同的光纤通道。

4.1.11.2.3 双回线路采用同型号纵联保护，或线路纵联保护采用双重化配置时，在回路设计和调试过程中应采取有效措施防止保护通道交叉使用。分相电流差动保护应采用同一路由收发、往返延时一致的通道。

4.1.11.2.4 对双回线路，若仅其中一回线路有光纤通道且按上述原则采用光纤通道传送信息外，另一回线路传送信息的通道宜采用下列方式：

a) 如同杆并架双回线，两套装置均采用光纤通道传送信息，并分别使用不同的光纤芯或 PCM 终端；

b) 如非同杆并架双回线，其一套装置采用另一回线路的光纤通道，另一套装置采用其他通道，如电力线载波、微波或光纤的其他迂回通道等。

4.1.11.2.5 一般情况下，一套线路纵联保护接入一个通信通道，有特殊要求的 500kV 线路纵联保护也可以采用双通道。

4.1.11.2.6 线路纵联电流差动保护通道的收发延时应相同。

4.1.11.2.7 双重化配置的远方跳闸保护，其通信通道应相互独立。线路纵联保护采用数字通道的，远方跳闸命令经线路纵联保护传输或采用独立于线路纵联保护的通道。

4.1.11.2.8 2Mbit/s 数字接口装置与通信设备采用 75Ω 同轴电缆不平衡方式连接。

4.1.11.2.9 安装在通信机房继电保护通信接口设备的直流电源应取自通信直流电源，并与所接入通信设备的直流电源相对应，采用–48V 电源，该电源的正端应连接至通道机房的接地铜排。

4.1.11.2.10 通信机房的接地网与主网可靠连接时，继电保护通信接口设备至通信设备的同轴电缆的屏蔽层应两端接地。

4.1.11.2.11 传输信息的通道设备应满足传输时间、可靠性的要求。其传输时间应符合下列要求：

a) 传输线路纵联保护信息的数字式通道传输时间应不大于 12ms；点对点的数字式通道传输时间应不大于 5ms。

b) 传输线路纵联保护信息的模拟式通道传输时间，对允许式应不大于 15ms；对采用专用信号传输设备的闭锁式应不大于 5ms。

c) 系统安全稳定控制信息的通道传输时间应根据实际控制要求确定，原则上应尽可能的快。点对点传输时，传输时间要求应与线路纵联保护相同。

d) 信息传输接收装置在对侧发信信号消失后收信输出的返回时间应不大于通道传

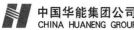

输时间。

4.1.12 直流电源、直流熔断器、直流断路器及相关回路设计阶段监督

4.1.12.1 一般要求

发电厂直流系统应符合 GB/T 14285、GB/T 19638.1、GB/T 19638.2、GB/T 19826 和 DL/T 5044 等相关规定。

4.1.12.2 配置监督重点

4.1.12.2.1 继电保护电源回路保护设备的配置，应符合下列规定：

- a) 当一个安装单位只有一台断路器时，继电保护和自动装置可与控制回路共用一组熔断器或直流断路器。
- b) 当一个安装单位有几台断路器时，该安装单位的保护和自动装置回路应设置单独的熔断器或直流断路器。各断路器控制回路熔断器或直流断路器可单独设置，也可接于公用保护回路熔断器或直流断路器下。
- c) 两个及以上安装单位的公用保护和自动装置回路，应设置单独的熔断器或直流断路器。
- d) 发电机出口断路器及磁场断路器控制回路，可合用一组熔断器或直流断路器。
- e) 电源回路的熔断器或直流断路器均应加以监视。

4.1.12.2.2 继电保护和自动装置信号回路保护设备的配置，应符合下列规定：

- a) 继电保护和自动装置信号回路均应设置熔断器或直流断路器；
- b) 公用信号回路应设置单独的熔断器或直流断路器；
- c) 信号回路的熔断器或直流断路器应加以监视。

4.1.12.2.3 直流主屏宜布置在蓄电池室附近单独的电源室内或继电保护室内。充电设备宜与直流主屏同室布置。直流分电柜宜布置在相应负荷中心处。

4.1.12.2.4 发电机组蓄电池组的配置应与其保护设置相适应。发电厂容量在 100MW 及以上的发电机组应配置两组蓄电池。

4.1.12.2.5 直流系统的电缆应采用阻燃电缆，两组蓄电池的电缆应分别铺设在各自独立的通道内，尽量避免与交流电缆并排铺设，在穿越电缆竖井时，两组蓄电池电缆应加穿金属套管。

4.1.12.2.6 变电站直流系统配置应充分考虑设备检修时的冗余，330kV 及以上电压等级变电站及重要的 220kV 升压站应采用三台充电、浮充电装置以及两组蓄电池组的供电方式。每组蓄电池和充电机应分别接于一段直流母线上，第三台充电装置（备用充电装置）可在两段母线之间切换，任一工作充电装置退出运行时，手动投入第三台充电装置。变电站直流电源供电质量应满足微机型保护运行要求。

4.1.12.2.7 发电厂的直流网络应采用辐射状供电方式，严禁采用环状供电方式。高压配电装置断路器电动机储能回路及隔离开关电动机电源如采用直流电源宜采用环形供电，间隔内采用辐射供电。

4.1.12.2.8 继电保护的直流电源，电压纹波系数应不大于 2%，最低电压不低于额定电压的 85%，最高电压不高于额定电压的 110%。

4.1.12.2.9 选用充电、浮充电装置，应满足稳压精度优于 0.5%、稳流精度优于 1%、输出电压纹波系数不大于 0.5% 的技术要求。

4.1.12.2.10 新建或改造的发电厂，直流系统绝缘监测装置应具备交流窜直流故障的监测和报警功能。原有的直流系统绝缘监测装置应逐步进行改造，使其具备交流窜直流故障的监测和报警功能。

4.1.12.2.11　新、扩建或改造的变电站直流系统用断路器应采用具有自动脱扣功能的直流断路器，严禁使用普通交流断路器。直流断路器应具有速断保护和过电流保护功能，可带有辅助触点和报警触点。

4.1.12.2.12　直流回路采用熔断器作为保护电器时，应装设隔离电器，如刀开关，也可采用熔断器和刀开关合一的刀熔开关。

4.1.12.2.13　蓄电池出口回路熔断器应带有报警触点，其他回路熔断器，必要时可带有报警触点。

4.1.12.2.14　除蓄电池组出口总熔断器以外，逐步将现有运行的熔断器更换为直流专用断路器。当直流断路器与蓄电池组出口总熔断器配合时，应考虑保护动作特性的不同，对级差做适当调整。

4.1.12.2.15　对装置的直流熔断器或直流断路器及相关回路配置的基本要求应不出现寄生回路，并增强保护功能的冗余度。

4.1.12.2.16　由不同熔断器或直流断路器供电的两套保护装置的直流逻辑回路间，不允许有任何电的联系。

4.1.12.2.17　对于采用近后备原则进行双重化配置的保护装置，每套保护装置应由不同的电源供电，并分别设有专用的直流熔断器或直流断路器。

4.1.12.2.18　采用远后备原则配置保护时，其所有保护装置，以及断路器操作回路等，可仅由一组直流熔断器或直流断路器供电。

4.1.12.2.19　母线保护、变压器差动保护、发电机差动保护、各种双断路器接线方式的线路保护等保护装置与每一断路器的操作回路，应分别由专用的直流熔断器或直流断路器供电。

4.1.12.2.20　有两组跳闸线圈的断路器，其每一跳闸回路应分别由专用的直流熔断器或直流断路器供电。

4.1.12.2.21　单套配置的断路器失灵保护动作后应同时作用于断路器的两组跳闸线圈。如断路器只有一组跳闸线圈，则失灵保护装置工作电源应与相对应的断路器操作电源取自不同的直流电源系统。

4.1.12.2.22　直流断路器选择：

a)　额定电压应大于或等于回路的最高工作电压。

b)　额定电流应大于回路的最大工作电流。对于不同性质的负荷，直流断路器的额定电流按照以下原则选择：

　　1)　蓄电池出口回路应按蓄电池 1h 放电率电流选择，并应按事故放电初期（1min）放电电流校验保护动作的安全性，且应与直流馈线回路保护电器相配合；

　　2)　断路器电磁操动机构的合闸回路，可按 0.3 倍额定合闸电流选择，但直流断路器过负荷脱扣时间应大于断路器固有合闸时间；

　　3)　直流电动机回路，可按电动机的额定电流选择。

c)　断流能力应满足直流系统短路电流的要求。

d)　各级断路器的保护动作电流和动作时间应满足选择性要求，考虑上、下级差的配合，且应有足够的灵敏系数。

4.1.12.2.23 熔断器的选择：

  a) 额定电压应大于或等于回路的最高工作电压。

  b) 额定电流应大于回路的最大工作电流。对于不同性质的负载，熔断器的额定电流按照以下原则选择：

      1) 蓄电池出口回路应按蓄电池 1h 放电率电流选择，并应与直流馈线回路保护电器相配合；

      2) 断路器电磁操动机构的合闸回路，可按 0.2 倍～0.3 倍额定合闸电流选择，但熔断器的熔断时间应大于断路器固有合闸时间；

      3) 直流电动机回路，可按电动机的额定电流选择。

  c) 断流能力应满足直流系统短路电流的要求。

  d) 应满足各级熔断器动作时间的选择性要求，同时要考虑上、下级差的配合。

4.1.12.2.24 上、下级直流熔断器或直流断路器之间及熔断器与直流断路器之间的选择性：

  a) 各级熔断器的上、下级熔体之间（同一系列产品）额定电流值，应保证至少 2 级级差；

  b) 蓄电池组总熔断器与分熔断器之间，应保证 3 级～4 级级差；

  c) 各级直流断路器上、下级之间，应保证至少 4 级级差；

  d) 熔断器装设在直流断路器上一级时，熔断器额定电流应为直流断路器额定电流的 2 倍及以上；

  e) 直流断路器装设在熔断器上一级时，直流断路器额定电流应为熔断器额定电流的 4 倍及以上。

4.1.13 继电保护相关回路及设备设计阶段监督

4.1.13.1 一般要求

继电保护相关回路及设备的设计应符合 GB/T 14285、DL/T 317、DL/T 866 及 DL/T 5136 等标准的相关要求。

4.1.13.2 二次回路

4.1.13.2.1 二次回路的工作电压不宜超过 250V，最高不应超过 500V。

4.1.13.2.2 互感器二次回路连接的负荷，不应超过继电保护工作准确等级所规定的负荷范围。

4.1.13.2.3 应采用铜芯控制电缆和绝缘导线。在绝缘可能受到油侵蚀的地方，应采用耐油绝缘导线。

4.1.13.2.4 按机械强度要求，控制电缆或绝缘导线的芯线最小截面，强电控制回路，不应小于 $1.5mm^2$，屏、柜内导线的芯线截面应不小于 $1.0mm^2$；弱电控制回路，不应小于 $0.5mm^2$。电缆芯线截面的选择还应符合下列要求：

  a) 电流回路：应使 TA 的工作准确等级符合继电保护的要求，无可靠依据时，可按断路器的断流容量确定最大短路电流；

  b) 电压回路：当全部继电保护动作时，TV 到继电保护屏的电缆压降不应超过额定电压的 3%；

  c) 操作回路：在最大负荷下，电源引出端到断路器分、合闸线圈的电压降，不应超过额定电压的 10%。

4.1.13.2.5 在同一根电缆中不宜有不同安装单元的电缆芯。对双重化保护的电流回路、电压回路、直流电源回路、双组跳闸绕组的控制回路等，两套系统不应合用一根多芯电缆。

4.1.13.2.6　保护和控制设备的直流电源、交流电流、电压及信号引入回路应采用屏蔽电缆。

4.1.13.2.7　发电厂重要设备和线路的继电保护和自动装置，应有经常监视操作电源的装置。各断路器的跳闸回路，重要设备和线路的断路器合闸回路，以及装有自动重合装置的断路器合闸回路，应装设回路完整性的监视装置。监视装置可发出光信号或声光信号，或通过自动化系统向远方传送信号。

4.1.13.2.8　在有振动的地方，应采取防止导线绝缘层磨损、接头松脱和继电器、装置误动作的措施。发电机本体 TA 的二次回路引线宜采用多股导线。每个接线端子每侧接线宜为 1 根，不得超过 2 根；对于插接式端子，不同截面的两根导线不得接在同一端子中；螺栓连接端子接两根导线时，中间应加平垫片。

4.1.13.2.9　屏、柜和屏、柜上设备的前面和后面，应有必要的标志。

4.1.13.2.10　气体继电器的重瓦斯保护两对触点应并联或分别引出到保护装置，禁止串联或只用一对触点引出。

4.1.13.2.11　在变压器和并联电抗器的气体继电器与中间端子盒之间的连线等绝缘可能受到油侵蚀的地方应采用防油绝缘导线。中间端子盒应具有防雨措施，盒内端子排应横向排列安装，气体继电器接入中间端子盒的连线应从端子排下侧进线接入端子，跳闸回路的端子与其他端子之间留出间隔端子并单独用一根电缆。中间端子盒的引出电缆应从端子排上侧连接。对单相变压器的气体继电器保护宜分相报警。变压器及并联电抗器瓦斯保护动作后应有自保持。未采用就地跳闸方式的变压器非电量保护应设置独立的电源回路（包括直流空气小断路器及其直流电源监视回路）和出口跳闸回路，且必须与电气量保护完全分开．如采用就地跳闸方式，非电量保护中就地部分的中间继电器由强电直流启动且应采用启动功率较大的中间继电器。

4.1.13.2.12　主设备非电量保护设施应防水、防振、防油、渗漏、密封性好，若有转接柜则要做好防水、防尘及防小动物等防护措施。变压器户外布置的压力释放阀、气体继电器和油流速动继电器应加装防雨罩。

4.1.13.2.13　交流端子与直流端子之间应加空端子，并保持一定距离，必要时加隔离措施。

4.1.13.2.14　发电机过励磁保护的电压量应采用线电压，不应采用相电压，以防发电机定子发生接地故障或 TV 二次回路发生异常，造成中性点电位抬高，导致过励磁保护误动作。

4.1.13.2.15　对于 3/2 断路器接线方式，应防止在"和电流"的差动保护回路接线造成 TA 二次回路短接引起的保护误动。

4.1.13.2.16　TA 的二次回路不宜进行切换。当需要切换时，应采取防止开路的措施。

4.1.13.2.17　当几种仪表接在 TA 的一个二次绕组时，其接线顺序宜先接指示和积算式仪表，再接变送器，最后接入计算机监控系统。

4.1.13.2.18　当受条件限制，测量仪表和保护或自动装置共用 TA 的同一个二次绕组时，其接线顺序应先接保护装置，再接安全自动装置，最后接故障录波器和测量仪表。

4.1.13.2.19　继电保护用 TA 二次回路电缆截面的选择应保证互感器误差不超过规定值。计算条件应为系统最大运行方式下最不利的短路形式，并应计及 TA 二次绕组接线方式、电缆阻抗换算系数、继电器阻抗换算系数及接线端子接触电阻等因素。对系统最大运行方式如无可靠根据，可按断路器的断流容量确定最大短路电流。

4.1.13.3　TA 及 TV

4.1.13.3.1　保护用 TA 的要求：

a)　保护用 TA 的准确性能应符合 DL/T 866 标准的有关规定。

b)　TA 带实际二次负荷在稳态短路电流下的准确限值系数或励磁特性（含饱和拐点）应能满足所接保护装置动作可靠性的要求。

c)　TA 在短路电流含有非周期分量的暂态过程中和存在剩磁的条件下，可能使其严重饱和而导致很大的暂态误差。在选择保护用 TA 时，应根据所用保护装置的特性和暂态饱和可能引起的后果等因素，慎重确定互感器暂态影响的对策。必要时应选择能适应暂态要求的 TP 类 TA，其特性应符合 GB 20840.2 标准的要求。如保护装置具有减轻互感器暂态饱和影响的功能，可按保护装置的要求选用适当的 TA。

  1)　330kV 及以上系统保护、高压侧为 330kV 及以上的变压器和 300MW 及以上的发电机变压器组差动保护用 TA 宜采用 TPY 类 TA。互感器在短路暂态过程中误差应不超过规定值。

  2)　220kV 系统保护、高压侧为 220kV 的变压器和 100MW 级~200MW 级的发电机变压器组差动保护用 TA 可采用 P 类、PR 类或 PX 类 TA。互感器可按稳态短路条件进行计算选择，为减轻可能发生的暂态饱和影响宜具有适当暂态系数。220kV 系统的暂态系数不宜低于 2，100MW 级~200MW 级机组外部故障的暂态系数不宜低于 10。

  3)　110kV 及以下系统保护用 TA 可采用 P 类 TA。

  4)　母线保护用 TA 可按保护装置的要求或按稳态短路条件选用。

d)　保护用 TA 的配置及二次绕组的分配应尽量避免主保护出现死区。按近后备原则配置的两套主保护应分别接入互感器的不同二次绕组。

e)　差动保护用 TA 的相关特性应一致。

f)　宜选用具有多次级的 TA。优先选用贯穿（倒置）式 TA。

4.1.13.3.2　保护用 TV 的要求：

a)　保护用 TV 应能在电力系统故障时将一次电压准确传变至二次侧，传变误差及暂态响应应符合 DL/T 866 标准的有关规定。电磁式 TV 应避免出现铁磁谐振。

b)　TV 的二次输出额定容量及实际负荷应在保证 TV 准确等级的范围内。

c)　双断路器接线按近后备原则配备的两套主保护，应分别接入 TV 的不同二次绕组；对双母线接线按近后备原则配置的两套主保护，可以合用 TV 的同一、二次绕组。

d)　在 TV 二次回路中，除开口三角线圈和另有规定者外，应装设自动断路器或熔断器。接有距离保护时，宜装设自动断路器。

e)　发电机出口和 6（10）kV 厂用电 TV 的一次侧熔断器熔体的额定电流均应为 0.5A。

4.1.13.4　断路器及隔离开关

4.1.13.4.1　断路器及隔离开关二次回路应满足 DL/T 5136 标准的有关规定，应尽量附有防止跳跃的回路。采用串联自保持时，接入跳合闸回路的自保持线圈，其动作电流不应大于额定跳合闸电流的 50%，线圈压降小于额定值的 5%。

4.1.13.4.2　断路器应有足够数量的、动作逻辑正确、接触可靠的辅助触点供保护装置使用。辅助触点与主触头的动作时间差不大于 10ms。

4.1.13.4.3 隔离开关应有足够数量的、动作逻辑正确、接触可靠的辅助触点供保护装置使用。

4.1.13.4.4 断路器及隔离开关的闭锁回路、送 DEH 并网信号及断路器跳闸回路等可能由于直流母线失电导致系统误判引发的停机或事故的辅助触点数量不足时，不允许用重动继电器扩充触点。

4.1.13.5 抗电磁干扰措施

4.1.13.5.1 根据升压站和一次设备安装的实际情况，宜敷设与发电厂主接地网紧密连接的等电位接地网。等电位接地网应满足 DL/T 5136 标准的有关规定，并满足以下要求：

a) 应在主控室、保护室、敷设二次电缆的沟道、开关场的就地端子箱及保护用结合滤波器等处，使用截面不小于 $100mm^2$ 的裸铜排（缆）敷设与主接地网紧密连接的等电位接地网。

b) 在主控室、保护室柜屏下层的电缆室内，按柜屏布置的方向敷设 $100mm^2$ 的专用铜排（缆），将该专用铜排（缆）首末端连接，形成保护室内的等电位接地网。保护室内的等电位网与厂主地网只能存在唯一的接地点，连接位置宜选在保护室外部电缆入口处。为保证连接可靠，连接线必须用至少 4 根以上、截面不小于 $50mm^2$ 的铜缆（排）构成共同接地点。

c) 静态保护和控制装置的屏（柜）下部应设有截面不小于 $100mm^2$ 的接地铜排。屏（柜）内装置的接地端子应用截面不小于 $4mm^2$ 的多股铜线和接地铜排相连。接地铜排应用截面不小于 $50mm^2$ 的铜缆与保护室内的等电位接地网相连。

d) 沿二次电缆的沟道敷设截面不少于 $100mm^2$ 的裸铜排（缆），构建室外的等电位接地网。

e) 分散布置的保护就地站、通信室与集控室之间，应使用截面不少于 $100mm^2$ 的、紧密与厂、站主接地网相连接的铜排（缆），将保护就地站与集控室的等电位接地网可靠连接。

f) 开关场的就地端子箱内应设置截面不少于 $100mm^2$ 的裸铜排，并使用截面不少于 $100mm^2$ 的铜缆与电缆沟道内的等电位接地网连接。

g) 保护及相关二次回路和高频收发信机的电缆屏蔽层应使用截面不小于 $4mm^2$ 多股铜质软导线，可靠连接到等电位接地网的铜排上。

h) 在开关场的变压器、断路器、隔离开关、结合滤波器和 TA、TV 等设备的二次电缆，应经金属管从一次设备的接线盒（箱）引至就地端子箱，并将金属管的上端与上述设备的底座和金属外壳良好焊接，下端就近与主接地网良好焊接。在就地端子箱处将这些二次电缆的屏蔽层使用截面不小于 $4mm^2$ 多股铜质软导线可靠单端连接至等电位接地网的铜排上。

i) 在干扰水平较高的场所，或是为取得必要的抗干扰效果，宜在敷设等电位接地网的基础上使用金属电缆托盘（架），并将各段电缆托盘（架）与等电位接地网紧密连接，并将不同用途的电缆分类、分层敷设在金属电缆托盘（架）中。

4.1.13.5.2 微机型继电保护装置所有二次回路的电缆应满足 DL/T 5136 标准的有关规定，并使用屏蔽电缆，严禁使用电缆内的空线替代屏蔽层接地。二次回路电缆敷设应符合以下要求：

a) 合理规划二次电缆的路径，尽可能远离高压母线、避雷器和避雷针的接地点、并联电容器、电容式 TV、结合电容器及电容式套管等设备。避免和减少迂回，缩短二次电缆的长度。与运行设备无关的电缆应予拆除。

b) 交流电流和交流电压回路、交流和直流回路、强电和弱电回路，以及来自开关场 TV 二次的四根引入线和 TV 开口三角绕组的两根引入线均应使用各自独立的电缆。

c) 双重化配置的保护装置、母线差动和断路器失灵等重要保护的启动和跳闸回路均应使用各自独立的电缆。

4.1.13.5.3 TV 二次绕组的接地应满足 DL/T 5136 标准的有关规定，并符合下列规定：

a) TV 的二次回路只允许有一点接地。为保证接地可靠，各 TV 的中性点接地线中不应串接有可能断开的设备；

b) 对中性点直接接地系统，TV 星形接线的二次绕组采用中性点一点接地方式（中性线接地）。

c) 对中性点非直接接地系统，TV 星形接线的二次绕组宜采用中性点接地方式（中性线接地）。

d) 对 V—V 接线的 TV，宜采用 B 相一点接地，B 相接地线上不应串接有可能断开的设备。

e) TV 开口三角绕组的引出端之一应一点接地，接地引线上不应串接有可能断开的设备。

f) 几组 TV 二次绕组之间有电路联系或者地中电流会产生零序电压使保护误动作时，接地点应集中在继电器室内一点接地。无电路联系时，可分别在不同的继电器室或配电装置内接地。

g) 已在控制室或继电器室一点接地的 TV 二次绕组，宜在配电装置处经端子排将二次绕组中性点经放电间隙或氧化锌阀片接地，其击穿电压峰值应大于 $30I_{max}$ V（I_{max} 为电网接地故障时通过变电站的可能最大接地电流有效值，单位为 kA）。

4.1.13.5.4 TA 的二次回路应有且只能有一个接地点，宜在配电装置处经端子排接地。由几组 TA 绕组组合且有电路直接联系的回路，TA 二次回路应在"和"电流处经端子排一点接地。

4.1.13.5.5 经长电缆跳闸回路，宜采取增加出口继电器动作功率等措施，防止误动。所有涉及直接跳闸的重要回路应采用动作电压，在额定直流电源电压的 55%～70%范围内的中间继电器，并要求其动作功率不低于 5W。

4.1.13.5.6 针对来自系统操作、故障、直流接地等异常情况，应采取有效防误动措施，防止保护装置单一元件损坏可能引起的不正确动作。断路器失灵启动母线差动、变压器侧断路器失灵启动等重要回路宜采用双开入接口，必要时，还可增加双路重动继电器分别对双开入量进行重动。

4.1.13.5.7 遵守保护装置 24V 开入电源不出保护室的原则，以免引进干扰。

4.1.13.5.8 发电机转子大轴接地应配置两组并联的接地刷或铜辫，并通过 50mm² 以上铜线（排）与主地网可靠连接，以保证励磁回路接地保护稳定运行。

4.1.13.5.9 控制电缆应具有必要的屏蔽措施并妥善接地：

a) 在电缆敷设时，应充分利用自然屏蔽物的屏蔽作用。必要时，可与保护用电缆平行设置专用屏蔽线。

b) 屏蔽电缆的屏蔽层应在开关场和控制室内两端接地。在控制室内屏蔽层宜在保护屏上接于屏（柜）内的接地铜排；在开关场屏蔽层应在与高压设备有一定距离的端子箱接地。

c) 电力线载波用同轴电缆屏蔽层应在两端分别接地，并紧靠同轴电缆敷设截面不小于 $100mm^2$ 两端接地的铜导线。

d) 传送音频信号应采用屏蔽双绞线，其屏蔽层应在两端接地。

e) 传送数字信号的保护与通信设备间的距离大于 50m 时，应采用光缆。

f) 对于低频、低电平模拟信号的电缆，如热电偶用电缆，屏蔽层应在最不平衡端或电路本身接地处一点接地。

g) 对于双层屏蔽电缆，内屏蔽应一端接地，外屏蔽应两端接地。

h) 两点接地的屏蔽电缆宜采取相关措施，防止在暂态电流作用下屏蔽层被烧熔。

4.1.13.5.10 保护输入回路和电源回路应根据具体情况采用必要的减缓电磁干扰措施：

a) 保护的输入、输出回路应使用空触点、光耦或隔离变压器等措施进行隔离；

b) 直流电压在 110V 及以上的中间继电器应在线圈端子上并联电容或反向二极管作为消弧回路，在电容及二极管上都应串入数百欧的低值电阻，以防止电容或二极管短路时将中间继电器线圈短接。二极管反向击穿电压不宜低于 1000V。

4.1.13.5.11 装有电子装置的屏（柜）应设有供公用零电位基准点逻辑接地的总接地铜排。总接地铜排的截面不应小于 $100mm^2$。

a) 当单个屏（柜）内部的多个装置的信号逻辑零电位点分别独立，并且不需引出装置小箱（浮空）或需与小箱壳体连接时，总接地铜排可不与屏体绝缘；各装置小箱的接地引线应分别与总接地铜排可靠连接。

b) 当屏（柜）上多个装置组成一个系统时，屏（柜）内部各装置的逻辑接地点均应与装置小箱壳体绝缘，并分别引接至屏（柜）内总接地铜排。总接地铜排应与屏（柜）壳体绝缘。组成一个控制系统的多个屏（柜）组装在一起时，只应有一个屏（柜）的总接地铜排有引出地线连接至安全接地网。其他屏（柜）的绝缘总接地铜排均应分别用绝缘铜绞线接至有接地引出线的屏（柜）的绝缘总接地铜排上。

c) 当采用没有隔离的 RS-232-C 从一个房间到另一个房间进行通信时，它们必须共用同一接地系统。如果不能将各建筑物中的电气系统都接到一个公共的接地系统时，则彼此的通信必须实现电气上的隔离，如采用隔离变压器、光隔离、隔离化的短程调制解调器。

d) 零电位母线应仅在一点用绝缘铜绞线或电缆就近连接至接地干线上（如控制室夹层的环形接地母线上）。零电位母线与主接地网相连处不得靠近有可能产生较大故障电流和较大电气干扰的场所，如避雷器、高压隔离开关、旋转电动机附近及其接地点。

4.1.13.5.12 逻辑接地系统的接地线应符合下列规定：

a) 逻辑接地线应采用绝缘铜绞线或电缆，不允许使用裸铜线，不允许与其他接地线混用。

b) 零电位母线（铜排）至接地网之间连接线的截面不应小于 $35mm^2$；屏间零电位母线间的连接线的截面不应小于 $16mm^2$。

c) 逻辑接地线与接地体的连接应采用焊接，不允许采用压接。

d) 逻辑接地线的布线应尽可能短。

4.1.14 继电保护装置与监控自动化系统配合

4.1.14.1 一般要求

继电保护装置与计算机监控、DCS 监控、ECMS 监控的配合应符合 GB/T 14285 和

DL/T 5136 等标准的相关要求。

4.1.14.2 微机型继电保护装置与厂站自动化系统的配合及接口

应用于厂站自动化系统中的微机型保护装置功能应相对独立，具有与厂自动化系统进行通信的接口，具体要求如下：

a) 微机型继电保护装置及其出口回路不应依赖于厂自动化系统，并能独立运行；

b) 微机型继电保护装置逻辑判断回路所需的各种输入量应直接接入保护装置，不宜经厂自动化系统及其通信网转接；

c) 微机型继电保护装置应具有 2 个及以上的通信接口，能满足同时与继电保护信息管理系统和监控系统通信的要求。

4.1.14.3 与微机型保护装置送出或接收的信息

与厂站自动化系统通信的微机型保护装置应能送出或接收以下类型的信息：

a) 装置的识别信息、安装位置信息；

b) 开关量输入（如断路器位置、保护投入连接片等）；

c) 异常信号（包括装置本身的异常和外部回路的异常）；

d) 故障信息（故障记录、内部逻辑量的事件顺序记录）；

e) 模拟量测量值；

f) 装置的定值及定值区号；

g) 自动化系统的有关控制信息和断路器跳合闸命令、时钟对时命令等。

4.1.14.4 通信协议

微机型保护装置与发电厂自动化系统（继电保护信息管理系统）的通信协议应符合 DL/T 667 或 DL/T 860 等标准的规定。

4.1.15 厂用电继电保护设计阶段监督

4.1.15.1 一般要求

4.1.15.1.1 厂用电继电保护应符合 GB/T 14285、GB/T 50062、DL/T 744、DL/T 770 及 DL/T 5153 等标准的要求。

4.1.15.1.2 各类常用保护装置的灵敏系数不宜低于如下数值：

a) 纵联差动保护取 2；

b) 电流速断保护取 2（按保护安装处短路计算）；

c) 过电流保护取 1.5；

d) 动作于信号的单相接地保护取 1.2；

e) 动作于跳闸的单相接地保护取 1.5。

4.1.15.1.3 保护用 TA（包括中间 TA）的稳态误差不应大于 10%。当技术上难以满足要求，且不至于使保护装置不正确动作时，可允许较大的误差。小变比高动热稳定的 TA 应能保证馈线三相短路时保护可靠动作。差动保护回路不应与测量仪表合用 TA 的二次绕组。其他保护装置也不宜与测量仪表合用 TA 的二次绕组，若受条件限制需合用 TA 的二次绕组时，应按下列原则处理：

a) 保护装置应设置在仪表之前，以避免校验仪表时影响保护装置的工作；

b) 对于电流回路开路可能引起保护装置不正确动作，而又未装设有效的闭锁和监视时，仪表应经中间 TA 连接，当中间 TA 二次回路开路时，保护用 TA 的稳态比误差仍应不大于10%。

4.1.15.1.4　保护和操作用继电器宜装设在高压成套断路器柜及低压配电屏上。

4.1.15.1.5　低压动力中心（PC）进线断路器保护装置宜配置独立的保护装置。

4.1.15.2　配置监督重点

4.1.15.2.1　中性点非直接接地的厂用电系统的单相接地保护如下。

a)　高压厂用变压器电源侧的单相接地保护：

1)　当厂用电源从母线上引接，且该母线为非直接接地系统时，如母线上的出线都装有单相接地保护，则厂用电源回路也应装设单相接地保护。保护装置的构成方式与该母线上出线的单相接地保护装置相同。

2)　当厂用电源从发电机出口引接时，单相接地保护由发电机变压器组的保护来确定。

b)　高压厂用电系统的单相接地保护：

1)　不接地系统：当系统的单相接地电流在10A及以上时，厂用电动机回路的单相接地保护应瞬时动作于跳闸。当系统的单相接地电流在15A及以上时，其他馈线回路的单相接地保护也应动作于跳闸。

2)　高电阻接地系统（接地保护动作于信号）：

（1）当单相接地电流小于15A时，保护动作于信号；

（2）厂用电动机回路：当单相接地电流小于10A时，应装设接地故障检测装置；

（3）其他馈线回路：当单相接地电流小于15A时，单相接地保护动作于信号。

3)　低电阻接地系统（接地保护动作于跳闸）：

（1）厂用母线和厂用电源回路：单相接地保护宜由接于电源变压器中性点的电阻取得零序电流来实现，保护动作后带时限切除本回路断路器；

（2）厂用电动机及其他馈线回路：单相接地保护宜由安装在该回路上的零序TA取得零序电流来实现，保护动作后切除本回路的断路器。

c)　低压厂用电系统的单相接地保护：高电阻接地的低压厂用电系统，单相接地保护应利用中性点接地设备上产生的零序电压来实现，保护动作后应向值班地点发出接地信号。低压厂用中央母线上的馈线回路应装设接地故障检测装置。检测装置宜由反应零序电流的元件构成，动作于就地信号。

d)　为了保证单相接地保护动作的正确性，零序TA套装在电缆上时，应使电缆头至零序TA之间的一段金属外护层不能与大地相接触。此段电缆的固定应与大地绝缘，其金属外护层的接地线应穿过零序TA后接地，使金属外护层中的电流不致通过零序TA。如回路中有2根及以上电缆并联，且每根电缆上分别装有零序TA时，则应将各零序TA的二次绕组串联后接至继电器。

4.1.15.2.2　高压厂用变压器的保护。

a)　高压厂用变压器应装设下列保护：

1)　容量为6.3MVA及以上的变压器和2MVA及以上采用电流速断保护灵敏性不符合要求的变压器，应装设纵联差动保护；

2)　容量为6.3MVA以下的变压器应装设电流速断保护；

3）分支限时速断保护；

4）具有单独油箱的带负荷调压的油浸式变压器的调压装置及 0.8MVA 及以上油浸式变压器和 0.4MVA 及以上室内油浸式变压器应装设瓦斯保护；

5）过电流保护；

6）单相接地保护；

7）低压侧分支差动保护。

b）高压厂用启动/备用变压器应装设下列保护：

1）10MVA 及以上或带有公用负荷 6.3MVA 及以上变压器和 2MVA 及以上，采用电流速断保护灵敏性不符合要求的变压器应配置纵联差动保护；

2）10MVA 以下或带有公用负荷 6.3MVA 以下的变压器应装设电流速断保护；

3）分支限时速断保护；

4）具有单独油箱的带负荷调压的油浸式变压器的调压装置，以及 0.8MVA 及以上油浸式变压器和 0.4MVA 及以上室内油浸式变压器应装设瓦斯保护；

5）过电流保护；

6）单相接地保护；

7）备用分支的过电流保护（如有备用分支）；

8）零序电流保护。

4.1.15.2.3 低压厂用变压器保护。低压厂用变压器的应装设下列保护：

a）2MVA 及以上用电流速断保护灵敏性不符合要求的变压器应装设纵联差动保护；

b）电流速断保护；

c）800kVA 及以上的油浸变压器和 400kVA 及以上的室内油浸变压器应装设瓦斯保护；

d）过电流保护；

e）单相接地短路保护；

f）单相接地保护；

g）供电距离较远时应装设低压保护；

h）温度保护。

4.1.15.2.4 高压厂用电动机保护：

a）电压为 3kV 及以上的异步电动机和同步电动机应装设以下保护：

1）电流速断保护；

2）差动保护；

3）负序电流保护；

4）定子绕组过负荷保护；

5）热过载保护；

6）接地保护；

7）低电压保护；

8）堵转保护；

9）同步电动机失磁保护；

10）同步电动机失步保护；

11）同步电动机非同步冲击保护。

b) 装设变频器启动的电动机保护：

    1) 安装在变频器后的电动机保护装置应适应电动机工作频率范围10Hz～70Hz之间连续变化，并能适用于变频启动和工频启动两种不同的启动方式。

    2) 变频运行的电动机差动保护配置的 TA 应能在保护装置工作频率范围内具有良好的线性度，满足 10%误差曲线。

    3) 具备变频/工频自动切换运行方式的电动机应设置总电源断路器，保护整定值按常规直接启动电动机保护整定；在变频器进线端单独设置断路器，保护整定值按变压器保护整定，以保护变频器的移相隔离变压器；在工频旁路单独设置旁路断路器，旁路断路器应配置相应的电动机保护。

    4) 变频器应有防止误操作功能。应配置变压器超温、通风系统故障、控制系统故障、过电流、过载、过热、短路、缺相、电压不平衡、电流不平衡保护。

4.1.15.2.5 低压厂用电动机保护。低压厂用电动机应装设下列保护：

a) 相间短路保护；

b) 单相接地短路保护；

c) 单相接地保护；

d) 过负荷保护；

e) 两相运行保护；

f) 低电压保护。

4.1.15.2.6 厂用线路的保护：

a) 3kV～10kV 厂用线路应装设下列保护：

    1) 相间短路保护；

    2) 单相接地保护。

b) 6kV～35kV 厂用升压或隔离变压器线路组的保护：

    1) 相间短路保护；

    2) 瓦斯保护（800kVA 及以上油浸变压器）；

    3) 单相接地保护。

c) 6kV～35kV 厂用线路上降压变压器（包括分支连接的降压变压器）的保护，宜采用高压跌落式熔断器作为降压变压器的相间短路保护。

d) 低压厂用线路应装设下列保护：

    1) 相间短路保护；

    2) 单相接地短路保护（低压厂用电系统中性点为直接接地时应装设本保护）；

    3) 单相接地保护。

4.1.15.2.7 柴油发电机的保护：

a) 柴油发电机定子绕组及引出线相间短路故障的保护配置，应能适应发电机单独运行和与厂用电系统并列运行的两种运行方式，故过电流保护装置宜装设在发电机中性点的各相引出线上。

b) 柴油发电机应装设下列保护：

    1) 过电流保护；

    2) 1MW 以上或 1MW 及以下电流速断保护灵敏度不够的发电机应装设纵联差动

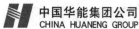
保护；

3） 单相接地保护。

4.1.15.3　厂用电控制、信号、测量及自动装置

4.1.15.3.1　高、低压厂用电源的控制和信号设计应按 DL/T 5136 规定及电气进入分散控制系统（DCS）的规定执行。厂用电动机的信号系统的控制方式、控制地点及工艺要求符合 DL/T 5153 相关规定。

4.1.15.3.2　厂用电气设备的测量仪表设计应符合 DL/T 5137 和 DL/T 5153 相关规定。

4.1.15.3.3　柴油发电机的控制、信号、测量及自动装置设计应符合 DL/T 5153 相关规定。

4.1.15.3.4　备用电源自动投入装置（以下简称"备自投"）切换方式的设计应符合 GB/T 14285、DL/T 526、DL/T 1073 和 DL/T 5153 相关规定。安装条件应符合 GB/T 14285 有关规定。备自投装置的功能应符合 DL/T 526 和 DL/T 1073 相关规定。

a)　在下列情况下，应配置备自投装置：

1） 具有备用电源的发电厂厂用电源；

2） 由双电源供电，其中一个电源经常断开作为备用的电源；

3） 有备用机组的某些重要辅机。

b)　备自投装置的主要功能应符合下列要求：

1） 在正常运行中需要切换厂用电时，应有双向切换功能。当工作电源和备用电源属于同一系统时宜选择并联切换方式。

2） 在电气事故或不正常运行（包括工作母线低电压和工作断路器偷跳）时应能自动切向备用电源，且只允许采用串联切换方式，在合备用电源断路器之前应确认工作电源断路器已经跳闸；在非电气事故需要切换厂用电时，允许采用同时切换方式。

3） 串联切换应同时开放快速切换、同相位切换及残压切换三种切换方式，在工作断路器跳闸瞬间满足快切条件时执行快速切换，如不满足切换条件，则执行同相位切换及残压切换。

4） 在并联切换中，应防止两电源长期并列形成环流，并列时间不宜超过 1s。

5） 当备用电源切换到故障母线上时，应具有启动后加速保护快速切除故障功能。

6） 在工作母线 TV 断线或备用电源降低时，应闭锁切换。

7） 当工作电源失电时，备自投只允许动作一次，需在相应的动作条件满足后才能允许下一次动作。

4.2　基建及验收阶段监督

4.2.1　基建及验收依据及基本要求

4.2.1.1　对于基建、更改工程，应以保证设计、调试和验收质量为前提，合理制定工期，严格执行相关技术标准、规程、规定和反事故措施，不得为赶工期减少调试项目，降低调试质量。

4.2.1.2　验收单位应制定详细的验收标准和合理的验收计划，确保验收质量。

4.2.1.3　对新安装的继电保护装置进行验收时，应以订货合同、技术协议、设计图和技术说明书及有关验收规范等规定为依据，按 GB 50171、GB 50172、DL/T 995、DL/T 5294、DL/T 5295 等标准及有关规程和规定进行调试，并按定值通知单进行整定。检验整定完毕，并经验收合格后方可允许投入运行。

4.2.1.4 在基建验收时，应按相关规程要求，检验线路和主设备的所有保护之间的相互配合关系，对线路纵联保护还应与线路对侧保护进行一一对应的联动试验，并有针对性的检查各套保护与跳闸连接片的唯一对应关系。

4.2.1.5 并网发电厂机组投入运行时，相关继电保护、自动装置和电力专用通信配套设施等应同时投入运行。

4.2.1.6 新建110kV及以上的电气设备参数，应按照有关基建工程验收规程的要求，在投入运行前进行实际测试。

4.2.1.7 对于基建、更改工程，应配置必要的继电保护试验设备和专用工具。

4.2.1.8 新设备投产时应认真编写保护启动方案，做好事故预想，确保设备故障时能被可靠切除。

4.2.1.9 新设备投入运行前，基建单位应按GB 50171、GB 50172、DL/T 995、DL/T 5294和DL/T 5295等验收规范的有关规定，与发电厂进行设计图、仪器仪表、调试专用工具、备品备件和试验报告等移交工作。

4.2.2 装置安装及其检查、检验的监督重点

4.2.2.1 安装装置的验收检验前应进行的准备工作

a) 了解设备的一次接线及投入运行后可能出现的运行方式和设备投入运行的方案，该方案应包括投入初期的临时继电保护方式。

b) 检查装置的原理接线图（设计图）及与之相符合的二次回路安装图、电缆敷设图、电缆编号图、断路器操作机构图、二次回路分线箱图及TA、TV端子箱图等全部图纸以及成套保护、自动装置的原理和技术说明书及断路器操动机构说明书，TA、TV的出厂试验报告等。以上技术资料应齐全、正确。若新装置由基建部门负责调试，生产部门继电保护验收人员验收全套技术资料之后，再验收技术报告。

c) 根据设计图纸，到现场核对所有装置的安装位置及接线是否正确。

4.2.2.2 TA、TV及其回路检查与验收监督重点

4.2.2.2.1 检查TA、TV的铭牌参数是否完整，出厂合格证及试验资料是否齐全，如缺乏上述数据时，应由有关制造厂或基建、生产单位的试验部门提供下列试验资料：

a) 所有绕组的极性；

b) 所有绕组及其抽头的变比；

c) TV在各使用容量下的准确级；

d) TA各绕组的准确级（级别）、容量及内部安装位置；

e) 二次绕组的直流电阻（各抽头）；

f) TA各绕组的伏安特性。

4.2.2.2.2 TA、TV检查：

a) TA、TV的变比、容量、准确级必须符合设计要求。

b) 测试互感器各绕组间的极性关系，核对铭牌上的极性标志是否正确。检查互感器各次绕组的连接方式及其极性关系是否与设计符合，相别标识是否正确。

c) 有条件时，可自TA的一次分相通入电流，检查工作抽头的变比及回路是否正确（发电机变压器组保护所使用的外附互感器、变压器套管互感器的极性与变比检验可在

发电机做短路试验时进行）；

d) 自 TA 的二次端子箱处向负载端通入交流电流，测定回路的压降，计算电流回路每相与零相及相间的阻抗（二次回路负担）。将所测得的阻抗值按保护的具体工作条件和制造厂提供的出厂资料来验算是否符合互感器 10%误差的要求。

4.2.2.2.3 TA 二次回路检查：

a) 检查 TA 二次绕组所有二次接线的正确性及端子排引线螺钉压接的可靠性。

b) 检查电流二次回路的接地点与接地状况，TA 的二次回路必须只能有一点接地；由几组 TA 二次组合的电流回路，应在有直接电气连接处一点接地。

4.2.2.2.4 TV 二次回路检查：

a) 检查 TV 二次绕组的所有二次回路接线的正确性及端子排引线螺钉压接的可靠性。

b) 经控制室零相小母线（N600）连通的几组 TV 二次回路，只应在控制室将 N600 一点接地，各 TV 二次中性点在开关场的接地点应断开；为保证接地可靠，各 TV 的中性线不得接有可能断开的断路器或接触器等。独立的、与其他互感器二次回路没有直接电气联系的二次回路，可以在控制室也可以在开关场实现一点接地。来自 TV 二次回路的 4 根开关场引入线和互感器开口三角回路的 2（或 3）根开关场引入线必须分开，不得共用。

c) 检查 TV 二次中性点在开关场的金属氧化物避雷器的安装是否符合规定。

d) 检查 TV 二次回路中所有熔断器（自动断路器）的装设地点、熔断（脱扣）电流是否合适(自动断路器的脱扣电流需通过试验确定)、质量是否良好,能否保证选择性、自动断路器线圈阻抗值是否合适。

e) 检查串联在电压回路中断路器、隔离开关及切换设备触点接触的可靠性。

f) 测量电压回路自互感器引出端子到配电屏电压母线的每相直流电阻，并计算 TV 在额定容量下的压降，其值不应超过额定电压的 3%。

4.2.2.3 二次回路检查与检验监督重点

4.2.2.3.1 二次回路绝缘检查：在对二次回路进行绝缘检查前，必须确认被保护设备的断路器、TA 全部停电，交流电压回路已在电压切换把手或分线箱处与其他单元设备的回路断开，并与其他回路隔离完好后，才允许进行。从保护屏（柜）的端子排处将所有外部引入的回路及电缆全部断开，分别将电流、电压、直流控制、信号回路的所有端子各自连接在一起，用 1000V 绝缘电阻表测量回路的绝缘电阻，其阻值均应大于 $10M\Omega$。

4.2.2.3.2 二次回路的验收检验：

a) 对回路的所有部件进行观察、清扫与必要的检修及调整。所述部件包括：与装置有关的操作把手、按钮、插头、灯座、位置指示继电器、中央信号装置及这些部件回路中端子排、电缆、熔断器等。

b) 利用导通法依次经过所有中间接线端子，检查由互感器引出端子箱到操作屏（柜）、保护屏（柜）、自动装置屏（柜）或至分线箱的电缆回路及电缆芯的标号，并检查电缆簿的填写是否正确。

c) 当设备新投入或接入新回路时，核对熔断器（或自动断路器）的额定电流是否与设计相符或与所接入的负荷相适应，并满足上下级之间的配合。

d) 检查屏（柜）上的设备及端子排内部、外部连线的标号应正确完整，接触牢靠，并利用导通法进行检验，且应与图纸和运行规程相符合，并检查电缆终端和沿电缆敷设路线上的电缆标牌是否正确完整，与相应的电缆编号相符，与设计相符。

e) 检验直流回路是否确实没有寄生回路存在。检验时应根据回路设计的具体情况，用分别断开回路的一些可能在运行中断开（如熔断器、指示灯等）的设备及使回路中某些触点闭合的方法来检验。每一套独立的装置，均应有专用于直接到直流熔断器止负极电源的专用端子对，这一套保护的全部直流回路包括跳闸出口继电器的线圈回路，都必须且只能从这一对专用端子取得直流的正、负电源。

f) 信号回路及设备可不进行单独的检验。

4.2.2.3.3 断路器、隔离开关及其二次回路的检验：

a) 继电保护检验人员应了解掌握有关设备的技术性能及其调试结果，并负责检验自保护屏（柜）引至断路器（包括隔离开关）二次回路端子排处，有关电缆线连接的正确性及螺钉压接的可靠性。

b) 断路器的跳闸线圈及合闸线圈的电气回路接线方式（包括防止断路器跳跃回路、三相不一致回路等措施）。

c) 与保护回路有关的辅助触点的开、合情况，切换时间，构成方式及触点容量。

d) 断路器二次操作回路中的气压、液压及弹簧压力等监视回路的工作方式。

e) 断路器二次回路接线图。

f) 断路器跳闸及合闸线圈的电阻值及在额定电压下的跳、合闸电流。

g) 断路器跳闸电压及合闸电压，其值应满足相关规程的规定。

h) 断路器的跳闸时间、合闸时间以及合闸时三相触头不同时闭合的最大时间差，应不大于规定值。

4.2.2.4 屏（柜）及装置检查与检验监督重点

4.2.2.4.1 装置外观检查：

a) 检查装置的实际构成情况：装置的配置、型号、额定参数（直流电源额定电压、交流额定电流、电压等）是否与设计相符合。

b) 主辅设备的工艺质量、导线与端子采用材料等的质量。装置内部的所有焊接头、插件接触的牢靠性等属于制造工艺质量的问题，主要依靠制造厂负责保证产品质量。进行新安装装置的验收检验时，检验人员只做抽查。

c) 屏（柜）上的标志应正确完整清晰，并与图纸和运行规程相符。

d) 检查安装在装置输入回路和电源回路的减缓电磁干扰器件和措施应符合相关标准和制造厂的技术要求。在装置检验的全过程，应将这些减缓电磁干扰器件和措施保持良好状态。

e) 应将保护屏（柜）上不参与正常运行的连片取下，或采取其他防止误投的措施。

4.2.2.4.2 装置绝缘试验：

a) 按照装置技术说明书的要求拔出插件。在保护屏（柜）端子排内侧分别短接交流电压回路端子、交流电流回路端子、直流电源回路端子、跳闸和合闸回路端子、开关量输入回路端子、调度自动化系统接口回路端子及信号回路端子。

b) 断开与其他保护的弱电联系回路。

c) 将打印机与装置断开。

d) 装置内所有互感器的屏蔽层应可靠接地。在测量某一组回路对地绝缘电阻时，应将其他各组回路都接地。

e) 用 500V 绝缘电阻表测量绝缘电阻值，要求阻值均大于 20MΩ。测试后，应将各回路对地放电。

4.2.2.5 输入、输出回路检验监督重点

4.2.2.5.1 开关量输入回路检验：

a) 在保护屏（柜）端子排处，按照装置技术说明书规定的试验方法，对所有引入端子排的开关量输入回路依次加入激励量，观察装置的行为；

b) 按照装置技术说明书所规定的试验方法，分别接通、断开连接片及转动把手，观察装置的行为。

4.2.2.5.2 输出触点及输出信号检查：在装置屏（柜）端子排处，按照装置技术说明书规定的试验方法，依次观察装置所有输出触点及输出信号的通断状态。

4.2.2.5.3 各电流、电压输入的幅值和相位精度检验：按照装置技术说明书规定的试验方法，分别输入不同幅值和相位的电流、电压量，观察装置的采样值是否满足装置技术条件的规定。

4.2.2.6 整定值的整定及检验监督重点

4.2.2.6.1 应按照保护整定通知单上的整定项目，按照装置技术说明书或制造厂推荐的试验方法，对保护的每一功能元件进行逐一检验。

4.2.2.7 纵联保护通道检验监督重点

4.2.2.7.1 继电保护专用载波通道中的阻波器、结合滤波器、高频电缆等加工设备的试验项目与电力线载波通信规定的相一致。与通信合用通道的试验工作由通信部门负责，其通道的整组试验特性除满足通信本身要求外，也应满足继电保护安全运行的有关要求。

4.2.2.7.2 传输远方跳闸信号的通道，在新安装或更换设备后应测试其通道传输时间。采用允许式信号的纵联保护，除了测试通道传输时间，还应测试"允许跳闸"信号的返回时间。

4.2.2.7.3 继电保护利用通信设备传送保护信息的通道（包括复用载波机及其通道），还应检查各端子排接线的正确性、可靠性，并检查继电保护装置与通信设备不应有直接电气连接。

4.2.2.8 操作箱检查与检验监督重点

4.2.2.8.1 进行每一项试验时，检验人员须准备详细的试验方案，尽量减少断路器的操作次数。

4.2.2.8.2 对分相操作断路器，应逐相传动防止断路器跳跃的每个回路。

4.2.2.8.3 对于操作箱中的出口继电器，还应进行动作电压范围的检验，确认其值在 55%～70%额定电压之间。对于其他逻辑回路的继电器，应满足80%额定电压下可靠动作。

4.2.2.8.4 操作箱的检验以厂家调试说明书应结合现场情况进行，并重点检验下列元件及回路的正确性：

a) 防止断路器跳跃回路和三相不一致回路；

b) 如果使用断路器本体的防止断路器跳跃回路和三相不一致回路，则应检查操作箱的相关回路是否满足运行要求；

c) 交流电压的切换回路；

d) 合闸回路、跳闸1回路及跳闸2回路的接线正确性，并保证各回路之间不存在寄生回路。

4.2.2.8.5 利用操作箱对断路器进行下列传动试验：

a) 断路器就地分闸、合闸传动；

b) 断路器远方分闸、合闸传动；

c) 防止断路器跳跃回路传动；

d) 断路器三相不一致回路传动；

e) 断路器操作闭锁功能检查；

f) 断路器操作油压或空气压力继电器、SF_6密度继电器及弹簧压力等触点的检查，检查各级压力继电器触点输出是否正确，检查压力低闭锁合闸、闭锁重合闸、闭锁跳闸等功能是否正确；

g) 断路器辅助触点检查，远方、就地方式功能检查；

h) 在使用操作箱的防跳回路时，应检验串联接入跳合闸回路的自保持线圈，其动作电流不应大于额定跳合闸电流的50%，线圈压降小于额定值的5%；

i) 所有断路器信号检查。

4.2.2.9 整组试验监督重点

4.2.2.9.1 新安装装置的验收检验时，需要先进行每一套保护（指几种保护共用一组出口的保护总称）带模拟断路器（或带断路器及采用其他手段）的整组试验。每一套保护传动完成后，还需模拟各种故障，用所有保护带实际断路器进行整组试验。

4.2.2.9.2 整组试验应着重做如下检查：

a) 各套保护间的电压、电流回路的相别及极性是否一致；

b) 在同一类型的故障下，应该同时动作于发出跳闸脉冲的保护，在模拟短路故障中是否均能动作，其信号指示是否正确；

c) 有两个线圈以上的直流继电器的极性连接是否正确，对于用电流启动（或保持）的回路，其动作（或保持）性能是否可靠；

d) 所有相互间存在闭锁关系的回路，其性能是否与设计符合；

e) 所有在运行中需要由运行值班员操作的把手及连接片的连线、名称、位置标号是否正确，在运行过程中与这些设备有关的名称、使用条件是否一致；

f) 中央信号装置的动作及有关光字、音响信号指示是否正确；

g) 各套保护在直流电源正常及异常状态下（自端子排处断开其中一套保护的负电源等）是否存在寄生回路；

h) 断路器跳、合闸回路的可靠性，其中装设单相重合闸的线路，验证电压、电流、断路器回路相别的一致性及与断路器跳合闸回路相连的所有信号指示回路的正确性，对于有双组跳闸线圈的断路器，应检查两组跳闸线圈接线极性是否一致；

i) 自动重合闸是否能确实保证按规定的方式动作并保证不发生多次重合现象。

4.2.2.10 用一次电流及工作电压的检验监督重点

4.2.2.10.1 新安装或经更改的电流、电压回路，应直接利用工作电压检查电压二次回路，利用负荷电流检查电流二次回路接线的正确性。装置未经该检验，不能正式投入运行。在进行该项试验前，需完成下列工作：

a) 具有符合实际情况的图纸与装置的技术说明及现场使用说明；

b) 运行中需由运行值班员操作的连接片、电源开关、操作把手等的名称、用途、操作方法等应在现场使用说明中详细注明。

4.2.2.10.2　通过用一次电流和工作电压判定如下事项：

    a)　对接入电流、电压的相互相位、极性有严格要求的装置（如带方向的电流保护、距离保护等），其相别、相位关系以及所保护的方向是否正确；

    b)　电流差动保护（母线、发电机、变压器的差动保护、电力线路纵联差动保护及横差保护等）接到保护回路中的各组电流回路的相对极性关系及变比是否正确；

    c)　利用相序滤过器构成的保护所接入的电流（电压）的相序是否正确、滤过器的调整是否合适；

    d)　每组 TA（包括备用绕组）的接线是否正确，回路连线是否牢靠。

4.2.2.10.3　用一次电流与工作电压检验的项目包括：

    a)　测量电压、电流的相位关系。

    b)　对使用 TV 三次电压或零序 TA 电流的装置，应利用一次电流与工作电压向装置中的相应元件通入模拟的故障量或改变被检查元件的试验接线方式，以判明装置接线的正确性。由于整组试验中已判明同一回路中各保护元件间的相位关系是正确的，因此该项检验在同一回路中只需选取其中一个元件进行检验即可。

    c)　测量电流差动保护各组 TA 的相位及差动回路中的差电流（或差电压），以判明差动回路接线的正确性及电流变比补偿回路的正确性。所有差动保护（母线，变压器，发电机的纵、横差等）在投入运行前，除测定相回路和差回路外，还必须测量各中性线的不平衡电流、电压，以保证装置和二次回路接线的正确性。

    d)　检查相序滤过器不平衡输出的数值，应满足装置的技术条件。

    e)　对高频相差保护、导引线保护，须进行所在线路两侧电流电压相别、相位一致性的检验。

    f)　对导引线保护，须以一次负荷电流判定导引线极性连接的正确性。

4.2.2.10.4　对变压器差动保护，需要用在全电压下投入变压器的方法检验保护能否躲开励磁涌流的影响。

4.2.2.10.5　对发电机差动保护，应在发电机投入前进行的短路试验过程中，测量差动回路的差电流，以判明电流回路极性的正确性。

4.2.2.10.6　对零序方向元件的电流及电压回路连接正确性的检验要求和方法，应由专门的检验规程规定。对使用非自产零序电压、电流的并联高压电抗器保护、变压器中性点保护等，在正常运行条件下无法利用一次电流、电压测试时，应与调度部门协调，创造条件进行利用工作电压检查电压二次回路，利用负荷电流检查电流二次回路接线的正确性。

4.2.2.10.7　对于新安装变压器，在变压器充电前，应将其差动保护投入使用，在一次设备运行正常且带负荷之后，再由检验人员利用负荷电流检查差动回路的正确性。

4.2.2.10.8　对用一次电流及工作电压进行的检验结果，必须按当时的负荷情况加以分析，拟订预期的检验结果，凡所得结果与预期的不一致时，应进行认真细致的分析，查找确实原因，不允许随意改动保护回路的接线。

4.2.2.11　其他检验

4.2.2.11.1　蓄电池施工及验收执行 GB 50172 标准。直流电源屏和蓄电池的检查根据订货合同的技术协议，重点对直流电源屏（包括充电机屏和馈电屏）中设备的型号、数量、软件版本以及设备制造单位进行检查。对高频开关电源模块、监控单元、硅降压回路、绝缘监察装置、蓄电池管理单元、熔断器、隔离开关、直流断路器、避雷器等设备进行检查。对蓄电池组的型号、容量、蓄电池组电压、单体蓄电池电压、蓄电池个数以及设备制造单位等进行检查。

4.2.2.11.2 机组并网前，应做好核相及假同期试验等工作。

4.2.2.11.3 发电机在进相运行前，应仔细检查和校核发电机失磁保护的测量原理、整定范围和动作特性，防止发电机进相运行时发生误动行为。

4.2.2.11.4 新安装的气体继电器必须经校验合格后方可使用。气体继电器应在真空注油完毕后再安装。瓦斯保护投运前必须对信号、跳闸回路进行保护试验。

4.2.3 竣工验收资料应满足的要求

a) 电气设备及线路有关实测参数完整正确。

b) 全部保护装置竣工图纸符合实际。

c) 装置定值符合整定通知单要求。

d) 检验项目及结果符合检验规程的规定。

e) 核对 TA 变比、伏安特性及 10%误差，其二次负荷满足误差要求。

f) 检查屏前、后的设备整齐、完好，回路绝缘良好，标志齐全、正确。

g) 检查二次电缆绝缘良好，标号齐全、正确。

h) 相量测试报告齐全。

i) 用一次负荷电流和工作电压进行验收试验，判断互感器极性、变比及其回路的正确性，判断方向、差动、距离、高频等保护装置有关元件及接线的正确性。

j) 调试单位提供的继电保护试验报告齐全。

4.2.4 微机型继电保护装置投运时应具备的技术文件

a) 竣工原理图、安装图、设计说明、电缆清册等设计资料。

b) 制造厂商提供的装置说明书、保护屏（柜）电原理图、装置电原理图、故障检测手册、合格证明和出厂试验报告等技术文件。

c) 新安装检验报告和验收报告。

d) 微机型继电保护装置定值通知单。

e) 制造厂商提供的软件逻辑框图和有效软件版本说明。

f) 微机型继电保护装置的专用检验规程或制造厂商保护装置调试大纲。

4.3 运行阶段监督

4.3.1 定值整定计算与管理

4.3.1.1 继电保护整定计算原则

4.3.1.1.1 继电保护短路电流应按照 GB/T 15544.1 标准进行计算。发电机变压器保护应按照 DL/T 684 和 DL/T 1309 等标准要求进行整定，220kV～750kV 电网继电保护应按照 DL/T 559 等标准要求进行整定，3kV～110kV 电网继电保护应按照 DL/T 584 等标准要求进行整定。定值整定完成后应组织专家审核后使用，并根据所在电网定期提供的系统阻抗值及时校核。

4.3.1.1.2 发电厂继电保护定值整定中，在考虑兼顾"可靠性、选择性、灵敏性、速动性"时，应按照"保人身、保设备及保电网"的原则进行整定。

4.3.1.1.3 发电厂继电保护定值整定中，当灵敏性与选择性难以兼顾时，应首先考虑以保灵敏度为主，防止保护拒动。

4.3.1.1.4 发电厂应根据相关继电保护整定计算规定、电网运行情况及主设备技术条件,校核涉网的保护定值,并根据调度部门的要求,做好每年度对所辖设备的整定值进行校核工作。当电网结构、线路参数和短路电流水平发生变化时,应及时校核相关涉网保护的配置与整定,避免保护发生不正确动作行为。为防止发生网源协调事故,并网发电厂大型发电机组涉网保护装置的技术性能和参数应满足所接入电网要求。

4.3.1.1.5 并网发电厂发电机组配置的频率异常、低励限制、定子过电压、定子低电压、失磁、失步、过励磁、过励限制及保护、重要辅机保护、汽轮机超速保护控制(OPC)等涉网保护定值应满足电力系统安全稳定运行的要求,其配置及定值配合应按照 DL/T 1309 及当地电网相关要求进行。

4.3.1.1.6 大型发电机组涉网保护的定值应在当地调度部门备案,备案应至少包括下列内容:

    a) 失磁保护、低励限制定值;

    b) 失步保护定值;

    c) 低频保护、过频保护定值;

    d) 汽轮机超速保护控制(OPC)定值;

    e) 过励磁保护定值;

    f) 定子低电压、过电压保护定值;

    g) 过励限制及保护、转子绕组过负荷保护定值。

4.3.1.1.7 发电机变压器组保护定值设置。在对发电机变压器组保护进行整定计算时应注意以下原则:

    a) 在整定计算大型机组高频、低频、过压和欠压保护时,应分别根据发电机变压器组在并网前、后的不同运行工况和制造厂提供的发电机组的特性曲线进行;

    b) 在整定计算发电机变压器组的过励磁保护时,应全面考虑主变压器及高压厂用变压器的过励磁能力,并按调节器过励限制首先动作,其次是发电机变压器组过励磁保护动作,然后再是发电机转子过负荷动作的阶梯关系进行;

    c) 励磁调节器中的低励限制应与失磁保护协调配合,遵循低励限制灵敏度高于失磁保护的原则,低励限制线应与静稳极限边界配合,且留有一定裕度;

    d) 整定计算发电机定子接地保护时应根据发电机在带不同负荷的运行工况下,实测基波零序电压和三次谐波电压的实测值数据进行;

    e) 整定计算发电机变压器组负序电流保护,应根据制造厂提供的对称过负荷和负序电流的 A 值进行;

    f) 整定计算发电机、变压器的差动保护时,在保护正确、可靠动作的前提下,不宜整定过于灵敏,以避免不正确动作;

    g) 发电机组失磁保护中静稳极限阻抗应基于系统最小运行方式的电抗值进行校核。

4.3.1.1.8 变压器非电量保护设置。在对变压器非电量保护进行整定计算时应注意以下原则:

    a) 国产变压器无特殊要求时,油温、绕组温度过高和压力释放保护出口方式宜设置动作于信号。

    b) 重瓦斯保护出口方式应设置动作于跳闸。

    c) 轻瓦斯保护出口方式应设置动作于信号。

    d) 国产强迫油循环风冷变压器,应安装冷却器故障保护。当冷却器系统全停时,应按要求整定出口跳闸。强迫油循环的变压器冷却器全停保护应设置为冷却器全停＋顶层温度超限（75℃）＋延时 20min 动作于跳闸和冷却器全停＋延时 60min 动作于跳闸。

e） 油浸（自然循环）风冷和干式风冷变压器，风扇停止工作时，允许的负荷和工作时间应按照制造厂规定。油浸风冷变压器当冷却系统部分故障停风扇后，顶层油温不超过 65℃ 时允许带额定负荷运行，保护应设置动作于信号。

f） 冷却器全停时除以上保护动作外，还应在数秒之内发"冷却器全停"信号。

g） 进口变压器的非电量保护动作出口方式，可根据制造厂产品说明书要求进行设置。

4.3.1.1.9 对于 300MW 及以上大型发电机的转子接地保护应采用两段式转子一点接地保护方式，一段报信，二段跳闸。二段保护宜动作于程序跳闸。定值按照 DL/T 684 相关要求进行整定。

4.3.1.1.10 200MW 及以上容量发电机定子接地保护宜将基波零序保护与三次谐波电压保护的出口分开，基波零序保护投跳闸，三次谐波保护投信号。定子接地保护也可采用注入式保护方式。

4.3.1.1.11 为了保证高压厂用变压器和启动/备用变压器的动稳定能力，所有高压厂用变压器和启动/备用变压器分支侧应结合 GB 1094.5 要求设置定时速断保护。对于容量在 2500kVA 及以下变压器，延时设置不大于 0.5s；对于容量在 2500kVA 以上变压器，延时设置不大于 0.25s。若厂用电母线有其他快速保护，则分支侧至少配置两段式过流保护。对于各支路馈线速断保护则应设置瞬时动作，使分支与各馈线支路的速断保护有一定的时差，保证馈线支路短路时分支不会误动。

4.3.1.1.12 中压 F–C 真空接触器的保护配置，除过流保护延时与熔断器的安—秒特性曲线配合外，还应配置大电流闭锁功能。

4.3.1.1.13 PC 进线断路器保护整定值应与高压保护配合，避免低压侧故障时造成越级跳闸。

4.3.1.1.14 为防止汽轮机出现超速运转，在机组带负荷运行的情况下，继电保护的出口方式不应选用解列、灭磁方式。

4.3.1.2 定值通知单管理

4.3.1.2.1 对涉网保护定值通知单应按如下规定执行：

a） 涉网设备的保护定值按网调、省调等继电保护主管部门下发的继电保护定值单执行。运行单位接到定值通知单后，应在限定日期内执行完毕，并在继电保护记事簿上写出书面交待，将"定值单回执"寄回发定值通知单单位。对网、省调下发的继电保护定值单，原件由继电保护专业部门（班组）留存，给其他部门的定值单可用复印件。

b） 定值变更后，由现场运行人员与上级调度人员按调度运行规程的相关规定核对无误后方可投入运行。调度人员和现场运行人员应在各自的定值通知单上签字和注明执行时间。

c） 旁路代送线路：

1） 旁路保护各段定值与被代送线路保护各段定值应相同；

2） 旁路断路器的微机型保护型号与线路微机型保护型号相同且两者 TA 变比亦相同，旁路断路器代送该线路时，使用该线路本身型号相同的保护定值，否则，使用旁路断路器专用于代送线路的保护定值。

4.3.1.2.2　发电厂继电保护专业人员负责本厂调度的继电保护设备的整定计算和现场实施。继电保护专业编制的定值通知单上由计算人、复算人、审核人、批准人签字并加盖"继电保护专用章"方能有效。

4.3.1.2.3　定值通知单一式四份，应分别发给责任部门（班组）、运行部门、厂技术主管部门和档案室。运行部门现场应配置保护定值本，并根据定值的更改情况及时进行定值单的变更。报批时定值单可以只有一份，由原件责任部门（班组）留存，其他部门可用复印件。

4.3.1.2.4　定值通知单应按年度统一编号，注明所保护设备的简明参数、相应的执行元件或定值设定名称、保护是否投入跳闸、信号等。此外还应注明签发日期、限定执行日期、定值更改原因和作废的定值通知单号等。

4.3.1.2.5　新的定值通知单下发到相应部门执行完毕后，应由执行人员和运行人员签字确认，注明执行日期，同时撤下原作废定值单。如原作废定值单无法撤下，则应在无效的定值通知单上加盖"作废"章。执行完毕的定值通知单应反馈至责任部门（班组）统一管理。

4.3.1.2.6　继电保护责任部门（班组）应有继电保护定值变更记录本，详细记录继电保护定值变更情况。

4.3.1.2.7　做好继电保护定检期间定值管理工作，现场定检后要进行三核对，核对检验报告与定值单一致、核对定值单与设备设定值一致、核对设备参数设定值符合现场实际。

4.3.1.2.8　66kV 及以上系统微机型继电保护装置整定计算所需的电力主设备及线路的参数，应使用实测参数值。新投运的电力主设备及线路的实测参数应于投运前 1 个月，由运行单位统一归口提交负责整定计算的继电保护部门。

4.3.2　软件版本管理

4.3.2.1　微机型保护软件必须经部级及以上质检中心检测合格方可入网运行。发电厂应每年与继电保护管理部门沟通及时获取经发布允许入网的微机型保护型号及软件版本。微机型保护装置的各种保护功能软件（含可编程逻辑）均需有软件版本号、校验码和程序生成时间等完整软件版本信息（统称软件版本）。

4.3.2.2　继电保护设备技术合同中应明确微机型保护软件版本。在设备出厂验收时需核对保护厂家提供的微机型保护软件版本及保护说明书，确认其与技术合同要求一致；在保护设备投入运行前，对微机型保护软件版本进行核对，核对结果备案，需报当地电网的还需将核对结果报调度部门。同一线路两侧的微机型线路保护软件版本应保持一致。

4.3.2.3　微机型保护软件变动较大时，应要求制造厂进行检测，检测合格而且经进行现场试验验证后方可投入运行。

4.3.2.4　对于涉网的微机型保护软件升级，发电厂应在下列情况下及时提出，由装置制造厂家向相应调度提出书面申请，经调度审批后方可进行保护软件升级：

　　a）　保护装置在运行中由于软件缺陷导致不正确动作；

　　b）　试验证明保护装置存在影响保护功能的软件缺陷；

　　c）　制造厂家为提高保护装置的性能，需要对软件进行改进。

4.3.2.5　运行或即将投入运行的微机型继电保护装置的内部逻辑不得随意更改。未经相应继电保护运行管理部门同意，不得进行继电保护装置软件升级工作。

4.3.2.6　微机型继电保护装置投产 1 周内，运行维护单位应将继电保护软件版本与定值回执单同时报定值单下发单位。

4.3.2.7 认真做好微机型保护装置等设备软件版本的管理工作，特别注重计算机安全问题，防止因各类计算机病毒危及设备而造成保护装置不正确动作和误整定、误试验等事件的发生。

4.3.2.8 发电厂应设置专人负责微机型保护的软件档案管理工作；其软件档案应包括保护型号、制造厂家、保护说明书、软件版本、保护厂家的软件升级申请等需登记在册，每季度进行一次监督检查。

4.3.2.9 并网发电厂的高压母线保护、线路保护、断路器失灵保护等涉及电网安全的微机型保护软件，向相应调度报批和备案。

4.3.3 巡视检查

4.3.3.1 应按照 DL/T 587 及制造厂提供的资料等及时编制、修订继电保护运行规程，在工作中应严格执行各项规章制度及反事故措施和安全技术措施。通过有秩序的工作和严格的技术监督，杜绝继电保护人员因人为责任造成的"误碰、误整定、误接线"事故。

4.3.3.2 发电厂应统一规定本厂的微机型继电保护装置名称，装置中各保护段的名称和作用。

4.3.3.3 新投产的发电机变压器组、变压器、母线、线路等保护应认真编写启动方案，呈报有关主管部门审批，做好事故预想，并采取防止保护不正确动作的有效措施。设备启动正常后应及时恢复为正常运行方式，确保故障能可靠切除。

4.3.3.4 检修设备在投运前，应认真检查各项安全措施恢复情况，防止电压二次回路（特别是开口三角形回路）短路、电流二次回路（特别是备用的二次回路）开路和不符合运行要求的接地点的现象。

4.3.3.5 在一次设备进行操作或 TV 并列时，应采取防止距离保护失压，以及变压器差动保护和低阻抗保护误动的有效措施。

4.3.3.6 每天巡视时应核对微机型继电保护装置及自动装置的时钟，并定期核对微机型继电保护装置和故障录波装置的各相交流电流、各相交流电压、零序电流（电压）、差电流、外部开关量变位和时钟，并做好记录，核对周期不应超过一个月。

4.3.3.7 检查和分析每套保护在运行中反映出来的各类不平衡分量。微机型差动保护应能在差流越限时发出告警信号，应建立定期检查和记录差流的制度，从中找出薄弱环节和事故隐患，及时采取有效对策。

4.3.3.8 要建立与完善阻波器、结合滤波器等高频通道加工设备的定期检修制度，落实责任制，消除检修管理的死区。

4.3.3.9 结合技术监督检查、检修和运行维护工作，检查本单位继电保护接地系统和抗干扰措施是否处于良好状态。

4.3.3.10 若微机型线路保护装置和收发信机都有远方启动回路，只能投入一套远方启动回路，应优先采用微机型线路保护装置的远方启动回路。

4.3.3.11 继电保护复用通信通道管理应符合以下要求：

 a) 继电保护部门和通信部门应明确继电保护复用通信通道的管辖范围和维护界面，防止因通信专业与保护专业职责不清造成继电保护装置不能正常运行或不正确动作。

 b) 继电保护部门和通信部门应统一规定管辖范围内的继电保护与通信专业复用通道的名称。

 c) 若通信人员在通道设备上工作影响继电保护装置的正常运行，作业前通信人员应填写工作票，经主管部门批准后，通信人员方可进行工作。

d) 通信部门应定期对与微机型继电保护装置正常运行密切相关的光电转换接口、接插部件、PCM（或 2M）板、光端机、通信电源的通信设备的运行状况进行检查，可结合微机型继电保护装置的定期检验同时进行，确保微机型继电保护装置通信通道正常。

　　光纤通道要有监视运行通道的手段，并能判定出现的异常是由保护还是由通信设备引起。

e) 继电保护复用的载波机有计数器时，现场运行人员要每天检查一次计数器，发现计数器变化时，应立即向上级调度汇报，并通知继电保护专业人员。

4.3.3.12　对直流系统进行的运行与定期维护工作，应符合 DL/T 724 标准相关要求。

4.3.3.13　应利用机组 A/B 级检修对充电、浮充电装置进行全面检查，校验其稳压、稳流精度和纹波系数，不符合要求的，应及时对其进行调整。

4.3.3.14　浮充电运行的蓄电池组，除制造厂有特殊规定外，应采用恒压方式进行浮充电。浮充电时，严格控制单体电池的浮充电压上、下限，防止蓄电池因充电电压过高或过低而损坏，若充电电流接近或为零时应重点检查是否存在开路的蓄电池；浮充电运行的蓄电池组，应严格控制所在蓄电池室环境温度不能长期超过 30℃，防止因环境温度过高使蓄电池容量严重下降，运行寿命将缩短。

4.3.3.15　运行资料应由专人管理，并保持齐全、准确。

4.3.4　保护装置操作

4.3.4.1　对运行中的保护装置的外部接线进行改动，应履行如下程序：

a) 先在原图上做好修改，经主管技术领导批准。

b) 按图施工，不允许凭记忆工作；拆动二次回路时应逐一做好记录，恢复时严格核对。改完后，应做相应的逻辑回路整组试验，确认回路、极性及整定值完全正确，然后交由值班运行人员确认后再申请投入运行。

c) 完成工作后，应立即通知现场与主管继电保护部门修改图纸，工作负责人在现场修改图上签字，没有修改的原图应作废。

4.3.4.2　在下列情况下应停用整套微机型继电保护装置：

a) 微机型继电保护装置使用的交流电压、交流电流、开关量输入、开关量输出回路作业；

b) 装置内部作业；

c) 继电保护人员输入定值影响装置运行时。

4.3.4.3　微机型继电保护装置在运行中需要切换已固化好的成套定值时，由现场运行人员按规定的方法改变定值，此时不必停用微机型继电保护装置，但应立即显示（打印）新定值，并与主管调度核对定值单。

4.3.4.4　带纵联保护的微机型线路保护装置如需停用直流电源，应在两侧纵联保护停用后，才允许停直流电源。

4.3.4.5　对重要发电厂配置单套母线差动保护的母线应尽量减少母线无差动保护时的运行时间。严禁无母线差动保护时进行母线及相关元件的倒闸操作。

4.3.4.6　远方更改微机型继电保护装置定值或操作微机型继电保护装置时，应根据现场有关运行规定进行操作，并有保密、监控措施和自动记录功能。同时还应注意防止干扰经由微机型保护的通信接口侵入，导致继电保护装置的不正确动作。

4.3.4.7 运行中的微机型继电保护装置和继电保护信息管理系统电源恢复后，若不能保证时钟准确，运行人员应及时校对时钟。

4.3.4.8 运行中的装置做改进时，应有书面改进方案，按管辖范围经继电保护主管部门批准后方允许进行。改进后应做相应的试验，及时修改图样资料并做好记录。

4.3.4.9 现场运行人员应保证打印报告的连续性，严禁乱撕、乱放打印纸，妥善保管打印报告，并及时移交继电保护人员。无打印操作时，应将打印机防尘盖盖好，并推入盘内。现场运行人员应每月检查打印纸是否充足、字迹是否清晰，负责加装打印纸及更换打印机色带。

4.3.4.10 防止直流系统误操作：

    a） 改变直流系统运行方式的各项操作应严格执行现场规程规定；

    b） 直流母线在正常运行和改变运行方式的操作中，严禁脱开蓄电池组；

    c） 充电、浮充电装置在检修结束恢复运行时，应先合交流侧开关，再带直流负荷。

4.3.5 保护装置事故处理

4.3.5.1 继电保护及安全自动装置出现异常、告警、跳闸后，运行值班人员应准确完整记录运行工况、保护动作信号、报警信号等，打印有关保护装置及故障录波器动作报告，根据该装置的现场运行规程进行处理，并立即向主管领导汇报，及时通知继电保护专业人员。未打印出故障报告之前，现场人员不得自行进行装置试验。

4.3.5.2 继电保护专业人员应及时收集继电保护装置录波数据、启动保护和动作报告，并根据事故影响范围收集同一时段全厂相关故障录波器的录波数据，核对保护及自动装置的动作情况及动作报告、故障时的运行方式、一次设备的故障情况，对保护装置的动作行为进行初步分析。

4.3.5.3 出现不正确动作情况后，继电保护专业人员应会同安监、运行维护部门，根据事故情况，有目的地拟定具体检验项目及检验顺序，尽快进行事故后检验。对复杂保护的不正确动作，可联系相关技术监督服务单位、装置制造厂家等参与检查、分析。

4.3.5.4 事故后检验工作结束，继电保护专业人员应根据检验结果，及时分析不正确动作原因，在 3 天内形成分析报告，并归档动作信息资料，动作信息资料清单及要求见附录 A。对于暂时原因不明的不正确动作现象，应根据检验情况及分析结果，拟定方案，以备再次进行现场检查，直至查明不正确动作的真实原因。当不得已将装置的不正确动作定为"原因不明"时，必须采取慎重态度，经本单位主管生产领导批准，并采取相应的措施或制定防止再次误动的方案。

4.3.5.5 继电保护及安全自动装置异常、故障、动作分析报告应包括以下内容：

    a） 故障及继电保护及安全自动装置动作情况简述；

    b） 动作的继电保护及安全自动装置型号、生产厂家、投运年限、定检情况；

    c） 系统运行方式；

    d） 故障过程中继电保护及安全自动装置动作的详细分析；

    e） 继电保护及安全自动装置动作行为评价，对装置的评估；

    f） 附装置动作报告、故障录波图的扫描图。

4.3.5.6 微机型继电保护装置插件出现异常时，继电保护人员应用备用插件更换异常插件，更换备用插件后应对整套保护装置进行必要的检验。

4.3.5.7　新投运或电流、电压回路发生变更的 220kV 电压等级及以上电气设备，在第一次经历区外故障后，应通过打印保护装置和故障录波器报告的方式校核保护交流采样值、收发信开关量、功率方向以及差动保护差流值的正确性。

4.3.6　保护装置分析评价

4.3.6.1　继电保护部门应按照 DL/T 623 对所管辖的各类（型）继电保护及安全自动装置的动作情况进行统计分析，并对装置本身进行评价。对于 1 个事件，继电保护正确动作率评价以继电保护装置内含的保护功能为单位进行评价。对不正确的动作应分析原因，提出改进对策，并及时报主管部门。

4.3.6.2　对于微机型继电保护装置投入运行后发生的第一次区内、外故障，继电保护人员应通过分析微机型继电保护装置的实际测量值来确认交流电压、交流电流回路和相关动作逻辑是否正常。既要分析相位，也要分析幅值。

4.3.6.3　6kV 及以上设备继电保护动作后，应在规定时间、周期内向上级部门报送管辖设备运行情况和统计分析报表。

    a)　事故发生后应在规定时间内上报继电保护和故障录波器报告，并在事故后三天内及时填报相应动作评价信息；

    b)　继电保护动作统计报表内容包括：保护动作时间，保护安装地点，故障及保护装置动作情况简述，被保护设备名称，保护型号及生产厂家，装置动作评价，不正确动作责任分析，故障录波器录波次数等；

    c)　继电保护动作评价：除了继电保护动作统计报表内容外，还应包括保护装置动作评价及其次数，保护装置不正确动作原因等；

    d)　保护动作波形应包括：继电保护装置上打印的波形，故障录波器打印波形并下载的 COMTRADE 格式数据文件。

4.3.7　保护装置备品配件管理

4.3.7.1　应加强发电机及变压器主保护、母线差动保护、断路器失灵保护、线路快速保护等重要保护的运行维护，重视快速主保护的备品配件管理和消缺工作。应将备品配件的配备，以及母线差动等快速主保护因缺陷超时停役纳入本厂的技术监督的工作考核之中。

4.3.7.2　应储备必要的备用插件，备用插件宜与微机型继电保护装置同时采购。备用插件应视同运行设备，保证其可用性。储存有集成电路芯片的备用插件，应有防止静电措施。

4.3.7.3　微机型保护装置的电源板（或模件）应每 6 年对其更换一次，以免由此引起保护拒动或误启动。

4.3.7.4　对于发电机出口 TV 一次侧的熔断器应根据实际情况定期更换，宜每年更换 1 次，以防发电机长期振动而磨损造成熔丝自动熔断所引起的不正确动作。

4.4　检验阶段监督

4.4.1　继电保护装置检验基本要求

4.4.1.1　继电保护装置检验，应符合 DL/T 995 及有关微机型继电保护装置检验规程、反事故措施和现场工作保安相关规定。同步相量测量装置和时间同步系统检测，还应分别符合 GB/T 26862 和 GB/T 26866 相关要求。

4.4.1.2　对继电保护装置进行计划性检验前，应编制继电保护标准化作业指导书，检验期间认真执行继电保护标准化作业书，不应为赶工期减少检验项目和简化安全措施。

4.4.1.3 进行微机型继电保护装置的检验时，应充分利用其自检功能，主要检验自检功能无法检测的项目。

4.4.1.4 新安装、全部和部分检验的重点应放在微机型继电保护装置的外部接线和二次回路。

4.4.1.5 对运行中的继电保护装置外部回路接线或内部逻辑进行改动工作后，应做相应的试验，确认回路接线及逻辑正确后，才能投入运行。

4.4.1.6 继电保护装置检验应做好记录，检验完毕后应向运行人员交待有关事项，及时整理检验报告，保留好原始记录。

4.4.1.7 继电保护检验所选用的微机型校验仪器应符合 DL/T 624 相关要求，定期检验应符合 DL/T 1153 相关要求。做好微机型继电保护试验装置的检验、管理与防病毒工作，防止因试验设备性能、特性不良而引起对保护装置的误整定、误试验。

4.4.1.8 检验所用仪器、仪表应由专人管理，特别应注意防潮、防震。确保试验装置的准确度及各项功能满足继电保护试验的要求，防止因试验仪器、仪表存在问题而造成继电保护误整定、误试验事件的发生。

4.4.2 仪器、仪表的基本要求与配置

4.4.2.1 装置检验所使用的仪器、仪表必须经过检验合格，并应满足 GB/T 7261 相关规定。定值检验所使用的仪器、仪表的准确级应不低于 0.5 级。

4.4.2.2 继电保护班组应至少配置微机型继电保护试验装置、指针式电压表、指针式电流表、数字式电压表、数字式电流表、钳形电流表、相位表、毫秒计、电桥、500V 绝缘电阻表、1000V 绝缘电阻表、2500V 绝缘电阻表和可记忆示波器等。

4.4.2.3 根据本厂保护装置及状况，选配以下装置：

 a) 测试载波通道应配置高频振荡器和选频表、无感电阻、可变衰耗器等；

 b) 调试纵联电流差动保护宜配置 GPS 对时天线和选用可对时触发的微机型成套试验仪；

 c) 调试光纤纵联通道时应配置光源、光功率计、误码仪、可变光衰耗器等仪器；

 d) 便携式录波器（波形记录仪）；

 e) 模拟断路器。

4.4.3 继电保护装置检验种类

4.4.3.1 继电保护检验主要包括新安装装置的验收检验、运行中装置的定期检验（以下简称"定期检验"）和运行中装置的补充检验（以下简称"补充检验"）三种类型。

4.4.3.2 新安装装置的验收检验，在下列情况进行：

 a) 当新安装的一次设备投入运行时；

 b) 当在现有的一次设备上投入新安装的装置时。

4.4.3.3 定期检验分为三种，包括：

 a) 全部检验；

 b) 部分检验；

 c) 用装置进行断路器跳、合闸试验。

4.4.3.4 补充检验分为五种，包括：

a) 对运行中的装置进行较大的更改或增设新的回路后的检验；

b) 检修或更换一次设备后的检验；

c) 运行中发现异常情况后的检验；

d) 事故后检验；

e) 已投运行的装置停电 1 年及以上，再次投入运行时的检验。

4.4.4 定期检验的内容与周期

4.4.4.1 定期检验应根据 DL/T 995 所规定的周期、项目及各级主管部门批准执行的标准化作业指导书的内容进行。

4.4.4.2 定期检验周期计划的制订应综合考虑设备的电压等级及工况，按 DL/T 995 要求的周期、项目进行。在一般情况下，定期检验应尽可能配合在一次设备停电检修期间进行。220kV 电压等级及以上继电保护装置的全部检验及部分检验周期见表 2 和表 3。自动装置的定期检验参照微机型继电保护装置的定期检验周期进行。

4.4.4.3 制订部分检验周期计划时，可视装置的电压等级、制造质量、运行工况、运行环境与条件，适当缩短检验周期、增加检验项目。

a) 新安装装置投运后 1 年内应进行第一次全部检验。在装置第二次全部检验后，若发现装置运行情况较差或已暴露出了应予以监督的缺陷，可考虑适当缩短部分检验周期，并有目的、有重点地选择检验项目。

b) 110kV 电压等级的微机型装置宜每 2 年～4 年进行一次部分检验，每 6 年进行一次全部检验；非微机型装置参照 220kV 及以上电压等级同类装置的检验周期。

c) 低压厂用电 PC 进线断路器若配置智能保护器，宜每 2 年～4 年做 1 次定值试验，保护出口动作试验应结合断路器跳闸进行。智能保护器试验一般分为长时限过流、短时限过流和电流速断保护试验。智能保护器试验一般使用厂家配备的专用试验仪器。

d) 利用装置进行断路器的跳、合闸试验宜与一次设备检修结合进行。必要时，可进行补充检验。

4.4.4.4 电力系统同步相量测量装置和电力系统的时间同步系统检测宜每 2 年～4 年进行 1 次。

4.4.4.5 结合变压器检修工作，应按照 DL/T 540 要求校验气体继电器。对大型变压器应配备经校验性能良好、整定正确的气体继电器作为备品。

4.4.4.6 对直流系统进行维护与试验，应符合 GB/T 19826 及 DL/T 724 相关规定。

4.4.4.7 定期对蓄电池进行核对性放电试验，确切掌握蓄电池的容量。对于新安装或大修中更换过电解液的防酸蓄电池组，在第 1 年内，每半年进行 1 次核对性放电试验。运行 1 年以后的防酸蓄电池组，每隔 1 年～2 年进行一次核对性放电试验；对于新安装的阀控密封蓄电池组，应进行核对性放电试验。以后每隔 2 年进行一次核对性放电试验。运行了 4 年以后的蓄电池组，每年做一次核对性放电试验。

4.4.4.8 每 1 年～2 年对微机型继电保护检验装置进行一次全部检验。

4.4.4.9 母线差动保护、断路器失灵保护及自动装置中投切发电机组、切除负荷、切除线路或变压器的跳、合断路器试验，允许用导通方法分别证实至每个断路器接线的正确性。

表 2　全 部 检 验 周 期 表

编号	设 备 类 型	全部检验周期 a	定义范围说明
1	微机型装置	6	包括装置引入端子外的交、直流及操作回路 以及涉及的辅助继电器、操动机构的辅助触点、 直流控制回路的自动断路器等
2	非微机型装置	4	
3	保护专用光纤通道，复用光纤或 微波连接通道	6	指站端保护装置连接用光纤通道及光电转换 装置
4	保护用载波通道的设备（包含与 通信复用、自动装置合用且由其他 部门负责维护的设备）	6	涉及相应的设备有高频电缆、结合滤波器、 差接网络、分频器

表 3　部 分 检 验 周 期 表

编号	设 备 类 型	部分检验周期 a	定义范围说明
1	微机型装置	2～3	包括装置引入端子外的交、直流及操作回路 以及涉及的辅助继电器、操动机构的辅助触点、 直流控制回路的自动断路器等
2	非微机型装置	1	
3	保护专用光纤通道，复用光纤或 微波连接通道	2～3	指光头擦拭、收信裕度测试等
4	保护用载波通道的设备（包含与 通信复用、自动装置合用且由其他 部门负责维护的设备）	2～3	指传输衰耗、收信裕度测试等

4.4.5　补充检验的内容

4.4.5.1　因检修或更换一次设备（如断路器、TA 和 TV 等）所进行的检验，应根据一次设备检修（更换）的性质，确定其检验项目。

4.4.5.2　运行中的装置经过较大的更改或装置的二次回路变动后，均应进行检验，并按其工作性质，确定其检验项目。

4.4.5.3　凡装置发生异常或装置不正确动作且原因不明时，均应根据事故情况，有目的地拟定具体检验项目及检验顺序，尽快进行事故后检验。检验工作结束后，应及时提出报告。

4.4.6　继电保护现场检验的监督重点

4.4.6.1　对新投入运行设备的装置试验，应先进行如下的准备工作：

a）　了解设备的一次接线及投入运行后可能出现的运行方式和设备投入运行的方案，该方案应包括投入初期的临时继电保护方式；

b）　检验前应确认相关资料齐全准确。资料包括：装置的原理接线图（设计图）及与之相符合的二次回路安装图，电缆敷设图，电缆编号图，断路器操动机构图，TA、TV端子箱图及二次回路分线箱图等全部图纸，以及成套保护装置的技术说明及断路器操动机构说明，TA、TV 的出厂试验报告等；

c）　根据设计图纸，到现场核对所有装置的安装位置是否正确,TA 的安装位置是否合适,有无保护死区等；

  d）对扩建装置的调试，除应了解设备的一次接线外，还应了解与已运行的设备有关联部分的详细情况（例如新投线路的母线差动保护回路如何接入运行中的母线差动保护的回路中等），按现场的具体情况订出现场工作的安全措施，以防止发生误碰运行设备的事故。

4.4.6.2 对装置的定值校验，应按批准的定值通知单进行。检验工作负责人应熟知定值通知单的内容，并核对所给的定值是否齐全，确认所使用的 TA、TV 的变比值是否与现场实际情况相符合。

4.4.6.3 对试验设备及回路的基本要求：

  a）试验工作应注意选用合适的仪表，整定试验所用仪表的精确度应为 0.5 级或以上，测量继电器内部回路所用的仪表应保证不致破坏该回路参数值，如并接于电压回路上的应用高内阻仪表；若测量电压小于 1V，应用电子毫伏表或数字型电压表；串接于电流回路中的，应用低内阻仪表。绝缘电阻测定，一般情况下用 1000V 绝缘电阻表进行。

  b）试验回路的接线原则，应使通入装置的电气量与其实际工作情况相符合。例如对反映过电流的元件，应用突然通入电流的方法进行检验；对正常接入电压的阻抗元件，则应用将电压由正常运行值突然下降、而电流由零值突然上升的方法，或从负荷电流变为短路电流的方法进行检验。

  c）在保证按定值通知单进行整定试验时，应以上述符合故障实际情况的方法作为整定的标准。

  d）模拟故障的试验回路，应具备对装置进行整组试验的条件。装置的整组试验是指自装置的电压、电流二次回路的引入端子处，向同一被保护设备的所有装置通入模拟的电压、电流量，以检验各装置在故障及重合闸过程中的动作情况。

4.4.6.4 继电保护装置停用后，其出口跳闸回路应要有明显的断开点（打开了连接片或接线端子片等）才能确认断开点以前的保护已经停用。

4.4.6.5 对于采用单相重合闸，由连接片控制正电源的三相分相跳闸回路，停用时除断开连接片外，应断开各分相跳闸回路的输出端子，才能认为该保护已停用。

4.4.6.6 不允许在未停用的保护装置上进行试验和其他测试工作；也不允许在保护未停用的情况下，用装置的试验按钮（除闭锁式纵联保护的启动发信按钮外）做试验。

4.4.6.7 所有的继电保护定值试验，都应以符合正式运行条件为准。

4.4.6.8 分部试验应采用和保护同一直流电源，试验用直流电源应由专用熔断器供电。

4.4.6.9 只能用整组试验的方法，即除由电流及电压端子通入与故障情况相符的模拟故障量外，保护装置处于与投入运行完全相同的状态下，检查保护回路及整定值的正确性。不允许用卡继电器触点、短路触点或类似人为手段做保护装置的整组试验。

4.4.6.10 应对保护装置作拉合直流电源的试验，保护在此过程中不得出现有误动作或误发信号的情况。

4.4.6.11 对于载波收发信机，无论是专用或复用，都应有专用规程按照保护逻辑回路要求，测试收发信回路整组输入/输出特性。

4.4.6.12 在载波通道上作业后应检测通道裕量，并与新安装检验时的数值比较。

4.4.6.13　新投入、大修后或改动了二次回路的差动保护，保护投运前应测六角图及差回路的不平衡电流，以确认二次极性及接线正确无误。变压器第一次投入系统时应将差动保护投入跳闸，变压器充电良好后停用，然后变压器带上部分负荷，测六角图，同时测差回路的不平衡电流，证实二次接线及极性正确无误后，才再将保护投入跳闸，在上述各种情况下，变压器的重瓦斯保护均应投入跳闸。

4.4.6.14　新投入、大修后或改动了二次回路的差动保护，在投入运行前，除测定相回路及差回路电流外，应测各中性线的不平衡电流，以确证回路完整、正确。

4.4.6.15　所有试验仪表、测试仪器等，均应按使用说明书的要求做好相应的接地（在被测保护屏的接地点）后，才能接通电源；注意与引入被测电流电压的接地关系，避免将输入的被测电流或电压短路；只有当所有电源断开后，才能将接地点断开。

4.4.6.16　所有正常运行时动作的电磁型电压及电流继电器的触点，应严防抖动。

4.4.6.17　多套保护回路共用一组 TA，停用其中一套保护进行试验时，或者与其他保护有关联的某一套进行试验时，应特别注意做好其他保护的安全措施，例如将相关的电流回路短接，将接到外部的触点全部断开等。

4.4.6.18　新安装及解体检修后的 TA 应作变比及伏安特性试验，并作三相比较以判别二次线圈有无匝间短路和一次导体有无分流；注意检查 TA 末屏是否已可靠接地。

4.4.6.19　变压器中性点 TA 的二次伏安特性应与接入的电流继电器启动值校对，保证后者在通过最大短路电流时能可靠动作。

4.4.6.20　应注意校核继电保护通信设备（如光纤、微波、载波）传输信号的可靠性和冗余度，防止因通信设备的问题而引起保护不正确动作。

4.4.6.21　在电压切换和电压闭锁回路、断路器失灵保护、母线差动保护、远跳、远切、联切回路以及"和电流"等接线方式有关的二次回路上工作时，以及 3/2 断路器接线等主设备检修而相邻断路器仍需运行时，应特别认真做好安全隔离措施。

4.4.6.22　双母线中阻抗比率制动式母线差动保护在带负荷试验时，不宜采用一次系统来验证辅助变流器二次切换回路正确性。辅助变流器二次回路正确性检验宜在母线差动保护整组试验阶段完成。

4.4.6.23　在安排继电保护装置进行定期检验时，要重视对快切装置及备自投装置的定期检验，要按照 DL/T 995 相关要求，按照动作条件，对快切装置及备自投装置做模拟试验，以确保这些装置随时能正确地投切。

4.4.6.24　对采用金属氧化物避雷器接地的 TV 的二次回路，应检查其接线的正确性及金属氧化物避雷器的工频放电电压，防止造成电压二次回路多点接地的现象。定期检查时可用绝缘电阻表检验击穿熔断器或金属氧化物避雷器的工作状态是否正常。一般当用 1000V 绝缘电阻表时，击穿熔断器或金属氧化物避雷器不应击穿；而用 2500V 绝缘电阻表时，则应可靠击穿。

4.4.6.25　为防止试验过程中分合闸线圈通电时间过长造成线圈损坏，在进行断路器跳合闸回路试验中，不能采用电压缓慢增加的方式，而是采用试验电压突加法，并在试验仪设置输出电压时间 100ms～350ms，确保线圈通电时间不超过 500ms，以检查断路器的动作情况。

4.4.6.26　多通道差动保护（如变压器差动保护、母线差动保护）为防止因备用电流通道采样突变引起保护误动，应将备用电流通道屏蔽，或将该通道 TA 变比设置为最小。

4.4.6.27　大修后或改动了二次回路保护装置需在低负荷情况下检查校核保护装置通道采样

值、功能测量值是否正确，并打印通道采样值。

4.4.6.28 保护装置检修结束，在装置投运后应打印保护定值，并核对、存档。

4.4.7 继电保护现场检验现场安全监督重点

4.4.7.1 现场检验基本要求

4.4.7.1.1 规范现场人员作业行为，防止发生人身伤亡、设备损坏和继电保护"三误"（误碰、误接线、误整定）事故，保证电力系统一、二次设备的安全运行。

4.4.7.1.2 继电保护现场工作至少应有两人参加。现场工作人员应熟悉继电保护及自动装置和相关二次回路。

4.4.7.1.3 外单位参与工作的人员在工作前，应了解现场电气设备接线情况、危险点和安全注意事项。

4.4.7.1.4 工作人员在现场工作过程中，遇到异常情况（如直流系统接地等）或断路器跳闸，应立即停止工作，保持现状，待查明原因，确定与本工作无关并得到运行人员许可后，方可继续工作。若异常情况或断路器跳闸是本身工作引起，应保留现场，立即通知运行人员，以便及时处理。

4.4.7.1.5 继电保护人员在发现直接危及人身、设备和电网安全的紧急情况时，应停止作业或在采取可能的紧急措施后撤离作业场所，并立即报告。

4.4.7.2 现场工作前准备

4.4.7.2.1 了解工作地点、工作范围、一次设备和二次设备运行情况，与本工作有联系的运行设备，如失灵保护、远方跳闸、自动装置、联跳回路、重合闸、故障录波器、变电站自动化系统、继电保护及故障信息管理系统等，了解需要与其他专业配合的工作。

4.4.7.2.2 拟订工作重点项目、需要处理的缺陷和薄弱环节。

4.4.7.2.3 应具备与实际状况一致的图纸、上次检验报告、最新整定通知单、标准化作业指导书、保护装置说明书、现场运行规程，合格的仪器、仪表、工具、连接导线和备品备件。确认微机型继电保护和自动装置的软件版本符合要求，试验仪器使用的电源正确。

4.4.7.2.4 工作人员应分工明确，熟悉图纸和检验规程等有关资料。

4.4.7.2.5 对重要和复杂保护装置，如母线保护、失灵保护、主变压器保护、远方跳闸、有联跳回路的保护装置、自动装置和备自投装置等的现场检验工作，应编制经技术负责人审批的检验方案和继电保护安全措施票。

4.4.7.2.6 现场工作中遇有下列情况应填写继电保护安全措施票：

    a）在运行设备的二次回路上进行拆、接线工作；

    b）在对检修设备执行隔离措施时，需断开、短接和恢复与运行设备有联系的二次回路工作。

4.4.7.2.7 继电保护安全措施票中"安全措施内容"应按实施的先后顺序逐项填写，按照被断开端子的"保护屏（柜，或现场端子箱）名称、电缆号、端子号、回路号、功能和安全措施"格式填写。

4.4.7.2.8 开工前应核对安全措施票内容和现场接线，确保图纸与实物相符。

4.4.7.2.9 在继电保护屏（柜）的前面和后面，以及现场端子箱的前面应有明显的设备名称。若一面屏（柜）上有两个及以上保护设备时，在屏（柜）上应有明显的区分标志。

4.4.7.2.10 若高压试验、通信、仪表、自功化等专业人员作业影响继电保护和自动装置的正常运行，应办理审批手续，停用相关保护。作业前应填写工作票，工作票中应注明需要停用的保护。在做好安全措施后，方可进行工作。

4.4.7.3 现场工作

4.4.7.3.1 工作人员应逐条核对运行人员做的安全措施（如连接片、二次熔丝或二次空气断路器的位置等），确保符合要求。运行人员应在工作屏（柜）的正面和后面设置"在此工作"标志。

 a) 若工作的屏（柜）上有运行设备，应有明显标志，并采取隔离措施，以便与检验设备分开；

 b) 若不同保护对象组合在一面屏（柜）时，应对运行设备及其端子排采取防护措施，如对运行设备的连接片、端子排用绝缘胶布贴住或用塑料扣板扣住端子。

4.4.7.3.2 运行中的继电保护和自动装置需要检验时，应先断开相关跳闸和合闸连接片，再断开装置的工作电源。在继电保护相关工作结束，恢复运行时，应先检查相关跳闸和合闸连接片在断开位置。投入工作电源后，检查装置正常，用高内阻的电压表检验连接片的每一端对地电位都正确后，才能投入相应出口连接片。

4.4.7.3.3 在检验继电保护和自动装置时，凡与其他运行设备二次回路相连的连接片和接线应有明显标记，应按安全措施票断开或短路有关回路，并做好记录。

4.4.7.3.4 更换继电保护和自动装置屏（柜）或拆除旧屏（柜）前，应在有关回路对侧屏（柜）做好安全措施。

4.4.7.3.5 对于"和"电流构成的保护，如变压器差动保护、母线差动保护和3/2断路器接线的线路保护等，若某一断路器或TA作业影响保护和电流回路，作业前应将TA的二次回路与保护装置断开，防止保护装置侧电流回路短路或电流回路两点接地，同时断开该保护跳此断路器的出口连接片。

4.4.7.3.6 不应在运行的继电保护、自动装置屏（柜）上进行与正常运行操作、停运消缺无关的其他工作。若在运行的继电保护、自动装置屏（柜）附近工作，有可能影响运行设备安全时，应采取防止运行设备误动作的措施。

4.4.7.3.7 在现场进行带电工作（包括做安全措施）时，作业人员应使用带绝缘把手的工具（其外露导电部分不应过长，否则应包扎绝缘带）。若在带电的 TA 二次回路上工作时，还应站在绝缘垫上，以保证人身安全。同时将邻近的带电部分和导体用绝缘器材隔离，防止造成短路或接地。

4.4.7.3.8 在试验接线前，应了解试验电源的容量和接线方式。被检验装置和试验仪器不应从运行设备上取试验电源，取试验电源要使用隔离开关或空气断路器，隔离开关应有熔断器并带罩，防止总电源熔断器越级熔断。核实试验电源的电压值符合要求，试验接线应经第二人复查并告知相关作业人员后方可通电。被检验保护装置的直流电源宜取试验专用直流电源。

4.4.7.3.9 现场工作应以图纸为依据，工作中若发现图纸与实际接线不符，应查线核对。如涉及修改图纸，应在图纸上标明修改原因和修改日期，修改人和审核人应在图纸上签字。

4.4.7.3.10 改变二次回路接线时，事先应经过审核，拆动接线前要与原图核对，改变接线后要与新图核对，及时修改底图，修改在用和存档的图纸。

4.4.7.3.11 改变保护装置接线时，应防止产生寄生回路。

4.4.7.3.12 改变直流二次回路后，应进行相应的传动试验。必要时还应模拟各种故障，并进行整组试验。

4.4.7.3.13 对交流二次电流、电压回路通电时，应可靠断开至 TA、TV 二次侧的回路，防止反充电。

4.4.7.3.14 TA 和 TV 的二次绕组应有一点接地且仅有一点永久性的接地。

4.4.7.3.15 在运行的 TV 二次回路上工作时，应采取下列安全措施：

a) 不应将 TV 二次回路短路、接地或断线。必要时，工作前申请停用有关继电保护或自动装置；

b) 接临时负荷，应装有专用的隔离开关和熔断器；

c) 不应将回路的永久接地点断开。

4.4.7.3.16 在运行的 TA 二次回路上工作时，应采取下列安全措施：

a) 不应将 TA 二次侧开路。必要时，工作前申请停用有关继电保护保护或自动装置。

b) 短路 TA 二次绕组，应用短路片或导线压接短路。

c) 工作中不应将回路的永久接地点断开。

4.4.7.3.17 对于被检验保护装置与其他保护装置共用 TA 绕组的特殊情况，应采取以下措施防止其他保护装置误启动：

a) 核实 TA 二次回路的使用情况和连接顺序；

b) 若在被检验保护装置电流回路后串接有其他运行的保护装置，原则上应停运其他运行的保护装置。如确无法停运，在短接被检验保护装置电流回路前、后，应监测运行的保护装置电流与实际相符。若在被检验保护电流回路前串接其他运行的保护装置，短接被检验保护装置电流回路后，监测到被检验保护装置电流接近于零时，方可断开被检验保护装置电流回路。

4.4.7.3.18 按照先检查外观，后检查电气量的原则，检验继电保护和自动装置，进行电气量检查之后不应再插、拔插件。

4.4.7.3.19 应根据最新定值通知单整定保护装置定值，确认定值通知单与实际设备相符（包括互感器的接线、变比等），已执行的定值通知单应有执行人签字。

4.4.7.3.20 所有交流继电器的最后定值试验应在保护屏（柜）的端子排上通电进行，定值试验结果应与定值单要求相符。

4.4.7.3.21 进行现场工作时，应防止交流和直流回路混线。继电保护或自动装置检验后，以及二次回路改造后，应测量交、直流回路之间的绝缘电阻，并做好记录；在合上交流（直流）电源前，应测量负荷侧是否有直流（交流）电位。

4.4.7.3.22 进行保护装置整组检验时，不宜用将继电器触点短接的办法进行。传动或整组试验后不应再在二次回路上进行任何工作，否则应做相应的检验。

4.4.7.3.23 带方向性的保护和差动保护新投入运行时，一次设备或交流二次回路改变后，应用负荷电流和工作电压检验其电流、电压回路接线的正确性。

4.4.7.3.24 对于母线保护装置的备用间隔 TA 二次回路应在母线保护屏（柜）端子排外侧断开，端子排内侧不应短路。

4.4.7.3.25 在导引电缆及与其直接相连的设备上工作时，按带电设备工作的要求做好安全措施后，方可进行工作。

4.4.7.3.26 在运行中的高频通道上进行工作时，应核实耦合电容器低压侧可靠接地后，才能进行工作。

4.4.7.3.27 应特别注意电子仪表的接地方式，避免损坏仪表和保护装置中的插件。

4.4.7.3.28 在微机型保护装置上进行工作时，应有防止静电感应的措施，避免损坏设备。

4.4.7.4 现场工作结束

4.4.7.4.1 现场工作结束前，应检查检验记录。确认检验无遗漏项目，试验数据完整，检验结论正确后，才能拆除试验接线。

4.4.7.4.2 整组带断路器传动试验前，应紧固端子排螺丝（包括接地端子），确保接线接触可靠。检查端子接线压接处接线无折痕、开裂，防止回路断线。

4.4.7.4.3 复查临时接线全部拆除，断开的接线全部恢复，图纸与实际接线相符，标志正确。

4.4.7.4.4 工作结束，全部设备和回路应恢复到工作开始前状态。

4.4.7.4.5 工作结束前，应将微机型保护装置打印或显示的整定值与最新定值通知单进行逐项核对。

4.4.7.4.6 工作票结束后不应再进行任何工作。

5 监督管理要求

5.1 监督基础管理工作

5.1.1 继电保护监督管理的依据

应按照集团公司《电力技术监督管理办法》和本标准的要求，制定电厂继电保护监督管理标准，并根据国家法律、法规及国家、行业、集团公司标准、规范、规程、制度，结合电厂实际情况，编制继电保护监督相关/支持性文件；建立健全技术资料档案，以科学、规范的监督管理，保证继电保护装置的安全可靠运行。

5.1.2 继电保护监督应具备的相关/支持性文件

a) 继电保护及安全自动装置检验规程。

b) 继电保护及安全自动装置运行规程。

    1) 继电保护及安全自动装置检验管理规定；

    2) 继电保护及安全自动装置定值管理规定；

    3) 微机保护软件管理规定；

    4) 继电保护装置投退管理规定；

    5) 继电保护反事故措施管理规定；

    6) 继电保护图纸管理规定；

    7) 故障录波装置管理规定；

    8) 继电保护及安全自动装置巡回检查管理规定；

    9) 整组带断路器传动试验前现场保安工作管理规定；

    10) 继电保护试验仪器、仪表管理规定；

    11) 设备巡回检查管理标准；

    12) 设备检修管理标准；

    13) 设备缺陷管理标准；

    14) 设备点检定修管理标准；

15) 设备评级管理标准；

16) 设备异动管理标准。

c) 设备停用、退役管理标准。

5.1.3 技术资料档案

5.1.3.1 基建阶段技术资料

a) 竣工原理图、安装图、设计说明、电缆清册等设计资料。

b) 制造厂商提供的装置说明书、保护柜（屏）原理图、合格证明和出厂试验报告、保护装置调试大纲等技术资料。

c) 继电保护及安全自动装置新安装检验报告（调试报告）。

d) 蓄电池厂家产品使用说明书、产品合格证明书以及充、放电试验报告；充电装置、绝缘监察装置、微机型监控装置的厂家产品使用说明书、电气原理图和接线图、产品合格证明书以及验收检验报告等。

5.1.3.2 设备清册、台账以及图纸资料

a) 继电保护装置清册及台账，包括线路（含电缆）保护、母线保护、变压器保护、发电机（发电机变压器组）保护、并联电抗器保护、断路器保护、短引线保护、过电压及远方跳闸保护、电动机保护、其他保护等；

b) 安全自动装置清册及台账，包括同期装置、厂用电源快速切换装置、备用电源自动投入装置、安全稳定控制装置、电力系统同步相量测量装置、继电保护及故障信息管理系统子站等；

c) 故障录波及测距装置清册及台账；

d) 电力系统时间同步系统台账；

e) 直流电源系统清册及台账等。

5.1.3.3 试验报告

a) 继电保护及安全自动装置定期检验报告；

b) 蓄电池组、充电装置绝缘监察装置、微机型监控装置等的定期试验报告；

c) 继电保护试验仪器、仪表定期校准报告。

5.1.3.4 运行报告和记录

a) 继电保护及安全自动装置动作记录表；

b) 继电保护及安全自动装置缺陷及故障记录表；

c) 故障录波装置启动记录表；

d) 继电保护整定计算报告；

e) 继电保护定值通知单；

f) 装置打印的定值清单。

5.1.3.5 检修维护报告和记录

a) 检修质量控制质检点验收记录；

b) 检修文件包（继电保护现场检验作业指导书）；

c) 检修记录及竣工资料；

d) 检修总结；

e) 设备检修记录和异动记录。

5.1.3.6 缺陷闭环管理记录

月度缺陷分析。

5.1.3.7 事故管理报告和记录

a) 设备事故、一类障碍统计记录；

b) 继电保护动作分析报告。

5.1.3.8 技术改造报告和记录

a) 可行性研究报告；

b) 技术方案和措施；

c) 技术图纸、资料、说明书；

d) 质量监督和验收报告；

e) 完工总结报告和后评估报告。

5.1.3.9 监督管理文件

a) 与继电保护监督有关的国家法律、法规及国家、行业、集团公司标准、规范、规程、制度；

b) 电厂制定的继电保护监督标准、规程、规定、措施等；

c) 继电保护监督年度工作计划和总结；

d) 继电保护监督季报、速报；

e) 继电保护监督预警通知单和验收单；

f) 继电保护监督会议纪要；

g) 继电保护监督工作自我评价报告和外部检查评价报告；

h) 继电保护监督人员档案、上岗证书；

i) 岗位技术培训计划、记录和总结；

j) 与继电保护装置以及监督工作有关重要来往文件。

5.2 日常管理内容和要求

5.2.1 健全监督网络与职责

5.2.1.1 各电厂应建立健全由生产副厂长（总工程师）领导下的继电保护技术监督三级管理网。第一级为厂级，包括生产副厂长（总工程师）领导下的继电保护监督专责人；第二级为部门级，包括运行部电气专工，检修部电气专工；第三级为班组级，包括各专工领导的班组人员。在生产副厂长（总工程师）领导下由继电保护监督专责人统筹安排，协调运行、检修等部门共同完成继电保护监督工作。继电保护监督三级网严格执行岗位责任制。

5.2.1.2 按照集团公司《华能电厂安全生产管理体系要求》和《电力技术监督管理办法》编制电厂继电保护监督管理标准，做到分工、职责明确，责任到人。

5.2.1.3 电厂继电保护技术监督工作归口职能管理部门在电厂技术监督领导小组的领导下，负责继电保护技术监督的组织建设工作，建立健全技术监督网络，并设继电保护技术监督专责人，负责全厂继电保护技术监督日常工作的开展和监督管理。

5.2.1.4 电厂继电保护技术监督工作归口职能管理部门每年年初要根据人员变动情况及时对网络成员进行调整；按照人员培训和上岗资格管理办法的要求，定期对技术监督专责人和特殊技能岗位人员进行专业和技能培训，保证持证上岗。

5.2.2 确定监督标准符合性

5.2.2.1 继电保护监督标准应符合国家、行业及上级主管单位的有关规定和要求。

5.2.2.2 每年年初，继电保护技术监督专责人应根据新颁布的标准规范及设备异动情况，组织对继电保护检修规程、运行规程等规程、制度的有效性、准确性进行评估，修订不符合项，经归口职能管理部门领导审核、生产主管领导审批后发布实施。国标、行标及上级单位监督规程、规定中涵盖的相关继电保护监督工作均应在电厂规程及规定中详细列写齐全。在继电保护规划、设计、建设、更改过程中的继电保护监督要求等同采用每年发布的相关标准。

5.2.3 确定仪器仪表有效性

5.2.3.1 应配备必需的继电保护试验仪器、仪表。

5.2.3.2 应建立继电保护试验仪器、仪表设备台账，根据检验、使用及更新情况进行补充完善。

5.2.3.3 应根据检验周期和项目，制定继电保护试验仪器、仪表年度检验计划，按规定进行检验、送检，对检验合格的可继续使用，对检验不合格的送修或报废处理。报整仪器仪表有效性。

5.2.4 监督档案管理

5.2.4.1 电厂应按照本标准规定的文件、资料、记录和报告目录以及格式要求，建立健全继电保护技术监督各项台账、档案、规程、制度和技术资料，确保技术监督原始档案和技术资料的完整性和连续性。

5.2.4.2 技术监督专责人应建立继电保护监督档案资料目录清册，根据监督组织机构的设置和设备的实际情况，明确档案资料的分级存放地点，并指定专人整理保管，及时更新。

5.2.5 制定监督工作计划

5.2.5.1 继电保护技术监督专责人每年 11 月 30 日前应组织制订下年度技术监督工作计划，报送产业公司、区域公司，同时抄送西安热工院。

5.2.5.2 电厂技术监督年度计划的制订依据至少应包括以下几方面：

    a）国家、行业、地方有关电力生产方面的政策、法规、标准、规程和反措要求；

    b）集团公司、产业公司、区域公司、电厂技术监督管理制度和年度技术监督动态管理要求；

    c）集团公司、产业公司、区域公司、电厂技术监督工作规划和年度生产目标；

    d）技术监督体系健全和完善化；

    e）人员培训和监督用仪器设备配备和更新；

    f）机组检修计划；

    g）继电保护装置目前的运行状态；

    h）技术监督动态检查、预警、月（季）报提出的问题；

    i）收集的其他有关继电保护设计选型、制造、安装、运行、检修、技术改造等方面的动态信息。

5.2.5.3 电厂继电保护技术监督工作计划应实现动态化，即每季度应制订继电保护技术监督工作计划。年度（季度）监督工作计划应包括以下主要内容：

    a）技术监督组织机构和网络完善；

    b）监督管理标准、技术标准规范制定、修订计划；

    c）人员培训计划（主要包括内部培训、外部培训取证，标准规范宣贯）；

d) 技术监督例行工作计划；

e) 检修期间应开展的技术监督项目计划；

f) 监督用仪器仪表检定计划；

g) 技术监督自我评价、动态检查和复查评估计划；

h) 技术监督预警、动态检查等监督问题整改计划；

i) 技术监督定期工作会议计划。

5.2.5.4 电厂应根据上级公司下发的年度技术监督工作计划，及时修订补充本单位年度技术监督工作计划，并发布实施。

5.2.5.5 继电保护监督专责人每季度对继电保护监督各部门的监督计划的执行情况进行检查，对不满足监督要求的通过技术监督不符合项，以通知单的形式下发到相关部门进行整改，并对继电保护监督的相关部门进行考评。技术监督不符合项通知单编写格式见附录B。

5.2.6 监督报告管理

5.2.6.1 继电保护监督速报报送

电厂发生继电保护拒动、误动事件后24h内，应将事件概况、原因分析、采取措施按照附录B的格式，以速报的形式报送产业公司、区域公司和西安热工院。

5.2.6.2 继电保护监督季报报送

继电保护技术监督专责人应按照附录D的季报格式和要求，组织编写上季度继电保护技术监督季报，经电厂归口职能管理部门汇总后，于每季度首月5日前，将全厂技术监督季报报送产业公司、区域公司和西安热工院。

5.2.6.3 继电保护监督年度工作总结报告报送

a) 继电保护技术监督专责人应于每年1月5日前编制完成上年度技术监督工作总结，并报送产业公司、区域公司和西安热工院。

b) 年度继电保护监督工作总结报告主要内容应包括以下几方面：

　　1) 主要监督工作完成情况、亮点和经验与教训；

　　2) 设备一般事故及障碍、危急缺陷和严重缺陷统计分析；

　　3) 继电保护动作分析评价；

　　4) 监督存在的主要问题和改进措施；

　　5) 下年度工作思路、计划、重点和改进措施。

5.2.7 监督例会管理

5.2.7.1 电厂每年至少召开两次厂级技术监督工作会议，会议由电厂技术监督领导小组组长主持，检查评估、总结、布置继电保护技术监督工作，对技术监督中出现的问题提出处理意见和防范措施，形成会议纪要，按管理流程批准后发布实施。

5.2.7.2 继电保护专业每季度至少召开一次技术监督工作会议，会议由继电保护监督专责人主持并形成会议纪要。

5.2.7.3 例会主要内容包括：

a) 上次监督例会以来继电保护监督工作开展情况；

b) 继电保护装置故障、缺陷分析及处理措施；

c) 继电保护监督存在的主要问题以及解决措施及方案；

d) 上次监督例会提出问题整改措施完成情况的评价；

e) 技术监督工作计划发布及执行情况，监督计划的变更；

f) 集团公司技术监督季报、监督通讯、新颁布的国家、行业标准规范、监督新技术学习交流；

g) 继电保护监督需要领导协调和其他部门配合和关注的事项；

h) 至下次监督例会时间内的工作要点。

5.2.8 监督预警管理

5.2.8.1 继电保护技术监督三级预警项目见附录 E。电厂应将三级预警识别纳入日常继电保护监督管理和考核工作中。

5.2.8.2 对于上级监督单位签发的预警通知单（见附录 F），电厂应认真组织人员研究有关问题，制定整改计划，整改计划中应明确整改措施、责任部门、责任人和完成日期。

5.2.8.3 问题整改完成后，电厂应按照验收程序要求，向预警提出单位提出验收申请，经验收合格后，由验收单位填写预警验收单（见附录 G），并报送预警签发单位备案。

5.2.9 监督问题整改管理

5.2.9.1 整改问题的提出

a) 上级或技术监督服务单位在技术监督动态检查、预警中提出的整改问题；

b) 《火电技术监督报告》中明确的集团公司或产业公司、区域公司督办问题；

c) 《火电技术监督报告》中明确电厂需要关注及解决的问题；

d) 电厂继电保护监督专责人每季度对各部门监督计划的执行情况进行检查，对不满足监督要求提出的整改问题。

5.2.9.2 问题整改管理

a) 电厂收到技术监督评价报告后，应组织有关人员会同西安热工院或技术监督服务单位，在两周内完成整改计划的制订和审核，整改计划编写格式见附录 H。并将整改计划报送集团公司、产业公司、区域公司，同时抄送西安热工院或技术监督服务单位。

b) 整改计划应列入或补充列入年度监督工作计划，电厂按照整改计划落实整改工作，并将整改实施情况及时在技术监督季报中总结上报。

c) 对整改完成的问题，电厂应保存问题整改相关的试验报告、现场图片、影像等技术资料，作为问题整改情况及实施效果评估的依据。

5.2.10 监督评价与考核

5.2.10.1 电厂应将《继电保护技术监督工作评价表》中的各项要求纳入日常继电保护监督管理工作中，《继电保护技术监督工作评价表》见附录 I。

5.2.10.2 电厂应按照《继电保护技术监督工作评价表》中的要求，编制完善继电保护技术监督管理制度和规定，完善各项继电保护监督的日常管理和检修维护记录，加强继电保护装置的运行、检修技术监督。

5.2.10.3 电厂应定期对技术监督工作开展情况组织自我评价,对不满足监督要求的不符合项以通知单的形式下发到相关部门进行整改，并对相关部门及责任人进行考核。

5.3 各阶段监督重点工作

5.3.1 设计与选型阶段

5.3.1.1 新建、扩建、更改工程一次系统规划建设中，应充分考虑继电保护适应性，避免出现特殊接线方式造成继电保护配置及整定难度的增加，为继电保护安全可靠运行创造良好条件。技术监督管理部门应参加工程各阶段设计审查。

5.3.1.2 新建、扩建、更改工程设计阶段，设计单位应严格执行相关国家、行业标准以及继电保护反事故措施，对于未认真执行的设计项目，应要求其进行设计更改直至满足要求。

5.3.1.3 继电保护的配置和选型必须满足相关标准和反事故措施的要求。保护装置选型应采用技术成熟、性能可靠、质量优良的产品。涉网及重要电气主设备的继电保护装置应组织出厂验收。

5.3.2 基建施工、调试及验收阶段

5.3.2.1 继电保护及安全自动装置屏、柜及二次回路接线安装工程的施工及验收，应符合相关标准的要求，保证施工质量。基建施工单位应严格按照相关标准的要求进行施工，否则拒绝给予工程验收。

5.3.2.2 基建调试应严格按照相关标准的要求执行，不得为赶工期减少调试项目，降低调试质量。

5.3.2.3 继电保护及安全自动装置的现场竣工验收应制定详细的验收标准，确保验收质量。

5.3.2.4 新建、扩建、更改工程竣工后，设计单位在提供竣工图的同时应提供可供修改的 CAD 文件光盘或 U 盘。

5.3.3 运行维护阶段

5.3.3.1 编制继电保护及安全自动装置运行规程。

5.3.3.2 建立继电保护技术档案（含设备台账、竣工图纸、厂家技术资料、运行资料、定检报告、事故分析、发生缺陷及消除、反事故措施执行、保护定值等），并采用计算机管理。

5.3.3.3 编制正式的继电保护整定计算书，整定计算书应包括电气设备参数、短路计算、启动/备用变压器保护整定计算、发电机变压器组保护整定计算、厂用系统保护整定计算等内容，整定计算书要妥善保存，以便日常运行或事故处理时核对，整定计算书应经专人全面复核，以保证整定计算的原则合理、定值计算正确。每 6 年对所辖设备的整定值进行全面复算和校核。

5.3.3.4 每季度分析和评价继电保护的运行及动作情况。对继电保护不正确动作应分析原因，提出改进对策，编写保护动作分析报告。

5.3.3.5 建立微机型保护装置的软件版本档案，记录各装置的软件版本、校验码和程序形成时间。并网电厂的高压母线、线路、断路器等涉网保护装置的软件版本按相应电网调度部门的要求进行管理。

5.3.3.6 储备必要的保护装置备用插件，保证备品备件配备足够及完好。

5.3.3.7 加强故障录波装置运行管理，保证故障录波装置的投入率和录波完好率。每季度对故障录波装置中的故障录波文件进行导出备份。

5.3.3.8 建立继电保护反事故措施管理档案。依据国家能源局、电网公司、集团公司等上级部门颁布的反事故措施，制定具体的实施计划和方案。

5.3.4 检修阶段

5.3.4.1 按照集团公司《电力检修标准化管理实施导则(试行)》做好检修全过程的监督管理。

5.3.4.2 根据一次设备检修安排合理编制年度保护装置的检验计划。装置检验前编制继电保护检修文件包（标准化作业指导书）。检验期间严格执行，不应为赶工期减少检验项目和简化安全措施。继电保护现场工作应严格执行相关现场工作保安规定，规范现场人员作业行为，防止发生人身伤亡、设备损坏和继电保护"三误"（误碰、误接线、误整定）事故。

5.3.4.3 检修结束后，技术资料按照要求归档、设备台账实现动态维护、规程及系统图和定值进行修编，并综合费用以及试运的情况进行综合评价分析。及时编写检修报告，并履行审批手续。

5.3.4.4 更改项目按照集团公司《电力生产资本性支出项目管理办法》做好项目可研、立项、项目实施、后评价全过程监督。

6 监督评价与考核

6.1 评价内容

6.1.1 继电保护技术监督工作评价内容详见附录I；

6.1.2 继电保护监督评价内容分为技术监督管理、技术监督标准执行两部分，总分为1000分，其中监督管理评价部分包括8个大项44小项共400分，监督标准执行部分包括4大项142个小项共600分。

6.2 评价标准

6.2.1 被评价的电厂按得分率高低分为四个级别，即优秀、良好、合格、不符合。

6.2.2 得分率高于或等于90%为"优秀"；80%～90%（不含90%）为"良好"；70%～80%（不含80%）为"合格"；低于70%为"不符合"。

6.3 评价组织与考核

6.3.1 技术监督评价包括集团公司技术监督评价、属地电力技术监督服务单位技术监督评价、电厂技术监督自我评价。

6.3.2 集团公司定期组织西安热工院和公司内部专家，对电厂技术监督工作开展情况、设备状态进行评价，评价工作按照集团公司《电力技术监督管理办法》规定执行，分为现场评价和定期评价。

6.3.2.1 集团公司技术监督现场评价按照集团公司年度技术监督工作计划中所列的电厂名单和时间安排进行。各电厂在现场评价实施前应按附录I进行自查，编写自查报告。西安热工院在现场评价结束后三周内，应按照集团公司《电力技术监督管理办法》附录C的格式要求完成评价报告，并将评价报告电子版报送集团公司安生部，同时发送产业公司、区域公司及电厂。

6.3.2.2 集团公司技术监督定期评价按照集团公司《电力技术监督管理办法》及本标准要求和规定，对电厂生产技术管理情况、机组障碍及非计划停运情况、继电保护监督报告的内容符合性、准确性、及时性等进行评价，通过年度技术监督报告发布评价结果。

6.3.2.3 集团公司对严重违反技术监督制度、由于技术监督不当或监督项目缺失、降低监督标准而造成严重后果、对技术监督发现问题不进行整改的电厂，予以通报并限期整改。

6.3.3 电厂应督促属地技术监督服务单位依据技术监督服务合同的规定，提供技术支持和监督服务，依据相关监督标准定期对电厂技术监督工作开展情况进行检查和评价分析，形成评价报告，并将评价报告电子版和书面版报送产业公司、区域公司及电厂。电厂应将报告归档管理，并落实问题整改。

6.3.4 电厂应按照集团公司《电力技术监督管理办法》及《华能电厂安全生产管理体系要求》建立完善技术监督评价与考核管理标准，明确各项评价内容和考核标准。

6.3.5 电厂应每年按附录I，组织安排继电保护监督工作开展情况的自我评价，根据评价情况对相关部门和责任人开展技术监督考核工作。

附　录　A

（规范性附录）

继电保护及安全自动装置动作信息归档清单及要求

序号	归档清单	格　式　要　求		时间要求
		文档类型	文档要求	
1	保护设备打印的动作（故障）报告	扫描的 pdf 文件或 jpg 文件	扫描颜色宜选用灰度或黑白	跳闸后 3h 内
		数码照片 jpg 文件	数码照片的取景实物范围应不超过 A4 纸大小，画面的故障（动作）报告应平整、清晰	
2	保护及录波器的故障录波文件	录波原始文件		跳闸后 3h 内
3	一、二次设备检查情况	一、二次设备故障现场的数码照片 jpg	照片应能清晰分辨故障位置及设备损坏情况，引起保护不正确动作相关保护装置及二次回路，并附上相应说明	厂内故障查明后 2h 内（继保人员）
4	保护动作分析报告	Word 文档	保护动作后，应编写保护动作分析报告，并提供系统接线方式和相应录波分析图，叙述保护动作的过程	初步分析报告 24h 内，正式报告通常应在事故原因查清后 1 个工作日内

附 录 B

（规范性附录）

技术监督不符合项通知单

编号（No）：××-××-××

发现部门： 专业： 被通知部门、班组： 签发： 日期：20××年××月××日

不符合项描述	1. 不符合项描述： 2. 不符合标准或规程条款说明：
整改措施	3. 整改措施： 制订人/日期： 审核人/日期：
整改验收情况	4. 整改自查验收评价： 整改人/日期： 自查验收人/日期：
复查验收评价	5. 复查验收评价： 复查验收人/日期：
改进建议	6. 对此类不符合项的改进建议： 建议提出人/日期：
不符合项关闭	整改人： 自查验收人： 复查验收人： 签发人：
编号说明	年份＋专业代码＋本专业不符合项顺序号

附 录 C
（规范性附录）
技 术 监 督 信 息 速 报

单位名称			
设备名称		事件发生时间	
事件概况	注：有照片时应附照片说明。		
原因分析			
已采取的措施			
监督专责人签字		联系电话： 传　真：	
生长副厂长或总工程师签字		邮　　箱：	

附 录 D
（规范性附录）
继电保护技术监督季报编写格式

××电厂20××年×季度继电保护技术监督季报
编写人：×××　固定电话/手机：××××××
审核人：×××
批准人：×××
上报时间：20××年××月××日

D.1　上季度集团公司督办事宜的落实或整改情况

D.2　上季度产业（区域）公司督办事宜的落实或整改情况

D.3　继电保护监督年度工作计划完成情况统计报表（见表 D.1）

表 D.1　年度技术监督工作计划和技术监督服务单位合同项目完成情况统计报表

发电厂技术监督计划完成情况			技术监督服务单位合同工作项目完成情况		
年度计划项目数	截至本季度完成项目数	完成率%	合同规定的工作项目数	截至本季度完成项目数	完成率%

D.4　继电保护监督考核指标完成情况统计报表

D.4.1　监督管理考核指标报表（见表 D.2～表 D.4）

监督指标上报说明：每年的 1、2、3 季度所上报的技术监督指标为季度指标；每年的 4 季度所上报的技术监督指标为全年指标。

表 D.2　20××年×季度仪表校验率统计报表

年度计划应校验仪表台数	截至本季度完成校验仪表台数	仪表校验率%	考核或标杆值%
			100

表 D.3　技术监督预警问题至本季度整改完成情况统计报表

一级预警问题			二级预警问题			三级预警问题		
问题项数	完成项数	完成率%	问题项数	完成项数	完成率%	问题项目	完成项数	完成率%

表 D.4 集团公司技术监督动态检查提出问题本季度整改完成情况统计报表

检查年度	检查提出问题项目数（项）			电厂已整改完成项目数统计结果			
	严重问题	一般问题	问题项合计	严重问题	一般问题	完成项目数小计	整改完成率 %

D.4.2 技术监督考核指标报表（见表 D.5 和表 D.6）

表 D.5 20××年×季度检验计划完成情况及缺陷消除情况统计报表

检验计划完成率			危急缺陷消除统计			严重缺陷消除统计		
计划项数	完成项数	完成率 %	缺陷项数	消除项数	消除率 %	缺陷项数	消除项数	消除率 %

注 1：危急缺陷：设备发生了直接威胁安全运行并需立即处理的继电保护设备缺陷，否则，随时可能造成设备损坏、人身伤亡、大面积停电、火灾等事故。

注 2：严重缺陷：对人身或设备有严重威胁的继电保护设备缺陷，暂时尚能坚持运行但需尽快处理的缺陷。

注 3：一般缺陷：上述危急、严重缺陷以外的继电保护设备缺陷。指性质一般，情况较轻，对安全运行影响不大的缺陷

表 D.6 20××年×季度继电保护和安全自动装置正确动作率（录波完好率）统计报表

继电保护装置名称		动作次数	不正确动作次数	正确动作率 %
全部保护装置	220kV 及以上系统继电保护装置			
	110kV 及以下系统继电保护装置（不含厂用电系统）			
	厂用电系统继电保护装置			
	合计			
安全自动装置				
故障录波装置		应启动录波次数	录波完好次数	录波完好率 %

注 1：全部保护装置包括：220kV 及以上系统继电保护装置、110kV 及以下系统继电保护装置（不含厂用电系统）以及厂用电系统继电保护装置。

注 2：220kV 及以上系统继电保护装置指 100MW 及以上发电机、50Mvar 及以上调相机、电压为 220kV 及以上变压器、电抗器、电容器、母线和线路（含电缆）的保护装置、自动重合闸。

注 3：110kV 及以下系统继电保护装置（不含厂用电系统）指 100MW 以下发电机、50Mvar 以下调相机、接入 110kV 及以下电压的变压器、母线、线路（含电缆）、电抗器、电容器、直接接在发电机变压器组的高压厂用变压器的继电保护装置及自动重合闸

20××年×季度继电保护和安全自动装置故障及退出运行情况报表，见表 D.7，20××年×季度继电保护和安全自动装置动作记录报表，见表 D.8。

表 D.7   20××年×季度继电保护和安全自动装置故障及退出运行情况报表

序号	保护型号	保护名称	制造厂家	装置故障退出运行情况		
				故障退出时段	退出运行时间 h	故障退出原因

表 D.8   20××年×季度继电保护和安全自动装置动作记录报表

序号	时间	保护安装地点	电压等级 kV	故障及保护动作情况简述	被保护设备名称	保护生产厂家及型号	保护版本号	装置动作评价			不正确动作责任分析	责任部门	故障录波装置	
								正确次数	误动次数	拒动次数			应启动录波次数	录波完好次数
1														
2														
3														
⋮														

D.4.3   技术监督考核指标简要分析

填报说明：分析指标未达标的原因。

D.5   本季度主要的继电保护监督工作

填报说明：简述继电保护监督管理、运行、检修、更改等工作和设备遗留缺陷的跟踪情况。

D.6   本季度继电保护装置发现的危急缺陷及严重缺陷分析与处理情况

20××年×季度继电保护装置危急缺陷及严重缺陷统计报表，见表 D.9。

表 D.9   20××年×季度继电保护装置危急缺陷及严重缺陷统计报表

序号	机组	检出日期	缺陷简述	原因分析	处理情况	缺陷性质
注1：缺陷性质是指属于严重缺陷还是危急缺陷； 注2：至填报时，尚未消除的缺陷应继续填报最新的缺陷情况，直到消缺为止						

D.7　本季度继电保护监督发现的问题、原因及处理情况

填报说明：包括继电保护监督管理、运行、检修、更改等工作中发现的问题，以及发生的设备一般事故和障碍等。必要时应提供照片、数据和曲线。

D.8　继电保护监督下季度的主要工作

D.9　附表

华能集团公司技术监督动态检查专业提出问题至本季度整改完成情况见表 D.10，《华能集团公司火电技术监督报告》专业提出的存在问题至本季度整改完成情况见表 D.11，技术监督预警问题至本季度整改完成情况见表 D.12。

表 D.10　华能集团公司技术监督动态检查专业提出问题至本季度整改完成情况

序号	问题描述	问题性质	西安热工院提出的整改建议	电厂制定的整改措施和计划完成时间	目前整改状态或情况说明
注 1：填报此表时需要注明集团公司技术监督动态检查的年度； 注 2：如 4 年内开展了 2 次检查，应按此表分别填报。待年度检查问题全部整改完毕后，不再填报					

表 D.11　《华能集团公司火电技术监督报告》
专业提出的存在问题至本季度整改完成情况

序号	问题描述	问题性质	问题分析	解决问题的措施及建议	目前整改状态或情况说明

表 D.12　技术监督预警问题至本季度整改完成情况

预警通知单编号	预警类别	问题描述	西安热工院提出的整改建议	电厂制定的整改措施和计划完成时间	目前整改状态或情况说明

附　录　E

（规范性附录）

继电保护技术监督预警项目

E.1　一级预警

  a)　继电保护问题引起机组停运或严重设备损坏事件谎报或者瞒报；

  b)　由于继电保护不正确动作导致严重设备事故；

  c)　二级预警后未按期完成整改任务。

E.2　二级预警

  a)　对继电保护问题引起机组停运或严重设备损坏事件迟报或者漏报；

  b)　对继电保护不正确动作造成机组停运事件未认真查明原因，造成同类事件重复发生；

  c)　三级预警后未按期完成整改任务。

E.3　三级预警

  a)　未全面开展发变组及厂用系统继电保护整定计算，无正式的继电保护整定计算报告；

  b)　新机组投运后未全面开展竣工图纸与现场实际核对工作，无图实核对情况记录；

  c)　现场检查发现继电保护装置实际整定值与正式下发的定值通知单不相一致；

  d)　继电保护及安全自动装置运行中频繁发生异常告警、故障退出现象；

  e)　未结合本单位实际情况制定具体的继电保护反事故措施执行计划并逐步落实；

  f)　继电保护及安全自动装置的定期检验超周期 2 年或 1/2 周期（取大值）；

  g)　继电保护超期服役，未制定更新改造计划；

  h)　蓄电池组容量达不到额定容量的 80% 以上仍长期使用，未制定更换计划。

附　录　F
（规范性附录）
技术监督预警通知单

通知单编号：T-　　　　　　　　预警类别编号：　　　　　日期：　　年　　月　　日

发电企业名称	
设备（系统）名称及编号	
异常情况	
可能造成或已造成的后果	
整改建议	
整改时间要求	

提出单位		签发人	

注：通知单编号：T—预警类别编号—顺序号—年度。预警类别编号：一级预警为1，二级预警为2，三级预警为3。

附 录 G
（规范性附录）
技术监督预警验收单

验收单编号：Y-　　　　　　　预警类别编号：　　　　　日期：　　年　　月　　日

发电企业名称	
设备（系统）名称及编号	

异常情况	
技术监督服务单位整改建议	
整改计划	
整改结果	

验收单位		验收人	

注：验收单编号：Y—预警类别编号—顺序号—年度。预警类别编号：一级预警为1，二级预警为2，三级预警为3。

附　录　H

（规范性附录）

技术监督动态检查问题整改计划书

H.1　概述

H.1.1　叙述计划的制定过程（包括西安热工研究院、技术监督服务单位及电厂参加人等）。

H.1.2　需要说明的问题，如：问题的整改需要较大资金投入或需要较长时间才能完成整改的问题说明。

H.2　重要问题整改计划表

重要问题整改计划表，见表 H.1。

表 H.1　重要问题整改计划表

序号	问题描述	专业	监督单位提出的整改建议	电厂制定的整改措施和计划完成时间	电厂责任人	监督单位责任人	备注

H.3　一般问题整改计划表

一般问题整改计划表，见表 H.2。

表 H.2　一般问题整改计划表

序号	问题描述	专业	监督单位提出的整改建议	电厂制定的整改措施和计划完成时间	电厂责任人	监督单位责任人	备注

附 录 I
（规范性附录）
继电保护技术监督工作评价表

序号	评价项目	标准分	评价内容与要求	评分标准
1	监督管理	400		
1.1	组织与职责	50		
1.1.1	监督组织机构	10	应建立健全由生产副厂长(副总经理)或总工程师领导下的继电保护技术监督三级管理网,在归口职能管理部门设置继电保护技术监督专责人;应根据人员变动情况及时调整技术监督网络成员	检查电厂正式下发的技术监督网络文件。 (1) 无正式下发文件扣10分; (2) 有正式下发文件但网络设置不完善扣5分; (3) 人员变动后技术监督网络未及时调整扣5分;扣完为止
1.1.2	职责分工与落实	10	继电保护技术监督网络各级成员岗位职责明确、落实到人,技术监督工作开展顺畅、有效	检查《继电保护及安全自动装置监督管理标准》规定的各级监督人员职责,结合具体工作验证各级成员职责落实情况。 (1)《管理标准》中职责规定不明确扣10分; (2) 由于网络成员实际职责未有效落实,影响技术监督工作顺畅、有效开展的,酌情扣分;扣完为止
1.1.3	监督专责人持证上岗	30	继电保护技术监督专责人应持有集团公司颁发的《电力技术监督资格证书》	检查《电力技术监督资格证书》。未取得《电力技术监督资格证书》或超过有效期扣30分
1.2	标准符合性	80		
1.2.1	监督管理标准	30		
1.2.1.1	集团公司《电力技术监督管理办法》	5	应持有正式下发的集团公司《电力技术监督管理办法》	无正式下发的《电力技术监督管理办法》文件扣5分
1.2.1.2	本单位《继电保护及安全自动装置监督管理标准》	15	应编制本单位《继电保护及安全自动装置监督管理标准》,编写的内容、格式应符合《华能电厂安全生产管理体系要求》和《华能电厂安全生产管理体系管理标准编制导则》以及国家、行业法律、法规、标准和集团公司《电力技术监督管理办法》相关的要求,并符合电厂实际情况	(1)无正式颁发的《继电保护及安全自动装置监督管理标准》(以下简称《管理标准》)扣15分; (2)《管理标准》编写格式不符合要求酌情扣分,不超过5分; (3)《管理标准》控制点及其内容不满足要求酌情扣分,不超过10分;扣完为止

表（续）

序号	评价项目	标准分	评价内容与要求	评分标准
1.2.1.3	继电保护监督应建立的支持性管理文件 （1）《继电保护及安全自动装置检验管理规定》； （2）《继电保护及安全自动装置定值管理规定》； （3）《微机保护软件管理规定》； （4）《继电保护装置投退管理规定》； （5）《继电保护反事故措施管理规定》； （6）《继电保护图纸管理规定》； （7）《故障录波装置管理规定》； （8）《继电保护及安全自动装置巡回检查管理规定》； （9）《继电保护及安全自动装置现场保安工作管理规定》； （10）《继电保护试验仪器、仪表管理规定》	10	继电保护监督相关管理文件应建立齐全，内容应完善	（1）未编制相关管理文件扣10分； （2）管理文件不齐全扣5分； （3）管理文件内容不完善酌情扣分，不超过5分
1.2.2	监督技术标准	50		
1.2.2.1	继电保护监督相关国家、行业标准以及华能集团公司企业标准、国家电网公司或南方电网公司企业标准	10	应按照集团公司每年下发的《火力发电厂技术监督用标准规范目录》收集齐全，正式印刷版或电子扫描版均可	标准收集不齐全扣10分（部分标准尚未出版的除外）
1.2.2.2	本单位《继电保护及安全自动装置检验规程》	20	检验规程应编制齐全；检验规程内容应按照 DL/T 995 要求进行编写，检验规程中应有新安装检验、全部检验和部分检验的检验项目表，明确不同检验种类的具体检验项目，检验项目和方法应参考 DL/T 995 附录 B 表 B.1 进行编写	（1）检验规程不齐全酌情扣分，不超过10分； （2）检验规程内容编写不符合 DL/T 995 要求，酌情扣分，不超过10分

表（续）

序号	评价项目	标准分	评价内容与要求	评分标准
1.2.2.3	本单位《继电保护及安全自动装置运行规程》	20	运行规程应编制齐全,内容应规范	(1) 运行规程不齐全酌情扣分,不超过 10 分; (2) 运行规程内容不规范酌情扣分, 不超过10分
1.3	继电保护试验仪器、仪表	20		
1.3.1	继电保护试验仪器、仪表台账	5	(1) 试验仪器、仪表台账内容应齐全、准确,与实际设备相符; (2) 台账内容应及时更新(设备台账推荐采用微机管理)	(1) 台账不齐全或与实际不相符扣2分; (2) 台账内容未及时更新扣3分
1.3.2	继电保护试验仪器、仪表厂家产品说明书及出厂检验报告等	5	试验仪器、仪表技术资料应齐全	技术资料不齐全酌情扣分
1.3.3	继电保护试验仪器、仪表定期检验计划及执行情况	5	试验仪器、仪表应制订定期检验计划并定期检验	(1) 未制订定期检验计划扣2分; (2) 试验仪器、仪表未定期检验扣3分
1.3.4	继电保护试验仪器、仪表定期检测/校准报告	5	(1) 试验仪器、仪表的检测报告应妥善保存; (2) 检测报告的检测项目应规范	(1) 定期检测报告不齐全扣3分; (2) 检测项目不规范扣 2分
1.4	监督计划	20		
1.4.1	继电保护技术监督工作计划制订	10	计划制定时间、依据符合要求。计划内容应包括:健全继电保护技术监督组织机构;监督标准、相关技术文件制订或修订;定期工作计划;机组检修期间应开展的技术监督项目计划;试验仪器仪表检验计划;技术监督工作自我评价与外部检查迎检计划;技术监督发现问题的整改计划;人员培训计划(主要包括内部培训、外部培训取证、规程宣贯);技术监督季报、总结编制、报送计划;网络活动计划	(1) 未制订计划扣10分; (2) 计划内容不完善酌情扣分,扣完为止
1.4.2	继电保护技术监督工作计划审批	5	计划应按规定的审批工作流程进行审批	未审批扣5分
1.4.3	继电保护技术监督工作计划上报	5	每年11月30日前上报产业公司、区域公司,同时抄送西安热工院	未上报扣5分
1.5	监督档案	90		

表（续）

序号	评价项目	标准分	评价内容与要求	评分标准
1.5.1	继电保护及安全自动装置设备台账	10	（1）设备台账管理应符合《设备技术台账管理标准》要求； （2）设备台账内容应齐全、准确，与现场实际设备相符； （3）设备台账内容应及时更新或修订； （4）设备台账推荐采用微机管理	（1）设备台账内容不完善或与现场实际设备不相符扣5分； （2）检查设备台账内容未及时更新或修订扣5分
1.5.2	继电保护及安全自动装置技术图纸资料	25		
1.5.2.1	设计单位移交的电气二次相关竣工图纸（包括竣工原理图、安装图、设计说明、电缆清册等）	10	班组应妥善保存有电气专业设计竣工图纸，并编制详细的竣工图纸资料目录清单	（1）无设计单位竣工图纸扣10分； （2）竣工图纸不齐全扣5分； （3）无图纸目录清单扣3分
1.5.2.2	设备异动、更新改造后的相关技术图纸资料	5	设备异动、更新改造后相关技术图纸资料应妥善保存	无资料扣5分，不齐全扣3分
1.5.2.3	本厂编制的电气二次图册	5	应编制本厂的电气二次图册并妥善保存	未编制扣5分，不齐全扣3分
1.5.2.4	制造厂商提供的装置说明书、保护柜（屏）原理图、合格证明和出厂试验报告、保护装置调试大纲等技术资料	5	相关设备出厂技术资料应妥善保存	无资料扣5分，不齐全扣3分
1.5.3	继电保护及安全自动装置检验报告	10		
1.5.3.1	新安装检验报告（调试报告）	5	报告应保存齐全	无报告扣5分，不齐全扣3分
1.5.3.2	定期检验报告（包括全部检验和部分检验报告）	5	报告应保存齐全	无报告扣5分，不齐全扣3分
1.5.4	继电保护及安全自动装置定值资料	20		
1.5.4.1	调度部门每年下发的系统阻抗	5	每年下发的系统阻抗应妥善保管	无资料扣5分，不齐全扣3分
1.5.4.2	继电保护整定计算报告	5	继电保护整定计算报告应设置专门文件夹妥善保管	无资料扣5分，不齐全扣3分
1.5.4.3	继电保护定值通知单	5	全厂最新继电保护定值通知单应设置专门文件夹妥善保管	无资料扣5分，不齐全扣3分
1.5.4.4	装置打印的定值清单	5	最新从装置打印的定值清单应设置专门文件夹妥善保管	无资料扣5分，不齐全扣3分

表（续）

序号	评价项目	标准分	评价内容与要求	评分标准
1.5.5	直流系统相关技术资料	15		
1.5.5.1	蓄电池厂家产品使用说明书、产品合格证明书以及充、放电试验报告；充电装置、绝缘监察装置、微机监控装置的厂家产品使用说明书、电气原理图和接线图、产品合格证明书以及出厂检验报告等	5	相关设备出厂技术资料应妥善保存	无资料扣5分，不齐全扣3分
1.5.5.2	蓄电池组、充电装置绝缘监察装置、微机监控装置等的新安装及定期试验报告	5	相关试验报告应妥善保存	无资料扣5分，不齐全扣3分
1.5.5.3	直流系统熔断器、断路器上下级配置统计表	5	应编制直流系统熔断器、断路器上下级配置统计表并妥善保存	无资料扣5分，不齐全扣3分
1.5.6	其他技术资料： 1）继电保护、安全自动装置的定期检验计划及执行情况； 2）继电保护及安全自动装置动作信号的含义说明； 3）继电保护及安全自动装置及二次回路改进说明，包括改进原因，批准人，执行人和改进日期； 4）经安监部门备案的继电保护和安全自动装置安全措施票； 5）上级单位及电网公司颁发的继电保护相关通知文件、反事故措施等技术资料及其执行情况	10	相关资料应妥善保存	（1）缺一项扣3分； （2）一项内容不齐全扣2分，扣完为止
1.6	评价与考核	30		
1.6.1	技术监督动态检查前自我检查	10	电厂应在集团公司技术监督现场评价实施前按《火力发电厂继电保护监督工作评价表》进行自查，编写自查报告	（1）无自查报告扣10分； （2）自查报告编写不认真酌情扣分

表（续）

序号	评价项目	标准分	评价内容与要求	评分标准
1.6.2	技术监督定期自我评价	10	电厂应每年按《火力发电厂继电保护监督工作评价表》，组织安排继电保护监督工作开展情况的自我评价，并按集团公司《电力技术监督管理办法》要求编写自查报告	（1）未定期对技术监督工作进行自我评价扣10分； （2）自查报告编写不认真酌情扣分
1.6.3	技术监督定期工作会议	5	电厂应每年召开两次技术监督工作会议，检查、布置、总结技术监督工作	（1）未组织召开技术监督工作会议扣5分； （2）无会议纪要扣2分
1.6.4	技术监督工作考核	5	对严重违反技术监督管理标准、由于技术监督不当或监督项目缺失、降低监督标准而造成严重后果的，应按照《管理标准》的"考核标准"给予考核	未按照"考核标准"给予考核扣5分
1.7	工作报告制度	50		
1.7.1	技术监督季报、年报	20	每季度首月5日前，应将技术监督季报报送产业公司、区域公司和西安热工院；格式和内容符合要求	查阅检查之日前两个季度季报： （1）技术监督季报未按时上报扣10分； （2）季报格式、内容不正确扣10分
1.7.2	技术监督速报	20	应按规定格式和内容编写技术监督速报并及时上报	查阅检查之日前两个季度速报事件及上报时间： （1）发生继电保护误动、拒动事件未上报扣20分； （2）技术监督速报未按时上报扣10分； （3）格式不正确扣10分
1.7.3	年度技术监督工作总结	10	每年元月5日前组织完成上年度技术监督工作总结报告的编写工作，并将总结报告报送产业公司、区域公司和西安热工研究院；格式和内容符合要求	（1）技术监督工作总结未按时上报扣5分； （2）格式、内容不符合要求扣5分
1.8	监督考核指标	60		
1.8.1	监督管理考核指标	30		
1.8.1.1	监督预警问题、季度问题整改完成率	15	整改完成率达到100%	指标未达标不得分
1.8.1.2	动态检查存在问题整改完成率	15	从发电企业收到动态检查报告之日起： （1）第1年整改完成率不低于85%； （2）第2年整改完成率不低于95%	指标未达标不得分
1.8.2	继电保护监督考核指标	30		

表（续）

序号	评价项目	标准分	评价内容与要求	评分标准
1.8.2.1	继电保护不正确动作造成设备事故和一类障碍	10	上年度及本年度至今不发生因继电保护不正确动作造成的设备事故和一类障碍	发生因继电保护不正确动作造成的设备事故和一类障碍不得分
1.8.2.2	全部保护装置正确动作率	10	上年度全部保护装置正确动作率应达到100%	正确动作率低于100%扣10分
1.8.2.3	安自装置正确动作率	5	上年度安自装置正确动作率应达到100%	正确动作率低于100%扣5分
1.8.2.4	录波完好率	5	上年度录波完好率应达到100%	录波完好率低于100%扣5分
2	技术监督实施过程	600		
2.1	工程设计、选型阶段	165		
2.1.1	继电保护双重化配置	25		
2.1.1.1	重要电气设备的继电保护双重化配置	15	100MW及以上容量发电机变压器组、220kV及以上电压等级母线保护、线路保护、变压器保护、高压电抗器保护等应按双重化配置	查阅设计图纸并询问实际情况,有一套保护装置不符合要求扣5分,扣完为止
2.1.1.2	继电保护双重化配置的基本要求	10	双重化配置的继电保护应满足以下基本要求: （1）两套保护装置的交流电流应分别取自电流互感器互相独立的绕组;交流电压宜分别取自电压互感器互相独立的绕组。其保护范围应交叉重叠,避免死区。 （2）两套保护装置的直流电源应取自不同蓄电池组供电的直流母线段。 （3）两套保护装置的跳闸回路应与断路器的两个跳闸线圈分别一一对应。 （4）两套保护装置与其他保护、设备配合的回路应遵循相互独立的原则。 （5）每套完整、独立的保护装置应能处理可能发生的所有类型的故障。两套保护之间不应有任何电气联系,当一套保护退出时,不应影响另一套保护的运行。 （6）线路纵联保护的通道（含光纤、微波、载波等通道及加工设备和供电电源等）、远方跳闸及就地判别装置应遵循相互独立的原则按双重化配置。 （7）有关断路器的选型应与保护双重化配置相适应,应具备双跳闸线圈机构。 （8）采用双重化配置的两套保护装置宜安装在各自保护柜内,并应充分考虑运行和检修时的安全性	查阅设计图纸并询问实际情况,有一项不符合要求扣2分,扣完为止

表（续）

序号	评价项目	标准分	评价内容与要求	评分标准
2.1.2	发电机变压器组保护、变压器保护	25		
2.1.2.1	发电机变压器组保护、变压器保护设计与选型	3	发电机保护、主变压器保护、高压厂用变压器保护、励磁变压器/励磁机保护、启动/备用变压器保护的设计应符合 GB/T 14285、DL/T 671、DL/T 1309 以及本标准要求	查阅设计图纸并询问实际情况，不符合要求扣3分
2.1.2.2	200MW 及以上容量发电机定子接地保护	2	宜将基波零序保护与三次谐波电压保护的出口分开，基波零序保护投跳闸	查阅设计图纸并询问实际情况，不符合要求扣2分
2.1.2.3	发电机变压器组相间故障后备保护	2	设置发电机变压器组相间故障后备保护时，应将发电机和主变压器反映相间故障的后备保护合并为一套，取发电机的反映相间短路故障的后备保护作为发电机变压器组的后备保护	查阅设计图纸并询问实际情况，不符合要求扣2分
2.1.2.4	发电机启、停机保护及断路器断口闪络保护	2	查阅设计图纸并询问实际情况，200MW 及以上容量发电机应装设启、停机保护及断路器断口闪络保护	不符合要求扣2分
2.1.2.5	发电机失磁保护	2	查阅设计图纸及保护装置厂家技术说明书，发电机的失磁保护应使用能正确区分短路故障和失磁故障的、具有复合判据的二段式方案；优先采用定子阻抗判据与机端低电压的复合判据，与系统联系较紧密的机组宜将定子阻抗判据整定为异步阻抗圆，经第一时限动作出口；为确保各种失磁故障均能够切除，宜使用不经低电压闭锁的、稍长延时的定子阻抗判据经第二时限出口	不符合要求扣2分
2.1.2.6	发电机失步保护	2	200MW 及以上容量发电机应配置失步保护；失步保护应能区分振荡中心在发电机变压器组内部或外部；当发电机振荡电流超过允许的耐受能力时，应解列发电机，并保证断路器断开时的电流不超过断路器允许开断电流	查阅设计图纸及保护装置厂家技术说明书，不符合要求扣2分
2.1.2.7	变压器高压侧零序电流保护	2	330kV 及以上电压等级变压器高压侧零序电流保护为两段式，一段带方向，方向指向母线，延时跳开本侧断路器；二段不带方向，延时跳开变压器各侧断路器。220kV 电压等级变压器高压侧零序过流保护为两段式，第一段带方向，方向可整定，设两个时限；第二段不带方向，延时跳开变压器各侧断路器	查阅设计图纸并询问实际情况，不符合要求扣2分

表（续）

序号	评价项目	标准分	评价内容与要求	评分标准
2.1.2.8	发电机变压器组断路器三相不一致保护	2	发电机变压器组断路器三相不一致保护功能应由断路器本体机构实现，发电机变压器组断路器三相不一致时应启动断路器失灵保护。为安全可靠起见，只能采用具有电气量判据的断路器三相不一致保护去启动断路器失灵保护，不能采用断路器本体的三相不一致保护	查阅设计图纸并询问实际情况，不符合要求扣2分
2.1.2.9	发电机变压器组非电量保护	2	发电机变压器组非电量保护应同时作用于断路器的两个跳闸线圈	查阅设计图纸并询问实际情况，不符合要求扣2分
2.1.2.10	发电机变压器组、变压器非电量保护直跳回路中间继电器	2	作用于跳闸的非电量保护，启动功率应大于5W，动作电压在额定直流电源电压的55%～70%范围内，额定直流电源电压下动作时间为10ms～35ms，加入220V工频交流电压不动作	查阅检验报告，不符合要求扣2分；未检验扣2分
2.1.2.11	保护装置对时接口	2	保护装置应具备使用RS-485串行数据通信接口接收GPS发出的IRIG-B（DC）时码的对时接口	查阅设计图纸并询问实际情况，不符合要求扣2分
2.1.2.12	保护装置连接片标色	2	保护跳闸出口连接片及与失灵回路相关连接片采用红色，功能连接片采用黄色，连接片底座及其他连接片采用浅驼色；标签应设置在连接片下方	现场实际查看，不符合要求扣2分
2.1.3	线路保护、过电压及远方跳闸保护、断路器保护、短引线保护	20		
2.1.3.1	线路保护及辅助装置设计与选型	4	线路保护及辅助装置设计应符合GB/T 14285、GB/T 15145以及本标准要求	查阅设计图纸并询问实际情况，不符合要求扣4分
2.1.3.2	3/2断路器接线的线路、过电压及远方跳闸保护、断路器保护、短引线保护配置	3	应符合DL/T 317的配置原则和技术原则	查阅设计图纸并询问实际情况，不符合要求扣3分
2.1.3.3	3/2断路器接线"沟通三跳"和重合闸要求	3	3/2断路器接线的远方跳闸保护、短引线保护应按双重化配置，当需要配置过电压保护时，过电压保护应集成在远方跳闸保护装置中；断路器保护按断路器配置，失灵保护、重合闸、充电过流、三相不一致和死区保护等功能应集成在断路器保护装置中；3/2断路器接线"沟通三跳"功能由断路器保护实现；3/2断路器接线的断路器重合闸，先合断路器重合于永久性故障，两套线路保护均加速动作，发三相跳闸（永久跳闸）命令	查阅设计图纸并询问实际情况，不符合要求扣3分

表（续）

序号	评价项目	标准分	评价内容与要求	评分标准
2.1.3.4	双母线接线线路保护、重合闸功能配置	3	应符合 DL/T 317 的配置原则和技术原则	查阅设计图纸并询问实际情况，不符合要求扣3分
2.1.3.5	双母线接线重合闸、失灵启动的要求	3	双母线接线每一套线路保护均应含重合闸功能,不采用两套重合闸相互启动和相互闭锁方式;对于含有重合闸功能的线路保护装置,设置"停用重合闸"连接片;线路保护应提供直接启动失灵保护的分相跳闸触点,启动微机型母线保护装置中的断路器失灵保护;双母线接线的断路器失灵保护应采用母线保护中的失灵电流判别功能	查阅设计图纸并询问实际情况，不符合要求扣3分
2.1.3.6	保护装置对时接口	2	保护装置应具备使用 RS-485 串行数据通信接口接收 GPS 发出的 IRIG-B（DC）时码的对时接口	查阅设计图纸并询问实际情况，不符合要求扣2分
2.1.3.7	保护装置连接片标色	2	保护跳闸出口连接片及与失灵回路相关连接片采用红色,功能连接片采用黄色,连接片底座及其他连接片采用浅驼色;标签应设置在连接片下方	现场实际查看，不符合要求扣2分
2.1.4	母线和母联（分段）保护及辅助装置、高压并联电抗器保护	15		
2.1.4.1	母线和母联（分段）保护及辅助装置、高压并联电抗器保护设计与选型	3	母线和母联（分段）保护及辅助装置、高压并联电抗器保护设计应符合 GB/T 14285、DL/T 670、DL/T 242 以及本标准要求	查阅设计图纸并询问实际情况，不符合要求扣3分
2.1.4.2	3/2 断路器接线、双母线接线母线保护配置	3	应符合 DL/T 317 的配置原则和技术原则	查阅设计图纸并询问实际情况，不符合要求扣3分
2.1.4.3	母联（分段）保护及辅助装置配置	3	应符合 DL/T 317 的配置原则和技术原则	查阅设计图纸并询问实际情况，不符合要求扣3分
2.1.4.4	高压并联电抗器保护配置	2	应符合 DL/T 317 的配置原则和技术原则	查阅设计图纸并询问实际情况，不符合要求扣2分
2.1.4.5	保护装置对时接口	2	保护装置应具备使用 RS-485 串行数据通信接口接收 GPS 发出的 IRIG-B（DC）时码的对时接口	查阅设计图纸并询问实际情况，不符合要求扣2分
2.1.4.6	保护装置连接片标色	2	保护跳闸出口连接片及与失灵回路相关连接片采用红色,功能连接片采用黄色,连接片底座及其他连接片采用浅驼色;标签应设置在连接片下方	现场实际查看，不符合要求扣2分

表（续）

序号	评价项目	标准分	评价内容与要求	评分标准
2.1.5	厂用电系统保护 厂用电系统保护设计与选型	10	厂用系统保护设计与选型应符合 GB/T 50062、GB/T 14285、DL/T 5153、DL/T 1075、GB/T 14598.303、DL/T 744 以及本标准的要求	查阅设计图纸并询问实际情况，有一项不符合要求扣2分，扣完为止
2.1.6	故障录波装置	10		
2.1.6.1	故障录波装置的配置	3	100MW 及以上容量发电机变压器组应配置专用故障录波器；110kV 及以上升压站、启备用电源变压器应装设专用故障录波器；110kV 及以上配电装置按电压等级配置故障录波器	查阅设计图纸并询问实际情况，不符合要求扣3分
2.1.6.2	故障录波装置的功能和技术性能	3	故障录波装置的功能和技术性能应符合 GB/T 14598.301、DL/T 553 的要求	查阅厂家技术说明书，不符合要求扣3分
2.1.6.3	故障录波装置离线分析软件	2	故障录波装置应配置能运行于常用操作系统下的离线分析软件，可对装置记录的连续录波数据进行离线的综合分析	了解实际情况，不符合要求扣2分
2.1.6.4	故障录波装置对时接口	2	故障录波器应具有接受外部时钟同步对时信号的接口，与外部标准时钟同步后，装置的时间同步准确度要求优于 1ms，可使用的时间同步信号为 IRIG-B（DC）或 1PPS/1PPM＋串口对时报文，推荐使用 RS-485 串行数据通信接口接受 GPS 发出的 IRIG-B（DC）时码	查阅设计图纸并了解实际情况，不符合要求扣2分
2.1.7	安全自动装置 厂站安全稳定控制装置、同步相量测量装置、厂用电源快速切换装置、同期装置、备用电源自动投入装置等	10	厂站安全稳定控制装置、同步相量测量装置、厂用电源快速切换装置、同期装置、备用电源自动投入装置等的设计与配置应满足相关标准的要求	查阅设计图纸并了解实际情况，有一项不符合要求扣2分，扣完为止
2.1.8	时间同步系统	10		
2.1.8.1	发电厂时间同步系统设计	5	发电厂应统一配置一套时间同步系统；发电厂时间同步系统主时钟可设在网络继电器室，也可设在单元机组电子设备间内	查阅设计图纸并了解实际情况，不符合要求扣5分
2.1.8.2	时间同步系统配置及功能要求	5	单机容量 300MW 及以上的发电厂及有条件的场合宜采用主备式时间同步系统，以提高时间同步系统的可靠性；主备式时间同步系统如采用两路无线授时基准信号，宜选用不同的授时源，例如，同时采用北斗卫星导航系统和全球定值系统；时间同步系统应符合 DL/T 5136、DL/T 1100.1 的要求	查阅设计图纸并了解实际情况，不符合要求扣5分

表（续）

序号	评价项目	标准分	评价内容与要求	评分标准
2.1.9	继电保护及故障信息管理系统子站	10		
2.1.9.1	继电保护及故障信息管理系统子站设计	5	新建电厂及扩建工程新建部分宜配置继电保护及故障信息管理系统子站	查阅设计图纸并了解实际情况，未设计扣5分
2.1.9.2	继电保护及故障信息管理子站配置要求	5	继电保护及故障信息管理子站应配置足够的接口，并能适应各种类型的微机装置接口，适应不同保护及录波器厂家的各个版本的通信规约，用于采集系统保护、元件保护、故障录波器信息；子站系统宜配置子站工作站，子站工作站的运行应独立于子站主机	查阅设计图纸并了解实际情况，不符合要求扣5分
2.1.10	直流电源系统	20		
2.1.10.1	主厂房蓄电池组配置	3	容量为100MW及以上的发电机组应装设2组蓄电池组；容量为300MW级机组的发电厂，每台机组宜装设3组蓄电池，其中2组对控制负荷供电，另一组对动力负荷供电，或装设2组蓄电池（控制负荷和动力负荷合并供电）；容量为600MW及以上机组的发电厂，每台机组应装设3组蓄电池，其中2组对控制负荷供电，另一组对动力负荷供电	查阅设计图纸并了解实际情况，不符合要求扣3分
2.1.10.2	升压站网控系统蓄电池组配置	3	330kV及以上电压等级升压站及重要的220kV升压站，应设置2组蓄电池组对控制负荷和动力负荷供电，其他情况的升压站可装设1组蓄电池	查阅电缆清册并了解实际情况，不符合要求扣3分
2.1.10.3	直流系统充电装置配置	3	1组蓄电池采用高频开关充电装置时，宜配置1套充电装置，也可配置2套充电装置；2组蓄电池采用高频开关充电装置时，应配置2套充电装置，也可配置3套充电装置；330kV及以上电压等级升压站及重要的220kV升压站2组蓄电池应配置3套高频开关充电装置	查阅设计图纸并了解实际情况，不符合要求扣3分
2.1.10.4	直流系统供电网络	3	发电厂直流系统的馈出网络应采用辐射状供电方式，严禁采用环状供电方式；直流系统对负载供电，应按电压等级设置分电屏供电方式，不应采用直流小母线供电方式	查阅设计图纸并了解实际情况，不符合要求扣3分

表（续）

序号	评价项目	标准分	评价内容与要求	评分标准
2.1.10.5	直流系统断路器配置	2	新建、扩建或改造的电厂直流系统用断路器应采用具有自动脱扣功能的直流断路器，严禁使用普通交流断路器；除蓄电池组出口总熔断器以外，应逐步将现有运行的熔断器更换为直流专用断路器	查阅设计图纸并了解实际情况，不符合要求扣2分
2.1.10.6	直流系统熔断器、断路器级差配合	2	蓄电池组出口总熔断器与直流断路器以及直流断路器上、下级的级差配合应合理，满足选择性要求	查阅直流系统熔断器、断路器上下级配置统计表，不符合要求扣2分
2.1.10.7	直流系统电缆	2	直流系统的电缆应采用阻燃电缆	查阅电缆清册并了解实际情况，不符合要求扣2分
2.1.10.8	直流系统绝缘监测装置	2	新建或改造的电厂直流系统绝缘监测装置应具备交流窜直流故障的测记和报警功能。原有的直流系统绝缘监测装置，应逐步进行改造，使其具备交流窜直流故障的测记和报警功能	查阅绝缘监测装置检测报告，不符合要求扣2分
2.1.11	相关回路及设备	10		
2.1.11.1	保护用电流互感器、电压互感器的配置、选择	5	保护用电流互感器、电压互感器的配置、选择应符合DL/T 866的要求	查阅设计图纸及资料并了解实际情况，不符合要求扣5分
2.1.11.2	电流互感器、电压互感器的安全接地设计	3	电流互感器、电压互感器的安全接地设计应符合GB/T 14285及相关继电保护反事故措施要求	查阅设计图纸及资料并了解实际情况，不符合要求扣3分
2.1.11.3	继电保护等电位接地网设计	2	应有继电保护等电位接地网的设计图纸，等电位接地网设计应符合GB/T 14285及相关继电保护反事故措施要求	查阅设计图纸，无设计图纸扣2分
2.2	安装、调试、验收阶段	100		
2.2.1	继电保护及安全自动装置	40		
2.2.1.1	纵联距离（方向）保护、纵联电流差动保护新安装检验	5	新安装检验项目应符合DL/T 995的要求	查阅电气专业调试报告：（1）无报告扣5分，报告不全酌情扣；（2）发现检验项目一处不规范扣2分，扣完为止
2.2.1.2	断路器保护新安装检验	3	新安装检验项目应符合DL/T 995的要求	查阅电气专业调试报告：（1）无报告扣3分，报告不全酌情扣；（2）发现检验项目一处不规范扣1分，扣完为止

表（续）

序号	评价项目	标准分	评价内容与要求	评分标准
2.2.1.3	过电压及远方跳闸保护新安装检验	3	新安装检验项目应符合 DL/T 995 的要求	查阅电气专业调试报告： （1）无报告扣 3 分，报告不全酌情扣； （2）发现检验项目一处不规范扣 1 分，扣完为止
2.2.1.4	短引线保护新安装检验	3	新安装检验项目应符合 DL/T 995 的要求	查阅电气专业调试报告： （1）无报告扣 3 分，报告不全酌情扣； （2）发现检验项目一处不规范扣 1 分，扣完为止
2.2.1.5	母线保护新安装检验	5	新安装检验项目应符合 DL/T 995 的要求	查阅电气专业调试报告： （1）无报告扣 5 分，报告不全酌情扣； （2）发现检验项目一处不规范扣 2 分，扣完为止
2.2.1.6	母联（分段）保护新安装检验	3	新安装检验项目应符合 DL/T 995 的要求	查阅电气专业调试报告： （1）无报告扣 3 分，报告不全酌情扣； （2）发现检验项目一处不规范扣 1 分，扣完为止
2.2.1.7	变压器保护新安装检验	5	新安装检验项目应符合 DL/T 995 的要求	查阅电气专业调试报告： （1）无报告扣 5 分，报告不全酌情扣； （2）发现检验项目一处不规范扣 2 分，扣完为止
2.2.1.8	发电机变压器组保护新安装检验	5	新安装检验项目应符合 DL/T 995 的要求	查阅电气专业调试报告： （1）无报告扣 5 分，报告不全酌情扣； （2）发现检验项目一处不规范扣 2 分，扣完为止
2.2.1.9	高压电动机保护、低压厂用变压器保护、高压厂用馈线保护等新安装检验	3	新安装检验项目应符合 DL/T 995 的要求	查阅电气专业调试报告： （1）无报告扣 3 分，报告不全酌情扣； （2）发现检验项目一处不规范扣 1 分，扣完为止
2.2.1.10	故障录波器以及同期装置、厂用电源快速切换装置、同步相量测量装置、安全稳定控制装置等自动装置新安装检验	5	新安装检验项目应符合 DL/T 995 的要求	查阅电气专业调试报告： （1）无报告扣 5 分，报告不全酌情扣； （2）发现检验项目一处不规范扣 1 分，扣完为止
2.2.2	直流电源系统	20		

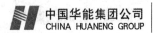

表（续）

序号	评价项目	标准分	评价内容与要求	评分标准
2.2.2.1	蓄电池电缆铺设要求	2	直流系统两组蓄电池的电缆应分别铺设在各自独立的通道内，尽量避免与交流电缆并排铺设，在穿越电缆竖井时，两组蓄电池电缆应加穿金属套管	现场实际查看（抽查），发现不符合要求扣2分
2.2.2.2	蓄电池室要求	3	（1）蓄电池室应采用防爆型灯具、通风电动机，室内照明线应采用穿管暗敷，室内不得装设开关和插座；（2）蓄电池组的每个蓄电池应在外表面用耐酸材料标明编号；（3）蓄电池室内的窗玻璃应采用毛玻璃或涂以半透明油漆的玻璃，阳光不应直射室内；（4）蓄电池室的门应向外开启	现场实际查看（抽查），发现一处不符合要求扣1分，扣完为止
2.2.2.3	新安装蓄电池组容量测试	5	（1）新安装的阀控蓄电池完全充电后开路静置24h，分别测量和记录每只蓄电池的开路电压，开路电压最高值和最低值的差值不得超过20mV（标称电压2V）、50mV（标称电压6V）、100mV（标称电压12V）；（2）蓄电池10h率容量测试第一次循环不应低于$0.95C_{10}$，在第三次循环内应达到$1.0C_{10}$	查阅新安装蓄电池的开路电压测试和容量测试报告：（1）无报告扣5分，报告不全酌情扣；（2）测试结果不符合要求扣5分，扣完为止
2.2.2.4	高频开关电源充电装置稳压精度、稳流精度及纹波系数测试	5	高频开关电源模块型充电装置在验收时当交流输入电压为（85%～115%）额定值及规定的范围内，稳压精度、稳流精度及纹波系数不应超过：稳压精度±0.5%、稳流精度±1%、纹波有效值系数0.5%、纹波峰值系数1%	查阅充电装置验收试验报告：（1）无报告扣5分，报告不全酌情扣；（2）测试结果不符合要求扣5分，扣完为止
2.2.2.5	直流系统监控装置充电运行过程特性试验	5	直流系统监控装置在验收时应进行充电运行过程特性试验，包括充电程序试验、长期运行程序试验、交流中断程序试验	查阅监控装置验收试验报告：（1）无报告扣5分，报告不全酌情扣；（2）测试结果不符合要求扣5分，扣完为止
2.2.3	保护用电流互感器	30		
2.2.3.1	P类、TP类保护用电流互感器现场励磁特性试验	10	（1）P类、TP类保护用电流互感器应进行现场励磁特性试验（P类电流互感器包括励磁特性曲线测量、二次绕组电阻测量、额定拐点电动势测量、复合误差测量等测试项目）；（2）TP类电流互感器包括励磁特性曲线测量、二次绕组电阻测量、额定拐点电动势测量、额定暂态面积系数测量、峰值瞬时误差测量、二次时间常数测量、剩磁系数测量等测试项目）及二次回路阻抗测量	查阅试验报告：（1）升压站、发电机变压器组、高压厂用系统保护用电流互感器未全面进行现场励磁特性试验酌情扣分，不超过7分；（2）保护用电流互感器现场励磁特性试验项目不规范扣3分

表（续）

序号	评价项目	标准分	评价内容与要求	评分标准
2.2.3.2	P类、TP类保护用电流互感器误差特性校核	10	P类、TP类保护用电流互感器应参照DL/T 866的算例进行误差特性校核	查阅校核报告： （1）未编写校核分析报告扣10分； （2）缺部分电流互感器校核分析报告酌情扣，不超过7分； （3）校核分析方法不正确扣3分
2.2.3.3	电流互感器接法极性检测	10	应检测全厂电流互感器（包括保护、测量、计量用电流互感器）接线极性，绘制全厂电流互感器极性图	未绘制全厂电流互感器接线极性图扣10分，绘制不全酌情扣
2.2.4	盘、柜装置及二次回路	10		
2.2.4.1	盘、柜进出电缆防火封堵	5	安装调试完毕后，在电缆进出盘、柜的底部或顶部以及电缆管口处应进行防火封堵，封堵应严密	现场实际查看（抽查），发现一处不符合要求扣5分
2.2.4.2	盘、柜二次回路接线	2	（1）每个接线端子的每侧接线宜为1根，不得超过2根； （2）对于插接式端子，不同截面的两根导线不得接在同一端子中	现场实际查看（抽查），发现一处不符合要求扣2分
2.2.4.3	盘、柜接地	3	盘、柜上装置的接地端子连接线、电缆铠装及屏蔽接地线应用黄绿绝缘多股接地铜导线与接地铜排相连	现场实际查看（抽查），发现一处不符合要求扣3分
2.3	运行维护、检修阶段	250		
2.3.1	继电保护动作评价及故障录波分析	15		
2.3.1.1	继电保护和安自装置动作记录与分析评价	5	每次继电保护和安自装置动作后，应对其动作行为进行记录和分析评价，建立《继电保护和安全自动装置动作记录表》，保存保护装置记录的动作报告	查阅《动作记录表》及相关资料： （1）无记录表扣5分； （2）记录不齐全扣2分； （3）保护动作报告不齐全扣2分； （4）扣完为止
2.3.1.2	继电保护和安全自动装置缺陷处理与记录	5	继电保护和安全自动装置发生缺陷，以及因处理缺陷处理或故障而退出运行后，均应进行详细记录，建立《继电保护和安全自动装置缺陷及故障记录表》	查阅《缺陷及故障记录表》及相关资料： （1）无记录表扣5分； （2）记录不齐全扣2分
2.3.1.3	故障录波装置录波文件导出备份与记录	5	故障录波装置在异常工况和故障情况下启动录波后，应检查其录波完好情况，定期导出并备份录波文件，建立《故障录波装置启动记录表》	查阅《故障录波装置启动记录表》及相关录波文件： （1）无记录表扣5分； （2）记录不齐全扣2分； （3）无相应录波文件扣5分； （4）录波文件不齐扣2分，扣完为止

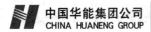

表（续）

序号	评价项目	标准分	评价内容与要求	评分标准
2.3.2	继电保护及安全自动装置定期检验	90		
2.3.2.1	运行中装置的定期检验	10	新安装装置投运后一年内必须进行第一次全部检验，微机型装置每2年～4年进行一次部分检验，每6年进行一次全部检验，利用装置进行断路器跳、合闸试验结合机组C修或线路检修进行，应编制《继电保护和安全自动装置检验记录》	查阅装置检验计划及检验报告： （1）未编制《继电保护和安全自动装置检验记录》或检验记录未更新扣5分； （2）发现有一套装置存在超周期未检验扣2分，扣完为止
2.3.2.2	装置检修文件包（或现场标准化作业指导书）	15	装置定期检验（全部检验、部分检验、用装置进行断路器跳合闸试验）应编制检修文件包（或现场标准化作业指导书），检修文件包编写应符合集团公司企业标准《电力检修标准化管理实施导则》的要求，重要和复杂的保护装置应编制继电保护安全措施票	查阅检修文件包（或现场标准化作业指导书）： （1）格式不符合要求扣5分； （2）每缺一种保护装置的检修文件包扣2分，扣完为止
2.3.2.3	保护装置全部检验及部分检验项目	5	保护装置全部检验及部分检验包括外观及接线检查、绝缘电阻检测、逆变电源检查、通电初步检验、开关量输入输出回路检验、模/数变换系统检验、保护的整定及检验、纵联保护通道检验、整组试验等项目	查阅检验报告，检验报告项目漏一项扣2分，扣完为止
2.3.2.4	逆变电源检查	3	逆变电源检查应进行直流电源缓慢上升时的自启动性能试验，定期检验时还检查逆变电源是否达到规定的使用年限	查阅检验报告，逆变电源检查不规范扣2分
2.3.2.5	通电初步检验	2	通电初步检验应检查并记录装置的软件版本号、校验码等信息，并校对时钟	查阅检验报告，通电初步检验不规范扣2分
2.3.2.6	模/数变换系统检验	5	（1）模/数变换系统检验应检验零点漂移； （2）全部检验时可仅分别输入不同幅值的电流、电压量； （3）部分检验时可仅分别输入额定电流、电压量	查阅检验报告，模/数变换系统检验不规范扣5分
2.3.2.7	整定值检验	40	整定值检验在全部检验时，对于由不同原理构成的保护元件只需任选一种进行检查，建议对主保护的整定项目进行检查，后备保护如相间Ⅰ、Ⅱ、Ⅲ段阻抗保护只需选取任一整定项目进行检查；部分检验时可结合装置的整组试验一并进行	

表（续）

序号	评价项目	标准分	评价内容与要求	评分标准
2.3.2.7.1	纵联距离（方向）保护、纵联电流差动保护定值检验	5	纵联距离（方向）保护（包括纵联距离主保护、相间和接地距离保护、零序电流保护、重合闸等）、纵联电流差动保护（包括电流差动主保护、相间和接地距离保护、零序电流保护、重合闸等）定值检验方法应正确	查阅检验报告，检验方法有一处不正确扣1分，扣完为止
2.3.2.7.2	断路器保护定值检验	3	断路器保护（包括失灵保护、三相不一致保护、充电电流保护、死区保护、重合闸、检无压检同期功能等）定值检验方法正确	查阅检验报告，检验方法有一处不正确扣1分，扣完为止
2.3.2.7.3	过电压及远方跳闸保护定值检验	3	过电压及远方跳闸保护（包括收信直跳就地判据及跳闸逻辑、过电压跳闸及发信等）定值检验方法正确	查阅检验报告，检验方法有一处不正确扣1分，扣完为止
2.3.2.7.4	短引线保护定值检验	3	短引线保护（包括比率差动保护、两段过流保护等）定值检验方法正确	查阅检验报告，检验方法有一处不正确扣1分，扣完为止
2.3.2.7.5	母线保护定值检验	5	母线保护（包括差动保护、失灵保护、母联（分段）失灵保护、母联（分段）死区保护、TA断线判别功能、TV断线判别功能等）定值检验方法正确	查阅检验报告，检验方法有一处不正确扣1分，扣完为止
2.3.2.7.6	母联（分段）保护定值检验	3	母联（分段）保护（充电过流保护）定值检验方法正确	查阅检验报告，检验方法有一处不正确扣1分，扣完为止
2.3.2.7.7	变压器保护定值检验	5	变压器保护（包括差动保护、阻抗保护、复压闭锁过流保护、零序电流保护、过励磁保护等）定值检验方法正确	查阅检验报告，检验方法有一处不正确扣1分，扣完为止
2.3.2.7.8	发电机变压器组保护定值检验	5	发变组保护（包括差动保护、匝间保护、发电机相间短路后备保护、定子绕组接地保护、励磁回路接地保护、发电机过负荷保护、发电机低励失磁保护、发电机失步保护、发电机异常运行保护等)定值检验方法正确	查阅检验报告，检验方法有一处不正确扣1分，扣完为止
2.3.2.7.9	高压电动机保护、低压厂用变压器保护、高压厂用馈线保护等定值检验	3	高压电动机保护、低压厂用变压器保护、高压厂用馈线保护等定值检验方法正确	查阅检验报告，检验方法有一处不正确扣1分，扣完为止

表（续）

序号	评价项目	标准分	评价内容与要求	评分标准
2.3.2.7.10	故障录波器以及同期装置、厂用电源快速切换装置、同步相量测量装置、安全稳定控制装置等自动装置检验	5	故障录波器以及同期装置、厂用电源快速切换装置、同步相量测量装置、安全稳定控制装置等自动装置的检验方法正确	查阅检验报告，检验方法有一处不正确扣 1 分，扣完为止
2.3.2.8	整组试验	5	全部检验时，需要先进行每一套保护带模拟断路器（或带实际断路器或采用其他手段）的整组试验，每一套保护传动完成后，还需模拟各种故障用所有保护带实际断路器进行整组试验；部分检验时，只需用保护带实际断路器进行整组试验	查阅检验报告，整组试验不规范扣 5 分
2.3.3	继电保护整定计算及定值管理	110		
2.3.3.1	发电厂继电保护整定计算报告	20	发电厂继电保护整定计算必须有整定计算报告，报告内容应包括短路计算、发电机变压器组保护整定计算、高压厂用电系统保护整定计算、低压厂用电系统保护整定计算等部分，整定计算报告应经复核、批准后正式印刷，整定计算报告应妥善保存	查阅整定计算报告：（1）无整定计算报告扣 20分；（2）整定计算报告内容缺一项（如高压厂用电系统保护整定计算）扣 5分；（3）整定计算报告未经复核、批准后正式印刷扣 5 分；（4）扣完为止
2.3.3.2	短路计算	10	短路电流计算工程上采用简化计算方法，计算对称短路电流初始值（即起始次暂态电流），发电机的正序阻抗可采用次暂态电抗的饱和值，各发电机的等值电动势（标幺值）可假设为 1 且相位一致，短路计算过程应正确（发电厂短路电流计算建议逐步采用 GB/T 15544.1～5《三相交流系统短路电流计算》推荐的短路点等效电压源法）	查阅整定计算报告，发现短路计算一处不正确扣 2分，扣完为止
2.3.3.3	发电机、主变压器、启动/备用变压器整定计算	15		

表（续）

序号	评价项目	标准分	评价内容与要求	评分标准
2.3.3.3.1	发电机、变压器保护整定原则及灵敏系数校验	5	发电机、变压器保护的整定计算应依据 DL/T 684—2012《大型发电机变压器继电保护整定计算导则》规定的整定原则以及本标准要求进行,导则中未规定的可参照厂家技术说明书或相关技术资料进行整定,确保整定原则的合理性,并按要求校验灵敏系数	查阅整定计算报告或定值通知单或装置实际整定值,发现一处不合理或未按要求校核灵敏系数扣 2 分,扣完为止
2.3.3.3.2	发电机三次谐波电压单相接地保护定值整定	2	发电机三次谐波电压单相接地保护定值应结合发电机正常运行时的实测值进行整定	查阅整定计算报告或定值通知单或装置实际整定值,发现一处不合理扣 2 分
2.3.3.3.3	发电机失磁保护与励磁调节器低励限制、发电机过励磁保护与励磁调节器 U/f 限制、发电机励磁绕组过负荷保护与励磁调节器过励限制等的配合	2	发电机失磁保护与励磁调节器中的低励限制、发电机过励磁保护与励磁调节器中的 U/f 限制、发电机励磁绕组过负荷保护与励磁调节器中的过励限制等的配合应合理,相关限制应先于保护动作	查阅整定计算报告或定值通知单或装置实际整定值,发现一处不合理扣 2 分
2.3.3.3.4	发电机定子绕组过负荷保护、发电机复合电压过流保护定值整定	2	发电机定子绕组过负荷保护的动作延时应躲过发电机变压器组后备保护的最大延时动作于信号或自动减负荷;发电机复合电压过流保护与主变压器后备保护的动作时间配合,如果发电机变压器组共用一套复合电压过流保护作为发电机变压器组的后备保护,其动作时间与相邻线路后备保护的动作时间配合	查阅整定计算报告或定值通知单或装置实际整定值,发现一处不合理扣 2 分
2.3.3.3.5	变压器的短路故障后备保护整定	2	变压器的短路故障后备保护整定应考虑的原则有:高、中压侧相间短路后备保护动作方向指向本侧母线,本侧母线故障有足够灵敏度,灵敏系数大于 1.5,若采用阻抗保护,则反方向偏移阻抗部分作变压器内部故障的后备保护;对中性点直接接地运行的变压器,高、中压侧接地故障后备保护动作方向指向本侧母线,本侧母线故障有足够灵敏度;以较短时限动作于缩小故障影响范围,以较长时限动作于断开变压器各侧断路器	查阅整定计算报告或定值通知单或装置实际整定值,发现一处不合理扣 2 分
2.3.3.3.6	变压器非电量保护整定	2	变压器非电量保护除重瓦斯保护作用于跳闸,其余非电量保护宜作用于信号,冷却器全停保护应按本标准要求设置	查阅整定计算报告或定值通知单或装置实际整定值,发现一处不合理扣 2 分
2.3.3.4	高压厂用电系统整定计算(包括高压厂用变压器)	15		

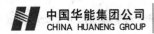

表（续）

序号	评价项目	标准分	评价内容与要求	评分标准
2.3.3.4.1	高压厂用变压器保护整定	5	高压厂用变压器保护的整定计算应参照 DL/T 684—2012《大型发电机变压器继电保护整定计算导则》中"变压器保护整定计算"的内容以及本标准要求进行整定；高压侧电流速断保护作为高压厂用变压器绕组及高压侧引出线的相间短路故障的快速保护，按躲过高压厂用变压器低压侧出口三相短路时流过保护的最大短路电流以及变压器可能产生的最大励磁涌流进行整定，保护动作于跳开高压厂用变压器各侧断路器及启动备用电源切换，当高压厂用变压器高压侧无断路器时，动作于停机及启动备用电源切换；高压侧定时限过电流保护或复合电压过电流保护的动作时限应考虑与低压侧分支过流保护最大动作时间配合；高压厂用电变压器低压侧分支可设置两段过电流保护，作为本分支母线及相邻元件的相间短路故障的后备保护，第一段设置限时电流速断保护，动作时限与下一级速断或限时速断的最大动作时间配合，第二段设置为分支过电流或复合电压过电流保护，动作时限与下一级过流保护的最大动作时间配合；低压侧中性点经小电阻接地时其单相接地零序电流保护设两段时限，第一段时限按与下一级零序电流保护最长动作时间配合，第二段时限按与零序电流保护第一段动作时限配合	查阅整定计算报告或定值通知单或装置实际整定值，发现一处不合理扣 5 分
2.3.3.4.2	低压厂用变压器保护整定	4	低压厂用变压器的纵差保护、高压侧过流保护、负序过流保护、高压侧单相接地零序电流保护、低压侧单相接地零序电流保护、FC 回路电流闭锁功能等应整定合理；低压厂用变压器高压侧过电流保护可设置三段，第一段为电流速断保护，第二段为定时限过电流保护，第三段采用反时限过电流保护；低压厂用变压器高压侧定时限过电流保护动作时限应与下一级过流保护的最大动作时间配合	查阅整定计算报告或定值通知单或装置实际整定值，发现一处不合理扣 2 分，扣完为止
2.3.3.4.3	高压电动机保护整定	4	高压电动机的纵差保护、电流速断保护、长启动及堵转保护、过负荷保护、负序过电流保护、热过载保护、单相接地保护、低电压保护等应整定合理	查阅整定计算报告或定值通知单或装置实际整定值，发现一处不合理扣 2 分，扣完为止

表（续）

序号	评价项目	标准分	评价内容与要求	评分标准
2.3.3.4.4	高压厂用电馈线保护整定	2	高压厂用馈线的纵差保护或电流速断保护、限时电流速段保护、定时限过电流保护、单相接地零序过电流保护等应整定合理	查阅整定计算报告或定值通知单或装置实际整定值，发现一处不合理扣2分
2.3.3.5	低压厂用电系统整定计算	15		
2.3.3.5.1	低压厂用电系统设备负荷及保护配置表	3	应编制详细的低压厂用电系统设备负荷及保护配置表，配置表应包括设备名称、负荷、保护装置型号等内容（保护装置指框架断路器自带电子脱扣器、塑壳断路器自带电磁或热磁脱扣器、小型断路器以及低压综合保护测控装置等）	查阅低压厂用电系统设备负荷及保护配置表，未编制配置表扣3分，配置表内容不齐全扣2分
2.3.3.5.2	长延时过负荷保护、短延时反时限短路保护的动作特性方程	2	断路器自带智能保护装置（电子脱扣器）的长延时过负荷保护、短延时反时限短路保护的动作特性方程应明确	查阅厂家说明书或厂家说明函，不明确扣2分
2.3.3.5.3	长延时过负荷保护整定	2	低压厂用电系统PC段进线断路器、联络断路器、下一级电源馈线，以及低压电动机的长延时过负荷保护应整定合理	查阅整定计算报告或定值通知单或装置实际整定值，发现一处不合理扣2分
2.3.3.5.4	短延时短路保护整定计算及时间级差	2	低压厂用电系统PC段进线断路器、联络断路器、下一级电源馈线，以及低压电动机的短延时短路保护应整定合理，断路器自带智能保护装置（电子脱扣器）的短延时短路保护的定时限时间级差取0.1s～0.2s	查阅整定计算报告或定值通知单或装置实际整定值，发现一处不合理扣2分
2.3.3.5.5	低压电动机瞬时短路保护整定	2	低压电动机瞬时短路保护应整定合理	查阅整定计算报告或定值通知单或装置实际整定值，发现一处不合理扣2分
2.3.3.5.6	低压厂用电系统零序电流保护的配置和整定	2	低压厂用电系统零序电流保护的配置和整定应合理	查阅整定计算报告或定值通知单或装置实际整定值，发现一处不合理扣2分
2.3.3.5.7	低压厂用电系统综合保护测控装置整定	2	低压厂用电系统综合保护测控装置应整定合理	查阅整定计算报告或定值通知单或装置实际整定值，发现一处不合理扣2分
2.3.3.6	故障录波器、安全自动装置等整定	5	故障录波器、同期装置、厂用电源快速切换装置等应整定合理	查阅整定计算报告或定值通知单或装置实际整定值，发现一处不合理扣1分；扣完为止
2.3.3.7	继电保护整定值的定期复算和校核	15		

表（续）

序号	评价项目	标准分	评价内容与要求	评分标准
2.3.3.7.1	全厂继电保护整定值定期校核	5	全厂继电保护整定计算的定期校核内容应明确，结合电网调度部门每年下发的最新系统阻抗，校核短路电流及相关的发电机变压器组保护定值	查阅继电保护整定计算定期校核报告，未定期校核扣5分；定期校核内容不规范扣2分；扣完为止
2.3.3.7.2	全厂继电保护整定值全面复算	10	定期对全厂继电保护定值进行全面复算	查阅继电保护整定计算报告，未定期全面复算扣10分
2.3.3.8	继电保护定值管理	15		
2.3.3.8.1	继电保护定值通知单编制及审批、保存	10	应编写全厂正式的继电保护定值通知单，定值通知单应严格履行编制及审批流程，定值通知单应有计算人、审核人、批准人签字并加盖"继电保护专用章"，现行有效的定值通知单应统一妥善保存；无效的定值通知单上应加盖"作废"章，另外单独保存	查阅发电机变压器组、高压厂用电系统、低压厂用电系统的继电保护定值通知单： （1）继电保护定值通知单不齐全扣5分； （2）继电保护定值通知单未履行审批流程，无计算人、审核人、批准人签字并加盖"继电保护专用章"扣5分； （3）现行有效的定值通知单未统一妥善保存扣3分； （4）无效的定值通知单上未加盖"作废"章，与现行有效的定制通知单混放扣3分； （5）扣完为止
2.3.3.8.2	继电保护定值通知单签发及执行情况记录表	2	应编制"继电保护定值通知单签发及执行情况记录表"	查阅"继电保护定值通知单签发及执行情况记录表"： （1）无"记录表"扣2分； （2）"记录表"与实际情况不符扣2分； （3）扣完为止
2.3.3.8.3	保护装置定值清单打印及保存	3	定值通知单执行后或装置定期检验后，应打印保护装置的定值清单用于定值核对，定值清单上签写核对人姓名及时间，打印的定值清单应统一妥善保存	查阅打印的保护装置定值清单： （1）无打印的定值清单或不齐全扣3分； （2）定值清单上未签写核对人姓名及时间扣1分； （3）打印的定值清单未统一妥善保存扣1分； （4）扣完为止
2.3.4	继电保护图纸管理 新机组或新装置投运后图纸与实际接线核对	10	新机组或新装置投运后应结合机组检修尽快完成图纸与实际接线的核对工作，图实核对工作应落实到具体的责任人，详细记录核对结果，图纸核对记录应包括图纸编号、核对责任人、核对时间、核对结果等内容	查阅实际工作开展情况及图纸核对记录： （1）未开展图实核对工作扣10分； （2）部分未完成扣5分；无详细图纸核对记录扣3分； （3）扣完为止

表（续）

序号	评价项目	标准分	评价内容与要求	评分标准
2.3.5	时间同步系统	10		
2.3.5.1	时间同步装置检验	5	定期现场检验（2年～4年）时间同步装置的性能和功能，现场检验项目按照GB/T 26866执行	查阅检测报告： （1）装置未检测扣5分； （2）装置未定期检测扣2分
2.3.5.2	继电保护装置对时同步准确度检验	5	定期检验继电保护装置（结合保护装置全部检验）的对时同步准确度	查阅检测报告： （1）全部装置未定期检测扣5分； （2）部分装置未定期检测扣2分
2.3.6	直流电源系统	15		
2.3.6.1	浮充电运行的蓄电池组单体浮充端电压测量	5	浮充电运行的蓄电池组，除制造厂有特殊规定外，应采用恒压方式进行浮充电。浮充电时，严格控制单体电池的浮充电压上、下限，浮充电压值应控制在$N \times (2.23 \sim 2.28)$V；每月至少一次对蓄电池组所有的单体浮充端电压进行测量，测量用电压表应使用经校准合格的四位半数字式电压表，记录单体电池端电压数值必须到小数点后三位，防止蓄电池因充电电压过高或过低而损坏	查阅蓄电池浮充电设置参数以及蓄电池端电压定期测量记录： （1）蓄电池浮充电参数设置不正确扣5分； （2）未定期进行蓄电池端电压测量扣5分； （3）蓄电池端电压的测量周期或数据记录或使用测量仪器不符合要求扣3分； （4）扣完为止
2.3.6.2	蓄电池核对性充放电	5	新安装的阀控蓄电池每2年应进行一次核对性充放电，运行了4年以后的阀控蓄电池，应每年进行一次核对性充放电；若经过3次核对性放电，蓄电池组容量均达不到额定容量的80%以上或蓄电池损坏20%以上，可认为此组阀控蓄电池使用年限已到，应安排更换	查阅蓄电池核对性充放电试验报告： （1）蓄电池核对性充放电周期不符合要求扣3分； （2）蓄电池核对性充放电试验不规范扣2分； （3）蓄电池组容量达不到额定容量的80%以上或蓄电池损坏20%以上扣5分； （4）扣完为止
2.3.6.3	直流电源系统充电装置、微机监控装置、绝缘监测装置、电压监测装置定期检测	5	定期检测直流电源系统充电装置、微机监控装置、绝缘监测装置、电压监测装置的功能和性能	查阅充电装置、监控装置、绝缘监测装置、电压监测装置等的试验报告： （1）试验未开展扣5分； （2）未定期开展扣3分； （3）试验项目不规范扣3分； （4）扣完为止
2.4	现场设备巡查	85		
2.4.1	继电保护装置及安全自动装置	20		

表（续）

序号	评价项目	标准分	评价内容与要求	评分标准
2.4.1.1	厂房及网控继电器室、厂用配电室环境温度、相对湿度	5	厂房及网控继电器室的室内最大相对湿度不应超过75%，室内环境温度应在5℃～30℃范围内；安装在开关柜中微机综合保护测控装置，要求环境温度在−5℃～45℃范围内，最大相对湿度不应超过95%	现场实际查看（抽查），存在问题扣5分
2.4.1.2	装置异常或故障告警信号	5	检查发电机变压器组保护装置、线路保护装置、母线保护装置、厂用快速切换装置、同期装置等是否存在异常或故障告警信号	现场实际查看（抽查），存在问题扣5分
2.4.1.3	保护装置定值核对	5	打印保护装置定值清单与正式下发执行的定值通知单进行核对，检查定值是否一致	现场实际查看（抽查），存在问题扣5分
2.4.1.4	发电机变压器组保护屏、母线保护屏等电流二次回路接地	3	检查发电机变压器组保护屏、母线保护屏等的电流互感器二次回路中性点是否分别一点接地	现场实际查看（抽查），存在问题扣3分
2.4.1.5	保护装置时间显示	2	检查发电机变压器组继电保护装置、线路保护装置、母线保护装置等的时间显示（年、月、日、时、分、秒）是否与主时钟（或从时钟）的时间显示一致	现场实际查看（抽查），存在问题扣2分
2.4.2	故障录波器	10		
2.4.2.1	故障录波器异常或故障告警信号	3	检查发电机变压器组故障录波器、线路故障录波器是否存在异常或故障告警信号	现场实际查看（抽查），存在问题扣3分
2.4.2.2	手动启动录波	3	手动启动录波，查看故障录波器录波文件是否正常生成	现场实际查看（抽查），存在问题扣3分
2.4.2.3	故障录波文件查阅	2	查阅继电保护装置相关保护动作记录，检查故障录波器是否生成相应的故障录波文件	现场实际查看（抽查），存在问题扣2分
2.4.2.4	故障录波器时间显示	2	检查发电机变压器组故障录波器、线路故障录波器的时间显示（年、月、日、时、分、秒）是否与时间同步装置的主时钟或从时钟的时间显示一致	现场实际查看（抽查），存在问题扣2分
2.4.3	时间同步装置 时间同步装置异常或故障告警信号	5	检查时间同步装置是否存在异常或故障告警信号	现场实际查看，存在问题扣5分
2.4.4	二次回路及抗干扰	10		

表（续）

序号	评价项目	标准分	评价内容与要求	评分标准
2.4.4.1	升压站母线及线路电压互感器、发电机机端电压互感器二次回路一点接地	5	检查升压站母线及线路电压互感器、发电机机端电压互感器二次回路的具体一点接地位置，是否满足：公用电压互感器的二次回路只允许在控制室内有一点接地，已在控制室内一点接地的电压互感器二次绕组宜在开关场将二次绕组中性点经氧化锌阀片接地	现场实际查看（抽查），存在问题扣5分
2.4.4.2	升压站及发电机变压器组电流互感器二次回路一点接地	5	检查升压站及发电机变压器组电流互感器二次回路的具体一点接地位置，是否满足：公用电流互感器二次绕组二次回路只允许且必须在相关保护柜屏内一点接地，独立的、与其他电流互感器的二次回路没有电气联系的二次回路应在开关场一点接地	现场实际查看（抽查），存在问题扣5分
2.4.5	等电位接地网的实际敷设	30		
2.4.5.1	静态保护和控制装置接地铜排	5	静态保护和控制装置的屏柜下部应设有截面不小于 $100mm^2$ 的接地铜排。屏柜上装置的接地端子应用截面不小于 $4mm^2$ 的多股铜线和接地铜排相连。接地铜排应用截面不小于 $50mm^2$ 的铜缆与保护室内的等电位接地网相连	现场实际查看（抽查），存在问题扣5分
2.4.5.2	保护室内的等电位接地网	5	在主控室、保护室柜屏下层的电缆室（或电缆沟道）内，按柜屏布置的方向敷设 $100mm^2$ 的专用铜排（缆），将该专用铜排（缆）首末端连接，形成保护室内的等电位接地网。保护室内的等电位接地网与厂、站的主接地网只能存在唯一连接点，连接点位置宜选择在电缆竖井处。为保证连接可靠，连接线必须用至少 4 根以上、截面不小于 $50mm^2$ 的铜缆（排）构成共点接地	现场实际查看（抽查），存在问题扣5分
2.4.5.3	网控室与集控室之间可靠连接	5	网控室与集控室之间，应使用截面不少于 $100mm^2$ 的铜缆（排）可靠连接，连接点应设在室内等电位接地网与厂、站主接地网连接处	现场实际查看（抽查），存在问题扣5分
2.4.5.4	沿二次电缆沟道的铜排（缆）敷设	5	沿二次电缆的沟道敷设截面不少于 $100mm^2$ 的铜排（缆），并在保护室（控制室）及开关场的就地端子箱处与主接地网紧密连接，保护室（控制室）的连接点宜设在室内等电位接地网与厂、站主接地网连接处	现场实际查看（抽查），存在问题扣5分

表（续）

序号	评价项目	标准分	评价内容与要求	评分标准
2.4.5.5	发电机、变压器、开关场等就地端子箱内接地铜排	5	发电机、变压器、开关场等就地端子箱内应设置截面不小于 100mm² 的裸铜排，并使用截面不小于100mm²的铜缆与电缆沟道内的等电位接地网连接	现场实际查看（抽查），存在问题扣 5 分
2.4.5.6	开关场的变压器、断路器、隔离开关、结合滤波器和 TA、TV 等设备的二次电缆施工	5	检查开关场的变压器、断路器、隔离开关、结合滤波器和 TA、TV 等设备的二次电缆，应经金属管从一次设备的接线盒（箱）引至就地端子箱，并将金属管的上端与上述设备的底座和金属外壳良好焊接，下端就近与主接地网良好焊接。在就地端子箱处将这些二次电缆的屏蔽层使用截面不小于 4mm² 多股铜质软导线，可靠单端连接至等电位接地网的铜排上	现场实际查看（抽查），存在问题扣 5 分
2.4.6	直流电源系统	10		
2.4.6.1	蓄电池室的温度、通风、照明等环境	2	检查蓄电池室的温度、通风、照明等环境，阀控蓄电池室的温度应经常保持在5℃～30℃，并保持良好的通风和照明	现场实际查看（抽查），存在问题扣 2 分
2.4.6.2	蓄电池外观	3	检查蓄电池是否存在破损、漏液、鼓肚变形、极柱锈蚀等现象	现场实际查看（抽查），存在问题扣 2 分
2.4.6.3	高频开关电源模块显示	2	（1）检查高频开关电源模块面板指示灯、标记指示是否正确、风扇无异常； （2）检查模块输出电流电压值基本一致	现场实际查看（抽查），存在问题扣 2 分
2.4.6.4	监控装置恒压、均充、浮充控制功能参数设置及异常报警	3	（1）检查监控装置恒压、均充、浮充控制功能设置是否正确，直流母线电压是否控制在规定范围，浮充电流值是否符合规定，无过压欠压报警，通信功能无异常； （2）检查绝缘监测装置显示正常、无报警	现场实际查看（抽查），存在问题扣 3 分

中国华能集团公司

CHINA HUANENG GROUP

中国华能集团公司火力发电厂技术监督标准汇编

Q/HN-1-0000.08.019—2015

技术标准篇

火力发电厂励磁监督标准

2015 - 05 - 01 发布

2015 - 05 - 01 实施

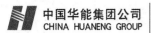

目　次

前　言

为加强中国华能集团公司发电厂技术监督管理，提高励磁系统运行水平，保证发电机组及电网安全、稳定、经济运行，特制定本标准。本标准依据国家和行业有关标准、规程和规范，以及中国华能集团公司发电厂的管理要求、结合国内外发电的新技术、监督经验制定。

本标准是中国华能集团公司所属火力发电厂励磁监督工作的主要依据，是强制性企业标准。

本标准自实施之日起，代替 Q/HB-J-08.L04—2009《火力发电厂励磁监督技术标准》。

本标准由中国华能集团公司安全监督与生产部提出。

本标准由中国华能集团公司安全监督与生产部归口并解释。

本标准起草单位：西安热工研究院有限公司、华能国际电力股份公司、华能山东发电有限公司。

本标准主要起草人：都劲松、苏方伟、王福晶。

本标准审核单位：中国华能集团公司安全监督与生产部、中国华能集团公司基本建设部、北方联合电力有限责任公司。

本标准主要审核人：赵贺、武春生、罗发青、张俊伟、周明、马晋辉、侯永军。

本标准审定：中国华能集团公司技术工作管理委员会。

本标准批准人：寇伟。

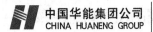

火力发电厂励磁监督标准

1 范围

本标准规定了中国华能集团公司（以下简称"集团公司"）所属火力发电厂励磁监督相关的技术标准内容和监督管理要求。

本标准适用于公司所属200MW及以上汽轮发电机组励磁系统，200MW以下汽轮发电机组励磁系统可参照执行。

2 规范性引用文件

下列文件对于本文件的应用是必不可少的。凡是注日期的引用文件，仅所注日期的版本适用于本文件。凡是不注日期的引用文件，其最新版本（包括所有的修改单）适用于本文件。

GB/T 7409　同步电机励磁系统

GB 50150　电气装置安装工程　电气设备交接试验标准

GB 50171　电气装置安装工程　盘、柜及二次回路接线施工及验收规范

DL/T 279　发电机励磁系统调度管理规程

DL/T 294.1　发电机灭磁及转子过电压保护装置技术条件　第1部分：磁场断路器

DL/T 294.2　发电机灭磁及转子过电压保护装置技术条件　第2部分：非线性电阻

DL/T 489　大中型水轮发电机静止整流励磁系统及装置　试验规程

DL/T 490　发电机励磁系统及装置安装、验收规程

DL/T 596　电力设备预防性试验规程

DL/T 843　大型汽轮发电机励磁系统技术条件

DL/T 1049　发电机励磁系统技术监督规程

DL/T 1051　电力技术监督导则

DL/T 1164　汽轮发电机运行导则

DL/T 1166　大型发电机励磁系统现场试验导则

DL/T 1167　同步发电机励磁系统建模导则

DL/T 1231　电力系统稳定器整定试验导则

JB/T 7784　透平同步发电机用交流励磁机　技术条件

JB/T 9578　稀土永磁同步发电机　技术条件

国能安全〔2014〕161号　防止电力生产事故的二十五项重点要求

Q/HN-1-0000.08.002—2013　中国华能集团公司电力检修标准化管理实施导则（试行）

Q/HN-1-0000.08.049—2015　中国华能集团公司电力技术监督管理办法

Q/HB-G-08.L01—2009　华能电厂安全生产管理体系要求

Q/HB-G-08.L02—2009　华能电厂安全生产管理体系评价办法（试行）

华能安〔2011〕271号　中国华能集团公司电力技术监督专责人员上岗资格管理办法（试行）

3 总则

3.1 励磁监督工作应贯彻"安全第一、预防为主"的方针，严格按照国家标准及有关规程、规定，对电厂从设计选型和审查、监造和出厂验收、安装和投产、运行、检修到技术改造实施全过程技术监督工作。

3.2 各电厂应按照集团公司《华能电厂安全生产管理体系要求》《电力技术监督管理办法》中有关技术监督管理和本标准的要求，结合本厂的实际情况，制定电厂励磁监督管理标准；依据国家和行业有关标准、规程和规范，编制或执行运行规程、检修规程和检验及试验规程等相关支持性文件；以科学、规范的监督管理，保证励磁监督工作目标的实现和持续改进。

3.3 电厂励磁技术监督的范围包括：

 a) 励磁机和副励磁机；

 b) 励磁变压器；

 c) 自动和手动励磁调节器；

 d) 功率整流装置（含旋转整流装置）；

 e) 灭磁和过电压保护装置；

 f) 起励设备；

 g) 转子滑环及碳刷；

 h) 励磁设备的通风及冷却装置；

 i) 励磁系统相关保护、测量、控制及信号等二次回路。

3.4 从事励磁监督的人员，应熟悉和掌握本标准及相关标准和规程中的规定。

4 监督技术标准

4.1 励磁系统总体性能要求

4.1.1 励磁系统应保证发电机励磁电流不超过其额定值的 1.1 倍时能够连续运行。

4.1.2 励磁设备的短时过负荷能力应大于发电机转子短时过负荷能力。

4.1.3 励磁系统在发电机变压器高压侧对称或不对称短路时，应能正常工作。

4.1.4 与暂态稳定相关的性能要求。

4.1.4.1 励磁系统强励特性应满足以下要求：

 a) 交流励磁机励磁系统顶值电压倍数不低于 2.0 倍，自并励静止励磁系统顶值电压倍数在发电机额定电压时不低于 2.25 倍；

 b) 当励磁系统顶值电压倍数不超过 2 倍时，励磁系统顶值电流倍数与顶值电压倍数相同。当顶值电压倍数大于 2 倍时，顶值电流倍数为 2 倍；

 c) 励磁系统允许顶值电流持续时间不低于 10s。

4.1.4.2 交流励磁机励磁系统的电压标称响应比不小于 2 倍/s。高起始响应励磁系统和自并励静止励磁系统的电压响应时间不大于 0.1s。

4.1.4.3 励磁系统的动态增益应不小于 30 倍。

4.1.5 与电压稳定相关的性能要求。

4.1.5.1 汽轮发电机励磁自动调节应保证发电机端电压静差率小于 1%。

4.1.5.2 发电机空负荷运行时，频率每变化 1%，发电机端电压的变化应不大于额定值的

±0.25%。

4.1.5.3　发电机电压调差采用无功调差，调差整定范围应不小于±15%，调差率的整定可以是连续的，也可以在全程内均匀分挡，分挡不大于 1%。

4.1.5.4　发电机空负荷电压阶跃响应特性：

　　a）　按照阶跃扰动不使励磁系统进入非线性区域来确定阶跃量，一般为 5%；

　　b）　自并励静止励磁系统的电压上升时间不大于 0.5s，振荡次数不超过 3 次，调节时间不超过 5s，超调量不大于阶跃量的 30%；

　　c）　交流励磁机励磁系统的电压上升时间不大于 0.6s，振荡次数不超过 3 次，调节时间不超过 10s，超调量不大于阶跃量的 40%。

4.1.5.5　发电机带负荷阶跃响应特性：发电机额定工况运行，阶跃量为发电机额定电压的 1%～4%，阻尼比应大于 1%，有功功率波动次数不大于 5 次，调节时间不大于 10s。

4.1.5.6　发电机零起升压时，发电机端电压应稳定上升，其超调量应不大于额定值的 10%。

4.1.5.7　发电机甩额定无功功率时，机端电压应不大于甩前机端电压的 1.15 倍，振荡不超过 3 次。

4.1.6　自并励静止励磁系统引起的轴电压应不破坏发电机轴承油膜，一般不大于 10V，超过 20V 时应分析原因并采取相应措施。

4.1.7　当励磁电流不大于 1.1 倍额定值时，发电机转子绕组两端所加的整流电压最大瞬时值应不大于转子绕组出厂工频试验电压幅值的 30%。

4.1.8　励磁系统的起励电源容量一般应满足发电机建压大于 10%额定电压的要求。

4.1.9　励磁系统可靠性要求：

4.1.9.1　励磁系统在受到现场任何电气操作、雷电、静电及无线电收发信机等电磁干扰时，不应发生误调、失调、误动、拒动等情况。

4.1.9.2　因励磁故障引起的发电机强迫停运次数不大于 0.25 次/年，励磁系统强行切除率不大于 0.1%。

4.1.9.3　自动电压调节器的投入率应不低于 99%。

4.2　励磁装置技术要求

4.2.1　自动励磁调节器

4.2.1.1　自动励磁调节器应有两个独立的调节通道，可以是一个自动通道加一个手动通道，也可以是两个自动通道（至少一套含手动功能）。对于大型发电机组，应设置两个自动通道。

4.2.1.2　励磁调节器双自动通道及手动通道之间互相切换时，发电机端电压或无功功率应无明显波动。双自动通道故障时，应能自动切至手动通道，并发报警信号。

4.2.1.3　自动励磁调节器应具有在线参数整定功能，各参数及各功能单元的输出量应能显示，设置参数应以十进制表示，时间以 s 表示，增益以实际值或标幺值表示。

4.2.1.4　正常情况下，发电机励磁调节器应采用恒电压调节方式，不宜采用恒无功功率或恒功率因数调节方式。

4.2.1.5　自动励磁调节器电压测量单元的时间常数应小于 30ms。

4.2.1.6　励磁调节器的调压范围和调压速度：

　　a）　自动励磁调节时，应能在发电机空负荷额定电压的 70%～110%范围内稳定平滑地调节；

b) 手动励磁调节时，上限不低于发电机额定磁场电流的 110%，下限不高于发电机空负荷磁场电流的 20%；

c) 发电机空负荷运行时，自动励磁调节的调压速度应不大于发电机额定电压的 1%/s，不小于发电机额定电压的 0.3%/s。

4.2.1.7 自动励磁调节器应配置电力系统稳定器（PSS）或具有同样功能的附加控制单元。

a) 电力系统稳定器可以采用电功率、频率、转速或其组合作为附加控制信号，电力系统稳定器信号测量回路时间常数应不大于 40ms；

b) 具有快速调节机械功率作用的大型发电机组，应首先选用无反调作用的电力系统稳定器；

c) 电力系统稳定器或其他附加控制单元的输出噪声应小于±0.005p.u.；

d) 电力系统稳定器应能自动和手动投切，当发电机有功功率达到一定值应时能自动投切，故障时能自动退出运行。

4.2.1.8 励磁调节器至少应具备以下限制功能单元：

a) 最大励磁电流限制器，限制励磁电流不超过允许的励磁顶值电流；

b) 强励反时限限制器，在强励达到允许的持续时间时，应能自动将励磁电流减至长期连续运行允许的最大值；

c) 过励磁限制器，保证滞相运行时发电机在 $P—Q$ 限制曲线范围内运行；

d) 低励磁限制器，保证进相运行时发电机在 $P—Q$ 限制曲线范围内运行；

e) V/Hz 限制器。

4.2.1.9 励磁调节器应具有 TV 断线保护功能，无论是单相、多相 TV 断线或 TV 一次熔断器缓慢熔断时，励磁调节器都应能准确判断并进行通道切换，防止误强励发生。

4.2.1.10 励磁调节器应具有发电机并网状态自动判断功能，不能仅以并网开关辅助接点判断发电机为空负荷或带负荷状态。

4.2.1.11 自动励磁调节器还应具备下列功能：

a) 自诊断、录波和事件顺序记录功能，失电后记录的数据不应丢失；

b) 提供检验和调试各功能用的软件和接口；

c) 可自动检测励磁调节器和环节的输出量。

4.2.1.12 励磁专用电压互感器和电流互感器的准确度等级均不得低于 0.5 级，二次绕组数量应保证双套励磁调节器的采样回路各自独立。

4.2.2 功率整流装置

4.2.2.1 功率整流装置并联运行的支路数一般应按不小于 $N+1$ 冗余的模式配置，即当一个整流柜（插件式为一个支路）退出运行时，应能满足发电机强励及 1.1 倍额定励磁电流运行要求。

4.2.2.2 功率整流装置应设置交流侧过电压保护和换相过电压保护，每个支路应有快速熔断器保护，快速熔断器的动作特性应与被保护元件过流特性配合。

a) 快速熔断器额定电压应不低于励磁变压器二次侧电压额定电压的 1.4 倍；

b) 额定电流应按照退柜运行中的晶闸管最大电流有效值进行选择计算，并且根据快速熔断器的散热条件选取 1.1 倍～1.3 倍；

c) 快速熔断器的热积累参数应小于晶闸管的热积累参数；

d) 快速熔断器的燃弧峰值电压应小于晶闸管的反向重复峰值电压；快速熔断器的额定分断能力应大于励磁变压器二次侧三相最大短路电流。

4.2.2.3 功率整流装置可采用开启式风冷、密闭式风冷或热管自冷等冷却方式。强迫风冷整流柜的噪声应小于 75dB。

4.2.2.4 风冷功率整流装置风机的电源应为双电源，工作电源故障时，备用电源应能自动投入。如采用双风机配置，则两组风机应接在不同的电源上，当一组风机停运时应能保证励磁系统正常运行。冷却风机故障时应发信号。

4.2.2.5 功率整流装置的均流系数应不小于 0.9。

4.2.3 灭磁装置和转子过电压保护

4.2.3.1 励磁系统的灭磁装置必须简单、可靠，应在任何需要灭磁的工况下，自动灭磁装置均能可靠灭磁。

4.2.3.2 励磁系统灭磁方式可采用直流侧磁场断路器分断灭磁或交流侧磁场断路器分断灭磁，也可采用逆变灭磁或封脉冲灭磁的方式。当系统配有多种灭磁环节时，要求时序配合正确、主次分明、动作迅速。

4.2.3.3 磁场断路器在操作电源电压（80%～110%）U_N 时应可靠合闸，在（65%～75%）U_N 时应能可靠分闸，低于 30%U_N 时应可靠不分闸。

4.2.3.4 灭磁电阻可以采用线性电阻，也可以采用氧化锌或碳化硅非线性电阻。任何情况下灭磁时，发电机转子过电压不应超过转子出厂工频耐压试验电压幅值的 60%，应低于转子过电压保护动作电压。同时，灭磁电阻还应满足以下要求：

a) 线性电阻阻值一般按 75℃时转子电阻的 1 倍～3 倍选取。

b) 采用氧化锌电非线性电阻时：

  1) 其荷电率不大于 60%；

  2) 整组非线性系数 β 应小于 0.1；

  3) 最严重灭磁工况下需要非线性电阻承受的耗能容量不超过其工作容量的 80%，同时当装置内 20%的组件退出运行时，应能满足最严重灭磁工况下的要求，并允许连续两次灭磁；

  4) 氧化锌非线性电阻的串并联后均能系数不得小于 90%。

c) 采用碳化硅非线性电阻时非线性系数 β 宜小于 0.33，碳化硅非线性电阻的串并联后均能系数不得小于 80%，其余技术要求与本条中的 b) 相同。

4.2.3.5 灭磁回路应具有可靠措施，以保证磁场断路器动作时，能成功投入灭磁电阻。建议采用电子跨接器提前投入灭磁电阻，再配合调节器逆变或功率柜封脉冲的方式，可以实现磁场断路器无弧跳闸。

4.2.3.6 发电机转子回路不宜设置大功率转子过电压保护，如装设发电机转子过电压保护装置以吸收瞬时过电压，应简单、可靠，其动作值应高于灭磁和异步运行时的过电压值，低于转子绕组出厂工频耐压试验电压的 70%。

4.2.4 励磁变压器

4.2.4.1 励磁变压器安装在户内时应采用干式变压器,安装在户外时可采用油浸自冷变压器。

4.2.4.2 励磁变压器高压绕组与低压绕组之间应有静电屏蔽并接地。

4.2.4.3 励磁变压器容量应满足强励要求，并应考虑 10%以上的裕量，抵消谐波损耗、涡流损耗、杂散损耗对励磁变容量和发热的影响。

4.2.4.4 励磁变压器容量应能满足发电机空负荷和短路试验的要求，励磁变压器低压侧应设有分接挡位。

4.2.4.5 励磁变压器的短路阻抗的选择应使直流侧短路时短路电流小于磁场断路器和功率整流装置快速熔断器的最大分断电流。

4.2.4.6 励磁变压器绝缘耐热等级一般应考虑 B 级及以上，建议绝缘耐热等级采用 F 级。

4.2.4.7 励磁变压器各相直流电阻的差值应小于平均值的 2%；线间直流电阻差值应小于平均值的 1%；电压比的允许误差在额定分接头位置时为±0.5%，三相电压不对称度应不大于 5%。

4.2.5 交流励磁机和副励磁机

4.2.5.1 交流励磁机应符合带整流负荷交流发电机的要求，应有较大的储备容量，在交流励磁机机端三相短路或不对称短路时不应损坏。

4.2.5.2 交流励磁机的冷却系统应有必要的防尘措施，一般应采用密封式循环冷却。

4.2.5.3 交流励磁机的技术要求还应符合 JB/T 7784 的要求。

4.2.5.4 副励磁机应采用符合 JB/T 9578 要求的永磁式同步发电机。

4.2.5.5 副励磁机负荷从空负荷到相当于励磁系统输出顶值电流时，其端电压的变化应不超过额定值的 10%～15%。

4.3 设计阶段监督

4.3.1 励磁系统在设计选型时应执行 GB/T 7409、DL/T 843 等发电机励磁系统以及相关部件的技术标准，应采用成熟可靠、经相关认证检测中心检测合格、有良好运行业绩的产品。

4.3.2 励磁装置应能进行就地、远方的磁场断路器分合，调节方式和通道的切换，以及增减励磁和电力系统稳定器的投退操作，远方或就地方式应能相互闭锁。

4.3.3 励磁装置应设计有与发电机—变压器组同期装置、AVC 装置、PMU 装置、故障录波器、发电机—变压器组保护及计算机监控系统等联系用的接口，应设计有便于用户进行励磁系统参数测试和电力系统稳定器频率特性试验的接口。

4.3.4 励磁调节器的工作电源应按双套配置，一般为一组交流电源和一组直流电源。两个通道的直流电源宜取自不同直流母线段；两个通道的交流电源宜取自 UPS 电源或保安段电源，也可取自励磁变压器低压侧，但应经专门的滤波单元。

4.3.5 励磁调节器两个通道应分别取自发电机机端不同组别电压互感器和电流互感器。对于自并励励磁系统，如有条件两个通道对应的转子电流宜取自励磁变压器低压侧不同组电流互感器。

4.3.6 励磁调节器用电压互感器二次回路中应设计单相自动开关，从电压互感器本体引出的二次接线宜采用经端子排转接的方式。

4.3.7 接入励磁调节器的并网断路器辅助触点宜采用本体动断触点。

4.3.8 励磁调节器宜配置发电机定子过流限制器和发电机空负荷过电压保护功能。

4.3.9 励磁母线应设置倒换接头，宜根据情况倒换极性。

4.3.10 功率整流装置内宜设计有测温点，在温度过高时发出温度高报警信号。

4.3.11 励磁变压器高压侧电流互感器应采用穿心式电流互感器，以保证在变压器高压侧短路时有足够的动热稳定性。

4.3.12 并联整流柜交、直流侧应有与其他柜及主电路隔断的措施。

4.3.13 从励磁变压器到整流柜交流母线进线应采用等长电缆或采用几个功率整流柜中间铜

排进线方式，以保证较好的自然均流。

4.3.14 励磁变压器的高压侧不应安装自动开关或快速熔断器。

4.3.15 励磁变压器接线方式一般采用 Yd 或 Dy 接线方式，Y（或 y）侧中性点不应接地。

4.3.16 励磁变压器每相宜配置两个 PT100 温度测点，应引至励磁变压器温控器端子排上。

4.3.17 励磁变压器宜设计冷却风机，风机电源应可靠，宜取自厂用保安段电源。

4.3.18 励磁变压器低压侧交流动力电缆应采用单芯、多股软电缆，分相布置的励磁交流电缆固定材料应采用非导磁材料。

4.3.19 励磁变压器温度超高保护应动作于报警，不应动作于停机，测温电阻信号电缆与二次控制回路电缆应分开布置。大型发电机组励磁变压器宜采用电流速断保护作为主保护，过电流保护作为后备保护。

4.3.20 起励电源可以是直流电源，也可以是厂用交流电源。一般 300MW 及以上大型机组起励电源宜采用交流电源。

4.3.21 对于无刷励磁系统，宜配置旋转二极管熔断器运行状态在线监测的装置。

4.3.22 励磁系统至少应具有下列检测功能：

a) 调节器电源故障检测；

b) 触发脉冲检测；

c) 励磁调节器同步回路检测；

d) 电压互感器断线检测；

e) 功率整流装置停风检测；

f) 功率整流柜故障退出检测；

g) 调节通道故障检测。

4.3.23 励磁系统至少应能发出下列信号：

a) 励磁机故障；

b) 励磁变压器故障；

c) 功率整流装置故障；

d) 电压互感器断线；

e) 电源故障或消失；

f) 触发脉冲故障；

g) 各种限制动作；

h) 起励故障；

i) 旋转整流元件故障。

4.4 安装阶段监督

4.4.1 建设安装单位应严格按照 DL/T 490 标准、设计图纸和励磁厂家安装资料要求进行励磁设备安装工作。

4.4.2 励磁变压器的安装就位应按 GB 50171 的要求固定和接地。

4.4.3 励磁变压器就位后，应检查其外表及绕组、引线、铁芯、紧固件、绝缘件等完好无损。

4.4.4 励磁变压器及其附件安装好后应及时进行清扫，按 GB 50150 的要求开展交接试验，磁场断路器、非线性电阻及过电压保护器的交接试验项目可参照 DL/T 489 的要求执行。

4.4.5 紧固励磁盘柜间所用的螺栓、垫圈、螺母等紧固件时应使用力矩扳手，应按照制造厂规定的力矩进行紧固，并应做好标记。螺栓连接紧固后应用 0.05mm 的塞尺检查，其塞入深度应不大于 4mm。

4.4.6 励磁盘柜之间接地母排与接地网应连接良好，应采用截面积不小于 50mm² 的接地电线或铜编织线与接地扁铁可靠连接，连接点应镀锡。

4.4.7 灭磁柜安装后应测量磁场断路器每个断口触头接触电阻，阻值应不大于出厂值的 120%。应检查分、合闸线圈的直流电阻与厂家说明书一致，应测量磁场断路器的分、合闸时间。

4.4.8 电缆敷设与配线应满足下列要求：

a) 电缆敷设应分层，其走向和排列方式应满足设计要求。屏蔽电缆不应与动力电缆敷设在一起，屏蔽电缆屏蔽层应两端接地，动力电缆接地截面积不小于 16mm²，控制电缆接地截面积不小于 4mm²。

b) 交、直流励磁电缆敷设弯曲半径应大于 20 倍电缆外径，且并联使用的励磁电缆长度误差应不大于 0.5%。

c) 强、弱电回路应分开走线，可能时应采用分层布置，交、直流回路应采用不同的电缆，以避免强电干扰。配线应美观、整齐，每根线芯应标明电缆编号、回路号、端子号，字迹应清晰，不易褪色和破损。

d) 控制电缆与动力电缆应分开走线，严格分层布置。

4.4.9 对于在励磁小室内布置的励磁盘柜，为保证盘柜的散热性能，宜保证柜前预留至少 800mm 距离，柜后预留 500mm 距离，柜顶部预留至少 1000mm 距离。

4.4.10 室内如装设空调，空调排水应接至室外。

4.5 调试阶段监督

4.5.1 调试单位应严格按照 DL/T 1166、DL/T 1167 和 DL/T 1231 等标准规定的交接试验和特殊试验项目和要求进行励磁系统试验。

4.5.2 对于新建或改造的励磁系统，电厂应委托有资质的调试单位进行励磁系统试验。

4.5.3 调试单位应按照 DL/T 1166 标准中要求的交接试验项目编制励磁系统调试方案，交接试验项目详见附录 A。

4.5.4 调试单位应严格按照厂家图纸核对盘柜内和盘柜间的二次接线，按照设计院的设计图纸核对励磁装置与外部设备的二次回路，确保回路正确。电厂应及时统计调试中发现的设计错误或缺陷，在工程结束后收集调试用图纸。

4.5.5 应审核励磁系统限制定值的合理性，励磁限制应先于发电机—变压器组保护动作，配合关系如下：

a) 低励限制应与失磁保护配合；

b) 过励限制应与发电机转子过负荷保护配合；

c) 定子过流限制应与发电机定子过负荷保护配合；

d) V/Hz 限制应与发电机和主变压器过励磁保护配合。

4.5.6 应注意励磁变压器保护定值整定原则的合理性，要求如下：

a) 如采用励磁变压器差动保护作为主保护，应适当提高差动启动电流值，建议按（0.5～0.7）I_N 整定。

b) 如采用电流速断保护作为主保护，速断电流应按励磁变压器低压侧两相短路有一定灵敏度要求整定，一般灵敏度可取 1.2～1.5，动作时间按躲过快速熔断器熔断时间整定，建议取 0.3s。

c) 过流保护作为励磁变压器后备保护，其整定值可按躲过强励时交流侧励磁电流整定，动作时间一般为 0.6s。

d) 过负荷保护电流应取自励磁变低压侧 TA，如动作于停机，过负荷定值应按严重过负荷整定，一般按 1.2 倍～1.5 倍额定励磁电流整定，延时应躲过强励时间。

4.5.7　宜退出励磁系统内置的转子接地保护装置，解除所有相关回路接线，采用发电机—变压器组保护中的转子接地保护装置，宜采用两套不同原理的转子接地保护。

4.5.8　为保证发电机大轴接地良好，应配置两组接地碳刷。

4.6　运行阶段监督

4.6.1　励磁装置运行环境要求：海拔不大于 1000m 时，允许温度为–10℃～＋40℃。

4.6.2　当海拔超过 1000m 时，环境最高温度和功率整流装置的出力应按表 1 进行修正。

表 1　不同海拔高度时最高环境温度、出力修正表

海拔高度 H m	$H{\leq}1000$	$1000{<}H{\leq}1500$	$1500{<}H{\leq}2000$	$2000{<}H{\leq}2500$
最高环境温度 ℃	40	37.5	35	32.5
功率整流装置出力 A	$1I_N$	$0.957I_N$	$0.914I_N$	$0.871I_N$

4.6.3　自动电压调节器在发电机并网运行方式下应采用恒电压调节方式，不宜采用恒无功功率调节或恒功率因数调节方式。采用其他控制方式时，需经过调度部门的批准。

4.6.4　电厂人员应定期对励磁系统进行巡视检查，检查内容如下：

a) 检查励磁装置有无故障报警；

b) 检查调节器工控机有无死机、黑屏或通信故障等；

c) 应与 DCS 和发电机—变压器组保护装置等采样值进行对比，确认励磁电压、励磁电流、有功功率、无功功率等采样值正确并记录；

d) 观察功率整流装置输出电流，计算均流系数是否满足要求；

e) 确认双自动通道运行方式与规定是否一致；

f) 应确认 PSS 投退断路器、就地/远方切换断路器、功率柜脉冲投切断路器等位置正确；

g) 应检查风机运转正常，无异音。

4.6.5　应定期清洁整流柜前、后滤网积灰，积灰严重时应更换滤网，环境恶劣时应适当增加清洁或更换的频率。

4.6.6　机组带大负荷时，应定期使用红外线测温仪或热成像仪检查功率整流柜内主要元件的发热情况，推荐运行温度见表 2。

表 2　功率整流柜内主要元件的运行温度（建议值）

测温对象	测温位置	建议运行温度 ℃
晶闸管	功率柜出口风温	50

表 2（续）

测温对象	测温位置	建议运行温度 ℃
阻容吸收电阻	电阻表面	150
快速熔断器	快速熔断器与铜排连接处	80
铜母排	母排连接处	80

4.6.7　机组并网初期或停机前，宜进行调节器双通道切换试验，切换前应检查双通道跟踪正常，参数一致。

4.6.8　发电机空负荷运行时，应进行风机电源和两组风机之间的切换试验。励磁调节器电源取自励磁变压器低压侧时，也应在发电机空负荷时进行电源切换试验。

4.6.9　应定期对发电机碳刷进行以下检查，发现异常应尽快处理：

    a)　用红外测温仪或成像仪测量集电环和碳刷的温度是否过热；

    b)　用钳形电流表测量各碳刷分流是否均衡；

    c)　碳刷在刷框内有无跳动、摇动或卡涩的情况，弹簧压力是否正常；

    d)　碳刷刷辫是否完整，与碳刷的连接是否良好，有无发热及触碰机构件的情况；

    e)　集电环与碳刷之间是否存在接触不良或打火现象；

    f)　碳粉是否过多堆积。

4.6.10　更换碳刷时必须使用同一型号的碳刷，并且碳刷接触面宜大于碳刷截面的 80%，每次更换碳刷的数量不得超过单极总数的 10%，每个刷架上只许换 1 个～2 个碳刷。

4.6.11　励磁系统发生故障时，应冷静对待，并按以下原则进行处理：

    a)　应准确记录故障信息、故障代码和报警或动作信号，及时收集故障数据和录波图，以便及时查找和分析故障原因；

    b)　检查励磁系统主要设备有无异常情况和设备损坏；

    c)　未查明故障原因原则上不允许继续投入使用；

    d)　故障原因查明后，应向上级和调度部门汇报，整理故障分析报告并存档；

    e)　发生严重故障后，应及时按照集团公司技术监督管理办法速报制度执行。

4.7　检修阶段监督

4.7.1　励磁系统检修应随发电机检修周期进行。

4.7.2　当励磁系统发生危及安全运行的异常情况或事故时，应退出运行进行故障检修。应根据设备损坏程度和处理难易程度向电网调度申请检修工期，按调度批准的工期进行检修。

4.7.3　电厂 A/B 级检修时励磁系统的试验项目应按照附录 A 中定期试验项目执行，不能漏项，试验方法和要求应按照 DL/T 1166、DL/T 596、DL/T 490 标准执行。同时，宜增加磁场断路器导电性能测试、非线性电阻特性测试及转子过电压保护测试等项目。

4.7.4　励磁变压器等一次设备的试验项目应按照 DL/T 596 的要求执行。

4.7.5　对于基建调试阶段未开展的常规交接试验项目，应在 A/B 级检修中补充进行。

4.7.6　新改造励磁系统的试验应按交接试验项目的要求和规定开展，特殊试验按电网调度部门要求进行。

4.7.7 电厂 C 级检修时励磁系统试验项目应根据设备运行状况,合理确定有针对性的检验项目,但应至少包含以下试验项目:

a) 励磁主要部件和回路的绝缘试验,应加强对励磁共箱母线的绝缘检查;

b) 主要设备的清扫,滤网清洁或更换;

c) 励磁调节器模拟量采样检查、开入开出量传动检查;

d) 二次回路接线紧固;

e) 发电机碳刷检查,碳粉清理;

f) 励磁系统参数核对。

4.7.8 励磁系统运行中遗留的缺陷应尽可能利用发电机组停机备用或临时检修机会消除,避免设备带病运行。

4.7.9 检修工作结束后,应提供完整的检修报告,报告要求如下:

a) 报告中的试验数据应真实、可信;

b) 报告中应提供录波曲线,对录波曲线中关键点的数值进行标记,并进行必要的计算,计算结果应符合试验要求;

c) 报告中应有检修总结和结论,对检修中发现问题的整改情况进行说明;

d) 报告应一式三份,经审核、批准并签字盖章后归档保存。

4.7.10 励磁系统检修用的试验设备应满足准确度等级的要求,且检测合格并在有效期内。

5 监督管理要求

5.1 监督基础管理工作

5.1.1 绝缘监督管理的依据。

电厂应按照集团公司《电力技术监督管理办法》和本标准的要求,制定励磁监督管理标准,并根据国家法律、法规及国家、行业、集团公司标准、规范、规程、制度,结合电厂实际情况,编制励磁监督相关/支持性文件;建立健全技术资料档案,以科学、规范的监督管理,保证励磁设备安全可靠运行。

5.1.2 励磁监督管理应具备的相关支持性文件:

a) 机组运行规程;

b) 机组检修规程;

c) 安全生产考核管理标准;

d) 综合档案管理标准;

e) 更新改造项目管理标准;

f) 设备检修管理标准;

g) 设备异动管理标准;

h) 文件控制管理标准。

5.1.3 技术资料档案。

5.1.3.1 基建阶段技术资料:

a) 励磁调节装置的原理说明书;

b) 励磁系统控制逻辑图、程序框图、分柜图及元件参数表;

c) 励磁系统传递函数总框图及参数说明;

d) 发电机、励磁机、励磁变压器、碳刷、互感器、励磁装置等使用维护说明书和用户手册等；

e) 励磁系统设备出厂检验报告、合格证书；

f) 励磁系统主要元器件选型说明、计算书；

g) 励磁附加控制定值单（格式见附录 B）；

h) 主设备厂家提供的设备运行限制曲线。

5.1.3.2 试验报告和记录：

a) 励磁装置试验报告（含交接试验报告和定期检验报告）；

b) 励磁变压器试验报告（含交接试验报告和预防性试验报告）；

c) 发电机进相试验报告；

d) 励磁系统建模及参数辨识试验报告；

e) 电力系统稳定器试验报告；

f) 励磁设备管理台账（格式见附录 C）。

5.1.3.3 缺陷闭环管理记录：

a) 日常设备维修（缺陷）记录和异动记录；

b) 月度缺陷分析。

5.1.3.4 事故管理报告和记录：

a) 设备非计划停运、障碍、事故统计记录；

b) 事故分析报告。

5.1.3.5 技术改造报告和记录：

a) 可行性研究报告；

b) 技术方案和措施；

c) 技术图纸、资料、说明书；

d) 质量监督和验收报告；

e) 完工总结报告和后评估报告。

5.1.3.6 监督管理文件：

a) 与励磁监督有关的国家法律、法规及国家、行业、集团公司标准、规范、规程、制度；

b) 励磁技术监督年度工作计划和总结；

c) 励磁技术监督季报、速报；

d) 励磁技术监督预警通知单和验收单；

e) 励磁技术监督会议纪要；

f) 励磁技术监督工作自查报告和外部检查评价报告；

g) 励磁技术监督人员技术档案、上岗考试证书；

h) 与励磁设备质量有关的重要工作来往文件。

5.2 日常管理内容和要求

5.2.1 健全监督网络与职责。

5.2.1.1 各电厂应建立健全由生产副厂长（总工程师）领导下的励磁技术监督三级管理网。第一级为厂级，包括生产副厂长（总工程师）领导下的励磁监督专责人；第二级为部门级，包括运行部电气专工，检修部电气专工；第三级为班组级，包括各专工领导的班组人员。在生产副厂长（总工程师）领导下由励磁监督专责人统筹安排，协调运行、检修等部门完成励磁技术监督工作。励磁监督三级网严格执行岗位责任制。

5.2.1.2 按照集团公司《电力技术监督管理办法》编制电厂励磁监督管理标准，做到分工、职责明确，责任到人。

5.2.1.3 电厂励磁技术监督工作归口职能管理部门在电厂技术监督领导小组的领导下，负责励磁技术监督的组织建设工作，建立健全技术监督网络，并设励磁技术监督专责人，负责全厂励磁技术监督日常工作的开展和监督管理。

5.2.1.4 电厂励磁技术监督工作归口职能管理部门每年年初要根据人员变动情况及时对网络成员进行调整；按照人员培训和上岗资格管理办法的要求，定期对技术监督专责人和特殊技能岗位人员进行专业和技能培训，保证持证上岗。

5.2.2 确定监督标准符合性。

5.2.2.1 励磁监督标准应符合国家、行业及上级主管单位的有关规定和要求。

5.2.2.2 每年年初，励磁技术监督专责人应根据新颁布的标准、规范及设备异动情况，组织对励磁设备运行规程、检修规程等规程、制度的有效性、准确性进行评估，修订不符合项，经归口职能管理部门领导审核、生产主管领导审批后发布实施。国家标准、行业标准及上级单位监督规程、规定中涵盖的相关励磁监督工作均应在电厂规程及规定中详细列写齐全。

5.2.3 确定仪器仪表有效性。

5.2.3.1 应根据检验、使用及更新情况补充更新励磁设备管理台账。

5.2.3.2 根据检定周期，每年应制定励磁监督仪器仪表的检验计划，根据检验计划定期进行检验或送检，对检验合格的可继续使用，对检验不合格的则应送修，对送修仍不合格的作报废处理。

5.2.3.3 检验合格的仪器仪表应粘贴合格标识，标明设备有效期等。

5.2.4 制定监督工作计划。

5.2.4.1 励磁技术监督专责人每年 11 月 30 日前应制订下年度技术监督工作计划，报送产业公司、区域公司，同时抄送西安热工研究院有限公司（以下简称"西安热工院"）。

5.2.4.2 电厂励磁技术监督年度计划的制订依据至少应包括以下几方面：

    a) 国家、行业、地方有关电力生产方面的政策、法规、标准、规程和反事故措施要求；

    b) 集团公司、产业公司、区域公司、电厂技术监督管理制度和年度技术监督动态管理要求；

    c) 集团公司、产业公司、区域公司、电厂技术监督工作规划和年度生产目标；

    d) 技术监督体系健全和完善化；

    e) 人员培训和监督用仪器设备配备和更新；

    f) 机组检修计划；

    g) 设备目前的运行状态；

    h) 技术监督动态检查、预警、月（季）报提出问题的整改；

    i) 收集的其他有关励磁设备设计选型、制造、安装、运行、检修、技术改造等方面的动态信息。

5.2.4.3 电厂技术监督年度工作计划应实现动态化，即每季度应制订励磁技术监督工作计划。年度（季度）监督工作计划应包括以下主要内容：

a) 技术监督组织机构和网络完善；

b) 监督管理标准、技术标准制定、修订计划；

c) 人员培训计划（主要包括内部培训、外部培训取证，标准规范宣贯）；

d) 技术监督例行工作计划；

e) 检修期间应开展的技术监督项目计划；

f) 监督用仪器、仪表检定计划；

g) 技术监督自我评价、动态检查和复查评估计划；

h) 技术监督预警、动态检查等监督问题整改计划；

i) 技术监督定期工作会议计划。

5.2.4.4 电厂应根据上级公司下发的年度技术监督工作计划，及时修订补充本单位年度技术监督工作计划，并发布实施。

5.2.4.5 励磁监督专责人每季度对励磁监督各部门监督计划的执行情况进行检查，对不满足监督要求的通过技术监督不符合项通知单的形式下发到相关部门进行整改，并对励磁监督的相关部门进行考评。技术监督不符合项通知单编写格式见附录D。

5.2.5 监督档案管理。

5.2.5.1 电厂应按照附录E规定的资料目录清单的要求，建立和健全励磁技术监督档案、规程、制度和技术资料，确保技术监督原始档案和技术资料的完整性和连续性。

5.2.5.2 根据励磁监督组织机构的设置和受监设备的实际情况，明确档案资料的分级存放地点并指定专人负责整理保管。

5.2.5.3 励磁技术监督专责人应建立励磁档案资料目录清册，并负责及时更新。

5.2.6 监督报告管理。

5.2.6.1 励磁监督速报的报送。

当电厂发生重大监督指标异常，受监控设备重大缺陷、故障和损坏事件，火灾事故等重大事件后24h内，应将事件概况、原因分析、采取措施按照附录F的格式，以速报的形式报送产业公司、区域公司和西安热工院。

5.2.6.2 励磁监督季报的报送。

励磁技术监督专责人应按照附录G的季报格式和要求，组织编写上季度励磁技术监督季报。经电厂归口职能管理季报汇总人按照《电力技术监督管理办法》附录C格式编写完成"技术监督综合季报"后，应于每季度首月5日前，将全厂技术监督季报报送产业公司、区域公司和西安热工院。

5.2.6.3 励磁监督年度工作总结报告的报送。

a) 励磁技术监督专责人应于每年1月5日前编制完成上年度技术监督工作总结报告的编写工作，并将总结报告报送产业公司、区域公司和西安热工院。

b) 年度监督工作总结报告主要内容应包括以下几方面：

1) 励磁监督主要工作完成情况、亮点、经验与教训；

2) 励磁设备一般事故、危急缺陷和严重缺陷统计分析；

3) 励磁监督存在的主要问题和改进措施；

4) 励磁监督下年度工作思路、计划、重点和改进措施。

5.2.7 监督例会管理。

5.2.7.1 电厂每年至少召开两次厂级技术监督工作会议，会议由电厂技术监督领导小组组长主持，检查评估、总结、布置励磁技术监督工作，对出现的问题提出处理意见和防范措施，形成会议纪要，按管理流程批准后发布实施。

5.2.7.2 励磁专业每季度至少召开一次技术监督工作会议，会议由励磁监督专责人主持，并形成会议纪要。

5.2.7.3 例会主要内容包括：

   a) 励磁监督范围内设备及系统的故障、缺陷分析及处理措施；
   b) 励磁监督相关工作计划发布及执行情况；
   c) 励磁监督专业新知识、新技术、新标准及法律、法规的学习交流；
   d) 励磁监督管理工作经验交流总结，提高励磁技术监督管理水平；
   e) 励磁技术监督工作研究、总结，推广运用电力监督成果。

5.2.8 监督预警管理。

5.2.8.1 集团公司励磁技术监督预警项目见附录 H。电厂应将三级预警识别纳入日常励磁监督管理和考核工作中。

5.2.8.2 对于上级监督单位签发的技术监督预警通知单（格式见附录 I），电厂应认真组织人员研究有关问题，制定整改计划，整改计划中应明确整改措施、责任部门、责任人和完成日期。

5.2.8.3 问题整改完成后，电厂应按照验收程序要求，向预警提出单位提出验收申请，经验收合格后，由验收单位填写预警验收单（格式见附录 J），并报送预警签发单位备案。

5.2.9 监督问题整改管理。

5.2.9.1 整改问题的提出：

   a) 上级或技术监督服务单位在技术监督动态检查、预警中提出的整改问题；
   b) 《火电技术监督报告》中明确的集团公司或产业公司、区域公司提出的督办问题；
   c) 《火电技术监督报告》中明确的电厂需要关注及解决的问题；
   d) 电厂励磁监督专责人每季度对励磁监督计划的执行情况进行检查，对不满足监督要求提出的整改问题。

5.2.9.2 问题整改管理：

   a) 电厂收到技术监督评价考核报告后，应组织有关人员会同西安热工院或技术监督服务单位在两周内完成整改计划的制订和审核，并将整改计划报送集团公司、产业公司、区域公司，同时抄送西安热工院或技术监督服务单位；
   b) 整改计划应列入或补充列入年度监督工作计划，电厂按照整改计划落实整改工作，并将整改实施情况及时在技术监督季报中总结上报；
   c) 对整改完成的问题，电厂应保存问题整改相关的试验报告、现场图片、影像等技术资料，作为问题整改情况及实施效果评估的依据。

5.2.10 监督评价与考核。

5.2.10.1 电厂应将《励磁技术监督工作评价表》中的各项要求纳入励磁监督日常管理工作中，《励磁技术监督工作评价表》见附录 L。

5.2.10.2 电厂应按照《励磁技术监督工作评价表》中的各项要求，编制完善励磁技术监督管理制度和规定，贯彻执行；完善各项励磁监督的日常管理和检修维护记录，加强受监设备的运行、检修维护技术监督。

5.2.10.3 电厂应定期对技术监督工作开展情况组织自我评价，对不满足监督要求的不符合项以通知单的形式下发到相关部门进行整改，并对相关部门及责任人进行考核。

5.3 各阶段监督重点工作

5.3.1 设计与设备选型阶段。

5.3.1.1 电厂应参与项目的可行性研究、初步设计、设计及施工图纸审核等工作，图纸修订及发布应有完整审批流程，应包含制图、审核、批准等人员以及相关修订说明。图纸修改情况应在励磁管理台账中体现。

5.3.1.2 电厂应对励磁方式、励磁变压器容量、碳刷型号、功率柜配置及主要元器件的设计选型进行监督，对励磁系统与DCS、AVC、继电保护装置、同期装置及故障录波器等相关设备的接口设计情况进行监督检查。

5.3.2 安装阶段。

5.3.2.1 审查安装主体单位及人员的资质。

5.3.2.2 审查安装单位所编制的工作计划、进度网络图以及施工方案。

5.3.2.3 编制安装阶段监督计划，明确各重要节点的质量见证点，落实验收各见证点。重点对励磁变压器和励磁调节器等装置安装基础的施工进行检查及验收，对励磁相关二次电缆的敷设进行监督，确保励磁设备安装质量和投产后性能达标。

5.3.2.4 对安装阶段发现的不符合项或达不到标准要求的，应及时处理。

5.3.2.5 施工记录、施工验收报告（或记录）、监理合同、监理大纲、监理工程质量管理资料等技术资料应齐全、归档。

5.3.3 调试阶段。

5.3.3.1 审查调试单位及人员的资质，明确调试组织机构以及励磁专业组成员。

5.3.3.2 审核调试单位所编制的调试方案、技术措施。

5.3.3.3 依据标准相关项目对静态、空负荷、带负荷等不同阶段调试的关键节点进行监督并见证。

5.3.3.4 审查调试单位对调试项目的验收评定以及调试总结。

5.3.3.5 依据资料验收的标准，按要求归档整个调试过程的调试方案、调试记录、调试报告等相关技术资料。

5.3.4 运行阶段。

5.3.4.1 根据国家和行业有关的技术标准、运行规程和产品技术条件文件，结合电厂的实际制定本企业的《电厂运行规程》和励磁系统反事故措施以及预案，并按规定要求加强运行监督。

5.3.4.2 电厂应建立励磁主要设备（如励磁变压器、整流柜、灭磁断路器、阻容吸收电阻、碳刷及刷架等）的红外成像图库并分类存放，应根据红外成像图库整理不同负荷下主要设备的运行温度数据，形成温度变化趋势图，及时进行对比和分析工作。

5.3.4.3 严格按相关运行规程及反事故措施的要求，组织运行和检修人员加强对发电机转子及滑环的运行监督。

5.3.4.4 根据设备特点、机组负荷、环境因素等加强励磁调节器、功率柜等装置的散热监测，合理制定风道滤网清洗和更换的周期。

5.3.4.5 运行定值应与调度部门审查备案的定值保持一致。如需改动，须经调度部门或电厂主管领导核准后方可执行。

5.3.5 检修阶段。

5.3.5.1 贯彻预防为主的方针，做到应修必修，修必修好。按照集团公司《电力检修标准化管理实施导则（试行）》做好检修全过程的监督管理，实现修后全优目标。

5.3.5.2 根据本企业励磁设备情况，编写或修编标准项目的检修文件包，制订特殊项目的工艺方法、质量标准、技术措施、组织措施和安全措施。

5.3.5.3 励磁检修阶段监督的重点是审查励磁试验项目的周期、试验数据及试验结果的正确性。

5.3.5.4 应关注对附属设备如励磁封闭母线（或电缆）、励磁用电压和电流互感器、功率柜风机等的检查。

5.3.5.5 检修结束后，技术资料按照要求归档、设备管理台账应实现动态更新，应及时编写检修报告，并履行审批手续。

6 监督评价与考核

6.1 评价内容

励磁监督评价和考核的主要内容分为励磁监督管理和技术监督标准实施两部分，总分为1000分，其中监督管理评价部分包括 8 个大项、31 个小项，共 400 分，监督标准执行部分包括 7 个大项、45 个小项，共 600 分，每项检查评分时，如扣分超过本项应得分，则扣完为止。

6.2 评价标准

6.2.1 被评价的电厂按得分率高低分为 4 个级别，即：优秀、良好、合格、不符合。

6.2.2 得分率高于或等于 90%为"优秀"，80%～90%（不含 90%）为"良好"，70%～80%（不含 80%）为"合格"，低于 70%为"不符合"。

6.3 评价组织与考核

6.3.1 技术监督评价包括集团公司技术监督评价、属地电力技术监督服务单位技术监督评价、电厂技术监督自我评价。

6.3.2 集团公司定期组织西安热工院和集团公司内部专家，对电厂技术监督工作开展情况、设备状态进行评价，评价工作按照集团公司《电力技术监督管理办法》附录 D "技术监督动态检查管理办法"规定执行，分为现场评价和定期评价。

6.3.2.1 集团公司技术监督现场评价按照集团公司年度技术监督工作计划中所列的电厂名单和时间安排进行。各电厂在现场评价实施前应按附录 L《励磁技术监督工作评价表》进行自查，编写自查报告。西安热工院在现场评价结束后三周内，应按照集团公司《电力技术监督管理办法》附录 C 的格式要求完成评价报告，并将评价报告电子版报送集团公司安生部，同时发送产业公司、区域公司及电厂。

6.3.2.2 集团公司技术监督定期评价按照集团公司《电力技术监督管理办法》及本标准要求和规定，对电厂生产技术管理情况、机组障碍及非计划停运情况、励磁监督报告的内容符合性、准确性、及时性等进行评价，通过年度技术监督报告发布评价结果。

6.3.2.3 集团公司对严重违反技术监督制度、由于技术监督不当或监督项目缺失、降低监督标准而造成严重后果、对技术监督发现问题不进行整改的电厂，予以通报并限期整改。

6.3.3 电厂应督促属地技术监督服务单位依据技术监督服务合同的规定，提供技术支持和监督服务，依据相关监督标准定期对电厂技术监督工作开展情况进行检查和评价分析，形成评价报告，并将评价报告电子版和书面版报送产业公司、区域公司及电厂。电厂应将报告归档管理，并落实问题整改。

6.3.4 电厂应按照集团公司《电力技术监督管理办法》及集团公司电厂安全生产管理体系要求建立完善技术监督评价与考核管理标准，明确各项评价内容和考核标准。

6.3.5 电厂每年应按附录 L，组织安排励磁监督工作开展情况的自我评价，根据评价情况对相关部门和责任人开展技术监督考核工作。

附 录 A
（规范性附录）
励磁系统试验项目表

编号	试 验 项 目	交接试验	定期试验
1	励磁系统各部件绝缘试验	√	√
2	励磁装置各单元特性测定		
2.1	稳压电源检查	√	√
2.2	模拟量和开关量检查	√	√
2.3	低励、过励、强励、V/Hz 等限制定值检查	√	√
2.4	同步信号及移相回路检查	√	
2.5	开环小电流负荷试验	√	√
2.6	转子过电压保护单元试验	√	√
2.7	磁场断路器导电性能测试	√	√
2.8	非线性电阻性能测试	√	√
2.9	功率整流装置熔断器检查试验		√
3	发电机空负荷条件下的试验		
3.1	交流励磁机空负荷和带负荷试验	√	√
3.2	副励磁机带负荷试验	√	√
3.3	发电机起励及零起升压试验	√	√
3.4	自动及手动电压调节范围测量	√	√
3.5	灭磁试验	√	√
3.6	手动和自动通道切换试验	√	√
3.7	TV 断线逻辑检查试验	√	√
3.8	空负荷阶跃响应试验	√	√
3.9	功率柜风机切换试验	√	√
4	发电机并网后的试验		
4.1	并网后的通道切换试验	√	√
4.2	电压静差率和电压调差率测定	√	
4.3	发电机带负荷阶跃响应试验	√	
4.4	低励、过励限制功能校核试验	√	√

表（续）

编号	试 验 项 目	交接试验	定期试验
4.5	功率整流装置均流检查	√	√
5	轴电压测量	√	√
6	发电机甩负荷试验	√	
7	发电机进相试验	√	
8	特殊试验		
8.1	励磁系统模型参数确认试验	√	
8.2	电力系统稳定器试验	√	

附 录 B
（资料性附录）
励磁附加控制定值单

序号	参 数 名 称	设 定 值	
1	调差系数		
2	过电压限制		
3	V/Hz 限制设定参数		
4	最大励磁电流瞬时限制		
5	低励限制（根据低励曲线，取 3 个~5 个点）	P MW	Q Mvar
6	过励限制		
7	强励反时限限制参数	强励倍数	
		强励允许时间 t s	
		长期允许励磁电流 A	
8	定子电流限制		
9	PSS 定值		

附 录 C

（资料性附录）

励磁设备管理台账

励磁装置主要参数（详细参数见设备台账）	
填写调节器软件版本号、校验码、投产日期、电源板出厂日期等重要信息。	
1. 励磁定值管理情况（含定值计算、下发、修改等过程记录，反映定值闭环管理过程）	
××××年××月××日，下发定值×份，编号××，×时已执行	超链接（定值单、回执单等）
××××年××月××日，收到定值修改通知单，×时已执行	超链接（修改单、回执单等）
⋮	
2. 励磁系统检修情况	
××××年××月××日，××装置检验，试验合格	超链接（报告签字版）
××××年××月××日，完成×机组进相试验	超链接（报告签字版）
××××年××月××日，××保护装置跳闸或程序升级后检验	超链接（校验报告签字版）
⋮	
3. 励磁系统运行情况	
××××年××月××日，更换某板件	超链接（照片）
××××年××月××日，升级程序	超链接（照片）
××××年××月××日，××装置进行红外成像测温	超链接（图库、温度趋势）
⋮	
4. 异常或故障情况	
××××年××月××日，××故障	超链接（事故分析报告、录波图等）
××××年××月××日，发出××异常信号	超链接（分析报告）
⋮	
5. 其他管理工作（如备品备件、图纸核对、回路检查更改、试验仪器、计划制定、人员培训等）	
××××年××月××日，检查回路发现问题，图纸已修改	超链接（修改后的图纸电子版或扫描版）
××××年××月××日，××仪器检验，检验合格	超链接（检验报告或证书）
⋮	
注：每一条事件记录应提供相应的超链接证据或文件或报告或图片等。应及时更新电子台账，建议专门指定一台计算机进行记录和更新，相应的支持文件分类存放在相应目录下	

附 录 D
（资料性附录）
技术监督不符合项通知单

编号（No）：××-××-××

发现部门：	专业：	被通知部门、班组：	签发：	日期：20××年××月××日

不符合项描述	1. 不符合项描述： 2. 不符合标准或规程条款说明：
整改措施	3. 整改措施： 制订人/日期：　　　　　　　　　　审核人/日期：
整改验收情况	4. 整改自查验收评价： 整改人/日期：　　　　　　　　　　自查验收人/日期：
复查验收评价	5. 复查验收评价： 复查验收人/日期：
改进建议	6. 对此类不符合项的改进建议： 建议提出人/日期：
不符合项关闭	整改人：　　　自查验收人：　　　复查验收人：　　　签发人：
编号说明	年份＋专业代码＋本专业不符合项顺序号

附 录 E

（资料性附录）

励磁技术监督档案目录

序号	资料档案名称
1	设备基建移交资料
1.1	发电机及励磁系统设计竣工图
1.2	励磁机、励磁变压器、励磁系统厂家说明书、随设备供应的图纸资料及励磁系统设计计算资料
1.3	励磁系统模型框图、逻辑图
1.4	设备安装和投产验收记录
2	励磁台账
2.1	励磁设备台账
2.2	励磁管理台账
2.3	励磁系统参数及定值清单（正式版）
2.4	红外程序图库
3	试验报告（含出厂报告、交接报告及定期检验报告）
3.1	励磁系统试验报告
3.2	励磁变压器试验报告
3.3	励磁试验仪器仪表检验报告
3.4	特殊试验报告（含进相试验、PSS、励磁建模试验等）
4	运行资料
4.1	励磁机、励磁变压器及励磁系统运行巡检记录
4.2	发电机碳刷、滑环运行巡检记录
4.3	红外成像巡检记录
4.4	励磁系统运行规程
5	检修资料
5.1	励磁系统检修规程
5.2	励磁系统年度检修计划及总结
5.3	励磁变压器检修文件包
6	缺陷资料
6.1	危急、重大缺陷（异常）统计表
6.2	危急、重大缺陷处理报告

表（续）

序号	资料档案名称
7	事故、障碍资料
7.1	事故、障碍统计记录
7.2	事故、障碍分析处理报告
8	技术改进资料
8.1	励磁系统技改可行性论证及方案
8.2	技改试验报告
8.3	技改后评估报告
9	励磁监督技术标准和有关反事故措施
9.1	国家标准、行业标准
9.2	励磁系统反事故措施

附　录　F
（规范性附录）
技 术 监 督 信 息 速 报

单位名称			
设备名称		事件发生时间	
事件概况	注：有照片时应附照片说明。		
原因分析			
已采取的措施			
监督专责人签字		联系电话 传　真	
生产副厂长或总工程师签字		邮　箱	

附 录 G

（规范性附录）

励磁技术监督季报编写格式

××电厂20××年×季度励磁技术监督季报

编写人：×××　固定电话/手机：××××××

审核人：×××

批准人：×××

上报时间：20××年××月××日

G.1 上季度集团公司督办事宜的落实或整改情况

G.2 上季度产业（区域）公司督办事宜的落实或整改情况

G.3 励磁监督年度工作计划完成情况统计报表（见表 G.1）

表 G.1　年度技术监督工作计划和技术监督服务单位合同项目完成情况统计报表

电厂技术监督计划完成情况			技术监督服务单位合同工作项目完成情况		
年度计划 项目数	截至本季度 完成项目数	完成率 %	合同规定的 工作项目数	截至本季度 完成项目数	完成率 %

G.4 励磁监督考核指标完成情况统计报表

G.4.1 监督管理考核指标报表（见表 G.2 和表 G.3）

监督指标上报说明：每年的 1、2、3 季度所上报的技术监督指标为季度指标；每年的 4 季度所上报的技术监督指标为全年指标。

表 G.2　技术监督预警问题至本季度整改完成情况统计报表

一级预警问题			二级预警问题			三级预警问题		
问题 项数	完成 项数	完成率 %	问题 项数	完成 项数	完成率 %	问题 项目	完成 项数	完成率 %

表 G.3　集团公司技术监督动态检查提出问题本季度整改完成情况统计报表

检查年度	检查提出问题项目数 项			电厂已整改完成项目数统计结果			
	严重 问题	一般 问题	问题项目 合　计	严重 问题	一般 问题	完成项目 数　小　计	整改完成率 %

G.4.2 励磁技术监督考核指标报表

G.5 本季度主要的励磁监督工作

填报说明：简述励磁监督管理、试验、检修、运行的工作和设备遗留缺陷的跟踪情况。

G.6 本季度励磁监督发现的问题、原因及处理情况

填报说明：包括试验、检修、运行、巡视中发现的一般事故和障碍、危急缺陷和严重缺陷。必要时应提供照片、数据和曲线。

G.7 励磁监督下季度的主要工作

G.8 附表

集团公司技术监督动态检查专业提出问题至本季度整改完成情况见表 G.4，《中国华能集团公司火电技术监督报告》专业提出的存在问题至本季度整改完成情况见表 G.5，技术监督预警问题至本季度整改完成情况见表 G.6。

表 G.4 集团公司技术监督动态检查专业提出问题至本季度整改完成情况

序号	问题描述	问题性质	西安热工院提出的整改建议	电厂制定的整改措施和计划完成时间	目前整改状态或情况说明
注1：填报此表时需要注明集团公司技术监督动态检查的年度； 注2：如4年内开展了2次检查，应按此表分别填报。待年度检查问题全部整改完毕后，不再填报					

表 G.5 《中国华能集团公司火电技术监督报告》
专业提出的存在问题至本季度整改完成情况

序号	问题描述	问题性质	问题分析	解决问题的措施及建议	目前整改状态或情况说明

表 G.6 技术监督预警问题至本季度整改完成情况

预警通知单编号	预警类别	问题描述	西安热工院提出的整改建议	电厂制定的整改措施和计划完成时间	目前整改状态或情况说明

附 录 H
（规范性附录）
励磁技术监督预警项目

H.1 一级预警

a) 励磁系统重大设备发生损坏事故的；
b) 同一电厂连续出现励磁调节器故障造成的停机事故，未查明原因，未落实整改措施继续运行的；
c) 发出二级预警后，未认真按期整改的。

H.2 二级预警

a) 同一电厂相继出现两次相同原因导致励磁系统停机故障的；
b) 励磁系统重要一次设备发生严重故障的；
c) 三级预警后，未按期完成整改任务的。

H.3 三级预警

a) 励磁设备严重老化、落后，影响机组安全稳定运行的；
b) 未按电网公司要求完成励磁系统特殊试验的；
c) 励磁系统主要性能不满足标准要求的；
d) 发电机转子绕组存在匝间短路影响机组稳定运行的；
e) 发电机碳刷和滑环环火，碳粉堆积严重的；
f) 主要设备或元器件运行温度严重超过允许值的；
g) 励磁调节器逻辑存在严重缺陷的。

附　录　I
（规范性附录）
技术监督预警通知单

通知单编号：T-　　　　　　预警类别编号：　　　　　　日期：　　年　　月　　日

发电企业名称	
设备（系统）名称及编号	

异常情况	
可能造成或已造成的后果	
整改建议	
整改要求和整改时间	

提出单位		签发人	

注：通知单编号：T—预警类别编号—顺序号—年度。预警类别编号：一级预警为1，二级预警为2，三级预警为3。

附 录 J
（规范性附录）
技术监督预警验收单

验收单编号：Y-　　　　　　　预警类别编号：　　　　　　日期：　　年　月　日

发电企业名称	
设备（系统）名称及编号	
异常情况	
技术监督 服务单位 整改建议	
整改计划	
整改结果	
验收单位	验收人

注：验收单编号：Y—预警类别编号—顺序号—年度。预警类别编号：一级预警为1，二级预警为2，三级预警为3。

附　录　K

（规范性附录）

技术监督动态检查问题整改计划书

K.1　概述

K.1.1　叙述计划的制订过程（包括西安热工研究院、技术监督服务单位及电厂参加人等）。

K.1.2　需要说明的问题，如：问题的整改需要较大资金投入或需要较长时间才能完成整改的问题说明。

K.2　重要问题整改计划表

重要问题整改计划表，见表K.1。

表 K.1　重要问题整改计划表

序号	问题描述	专业	监督单位提出的整改建议	电厂制定的整改措施和计划完成时间	电厂责任人	监督单位责任人	备注

K.3　一般问题整改计划表

一般问题整改计划表，见表K.2。

表 K.2　一般问题整改计划表

序号	问题描述	专业	监督单位提出的整改建议	电厂制定的整改措施和计划完成时间	电厂责任人	监督单位责任人	备注

附　录　L

（规范性附录）

励磁技术监督工作评价表

序号	评价项目	标准分	评价内容与要求	评分标准
1	励磁监督管理	400		
1.1	组织与职责	50		
1.1.1	监督组织健全	10	建立健全监督领导小组领导下的三级励磁监督网，设置有励磁监督专责人	（1）未建立三级励磁监督网，扣10分； （2）落实励磁监督专责人或人员调动未及时变更，扣5分
1.1.2	职责明确并得到落实	10	专业岗位职责明确，落实到人	（1）岗位职责不明确，扣5分； （2）专业岗位设置未落实到人，扣10分
1.1.3	励磁专责持证上岗	30	励磁监督专责人取得有效上岗资格证	（1）励磁监督人员对基本情况不了解，扣10分； （2）未取得资格证书或证书超期，扣25分
1.2	标准符合性	50		
1.2.1	励磁监督管理标准	10	（1）编写的内容、格式应符合《华能电厂安全生产管理体系要求》和《华能电厂安全生产管理体系管理标准编制导则》的要求，并统一编号； （2）内容应符合国家、行业法律、法规、标准和集团公司《电力技术监督管理办法》相关的要求，并符合电厂实际	（1）不符合《华能电厂安全生产管理体系要求》和《华能电厂安全生产管理体系管理标准编制导则》的编制要求，扣5分； （2）不符合国家、行业法律、法规、标准和集团公司《电力技术监督管理办法》相关的要求和电厂实际，扣5分
1.2.2	国家、行业技术标准	15	保存的技术标准符合集团公司年初发布的励磁监督标准目录；及时收集所属电网相关文件或规定，并有登记记录	（1）缺少标准或未更新，每个扣5分； （2）未收集当地电网相关文件或规定，扣5分； （3）标准未在厂内发布，扣10分
1.2.3	企业技术标准	15	企业"电气运行规程""电气检修规程""预防性试验规程"符合国家和行业技术标准；符合本厂实际情况，并按时修订	（1）巡视周期、试验周期、检修周期不符合要求，每项扣10分； （2）性能指标、运行控制指标、工艺控制指标不符合要求，每项扣5分
1.2.4	标准更新	10	标准更新符合管理流程	（1）未按时修编，每个扣5分； （2）标准更新不符合标准更新管理流程，每个扣5分

表（续）

序号	评价项目	标准分	评价内容与要求	评分标准
1.3	仪器仪表	30		
1.3.1	仪器仪表台账	5	建立励磁用仪器仪表台账，栏目应包括：仪器仪表型号、技术参数（量程、精度等级等）、购入时间、供货单位；检验周期、检验日期、使用状态等	不符合要求，不得分
1.3.2	仪器仪表资料	5	（1）保存仪器仪表使用说明书；（2）编制主要专用仪器仪表操作规程	（1）使用说明书缺失，一件扣3分；（2）专用仪器操作规程缺漏，一台扣3分
1.3.3	仪器仪表维护	5	（1）仪器仪表存放地点整洁、配有温度计、湿度计；（2）仪器仪表的接线及附件不许另作他用；（3）仪器仪表清洁、摆放整齐；（4）有效期内的仪器仪表应贴上有效期标识，不与其他仪器仪表一道存放；（5）待修理、已报废的仪器仪表应另外分别存放	（1）不符合要求，一项扣2分；（2）仪器仪表管理混乱，不得分
1.3.4	检验计划和检验报告	10	计划送检的仪表应有对应的检验报告	不符合要求，每台扣5分
1.3.5	对外委试验使用仪器仪表的管理	5	应有试验使用的仪器仪表检验报告复印件	不符合要求，不得分
1.4	监督计划	30		
1.4.1	计划的制订	20	（1）计划制定时间、依据符合要求。（2）计划内容应包括：1）管理制度制定或修订计划；2）培训计划（内部及外部培训、资格取证、规程宣贯等）；3）检修中励磁监督项目计划；4）动态检查提出问题整改计划；5）励磁监督中发现重大问题整改计划；6）仪器仪表送检计划；7）技改中励磁监督项目计划；8）图纸核对计划	（1）计划制定时间、依据不符合，一个计划扣10分；（2）计划内容不全，一个计划扣5分～10分；（3）未制定励磁监督计划，不得分
1.4.2	计划的审批	5	符合工作流程：班组或部门编制—策划部励磁专责人审核—策划部主任审定—生产厂长审批—下发实施	审批工作流程缺少环节，扣5分

表（续）

序号	评价项目	标准分	评价内容与要求	评分标准
1.4.3	计划的上报	5	每年 11 月 30 日前上报产业公司、区域公司，同时抄送西安热工院	计划上报不及时，扣 5 分
1.5	监督档案管理	100		
1.5.1	基础资料管理	20	（1）按标准要求整理资料清单或目录； （2）资料应齐全； （3）按规定分类存放，由专人管理	（1）主要基础资料不全，扣 10 分； （2）无作业指导书，扣 10 分； （3）资料管理混乱，扣 10 分
1.5.2	报告管理	20	（1）报告内容合理，项目齐全，数据可靠，结论合理； （2）及时记录新信息； （3）及时完成定期检验报告、预防性试验报告、检修总结、故障分析等报告编写，按档案管理流程审核归档	（1）报告和记录缺失，每项扣 10 分； （2）报告未经审核、批准，扣 10 分
1.5.3	励磁设备管理台账	20	（1）按规定格式建立电子版励磁设备管理台账； （2）台账应反映设备管理的全过程； （3）每一个管理记录应有必要的文件链接或相应说明； （4）链接的文件应存放合理，且为经审核批准的正式文件	（1）未按标准格式建立设备管理台账的，扣 10 分； （2）台账中主要管理过程缺失的，每项扣 10 分； （3）链接文件非正式文件的，每个扣 5 分
1.5.4	定值和参数管理	20	（1）按标准建立定值单； （2）定值单为正式定值单，按定值管理流程执行	（1）无励磁定值单，扣 10 分； （2）定值单未经审核、批准，扣 10 分
1.5.5	图纸管理	20	（1）图纸齐全； （2）图纸按规定存放； （3）有图纸核对计划； （4）有图纸核对记录	（1）图纸缺失，扣 10 分； （2）图纸管理混乱，扣 10 分； （3）图实核对无记录或与实际接线不符，扣 10 分
1.6	评价与考核	40		
1.6.1	动态检查前自我检查	10	自我检查评价切合实际	自我检查评价不细致，扣 5 分
1.6.2	定期监督工作评价	10	有监督工作评价记录	无工作评价记录，扣 10 分
1.6.3	定期监督工作会议	10	有监督工作会议纪要	无工作会议纪要，扣 10 分

表（续）

序号	评价项目	标准分	评价内容与要求	评分标准
1.6.4	监督工作考核	10	有监督工作考核记录	发生监督不力事件而未考核，扣10分
1.7	工作报告制度	50	查阅检查之日前两个季度季报、检查速报事件及上报时间	
1.7.1	监督季报、年报	20	（1）每季度首月5日前，应将技术监督季报报送产业公司、区域公司和西安热工院；（2）格式和内容符合要求	（1）季报、年报上报迟报1天扣5分；（2）格式不符合，一项扣5分；（3）统计报表数据不准确，一项扣10分；（4）检查发现的问题，未在季报中上报，每1个问题扣10分
1.7.2	技术监督速报	20	按规定格式和内容编写技术监督速报并及时上报	（1）发生危急事件未上报速报，一次扣20分；（2）未按规定时间上报，扣10分；（3）事件描述不符合实际，一件扣15分
1.7.3	年度工作总结报告	10	按规定格式和内容编写年度技术监督工作总结报告并及时上报	（1）未按规定时间上报，扣10分；（2）内容不全，扣10分
1.8	监督考核指标	50	查看仪器仪表校验报告；监督预警问题验收单；整改问题完成证明文件。预试计划及预试报告；现场查看，查看检修报告、缺陷记录	
1.8.1	励磁用仪器仪表校验率	10	要求：100%	不符合要求，不得分
1.8.2	监督预警、季报问题整改完成率	15	要求：100%	不符合要求，不得分
1.8.3	动态检查存在问题整改完成率	15	要求：从发电企业收到动态检查报告之日起，第1年整改完成率不低于85%；第2年整改完成率不低于95%	不符合要求，不得分
1.8.4	励磁设备预防性试验完成率	10	要求：100%	不符合要求，不得分
2	技术监督实施	600		
2.1	励磁系统总体性能要求	60		

表（续）

序号	评价项目	标准分	评价内容与要求	评分标准
2.1.1	强励性能	10	查看厂家报告和说明书。要求：强励性能满足要求；强励时间满足要求；相关限制和保护定值与强励性能配合	不符合要求，每项扣5分
2.1.2	静差率	10	查看试验报告。汽轮发电机励磁自动调节应保证发电机端电压静差率小于1%	不符合要求，不得分
2.1.3	空负荷阶跃响应特性	10	查看试验报告。要求：超调量、调节时间、振荡次数、电压上升时间等满足要求	每个指标不满足，扣5分
2.1.4	带负荷阶跃响应特性	10	查看试验报告。要求：阻尼比、有功波动次数、调节时间满足要求	每个指标不满足，扣5分
2.1.5	零起升压特性	10	查看试验报告。要求：超调量满足要求	不符合要求，不得分
2.1.6	轴电压	10	查看试验报告和测试记录。要求：一般不超过10V	（1）大于10V小于20V，扣5分；（2）轴电压大于20V，不得分
2.2	励磁机和副励磁机	40	（三机或两机励磁系统）	
2.2.1	空负荷特性	15	查看试验记录和设备参数	（1）未进行相关试验，扣10分；（2）性能不满足，不得分
2.2.2	带负荷特性	15	查看试验记录和设备参数	（1）未进行相关试验，扣10分；（2）性能不满足，不得分
2.2.3	绝缘水平	10	查看试验记录	不符合要求，不得分
2.3	励磁变压器	100	（自并励励磁系统）	
2.3.1	设计容量	10	查看设计计算书。要求：应满足强励要求，并应考虑10%以上的裕量；应满足1.1倍额定短路试验的要求；励磁变压器低压侧应设有分接挡位	不符合要求，每项扣5分
2.3.2	短路阻抗	10	查看设计计算书。要求：短路阻抗的选择应使直流侧短路时短路电流小于磁场断路器和功率整流装置快速熔断器的最大分断电流	不符合要求，不得分
2.3.3	试验报告	30	查看交接试验和预试试验报告。要求：试验项目齐全；试验数据正确；应有数据比对，结论合理	不符合要求，每项扣10分

表（续）

序号	评价项目	标准分	评价内容与要求	评分标准
2.3.4	电流互感器配置	5	查看参数。要求：高压侧电流互感器应采用穿芯式电流互感器；调节器双通道电流量宜取自不同绕组	不符合要求，不得分
2.3.5	冷却风机	5	查看设计图纸。要求：宜设计冷却风机，风机电源应可靠；应有温控器自动启停风机功能	不符合要求，不得分
2.3.6	励磁变压器保护配置	30	查看定值计算书和定值单。要求：如果以励磁变压器差动保护作为主保护，宜取较高的启动电流值；以速断保护作为主保护时，整理原则应合理，应与熔断器时间配合；应配置过流保护和过负荷保护，整定原则应合理；一般，速断、过流保护电流取自高压侧，过负荷保护电流取自低压侧；励磁变压器温度超高（单点）不应动作于跳闸	不符合要求，每项扣10分
2.3.7	励磁变压器运行状况	10	现场检查。要求：励磁变无异响；运行温度正常；励磁变接地良好	不符合要求，每项扣5分
2.4	励磁调节器	190		
2.4.1	逻辑框图	10	查看厂家资料。要求：有主要逻辑的说明或逻辑图	不符合要求，不得分
2.4.2	通道切换功能	10	查看试验记录或报告。要求：发电机端电压或无功功率应无明显波动；双自动通道故障时，应能自动切至手动通道，并发报警信号；应合理安排通道切换试验	不符合要求，每项扣10分
2.4.3	在线整定功能	10	现场查看。要求：各参数及各功能单元的输出量应显示；设置参数应以十进制表示，时间以秒表示，增益以实际值或标幺值表示	不符合要求，每项扣5分
2.4.4	调压范围和调压速度	10	查看试验记录和厂家说明书。要求：满足标准要求	不符合要求，不得分
2.4.5	限制功能配置	20	查看资料和现场整定。要求：基本限制功能齐全；限制定值合理	不符合要求，每项扣10分
2.4.6	限制功能与保护配合	20	查看核对资料。要求：有详细计算过程；配合合理	不符合要求，每项扣10分

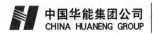
表（续）

序号	评价项目	标准分	评价内容与要求	评分标准
2.4.7	电力系统稳定器（PSS）	10	查看 PSS 试验报告。要求：PSS 应选用无反调作用的电力系统稳定器；PSS 运行正常；按调度要求投退 PSS	不符合要求，每项扣 10 分
2.4.8	调差特性	10	查看说明书和试验报告。要求：调差特性与主接线方式匹配；调差范围满足标准要求；应有必要的调差系数计算；相同机组调差系数整定一致	不符合要求，每项扣 5 分
2.4.9	并网逻辑	10	查看试验报告和说明书。要求：不能仅以并网开关辅助接点判断发电机为空负荷或带负荷状态；宜采用并网开关的常闭接点；不宜采用重动接点	不符合要求，每项扣 5 分
2.4.10	二次回路	40		
2.4.10.1	接口部分	10	查看图纸。要求：应设计有与发电机—变压器组同期装置、AVC 装置、PMU 装置、故障录波器、发电机—变压器组保护及计算机监控系统等联用的接口；应设计有便于用户进行励磁系统参数测试和电力系统稳定器频率特性试验的接口；报警信号设计合理	不符合要求，每项扣 5 分
2.4.10.2	电压和电流回路	20	查看图纸和现场检查。要求：励磁专用电压互感器和电流互感器的准确度等级均不得低于 0.5 级；二次绕组数量应保证双套励磁调节器的采样回路各自独立；二次回路接地满足要求；电压回路不应采用三相空气断路器	不符合要求，每项扣 5 分
2.4.10.3	电源部分	10	查看图纸和现场检查。要求：调节器电源应按双电源设计；电源应可靠；应合理进行电源切换试验	不符合要求，每项扣 5 分
2.4.11	运行状况	20	现场查看。要求：以恒电压方式运行；运行中无异常报警信号；采样准确（DCS、保护装置、表计指示等）；无死机、黑屏等现象	不符合要求，每项扣 10 分
2.4.12	试验报告	20	查看调节器交接试验和定期试验报告。要求：试验项目应齐全；试验数据应正确；应有录波曲线，并有必要的计算过程	不符合要求，每项扣 10 分

表（续）

序号	评价项目	标准分	评价内容与要求	评分标准
2.5	功率整流装置	140		
2.5.1	旋转整流装置	30	无刷励磁系统	
2.5.1.1	技术特性	10	查看设计计算书及旋转二极管参数。要求：参数满足要求	（1）无计算书，扣10分； （2）参数不符合要求，每项扣5分
2.5.1.2	在线监测装置	20	查看设计图纸和试验报告。要求：配置在线监测设备；设备运行良好；报警或跳闸功能正常	（1）未配置在线监测设备，不得分； （2）设备运行不正常，扣10分； （3）无报警和跳闸功能，扣10分
2.5.2	静止整流装置	110		
2.5.2.1	设计要求	30	查看设计计算书和试验报告。要求：并联运行的支路数一般应按不小于 $N+1$ 冗余的模式配置；每个支路应有快速熔断器保护，快速熔断器的动作特性应与被保护元件过流特性配合；应有每个支路的熔断器熔断报警；并联整流柜交、直流侧应有与其他柜及主电路隔断的措施	不符合要求，每项扣10分
2.5.2.2	冷却风机	10	查看设计图纸。要求：已配置备用风机；宜配置双路风机电源；应合理安排风机切换或风机电源切换试验	不符合要求，每项扣5分
2.5.2.3	通风通道	20	现场检查和记录。要求：明确更换滤网周期；保证散热畅通；通道内应设置测温点，并有报警功能	不符合要求，每项扣10分
2.5.2.4	均流系数	10	现场检查。要求：均流系数满足标准要求	不符合要求，不得分
2.5.2.5	红外成像	30	查看图库。要求：合理制定检查周期；应对易发热部件进行红外测试；整理图库时应按设备分类，注明负荷情况和最高温度值；应定期进行数据比对和分析；主要部件温度值不应超过推荐值	不符合要求，每项扣10分
2.5.2.6	封闭母线	10	查看检修记录。要求：应有检查记录；周围环境无造成母线故障的危险源；功率柜送出线除应封堵，防止进水	不符合要求，每项扣5分
2.6	灭磁装置和过电压保护	50		

表（续）

序号	评价项目	标准分	评价内容与要求	评分标准
2.6.1	灭磁方式	10	查看试验报告和厂家资料。要求：宜采用组合灭磁方式；应明确灭磁时序，否则应进行试验验证；灭磁开关参数满足各种工况下的灭磁要求	不符合要求，每项扣5分
2.6.2	灭磁断路器动作特性	10	查看试验报告。要求：动作电压满足标准要求；接触电阻满足要求；必要时应安排解体检查；应录取灭磁特性曲线，计算灭磁时间常数	（1）未测量接触电阻，扣5分；（2）未计算灭磁时间常数，扣5分
2.6.3	灭磁电阻特性	20	查看设计计算书和试验报告。要求：应进行灭磁电阻试验；非线性电阻应进行特性检测	不符合要求，每项扣5分
2.6.4	过电压保护	10	查看设计计算书和试验报告。要求：应进行过电压保护校验；应核对过电压保护回路	不符合要求，每项扣5分
2.7	碳刷和滑环	20		
2.7.1	碳刷特性	5	查看资料。要求：碳刷型号和参数满足机组运行要求；运行时定期检查分流情况	不符合要求，不得分
2.7.2	碳刷运行情况	10	现场检查。要求：无跳动、卡涩；接触良好，无打火现象；了解更换周期；无油污或碳粉堆积现象	不符合要求，每项扣5分
2.7.3	接地碳刷	5	查看运行情况。要求：接触良好；应配置两组接地碳刷	不符合要求，不得分

中国华能集团公司

CHINA HUANENG GROUP

中国华能集团公司火力发电厂技术监督标准汇编

Q/HN-1-0000.08.020—2015

技术标准篇

火力发电厂电测监督标准

2015 - 05 - 01 发布

2015 - 05 - 01 实施

目　次

前　言

　　为加强中国华能集团公司火力发电厂技术监督管理，保证火力发电厂电测量量值传递准确、可靠，特制定本标准。本标准依据国家和行业有关标准、规程和规范，以及中国华能集团公司火力发电厂的管理要求、结合国内外发电的新技术、监督经验制定。

　　本标准是中国华能集团公司所属火力发电厂电测监督工作的主要依据，是强制性企业标准。

　　本标准自实施之日起，代替 Q/HB-J-08.L02—2009《火力发电厂电测监督技术标准》。

　　本标准由中国华能集团公司安全监督与生产部提出。

　　本标准由中国华能集团公司安全监督与生产部归口并解释。

　　本标准起草单位：西安热工研究院有限公司、华能国际电力股份有限公司、华能吉林发电有限公司、华能陕西发电有限公司。

　　本标准主要起草人：周亚群、曹浩军、王勤、刘洋、冯一。

　　本标准审核单位：中国华能集团公司安全监督与生产部、中国华能集团公司基本建设部、西安热工研究院有限公司、北方联合电力有限责任公司、华能国际电力股份有限公司、华能呼伦贝尔能源开发有限公司。

　　本标准主要审核人：赵贺、武春生、罗发青、张俊伟、鲁翠微、罗淑娴、方育娟、都劲松、杨博。

　　本标准审定：中国华能集团公司技术工作管理委员会。

　　本标准批准人：寇伟。

火力发电厂电测监督标准

1 范围

本标准规定了中国华能集团公司（以下简称"集团公司"）火力发电厂电测监督技术标准内容和监督管理要求。

本标准适用于集团公司火力发电厂电测技术监督工作。

2 规范性引用文件

下列文件对于本文件的应用是必不可少的。凡是注日期的引用文件，仅所注日期的版本适用于本文件。凡是不注日期的引用文件，其最新版本（包括所有的修改单）适用于本文件。

中华人民共和国电力法

中华人民共和国计量法

中华人民共和国计量法实施细则

GB/T 7676.1～9 直接作用模拟指示电测量仪表及其附件

GB/T 8170 数值修约规则与极限数值的表示和判定

GB/T 13729 远动终端设备

GB/T 13850 交流电量转换为模拟量或数字信号的电测量变送器

GB/T 13978 数字多用表

GB/T 15637 数字多用表校准仪通用规范

GB/T 17215.321 交流电测量设备 特殊要求 第21部分：静止式有功电能表（1级和2级）

GB/T 17215.322 交流电测量设备 特殊要求 第22部分：静止式有功电能表（0.2S级和0.5S级）

GB/T 17215.323 交流电测量设备 特殊要求 第23部分：静止式无功电能表（2级和3级）

GB 20840.1 互感器 第1部分：通用技术要求

GB 20840.2 互感器 第2部分：电流互感器的补充技术要求

GB 20840.3 互感器 第3部分：电磁式电压互感器的补充技术要求

GB/T 20840.5 互感器 第5部分：电容式电压互感器的补充技术要求

GB/T 22264.1～8 安装式数字显示电测量仪表

DL/T 448 电能计量装置技术管理规程

DL/T 566 电压失压计时器技术条件

DL/T 614 多功能电能表

DL/T 630 交流采样远动终端技术条件

DL/T 645　多功能电能表通信协议

DL/T 698.31　电能信息采集与管理系统　第3-1部分：电能信息采集终端技术规范通用要求

DL/T 698.32　电能信息采集与管理系统　第3-2部分：电能信息采集终端技术规范厂站采集终端特殊要求

DL/T 698.33　电能信息采集与管理系统　第3-3部分：电能信息采集终端技术规范专变采集终端特殊要求

DL/T 825　电能计量装置安装接线规则

DL/T 979　直流高压电阻箱检定规程

DL/T 980　数字多用表检定规程

DL/T 1075　数字式保护测控装置通用技术条件

DL/T 1112　交、直流仪表检验装置检定规程

DL/T 5137　电测量及电能计量装置设计技术规程

JJG 123　直流电位差计检定规程

JJG 124　电流表、电压表、功率表及电阻表

JJG 125　直流电桥检定规程

JJG 307　机电式交流电能表检定规程

JJG 315　直流数字电压表试行检定规程

JJG 366　接地电阻表检定规程

JJG 440　工频单相相位表检定规程

JJG 494　高压静电电压表检定规程

JJG 505　直流比较仪式电位差计检定规程

JJG 506　直流比较仪式电桥检定规程

JJG 546　直流比较电桥检定规程

JJG 596　电子式交流电能表检定规程

JJG 597　交流电能表检定装置检定规程

JJG 598　直流数字电流表试行检定规程

JJG 603　频率表检定规程

JJG 622　绝缘电阻表（兆欧表）检定规程

JJG 690　高绝缘电阻测量仪（高阻计）检定规程

JJG 780　交流数字功率表检定规程

JJG 795　耐电压测试仪检定规程

JJG 843　泄露电流测试仪检定规程

JJG 982　直流电阻箱检定规程

JJG 984　接地导通电阻测试仪检定规程

JJG 1005　电子式绝缘电阻表

JJG 1021　电力互感器检定规程

JJG（电力）01—1994　电测量变送器

JJG（航天）34—1999　交流数字电压表检定规程

JJG（航天）35—1999　交流数字电流表检定规程

JJF 1033　计量标准考核规范

JJF 1059.1　测量不确定度评定与表示

JJF 1075　钳形电流表校准规范

SD 110　电测量指示仪表检验规程

国能安全〔2014〕161 号　防止电力生产事故的二十五项重点要求

Q/HN-1-0000.08.049—2015　中国华能集团公司电力技术监督管理办法

Q/HB-G-08.L01—2009　华能电厂安全生产管理体系要求

Q/HB-G-08.L02—2009　华能电厂安全生产管理体系评价办法（试行）

华能安〔2011〕271 号　中国华能集团公司电力技术监督专责人员上岗资格管理办法（试行）

3　总则

3.1　电测技术监督工作应贯彻执行《中华人民共和国电力法》《中华人民共和国计量法》《中华人民共和国计量法实施细则》及国家和行业颁发的有关规程、规定。电测监督是保证火力发电厂设备安全、经济、稳定、环保运行的重要基础工作，应坚持"安全第一、预防为主"的方针，实行全过程监督。

3.2　电测监督的目的是对仪器仪表和计量装置及其一、二次回路进行全方位、全过程的技术监督，保证电测量量值传递准确、可靠。

3.3　本标准规定了火力发电厂在设计审查、设备选型、运行维护、周期检验等阶段的技术标准，以及电测监督管理要求、评价与考核标准，它是火力发电厂电测监督工作的基础，亦是建立电测技术监督体系的依据。

3.4　各电厂应按照集团公司《华能电厂安全生产管理体系要求》《电力技术监督管理办法》中有关技术监督管理和本标准的要求，结合电厂的实际情况，制定电厂电测监督管理标准；依据国家和行业有关标准和规范，编制、执行运行规程、检修规程和检验及试验规程等相关/支持性文件；以科学、规范的监督管理，保证电测监督工作目标的实现和持续改进。

3.5　从事电测监督的人员，应熟悉和掌握本标准及相关标准和规程中的规定。

4　监督技术标准

4.1　设计审查阶段监督

4.1.1　电测量及电能计量装置的设计，包括常用测量仪表、计算机监测（控）系统的测量、电测量变送器、测量用电流、电压互感器以及测量二次接线等应执行 DL/T 5137 的规定。

4.1.2　电能计量装置：

4.1.2.1　依据 DL/T 448 规定，电能计量装置按其所计量电能量的多少和计量对象的重要程度分为（Ⅰ、Ⅱ、Ⅲ、Ⅳ、Ⅴ）五类。

4.1.2.2　各类电能计量装置应配置的电能表、互感器准确度等级不应低于表 1 的要求。

表 1　电能计量装置准确度等级

电能计量装置类别	准确度等级			
	电能表		电压互感器	电流互感器
	有功	无功		
I	0.2S	2.0	0.2	0.2S
II	0.5S	2.0	0.2	0.2S
III	0.5S	2.0	0.5	0.5S
IV	0.5S	2.0	0.5	0.5S

4.1.2.3　贸易结算用电能计量装置的设计与配置可参照国家电网公司 Q/GDW 347—2009《电能计量装置通用设计》中相关设计原则和技术要求，并严格执行以下要求：

a）贸易结算用电能计量装置应配置电子式多功能电能表，多功能电能表应满足 DL/T 614 的要求。计量单机容量在 100MW 及以上发电机组上网贸易结算电量的电能计量装置，应配置准确度等级相同的主副电能表。

b）贸易结算用电能计量装置应按计量点配置计量专用电压、电流互感器或者专用二次绕组，电能计量专用电压、电流互感器或专用二次绕组及其二次回路不得接入与电能计量无关的设备。

c）接入中性点绝缘系统的电能计量装置，应采用三相三线接线方式；接入非中性点绝缘系统的电能计量装置，应采用三相四线接线方式。

　　1）接入中性点绝缘系统的 3 台电压互感器，35kV 及以上的宜采用 Yyn 方式接线，35kV 以下的宜采用 Vv 方式接线；2 台电流互感器的二次绕组与电能表之间应采用四线分相接法。

　　2）接入非中性点绝缘系统的 3 台电压互感器应采用 YNyn 方式接线，3 台电流互感器的二次绕组与电能表之间应采用六线分相接法。当一次系统主接线为 3/2 断路器接线、电流互感器安装在线路相邻两个断路器支路时，6 台电流互感器的二次绕组与电能表之间采用双六线分相接法。

d）计量专用电压互感器或专用二次绕组的额定负荷应根据实际二次负荷计算值在 5VA、10VA、15VA、20VA、25VA、30VA、40VA、50VA 中选取。一般情况下，下限负荷为 2.5VA。线路用计量专用电压互感器或计量专用绕组额定负荷一般选用 10VA。额定负荷功率因数为 0.8～1.0。电压互感器额定负荷可参照国家电网公司 Q/GDW 347—2009《电能计量装置通用设计》6.2 节进行计算。

e）二次额定电流为 1A 的计量专用电流互感器或电流互感器专用绕组的额定负荷应不大于 10VA，下限负荷为 1VA；二次额定电流为 5A 的计量专用电流互感器或电流互感器专用绕组，应根据二次回路实际负荷计算值确定额定负荷及下限负荷，保证二次回路实际负荷在互感器额定负荷与其下限负荷之间。一般情况下，下限负荷为 3.75VA。额定二次负荷功率因数为 0.8（滞后）。电流互感器额定负荷可参照国家电网公司 Q/GDW 347—2009《电能计量装置通用设计》6.1 节进行计算。

f) 贸易结算用电能计量屏应装设电压失压计时器，若电能表的电压失压计时功能满足 DL/T 566 的要求，并提供相应的报警信号输出（如发生任意相电压互感器 TV 失压、电流互感器 TA 断线、电源失常、自检故障等），可不再配置专门的电压失压计时器。电压失压报警信号应引至发电厂电力网络计算机监控系统。

g) 二次回路的连接导线应采用铜质绝缘导线。电压二次回路导线截面积应不小于 2.5mm^2，电流二次回路导线截面积应不小于 4mm^2。电压二次回路导线截面选择计算见附录 A。

h) 当一次系统主接线为 3/2 断路器接线、电流互感器安装在线路相邻两个断路器支路时，并联运行的两台电流互感器的"和电流"应在电能计量屏端子排处并联。

i) 一次系统采用单母分段接线方式，若一次系统存在两段母线并列运行条件，二次电压回路应配置二次电压并列装置。一次系统接线为双母线接线方式，采用母线电压互感器时，二次电压回路应配置二次电压切换装置。二次电压并列装置或二次电压切换装置的继电器应采用接触电阻小的双触点继电器，其导通电流应不小于 5A。

4.1.2.4 电能信息采集：

a) 发电厂侧电能计量装置应配置厂站采集终端。厂站采集终端宜单独组屏，厂站采集终端应满足 DL/T 698.31、DL/T 698.32 的相关要求。

b) 电能信息采集终端应配置稳定可靠的工作电源，厂站采集终端应配置交流或直流电源，直流电源引自厂站直流屏专用回路，交流电源引自交流屏或 UPS 电源。

c) 厂站采集终端与电能表之间应通过端子排连接。

d) 电能信息采集终端优先选取光纤作为上行传输通道。

4.1.2.5 新、扩建项目厂用电系统电能计量应优先配置独立的电子式多功能电能表；已建项目厂用电系统，如采用数字式保护测控装置的电能计量功能，保护测控装置应配置电能计量专用芯片并提供电能校验脉冲输出。

4.1.3 电测量变送器：

4.1.3.1 电测量变送器的模拟量输出可以是电流输出或电压输出，变送器的电流输出宜选用 4mA～20mA 的规范。变送器模拟量输出回路所接入的负荷不应超过变送器输出的二次负荷允许值。

4.1.3.2 发电机—变压器组变送器屏中参与机组调节的有功功率变送器的电流、电压二次回路接线宜通过端子排连接。

4.1.3.3 发电机—变压器组变送器屏电源回路宜采用双路电源自动切换。

4.1.3.4 变送器 4mA～20mA 模拟信号输出控制电缆的屏蔽层应可靠接地，不得构成两点或多点接地，应集中式一点接地。对于双层屏蔽电缆，内屏蔽应一端接地，外屏蔽应两端接地。

4.1.4 交流采样测量装置：发电厂 NCS 系统、ECMS 系统的模拟量采集宜采用交流采样方式进行采集。

4.2 设备选型阶段监督

4.2.1 电压互感器应满足 GB 20840.1、GB 20840.3、GB/T 20840.5 的要求。

4.2.2 电流互感器应满足 GB 20840.2 的要求。

4.2.3 多功能电能表应满足 GB/T 17215.321、GB/T 17215.322、GB/T 17215.323、DL/T 614

以及 DL/T 645 等的要求。

4.2.4　电测量变送器应满足 GB/T 13850 的要求。

4.2.5　交流采样远动终端应满足 GB/T 13729、DL/T 630 的要求。NCS 系统测控装置、厂用电系统保护测控装置应满足 DL/T 630、DL/T 1075 等的要求。

4.2.6　安装式数字仪表应满足 GB/T 22264.1～8 的要求。

4.2.7　电测量模拟指示仪表应满足 GB/T 7676.1～9 的要求。

4.2.8　数字多用表应满足 GB/T 13978 的要求。

4.3　安装验收阶段监督

4.3.1　到货的电测量及电能计量装置应验收装箱单、出厂检验报告（合格证）、使用说明书、铭牌、外观结构、安装尺寸、辅助部件、功能和技术指标测试等，应符合订货合同的要求。

4.3.2　到货的电测量及电能计量装置安装前应经检验合格。

4.3.3　贸易结算用电能计量装置在投运前按照 DL/T 448 要求进行全面验收。

4.3.4　交流采样测量装置在完成现场安装调试投入运行前，应经有资质的检验机构进行检验。

4.3.5　新安装的电测仪器仪表、装置应在其明显位置粘贴检验合格证（内容至少包括检验日期、检验有效期及检定员，下同）。

4.4　运行维护阶段监督

4.4.1　电能计量装置：

4.4.1.1　Ⅰ类电能表至少每 3 个月现场检验一次，Ⅱ类电能表至少每 6 个月现场检验一次，Ⅲ类电能表至少每年现场检验一次。电能表现场校验时，当负荷电流低于被检电能表标定电流的 10%（对于 S 级的电能表为 5%）或功率因数低于 0.5 时，不宜进行误差测试。

4.4.1.2　计量用电压互感器二次回路压降及互感器二次实际负荷应至少每两年检验一次，计量用电压互感器二次回路电压降应不大于其额定二次电压的 0.2%。

4.4.2　电测量变送器：

4.4.2.1　运行中的电测量变送器如怀疑存在超差或异常时，可采用在线校验的方法，在实际工作状态下检验其误差。如确认超差或故障，应及时处理。

4.4.2.2　对运行中的重要变送器应进行下列核对工作：

　　a)　定期巡视、检查和核对遥测量，每半年至少一次，并应有记录。

　　b)　重要变送器的核对可参考相应固定式的计量表计。

　　c)　在确认重要变送器故障或异常后，应及时申请退出运行并进行检验。

4.4.3　交流采样测量装置：

4.4.3.1　运行中的交流采样测量装置如怀疑存在超差或异常时，可采用在线校验的方法，在实际工作状态下检验其误差。如确认超差或故障，应及时处理。

4.4.3.2　对运行中的交流采样测量装置应进行下列核对工作：

　　a)　定期巡视、检查和核对遥测量，每半年至少一次，并应有记录。

　　b)　在确认交流采样测量装置故障或异常后，应及时申请退出运行并进行离线检验。

4.4.4　仪器设备及电测仪表粘贴的合格证应在有效期内。

4.5　周期检验监督

4.5.1　发电厂最高电测计量标准装置以及用于贸易结算的关口电能表，计量用电压、电流互感器，绝缘电阻表，接地电阻表等工作计量器具属于国家强制检定的范围，应由法定或授权的计量检定机构执行强制检定，检定周期应按照计量检定规程确定。

4.5.2 非强制检定计量器具的检定方式由发电厂根据生产需要自行决定在本单位检定或送其他计量检定机构检定。

4.5.3 凡检定/校准不合格或超过检定周期的电测计量标准装置必须停用。

4.5.4 电能表：

4.5.4.1 电子式电能表应依据 JJG 596 进行周期检定，周期检定项目按照表 2 开展。

表 2　电子式电能表检定项目一览表

检定项目	首次检定	后续检定
外观检查	+	+
交流电压试验	+	−
潜动试验	+	+
起动试验	+	+
基本误差	+	+
仪表常数试验	+	+
时钟日计时误差	+	+
注 1：适用于表内具有计时功能的电能表。 注 2："+"表示需要检定，"−"表示不需要检定		

4.5.4.2 0.2S 级、0.5S 级有功电能表其检定周期一般不超过 6 年，1 级、2 级有功电能表和 2 级、3 级无功电能表，其检定周期一般不超过 8 年。

4.5.4.3 测量数据修约：

a）按表 3 的规定，将电能表相对误差修约为修约间距的整数倍。

表 3　相 对 误 差 修 约 间 隔

电能表准确度等级	0.2S	0.5S	1	2
修约间距 %	0.02	0.05	0.1	0.2

b）日计时误差的修约间距为 0.01s/d。

4.5.4.4 感应式电能表应依据 JJG 307 进行周期轮换。

4.5.5 电力互感器：

4.5.5.1 安装在 6kV 及以上电力系统的电流、电压互感器应依据 JJG 1021 进行周期检定，周期检定项目按照表 4 开展。

表 4　电压互感器检定项目一览表

检定项目	首次检定	后续检定	使用中检定
外观及标志检查	+	+	+
绝缘试验	+	+	−

表4（续）

检定项目	首次检定	后续检定	使用中检定
绕组极性检查	+	–	–
基本误差测量	+	+	+
稳定性试验	–	+	+
运行变差试验	+	–	–
磁饱和裕度试验	+	–	–
注1：绝缘试验可以采用未超过有效期的交接试验或预防性试验报告的数据。 注2："+"表示需要检定，"–"表示不需要检定			

4.5.5.2 电磁式电压、电流互感器的检定周期不超过 10 年，电容式电压互感器的检定周期不超过 4 年。

4.5.5.3 测量数据修约：

    a) 检定准确级别 0.2 级的互感器，比值差保留到 0.001%，相位差保留到 0.01′。

    b) 检定准确级别 0.5 级和 1 级的互感器，比值差保留到 0.01%，相位差保留到 0.1′。

4.5.6 电测量变送器：

4.5.6.1 电测量变送器应依据 JJG（电力）01—1994 进行周期检定，周期检定项目按照表 5 开展。

表5 电测量变送器检定项目一览表

检定项目	首次检定	后续检定	使用中检定
绝缘电阻测定	+	+	+
外观及标志检查	+	+	+
基本误差测定	+	+	+
输出纹波含量的测定	+	+	+
工频耐压试验	*	*	*
响应时间的测定	*	*	*
改变量的测定	*	*	*
注："+"表示需要检定，"*"表示检定选做项目			

4.5.6.2 主要测点使用的变送器（6kV 以上系统）应每年检定一次，非主要测点使用的变送器检定周期最长不超过 3 年。

4.5.6.3 测量数据修约：

    a) 检定变送器时，测得的数据和经过计算后得到的数据，在填入检定证书时都应进行修约；判断变送器是否合格应根据修约后的数据。

    b) 对变送器的输出值和绝对误差进行修约时，有效数字位数由修约间隔确定。修约间隔应等于或接近于按式（1）计算出的数值：

$$修约间隔 = CA_F \times 10^{-3} \tag{1}$$

式中：

C——变送器的等级指数；

A_F——变送器的基准值。

c) 基本误差的修约间隔应按表 6 选取。

表 6　基本误差的修约间隔

变送器的等级指数	0.1	0.2	0.5	1	1.5
修约间隔	0.01	0.02	0.05	0.1	0.2

4.5.7　交流采样测量装置：

4.5.7.1　交流采样测量装置可参照国家电网公司 Q/GDW 140—2006《交流采样测量装置运行检验管理规程》及 Q/GDW 1899—2013《交流采样测量装置校验规范》进行周期检验，周期检定项目按照表 7 开展。

表 7　交流采样测量装置检定项目一览表

检定项目	首次检定	后续检定	使用中检定
外观及标志检查	+	+	+
绝缘电阻测定	+	+	+
基本误差检验	+	+	+
输入量频率变化引起的改变量试验	+	–	–
不平衡电流对三相有功功率和无功功率引起的改变量试验	+	–	–
注："+"表示需要检定，"–"表示检定选做项目			

4.5.7.2　需向主站传送检测数据的交流采样测量装置的检验周期原则上为 1 年，用于一般监视测量且不向主站传送数据的交流采样测量装置的检验周期原则上为 3 年。对使用中的交流采样测量装置，定期检验应与所连接主设备的计划性检修同步进行。

4.5.8　电测量模拟指示仪表、模拟式万用表：

4.5.8.1　电测量模拟指示仪表（交直流电流表、电压表、功率表）及模拟式万用表应依据 JJG 124 进行周期检定，周期检定项目按照表 8 开展。用于主要设备主要线路的电测量模拟指示仪表应每年检验一次，一般设备的电测量模拟指示仪表每 3 年～4 年至少检验一次；模拟式万用表每 3 年检验一次。

表 8　电流表、电压表、功率表及电阻表检定项目一览表

检定项目	首次检定	后续检定		使用中检定
		修理后检定	周期检定	
外观检查	+	+	+	+
基本误差	+	+	+	+
升降变差	+	+	+	–
偏离零位	+	+	+	+

表8（续）

检定项目	首次检定	后续检定		使用中检定
		修理后检定	周期检定	
位置影响	+	+	–	–
功率因数影响	+	+	–	–
阻尼	+	+	–	–
绝缘电阻测量	+	+	–	–
介电强度试验	+	+	–	–
注："+"表示需要检定，"–"表示可以不检定				

4.5.8.2 三相功率表应依据 SD 110 进行周期检定，主要设备主要线路的仪表应每年检验一次，一般设备的仪表每 3 年~4 年（结合机组 B 级检修）至少检验一次。

4.5.8.3 指针式频率表应依据 JJG 603 进行周期检定，检定周期为 1 年。

4.5.8.4 频率为 50Hz 的单相模拟指针式相位表（包括相角表和功率因数表）应依据 JJG 440 进行周期检定，主要设备主要线路的仪表应每年检验一次，一般设备的仪表每 3 年~4 年（结合机组 B 级检修）至少检验一次。

4.5.9 安装式数字显示电测量仪表和数字多用表：

4.5.9.1 数字显示电测量仪表：数字显示电测量仪表应依据 JJG 315、JJG 598、JJG 603、JJG 780、JJG（航天）34—1999、JJG（航天）35—1999 等进行周期检定，周期检定项目一般包括外观和通电检查及基本误差检定等。检定周期为每 3 年~4 年（结合机组 B 级检修）至少检验一次。

4.5.9.2 数字多用表：数字式多用表应依据 DL/T 980 进行周期检定，周期检定项目一般包括外观和通电检查及基本误差检定等。作为工具使用的数字多用表的检定周期至少每 3 年检验一次。

4.5.10 绝缘电阻表：

4.5.10.1 绝缘电阻表应依据 JJG 622 进行周期检定，周期检定项目按照表9开展。

表9 绝缘电阻表校准项目一览表

检定项目	出厂检定	修理后检定	周期检定
外观检查	+	+	+
初步试验	+	+	+
基本误差检定	+	+	+
端钮电压及其稳定性测量	+	+	+
倾斜影响检验	+	+	+
绝缘电阻测量	+	+	+
绝缘强度检验	+	+	–
屏蔽装置作用检查	+	–	–
注："+"表示需要检定，"–"表示不需要检定			

4.5.10.2 绝缘电阻表的检定周期不得超过 2 年。

4.5.10.3 测量数据修约：被检绝缘电阻表最大基本误差的计算数据应按规则进行修约，修约间隔为允许误差限值的 1/10。

4.5.11 接地电阻表：

4.5.11.1 模拟式和数字式接地电阻表应依据 JJG 366 进行周期检定，周期检定项目按照表 10 开展。

表 10　接地电阻表检定项目一览表

检定项目	首次检定	后续检定	使用中检定
外观检查	+	+	+
通电检查①	+	+	+
绝缘电阻	+	+	+
介电强度	+	−	−
示值误差	+	+	+
位置影响②	+	+	−
辅助接地电阻影响	+	+	+
地电压的影响③	+	−	−
①　"+"表示检定，"−"表示不检定。			
②　对模拟式接地电阻表不检定。			
③　对数字式接地电阻表不检定。			
④　仅对地电压影响有要求的接地电阻表			

4.5.11.2 接地电阻表检定周期一般不得超过 1 年。

4.5.12 钳形电流表：

4.5.12.1 线路电压不超过 650V，工作频率为 45Hz～65Hz 的钳形电流表（包括数字式和指针式的交流、直流钳形电流表）应依据 JJF 1075 进行周期校准，周期校准项目按照表 11 开展。

表 11　钳形表校准项目一览表

校准项目	周期校准	修理后校准
外观检查	+	+
基本误差	+	+
分辨力、显示能力（数字式）	+	+
偏离零位（指针式）	+	+
位置影响	−	+
耐压试验	−	+
绝缘电阻测定	−	+
注："+"表示需要检定，"−"表示不需要检定		

4.5.12.2 钳形电流表复校时间间隔一般为 1 年。根据被校表的使用环境条件、使用频率以及使用部门的重要性也可由用户和校准单位商定被校表的时间间隔。

4.5.12.3 测量数据修约：

a)　数据修约按照偶数法则。

b) 指针式钳形电流表的基本误差和实际值保留小数位一位，第二位修约。

c) 数字钳形电流表的实际值读数应比其被校表的显示值多一位数字，其后一位修约。对于其基本误差按误差最小的量程的位数给出，后一位修约。

4.5.13 其他仪器仪表（如果适用）：

4.5.13.1 直流电桥、直流电阻箱、直流电位差计等携带型直流仪器，应按照 JJG 123、JJG 125、JJG 505、JJG 506、JJG 546、JJG 982 等规程进行周期检定，检定周期为 1 年。

a) 直流电桥周期检定项目一般应包括外观及线路检查、绝缘电阻测量、内附指零仪试验和基本误差测定。

b) 直流电位差计周期检定项目一般应包括外观及线路检查、绝缘电阻测量、内附指零仪试验、工作电流调节电阻检查、工作电流变化试验和基本误差测定。

c) 直流电阻箱周期检定项目一般应包括外观及线路检查、绝缘电阻测量、残余电阻工作电流调节电阻检查、工作电流变化试验和基本误差测定。

4.5.13.2 高压静电电压表应依据 JJG 494 进行周期检定。

4.5.13.3 高绝缘电阻测量仪（高阻计）应依据 JJG 690 进行周期检定。

4.5.13.4 耐电压测试仪应依据 JJG 795 进行周期检定。

4.5.13.5 泄漏电流测试仪应依据 JJG 843 进行周期检定。

4.5.13.6 接地导通电阻测试仪应依据 JJG 984 进行周期检定。

4.5.14 数据修约规则：

4.5.14.1 数值应依据 GB/T 8170 进行修约处理。

4.5.14.2 确定修约间隔：

a) 指定修约间隔为 10^{-n}（n 为正整数）或指明将数值修约到 n 位小数。

b) 指定修约间隔为 1 或指明将数值修约到"个"数位。

c) 指定修约间隔为 10^n（n 为正整数）或指明将数值修约到 10^n 数位或指明将数值修约到"十""百""千"……数位。

4.5.14.3 进舍规则：

a) 拟舍弃数字的最左一位数字小于 5，则舍去，保留其余各位数字不变。

b) 拟舍弃数字的最左一位数字大于 5，则进一，即保留数字的末位数字加 1。

c) 拟舍弃数字的最左一位数字为 5，且其后有非 0 数字时进一，即保留数字的末位数字加 1。

d) 拟舍弃数字的最左一位数字为 5，且其后无数字或皆为 0 时，若所保留的末位数字为奇数（1，3，5，7，9）则进一，即保留数字的末位数字加 1；若所保留的末位数字为偶数（0，2，4，6，8），则舍去。

e) 负数修约时，先将它的绝对值按上述规定进行修约，然后在所得值前面加上负号。

4.5.14.4 不允许连续修约：拟修约数字应在确定修约间隔或指定修约数位后一次修约获得结果，不得多次按 4.5.14.3 项规则连续修约。

4.5.14.5 0.5 单位修约与 0.2 单位修约：

a) 0.5 单位修约（半个单位修约）。

1) 0.5 单位修约是指按指定修约间隔对拟修约的数值 0.5 单位进行的修约。

2) 0.5 单位修约方法如下：将拟修约数值 X 乘以 2，按指定修约间隔对 $2X$ 按 4.5.14.3 款的规定修约，所得数值（$2X$ 修约值）再除以 2。

b) 0.2 单位修约。

1) 0.2 单位修约是指按指定修约间隔对拟修约的数值 0.2 单位进行的修约。

2) 0.2 单位修约方法如下：将拟修约数值 X 乘以 5，按指定修约间隔对 $5X$ 按 4.5.14.3 款的规定修约，所得数值（$5X$ 修约值）再除以 5。

4.5.15 电测仪表周期检验合格后应粘贴检验合格证。

4.6 电测计量标准实验室监督

4.6.1 电测计量标准实验室（以下简称"实验室"），是指用以进行电测计量器具的检定、检修等工作场所。电测计量标准实验室应符合下列要求：

4.6.1.1 实验室的环境温度、相对湿度必须符合国家、行业相关标准的要求，应配备监视和控制环境温度、相对湿度的设备，并应设立与外界隔离的保温防尘缓冲间。实验室宜设置在生产办公楼或其他远离振动、烟尘和强电磁干扰的场所。

4.6.1.2 实验室应有防尘、防火措施，新风补充量和保护接地网应符合要求；室内应光线充足、噪声低、空气流速缓慢、无外电磁场和振动源、布局整齐并保持清洁。实验室动力电源与照明电源应分路设置。

4.6.1.3 实验室应配备足够数量的专用工作服及鞋帽，并配备防寒服。检定/校准人员进入标准实验室工作，须穿戴专用工作服及鞋帽。专用工作服及鞋帽不得在标准实验室以外使用。

4.6.2 计量检定/校准人员：

4.6.2.1 从事电测计量检定/校准工作的人员应经过必要的培训，具备相关的技术知识、计量法律法规知识和实际操作经验，应经考核合格取得相应专业的《计量检定员证》，方可开展检定/校准工作。《计量检定员证》有效期届满，需要继续从事计量检定/校准工作的，应在有效期届满 3 个月前，向原发证部门提出复核换证申请。

4.6.2.2 每个检定/校准项目应配备至少 2 名持有本项目《计量检定员证》的人员。

4.6.2.3 计量检定人员应保持相对稳定。

4.6.3 电测计量标准装置：

4.6.3.1 电厂应参考附录 B 科学合理地配置电测计量标准装置（以下简称"标准装置"）。

4.6.3.2 标准装置应选用技术先进、性能可靠、功能齐全、操作简便、自动化程度高的产品，装置应具备与管理计算机联网进行检定和数据管理的功能。检定数据应能自动存储且不能被人为修改，数据导出及备份方式应灵活方便。

4.6.3.3 标准装置的通用技术要求及计量性能要求和检定依据应满足表 12 的要求，其中多功能电测计量检验装置可参照国家电网公司 Q/GDW 439—2010《多功能电测计量检验装置校准规范》进行。

表 12 标准装置技术要求及检定依据一览表

序号	检验装置	性能要求标准	检定依据
1	交、直流仪表检验装置	DL/T 1112	DL/T 1112
2	多功能电测计量检验装置（交直流仪表检验装置、电量变送器检验装置、交流采样测量装置检验装置）	Q/GDW 439—2010	Q/GDW 439—2010
3	交流电能表检定装置	JJG 597	JJG 597

表 12（续）

序号	检验装置	性能要求标准	检定依据
4	绝缘电阻表检定装置	JJG 1005、JJG 622、DL/T 979	DL/T 979
5	接地电阻表检定装置	JJG 366	JJG 366
6	钳形电流表检定装置	JJF 1075	JJF 1075
7	数字多用表校准仪	GB/T 15637、DL/T 980	DL/T 980
8	直流电桥、直流电阻箱、直流电位差计等检定装置	—	—

4.7 电测计量标准考核监督

4.7.1 电厂建立的电测计量标准装置必须经过计量标准考核合格后，方可开展量值传递工作。新建电测计量标准的考核、已建计量标准的复查考核以及计量标准考核的后续监督应按照 JJF 1033 的规定办理。

4.7.2 申请新建计量标准考核前应按要求进行准备，并重点完成以下工作：

    a) 计量标准器及主要配套设备应进行有效溯源，并取得有效检定或校准证书。

    b) 计量标准装置应经过半年以上的试运行，对计量标准进行重复性试验及稳定性考核，并记录试验数据。新建计量标准的稳定性考核应每隔一段时间（大于一个月）进行一次，总共不少于 4 次。

    c) 每项拟开展的检定或校准项目应配备至少 2 名持有本项目《计量检定员证》的人员。

    d) 应完成《计量标准考核（复查）申请书》、《计量标准技术报告》的填写。

4.7.3 《计量标准技术报告》中的"检定或校准结果的测量不确定度评定"应依据 JJF 1059.1 规定的方法进行，测量结果的测量不确定度评定过程应详细，并给出各不确定度分量的汇总表。如果计量标准可以检定或校准多种参数，则应分别评定每种参数的测量不确定度。

4.7.4 《计量标准技术报告》中的"检定或校准结果的验证"原则上应采用传递比较法，只有在不可能采用传递比较法的情况下才允许采用比对法进行检定或校准结果的验证。

4.7.5 已建计量标准应每年进行一次重复性试验和稳定性考核，如采用控制图的方法对检定或校准过程进行连续和长期的统计控制，则可不必再进行重复性试验和稳定性考核。

4.7.6 《计量标准考核证书》有效期届满前 6 个月，应向原主持考核部门申请计量标准复查考核，并提供相关资料。

4.7.7 计量标准的更换、封存与撤销应按照 JJF 1033 规定执行。

4.7.8 每项计量标准应建立一个文件集，在文件集目录中应注明各文件保存的地点和方式，文件集可以承载在各种载体上，可以电子文档或者书面的形式，所有文件均应现行有效。应保证文件的完整性、真实性、正确性。计量标准文件集应包含的内容参见附录 C。

5 监督管理要求

5.1 监督基础管理工作

5.1.1 电测监督管理的依据

电厂应按照集团公司《电力技术监督管理办法》和本标准的要求，制定电厂电测监督管理标准，并根据国家法律、法规及国家、行业、集团公司标准、规范、规程、制度，结合电厂实际情况，编制电测监督相关/支持性文件；建立健全技术资料档案，见附录 D。

5.1.2　电测监督管理应具备的相关/支持性文件：

a)　电测监督管理标准。

b)　计量监督管理标准。

c)　设备检修管理标准。

d)　设备缺陷管理标准。

e)　设备技术台账管理标准。

f)　设备异动管理标准。

g)　设备停用、退役管理标准。

h)　关口电能计量装置管理规定。

i)　交流采样测量装置管理规定（如果适用）。

j)　仪器仪表送检及周期检定管理规定。

k)　仪器仪表委托检定管理规定。

5.1.3　技术档案资料。

5.1.3.1　基建阶段技术资料：

a)　电测仪器仪表厂家技术资料、图纸、说明书及出厂试验报告。

b)　贸易结算用电能计量装置检定报告。

c)　电测仪器仪表的一次系统配置图和二次接线图。

d)　设备监造报告、安装验收记录、缺陷处理报告、调试试验报告、投产验收报告。

5.1.3.2　设备清册及设备台账：

a)　电测仪器仪表及贸易结算用电能计量装置设备台账（名称、型号、规格、安装位置、准确度等级、编号、厂家、检定时间、检定周期等）。

b)　贸易结算用电能计量装置历次误差测试数据统计台账（安装位置、准确度等级、误差、测试时间）。

c)　电测仪器、仪表送检计划及电测仪表周检计划。

5.1.3.3　试验报告和记录：

a)　关口电能表检定报告和现场检验报告。

b)　计量用电压、电流互感器误差测试报告。

c)　计量用电压互感器二次回路压降测试报告。

d)　电测仪表（现场安装式指示仪表、数字表、变送器、交流采样测控装置、厂用电能表、全厂试验用仪表、绝缘电阻表、钳形电流表、万用表、直流电桥、电阻箱等）检验报告（原始记录）。

e)　计量标准文件集。

f)　电测仪器仪表检验率、调前合格率统计记录。

5.1.3.4　缺陷闭环管理记录：月度缺陷分析。

5.1.3.5　事故管理报告和记录：

a)　设备非计划停运、障碍、事故统计记录。

b) 事故分析报告。

5.1.3.6 技术改造报告和记录：

a) 可行性研究报告。

b) 技术方案和措施。

c) 技术图纸、资料、说明书。

d) 质量监督和验收报告。

e) 完工总结报告和后评估报告。

5.1.3.7 监督管理文件：

a) 与电测监督有关的国家法律、法规及国家、行业、集团公司标准、规范、规程、制度。

b) 电厂电测监督标准、规定、措施等。

c) 电测技术监督年度工作计划和总结。

d) 电测技术监督季报、速报。

e) 电测技术监督预警通知单和验收单。

f) 电测技术监督会议纪要。

g) 电测技术监督工作自我评价报告和外部检查评价报告。

h) 电测技术监督人员技术档案、上岗考试成绩和证书。

i) 与电测设备质量有关的重要工作来往文件。

5.2 日常管理内容和要求

5.2.1 健全监督网络与职责：

5.2.1.1 各电厂应建立健全由生产副厂长（总工程师）领导下的电测技术监督三级管理网。第一级为厂级，包括生产副厂长（总工程师）领导下的电测技术监督专责人；第二级为部门级，包括检修部电气专工，运行部电气专工；第三级为班组级，包括各专工领导的班组人员。

5.2.1.2 按照集团公司《华能电厂安全生产管理体系要求》《电力技术监督管理办法》编制电厂电测监督管理标准，做到分工、职责明确，责任到人。

5.2.1.3 电厂电测技术监督工作归口职能管理部门在电厂技术监督领导小组的领导下，负责电测技术监督的组织建设工作，建立健全技术监督网络，并设电测技术监督专责人，负责全厂电测技术监督日常工作的开展和监督管理。

5.2.1.4 发电厂电测技术监督工作归口职能管理部门每年年初要根据人员变动情况及时对网络成员进行调整；按照人员培训和上岗资格管理办法的要求，定期对技术监督专责人和特殊技能岗位人员进行专业和技能培训，保证持证上岗。

5.2.2 确定监督标准符合性：

5.2.2.1 电测监督标准应符合国家、行业及上级主管单位的有关规定和要求。

5.2.2.2 每年年初，电测技术监督专责人应根据新颁布的标准规范及设备异动情况，组织对电测仪器仪表相关规程、制度的有效性、准确性进行评估，修订不符合项，经归口职能管理部门领导审核、生产主管领导审批后发布实施。国家标准、行业标准及上级单位监督规程、规定中涵盖的相关电测监督工作均应在电厂规程及规定中详细列写齐全。

5.2.3 确定仪器仪表有效性。

5.2.3.1 应配备必需的电测标准装置。

5.2.3.2 应编制电测标准装置使用、操作、维护规程,规范仪器仪表管理。

5.2.3.3 应建立电测标准装置台账,根据检验、使用及更新情况进行补充完善。

5.2.3.4 根据检定周期和检定项目,制定电测标准装置的送检计划、周检计划,根据送检计划、周检计划定期对标准装置进行检验或送检,检验合格的继续使用,对检验不合格的则送修或报废处理,保证仪器仪表的有效性。

5.2.4 监督档案管理。

5.2.4.1 电厂应按照本标准规定的文件、资料、记录和报告目录以及格式要求,建立健全电测技术监督各项台账、档案、规程、制度和技术资料,确保技术监督原始档案和技术资料的完整性和连续性。

5.2.4.2 技术监督专责人应建立电测监督档案资料目录清册,根据监督组织机构的设置和设备的实际情况,明确档案资料的分级存放地点,并指定专人整理保管,及时更新。

5.2.5 制定监督工作计划。

5.2.5.1 电测技术监督专责人每年 11 月 30 日前应组织制订下年度技术监督工作计划并报送产业、区域公司,同时抄送西安热工研究院有限公司(以下简称"西安热工院")。

5.2.5.2 电厂电测技术监督年度计划的制订依据至少应包括以下几方面:

a) 国家、行业、地方有关电力生产方面的政策、法规、标准、规程和反措要求。

b) 集团公司、产业、区域公司、电厂技术监督管理制度和年度技术监督动态管理要求。

c) 集团公司、产业、区域公司、电厂技术监督工作规划和年度生产目标。

d) 技术监督体系健全和完善化。

e) 人员培训和监督用仪器设备配备和更新。

f) 机组检修计划。

g) 电测监督设备目前的运行状态。

h) 技术监督动态检查、预警、月(季)报提出问题的整改。

i) 收集的其他有关仪器仪表设计选型、制造、安装、运行、检修、技术改造等方面的动态信息。

5.2.5.3 电厂电测技术监督工作计划应实现动态化,即每季度应制订电测技术监督工作计划。年度(季度)监督工作计划应包括以下主要内容:

a) 技术监督组织机构和网络完善。

b) 监督管理标准、技术标准规范制定、修订计划。

c) 人员培训计划(主要包括内部培训、外部培训取证,标准规范宣贯)。

d) 技术监督例行工作计划。

e) 检修期间应开展的技术监督项目计划。

f) 监督用仪器仪表检定计划。

g) 实验室标准装置和仪器仪表更新采购计划。

h) 技术监督自我评价、动态检查和复查评估计划。

i) 技术监督预警、动态检查等监督问题整改计划。

j) 技术监督定期工作会议计划。

5.2.5.4 电厂应根据上级公司下发的年度技术监督工作计划,及时修订补充本单位年度技术监督工作计划,并发布实施。

5.2.5.5 电测监督专责人每季度对电测监督各部门的监督计划的执行情况进行检查,对不满足监督要求的通过技术监督不符合项通知单的形式下发到相关部门进行整改,并对电测监督的相关部门进行考评。技术监督不符合项通知单编写格式见附录E。

5.2.6 监督报告管理。

5.2.6.1 电测监督季报的报送。

电测技术监督专责人应按照附录F的季报格式和要求,组织编写上季度电测技术监督季报,经电厂归口职能管理部门汇总后,于每季度首月5日前,将全厂技术监督季报报送产业、区域公司和西安热工院。

5.2.6.2 电测监督速报的报送。

当电厂发生重大监督指标异常,受监控设备重大缺陷、故障和损坏事件,火灾事故等重大事件后24h内,电测技术监督专责人应将事件概况、原因分析、采取措施按照附录G的格式,填写速报并报送产业、区域公司和西安热工院。

5.2.6.3 电测监督年度工作总结报告的报送:

a) 电测技术监督专责人应于每年1月5日前编制完成上年度技术监督工作总结,并报送产业、区域公司和西安热工院。

b) 年度监督工作总结报告主要内容应包括以下几方面:

1) 主要监督工作完成情况、亮点和经验与教训(要突出重点和亮点,反映年度或专项工作的重点,抓住主要问题。要点面结合,既有全面概括的统计资料,又有典型事实材料。材料要准确翔实,要有数据支持。要总结规律,通过分析、综合,找出具有指导意义的规律性的东西)。

2) 设备一般事故、违纪缺陷和严重缺陷统计分析。

3) 监督存在的主要问题和改进措施:① 未完成工作;② 存在问题分析(对存在的差距及问题要进行深入分析、查找原因);③ 经验与教训(结合设备一般事故和异常统计分析)。

4) 下年度工作思路、计划、重点及改进措施(要在总结工作、查找差距的基础上,结合本专业重点工作,详细梳理下一步工作思路,拟定工作计划和改进措施)。

5.2.7 监督例会管理:

5.2.7.1 电厂每年至少召开两次厂级技术监督工作会议,会议由电厂技术监督领导小组组长主持,检查评估、总结、布置电测技术监督工作,对技术监督中出现的问题提出处理意见和防范措施,形成会议纪要,按管理流程批准后发布实施。

5.2.7.2 电测专业每季度至少召开一次技术监督工作会议,会议由电测监督专责人主持并形成会议纪要。

5.2.7.3 例会主要内容包括:

a) 上次监督例会以来电测监督工作开展情况。

b) 设备及系统的故障、缺陷分析及处理措施。

c) 电测监督存在的主要问题以及解决措施及方案。

d) 上次监督例会提出问题整改措施完成情况的评价。

e) 技术监督工作计划发布及执行情况,监督计划的变更。

f) 集团公司技术监督季报,监督通信,新颁布的国家、行业标准规范,监督新技术学习交流。

g) 电测监督需要领导协调和其他部门配合和关注的事项。

h) 至下次监督例会时间内的工作要点。

5.2.8 监督预警管理：

5.2.8.1 电测技术监督三级预警项目（见附录 H），电厂应将三级预警项目纳入日常电测监督管理和考核工作中。

5.2.8.2 对于上级监督单位签发的预警通知单（见附录 I），电厂应认真组织人员研究有关问题，制订整改计划，整改计划中应明确整改措施、责任部门、责任人和完成日期。

5.2.8.3 问题整改完成后，电厂应按照验收程序要求，向预警提出单位提出验收申请，经验收合格后，由验收单位填写预警验收单（见附录 J），并报送预警签发单位备案。

5.2.9 监督问题整改。

5.2.9.1 整改问题的提出：

a) 上级或技术监督服务单位在技术监督动态检查、预警中提出的整改问题。

b) 《火电技术监督报告》中集团公司或产业、区域子公司提出的督办问题。

c) 《火电技术监督报告》中明确的电厂需要关注及解决的问题。

d) 电厂电测监督专责人每季度对各部门监督计划的执行情况进行检查，对不满足监督要求的提出整改问题。

5.2.9.2 问题整改管理：

a) 电厂收到技术监督评价考核报告后，应组织有关人员会同西安热工院或技术监督服务单位在两周内完成整改计划的制订和审核，并将整改计划报送集团公司，产业、区域子公司，同时抄送西安热工院或技术监督服务单位。

b) 整改计划应列入或补充列入年度监督工作计划，电厂按照整改计划落实整改工作，并将整改实施情况及时在技术监督季报中总结上报。

c) 对整改完成的问题，电厂应保存问题整改相关的试验报告、现场图片、影像等技术资料，作为问题整改情况及实施效果评估的依据。

5.2.10 监督评价与考核：

5.2.10.1 应将《电测技术监督工作评价表》中的各项要求纳入日常电测监督管理工作中，《电测技术监督工作评价表》见附录 L。

5.2.10.2 按照《电测技术监督工作评价表》中的各项要求，编制完善各项电测技术监督管理制度和规定，并认真贯彻执行；完善各项电测监督的日常管理和记录，加强受监设备的运行技术监督和检修技术监督。

5.2.10.3 电厂应定期对技术监督工作开展情况组织自我评价，对不满足监督要求的不符合项以通知单的形式下发到相关部门进行整改，并对相关部门及责任人进行考核。

5.3 各阶段监督重点工作

5.3.1 设计阶段：

a) 应组织对电测量及电能计量装置进行设计审查。

b) 电测量及电能计量装置的设计应做到技术先进、经济合理、准确可靠、监视方便，以满足发电厂安全经济运行和商业化运营的需要。

c) 应根据相关规程、规定及实际需要制定电测计量装置的订货管理办法。

d) 电力建设工程中电测量及电能计量装置的订货，应根据审查通过的设计所确定的厂家、型号、规格、等级等组织订货。

5.3.2 安装、验收阶段：

a) 应制订本单位电测量及电能计量装置等安装与验收管理制度。

b) 电测量及电能计量装置等投运前应进行全面的验收。仪器设备到货后应由专业人员验收，检查物品是否符合订货合同的要求。

c) 验收的项目及内容应包括技术资料、现场核查、验收试验、验收结果的处理。应做到图纸、设备、现场相一致。

d) 电测量及电能计量装置的安装应严格按照通过审查的施工设计进行。

e) 新安装的电测仪表应进行检定，检定合格后在其明显位置粘贴合格证（内容至少包括设备编号、有效期、检定员）。

f) 应建立资产档案，专人进行资产管理并实现与相关专业的信息共享。资产档案内容应有资产编号、名称、型号、规格、等级、出厂编号、生产厂家、生产日期、验收日期等。

5.3.3 运行维护阶段：

a) 应具备与电测技术监督工作相关的法律、法规、标准、规程、制度等文件。

b) 应建立健全技术监督网体系和各级监督岗位职责，开展正常的监督网活动并记录活动内容、参加人员及有关要求。

c) 电测量及电能计量装置必须具备完整的符合实际情况的技术档案、图纸资料和仪器仪表设备台账。

d) 相应人员每天应对电能计量装置的厂站端设备进行巡检，并做好相应的记录。

e) 仪器设备要有专人保管，制订仪器仪表设备的维护保养计划。应在仪器设备上粘贴反映检定、校准状态的状态标识。

f) 应按要求完成电测技术监督工作统计报表。技术监督工作总结、统计报表、事故分析报告与重大问题应及时上报。

g) 应配备符合条件的电测专业技术人员，并保持队伍相对稳定，加强培训与考核，提高人员素质。

5.3.4 周期检验阶段：

a) 电厂应制定电测技术监督工作计划，计量器具周期检定计划及仪器仪表送检计划，并按期执行。

b) 应按照各检定规程要求定期规范开展电测仪器仪表的检定/校准工作。

c) 电测量及电能计量装置原始记录及检定报告应至少保存两个检定周期。

d) 应按规定的期限保存原始观测数据、导出数据和建立审核路径的足够信息的记录，原始记录应包括每项检定/校准的操作人员和结果核验人员的签名。当在记录中出现错误时，每一错误应划改，不可擦涂掉，以免字迹模糊或消失，并将正确值填写在其旁边。对记录的所有改动应有改动人的签名或签名缩写。对电子存储的记录也应采取同等措施，以避免原始数据的丢失或未经授权的改动。

5.3.5 量值传递：

a) 凡从事电测计量检定工作的人员在取得授权机构颁发的资质证书后方可开展检定工

作，且从事检定的项目及内容应与人员证书上的标注内容一致。计量检定人员脱离检定工作岗位一年以上者，必须经复核考试通过后，才可恢复其从事检定工作资格。从事电测现场检测的人员应具有相应的资质证书。

b) 标准装置必须经计量标准考核合格，具有有效期内的周期检定证书，方可投入使用，且检定的项目及内容应与装置证书上标注的内容一致。现场使用的电测计量装置应按相关标准进行定期检定/校准。

c) 电测计量标准器具应按相关规程、规范进行周期检定/校准（含现场校验），检定合格的计量器具应有封印或粘贴合格证，未授权人员不得擅自拆封。凡超过检定周期而尚未检定即认为失准，必须停用。

d) 实验室的环境温度、相对湿度、防尘、防火、防磁、接地网等条件应符合国家、行业相关规程、规范的要求，不符合要求的，应及时予以改善。

e) 计量标准的考核（复查）、更换、封存与撤销应按照相关规定办理。已建计量标准应每年进行一次重复性试验和稳定性考核。

f) 计量检定/校准（含现场检验）应严格遵守相应的计量检定规程及校准规范。

g) 所有检定/校准（含现场检验）的计量器具都须有原始记录（微机自动校验或半自动校验装置中的数据可按原始记录对待），原始记录的内容、项目与格式应符合相关规定，并妥善保存。

h) 现场检验可以依据有关规程、规范只进行部分项目的检验，但现场检验不可替代实验室的检定，现场检验不合格时应进一步确认。

6 监督评价与考核

6.1 评价内容

6.1.1 电测监督评价内容详见附录 K。

6.1.2 电测监督评价内容分为技术监督管理、技术监督标准执行两部分，总分为 600 分，其中监督管理评价部分包括 8 个大项 46 小项共 240 分，监督标准执行部分包括 5 大项 54 个小项共 360 分，每项检查评分时，如扣分超过本项应得分，则扣完为止。

6.2 评价标准

6.2.1 被评价的电厂按得分率的高低分为四个级别，即：优秀、良好、合格、不符合。

6.2.2 得分率高于或等于 90%为"优秀"，80%～90%（不含 90%）为"良好"，70%～80%（不含 80%）为"合格"，低于 70%为"不符合"。

6.3 评价组织与考核

6.3.1 技术监督评价包括集团公司技术监督评价、属地电力技术监督服务单位技术监督评价、电厂技术监督自我评价。

6.3.2 集团公司定期组织西安热工院和公司内部专家，对电厂技术监督工作开展情况、设备状态进行评价，评价工作按照集团公司《电力技术监督管理办法》附录 D 规定执行，分为现场评价和定期评价。

6.3.2.1 集团公司技术监督现场评价按照集团公司年度技术监督工作计划中所列的电厂名单和时间安排进行。各电厂在现场评价实施前应按附录 K 进行自查，编写自查报告。西安热工院在现场评价结束后三周内，应按照集团公司《电力技术监督管理办法》附录 C 的格式要求完成评价报告，并将评价报告电子版报送集团公司安生部，同时发送产业、区域子公司及电厂。

6.3.2.2 集团公司技术监督定期评价按照集团公司《电力技术监督管理办法》及本标准要求和规定，对电厂生产技术管理情况，机组障碍及非计划停运情况，电测监督报告的内容符合性、准确性、及时性等进行评价，集团公司将通过季度和年度的《火电技术监督报告》发布考核结果。

6.3.2.3 集团公司对严重违反技术监督制度、由于技术监督不当或监督项目缺失、降低监督标准而造成严重后果，对技术监督发现问题不进行整改的电厂，予以通报并限期整改。

6.3.3 电厂应督促属地技术监督服务单位依据技术监督服务合同的规定，提供技术支持和监督服务，依据相关监督标准定期对电厂技术监督工作开展情况进行检查和评价分析，形成评价报告，并将评价报告电子版和书面版报送产业、区域子公司及电厂，电厂应将报告归档管理，并落实问题整改。

6.3.4 电厂应按照集团公司《电力技术监督管理办法》及《华能电厂安全生产管理体系要求》建立完善技术监督评价与考核管理标准，明确各项评价内容和考核标准。

6.3.5 电厂应每年按附录K，组织安排电测监督工作开展情况的自我评价，根据评价情况对相关部门和责任人开展技术监督考核工作。

附 录 A

（规范性附录）

电压互感器二次回路导线截面选择

电压互感器二次回路导线截面选择。

电压互感器二次回路为三相四线接线方式时，根据二次电缆长度 L 及所通过的最大电流值 I_{max}，为保证二次回路电压降 ΔU_1 小于容许值 ΔU_{max}，专用电缆线所需截面 $S(\text{mm}^2)$ 应满足下述关系：

$$R = \rho \frac{L}{S} \leqslant \frac{\Delta U_{max} - \Delta U_1}{I_{max}}$$

$$S \geqslant \frac{\rho L I_{max}}{\Delta U_{max} - \Delta U_1} (\text{mm}^2)$$

电压互感器二次回路为三相三线接线方式时，根据二次电缆长度 L 及所通过的最大电流值 I_{max}，为保证二次回路电压降 ΔU_1 小于容许值 ΔU_{max}，专用电缆线所需截面 $S(\text{mm}^2)$ 应满足下述关系：

$$R = \rho \frac{L}{S} \leqslant \frac{\Delta U_{max} - \Delta U_1}{\sqrt{7} I_{max}}$$

$$S \geqslant \frac{\sqrt{7} \rho L I_{max}}{\Delta U_{max} - \Delta U_1} (\text{mm}^2)$$

在快速断路器的电压降不大于二次回路允许压降的 1/3，重动继电器触点压降不大于二次回路允许压降 1/6 的情况下：

三相四线接线方式时，有：

$$S \geqslant \frac{2 \rho L I_{max}}{\Delta U_{max}}$$

三相三线接线方式时，有：

$$S \geqslant \frac{2 \sqrt{7} \rho L I_{max}}{\Delta U_{max}}$$

附　录　B

（规范性附录）

电测实验室标准装置及仪器配置标准

B.1 电测仪表标准装置见表 B.1。

表 B.1　电测仪表标准装置

序号	标准装置名称	标准器	被测对象
1	（0.2 级）交直流仪表检验装置（或多功能电测计量检验装置）	0.05 级多功能标准表	0.2 级及以下直流电压表，直流电流表，交流电压表，交流电流表，单三相功率表，单相相位表（相角表和功率因数表），频率表
2	（0.2 级）交流电量变送器检定装置（或多功能电测计量检验装置）		0.2 级及以下交流电量变送器
3	（0.2 级）交流采样测量装置校验装置（或多功能电测计量检验装置）		0.2 级及以下交流采样测量装置
4	绝缘电阻表检定装置	高阻箱	绝缘电阻表
5	接地电阻表检定装置	直流电阻箱	接地电阻表
6	（0.2 级）钳形电流表检定装置	钳形电流表检定装置	0.2 级及以下钳形电流表

B.2 电能表标准装置见表 B.2。

表 B.2　电能表标准装置

序号	计量标准名称	标准器	被测对象
1	（0.05 级）三相电能表标准装置	0.05 级三相标准电能表	0.2 级及以下单、三相电能表
2	（0.05 级）电能表现场测试仪	0.05 级三相标准电能表	0.2 级及以下单、三相电能表
3	电压互感器二次回路电压降测试仪	—	电压互感器二次回路电压降

B.3 数表标准装置见表 B.3。

表 B.3　数表标准装置

计量标准名称	标准器	被测对象
（4 1/2）数字多用表检定装置	多功能校准源	4 1/2 数字多用表

B.4 直流仪器标准装置见表 B.4。

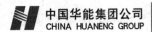

表 B.4　直流仪器标准装置

序号	标准装置名称	标准器	被测对象
1	（0.05 级）直流电位差计标准装置	0.01 级直流数字电压表	0.05 级直流电位差计
2	（0.05 级）直流单电桥检定装置	0.01 级直流电阻箱	0.05 级直流单电桥
3	（0.1 级）直流双电桥检定装置	0.02 级直流电阻箱	0.1 级直流双电桥
4	（0.1 级）直流电阻箱检定装置	0.02 级直流电桥	0.1 级直流电阻箱

附　录　C
（规范性附录）
计　量　标　准　文　件　集

计量标准文件集应包含以下文件：

C.1 计量标准考核证书（如果适用）。

C.2 社会公用计量标准证书（如果适用）。

C.3 计量标准考核（复查）申请书。

C.4 计量标准技术报告。

C.5 计量标准的重复性试验记录。

C.6 计量标准的稳定性考核记录。

C.7 计量标准更换申报表（如果适用）。

C.8 计量标准封存（或撤销）申报表（如果适用）。

C.9 计量标准履历书。

C.10 国家计量检定系统表（如果适用）。

C.11 计量检定规程或技术规范。

C.12 计量标准操作程序。

C.13 计量标准器及主要配套设备使用说明书（如果适用）。

C.14 计量标准器及主要配套设备的检定或校准证书。

C.15 检定或校准人员的资格证明。

C.16 实验室的相关管理制度。

C.17 开展检定或校准工作的原始记录及相应的检定或校准证书副本。

C.18 可以证明计量标准具有相应测量能力的其他技术资料。

附　录　D

（规范性附录）

电测技术监督档案资料

电测技术监督档案目录：

D.1　基建阶段技术资料。

　　a)　电测仪器仪表厂家技术资料、图纸、说明书及出厂试验报告。

　　b)　贸易结算用电能计量装置检定报告。

　　c)　电测仪器仪表的一次系统配置图和二次接线图。

　　d)　设备监造报告、安装验收记录、缺陷处理报告、调试试验报告、投产验收报告。

D.2　设备清册及设备台账。

　　a)　电测仪器仪表及贸易结算用电能计量装置设备台账（名称、型号、规格、安装位置、准确度等级、编号、厂家、安装时间、检定周期等）。

　　b)　贸易结算用电能计量装置历次误差测试数据统计台账（安装位置、准确度等级、误差、测试时间）。

　　c)　电测仪器仪表送检计划及电测仪表周检计划。

D.3　试验报告和记录。

　　a)　关口电能表检定报告及现场检验报告。

　　b)　计量用电压、电流互感器误差测试报告。

　　c)　计量用电压互感器二次回路压降测试报告。

　　d)　电测仪表（现场安装式指示仪表、数字表、变送器、交流采样测控装置、厂用电能表、全厂试验用仪表、绝缘电阻表、钳形电流表、万用表、直流电桥、电阻箱等）检验报告（原始记录）。

　　e)　计量标准文件集。

　　f)　电测仪器仪表检验率、调前合格率统计记录。

D.4　缺陷闭环管理记录。

　　月度缺陷分析。

D.5　事故管理报告和记录。

　　a)　设备非计划停运、障碍、事故统计记录。

　　b)　事故分析报告。

D.6　技术改造报告和记录。

　　a)　可行性研究报告。

　　b)　技术方案和措施。

　　c)　技术图纸、资料、说明书。

　　d)　质量监督和验收报告。

　　e)　完工总结报告和后评估报告。

D.7　监督管理文件。

　　a)　与电测监督有关的国家法律、法规及国家、行业、集团公司标准、规范、规程、制度。

b）电厂电测监督标准、规定、措施等。

c）电测技术监督年度工作计划和总结。

d）电测技术监督季报、速报。

e）电测技术监督预警通知单和验收单。

f）电测技术监督会议纪要。

g）电测技术监督工作自我评价报告和外部检查评价报告。

h）电测技术监督人员技术档案、上岗考试成绩和证书。

i）与电测设备质量有关的重要工作来往文件。

附 录 E

（规范性附录）

技术监督不符合项通知单

编号（NO）：××-××-××

发现部门：	专业：	被通知部门、班组：	签发：	日期：20××年××月××日

不符合项描述	1. 不符合项描述： 2. 不符合标准或规程条款说明：
整改措施	3. 整改措施： 制订人/日期：　　　　　　　　　　　　　审核人/日期：
整改验收情况	4. 整改自查验收评价： 整改人/日期：　　　　　　　　　　　　　自查验收人/日期：
复查验收评价	5. 复查验收评价： 　　　　　　　　　　　　　　　　　　　　　复查验收人/日期：
改进建议	6. 对此类不符合项的改进建议： 　　　　　　　　　　　　　　　　　　　　　建议提出人/日期：
不符合项关闭	整改人：　　　　　自查验收人：　　　　　复查验收人：　　　　　签发人：
编号说明	年份＋专业代码＋本专业不符合项顺序号

附 录 F

（规范性附录）

电测技术监督季报编写格式

××电厂20××年×季度电测技术监督季报

编写人：×××　固定电话/手机：××××××

审核人：×××

批准人：×××

上报时间：20××年××月××日

F.1　上季度集团公司督办事宜的落实或整改情况

F.2　上季度产业（区域）公司督办事宜的落实或整改情况

F.3　电测监督年度工作计划完成情况统计报表（见表F.1）

表 F.1　年度技术监督工作计划和技术监督服务单位合同项目完成情况统计报表

发电企业技术监督计划完成情况			技术监督服务单位合同工作项目完成情况		
年度计划项目数	截至本季度完成项目数	完成率%	合同规定的工作项目数	截至本季度完成项目数	完成率%

F.4　电测监督考核指标完成情况统计报表

F.4.1　监督管理考核指标报表（见表F.2～表F.4）

监督指标上报说明：每年的1、2、3季度所上报的技术监督指标为季度指标；每年的4季度所上报的技术监督指标为全年指标。

表 F.2　20××年×季度仪表校验率统计报表

年度计划应校验仪表台数	截至本季度完成校验仪表台数	仪表校验率%	考核或标杆值%
			100

表 F.3　技术监督预警问题至本季度整改完成情况统计报表

一级预警问题			二级预警问题			三级预警问题		
问题项数	完成项数	完成率%	问题项数	完成项数	完成率%	问题项目	完成项数	完成率%

表 F.4　集团公司技术监督动态检查提出问题本季度整改完成情况统计报表

检查年度	检查提出问题项目数项			发电厂已整改完成项目数统计结果			
	严重问题	一般问题	问题项目合计	严重问题	一般问题	完成项目数小计	整改完成率%

F.4.2　技术监督考核指标报表（见表 F.5）

表 F.5　20××年×季度电测监督指标季报报表

分　类		总数量	本季计划检验数量	本季实际检验数量	调前不合格数量	本季度检验率%	调前合格率%
0.1 级～0.05 级标准表							
0.2 级～0.5 级标准表							
配电盘（控制盘）表							
电测量变送器							
交流采样测量装置							
厂内经济考核用电能表							
关 口电能表	周期检定						
	现场检验						
关口计量用互感器	电流互感器						
	电压互感器						
关口计量用电压互感器二次回路电压降							
绝缘电阻表							
其他仪器仪表							
合　计							
不合格计量器具	名　称	测　点	型　号		等　级	处理方式	

注 1：关口电能表周期检定指实验室检定，现场检验指实负荷测试。

注 2：配电盘（控制盘）表指各类指针式仪表、数字式仪表等。

注 3：交流采样测量装置按路统计，如① 2219 线路采集电流是 I_a、I_c 两个量，电压是 U_a、U_b、U_c、U_{ab}、U_{bc}、U_{ca} 六个量，有功功率、无功功率各一个量，统计为 1 路；② 4 号母线采集电压是 U_a、U_b、U_c、U_{ab}、U_{bc}、U_{ca} 六个量，统计为 1 路

F.4.3　技术监督考核指标简要分析

填报说明：分析指标未达标的原因。

F.5　本季度电测监督发现的问题、原因及处理情况

填报说明：包括试验、检修、运行、巡视中发现的一般事故和一类障碍、危急缺陷和严重缺陷。必要时应提供照片、数据和曲线。

F.6　本季度电测技术监督工作需要解决的主要问题

填报说明：简述电测监督管理、试验、检修、运行的工作和设备遗留缺陷的跟踪情况。

F.7　电测下季度的主要工作

F.8　附表

中国华能集团公司技术监督动态检查专业提出问题至本季度整改完成情况见表 F.6，《中国华能集团公司火（水）电技术监督报告》专业提出的存在问题至本季度整改完成情况见表 F.7，技术监督预警问题至本季度整改完成情况见表 F.8。

表 F.6　中国华能集团公司技术监督动态检查专业提出问题至本季度整改完成情况

序号	问题描述	问题性质	西安热工院提出的整改建议	发电企业制定的整改措施和计划完成时间	目前整改状态或情况说明

注1：填报此表时需要注明集团公司技术监督动态检查的年度。
注2：如4年内开展了2次检查，应按此表分别填报。待年度检查问题全部整改完毕后，不再填报

表 F.7　《中国华能集团公司火（水）电技术监督报告》
专业提出的存在问题至本季度整改完成情况

序号	问题描述	问题性质	问题分析	解决问题的措施及建议	目前整改状态或情况说明

表 F.8　技术监督预警问题至本季度整改完成情况

预警通知单编号	预警类别	问题描述	西安热工院提出的整改建议	发电企业制定的整改措施和计划完成时间	目前整改状态或情况说明

附 录 G
（规范性附录）
技 术 监 督 信 息 速 报

单位名称			
设备名称		事件发生时间	
事件概况	注：有照片时应附照片说明。		
原因分析			
已采取的措施			
监督专责人签字		联系电话： 传　真：	
生产副厂长或总工程师签字		邮　箱：	

附　录　H

（规范性附录）

电测技术监督预警项目

H.1　一级预警

无。

H.2　二级预警

a) 贸易结算用电能计量装置现场检验超差经三级预警后一个月仍未处理的，电压互感器二次回路电压降超差经三级预警后三个月仍未处理的。

b) 贸易计算用电能计量准确度等级不满足要求经三级预警后一个月仍未明确制订更换或改造计划的（结合下次设备检修完成）。

H.3　三级预警

a) 贸易结算用电能计量装置现场检验结果超过规定的误差限值。

b) 贸易结算用电能计量装置准确度等级不满足相关的技术要求。

c) 电测计量标准器具周期检定结果不合格仍继续使用。

附 录 I
（规范性附录）
技术监督预警通知单

通知单编号：T-　　　　　　预警类别编号：　　　　　　日期：　　年　　月　　日

发电企业名称	
设备（系统）名称及编号	

异常情况	
可能造成或已造成的后果	
整改建议	
整改时间要求	
提出单位		签发人	

注：通知单编号，T—预警类别编号—顺序号—年度。预警类别编号中，一级预警为1，二级预警为2，三级预警为3。

附 录 J
（规范性附录）
技术监督预警验收单

验收单编号：Y-　　　　　　　　预警类别编号：　　　　　　　　日期：　　年　　月　　日

发电企业名称	
设备（系统）名称及编号	
异常情况	
技术监督服务单位整改建议	
整改计划	
整改结果	

验收单位		验收人	

注：验收单编号，Y—预警类别编号—顺序号—年度。预警类别编号中，一级预警为1，二级预警为2，三级预警为3。

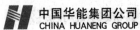

附 录 K

（规范性附录）

技术监督动态检查问题整改计划书

K.1 概述

K.1.1 叙述计划的制定过程（包括西安热工研究院、技术监督服务单位及电厂参加人等）。

K.1.2 需要说明的问题，如：问题的整改需要较大资金投入或需要较长时间才能完成整改的问题说明。

K.2 重要问题整改计划表

重要问题整改计划表，见表 K.1。

表 K.1 重要问题整改计划表

序号	问题描述	专业	监督单位提出的整改建议	电厂制定的整改措施和计划完成时间	电厂责任人	监督单位责任人	备注

K.3 一般问题整改计划表

一般问题整改计划表，见表 K.2。

表 K.2 一般问题整改计划表

序号	问题描述	专业	监督单位提出的整改建议	电厂制定的整改措施和计划完成时间	电厂责任人	监督单位责任人	备注

附 录 L

（规范性附录）

电测技术监督工作评价表

序号	评价项目	标准分	评价内容与要求	评分标准
1	电测监督管理	240		
1.1	监督机构与职责	30		
1.1.1	监督组织机构	5	应成立以主管生产的领导或总工程师为组长的技术监督领导小组，在归口职能管理部门设置电测技术监督专责人，建立完善的厂级、部门、班组三级技术监督网络	查看正式下发的技术监督网络成员文件。 （1）未有正式下发的文件不得分； （2）三级网络监督机构不健全扣5分； （3）人员调动未及时调整扣5分
1.1.2	职责分工与落实	5	电测技术监督网络各级成员职责分工应明确并得到有效落实，技术监督管理工作能够规范开展	检查各级监督人员职责，结合具体工作验证各级成员职责落实情况。各级监督专责责任未落实扣2分
1.1.3	监督专责工程师持证上岗	20	厂级电测技术监督专责人应持有集团公司电测技术监督资格证书并在有效期内	查看监督专责工程师是否持证上岗。监督专责未持有集团公司电力技术监督资格证书不得分，证书超期扣15分
1.2	标准符合性	15		
1.2.1	监督管理标准	12		
1.2.1.1	中国华能集团公司企业标准《中国华能集团公司电力技术监督管理办法》	2	应持有集团公司正式下发的集团公司《电力技术监督管理办法》	未有上级单位电测技术监督管理制度不得分
1.2.1.2	本单位《电测监督管理标准》《计量监督管理标准》	5	应编制《电测监督管理标准》和《计量监督管理标准》： （1）《电测监督管理标准》和《计量监督管理标准》编写的内容、格式应符合《华能电厂安全生产管理体系要求》和《华能电厂安全生产管理体系管理标准编制导则》的要求，并统一编号； （2）《电测监督管理标准》和《计量监督管理标准》的内容应符合国家、行业法律、法规、标准和《中国华能集团公司电力技术监督管理办法》相关要求，并符合发电厂实际	（1）不符合《华能电厂安全生产管理体系要求》和《华能电厂安全生产管理体系管理标准编制导则》的编制要求，扣2分； （2）不符合国家、行业法律、法规、标准和《中国华能集团公司电力技术监督管理办法》相关要求和发电厂实际，扣2分

表（续）

序号	评价项目	标准分	评价内容与要求	评分标准
1.2.1.3	电测监督相关/支持性文件 本单位关口电能计量装置管理规定 本单位交流采样测量装置管理规定 本单位仪器仪表送检及周期检定管理规定 本单位仪器仪表委托检定管理规定	5	电测监督相关管理规定应建立齐全、内容完善，符合发电厂实际并应及时更新	（1）每缺少一项管理规定扣1分，扣完为止； （2）每项管理规定内容不符合相关标准或发电厂实际扣1分，扣完为止
1.2.2	国家、行业、集团公司、其他电网公司相关技术标准	3	应按照集团公司每年下发的《火力发电厂技术监督用标准规范目录》收集齐全相关标准，正式印刷版或电子扫描版均可	（1）相关标准收集不齐全扣1分； （2）标准未及时更新扣1分
1.3	电测标准仪器仪表	20	现场查看仪器仪表台账、检验计划、检验报告	
1.3.1	电测标准仪器仪表台账	5	电测标准仪器仪表台账内容应齐全、准确，与现场实际设备相符；台账内容至少包括名称、编号、厂家、准确度等级、检定周期、检定时间、检定结果等内容，台账内容应及时更新	（1）台账内容不齐全或与现场实际不相符扣2分； （2）台账内容未及时更新扣2分
1.3.2	电测标准仪器仪表厂家产品说明书及出厂检验报告等	5	电测标准仪器仪表技术资料及出厂报告应齐全、妥善保存	技术资料不齐全酌情扣分
1.3.3	电测标准仪器仪表送检计划及执行情况	5	电测标准仪器仪表应制订定期送检计划并严格执行	未制订定期送检计划不得分，电测标准仪器仪表未定期送检不得分
1.3.4	电测标准仪器仪表检定证书/校准报告	5	电测标准仪器仪表的检定证书/校准报告应妥善保存	检定证书/校准报告不齐全扣2分
1.4	监督计划	10	现场查看发电厂监督计划	
1.4.1	电测技术监督工作计划编制及报送	5	电测技术监督专责人每年11月30日前应组织完成下年度技术监督工作计划的制定工作，技术监督工作计划内容应全面，经审批后报送产业、区域子公司，同时抄送西安热工院	（1）无电测技术监督年度工作计划不得分； （2）工作计划未经审核、批准扣2分； （3）每缺少一项监督计划扣1分，扣完为止

表（续）

序号	评价项目	标准分	评价内容与要求	评分标准
1.4.2	电测技术监督工作计划执行情况检查与考核	5	电测技术监督专责人每季度对各部门监督计划的执行情况进行检查，对不满足监督要求的通过技术监督不符合项通知单的形式下发到相关部门进行整改，并对相关部门进行考评	每季度未对监督计划执行情况进行检查不得分，未按规定整改完成的酌情扣分
1.5	监督档案	85	现场查看监督档案、档案管理的记录。应建有监督档案资料清单。每类资料有编号、存放地点、保存期限	
1.5.1	仪器仪表技术台账	35		
1.5.1.1	重要电能计量装置台账（包括关口、发电机—变压器组等电能计量装置）	10	电能计量装置台账应包括电能表、计量用电压互感器和电流互感器、计量二次回路等相关信息及其检定周期、最近一次的检定情况	（1）未建立台账不得分；（2）台账内容不齐全扣 5 分；（3）台账未及时更新扣 2 分
1.5.1.2	厂用系统技术经济考核用电能表台账	5		
1.5.1.3	配电盘（控制盘）仪表台账（包括电测指示仪表、数字显示仪表等）	5	台账应有设备名称、型号、出厂编号、准确度等级、测量范围、制造厂、检定周期、最近次检定时间、当前状态（在用、停用、报废及时间）等信息	（1）未建立台账不得分；（2）台账内容不齐全扣 2 分；（3）台账未及时更新扣 2 分
1.5.1.4	电测量变送器台账	5		
1.5.1.5	交流采样测量装置台账	5		
1.5.1.6	其他仪器仪表台账	5		
1.5.2	仪器仪表送检及周检计划	15		
1.5.2.1	仪器仪表送检计划	5	每年应编制仪器仪表送检计划，送检计划应详细具体到每一只表计，送检计划中应有检定周期、最近一次检定日期、下次计划检定日期及确认检定日期	（1）未制订送检计划扣 5 分；（2）送检计划内容不齐全扣 2 分

表（续）

序号	评价项目	标准分	评价内容与要求	评分标准
1.5.2.2	电量变送器周检计划	2	每年应编制仪器仪表周检计划，周检计划应详细具体到每一块表计，周检计划中应有检定周期、最近一次检定日期、下次计划检定日期及确认检定日期	（1）未制订周检计划扣 2 分；（2）周检计划内容不齐全扣 1 分
1.5.2.3	交流采样测量装置周检计划	2		
1.5.2.4	电能表周检计划	2		
1.5.2.5	配电盘（控制盘）仪表周检计划（包括电测指示仪表、数字显示仪表等）	2		
1.5.2.6	其他仪器仪表周检计划	2		
1.5.3	仪器仪表检定报告及原始记录	15		
1.5.3.1	标准仪器仪表检定证书/校准报告	5	检定证书/校准报告、原始记录应妥善保存，并且至少保存连续两个检定、检验周期	每缺少一项仪器仪表原始记录扣 2 分，扣完为止
1.5.3.2	电量变送器检定报告及原始记录	2		
1.5.3.3	交流采样测量装置检定报告及原始记录	2		
1.5.3.4	电能表检定报告及原始记录	2		
1.5.3.5	配电盘（控制盘）仪表检定报告及原始记录（包括电测指示仪表、数字显示仪表等）	2		
1.5.3.6	其他仪器仪表检定报告及原始记录	2		
1.5.4	电测专业相关技术图纸、资料	10		
1.5.4.1	设计单位移交的关口电能计量系统竣工图纸	5	竣工图纸应齐全并妥善保存	图纸不齐全扣 2 分

表（续）

序号	评价项目	标准分	评价内容与要求	评分标准
1.5.4.2	设计单位移交的其他电测量及电能计量相关竣工图纸	5	竣工图纸应齐全并妥善保存	图纸不齐全扣2分
1.5.5	电测量及电能计量装置厂家说明书、出厂检验报告等	5	各类电测量及电能计量装置的厂家说明书、出厂检验报告应收集齐全、妥善保存	未收集电测量及电能计量装置技术资料不得分，技术资料不齐全扣2分
1.5.6	仪器仪表现场缺陷处理及技术更新改造记录	5	仪器仪表缺陷处理及技术更新改造记录应连续	未建立仪器仪表异常、故障、事故缺陷及仪表改造记录不得分，记录内容不详细扣2分
1.6	评价与考核	20		
1.6.1	技术监督动态检查前自我检查	5	电厂应在集团公司技术监督现场评价实施前按附录L《电测监督工作评价表》进行自查，编写自查报告	无自查报告扣5分
1.6.2	技术监督定期自我评价	5	电厂应每年按附录L《电测监督工作评价表》，组织安排电测监督工作开展情况的自我评价，并按《中国华能集团公司电力技术监督管理办法》附录D.1格式编写自查报告，根据评价情况对相关部门和责任人开展技术监督考核工作	（1）未定期对技术监督工作进行检查扣5分；（2）未对检查出的问题及时制订计划进行整改扣2分
1.6.3	技术监督定期工作会议	5	电厂应每年召开两次技术监督工作会议，检查、布置、总结技术监督工作	（1）未组织召开技术监督工作会议扣5分；（2）无会议纪要扣2分
1.6.4	技术监督工作考核	5	对严重违反技术监督管理标准、由于技术监督不当或监督项目缺失、降低监督标准而造成严重后果的，应按照《管理标准》的"考核标准"给予考核	未按照"考核标准"给予考核扣5分
1.7	工作报告制度	30	查阅检查之日前两个季度季报、检查速报事件及上报时间	
1.7.1	技术监督季报、年报	12	（1）每季度首月5日前，应将技术监督季报报送产业、区域子公司和西安热工院；（2）格式和内容符合要求	（1）季报、年报上报迟报1天扣2分；（2）格式不符合，一项扣2分；（3）报表数据不准确，一项扣5分；（4）检查发现的问题，未在季报中上报，每1个问题扣5分

303

表（续）

序号	评价项目	标准分	评价内容与要求	评分标准
1.7.2	技术监督速报	12	按规定格式和内容编写技术监督速报并及时上报	（1）发现或者出现重大设备问题和异常及障碍未及时、真实、准确上报技术监督速报一次扣12分； （2）未按规定时间上报，一件扣9分； （3）事件描述不符合实际，一件扣9分
1.7.3	年度技术监督工作总结报告	6	按规定格式和内容编写年度技术监督工作总结报告并及时上报： （1）每年元月5日前组织完成上年度技术监督工作总结报告的编写工作，并将总结报告报送产业、区域子公司和西安热工院； （2）格式和内容符合要求	（1）未按时上报年度工作总结扣6分； （2）内容不齐全扣3分
1.8	监督考核指标	30		
1.8.1	监督管理考核指标	20		
1.8.1.1	监督预警问题、季度问题整改完成率	10	查看预警通知和预警验收单，整改完成率达100%	未按规定时间完成整改不得分
1.8.1.2	动态检查存在问题整改完成率	10	查看整改计划及整改验收单，从发电企业收到动态检查报告之日起：第1年整改完成率不低于85%；第2年整改完成率不低于95%	未按整改规定时间完成整改不得分
1.8.2	电测监督考核指标	10		
1.8.2.1	电测仪表检验率	5	电测仪表检验率考核指标100%	（1）指标不达标不得分； （2）未定期统计指标扣2分
1.8.2.2	电测仪表调前合格率	5	电测仪表调前合格率考核指标大于或等于98%	（1）指标不达标不得分； （2）未定期统计指标扣2分
2	监督过程实施	360		
2.1	工程设计、选型阶段	75		
2.1.1	贸易结算用电能计量装置	45		
2.1.1.1	贸易结算用电能计量装置准确度等级	5	关口电能表准确度等级不应低于0.2S级；计量用电流互感器准确度等级不应低于0.2S级；计量用电压互感器准确度等级不应低于0.2级	关口电能表、计量用互感器准确度等级不满足要求每项扣2分

表（续）

序号	评价项目	标准分	评价内容与要求	评分标准
2.1.1.2	关口电能表主副配置	5	计量单机容量在 100MW 及以上发电机组上网贸易结算电量的电能计量装置应配置准确度等级相同的主副电能表	关口电能表未主、副配置不得分
2.1.1.3	计量专用电压、电流二次回路	5	贸易结算用电能计量装置应配置计量专用电压、电流互感器或者专用二次绕组，电能计量专用电压、电流互感器或专用二次绕组及其二次回路不得接入与电能计量无关的设备	计量电压、电流回路不专用不得分
2.1.1.4	电能计量装置接线方式	5	接入中性点绝缘系统的 3 台电压互感器，35kV 及以上的宜采用 Yyn 方式接线，35kV 以下的宜采用 Vv 方式接线；2 台电流互感器的二次绕组与电能表之间应采用四线分相接法。接入非中性点绝缘系统的 3 台电压互感器应采用 YNyn 方式接线，3 台电流互感器的二次绕组与电能表之间应采用六线分相接法。当一次系统主接线为 3/2 断路器接线、电流互感器安装在线路相邻两个断路器支路时，6 台电流互感器的二次绕组与电能表之间采用双六线分相接法	电能计量装置接线方式不满足要求不得分
2.1.1.5	贸易结算用电能计量装置电压失压告警	5	贸易计算用电能计量装置应装设电压失压计时器，若电能表的电压失压计时功能满足 DL/T 566 的要求，并提供相应的报警信号输出（如发生任意相 TV 失压、TA 断线、电源失常、自检故障等），可不再配置专门的电压失压计时器。电压失压报警信号应引至发电厂电力网络计算机监控系统	关口计量屏未配置失压计时器或失压告警信号未引至监控系统不得分
2.1.1.6	电压、电流二次回路导线截面积	5	二次回路的连接导线应采用铜质绝缘导线。电压二次回路导线截面积应不小于 $2.5mm^2$，电流二次回路导线截面积应不小于 $4mm^2$	电压、电流回路导线截面积不满足要求不得分
2.1.1.7	3/2 断路器接线两台电流互感器"和电流"并联点	5	当一次系统主接线为 3/2 断路器接线、电流互感器安装在线路相邻两个断路器支路时，并联运行的两台电流互感器的"和电流"应在电能计量屏端子排处并联	"和电流"未在电能计量屏端子排处并联不得分

表（续）

序号	评价项目	标准分	评价内容与要求	评分标准
2.1.1.8	二次电压并列装置、切换装置	5	一次系统采用单母线分段接线方式，若一次系统存在两段母线并列运行条件，二次电压回路应配置二次电压并列装置。一次系统接线为双母线接线方式，采用母线电压互感器时，二次电压回路应配置二次电压切换装置	二次电压回路未按要求配置并列、切换装置不得分
2.1.1.9	厂站电能信息采集终端	5	发电厂侧电能计量装置应配置厂站电能信息采集终端。厂站电能信息采集终端宜单独组屏，厂站电能信息采集终端应满足 DL/T 698.31、DL/T 698.32 的有关要求	电能计量装置未配置厂站电能信息采集终端不得分，采集终端未单独组屏扣 2 分
2.1.2	发电机—变压器组及厂用系统电能计量装置	10		
2.1.2.1	发电机—变压器组电能计量装置设计与配置	5	发电机—变压器组电能计量装置的设计应满足 DL/T 448、DL/T 5137、DL/T 825 的规定	发电机—变压器组电能计量装置配置不满足要求不得分
2.1.2.2	厂用系统电能计量装置	5	新、扩建项目厂用系统电能计量应优先配置独立的电子式多功能电能表；已建项目厂用系统如采用数字式保护测控装置的电能计量功能，保护测控装置应配置电能计量专用芯片并提供电能校验脉冲输出	厂用电能计量装置无法校验电能不得分
2.1.3	发电机—变压器组电量变送器屏	15		此项只扣分，不要求整改
2.1.3.1	发电机—变压器组变送器电源回路	5	发电机—变压器组变送器屏的电源回路宜采用双路电源自动切换	发电机—变压器组变送器屏电源未实现双电源自动切换扣 2 分
2.1.3.2	有功功率变送器电压、电流二次回路	5	发电机—变压器组变送器屏中参与机组调节的有功功率变送器的电流、电压二次回路接线宜通过端子排连接	有功功率变送器电压、电流二次回路未经端子排连接扣 2 分
2.1.3.3	变送器信号输出控制电缆屏蔽接地	5	变送器 4mA~20mA 模拟信号输出控制电缆的屏蔽层应可靠接地，不得构成两点或多点接地，应集中式一点接地。对于双层屏蔽电缆，内屏蔽应一端接地，外屏蔽应两端接地	变送器信号输出控制电缆屏蔽未可靠接地不得分
2.1.4	交流采样测量装置	5	发电厂 RTU 远动终端、NCS 系统、ECMS 系统的模拟量采集宜采用交流采样方式进行采集	RTU、NCS 系统、ECMS 等未按交流采样方式进行采集扣 2 分

表（续）

序号	评价项目	标准分	评价内容与要求	评分标准
2.2	安装验收阶段	30		
2.2.1	贸易结算用电能计量装置全面验收	15		
2.2.1.1	贸易结算用电能计量装置（关口电能表、计量用互感器）安装前首次检定	5	关口电能表、计量用互感器安装前应进行首次检定，检定报告应妥善保存，检定结果应合格	贸易结算用电能计量装置未进行首次检定不得分
2.2.1.2	电压互感器二次回路电压降测试	5	测试报告应妥善保存，电压互感器二次回路压降应不大于其额定二次电压的0.2%	（1）电压互感器未进行二次回路压降测试扣2分；（2）测试结果不满足要求扣2分
2.2.1.3	电压互感器、电流互感器二次回路实负荷测试	5	测试报告应妥善保存，电压、电流互感器二次回路实负荷应不低于JJG 1021规定的互感器下限负荷	（1）互感器未进行实负荷测试扣2分；（2）测试结果不满足要求扣2分
2.2.2	交流采样测量装置投运前校验	5	交流采样测量装置在投入运行前必须进行虚负荷校验，校验项目应规范，校验报告应妥善保存	交流采样测量装置投入运行前未进行虚负荷校验不得分，校验不规范扣2分
2.2.3	电测量变送器安装前检验	5	电测量变送器安装前应进行首次检验，检验项目应规范，检验报告应妥善保存	变送器安装前未进行校验不得分，校验不规范扣2分
2.2.4	配电盘（控制盘）仪表安装前检验（包括电测指示仪表、数字显示仪表等）	5	配电盘（控制盘）仪表安装前应进行首次检定，检定项目应规范，检定报告应妥善保存	抽查配电盘（控制盘）仪表安装前未进行校验不得分，校验不规范扣2分
2.3	维护检修阶段	120		
2.3.1	贸易结算用电能计量装置	40		
2.3.1.1	关口电能表周期检定	10	关口电能表应依据JJG 596进行周期检定，检定周期一般不超过6年	未查阅到关口电能表检定报告不得分，检定报告超期扣5分
2.3.1.2	关口电能表定期现场检验	10	关口电能表现场检验依据DL/T 448，每季度进行一次现场检验	未查阅到关口电能表现场检验报告不得分，检验报告超期扣5分
2.3.1.3	电流、电压互感器现场检定	10	互感器应依据JJG 1021进行周期检定，电流、电磁式电压互感器检定周期一般不超过10年，电容式电压互感器检定周期一般不超过4年	未查阅到互感器检定报告不得分，检定报告超期扣5分

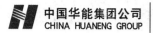
表（续）

序号	评价项目	标准分	评价内容与要求	评分标准
2.3.1.4	电压互感器二次回路电压降测试	10	电压互感器二次回路电压降测试依据 DL/T 448，每两年进行一次，电压互感器二次回路压降应不大于其额定二次电压的 0.2%	未查阅到电压互感器误差测试报告不得分，测试报告超期扣 5 分，测试结果超差扣 5 分
2.3.2	发电机—变压器组及厂用系统电能表	30		
2.3.2.1	发电机—变压器组及厂用系统电能表周期检定	20	查看检定报告。检定报告应参照国家计量检定规程 JJG 596，查看检定周期，检定项目，检定方法，所使用标准装置等级，数据修约等内容	（1）未查阅到发电机—变压器组、厂内经济考核用电能表检验报告不得分； （2）检验报告超期扣 5 分； （3）检验项目不齐全扣 5 分； （4）检验结果不正确扣 5 分； （5）数据修约不正确扣5分
2.3.2.2	发电机—变压器组电能表定期现场检验	10	查看检验报告，发电机—变压器组电能表现场检验依据 DL/T 448，每半年进行一次现场检验	未查阅到发电机—变压器组等重要电能表现场检验报告不得分，检验报告超期扣 5 分
2.3.3	电量变送器周期检定	10	查看检定报告。检定报告应参照检定规程 JJG（电力）01—1994，查看检定周期，检定项目，检定方法，所使用标准装置等级，数据修约等内容	（1）未提供检验报告扣 20 分； （2）检验报告超期扣 10 分； （3）检验项目不齐全扣 5 分； （4）检验结果不正确扣 5 分； （5）数据修约不正确扣5分
2.3.4	交流采样测量装置周期校验	10	查看校验报告。校验报告应参照国家电网企业标准 Q/GDW 140—2006《交流采样测量运行检验管理规程》、Q/GDW 1899—2013《交流采样测量装置校验规范》，查看校验周期，检定项目，检定方法，所使用标准装置等级，数据修约等内容	（1）未提供检验报告扣 10 分； （2）检验报告超期扣 5 分； （3）检验项目不齐全扣 2 分； （4）检验结果不正确扣 2 分； （5）数据修约不正确扣2分
2.3.5	配电盘（控制盘）仪表检验周期检验（包括电测指示仪表、数字显示仪表等）	10	查看检定报告。检定报告应参照 DL/T 980，查看检定周期，检定项目，检定方法，所使用标准装置等级，数据修约等内容	（1）未提供检验报告扣 10 分； （2）检验报告超期扣 5 分； （3）检验项目不齐全扣 2 分； （4）检验结果不正确扣 2 分； （5）数据修约不正确扣2分

表（续）

序号	评价项目	标准分	评价内容与要求	评分标准
2.3.6	绝缘电阻表、接地电阻表周期检定	10	查看检定报告。检定报告应参照 JJG 622，查看检定周期，检定项目，检定方法，所使用标准装置等级，数据修约等内容	（1）未提供检验报告扣 10 分； （2）检验报告超期扣 5 分； （3）检验项目不齐全扣 2 分； （4）检验结果不正确扣 2 分； （5）数据修约不正确扣 2 分
2.3.7	其他仪器仪表周期检验	10	查看检定报告	（1）未提供检验报告扣 10 分； （2）检验报告超期扣 5 分； （3）检验项目不齐全扣 2 分； （4）检验结果不正确扣 2 分； （5）数据修约不正确扣 2 分
2.4	电测标准实验室（如果适用）	105		
2.4.1	实验室环境条件	15		
2.4.1.1	环境温度、湿度	5	实验室应配备监视和控制环境温度、相对湿度的设备，并应设立与外界隔离的保温防尘缓冲间	（1）实验室未配备温、湿度设备扣 2 分； （2）温、湿度设备未定期送检扣 2 分
2.4.1.2	实验室其他综合要求	5	实验室应有防尘、防火措施，新风补充量和保护接地网应符合要求；室内应光线充足、噪声低、空气流速缓慢、无外电磁场和振动源。实验室动力电源与照明电源应分路设置	实验室环境不符合要求每项扣 1 分，扣完为止
2.4.1.3	专用工作服和鞋帽	5	实验室应配备足够数量的专用工作服及鞋帽，并配备防寒服。检定/校准人员进入标准实验室工作，须穿戴专用工作服及鞋帽。专用工作服及鞋帽不得在标准实验室以外使用	实验室未配置专用工作服、鞋帽扣 2 分
2.4.2	计量检定/校准人员	5	电测计量检定/校准工作人员应经考核合格取得相应专业的《计量检定员证》，方可开展检定/校准工作。每个检定/校准项目应配备至少 2 名持有本项目《计量检定员证》的人员	（1）持证人员数量不满足要求或部分校验项目无持证人员扣 2 分； （2）检定人员证书超有效期扣 2 分
2.4.3	电测标准装置	35		

表（续）

序号	评价项目		标准分	评价内容与要求	评分标准
2.4.3.1	电测标准装置配置	（0.2级）交流电量变送器检定装置	5	标准装置配置应满足现场实际需要，标准装置准确度等级应满足配置标准要求，可配备多功能电测计量检验装置	（1）每缺少一套必需的标准装置扣1分；（2）标准装置不满足要求扣2分
		（0.2级）交直流仪表检定装置			
		（0.05级）三相电能表标准装置			
		（0.2级）交流采样测量装置校验装置			
		数字多用表检定装置			
		绝缘电阻表检定装置			
		其他标准设备			
2.4.3.2	电测标准装置检定		30		
2.4.3.2.1	交流电能表检定装置		5	交流电能表检定装置应依据JJG 597进行周期检定，检定项目应齐全，检定结果应合格	（1）每缺少一项检定项目扣1分；（2）每缺少一检定点扣1分；（3）扣完为止
2.4.3.2.2	交直流仪表检验装置		5	查阅报告，对照DL/T 1112，检定项目应齐全，检定方法应正确，检定装置准确度等级应高于被检装置至少两个等级	（1）每缺少一项检定项目扣1分；（2）每缺少一检定点扣1分；（3）扣完为止
2.4.3.2.3	多功能电测计量检验装置（交直流仪表检验装置、电量变送器检验装置、交流采样测量装置检验装置）		5	查阅报告，对照国家电网公司Q/GDW 439—2010《多功能电测计量检验装置校准规范》，检定项目应齐全，检定方法应正确，检定装置准确度等级应高于被检装置至少两个等级	（1）每缺少一项检定项目扣1分；（2）每缺少一检定点扣1分；（3）扣完为止

表（续）

序号	评价项目	标准分	评价内容与要求	评分标准
2.4.3.2.4	数字多用表检定装置	5	查阅报告，对照 DL/T 980，检定项目应齐全，检定方法应正确，检定装置准确度等级应高于被检装置至少两个等级	（1）每缺少一项检定项目扣1分； （2）每缺少一检定点扣1分； （3）扣完为止
2.4.3.2.5	绝缘电阻表检定装置	5	查阅报告，对照 DL/T 979，检定项目应齐全，检定方法应正确，检定装置准确度等级应高于被检装置至少两个等级	（1）每缺少一项检定项目扣1分； （2）每缺少一检定点扣1分； （3）扣完为止
2.4.3.2.6	其他标准仪器仪表	5	查阅报告，对照检定规程，检定项目应齐全，检定方法应正确，检定装置准确度等级应高于被检装置至少两个等级	（1）每缺少一项检定项目扣1分； （2）每缺少一检定点扣1分； （3）扣完为止
2.4.4	计量标准考核	50		
2.4.4.1	计量标准考核证书	10	发电厂建立的最高电测计量标准装置必须经过计量标准考核合格后，方可开展量值传递工作	（1）计量标准未建标考核扣10分； （2）计量标准考核证书超有效期扣5分
2.4.4.2	计量标准文件集	10	每项计量标准应当建立一个文件集，在文件集目录中应当注明各文件保存的地点和方式，文件集可以承载在各种载体上，可以是电子文档或者书面的形式，所有文件均应现行有效	每一项计量标准文件集不齐全扣5分，扣完为止
2.4.4.3	计量标准技术报告	10	计量标准技术报告应编写规范、正确，《计量标准技术报告》中的"检定或校准结果的测量不确定度评定"应依据 JJF 1059.1 规定的方法进行，测量结果的测量不确定度评定过程应详细	每一项计量标准技术报告编写不规范扣5分，扣完为止
2.4.4.4	计量标准履历书	10	计量标准履历书应填写规范、正确，内容应及时更新(计量标准与检定报告的更新、依据规程的更新、计量标准器稳定性结果的更新)	（1）每一项计量标准未建立计量标准履历书扣10分； （2）履历书未及时更新扣5分
2.4.4.5	计量标准重复性试验和稳定性考核	10	应按要求每年开展重复性试验和稳定性考核工作	每一项计量标准未进行重复性试验、稳定性考核扣5分，扣完为止
2.5	现场设备巡查	30		
2.5.1	关口及发电机—变压器组电能计量屏	20		

中国华能集团公司火力发电厂技术监督标准汇编

表（续）

序号	评价项目	标准分	评价内容与要求	评分标准
2.5.1.1	电能表主、副标识	5	现场巡查电能表主、副标识应清晰	电能表主、副标识不清晰扣2分
2.5.1.2	电能表报警显示	5	现场巡查电能表应运行正常，无报警信号	电能表有告警信号未及时消除扣2分
2.5.1.3	电能表失压事件记录	5	现场抽查电能表内部失压事件记录信息	如一年内发生失压事件，不得分
2.5.1.4	电能表失压告警信号远传	5	现场查看，电能表失压告警信号应引至NCS系统	NCS无法实现告警，不得分
2.5.2	现场电测仪表状态标识	5	现场抽查电测仪表检验合格证，检验合格证应粘贴规范，检验合格证内容应至少包括检验有效期、检定员全名	未按要求粘贴状态标识不得分，状态标识粘贴不正确扣5分
2.5.3	电测标准实验室布局及卫生情况	5	实验室应布局整齐并保持清洁	（1）实验室布局不整齐扣2分； （2）实验室不清洁扣2分

中国华能集团公司

CHINA HUANENG GROUP

中国华能集团公司火力发电厂技术监督标准汇编

Q/HN—1—0000.08.021—2015

技术标准篇

火力发电厂电能质量监督标准

2015 - 05 - 01 发布

2015 - 05 - 01 实施

目　　次

前　言

为加强中国华能集团公司发电厂技术监督管理，提高电能质量，保证发电机组及电网安全、稳定、经济运行，特制定本标准。本标准依据国家和行业有关标准、规程和规范，以及中国华能集团公司发电厂的管理要求、结合国内外发电的新技术、监督经验制定。

本标准是中国华能集团公司所属火力发电厂电能质量监督工作的主要依据，是强制性企业标准。

本标准自实施之日起，代替 Q/HB-J-08.L10—2009《火力发电厂电能质量监督技术标准》。

本标准由中国华能集团公司安全监督与生产部提出。

本标准由中国华能集团公司安全监督与生产部归口并解释。

本标准起草单位：西安热工研究院有限公司、华能澜沧江水电股份有限公司、北方联合电力有限责任公司、华能国际电力股份有限公司。

本标准主要起草人：舒进、贺飞、张晓、闫明、郑昀。

本标准审核单位：中国华能集团公司安全监督与生产部、中国华能集团公司基本建设部、西安热工研究院有限公司、华能国际电力股份有限公司。

本标准主要审核人：赵贺、武春生、罗发青、张俊伟、葛宗琴、闫长平、都劲松。

本标准审定：中国华能集团公司技术工作管理委员会。

本标准批准人：寇伟。

火力发电厂电能质量监督标准

1 范围

本标准规定了中国华能集团公司（以下简称"集团公司"）所属火力发电厂电能质量监督相关的技术标准内容和监督管理要求。

本标准适用于集团公司火力发电厂的电能质量监督工作。

2 规范性引用文件

下列文件对于本文件的应用是必不可少的。凡是注日期的引用文件，仅所注日期的版本适用于本文件。凡是不注日期的引用文件，其最新版本（包括所有的修改单）适用于本文件。

GB 755　旋转电机　定额和性能

GB 12325　电能质量　供电电压偏差

GB/T 7409.3　同步电机励磁系统　大、中型同步发电机励磁系统技术要求

GB/T 14549　电能质量　公用电网谐波

GB/T 15543　电能质量　三相电压不平衡度

GB/T 15945　电能质量　电力系统频率偏差

GB/T 17626.30　电磁兼容　试验和测量技术　电能质量测量方法

GB/T 19862　电能质量监测设备通用要求

DL/T 516　电力调度自动化系统运行管理规程

DL/T 824　汽轮机电液调节系统性能验收导则

DL/T 1028　电能质量测试分析仪检定规程

DL/T 1040　电网运行准则

DL/T 1053　电能质量技术监督规程

DL/T 1198　电力系统电能质量技术管理规定

DL/T 1227　电能质量监测装置技术规范

DL/T 1228　电能质量监测装置运行规程

DL/T 5003　电力系统调度自动化设计技术规程

DL/T 5242　35kV～220kV 变电站无功补偿装置设计技术规定

JJG 01　电测量变送器检定规程

SD 325　电力系统电压和无功电力技术导则

Q/HN-1-0000.08.049—2015　中国华能集团公司电力技术监督管理办法

Q/HB-G-08.L01—2009　华能电厂安全生产管理体系要求

Q/HB-G-08.L02—2009　华能电厂安全生产管理体系评价办法（试行）

华能安〔2011〕271 号　中国华能集团公司电力技术监督专责人员上岗资格管理办法（试行）

3 总则

3.1 电能质量监督工作贯彻"安全第一、预防为主"的方针。

3.2 电能质量监督工作应严格按照国家、行业标准及有关规程、规定，对发电厂电能质量从设计选型和审查、监造和出厂验收、安装和投产、运行、检修到技术改造实施全过程技术监督。

3.3 本标准规定了火力发电厂电压偏差、频率质量、谐波及三相不平衡度等电能质量监督的技术标准，以及电能质量监测、统计及管理的要求、评价与考核标准，它是火力发电厂电能质量监督工作的基础，亦是建立电能质量技术监督体系的依据。

3.4 从事电能质量监督的人员，应熟悉和掌握本标准及相关标准和规程中的规定。

4 监督技术标准

4.1 规划设计阶段监督

4.1.1 电压偏差监督

4.1.1.1 发电机组无功调整能力：

a) 无功补偿装置设计应按 DL/T 5242 的要求，以及国家、行业关于电压、无功电力的有关条例、导则的要求和网、省电力调度部门的有关规定，根据安装地点的电网条件、谐波水平、负荷特性及环境条件，合理地确定无功补偿设施和调压装置的容量、选型及配置地点。

b) 发电机额定功率因数值，可参照以下原则执行：

   1) 直接接入 330kV～500kV 电网处于送端的发电机功率因数，一般选择不低于 0.9（迟相）；处于受端的发电机功率因数，可在 0.85～0.9（迟相）中选择。

   2) 直接接入输电系统的送端发电机功率因数，可选择为 0.85（迟相）。

   3) 其他发电机的功率因数可按 0.8～0.85（迟相）选择。

   4) 100MW 及以上机组应具备在有功功率为额定值时，功率因数进相 0.95 运行的能力。

   5) 发电机组自带厂用电运行时，进相运行能力不应低于 0.97。

4.1.1.2 各级变压器的额定变压比、调压方式、调压范围及每档调压值，应满足发电厂母线和受电端电压质量的要求。

4.1.1.3 电压监测设备：

a) 在规划设计中，对于发电机、母线、变压器各侧应配置齐全、准确的无功电压表计，以便于无功电压的监测和管理。

b) 电压监测宜使用具有连续监测和统计功能的仪器、仪表或自动监控系统，其性能应满足 DL/T 1227 的相关要求，测量误差不大于±0.5%。

c) 电压监测装置的电压幅值测量采样窗口应满足 GB/T 17626.30 的要求，一般取 10 个周波，一个基本记录周期为 3s，其分析数据为各窗口测量值的方均根值。

4.1.2 频率质量监督

4.1.2.1 发电机频率调节能力

a) 并网运行的发电机组应具有一次调频的功能，并根据调度部门的要求安装保证电网安全稳定运行的自动装置。

b) 正常情况下发电机组的一次调频能力应满足 DL/T 1053、DL/T 824 的要求，并满足以下要求：

1) 单元制汽轮发电机组在滑压状态下运行时，必须保证调节汽门有部分节流，使其具备额定容量 3%以上的调频能力。

2) 发电机组一次调频功能应满足当地电网一次调频性能要求，负荷响应滞后时间一般不大于 4s；电网频率变化超过机组一次调频死区时开始的 45s 内，机组实际出力与响应目标偏差的平均值宜在理论计算的调整幅度的±3%内。

3) 汽轮发电机组参与一次调频的负荷变化幅度，正向调频负荷（即机组负荷增加）不应小于机组额定容量的 5%，负向调频负荷则不予限制。

4) 汽轮发电机组调速系统的性能指标，如转速不等率、转速迟缓率、转速调节死区等应符合 DL/T 824 的要求。

4.1.2.2 频率监测设备

频率偏差的监测，宜使用具有连续监测和统计功能的仪器、仪表或自动监控系统，其性能应满足 DL/T 1227 的要求，测量误差不大于±0.01Hz，一个基本记录周期为 1s。

4.1.3 谐波、三相不平衡度监督

4.1.3.1 谐波监督

a) 选用变频器或整流设备时，应重点注意其输出形式和调节方式，具有谐波互补性的设备应集中布置，否则应分散或交错使用，避免谐波超标。

b) 谐波监测装置性能能满足 DL/T 1227 的要求，其允许误差见表 1。

表 1　谐波监测仪表允许误差

被 测 量	条 件	允许误差
谐波电压	$U_h \geqslant 3\%U_N$	$5\%U_h$
	$U_h < 3\%U_N$	$0.15\%U_N$
谐波电流	$I_h \geqslant 10\%I_N$	$5\%I_h$
	$I_h < 10\%I_N$	$0.5\%I_N$
注：U_N 为基波电压，U_h 为谐波电压，I_N 为基波电流，I_h 为谐波电流		

c) 谐波监测装置测量采样窗口应满足 GB/T 17626.30 的要求，一般取 10 个周波，一个基本记录周期为 3s，其分析数据为各窗口测量值的方均根值。

4.1.3.2 三相不平衡度监督

三相不平衡度监测装置测量采样窗口应满足 GB/T 17626.30 的要求，一般取 10 个周波，一个基本记录周期为 3s，其分析数据为各窗口测量值的方均根值。三相电压不平衡度测量允许误差限值为 0.2%，三相电流不平衡度测量允许误差限值为 1%。

4.2 运行阶段监督

4.2.1 电压偏差监督

4.2.1.1 电压偏差限值

a) 发电厂凡由调度部门下达电压曲线的母线电压，均应按下达的电压曲线进行监测、调整。

b) 发电厂凡未由调度部门下达电压曲线的母线电压应满足 DL/T 1053 及 SD325 的要求，允许偏差值如下：

1) 500（330）kV 母线：正常运行方式时，电压允许偏差上限应小于系统额定电压的＋10%；电压允许偏差下限应按不影响电力系统同步稳定、电压稳定、厂用电的正常使用及下一级电压的调节。

2) 220kV 母线：正常运行方式时，电压允许偏差为系统额定电压的 0%～＋10%；事故运行方式时为系统额定电压的-5%～＋10%。

3) 110kV～35kV 母线：正常运行方式时，电压允许偏差为系统额定电压的-3%～＋7%；事故后为系统额定电压的±10%。

4) 6kV 及 380V 厂用母线电压允许偏差为额定电压的±7%。

4.2.1.2 电压及无功调整

a) 发电厂应按调度部门下达的电压曲线和调压要求，控制高压母线电压，确保其在合格范围内，并网母线电压月度合格率应不低于 99.0%。

b) 具备 AVC 的电厂应保证其正常运行，其投入率、调节合格率等技术指标应符合电网要求。

c) 发电机组的自动调整励磁系统应具有自动调差环节和合理的调差系数，调差系数应满足 GB/T 7409.3 的要求，投产阶段应开展励磁系统无功电流调差系数整定试验，各机组调差系数的整定应协调一致。自动调整励磁装置应具有过励限制、低励限制等环节，并投入运行。自动调整励磁装置的失磁保护应投入运行。强励顶值倍数应符合相关规定，其运行规程中应包括进相运行的实施细则和反措。

d) 发电厂（机）的无功出力调整。

1) 应按运行限额图进行调节，在高峰负荷时，将无功出力调整至使高压母线电压接近允许偏差上限值，直至无功出力达到限额图的最大值。

2) 在低谷负荷时，将无功出力调整至使高压母线电压接近允许偏差下限值，直至功率因数值达到 0.98 以上（迟相）（或核定值）；具备进相能力的发电机组，应根据调度要求，按进相运行值运行。

e) 发电机的进相运行。

1) 投入运行的发电机，应有计划地进行进相运行试验，根据试验结果确定进相运行限额。

2) 发电机进相运行时，应监视发电机功角、定子绕组及铁芯端部温升、各等级母线电压等相关参数。当静稳成为限值进相因素时，应重点监视发电机功角。

4.2.1.3 电压监测与统计

a) 发电厂应根据 DL/T 1053、GB/T 12325 设置电压监测点，其中：

1) 发电厂所在区域的电网调度中心列为考核点及监测点的电厂高压母线（主变压器高压侧）应设置为电压监测点。

2) 与电网直接连接的发电厂高压母线（主变压器高压侧）应设置为电压监测点。

3) 发电机出口母线、10kV 厂用电母线宜设置为电压监测点。

b) 电压监测统计应满足 GB/T 12325 的要求，监测内容为月、季、年度电压合格率及电压超允许偏差上、下限值的累积时间。电压统计时间以"分"为单位。电压质量合

格率计算公式为:

$$电压质量合格率 = \left(1 - \frac{电压超上限时间 + 电压超下限时间}{电压监测总时间}\right) \times 100\%$$

4.2.2 频率质量监督

4.2.2.1 频率偏差限值

发电厂频率偏差应符合 GB/T 15945 的要求,正常运行的标称频率为 50Hz,频率偏差允许值为 ±0.2Hz,当系统容量较小时,可按地区电网并网协议规定执行。

4.2.2.2 频率调整

a) 并网运行发电机组的一次调频功能应投入运行,一次调频功能参数应按地区电网运行的要求进行整定。

b) 具备 AGC 的电厂应保证其正常运行,其可用率及调节性能指标应符合地区电网要求。

4.2.2.3 频率监测与统计

a) 发电厂频率监测点宜选取与主网直接连接的发电厂高压母线(主变压器高压侧)。

b) 频率的监测统计应满足 GB/T 15945 的要求,监测内容为月、季、年度频率合格率及频率超允许偏差上、下限值的累积时间。频率统计时间以"秒"为单位,频率质量合格率计算公式为:

$$频率质量合格率 = \left(1 - \frac{频率超上限时间 + 频率超下限时间}{频率监测总时间}\right) \times 100\%$$

4.2.3 谐波、三相不平衡度监督

4.2.3.1 谐波监测指标及限值

a) 发电机的谐波电流因数应符合 GB 755 的要求,负载条件下发电机出口处谐波电流因数(HCF)不超过 0.05,HCF 计算公式为:

$$HCF = \sqrt{\sum_{n=2}^{k} i_n^2}$$

式中:

i_n——n 次谐波电流 I_n 与额定电流 I_N 之比;

n——谐波次数;

k——13。

b) 母线谐波电压(相电压)应符合 GB/T 14549 的要求,各电压等级母线谐波电压限值见表 2。

表 2　谐波电压限值(相电压)

母线电压 kV	电压总谐波畸变率 %	各次谐波电压含有率 %	
		奇 次	偶 次
0.38	5.0	4.0	2.0
10	4.0	3.2	1.6
110(220)	2.0	1.6	0.8

4.2.3.2 谐波监测

a) 发电机、变压器、变频设备等调试投运时宜进行谐波测量，了解和掌握投运后的谐波水平，检验谐波对主设备、继电保护、电能计量的影响，确保投运后系统和设备的安全、经济运行。

b) 发电厂的谐波监测点宜选取为发电机出口、厂用电母线。

c) 具备监测条件的发电厂，宜定期对各发电机出口谐波电流因数（HCF）和各母线谐波电压进行测量并记录，测量方法应符合 GB/T 14549 的相关规定。

4.2.3.3 三相不平衡度指标及限值

a) 应通过监测发电机组负序电流对三相不平衡度进行评估。

b) 三相负荷不对称时，汽轮发电机的三相不平衡应满足 GB 755 的要求，所承受的负序电流分量（I_2）与额定电流之比（I_2/I_N）应符合表 3 的规定，且定子每相电流均不超过额定值时，应能连续运行。当发生不对称故障时，（I_2/I_N）^{2} 和时间 t（s）的乘积应分别不超过表 3 所规定的数值。

表 3 汽轮发电机不平衡负荷运行限值

发电机型式		连续运行时的 I_2/I_N 最大值	故障状态运行时（I_2/I_N）^2t 最大值 s
间接冷却的转子绕组	空冷	0.1	15
	氢冷	0.1	10
直接冷却（内冷）转子绕组	$S_N \leqslant 350\text{MVA}$	0.08	8
	$350\text{MVA} < S_N \leqslant 900\text{MVA}$	$0.08 - \dfrac{S_N - 350}{3 \times 10^4}$	$8 - 0.054\,5 \times (S_N - 350)$
	$900\text{MVA} < S_N \leqslant 1250\text{MVA}$	同上	5
	$1250\text{MVA} < S_N \leqslant 1600\text{MVA}$	0.05	5
注：S_N 为额定容量，MVA			

4.2.3.4 三相不平衡度监测

a) 发电厂的三相不平衡度监测点应设置在发电机出口。

b) 具备监测条件的发电厂，应定期对各发电机出口负序电流分量（I_2）进行测量并记录。

4.3 监测设备检定、检验

4.3.1 应依据 DL/T 1028 开展电能质量测试、分析仪器的检定工作，便携型电能质量测试分析仪检定周期不宜超过 2 年，使用频繁的仪器检定周期不宜超过 1 年，在线监测型电能质量测试分析仪检定周期不宜超过 5 年。修理后的仪器应经检定合格后方可投入使用。

4.3.2 电能质量测试分析仪应依据 DL/T 1028 进行首次检定和周期检定，检定项目见表 4。

表4 检定项目一览表

检 定 项 目	首次检定	周期检定
外观及工作正常性检查	检	检
绝缘电阻	检	检
绝缘强度	检	不检
电压	检	检
频率	检	检
谐波电压	检	检
谐波电流	检	检
谐波功率	选检	选检
基波频率偏移对谐波电压、谐波电流的影响	检	不检
短时间闪变值	检	检
长时间闪变值	检	不检
三相不平衡度	检	检
测量结果的重复性	检	不检

4.3.3 电能质量监测用电压、频率变送器及无功电压表计的检验周期不得超过3年，主要监测点的变送器应每年定检定一次，相关检定要求见JJG 01。

5 监督管理要求

5.1 监督基础管理工作

5.1.1 继电保护监督管理的依据

电厂应按照集团公司《电力技术监督管理办法》和本标准的要求，制定电能质量监督管理标准，并根据国家法律、法规及国家、行业、集团公司标准、规范、规程、制度，结合电厂实际情况，编制电能质量监督相关/支持性文件；建立健全技术资料档案，以科学、规范的监督管理，保证电能质量设备安全可靠运行。

5.1.2 电能质量监督管理应具备的相关/支持性文件

a） 电能质量技术监督实施细则；

b） 变压器分接位置调整及管理办法。

5.1.3 技术资料档案

5.1.3.1 基建阶段技术资料

a） 励磁系统技术资料。

b） 一次调频系统技术资料。

c） AGC系统技术资料。

d） AVC系统技术资料。

5.1.3.2 设备清册

a） 电能质量监测点所使用的TA、TV台账。

b) 电能质量监测用仪器仪表台账。

c) AGC、AVC、PSS、AVR 装置定值参数清单等。

5.1.3.3 试验报告和记录

a) 并网电能质量测试报告。

b) 发电机进相试验报告。

c) 一次调频试验报告。

d) 励磁系统 PSS 试验报告。

e) AVC 系统试验报告。

f) AGC 系统试验报告。

g) 电能质量定期监测报告或记录。

5.1.3.4 缺陷闭环管理记录

月度缺陷分析。

5.1.3.5 事故管理报告和记录

a) 电能质量监督设备停运、障碍、事故统计记录。

b) 事故分析报告。

5.1.3.6 技术改造报告和记录

a) 可行性研究报告。

b) 技术方案和措施。

c) 技术图纸、资料、说明书。

d) 质量监督和验收报告。

e) 完工总结报告和后评估报告。

5.1.3.7 监督管理文件

a) 电能质量监督管理标准、规程等文件。

b) 技术监督网络文件。

c) 电能质量监督专责人员资质证书。

d) 电能质量技术监督工作计划、报表、总结以及动态检查报告。

e) 现行国家标准、行业标准、反事故措施及电能质量监督有关文件。

f) 所属电网的调度规程。

g) 所属电网统调发电厂涉及电能质量管理与考核文件等。

5.2 日常管理内容和要求

5.2.1 健全监督网络与职责

5.2.1.1 各电厂应建立健全由生产副厂长（副工程师）或总工程师领导下的电能质量技术监督三级管理网。第一级为厂级，包括生产副厂长（总工程师）领导下的电能质量监督专责人；第二级为部门级，包括运行部电气专工，检修部电气专工等；第三级为班组级，包括各专工领导的班组人员。在生产副厂长（总工程师）领导下由电能质量监督专责人统筹安排，协调运行、检修等部门共同配合完成电能质量监督工作。电能质量监督三级网严格执行岗位责任制。

5.2.1.2 按照集团公司《电力技术监督管理办法》编制电厂电能质量监督管理标准，做到分工、职责明确，责任到人。

5.2.1.3 电能质量技术监督工作归口职能管理部门在电厂技术监督领导小组的领导下，负责电能质量技术监督的组织建设工作,建立健全技术监督网络,并设电能质量技术监督专责人,负责全厂电能质量技术监督日常工作的开展和监督管理。

5.2.1.4 电能质量技术监督工作归口职能管理部门每年年初要根据人员变动情况及时对网络成员进行调整;按照人员培训和上岗资格管理办法的要求,定期对技术监督专责人和特殊技能岗位人员进行专业和技能培训,保证持证上岗。

5.2.2 确定监督标准符合性

5.2.2.1 电能质量技术监督标准应符合国家、行业及上级主管单位的有关规定和要求。

5.2.2.2 每年年初,电能质量技术监督专责人应根据新颁布的标准及设备异动情况,对厂内电气设备运行规程、检修规程等规程、制度的有效性、准确性进行评估,对不符合项进行修订,经生技部(策划部)主任审核、生产主管领导审批完成后发布实施。国标、行标及上级监督规程、规定中涵盖的相关电能质量监督工作均应在厂内规程及规定中详细列写齐全,在电气设备规划、设计、建设、更改过程中的电能质量监督要求等同采用每年发布的相关标准。

5.2.3 确定仪器仪表有效性

5.2.3.1 应建立电能质量监督用仪器仪表设备台账,根据检验、使用及更新情况进行补充完善。

5.2.3.2 应根据检定周期和项目,制定电能质量监督仪器、仪表年度校验计划,按规定进行检验、送检和量值传递,对检验合格的可继续使用,对检验不合格的送修或报废处理,保证仪器仪表有效性。

5.2.4 监督档案管理

5.2.4.1 为掌握设备电能质量变化规律,便于分析研究和采取对策,电厂应按照附录 B 规定的资料目录和格式要求,建立和健全电能质量技术监督档案、规程、制度和技术资料,确保技术监督原始档案和技术资料的完整性和连续性。

5.2.4.2 根据电能质量监督组织机构的设置和受监设备的实际情况,要明确档案资料的分级存放地点和指定专人负责整理保管。

5.2.4.3 为便于上级检查和自身管理的需要,电能质量技术监督专责人要存有全厂电能质量档案资料目录清册,并负责实时更新。

5.2.5 制定监督工作计划

5.2.5.1 电能质量技术监督专责人每年 11 月 30 日前应组织制订下年度技术监督工作计划,报送产业、区域公司,同时抄送西安热工院。

5.2.5.2 电厂电能质量技术监督年度计划的制订依据至少应包括以下几方面:

a) 国家、行业、地方有关电力生产方面的法规、政策、标准、规范、反措要求;

b) 集团公司、产业公司、区域公司、电厂技术监督工作规划和年度生产目标;

c) 集团公司、产业公司、区域公司、电厂技术监督管理制度和年度技术监督动态管理要求;

d) 技术监督体系健全和完善化;

e) 人员培训和监督用仪器设备配备和更新;

f) 设备目前的运行状态;

g) 技术监督动态检查、预警、月(季报)提出问题;

h) 收集的其他有关发电设备设计选型、制造、安装、运行、检修、技术改造等方面的动态信息。

5.2.5.3 电厂电能质量技术监督工作计划应实现动态化，即每季度应制订电能质量技术监督工作计划。年度（季度）监督工作计划应包括以下主要内容：

a) 技术监督组织机构和网络完善；

b) 监督管理标准、技术标准规范制定、修订计划；

c) 人员培训计划（主要包括内部培训、外部培训取证，标准规范宣贯）；

d) 技术监督例行工作计划；

e) 检修期间应开展的技术监督项目计划；

f) 监督用仪器仪表检定计划；

g) 技术监督自我评价、动态检查和复查评估计划；

h) 技术监督预警、动态检查等监督问题整改计划；

i) 技术监督定期工作会议计划。

5.2.5.4 电厂应根据上级公司下发的年度技术监督工作计划，及时修订补充本单位年度技术监督工作计划，并发布实施。

5.2.5.5 电能质量监督专责人每季度对电能质量监督各部门的监督计划的执行情况进行检查，对不满足监督要求的通过技术监督不符合项通知单的形式下发到相关部门进行整改，并对电能质量监督的相关部门进行考评。技术监督不符合项通知单编写格式见附录A。

5.2.6 监督报告报送管理

5.2.6.1 电能质量监督速报的报送：电厂发生重大监督指标异常，受监控设备重大缺陷、故障和损坏事件，火灾事故等重大事件后24h内，应将事件概况、原因分析、采取措施按照附录C的格式，以速报的形式报送产业、区域公司和西安热工院。

5.2.6.2 电能质量监督季报的报送：

a) 电能质量技术监督专责人应按照附录D的季报格式和要求，组织编写上季度电能质量技术监督季报。经电厂归口职能管理部门汇总后，应于每季度首月5日前，将全厂技术监督季报报送产业、区域公司和西安热工院。

b) 电能质量监督年度工作总结报告的报送

1) 电能质量技术监督专责人应于每年1月5日前组织完成上年度技术监督工作总结报告的制写工作，并将总结报告报送产业、区域公司和西安热工院。

2) 年度监督工作总结报告主要内容应包括以下几方面：

（1）主要监督工作完成情况、亮点和经验与教训；

（2）设备一般事故、危急缺陷和严重缺陷统计分析；

（3）监督存在的主要问题和改进措施；

（4）下年度工作思路、计划、重点和改进措施。

3) 监督例会管理。

5.2.7 监督例会管理

5.2.7.1 电厂每年至少召开两次厂级技术监督工作会议，会议由电厂技术监督领导小组组长主持，检查评估、总结、布置电能质量技术监督工作，对技术监督中出现的问题提出处理意见和防范措施，形成会议纪要，按管理流程批准后发布实施。

5.2.7.2 电能质量专业每季度至少召开一次技术监督工作会议，会议由电能质量监督专责人主持并形成会议纪要。

5.2.7.3 例会主要内容包括：

    a) 上次监督例会以来电能质量监督工作开展情况；

    b) 设备及系统的故障、缺陷分析及处理措施；

    c) 电能质量监督存在的主要问题以及解决措施/方案；

    d) 上次监督例会提出问题整改措施完成情况的评价；

    e) 技术监督工作计划发布及执行情况，监督计划的变更；

    f) 集团公司技术监督季报、监督通讯、新颁布的国家、行业标准规范、监督新技术学习交流；

    g) 电能质量监督需要领导协调和其他部门配合和关注的事项；

    h) 至下次监督例会时间内的工作要点。

5.2.8 监督预警管理

5.2.8.1 集团公司电能质量技术监督三级预警项目见附录 E，电厂应将三级预警识别纳入日常电能质量监督管理和考核工作中；

5.2.8.2 对于上级监督单位签发的预警通知单，电厂应认真组织人员研究有关问题，制定整改计划，整改计划中应明确整改措施、责任部门、责任人和完成日期；

5.2.8.3 问题整改完成后，电厂应按照验收程序要求，向预警提出单位提出验收申请，经验收合格后，由验收单位填写预警验收单，并报送预警签发单位备案。

5.2.9 监督问题整改管理

5.2.9.1 整改问题的提出

    a) 上级或技术监督服务单位在技术监督动态检查、预警中提出的整改问题；

    b) 《火电技术监督报告》中明确的集团公司或产业、区域公司督办问题；

    c) 《火电技术监督报告》中明确的电厂需要关注及解决的问题；

    d) 电厂电能质量监督专责人每季度对各部门电能质量监督计划的执行情况进行检查，对不满足监督要求提出的整改问题。

5.2.9.2 问题整改管理

    a) 电厂收到技术监督评价报告后，应组织有关人员会同西安热工院或技术监督服务单位，在两周内完成整改计划的制订和审核，整改计划编写格式见附录 H。并将整改计划报送集团公司、产业、区域公司，同时抄送西安热工院或技术监督服务单位。

    b) 整改计划应列入或补充列入年度监督工作计划，电厂按照整改计划落实整改工作，并将整改实施情况及时在技术监督季报中总结上报。

    c) 对整改完成的问题，电厂应保存问题整改相关的试验报告、现场图片、影像等技术资料，作为问题整改情况及实施效果评估的依据。

5.2.10 监督评价与考核

5.2.10.1 电厂应将《电能质量技术监督工作评价表》中的各项要求纳入日常电能质量监督管理工作中，《电能质量技术监督工作评价表》见附录 I。

5.2.10.2 按照《电能质量技术监督工作评价表》中的要求，编制完善各项电能质量技术监督管理制度和规定，并认真贯彻执行；完善各项电能质量监督的日常管理和检修记录，加强受监设备的运行技术监督和检修技术监督。

5.2.10.3 电厂应定期对技术监督工作开展情况组织自我评价，对不满足监督要求的不符合项以通知单的形式下发到相关部门进行整改，并对相关部门及责任人进行考核。

5.3 各阶段监督重点工作

5.3.1 设计与设备选型阶段

5.3.1.1 设备选型

a) 应严格按照设备设计及审批程序开展选型工作，确保设备符合国家、行业电能质量相关标准规范及集团公司电能质量监督技术标准的相关要求。

b) 各设备的选型重点关注（但不限于）以下几个方面：无功补偿方式及方案；发电机额定功率因数及进相能力、自动调整励磁系统性能；变压器调压方式、额定电压比、调压范围及每挡调压值；一次调频功能及性能；安全稳定自动装置的配置；AGC/AVC装置功能及性能；变频整流装置输出形式和调节方式。

5.3.1.2 监测表计选型

a) 用于电能质量监测的仪器、仪表及装置实行产品质量许可，凡未取得国家、部或电网相关部门检定合格的产品不得列入工程选型范围。

b) 电能质量监测应使用具有连续监测与统计功能的仪器、仪表或自动监控系统，其性能与功能应符合国家、行业电能质量有关标准规范及集团公司电能质量监督技术标准的相关要求。

5.3.1.3 监测点设置

应依据集团公司电能质量监督标准确定的原则，设置电能质量监测点，并据此开展电能质量监测系统设计及仪器仪表配置等工作。

5.3.2 并网验收阶段

5.3.2.1 应严格遵照集团公司工程建设阶段质量监督的规定及国家、行业相关规程和设计要求，进行安装、调试和验收工作，确保工程质量；并将设计单位、制造厂家和供货部门为工程提供的技术资料、试验记录、验收单等有关资料列出清册，全部移交生产单位。

5.3.2.2 试验、检验

a) 应开展投产前电能质量相关试验，各项试验结果应符合有关国家、行业标准规范要求，试验报告应提交生产单位审核，验收合格后方可投入运行。试验项目包括（但不限于）：发电机励磁系统试验，发电机进相试验，一次调频试验，PSS参数整定试验，无功电流调差系数整定试验，AGC、AVC试验等。

b) 应按设计要求开展电能质量监测系统安装和调试，系统各仪器、仪表及装置应通过出厂检验和投运检验，调试合格后编写调试报告提交生产单位审核，验收合格后方可投入运行。

5.3.2.3 技术资料交接

验收合格后，移交的技术资料包括（但不限于）：试验（调试）报告、安装施工图纸、使用说明书、出厂及投运检定证书、备品配件清单、验收单等，各类技术资料应归档保存。

5.3.3 运行阶段

5.3.3.1 指标监控

a) 对当地电网调度部门下发的电压（无功）曲线应及时下发到集控值班台，并归档管理。

b) 运行规程中应包括进相运行的实施细则和反措措施，并按照调度部门下达的电压曲线或调压要求,确保按照逆调压的原则控制发电厂高压母线电压在合格范围之内。

c） 监督运行人员对母线电压和系统频率的监控与调整,包括正常运行方式下的调整、监控以及事故情况下的应急处理。

d） 应保持发电机组的自动调整励磁装置具有强励限制、低励限制等环节,并投入运行。

e） 根据电能质量监控设备参数及定值清单,定期核对电能质量监控设备的相关参数及定值。

f） 定期组织学习电网调度关于电能质量技术监督的管理与考核办法,掌握电能质量技术监督的要求。

5.3.3.2 数据统计

定期进行电能质量技术监督指标的统计工作,统计内容包括:电压、频率合格率指标,谐波电压指标,三相不平衡度指标,一次调频投入率,AGC、AVC 装置投入率等。

5.3.3.3 周期检验

定期对电能质量监测装置进行维护、检验,并将相关检验报告归档保存。

5.3.3.4 报告记录

a） 定期如实报送电能质量技术监督季度报告和年度技术监督工作总结,重大问题应及时报告。

b） 按照协定向当地调度部门上报监督报表及其他报表,报表的格式和上报日期参照当地调度部门的要求执行。

c） 根据电能质量技术监督指标的统计结果,宜每季度形成电能质量监测报告,报告的具体形式参见附录 B。

6 监督评价与考核

6.1 评价内容

6.1.1 电能质量技术监督工作评价内容见附录 I。

6.1.2 电能质量监督评价内容分为技术监督管理、技术监督标准执行两部分,总分为 400 分,其中监督管理评价部分包括 8 个大项 28 个小项共 160 分,监督标准执行部分包括 4 大项 12 个小项共 240 分,每项检查评分时,如扣分超过本项应得分,则扣完为止。

6.2 评价标准

6.2.1 被评价的电厂按得分率高低分为四个级别,即:优秀、良好、合格、不符合。

6.2.2 得分率高于或等于 90%为"优秀";80%～90%（不含 90%）为"良好";70%～80%（不含 80%）为"合格";低于 70%为"不符合"。

6.3 评价组织与考核

6.3.1 技术监督评价包括集团公司技术监督评价、属地电力技术监督服务单位技术监督评价、电厂技术监督自我评价。

6.3.2 集团公司定期组织西安热工院和公司内部专家,对电厂技术监督工作开展情况、设备状态进行评价,评价工作按照集团公司《电力技术监督管理办法》"技术监督动态检查管理办法"规定执行,分为现场评价和定期评价。

6.3.2.1 集团公司技术监督现场评价按照集团公司年度技术监督工作计划中所列的电厂名单和时间安排进行。各电厂在现场评价实施前应按附录 I《电能质量技术监督工作评价表》进行自查，编写自查报告。西安热工院在现场评价结束后三周内，应按照集团公司《电力技术监督管理办法》附录 D.2 的格式要求完成评价报告，并将评价报告电子版报送集团公司安生部，同时发送产业、区域子公司及电厂。

6.3.2.2 集团公司技术监督定期评价按照集团公司《电力技术监督管理办法》及本标准要求和规定，对电厂生产技术管理情况、机组障碍及非计划停运情况、电能质量监督报告的内容符合性、准确性、及时性等进行评价，通过年度技术监督报告发布评价结果。

6.3.2.3 集团公司对严重违反技术监督制度、由于技术监督不当或监督项目缺失、降低监督标准而造成严重后果、对技术监督发现问题不进行整改的电厂，予以通报并限期整改。

6.3.3 电厂应督促属地技术监督服务单位依据技术监督服务合同的规定，提供技术支持和监督服务，依据相关监督标准定期对电厂技术监督工作开展情况进行检查和评价分析，形成评价报告，并将评价报告电子版和书面版报送产业公司、区域子公司及电厂。电厂应将报告归档管理，并落实问题整改。

6.3.4 电厂应按照集团公司《电力技术监督管理办法》及华能电厂安全生产管理体系要求建立完善技术监督评价与考核管理标准，明确各项评价内容和考核标准。

6.3.5 电厂应每年按附录 I，组织安排电能质量监督工作开展情况的自我评价，根据评价情况对相关部门和责任人开展技术监督考核工作。

附 录 A
（规范性附录）
技术监督不符合项通知单

编号（No）：××-××-××

发现部门：　　　　专业：　　　　被通知部门、班组：　　　　签发日期：20××年××月××日

不符合项描述	1. 不符合项描述： 2. 不符合标准或规程条款说明：
整改措施	3. 整改措施： 制订人/日期：　　　　　　　审核人/日期：
整改验收情况	4. 整改自查验收评价： 整改人/日期：　　　　　　　自查验收人/日期：
复查验收评价	5. 复查验收评价： 复查验收人/日期：
改进建议	6. 对此类不符合项的改进建议： 建议提出人/日期：
不符合项关闭	整改人：　　　　自查验收人：　　　　复查验收人：　　　　签发人：
编号说明	年份+专业代码+本专业不符合项顺序号

附 录 B
（规范性附录）
电能质量技术监督资料档案格式

B.1 电能质量监督档案目录

a) 监督管理资料。
   1) 本企业电能质量技术监督组织机构文件。
   2) 电能质量监督岗位培训资料。

b) 设备基建移交资料。
   1) 励磁系统技术资料。
   2) 一次调频系统技术资料。
   3) AGC 系统技术资料。
   4) AVC 系统技术资料。

c) 设备台账。
   1) 电能质量监测点所使用的 TA、TV 台账（标准格式参见 B.2）。
   2) 电能质量监测用仪器仪表台账（标准格式参见 B.2）。

d) 试验报告。
   1) 并网电能质量测试报告。
   2) 发电机进相试验报告。
   3) 一次调频试验报告。
   4) 励磁系统 PSS 试验报告。
   5) AVC 系统试验报告。
   6) AGC 系统试验报告。

e) 运行资料。
   1) 电能质量定期监测报告或记录（标准格式参见 B.2）。
   2) AGC、AVC、PSS、AVR 装置定值参数清单。

f) 电能质量监督技术标准和有关反事故措施。
   1) 现行国家标准、行业标准、反事故措施及电能质量监督有关文件。
   2) 所属电网的调度规程。
   3) 所属电网统调发电厂涉及电能质量管理与考核的文件。

B.2 电能质量监督档案标准格式

a) 电能质量监测点电流互感器及电压互感器台账见表 B.1 和表 B.2。

表 B.1 ××电厂电能质量监测点电流互感器台账

序号	名称	型号	监测点	准确度等级	额定变比	额定二次容量	A相编号	B相编号	C相编号	制造厂家	投运日期	最近次检定日期	备注
1													

表 B.1（续）

序号	名称	型号	监测点	准确度等级	额定变比	额定二次容量	A 相编号	B 相编号	C 相编号	制造厂家	投运日期	最近次检定日期	备注
2													
3													

表 B.2 ××电厂电能质量监测点电压互感器台账

序号	名称	型号	监测点	准确度等级	额定变比	额定二次容量	A 相编号	B 相编号	C 相编号	制造厂家	投运日期	最近次检定日期	备注
1													
2													
3													

b) 电能质量在线监测装置台账见表 B.3。

表 B.3 ××电厂电能质量在线监测装置台账

序号	名称	型号	安装位置	准确度等级	最近次检定日期	监测点	监测信息（分别填写）					
1						请分别填写各监测点位置	监测量	电流谐波限值	电压谐波限值	电压谐波限值	闪变限值	其他限值	备注

电能质量监测用电流互感器

型号	制造厂家	装设位置	准确度等级	额定变比	额定二次容量	A 相编号	B 相编号	C 相编号	投运日期	最近次检定日期	备注

电能质量监测用电压互感器

型号	制造厂家	装设位置	准确度等级	额定变比	额定二次容量	A 相编号	B 相编号	C 相编号	投运日期	最近次检定日期	备注

表 B.3（续）

序号	名称	型号	安装位置	准确度等级	最近次检定日期	监测点	监测信息（分别填写）					
2						请分别填写各监测点位置	监测量	电流谐波限值	电压谐波限值	电压谐波限值	闪变限值	其他限值 / 备注

电能质量监测用电流互感器

型号	制造厂家	装设位置	准确度等级	额定变比	额定二次容量	A相编号	B相编号	C相编号	投运日期	最近次检定日期	备注

电能质量监测用电压互感器

型号	制造厂家	装设位置	准确度等级	额定变比	额定二次容量	A相编号	B相编号	C相编号	投运日期	最近次检定日期	备注

c) 电压监测统计报表见表 B.4。

表 B.4　××电厂20××年电压监测统计报表

月份	××kV 母线						××kV 母线					
	合格率%	最大值kV	最大值时刻（日期/时/分）	最小值kV	最小值时刻（日期/时/分）	越下限时间分 / 越上限时间分	合格率%	最大值kV	最大值时刻（日期/时/分）	最小值kV	最小值时刻（日期/时/分）	越下限时间min / 越上限时间min
1												
2												
3												
4												
5												
6												
7												

表 B.4（续）

月份	××kV 母线							××kV 母线					
	合格率 %	最大值 kV	最大值时刻（日期/时/分）	最小值 kV	最小值时刻（日期/时/分）	越下限时间 分	越上限时间 分	合格率 %	最大值 kV	最大值时刻（日期/时/分）	最小值 kV	最小值时刻（日期/时/分）	越下限时间 min	越上限时间 min
8													
9													
10													
11													
12													
年度													
批准：			审核：					制表：					
注：部分电厂与电网连接的高压母线有多个电压等级，各电厂根据自身情况自行调整表格样式													

　　d）　谐波及三相不平衡监测报表见表 B.5～表 B.7。

表 B.5　　××电厂 20××年×季度谐波电压监测报表

单位：　　　　　　　　　　　　　　　　　　　　　　　　报表日期：

电站名称	监测点	电压等级	谐波电压含有率																	电压总谐波畸变率 %	负荷情况 MW	测试时间	备注：超标原因谐波源设备情况
			2	3	4	5	6	7	8	9	10	11	12	13	14	15	16	17	18	19				
批准：			审核：										制表：											

表 B.6 ××电厂20××年×季度电能质量技术监督谐波电流监测报表

单位：ㅤㅤㅤㅤㅤㅤㅤㅤㅤㅤㅤㅤㅤㅤㅤㅤㅤㅤㅤㅤㅤㅤㅤㅤㅤ报表日期：

机组名称	电压等级	谐波电流含有率												HCF	负荷MW	测试时间	备注：超标原因谐波源设备情况	
		2	3	4	5	6	7	8	9	10	11	12	13					
×号机组																		
×号机组																		
×号机组																		
批准：				审核：						制表：								

表 B.7 ××电厂20××年度电能质量技术监督三相不平衡度监测报表

单位：ㅤㅤㅤㅤㅤㅤㅤㅤㅤㅤㅤㅤㅤㅤㅤㅤㅤㅤㅤㅤㅤㅤㅤㅤㅤ报表日期：

机组名称	第一季度			第二季度			第三季度			第四季度		
	I_2	I_2/I_N	是否合格	I_2	I_2/I_N	是否合格	I_2	I_2/I_N	是否合格	I_2	I_2/I_N	是否合格
×号机组												
×号机组												
测量人员												
测量时间												
批准：			审核：					制表：				

注：表内 I_2 为发电机出口负序电流，I_N 为发电机额定正序电流值，是否合格应结合电厂发电机型式而定，
　　具体判断标准见集团公司电能质量监督标准相关条款

附　录　C
（规范性附录）
技　术　监　督　信　息　速　报

单位名称			
设备名称		事件发生时间	
事件概况	注：有照片时应附照片说明。		
原因分析			
已采取的措施			
监督专责人签字		联系电话： 传　真：	
生产副厂长或总工程师签字		邮　箱：	

附 录 D
（规范性附录）
电能质量技术监督季报编写格式

××火力发电厂20××年×季度电能质量技术监督季报

编写人：×××　固定电话/手机：×××××××
审核人：×××
批准人：×××
上报时间：20××年××月××日

D.1 上季度集团公司督办事宜的落实或整改情况

D.2 上季度产业（区域）公司督办事宜的落实或整改情况

D.3 电能质量监督年度工作计划完成情况统计报表（见表 D.1）

表 D.1　年度技术监督工作计划和技术监督服务单位合同项目完成情况统计报表

发电厂技术监督计划完成情况			技术监督服务单位合同工作项目完成情况		
年度计划项目数	截至本季度完成项目数	完成率%	合同规定的工作项目数	截至本季度完成项目数	完成率%

D.4 电能质量监督考核指标完成情况统计报表

D.4.1 监督管理考核指标报表（见表 D.2～表 D.4）

监督指标上报说明：每年的 1、2、3 季度所上报的技术监督指标为季度指标；每年的 4 季度所上报的技术监督指标为全年指标。

表 D.2　20××年×季度仪表校验率统计报表

年度计划应校验仪表台数	截至本季度完成校验仪表台数	仪表校验率%	考核或标杆值%
			100

表 D.3　技术监督预警问题至本季度整改完成情况统计报表

一级预警问题			二级预警问题			三级预警问题		
问题项数	完成项数	完成率%	问题项数	完成项数	完成率%	问题项目	完成项数	完成率%

表 D.4 集团公司技术监督动态检查提出问题本季度整改完成情况统计报表

检查年度	检查提出问题项目数（项）			电厂已整改完成项目数统计结果			
	严重问题	一般问题	问题项合计	严重问题	一般问题	完成项目数小计	整改完成率%

D.4.2 技术监督考核指标报表（见表 D.5 和表 D.6）

表 D.5 20××年×季度母线电压合格率季报报表

母线名称	电压合格范围	季度最高电压kV	季度最低电压kV	季度电压合格率%	当季电压累计超限时间
并网点母线					
并网点母线					
发电机电压					

表 D.6 20××年×季度 AVR 装置投入率及退出时间季报报表

机组名称	AVR 装置投入率%	AVR 装置退出时间及原因说明
1 号机组		
2 号机组		

D.4.3 技术监督考核指标简要分析

填报说明：分析指标未达标的原因。

D.5 本季度主要的电能质量监督工作

填报说明：简述电能质量监督管理、试验、检修、运行的工作和设备遗留缺陷的跟踪情况。

D.6 本季度电能质量监督发现的问题、原因及处理情况

填报说明：包括试验、检修、运行、巡视中发现的一般事故和障碍、危急缺陷和严重缺陷。必要时应提供照片、数据和曲线。

D.7 电能质量下季度的主要工作

D.8 附表

华能集团公司技术监督动态检查专业提出问题至本季度整改完成情况见表 D.7，《华能集团公司火电技术监督报告》专业提出的存在问题至本季度整改完成情况见表 D.8，技术监督

预警问题至本季度整改完成情况见表 D.9。

表 D.7　华能集团公司技术监督动态检查专业提出问题至本季度整改完成情况

序号	问题描述	问题性质	西安热工院提出的整改建议	发电厂制订的整改措施和计划完成时间	目前整改状态或情况说明

注 1：填报此表时需要注明集团公司技术监督动态检查的年度；
注 2：如 4 年内开展了 2 次检查，应按此表分别填报。待年度检查问题全部整改完毕后，不再填报。

表 D.8　《华能集团公司火电技术监督报告》专业提出的存在问题至本季度整改完成情况

序号	问题描述	问题性质	问题分析	解决问题的措施及建议	目前整改状态或情况说明

表 D.9　技术监督预警问题至本季度整改完成情况

预警通知单编号	预警类别	问题描述	西安热工院提出的整改建议	发电厂制定的整改措施和计划完成时间	目前整改状态或情况说明

附 录 E
（规范性附录）
电能质量技术监督预警项目

E.1 一级预警

无。

E.2 二级预警

a） 人为原因造成电网电压或频率异常波动。
b） 一年内连续两次电厂原因造成电网电压或频率异常波动。
c） 经三级预警后，未按期完成整改任务。

E.3 三级预警

a） 考核点母线电压月度合格率不满足调度要求。
b） 由于设备原因造成电网电压、频率异常波动。
c） 一次调频达不到当地电网要求。

附 录 F
（规范性附录）
技术监督预警通知单

通知单编号：T-　　　　　预警类别编号：　　　　　日期：　　年　月　日

发电企业名称	
设备（系统）名称及编号	

异常情况	
可能造成或已造成的后果	
整改建议	
整改时间要求	
提出单位	签发人

注：通知单编号：T—预警类别编号—顺序号—年度。预警类别编号：一级预警为1，二级预警为2，三级预警为3。

附 录 G
（规范性附录）
技术监督预警验收单

验收单编号：Y-　　　　　　　预警类别编号：　　　　　　　日期：　　年　　月　　日

发电企业名称	
设备（系统）名称及编号	
异常情况	
技术监督服务单位整改建议	
整改计划	
整改结果	

验收单位		验收人	

注：验收单编号：Y—预警类别编号—顺序号—年度。预警类别编号：一级预警为1，二级预警为2，三级预警为3。

附 录 H
（规范性附录）
技术监督动态检查问题整改计划书

H.1 概述

H.1.1 叙述计划的制订过程（包括西安热工研究院、技术监督服务单位及电厂参加人等）。

H.1.2 需要说明的问题，如：问题的整改需要较大资金投入或需要较长时间才能完成整改的问题说明。

H.2 问题整改计划表（见表H.1）

表 H.1 问 题 整 改 计 划 表

序号	问题描述	专业	西安热工院提出的整改建议	发电厂制定的整改措施和计划完成时间	发电厂责任人	西安热工院责任人	备注

H.3 一般问题整改计划表（见表H.2）

表 H.2 一般问题整改计划表

序号	问题描述	专业	西安热工院提出的整改建议	发电厂制定的整改措施和计划完成时间	发电厂责任人	西安热工院责任人	备注

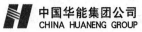

附　录　I
（规范性附录）
电能质量技术监督工作评价表

序号	评价项目	标准分	评价内容与要求	评分标准
1	监督管理	160		
1.1	组织与职责	20	查看电厂技术监督组织机构文件、上岗资格证	
1.1.1	监督组织健全	4	建立健全厂级监督领导小组领导下的电能质量监督组织机构，在归口职能管理部门设置电能质量监督专责人	（1）没有监督机构的，不得分； （2）监督机构不健全的，扣2分
1.1.2	职责明确并得到落实	4	查看岗位职责及相关文件。各级电能质量技术监督专责人分工明确，落实到人	（1）分管生产厂长或总工职责，扣1分； （2）电能监督专责工程师职责，扣1分； （3）运行部门职责，扣1分； （4）检修部门职责，扣1分
1.1.3	电能质量专责持证上岗	12	检查上岗资格证书。电能质量监督网络成员应取得华能集团公司颁发的上岗资格证书	未取得资格证书或证书超期，不得分
1.2	标准符合性	20	查看：保存现行有效的国家、行业与电能质量监督有关的技术标准、规范；电能质量监督管理标准；企业技术标准	
1.2.1	电能质量监督管理标准	4	（1）编写的内容、格式应符合《华能电厂安全生产管理体系要求》和《华能电厂安全生产管理体系管理标准编制导则》的要求，并统一编号； （2）内容应符合国家、行业法律、法规、标准和《华能集团公司电力技术监督管理办法》相关的要求，并符合电厂实际	（1）不符合《华能电厂安全生产管理体系要求》和《华能电厂安全生产管理体系管理标准编制导则》的编制要求，扣2分； （2）不符合国家、行业法律、法规、标准和《华能集团公司电力技术监督管理办法》相关的要求和电厂实际，扣2分

表（续）

序号	评价项目	标准分	评价内容与要求	评分标准
1.2.2	国家、行业技术标准	4	查看相关标准。保存的技术标准符合集团公司年初发布的电能质量监督标准目录；及时收集新标准，并在厂内发布	（1）缺少标准或未更新，每个扣2分； （2）标准未在厂内发布，扣4分
1.2.3	企业技术标准	6	（1）查看相关文件。 （2）结合本厂实际制定电能质量技术监督标准或实施细则。 （3）按照国家及行业有关电能质量监督的法规、标准、规程、制度要求及本厂运行实际制定切实可行的，与电网调整要求相符合的规程、规定。其中应包括无功电压控制、进相运行、PSS、本厂变压器分接头协调及关于运行人员调整电压、电压异常处理的方法	（1）实施细则内容不完善，扣2分； （2）未制定实施细则，扣4分； （3）任一项内容不全，扣2分，扣完为止
1.2.4	标准更新	6	标准更新符合管理流程	（1）未按时修编，每个扣2分； （2）标准更新不符合标准更新管理流程，每个扣2分
1.3	仪器仪表	20	现场查看仪器仪表台账、检验计划、检验报告	
1.3.1	设备台账	2	建立电能质量参数监测的仪器、仪表及装置台账	仪器仪表记录不全，一台扣1分
1.3.2	说明书及技术资料	3	电能质量监测仪器仪表说明书及技术资料应保存完整资料	说明书及技术资料缺失，一件扣1分，扣完为止
1.3.3	检定、检验报告	5	定期进行电能质量监测设备（电能质量测试仪、显示仪表、电压及频率变送器等）的检验	（1）未开展定期检验的，不得分； （2）未制订检验计划或检验计划不合理的，扣3分； （3）发生超期检验或未检验的，每项扣2分，扣完为止
1.3.4	外委试验使用仪器仪表管理	10	应有试验使用的仪器仪表检验报告复印件	不符合要求，每台扣5分

表（续）

序号	评价项目	标准分	评价内容与要求	评分标准
1.4	监督计划	20	现场查看电厂监督计划	
1.4.1	计划的制订	8	（1）监督计划制订时间、依据符合要求； （2）计划内容应包括： 1）管理制度制订或修订计划； 2）培训计划（内部及外部培训、资格取证、规程宣贯等）； 3）动态检查提出问题整改计划； 4）电能质量监督中发现重大问题整改计划； 5）仪器仪表送检计划； 6）定期工作计划	（1）计划制订时间、依据不符合要求，每个计划扣2分； （2）计划内容不全，每个计划扣4分
1.4.2	计划的审批	6	计划的审批符合工作流程：班组或部门编制→策划部电能质量专责人审核→策划部主任审定→生产厂长审批→下发实施	审批工作流程缺少环节，一个扣1分
1.4.3	计划的上报	6	每年11月30日前上报产业、区域子公司，同时抄送西安热工院	未按时上报计划，扣6分
1.5	监督档案	20	现场查看监督档案、档案管理的记录	
1.5.1	监督档案清单	4	每类资料有编号、存放地点、保存期限	缺一项，扣1分，扣完为止，没有相应装置不做考核
1.5.2	报告和记录	8	（1）各类资料内容齐全、时间连续； （2）及时记录新信息； （3）及时完成预防性试验报告、运行月度分析、定期检修分析、检修总结、故障分析等报告编写，按档案管理流程审核归档	缺一项，扣2分，扣完为止
1.5.3	档案管理	8	（1）资料按规定储存，由专人管理； （2）记录借阅应有借、还记录； （3）有过期文件处置的记录	

表（续）

序号	评价项目	标准分	评价内容与要求	评分标准
1.6	评价与考核	16	现场查看监督档案、档案管理的记录	
1.6.1	动态检查前自我检查	4	自我检查评价切合实际	（1）未进行自我检查不得分；（2）自我检查评价与动态检查评价的评分相差 10 分及以上，扣 2 分
1.6.2	定期监督工作评价	4	有监督工作评价记录	无工作评价记录，扣 4 分
1.6.3	定期监督工作会议	4	是否按要求定期开展技术监督工作会议，总结电能质量技术监督工作，分析存在的问题，并提出处理建议	（1）未召开技术监督工作会议的，不得分；（2）缺少会议纪要，扣 2 分
1.6.4	监督工作考核	4	有监督工作考核记录	发生监督不力事件而未考核，扣 2 分
1.7	工作报告制度	20	查阅检查之日前四个季度季报、检查速报事件及上报时间	
1.7.1	监督季报、年报	8	（1）每季度首月 5 日前，应将技术监督季报报送产业、区域子公司和西安热工院；（2）格式和内容符合要求	（1）季报、年报上报迟报 1 天扣 2 分；（2）格式不符合，一项扣 2 分；（3）报表数据不准确，一项扣 4 分；（4）检查发现的问题，未在季报中上报，每 1 个问题扣 4 分
1.7.2	技术监督速报	8	按规定格式和内容编写技术监督速报并及时上报	（1）发现或者出现重大设备问题和异常及障碍未及时、真实、准确上报技术监督速报，每项扣 4 分；（2）上报速保事件描述不符合实际，一件扣 4 分
1.7.3	年度工作总结报告	4	（1）每年元月 5 日前组织完成上年度技术监督工作总结报告的编写工作，并将总结报告报送产业、区域子公司和西安热工院；（2）格式和内容符合要求	（1）未按规定时间上报，扣 4 分；（2）内容不全，扣 4 分
1.8	监督管理考核指标	24		
1.8.1	试验仪器仪表校验率	12	要求：100%	任何一项不满足要求，扣 4 分，扣完为止
1.8.2	监督预警、季报问题整改完成率	6	要求：100%	不符合要求，不得分

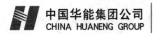
表（续）

序号	评价项目	标准分	评价内容与要求	评分标准
1.8.3	动态检查存在问题整改完成率	6	要求：从发电企业收到动态检查报告之日起：第1年整改完成率不低于85%；第2年整改完成率不低于95%	不符合要求，不得分
2	技术监督实施	240		
2.1	试验	60		
2.1.1	100MW及以上发电机应进行进相试验，运行中发电机的无功出力及进相运行能力应满足电网调度关于发电机进相运行深度的要求，低励限制值应与进相试验结果相符，并经主管部门核定，订入运行规程	30	检查试验报告及运行规程	（1）未进行进相试验，不得分；（2）低励限制值与进相试验结果不符，扣15分；（3）未制定进相运行规程或将进相试验结果订入运行规程，扣10分
2.1.2	并网发电机组应开展一次调频试验，机组一次调频性能应满足要求：（1）单元制汽轮发电机组在滑压状态下运行时，必须保证调节汽门有部分节流，使其具备额定容量3%以上的调频能力。（2）发电机组一次调频功能应满足当地电网一次调频性能要求，负荷响应滞后时间一般不大于4s；电网频率变化超过机组一次调频死区时，机组应在15s内根据机组相应目标完全响应；电网频率变化超过机组一次调频死区时开始的45s内，机组实际出力与响应目标偏差的平均值应在理论计算的调整幅度的±3%内。（3）汽轮发电机组参与一次调频的负荷变化幅度，正向调频负荷（即机组负荷增加）不应小于机组额定容量的5%，负向调频负荷则不予限制。（4）汽轮发电机组调速系统的性能指标，如转速不等率、转速迟缓率、转速调节死区等应符合DL/T 824的要求	30	检查设备资料及试验报告	（1）未开展发电机组一次调频试验的，不得分；（2）任何一项不满足要求，扣10分，扣完为止

表（续）

序号	评价项目	标准分	评价内容与要求	评分标准
2.2	运行维护	75		
2.2.1	电压调整： （1）运行人员电压调整应按调度部门下达的电压曲线和调压要求，控制高压母线电压，确保其在合格范围内； （2）运行人员掌握电网的调压要求； （3）运行人员应掌握电网下达的关于节日、大负荷或重大政治活动期间的调压要求	15	检查资料及现场提问	（1）运行人员对电网调整电压的要求掌握不全面，扣5分； （2）节日、大负荷或重大活动期间高压母线电压超限，扣10分
2.2.2	发电机组的自动调整励磁系统应具有自动调差环节和合理的调差系数，各机组调差系数的整定应协调一致，运行中不发生发电机抢带无功的现象	10	检查资料及记录	发电机无功不平衡超过10%，不得分
2.2.3	具备电能质量监测能力的，应定期进行电能质量（谐波、三相不平衡等）监测并形成书面记录，统计方法应准确。 （1）具备监测条件的发电厂，应每半年对各发电机出口谐波电流因数（HCF）和谐波源集中的厂用电母线谐波电压进行测量并记录，测量要求应符合 GB/T 14549 的相关规定； （2）具备监测条件的发电厂，应每季度对各发电机出口负序电流分量（I_2）进行测量并记录	30	检查测试报告或记录	（1）未定期开展电能质量指标监测的，不得分； （2）缺少一项，扣15分； （3）不具备监测条件的电厂，不扣分
2.2.4	对运行设备出现的与电能质量相关的故障及设备缺陷及时上报	5	检查记录	运行设备出现的故障及设备缺陷未及时上报，扣5分
2.2.5	按规定做好运行电压和频率的记录和统计工作	15	检查记录	（1）未开展电压频率记录统计工作的，不得分； （2）统计工作不完善，扣10分
2.3	设备监督重点	65		

表（续）

序号	评价项目	标准分	评价内容与要求	评分标准
2.3.1	电压、频率、谐波、三相不平衡度监测点应符合要求： （1）发电厂所在区域的电网调度中心列为考核点及监测点的电厂高压母线（主变压器高压侧）应设置为电压监测点； （2）与电网直接连接的发电厂高压母线（主变压器高压侧）应设置为电压监测点； （3）发电机出口母线6kV厂用电母线宜设置为电压监测点； （4）发电厂频率监测点宜选取与主网直接连接的发电厂高压母线（主变压器高压侧）； （5）发电厂的谐波监测点宜选取为发电机出口、厂用电母线； （6）发电厂的三相不平衡度监测点应设置在发电机出口	35	检查设备技术资料及现场查看	任一项不满足要求，扣5分，无相应监测设备的对应项不扣分
2.3.2	电压及频率的监测表计及自动监控系统应满足要求，包括： （1）发电机、母线、变压器各侧均宜配置齐全、准确的无功、电压表计； （2）电压监测设备应具有连续监测和统计功能，其测量精度应不低于0.5级； （3）电压监测设备电压幅值测量采样窗口应满足GB/T 17626.30的要求，一般取10个周波，一个基本记录周期为3s； （4）频率偏差的监测，宜使用具有连续监测和统计功能的仪器、仪表或自动监控系统，其误差不大于±0.01Hz，一个基本记录周期为1s； （5）谐波监测设备测量采样窗口一般取10个周波，一个基本记录周期为3s；	30	检查设备技术资料及现场查看	任一项不满足要求扣5分，无相应监测设备的，对应项不扣分

表（续）

序号	评价项目	标准分	评价内容与要求	评分标准
2.3.2	（6）三相不平衡度监测装置测量采样窗口一般取10个周波，一个基本记录周期为3s。三相电压不平衡度测量允许误差限值为0.2%，三相电流不平衡度测量允许误差限值为1%	30	检查设备技术资料及现场查看	任一项不满足要求扣5分，无相应监测设备的，对应项不扣分
2.4	监督指标考核	40		
2.4.1	频率和电压合格率指标应满足要求：（1）连续运行统计期内频率合格率应达到本地电网的要求，并至少不低于99.5%；（2）连续运行统计期内母线电压合格率应满足本地电网调度要求，并至少不低于99%	20	检查记录	任一项不合格，扣10分
2.4.2	（1）励磁系统AVR投入率应达到100%；（2）AGC装置可用率及调节性能应满足本地电网要求，设备状态良好；（3）AVC装置投入率及调节合格率应满足本地电网要求，设备状态良好；（4）一次调频投入率应满足本地电网要求，设备状态良好	20	检查记录、设备技术资料	任一项投入率不满足要求，扣5分

中国华能集团公司 | 中国华能集团公司火力发电厂技术监督标准汇编
CHINA HUANENG GROUP | Q/HN-1-0000.08.022—2015

技术标准篇

火力发电厂汽轮机监督标准

2015 - 05 - 01 发布

2015 - 05 - 01 实施

目　次

前　言

　　为加强中国华能集团公司火力发电厂技术监督管理，保证发电机组安全、经济、稳定运行，特制定本标准。本标准依据国家和行业有关标准、规程和规范，以及中国华能集团公司发电厂的管理要求，结合国内外发电的新技术、监督经验制定。

　　本标准是中国华能集团公司所属火力发电厂汽轮机监督工作的主要依据，是强制性企业标准。

　　本标准自实施之日起，代替 Q/HB-J-08.L11—2009《火力发电厂汽轮机监督技术标准》。

　　本标准由中国华能集团公司安全监督与生产部提出。

　　本标准由中国华能集团公司安全监督与生产部归口并解释。

　　本标准起草单位：西安热工研究院有限公司、华能国际电力股份有限公司、华能呼伦贝尔能源开发有限公司。

　　本标准主要起草人：刘丽春、安欣、崔光明、杨涛、陈凡夫、关志宏。

　　本标准审核单位：中国华能集团公司安全监督与生产部、中国华能集团公司基本建设部、华能国际电力股份有限公司、华能澜沧江水电股份有限公司、华能山东发电有限公司、北方联合电力有限责任公司。

　　本标准主要审核人：赵贺、武春生、罗发青、张俊伟、刘晓航、陈帆、胡发明、孙鹏、许文军。

　　本标准审定：中国华能集团公司技术工作管理委员会。

　　本标准批准人：寇伟。

火力发电厂汽轮机监督标准

1 范围

本标准规定了中国华能集团公司（以下简称"集团公司"）火力发电厂汽轮机监督相关的技术内容和监督管理要求。

本标准适用于集团公司火力发电厂的汽轮机监督工作。

2 规范性引用文件

下列文件对于本文件的应用是必不可少的。凡是注日期的引用文件，仅注日期的版本适用于本文件。凡是不注日期的引用文件，其最新版本（包括所有的修改单）适用于本文件。

GB 50108　地下工程防水技术规范

GB 50141　给水排水构筑物工程施工及验收规范

GB 50204　混凝土结构工程施工质量验收规范

GB 50205　钢结构工程施工质量验收规范

GB 50208　地下防水工程质量验收规范

GB 50212　建筑防腐蚀工程施工及验收规范

GB 50275　风机、压缩机、泵安装工程施工及验收规范

GB 50303　建筑电气工程施工质量验收规范

GB 50573　双曲线冷却塔施工与质量验收规范

GB 50660　大中型火力发电厂设计规范

GB 50661　钢结构焊接规范

GB/T 3216　回转动力泵水利性能验收试验 1 级和 2 级

GB/T 5578　固定式发电用汽轮机规范

GB/T 6075.2　机械振动　在非旋转部件上测量评价机器的振动　第 2 部分：50MW 以上，额定转速 1500r/min、1800r/min、3000r/min、3600r/min 陆地安装的汽轮机和发电机

GB/T 7596　电厂运行中汽轮机油质量

GB/T 8117.1　汽轮机热力性能验收试验规程　第 1 部分：方法 A—大型凝汽式汽轮机高准确度试验

GB/T 8117.2　汽轮机热力性能验收试验规程　第 2 部分：方法 B—各种类型和容量的汽轮机宽准确度试验

GB/T 8174　设备及管道绝热效果的测试与评价

GB/T 11348.2　机械振动　在旋转轴上测量评价机器的振动　第 2 部分：功率大于50MW，额定工作转速 1500r/min、1800r/min、3000r/min、3600 r/min 陆地安装的汽轮机和发电机

GB/T 13399　汽轮机安全监视装置　技术条件

GB/T 17116.1　管道支吊架　第1部分：技术规范

GB/T 17116.2　管道支吊架　第2部分：管道连接部件

GB/T 17116.3　管道支吊架　第3部分：中间连接件和建筑结构连接件

GB/T 21369　火力发电企业能源计量器具配备和管理要求

GB/T 50102　工业循环水冷却设计规范

DL 5190.3　电力建设施工技术规范　第3部分：汽轮发电机组

DL 5190.5　电力建设施工技术规范　第5部分：管道及系统

DL 5277　火电工程达标投产验收规程

DL/T 244　直接空冷系统性能试验规程

DL/T 338　并网运行汽轮机调节系统技术监督导则

DL/T 438　火力发电厂金属技术监督规程

DL/T 439　火力发电厂高温紧固件技术导则

DL/T 561　火力发电厂水汽化学监督导则

DL/T 571　电厂用磷酸酯抗燃油运行维护导则

DL/T 586　电力设备监造技术导则

DL/T 612　电力工业锅炉压力容器监察规程

DL/T 647　电站锅炉压力容器检验规程

DL/T 711　汽轮机调节控制系统试验准则

DL/T 742　冷却塔塑料部件技术条件

DL/T 834　火力发电厂汽轮机防进水和冷蒸汽导则

DL/T 838　发电企业设备检修导则

DL/T 839　大型锅炉给水泵性能现场试验方法

DL/T 851　联合循环发电机组验收试验

DL/T 855　电力基本建设火电设备维护保管规程

DL/T 863　汽轮机启动调试导则

DL/T 869　火力发电厂焊接技术规程

DL/T 892　电站汽轮机技术条件

DL/T 932　凝汽器与真空系统运行维护导则

DL/T 1027　工业冷却塔测试规程

DL/T 1055　发电厂汽轮机、水轮机技术监督导则

DL/T 1078　表面式凝汽器运行性能试验规程

DL/T 1270　火力发电建设工程机组甩负荷试验导则

DL/T 1290　直接空冷机组真空严密性试验方法

DL/T 5054　火力发电厂汽水管道设计技术规定

DL/T 5072　火力发电厂保温油漆设计规程

DL/T 5204　火力发电厂油气管道设计规程

DL/T 5210.3　电力建设施工质量验收及评价规程　第3部分：汽轮发电机组

DL/T 5294　火力发电建设工程机组调试技术规范

DL/T 5295　火力发电建设工程机组调试质量验收及评价规程

DL/T 5437　火力发电建设工程启动试运及验收规程

JGJ 104　建筑工程冬季施工规程

国能安全〔2014〕161 号　防止电力生产事故的二十五项重点要求

Q/HN-1-0000.08.162—2011　华能优秀节约环保型燃煤发电厂标准（试行）

Q/HN-1-0000.08-001—2011　华能优秀节约环保型燃煤发电厂标准（试行）

Q/HN-1-0000.08-002—2013　中国华能集团公司电力检修标准化管理实施导则（试行）

Q/HN-1-0000.08-049—2015　中国华能集团公司电力技术监管管理办法

Q/HB-G-08.L01—2009　华能电厂安全生产管理体系要求

华能安〔2010〕285 号　华能火力发电机组节能降耗技术导则

华能安〔2011〕271 号　中国华能集团公司电力技术监督专责人员上岗资格管理办法（试行）

中国华能集团公司　火电工程设计导则（2010 年）

中国华能集团公司　新建燃煤电厂节能与主设备、主要辅助设备选型指导意见（2013 年）

ASME PTC 6 汽轮机性能试验规程（performance test code on steam turbines）

3　总则

3.1　汽轮机监督工作贯彻"安全第一、预防为主"的方针，严格按照国家标准及有关规程、规定和反事故措施要求，实现汽轮机主辅设备和系统的设计、制造、安装、调试、运行、检修的全过程技术监督和技术管理。

3.2　汽轮机监督的目的是对汽轮机叶片、调速系统和旋转设备振动进行监督，防止和避免汽轮机断叶片、大轴弯曲、汽轮机超速、断油烧瓦等重大事故；发现和消除主辅设备安全隐患；指导汽轮机主辅设备的经济运行，提高机组经济性等。

3.3　本标准规定了汽轮机监督的以下设备系统的监督内容和要求，以及汽轮机监督管理要求、评价与考核标准，它是火力发电厂汽轮机监督工作的基础，亦是建立汽轮机技术监督体系的依据。汽轮机监督的设备系统包括：汽轮机转动及静止部分、配汽机构、调节保安油系统、润滑油及密封油系统、凝汽器及轴封、本体疏水系统设备等汽轮机本体设备；除氧器、高压加热器、低压加热器、汽动给水泵、给水泵汽轮机、电动给水泵、引风机汽轮机、循环水泵、空冷风机、循环水冲洗水泵、凝结水泵、凝补水泵、开式水泵、闭冷水泵、定冷水泵、真空泵、抽气器、循环水一/二次滤网、冷却塔、空冷岛、间接冷却塔、凝汽器检漏及胶球清洗装置、油净化装置、管道及阀门等辅机及附属系统设备。

3.4　按照集团公司《华能电厂安全生产管理体系要求》《电力技术监督管理办法》中有关技术监督管理和本标准的要求，各发电厂应结合本厂的实际情况制定电厂汽轮机监督管理标准，依据国家和行业有关标准、规程和规范，编制或执行运行规程、检修规程和检验及试验规程等相关/支持性文件，以科学、规范的监督管理，进一步提升汽轮机专业技术管理水平，确保实现汽轮机设备的最佳经济性，杜绝汽轮机主辅设备事故。

3.5　从事汽轮机监督的人员，应熟悉和掌握本标准及相关标准和规程中的规定。

4 监督技术标准

4.1 设计审查阶段监督

4.1.1 设计审查监督依据

4.1.1.1 设计或规划阶段的机组，汽轮机及主要辅机的性能指标和参数应以同类型同容量正在设计和已投产机组的最优值为标杆，优化工程设计，确保机组运行安全可靠性和经济坏保性。汽轮机设计审查监督依据 GB/T 5578、GB/T 13399、GB/T 21369、GB/T 50102、GB 50660、DL/T 834、DL/T 892、DL/T 5054、DL/T 5072、《中国华能集团公司火电工程设计导则》《中国华能集团公司新建燃煤电厂节能及主设备、主要辅助设备选型（终）》等，主要对以下内容进行监督。

4.1.2 汽机房布置

4.1.2.1 汽机房一般宜采用常规地上布置。对于 600MW 两缸两排汽机组、1000MW 机组，经经济性分析合理后，可适当降低运转层标高，采用半地下布置方式。不同容量机组运转层标高可参考表 1。

表 1 运 转 层 标 高

机组类型	300MW 机组	600MW 三缸四排汽	600MW 两缸两排汽	600MW 四缸四排汽	1000MW 机组
推荐标高 m	12.6	13.7	13.7（空冷）/ 15.0（湿冷）	13.7	15.5～17.0

4.1.2.2 空冷、湿冷机组的布置方式，宜采用纵向顺列布置。汽机房运转层宜采用大平台布置形式，并应考虑汽机房的自然通风、排热、排湿及吊物的要求。

4.1.2.3 对于 300MW 及以上机组，若拖动汽动给水泵汽轮机排汽进入主凝汽器，则汽动给水泵宜布置在汽机房运转层上，或布置在汽机房 B 列柱侧底层或除氧间底层。当汽轮发电机采用电动给水泵时，给水泵可布置在汽机房底层或除氧间底层。如条件合适，给水泵也可采取半高位布置。

4.1.2.4 大容量汽轮机的主油箱、油泵及冷油器等设备，宜布置在汽机房底层机头靠 A 列柱侧处并远离高温管道，或布置在汽机房中间层的隔离间内。对 200MW 及以上机组，可采用组合油箱、套装油管，并宜设单元组装式油净化装置。

4.1.2.5 对汽轮机主油箱及油系统，必须考虑防火措施。在主厂房外侧的适当位置，应设置事故油箱(坑)，其布置标高和油管道的设计，应能满足事故时排油畅通的需要。事故油箱(坑)的容积不应小于一台最大机组油系统的油量。

4.1.2.6 当大容量机组采取纵向布置时，循环水泵不宜布置在汽机房内。凝汽器胶球清洗装置宜布置在凝汽器旁。当采用带混合式凝汽器的间接空冷系统时，循环水泵和水轮机宜布置在汽机房内或靠近汽机房处。

4.1.2.7 除氧器给水箱的安装标高，应保证在汽轮机甩负荷瞬态工况下，给水泵或其前置泵的进口不发生汽化。除氧器高位且前置泵零米布置时，1000MW 机组除氧器层标高一般为29.0m 以内；600MW 机组除氧器层标高一般为 24.0m 以内；300MW 机组除氧器层标高一般为 19.6m 以内。根据工程情况，经除氧器暂态计算核算除氧器容积及安全裕度后，除氧器也可低位布置在运转层上。

4.1.2.8 热网加热站宜布置在主厂房内。对选用大型卧式热网加热器的加热站，在非严寒地区可采用露天布置。

4.1.2.9 大容量机组的主厂房宜不设或少设地下管沟和电缆通道。底层的排水可采用地漏经排水管网至集水井的方式。工业水排水管可采用压力管道架空或直埋的方式。主厂房内的电缆宜敷设在专用的架空托架内。

4.1.2.10 汽机房及除氧间零米层、中间层、运转层的纵向主通道布置在靠近 B 排处，宽度不小于 2.0m，贯通两台机组，满足相关层内设备的检修拖运使用。主通道、检修通道应相连并形成环形通道，保证机组运行巡检及设备检修托运的通道和空间要求。

4.1.3 主机设备及系统设计

4.1.3.1 汽轮机设备（含空冷汽轮机）的选型和技术要求应符合 GB/T 5578、集团公司《火电工程设计导则》的相关规定，根据不同地域的气象条件和机组特点，确定汽轮机的工况条件、凝汽器单/双背压形式。

4.1.3.2 汽轮机应按照电力系统负荷的要求，承担基本负荷或变动负荷。对电网中承担变动负荷的机组，其设备和系统性能应满足调峰要求，并应保证机组的寿命期。

4.1.3.3 对兼有热力负荷的地区，经技术经济比较证明合理时，应采用供热式机组。供热式机组的形式、容量及台数，应根据近期热负荷和规划热负荷的大小和特性，按照以热定电的原则，通过比选确定，宜优先选用高参数、大容量的抽汽式供热机组。在有稳定可靠的热负荷时，宜采用背压式机组或带抽汽的背压式机组，并宜与抽汽式供热机组配合使用。

4.1.3.4 汽轮机设备及其系统应符合 DL/T 834 标准，有可靠的防止汽轮机进水的措施。

4.1.3.5 厂外供排水设施规划，应根据规划容量、水源、地形条件、环保要求和本期与扩建的关系，通过方案优选，合理安排。

4.1.3.6 对首台开发或改型的大容量机组，其回热系统应经优化计算确定。

4.1.3.7 汽轮机的背压和凝汽器的面积，应按工程水文气象条件和冷却水供水系统方案，经优化计算后确定。汽轮机的额定背压应与循环水系统的设计水温相适应，设计循环水温宜采用年平均水温并予以化整，能力工况背压应与夏季水温对应，夏季水温应考虑当地夏季负荷要求和水文气象条件，一般情况可以采用夏季频率 10% 的水文气象条件。直接空冷汽轮机的设计背压应按空冷系统的设计气温及空冷凝汽器的优化计算结果确定。能力工况背压应根据汽轮机的进汽流量（计算值）及末级叶片变工况特性、凝结水精处理设备耐温情况、VWO 流量的利用条件等通过优化确定。

4.1.3.8 应要求汽轮机在能力工况条件下发出铭牌出力（额定出力），但机组性能考核和系统优化宜以额定工况条件为基础。汽轮机的调节阀门全开时的进汽量，宜不小于汽轮机最大连续出力时进汽量的 103%～105%。

4.1.3.9 汽轮发电机组轴系应安装两套转速监测装置，并分别装设在不同的转子上。数字式电液控制系统应设有完善的机组启动逻辑和严格的限制启动条件；对机械液压调节系统的机组，也应有明确的限制条件。已取消机械危急保安器的机组，应设置可靠的、冗余的电超速保护装置和供电电源，以及就地可操作的手动停机装置。

4.1.3.10 汽轮机安全监视装置的设计、配套选型及其技术要求应符合 GB/T 13399 的规定。

汽缸上的温度、压力测点应齐全，位置正确，符合运行、维护、集中控制和试验的要求，并具备不揭缸更换的条件。

4.1.4 辅机设备及系统设计

4.1.4.1 主蒸汽系统、再热蒸汽系统采用单元制。对首台开发或改型的汽轮机组，其主蒸汽、再热蒸汽等管道的管径、壁厚及管路根数，应经优化计算后确定。同容量、同参数机组四大管道管径、壁厚等规格的选取应统一，便于打捆招标、降低造价。

4.1.4.2 旁路系统的设置及其形式、容量和控制水平，应根据汽轮机和锅炉的形式、结构、性能、启动方式及电网对机组运行方式的要求确定。在不增加启动时间前提下，旁路系统应以实用可靠、节省投资为原则进行简化设计，旁路系统容量及功能按简单启动旁路设置。对于空冷机组，旁路容量不仅考虑满足机组启动要求，还应保证机组冬季启动的最小防冻流量。

4.1.4.3 给水系统应采用单元制系统。给水泵按照集团公司《火电工程设计导则》配置。给水泵扬程、流量按照 GB 50660 选取。

4.1.4.4 回热加热器应具有两套独立的自动保护装置，可设计为自动疏水系统加汽侧隔离保护系统，也可设计为自动疏水系统加水侧隔离保护系统，也可设计同时具有自动疏水系统及汽、水侧隔离系统，以形成更可靠的防进水保护系统。

4.1.4.5 高压加热器应设置快速切换的给水大旁路系统，大旁路的管道选择比主给水管道小一～二级管径，旁路管道流速上限可适当提高。5、6 号低压加热器可共用一个旁路系统，旁路管径可较主凝结水管径小一～二级管径，按流速计算确定。高压加热器进出口阀门如不采用快速切换的液（气）压三通阀，则高压加热器主旁路的切换速度以及控制逻辑，应满足锅炉不断水、高压加热器汽侧不满水、不超压且高压加热器换热管束温变率不超限的要求。轴封冷却器可不设置旁路系统。

4.1.4.6 供水系统（包括循环水系统）的选择，应根据水源条件、电厂规划容量和汽轮机特性，通过冷端优化和技术经济比较，以确定最佳汽轮机背压、凝汽器冷却面积、冷却水量和循环水泵的经济配置，充分考虑供水系统标高、凝汽器水侧冷却管完全淹没和循环水泵容量对电厂厂用电率的影响，并在满足环保等相关规定要求的前提下，合理选择循环水系统的供水方式和循环水泵的单泵容量。循环水泵的管道应加装防水锤功能装置，管道防腐应严格验收。

4.1.4.7 冷却塔的布置应考虑空气动力干扰、通风、检修和管沟布置等因素。在山区和丘陵地带布置冷却塔时，应考虑避免湿热空气回流的影响。对建设在寒冷地区的冷却塔，应采取防冻措施。

4.1.4.8 采用空冷系统时，应根据当地气象条件与空冷汽轮机特性等因素进行优化，以确定较为经济的空冷系统规模和空冷主要设计参数。

4.1.4.9 采用直接空冷系统的机组，空冷凝汽器布置在汽机房 A 列外地面平台上，沿汽机房纵向布置。此时，应注意主厂房与夏季主导风向的关系和高温大风的影响。由于单排管散热器重量轻、投资省、防冻性能好，应优先选用。

4.1.4.10 空冷塔设计应考虑散热器的检修起吊措施、清除散热器积尘的水冲洗设施和防冻设施。两台机组空冷凝汽器设一套高压水清洗供水系统，每排散热器设置一套冲洗装置，冲洗水及管道采用除盐水和不锈钢管道。

4.1.4.11 排烟冷却塔的热力性能计算和优化计算应将烟气及塔内烟道的影响计算在内，其防腐设计方案应通过技术经济比较后确定。间接冷却塔采用三塔合一时，应综合考虑脱硫系统设备、仪器仪表、电动执行机构的耐温性能,并考虑高温间接冷却塔内脱硫设备的冷却水用量。

4.1.4.12　海水冷却塔的设计应对填料的热力特性进行修正,选择适应海水水质的塔芯材料,并应对塔筒采取相应的防腐措施。

4.1.4.13　辅机冷却水系统及设备的设计选型应依据集团公司《火电工程设计导则》,根据机组冷却方式、湿冷机组凝汽器冷却水源、水质情况和设备对冷却水水量、水温和水质的不同要求合理确定。

4.1.4.14　闭式循环冷却水系统应设置膨胀装置和补给水系统,膨胀装置的安装高度不应低于系统中最高冷却设备的标高。闭式循环冷却水热交换器闭式循环水侧的运行压力应大于开式循环水侧的运行压力。闭式循环热交换器的换热面积应按最高计算冷却水温度计算确定,宜设置2台65%换热面积的热交换器,热交换器材料宜与凝汽器管材一致。

4.1.4.15　开式冷却水泵材质应符合要求,应具备防锈腐性能。开式冷却水各用户应设置调节阀,调节装置灵活好用。

4.1.4.16　真空系统的配置与机组的容量及冷却方式有关。真空泵按照集团公司《火电工程设计导则》配置。真空泵扬程、流量按照 GB 50660 选取。

4.1.4.17　凝汽器管板及管材的材质由冷却水质决定。采用海水或氯离子含量较高的江水作为冷却水的大容量机组,宜采用钛管凝汽器。当冷却水含有悬浮杂物且易形成堵塞时,应装设具有反冲洗装置的二次滤网。湿冷凝汽器宜装设胶球清洗装置,间接空冷汽轮机的表面式凝汽器不应装设胶球清洗装置。

4.1.4.18　凝结水泵选型及配置方式由机组容量决定。300MW 机组装置 2 台凝结水泵,每台凝结水泵容量为最大凝结水量的 110%;600MW 机组采用 2 台 110%或 3 台 55%容量的凝结水泵,具体方案经技术经济比较后确定;1000MW 机组宜采用 3 台容量各为最大凝结水量 55%的凝结水泵。凝结水泵的变频装置的配置方案应根据机组运行模式、上网电量、上网电价以及煤价进行经济性分析后确定。凝结水泵扬程、流量按照 GB 50660 选取。

4.1.4.19　汽轮机润滑油系统应满足以下规定。主油泵应由汽轮机直接驱动,经商定后也可由电动机驱动。应提供一台交流润滑油泵,在汽轮机启动、停机或主油泵故障时工作;应提供一台直流润滑油泵,容量大小及连续运行时间应能满足机组安全惰走需要;应提供一套顶轴油压系统向汽轮机及发电机供应高压油顶起转子。润滑油系统应具备在带负荷条件下用模拟低油压的办法试启所有辅助油泵的试验装置。冷油器或滤油器在切换过程中应保证不能切断各轴承的供油。汽轮发电机组润滑油系统油箱的大小,应满足机组在失去厂用电、冷油器无冷却水的情况下停机时,保证机组安全惰走的要求。此时润滑油油箱中的油温不应超过 79℃。

4.1.4.20　抗燃油应采用独立管路系统,管路中尽量减少死角,便于系统冲洗。抗燃油系统的油管和控制模块,应尽量远离高温热体,或做好隔热措施,以避免在高温环境下长期运行油质劣化,污染电液伺服阀。抗燃油系统应选择高效的过滤、再生系统,保持运行油的颗粒度、水分、酸值、体积电阻率等指标符合标准要求。

4.1.4.21　在抗燃油系统中的压力表应采用不锈钢弹簧管,避免铜质弹簧管腐蚀破裂;压力表管应尽量减少交叉,防止运行中振动磨损;抗燃油或保安油系统压力表管的壁厚和接头,应满足油液压力等级的要求;油管道的焊接,应确保焊口质量,以防漏油发生停机事故。

4.1.4.22　油位计、油压表、油温表及相关的信号装置,应按规程要求装设齐全、指示正确,并定期进行校验。

4.1.4.23 油系统应尽量避免使用法兰、锁母接头连接，禁止使用铸铁、铸铜阀门，各阀门不得垂直安装，以防阀杆故障门头脱落。其阀门应采用明杆阀。重视油系统阀门选型工作，其压力等级应不低于超压试验压力。检修、改造过程中需使用法兰时，压力油法兰宜选用带凸凹止口的法兰。油系统法兰禁止使用塑料垫、橡皮垫（含耐油橡皮垫）和石棉纸垫，宜采用厚度 1mm～2mm 的耐油、耐热和耐酸的材料。油系统尽量使用焊接连接方式，油系统的管材和焊接质量应全部进行金属检验和监督，焊口 100%无损探伤，油管路法兰附近有高温管道时，应加设防火罩，防止油泄漏后直接喷溅到高温管道上。

4.1.4.24 事故排油阀应串联设置两个钢质截止阀，操作手轮应设在距油箱 5m 以外的地方，且有两个以上的通道，手轮应挂有"事故放油阀，禁止操作"标志牌，手轮不应加锁。

4.1.4.25 润滑油供油管道原则上不装设滤网，若装设滤网，必须采用激光打孔滤网，并有防止滤网堵塞和破损的措施。

4.1.4.26 直流润滑油泵的直流电源系统应有足够的容量，其各级熔断器应合理配置，防止故障时熔断器熔断使直流润滑油泵失去电源。

4.1.5 其他汽轮机辅助系统及设备

4.1.5.1 汽轮机在设计时，应同时考虑性能试验所需测点，以保证性能试验测点的完整、可靠。为实现机组长期性、趋势性、全方位、高精度的热力性能监测，满足节能诊断和节能调度的要求，新投产机组最终给水流量测量装置宜选用低 β 值喉部取压给水流量测量喷嘴。凝汽器真空测量表计应选用绝对压力变送器，便于进行运行分析和节能监督。

4.1.5.2 汽轮机疏水系统设计除按 DL/T 834 执行外，还应结合机组的具体情况和运行、启动方式及经济性，做进一步优化。

4.1.5.3 汽轮机管道设计应根据热力系统和布置条件进行，做到选材正确、布置合理、安装维修方便，并应避免水击、共振和降低噪声。汽轮机本体范围内的汽水管道设计，除应符合 DL/T 5054 外，还应与制造商协商确定。

4.1.5.4 管道支吊架的材料、设计除符合 GB/T 17116.1、GB/T 17116.2、GB/T 17116.3 的规定外，还应符合国家现行的有关各类管道规范的要求。

4.1.5.5 汽轮机设备、管道及其附件的保温、油漆的设计应符合 DL/T 5072。凡未经国家、省级鉴定的新型保温材料，不得在保温设计中使用。

4.1.5.6 绝对压力大于 0.1MPa 的抽汽管道及汽轮机高压排汽管上应设有快速关闭的气/液动止回阀，至除氧器抽汽应配置 2 个串联的止回阀，止回阀气缸宜侧装。抽汽供热机组的抽汽止回阀关闭应迅速、严密，连锁动作应可靠，布置应靠近抽汽口，并必须设置有能快速关闭的抽汽截止阀，以防止抽汽倒流引起超速。

4.1.5.7 氢冷发电机密封油系统及设备的设计、选型应可靠，以防止发电机进油、漏氢。

4.1.5.8 工业循环水冷却设施的类型选择，应根据生产工艺对循环水的水量、水温、水文和供水系统的运行方式等方面的使用要求，经技术经济比较后确定，可以参照 GB/T 50102 执行。

4.1.5.9 循环水泵出口液压蝶阀的开关速度及逻辑应与循环水泵及配套管路、设备的水力参数相匹配，其控制机构和电源应稳定、可靠，密封良好，液控箱及管道部件应具有防止锈蚀的性能。

4.1.5.10 在热工表计设计选型时,汽轮机侧四大管道上的温度热电偶套管应采用与管道相同的材质,避免运行中套管产生裂纹。

4.1.5.11 火电厂能源计量器具的配备应符合 GB/T 21369 的规定。

4.2 制造阶段监督

4.2.1 为了保证汽轮机设备的制造质量,应对设备制造过程进行监督和抽查,深入生产场地对所监造设备进行巡回检查,对主要及关键零部件的制造质量及制造工序应进行检查与确认,特别是对机组安全运行影响较大的设备及重要的制造过程,应进行质量见证。

4.2.2 汽轮机制造监督应按照 DL/T 586、监造单位出具的监造大纲、制造厂的企业标准和供货协议等进行。

4.2.3 主要对监造合同、监造报告、监造人员资质、监造质量评价等进行监督,重点对汽轮机及其附属设备的制造质量见证项目进行监督。

4.2.4 监造单位与制造单位不得有隶属关系和利害关系,监造人员应有丰富的专业工作经验,重要岗位的监造人员应为注册设备监理工程师。

4.2.5 监造单位应按技术标准和规范、合同文件、厂家正式技术资料等,编制监造大纲和质量计划,并经业主和技术监督认可。

4.2.6 监造过程中,监造单位应定期出具报告。监造结束后及时提供出厂验收报告和监造总结。在监造总结中,应对设备质量和性能做出明确评价。

4.2.7 技术监督人员应对验收报告和监造总结等进行查阅。检查内容应包括验收依据、验收项目、验收情况、出现的问题和处理方法、结论及建议。

4.2.8 技术监督人员应检查监造过程中使用的仪器、仪表和量具是否根据有关规定进行管理,是否经有资质的计量单位校验合格并在有效期内使用。

4.2.9 技术监督人员对发现的重大问题或重要检验/试验项目,应监督进行检测、分析,确定处理方案。

4.2.10 如有不符或达不到标准要求的,应向业主提交不一致性报告,监督制造商采取措施处理,直至满足要求。

4.2.11 汽轮机及其辅助设备、附属机械、合同设备均应签发质量证明、检验记录和测试报告,作为交货时质量证明文件的组成部分。

4.2.12 设备到达现场后,监造单位协助业主与制造商,按商定的开箱检验办法,进行检查/验收。

4.2.13 汽轮机本体及重要辅机设备制造质量主要见证项目及见证方式依据 DL/T 586 而定。用户与制造单位可根据具体情况协商增减设备的监造部件、见证项目和见证方式。典型设备的制造质量见证项目见附录 A.1~附录 A.10。

4.3 安装阶段监督

4.3.1 安装监督依据

4.3.1.1 汽轮机安装阶段的技术监督主要工作就是根据汽轮机制造厂家设备安装要求、有关设计、技术规范、相关标准和工程主要质量控制点,对汽轮机及其辅助设备安装实施监督。汽轮机安装阶段的技术监督依据 GB 50319、GB 50275、GB/T 21369、DL/T 438、DL/T 855、DL 5190.5、DL 5190.3、DL/T 5210.3 等标准,制造厂提供汽轮机组安装手册(指导书)、图纸、安装标准、规范及组装、试车、调试技术文件,设备、系统的设计修改签证,附加说明或会谈协议文件。

4.3.2 汽轮机本体安装的一般规定

4.3.2.1 汽轮机本体的设备运输吊装、本体设备的保管、合金钢部件的检查安装应按照 DL 5190.3 中相应的条款执行。

4.3.2.2 汽轮机本体的安装程序应严格遵照制造厂的要求，不得因设备供应、图纸交付、现场条件等原因更改安装程序。

4.3.2.3 通流间隙调整应遵循节能降耗的原则，在保证汽轮机运行安全的前提下，间隙值宜取图纸要求的下限，并使间隙均匀。

4.3.3 汽轮机本体基础

4.3.3.1 汽轮机安装前应和土建配合好进度，并提出必要的技术要求。对于预留孔洞、预埋部件和有关标高、中心线、地脚螺栓位置等应与设计、土建、安装提前取得一致。

4.3.3.2 汽轮机机组施工人员应熟悉所施工范围的有关技术文件，掌握设备机理、构造、施工规定、正确的安装程序、方法、工艺、精密测量技术等。

4.3.3.3 本体基础交付安装应具备 DL 5190.3 中 4.2.1 条的条件。

4.3.3.4 本体基础沉降观测应在以下阶段进行：

    a）基础养护期满后，应首次测定并作为原始数据；

    b）汽轮机汽缸、发电机定子就位前后；

    c）汽轮机和发电机二次灌浆前；

    d）整套试运行前后。

4.3.3.5 湿陷性黄土地质结构可增加沉降测量次数。

4.3.3.6 因基础沉降导致汽轮机找平、找正、找中心的隔日测量数据有不规则的明显变化时，不得继续进行设备安装。

4.3.3.7 带弹性隔振装置的汽轮发电机基础，应按技术文件要求检查、测量弹簧释放前后的高度，对弹簧的锁定情况进行检查。

4.3.4 台板与垫铁

4.3.4.1 垫铁的布置位置和荷载除应符合制造厂技术文件的要求外，还应符合 DL 5190.3 第 4.3.1 条规定。垫铁的形式、材质及垫铁安装应符合 DL 5190.3 规定。

4.3.4.2 台板的检查与安装应符合 DL 5190.3 中 4.3.7 条的规定。

4.3.5 汽缸、轴承座及滑销系统

4.3.5.1 汽缸安装前的检查和记录应符合 DL 5190.3 中 4.4.2 条的规定。汽缸结合面不合格时应修刮或由制造厂处理，并作出最终记录。

4.3.5.2 滑销系统检查应符合 DL 5190.3 中 4.4.4 条的规定。滑销间隙过大时，允许在滑销整个接触面上进行补焊或离子喷镀，补焊或喷镀的金属硬度不应低于原金属。不得用敛挤的方法调整滑销间隙。

4.3.5.3 汽缸推拉装置垫片厚度在汽缸定位后，按推拉装置与汽缸间的四角实测间隙值预留 0.02mm～0.03mm 装配间隙配制，垫片装入时应无卡涩。

4.3.5.4 汽缸膨胀指示器的安装应牢固、可靠，指示器的指示范围应满足汽缸的最大膨胀量。汽轮机首次启动前，在冷态状况下应将指示器的指示调至零位并做好标记。

4.3.5.5 汽缸组合、汽缸和轴承座的安装、汽缸负荷分配等应符合 DL 5190.3 中的规定。

4.3.6 轴承和油挡

4.3.6.1 轴承和油挡的安装应符合 DL 5190.3 中的规定。

4.3.6.2 转子放入支持轴承后，椭圆或圆筒瓦轴承，转子与轴颈巴氏合金的接触角宜为 30°～45°，沿下瓦全长的接触面应达 75%以上并均匀分布无偏斜，当接触不良或轴瓦间隙不符合图纸要求时应由制造厂处理。

4.3.6.3 下轴瓦顶轴油囊深度应为 0.20mm～0.40mm，油囊面积应为轴颈投影面积的 1.5%～2.5%，油囊四周与轴颈应接触严密，顶轴油通道应清洁、畅通。

4.3.6.4 转子轴颈两端有凸缘时，凸缘应与轴瓦端面保持足够的轴向间隙，以保证运行时转子能自由膨胀。

4.3.6.5 轴瓦的锁饼、制动销、温度计插座应与轴瓦保持适当的间隙，锁饼、制动销应能制锁但不卡死；锁饼应低于轴瓦水平结合面 0.03mm～0.2mm。

4.3.7 汽轮机通流部分设备

4.3.7.1 起吊转子应符合 DL 5190.3 中 4.6.1 条的规定。转子安装前外观检查应符合 DL 5190.3 中 4.3.6.2 款的规定。联轴器的检查应符合 DL 5190.3 中 4.6.3 条的规定。

4.3.7.2 汽轮机转子的轴颈扬度确定、转子在汽缸内找中心、轴系找中心及中心复测、联轴器现场铰配及紧螺栓等工作应符合 DL 5190.3 中 4.6 节的规定。

4.3.7.3 汽轮机的喷嘴、隔板和隔板套、汽封套、双流汽缸中部分流环等通流部件的检查、安装及中心和间隙调整应符合 DL 5190.3 中 4.7 节的规定。

4.3.7.4 转子轴向窜动的最终记录，在完成汽轮机扣盖工作后，以热工整定轴向位移指示时测定的数据为准。

4.3.7.5 通流部分间隙及汽封轴向间隙不合格时，应由制造厂确定处理方案。

4.3.8 汽轮机扣大盖

4.3.8.1 汽轮机扣大盖前应完成下列各项工作并符合要求，且安装记录、签证应齐全：

    a) 垫铁调整结束并点焊，地脚螺栓紧固；

    b) 台板纵横滑销、汽缸立销和猫爪横销调整结束并记录；

    c) 内缸猫爪、纵横滑销和轴向定位销间隙调整结束并记录；

    d) 汽缸水平结合面间隙符合要求；

    e) 各汽轮机转子轴颈椭圆度和不柱度、对轮晃度及瓢偏、推力盘瓢偏、转子弯曲度符合要求并记录；

    f) 汽缸水平扬度、凝汽器与汽缸连接前后的转子扬度记录；

    g) 汽缸已经按照制造厂要求进行负荷分配并记录；

    h) 汽轮机转子在汽封及油挡洼窝处的中心位置、转子轴系中心符合制造厂要求；

    i) 隔板中心调整结束并记录；

    j) 转子与汽缸已经相对定位，定位位置已做标记，数值已做记录；

    k) 汽封及通流部分间隙符合制造厂要求并做记录；

    l) 汽轮机转子在合实缸的情况下，已进行轴向间隙推拉检查、测量及定位，且应符合制造厂设计要求并做记录；

    m) 法兰加热装置渗漏试验符合要求并做记录；

    n) 汽缸内全部合金钢部件已做光谱复查并符合要求；

o) 高温紧固件已做硬度及光谱复查，符合制造厂要求并做记录；

p) 对汽缸几何尺寸、轴系中心、通流间隙、轴封间隙有影响的热力管道已完成连接；

q) 汽缸、管段、蒸汽室内部已彻底清理，管口、仪表插座和墙头已封闭；

r) 汽缸内部的疏水口畅通，热工元件安装结束。

4.3.8.2 汽轮机扣大盖工作除应按 DL 5190.3 中 3.3.9 条的规定执行外，还应符合 DL 5190.3 中 4.9.4 条的规定。

4.3.8.3 上猫爪支撑的内、外缸，在由下猫爪临时支撑换为上猫爪支撑时，汽缸中心变化允许偏差为 0.03mm；猫爪垫片总数不超过 3 片并应接触严密，用 0.05mm 塞尺检查无间隙；垫块材质应符合制造厂规定。

4.3.9 汽轮机本体质量验收应提交的项目文件

4.3.9.1 汽轮机本体安装完毕质量验收时，应提交下列施工技术记录：

a) 基础及预埋件验收记录；

b) 基础沉降观测记录；

c) 汽轮机基础垫铁或砂浆块配制记录；

d) 汽缸、轴承座台板找平找正记录；

e) 汽缸、轴承座台板与汽缸、轴承座间隙记录；

f) 轴承座、汽缸台板地脚螺栓紧固记录；

g) 轴承座滑动部位检查记录；

h) 推力瓦接触及推力间隙检查记录；

i) 轴瓦垫块及轴瓦与轴颈接触检查记录；

j) 轴承座中分面水平记录；

k) 径向轴承及推力轴承安装记录；

l) 油挡间隙记录；

m) 轴颈的椭圆度及不柱度记录；

n) 转子弯曲度记录；

o) 推力盘端面瓢偏记录；

p) 联轴器端面瓢偏和径向晃度记录；

q) 联轴器止口尺寸记录；

r) 汽缸组合记录；

s) 汽缸就位找正记录；

t) 汽缸隔板洼窝找中心记录；

u) 汽缸内缸纵、横销安装记录；

v) 内缸支撑键安装记录；

w) 内缸中分面水平记录；

x) 内缸中分面间隙记录；

y) 隔板膨胀间隙记录；

z) 汽缸负荷分配记录；

aa) 各部分通流间隙记录；

bb) 最小轴向通流间隙记录；

cc） 转子定位尺寸及外引标记；

dd） 靠背轮垫片厚度记录；

ee） 汽封间隙检查记录；

ff） 汽缸中分面螺栓紧固记录；

gg） 汽轮机转子联轴器找中心记录；

hh） 转子螺栓、螺母配重记录；

ii） 联轴器连接后同心度记录；

jj） 转子螺栓、螺孔配合间隙记录；

kk） 联轴器螺栓紧固记录；

ll） 滑销系统间隙记录；

mm） 轴承座与汽缸间定位中心梁安装记录；

nn） 推拉杆安装记录；

oo） 盘车装置齿轮间隙记录；

pp） 连通管冷拉记录；

qq） 连通管螺栓整定记录。

4.3.9.2 汽轮机本体安装完毕质量验收时，应提交下列隐蔽签证：

a） 台板接触检查签证；

b） 轴承座灌油试验签证；

c） 轴承座扣盖签证；

d） 汽缸外观检查签证；

e） 汽轮机转子外观检查签证；

f） 高、中压喷嘴室检查封闭签证；

g） 汽轮机扣缸前检查签证；

h） 汽轮机扣盖签证；

i） 基础二次灌浆前检查签证；

j） 导汽管及连通管安装检查签证；

k） 设备缺陷处理签证。

4.3.9.3 汽轮机组本体安装完毕，质量验收时，应提交下列检测报告：

a） 机组本体基础沉降报告；

b） 由浇灌单位提供的基础二次浇灌混凝土试块强度试验报告；

c） 合金钢部件光谱复查报告；

d） 轴承巴氏合金探伤报告；

e） M32 及以上高温紧固件的硬度复测、探伤报告及 20Cr1Mo 1VNbTiB 材料的金相抽查报告。

4.3.10 调节保安装置和油系统

4.3.10.1 除制造厂要求不得解体的设备外，油系统设备应解体复查其清洁程度，对不清洁部套应彻底清理，确保系统内部清洁。

4.3.10.2 调节保安装置及油系统各部件解体、检查、组装时，除应符合 DL 5190.3 中 3.3 节的有关规定外，还应符合 6.1.3 条的规定。各结合面、密封面应接触良好，无贯通性沟痕，丝扣接头应严密不漏，垫料和涂料应选用正确，参见 DL 5190.3 附录 C。

4.3.10.3 润滑油系统管道施工除应符合 DL 5190.5 的规定外，还应符合 DL 5190.3 中 6.1.4 条的规定。

a) 油管不宜采用法兰接口并应尽量减少焊口，管道焊接前应经检查以确保油管内部清洁。

b) 油管外壁与蒸汽管道保温层外表面应有不小于 150mm 的净距，距离不能满足时应加隔热板。运行中存有静止油的油管应有不小于 200mm 的净距，在主蒸汽管道及阀门附近的油管不宜设置法兰、活接头。

c) 油管道的法兰应采用凹凸法兰，结合面应使用质密、耐油并耐热的垫料，可参见 DL 5190.3 附录 C。垫片应清洁、平整、无折痕，其内径应比法兰内径大 2mm～3mm，外径应接近法兰结合面外缘尺寸。

d) 油管内壁必须彻底清扫，不得有焊渣、锈污、纤维和水分，油管清扫封闭后，不得在上面钻孔、气割或焊接，否则应重新清理、检查并封闭。

4.3.10.4 电液调节保安装置的检查和安装应符合 DL 5190.3 中 6.2 节的规定。超速监测保护、振动监测保护、轴向位移监测保护等电子保护装置安装时，应配合热工人员调整好发送元件，做到测点位置正确、试验动作数据准确，并将引线可靠引至机外。

4.3.10.5 汽门及其传动机构、液压调节保安装置的检查和安装应符合 DL 5190.3 中 6.4 节的规定。

4.3.10.6 新汽轮机油应按 GB 11120 执行质量验收，新磷酸酯抗燃油应按 DL/T 571 进行质量验收。润滑油系统冲洗油样化验达到 NAS8 的要求，还应按 DL 5190.3 的规定进行系统冲洗和清洁度检查。

4.3.11 泵类设备

4.3.11.1 泵的安装应依据制造厂说明书要求，并符合 GB 50275 和 DL 5190.3 的相关规定。

4.3.11.2 按装箱单清点泵的零件和部件、附件和专用工具，应无缺件，防锈包装应完好，无损坏和锈蚀，并核对泵的主要安装尺寸，并应与工程设计相符。

4.3.11.3 整体出厂的泵在防锈保证期内，应只清洗外表面；出厂时已装配、调整完善的部分不得拆卸；当超过防锈期或明显缺陷需拆卸时，其拆卸、清洗和检查应符合随机技术文件的规定。

4.3.11.4 整体安装的泵安装水平，应在泵的进出口法兰面或其他水平面上进行检测，纵向安装水平偏差不应大于 0.10/1000，横向安装水平偏差不应大于 0.20/1000；解体安装的泵的安装水平，应在水平中分面、轴的外露部分、底座的水平加工面上纵、横向放置水平仪进行检测，其偏差均不应大于 0.05/1000。

4.3.12 湿冷及间接空冷凝汽器

4.3.12.1 凝汽器壳体现场组装、冷却管穿管和胀接、凝汽器支撑弹簧安装、凝汽器与汽缸连接、凝汽器热井水位计、凝汽器胶球清洗装置安装等应符合 DL 5190.3 中 8.2 节的规定。

4.3.12.2 凝汽器组装完毕后，汽侧应进行灌水试验。灌水高度应充满整个冷却管的汽侧空间并高出顶部冷却管 100mm，维持 24h 应无渗漏。已经就位在弹簧支座上的凝汽器，灌水试验前应加临时支撑。灌水试验完成后应及时把水放净。

4.3.12.3 凝汽器与汽缸间连接的短节、两个凝汽器间的平衡短节和拉筋膨胀伸缩节的焊缝安装前，应进行渗油试验无渗漏。

4.3.12.4 凝汽器水侧应做严密性检查，可用循环水直接进行运行压力充压，充水时应将空气放净，水室盖板、人孔门和螺栓等处应无渗漏。

4.3.12.5 凝汽器在整个安装过程中应有防止杂物落入汽侧的防护措施。最终封闭凝汽器前应检查冷却管束及上部汽侧空间不得有任何杂物，顶部管道应无损伤痕迹。

4.3.13 冷却塔

4.3.13.1 双曲线冷却塔的地基工程、地下工程、斜支柱工程、筒壁工程、塔芯结构工程、淋水配水装置工程、附属工程施工及验收应符合 GB 50573 要求。双曲线冷却塔所含的各分部（子分部）工程有关安全及功能的检测资料应完整；混凝土结构实体检验必须达到 GB 50204 的有关要求；混凝土抗冻等级与抗渗等级必须达到设计有关检验评定标准的要求。

4.3.13.2 北方地区尤其应重视防止冷却塔冻融，应保证筒壁、支柱等混凝土表面密实平整，无漏筋、蜂窝、起砂、起壳、裂缝和油污杂质等缺陷，必要时可以考虑在其表面刷防水涂料或进行表面喷涂。

4.3.13.3 筒壁施工前要检查模板，要求模板平整、无翘曲、无孔洞、无卷边，模板内壁应清洁，施工时检查模板接缝密合、支撑牢固。筒壁施工过程中每隔 8 节～10 节应进行一次标高测量，并按照实测标高对半径进行调整。

4.3.13.4 北方地区冷却塔塔顶应做好防挂冰措施，施工前应编制防挂冰技术方案，验收时检查确认防挂冰措施得到有效实施。

4.3.13.5 冷却塔爬梯、钢平台、栏杆等金属构件的制作安装应符合 GB 50205 及 JGJ 81 的有关规定。

4.3.13.6 航空障碍标志灯系统、防雷装置安装应符合设计要求和 GB 50303 的有关规定。

4.3.13.7 冷却塔应尽量避免冬季施工，必须在冬季施工时除应符合 GB 50573 外，还应符合 JGJ 104 的有关规定。

4.3.13.8 淋水填料、配水管、溅水碟、除水器安装应符合设计要求和 DL/T 742 的有关规定。

4.3.13.9 循环水自流沟、循环水泵前池应符合设计要求和 GB 50108、GB 50141、GB 50208 及 GB 50212 的有关规定。

4.3.14 空冷岛、间接空冷塔

4.3.14.1 空冷装置钢构架及其他金属结构校正、支撑钢结构预组合、支撑钢结构安装、支撑钢结构高强螺栓及连接副安装、风机桥架安装、A 形架安装、挡风墙安装、空冷凝汽器风机安装、冷凝器管束安装应符合 DL 5190.3 中 8.3 节的规定。空冷风机及冷却塔风机安装应符合 DL 5190.3 中 9.7 节的规定。安装检查验收应符合 DL/T 5210.3 的规定。

4.3.14.2 空冷岛的蒸汽排汽、蒸汽分配、空冷凝结水、抽真空、冲洗等安装除执行 DL 5190.5 中的规定外，还应符合以下规定：

 a) 与汽轮机连接时应避免产生外加应力；

 b) 不锈钢膨胀节内外临时防护盖板在安装完成且验收合格后方可取下，精密部件、固定件应在整个安装工作完成后方可取下保护罩；

 c) 膨胀节与管道应自由连接。

4.3.14.3 空冷岛应注意支撑、导向系统、管道、管束的组装和焊接质量，防止不合理产生泄漏。

4.3.14.4 间接空冷换热器的施工和验收应符合厂家技术文件规定。

4.3.15 保温、油漆

4.3.15.1 汽轮机的保温应符合 DL 5190.3 和汽轮机制造厂及《华能火力发电机组节能降耗技术导则》的规定，应使用良好的保温材料（不宜使用石棉制品）和施工工艺。保证机组正常停机后的汽轮机内缸上下缸温差不超过 35℃，外缸上下缸温差最大不超过 50℃。

4.3.15.2 热力系统设备保温油漆应符合设计要求和 DL/T 5072 及《华能火力发电机组节能降耗技术导则》的有关规定。应优先选用热导率小、密度小、造价合理、施工方便的保温材料。

4.3.16 其他

4.3.16.1 设备中用合金钢或特殊材料制造的零部件和紧固件等，都应在施工前进行光谱分析和硬度检验，以鉴定其材质，确认与制造厂图纸和有关标准相符。易产生裂纹的高合金钢材料检验后应及时用砂轮或砂布除去燃弧斑点。本体范围内管道施工和焊接应按照 DL 5190.5 及 DL/T 869 中有关规定执行。

4.3.16.2 辅助设备安装时，其纵横中心线和标高应符合设计图纸要求。允许偏差为 10mm。卧式设备壳体应水平。直立式设备垂直允许偏差为 10mm。

4.3.16.3 凝汽器和低压缸排汽室喉部的焊接，应严格监视和采取措施控制焊接变形，将因焊接引起的垂直位移差保持在容许的范围之内。重视空冷机组真空防爆膜片的支撑隔栅的选材及焊接工艺控制，避免隔栅焊缝开裂造成真空破坏而停机。

4.3.16.4 低压缸排汽压力的测量应符合 GB 8117.1、GB 8117.2 的规定，且应满足以下规定：

a) 测量低压缸排汽压力的传压管从凝汽器喉部取压点一直倾斜向上穿出低压缸化妆板，中间不允许有 U 形管形式，避免运行中传压管积水导致排汽压力测量不准确；

b) 排汽喉部的每一排汽截面至少布置两个网笼探头；

c) 低压缸排汽压力变送器应选择绝对压力变送器。

4.3.16.5 用于测量最终给水流量的低 β 值喉部取压长颈喷嘴和凝结水流量喷嘴安装前应妥善保管，防止锈蚀、变形和损伤，在现场禁止对喷嘴进行解体。

4.3.16.6 空冷岛上部的设备、设施应固定牢固，防止脱落造成下部电气设备损坏和短路故障。

4.3.16.7 循环水旋转滤网框架应具有足够的刚性，防止在运行中变形。滤网动静之间的间隙应符合设计要求，防止形成短路。

4.3.16.8 应做好循环水管道、消防水、闭冷水等地下管道和地下金属构件的防腐。

4.4 调试阶段监督

4.4.1 调试监督依据

4.4.1.1 按照 DL/T 338、DL/T 863、DL/T 1055、DL/T 1270、DL/T 5210.3、DL/T 5294、DL/T 5295、DL/T 5437 等标准和反事故措施、制造厂说明书、有关技术协议和合同，对单体调试、分部调试、整套启动调试过程中调试措施、技术指标、主要质量控制点、重要记录、调试报告进行监督。

4.4.2 单体调试监督

4.4.2.1 施工单位应按生产单位提供的连锁、保护定值和测点量程清单等资料，完成试运设备和系统的一次元器件校验及阀门、挡板、开关等单体调试和联合传动，并向调试单位提供已具备验收条件的项目清单。

4.4.2.2 调试单位应完成 DCS 系统组态检查，按照生产单位提供的连锁、保护定值清单完成报警、连锁、保护设备定值检查，完成相关报警及连锁、保护逻辑传动试验。

4.4.3 分部试运监督

4.4.3.1 在设备试运过程中，应完成相关系统压力、流量、温度等测点的投入和在线验证。调试单位应全面检查、分析和确认系统测点的准确性，并对影响测量准确性的测点提出安装位置变更、计算公式修正等意见，并落实整改。分部试运阶段各项重要控制、验收参数应等于或接近设计值。

4.4.3.2 分部试运阶段应进行真空系统高位灌水查漏，水位应升高至低压转子汽封洼窝下100mm。真空泵试运过程中应进行空负荷试验并满足 DL/T 863 中的要求。

4.4.3.3 高压旁路、低压旁路、主蒸汽管道疏水、再热蒸汽管道疏水、高压加热器事故疏水、抽汽止回门前后管道疏水、给水泵再循环等汽水系统重要阀门执行机构的开关行程应整定到位，应在整套启动的空负荷阶段适时开展疏水查漏工作。

4.4.3.4 闭式冷却水系统首次启动应进行冲洗，冲洗时应将各冷却系统的进水、出水母管的末端进行短接，并设置临时排放点，再将各冷却器的进出管短接进行分支冲洗，直至水质清澈透明为止，在冲洗过程中如入口滤网差压高时应及时清洗滤网。

4.4.3.5 循环水系统首次试运应先对循环水管路及系统进行预先充水，应制订适当的注水方案，注水过程中应注意防止管路系统憋压，通水后应对整个系统进行全面细致的检查，发现泄漏点及时处理。

4.4.3.6 循环水泵试运期间要求电机线圈温度、轴承温度、轴承振动值合格且稳定，泵性能符合要求，出口蝶阀及液压装置调节灵活，动作正常，管道严密、无泄漏，一/二次滤网、冲洗水泵等运转正常，试运工作应持续不少于 8h。

4.4.3.7 汽轮机热力系统的冲洗包括冷态水冲洗和热态水冲洗，冷态水冲洗前首先应对凝汽器热井、除氧给水箱进行彻底的人工清理，然后用除盐水进行冲洗，冲洗过程中，根据冲洗情况及时清理凝汽器水箱、除氧水箱，直到化学取样合格。

4.4.3.8 汽轮机热力系统的热态水冲洗包括投入除氧器辅助蒸汽加热和锅炉点火后的热态冲洗两个阶段，热态冲洗直至化学取样合格后，才能进行吹管。

4.4.3.9 汽轮机润滑油系统和抗燃油系统的清洗及油循环过滤工作应在机组进行整套启动前结束，汽轮机油和抗燃油在投运前及运行中的油质指标应满足 GB/T 7596、DL/T 571 的要求。油质不合格的情况下，严禁机组启动。润滑油低油压连锁除采用常规放油方式对油泵启动及其动作值进行校验外，还应检查、记录并确保油泵间电气连锁时最低的暂态油压不低于低油压报警值，直流油泵全容量启动不应存在过流跳闸情况。

4.4.3.10 转子首次盘车时，应记录原始弯曲最大晃度值、圆周方向相位以及首次盘车稳定电流值。大轴晃度值超过制造厂的规定，或超过原始值±0.02mm 时，严禁启动汽轮机。

4.4.3.11 蒸汽吹管蒸汽品质应符合化学监督导则规定，吹管临时管道的通流截面积应大于正式管道，吹管出口处必须装设消声装置，每次吹管后停炉冷却至下一次吹管间隔时间应大于 8h。

4.4.3.12 吹管靶板制作材质为铜板或铝板抛光，宽度不小于 25mm，长度大于临时管道直径，吹管质量检验合格标准为：连续吹扫两次，第二次靶板斑痕点数少于第一次，同时斑痕粒度为 0.2mm～0.5mm 的颗粒应少于或等于 5 个。

4.4.3.13 辅汽系统的吹管工作必须在主汽吹管阶段前完成，为给水泵汽轮机、除氧器等设备调试提供必要条件。

4.4.3.14 吹管阶段应包括对旁路管道、轴封管道、给水泵汽轮机供汽管道、除氧器汽源管道的吹管，为防止管道中的杂物随蒸汽在吹扫过程中损伤旁路、轴封等阀门密封面，不能将旁路、轴封正式阀门作为吹管阶段的控制阀。

4.4.3.15 汽轮机调节保安系统及控制油系统调试时，应进行主汽门、调速汽门、抽汽止回门及供热机组的抽汽快关阀的关闭时间测定，阀门总关闭时间满足 DL/T 338 和 DL/T 863 中4.3.9 条的要求。调门的关闭时间应分别测量 OPC 和 ETS 的关闭时间。

4.4.3.16 密封油的运行方式应稳定、可靠，氢油差压、排烟风机入口负压等重要控制参数应等于或接近设计值。密封油系统应能实现说明书提到的各种运行方式。

4.4.3.17 轴封供汽减温水调整门整定特性应满足轴封供汽温度与轴封区域转子金属表面温度相匹配，二者温度不超过制造厂允许的偏差值。在整套启动阶段应优化调整轴封母管压力。

4.4.3.18 胶球清洗装置程控调试，在试运过程中胶球系统应按设计要求投运且收球率达到95%以上。

4.4.3.19 设备和管道在系统调试之前应按 DL/T 5072 的要求进行油漆和保温工作，保温油漆设计应做到技术先进、经济合理、安全可靠、整洁美观和便于维护，上油漆之前应对金属表面进行除油、除锈处理。

4.4.3.20 管道试运时应及时疏水、暖管、排空，防止发生水冲击。

4.4.4 整套启动监督

4.4.4.1 汽门严密性试验应执行制造厂标准，制造厂没有明确要求时，则按以下步骤进行试验，试验过程中主/再热蒸汽的压力均应不低于额定压力的 50%。主汽门严密性试验后的结束方式应是安全的，确保调节汽门先关闭，再开启主汽门。

a) 应在额定汽压、正常真空和汽轮机空负荷运行时进行。

b) 高、中压主汽门或高、中压调节汽门分别全关而另一汽门全开时，应保证汽轮机转速降至 1000r/min 以下。

c) 高中压缸的汽门严密性试验分开进行时，当主（再热）蒸汽压力偏低，但不低于 50% 额定压力时，汽轮机转速下降值 n 按下式修正：

$$n = (p / p_0) \times 1000（r/min）$$

式中：

p——试验时的主蒸汽压力或再热蒸汽压力，MPa；

p_0——额定主蒸汽压力或再热蒸汽压力，MPa。

4.4.4.2 应在整套试运阶段按照制造厂的要求完成主汽门及调门的松动试验及全行程试验，并记录试验过程中负荷的波动范围。

4.4.4.3 整套启动前应完成单多阀切换的静态试验过程，带负荷阶段是否进行阀切换则依据制造厂的要求。单多阀切换前汽轮机调节控制系统应正常可靠，且在进行单阀和多阀切换时机组应运行正常，如发生汽流激振、瓦温或油温升高等问题时应对汽门特性曲线、开启顺序和重叠度进行调整，否则不得在此方式下运行。

4.4.4.4 超速试验过程应按照制造厂规定执行，若制造厂无明确规定，则试验过程及合格标准应满足 DL/T 863 中 5.5.2 条的要求。

4.4.4.5 真空严密性试验应在汽轮机负荷稳定在 80%额定负荷以上时采用停真空泵（或抽气器）的方式进行，湿冷机组真空下降速率应低于 200Pa/min，空冷机组真空下降速率应低于 100Pa/min。湿冷机组真空严密性试验依据 DL/T 932，直接空冷机组真空严密性试验依据 DL/T 1290。

4.4.4.6 机组在进入满负荷试运阶段前应进行甩负荷试验，首台新型汽轮机及非电液型调节系统应采用常规法，已知转子特性和具有 OPC 保护功能的机组，可采用测功法。甩负荷试验过程的控制和验收标准应参照 DL/T 711 及 DL/T 1270 的要求执行。

4.4.4.7 为达到机组长周期、安全、稳定、经济运行的长远目标，调试单位应在整套启动试运期间完成所有影响机组安全性的性能试验项目，如：

    a）锅炉断油最低稳燃负荷试验（达到设备制造厂保证值）；

    b）机组轴系振动试验（包括变油温、变排汽温度等各种工况的振动监测）；

    c）机组 RB 试验（包括高压加热器事故切除工况）；

    d）机组滑压运行曲线初步修正和优化；

    e）凝汽器半侧运行试验；

    f）单辅机最大出力试验；

    g）汽轮机单阀、顺序阀切换试验（有此功能的机组，并经过与设备制造厂协商）等。

4.4.4.8 带负荷运行过程中，以下汽轮机重要控制指标应满足制造厂规定：

    a）轴振或瓦振；

    b）轴承进油、回油温度；

    c）推力轴承、支持轴承及发电机轴承金属温度；

    d）汽缸膨胀；

    e）轴向位移；

    f）高压缸、中压缸、低压缸胀差；

    g）主蒸汽、再热蒸汽压力和温度；

    h）高中压内、外缸的上、下缸温差；

    i）凝汽器压力；

    j）高压缸排汽温度；

    k）低压缸排汽温度；

    l）升负荷速率。

4.4.4.9 整套试运以及满负荷试运阶段应至少包括但不限于表 2 所列调试工作项目和要求。

表 2 整套启动带负荷阶段调试项目及要求

序号	调试项目	调试要求
1	单、顺序阀切换试验	按照厂家要求，进行阀切换试验
2	疏放水阀门泄漏率	应进行疏放水阀门泄漏检查，泄漏率不应大于 3%
3	真空严密性试验	停运所有真空泵，湿冷机组真空下降率低于 200Pa/min，空冷机组真空下降率低于 100Pa/min
4	机组轴系振动试验	（1）机组在 3000r/min 空转及 100%负荷时，测量各轴承瓦振、轴振幅值及相位、各瓦金属温度，确保各瓦轴振在 76μm 以下； （2）在汽轮机空转期间完成变排汽温度试验，在汽轮机带半负荷阶段，完成变润滑油温试验

表 2（续）

序号	调试项目	调 试 要 求
5	凝汽器半侧运行试验	实现凝汽器半侧运行，确定凝汽器半侧运行时机组的最大出力
6	给水泵最大出力试验	确定单台给水泵和多台给水泵运行时机组的最大带负荷能力
7	汽动给水泵汽源切换试验	机组带负荷试运期间，进行高、低压汽源切换试验，确保给水泵汽轮机转速波动幅度不大且能够适应甩负荷等恶劣工况
8	给水泵运行方式	进行给水泵最大出力试验，并通过试验确定给水泵并泵和退泵时机组负荷，备用泵停运备用，尽量降低厂用电
9	给水泵事故互联试验	给水泵事故互联过程不影响机组安全稳定运行
10	测定调速汽门的特性曲线	现场实测调速汽门特性曲线，并校核 DEH 内设定曲线
11	甩负荷工况给水泵安全性	甩负荷试验时，应注意保证给水泵最小流量和避免给水泵汽蚀
12	机组甩负荷试验	甩 50%、100%负荷符合 DL/T 711 的要求
13	抽汽止回门和抽汽快关阀活动试验	机组带负荷时进行抽汽止回门带负荷活动试验，检验止回门是否存在卡涩
14	主要辅机	有条件地进行主要辅机带负荷切换试验
15	高、低压加热器液位优化	调整高、低压加热器加液位，使高、低压加热器加下端差最优，同时调整液位报警值和跳闸值
16	高压加热器事故切除试验	80%负荷以上进行高压加热器事故切除试验，机组能够稳定运行
17	高压加热器旁路泄漏检查	通过高压加热器出口出水温度与旁路后出水温度比对，确定高压加热器旁路泄漏情况并进行处理
18	空冷系统调整	（1）针对国产化空冷岛低温运行情况进行细致检查，对其防冻逻辑和运行方式进行优化，确定不同环境温度冬季运行最佳背压，保证防冻安全的前提下提高经济性； （2）高环境温度工况机组带负荷能力试验； （3）测试机组实际的阻塞背压曲线
19	抽汽管道压损优化	检查抽汽止回门、抽汽电动门实际开度，及时消除抽汽止回门和电动门的不灵活现象，使抽汽压损达到最小值
20	汽封自密封最低负荷	按照汽轮机厂家设计说明书进行，检查轴封漏汽量
21	漏氢量测试	机组漏氢量低于 $10m^3/d$
22	热工仪表准确率、保护投入率、协调控制投入率、计算机测点投入率	热工仪表准确率、热工保护投入率均应达到 100%；热工自动调节应投入协调控制系统，投入率不低于 95%；计算机测点投入率为 99%，合格率为 99%
23	负荷率	168h 连续运行平均负荷率≥90%；其中满负荷连续运行时间>96h

4.5 竣工验收阶段监督

4.5.1 参与机组竣工验收工作，竣工验收主要依据 DL 5277。按照机组竣工验收的相关规定，监督汽轮机调试报告和验评表的签证工作，在汽轮机性能验收完成后，施工单位、调试单位、监理单位、建设单位和验收检查组均应及时签字确认。

4.5.2 每个设备和系统的调试措施必须填写调试措施申报表，由调试单位提出申请，经建设单位工程部和安质部及监理单位审批后，方可执行。

4.5.3 监督检查竣工验收文件的完整性，主要应包括：项目核准文件、规划许可证、土地使用证、水资源审批文件、质量监督注册证书及规定阶段的监督报告、移交生产签证书、消防专项验收证书、职业卫生专项验收、安全设施竣工验收、未发生较大安全事故的证明、水土保持专项验收证书、档案专项验收证书、锅炉压力容器运营证、工程概算批复文件、环保专项验收证书、环评批复意见等。

4.5.4 热力性能考核试验：

4.5.4.1 汽轮机主辅设备热力性能试验应执行 GB 8117.1、GB 8117.2、DL/T 244、DL/T 839、DL/T 1027、DL/T 1055、DL/T 1078、ASME PTC6、合同规定、集团公司关于新投产机组质量考核等规定。性能验收试验包括但不限于以下内容。

    a） 汽轮机性能考核试验；

    b） 给水泵、凝结水泵、循环水泵等性能考核试验；

    c） 冷却塔性能试验；

    d） 凝汽器性能试验；

    e） 空冷岛性能试验。

4.6 运行阶段监督

4.6.1 运行监督依据

4.6.1.1 汽轮机运行监督应按照国家/行业法规、技术管理法规及《防止电力生产事故的二十五项重点要求》的要求，依据 DL/T 338、DL/T 561、DL/T 834、DL/T 1055 等标准，根据制造厂说明书、有关技术协议和合同的各项规定，《华能火力发电机组节能降耗技术导则》《华能优秀节约环保型燃煤发电厂标准（试行）》《燃煤电厂节能降耗技术推广应用目录（终）》《机组负荷系数、燃煤适应性对能耗指标的影响研究》等对正常生产运行过程中的技术文件、安全指标、技术指标、定期试验以及相应的运行操作和记录过程进行监督。严防超速、轴系断裂、大轴弯曲、轴瓦烧损等恶性事故发生。在机组运行安全的前提下，提高其经济性。

4.6.2 运行安全

4.6.2.1 运行中重点监督的安全指标包括振动、主蒸汽压力、主蒸汽温度、再热汽温、排汽温度、监视段压力、润滑油压、轴承回油温度、轴瓦温度、胀差、汽缸膨胀、汽缸上下缸温差、推力瓦温度等，以上指标应在汽轮机运行规程规定范围内。

4.6.2.2 根据机组承担负荷的性质，在寿命期内合理分配冷态、温态、热态、极热态启动、FCB 和负荷阶跃等的寿命消耗，30 年内机组寿命总损耗应不超过总寿命的 75%。

4.6.2.3 汽水品质应严格按集团公司化学监督技术标准等规定进行，确保热力设备不因腐蚀、结垢、积盐而发生事故。

4.6.2.4 机组运行中对润滑油、抗燃油的监督严格按 GB/T 7596、DL/T 571 及集团公司化学监督技术标准等规定进行。运行中主要指标如酸值、颗粒度、氯含量、微水、电阻率等应在标准范围内。

4.6.2.5 应定期巡检油系统设备，特别是结合面的密封装置是否存在老化，密封结构是否合理，发现渗漏油时应尽快处理，密封结构不合理的应尽快改造，避免油箱油位下降而停机。

4.6.2.6 高压加热器启停顺序和速度应严格执行运行规程规定。高压加热器应维持正常水位运行。如因故障停用，应按照制造厂规定的高压加热器停用台数和负荷的关系，或根据汽轮机抽汽压力来确定机组的最大允许出力。

4.6.2.7 机组在启停过程中和运行中，交、直流润滑油泵连锁开关应处于投入状态。连锁在任何情况下均能使油泵启动，不应有任何的延时和油泵自身的保护。

4.6.2.8 对已投产尚未进行甩负荷试验的机组，应积极创造条件进行甩负荷试验。调节系统经重大改造的机组应进行甩负荷试验。在额定蒸汽参数下，调节系统应能维持汽轮机在额定转速下稳定运行，甩负荷后能将机组转速控制在危急保安器动作转速以下。

4.6.2.9 机组停机时，应先将发电机有功、无功减至零，检查确认有功功率到零，电能表停转或逆转以后，再将发电机与系统解列，或采用汽轮机手动打闸或锅炉手动主燃料跳闸连跳汽轮机，发电机逆功率保护动作解列。严禁带负荷解列。

4.6.2.10 机组大修后应按规程要求进行汽轮机调节系统的静止试验及全功能仿真试验，确认调节系统工作正常。

4.6.2.11 坚持按规程要求进行危急保安器试验（包括充油试验）；高中压主汽门和调节汽门严密性试验、门杆活动试验、油动机关闭时间测试；抽汽逆止门关闭时间测试；超速保护装置（如 AST 电磁阀等）在线试验等保护试验。发现问题应及时消除，确保动作正常可靠，严禁设备带病运行。

4.6.2.12 DEH（或 MEH）电液控制系统，应设有完善的机组启动逻辑和严格的限制启动条件；当机组不能满足启动条件时，严禁修改启动逻辑和强行满足启动条件。对于机械液压调节系统的机组，也应有明确的限制条件。

4.6.2.13 汽轮机启动前应符合以下条件，否则禁止启动：

    a) 大轴晃动、串轴、胀差、油压、振动、瓦温、转速等表计显示正确，各种保护正常投入。

    b) 大轴晃动值不应超过制造厂的规定值，或与原始值的偏差不超过±0.02mm。

    c) 汽轮机汽缸上、下缸温差及左右侧法兰温差不超过制造厂运行说明书上的规定。

    d) 主蒸汽进汽温度必须高于汽缸最高金属温度50℃，但不超过额定蒸汽温度，蒸汽过热度不低于50℃，或按制造厂规定执行。

4.6.2.14 设备及管道编号、标志应采取规范的方式并与现场实际相符合。

4.6.2.15 凝汽器检漏装置、胶球清洗装置正常运行时应可靠投入。

4.6.2.16 发电机氢密封油箱排油烟管道应引至厂房外远离发电机出线且无火源处，并设禁火标志。禁止通过排污阀向室内排氢。要检查并消除制氢站和机房内表柜顶部"窝氢"的空间。制氢场所应按规定配备足够的消防器材，并按规定检查和试验。制氢场所门口应装有静电释放装置。

4.6.2.17 电液伺服阀（包括各类型电液转换器）的性能应符合要求，否则不得投入运行。运行中要严密监视其运行状态，做到不卡涩、不泄漏和系统稳定。机组检修中或必要时要进行清洗、检测等维护工作，发现问题应及时处理或更换。备用伺服阀应按制造厂的要求条件保管。

4.6.2.18 应进行空冷凝汽器最佳防冻背压的试验研究，提高冬季空冷岛的运行经济性。多风沙地区，应及时进行空冷岛的冲洗，提高清洁度；冲洗时应充分进行风险评估，制定全面的防范措施，防止发生污水闪络故障。

4.6.2.19 运行期间应定期进行机组安装基础的沉降观测，新投产机组每3年进行一次，老机组每个大修期进行一次。

4.6.2.20 应按要求定时、正确抄录汽轮机运行参数，异常及操作情况应做好完整记录，要加强画面参数的监视和运行参数的分析。

4.6.2.21 在自动控制系统、测量元件发生故障或机组发生异常且自动无法调整时，应解除自动进行手动调整，并立即进行处理。

4.6.2.22 当出现参数异常报警时，应认真进行检查、核实、分析并积极进行调整，或联系就地人员核实、检查，禁止不加分析盲目复位报警。

4.6.2.23 机组检修后，必须先进行主辅设备的保护、连锁试验，试验合格后才允许设备试转和投入运行。保护和连锁的元器件及回路检修时，必须进行相应的试验且合格。

4.6.2.24 机组检修时，有近控、远控的电动门、气动门、伺服机构，远控、近控都应做好试验，并记录开、关时间，对已投入运行的系统及承受压力的电动门、调节门不可进行试验。

4.6.2.25 应定期进行以下主要安全监督试验，并详细记录试验的时间、过程、结果。如果试验结果异常，应进行原因分析，并进行处理。调节系统重要定期试验要求、汽门关闭时间合格值、凝汽器真空严密性合格值要求依据本标准附录 B～附录 D。

    a）调速系统静态试验；

    b）汽轮机主汽门、调门部分行程活动试验；

    c）汽轮机主汽门、调门全行程活动试验；

    d）汽轮机汽门严密性试验；

    e）注/充油试验；

    f）ETS 通道试验；

    g）OPC 电磁阀活动试验；

    h）抽汽止回门关闭时间测定；

    i）抽汽止回门活动试验及供热机组的抽汽快关阀活动试验；

    j）汽轮机汽门关闭时间测定（OPC 及 ETS）；

    k）机组超速试验；

    l）低油压（润滑油压低和抗燃油油压低）试验；

    m）真空严密性试验；

    n）重要辅机、换热器、滤网的定期切换。

4.6.2.26 汽轮机事故发生时，应按"保人身，保设备，保电网"的原则进行处理。发生事故时，运行人员应迅速查找事故首发原因，机组人员根据报警、仪表显示和现场设备状态确认事故发生后，应迅速解除对人身、设备和电网的威胁，防止事故蔓延，必要时应立即解列机组或故障设备，确保非故障设备的正常运行。

4.6.2.27 事故处理中应严防误操作，以防扩大事故，事故处理后，运行人员应将事故现象、发生时间及处理过程真实、详细地做好记录，事故原因未查明或未消除故障前，严禁再次启动机组或设备。

4.6.2.28 对汽轮机辅机运行应定期进行监督，监督内容包括修后移交、试转条件、阀门校验、停运、启动前检查及注意事项、停运转检修操作要求、正常运行监视、转备用条件及规定、定期试验、事故处理原则、常见故障处理等内容。

4.6.2.29 辅机正常运行时应按巡回检查项目进行定期检查，应确认运转声音、盘根、盘根密封，冷却水应正常，联轴器罩固定良好，地脚螺栓牢固，电机接地良好，与转机相连接的管道保温应完好，支吊架牢固。辅机轴承，变速箱和推力轴承油质及油位应正常，油箱、油杯油位应在油位计的1/2～2/3，运行中滤网前后差压正常，及时发现设备缺陷并通知检修处理。

4.6.2.30 辅机正常运行时监控各运行参数（如辅机出口压力、电动机电流、电动机温升、轴承温度、轴承振动等）、运行方式、阀门状态是否正确，备用辅机是否具备启动允许条件，振动值、轴承温度、电动机温升的监控合格值分别依据表3～表5所示。

表3 振 动 值

额定转速 r/min	750 以下	1000	1500	1500 以上
振动双幅值 mm	≤0.12	≤0.10	≤0.085	≤0.05

表4 轴 承 温 度

参　数	滚动轴承	滑动轴承
电动机 ℃	≤100	≤80
辅机 ℃	≤80	≤70

表5 电动机的温升（环境温度40℃）

绝缘等级	A 级	E 级	B 级	F 级
电动机温升 ℃	≤65	≤80	≤90	≤115

4.6.2.31 根据季节变化，应作好防雷、防潮、防汛、防台风措施和相关事故预想。

4.6.3 运行节能

4.6.3.1 机组运行应坚持安全第一的方针，同时制定机组合理运行方式，按照各台机组的热力特性、主要辅机的最佳组合，进行经济调度。负荷的最优分配应综合考虑经济性和可靠性。机组参与调峰时，应对主要运行参数确定其正常值，作为能耗分析的依据和监视设备故障的辅助手段。

4.6.3.2 对反映机组经济性的参数和指标，如主蒸汽压力、主蒸汽温度、再热蒸汽温度、给水温度、高压加热器投入率、凝汽器端差、背压、加热器端差、机组补水率及汽轮机辅机耗电率等进行监督、考核。汽轮机及其辅机运行经济性小指标应满足《华能优秀节约环保型燃煤发电厂标准》，各项经济性小指标控制值见本标准附录E。

4.6.3.3 通过试验确定机组负荷、主蒸汽压力和调门开度的对应关系，保证汽轮机最佳的定滑压运行方式，提高部分负荷下机组的经济性。

4.6.3.4 通过冷端优化运行试验，结合机组负荷、冷却水温度，确定机组最佳真空和最佳循环水泵运行方式。

4.6.3.5 凝结水泵电机采用变频拖动的，宜根据机组实际状况，在保证凝结水母管压力的条件下，优化除氧器进水控制逻辑，机组在运行中保持除氧器进水门全开，采用变频装置调节除氧器水位。

4.6.3.6　主要系统和设备试生产、A 级检修及进行重大技术改造前、后都应进行性能试验，为节能技术监督提供依据。机组 A 级检修前后性能试验应依据标准 GB 8117.1、GB 8117.2、GB/T 14100、DL/T 851，重要水泵（给水泵、循环水泵、凝结水泵等）在 A 级检修前后宜进行效率测试，测试依据标准 GB/T 3216、DL/T 839。

4.6.3.7　定期（至少每月一次）对汽轮机真空严密性进行测试，借助科学的手段，提高真空严密性，对凝汽器胶球清洗等装置的投入情况进行监督。

4.6.3.8　做好设备、管道及阀门的保温工作，定期进行散热性能测试，按 GB/T 8174 的 5.1 节、5.2 节规定定期（单位自行组织每年一次）开展设备及管道保温效果的测试与评价。

4.6.3.9　至少每月检查一次热力系统阀门泄漏情况，以检查报告作为监督依据。其中疏放水阀门泄漏率不应大于 3%。阀门泄漏率是指内漏和外漏阀门数量占全部阀门数量的百分比。

4.7　检修阶段监督

4.7.1　检修监督依据

4.7.1.1　汽轮机检修技术监督依据 DL/T 438、DL/T 838、检修规程和集团公司《电力检修标准化管理实施导则（试行）》等，对汽轮机经济性和安全性有重要影响的关键检修项目、工艺、工序、作业指导书或文件包、检修总结等内容进行监督，促进电厂检修工作标准化，形成一套优化检修模式，切实提高汽轮机及其附属设备的可靠性。

4.7.2　汽轮机本体监督

4.7.2.1　测量并记录通流部分的轴向及径向间隙、各转子定位值、推力轴承定位值，并调整通流部分间隙至制造厂标准值。

4.7.2.2　测量并记录各支撑轴承和推力轴承的各项数据、轴系找中心数据，进行各轴承乌金的无损检测。

4.7.2.3　检查汽轮机缸体、隔板套、汽封套、隔板中分面的严密性，处理间隙至合格值，记录变形的变化趋势。

4.7.2.4　测量并记录高、低压汽轮机转子的最大弯曲值、最大弯曲点的轴向和周向位置。

4.7.2.5　应进行转子裂纹及缺陷的检查、汽轮机动静叶片的无损检查、汽轮机缸体和进汽阀阀体的无损检测。对存在扭振的机组，做好低压缸—发电机连接对轮及轴颈的无损检测。

4.7.2.6　大修中应检查高压缸调节级喷嘴、中压缸第一压力级是否存在冲刷腐蚀，严重情况下应设法消除颗粒腐蚀。

4.7.2.7　A 修中应对汽轮机低压转子末三级叶片和叶根、高中压转子末一级叶片和叶根进行无损探伤，中低压缸连通管导流叶栅也应进行表面检验或探伤。

4.7.2.8　应检查封口叶片、围带及其他叶片有否松动、变形、倾斜、位移等。对叶片表面受冲刷、腐蚀或损伤情况，严重者应做好样板、测量尺寸、存档。

4.7.2.9　机组大修时对低压末级和次末级叶片进行振动频率测量，若有明显变化或落入共振区时，应及时上报，分析原因，并根据具体情况做出处理。

4.7.2.10　应对焊接隔板的主焊缝进行认真检查。大修中应检查隔板变形情况，最大变形量不得超过轴向间隙的 1/3。

4.7.2.11　应检查平衡块固定螺丝、动叶片铆钉头、各轴承和轴承座螺丝的紧固情况，保证各联轴器螺栓的紧固和配合间隙完好，并有完善的防松措施。应对主机联轴器螺栓进行探伤检查，不合格的螺栓应及时更换。

4.7.2.12 应对联轴器对轮罩焊接的焊缝及对轮罩的牢固性进行检查。必要时对对轮罩进行测频和调频检查。

4.7.2.13 汽缸缸体螺栓、各联轴器螺栓和进汽阀体高温合金螺栓按照 DL/T 439 进行无损检测和硬度、金相组织老化检查，运行时间长的可进行螺栓伸长量检测。

4.7.2.14 在清洗（理）前对叶片结垢进行取样分析，记录颜色、形状、厚薄、分布等情况。汽轮机动静叶片清洁处理不宜采用喷砂和喷水工艺，推荐采用喷氧化铝和喷玻璃球工艺。

4.7.2.15 低压缸—发电机转子靠背轮检查。

    a） 检修时应检查低压缸—发电机对轮结合面，保证结合面光洁、无毛刺、无锈蚀，保证结合面的接触面积达到规定标准。

    b） 采用合适的对轮螺栓，让两侧轮结合面处对应螺栓凸肩。

    c） 严格控制螺栓与螺栓孔间隙在检修标准范围内。

    d） 螺栓紧力或螺栓拉伸量严格执行安装标准。

4.7.2.16 发电机—励磁机三支撑结构机组的稳定轴承（振动）检查。

    a） 检修时重新调整发电机—励磁机转子中心，可与制造厂等单位沟通，调整、改进此对轮找中心的工艺，严格控制各螺栓的紧力分配。

    b） 建议每次大修全部更换此对轮的连接螺栓。

4.7.2.17 上汽 600MW 超临界汽轮机调节级蒸汽温度内缸套管检查：高压缸揭缸检修时，要对该测点的温度套管做专门的金属探测，并与厂家联系是否有必要更换套管。

4.7.2.18 高压缸穿缸管密封垫检查。

    a） 第一次揭缸检修时，应检查确认一段抽汽穿缸管密封垫是否装反，现场不能确认时应及时与制造厂联系。

    b） 检查高压导汽管密封环，不符合质量标准的应及时更换。

4.7.2.19 汽轮发电机油挡检查：汽轮发电机油挡回装前应进行充分修刮，预留足够的动静间隙。

4.7.2.20 转子对轮螺栓风挡检查：在安装转子对轮螺栓风挡时，紧固螺栓应有足够的紧力，螺栓的止退片必须装好。

4.7.2.21 哈汽中低压连通管内导流叶栅检查：哈汽机组检修期间对中低压连通管内导流叶栅进行外观及金属检查，发现有缺陷的叶栅，应联系制造厂进行更换。

4.7.3 汽轮机调速系统

4.7.3.1 主汽门和调节汽门解体检修时，应重点检查门杆弯曲度和动静间隙，检查阀芯和阀座的接触情况，不符合标准的应进行处理。

4.7.3.2 检修中应对油系统主油箱、管道、阀门进行检查，重点检查管道有无碰磨，检查管道焊缝是否存在缺陷并予以消除。

4.7.3.3 按照制造厂规定的材料更换密封材料，磷酸酯抗燃油对密封材料的相容性参见 DL/T 571 的附录 B。

4.7.3.4 应定期清洗或更换伺服阀，伺服阀应定期检验，以保证伺服的性能符合要求。应定期更换抗燃油滤网。

4.7.3.5 检修中应检查主油泵出口止回阀的状态，要求动作灵活、阀线接触严密。

4.7.3.6 应检查抗燃油系统各储能器的压力是否在规定的范围内，如不合格应处理。

4.7.3.7　抗燃油的监督应按照 DL/T 571 的规定执行。透平油的监督应按照 GB/T 7596 的规定执行。

4.7.3.8　检修时要彻底清理油系统杂物，并严防检修中遗留杂物堵塞管道；机组检修后应进行油系统冲洗并保证滤油时间，油系统冲洗结束后，应拆除轴瓦进油冲洗堵板，检查进油缩孔有无堵塞，是否畅通；抗燃油颗粒度应小于或等于 NAS6 级（NAS 1638），润滑油清洁度应小于等于 NAS8 级，否则严禁投盘车与机组启动。

4.7.3.9　应对调速系统汽门油动机与阀座连接螺栓进行探伤检查，回装时的预紧力应适当。

4.7.3.10　应进行油管道支吊架的检查、调整。

4.7.3.11　主油泵轴与汽轮机主轴间具有齿型联轴器或类似联轴器的机组，应定期检查联轴器的润滑和磨损情况，其两轴中心标高、左右偏差，应严格按制造厂规定的要求安装，以防主油泵轴与汽轮机主轴脱离。

4.7.3.12　对设计不当、不能正常使用的调节保安系统元件，如位移传感器（LVDT）等，应提前准备好备件，在调节保安系统检修期间更换。

4.7.3.13　在调节保安系统元件回装完毕机组启动前，应对初始设置特别是对高压调门（GV）的 LVDT 在低阀位内的线性做细致检查，直到达到要求为止。

4.7.3.14　高中压主汽门、调节汽门及油动机检查。

　　a）　在大修过程中，应对主汽门解体，检查汽门的密封面，对磨损部位进行处理。

　　b）　如果发现汽门在热态下的关闭时间超标严重，可能是门杆及密封面上磨损严重，应及时解体处理，不局限于大修。

　　c）　各阀门阀杆与油动机活塞杆的安装应严格按照制造厂要求进行，尤其应注意对中、缓冲行程、阀杆连接螺纹是否拧到底等方面是否符合要求，以免出现断裂。

　　d）　在机组大小修期间，应对机组的高压主汽门、高压调门和中压调门对照设计图纸及安装技术要求进行全面检查，尤其应进行阀座、阀杆、油动机与阀杆连接等方面的检查，对与实际不符之处尽快联系厂家，并取得厂家的书面回复，对不符合要求的应立即整改。对各主汽门、调门等关键部件应进行金属检查。应测量各主汽门和调门的机械行程，并与设计、投产时的数据进行比较。

4.7.3.15　扑板式中压主汽门检查：在机组大修期间应对中压主汽门门杆进行金属检查，必要时更换高等级材质。

4.7.3.16　润滑油及盘车。

　　a）　应对润滑油箱内部各止回阀逐一检查，确认有无反装、卡涩等问题，应检查止回阀的门轴有无疲劳裂纹。

　　b）　哈汽厂提供的某些润滑油泵出口止回门为可调节开度止回门，如果调节开度调整不够，会造成润滑油母管压力低，因此在止回门回装时应注意做好调整标记。

　　c）　大小修期间应检查清理润滑油滤网。

　　d）　润滑油滤网顶部设计应有放油口，没有设计放油口的，应在检修中增加。

　　e）　对盘车机构进行彻底检查，如发现磨损，应更换盘车齿轮或铜套。

　　f）　应对盘车装置大齿轮上的磨痕进行打磨。

4.7.4　辅助设备监督

4.7.4.1　按 DL/T 438、DL/T 612、DL 647 及国能安全〔2014〕161 号的规定，对压力容器和

各高温、高压管道（包括油管道）进行金属监督和定期检验，严防爆破等恶性事故。

4.7.4.2 对给水泵汽轮机、给水泵组、循环水泵组、凝结水泵组等主要辅机检修时，应做好修前参数的记录、解体缺陷记录、相关金属检验和化学检验，消除缺陷，建立设备台账和技术档案。

4.7.4.3 非供热期间应对热网汽轮机、循环泵、加热器、凝结水泵及疏水处理设备进行检修维护，建立设备台账和技术档案。

4.7.4.4 北方地区应防止冷却塔等室外建筑物冻融。

4.7.4.5 应进行汽轮机侧压力容器（高低压加热器、除氧器、辅汽联箱等）和管道安全门的定期（每年至少一次）校验和起座试验。

4.7.4.6 应检查真空防爆膜片的严密性和完整性，及其与支撑隔栅之间的焊接情况。

4.7.4.7 机组检修期间应对汽轮机热力性能试验测点进行维护检查。

4.7.4.8 应对热力系统阀门严密性进行检查，消除缺陷。

4.7.4.9 开式冷却水管应清理干净，滤网反冲洗功能应良好。

4.7.4.10 立式循环水泵检查。

    a) 在检修时改造电动机与泵的连接短节，增加短节金属壁厚度，从而增加支撑刚度。

    b) 在检修中对水泵底部的进水管在入口根部进行加固，加装支架，降低管道的晃度，从而从激振力的根源上控制电动机晃度。

    c) 在检修时复查转子中心，如中心达不到制造厂要求必须调整到制造厂要求，电动机的垂直度、水平度等应调整到制造厂要求。

    d) 如有条件，应更换导轴承材料，减少导轴承磨损（如陶瓷导轴承），控制转子的晃度量。

4.7.4.11 凝结水系统检查。

    a) 如运行中存在凝结水再循环管路振动问题的，在检修中可考虑在凝结水再循环调门后增加一个节流孔板，孔板直径应保证凝结水最小流量。孔板的位置应设在距离凝汽器最近的部位。

    b) 未设计凝结水杂项用户滤网的系统在检修时应增加滤网，并能做到一用一备，在线清洗。

    c) 对于设计有凝结水泵至除盐水箱再循环管路的系统，在检修时取消该管路。

4.7.5 检修中节能工作

    a) 汽封技术改造；

    b) 通流间隙调整；

    c) 汽轮机动、静叶片清洁处理；

    d) 汽缸及通流部件结合面处理；

    e) 动、静叶片的修复、改造；

    f) 凝汽器、加热器、冷却器清洗，泄漏部位封堵或更换；

    g) 冷却塔塔芯部件更换，循环水滤网清理；

    h) 真空系统查漏；

    i) 泄漏阀门治理；

    j) 设备、管道及阀门的保温；

k) 热力系统优化改造；

l) 检修前后汽轮机热力性能试验；

m) 凝结水泵、循环水泵、真空泵节能改造；

n) 冷端系统优化改造；

o) 胶球系统检查或改造，收球滤网清理。

4.8 其他监督

4.8.1 振动监督

4.8.1.1 汽轮机振动监督应依据 GB/T 6075.2、GB/T 11348.2、制造厂标准以及汽轮机运行和检修规程等进行，监督设备是汽轮机主机和汽机专业重要的旋转辅机。

4.8.1.2 机组主、辅设备的保护装置应正常投入，已有振动监测保护装置的机组，振动超限跳机保护应投入运行。

4.8.1.3 应定期对转子轴电压进行监测，如轴电压超标，则要查找原因并及时消除。

4.8.1.4 对检修装配过程中与振动有关的质量标准、工艺过程等进行监督，防止因检修工艺问题而产生异常振动。机组启动前应进行全面检查验收，机组启动中应按照运行规程充分暖机，防止因启动准备不充分而发生异常振动。

4.8.1.5 测取机组启停的各阶段临界转速及其振动值。

4.8.1.6 绘制机组异常振动的启停波特图，与机组典型启停波特图作对比，分析机组启停时的振动状况。

4.8.1.7 测量和记录运行过程中主机和重要辅机设备振动和与振动有关的运行参数、设备状况，对异常振动及时进行分析处理。

4.8.1.8 机组启动过程中，因振动异常停机，应回到盘车状态，应全面检查、认真分析、查明原因。当机组已符合启动条件时，连续盘车不少于 4h 才能再次启动，严禁盲目启动。

4.8.2 汽轮机停（备）用监督

汽轮机及热网设备停备用监督按照化学监督技术标准要求执行。

5 监督管理要求

5.1 监督基础管理工作

5.1.1 汽轮机监督管理的依据

5.1.1.1 应按照集团公司《电力技术监督管理办法》和本标准的要求，制定汽轮机监督管理标准，并根据国家法律、法规及国家、行业、集团公司标准、规范、规程、制度，结合电厂实际情况，编制汽轮机监督相关/支持性文件；建立健全技术资料档案，以科学、规范的监督管理，保证汽轮机主辅设备安全可靠运行。

5.1.2 汽轮机监督管理应具备的相关/支持性文件

a) 汽轮机监督管理标准（包括执行标准、工作要求）；

b) 汽轮机运行规程、检修规程、系统图；

c) 设备定期试验与轮换管理标准；

d) 设备巡回检查管理标准；

e) 设备检修管理标准；

f) 设备缺陷管理标准；

g) 设备点检定修管理标准；

h) 设备评级管理标准；

i) 设备异动管理标准；

j) 设备停用、退役管理标准。

5.1.3 技术资料档案

5.1.3.1 基建阶段技术资料。

a) 汽轮机及主要设备技术规范；

b) 整套设计和制造图纸、说明书、出厂试验报告；

c) 安装竣工图纸；

d) 设计修改文件；

e) 设备监造报告、安装验收记录、缺陷处理报告、调试试验报告、投产验收报告。

5.1.3.2 设备清册及设备台账。

a) 汽轮机及辅助设备清册；

b) 汽轮机及辅助设备台账。

5.1.3.3 试验报告和记录。

a) 汽轮机及辅助设备性能考核试验报告；

b) 汽轮机超速试验报告；

c) 汽门严密性试验报告；

d) 汽门关闭时间试验报告；

e) 甩负荷试验报告；

f) 滑压运行及调门优化试验报告；

g) 冷端优化运行试验报告；

h) 真空严密性试验报告；

i) 其他相关试验报告。

5.1.3.4 运行报告和记录。

a) 月度运行分析和总结报告；

b) 经济性分析和节能对标报告；

c) 设备定期轮换记录；

d) 定期试验执行情况记录；

e) 运行日志；

f) 交接班记录；

g) 启停机过程的记录分析和总结；

h) 培训记录；

i) 汽轮机专业反事故措施；

j) 与汽轮机监督有关的事故（异常）分析报告；

k) 待处理缺陷的措施和及时处理记录；

l) 年度监督计划、汽轮机监督工作总结；

m) 汽轮机监督会议记录和文件。

5.1.3.5 检修维护报告和记录。

a) 检修质量控制质检点验收记录；

b) 检修文件包；

c) 检修记录及竣工资料；

d) 检修总结；

e) 日常设备维修（缺陷）记录和异动记录。

5.1.3.6 缺陷闭环管理记录。月度缺陷分析。

5.1.3.7 事故管理报告和记录。

a) 设备非计划停运、障碍、事故统计记录；

b) 事故分析报告。

5.1.3.8 技术改造报告和记录。

a) 可行性研究报告；

b) 技术方案和措施；

c) 技术图纸、资料、说明书；

d) 质量监督和验收报告；

e) 完工总结报告和后评估报告。

5.1.3.9 监督管理文件。

a) 与汽轮机监督有关的国家法律、法规及国家、行业、集团公司标准、规范、规程、制度；

b) 电厂汽轮机监督标准、规定、措施等；

c) 汽轮机技术监督年度工作计划和总结；

d) 汽轮机技术监督季报、速报；

e) 汽轮机技术监督预警通知单和验收单；

f) 汽轮机技术监督会议纪要；

g) 汽轮机技术监督工作自我评价报告和外部检查评价报告；

h) 汽轮机技术监督人员技术档案、上岗考试成绩和证书；

i) 与汽轮机设备质量有关的重要工作来往文件。

5.2 日常管理内容和要求

5.2.1 健全监督网络与职责

5.2.1.1 各发电厂应建立健全由生产副厂长（总工程师）领导下的汽轮机技术监督三级管理网。第一级为厂级，包括生产副厂长（总工程师）领导下的汽轮机监督专责人；第二级为部门级，包括运行部汽机专工，检修部汽机专工；第三级为班组级，包括各专工领导的班组人员。在生产副厂长（总工程师）领导下由汽轮机监督专责人统筹安排，协调运行、检修等部门，协调化学、热工、金属、电气等相关专业共同配合完成汽轮机监督工作。汽轮机监督三级网严格执行岗位责任制。

5.2.1.2 按照集团公司《华能电厂安全生产管理体系要求》和《电力技术监督管理办法》编制电厂汽轮机监督管理标准，做到分工、职责明确，责任到人。

5.2.1.3 电厂汽轮机技术监督工作归口职能管理部门，在电厂技术监督领导小组的领导下，负责汽轮机技术监督的组织建设工作，建立健全技术监督网络，并设汽轮机技术监督专责人，负责全厂汽轮机技术监督日常工作的开展和监督管理。

5.2.1.4 电厂汽轮机技术监督工作归口职能管理部门，每年年初要根据人员变动情况及时对网络成员进行调整，按照人员培训和《电力技术监督专责人员上岗资格管理办法（试行）》的要求，定期对技术监督专责人和特殊技能岗位人员进行专业和技能培训，保证持证上岗。

5.2.2 确定监督标准符合性

5.2.2.1 汽轮机监督标准应符合国家、行业及上级主管单位的有关规定和要求。

5.2.2.2 每年根据新颁布的标准及设备异动情况，对厂内汽轮机主辅设备运行规程、检修规程等的有效性、准确性进行评估，对不符合项进行修订，经策划部（生技部）主任审核、生产主管领导审批完成后发布实施。国标、行标及上级监督规程、规定中涵盖的相关汽轮机监督工作，均应在厂内规程及规定中详细列写齐全，在汽轮机主辅设备规划、设计、建设、更改过程中的汽轮机监督要求等同采用每年发布的相关标准。

5.2.3 确定仪器仪表有效性

5.2.3.1 应配备必需的汽轮机监督、检验和计量设备、仪表、工器具和量具。

5.2.3.2 应编制汽轮机监督用仪器仪表使用、操作、维护规程，规范仪器仪表管理。

5.2.3.3 应建立汽轮机监督用仪器仪表设备台账，根据检验、使用及更新情况进行补充完善。

5.2.3.4 应根据检定周期和项目，制订汽轮机监督仪器仪表的年度检验计划，按规定进行检验或送检，对检验合格的可继续使用，对检验不合格的送修或报废处理，保证仪器仪表有效性。

5.2.4 监督档案管理

5.2.4.1 电厂应按照本标准规定的文件、资料、记录和报告目录以及格式要求，建立健全汽轮机技术监督各项台账、档案、规程、制度和技术资料，确保技术监督原始档案和技术资料的完整性和连续性。

5.2.4.2 技术监督专责人应建立汽轮机监督档案资料目录清册，根据监督组织机构的设置和设备的实际情况，明确档案资料的分级存放地点，并指定专人整理保管，及时更新。

5.2.5 制订监督工作计划

5.2.5.1 汽轮机技术监督专责人每年 11 月 30 日前应组织制订下年度技术监督工作计划，报送产业公司、区域公司，同时抄送西安热工院。

5.2.5.2 电厂汽轮机技术监督年度计划的制订依据至少应包括以下几个方面：

　　a) 国家、行业、地方有关电力生产方面的政策、法规、标准、规范和反措要求；

　　b) 集团公司、产业公司、区域公司、电厂技术监督管理制度和年度技术监督动态管理要求；

　　c) 集团公司、产业公司、区域公司、电厂技术监督工作规划和年度生产目标；

　　d) 技术监督体系健全和完善化；

　　e) 人员培训和监督用仪器设备配备和更新；

　　f) 机组检修计划；

　　g) 汽轮机主、辅设备目前的运行状态；

　　h) 技术监督动态检查、预警、月（季）报提出问题的整改；

　　i) 收集的其他有关发电设备设计选型、制造、安装、运行、检修、技术改造等方面的动态信息。

5.2.5.3 电厂汽轮机技术监督工作计划应实现动态化，即每季度应制订汽轮机技术监督工作计划。年度（季度）监督工作计划应包括以下主要内容：

a) 技术监督组织机构和网络完善；

b) 监督管理标准、技术标准规范制定、修订计划；

c) 人员培训计划（主要包括内部培训、外部培训取证，标准规范宣贯）；

d) 技术监督例行工作计划；

e) 检修期间应开展的技术监督项目计划；

f) 监督用仪器仪表检定计划；

g) 技术监督自我评价、动态检查和复查评估计划；

h) 技术监督预警、动态检查等监督问题整改计划；

i) 技术监督定期工作会议计划。

5.2.5.4 电厂应根据上级公司下发的年度技术监督工作计划，及时修订补充本单位年度技术监督工作计划，并发布实施。

5.2.5.5 汽轮机监督专责人每季度对汽轮机监督各部门的监督计划的执行情况进行检查，对不满足监督要求的，通过技术监督不符合项通知单的形式下发到相关部门进行整改，并对汽轮机监督的相关部门进行考评。技术监督不符合项通知单编写格式见附录 F。

5.2.6 监督报告管理

5.2.6.1 汽轮机监督速报的报送。当电厂发生重大监督指标异常，受监控设备重大缺陷、故障和损坏事件，火灾事故等重大事件后 24h 内，应将事件概况、原因分析、采取措施按照本标准附录 H 的格式，以速报的形式报送产业公司、区域公司和西安热工院。

5.2.6.2 汽轮机监督季报的报送。汽轮机技术监督专责人应按照本标准附录 I 的季报格式和要求，组织编写上季度汽轮机技术监督季报。经电厂归口职能管理部门汇总后，于每季度首月 5 日前，将全厂技术监督季报报送产业公司、区域公司和西安热工院。

5.2.6.3 汽轮机监督年度工作总结报告的报送。

a) 汽轮机技术监督专责人应于每年 1 月 5 日前编制完成上年度技术监督工作总结，报送产业公司、区域公司和西安热工院。

b) 年度汽轮机监督工作总结报告主要内容应包括以下几方面：

1) 主要监督工作完成情况、亮点和经验与教训；

2) 设备一般事故、危急缺陷和严重缺陷统计分析；

3) 监督存在的问题（未完成工作、存在问题分析、经验与教训）和改进措施；

4) 下年度工作思路、计划、重点和改进措施。

5.2.7 监督例会管理

5.2.7.1 电厂每年至少召开两次厂级技术监督工作会议，会议由电厂技术监督领导小组组长主持，检查评估、总结布置汽轮机技术监督工作，对技术监督中出现的问题提出处理意见和防范措施，形成会议纪要，按管理流程批准后发布实施。

5.2.7.2 汽轮机专业每季度至少召开一次技术监督工作会议，会议由汽轮机监督专责人主持，并形成会议纪要。

5.2.7.3 例会主要内容包括：

a) 两次监督例会时间内的汽轮机监督工作开展情况；

b) 汽轮机监督需要领导协调及其他部门配合和关注的事项；

c) 汽轮机监督存在的主要问题以及解决措施/方案；

d) 上次监督例会提出的问题整改措施完成情况的评价；

e) 至下次监督例会时间内的工作要点；

f) 年度监督计划的变更和修订。

5.2.8 监督预警管理

5.2.8.1 汽轮机技术监督三级预警项目见本标准附录 J，电厂应将三级预警识别纳入日常汽轮机监督管理和考核工作中。

5.2.8.2 对于上级监督单位签发的预警通知单，电厂应认真组织人员研究有关问题，制订整改计划，整改计划中应明确整改措施、责任部门、责任人和完成日期。预警通知单格式见本标准附录 K。

5.2.8.3 问题整改完成后，电厂应按照验收程序要求，向预警提出单位提出验收申请，经验收合格后，由验收单位填写预警验收单，并报送预警签发单位备案。预警验收单格式见本标准附录 L。

5.2.9 监督问题整改管理

5.2.9.1 整改问题的提出。

a) 上级或技术监督服务单位在技术监督动态检查、预警中时提出的整改问题。

b) 《火电技术监督报告》中明确的集团公司或产业公司、区域公司提出的督办问题。

c) 《火电技术监督报告》中明确的电厂需要关注及解决的问题。

d) 电厂汽轮机监督专责人每季度对各部门的监督计划的执行情况进行检查，对不满足监督要求提出的整改问题。

5.2.9.2 问题整改管理。

a) 电厂收到技术监督评价报告后，应组织有关人员会同西安热工院或技术监督服务单位在两周内完成整改计划的制订和审核，整改计划编写格式见本标准附录 M。并将整改计划报送集团公司、产业公司、区域公司，同时抄送西安热工院或技术监督服务单位。

b) 整改计划应列入或补充列入年度监督工作计划，电厂按照整改计划落实整改工作，并将整改实施情况及时在技术监督季报中总结上报。

c) 对整改完成的问题，电厂应保存问题整改相关的试验报告、现场图片、影像等技术资料，作为问题整改情况及实施效果评估的依据。

5.2.10 监督评价与考核

5.2.10.1 电厂应将《汽轮机技术监督工作评价表》中的各项要求纳入日常汽轮机监督管理工作中，《汽轮机技术监督工作评价表》见本标准附录 N。

5.2.10.2 按照《汽轮机技术监督工作评价表》（见本标准附录 N）中的要求，编制完善各项汽轮机技术监督管理制度和规定，并认真贯彻执行；完善各项汽轮机监督的日常管理和记录，加强受监设备的运行技术监督和检修技术监督。

5.2.10.3 电厂应定期对技术监督工作开展情况组织自我评价，对不满足监督要求的不符合项，以通知单的形式下发到相关部门进行整改，并对相关部门及责任人进行考核。

5.3 各阶段监督重点工作

5.3.1 设计与设备选型阶段

5.3.1.1 汽轮机及其辅助设备和系统的设计选型审查应依据 GB 13399、GB 21369、GB 50660、

DL/T 834、DL/T 5204、汽轮机制造厂的技术规范等国家标准、电力行业标准、集团公司相关标准和规定。

5.3.1.2 参与项目的可研、初设、设计优化、施工图审核、设备的技术招标及选型等工作。

5.3.1.3 对汽轮机 TRL、TMCR、VWO、ECR 等不同运行工况的容量和性能提出技术监督意见和要求，对旁路系统容量、给水泵拖动方式和容量及给水泵配置、汽轮机排汽冷却方式和凝汽器（空冷和湿冷）、热网等辅助设备和系统的设计选型进行监督，对机组正常运行监视测量装置和性能试验测点及节能监督要求的装置设计情况进行监督检查。

5.3.1.4 监督热电联产机组供热抽汽参数的优化选择，提高供热机组经济性。

5.3.2 监造、出厂验收、到厂验收

5.3.2.1 审查监造单位及人员的资质。

5.3.2.2 审查监造大纲和质量计划。

5.3.2.3 参与汽轮机本体及重要辅机重要节点的见证监督。按照 GB 50205、DL/T 586、DL/T 869 等标准和汽轮机主辅设备制造厂技术规范的规定，对重要设备进行监造和出厂验收监督。监造合同、监造报告等资料应齐全。

5.3.2.4 对监造发现的不合格项监督进行分析及处理，达到标准要求。

5.3.2.5 设备运输至现场后，应按设备合同和制造厂技术规范及相关标准要求进行验收检查，并做好验收记录。设备现场维护保管应执行 DL/T 855 和厂家技术规范；安装前保管应监督定期盘动汽轮机转子，防止大轴弯曲，按照厂家要求做好空冷散热器的保管。保管记录和定期检查维护记录应齐全。

5.3.3 安装阶段

5.3.3.1 审查安装主体单位及人员的资质。

5.3.3.2 审查安装单位所编制的工作计划、进度网络图以及施工方案。

5.3.3.3 编制安装监督的计划，明确各重要节点的质量见证点，落实验收各见证点。重点对汽轮发电机组安装基础的施工进行检查及验收，对汽轮机本体和调节保安等系统设备安装过程进行监督，按照质检大纲要求完成汽轮机扣缸前监督检查，确保汽轮机主辅设备安装质量和投产后性能达标。

5.3.3.4 对安装阶段发现的不符合项或达不到标准要求项，应监督进行组织、检测、分析、处理。

5.3.3.5 监督施工单位将施工记录、施工验收报告（或记录）、监理合同、监理大纲、监理工程质量管理资料等技术资料应齐全、归档。

5.3.4 调试阶段

5.3.4.1 审查调试单位及人员的资质，明确调试组织机构以及汽机专业组成员。

5.3.4.2 审查调试单位所编制的调试方案、技术措施、进度网络图、各系统措施交底记录以及分系统调试小结。

5.3.4.3 依据标准相关项目对空负荷、带负荷以及满负荷等不同阶段调试的关键节点以及重要系统或重要参数进行监督并见证。关键节点包括管道冲洗、循环水管道充水、吹管、油系统循环、投盘车、整套启动等。

5.3.4.4 审查调试单位对调试项目的验收评定以及调试总结。

5.3.4.5 依据电厂资料验收的标准，监督调试单位按要求归档整个调试过程的调试方案、调试记录、调试报告等相关技术资料。

5.3.5 投产性能验收

5.3.5.1 汽轮机机组的性能试验应符合相关标准、合同规定等。

5.3.5.2 审查性能试验方案、试验大纲。进行机组投产性能考核试验的过程和结果的监督，发现试验方法不正确、试验项目不全时，应要求立即整改，直至合格。

5.3.5.3 应监督设备制造厂家现场见证验收试验过程并签字认可试验结果。

5.3.5.4 监督试验单位按照电厂资料要求及时将试验相关的性能试验方案、性能试验报告等资料整理、归档。

5.3.6 运行阶段

5.3.6.1 根据国家和行业有关的技术标准、运行规程和产品技术条件文件，结合电厂的实际制定本企业的汽轮机运行规程和汽轮机运行的反事故措施以及预案，并按规定要求进行运行中的监督。

5.3.6.2 每年应对汽轮机运行规程、图册进行一次复查、修订并书面通知有关人员。不需修订的，也应出具经复查人、批准人签名"可以继续执行"的书面文件。

5.3.6.3 严格按相关运行规程及反事故措施的要求，监督相关运行人员和检修人员对汽轮机主辅设备进行巡视检查和处理工作。发现异常时，应监督予以消除，对存在的问题需按相关规定加强运行监视。

5.3.6.4 监督相关运行人员根据设备特点、机组负荷、环境因素等加强运行监测和数据分析，并优化汽轮机及其附属设备的运行方式。

5.3.6.5 监督相关运行人员按《设备定期试验与轮换管理标准》对主辅设备进行定期试验和轮换。

5.3.6.6 监督相关运行人员编制汽轮机运行月度分析、开停机台账、经济性分析等文件，掌握设备运行状态的变化，对设备状况进行预控。

5.3.6.7 监督开展机组正常启动、运行中的轴系振动定期测试工作，建立并不断完善振动技术档案。监督开展A级检修后实测临界转速值，并列入运行规程。

5.3.6.8 监督相关运行人员建立并不断完善设备技术档案、事故档案及试验档案。

5.3.7 检修阶段

5.3.7.1 贯彻预防为主的方针，做到应修必修，修必修好。按照集团公司《电力检修标准化管理实施导则（试行）》做好检修全过程的监督管理，实现修后全优目标。

5.3.7.2 根据设备运行状况、技术监督数据和历次检修情况，监督相关人员对机组进行状态评估，并监督其根据评估结果和年度检修计划要求对检修项目进行确认和必要的调整，制定符合实际的技术措施、技术监督工作计划。

5.3.7.3 监督检修人员编写或修编标准项目检修文件包，制定特殊项目的工艺方法、质量标准、技术措施、组织措施和安全措施。检修质量监督的重点是检修项目是否完备，技术措施是否完善，三级验收质检点是否齐全，质量是否达标。监督检修施工各环节的质量控制，并审查各关键见证点的验收。

5.3.7.4 检修项目验收后，监督相关人员按照分部试运以及整套启动阶段的试运管理程序进行调试。

5.3.7.5 检修结束后,监督检修人员将检修技术资料按照要求归档、设备台账实现动态维护、规程及系统图和定值进行修编,并综合费用以及试运的情况进行综合评价分析。监督检修人员及时编写检修报告,并履行审批手续。

5.3.7.6 监督技改项目按照集团公司《电力生产资本性支出项目管理办法》做好项目可研、立项、项目实施、后评价。

6 监督评价与考核

6.1 评价内容

6.1.1 汽轮机监督评价内容详见附录 N。

6.1.2 汽轮机监督评价内容分为技术监督管理、技术监督标准执行两部分,总分为 1000 分,其中监督管理评价部分包括 8 大项 28 小项共 400 分,监督标准执行部分包括 4 大项 127 小项共 600 分,每项检查评分时,如扣分超过本项应得分,则扣完为止。

6.2 评价标准

6.2.1 被评价的电厂按得分率高低分为四个级别,即优秀、良好、合格、不符合。

6.2.2 得分率高于或等于 90%为"优秀";80%~90%(不含 90%)为"良好";70%~80%(不含 80%)为"合格";低于 70%为"不符合"。

6.3 评价组织与考核

6.3.1 技术监督评价包括集团公司技术监督评价、属地电力技术监督服务单位技术监督评价、电厂技术监督自我评价。

6.3.2 集团公司每年组织西安热工院和公司内部专家,对电厂技术监督工作开展情况、设备状态进行评价,评价工作按照集团公司《电力技术监督管理办法》规定执行,分为现场评价和定期评价。

6.3.2.1 集团公司技术监督现场评价按照集团公司年度技术监督工作计划中所列的电厂名单和时间安排进行。各电厂在现场评价实施前应按附录 N 进行自查,编写自查报告。西安热工院在现场评价结束后三周内,应按照集团公司《电力技术监督管理办法》附录 C 的格式要求完成评价报告,并将评价报告电子版报送集团公司安生部,同时发送产业公司、区域公司及电厂。

6.3.2.2 集团公司技术监督定期评价按照集团公司《电力技术监督管理办法》及本标准的要求和规定,对电厂生产技术管理情况、机组障碍及非计划停运情况、汽轮机监督报告的内容符合性、准确性、及时性等进行评价,通过年度技术监督报告发布评价结果。

6.3.2.3 对严重违反技术监督制度、由于技术监督不当或监督项目缺失、降低监督标准而造成严重后果、对技术监督发现问题不进行整改的电厂,予以通报并限期整改。

6.3.3 电厂应督促属地技术监督服务单位依据技术监督服务合同的规定,提供技术支持和监督服务,依据相关监督标准定期对电厂技术监督工作开展情况进行检查和评价分析,形成评价报告并将评价报告电子版和书面版报送产业公司、区域公司及电厂。电厂应将报告归档管理,并落实问题整改。

6.3.4 电厂应按照集团公司《电力技术监督管理办法》及《华能电厂安全生产管理体系要求》建立完善技术监督评价与考核管理标准,明确各项评价内容和考核标准。

6.3.5 电厂应每年按附录 N,组织安排汽轮机监督工作开展情况的自我评价,根据评价情况对相关部门和责任人开展技术监督考核工作。

附 录 A
（规范性附录）
大型电站汽轮机及辅机设备制造质量见证项目

A.1 汽轮机制造质量见证项目见表 A.1。

表 A.1 汽轮机制造质量见证项目表

序号	部件名称	见 证 项 目	见证方式			
			H	W	R	备注
1	汽缸及喷嘴室	（1）铸件材质理化性能检验报告			√	
		（2）铸件无损检测报告，缺陷处理原始记录、补焊部位无损检测及热处理记录			√	
		（3）喷嘴室内水压试验及清洁度检查		√		
		（4）汽缸各安装槽（或凸肩）结构尺寸和轴向定位尺寸测量记录			√	
		（5）汽缸水压试验	√			
		（6）低压缸焊缝外观质量检查		√		
		（7）主焊缝无损检测报告			√	
2	隔板套（持环）	（1）铸件材质理化性能检验报告			√	
		（2）铸件无损检测报告，缺陷处理原始记录、补焊部位热处理记录			√	
		（3）隔板套各安装槽（或凸肩）结构尺寸和轴向定位尺寸测量记录			√	
3	隔板	（1）隔板内外环（或隔板体）材质理化性能检验报告			√	高、中压部分
		（2）焊缝无损检测报告			√	
		（3）中分面间隙测量（抽检）		√		高、中、低压各抽检一级
		（4）汽道高度及喉部宽度测量（抽检）		√		高、中、低压各抽检一级
		（5）出口面积测量（抽检）		√		
4	转子	（1）转子锻件材质理化性能检验报告			√	
		（2）转子锻件残余应力测试报告			√	
		（3）转子锻件脆性转变温度测试报告			√	
		（4）转子锻件热稳定性测试报告			√	高、中压部分
		（5）转子锻件无损探伤检验报告			√	

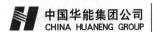
表 A.1（续）

序号	部件名称	见证项目	H	W	R	备注
4	转子	（6）转子精加工后端面及径向跳动检测（主要包括轴颈、联轴器、推力盘、各级轮缘等）		✓		
		（7）各级叶根槽结构尺寸及其轴向定位尺寸检测记录			✓	
		（8）转子精加工后无损探伤检验报告			✓	
5	转子装配	（1）低压转子动叶装配称重量记录			✓	末级、次末级
		（2）动叶装配外观质量检查		✓		
		（3）调频动叶片成组后静频测量记录		✓		
		（4）转子高速动平衡和超速试验	✓			
		（5）末级、次末级叶片动频测量记录			✓	同类型机报告
		（6）围带及拉筋外观质量检查		✓		
6	动叶片	（1）材料理化性能检验报告			✓	
		（2）成品动叶片无损检测报告			✓	
		（3）硬质合金片焊接质量无损检测报告			✓	
		（4）调频动叶片静频测量报告			✓	
7	静叶片	（1）材料理化性能检验报告			✓	
		（2）探伤报告			✓	
8	汽缸及联轴器螺栓	（1）材料理化性能检验报告			✓	
		（2）螺栓硬度检查报告			✓	M76 及以上
		（3）金相报告			✓	
9	轴承及轴承箱	（1）轴承合金铸造质量无损检测报告（含铸造层、结合层）			✓	
		（2）推力轴承推力瓦块厚度检查记录			✓	
		（3）轴瓦体与瓦套接触检查		✓		
		（4）轴承箱渗漏试验		✓		
		（5）轴承箱与台板接触检查		✓		
		（6）轴承箱清洁度检查		✓		
10	中间轴（如果有）	（1）材料理化性能检验报告			✓	
		（2）无损探伤试验报告			✓	
		（3）外圆及止口径向瓢偏			✓	
		（4）两端面跳动量			✓	

表 A.1（续）

序号	部件名称	见证项目	见证方式			
			H	W	R	备注
11	主汽阀调节阀	（1）阀壳铸件材质理化性能检验报告			√	
		（2）阀壳铸件无损检测及补焊部位热处理记录			√	
		（3）阀杆材质理化性能检验报告			√	
		（4）阀杆无损检测报告			√	
		（5）阀壳水压试验		√		
		（6）阀门严密性检查		√		
		（7）阀门行程测量			√	
12	危急遮断器	危急遮断器动作转速试验		√		
13	总装	（1）汽缸负荷分配或汽缸水平检查			√	
		（2）全实缸状态下，汽缸中分面间隙测量		√		
		（3）静子部套同心度调整		√		
		（4）滑销系统导向键间隙测量			√	
		（5）通流部分动静间隙测量		√		
		（6）转子窜轴量测量		√		
		（7）轴承瓦套垫块与轴承座接触检查		√		
		（8）转子轴颈与轴瓦接触检查		√		
		（9）轴瓦间隙测量		√		
		（10）盘车检查	√			
14	油系统设备	（1）油箱渗漏试验		√		
		（2）油箱清洁度检查		√		
		（3）油箱油漆质量检查		√		
		（4）套装油管路承压油管酸洗质量检查（抽检）		√		
		（5）套装油管路清洁度检查		√		
		（6）套装油管路封口措施检查		√		
		（7）套装油管路水压试验		√		
		（8）冷油器水压试验		√		
		（9）冷油器清洁度检查		√		
15	材料代用	材料代用及审批手续			√	以上监造范围

注：H—停工待检；W—现场见证；R—文件见证

A.2 给水加热器制造质量见证项目见表 A.2。

表 A.2 给水加热器制造质量见证项目表

序号	部件名称	见 证 项 目	见证方式 H	见证方式 W	见证方式 R	备注
1	管板	（1）锻件材质理化性能检验报告			√	
		（2）无损检测报告			√	
		（3）管孔尺寸精度机粗糙抽检		√		
2	传热管	（1）材质理化性能检验报告			√	
		（2）涡流探伤报告			√	
		（3）弯管后通球检验		√		
		（4）弯管后水压试验报告			√	
3	筒体和水室	（1）壳体钢板材质理化性能检验报告			√	
		（2）焊接成型后热处理记录			√	
		（3）焊缝无损检测报告			√	
		（4）焊缝返修记录			√	
		（5）焊缝外观质量检查		√		
4	装配	（1）胀管（或焊接）质量无损检测报告			√	
		（2）水压试验或气密性试验	√			

注：H—停工待检；W—现场见证；R—文件见证

A.3 凝汽器制造质量见证项目见表 A.3。

表 A.3 凝汽器制造质量见证项目表

序号	部件名称	见 证 项 目	见证方式 H	见证方式 W	见证方式 R	备注
1	水室	（1）外观检查		√		
		（2）焊缝相互位置及其焊接质量		√		
		（3）水室水压试验或水室煤油试验		√		
2	管板 中间隔板	（1）外观检查		√		
		（2）复合板的无损检测报告			√	
		（3）管孔机加工粗糙度、尺寸精度抽查		√		
3	传热管	（1）材料理化性能			√	
		（2）无损检测报告			√	

表 A.3（续）

序号	部件名称	见 证 项 目	见证方式			
			H	W	R	备注
4	弹簧	（1）材料理化性能			√	如有
		（2）特性试验			√	
		（3）产品合格证			√	外购件
5	伸缩节	焊缝质量		√		
注：H—停工待检；W—现场见证；R—文件见证						

A.4 空气冷却器系统设备制造质量见证项目见表 A.4。

表 A.4 空气冷却器系统设备制造质量见证项目表

序号	部件名称	见 证 项 目	见证方式			
			H	W	R	备注
1	翅片及管	材料理化性能报告			√	按批
2	管箱及管板	（1）材料理化性能报告			√	按批
		（2）焊缝质量（含无损检测报告）			√	
3	换热器管束	（1）气压/气密检验		√		100%
		（2）外观尺寸检查		√		5%片
		（3）检验包装/标记			√	5%片
		（4）无损检测报告			√	100%
4	A 型框架	（1）材料理化性能报告			√	
		（2）主要焊缝质量检查		√		抽查
		（3）要尺寸检查记录			√	
5	蒸汽分配管	（1）材料理化性能报告			√	
		（2）无损检测报告			√	
6	风机	性能试验报告（含振动、噪声测量）			√	样机
7	膨胀节	（1）材料质量证书			√	
		（2）焊接工艺			√	
		（3）焊缝探伤报告			√	
		（4）焊缝外观检查		√		
		（5）强度试验		√	√	
注：H—停工待检；W—现场见证；R—文件见证						

A.5 锅炉给水泵制造质量见证项目见表 A.5。

表 A.5　锅炉给水泵制造质量见证项目表

序号	部件名称	见 证 项 目	见证方式			
			H	W	R	备注
1	泵轴、联轴器	（1）泵轴、联轴器锻件材质理化性能报告			✓	
		（2）泵轴、联轴器锻件无损检测报告			✓	
		（3）泵轴、联轴器精加工后各装配圆柱面尺寸及跳动检测记录			✓	
		（4）泵轴精加工后轴径尺寸及径向跳动检测记录			✓	
		（5）联轴器精加工后外圆、止口径向跳动量检测，两端面跳动检测记录			✓	
		（6）泵轴、联轴器精加工后无损检测报告			✓	
2	泵轮	（1）泵轮铸件材质理化性能报告			✓	
		（2）泵轮无损检测报告			✓	
		（3）泵轮内外表面粗糙度检查	✓	✓		
3	转子装配	（1）泵轮静平衡			✓	
		（2）转子装配后跳动量检测记录（主要包括：轴径、推力盘、联轴器、轮盘等的径向跳和端面跳动量）			✓	
		（3）转子动平衡试验	✓	✓		
4	泵壳及导叶	（1）外筒体、内涡壳及泵盖材质理化性能报告			✓	
		（2）外筒体、内涡壳及泵盖无损检测报告			✓	
		（3）外筒体、内涡壳水压试验		✓		
		（4）导叶流道粗糙度检查		✓		
5	组装	（1）泵各部位动、静配合间隙测量		✓		
		（2）转子轴向窜动量测量		✓		
		（3）轴密封压缩量测量		✓		
6	试验	（1）出厂性能试验	✓	✓		
		（2）振动试验报告		✓		
		（3）噪声试验报告		✓		
		（4）轴密封漏水量检查		✓		
注：H—停工待检；W—现场见证；R—文件见证						

A.6 给水泵汽轮机制造质量见证项目见表 A.6。

表 A.6 给水泵汽轮机制造质量见证项目表

序号	部件名称	见证项目	见证方式			
			H	W	R	备注
1	汽缸、喷嘴室	（1）铸件材料理化性能报告			√	
		（2）无损检测报告、缺陷处理记录			√	
		（3）水压试验或煤油试验		√		
2	轴承、轴承座	（1）轴瓦合金铸造缺陷及脱胎检查记录			√	
		（2）轴承座渗漏试验		√		
		（3）轴承座清洁度检查		√		
3	叶轮与主轴	（1）材料理化性能报告			√	
		（2）无损检测报告			√	
		（3）转子热稳定性试验			√	适用时
		（4）残余应力试验报告			√	
		（5）热处理记录			√	
		（6）脆性转变温度试验记录			√	
4	汽轮机转子装配	（1）套装后叶轮缘的端面及径向跳动量记录			√	
		（2）套装后联轴器的端面及径向跳动量记录			√	
		（3）动平衡试验	√			
		（4）超速试验	√			适用时
5	动、静叶片	材料理化性能报告			√	按级
6	隔板、隔板套	（1）材料理化性能报告（隔板套及隔板板体）			√	
		（2）无损检测报告			√	
		（3）隔板通流面积检查记录			√	
		（4）喷嘴组通流面积检查记录			√	
7	高温螺栓	（1）材料理化性能报告（提供批量试验报告）			√	适用时
		（2）硬度试验记录			√	
8	总装	（1）滑销系统的校正与配制			√	
		（2）静止部分的找中心、校水平			√	
		（3）通流部分的间隙		√		
		（4）合缸后汽缸中分面间隙		√		
		（5）转子轴窜试验		√		
9	总装后盘车	盘车试验	√			
注：H—停工待检；W—现场见证；R—文件见证						

A.7 凝结水泵制造质量见证项目见表 A.7。

表 A.7 凝结水泵制造质量见证项目表

序号	部件名称	见 证 项 目	见证方式 H	W	R	备注
1	泵轴、联轴器	（1）泵轴、联轴器材质理化性能报告			√	
		（2）泵轴、联轴器无损检测报告			√	
		（3）泵轴、联轴器精加工后各装配圆柱面尺寸及跳动检测记录			√	
		（4）泵轴精加工后轴径尺寸及径向跳动检测记录			√	
		（5）联轴器精加工后外圆、止口径向跳动量检测，两端面跳动检测记录			√	
		（6）泵轴、联轴器精加工后无损检测报告			√	
2	泵轮	（1）泵轮铸件材质理化性能报告			√	
		（2）泵轮铸件无损检测报告			√	
		（3）泵轮流道粗糙度检查		√		
3	转子装配	（1）泵轮静平衡记录			√	
		（2）转子装配后各级泵轮径向跳动及平衡部件端面跳动检测记录			√	
		（3）转子动平衡试验		√		
4	外筒体、导流壳、出水壳体	（1）材质理化性能报告			√	
		（2）无损检测报告			√	
		（3）各级导流壳内表面粗糙度检查		√		
		（4）水压试验		√		
5	组装	（1）动、静部件配合间隙测量		√		
		（2）转子轴向窜动量测量		√		
		（3）轴密封压缩量测量		√		
6	试验	（1）出厂试验		√		
		（2）振动测量		√		
		（3）噪声测量		√		

注：H—停工待检；W—现场见证；R—文件见证

A.8 循环泵制造质量见证项目见表 A.8。

表 A.8 循环泵制造质量见证项目表

序号	部件名称	见 证 项 目	见证方式			
			H	W	R	备注
1	泵轴	（1）泵轴（上、下）材质理化性能报告			√	
		（2）泵轴（上、下）无损检测报告			√	
		（3）泵轴（上、下）主要配合尺寸公差检测		√		
2	泵轮	（1）泵轮铸件材质理化性能报告			√	
		（2）泵轮铸件无损检测报告			√	
		（3）泵轮流道粗糙度检查		√		
3	转子装配	（1）动叶片安装角度偏差检测		√		
		（2）泵轮静平衡记录			√	
		（3）转子动平衡		√		
4	承压部件	（1）外接管（下）材质理化性能报告			√	
		（2）外接管（下）水压试验		√		
		（3）叶轮室材质理化性能报告			√	
		（4）叶轮室水压试验		√		
		（5）导叶体材质理化性能报告			√	
		（6）导叶体水压试验		√		
		（7）导叶体流道粗糙度检查		√		
5	组装	（1）泵轮装配动静配合间隙测量		√		
		（2）密封环配合间隙测量		√		
		（3）导轴承与轴套配合间隙测量		√		
6	试验	（1）出厂性能试验	√			
		（2）振动试验		√		
		（3）噪声试验		√		
注：H—停工待检；W—现场见证；R—文件见证						

401

A.9 除氧器制造质量见证项目见表 A.9。

表 A.9 除氧器制造质量见证项目表

序号	部件名称	见 证 项 目	见证方式			备注
			H	W	R	
1	筒体、封头及除氧头	（1）壳体钢板材料理化性能报告			√	
		（2）焊接、热处理工艺			√	
		（3）外观尺寸检查		√		
		（4）无损检测报告			√	
		（5）水压试验		√		
		（6）除氧头清洁度检查		√		
2	钢管	材料理化性能报告			√	
3	喷嘴、淋水盘	机加工尺寸质量检查记录		√		
注：H—停工待检；W—现场见证；R—文件见证						

A.10 热网加热器制造质量见证项目见表 A.10。

表 A.10 热网加热器制造质量见证项目表

序号	部件名称	见 证 项 目	见证方式			备 注
			H	W	R	
1	传热管	（1）材料理化性能报告			√	
		（2）管子涡流探伤			√	
2	管板	（1）材料理化性能报告			√	
		（2）管板超声探伤			√	
3	壳体	（1）材料理化性能报告			√	
		（2）焊缝无损检测报告			√	
4	装配	（1）管侧水压试验		√		
		（2）壳侧水压试验		√		
注：H—停工待检，W—现场见证，R—文件见证						

附 录 B

（规范性附录）

汽轮机调节系统/DEH 重要定期试验周期及内容

试 验 名 称	试 验 内 容	试验周期或条件	备 注
汽门活动/松动试验	利用就地试验装置或 DEH 试验逻辑活动汽门 10%～20%行程	每天	白班进行，对于没有设计调节汽门活动试验装置的机组，应定期（一般每天或每周）进行一次幅度较大的负荷变动
汽门严密性试验	按制造厂/行业标准进行	A 级、B 级检修后和汽门解体检修后	进口机组建议按我国有关标准进行
注/充油试验	利用注/充油试验装置在不提升转速的情况下试验危急保安器的动作	每运行 2000 h	带负荷进行时，应注意确认危急保安器确已复位后，再复位试验装置
超速试验	按制造厂/行业标准进行	（1）新建机组或汽轮机 A 级检修后； （2）危急保安器解体或调整后； （3）停机一个月后再启动； （4）进行甩负荷试验前； （5）机组运行 2000h 后	机组运行 2000h、EHC 油油质较好的机组，可用危急保安器注/充油试验代替
DEH 遮断（AST）电磁阀、OPC 电磁阀活动试验	利用 DEH 试验逻辑，对冗余串并联设计的每个电磁阀进行真实动作试验	每天	夜班低负荷进行，仅对 DEH 冗余的串并联电磁阀且设计有在线试验功能的有效
主汽门、调节汽门全行程活动试验	利用就地试验装置或 DEH 试验逻辑对汽门进行全行程活动	每周	汽轮机厂家必须承诺可单侧进汽，一般单侧主汽门和调节汽门同时进行，且低负荷、低汽压时进行
抽汽止回门关闭/活动试验	利用试验装置部分活动，或直接操作关闭	每月	
可调整抽汽止回门关闭试验和安全门校验		至少每半年一次	
汽轮机调节系统汽门关闭时间测定试验	高、中压主汽门 高、中压调门 抽汽止回门 抽汽快关阀	（1）在建机组整套试运前； （2）机组每次 A 级检修之后	

附 录 C
（规范性附录）
汽轮机调节系统汽门关闭时间合格值

C.1 主汽门和调节汽门

C.1.1 高、中压调节汽门和主汽门总关闭时间 t 为动作延迟时间 t_1 和自身关闭时间 t_2 之和，动作延迟时间的计时起点可以是：

    a) 就地手动遮断危急保安器；

    b) 就地/远方动作电气跳闸装置瞬间；

    c) AST 电磁阀动作（DEH 高压纯电调系统）。

C.1.2 进行汽门关闭时间的测量时，主汽门处于全开位置，调节汽门的位置可以是：

    a) 油动机额定负荷位置/全开（液压型）；

    b) 汽门全开（DEH 高压纯电调系统）。

C.1.3 进行汽门关闭时间的测量时，应同时记录相应汽门的开度、控制油压、油温等。

C.1.4 测试仪器、仪表的动、静态精度均应满足测试要求。

C.1.5 汽轮机主汽门、调节汽门关闭时间合格值见表 C.1。

表 C.1 汽轮机主汽门、调节汽门关闭时间合格值

机组额定功率 x MW	调节汽门关闭时间 s	主汽门关闭时间 s
$x \leqslant 100$	<0.5	<1.0
$100 < x \leqslant 200$	<0.5	<0.4
$200 < x \leqslant 600$	<0.4	<0.3
$x > 600$	<0.3	<0.3

C.2 抽汽止回门关闭时间

抽汽止回门关闭时间应小于 1s。

附　录　D

（规范性附录）

凝汽器真空严密性合格要求

机组类型	真空下降速度 Pa/min
湿冷机组	≤200
空冷机组	≤100

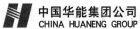
附 录 E

（规范性附录）

华能集团优秀燃煤发电机组能耗小指标及辅机耗电率控制值

表 E.1 华能集团优秀燃煤发电机组能耗小指标及辅机耗电率控制值

参数名称	100%负荷	75%负荷
600MW～1000MW 超超临界汽轮机热耗率	上海 1000MW 级超超临界湿冷汽轮机≤7320kJ/kWh 东方 1000MW 级超超临界湿冷汽轮机≤7350kJ/kWh 上海 680MW 级超超临界湿冷汽轮机≤7350kJ/kWh 东方 600MW 级超超临界湿冷汽轮机≤7450kJ/kWh 哈尔滨 600MW 级超超临界湿冷汽轮机≤7450kJ/kWh	
600MW 级超临界汽轮机热耗率	超临界湿冷汽轮机≤7600kJ/kWh 超临界直接空冷汽轮机（ALSTOM）≤7930kJ/kWh 超临界直接空冷汽轮机（非 ALSTOM）≤8050kJ/kWh 超临界间接空冷汽轮机≤7900kJ/kWh	
600MW 级亚临界汽轮机热耗率	进口亚临界湿冷汽轮机≤性能保证值+100kJ/kWh 国产亚临界湿冷汽轮机≤7900kJ/kWh 亚临界直接空冷汽轮机（汽动泵）≤8250kJ/kWh 亚临界直接空冷汽轮机（电动泵）≤8150kJ/kWh	
350MW 级超临界汽轮机热耗率	超临界湿冷汽轮机≤7750kJ/kWh 超临界直接空冷汽轮机（汽动泵）≤8220kJ/kWh	
350MW 级亚临界汽轮机热耗率	进口汽轮机≤性能保证值+100kJ/kWh 国产汽轮机≤8000kJ/kWh	
300MW 级亚临界汽轮机热耗率	国产引进型 300MW 湿冷汽轮机≤8050kJ/kWh 国产 300MW 湿冷汽轮机≤8100kJ/kWh 国产 300MW 空冷汽轮机（电动泵）≤8200kJ/kWh 2009 年及以后投产及改造后的湿冷汽轮机≤7950kJ/kWh	
600MW～1000MW 超超临界锅炉效率	1000MW 级超超临界锅炉≥94% 600MW 级超超临界锅炉≥94%	
600MW 级超临界和亚临界锅炉效率	600MW 级超临界和亚临界燃用烟煤锅炉≥93.5% 600MW 级超临界和亚临界燃用褐煤锅炉≥93.0% 600MW 级超临界和亚临界燃用贫煤锅炉≥93.0% 600MW 级超临界和亚临界燃用无烟煤锅炉≥92.0%	
300MW 级超临界和亚临界锅炉效率	350MW 级超临界和亚临界燃用烟煤锅炉≥93.5% 300MW 级亚临界燃用烟煤锅炉≥93.0% 300MW 级亚临界燃用贫煤锅炉≥92.5% 300MW 级亚临界燃用无烟煤锅炉≥91.5% 300MW 级亚临界流化床锅炉≥89%	

表 E.1（续）

参数名称	100%负荷	75%负荷
主蒸汽温度	≥100%负荷设计值	≥75%负荷设计值
再热蒸汽温度	≥100%负荷设计值	≥75%负荷设计值
凝汽器真空度	空冷机组≥85% 湿冷机组≥94%	空冷机组≥86% 湿冷机组≥95%
高中压平衡盘漏汽量（高中压合缸）	≤2%	≤2%
凝汽器端差	≤3.5℃	≤3.5℃
加热器端差	≤设计值	≤设计值
凝结水过冷度	≤0.5℃	≤0.5℃
给水温度	≥100%负荷设计值	≥75%负荷设计值
真空系统严密性	≤200Pa/min（湿冷） ≤100Pa/min（空冷）	
再热器减温水量	0	0
排烟温度	≤100%负荷设计值＋5℃	≤75%负荷设计值＋5℃
飞灰含碳量	燃用烟煤锅炉≤1% 燃用贫煤锅炉≤4% 燃用无烟煤锅炉≤6%	燃用烟煤锅炉≤1% 燃用贫煤锅炉≤4% 燃用无烟煤锅炉≤6%
机组补水率	超（超）临界机组≤0.7% 亚临界机组≤1.0%	超（超）临界机组≤0.7% 亚临界机组≤1.0%
凝结水泵耗电率		超超临界机组配置2×100%凝结水泵≤0.20% 超临界机组配置2×100%凝结水泵≤0.18% 亚临界机组配置2×100%凝结水泵≤0.15% 配置3×50%凝结水泵机组控制值在同类型机组的耗电率基础上增加0.03个百分点 空冷机组在同类型机组的耗电率基础上增加0.02个百分点
给水泵前置泵耗电率		亚临界机组≤0.16% 超临界机组≤0.19% 超超临界机组≤0.20% 空冷机组在同类型机组的耗电率基础上增加0.02个百分点
电动给水泵耗电率（含前置泵）		≤2.3%

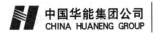
表 E.1（续）

参数名称	100%负荷	75%负荷
循环水泵耗电率		受环境温度及运行操作方式影响较大，通常为 0.65%～0.75%
空冷岛耗电率		受环境温度及运行操作方式影响较大，通常为 0.7%～0.8%
一次风机、送风机、引风机耗电率（燃用烟煤，不设脱硝装置）		超（超）临界湿冷机组≤1.4% 亚临界湿冷机组≤1.5% 600MW 空冷机组≤1.5% 300MW 空冷机组≤1.55%
制粉系统耗电率		1000MW 超超临界烟煤机组≤0.35% 600MW 超（超）临界湿冷烟煤机组≤0.38% 其他烟煤机组配中速磨煤机≤0.4% 配钢球磨煤机燃用无烟煤机组≤1.1%
电除尘器耗电率		600MW 及以上超临界机组≤0.20% 其他机组≤0.25%
脱硫系统耗电率		600MW～1000MW 超（超）临界机组≤1.1% 其他机组≤1.2%
真空泵、冷却水泵、输煤皮带等其他辅机		≤0.4%

附 录 F

（规范性附录）

技术监督不符合项通知单

编号（No）：××-××-××

发现部门： 专业： 被通知部门、班组： 签发日期：20××年××月××日

不符合项描述	1. 不符合项描述： 2. 不符合标准或规程条款说明：
整改措施	3. 整改措施： 制订人/日期： 审核人/日期：
整改验收情况	4. 整改自查验收评价： 整改人/日期： 自查验收人/日期：
复查验收评价	5. 复查验收评价： 复查验收人/日期：
改进建议	6. 对此类不符合项的改进建议： 建议提出人/日期：
不符合项关闭	整改人： 自查验收人： 复查验收人： 签发人：
编号说明	年份+专业代码+本专业不符合项顺序号

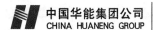

附 录 G

（资料性附录）
汽轮机典型试验报告格式

G.1 主汽阀严密性试验报告（见表 G.1）

表 G.1 主汽阀严密性试验报告

电厂名称		试验名称	主汽阀严密性试验	试验日期	
机组名称		试验性质	A级、B级检修后和汽门解体检修后	试验条件	（1）汽轮机处于空负荷状态； （2）试验过程中主（再热）蒸汽压力最低不得低于额定压力的50%； （3）蒸汽参数和真空应尽量保持额定
试验数据及试验仪器仪表	试验过程	试验开始时间：		试验结束时间：	
	试验数据	额定主/再热蒸汽压力： 试验过程中主蒸汽压力： 试验过程中再热蒸汽压力： 试验结束时刻汽轮机转速：			
	试验依据	DL/T 711			
	试验合格标准	试验结束时的最低稳定转速≤（p/p_0）×1000（p—试验条件下的主蒸汽压力或再热蒸汽压力，MPa；p_0—额定主蒸汽压力或再热蒸汽压力，MPa。）			
结论		主汽阀严密性试验合格/不合格			
试验人员		监护人员			

G.2 主机超速试验报告（见表 G.2）

表 G.2 主 机 超 速 试 验 报 告

电厂名称		试验名称	主机超速试验	试验日期	
机组名称		试验性质	A修后定期试验	试验条件	发电机并网带 10%～25%额定负荷运行 4h 以上，随后在解列空载状态下进行超速试验
试验数据及试验仪器仪表	试验过程	试验开始时间：		试验结束时间：	
	试验数据	1号危急遮断器第一次动作转速： 1号危急遮断器第二次动作转速： 1号危急遮断器第三次动作转速（新机组）： 2号危急遮断器第一次动作转速： 2号危急遮断器第二次动作转速： 2号危急遮断器第三次动作转速（新机组）： DEH 电超速设定转速/动作转速： TSI 电超速设定转速/动作转速： OPC 电磁阀设定转速/动作转速：			

表 G.2（续）

电厂名称		试验名称	主机超速试验	试验日期	
试验数据及试验仪器仪表	试验方法	DEH 画面操作机械超速/电超速试验按钮			
	试验仪器	机头转速表及 DEH 转速			
	试验依据	DL/T 711			
结论		主机超速试验合格/不合格			
试验人员			监护人员		

G.3 真空严密性试验报告（见表 G.3）

表 G.3 真空严密性试验报告

电厂名称		试验名称	真空严密性试验	试验日期	
机组名称		试验依据	DL/T 932	试验条件	发电机并网带80%额定负荷及以上运行
试验数据及试验仪器仪表	试验过程	试验开始时间：		试验结束时间：	
	试验数据	负荷（MW）： 真空泵（抽气器）关闭后 30s 开始记录，记录 8min，取后 5min 数据进行计算。 第一分钟真空（排汽压力）： 第二分钟真空（排汽压力）： 第三分钟真空（排汽压力）： 第四分钟真空（排汽压力）： 第五分钟真空（排汽压力）： 第六分钟真空（排汽压力）： 第七分钟真空（排汽压力）： 第八分钟真空（排汽压力）：			
	试验结果				
	试验合格标准	≤200Pa/min（湿冷机组），≤100Pa/min（空冷机组）			
结论		试验合格/不合格			
试验人员			监护人员		

附 录 H
（规范性附录）
技 术 监 督 信 息 速 报

单位名称				
设备名称			事件发生时间	
事件概况	注：有照片时应附照片说明。			
原因分析				
已采取的措施				
监督专责人签字		联系电话： 传　真：		
生产副厂长或总工程师签字		邮　箱：		

附 录 I
（规范性附录）
汽轮机技术监督季报编写格式

××电厂20××年×季度汽轮机技术监督季报
编写人：×××　固定电话/手机：×××××
审核人：×××
批准人：×××
上报时间：20××年××月××日

I.1 上季度集团公司督办事宜的落实或整改情况

I.2 上季度产业（区域）公司督办事宜的落实或整改情况

I.3 上季度技术监督季报提出电厂应关注汽轮机的问题落实或整改情况

I.4 汽轮机监督年度工作计划完成情况统计报表（见表I.1）

表I.1　年度技术监督工作计划和技术监督服务单位合同项目完成情况统计报表

发电企业技术监督计划完成情况			技术监督服务单位合同工作项目完成情况		
年度计划项目数	截至本季度完成项目数	完成率 %	合同规定的工作项目数	截至本季度完成项目数	完成率 %

说明：

I.5 汽轮机监督考核指标完成情况统计报表

I.5.1 监督管理考核指标报表（见表I.2～表I.4）

监督指标上报说明：每年的1、2、3季度上报的技术监督指标为季度指标；每年的4季度上报的技术监督指标为全年指标。

表I.2　技术监督预警问题至本季度整改完成情况统计报表

一级预警问题			二级预警问题			三级预警问题		
问题项数	完成项数	完成率 %	问题项数	完成项数	完成率 %	问题项目	完成项数	完成率 %

表 I.3 集团公司技术监督动态检查提出问题本季度整改完成情况统计报表

检查年度	检查提出问题项目数项			电厂已整改完成项目数统计结果			
	严重问题	一般问题	问题项合计	严重问题	一般问题	完成项目数小计	整改完成率%

表 I.4 集团公司上季度技术监督季报汽轮机提出问题本季度整改完成情况统计报表

专业	上季度监督季报提出问题项目数项			截止到本季度问题整改完成统计结果			
	重要问题项数	一般问题项数	问题项合计	重要问题完成项数	一般问题完成项数	完成项目数小计	整改完成率%
汽轮机							

I.5.2 技术监督考核指标报表（见表 I.5～表 I.9）

表 I.5 20××年×季度汽轮机监督指标报表（一）

机组编号	容量MW	制造厂	发电量万 kWh	运行小时h	负荷率%	启停机次数		胶球清洗装置	
						启	停	投入率%	收球率%

表 I.6 20××年×季度汽轮机监督指标报表（二）

机组编号	主蒸汽压力MPa	主汽温度℃	再热汽温℃	给水温度℃	高压加热器投入率%	低压缸排汽压力kPa	凝汽器端差℃

表 I.7 20××年×季度汽轮机监督指标报表（三）

机组编号	高压缸上、下缸温差最大值℃		中压缸上、下缸温差最大值℃		低压缸上、下缸温差最大值℃		推力瓦温度最高值℃	润滑油压最低值MPa	高压缸胀差mm		中压缸胀差mm		低压缸胀差mm	
	内缸	外缸	内缸	外缸	内缸	外缸			最高值	最低值	最高值	最低值	最高值	最低值

表 I.8 20××年×季度汽轮机监督指标报表（四）

机组编号	轴向位移 mm	高中压调门（有/无）卡涩	汽轮机油系统（有/无）泄漏	真空严密性 Pa/min

表 I.9 20××年×季度汽轮机监督指标报表（五）

方　向	轴瓦编号											
	1	2	3	4	5	6	7	8	9	10	11	12
1号汽轮发电机组振动最大值 μm												
X 向轴振												
Y 向轴振												
垂直瓦振												
水平瓦振												
轴向瓦振												
轴瓦温度最高值												
轴瓦回油温度												
2号汽轮发电机组振动最大值 μm												
X 向轴振												
Y 向轴振												
垂直瓦振												
水平瓦振												
轴向瓦振												
轴瓦温度最高值												
轴瓦回油温度												

I.5.3 技术监督考核指标简要分析

填报说明：分析指标未达标的原因。

I.6 本季度主要的汽轮机监督工作

I.6.1 汽轮机技术监督管理、技术工作

填写说明：规程、规范和制度修订，人员培训、取证，汽轮机专业主要技术改造和新技术应用。

I.6.2 汽轮机监督定期试验、定期轮换、联启等工作完成情况

填写说明：对于监督标准、运行规程要求的设备定期试验、定期轮换、联启工作完成情况进行总结，其中对于未按时、按数量完成的情况应说明。

I.7 本季度汽轮机监督发现的问题、原因及处理情况

填报说明：包括试验、检修、运行、巡视中发现的一般事故和一类障碍、危急缺陷和严重缺陷。必要时应提供照片、数据和曲线。

I.7.1 一般事故及一类障碍

I.7.2 运行发现的主要问题、原因分析及处理情况简述

I.7.3 检修（计划性检修、临修和消缺）发现的主要问题、原因分析及处理情况简述

I.8 汽轮机监督需要关注及解决的主要问题

I.9 汽轮机技术监督下季度主要工作计划

I.10 技术监督提出问题整改情况

I.10.1 技术监督动态查评提出问题整改完成情况（见表 I.10）

表 I.10 华能集团公司技术监督动态检查专业提出问题至本季度整改完成情况

序号	问题描述	问题性质	西安热工院提出的整改建议	发电厂制订的整改措施和计划完成时间	目前整改状态或情况说明

注1：填报此表时需要注明集团公司技术监督动态检查的年度；
注2：如4年内开展了2次检查，应按此表分别填报。待年度检查问题全部整改完毕后，不再填报

I.10.2 技术监督季报中提出问题整改完成情况（见表 I.11）

表 I.11 《华能集团公司火电技术监督报告》专业提出的
存在问题至本季度整改完成情况

序号	问题描述	问题性质	问题分析	解决问题的措施及建议	目前整改状态或情况说明

I.10.3 技术监督预警问题整改完成情况（见表 I.12）

表 I.12 技术监督预警问题至本季度整改完成情况

预警通知单编号	预警类别	问题描述	西安热工院提出的整改建议	发电企业制订的整改措施和计划完成时间	目前整改状态或情况说明

附 录 J
（规范性附录）
汽轮机技术监督预警项目

J.1 一级预警

a) 当汽轮机振动任意方向增大到 70μm，轴振动任意一点增大到 200μm 时，没有组织进行试验分析和没有进行处理使其振动值降低到一般预警范围的。

b) 机组检修期间检测大轴弯曲超过 100μm。

J.2 二级预警

J.2.1 存在以下问题未及时采取措施：

a) 当汽轮机轴瓦振动任意方向增大到 60μm，轴振动任意一点增大到 180μm 时，没有引起重视和没有进行试验分析的。

b) 汽轮机高、中压主汽门卡涩。

c) 机组检修期间检测大轴弯曲超过 50μm。

d) 新机（含通流改造后）性能考核试验汽轮机热耗率高于设计保证值 150kJ/kWh 以上，运行机组 A/B 级检修后性能考核试验汽轮机热耗率高于设计保证值 150kJ/kWh 以上。

e) 凝汽器真空比设计值低 2kPa。

f) 对于湿冷机组，真空系统严密性超过 400Pa/min；对于空冷机组，真空严密性超过 200Pa/min。

J.2.2 以下技术管理不到位：

a) 汽轮机定期试验不符合本标准规定。

b) 对汽轮机性能试验数据的合理性未进行分析。

c) 凝汽器真空比设计值低 2kPa 而未进行冷端综合治理。

d) 对第三级预警项目未及时进行整改。

J.3 三级预警

J.3.1 存在以下问题未及时采取措施：

a) 当汽轮机瓦振任意方向增大到 50μm，轴振动任意一点增大到 125μm 时，没有引起重视和没有进行试验分析的或汽轮机振动发生突变未进行分析。

b) 监视段压力、温度异常变化。

c) 汽轮机高中压调门卡涩。

d) 瓦温超过厂家报警值。

e) 汽轮机外缸上、下缸温差超过 50℃，内缸上、下缸温差超过 35℃。

f) 汽轮机油温、油压超过规程规定值。

g) 汽缸膨胀及胀差超过规程规定值。

h) 汽轮机轴向位移超过规程规定值。

i) 汽轮机油系统泄漏。

j) 凝汽器真空值与设计值偏差大于 0.8kPa。

k) 凝汽器端差大于规定值。

l) 加热器下端差大于规定值。

m) 对于湿冷机组，真空系统严密性超过 200Pa/min；对于空冷机组，真空严密性超过 100Pa/min。

n) 主/再热蒸汽管道疏水门、抽汽管道疏水门、高压加热器事故疏水门、汽轮机本体疏水门、给水泵再循环门、高低压旁路门等阀门泄漏。

J.3.2 未开展如下性能试验或存在漏项：试运期间汽轮机主辅设备试验、汽轮机投产验收性能考核试验、汽轮机 A/B 级检修前/后性能试验、汽轮机定滑压优化试验及冷端优化试验、汽轮机辅机（凝汽器、冷却塔、给水泵、凝结水泵、循环水泵、真空泵等）热力性能试验。对以上试验数据的准确性、合理性不分析、不把关。对以上试验反映的设备问题未进行治理。

J.3.3 以下应具备的汽轮机典型事故反措不全，存在漏项：如大轴弯曲反措、汽轮机进水/冷汽反措、通流部分动静摩擦反措、汽轮机叶片损伤反措、汽轮机超速反措、断油烧瓦反措、真空急剧下降反措、油系统着火反措、凝汽器管结垢泄漏反措等。

附 录 K

（规范性附录）

技术监督预警通知单

通知单编号：T-　　　　　　预警类别编号：　　　　　　　　日期：　　年　　月　　日

发电企业名称	
设备（系统）名称及编号	
异常情况	
可能造成或 已造成的 后果	
整改建议	
整改时间 要求	

提出单位		签发人	

注：通知单编号：T—预警类别编号—顺序号—年度。预警类别编号：一级预警为1，二级预警为2，三级预警为3。

附 录 L

（规范性附录）

技术监督预警验收单

验收单编号：Y-　　　　　　　预警类别编号：　　　　　　　日期：　　年　　月　　日

发电企业名称	
设备（系统）名称及编号	

异常情况	
技术监督服务单位整改建议	
整改计划	
整改结果	

验收单位		验收人	

注：验收单编号：Y—预警类别编号—顺序号—年度。预警类别编号：一级预警为1，二级预警为2，三级预警为3。

附 录 M
（规范性附录）
技术监督动态检查问题整改计划书

M.1 概述

M.1.1 叙述计划的制订过程（包括西安热工院、技术监督服务单位及电厂参加人等）。

M.1.2 需要说明的问题，如：问题的整改需要较大资金投入或需要较长时间才能完成整改的问题说明。

M.2 重要问题整改计划表（见表 M.1）

表 M.1 重要问题整改计划表

序号	问题描述	专业	西安热工院提出的整改建议	发电企业制订的整改措施和计划完成时间	发电企业责任人	西安热工院责任人	备注

M.3 一般问题整改计划表（见表 M.2）

表 M.2 一般问题整改计划表

序号	问题描述	专业	西安热工院提出的整改建议	发电企业制订的整改措施和计划完成时间	发电企业责任人	西安热工院责任人	备注

附 录 N

（规范性附录）

汽轮机技术监督工作评价表

序号	评价项目	标准分	评价内容与要求	评分标准
1	监督管理	400		
1.1	组织与职责	50		
1.1.1	监督组织健全	10	建立健全监督领导小组领导下的三级汽轮机监督网，在归口职能管理部门设置汽轮机监督专责人	（1）未建立三级汽轮机监督网，扣10分； （2）未落实汽轮机监督专责人或人员调动未及时变更，扣5分
1.1.2	监督网络岗位职责	10	专业岗位职责明确，落实到人	专业岗位设置不全或未落实到人，每一岗位扣10分
1.1.3	网络人员持证上岗	30	厂级汽轮机监督专责人持有效上岗资格证	未取得资格证书或证书超期，扣30分
1.2	标准符合性	50		
1.2.1	汽轮机监督管理标准	20	（1）"汽轮机监督管理标准"编写的内容、格式应符合《华能电厂安全生产管理体系要求》和《华能电厂安全生产管理体系管理标准编制导则》的要求，并统一编号； （2）"汽轮机监督管理标准"的内容应符合国家、行业法律、法规、标准和集团公司《电力技术监督管理办法》相关的要求，并符合电厂实际	（1）不符合《华能电厂安全生产管理体系要求》和《华能电厂安全生产管理体系管理标准编制导则》的编制要求，扣10分； （2）不符合国家、行业法律、法规、标准和集团公司《电力技术监督管理办法》相关的要求和电厂实际，扣10分
1.2.2	国家、行业技术标准	10	保存的技术标准符合集团公司年初发布的汽轮机监督标准目录；及时收集新标准，并在厂内发布	（1）缺少标准或未更新，每个扣5分； （2）标准未在厂内发布，扣10分
1.2.3	企业技术标准	20	企业"汽轮机运行规程"、"汽轮机检修规程"符合国家和行业技术标准；符合本厂实际情况，每年修订一次	（1）巡视周期、试验周期、检修周期不符合要求，每项扣10分； （2）性能指标、运行控制指标、工艺控制指标不符合要求，每项扣10分
1.3	仪器仪表	50	现场查看仪器仪表台账、检验计划、检验报告	

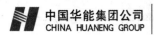
表（续）

序号	评价项目	标准分	评价内容与要求	评分标准
1.3.1	仪器仪表台账（主要包括便携式振动测量仪、氨质谱检漏仪、千分尺、百分表、卡尺、测温仪等）	10	建立仪器仪表台账，栏目应包括：仪器仪表型号、技术参数（量程、精度等级等）、购入时间、供货单位；检验周期、检验日期、使用状态等	（1）仪器仪表记录不全，一台扣5分； （2）新购仪表未录入或检验，报废仪表未注销和另外存放，每台扣10分
1.3.2	仪器仪表资料	10	（1）保存仪器仪表使用说明书； （2）编制专用仪器仪表操作规程	（1）使用说明书缺失，一件扣5分； （2）专用仪器操作规程缺漏，一台扣5分
1.3.3	仪器仪表维护	10	（1）仪器仪表存放地点整洁； （2）仪器仪表的接线及附件不许另作他用； （3）仪器仪表清洁、摆放整齐； （4）有效期内的仪器仪表应贴上有效期标识，不与其他仪器仪表一道存放； （5）待修理、已报废的仪器仪表应另外分别存放	不符合要求，一项扣5分
1.3.4	检验计划和检验报告	10	计划送检的仪表应有对应的检验报告	不符合要求，每台扣5分
1.3.5	对外委试验使用仪器仪表的管理	10	应有试验使用的仪器仪表检验报告复印件	不符合要求，每台扣5分
1.4	监督计划	50	查看年度工作计划、整改计划、季报中反映的问题整改完成情况、预警通知单和预警验收单	一项不符合要求扣10分，动态检查和季报所提问题的整改完成率应达到100%，完成率每偏低10个百分点扣5分
1.4.1	计划的制订	20	（1）计划制订时间、依据符合要求； （2）计划内容应包括： 1）管理制度制定或修订计划； 2）培训计划（内部及外部培训、资格取证、规程宣贯等）； 3）检修中汽轮机监督项目计划； 4）动态检查提出问题整改计划； 5）汽轮机监督中发现重大问题整改计划； 6）仪器仪表送检计划； 7）技改中汽轮机监督项目计划； 8）定期工作； 9）监督网络会议计划	（1）计划制订时间、依据不符合，一个计划扣10分； （2）计划内容不全，一个计划扣5分~10分

表（续）

序号	评价项目	标准分	评价内容与要求	评分标准
1.4.2	计划的审批	15	符合工作流程：班组或部门编制→策划部汽轮机专责人审核→策划部主任审定→生产厂长审批→下发实施	审批工作流程缺少环节，一个扣10分
1.4.3	计划的上报	15	每年11月30日前上报产业公司、区域公司，同时抄送西安热工院	计划上报不按时，扣15分
1.5	监督档案	80		
1.5.1	设计资料（原始设计、制造厂家资料、技术改造）、设备监造资料、安装验收资料、调试资料、使用维护说明书、投产验收报告等	20	查看设计资料、安装调试资料、使用维护说明书等：（1）汽轮机热力特性书（含修正曲线）；（2）汽轮机设计和使用维护说明书；（3）凝汽器（含空冷和湿冷）设计使用说明书和特性曲线；（4）凝结水泵/给水泵/循环水泵/空冷风机的热力性能曲线及电动机设计参数、设计图纸、设备安装、维护说明书；（5）冷却塔(间接空冷机组空冷塔)设计资料；（6）汽轮机调速系统设计、使用维护说明书；（7）监造报告；（8）安装验收记录；（9）汽轮机专业调试报告；（10）投产验收报告	每缺少一项扣2分
1.5.2	运行资料运行规程、系统图、运行分析和总结、经济性分析和节能对标报告、定期切换和活动记录、运行日志、交接班记录、启停机记录和分析、试验报告和记录、反事故措施、培训记录等	30	查看运行资料	每缺少一项扣2分
1.5.3	检修及技术改造资料检修规程、设备台账、检修文件包（工艺卡）、检修记录及竣工资料、检修总结和交底、缺陷和异动记录，设备改造可行性研究报告、技术方案和措施、质量监督和验收报告、完工总结报告和后评估报告等	30	查看检修及技术改造资料	每缺少一项扣2分
1.6	评价与考核	40		

表（续）

序号	评价项目	标准分	评价内容与要求	评分标准
1.6.1	动态检查前自我检查	10	有自查报告且自我检查评价切合实际	没有自查报告扣10分。自我检查评价与动态检查评价的评分相差10分及以上，扣10分
1.6.2	定期监督工作评价	10	有监督工作评价记录	无工作评价记录，扣10分
1.6.3	定期监督工作会议（每季度至少一次）	10	有监督工作会议纪要及相关专题会会议记录	无工作会议纪要和会议记录，扣10分
1.6.4	监督工作考核	10	有监督工作考核记录	发生监督不力事件而未考核，扣10分
1.7	工作报告制度执行情况	50		
1.7.1	汽轮机技术监督季报、年报上报工作	20	查看近一年资料： （1）每季度首月5日前，应将技术监督季报报送产业公司、区域公司和西安热工院； （2）格式和内容符合要求	（1）季报、年报上报迟报1天扣5分； （2）格式不符合要求，一项扣5分； （3）报表数据不准确，一项扣10分； （4）检查发现的问题，未在季报中上报，每1个问题扣10分
1.7.2	汽轮机技术监督速报上报工作	20	查看近一年上报资料：按规定格式和内容编写技术监督速报并及时上报	（1）发现或者出现重大设备问题和异常及障碍未及时、真实、准确上报技术监督速报，每1项扣10分； （2）没有记录和报告各扣10分； （3）上报速报事件描述不符合实际，一件扣10分
1.7.3	年度工作总结报告	10	（1）每年元月5日前组织完成上年度技术监督工作总结报告的编写工作，并将总结报告报送产业公司、区域公司和西安热工院； （2）格式和内容符合要求	（1）未按规定时间上报，扣10分； （2）内容不全，扣10分
1.8	监督考核指标	30		
1.8.1	监督预警问题整改完成率	15	要求：100%	不符合要求，不得分
1.8.2	动态检查存在问题整改完成率	15	要求：从发电企业收到动态检查报告之日起，第1年整改完成率不低于85%；第2年整改完成率不低于95%	不符合要求，不得分
2	监督过程实施	600		

表（续）

序号	评价项目	标准分	评价内容与要求	评分标准
2.1	试验、检验、检测、校验	100		
2.1.1	安全性试验	50		
2.1.1.1	主汽门、调速汽门的严密性试验	2		
2.1.1.2	主汽门、调速汽门、抽汽逆止门部分行程活动试验	2		
2.1.1.3	主汽门、调速汽门、抽汽逆止门全行程活动试验	2		
2.1.1.4	超速试验或注油试验（A修后应进行实际超速试验）	2		
2.1.1.5	汽门关闭时间测定（包含高中压主汽门、高中压调门、抽汽止回门、抽汽快关阀）	2		
2.1.1.6	OPC装置（加速度保护）、功率不平衡装置动作试验	2	要求： （1）试验、检验、检测、校验周期符合标准的规定； （2）项目齐全； （3）方法正确； （4）数据准确； （5）结论明确； （6）结果合格，如果不合格应处理并有处理记录； （7）有报告或记录	不符合要求，一项扣2分
2.1.1.7	汽轮机启停各阶段临界转速及振动值测定，历次启停的波特图；超速试验时的振动频谱分析	2		
2.1.1.8	检查蓄能器充氮压力、EH油系统管道打压试验（首次安装或改造后）及保护定值整定	2		
2.1.1.9	除氧器、高压加热器、辅汽联箱、供热加热器等汽轮机侧压力容器安全门的定期校验及起座试验	2		
2.1.1.10	汽轮机及主要辅机的连锁、保护试验	2		
2.1.1.11	供热机组的抽汽蝶阀或旋转隔板活动试验	2		
2.1.1.12	低油压试验（润滑油压低和抗燃油油压低）	2		
2.1.1.13	AST电磁阀通道活动试验	2		
2.1.1.14	OPC电磁阀活动试验	2		
2.1.1.15	转速表、大轴晃动、串轴、胀差、汽缸上下缸温度和主再热蒸汽温度、低油压和振动保护等表计校验记录	2		

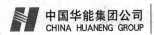
表（续）

序号	评价项目	标准分	评价内容与要求	评分标准
2.1.1.16	调速系统静态试验；DEH系统仿真试验	2	要求： （1）试验、检验、检测、校验周期符合标准的规定； （2）项目齐全； （3）方法正确； （4）数据准确； （5）结论明确； （6）结果合格，如果不合格应处理并有处理记录； （7）有报告或记录	不符合要求，一项扣2分
2.1.1.17	油泵类（交流润滑油泵、直流油泵、高压调速油泵、密封油泵、顶轴油泵、高压抗燃油泵等）定期启动或轮换试验	2		
2.1.1.18	水泵类[凝结水泵、给水泵、射水泵（真空泵）、氢冷泵、开式泵、闭式泵、定冷水泵等]定期启动或轮换试验	2		
2.1.1.19	盘车电流及摆动范围，大轴晃度值（运行日志、启停记录）	2		
2.1.1.20	甩负荷试验	2	查看调试报告和调速系统改造后的甩负荷试验报告	没有报告扣2分
2.1.1.21	大修中大轴弯曲检测记录、油管道及其支吊架的检查和调整记录；大修中平衡块固定螺丝、动叶片铆钉头、各轴承和轴承座螺丝的紧固记录；大修中联轴器对轮罩焊接的焊缝及对轮罩的牢固性检查调整记录，对轮罩测频和调频检查维护记录（必要时）	2	查看检修记录	没有记录扣2分
2.1.1.22	检修中高压缸调节级喷嘴、中压缸第一压力级冲刷腐蚀检查和处理记录（文字和图片）	2	查看检修记录	没有记录扣2分
2.1.1.23	联轴器（主油泵轴与汽轮机主轴间具有齿型联轴器或类似联轴器的机组）的润滑和磨损情况定期检查维护记录	2	查看检修记录	没有记录扣2分
2.1.1.24	调速系统汽门油动机与阀座连接螺栓定期检查维护记录；油系统设备连接结合面密封装置的定期巡检	2	查看检修记录	没有记录扣2分
2.1.1.25	机组安装基础的沉降观测记录	2	查看沉降观测记录	没有进行观测扣2分；没有记录扣2分；漏做一次观测扣2分
2.1.2	汽轮机节能监督试验、检测、测试等	50		
2.1.2.1	不能在规定时间进行新机性能考核时，应预先进行汽轮机焓降试验	5	查看试验报告	没有报告扣5分，试验结果未审核，发现一处错误扣5分

表（续）

序号	评价项目	标准分	评价内容与要求	评分标准
2.1.2.2	性能考核试验报告，包括汽轮机主机、给水泵汽轮机、主要辅助设备（给水泵、凝结水泵、循环水泵、空冷及湿冷凝汽器、间接空冷机组空冷塔等）	5	查看试验报告	没有报告扣5分，试验结果未审核，发现一处错误扣5分
2.1.2.3	主辅设备技改前后性能对比试验报告（如汽轮机通流改造前后试验报告、水泵技改前后试验报告等）	5	查看试验报告	没有报告扣5分，试验结果未审核，发现一处错误扣5分
2.1.2.4	A、B级检修前、后汽轮机热力性能试验	5	查看试验报告	没有报告扣5分，试验结果未审核，发现一处错误扣5分
2.1.2.5	汽轮机定滑压优化运行试验及调门优化试验	5	查看试验报告	没有报告扣5分，试验结果未审核，发现一处错误扣5分
2.1.2.6	汽轮机热力性能考核试验热耗率与汽轮机制造厂的设计保证值偏差≤100kJ/kWh	5	查看汽轮机热力性能考核试验报告	二者间偏差在100kJ/kWh以内不扣分，二者间偏差每增大50kJ/kWh扣2分
2.1.2.7	冷端优化运行试验	5	查看试验报告	没有报告扣5分，试验结果未审核或发现一处错误扣5分
2.1.2.8	真空严密性试验	5	查看试验报告或记录	没有报告或记录扣5分，每一项结果不合格扣2分
2.1.2.9	热力系统内外漏定期检查（包括主蒸汽管道疏水、再热蒸汽管道疏水、抽汽管道疏水及汽轮机本体疏水、给水泵再循环门、加热器危急疏水门、高压旁路门、低压旁路门、通风阀等）	5	查看报告或记录、现场检查	没有报告或记录扣5分，每发现一处内漏扣2分。高压旁路后温度小于（高压缸排汽温度+20）℃不扣分，低压旁路后温度小于55℃不扣分，每偏高5℃扣2分。无测点应安装
2.1.2.10	汽轮机设备及管道保温定期测试	5	查看测试报告、记录	没有定期测试扣5分，发现一处保温未测扣5分
2.2	运行维护监督	100		
2.2.1	汽轮机运行规程、系统图应存档、规范且及时修订。反事故措施有关内容应编入运行规程；设备经重大改造后要修订完善检修规程、运行规程	20	查看运行规程、系统图	不符合要求不得分
2.2.2	应有运行（包括机组启停）分析、经济性分析、已经实施的经济运行措施、节能对标工作报告等	10	查看以上资料	缺少以上分析报告不得分

表（续）

序号	评价项目	标准分	评价内容与要求	评分标准
2.2.3	运行部门年度、月度岗位培训计划及培训记录	10	查看以上资料	无记录扣5分
2.2.4	运行值班记录（日志）	10	查看以上资料	无记录扣5分
2.2.5	运行交接班记录（应包括：系统运行方式、主要设备运行方式、重要操作、主要缺陷情况等主要内容）	10	查看以上资料	无记录扣5分
2.2.6	运行部门检查交接班记录及相关考核记录	10	查看以上资料	无记录扣5分
2.2.7	定期试验和切换的项目清单、记录、重要试验时制定的事故预想措施	10	查看以上资料	无记录扣5分
2.2.8	异常情况下的措施和有关记录、相关考核记录	10	查看以上资料	无记录扣5分
2.2.9	设备巡回检查的项目清单、巡回检查的记录	10	查看以上资料	无记录扣5分，巡检仪未校验扣5分
2.3	检修质量监督	100		
2.3.1	设备台账	75		
2.3.1.1	汽轮机本体台账	5	检查台账	无台账扣5分；台账未更新或动态维护扣2分；台账不完善扣2分
2.3.1.2	汽轮机配汽机构台账（主汽门及其油动机、调门及其油动机等）	5	检查台账	无台账扣5分；台账未更新或动态维护扣2分；台账不完善扣2分
2.3.1.3	凝结水泵（含电动机）台账	5	检查台账	无台账扣5分；台账未更新或动态维护扣2分；台账不完善扣2分
2.3.1.4	给水泵（含前置泵及电动机）台账	5	检查台账	无台账扣5分；台账未更新或动态维护扣2分；台账不完善扣2分
2.3.1.5	循环水泵（含热网循环泵）台账	5	检查台账	无台账扣5分；台账未更新或动态维护扣2分；台账不完善扣2分
2.3.1.6	疏水泵（含热网疏水泵）台账	5	检查台账	无台账扣5分；台账未更新或动态维护扣2分；台账不完善扣2分
2.3.1.7	开式水泵（含电动机）台账	5	检查台账	无台账扣5分；台账未更新或动态维护扣2分；台账不完善扣2分

表（续）

序号	评价项目	标准分	评价内容与要求	评分标准
2.3.1.8	闭式水泵（含电动机）台账	5	检查台账	无台账扣5分；台账未更新或动态维护扣2分；台账不完善扣2分
2.3.1.9	凝汽器台账	5	检查台账	无台账扣5分；台账未更新或动态维护扣2分；台账不完善扣2分
2.3.1.10	加热器台账（包括高压加热器、除氧器、低压加热器、轴封加热器、热网加热器）	5	检查台账	无台账扣5分；台账未更新或动态维护扣2分；台账不完善扣2分
2.3.1.11	冷却塔或空冷塔台账	5	检查台账	无台账扣5分；台账未更新或动态维护扣2分；台账不完善扣2分
2.3.1.12	内外漏阀门记录	5	检查记录	无记录扣5分
2.3.1.13	直接空冷机组散热器、间接空冷机组冷却三角	5	检查台账	无台账扣5分；台账未更新或动态维护扣2分；台账不完善扣2分
2.3.1.14	直接空冷机组空冷风机及其减速箱	5	检查台账	无台账扣5分；台账未更新或动态维护扣2分；台账不完善扣2分
2.3.1.15	润滑油冷油器、抗燃油冷油器、闭冷器、开冷器、定冷器、氢冷器等换热器	5	检查台账	无台账扣5分；台账未更新或动态维护扣2分；台账不完善扣2分
2.3.2	设备检修工艺标准（检修规程）及修订记录应存档、规范且及时修订。设备经重大改造后要修订完善检修规程	5	查看检修规程	不符合要求不得分
2.3.3	历次检修记录、检修台账、检修总结（交底）、缺陷记录、年度检修计划及技改项目、不合格项处理文件；检修质量控制质检点验收记录	5	查看资料	每缺少一项扣2分，不详细不规范扣2分
2.3.4	待处理缺陷的措施和及时处理记录；重大缺陷的分析、处理与验收	5	查看资料	每缺少一项扣2分，不详细不规范扣2分
2.3.5	更新改造项目可研报告、技术方案、安全措施、总结报告和后评估报告；异动报告	5	查看资料	每缺少一项扣2分，不详细不规范扣2分
2.3.6	汽轮机通流间隙按照制造厂标准控制	5	查看检修记录	每有1处间隙超过下限值扣2分
2.4	设备监督重点	300		
2.4.1	汽轮机本体	45		

表（续）

序号	评价项目	标准分	评价内容与要求	评分标准
2.4.1.1	启停和负荷变动时汽缸膨胀、胀差等参数应正常	5	查看 DCS 运行画面、运行记录、定期工作经记录、缺陷记录，现场检查	未及时消除缺陷扣 10 分
2.4.1.2	轴瓦（支撑瓦与推力瓦）温度及其回油温度：轴瓦的金属温度，润滑油压力应正常，推力瓦块间无过大温差	5	查看轴瓦的金属温度，油膜压力	轴瓦温度、回油温度异常缺陷未及时处理扣 10 分
2.4.1.3	主汽压力在规程规定范围内，滑压运行按照优化试验结果	5	查看年报、月报和记录	不按照优化试验结果进行调整不得分（汽轮机调门按最优方式运行）
2.4.1.4	主汽温度在（设计值±2）℃范围内	5	查看年报、月报和记录	统计期内平均值低于 2℃以内不扣分，低于 2℃后每低 1℃扣 2 分
2.4.1.5	再热汽温在（设计值±2）℃范围内	5	查看年报、月报和记录	统计期内平均值低于 2℃以内不扣分，低于 2℃后每低 1℃扣 2 分
2.4.1.6	汽轮机监视段压力、温度是否超标	5	查看 DCS 运行画面、运行记录、定期工作经记录、缺陷记录，现场检查	对超标缺陷无解决措施扣 10 分
2.4.1.7	汽缸上下缸温差、左右侧法兰温差是否超标	5	查看 DCS 运行画面和报表	每项参数超标扣 2 分
2.4.1.8	轴向位移	5	查看 DCS 运行画面和报表	每项参数超标扣 2 分
2.4.1.9	高中压平衡盘漏汽量（高中压合缸）≤2%	5	查看试验报告	未测量扣 5 分，漏汽量每超过 1 个百分点扣 5 分
2.4.2	调速系统	20		
2.4.2.1	抗燃油油质（酸值、水分、颗粒度、电阻率、泡沫特性等）：取样点位置合适，化验结果合理，油质标准，化验周期符合要求；油质超标时的滤油记录	5	查看化验报告、油务管理制度	油质超标未及时处理至正常扣 5 分
2.4.2.2	高中压主汽门、调门开关应灵活无卡涩，无突然关闭和汽门振动、门杆断裂等问题	5	查看 DCS 画面、检修记录	未及时消除缺陷扣 5 分
2.4.2.3	汽门油动机及油管道、阀门、三通等无渗漏	5	现场检查，查看检修记录	未及时消除缺陷扣 5 分
2.4.2.4	抗燃油油泵及其电动机运行应正常	5	现场检查，查看检修记录	未及时消除缺陷扣 10 分
2.4.3	振动	15	查看运行记录、缺陷记录、振动规程，现场检查	一项不符合要求扣 10 分

表（续）

序号	评价项目	标准分	评价内容与要求	评分标准
2.4.3.1	旋转设备振动监测技术管理： （1）汽轮机配备振动在线监测系统，汽轮机投入振动保护。 （2）旋转辅机配备便携振动表或振动在线监测系统。 （3）运行班组建立完善的振动运行日志（测振记录），运行月度分析总结中对旋转设备运行状况进行评价；检修定期测试旋转设备振动并有记录，检修月度分析总结中对旋转设备运行状况进行评价。 （4）建立汽轮机旋转设备振动监测台账，保证设备振动状况的可追溯性。台账内容包括： 1）机组投产日期；制造厂名；大修日期；大修次数；对轮形式；中心检修记录及标准；轴承形式；轴承座形式；检修记录；转子临界转速；历次大修前后，启、停机轴承振动临界值、相位；各平衡面上平衡块的位置、质量。 2）振动异常情况记录，包括：振动的现象、原因分析、检查方法、检查部位、处理方法、处理结果等。 3）每月的测振记录。 4）各种振动试验报告。 5）振动处理技术报告	5		主机振动保护未投扣10分，辅机振动异常时无分析记录扣10分，运行分析中未进行旋转机械振动分析扣10分
2.4.3.2	振动技术工作： （1）查看检修文件包（作业指导书、工艺卡）和检修总结中与机组振动相关的检修质量标准：通流间隙、转子中心、轴承间隙与紧力，转子原始弯曲、大轴弯曲原始晃度及高点相位的记录。 （2）数据报告与记录： 1）当月旋转设备振动报告及安全性评估，纳入振动台账； 2）故障过程的数据记录与备份。正常运行时振动值突然变化，记录应全面准确并进行分析	5	查看以上资料	文件包中无测量记录扣10分；振动异常时无分析记录扣10分

433

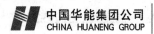

表（续）

序号	评价项目	标准分	评价内容与要求	评分标准
2.4.3.3	振动现场检查： （1）汽轮机振动目前状态是否超标； （2）汽轮机历史振动情况； （3）振动巡检检测频率是否满足要求； （4）对转动机械设备制造、装配工艺的质量标准的制定和实施进行监督，转子平衡状况检查验收状况； （5）异常振动的分析处理情况； （6）机组启、停过程，特别是过临界时的振动监督	5	查看在线数据并与国家标准和运行规程规定值比较，查看振动台账和历史监督月报，查看记录，查看验收资料，查看振动处理报告和台账，查看启、停振动记录和分析	没有记录扣5分；一项不符合要求扣5分
2.4.4	润滑油、密封油、顶轴油系统	35		
2.4.4.1	柴油发电机定期工作（油位、冷却水）是否执行正常	5	查看定期工作记录	
2.4.4.2	油系统应严密无泄（渗）漏	5	现场检查、查看检修记录	有渗漏未及时处理的每发现一处扣5分
2.4.4.3	汽轮机（包括给水泵）润滑油油质管理： 取样点位置合适，化验结果合理，油质标准，化验周期符合要求	5	查看化验报告、油务管理制度	油质超标未及时处理至正常扣5分
2.4.4.4	主机交直流润滑油泵、顶轴油泵等运行正常，油泵无振动，油泵轴承温度应正常	5	现场检查、查看检修记录	油泵缺陷未及时处理扣5分
2.4.4.5	交直流密封油泵、再循环泵、真空泵等运行正常，油泵无振动，油泵轴承温度应正常	5	现场检查、查看检修记录和DCS画面	缺陷未及时处理扣5分
2.4.4.6	油箱油位计、油位报警和保护投运正常，密封油真空油箱、浮子油箱浮子阀及油位是否正常	5	现场检查、查看检修记录和DCS画面	油位计、油位报警和保护等有缺陷未及时处理扣5分
2.4.4.7	主油箱事故放油管道和放油阀门布置应符合反措规定，密封油箱排油烟管道引至厂房外远离发电机出线且无火源处，并设有禁火标志	5	现场检查	不符合规定扣5分
2.4.5	回热系统（高压加热器、低压加热器、除氧器、轴封加热器、给水泵、前置泵、疏水泵、凝结水泵）	65		

表（续）

序号	评价项目	标准分	评价内容与要求	评分标准
2.4.5.1	高低压加热器温升、下端差、水位应正常，高低压加热器应无泄漏，加热器疏水管道无振动，无疏水不畅现象，水位报警和保护正常投运，高压加热器启停顺序和速度符合运行规程规定等	5	现场检查，查看 DCS 画面、运行记录、设备台账	无运行和检修记录扣5分，未及时处理扣5分
2.4.5.2	给水泵、前置泵、疏水泵及其电动机运行正常，无振动和轴承温度异常问题	5	现场检查，查看 DCS 画面、运行记录、设备台账	无运行和检修记录扣5分，缺陷未及时处理扣5分
2.4.5.3	除氧器的运行管理 溶氧监督、高水位报警及高水位放水的连锁投入状况，门杆漏汽至除氧器管路加装止回门、截止门，高压加热器疏水至除氧器疏水阀的设计是否合理，疏水管道有无振动等	5	查看运行记录或专项台账	无运行和检修记录扣5分，缺陷未及时处理扣5分
2.4.5.4	轴封加热器水位（就地、远方）应正常，应无泄漏，水位保护和报警应正常投运，轴封加热器风机运行正常	5	现场检查，查看 DCS 画面、运行记录、设备台账	无水位变送器扣5分；无运行和检修记录扣5分
2.4.5.5	凝结水泵及其电动机运行正常，无振动和轴承温度异常问题，凝结水再循环门严密不漏，凝结水泵出力正常，凝结水泵变频运行时除氧器水位调整门没有节流	5	现场检查，查看 DCS 画面、运行记录、设备台账	缺陷未及时处理扣5分
2.4.5.6	给水温度≥相应平均负荷设计值	5	查看年报、月报和记录	给水温度比相应负荷设计值每低1℃扣2分
2.4.5.7	给水温降（高压加热器出口温度-省煤器入口给水温度）≤1℃	5	查看年报、月报和记录	给水温降每超过1℃扣1分
2.4.5.8	加热器下端差≤设计值	5	查看年报、月报和记录	加热器下端差每大于设计值1℃扣2分
2.4.5.9	高压加热器投入率不低于100%	5	查看年报、月报和记录	高压加热器投入率比规定值每降低1个百分点扣1分
2.4.5.10	凝结水泵耗电率： 1）超超临界机组配置2×100%凝结水泵≤0.2%； 2）超临界机组配置2×100%凝结水泵≤0.18%； 3）亚临界机组配置2×100%凝结水泵≤0.15%； 4）配置3×50%凝结水泵机组控制值在同类型机组的耗电率基础上增加0.03个百分点； 5）空冷机组在同类型机组的耗电率基础上增加0.02个百分点	5	查看年报、月报和统计记录	无记录扣5分；每超过规定值0.1个百分点扣2分

表（续）

序号	评价项目	标准分	评价内容与要求	评分标准
2.4.5.11	电动给水泵耗电率（含前置泵）≤2.3%	5	查看年报、月报和统计记录	无记录扣5分；每超过规定值0.1个百分点扣2分
2.4.5.12	给水泵前置泵耗电率： 1）超高压机组≤0.16%； 2）亚临界机组≤0.16%； 3）超临界机组≤0.19%； 4）超超临界机组≤0.20%。 空冷机组在同类型机组的耗电率基础上增加0.02个百分点	5	查看年报、月报和统计记录	无记录扣5分；每超过规定值0.1个百分点扣2分
2.4.5.13	机组补水率： 1）超（超）临界机组补水率不大于0.7%； 2）亚临界机组补水率不大于1.0%； 3）超高压机组补水率不大于1.5%	5	查看年报、月报和记录	每超过规定值0.1个百分点扣2分
2.4.6	汽轮机冷端	60		
2.4.6.1	冷却塔、循环水泵： 淋水应均匀，填料无脱落，循环水水质符合化学监督要求，出塔水温无异常升高，循环水泵运行方式合理、经济（机组真空为最佳真空），循环水泵蝶阀无异常动作	5	查看现场（淋水、填料挂冰，塔池清淤、溢流、集水器等）、报表记录、台账、试验报告	冷却塔检修维护处理无记录扣5分；循环水泵频繁故障和损坏而未采取措施不得分
2.4.6.2	空冷岛： 空冷岛翅片应洁净，漏风点已经封堵，空冷风机运行台数和频率合理、经济（机组真空为最佳真空），风机及其电动机运行正常	5	查看现场、报表记录、台账、试验报告	空冷岛散热器翅片组变形扣5分；冷却单元漏风未封堵扣5分；空冷风机及其电动机运行异常未及时处理不得分；空冷岛冲洗前后相关数据无记录扣5分；未制定空冷岛冲洗防污水闪络故障的措施扣5分
2.4.6.3	间接空冷塔： 冷却三角应投运正常，散热器无渗漏，出塔循环水温无异常升高，循环水泵运行方式合理、经济（机组真空为最佳真空）	5	查看现场（百叶窗、泄漏，等等）、报表记录、台账、试验报告	冷却三角百叶窗执行机构缺陷未及时处理扣5分；空冷塔散热器渗漏扣5分；循环水泵及其电动机运行异常未及时处理不得分；散热器冲洗前后相关数据无记录扣5分
2.4.6.4	凝汽器无泄漏	5	查看现场、报表记录、台账、试验报告	凝汽器清洗（胶球在线清洗、半侧运行、酸洗等）和堵漏工作无记录扣5分

表（续）

序号	评价项目	标准分	评价内容与要求	评分标准
2.4.6.5	机组真空防爆膜片严密性和完整性，及其与支撑隔栅之间的焊接情况检查维护记录	5	查看检修记录	没有记录扣5分
2.4.6.6	凝汽器背压应达到相应循环水进水温度或环境温度下的设计值；供热机组考核非供热期	5	查看年报、月报和记录	统计期内的平均值每低于对应的设计值1kPa扣5分
2.4.6.7	真空严密性：湿冷机组≤200Pa/min，空冷机组≤100Pa/min；供热机组考核非供热期	5	查看年报、月报和记录	真空严密性每超过100Pa/min扣2分
2.4.6.8	凝结水过冷度≤0.5℃	5	查看年报、月报和记录	无记录扣5分；过冷度每超过1℃扣5分
2.4.6.9	凝汽器端差≤3.5℃	5	查看年报、月报和记录	无记录扣5分；凝汽器端差每超过1℃扣5分
2.4.6.10	直接空冷系统空冷风机耗电率：受环境温度及运行操作方式影响较大，通常在0.7%～0.8%	5	查看年报、月报和统计记录	无记录扣5分；每超过规定值0.1个百分点扣2分
2.4.6.11	间接空冷系统循环水泵耗电率≤0.75%	5	查看年报、月报和统计记录	无记录扣5分；每超过规定值0.1个百分点扣2分
2.4.6.12	循环水泵耗电率：受环境温度及运行操作方式影响较大，通常在0.65%～0.75%	5	查看年报、月报和统计记录	无记录扣5分；每超过规定值0.1个百分点扣2分
2.4.7	发电机氢气系统	25		
2.4.7.1	发电机漏氢率不应超过运行规程规定	4	查看排补氢记录、现场查看漏氢检测装置	漏氢率超标不得分，漏氢检测装置运行不正常扣4分
2.4.7.2	氢气湿度和纯度应达到运行规程规定	4	查看记录，现场查看氢气干燥器、纯度仪运行情况	氢气湿度或纯度超标时间达3个月未处理正常扣4分，氢气干燥器运行不正常扣4分，纯度仪运行不正常扣4分
2.4.7.3	油氢压差在运行规程范围	4	查看记录、DCS画面	油氢压差超标扣4分
2.4.7.4	氢冷器	3	查看记录、DCS画面	冷氢温度偏差超过2℃不得分
2.4.7.5	发电机漏液检测装置	3	查看记录，现场查看检漏装置投运情况	检漏装置未投运扣3分
2.4.7.6	二氧化碳系统（二氧化碳系统汇流排）	3	查看二氧化碳系统运行情况	运行不正常扣3分

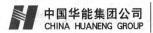
表（续）

序号	评价项目	标准分	评价内容与要求	评分标准
2.4.7.7	制氢场所配备的消防器材满足规定，并按规定检查和试验。制氢场所门口装有静电释放装置。没有通过排污阀向室内排氢。制氢站和机房内表柜顶部无"窝氢"空间	4	现场检查	不符合规定扣4分
2.4.8	闭冷水、开式水、发电机定冷水	10		
2.4.8.1	冷油器：冷油器换热应正常，冷油器切换阀应无内漏，冷油器换热差时及时清理	4	查看记录、DCS运行画面和现场	冷油器并列运行扣4分，无冷油器检修维护记录扣4分，冷油器切换阀内漏扣4分
2.4.8.2	闭冷器、闭冷泵，管道和阀门等：闭冷器出水温度正常，闭冷泵及其电机无振动和轴承温度异常，闭冷水管道无振动	2	查看记录、DCS运行画面和现场	闭冷器出口温度异常时的处理无记录扣2分，闭冷泵振动或轴承温度高未及时处理扣2分，闭冷水管道振动未及时处理扣2分
2.4.8.3	开冷器、开式水泵，管道和阀门等：开冷器出水温度正常，开冷泵及其电机无振动和轴承温度异常，开冷水管道无振动	2	查看记录、DCS运行画面和现场	开冷器出口温度异常时的处理无记录扣2分，开冷泵振动或轴承温度高未及时处理扣2分，开冷水管道振动未及时处理扣2分
2.4.8.4	定冷器、开式水泵，管道和阀门等：定冷器出口温度正常，定冷泵及其电动机无振动或轴承温度高问题，定冷水管道无振动	2	查看记录、DCS运行画面和现场	定冷器出口温度异常时的处理无记录扣2分，定冷泵振动或轴承温度高未及时处理扣2分，定冷水管道振动未及时处理扣2分
2.4.9	高、低压旁路系统　高、低压旁路及其执行机构工作正常	5	查看记录、DCS运行画面和现场	异常未及时处理扣5分
2.4.10	轴封蒸汽及真空系统	10		
2.4.10.1	无润滑油中进水、无轴封回汽不畅问题，轴封溢流量（到凝汽器）较小或有效回收	3	查看记录、DCS运行画面和现场	轴封供回汽异常未及时调整和处理扣3分
2.4.10.2	轴封供汽温度和压力符合运行规程规定	3	查看记录、DCS运行画面和现场	轴封供汽温度不符合运行规程规定扣3分
2.4.10.3	真空泵及其电动机运行正常，无振动和轴承温度异常问题；真空泵工作液温度正常，真空泵出力正常	4	查看记录、DCS运行画面和现场	真空泵及其电动机异常未及时处理扣4分

表（续）

序号	评价项目	标准分	评价内容与要求	评分标准
2.4.11	汽轮机反事故措施： 汽轮机反事故措施是否制订，是否有发生，若发生应有事件记录、原因分析和总结等： 1）大轴弯曲； 2）汽轮机进水和进冷汽； 3）通流部分动静磨损； 4）汽轮机超速； 5）汽轮机轴瓦损坏； 6）汽轮机叶片脱落或损坏； 7）真空急剧下降； 8）油系统着火； 9）凝汽器换热管结垢泄漏； 10）迎峰度夏； 11）冬季防冻等	5	查看有关措施并就地查看事件设备现状	缺少一项反措扣3分。缺少一项事故记录、分析及总结扣2分，扣完为止。事故记录、分析及总结不全扣2分
2.4.12	汽轮机主要保护是否齐全及保护投入情况： 1）汽轮机超速保护； 2）润滑油压低保护； 3）振动保护； 4）轴向位移保护； 5）低真空保护； 6）高压加热器保护及旁路系统； 7）重要辅机（给水泵、凝结水泵、循环水泵或空冷风机）的连锁保护； 8）供热机组的通流部分防止闷缸的级间压比、抽汽压力高保护，抽汽安全门、供热快速关闭止回阀、排汽蝶阀等与供热有关的保护连锁投入情况	5	查看有关资料、缺陷记录，现场检查保护投入情况	保护齐全并能很好地投入，在运行中有关汽轮机安全的各项重要保护不得随意退出，如确因设备缺陷需要暂时退出的，需要符合规章制度的临时退出审批手续并向运行人员下达书面的临时反事故措施。 缺少一项保护扣5分，保护少投入一项扣5分

中国华能集团公司 CHINA HUANENG GROUP

中国华能集团公司火力发电厂技术监督标准汇编

Q/HN-1-0000.08.023—2015

技术标准篇

火力发电厂锅炉监督标准

2015 - 05 - 01 发布

2015 - 05 - 01 实施

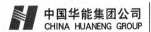
目　次

前　言

为加强中国华能集团公司火力发电厂技术监督管理，保证火力发电厂锅炉设备的安全可靠运行，特制定本标准。本标准依据国家和行业有关标准、规程和规范，以及中国华能集团公司火力发电厂的管理要求、结合国内外发电的新技术、监督经验制定。

本标准是中国华能集团公司所属火力发电厂锅炉监督工作的主要依据，是强制性企业标准。

本标准由中国华能集团公司安全监督与生产部提出。

本标准由中国华能集团公司安全监督与生产部归口并解释。

本标准起草单位：西安热工研究院有限公司、华能国际电力股份有限公司。

本标准主要起草人：杨辉、党黎军、张宇博、应文忠。

本标准审核单位：中国华能集团公司安全监督与生产部、中国华能集团公司基本建设部、华能山东发电有限公司、华能国际电力股份有限公司、北方联合电力有限责任公司、西安热工研究院有限公司。

本标准主要审核人：赵贺、武春生、罗发青、张俊伟、侯逊、周国明、周岩、常毅君、刘国刚、马剑民、郭俊文。

本标准审定：中国华能集团公司技术工作管理委员会。

本标准批准人：寇伟。

火力发电厂锅炉监督标准

1 范围

本标准规定了中国华能集团公司（以下简称"集团公司"）火力发电厂锅炉设备从设计选型、监造、基建安装、启动调试、运行、检修、技术改造的全过程锅炉监督的技术标准内容和监督管理要求。

本标准适用于集团公司火力发电厂的锅炉监督工作。

锅炉压力容器及金属监督工作执行集团公司《火力发电厂锅炉压力容器监督标准》《火力发电厂燃煤机组金属监督标准》。

2 规范性引用文件

下列文件对于本文件的应用是必不可少的。凡是注日期的引用文件，仅所注日期的版本适用于本文件。凡是不注日期的引用文件，其最新版本（包括所有的修改单）适用于本文件。

GB 5310 高压锅炉用无缝钢管

GB 10184 电站锅炉性能试验规程

GB 25960 动力配煤规范

GB 50204 混凝土结构工程施工质量验收规范

GB 50275 风机、压缩机、泵安装工程施工及验收规范

GB 50660 大中型火力发电厂设计规范

DL 612 电力工业锅炉压力容器监察规程

DL 647 电站锅炉压力容器检验规程

DL 5190.2 电力建设施工技术规范 第2部分：锅炉机组

DL 5190.5 电力建设施工技术规范 第5部分：管道及系统

DL 5190.7 电力建设施工技术规范 第7部分：焊接工程

DL 5277 火电工程达标投产验收规程

DL/T 332.1 塔式炉超临界机组运行导则 第1部分：锅炉运行导则

DL/T 340 循环流化床锅炉启动调试导则

DL/T 435 电站煤粉锅炉炉膛防爆规程

DL/T 438 火力发电厂金属技术监督规程

DL/T 455 锅炉暖风器

DL/T 466 电站磨煤机及制粉系统选型导则

DL/T 467 电站磨煤机及制粉系统性能试验

DL/T 468 电站锅炉风机选型和使用导则

DL/T 469 电站锅炉风机现场性能试验

DL/T 586 电力设备监造技术导则

DL/T 610　200MW级锅炉运行导则

DL/T 611　300MW级锅炉运行导则

DL/T 715　火力发电厂金属材料选用导则

DL/T 748.1～10　火力发电厂锅炉机组检修导则

DL/T 750　回转式空气预热器运行维护规程

DL/T 794　火力发电厂锅炉化学清洗导则

DL/T 831　大容量煤粉燃烧锅炉炉膛选型导则

DL/T 838　发电企业设备检修导则

DL/T 852　锅炉启动调试导则

DL/T 855　电力基本建设火电设备维护保管规程

DL/T 869　火力发电厂焊接技术规程

DL/T 889　电力基本建设热力设备化学监督导则

DL/T 894　除灰除渣系统调试导则

DL/T 895　除灰除渣系统运行导则

DL/T 936　火力发电厂热力设备耐火及保温检修导则

DL/T 964　循环流化床锅炉性能试验规程

DL/T 1034　135MW级循环流化床锅炉运行导则

DL/T 1127　等离子体点火系统设计与运行导则

DL/T 1213　火力发电机组辅机故障减负荷技术规程

DL/T 1269　火力发电建设工程机组蒸汽吹管导则

DL/T 1316　火力发电厂煤粉锅炉少油点火系统设计与运行导则

DL/T 1326　300MW循环流化床锅炉运行导则

DL/T 5054　火力发电厂汽水管道设计技术规定

DL/T 5072　火力发电厂保温油漆设计规程

DL/T 5121　火力发电厂烟风煤粉管道设计技术规程

DL/T 5142　火力发电厂除灰设计技术规程

DL/T 5145　火力发电厂制粉系统设计计算技术规定

DL/T 5187.1～3　火力发电厂运煤设计技术规程

DL/T 5203　火力发电厂煤和制粉系统防爆设计技术规程

DL/T 5210.2　电力建设施工质量验收及评价规程　第2部分：锅炉机组

DL/T 5210.5　电力建设施工质量验收及评价规程　第5部分：管道及系统

DL/T 5240　火力发电厂燃烧系统设计计算技术规程

DL/T 5294　火力发电建设工程机组调试技术规范

DL/T 5295　火力发电建设工程机组调试质量验收及评价规程

DL/T 5375　火力发电厂可行性研究报告内容深度规定

DL/T 5434　电力建设工程监理规范

DL/T 5437　火力发电建设工程启动试运及验收规程

TSG G5003　锅炉化学清洗规则

JB/T 1386　钢球磨煤机

JB/T 1616　管式空气预热器　技术条件

JB/T 4358　电站锅炉离心式通风机

JB/T 7890　风扇磨煤机

JB/T 10440　大型煤粉锅炉炉膛及燃烧器性能设计规范

电安生〔1993〕540 号　加强大型燃煤锅炉燃烧管理的若干规定

发改厅〔2012〕1662 号　关于开展燃煤电厂综合升级改造工作的通知

发改能源〔2014〕2093 号　煤电节能减排升级与改造行动计划（2014～2020 年）

国能安全〔2014〕161 号　防止电力生产事故的二十五项重点要求

Q/HN-1-0000.08.001—2011　华能优秀节约环保型燃煤发电厂标准（试行）

Q/HN-1-0000.08.002—2013　中国华能集团公司电力检修标准化管理实施导则（试行）

Q/HN-1-0000.08.049—2015　中国华能集团公司电力技术监督管理办法

Q/HB-G-08.L01—2009　华能电厂安全生产管理体系要求

Q/HB-G-08.L02—2009　华能电厂安全生产管理体系评价办法（试行）

华能安〔2010〕285 号　中国华能集团公司火力发电机组节能降耗技术导则

华能安〔2010〕285 号　中国华能集团公司火力发电机组节电技术导则

华能安〔2010〕557 号　中国华能集团公司电力生产资本性支出项目管理办法（试行）

华能安〔2010〕557 号　中国华能集团公司电力检修管理办法（试行）

华能安〔2011〕271 号　中国华能集团公司电力技术监督专责人员上岗资格管理办法（试行）

中国华能集团公司　防止电力生产事故重点要求（试行）（2007 年）

中国华能集团公司　火电工程设计导则（2010 年）

中国华能集团公司　新建燃煤电厂节能与主设备、主要辅助设备选型指导意见（2013 年）

3　总则

3.1　为加强集团公司锅炉监督工作，提高锅炉运行安全性、经济性、可靠性，减少污染物排放，特制定本标准。

3.2　锅炉监督工作贯彻"安全第一、预防为主"的方针，按照国家标准及有关规程、规定和反事故措施要求，实现锅炉本体及辅机、输煤系统全过程监督和管理。

3.3　本标准规定了火力发电厂在设计、监造、安装、启动调试、运行、检修、技术改造阶段的锅炉监督技术标准，以及锅炉监督管理要求、评价与考核标准，它是火力发电厂锅炉监督工作的基础，亦是建立锅炉技术监督体系的依据。

3.4　各电厂应按照集团公司《华能电厂安全生产管理体系要求》《电力技术监督管理办法》中有关技术监督管理和本标准的要求，结合本厂的实际情况，制定电厂锅炉监督管理标准；依据国家和行业有关标准、规程和规范，编制、执行运行规程、检修规程和检验及试验规程等相关/支持性文件；以科学、规范的监督管理，进一步提升锅炉专业技术管理水平，杜绝锅炉主辅设备事故，确保实现锅炉设备的最佳经济性。

3.5　锅炉监督工作要依靠科技进步，采用和推广先进可靠的设备和成熟的技术管理经验，不断提高锅炉的安全、经济、稳定运行水平。

3.6　从事锅炉监督的人员，应熟悉和掌握本标准及相关标准和规程中的规定。

4 监督技术标准

4.1 设计阶段监督

4.1.1 锅炉本体设计选型：

4.1.1.1 锅炉设计选型应执行 GB 50660、DL/T 831、DL/T 5240、集团公司《火电工程设计导则》《新建燃煤电厂节能与主设备、主要辅助设备选型指导意见》等的规定。

4.1.1.2 锅炉设备的选型应根据燃用的设计燃料及校核燃料的燃料特性数据确定。锅炉设计煤种和校核煤种应委托具备相应检验资质的单位按标准进行化验分析。在进行炉膛设计选型前，应对设计煤种煤质分析数据做必要的校验与核算，并分析锅炉投运后煤质可能的变化幅度。设计煤的常规化验分析项目及依据见附录 A。

4.1.1.3 锅炉应优先采用煤粉炉。当燃用洗煤副产物、煤矸石、石煤、油页岩和石油焦等在煤粉锅炉上不能稳定燃烧的燃料时，宜选用循环流化床锅炉。

4.1.1.4 设计煤种为极易结焦的高钠煤时，经过环境及投资经济性等方面的综合评价认可，可考虑选择液态排渣锅炉。

4.1.1.5 煤粉锅炉炉膛选型应符合 DL/T 831、JB/T 10440、集团公司《火电工程设计导则》的有关规定。锅炉炉膛选型时应控制主要特征参数在合适范围内。严重结渣性煤种采用墙式或切向燃烧方式时，炉膛轮廓造型应取用有利于减轻结渣倾向的特征参数值；对于燃用褐煤等新型炉型设计时应对现役机组进行充分调研，合理选取设计参数；对于大型超（超）临界机组锅炉，为防止氧化皮脱落时集中堆积，根据条件宜选择塔式锅炉；对于安装在高海拔地区（海拔高度超过 500m）的燃煤锅炉机组，应参照 DL/T 831 的规定对炉膛特征参数进行大气压力修正，并考虑强化燃尽的技术措施。

4.1.1.6 锅炉侧管道、集箱及受热面管子用金属材料的选用应符合 GB 5310、DL/T 715 等的规定。受热面管子选材时应充分调研同类型在役锅炉受热面管材实际抗高温蒸汽氧化性能，合理选择材质等级。锅炉各级过热器、再热器受热面使用材料的强度应合格，材料的允许使用温度应高于计算壁温并留有裕度，且应装设足够的壁温监视测点。

4.1.1.7 大型煤粉锅炉应配置必要的炉膛出口高温受热面两侧烟温测点，以加强对烟温偏差的监视调整。

4.1.1.8 设计煤种为碱金属含量高、沾污性较强煤种时，水平烟道受热面管排间距应合理选择，并适当增加吹灰装置。

4.1.1.9 燃烧器形式和布置方式应能满足机组调峰及氮氧化物控制的要求。对于较易着火煤（$IT \leqslant 700℃$），宜采用切向燃烧或墙式燃烧方式；对于较难着火煤（$IT > 800℃$），宜采用双拱燃烧方式；对于中等着火煤（$IT = 700℃ \sim 800℃$），宜优先选用墙式或切向燃烧方式，燃烧器区水冷壁面可适当敷设卫燃带。对于 $IT > 750℃$ 而结渣性较严重煤种，可考虑采用双拱燃烧方式。对于墙式切圆燃烧方式的锅炉，应合理设计理想切圆直径，防止火焰冲刷水冷壁造成高温腐蚀；对冲燃烧锅炉燃烧器布置应合理，应关注侧墙水冷壁高温腐蚀问题，并在设计时采取措施，提高侧墙水冷壁处的氧气浓度。

4.1.1.10 锅炉燃烧设备应经过优化选型设计，燃烧器数量和单只燃烧器容量应合理选择；炉膛及燃烧器的布置应考虑减小炉膛出口烟温和烟气流速的不均匀。

4.1.1.11 锅炉点火及助燃系统的形式应根据燃用煤种、锅炉形式、制粉系统形式、点火及助燃燃料等条件确定，节油点火系统设计应纳入锅炉的总体设计。燃用煤种适宜时，宜采用等离子点火、少油点火、富氧微油点火等节油点火技术。少油点火系统设计应执行 DL/T 1316 标准，等离子体点火系统设计应执行 DL/T 1127 标准。

4.1.1.12 直流锅炉启动系统宜选用内置式分离器启动系统，对于启动次数较少的机组，宜采用大气扩容器式锅炉启动系统或可选用带循环泵的锅炉启动系统；对于机组启停次数较为频繁的机组或空冷机组，宜选用带循环泵的锅炉启动系统。

4.1.1.13 循环流化床锅炉紧急补水系统的设置根据锅炉厂要求确定，设置外置换热器的循环流化床锅炉应配置紧急补给水系统。

4.1.1.14 锅炉侧汽水管道的设计应符合 DL/T 5054 规定，管道设计应根据系统和布置条件进行，做到布置合理、安装维修方便。

4.1.1.15 过热蒸汽系统应设有喷水减温装置，过热蒸汽减温喷水能力应为设计最大喷水量的 1.5 倍。再热蒸汽温度应通过设置摆动燃烧器或尾部烟气挡板调节，当燃烧器处于水平（烟气挡板处于中间）位置时，再热汽温应能达到额定值。

4.1.1.16 汽包锅炉宜采用一级连续排污扩容系统。对亚临界参数汽包锅炉，当条件合适时，可不设连续排污系统。连续排污系统应有切换至定期排污扩容器的旁路。

4.1.1.17 应根据环保排放要求和经济性比较，合理选择脱硝工艺。锅炉设计时应考虑脱硝装置全工况运行需要。脱硝系统烟道设计应进行流场优化计算，保证烟气流场分布均匀；应对氨喷嘴的布置、型式进行优化设计，以提高喷氨均匀性。脱硝系统应有防止大粒径灰进入脱硝反应器的措施，并应设置吹灰设施。

4.1.1.18 锅炉炉顶密封宜采用柔性密封技术。对于严寒地区，锅炉炉顶宜同时采用炉顶大包封闭技术。

4.1.1.19 除尘设备应采用露天布置，干式除尘设备灰斗应采取防结露措施；除尘器阴极振打装置与除尘器顶部应采用成熟可靠的密封技术；对严寒地区，除尘器设备下部可采用封闭布置。

4.1.1.20 宜在烟气自动监控（CEMS）系统内加装一氧化碳（CO）测量装置，用以监测炉内 CO 的变化，指导运行阶段燃烧调整。

4.1.2 锅炉辅机及系统选型：

4.1.2.1 制粉系统。

　　a）锅炉制粉系统设计应满足 GB 50660、DL/T 5145、DL/T 5203、国家能源局《防止电力生产事故的二十五项重点要求》、集团公司《防止电力生产事故重点要求》和《火电工程设计导则》等有关规定。

　　b）给煤机应根据制粉系统的布置、锅炉负荷需要、给煤量调节性能、运行可靠性并结合计量要求选择。

　　c）磨煤机及制粉系统选型应符合 DL/T 466、DL/T 5145 等标准要求，磨煤机和制粉系统形式应根据煤种的特性、可能的煤种变化范围、负荷性质、磨煤机的适用条件，并结合锅炉燃烧方式、炉膛结构和燃烧器结构形式，按有利于安全运行、提高燃烧效率、降低 NO_x 排放的原则，经技术经济比较后确定。磨煤机的出力裕度宜根据可能的煤质变化情况适当提高，以尽量避免实际运行中磨煤机出力不足。

　　d）当煤的干燥无灰基挥发分大于 25%（或煤的爆炸性指数大于 3.0）时，不宜采用中间储仓式制粉系统，如必要时宜抽取炉烟干燥或者加入惰性气体。

e) 对于磨损性在较强（$K_e \leqslant 5$）以下、煤的着火性能为中等（挥发分 V_{daf} 在 15% 以上、着火温度 $IT<800℃$）的贫煤，磨损性在较强（$K_e \leqslant 5$）以下的烟煤，外在水分 $M_f \leqslant 19\%$ 的褐煤，宜选用中速磨煤机直吹式制粉系统，优先采用 MPS 或 HP 磨煤机。

f) 制粉系统（全部烧无烟煤除外）应有防爆和灭火措施。对煤粉仓、磨煤机，应设有通惰化介质和灭火介质的措施。

g) 中速磨煤机应采用动态分离器，以提高煤粉细度。

h) 对于超（超）临界大容量锅炉机组，应对炉膛燃烧稳定均匀性提出更高要求，宜在磨煤机出口设置煤粉分配器，保证一次风管粉量分配均匀，应配置一次风调平装置。

4.1.2.2 风烟系统。

a) 锅炉一次风机、送风机、引风机按照 GB 50660、DL/T 468、集团公司《火电工程设计导则》《华能火力发电机组节能降耗技术导则》《火力发电机组节电技术导则》等标准进行选择，风机选型应选用与烟风系统相匹配的风机及调节方式，风量和风压不应选择过大富裕量。

b) 新建电厂应优先采用脱硫增压风机与引风机合并方案，大容量机组可考虑汽动驱动方式，对于与增压风机合一的高压头引风机，宜结合对炉膛防内爆保护的要求来考虑。对轴流式风机应具备预防喘振失速的保护措施。

c) 空气预热器设计时应保证换热面积足够，并预留一定空间。设计时应考虑脱硝系统投运、煤质变差等因素引起的堵灰问题，应选择防堵性能较好的换热元件型式和材料，空气预热器冷端宜采用耐低温腐蚀的搪瓷传热元件。空气预热器的选型应根据煤种、满负荷时空气预热器进口烟温、冷风温度、空气、烟气流量等参数来选择，对回转式空气预热器，应采用密封效果较好的密封技术，密封系统设计应考虑调峰需要。回转式空气预热器应设有可靠的停转报警装置、完善的水冲洗系统、消防系统及吹灰系统。

d) 当煤质条件较好、环境温度较高或空气预热器冷端采用耐腐蚀材料，确保空气预热器不被腐蚀、不堵灰时，可不设空气加热系统。回转式空气预热器采用热风再循环时，热风再循环风率不宜大于 8%。暖风器在结构和布置上应满足降低阻力的要求，对年使用小时数不高的暖风器应采用移动式结构，对于严寒地区，暖风器宜布置在风机入口并设置可靠的疏水装置。

e) 烟风煤粉管道的设计应执行 DL/T 5121 相关规定。送粉、制粉管道和烟道中易磨损的弯管和零件，宜采用防磨措施。当敷设防磨材料时，应避免增加阻力和造成煤粉沉积。燃煤锅炉除尘器前的烟道内不宜设置内撑杆，当必须设置时，宜采用 16Mn 钢管，当用碳钢管时在迎气流的一侧应采取防磨措施。

4.1.2.3 除灰渣系统。

a) 除灰渣系统的设计应执行 GB 50660、DL/T 5142、集团公司《火电工程设计导则》等的有关规定。除灰渣系统的设计应充分考虑灰渣量、水量、灰渣综合利用、环保等要求，经技术经济比较后，合理选择除灰渣系统。除灰渣系统的容量应按锅炉最大连续蒸发量燃用设计煤种时系统排出的总灰渣量计算，并留有裕度。

b) 循环流化床锅炉除渣系统冷渣器应设置冷却水量调节控制手段。循环流化床锅炉底渣的气力输送系统能耗大，且管道和设备易磨损，应慎重采用。

c) 应根据预防受热面（或催化剂）积灰或结渣的需要合理选择吹灰器及其布置位置。对于一般结渣特性的燃料，炉膛吹灰器可用蒸汽吹灰器；对于严重结渣，且渣质疏松的燃料可采用水力吹灰器，并合理布置；对于燃用沾污性较强煤种及烟道宽度较大的锅炉，应特别关注水平烟道处吹灰器布置位置和数量。

d) 石子煤输送系统应根据石子煤量、输送距离、布置和机组台数等条件合理选用，石子煤系统应充分考虑系统设备的密封，防止粉尘二次污染。

4.1.3 运煤系统：

4.1.3.1 运煤系统的设计应按照 GB 50660、DL/T 5187、DL/T 5203、集团公司《火电工程设计导则》等标准进行。运煤系统设计应考虑电厂投产后煤源和煤质变化的可能性。

4.1.3.2 储煤场的容量和煤储存设施，应根据运输方式和运距、气象条件、煤种及煤质、发电厂容量和发电厂在电力系统中的作用等因素统一考虑。对于多雨地区（年平均降雨量大于或等于 1000mm）的电厂，应根据煤的物理特性，制粉系统和煤场设备型式等条件，确定是否设置厂煤储存设施。

4.1.3.3 燃料设计中应考虑配煤掺烧的要求，若燃煤较杂，有配（混）煤要求时，宜选用筒仓。当筒仓作为配煤设施或储存褐煤、高挥发分烟煤时，应设置防爆、通风、温度监测、可燃气体检测、惰性气体保护等装置。

4.1.3.4 对黏性大、有悬挂结拱倾向的煤，在筒仓和原煤仓的出口段宜采用内衬不锈钢板、光滑阻燃型耐磨材料或不锈钢复合钢板，宜装设预防和破除堵塞的装置，包括在金属煤斗侧壁装设电动或气动破拱装置，或其他振动装置。当原煤仓出口处壁面与水平面夹角大于 70°时，可不装设振动装置。

4.1.3.5 运煤系统煤尘防治设计应按照 DL/T 5187.2 标准执行。运煤系统建筑、煤仓间等应有可靠地捕灰、抑尘装置，并设置水冲洗装置。

4.2 监造阶段监督

4.2.1 锅炉监造监督应按照 DL 612、DL/T 586、供货协议、监造单位出具的监造大纲、制造厂的企业标准等进行。

4.2.2 监造单位应按技术标准和规范、合同文件、厂家正式技术资料等，编制监造大纲和质量计划，并经电厂和技术监督批准。

4.2.3 质量监督人员应重点对锅炉及辅机设备制造质量见证项目进行监督，锅炉及辅机设备制造质量主要见证项目及见证方式应依据 DL/T 586 而定，电厂与制造单位可根据具体情况协商增加设备的监造部件、见证项目和见证方式。

4.2.4 制造单位在质量见证点实施前应及时通知电厂和监造代表参加见证。对制造单位未按规定提前通知监造代表，导致电厂不能如期参加现场见证的，电厂可要求重新见证。

4.2.5 应检查监造过程中使用的仪器、仪表和量具是否根据有关规定进行管理，是否经有资质的计量单位校验合格并在有效期内使用。

4.2.6 监造单位应根据设备供货合同和设备监造服务合同要求，查阅制造单位的设备制造工艺、技术标准和生产计划，并及时提出意见。对其中出现的重大质量问题或重要检验/试验项目，应协助进行检测、分析，确定处理方案。如有不符或达不到标准要求的，监督制造单位采取措施处理，直至满足要求，并应向电厂提交不一致性报告。

4.2.7 监造单位应按监造服务合同的约定向电厂提交监造工作简报。电厂质量监督人员应查阅监造单位的监造工作简报，检查内容包括设备在制造过程中加工、试验和总装生产进度、对出现的问题处理情况等。

4.2.8 设备监造工作结束后，质量监督人员应定期查阅监造单位提交的验收报告和设备监造工作总结，检查内容应包括验收依据、验收项目、验收情况、出现的问题和处理方法、结论及建议。

4.2.9 监造单位在监造工作结束后，应向电厂提交设备监造工作总结，在监造总结中对设备质量和性能做出明确评价。

4.2.10 锅炉及其辅助设备、附属机械、合同设备均须签发质量证明、检验记录和测试报告，作为交货时质量证明文件的组成部分。

4.2.11 锅炉本体制造质量关键见证点见表1，其中文件见证点未全部列出。

表1 锅炉本体制造质量关键见证点

项目	停工待检（H 点）	现场见证（W 点）	文件见证（R 点）
水冷壁		钢管表面质量检查，钢管尺寸测量（外径、壁厚），焊口外观检查（外形尺寸及表面质量），弯管检查（弯管外形尺寸、椭圆度、外弯面减薄量），通球试验抽查，水压试验，水冷壁组片检查，管子及鳍片间拼接焊缝表面质量及外形检查，鳍片端部绕焊表面质量检查，屏销钉焊接质量检查	钢管和鳍片材质证明书、入厂复验报告，焊接内部质量（无损检测报告），射线底片抽查
过热器、再热器		钢管表面质量检查，钢管尺寸测量（外径、壁厚），焊口外观检查（外形尺寸及表面质量），热校工艺及热校表面检查，通球试验抽查，水压试验，各级过、再热器管组片检查（几何尺寸、平直度）	钢管材质证明书、入厂复验报告，焊接内部质量（无损检测报告），射线底片抽查，焊接工艺检查（工艺评定、焊接材料），热处理检查，异种钢接头检查（理化性能、金相组织、折断面检查），弯管检查（椭圆度、外弯面减薄量）
省煤器		钢管尺寸测量（外径、壁厚），焊口外观检查，弯管检查（椭圆度、外弯面减薄量），通球试验抽查，水压试验	钢管材质证明书、入厂复验报告，钢管表面质量检查，焊接内部质量（无损检测报告），射线底片抽查，焊接工艺检查
汽包	水压试验	部件表面质量检查（筒节、封头、下降管接头），焊缝外观质量，外观及尺寸检查，钢印检查	钢材材质证明书、入厂复验报告，内部质量入厂复验报告，焊缝内部质量（无损检验报告），射线底片抽查，焊缝返修报告，焊接工艺检查，热处理检查

表1（续）

项目	停工待检（H点）	现场见证（W点）	文件见证（R点）
集箱		钢管表面质量检查，钢管尺寸测量（外径、壁厚），集箱对接焊缝外观检查（焊缝高度、外形及表面），管座焊缝外观检查（焊缝高度、外形及表面），集箱及管座几何尺寸检查，集箱内隔板焊缝表面质量检查，集箱内部清洁度检查，水压试验	钢管材质证明书、入厂复验报告，集箱对接焊接内部质量（无损检测报告）、返修报告、射线底片抽查，管座焊缝内部质量（无损检测报告），焊接、热处理工艺检查，水压试验
回转式空气预热器		焊缝外观质量检查，尺寸、外观、装配质量	主要原材料证明书及复验报告，中心筒、导向端轴等无损检测报告
锅炉钢结构		钢材表面质量及尺寸抽查，大板梁、立柱、主要横梁外观检查，焊缝表面质量（外观、尺寸），主要尺寸检查及高强螺栓孔尺寸检查，预组合检查（至少一个立面中两排接点的全部构件），叠式大板梁叠板穿孔率检查，防腐漆检查	材质证明书，钢材入厂复验报告，焊缝无损检测报告，高强度螺栓连接及抗滑移系数试验
燃烧器		焊缝外观检查，主要安装接口尺寸检查，位置调整及调节机械动作灵活性检查，单个、整组燃烧器抽查	材质证明书，钢材入厂复验报告
安全阀			材质证明书、入厂复验报告，外观检查（含尺寸检查），阀体无损检测报告，水压试验，严密性试验
人员资质			焊工资格抽查，探伤人员资格抽查

4.2.12 锅炉重要辅机制造质量关键见证点见表2，其中文件见证点未全部列出。

表2 锅炉重要辅机制造质量关键见证点

设备	停工待检（H点）	现场见证（W点）	文件见证（R点）
动叶可调轴流式风机		叶轮动平衡、叶轮转子组运转试验，油箱渗漏试验、油泵试运转试验	材料质量证明书，油站质量证明书，叶片装配布置图
静叶可调轴流式风机		叶轮动平衡、调节部套手动试验	材料质量证明书，叶轮尺寸检查记录，调节叶片装配记录
离心式风机		叶轮动平衡、叶轮转子组运转试验，渗漏试验	材料质量证明书，叶轮尺寸检查记录

表2（续）

设　　备	停工待检 （H 点）	现场见证（W 点）	文件见证（R 点）
低速钢球磨煤机		罐体外观和尺寸检查，空心轴及主轴承球面轴颈表面光洁度检查，主轴承球面表面情况及接触情况检查，大齿轮齿面检查及咬合记录，减速齿轮箱（渗油试验、温度试验、盘车或试运转，试组装，整机空转）	钢球耐磨性试验
中速磨煤机		磨辊对中转动灵活性检查，煤粉细度调节挡板和粗粉回粉挡板刻度正确性和调节灵活性检查，盘车系统，减速齿轮箱（渗油试验、温度试验，盘车或试运转，试组装，整机空转）	磨辊辊套、磨盘衬板耐磨性能检查，液压系统及弹簧加载系统
风扇磨煤机		冲击轮静平衡、动平衡试验，锥孔与主轴锥段的接触率检验，润滑油和冷却水系统严密性检查，阀门的严密性、灵活可靠性检查，盘车或试运转，试组装，整机空转	冲击板耐磨性能检查
皮带称重式给煤机		滚筒的焊接质量，滚筒各部件主要尺寸，装配后各部件径向跳动，平衡件断面跳动，整件组装各部件的径向及轴向间隙，轴向窜动量和径向间隙	胶带质量证明书，轴承质量证明书

4.2.13　管式空气预热器、钢球磨煤机、风扇磨煤机、暖风器、离心式风机的监造验收还应分别执行 JB/T 1616、JB/T 1386、JB/T 7890、DL/T 455、JB/T 4358 等机械制造技术条件标准。

4.3　安装阶段监督

4.3.1　锅炉安装监督管理

4.3.1.1　锅炉安装阶段应依据 DL 5190.2、DL 5190.5、DL 5190.7、DL/T 438、DL/T 869、DL/T 5210.2 等标准，制造厂提供的安装指导书、图纸、设备及系统的设计修改签证等文件，对锅炉本体及辅机、输煤系统安装实施监督。

4.3.1.2　锅炉机组安装工程施工单位应具备相应的施工资质，特种作业人员应持证上岗。施工现场应有经审批的施工组织设计、施工方案等文件。

4.3.1.3　电力建设工程监理规范应执行 DL/T 5434 标准规定。监理单位应编写并提交监理规划、监理实施细则，监理规划的编制应针对电力建设工程项目的实际情况编写，监理实施细则的编制应结合电力建设工程的专业特点，并具有可操作性。

4.3.1.4　设备入厂验收。

a)　锅炉设备应符合技术协议要求，设备或部套入厂时设备制造及供货单位应提供质量证明书。

b)　锅炉设备或部套到厂后，由电厂、监理单位、安装单位及设备制造厂家共同参加，按照装箱清单、有关合同及技术文件对设备进行验收，并做好验收记录。

c)　设备在安装前应按照设备技术文件和 DL/T 855 的要求做好保管工作。锅炉受压部件、压力容器及管道在未安装前，应按标准和设备技术文件的要求，做好防腐和保管工作，特别应防止受热面掉入异物、受损、腐蚀。

4.3.2 锅炉构架及有关金属结构安装

4.3.2.1 锅炉开始安装前应根据验收记录进行基础复查，基础应符合设计和 GB 50204 的规定。基础划线允许偏差、垫铁的尺寸及安装要求应符合 DL 5190.2 相关要求。

4.3.2.2 锅炉钢构架组合件的允许偏差应符合 DL 5190.2 相关要求。构架吊装后应复查立柱垂直度、主梁挠曲值和各部位的主要尺寸。

4.3.2.3 高强度大六角头螺栓连接副终拧完成 1h～48h 内应按标准对终拧扭矩进行检查。

4.3.2.4 钢构架安装允许偏差应符合 DL 5190.2 相关要求。

4.3.2.5 锅炉大板梁在承重前、水压试验前、水压试验上水后、水压试验完成放水后、锅炉点火启动前应测量其垂直挠度，测量数据应符合厂家设计要求。

4.3.2.6 锅炉钢架吊装过程中，应按设计要求及时安装沉降观测点。

4.3.2.7 平台、梯子应与锅炉构架同步安装，不应随意改变梯子的斜度或改动上下踏板的高度和连接平台的间距。

4.3.2.8 燃烧设备安装。

  a) 旋流燃烧器安装前燃烧器区域水冷壁、刚性梁及大风箱桁架等设备应安装完毕或已临时固定；水冷壁整体调整后，直流燃烧器组件方可与水冷壁角部管屏找正焊接。

  b) 燃烧设备与水冷壁的相对位置应符合设计要求，并保证有足够的膨胀间隙，燃烧器喷出的煤粉不得冲刷周围管子。

  c) 与燃烧器相连接的风、粉管道，不得阻碍燃烧器的热态膨胀和正常位移，接口处应严密不漏，风、粉管道等重量和轴向推力不应附加在燃烧器上。

  d) 燃烧器喷口标高，燃烧器间距离，旋流燃烧器一、二次风筒同心度，直流燃烧器喷口与一、二次风道间隙偏差应符合 DL 5190.2 标准要求。

  e) 油点火装置炉外管道应采用带丝扣的金属软管连接，软管的裕量应能满足自身活动和锅炉膨胀要求。点火油枪的金属软管应经 1.25 倍工作压力下的水压试验合格，金属软管的弯曲半径应大于其外径的 10 倍，接头至开始弯曲处的最小距离应大于其外径的 6 倍，油枪进退动作时金属软管不应产生扭曲变形。

4.3.2.9 回转式空气预热器的安装。

  a) 转子圆度、定子圆度、上下端板组装平整度、主轴垂直度等的允许偏差应符合 DL 5190.2 和设备制造厂家的要求。

  b) 转子传热元件应在转子盘车合格后进行安装，传热元件装入扇形仓内不得松动，传热元件间不应有杂物堵塞；传热元件安装完毕后应做好防止杂物落入的措施。

  c) 轴向、径向和周向密封的冷态密封间隙应按设备技术文件规定的数值进行调整和验收。

  d) 密封间隙跟踪装置安装应符合图纸要求。

4.3.3 受热面安装

4.3.3.1 受热面安装前应根据供货清单、装箱单和图纸进行全面清点，注意检查表面有无裂纹、撞伤、龟裂、压扁、砂眼和分层等缺陷。合金钢材质的部件在组合安装前必须进行材质复查，并在明显部位做出标识；安装结束后应核对标识，标识不清时应重新复查。

4.3.3.2 受热面管在组合和安装前应分别进行通球试验，通球试验应符合 DL 5190.2 的相关规定。

4.3.3.3 受热面管子在安装过程中应保持内部洁净，不得掉入任何杂物。受热面管子或联箱上布置的节流装置应保证通畅并采用内窥镜检查。

4.3.3.4 汽包、汽水分离器、联箱吊装必须在锅炉构架找正和固定完毕后进行；汽包、汽水分离器、联箱安装找正时，应根据构架中心线和汽包、汽水分离器、联箱上已复核过的铣眼中心线进行测量，安装标高应以构架 1m 标高点为基准。

4.3.3.5 不得在汽包、汽水分离器及联箱上引弧和施焊，如需施焊，必须经制造厂同意，焊接前应进行严格的焊接工艺评定试验。

4.3.3.6 水冷壁组合应在稳固的组合架上进行。水冷壁组件应合理选择吊点并适当加固，在运输和起吊过程中不应产生永久变形。螺旋水冷壁的安装应分层找正定位，吊带应分层及时安装。

4.3.3.7 水冷壁应按厂家图纸要求进行密封焊，并应检查焊缝是否有漏焊、错焊。循环流化床（CFB）锅炉密封区或厂家技术文件有明确要求的部位密封焊应进行渗透检查。

4.3.3.8 过热器、再热器和省煤器等蛇形管安装时，应先将联箱找正固定。

4.3.3.9 受热面组合安装偏差应符合 DL 5190.2、DL 5190.5、DL 5190.7 对各受热面（水冷壁、过热器、再热器、省煤器）组合安装允许偏差的要求。过热器、再热器应重点检查管排间距、边缘管与外墙间距是否符合要求，是否存在管子出列现象。

4.3.3.10 折焰角、水平烟道与上部蛇形管底部距离不得小于设计值要求。

4.3.3.11 受热面吊挂装置弹簧的锁紧销在锅炉水压期间应保持在锁定位置，锅炉点火前方可拆除。

4.3.3.12 汽包、汽水分离器、联箱的安装允许偏差应符合 DL 5190.2、DL 5190.5、DL 5190.7 的相关要求。

4.3.3.13 水压试验。

a) 锅炉受热面安装完成后，应进行整体水压试验。水压试验前，应按照 DL 5190.2、DL/T 889 等标准、设计图纸、制造厂技术文件资料等对水压试验作业指导书进行审核。

b) 水压试验压力按照 DL 5190.2、锅炉安装说明书等相关规定执行。超（超）临界锅炉主蒸汽、再热蒸汽管道水压试验宜采用制造厂提供的水压堵阀或专用临时封堵装置，并应经强度校核计算。

c) 锅炉水压试验水质和进水温度应符合设备技术文件、DL/T 889 以及集团公司《火力发电厂燃煤机组化学监督标准》等规定，所用压力表计应经校验合格，其精度及刻度极限值符合 DL 5190.2 相关规定要求。

d) 锅炉水压试验前，可进行一次 0.2MPa～0.3MPa 的气压试验，试验介质为压缩空气。

e) 水压过程中，升降压速率应严格执行 DL 5190.2 标准要求。

4.3.4 锅炉附属管道及附件的安装

4.3.4.1 锅炉排污、疏放水管道应有不小于 0.2% 的坡度，不同压力的排污、疏放水管道不应接入同一母管。

4.3.4.2 汽水取样管安装应有足够的热补偿，保持管束走向整齐。

4.3.4.3 水位计的安装应符合厂家图纸和 DL 5190.2 的相关要求，水位计安装后应做好标识，水位计不参加超压试验。

4.3.4.4 阀门安装位置应便于操作和检修，执行机构行程位置准确，并按规定进行过扭矩保护试验。

4.3.4.5 吹灰器与受热面的间距应符合厂家图纸要求；长（半）伸缩式吹灰器应根据对应的膨胀位移量进行偏装。蒸汽吹灰系统管道安装时应考虑水冷壁膨胀补偿；燃气脉冲吹灰可燃气管道安装、严密性试验应按照 DL 5190.5 规定执行，可燃气集中供应点应设置泄漏报警装置。

4.3.4.6 膨胀指示器应按锅炉厂家图纸要求安装，应安装牢固、布置合理、指示正确，零位应经过调整。

4.3.4.7 调节阀、流量计等节流设备应在管道酸洗、冲洗、吹扫后安装。

4.3.5 锅炉烟风道、燃料管道的安装

4.3.5.1 烟风道在安装前应经检查验收，其所用材料厚度应符合设计要求。

4.3.5.2 烟风道组合件焊缝长度及厚度应符合要求，组合件焊缝必须在保温前经渗油检查合格；管道和设备的法兰间应有足够厚度的密封衬垫，衬垫应安装在法兰螺栓以内并不得伸入管道和设备中，衬垫两面应涂抹密封涂料。

4.3.5.3 烟风系统挡板、插板安装后应在轴端头做好与实际位置相符的永久标识；对组合式挡板门，各挡板的开关动作应同步，开关角度应一致。

4.3.5.4 锅炉烟风道安装结束后应及时清除内外杂物和临时固定件，保温施工前宜进行烟风系统严密性试验。

4.3.5.5 炉膛及烟风系统的严密性宜采用风压试验检验，试验范围应包括：锅炉炉膛、尾部烟道及空气预热器、烟风及煤粉管道、脱硝装置、除尘器及烟风系统辅机设备。

4.3.5.6 风压试验压力应按锅炉厂家技术文件规定进行，无规定时可取风压试验压力为 0.5kPa。风压试验中发现漏点应及时做好标识和记录。

4.3.5.7 如检查发现炉膛或炉顶密封区域大范围泄漏，缺陷处理完毕后，应重新进行炉膛及烟风系统整体密封性试验。

4.3.6 燃油系统设备及管道的安装

4.3.6.1 燃油系统的设备、管道、阀门及管件的规格和材质应符合设计图纸要求，燃油管道不应采用铸铁阀门。

4.3.6.2 燃油管道的密封垫片应按设计要求严格选用。

4.3.6.3 燃油系统设备及管道的接地和防静电措施应按设计要求施工。

4.3.6.4 燃油系统安装结束后，所有管道必须经水压试验合格。

4.3.6.5 燃油系统管道安装结束后应采用蒸汽吹扫，蒸汽吹扫应执行 DL 5190.2 的相关规定。

4.3.7 锅炉辅助机械安装

4.3.7.1 辅机安装前，应对基础进行检查划线。

4.3.7.2 辅机安装过程中，地脚螺栓和垫铁的选用和安装，应符合 DL 5190.2 相关规定。

4.3.7.3 磨煤机的安装。

a）钢球磨煤机主轴承的安装及允许偏差应符合制造厂技术文件和 DL 5190.2 的规定；钢球磨煤机罐体就位后，应测量和调整轴颈水平偏差、主轴承端面跳动值、推力间

隙、承力端轴颈的膨胀间隙等数据，使其符合制造厂规定。

b) 风扇磨煤机安装前应检查轴承箱、打击轮、机壳、进料大门、分离器等部件符合设备技术文件的规定；轴封安装后，迷宫的轴向、径向间隙应符合设备技术文件的规定，无摩擦卡涩现象，应检查并记录打击轮背筋与衬板间隙。

c) HP 型中速磨煤机安装过程中，地脚螺栓、底板、底座的安装应符合 DL 5190.2 的规定；磨盘轴颈密封处圆周间隙、磨辊与磨盘之间的间隙应调整均匀，且应符合设备技术文件的规定。

d) ZGM 型中速磨煤机安装中，基框、地脚螺栓、垫铁、减速机、机座、密封装置和传动盘的安装和找正应符合 DL 5190.2 的规定；喷嘴环与磨盘的径向间隙、与磨环分段法兰的轴向间隙偏差均不大于 0.5mm。

4.3.7.4 风机的安装。

a) 风机的安装施工应按照 GB 50275、DL 5190.2 及制造厂技术文件的相关规定执行。

b) 离心式风机的机壳进风斗与叶轮进风口的间隙、轴与机壳的密封间隙应符合设备技术文件的规定；离心式风机的调整挡板安装应保证各叶片的开启和关闭角度一致，开关的终端位置应符合厂家技术文件的规定，调节挡板的轴头上应有与叶片板位置一致的标记。

c) 轴流式风机安装中，应调整动叶根部间隙、动叶与外壳的径向间隙符合设备技术文件的规定；动（静）叶调节装置的调节及指示与叶片的转动角度应一致，调节范围应符合设备技术文件的规定，极限位置应有限位装置。

4.3.7.5 给煤机的安装。

a) 刮板给煤机的刮板应平整，与底板间隙应符合设计规定；链条的轨道应平整，水平度偏差和两轨道间平行距离偏差应符合规定要求，链条紧度的装置应保持有 2/3 以上的调整裕量。

b) 振动给煤机与原煤仓结合的法兰应保持水平，螺栓应紧固；给煤槽与振动器的连接应牢固，振动器振幅应按设备技术文件的规定进行调整。

c) 全密封自动称量式皮带给煤机机内的防振垫块待设备安装结束后方可取出；整机纵横水平度偏差应符合要求，各窥视孔、门孔应严密不漏风。

4.3.7.6 捞渣机的安装。

a) 刮板捞渣机驱动装置大、小链轮的中心面应重合，其偏差不应大于两链轮中心距的 2/1000；刮板链条与机槽的最小侧间隙应符合设备技术文件规定；尾部张紧装置调节应灵活，刮板链条松紧应适度，尾部张紧装置已利用的行程不应大于全行程的 50%。

b) 刮板捞渣机安装时应重视设备注油，除刮板链条销轴处外，所有螺杆、滑轨、轴承、传动部件以及减速器内，均应按设备技术文件规定加注润滑剂。

c) 干排渣机中输送机的安装与前、后滚筒中心的重合度偏差不大于 5mm，输送链调整张紧后，未利用的行程不小于全行程的 50%。前、后滚筒安装水平偏差、中心偏差、平行度等应符合要求；上、下托辊安装水平偏差，托辊与干渣机的垂直度等应符合要求。

4.3.7.7 冷渣器设备的安装。

a) 滚筒冷渣器纵横中心、标高、水平度安装偏差不大于规定要求。

b) 风水联合冷渣器风帽布置时部件编号与图纸应相符，安装方向正确，风帽安装孔中心距误差不大于 2mm；管排组装前应做一次单根水压试验或无损探伤。联箱找正固定后应先安装基准蛇形管，待基准蛇形管找正固定后再安装其余管排，边缘管与炉墙间隙应符合厂家图纸要求。

4.3.8 输煤设备的安装

4.3.8.1 胶带输煤机安装前应检查预埋件与预留孔的位置和标高符合设计要求并经检查验收合格。托辊和胶带的规格应符合设计规定，托辊表面应光滑无飞刺，轴承应有润滑脂，转动应灵活；胶带胶面无硬化和龟裂等变质现象。

4.3.8.2 胶带输煤机构架、滚筒、拉紧装置、托架和托辊的安装应符合 DL 5190.2 等标准要求。托辊支架的前倾方向及调心方向应与皮带的前进方向一致，托辊架应与构架连接牢固。

4.3.8.3 落煤管、落煤斗的法兰连接处应加装密封垫。落煤管的出口中心应与下部皮带机的中心对正，头部落煤斗的中心应与上部皮带机的中心对正。

4.3.8.4 胶带铺设时应准确核实胶带的截断长度，使胶带胶接后拉紧装置有不少于 3/4 的拉紧行程。胶带的胶接工作可按胶带厂家要求执行，厂家无要求时应执行 DL 5190.2 对胶接工作的规定。

4.3.8.5 磁铁分离器应经电气人员检查合格后方可安装，其安装角度及吸铁表面与胶带表面的距离应符合设计要求。

4.3.9 保温

4.3.9.1 保温设计说明书、安装指导书、保温作业指导书应符合 DL 5190.2、制造厂相关图纸等文件，特殊部位的保温应进行专门设计。

4.3.9.2 锅炉炉墙、炉衬砌筑的保温应执行 DL 5190.2 的规定。锅炉设备（不包括锅炉本体）、管道及其附件的保温、油漆的设计应符合 DL/T 5072 标准要求。凡未经国家、省级鉴定的保温材料，不得在保温设计中使用。

4.3.9.3 保温施工前，应核对保温材料产品合格证等质量证明文件，并作外观检查，按批次进行现场见证抽样复检，检验项目应符合 DL 5190.2 相关规定。

4.3.9.4 保温施工应无漏项，应重视引风机轴承冷却风机烟道内保温等锅炉重要或易遗漏部位的保温检查。

4.3.9.5 保温材料施工时保温层应拼接严密，同层错缝，层间压缝，不得出现直通缝。

4.3.9.6 设备及管道保温安装中，应采取有效的保护措施防止成品被污染或损坏。

4.3.10 安装验收

4.3.10.1 锅炉安装质量验收执行 DL 5277、DL/T 5210.2、DL/T 5210.5 标准规定。安装工程应分阶段由施工单位、监理单位、建设单位进行质量验收。

4.3.10.2 各阶段施工质量验收应具备的签证和记录应齐全，并符合 DL 5190.2 标准要求。

4.4 启动调试阶段监督

4.4.1 锅炉启动、调试监督管理

4.4.1.1 锅炉启动、调试监督执行 DL/T 340、DL/T 852、DL/T 1269、DL/T 5294、DL/T 5295、DL/T 5437 等标准要求，结合设备制造厂说明书、技术协议和合同要求，对分部调试、整套启动调试过程中的调试措施、技术指标、主要质量控制点、重要记录、调试报告等进行监督。

4.4.1.2 机组启动调试工作应由试运指挥部全面组织、领导、协调，锅炉启动调试应由锅炉

调试专业小组负责调试项目的开展。

4.4.1.3 锅炉专业调试小组应由调试、施工、生产、建设、监理、设计及制造厂等单位的工程技术人员组成，由主体调试单位派人任组长。

4.4.1.4 工程安装施工阶段，调试单位应收集、熟悉、掌握锅炉设备、系统的详细资料，并应进入现场熟悉锅炉设备及系统，对发现的问题和缺陷及时提出建议。

4.4.1.5 调试单位应编制工程"调试大纲"中规定的锅炉专业"调试措施（方案）"，明确锅炉调试项目、调试步骤、试验的方案及工作职责，并制订相应的调试工作计划与质量、职业健康安全和环境管理措施。调试项目应完整，不缺项。锅炉专业应编制空气压缩机及其系统、启动锅炉、空气预热器及其系统、引风机及其系统、送风机及其系统、一次风机及其系统、炉水循环泵及其系统（锅炉启动系统）、锅炉冷态通风试验、锅炉燃油系统、等离子点火系统（少油点火系统）、暖风器及其系统、吹灰器及其系统、冷态空气动力场、锅炉蒸汽吹管、锅炉蒸汽严密性试验及安全阀整定、制粉系统、除渣系统、输煤系统、锅炉燃烧初调整、锅炉整套启动等调试措施，并准备调试检查、记录和验收表格。

4.4.1.6 锅炉分系统及锅炉机组整套启动时的锅炉调试方案、措施应经过建设、生产、施工、监理、设计、制造厂等单位讨论，经试运指挥部批准后实施。调试方案或措施应符合标准、技术协议、设计文件、设备厂家等要求。

4.4.1.7 调试工作开始前应向参与调试的单位进行"调试措施技术交底"，并做好相应技术交底记录。

4.4.1.8 应做好调试前仪器仪表的准备、设备系统的验收及启动条件的检查。

4.4.1.9 仪用压缩空气系统投运前应进行系统吹扫、检漏工作，系统安全阀和卸荷阀动作正常，热工、电气连锁保护装置动作正常。

4.4.1.10 分系统调试与锅炉整套启动调试阶段应做好全过程的调试记录。

4.4.2 单机试运及分系统调试监督

4.4.2.1 回转式空气预热器在首次启动前，应先启动盘车装置，检查转子密封无卡涩，动静部分无撞击现象，启动主电动机后电流值应稳定，无异常摩擦声。首次投入间隙自动控制装置应在制造厂指导下进行。在投入运行初期，若电流异常，应切除自动密封装置的运行，分析原因，处理问题结束后方可重新投入。

4.4.2.2 风机启动前应确认离心风机的进口调节挡板，轴流风机的动、静叶和出口隔绝挡板在关闭位置且动作方向正确；首次启动时应瞬动试转，记录启动电流、启动时间、空载电流并确认转动部分无异声。启动电流值和启动时间应符合要求；风机并联运行应执行 DL/T 468 的有关规定，并列运行的风机应注意电动机电流值保持一致；轴流风机试运期间，应对喘振保护开关进行校验并投入运行。

4.4.2.3 锅炉炉水循环泵一次冷却水系统投用前，应进行超压试验，试验范围包括仪表管路、疏放水管路、一次阀门、过滤器等所有承压部件。

4.4.2.4 燃油系统管路蒸汽吹扫前，应将吹扫的油系统和压力油系统可靠地隔绝。油系统油管路蒸汽或压缩空气变流量吹扫时，宜分阶段进行，并将管系内调节阀门门芯、过滤器滤网、流量表等拆除或旁路。

4.4.2.5 新装球磨机首次带煤磨机空负荷试转时，应进行钢球装载量试验，试验装球量宜为最大装球量的 70%～75%，待热态运行后视磨煤机出力和制粉系统经济性予以调整确认；中速磨煤机在初次试转前应按设计要求进行风环间隙、加载压力等的调整，对碾磨部件非接触型的中速磨煤机在带磨空负荷试转时，应按照制造厂规定值进行碾磨部件之间的间隙调整；应对磨煤机折向门开度或旋转式分离器转速进行检查核对，与实际误差应在 5%以内。

4.4.2.6　卸煤、输煤设备试转合格后，应进行整个系统的联动试验，并同时实机校验其连锁保护动作的正确性；输煤系统正式投运前，应完成相关设备的调试工作，如配煤、混煤设备，筛、碎煤机，磁铁、木块分离器，金属监测装置，自动称量，自动采样，喷淋、除尘设施等。

4.4.2.7　除灰渣系统的调试应执行 DL/T 894 等标准规定。水（气）力除灰、除渣系统应进行通水（气）联动试验及严密性试验。应对中速磨煤机石子煤排放系统进行严密性检查，并模拟检查石子煤斗高料位信号发送的正确性。

4.4.2.8　蒸汽吹灰系统试运时应测定吹灰器动作时间符合制造厂规定，吹灰器限位器动作程序、进汽和疏水阀门开关时间符合设计要求；墙式吹灰器喷嘴伸入炉膛内的距离及喷嘴启转角度应符合技术要求。

4.4.3　锅炉系统调试监督

4.4.3.1　冷态通风试验。

　　a）冷态通风试验前，应对送风系统及二次风流量、磨煤机入口风量测量装置进行风量系数标定。

　　b）在同一通风工况下，测量同一层（切向燃烧）、对称布置（墙式或拱式燃烧）的一次风喷口或管内风速，比较各风速间偏差值，若偏差值超出±5%范围，应检查一次风管内是否堵塞，隔绝门开度是否一致，对装有固定节流孔圈的应确认孔径编号是否与设计一致。在确认无误的情况下，对节流孔径进行调整。

　　c）风挡板动作试验应确认挡板轴端刻度与挡板实际开度、就地指示一致，就地指示与计算机指令一致。同一基准燃烧器各风门或调风器的开度偏差应控制在±5%以内。

　　d）在不同的通风量工况下，记录烟风系统的压力、流量、温度等特性参数，得出制粉系统、空气预热器、烟风道的通风阻力特性，并对风压表的准确性进行确认。

　　e）对于切向燃烧的锅炉，点火前应进行燃烧器摆动喷嘴的摆角试验。同一摆角下，各喷嘴实际摆角间的偏差应控制在±1.5°范围内。

4.4.3.2　燃油或燃气试点火。

　　a）应确认点火器与油（气）枪间的距离符合设计要求，锅炉水冷壁内有水且炉底水封投入。

　　b）在炉膛吹扫风量保持在 30%左右锅炉满负荷时的空气质量流量条件下进行点火试验，点火后应及时观察着火情况，迅速调整至良好的燃烧状况，必要时对点火油量、点火风压、点火器的发火时间进行调整。对点火中出现的点火失败或油雾化质量差等，应在查明原因予以消除后再进行试验。

4.4.3.3　锅炉化学清洗。

　　a）锅炉化学清洗工作应按照 TSG G5003、DL/T 794、集团公司《火力发电厂燃煤机组化学监督标准》要求进行。化学清洗系统安装应符合 DL 5190.5 的规定。

　　b）应委托有清洗资质的单位进行化学清洗，清洗单位应按照标准、设计文件、设备技术资料等要求编制化学清洗方案和措施。清洗方案中化学清洗范围应明确且无漏项，清洗流程应与标准和系统设计文件相符。

c) 化学清洗应根据锈蚀程度，锅炉设备的构造、材质、清洗效果，缓蚀效果，经济性的要求及废液排放和处理要求等因素综合考虑。清洗介质的选择应符合 DL/T 794 标准要求。

d) 化学清洗结束后，应对汽包、水冷壁下联箱和中间混合联箱进行割口检查，并彻底清除沉渣；检查监视管段和腐蚀指示片，应达到 DL 5190.2、DL/T 794 要求的标准。

e) 化学清洗结束至锅炉启动时间不应超过 20 天，如超过 20 天应按 DL/T 889 的规定采取停炉保养措施。

4.4.3.4 蒸汽吹管。

a) 锅炉蒸汽吹管工作按照 DL 5190.2、DL 5190.5、DL/T 1269 标准要求进行。

b) 吹管临时管道系统应由有设计资质的单位进行设计，安装应按正式管道的施工工艺施工。集粒器、靶板器、消音器的设计制造应符合相关标准要求。

c) 蒸汽吹管前应按照标准、吹管调试措施等对吹管前应具备的条件进行检查验收。

d) 吹管时达到的压力数值按照标准执行。在正式吹管前，应进行三次低于选定吹管压力的试吹管，试吹压力可按正式压力的 30%、50%、70%选定，并对临时系统进行检查。

e) 正式吹管过程中，应根据集粒器的前后压差，及时清理集粒器；每阶段吹管过程中，应至少停炉冷却两次，每次停炉冷却时间不少于 12h。

f) 吹管质量标准按照 DL 5190.2、DL/T 1269 执行。过热器、再热器及其管道各段的吹管系数应大于 1。选用铝质材料靶板，应连续两次更换靶板检查，无 0.8mm 以上的斑痕，且 0.2mm～0.8mm 范围的斑痕不多于 8 点。

g) 吹管结束后应按 DL/T 1269 的规定对集箱进行检查，对带节流孔的管排进行射线拍片检查，防止异物堵塞。

4.4.3.5 蒸汽严密性试验及安全阀校验。

a) 锅炉升压至工作压力进行蒸汽严密性试验时，应注意检查：

1) 锅炉焊口、人孔门、法兰等的严密性；

2) 锅炉附件和全部汽水阀门的严密性；

3) 汽包、联箱、各受热面部件和锅炉范围内汽水管路的膨胀情况。

b) 安全阀的校验顺序应按照其设计动作压力，遵循先高压后低压的原则。

c) 安全阀校验时应记录其起座压力、回座压力等。在安全阀整定过程中，根据需要进行安全阀起座压力、回座压力、前泄现象的调整，安全阀的调整应在设备厂家人员指导下或按设备厂家的技术要求进行。

d) 安全阀的校验验收按照 DL/T 852 相关规定进行。

4.4.4 整套启动试运行监督

4.4.4.1 锅炉机组整套启动试运行时间及程序应按照 DL/T 5437 的有关规定执行。整套启动试运的调试项目和顺序，可根据工程和机组实际情况，由试运总指挥确定。

4.4.4.2 空负荷试运一般包括锅炉点火、系统热态冲洗、锅炉蒸汽严密性试验和膨胀系统检查、锅炉安全门校验（对超临界及以上机组，主蒸汽系统安全门校验在带负荷阶段完成）、本体吹灰系统安全门校验。

4.4.4.3 锅炉点火升压前，应重点检查试验条件是否具备，重点检查项目参照 DL 5190.2 标准相关规定执行。锅炉首次升温升压应缓慢平稳，厚壁受压件升温升压速度应符合设备技术条件的规定，升温升压时应检查受热面各部分的膨胀情况，若有膨胀异常情况，必须查明原因并消除异常后方可继续升压。

4.4.4.4 带负荷试运一般包括：

a) 机组分阶段带负荷直到带满负荷。

b) 在条件许可情况下宜完成机组性能试验项目中的锅炉最低负荷稳燃试验、自动快减负荷（RB）试验。

4.4.4.5 满负荷试运前和试运结束应满足的要求按照 DL/T 5437 相关内容执行。

4.4.4.6 整套试运期间，所有辅助设备应投入运行；锅炉本体、辅助机械和附属系统应工作正常，其膨胀、严密性、轴承温度、振动等应符合技术要求；锅炉蒸汽参数、燃烧工况等应达到设计要求。

4.4.5 启动调试验收

4.4.5.1 锅炉启动调试工作完成后，调试单位应编写"调试总结报告"，调试报告应对调试过程中出现的问题进行分析，并提出指导机组运行的建议。

4.4.5.2 调试报告在机组移交后的 45 天内提交，对于在调试中急需的参照数据应在该项目调试结束后的 7 天内以简报的形式提出。

4.5 锅炉性能及优化试验监督

4.5.1 性能（考核）试验

4.5.1.1 锅炉性能考核试验应由建设单位组织，具体试验工作应委托有资质的第三方单位负责，设备制造厂、电厂、设计、安装等单位配合。

4.5.1.2 锅炉主辅设备性能试验应按 GB 10184、DL/T 467、DL/T 469、DL/T 964、合同规定、集团公司关于新投产机组质量考核等规定进行验收。

4.5.1.3 进行锅炉性能验收试验前，应由试验单位按项目分别编制机组性能试验大纲，试验大纲由建设单位组织，试验单位、建设单位、监理单位、设计单位、制造单位、安装单位等有关单位审核后报机组试运总指挥批准。

4.5.1.4 性能试验的测点应在设计阶段由试验单位负责提出，设计、安装单位负责实施。性能试验所使用的仪器应在检定有效期内使用。

4.5.1.5 锅炉性能试验测点的布置应符合 GB 10184 的要求，典型的性能试验测试项目及测点位置见附录 B。

4.5.1.6 锅炉性能考核试验内容包括但不限于以下内容：

a) 锅炉热效率试验；

b) 锅炉最大连续出力试验；

c) 锅炉额定出力试验；

d) 锅炉最低不投油稳燃负荷试验；

e) 重要辅机性能试验；

f) 空气预热器漏风率试验；

g) 污染物排放测试；

h) 机组散热测试。

4.5.2 锅炉运行优化调整试验

4.5.2.1 全面的锅炉运行优化调整试验宜委托具备相应资质和相应试验经验的单位进行。

4.5.2.2 锅炉燃烧优化调整试验应通过试验确定相关系统可调参数的最佳值，包括各风量、风速、风压、氧量、配风方式、各风门挡板开度、煤粉细度等，建立合理的操作运行卡片和曲线，提高锅炉运行的安全性、经济性，减少污染物排放。

4.5.2.3 中速磨煤机直吹式制粉系统优化调整试验应通过调整风量、煤量、加载压力、磨辊磨碗间隙、风门挡板开度、折向挡板开度或旋转分离器转速等确定磨煤机最佳运行状态。

4.5.3 锅炉定期试验与测试分析

4.5.3.1 应定期进行的主要试验与测试包括：
   a) 空气预热器漏风率试验；
   b) 飞灰、大渣可燃物含量测定试验；
   c) 煤粉细度及均匀性试验；
   d) 石子煤热值测定试验；
   e) 转动机械振动测试（磨煤机、风机）；
   f) 保温测试（修前/后）。

4.5.3.2 应详细记录试验的时间、过程、结果。如果试验结果异常，应进行原因分析，并进行处理。

4.5.3.3 每季度至少进行一次空气预热器漏风率试验，以了解空气预热器运行状况。空气预热器漏风率试验规定见附录 C。

4.5.3.4 对直吹式系统，煤粉取样在煤粉分配器（或竖井）出口管道上采用等速取样器取样品；对中间储仓式制粉系统，一般可在细粉分离器下粉管道上用旋转式活动取样管采样。煤粉细度的测定应按照 DL/T 567.5 相关要求执行。

4.6 运行阶段监督

4.6.1 锅炉运行管理

4.6.1.1 锅炉运行监督执行国能安全〔2014〕161 号、DL/T 332.1、DL/T 435、DL/T 610、DL/T 611、DL/T 1034、DL/T 1326，制造厂技术文件等要求。

4.6.1.2 锅炉运行应保持锅炉蒸发量满足机组负荷要求，调节各参数在正常范围内变动，保持燃烧良好，提高锅炉热效率，同时确保污染物的排放达标。

4.6.1.3 锅炉运行应严格执行"两票三制"管理制度，提高生产标准化管理水平。

4.6.1.4 应依据国能安全〔2014〕161 号、DL/T 332.1、DL/T 610、DL/T 611、DL/T 1034、DL/T 1326 及制造厂技术文件，编制锅炉运行规程、反事故措施，绘制系统图。

4.6.1.5 锅炉汽水品质应严格执行化学监督技术标准等规定，根据化学监督要求，对锅炉进行定期排污和连续排污。

4.6.1.6 运行中应按照锅炉设备定期切换相关要求，做好例行切换工作。

4.6.1.7 加强燃煤和配煤管理，配煤规范按照 GB 25960 标准执行。运行人员应掌握当班配煤加仓的具体情况，做好调整燃烧的应变措施。当机组负荷变动或燃用煤质变化时，应及时对锅炉运行的相关参数进行调整，确保机组安全、经济运行。煤质出现严重偏离时应及时向运行人员反馈。

4.6.1.8 应建立、维护并及时更新锅炉超温管理台账、燃油管理台账及运行技术资料管理台账（启停记录和运行日志等）。

4.6.1.9 锅炉运行中，应对设备进行巡回检查，确保锅炉安全运行。当发现异常时，应查明原因及时处理，并做好记录。

4.6.1.10 运行巡检人员在巡检过程中，应按照规定的巡检周期和路线，将所辖设备和辅助系统的温度、压力、振动、声音等参数与设备正常运行值进行比较，判断设备是否正常运行；对备用设备，以设备的完整、阀门或挡板的开度、接线方式等来检查其是否正常备用。

4.6.1.11 应保持巡检通道或平台畅通，锅炉观火口处应设置合适的观火平台。运行人员应对锅炉受热面结渣情况进行就地检查，并做好检查情况记录。若发现结渣加重应及时汇报，并采取措施处理。

4.6.2 启动过程监督

4.6.2.1 锅炉启动应按照运行规程和启动操作票执行，重点加强上水、冷态情况、热态情况监督。

4.6.2.2 锅炉启动应根据制造厂提供的启动曲线严格控制升温、升压速率。

4.6.2.3 锅炉点火时应就地严格监视油枪雾化情况，防止未完全燃烧的油和煤粉存积在尾部受热面或烟道上。一旦发现油枪雾化不好应立即停用，并通知清理、检修。

4.6.2.4 采用少油/无油点火方式启动锅炉机组，应保证入炉煤质，调整煤粉细度和磨煤机通风量在合理范围，控制磨煤机出力和风、粉浓度，使着火稳定和燃烧充分。

4.6.2.5 机组启动期间，锅炉负荷低于25%额定负荷时空气预热器应连续吹灰，锅炉负荷大于25%额定负荷时至少每8h吹灰一次；当回转式空气预热器烟气侧压差增加时，应增加吹灰次数；当低负荷煤、油混烧时，应对空气预热器进行连续吹灰。

4.6.2.6 干排渣系统在低负荷燃油、等离子点火或煤油混烧期间，应就地对排渣系统进行监控。

4.6.2.7 锅炉汽包水位严禁在水位表数量不足（指能正确指示水位的水位表数量）的状况下运行。直流炉应严格控制燃水比，湿态运行时应严密监视分离器水位，干态运行时应严密监视微过热点（中间点）温度，防止蒸汽带水或金属壁温超温。

4.6.2.8 锅炉启动过程中应监视热膨胀情况。发现膨胀异常，应立即停止升温升压，并采取相应措施进行消除。

4.6.3 运行调整监督

4.6.3.1 运行中应维持蒸汽温度在正常值范围内，汽包锅炉主汽温调节以锅炉设计的调节方式调节，并可通过改变燃烧配风、制粉系统运行方式等调节作为宏观调节手段，直流锅炉主汽温的调节应以煤水比调节为主，以喷水减温为辅，各级减温喷水量应分配合理；再热汽温的调节应充分发挥燃烧器摆角或尾部烟气挡板的调节作用，如无上述两种调节方式，应尽可能通过燃烧调整方法调节再热汽温，避免使用再热喷水减温。

4.6.3.2 运行中应严格监控各级受热面出口汽温热偏差和各段管壁温度，通过燃烧调整和两侧减温水量的分配调节烟温偏差，避免再热器、过热器壁温超限。

4.6.3.3 制粉系统切换或启动后应对就地燃烧器的燃烧情况进行及时的检查。

4.6.3.4 磨煤机启停过程中应严格控制磨出口温度、风量，并确保制粉系统内部吹扫完全，防止出现局部积煤、高挥发分煤的爆燃事件。磨煤机运行中磨出口温度应符合 DL/T 466、DL/T 5145、运行规程等规定。

4.6.3.5 循环流化床锅炉运行时应维持稳定的床压，保证床料正常流化，减少漏渣；监视炉内流化和燃烧状况，炉膛出口烟气温度及各段烟气温度，判断床温的变化趋势。当外界负荷或给煤质量变化时，应及时调整给煤量和风量，维持床温的相对稳定。

4.6.3.6 回转式空气预热器的运行应执行 DL/T 750、运行规程等规定。在锅炉带负荷期间，如果发现综合冷端温度低于推荐的最低值，应投入暖风器运行或开启热风再循环。

4.6.3.7 运行中应按照规程要求定期进行吹灰。吹灰器投运及退出应进行现场确认，防止吹灰器未完全退出而引起受热面吹损。

4.6.3.8 除灰渣系统的运行应执行 DL/T 895、运行规程等规定。运行人员应对出渣情况加强监视，如渣的大小、颜色等，当发现堵渣或堆渣现象时，应及时汇报，并采取措施处理。锅炉发现大块焦或出现液态状的流渣时，应加强对冷灰斗处观火口掉焦现象的观察，防止落渣口搭桥、堵塞。

4.6.3.9 运行中应加强锅炉燃烧调整，改善贴壁气氛，避免结焦和高温腐蚀。锅炉采用主燃区过量空气系数低于 1.0 的低氮燃烧技术时应加强贴壁气氛的监视；当出现严重结焦现象，可通过周期性改变机组负荷控制大量结渣、掉渣，但要防止大块落渣砸坏承压部件。

4.6.3.10 新炉投产、锅炉改进性大修后或当实际燃料与设计燃料有较大差异时，应进行燃烧调整试验。

4.6.3.11 运行中若发现回转式空气预热器停转，应立即将其隔绝，投入消防蒸汽和盘车装置。若挡板隔绝不严或转子盘不动，应立即停炉。

4.6.3.12 锅炉运行中严禁随意退出锅炉灭火保护。因设备缺陷需退出部分锅炉主保护时，应严格履行审批手续，并事先做好安全措施。

4.6.3.13 运行人员应了解防止炉膛结焦的要素，熟悉燃烧调整手段，避免锅炉高负荷工况下缺氧燃烧。

4.6.3.14 锅炉运行规程中必须有防止炉膛内爆的规定和事故处理预案。

4.6.3.15 制粉系统运行中出现断煤、满煤问题时，应及时正确处理，防止出现严重超温和煤在磨煤机及系统内不正常存留。

4.6.3.16 当运行中无法判断汽包真实水位时，应紧急停炉。

4.6.3.17 加强直流锅炉的运行调整，严格按照规程规定的负荷点进行干湿态转换操作，并避免在该负荷点长时间运行。

4.6.4 锅炉停运监督

4.6.4.1 锅炉正常停炉应严格控制降温、降压速率，保证良好的水循环及水动力工况；紧急停炉应尽可能地控制降温、降压速率。

4.6.4.2 锅炉停用后应根据设备及实际情况确定保养方案，保养方案应执行集团公司《火力发电厂燃煤机组化学监督标准》。

4.6.5 锅炉运行指标管理

4.6.5.1 应对反映锅炉安全运行的主要参数，如锅炉蒸发量、汽包压力、启动分离器压力、汽包水位、过热蒸汽压力、过热蒸汽温度、再热蒸汽压力（进口/出口）、再热蒸汽温度（进口/出口）、过热蒸汽两侧温度差、再热蒸汽两侧温度差、两侧烟气温度差、各级受热面金属壁温、

过热器减温水量、给水压力、给水温度、炉膛压力、空气预热器入口风温、磨煤机出口温度、转动机械振动值等进行监督。

4.6.5.2 应对影响锅炉节能的主要参数和指标，如排烟温度、烟气含氧量、排烟一氧化碳浓度、煤粉细度、飞灰可燃物含量、炉渣可燃物含量、空气预热器阻力、空气预热器漏风率、再热减温水量、吹灰器投入率、风机耗电率、制粉系统耗电率、燃油量（点火用油量、助燃用油量）、锅炉漏风率等进行监督。

4.6.5.3 应每月召开运行分析会议并形成会议分析报告。

4.6.5.4 应根据机组设备特点、机组负荷、燃煤特性、环境因素等优化锅炉及其附属设备的运行方式。

4.6.5.5 锅炉运行监督指标项目见表3。

表3 锅炉运行监督指标项目

系统	参数	单位	要求
锅炉本体	锅炉燃油量	t	小于或等于年目标值
	锅炉热效率	%	应达到集团公司《华能优秀节约环保型燃煤发电厂标准（试行）》的要求
	锅炉蒸发量	t/h	满足负荷要求
汽水侧	主蒸汽压力（机侧）	MPa	定压运行时，（设计值±1%）；滑压运行时，主蒸汽压力应达到机组部分主蒸汽流量定滑压优化运行试验得出的该负荷的最佳值
	主蒸汽温度（机侧）	℃	相应负荷设计值±2
	再热蒸汽温度（机侧）	℃	相应负荷设计值±2
	再热器减温水量	t/h	≤2
	汽包水位	mm	不超出规程规定范围
燃烧侧	炉膛压力	Pa	不超出规程规定范围
	锅炉氧量（过剩空气系数）	%	最佳值±0.5
	磨煤机出口温度	℃	不超出规定范围
	煤粉细度（粒度）	%	燃用无烟煤、贫煤和烟煤时，煤粉细度可按 $R_{90}=0.5nV_{daf}$（n 为煤粉均匀性指数）选取，煤粉细度 R_{90} 不应低于4%；当燃用褐煤时，对于中速磨，煤粉细度 R_{90} 取30%～50%；对于风扇磨，煤粉细度 R_{90} 取45%～55%。循环流化床锅炉入炉煤粒度应在设计范围内
	炉膛出口烟温偏差	℃	≤20℃
	受热面管壁温度	℃	不超出允许壁温值
	空气预热器入口风温	℃	大于或等于相应负荷设计值

表3（续）

系统	参　数	单位	要　求
燃烧侧	排烟温度	℃	小于或等于相应负荷设计值×（1＋3%）
	排烟一氧化碳浓度（标况下）	mg/m³	≤200
	飞灰可燃物含量	%	对煤粉锅炉：无烟煤小于或等于6%，贫煤小于或等于4%，烟煤、褐煤小于或等于2%； 对CFB锅炉：煤矸石、无烟煤小于或等于8%，贫煤、劣质烟煤小于或等于5%，烟煤、褐煤小于或等于3%
	炉渣可燃物含量	%	对煤粉锅炉：无烟煤小于或等于8%，贫煤小于或等于6%，烟煤、褐煤小于或等于4%； 对CFB锅炉：煤矸石、无烟煤小于或等于3%，烟煤、褐煤、贫煤小于或等于2%
	吹灰器投入率	%	≥98%
辅机系统	空气预热器漏风率	%	回转式小于或等于8，管式小于或等于4
	空气预热器烟气侧阻力	kPa	额定负荷下低于设计值，一般应小于或等于1.2
	一次风机、送风机、引风机耗电率（燃用烟煤，不设脱硝装置，不含引增合一）	%	超（超）临界湿冷机组小于或等于1.4； 亚临界湿冷机组小于或等于1.5； 600MW空冷机组小于或等于1.5； 300MW空冷机组小于或等于1.55
	制粉系统耗电率	%	1000MW超超临界烟煤机组小于或等于0.35； 600MW超（超）临界湿冷烟煤机组小于或等于0.38； 其他烟煤机组配中速磨煤机小于或等于0.4； 配钢球磨煤机燃用无烟煤机组小于或等于1.1
	中速磨石子煤热值	MJ/kg	≤6.27
	转动机械振动值	μm（mm/s）	不超出振动报警值

4.7　检修阶段监督

4.7.1　锅炉检修管理

4.7.1.1　锅炉检修监督应依据 DL/T 438、DL/T 748、DL/T 838、集团公司《电力检修管理办法（试行）》《电力检修标准化管理实施导则（试行）》、检修规程等标准及规程进行。

4.7.1.2　锅炉检修应以提高安全、可靠性指标和降低损耗为重点，根据 DL/T 838、设备状态评价报告、安全性评价、技术监督、耗差分析和可靠性分析、经济性评价等结果，结合对标及集团公司对能耗指标的要求，统筹制定检修项目。

4.7.1.3　锅炉检修监督主要对锅炉安全性和经济性有重要影响的关键检修项目、工艺、工序、作业指导书或文件包、检修总结等进行监督。

4.7.1.4 锅炉检修宜采用先进工艺和新技术、新方法，推广应用新材料、新工具，提高工作效率，缩短检修工期。

4.7.1.5 外包工程管理应执行集团公司《电力企业生产外包工程安全管理办法》，锅炉检修外委的项目，承包方应具有相应的资质、业绩和完善的质量保证体系。

4.7.1.6 设备台账应按设备分别建立，台账记录的主要内容应包括：设备投产前情况、设备规范表，主要附属设备规范表，检修经历，重大异常记录，设备变更、异动记录等。

4.7.1.7 设备台账应定期进行检查、备份，保证设备台账内容及时更新，实现台账动态维护。

4.7.1.8 技术监督人员应参与锅炉主要设备和系统重大缺陷检修方案的讨论制定，对大、小修工作进行技术指导、监督。

4.7.2 锅炉检修监督重点

4.7.2.1 应检查锅炉受热面壁温测点完善情况，必要时加装壁温测点。

4.7.2.2 锅炉受热面磨损检查前应对受热面彻底水冲洗。水冷壁外观磨损检查时，应重点检查吹灰器吹扫孔、打焦孔、看火孔等门孔四周水冷壁管，燃烧器两侧水冷壁管，凝渣管，双面水冷壁前后屏夹持管，双面水冷壁靠冷灰斗处管子的磨损情况。

4.7.2.3 超临界机组应重视对受热面氧化皮的检测。新投产的超临界机组，应在第一次检修时进行高温段受热面的管内氧化皮情况检查。对于存在氧化皮问题的锅炉，应利用检修机会对不锈钢弯头及水平段进行氧化层检查及氧化皮分布检查。

4.7.2.4 应加强对超临界机组锅炉过热器的高温段联箱、管排下部弯管和节流圈的检查，防止由于异物和氧化皮脱落造成的堵管爆破事故。

4.7.2.5 锅炉采用低氮燃烧技术或前后墙对冲燃烧方式时应在检修中加强对水冷壁管壁高温腐蚀趋势的检查工作。

4.7.2.6 检查受热面防腐蚀喷涂层，对失效部位进行重新喷涂。

4.7.2.7 应对省煤器、过热器、再热器的防磨装置进行磨损检查和位置检查。防磨装置磨损严重时应予以更换；防磨装置的位置应固定，无移位、无脱焊，且能与管子做相对自由膨胀。

4.7.2.8 燃烧器检修中应对燃烧器一次风喷口烧损和扩锥磨损进行检查，损坏的部件应及时修复或更换。进行单组燃烧器喷口摆角机械、电/气动校验，并检查燃烧器喷口摆角就地指示与集控室表计指示是否一致。燃烧器喷口检修完毕后，应严格按照要求对喷口位置进行恢复。

4.7.2.9 应对直流燃烧器二次风挡板进行检查和开度校验，燃烧器二次风挡板就地开度指示与集控室表计指示应一致。

4.7.2.10 减温器联箱内部检查时应用内窥镜检查减温器内套管位置及减温器内壁的腐蚀和裂纹情况。

4.7.2.11 捞渣机检修时应：① 检查圆环链磨损状况，磨损超过原厚度的 1/3 时应更换；② 测量两侧链条的长度，两根链条总长度相差值应符合设计要求，超过设计值时应更换；③ 检查测量捞渣机轮系的磨损程度和轴承情况，调整驱动轮和导向轮水平方向和垂直方向的对直度，防止运行中脱链；④ 检查处理槽体的变形问题、焊缝情况和腐蚀、磨损情况；⑤ 液压油站检修时应彻底清理马达或油泵脱落的金属粉末，并更换滤网；⑥ 捞渣机试转时应调整张紧装置，使两侧张紧高度相同并保持合适油压。

4.7.2.12 加强对吹灰器设备的维护管理，确保吹灰器正常投运并退到位。吹灰器检修组装后，应手动将喷管伸入炉膛，复测喷嘴与水冷壁的距离及喷管与水冷壁的垂直度，保证距离和垂直度符合设计要求。

4.7.2.13 炉前燃油系统检修时应重点检查油系统是否存在漏油、接口不严密等现象。燃油系统的软管应定期检查更换。对油系统阀门进行解体检修和校验，定期定点测量油系统管道内外壁厚度，油枪金属软管应检查是否存在损伤及裂纹缺陷。

4.7.2.14 加强磨煤机检修，关注磨煤机出力和煤粉细度及煤粉均匀性。钢球磨煤机应重视衬板及钢球的检查，检查衬板和钢球破损、磨损情况，按要求对磨损衬板和钢球进行更换；中速磨煤机应重视对磨辊、磨盘/碗磨损检查，及时修复或更换磨损部件；风扇磨煤机应重视叶轮冲击板检查更换。

4.7.2.15 应做好磨煤机风门挡板和石子煤系统的检修维护工作，保证磨煤机能够隔离严密、石子煤能够清理排出干净。

4.7.2.16 原煤仓检修中应对磨损部位进行检查修复。原煤仓钢板、防磨衬板磨损超过 2/3 时应更换。方圆节、下煤管、下煤斗更换磨损的部位不得超过 1/2，否则应整体更换。

4.7.2.17 应进行风机叶片检查，引风机叶片还应检查其磨损、腐蚀情况。对离心式风机调节挡板、轴流式风机调节机构，应检查调节挡板传动装置完好，无卡涩现象；调节机构中连杆、导柱应无裂纹、弯曲变形，调节机构动作灵活无卡涩。

4.7.2.18 暖风器检修停炉后通水检查暖风器的泄漏情况，发现泄漏部位做好记录。进炉检查暖风器的磨损情况，发现磨损严重部位应进行更换。检查暖风器的腐蚀情况，并做好记录，对腐蚀严重部位进行更换。检查暖风器散热片间的积灰情况，应及时清除积灰。

4.7.2.19 空气预热器维护检修应执行 DL/T 748.8、DL/T 750 标准。检查空气预热器隔仓板与蓄热元件间间隙，对间隙超出规定的应进行调整；根据空气预热器的检修记录、运行状况，确认传热元件的积灰程度，根据积灰程度选择水清洗方法，当积灰坚硬甚至是烧结型的，已很难用水清洗干净时，可将传热元件盒解体进行清理；空气预热器密封片应检查完好，严重磨损、变形、腐蚀的应进行更换。密封间隙应按照厂家说明进行调整。

4.7.2.20 锅炉停炉 1 周以上时必须对回转式空气预热器受热面进行检查，若有存挂油垢或积灰堵塞的现象，应及时清理并进行通风干燥。

4.7.2.21 脱硝系统应检查催化剂堵塞、磨损情况，对堵塞或磨损严重的催化剂模块进行修复或更换。

4.7.2.22 锅炉膨胀指示器应齐全，刻度清晰，指示牌刻度模糊时应更换。指示牌和指针固定良好，膨胀指示器指针位置冷态应处于刻度板的零位。

4.7.2.23 应检查炉底渣斗耐火凝土内衬，内衬开裂严重时应进行修补。炉底密封板应完整无破损或腐蚀，水封良好，密封板变形和腐蚀严重时应更换。

4.7.2.24 阀门及汽水管道的检修执行 DL/T 748.3、集团公司金属监督标准要求。

4.7.2.25 除尘器灰斗应检查其内壁腐蚀、焊接情况，有开裂及漏灰的应进行补焊堵漏。对灰斗法兰结合面、电场下部与灰斗连接处进行漏风检查和修复，降低漏风。

4.7.2.26 锅炉炉墙、密封及内衬检修，烟风煤粉管道的保温按照 DL/T 936 的有关规定执行。检修项目应根据锅炉炉墙与热密封罩的严密程度，管道的散热损失或表面温度的超标和保温结构的情况来确定。

4.7.3 检修验收与评价

检修过程应强化检修质量目标管理和过程中的质量控制，应严格按照检修规程和检修文件包中制定的"W""H"点进行质量验收。验收和评价执行集团公司《电力检修管理办法（试行）》等规定要求。

4.8 技术改造阶段监督

4.8.1 技改项目应按照集团公司《电力生产资本性支出项目管理办法（试行）》做好项目可研、立项、项目实施、后评价全过程监督。

4.8.2 电厂应根据自身实际需求，设备状况，国家、行业、公司产业政策及技术经济政策，采用先进的技术、工艺、设备和材料，依靠成熟的现代科学技术，进行安全、节能、环保等方面的技术改造，提高锅炉设备运行可靠性，降低设备和系统的能量消耗，减少污染物的排放。

4.8.3 锅炉技术改造宜采用技术成熟、效益显著的技术，改造前应进行技术改造可行性研究，技术改造工程项目可行性研究报告应按照 DL/T 5375 要求编写。

4.8.4 应参与锅炉主要设备更换前的设备选型、设计方案讨论。

4.8.5 锅炉技术改造设计应符合 GB 50660，相关辅机、辅助系统设计选型导则等规定。

4.8.6 锅炉设备改造设计中应有节能篇的内容，对改造方案进行节能经济性比较，避免选用严重增加系统阻力和电耗的方案和设备。

4.8.7 对于主要性能参数（如主汽温、再热汽温、减温水量、受热面管壁温度等）异常的锅炉，应结合常用煤种特性，对照锅炉设计参数进行热力校核计算，以发现存在的设计或运行问题。应首先通过燃烧、制粉系统优化调整试验对异常参数进行调整，优化调整试验后主要性能参数仍异常时，应采取相应的技术改造措施（如受热面改造、掺烧其他煤种等）加以解决。

4.8.8 锅炉机组进行跨煤种改烧时，在对燃烧器和配风方式进行改造的同时，必须对制粉系统进行相应配套工作，包括对干燥介质系统的改造，以保证炉膛和制粉系统全面达到安全要求。

4.8.9 进行节油技术改造时，应充分把握燃用煤质特性，选择合适、成熟、可靠的点火技术。应重视小油枪、等离子燃烧器等锅炉点火、助燃系统和设备的适应性与完善性。

4.8.10 进行脱硫增容和脱硝改造的机组，要对引增合一和燃烧器改造等方案进行充分论证，精心开展设备选型和优化设计，避免设备选型裕度过大。

4.8.11 老机组进行脱硫、脱硝改造时，改造方案应重新核算尾部烟道的负压承受能力，及时对强度不足部分进行重新加固。

4.8.12 对炉顶及炉墙严密性差的锅炉，应采用新材料、新工艺或改造原有结构的措施予以解决。

4.8.13 锅炉技术改造项目宜参照发改厅〔2012〕1662 号、发改能源〔2014〕2093 号执行。

4.8.14 锅炉主要技术改造项目见表 4。

表 4　锅炉主要技术改造项目

序号	技术改造项目	技术改造适用范围
1	锅炉受热面	锅炉主要运行参数异常偏离设计值、受热面材质等级较低或排烟温度偏高
2	风机叶轮改造或变频改造	对效率较低的风机，可实施节能技术改造；对负荷变动较大的旋转机械，宜使用变速或变频技术改造

表 4（续）

序号	技术改造项目	技术改造适用范围
3	燃烧器改造	
4	空气预热器密封改造	降低空气预热器漏风率，降低厂用电率
5	等离子点火、少油点火技术改造	节油技术改造，减少锅炉点火和助燃用油
6	脱硫增压风机与引风机合并	脱硫装置技改工程经技术经济比较后宜优先采用脱硫增压风机与引风机合并，600MW 以上机组合并后的引风机可考虑采用汽动引风机
7	除尘器改造	
8	烟气余热利用、低压省煤器改造	空气预热器受热面面积和省煤器受热面面积无法增加的情况下，可考虑采用烟气余热利用系统
9	炉顶密封及保温	

4.8.15 锅炉设备技术改造项目应委托有资质的单位进行监造、施工、安装和调试。

4.8.16 锅炉技术改造监造监督应按照 DL/T 586、锅炉技术改造协议等进行，见证项目及见证方式依据 DL/T 586 而定。

4.8.17 施工单位应按照 DL 5190 的相关规范组织技术改造施工，应监督施工单位的项目过程管理，监督施工质量和进度。

4.8.18 调试单位应按照相关调试导则、技术协议制定调试措施，调试措施应进行审核，并监督调试过程。

4.8.19 锅炉设备改造验收执行集团公司《电力生产资本性支出项目管理办法》等有关规定。

4.8.20 锅炉机组改造前、后应进行性能试验测试，以评价改造效果。若进行空气预热器、省煤器、低温省煤器等改造，应通过试验确定改造后锅炉排烟温度、空气预热器漏风率、锅炉热效率和供电煤耗变化量；若进行制粉系统、燃烧器等改造，应通过试验确定改造后磨煤机出力、制粉系统单耗、锅炉飞灰和底渣可燃物、锅炉排烟温度、锅炉热效率和供电煤耗变化量。

4.8.21 燃烧器改造后的锅炉投运前应进行炉膛空气动力场试验，以检查燃烧器安装角度是否正确，确定炉内空气动力场符合设计要求。

4.8.22 在锅炉变煤种、本体及相关辅机技术改造后，应进行锅炉燃烧调整试验、制粉系统优化调整试验、不投油稳燃的最低负荷试验，以保证安全经济运行。

4.8.23 锅炉环保相关设备改造后，应在满足设备安全运行、环保指标达标的前提下，开展改造后的运行优化试验，优化运行方式，提高运行经济性。

5 监督管理要求

5.1 监督基础管理工作

5.1.1 锅炉监督管理的依据

电厂应按照集团公司《电力技术监督管理办法》和本标准的要求，制定锅炉监督管理标准，并根据国家法律、法规及国家、行业、集团公司标准、规范、规程、制度，结合电厂实际情况，编制锅炉监督相关/支持性文件；建立健全技术资料档案，以科学、规范的监督管理，保证锅炉主辅设备安全可靠运行。

5.1.2 锅炉监督管理应具备的相关/支持性文件

- a) 锅炉技术监督实施细则（包括执行标准、工作要求）；
- b) 锅炉运行规程、检修规程、系统图；
- c) 燃料管理标准；
- d) 燃料（输煤）、除灰运行规程、检修规程；
- e) 设备定期试验与轮换管理标准；
- f) 设备巡回检查管理标准；
- g) 设备检修管理标准；
- h) 设备缺陷管理标准；
- i) 设备点检定修管理标准；
- j) 设备评级管理标准；
- k) 防磨防爆管理标准；
- l) 设备技术台账管理标准；
- m) 设备异动管理标准；
- n) 设备停用、退役管理标准。

5.1.3 技术资料档案

5.1.3.1 基建阶段技术资料：

- a) 锅炉及主要设备技术规范、使用维护说明书；
- b) 锅炉热力计算书、设计使用说明书、安装说明书、燃烧系统说明书；
- c) 整套设计和制造图纸、出厂试验报告；
- d) 安装竣工图纸；
- e) 设计修改文件；
- f) 设备监造报告、安装验收记录、缺陷处理报告、调试试验报告、投产验收报告。

5.1.3.2 设备清册及设备台账：

- a) 锅炉及辅助设备清册；
- b) 锅炉及辅助设备台账。

5.1.3.3 试验报告和记录：

- a) 锅炉及辅机性能考核试验报告；
- b) 锅炉机组优化运行试验报告（含锅炉配煤掺烧试验、锅炉燃烧调整试验、制粉系统优化试验、脱硫/脱硝系统优化运行试验报告等）；
- c) 除尘器冷态试验报告；
- d) 煤粉锅炉冷态空气动力场试验报告；
- e) 循环流化床锅炉布风板阻力试验、平料试验报告；
- f) 定期试验记录，包括燃油速断阀试验、锅炉空气预热器漏风率试验（每季）、保温测试（检修前）等；
- g) 定期校验记录，包括氧量计、一氧化碳测量装置、风量测量装置等定期校验等；
- h) 定期化验报告，包括煤质、煤粉细度、飞灰、炉渣、石子煤热值等取样、化验报告；

i) 汽包水位定期校对记录；

j) 割管取样检测报告、爆管分析报告；

k) 超温记录台账；

l) 爆漏事故记录台账；

m) 转动机械振动测试记录；

n) 其他相关试验报告。

5.1.3.4 运行报告和记录：

a) 月度运行分析和总结报告；

b) 设备定期轮换记录；

c) 运行日志；

d) 启停炉过程的记录分析和总结；

e) 锅炉技术监督年度培训计划、培训记录；

f) 锅炉专业反事故措施；

g) 与锅炉监督有关的事故（异常）分析报告；

h) 待处理缺陷的措施和及时处理记录；

i) 年度监督计划、锅炉监督工作总结；

j) 锅炉监督会议记录和文件。

5.1.3.5 检修维护报告和记录：

a) 检修质量控制质检点验收记录；

b) 检修文件包；

c) 检修记录及竣工资料；

d) 检修总结；

e) 日常设备维修（缺陷）记录和异动记录。

5.1.3.6 缺陷闭环管理记录：

a) 月度缺陷分析。

5.1.3.7 事故管理报告和记录：

a) 设备非计划停运、障碍、事故统计记录；

b) 事故分析报告。

5.1.3.8 技术改造报告和记录：

a) 可行性研究报告；

b) 技术方案和措施；

c) 技术图纸、资料、说明书；

d) 质量监督和验收报告；

e) 完工总结报告和后评估报告。

5.1.3.9 监督管理文件：

a) 与锅炉监督有关的国家法律、法规及国家、行业、集团公司标准、规范、规程、制度；

b) 电厂锅炉监督标准、规定、措施等；

c) 锅炉技术监督年度工作计划和总结；

d) 锅炉技术监督季报、速报；

e) 锅炉技术监督预警通知单和验收单；

f) 锅炉技术监督会议纪要；

g) 锅炉技术监督工作自我评价报告和外部检查评价报告；

h) 锅炉技术监督人员技术档案、上岗考试成绩和证书；

i) 与锅炉设备质量有关的重要工作来往文件。

5.2 日常管理内容和要求

5.2.1 健全监督网络与职责

5.2.1.1 各电厂应建立健全由生产副厂长（总工程师）领导下的锅炉技术监督三级管理网。第一级为厂级，包括生产副厂长（总工程师）领导下的锅炉监督专责工；第二级为部门级，包括运行部锅炉专工，检修部锅炉专工等；第三级为班组级，包括各专工领导的班组人员。在生产副厂长（总工程师）领导下由锅炉监督专责人统筹安排，协调运行、检修等部门，协调燃料、金属、环保、热工、化学、电气等相关专业共同配合完成锅炉监督工作。锅炉监督三级网严格执行岗位责任制。

5.2.1.2 按照集团公司《华能电厂安全生产管理体系要求》和《电力技术监督管理办法》编制电厂锅炉监督管理标准，做到分工、职责明确，责任到人。

5.2.1.3 电厂锅炉技术监督工作归口职能管理部门在电厂技术监督领导小组的领导下，负责锅炉技术监督的组织建设工作，建立健全技术监督网络，并设锅炉技术监督专责人，负责全厂锅炉技术监督日常工作的开展和监督管理。

5.2.1.4 电厂锅炉技术监督工作归口职能管理部门每年年初要根据人员变动情况及时对网络成员进行调整；按照人员培训和上岗资格管理办法的要求，定期对技术监督专责人和特殊技能岗位人员进行专业和技能培训，保证持证上岗。

5.2.2 确定监督标准符合性

5.2.2.1 锅炉监督标准应符合国家、行业及上级主管单位的有关规定和要求。

5.2.2.2 每年年初，锅炉技术监督专责人应根据新颁布的标准规范及设备异动情况，组织对锅炉主辅设备运行规程、检修规程等规程、制度的有效性、准确性进行评估，修订不符合项，经归口职能管理部门领导审核、生产主管领导审批后发布实施。国家标准、行业标准及上级单位监督规程、规定中涵盖的相关锅炉监督工作均应在电厂规程及规定中详细列写齐全。在锅炉主辅设备规划、设计、建设、更改过程中的锅炉监督要求等同采用每年发布的相关标准。

5.2.3 确定仪器仪表有效性

5.2.3.1 应配备必需的锅炉监督、测试仪器和仪表。

5.2.3.2 应编制锅炉监督用仪器仪表使用、操作、维护规程，规范仪器仪表管理。

5.2.3.3 应建立锅炉监督用仪器仪表设备台账，根据检验、使用及更新情况进行补充完善。

5.2.3.4 应根据检定周期和项目，制订锅炉监督仪器、仪表年度校验计划，按规定进行检验、送检和量值传递，对检验合格的可继续使用，对检验不合格的送修或报废处理，保证仪器仪表有效性。

5.2.4 监督档案管理

5.2.4.1 电厂应按照本标准规定的文件、资料、记录和报告，结合锅炉技术监督定期工作项目列表（见附录D），参照锅炉技术监督资料档案格式（见附录E）要求，建立健全锅炉技术监督各项台账、档案、规程、制度和技术资料，确保技术监督原始档案和技术资料的完整性和连续性。

5.2.4.2 技术监督专责人应建立锅炉监督档案资料目录清册，根据监督组织机构的设置和设备的实际情况，明确档案资料的分级存放地点，并指定专人整理保管，及时更新。

5.2.5 制定监督工作计划

5.2.5.1 锅炉技术监督专责人每年 11 月 30 日前应组织制订下年度技术监督工作计划，报送产业、区域子公司，同时抄送西安热工研究院有限公司（以下简称"西安热工院"）。

5.2.5.2 电厂锅炉技术监督年度计划的制订依据至少应包括以下几方面：

a) 国家、行业、地方有关电力生产方面的政策、法规、标准、规程和反事故措施要求；

b) 集团公司、产业公司、区域公司、电厂技术监督管理制度和年度技术监督动态管理要求；

c) 集团公司、产业公司、区域公司、电厂技术监督工作规划和年度生产目标；

d) 锅炉监督用仪器仪表的配备、有效性、检定周期；

e) 技术监督体系健全和完善化、人员培训；

f) 机组检修计划；

g) 锅炉主、辅设备上年度特殊、异常运行工况，事故缺陷等；

h) 锅炉主、辅设备目前的运行状态；

i) 技术监督动态检查、预警、月（季）报提出问题的整改；

j) 收集的其他有关锅炉设备设计选型、制造、安装、运行、检修、技术改造等方面的动态信息。

5.2.5.3 电厂锅炉技术监督工作计划应实现动态化，即每季度制订锅炉技术监督工作计划，年度（季度）监督工作计划应包括以下主要内容：

a) 根据实际情况对锅炉技术监督组织机构进行完善；

b) 制定或修订监督标准、相关生产技术标准、规范和管理制度（包括：锅炉监督管理标准或实施细则、监督管理制度制定或修订计划等）；

c) 技术监督定期工作计划；

d) 检修、技术改造期间应开展的技术监督项目计划；

e) 人员培训计划（主要包括内部培训、外部培训取证，规程宣贯）；

f) 技术监督标准规范的收集、更新和宣贯计划；

g) 试验仪器仪表配置、送检计划；

h) 技术监督工作自我评价与外部检查迎检计划；

i) 技术监督发现问题的整改计划；

j) 定期热力试验计划；

k) 技术监督季报、总结编制、报送计划；

l) 技术监督定期工作会议等网络活动计划。

5.2.5.4 电厂应根据上级公司下发的年度技术监督工作计划，及时修订补充本单位年度技术监督工作计划，并发布实施。

5.2.5.5 锅炉监督专责人每季度对锅炉监督各部门的监督计划的执行情况进行检查，对不满足监督要求的通过技术监督不符合项通知单的形式下发到相关部门进行整改，并对锅炉监督的相关部门进行考评。技术监督不符合项通知单编写格式见附录F。

5.2.6　监督报告管理

5.2.6.1　锅炉监督速报的报送：

当电厂发生重大监督指标异常，受监控设备重大缺陷、故障和损坏事件，火灾事故等重大事件后24h内，应将事件概况、原因分析、采取措施按照附录G的格式，填写速报并报送产业公司、区域公司和西安热工院。

5.2.6.2　锅炉监督季报的报送：

锅炉技术监督专责人应按照附录H的季报格式和要求，组织编写上季度锅炉技术监督季报，经电厂归口职能管理部门汇总后，应于每季度首月5日前，将全厂技术监督季报报送产业公司、区域公司和西安热工院。

5.2.6.3　锅炉监督年度工作总结报送：

a）锅炉技术监督专责人应于每年1月5日前编制完成上年度技术监督工作总结，并报送产业公司、区域公司和西安热工院。

b）年度锅炉监督工作总结报告主要内容应包括以下几方面：

1）主要监督工作完成情况、亮点、经验与教训；

2）设备一般事故、危急缺陷和严重缺陷统计分析；

3）监督存在的主要问题和改进措施；

4）下年度工作思路、计划、重点和改进措施。

5.2.7　监督例会管理

5.2.7.1　电厂每年至少召开两次厂级技术监督工作会议，会议由电厂技术监督领导小组组长主持，检查评估、总结、布置锅炉技术监督工作，对技术监督中出现的问题提出处理意见和防范措施，形成会议纪要，按管理流程批准后发布实施。

5.2.7.2　锅炉专业每季度至少召开一次技术监督工作会议，会议由锅炉监督专责人主持并形成会议纪要。

5.2.7.3　例会主要内容包括：

a）上次监督例会以来锅炉监督工作开展情况；

b）设备及系统的故障、缺陷分析及处理措施；

c）锅炉监督存在的主要问题以及解决措施/方案；

d）上次监督例会提出问题整改措施完成情况的评价；

e）技术监督工作计划发布及执行情况，监督计划的变更；

f）集团公司技术监督季报、监督通讯、新颁布的国家、行业标准规范、监督新技术学习交流；

g）锅炉监督需要领导协调和其他部门配合和关注的事项；

h）至下次监督例会时间内的工作要点。

5.2.8　监督预警管理

5.2.8.1　锅炉技术监督三级预警项目见附录I，电厂应将三级预警识别纳入日常锅炉监督管理和考核工作中。

5.2.8.2　对于上级监督单位签发的预警通知单（见附录J），电厂应认真组织人员研究有关问题，制订整改计划，整改计划中应明确整改措施、责任部门、责任人和完成日期。

5.2.8.3 问题整改完成后，电厂应按照验收程序要求，向预警提出单位提出验收申请，经验收合格后，由验收单位填写预警验收单（见附录K），并报送预警签发单位备案。

5.2.9 监督问题整改

5.2.9.1 整改问题的提出：

a) 上级或技术监督服务单位在技术监督动态检查、预警中提出的整改问题。

b) 《火电技术监督报告》中明确的集团公司或产业、区域子公司提出的督办问题。

c) 《火电技术监督报告》中明确的电厂需要关注及解决的问题。

d) 电厂锅炉监督专责人每季度对各部门锅炉监督计划的执行情况进行检查，对不满足监督要求提出的整改问题。

5.2.9.2 问题整改管理：

a) 电厂收到技术监督评价报告后，应组织有关人员会同西安热工院或技术监督服务单位，在两周内完成整改计划的制订和审核，整改计划编写格式见附录L，并将整改计划报送集团公司、产业、区域子公司，同时抄送西安热工院或技术监督服务单位。

b) 整改计划应列入或补充列入年度监督工作计划，电厂按照整改计划落实整改工作，并将整改实施情况及时在技术监督季报中总结上报。

c) 对整改完成的问题，电厂应保存问题整改相关的试验报告、现场图片、影像等技术资料，作为问题整改情况及实施效果评估的依据。

5.2.10 监督评价与考核

5.2.10.1 电厂应将《锅炉技术监督工作评价表》中的各项要求纳入日常锅炉监督管理工作中，《锅炉技术监督工作评价表》见附录M。

5.2.10.2 电厂应按照《锅炉技术监督工作评价表》中的各项要求，编制完善各项锅炉技术监督管理制度和规定，完善各项锅炉监督的日常管理和记录，加强受监设备的运行技术监督和检修技术监督。

5.2.10.3 电厂应定期对技术监督工作开展情况组织自我评价，对不满足监督要求的不符合项以通知单的形式下发到相关部门进行整改，并对相关部门及责任人进行考核。

5.3 各阶段监督重点工作

5.3.1 设计与设备选型阶段

5.3.1.1 新建（扩建）工程的锅炉设计与主辅设备选型应依据现行国家、行业相关标准、反事故措施，集团公司《火电工程设计导则》《火力发电机组节电技术导则》等规定，以及根据工程的实际需要，提出锅炉监督的意见和要求。

5.3.1.2 参加锅炉设计审查。根据工程的规划情况及特点，重点审查锅炉设计及校核煤种、炉膛选型、环保排放指标、测量装置、性能试验测点位置及数量等内容。

5.3.1.3 参加设备采购合同审查和设备技术协议签订。对设备的技术参数、性能等提出锅炉监督的意见，并明确对性能保证的考核、监造方式和项目、技术资料、技术培训的要求。

5.3.1.4 审核磨煤机、风机等锅炉重要辅机的配置和选型方案，提出锅炉监督的具体要求。

5.3.1.5 参加设计联络会。对设计中的技术问题，招标方与投标方以及各投标方之间的接口问题提出锅炉监督的意见和要求，将设计联络结果形成文件归档，并监督设计联络结果的执行。

5.3.2　监造和出厂验收阶段

5.3.2.1　根据 DL 612、DL 647、DL/T 586 等规定，对锅炉设备进行监造和出厂验收。

5.3.2.2　参加设备监造监理合同的签订。落实采购合同对设备监造方式和项目的要求，提出对设备监理单位的工作要求，如对监督人员素质的要求、监造周报的报送、制造中出现不合格项时的处置等。

5.3.2.3　参与锅炉本体及重要辅机监造重要节点的见证。

5.3.2.4　监造过程中应保持与设备监理单位沟通，随时掌握设备的制造质量，出现问题及时消除。有条件时，可派生产运营阶段的锅炉监督人员参与设备监造，有助于监督人员提早了解设备的结构、性能、试验和维护。

5.3.2.5　出厂试验按相关标准及规程进行。订货合同或协议中明确增加的出厂试验项目，应在设备出厂前完成试验，试验结果符合要求。

5.3.2.6　监造工作结束后，监造人员应及时出具监造报告。监造报告应包括产品结构叙述、监造内容、方式、要求和结果，并如实反映产品制造过程中出现的问题及处理的方法和结果等。

5.3.3　安装调试和投产验收阶段

5.3.3.1　锅炉设备入厂开箱检验验收应执行设备合同、厂家技术规范及相关标准规范，并形成验收报告。设备（或部件）现场保管应执行 DL/T 855 和厂家技术规范，保管记录应齐全。

5.3.3.2　安装实施工程监理时，应对监理单位的工作提出锅炉监督的意见，监理方应派遣工作经验丰富的监理工程师常驻施工现场，负责对安装工程全过程进行见证、检查、监督，以确保设备安装质量。监理大纲、监理工程质量管理资料等应齐全。

5.3.3.3　锅炉设备的安装应执行 DL 5190.2、DL 5190.5 等标准。应重视锅炉受热面、燃烧器、磨煤机、风机等的安装，保留必要的安装记录。安装结束后，应按 DL/T 5210.2、订货技术要求、调试大纲的要求进行设备交接试验和投产验收。重要设备的主要试验项目应由具备相应资质和试验能力的单位进行试验。生产运营阶段的锅炉监督人员应参加交接试验和投产验收，以便及时了解投运设备的初始状态。

5.3.3.4　应审查调试单位的调试方案、调试记录、调试报告。调试措施应符合标准规定，并与设计图纸、设备说明书等相符合。

5.3.3.5　锅炉调试验收工作应执行 DL/T 340、DL/T 852、DL/T 1269、DL/T 5437 等规范，投产验收时应进行现场实地查看，发现安装不规范及调试不符合标准、交接试验方法不正确、项目不全或结果不合格、设备达不到相关技术要求、基础资料不全等不符合锅炉监督要求的问题时，应要求立即整改，直至合格。

5.3.3.6　锅炉监督人员应参与新投产锅炉性能验收试验和优化调整试验。锅炉机组的性能试验应执行相关标准、合同规定等规范；性能试验方案、性能试验报告等资料应齐全。

5.3.3.7　基建单位应按时向生产运营单位移交全部基建技术资料。生产运营单位资料档案室应及时将资料清点、整理、归档。

5.3.4　生产运行阶段

5.3.4.1　根据国家及行业标准、产品技术条件、反事故措施要求，结合电厂的实际制定本企业的《锅炉设备运行规程》，并按规程的要求进行设备运行中的监督。

5.3.4.2　运行和检修人员应加强对设备的巡视、检查和记录。发现异常时，应予以消除；对于无法在运行中消除的缺陷设备应加强运行监视，必要时应有应急预案。

5.3.4.3 加强对锅炉膨胀记录、转动机械振动、受热面超温、汽水品质等影响锅炉运行安全的参数监视。

5.3.4.4 应贯彻二十五项反事故措施要求，防止锅炉灭火、爆炸等事故发生，重点关注锅炉结焦、高温腐蚀等问题。

5.3.4.5 加强对运行设备的运行监测和数据分析，如：锅炉主蒸汽温度、锅炉主蒸汽压力、主蒸汽减温水量、再热蒸汽温度、再热蒸汽压力、再热器减温水量、锅炉排烟含氧量、送风温度、排烟温度、飞灰含碳量、炉渣含碳量、空气预热器漏风率、空气预热器阻力（烟气侧）、制粉系统耗电率、引风机耗电率、送风机耗电率、一次风机耗电率、耗用燃油量、吹灰器投入率、脱硝系统阻力等参数，应通过运行调整尽量保证各参数达到最优值。

5.3.4.6 当煤质发生较大变化或进行低氮燃烧器改造后，应及时进行燃烧优化调整，以免影响锅炉运行安全性和经济性。

5.3.4.7 编制《锅炉监督月度分析》，掌握设备运行状态的变化，对设备状况进行预控。

5.3.4.8 运行记录、运行分析等台账规范齐全。

5.3.4.9 参与锅炉主辅机节能改造前后的性能摸底及考核试验；参与锅炉常规热力试验，包括大修前后热效率试验、空气预热器漏风率试验，对试验结果进行分析，并根据分析结果完善运行调整措施，制定设备治理方案。

5.3.5 检修阶段

5.3.5.1 根据国家和行业有关的锅炉设备检修标准和产品技术条件文件，结合电厂的实际，制定本企业的《锅炉检修规程》。

5.3.5.2 每年根据锅炉设备的实际情况和运行状况，编制《锅炉设备状态分析》，掌握设备健康，对设备状况进行预控。依据集团公司《电力检修标准化管理实施导则（试行）》的要求，编制年度检修计划，包括修前分析、依据、项目、目标等，报上级主管部门批准后执行。

5.3.5.3 检修期间应重点对锅炉壁温测点进行检查分析。对炉内受热面管材存在反复爆管、老化、氧化皮等问题，应进行炉内状态与炉外温度测点的对应性检查，及时合理增加和纠正测点；出现过壁温测点报警，应对炉内管材状态进行综合检查分析。超临界锅炉发生过超温现象，应进行易堵塞部位检查和氧化皮专项检查。

5.3.5.4 应在检修期间对炉膛结渣和高温腐蚀状况进行检查，此外还应检查锅炉受热面防腐、防磨涂料，耐磨浇注料脱落、磨损情况。W形火焰锅炉应加强对卫燃带及耐火材料脱落检查。

5.3.5.5 应重点对燃烧器外观、摆动机构、各摆动燃烧器角度一致性进行检查。重点对二次风挡板可靠性和一致性进行检查。

5.3.5.6 大小修时检查暖风器堵塞情况、进行打压查漏工作。空气预热器检修时应重点对低温腐蚀进行检查。对空气预热器阻力达到设计阻力的150%，应安排规范的水冲洗。空气预热器漏风率高的应进行密封系统检查并对密封进行调整。

5.3.5.7 制粉系统应进行风门严密性和中速磨煤机磨损检查，对磨损的部件进行补焊修复或更换。

5.3.5.8 依据集团公司《电力检修标准化管理实施导则（试行）》的要求，建立标准检修文件包，并按检修文件包的要求进行工艺和质量控制，严格质监点（W、H点）监控，并严格执行三级验收制度。

5.3.5.9 检修后应按相关标准的要求进行验收，试验合格后方可投入运行。

5.3.5.10 检修完毕，及时编写检修报告并履行审批手续，有关检修资料应按要求归档。

5.3.5.11 检修文件包、检修总结、检修台账应齐全，检修台账应实现动态维护。

6 监督评价与考核

6.1 评价内容

6.1.1 锅炉监督评价内容详见附录 M。

6.1.2 锅炉监督评价内容分为技术监督管理、技术监督标准执行两部分，总分为 1000 分，其中监督管理评价部分包括 8 个大项 28 小项共 400 分，监督标准执行部分包括 4 大项 36 个小项共 600 分，每项检查评分时，如扣分超过本项应得分，则扣完为止。

6.2 评价标准

6.2.1 被评价的电厂按得分率高低分为四个级别，即优秀、良好、合格、不符合。

6.2.2 得分率高于或等于 90%为"优秀"；80%～90%（不含 90%）为"良好"；70%～80%（不含 80%）为"合格"；低于 70%为"不符合"。

6.3 评价组织与考核

6.3.1 技术监督评价包括集团公司技术监督评价、属地电力技术监督服务单位技术监督评价、电厂技术监督自我评价。

6.3.2 集团公司定期组织西安热工院和公司内部专家，对电厂技术监督工作开展情况、设备状态进行评价，评价工作按照集团公司《电力技术监督管理办法》规定执行，分为现场评价和定期评价。

6.3.2.1 集团公司技术监督现场评价按照集团公司年度技术监督工作计划中所列的电厂名单和时间安排进行。各电厂在现场评价实施前应按附录 M 进行自查，编写自查报告。西安热工院在现场评价结束后三周内，应按照集团公司《电力技术监督管理办法》附录 C 的格式要求完成评价报告，并将评价报告电子版报送集团公司安全生产部，同时发送产业公司、区域公司及电厂。

6.3.2.2 集团公司技术监督定期评价按照集团公司《电力技术监督管理办法》及本标准要求和规定，对电厂生产技术管理情况、机组障碍及非计划停运情况，锅炉监督报告的内容符合性、准确性、及时性等进行评价，通过年度技术监督报告发布评价结果。

6.3.2.3 集团公司对严重违反技术监督制度、由于技术监督不当或监督项目缺失、降低监督标准而造成严重后果、对技术监督发现问题不进行整改的电厂，予以通报并限期整改。

6.3.3 电厂应督促属地技术监督服务单位依据技术监督服务合同的规定，提供技术支持和监督服务，依据相关监督标准定期对电厂技术监督工作开展情况进行检查和评价分析，形成评价报告，并将评价报告电子版和书面版报送产业公司、区域公司及电厂。电厂应将报告归档管理，并落实问题整改。

6.3.4 电厂应按照集团公司《电力技术监督管理办法》及华能电厂安全生产管理体系要求建立完善技术监督评价与考核管理标准，明确各项评价内容和考核标准。

6.3.5 电厂应每年按附录 M，组织安排锅炉监督工作开展情况的自我评价，根据评价情况对相关部门和责任人开展技术监督考核工作。

附 录 A

（资料性附录）

设计煤的常规化验分析项目

序号	项目名称	分析参数	使用标准	用 途
1	工业分析	全水分 M_{ar}，空气干燥基水分 M_{ad}，灰分 A_{ar} 及 A_{ad}，干燥无灰基挥发分 V_{daf}	GB/T 211 GB/T 212	（1）燃煤着火特性初步评价（V_{daf}，A_{ad}）；（2）燃尽特性初步评价；（3）设计煤粉细度确定（V_{daf}）；（4）锅炉热力计算（M_{ar}，A_{ar}）
2	低位发热量 $Q_{net,ar}$		GB/T 213	锅炉热力计算
3	元素分析	C_{ar}，H_{ar}，O_{ar}，N_{ar}，全硫 $S_{t,ar}$	GB/T 476 GB/T 214	（1）锅炉热力计算；（2）高、低温腐蚀倾向和预测（$S_{t,ar}$）
4	灰熔融性温度	变形温度 DT 软化温度 ST 半球温度 HT 流动温度 FT	GB/T 219	结渣特性初步评价
5	灰成分分析	SiO_2，Al_2O_3，Fe_2O_3，CaO，MgO，K_2O，Na_2O，TiO_2	GB/T 1574	（1）结渣特性辅助参数；（2）受热面沾污特性预测
6	煤灰黏度—温度特性		DL/T 660	结渣特性初步评价

附 录 B
（资料性附录）
性能试验测试项目及测点位置

测点	测 试 项 目	位 置
1	原煤取样分析	给煤机落煤管上
2	煤粉取样分析	煤粉管道上
3	飞灰取样分析	空气预热器或省煤器出口两侧烟道
4	炉渣取样分析	捞渣机出口/炉底排渣口
5	烟气温度	空气预热器进、出口烟道
6	冷风温度	一、二次风机出口风道
7	烟气成分	空气预热器进、出口烟道
8	大气（压力、湿度）	送风机入口附近
9	氨逃逸浓度	SCR 反应器出口截面
10	SCR 反应器进出口烟气成分（NO、O_2）	SCR 反应器入口、出口截面
11	SCR 反应器进出口烟气成分（SO_2、SO_3）	SCR 反应器入口、出口截面

附 录 C
（资料性附录）
空气预热器漏风率试验规定

C.1 机组正常运行时，每季度应进行一次空气预热器漏风率试验。

C.2 空气预热器漏风率试验在额定负荷或接近额定负荷下进行。

C.3 试验期间保证锅炉负荷稳定，汽温、汽压稳定，入炉煤质、煤量稳定，试验期间不进行风压、风量的调整，不进行可能干扰燃烧工况的操作（如吹灰、磨煤机切换等），尽量保证配风稳定。

C.4 试验前稳定锅炉蒸发量和风量，同时记录炉膛负压，检查确认负荷、氧量、排烟温度等参数稳定，试验过程中入炉燃料和空气量保持不变。

C.5 在空气预热器进、出口烟道，使用同种类型的烟气分析仪采用网格法多点取样测试空气预热器相应区段烟道进、出口氧量，烟气样品由取样管先引至烟气预处理器进行清洁、除湿和冷却，然后接至烟气分析仪，测量数据由试验人员每隔10min记录一次，测得的O_2含量数值取算术平均值。

C.6 根据测得的进、出口氧量平均值，用式（C.1）计算进出口过量空气系数α'、α''：

$$\alpha' = \frac{21}{21 - O_2'}$$

$$\alpha'' = \frac{21}{21 - O_2''}$$

（C.1）

式中：

O_2'——空气预热器入口烟气含氧量；

O_2''——空气预热器出口烟气含氧量；

α'——空气预热器入口过量空气系数；

α''——空气预热器出口过量空气系数。

然后依据式（C.1）计算所得α'、α''，根据式（C.2）计算空气预热器漏风率A_1：

$$A_1 = \frac{\alpha' - \alpha''}{\alpha'} \times 90$$

（C.2）

C.7 空气预热器漏风率要求见表C.1。

表C.1 锅炉空气预热器漏风率要求

空气预热器类型	空气预热器漏风率 %
管式空气预热器	≤4
回转式空气预热器	≤8

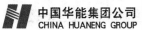

附 录 D
（规范性附录）
锅炉技术监督定期工作项目列表

序号	监督工作项目	周期	资料档案
1	锅炉监督三级管理网络建立及更新	每年	锅炉监督三级网络图及组织机构成立文件
2	锅炉监督管理标准（制定）修订	每年	标准修订记录
3	锅炉监督相关/支持性文件修订（含技术标准、相关制度）	每年	修订记录
4	锅炉监督相关标准规范收集、宣贯	每年	标准规范及宣贯资料
5	锅炉培训规划、计划和总结	每年	培训计划和总结
6	锅炉技术监督培训	每年	技术监督培训计划、培训记录
7	锅炉监督人员档案	每年	锅炉监督网络人员档案、上岗资格证
8	锅炉监督年度工作计划	每年 11 月 30 日前	年度锅炉技术监督工作计划
9	锅炉监督工作计划执行情况检查	每季	监督计划完成情况统计记录
10	监督计划的检查考核	每季	技术监督不符合项通知单
11	锅炉技术监督月度会议	每月	会议纪要，月度锅炉技术监督报告
12	锅炉技术监督报告	每季	技术监督季报(年报)
13	锅炉监督工作总结	每半年/年	半年/年度总结
14	锅炉监督动态检查与考核	每年/定期	迎检资料，检查报告，问题整改计划，整改结果
15	技术监督问题整改台账	及时	技术监督问题整改台账记录
16	锅炉预警问题整改	每年	整改计划、措施及完成情况
17	锅炉监督用仪器仪表台账	及时	台账记录
18	锅炉监督用仪器仪表检验计划	每年	仪器仪表检验计划
19	锅炉主、辅机原始设备资料	投产后	锅炉及辅机设备技术规范、使用维护说明书、锅炉热力计算书、主要性能参数(性能曲线)
20	锅炉性能试验	投产后性能考核，检修前、后	性能试验报告
21	锅炉辅机性能试验（风机、磨煤机、空气预热器）	投产后性能考核，A 修前、后	性能试验报告

表（续）

序号	监督工作项目	周期	资料档案
22	机组优化运行试验：锅炉配煤掺烧试验、锅炉燃烧调整试验、制粉系统优化试验、脱硫/脱硝/除尘系统优化运行试验	投产后、A修后、设备异动后、煤质发生较大变化后	试验报告
23	锅炉冷态空气动力场试验	机组投产或重大改造后	试验报告
24	循环流化床锅炉布风板阻力试验、平料试验	机组投产或重大改造后	试验报告
25	燃油速断阀试验	每半月	试验记录
26	锅炉空气预热器漏风率测试	每季	测试报告
27	保温测试	停机检修前、检修后	测试报告
28	氧量计、一氧化碳、风量测量装置标定	每季度	氧量计、一氧化碳浓度、风量测量装置标定记录
29	汽包水位校对	每周	校验记录
30	入炉煤取样、化验	每班	煤质化验报告
31	煤粉细度化验	每月	煤粉细度化验报告
32	飞灰取样、化验	每班	可燃物化验报告
33	炉渣取样、化验	每周	可燃物化验报告
34	石子煤热值化验及质量统计	每季/异常时	石子煤热值化验报告及质量统计记录
35	锅炉侧转动机械振动测试	每月	测试记录
36	割管取样检测、爆管分析	检修期间、爆管事故	割管取样检测报告，爆管分析报告
37	超温记录台账	实时	超温记录台账
38	爆漏事故记录台账	实时	爆漏事故记录台账
39	锅炉运行规程、系统图修订	每年	修订记录
40	月度运行分析	每月	会议纪要，运行月度分析报告
41	锅炉辅机定期切换试验	按规程要求	试验记录
42	运行日志	每班	运行日志
43	启停炉过程记录、总结	锅炉启停	启停炉记录分析、总结
44	锅炉专业反事故措施编制、修订	每年	修订记录
45	锅炉反事故措施计划实施情况总结	每年	锅炉反事故措施计划实施情况总结
46	锅炉及其辅机设备非计划停运、障碍、事故（异常）分析	实时	技术监督速报、事故分析报告

表（续）

序号	监督工作项目	周期	资料档案
47	锅炉检修规程修订	每年	修订记录
48	锅炉设备状态分析	每年	锅炉设备状态分析报告
49	锅炉检修文件包	检修前	锅炉检修文件包
50	机组检修锅炉监督项目计划制订	检修前110天	机组检修锅炉监督项目计划
51	机组检修锅炉监督总结（包括防磨、防爆）	检修后1月内	检修锅炉监督总结
52	锅炉及其辅机检修、维护	检修期间	检修记录、检修总结
53	锅炉及其辅助设备台账	实时	设备清册、台账记录
54	锅炉泄漏阀门台账	每月	泄漏阀门台账
55	锅炉技术改造可行性研究	技改前	锅炉技术改造可行性研究报告
56	锅炉技术改造项目竣工报告	技改后	
57	锅炉技术改造完工总结	技改后	锅炉技改项目总结报告
58	重大锅炉技术改造后评估报告	技改后	锅炉技术改造后评估报告

附 录 E

（资料性附录）

锅炉技术监督资料档案格式

锅炉监督月度例会会议纪要格式

锅炉监督月度例会会议纪要

时间：

地点：

主持：

记录：

参加人员：

一、锅炉专责汇报

1. 本月锅炉设备情况

2. 本月锅炉专业主要工作

3. 指出影响锅炉指标存在的主要问题并与各部门讨论解决措施

二、上月锅炉监督例会安排事宜落实情况

1. 由策划部（生技部）、运行部、检修部、燃料部、行政部等相关责任人分别汇报

2. 需要领导协调的问题

三、集团公司技术监督季报、监督通讯、新颁布的国家、行业标准规范、监督新技术学习交流

四、下月主要工作安排

附 录 F
（规范性附录）
技术监督不符合项通知单

编号（No）：××-××-××

发现部门：	专业：	被通知部门、班组：	签发：	日期：20××年××月××日

不符合项 描述	1. 不符合项描述： 2. 不符合标准或规程条款说明：			
整改措施	3. 整改措施： 制订人/日期：　　　　　　　　　　审核人/日期：			
整改验收 情况	4. 整改自查验收评价： 整改人/日期：　　　　　　　　　　自查验收人/日期：			
复查验收 评价	5. 复查验收评价： 复查验收人/日期：			
改进建议	6. 对此类不符合项的改进建议： 建议提出人/日期：			
不符合项 关闭	整改人：　　　　　自查验收人：　　　　　复查验收人：　　　　　签发人：			
编号说明	年份＋专业代码＋本专业不符合项顺序号			

附 录 G
（规范性附录）
技术监督信息速报

单位名称			
设备名称		事件发生时间	
事件概况	注：有照片时应附照片说明。		
原因分析			
已采取的措施			
监督专责人签字		联系电话： 传　真：	
生产副厂长或总工程师签字		邮　箱：	

附 录 H

（规范性附录）

锅炉技术监督季报编写格式

××电厂20××年×季度锅炉技术监督季报

编写人：×××　　固定电话/手机××××××

审核人：×××

批准人：×××

上报时间：20××年××月××日

H.1 上季度集团公司督办事宜的落实或整改情况

H.2 上季度产业（区域）公司督办事宜的落实或整改情况

H.3 锅炉监督年度工作计划完成情况统计报表（见表H.1）

表 H.1　年度技术监督工作计划和技术监督服务单位合同项目完成情况统计报表

发电企业技术监督计划完成情况			技术监督服务单位合同工作项目完成情况		
年度计划项目数	截至本季度完成项目数	完成率%	合同规定的工作项目数	截至本季度完成项目数	完成率%

H.4 锅炉监督考核指标完成情况统计报表（见表H.2～表H.6）

监督指标上报说明：每年的1、2、3季度所上报的技术监督指标为季度指标；每年的4季度所上报的技术监督指标为全年指标。

表 H.2　20××年×季度锅炉运行障碍统计报表

机组编号	一类障碍次数	承压部件爆管次数	锅炉灭火次数	锅炉降出力次数	机组等效可用系数
1号					
2号					
3号					

表 H.3 技术监督预警问题至本季度整改完成情况统计报表

一级预警问题			二级预警问题			三级预警问题		
问题项数	完成项数	完成率 %	问题项数	完成项数	完成率 %	问题项目	完成项数	完成率 %

表 H.4 集团公司技术监督动态检查提出问题本季度整改完成情况统计报表

检查年度	检查提出问题项目数（项）			电厂已整改完成项目数统计结果			
	严重问题	一般问题	问题项合计	严重问题	一般问题	完成项目数小计	整改完成率 %

表 H.5 1号机组风机振动报表

	1A 送风机		1B 送风机		1A 一次（流化）风机		1B 一次（流化）风机		1A 引风机		1B 引风机	
	驱动端	非驱动端	驱动端	非驱动端	驱动端	非驱动端	驱动端	非驱动端	驱动端	非驱动端	驱动端	非驱动端
X 方向（μm 或 mm/s）												
Y 方向（μm 或 mm/s）												
轴振（μm 或 mm/s）												
报警值（μm 或 mm/s）												
跳闸值（μm 或 mm/s）												

表 H.6 2 号机组风机振动报表

	2A 送风机		2B 送风机		2A 一次(流化)风机		2B 一次(流化)风机		2A 引风机		2B 引风机	
	驱动端	非驱动端	驱动端	非驱动端	驱动端	非驱动端	驱动端	非驱动端	驱动端	非驱动端	驱动端	非驱动端
X 方向 (μm 或 mm/s)												
Y 方向 (μm 或 mm/s)												
轴振 (μm 或 mm/s)												
报警值 (μm 或 mm/s)												
跳闸值 (μm 或 mm/s)												

注：填写风机当季振动最大值

H.5 锅炉存在问题

H.6 本季度主要的锅炉监督工作

H.7 本季度锅炉监督发现的问题、原因及处理情况

填报说明：包括运行、检修、热力试验、巡视中发现的问题，必要时应提供照片、数据和曲线。

H.8 锅炉监督下季度的主要工作（包括锅炉运行优化、检修、技改和试验工作）

H.9 附表

华能集团公司技术监督动态检查专业提出问题至本季度整改完成情况见表 H.7，《华能集团公司火(水)电技术监督报告》专业提出的存在问题至本季度整改完成情况见表 H.8，技术监督预警问题至本季度整改完成情况见表 H.9。

表 H.7　华能集团公司技术监督动态检查专业提出问题至本季度整改完成情况

序号	问题描述	问题性质	西安热工院提出的整改建议	发电企业制订的整改措施和计划完成时间	目前整改状态或情况说明

注 1：填报此表时需要注明集团公司技术监督动态检查的年度；

注 2：如 4 年内开展了 2 次检查，应按此表分别填报。待年度检查问题全部整改完毕后，不再填报

表 H.8　《华能集团公司火（水）电技术监督报告》专业提出的存在问题至
本季度整改完成情况

序号	问题描述	问题性质	问题分析	解决问题的措施及建议	目前整改状态或情况说明

表 H.9　技术监督预警问题至本季度整改完成情况

预警通知单编号	预警类别	问题描述	西安热工院提出的整改建议	西安热工院提出的整改建议	目前整改状态或情况说明

附 录 I

（规范性附录）
锅炉技术监督预警项目

I.1 一级预警

a) 锅炉尾部烟道发生二次燃烧造成设备严重损坏。
b) 锅炉存在重大承压部件隐患危及人身安全，没有采取预防措施。

I.2 二级预警

a) 锅炉运行参数偏离设计值，影响机组经济性较大；主蒸汽和再热蒸汽温度低于设计值 10℃以上；飞灰可燃物含量超过考核值 5 个百分点；锅炉排烟温度（修正值）高于设计值 20℃以上。

b) 入炉煤低位发热量低于设计值的 20%，硫分超过设计值 0.5 个百分点，威胁锅炉运行安全。

c) 锅炉发生严重结焦、高温腐蚀影响机组运行，未按规定及时消除或采取措施。

d) 锅炉发生灭火。

e) 锅炉发生满水或缺水。

f) 锅炉主要辅机失修、振动超标跳闸，造成机组减负荷。

g) 锅炉受热面超温严重，未采取措施。

h) 锅炉发生大面积垢下腐蚀。

i) 监督月报、季报、总结内容严重失实。

j) 对第三级预警项目未及时进行整改。

I.3 三级预警

a) 未建立锅炉技术监督网络。

b) 锅炉技术监督管理制度或实施细则未制定或超过 2 年以上未修订。

c) 技术监督档案不健全、不完善。

d) 锅炉未进行定期检验。

e) 锅炉运行、维护人员未进行上岗培训和资格审核。

f) 锅炉运行参数偏离设计值，影响机组经济性；飞灰可燃物含量超过考核值 3 个百分点。管式空气预热器漏风率超过设计值 2 个百分点，回转式空气预热器漏风率超过设计值 2 个百分点。再热器减温水流量大于 10t/h。

g) 存在以下问题未及时采取措施：
　　1) 锅炉燃烧器摆角、尾部烟气挡板等失修，影响汽温正常调节；
　　2) 锅炉受热面相邻管温度偏差超过规定值；
　　3) 锅炉受热面出现结焦、超温、腐蚀；

4）汽包上下壁温差超过规定值；

5）制粉系统漏粉、堵管；

6）制粉系统爆燃、粉管着火；

7）锅炉吹灰器长期未投入；

8）锅炉漏风、积灰严重；

9）锅炉阀门泄漏；

10）锅炉重要辅机存在重大缺陷影响安全运行；

11）输煤系统粉尘超标、积粉；

12）锅炉受热面泄漏。

h）入炉煤低位发热量低于设计值15%，硫分高于设计值30%。

i）锅炉系统设备主要保护未正常投入。

j）锅炉燃油系统管道及连接存在漏油、着火隐患。

k）新投产机组未开展相关性能试验或存在漏项：锅炉冷态试验、空气动力场试验、一次风调平试验、燃烧调整试验、投产验收性能考核试验；A级检修未开展相关性能试验或存在漏项：A级检修前/后性能试验、A级检修前/后保温测试、水压试验（承压部件大修后）、电动挡板及阀门开关试验；入炉煤质发生重大变化或燃烧器经重大改造后未开展燃烧系统调整试验。

l）规程中未按二十五项反事故措施、集团公司防止电力生产事故重点要求制定反事故措施要求，存在漏项。

m）设备改造后对运行画面、技术规程未及时更新、审定。

附 录 J
（规范性附录）
技术监督预警通知单

通知单编号：T-　　　　　　　预警类别编号：　　　　　　　日期：　年　月　日

发电企业名称		
设备（系统）名称及编号		
异常情况		
可能造成或已造成的后果		
整改建议		
整改时间要求		
提出单位		签发人	

注：通知单编号：T—预警类别编号—顺序号—年度。预警类别编号：一级预警为1，二级预警为2，三级预警为3。

附 录 K

（规范性附录）

技术监督预警验收单

验收单编号：Y-　　　　　　预警类别编号：　　　　　　日期：　　年　　月　　日

发电企业名称	
设备（系统）名称及编号	
异常情况	
技术监督服务单位整改建议	
整改计划	
整改结果	
验收单位	验收人

注：验收单编号：Y—预警类别编号—顺序号—年度。预警类别编号：一级预警为1，二级预警为2，三级预警为3。

附　录　L
（规范性附录）
技术监督动态检查问题整改计划书

L.1　概述

L.1.1　叙述计划的制订过程（包括西安热工院、技术监督服务单位及电厂参加人等）；

L.1.2　需要说明的问题，如：问题的整改需要较大资金投入或需要较长时间才能完成整改的问题说明。

L.2　问题整改计划表（见表 L.1）

表 L.1　问　题　整　改　计　划　表

序号	问题描述	专业	西安热工院提出的整改建议	发电企业制订的整改措施和计划完成时间	发电企业责任人	西安热工院责任人	备　注

L.3　一般问题整改计划表（见表 L.2）

表 L.2　一般问题整改计划表

序号	问题描述	专业	西安热工院提出的整改建议	发电企业制订的整改措施和计划完成时间	发电企业责任人	西安热工院责任人	备　注

附 录 M
（规范性附录）
锅炉技术监督工作评价表

序号	评价项目	标准分	评价内容与要求	评分标准
1	锅炉监督管理	400		
1.1	组织与职责	50	查看电厂技术监督组织机构文件、上岗资格证	
1.1.1	监督组织健全	10	建立健全监督领导小组领导下的三级锅炉监督网，在策划部（生技部）设置锅炉监督专责人	（1）未建立三级锅炉监督网，扣10分； （2）未落实锅炉监督专责人或人员调动未及时变更，扣5分
1.1.2	职责明确并得到落实	10	专业岗位职责明确，落实到人	（1）专业岗位设置不全或未落实到人，每一岗位扣5分； （2）岗位职责不明确扣5分，缺一级职责扣5分
1.1.3	锅炉专责持证上岗	30	厂级锅炉监督专责人持有效上岗资格证	未取得资格证书或证书超期，扣30分
1.2	标准符合性	50	查看企业锅炉监督管理标准、锅炉监督相关/支持性文件及保存的国家、行业标准规范	
1.2.1	锅炉监督管理标准	10	（1）编写的内容、格式应符合《华能电厂安全生产管理体系要求》和《华能电厂安全生产管理体系管理标准编制导则》的要求，并统一编号； （2）"内容应符合国家、行业法律、法规、标准和《华能集团公司电力技术监督管理办法》相关的要求，并符合电厂实际	（1）不符合《华能电厂安全生产管理体系要求》和《华能电厂安全生产管理体系管理标准编制导则》的编制要求，扣5分； （2）不符合国家、行业法律、法规、标准和《华能集团公司电力技术监督管理办法》相关的要求和电厂实际，扣5分
1.2.2	国家、行业标准规范	10	（1）保存的技术标准符合集团公司年初发布的锅炉监督标准目录； （2）应及时收集新标准，并在厂内发布	（1）缺少标准或未更新，每个扣5分； （2）标准未在厂内发布，扣10分
1.2.3	锅炉监督相关/支持性文件	20	（1）应根据电厂实际情况编制以下文件： 1）锅炉技术监督标准（实施细则）； 2）燃料管理标准； 3）锅炉运行规程、检修规程； 4）燃料（输煤）、除灰运行规程、检修规程； 5）防磨防爆管理标准。 （2）文件应符合国家和行业技术标准，符合本厂实际情况，并及时修订	（1）每缺少一项文件，扣10分； （2）巡视周期、试验周期、检修周期不符合要求，每项扣10分； （3）性能指标、运行控制指标、工艺控制指标不符合要求，每项扣10分； （4）内容不完善，每项扣5分； （5）未及时修订，每项扣2分

表（续）

序号	评价项目	标准分	评价内容与要求	评分标准
1.2.4	标准更新	10	标准更新符合管理流程	（1）未按时修编，每个扣5分； （2）标准更新不符合标准更新管理流程，每个扣5分
1.3	仪器仪表	50	现场查看；查看仪器仪表台账、检验计划、检验报告	
1.3.1	锅炉监督用仪器、仪表台账	10	建立锅炉监督用仪器仪表台账，栏目应包括：仪器名称、型号规格、技术参数（量程、精度等级等）、生产厂家、安装位置、购入时间、检验周期、检验日期、使用状态等	（1）新购仪表未录入或校验，报废仪表未注销和另外存放，每台扣10分； （2）仪器仪表记录不全，一台扣5分
1.3.2	锅炉监督用仪器仪表技术档案资料	10	（1）保存锅炉监督用仪器仪表使用说明书； （2）编制专用仪器仪表操作规程	（1）使用说明书缺失，每件扣5分； （2）专用仪器操作规程缺漏，每台扣5分
1.3.3	仪器仪表维护	10	（1）仪器仪表存放地点整洁、配有温度计、湿度计； （2）仪器仪表的接线及附件不许另作他用； （3）仪器仪表清洁、摆放整齐； （4）有效期内的仪器仪表应贴上有效期标识，不与其他仪器仪表一道存放； （5）待修理、已报废的仪器仪表应另外分别存放	不符合要求，一项扣5分
1.3.4	检验计划和检验报告	10	（1）计划送检的仪表应有对应的检验报告； （2）定期校验、标定的计量装置应有记录	（1）无校验、标定记录（报告），每项扣5分； （2）检定报告不符合要求，每项扣5分； （3）未制订检验计划或检验计划不合理的，扣3分
1.3.5	对外委试验使用仪器仪表的管理	10	应有试验使用的仪器仪表检验报告复印件	不符合要求，每台扣5分
1.4	监督计划	50	查看监督计划、中长期锅炉规划	

表（续）

序号	评价项目	标准分	评价内容与要求	评分标准
1.4.1	计划的制订	20	（1）计划制订时间、依据应符合要求。 （2）计划内容应包括： 1）锅炉监督管理制度制定或修订计划； 2）培训计划（内部及外部培训、资格取证、规程宣贯等）； 3）检修中锅炉监督项目计划； 4）技术监督定期工作计划（包括定期工作会议）； 5）技术监督自查、动态检查提出问题整改计划，监督预警问题及整改计划； 6）仪器仪表配置、送检计划； 7）锅炉监督中发现重大问题整改计划； 8）技改中锅炉监督项目计划； 9）定期热力试验计划	（1）计划制订时间、依据不符合要求，每项计划扣10分； （2）计划内容不全，每项计划扣5~10分
1.4.2	计划的审批	15	应符合工作流程：班组或部门编制→策划部锅炉专责人修改、审核→策划部主任审定→生产厂长审批→下发实施	审批工作流程缺少环节，每项扣10分
1.4.3	计划的上报	15	每年11月30日前上报产业、区域公司，同时抄送西安热工院	计划上报不按时，扣15分
1.5	监督档案	50	查看监督档案、档案管理的记录	
1.5.1	监督档案目录（清单）	10	应建立锅炉监督资料档案目录（清单），每类资料有编号、存放地点、保存期限	（1）未建立监督档案目录（清单），扣10分； （2）目录不完整，扣5分
1.5.2	报告和记录	30	（1）锅炉监督各类资料应齐全、时间连续； （2）锅炉监督资料内容应完整、规范，符合标准要求； （3）锅炉监督档案应包括本标准5.1.3条所列内容，即基建阶段技术资料，设备台账，运行报告及记录，检修报告及记录，技术改造报告及记录，锅炉监督管理资料等方面的内容	（1）资料不齐全，每缺一项扣2分； （2）资料内容不完整、不规范，每项扣2分
1.5.3	档案管理	10	（1）资料按规定保存，由专人管理； （2）借阅应有借、还记录； （3）有过期文件处置的记录	不符合要求，每项扣2分
1.6	评价与考核	40	查阅评价与考核记录	

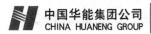

表（续）

序号	评价项目	标准分	评价内容与要求	评分标准
1.6.1	动态检查前自我检查	10	自我检查评价切合实际	（1）没有自查报告，扣10分； （2）自我检查评价与动态检查评价的评分相差10分及以上，扣10分
1.6.2	定期监督工作评价	10	有监督工作评价记录	无工作评价记录，扣10分
1.6.3	定期监督工作会议	10	有监督工作会议纪要	无工作会议纪要，扣10分
1.6.4	监督工作考核	10	有监督工作考核记录	发生监督不力事件而未考核，扣10分
1.7	工作报告制度	50	查阅检查之日前两个季度季报、检查速报事件及上报时间	
1.7.1	监督季报、年报	20	（1）每季度首月5日前，应将技术监督季报报送产业公司、区域公司和西安热工院； （2）格式和内容符合要求，数据准确可靠	（1）季报、年报上报迟报1天扣5分； （2）格式不符合，一项扣5分； （3）报表数据不准确，一项扣10分； （4）检查发现的问题，未在季报中上报，每1个问题扣10分
1.7.2	技术监督速报	20	按规定格式和内容编写技术监督速报并及时上报	（1）发现或者出现重大设备问题和异常与障碍，未及时、真实、准确上报技术监督速报，每一项扣10分； （2）没有记录和报告各扣10分； （3）上报速报事件不符合实际，一件扣10分
1.7.3	年度工作总结报告	10	（1）每年1月5日前组织完成上年度技术监督工作总结报告的编写工作，并将总结报告报送产业、区域公司和西安热工院； （2）格式和内容符合要求	（1）未按规定时间上报，扣10分； （2）内容不全面，扣10分
1.8	监督管理考核指标	60	查看机组限负荷或跳机原因；监督预警问题验收单；技术监督检查提出问题整改完成证明文件	
1.8.1	因锅炉原因引发机组限出力或跳机	30	保证锅炉侧设备运行良好，备用设备无故障隐患。不发生因锅炉侧设备缺陷或运行操作不当导致机组限出力、跳机情况	（1）因运行人员违反操作规程导致机组非计划停运，每次扣15分； （2）因运行人员违反操作规程导致机组限出力，每次扣10分； （3）因锅炉侧设备故障导致机组非计划停运，每次扣10分； （4）因锅炉侧承压部件泄漏导致机组非计划停运，每次扣5分； （5）因锅炉侧设备故障导致机组限出力，每次扣5分

表（续）

序号	评价项目	标准分	评价内容与要求	评分标准
1.8.2	监督预警问题整改完成率	15	要求：100%	不符合要求，不得分
1.8.3	动态检查存在问题整改完成率	15	要求：从发电企业收到动态检查报告之日起：第1年整改完成率不低于85%；第2年整改完成率不低于95%	不符合要求，不得分
2	技术监督实施	600		
2.1	试验	60	查阅试验报告	
2.1.1	锅炉设备定期切换	25	完成锅炉辅助设备的定期轮换，切换周期应根据设备实际状况制定，设备定期切换试验应有试验安排规定，试验记录、结果、合格判定，试验措施，试验异常分析，未按时执行原因	（1）未按照定期试验、轮换制度执行，每发现一次扣2分； （2）每缺少一项试验报告或记录扣1分，扣完为止
2.1.2	锅炉性能及运行优化试验	35	新投产机组及相关设备重大改造后应进行以下试验并有试验报告或记录：锅炉性能考核试验、磨煤机、风机性能考核试验、锅炉配煤掺烧试验、锅炉冷态空气动力场试验、循环流化床锅炉布风板阻力试验，平料试验、锅炉燃烧调整试验、制粉系统优化试验、脱硫/脱硝系统优化运行试验、历次检修前后锅炉及主要辅机性能试验报告	（1）未开展新投产机组性能考核试验、A修前后锅炉性能试验，每缺少一项2分； （2）新投产机组及相关设备重大改造后未开展运行优化试验，每缺少一项扣2分； （3）测试试验不标准、报告不规范，每项扣1分
2.2	锅炉安全监督	300		
2.2.1	锅炉反事故措施	40	应制定锅炉反事故措施，锅炉反事故措施应包括：① 承压部件爆漏；② 承压部件超温超压；③ 汽包满水和缺水；④ 锅炉油系统火灾；⑤ 制粉系统、煤尘爆炸；⑥ 锅炉尾部再次燃烧；⑦ 空气预热器卡涩；⑧ 锅炉灭火；⑨ 锅炉严重结焦、高温腐蚀；⑩ 锅炉内爆；⑪ 辅机跳闸；⑫ 蓬煤堵煤；⑬ 迎峰度夏；⑭ 冬季防冻等。 反事故措施制定合理，并与电厂实际情况相符	（1）缺少一项反事故措施扣5分； （2）反事故措施制定不合理，内容与电厂实际不相符，每项扣1分
2.2.2	配煤管理	20	（1）若入炉煤不是单一煤种，应制定配煤掺烧方案； （2）煤质应定期化验，配煤加仓煤质情况应及时反馈至运行人员。	（1）未制定配煤掺烧方案，扣10分； （2）配煤掺烧方案不合理，扣2分； （3）煤质未定期化验，每缺一次扣1分； （4）运行人员未及时得到配煤加仓煤质情况，每次扣1分

表（续）

序号	评价项目	标准分	评价内容与要求	评分标准
2.2.3	风机的运行管理	20	（1）润滑油、液压油油质应合格； （2）油压应满足风机工作要求； （3）风机振动在合理范围内； （4）风机出力满足机组负荷要求	（1）风机出力不能满足机组负荷要求，扣5分； （2）润滑油、液压油油质不合格，扣5分； （3）风机振动超出规定值，每超一次扣2分
2.2.4	汽包的运行管理	20	（1）汽包水位计配置齐全； （2）各水位计间偏差在合理范围； （3）汽包水位值在正常范围； （4）汽包壁温差在正常范围； （5）汽包水位保护投退应严格执行审批制度	（1）就地、远传汽包水位计未配置齐全，每缺一个扣5分； （2）汽包水位未定期校对，每缺一次扣1分，无校验记录扣5分； （3）汽包水位超出正常范围，每超±50mm扣2分； （4）汽包壁温差5℃以上，超一次扣1分
2.2.5	承压部件管理	45	（1）应建立爆漏事故记录台账和超温记录台账； （2）承压部件在进行重大修理或更换后，应进行水压试验； （3）承压部件应在材料允许温度和压力范围内运行	（1）未建立爆漏事故记录台账，扣5分； （2）未建立超温记录台账，扣5分； （3）承压部件在进行重大修理或更换后，未进行水压试验，每次扣2分。水压试验作业指导方案不合理，每发现一项扣2分； （4）承压部件存在超温或超压1min以上，每发现一处扣1分。超温10℃以内，每发现一处扣2分，超温10℃以上，每发现一处扣4分
2.2.6	制粉系统运行管理	40	（1）制粉系统应制定防止蓬煤堵煤的措施； （2）制粉系统启停过程严格执行规程要求； （3）磨煤机出口风粉混合温度应在规程规定范围	（1）未制定防止蓬煤堵煤的措施，扣5分； （2）每发生一次蓬煤堵煤现象，扣1分； （3）磨煤机出口风粉混合温度超出规程和标准规定范围，每超1次扣2分
2.2.7	燃烧运行管理	40	（1）燃烧器设备应安全运行； （2）燃烧配风应按照运行优化调整试验执行； （3）锅炉受热面不存在积灰、结焦、高温腐蚀现象； （4）锅炉不存在燃烧偏差，汽温偏差在规定范围内； （5）炉膛负压应维持在允许范围内	（1）锅炉受热面存在结焦、高温腐蚀现象，未采取措施的扣5分； （2）燃烧器喷嘴存在开裂、变形、烧损等现象，每存在一处扣1分； （3）锅炉两侧出口汽温偏差超出10℃，每超1℃扣1分； （4）炉膛负压超出允许范围一次扣1分

表（续）

序号	评价项目	标准分	评价内容与要求	评分标准
2.2.8	空气预热器运行管理	20	（1）空气预热器运行中不存在卡涩现象； （2）空气预热器冷端换热元件不存在低温腐蚀问题； （3）回转式空气预热器推力轴承、导向轴承温度正常； （4）吹灰器正常投运	（1）空气预热器运行发生严重卡涩，扣5分； （2）空气预热器冷端换热元件低温腐蚀严重，扣5分； （3）润滑油系统工作异常，每次扣2分； （4）吹灰器未正常投入，每个扣2分
2.2.9	吹灰器运行管理	20	（1）吹灰器吹灰后能够及时退出； （2）吹灰器吹灰压力、温度符合规定值要求； （3）吹灰运行制度应符合锅炉实际情况	（1）吹灰器吹灰后未能及时退出而被烧断，存在一次扣5分； （2）吹灰器吹灰压力、温度超出规定范围要求，每超一次扣2分； （3）锅炉各部位的吹灰频次不符合锅炉实际情况，每发现一处扣2分
2.2.10	除渣运行管理	15	（1）除渣系统运行可靠； （2）捞渣机水封良好，水位、水温正常； （3）干渣机进风量满足运行规程要求，减少无组织漏风	（1）捞渣机水位超出规定值范围，扣5分； （2）渣槽内水温超出规定值范围，扣5分； （3）干渣机漏风影响炉膛火焰中心，扣5分
2.2.11	典型工况运行管理及缺陷台账	20	应建立机组典型工况运行管理台账及运行缺陷管理台账，包括典型工况下的主蒸汽温度、再热汽温、再热减温水量、运行氧量、排烟温度、空气预热器压差等主要参数	（1）未建立运行缺陷台账，扣10分； （2）未建立典型工况运行管理台账，扣5分； （3）台账未更新维护扣5分； （4）台账内容不全，每缺一项扣2分
2.3	锅炉节能监督	150	查看报表及实时、历史数据	
2.3.1	报表	10	报表按上级要求填写，规范、要求具有及时性、真实性、准确性	（1）报表格式不规范，扣2分； （2）数据不真实，扣2分； （3）上报不及时，扣2分
2.3.2	锅炉热效率	20	锅炉热效率应达到合同保证值	锅炉热效率低于合同保证值0.5个百分点，扣10分
2.3.3	再热减温水量	10	再热减温水量小于或等于2t/h	（1）再热减温水调门内漏严重未采取有效措施，不得分； （2）未充分利用烟气侧调节手段，扣5分； （3）流量每超过1t/h扣1分，扣完为止

表（续）

序号	评价项目	标准分	评价内容与要求	评分标准
2.3.4	排烟温度	10	排烟温度修正到设计条件下不大于设计值3%	（1）检修后未进行排烟温度标定、排烟温度代表性差，扣2分； （2）相比对应环境温度设计值每偏高1℃扣1分，扣完为止
2.3.5	锅炉运行氧量	10	烟气含氧量在（设计优化值±0.5%）范围内	（1）锅炉排烟氧量计未定期标定，不得分； （2）烟气含氧量在允许范围外，每偏离0.1个百分点扣2分，扣完为止
2.3.6	飞灰可燃物含量	10	飞灰可燃物，不高于设计值或核定值： （1）对煤粉锅炉：无烟煤小于或等于6%，贫煤小于或等于4%，烟煤、褐煤小于或等于2%； （2）对CFB锅炉：煤矸石、无烟煤小于或等于8%，贫煤、劣质烟煤小于或等于5%，烟煤、褐煤小于或等于3%	（1）飞灰可燃物未定期取样、化验，不得分； （2）飞灰可燃物每高于考核值1个百分点扣5分，扣完为止
2.3.7	炉渣可燃物含量	10	炉渣可燃物，不高于设计值或核定值： （1）对煤粉锅炉：无烟煤小于或等于8%，贫煤小于或等于6%，烟煤、褐煤小于或等于4%； （2）对CFB锅炉：煤矸石、无烟煤小于或等于3%，烟煤、褐煤、贫煤小于或等于2%	（1）炉渣可燃物未定期取样、化验，不得分； （2）炉渣可燃物每高于考核值1个百分点扣2分，扣完为止
2.3.8	空气预热器漏风率	10	空气预热器漏风率不超过规定值，管式小于或等于4%，回转式小于或等于8%	（1）未定期进行空气预热器漏风率测试，扣5分； （2）每偏高考核值1个百分点扣2分，扣完为止
2.3.9	空气预热器阻力	10	空气预热器烟气侧压差不大于设计值	烟气侧压差每超设计值0.2kPa扣2分，扣完为止
2.3.10	煤粉细度（循环流化床锅炉入炉煤粒度）	10	（1）燃用无烟煤、贫煤和烟煤时，煤粉细度可按$R_{90}=0.5nV_{daf}$（n为煤粉均匀性指数）选取，煤粉细度R_{90}不应低于4%。 （2）当燃用褐煤时，对于中速磨，煤粉细度R_{90}取30%～50%；对于风扇磨，煤粉细度R_{90}取45%～55%。 （3）循环流化床锅炉入炉煤粒度应在设计范围内	（1）煤粉细度未定期取样、化验，不得分； （2）煤粉细度每偏离考核值20%，扣2分，扣完为止

表（续）

序号	评价项目	标准分	评价内容与要求	评分标准
2.3.11	中速磨石子煤热值	10	中速磨石子煤排量在合理范围内，石子煤热值不超标（小于或等于6.27MJ/kg）	（1）未进行石子煤排量统计或石子煤热值未定期化验，不得分； （2）石子煤热值超过规定值20%，扣5分
2.3.12	吹灰器投入率	10	吹灰器投入率应大于或等于98%。	（1）吹灰器投入情况未统计，不得分； （2）吹灰率投入率每低1个百分点扣2分； （3）易积灰、结渣部位无吹灰系统，扣2分
2.3.13	脱硝系统压差	10	脱硝系统压差在设计范围内	脱硝系统压差每超设计值0.1kPa扣1分，扣完为止
2.3.14	锅炉经济指标管理台账	10	应建立锅炉经济指标管理台账	（1）未建立台账不得分； （2）台账每缺1项2分； （3）台账项目不全扣2分； （4）台账未更新或动态维护扣2分
2.4	现场查看	90	现场查看测点、机组运行情况	
2.4.1	运行表单的抽查	10	（1）运行表单的抽查，运行表单的数据记录要全面、真实、可靠，实事求是； （2）到主控室查看各系统、设备运行监视参数，监视参数应准确	（1）记录不完整、不真实或有明显错误的，每发现一处扣1分，扣完为止； （2）监视参数发现一个问题扣1分，扣完为止
2.4.2	试验取样点代表性	10	排烟温度、空气预热器入口风温、排烟含氧量测点抽查，安装位置应具有代表性，锅炉性能试验时应进行代表点标定	（1）测点每缺一处或不符合要求扣2分，扣完为止； （2）未进行代表点标定每处扣2分，扣完为止
2.4.3	输煤系统	10	粉尘不超标，输煤设备不积粉	每发现一处积粉、粉尘超标现象，扣1分
2.4.4	制粉系统	10	磨煤机部位、管架应无积粉，漏粉	每发现一处积粉、漏粉现象，扣1分
2.4.5	辅机振动	10	辅机振动应在规定范围内	辅机振动超出规定值范围，每超标一处扣2分
2.4.6	锅炉汽包、联箱等膨胀情况	10	（1）锅炉膨胀指示器应按设计要求配置齐全； （2）锅炉膨胀指示器指针应在刻度范围内； （3）每次启动时应记录各部位膨胀	（1）膨胀指示器缺失或缺乏维护，每个扣2分； （2）未按规定记录膨胀指示器读数，每发现一次扣2分

表（续）

序号	评价项目	标准分	评价内容与要求	评分标准
2.4.7	锅炉受热面结焦、积灰情况	10	锅炉受热面应保持清洁，锅炉结焦情况应在可控范围内	（1）锅炉存在严重结焦、积灰，影响机组带负荷，不得分； （2）发现一处严重结焦部位，扣2分
2.4.8	锅炉安全附件（安全阀、压力表、水位计）	10	安全附件正常工作	每发现一处安全附件异常，扣2分
2.4.9	锅炉本体设备、管道及炉顶保温	10	锅炉本体设备、管道及炉顶外表面温度与环境温度之差不大于25℃	发现一处超温扣1分，扣完为止

中国华能集团公司 | 中国华能集团公司火力发电厂技术监督标准汇编
CHINA HUANENG GROUP | Q/HN-1-0000.08.024—2015

技术标准篇

火力发电厂燃煤机组热工监督标准

2015 - 05 - 01 发布

2015 - 05 - 01 实施

目　次

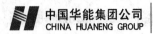
前　言

为加强中国华能集团公司火力发电厂技术监督管理，保证火力发电厂热工自动化设备的安全可靠运行，特制定本标准。本标准依据国家和行业有关标准、规程和规范，以及中国华能集团公司发电厂的管理要求、结合国内外发电的新技术、监督经验制定。

本标准是中国华能集团公司所属火力发电厂燃煤机组热工监督工作主要依据，是强制性企业标准。

本标准自实施之日起，代替 Q/HB-J-08.L09—2009《火力发电厂热工监督技术标准》。

本标准由中国华能集团公司安全监督与生产部提出。

本标准由中国华能集团公司安全监督与生产部归口并解释。

本标准起草单位：西安热工研究院有限公司、华能山东发电有限公司、华能国际电力股份有限公司。

本标准主要起草人：任志文、周昭亮、王靖程、徐建鲁、王家兴。

本标准审核单位：中国华能集团公司安全监督与生产部、中国华能集团公司基本建设部、华能山东发电有限公司、北方联合电力有限责任公司、西安热工研究院有限公司、华能国际电力股份有限公司。

本标准主要审核人：赵贺、武春生、罗发青、张俊伟、杨文强、侯云浩、张昔国、刘欢、李金库。

本标准审定：中国华能集团公司技术工作管理委员会。

本标准批准人：寇伟。

火力发电厂燃煤机组热工监督标准

1 范围

本标准规定了中国华能集团公司（以下简称"集团公司"）火力发电厂燃煤机组热控系统及热工自动化设备、装置，从设计选型、审查、监造、出厂验收、安装、投产、运行、检修到技术改造的全过程热工监督工作的相关技术标准内容和监督管理要求。

本标准适用于集团公司火力发电厂燃煤机组的热工监督工作。

2 规范性引用文件

下列文件对于本文件的应用是必不可少的。凡是注日期的引用文件，仅注日期的版本适用于本文件。凡是不注日期的引用文件，其最新版本（包括所有的修改单）适用于本文件。

GB/T 2887　计算机场地通用规范

GB/T 4213　气动调节阀

GB/T 13399　汽轮机安全监视装置　技术条件

GB/T 50093　自动化仪表工程施工及质量验收规范

GB 50660　大中型火力发电厂设计规范

DL/T 261　火力发电厂热工自动化系统可靠性评估技术导则

DL/T 367　火力发电厂大型风机的检测与控制技术条件

DL/T 435　电站煤粉锅炉膛防爆规程

DL/T 589　火力发电厂燃煤锅炉的检测与控制技术条件

DL/T 590　火力发电厂凝汽式汽轮机的检测与控制技术条件

DL/T 591　火力发电厂汽轮发电机的检测与控制技术条件

DL/T 592　火力发电厂锅炉给水泵的检测与控制技术条件

DL/T 655　火力发电厂锅炉炉膛安全监控系统验收测试规程

DL/T 657　火力发电厂模拟量控制系统验收测试规程

DL/T 658　火力发电厂开关量控制系统验收测试规程

DL/T 659　火力发电厂分散控制系统验收测试规程

DL/T 677　发电厂在线化学仪表检验规程

DL/T 701　火力发电厂热工自动化术语

DL/T 774　火力发电厂热工自动化系统检修运行维护规程

DL/T 775　火力发电厂除灰除渣控制系统技术规程

DL/T 838　发电企业设备检修导则

DL/T 855　电力基本建设火电设备维护保管规程

DL/T 924　火力发电厂厂级监控信息系统技术条件

DL/T 996　火力发电厂汽轮机电液控制系统技术条件

DL/T 1012　火力发电厂汽轮机监视和保护系统验收测试规程

DL/T 1056　发电厂热工仪表及控制系统技术监督导则

DL/T 1083　火力发电厂分散控制系统技术条件

DL/T 1091　火力发电厂锅炉炉膛安全监控系统技术规程

DL/T 1210　火力发电厂自动发电控制性能测试验收规程

DL/T 1211　火力发电厂磨煤机检测与控制技术规程

DL/T 1212　火力发电厂现场总线设备安装技术导则

DL/T 1213　火力发电机组辅机故障减负荷技术规程

DL/T 1340　火力发电厂分散控制系统故障应急处理导则

DL/T 1393　火力发电厂锅炉汽包水位测量系统技术规程

DL/T 5004　火力发电厂试验、修配设备及建筑面积配置导则

DL/T 5175　火力发电厂热工控制系统设计技术规定

DL/T 5182　火力发电厂热工自动化就地设备安装、管路、电缆设计技术规定

DL 5190.4　电力建设施工技术规范　第4部分：热工仪表及控制装置

DL/T 5210.4　电力建设施工质量验收及评价规程　第4部分：热工仪表及控制装置

DL/T 5227　火力发电厂辅助系统（车间）热工自动化设计技术规定

DL 5277　火电工程达标投产验收规程

DL/T 5294　火力发电建设工程机组调试技术规范

DL/T 5428　火力发电厂热工保护系统设计技术规定

DL/T 5437　火电发电建设工程启动试运及验收规程

DL/T 5455　火力发电厂热工电源及气源系统设计技术规程

DL/T 5456　火力发电厂信息系统设计技术规定

JJF 1033　计量标准考核规范

国能安全〔2014〕161号　防止电力生产事故的二十五项重点要求

Q/HN-1-0000.08.002—2013　中国华能集团公司电力检修标准化管理实施导则（试行）

Q/HN-1-0000.00.049—2015　中国华能集团公司电力技术监督管理办法

Q/HB-G-08.L01—2009　华能电厂安全生产管理体系要求

Q/HB-G-08.L02—2009　华能电厂安全生产管理体系评价办法（试行）

华能安〔2011〕271号　中国华能集团公司电力技术监督专责人员上岗资格管理办法（试行）

3　总则

3.1　热工技术监督工作贯彻"安全第一，预防为主"的方针，实行技术责任制，按照依法监督、分级管理的原则，严格遵照国家、行业有关标准、规程，利用先进的测试和管理手段对火力发电厂燃煤机组热工仪表及控制装置从设计选型、安装调试、验收、运行、停用、检修维护、周期检定、日常校验、技术改造和技术管理等电力生产全过程中的性能和指标实施过程监控和质量管理工作。

3.2　热工技术监督的主要任务是通过对热工仪表及控制装置进行正确的系统设计、设备选型、安装调试、维护、检修、检定、调整、技术改造和技术管理等工作，保证热工设备完好与正确可靠工作。

3.3 热工技术监督范围：

3.3.1 热工控制系统包括分散控制系统（DCS），数据采集系统（DAS），模拟量控制系统（MCS），锅炉炉膛安全监控系统（FSSS），顺序控制系统（SCS），数字电液控制系统（DEH），汽轮机紧急跳闸系统（ETS），汽轮机旁路控制系统，现场总线控制系统（FCS），脱硫、脱硝控制系统，电厂辅助控制系统（如除灰除渣、化水、仪表用空气系统、输煤等），厂级监控信息系统、供热控制系统等。

3.3.2 热工仪表包括检测元件（温度、压力、流量、转速、振动、物位、位移、火焰等传感器）、脉冲管路（一次门后的管路及阀门等）、控制线路及测量回路（补偿导线、补偿盒、热控电缆、电缆槽架、支架、接线盒及端子排等）、指示仪表及控制设备（指示、累计仪表、数据采集装置、智能前端、调节器、执行机构等）、工艺信号设备（光字牌、信号灯及音响装置等）、汽轮机监视仪表、在线分析仪表（化学、脱硫、脱硝等在线分析仪表）、计量标准器具及装置等。

3.4 各电厂应按照集团公司《华能电厂安全生产管理体系要求》《电力技术监督管理办法》中有关技术监督管理和本标准的要求，结合本厂的实际情况，制定电厂热工监督标准；依据国家和行业有关标准、规程和规范，编制或执行运行规程、检修规程和检验及试验规程等相关/支持性文件；以科学、规范的监督管理，保证热工技术监督工作目标的实现和持续改进。

3.5 从事热工监督的人员，应熟悉和掌握本标准及相关标准和规程中的规定。

4 监督技术标准

4.1 设计选型阶段监督

4.1.1 设备选型

4.1.1.1 设备选型应符合 GB 50660、DL 5000、DL/T 5175、DL/T 5182 等相关标准及反事故措施的要求。

4.1.1.2 针对机组特点进行设备设计选型，选用技术先进、质量可靠的设备和元件，不应选用面临淘汰的产品；凡未取得国家或有关部门鉴定合格和没有取得应用业绩（含国外）的重要热控系统及热工设备，不得正式纳入工程选用范围。

4.1.1.3 对于新产品和新技术，应在取得成功的应用经验后方可在设计中采用。从国外进口的产品，包括成套引进的热工自动化系统，也应是技术先进并有成熟应用经验的系统和产品。

4.1.1.4 锅炉、汽轮机、发电机、给水泵、风机等厂家配套提供的各种检测、控制设备的形式规范和技术功能，除在技术上已有明确规定外，应可由用户根据实际要求进行选择，厂家应对拟配套提供的各种设备和装置提出至少三种可选择的产品供用户选用。

4.1.1.5 随主辅设备本体成套配置的检测仪表和执行设备，应满足机组运行、热工自动化系统的功能及接口技术等要求。在同一工程中，应使配套的仪表和控制设备选型统一。

4.1.1.6 热工控制系统选型：

a) 热控系统选型应符合 DL/T 5175、DL/T 5227 等相关标准及反事故措施的要求；

b) DCS 选型宜满足一体化的控制要求，应具有良好的开放性且易于扩展，同时还应具有良好的防病毒入侵能力；

c) 脱硫、脱硝控制系统宜纳入主机 DCS 控制；

d) 辅助系统的选型宜采用常规I/O的可编程逻辑控制器（PLC）或DCS，也可采用FCS，并应尽可能采用相同型号或相同系列的产品；

e) 热工控制和保护系统设计选型的具体标准详见4.1.2。

4.1.1.7 现场仪表和控制装置的选型（主要热工仪表和控制装置详见附录A）：

a) 热工就地仪表和控制装置选型应符合DL 5000、DL/T 5182等相关标准及反事故措施的要求。

b) 变送器、仪表阀门、执行机构、检测元件等就地设备的选型应满足工艺标准和现场使用环境的要求。

c) 热电偶、热电阻应选用适应电厂使用环境要求的产品。

d) 变送器应选择高性能的智能变送器或现场总线智能变送器，变送器的性能应满足热工监控功能要求。

e) 炉膛负压保护信号的检测可选用压力变送器，便于随时观察取压管路堵塞情况和灵活改变保护策略，并应配备自动定期吹扫或连续吹扫防堵装置。

f) 选用的风量测量装置应具有良好的防堵性能，宜选用多点矩阵风量测量装置，不宜选用热敏式和机翼式风量测量装置。

g) 执行机构宜采用电动或气动执行机构。环境温度较高或力矩较大的被控对象，宜选用气动执行器，要求动作速度较快的被控对象，也可采用液动执行机构。脱硫、制粉等工作环境恶劣区域的执行机构力矩的选择至少要留有1.5倍以上的裕量。

h) 电动执行机构和阀门。电动装置应具有可靠的制动性能和双向力矩保护装置；当执行机构失去电源或失去信号时，应能保持在失信号前或失电源前的位置不变，并具有供报警用的输出接点。

i) 气动执行机构应根据被操作对象的特点和工艺系统的安全要求选择保护功能，即当失去控制信号、失去仪用气源或电源故障时，保持位置不变或使被操作对象按预定的方式动作。

j) 执行机构与拉杆之间及被控制机构与拉杆之间的连接宜采用球形铰链；当连接杠杆与转臂不在同一平面时，应采用球形铰链。

k) 汽轮机调速汽门阀位反馈装置（LVDT）应采用双冗余高选方式设计，由于主设备原因不具备安装双支LVDT条件时，必须采用经实际使用验证确实安全可靠的LVDT装置。

l) 主辅机振动仪表选用性能可靠的振动仪表，提供统一的4mA～20mA及开关量接点输出信号。

m) 高、低压加热器，凝汽器，除氧器液位测量及保护装置不宜选用液位开关。

n) 不使用含有对人体有害物质的仪器和仪表设备，严禁使用含汞仪表。

o) 配电箱选用多回路配电箱，就地盘箱柜等含有电子部件的室外就地设备，其防护等级为IP56；安装在室内的仪表盘柜，其防护等级为IP52。

4.1.1.8 脱硫、脱硝环保监测仪表选型：

a) 环保监测仪表选型应符合DL/T 5190.4、DL/T 5210.4等相关标准及反事故措施的要求。

b) 脱硫装置烟气连续监视系统（CEMS）应具备脱硫系统入口和出口 SO_2、SO_3、O_2、

NO_x 测量功能，应设计烟囱入口流量、烟尘浓度、温度、湿度、压力等测量装置。为保证环保数据的传送，应设计环保数据传送平台，保证环保数据及时、准确地向外传送。

c) 脱硝装置烟气连续监视系统（CEMS）应具备脱硝系统入口和出口 NO_x、O_2 测量功能，设计出入口差压测量装置、混合器入口氨气流量测量装置、出入口温度测点和氨逃逸测量装置，可使用带 CO 测量功能的 CEMS 仪表。应设计环保数据传送平台，保证环保数据及时、准确地向外传送。

d) 脱硫、脱硝装置出口烟气连续分析仪应能同时满足监控与环保监测要求。

4.1.1.9 电缆及电缆桥架选择：

a) 电缆选型应符合 DL/T 5182、DL/T 1340 等相关标准及反事故措施的规定，所选电缆应满足信号屏蔽和阻燃性能要求；

b) 热电偶补偿电缆屏蔽形式采用对绞分屏或对绞分屏加总屏；

c) 计算机电缆屏蔽形式采用对绞分屏或对绞总屏；

d) 控制电缆屏蔽形式原则上考虑采用总屏；

e) 电源电缆不考虑屏蔽电缆；

f) 主厂房及燃油泵房、制氢区、脱硫系统、脱硝系统所有电缆均选用 C 级阻燃型，其他区域可采用普通电缆；

g) 除有腐蚀的车间外，其他桥架可采用镀锌钢桥架。

4.1.1.10 厂级监控信息系统（SIS）选型：

a) 火电厂 SIS 的设计应遵循 DL/T 5456、DL/T 924 等相关标准及反事故措施的要求；

b) 系统配置应结合工程实际情况合理规划，满足用户功能需求，并应留有足够的扩展接口；

c) SIS 和机组 DCS 应分别设置独立的网络，信息流应按单向设计，只允许 DCS 向 SIS 发送数据，当工程中 SIS 向 DCS 发送控制指令或设定值指令时，应采取硬接线方式实现，并在 SIS 侧和 DCS 侧分别设置必要的数据正确性判断功能；

d) SIS 网络选用 1000M 以太网标准网络形式，网络通信容量应按照可满足将全厂和今后扩建各台机组连入的要求选取；

e) SIS 宜通过远程终端单元（RTU）与电力系统的能量管理系统（EMS）进行信息交换，从 EMS 通过 RTU，用硬接线方式接受总的负荷指令进行机组间负荷优化分配计算；

f) 与其他系统的接口方式力求安全，控制系统和控制装置按照 SIS 的要求进行配合，SIS 与其他系统之间的数据为单向传输，并应设置硬件防火墙或安全隔离网闸，满足二次防护要求。

4.1.2 控制系统设计

4.1.2.1 控制系统设计应遵循 GB 50660、DL 5000、DL/T 5175、DL/T 5182、DL/T 1083、DL/T 1091、DL/T 996、DL/T 5227 等相关标准及反事故措施的要求。

4.1.2.2 热工控制系统的设计应根据工程特点、机组容量、工艺系统、主辅机可控性及自动化水平确定。

4.1.2.3 热工控制系统的设计应按照在少量就地操作和巡回检查配合下，在单元控制室内实现机组的启动、运行工况监视和调整、停机和事故处理的自动化水平进行设计。控制室应以操作员站为监视控制中心，对于单元机组应实现炉、机、电统一的单元集中控制。

4.1.2.4　各种容量机组都应有较完善的热工 MCS，单元制机组应采用机、炉协调控制，并能参与一次调频、AGC，其功能应根据机组容量大小合理选定。300MW 及以上容量机组的协调控制系统运行方式宜包括 AGC、机炉协调、机跟踪、炉跟踪方式，并应积极采用成熟的优化控制新技术，改善调节系统品质指标，提高机组运行的经济性。

4.1.2.5　采用 DCS 控制的单元机组，应按照控制系统分层分散的原则设计。

　　模拟量控制可分为下列三级：

　　a)　协调控制级；

　　b)　子回路控制级；

　　c)　执行级。

　　开关量控制也可分为下列三级：

　　a)　功能组级；

　　b)　子功能组级；

　　c)　驱动级。

4.1.2.6　控制站的配置可以按功能划分，也可按工艺系统功能区划分。配置时应考虑项目的工程管理和电厂的运行组织方式，并兼顾 DCS 的结构特点。控制站的划分应满足现场运行的要求。

4.1.2.7　控制回路应按照保护、联锁控制优先的原则设计，以保证人身和机组设备的安全；分配控制任务应以一个部件（控制器、输入/输出模件）故障时对系统功能影响最小为原则。

4.1.2.8　控制器模件和输入/输出模件（I/O 模件）的冗余应根据不同厂商的 DCS 结构特点和被控对象的重要性来确定。

　　a)　对于控制器模件通过内部总线带多个 I/O 模件的情况，完成数据采集、模拟量控制、开关量控制和锅炉炉膛安全监控任务的控制器模件均应冗余配置（对于取消硬后备"手动/自动"操作手段的 MCS、FSSS 的重要信号应由不同输入模件输入）。

　　b)　对于控制器模件本身带有控制输出和相应的信号输入接口，又通过总线与其他输入模件通信的情况，完成模拟量控制、锅炉炉膛安全监控任务的控制器模件以及完成重要信号输入任务的模件应冗余配置。

　　c)　控制器及重要保护系统的 I/O 卡必须采用冗余配置，重要 I/O 信号应分配在不同的模件中。

4.1.2.9　燃烧调节系统的设计应防止锅炉炉膛在富燃料混合物条件下运行，当空气/燃料比降至预定值以下时，控制系统对增加燃料和减少空气量的动作应闭锁。此时，控制系统应减少燃料量或增加空气量，或者两者同时进行。

4.1.2.10　设备的设计和操作程序的制定应尽可能允许燃烧调节装置能在线维护，并提供对燃烧调节和相关的联锁装置进行试验和校验用的仪表和有关的装置。

4.1.2.11　机柜内的模件应允许带电插拔而不影响其他模件正常工作。模件的种类和规格应尽可能标准化。在配置冗余控制器的情况下，当工作控制器故障时，系统应能自动切换到冗余控制器工作，并在操作员站上报警。处于后备的控制器应能根据工作控制器的状态不断更新自身的信息。

4.1.2.12　冗余控制器的切换时间和数据更新周期,应保证系统不因控制器切换而发生控制扰动或延迟。

4.1.2.13　事件顺序记录(SOE)点数的配置必须满足工艺系统要求,对于重要的主、辅机保护及联锁信号,必须作为 SOE 点进行记录。SOE 点的记录分辨率应小于或等于 1ms。

4.1.2.14　操作员站及少数重要操作按钮的配置应能满足机组各种工况下的操作要求,特别是紧急故障处理的要求。紧急停机停炉按钮配置,应采用与 DCS 分开的独立电气操作回路直接作用于设备,以保证安全停机、停炉的需要。

4.1.2.15　一次调频功能是机组的必备功能之一,不应设计可由运行人员随意切除的操作窗口,保证一次调频功能始终在投入状态。

4.1.2.16　发生满足辅机故障减负荷(RB)触发条件的辅机跳闸后,不论机组控制系统处于何种状态,均应能触发该 RB 功能所对应的磨煤机/给粉机跳闸逻辑。

4.1.2.17　带有脱硫、脱硝系统并设计有增压风机的机组,在 RB 动作工况下,宜考虑增压风机压力超驰控制逻辑。

4.1.2.18　600MW 以上燃煤机组锅炉启动吹扫时间应在 5min 基础上适当延长。

4.1.2.19　燃烧调节系统应具有控制空气煤粉混合物温度的功能及足够输送煤粉的一次风量。

4.1.2.20　直吹式制粉系统的每台磨煤机应有计量其供煤量的装置,以控制其总燃料量与总风量之比;对仓储式制粉系统,应确保给粉量的可控性。

4.1.2.21　存在停炉不停机运行方式的机组,应增加和完善汽轮机主蒸汽和再热蒸汽温度突降保护逻辑。

4.1.2.22　汽包水位保护用的水位信号,应按照"先进行补偿运算,然后再进行三取二选取"的原则进行组态设计。为保证汽包水位测量中补偿计算的准确性,在水位测量用平衡容器附近,宜安装环境温度测量元件,并将温度信号引入 DCS,以实现水位信号的准确补偿。

4.1.2.23　受 DCS 控制且在停机停炉后不应马上停运的设备,如空气预热器电动机、重要辅机的油泵、火焰检测器冷却风机、空气压缩机等,应采用脉冲信号控制,以防止 DCS 失电而导致停机停炉时引起这些设备误停运,造成重要辅机或主设备的损坏。

4.1.2.24　单机容量为 300MW 及以上的机组,锅炉和汽轮机的金属温度,发电机的线圈、铁芯温度等监视信号应采用独立的远程 I/O 经数据通信接口送入 DCS,也可直接由 DCS 的远程 I/O 完成。

4.1.2.25　送风机、引风机、一次风机、磨煤机、循泵等重要辅机的电动机线圈及轴瓦温度的检测宜选用热电偶测量元件;若选用 Pt100 等热电阻元件,则应根据温度信号变化率进行检测信号的质量判断,为防止保护误动和拒动,温度信号变化率宜在 5℃/s～10℃/s 之间选择。

4.1.2.26　辅助系统应根据工艺系统的划分及地理位置,适当合并控制系统及控制点。辅助系统监控点不宜超过三个,每个控制点采用上位机监控,也可设置煤、灰、水就地集中控制室,或集中在主控室进行控制,在条件许可时可进一步减少控制点。

4.1.2.27　热网站控制可纳入主机 DCS。

4.1.2.28　采用煤、灰、水集中控制的网络系统通信速率、通信距离应充分满足辅助系统监控功能实时性的要求,充分考虑辅助系统分散、距离较远的特征。

4.1.2.29　煤、灰、水控制网络系统应能与主厂房 DCS,全厂信息监控系统进行通信,并有互相连接的功能以实现全厂监控和管理信息网络化,不同种类网络互联宜采用开放型的标准协议和接口。

4.1.2.30 各辅助系统 PLC 装置应统一系列、统一技术规格。

4.1.3 热工保护报警设计

4.1.3.1 热工保护系统设计应遵循 DL/T 5428 等相关标准及反事故措施的规定，重点应符合下列要求：

a) 热工保护系统的设计应有防止误动和拒动的措施，保护系统电源中断或恢复不会发出误动作指令。

b) 热工保护系统应遵守下列"独立性"原则：

　1）炉、机跳闸保护系统的逻辑控制器应单独冗余设置；

　2）保护系统应有独立的 I/O 通道，并有电隔离措施；

　3）冗余的 I/O 信号应通过不同的 I/O 模件引入；

　4）触发机组跳闸的保护信号的开关量仪表和变送器应单独设置，当确有困难而需与其他系统合用时，其信号应首先进入保护系统；

　5）机组跳闸命令不应通过通信总线传送。

c) 300MW 及以上容量机组跳闸保护回路在机组运行中宜能在不解列保护功能和不影响机组正常运行情况下进行动作试验。

d) 在控制台上必须设置总燃料跳闸、停止汽轮机和解列发电机的跳闸按钮，跳闸按钮应直接接至停炉、停机的驱动回路。

e) 停炉、停机保护动作原因应设置 SOE，单元机组还应有事故追忆功能。

f) 热工保护系统输出的操作指令应优先于其他任何指令，即执行"保护优先"的原则。

g) 保护回路中不应设置供运行人员切、投保护的任何操作设备。

4.1.3.2 对机组保护功能不纳入 DCS 的机组，其功能可采用 PLC 或继电器实现。当采用 PLC 时，宜与 DCS 有通信接口，将监视信息送入 DCS。

4.1.3.3 单元制机组发生下列情况之一时，应有停止机组运行的保护：

a) 锅炉事故停炉；

b) 汽轮机事故停机；

c) 发电机主保护动作；

d) 单元机组未设置机组快速减负荷（FCB）功能时，无论何种原因引起的发电机解列。

4.1.3.4 锅炉应设有下列保护：

a) 锅炉给水系统应有下列热工保护：

　1）汽包锅炉的汽包水位保护；

　2）直流锅炉的给水流量过低保护。

b) 锅炉蒸汽系统应有下列热工保护：

　1）主蒸汽压力高（超压）保护；

　2）再热蒸汽压力高（超压）保护；

　3）再热蒸汽温度高喷水保护。

c) 锅炉炉膛安全保护应包括下列功能：

　1）锅炉吹扫；

　2）油系统检漏试验；

3）灭火保护；

4）炉膛压力保护。

d）在运行中锅炉发生下列情况之一时，应发出总燃料跳闸指令，实现紧急停炉保护：

1）手动停炉指令；

2）全炉膛火焰丧失；

3）炉膛压力过高、过低；

4）汽包水位过高、过低；

5）直流锅炉的给水流量过低；

6）全部送风机跳闸；

7）全部引风机跳闸；

8）煤粉燃烧器投运时，全部一次风机跳闸；

9）燃料全部中断；

10）总风量过低；

11）锅炉 FSSS 失电；

12）吸收塔出口温度高；

13）增压风机全停；

14）根据锅炉特点要求的其他停炉保护条件，如不允许干烧的再热器超温和强迫循环炉的全部炉水循环泵跳闸等。

4.1.3.5 汽轮机应设有下列保护：

a）在运行中汽轮发电机组发生下列情况之一时应实现紧急停机保护：

1）汽轮机超速；

2）凝汽器真空过低；

3）润滑油压力过低；

4）轴承振动大；

5）轴向位移大；

6）发电机冷却系统故障；

7）手动停机；

8）汽轮机 DEH 失电；

9）汽轮机、发电机等制造厂提供的其他保护项目。

b）汽轮机还应有下列热工保护：

1）抽汽防逆流保护；

2）低压缸排汽防超温保护；

3）汽轮机防进水保护；

4）汽轮机真空低保护等。

4.1.3.6 电厂的热力系统还应有下列热工保护：

a）除氧器水位和压力保护；

b）高、低压加热器水位保护；

c）汽轮机旁路系统的减温水压力低和出口温度高保护；

d）空冷机组的有关保护。

4.1.3.7 电厂重要辅机（如给水泵、送风机、吸风机等）的热工保护应按电厂热力系统和燃烧系统的运行要求，并参照辅机制造厂的技术要求进行设计。

4.1.3.8 热工报警可由常规报警和/或 DAS 中的报警功能组成。热工报警应包括下列内容：

a) 工艺系统热工参数偏离正常运行范围；

b) 热工保护动作及主要辅助设备故障；

c) 热工监控系统故障；

d) 热工电源、气源故障；

e) 主要电气设备故障；

f) 辅助系统故障。

4.1.3.9 当 DCS 发生全局性或重大故障时（例如 DCS 电源消失、通信中断、全部操作员站失去功能，重要控制站失去控制和保护功能等），为确保机组紧急安全停机，应设置下列独立于 DCS 的后备操作手段：

a) 汽轮机跳闸；

b) 总燃料跳闸；

c) 发电机—变压器组跳闸；

d) 锅炉安全门（机械式可不装）；

e) 汽包事故放水门；

f) 汽轮机真空破坏门；

g) 直流润滑油泵；

h) 交流润滑油泵；

i) 发电机灭磁开关；

j) 柴油机启动。

4.1.4 热工电源要求

4.1.4.1 热工电源系统设计应遵循 DL/T 5455、DL/T 5227 等相关标准及反事故措施的要求。

4.1.4.2 DCS 必须有可靠的两路独立的供电电源，优先考虑单路独立运行就可以满足控制系统容量要求的两路不间断电源（UPS）供电。

4.1.4.3 UPS 供电主要技术指标应满足 DL/T 5455 的要求，并具有防雷击、过电流、过电压、输入浪涌保护功能和故障切换报警显示，且进入 DCS 供电电源电压宜进入相邻机组的 DCS 以供监视；UPS 的二次侧不经批准不得随意接入新的负载。

4.1.4.4 DCS 机柜两路进线电源及切换/转换后的各重要装置与子系统的冗余电源均应进行监视，任一路总电源消失、电源电压超限、两路电源偏差大、风扇故障、隔离变压器超温和冗余电源失去等异常时，控制室内电源故障声光报警信号均应正确显示。

4.1.4.5 为保证硬接线回路在电源切换过程中不失电，提供硬接线回路电源的电源继电器的切换时间应不大于 60ms。

4.1.4.6 重要的热控系统双路供电回路，应取消人工切换开关；所有的热工电源（包括机柜内检修电源）必须专用，不得用于其他用途，严禁非控制系统用电设备连接到控制系统的电源装置。保护电源采用厂用直流电源时，应有发生系统接地故障时不造成保护误动的措施。

4.1.4.7 所有装置和系统的内部电源切换（转换）可靠，回路环路连接，任一接线松动不会导致电源异常而影响装置和系统的正常运行。

4.1.4.8 电源配置的一般原则：

a) DCS 电源应优先采用直接取自 UPS A/B 段的双路电源，分别供给控制主、从站和 I/O 站电源模块的方案，避免任何一路电源失去引起设备异动的事件发生。

b) 电源负荷根据交流 380V、交流 220V、直流 110V（220V）分类计算。交流 380V 电源负荷一般按接入负荷的同时率考虑；交流 220V 电源负荷和直流 110V（220V）电源负荷一般按所有供电支路额定负荷的总和计算，且均应考虑备用回路的负荷。

c) 操作员站、工程师站、实时数据服务器和通信网络设备的电源，应采用两路电源供电并通过双电源模块接入，否则操作员站和通信网络设备的电源应合理分配在两路电源上。

d) DCS 执行部分的继电器逻辑保护系统，宜有两路冗余且不会对系统产生干扰的可靠电源。

e) 独立配置的重要控制子系统［如 ETS、汽轮机监视仪表（TSI）、给水泵汽轮机紧急跳闸系统（METS）、给水泵汽轮机控制系统（MEH）、FSSS、火焰检测器、循环水泵等远程控制站及 I/O 站电源、循环水泵控制蝶阀等］，必须有两路互为冗余且不会对系统产生干扰的可靠电源。

f) 独立于 DCS 的安全系统的电源切换功能，以及要求切换速度快的备用电源切换功能不应纳入 DCS，而应采用硬接线逻辑回路。

g) 冗余电源的任一路电源单独运行时，应保证有不小于 30%的裕量。

h) 公用 DCS 系统电源，应取自不少于两台机组的 DCS 系统 UPS 电源。

4.1.4.9 煤、灰、水控制网络系统的电源应高度可靠，煤、灰、水集中控制室内的计算机电源应采用交流不间断电源（UPS），UPS 宜采用单相供电：交流 220V、50Hz。

4.1.5 仪表与控制气源要求

4.1.5.1 热工气源系统设计应遵循 DL/T 5455 等相关标准及反事故措施的要求。

4.1.5.2 气动仪表、电气定位器、气动调节阀、气动开关阀等应采用仪表控制气源，仪表连续吹扫取样防堵装置宜采用仪表控制气源。

4.1.5.3 气源装置宜选用无油空气压缩机，提供的仪表与控制气源必须经过除油、除水、除尘、干燥等空气净化处理，其气源品质应符合以下要求：

a) 固体颗粒不大于 $1mg/m^3$，含尘颗粒直径不大于 $3\mu m$。

b) 水蒸气含量不大于 $0.12g/m^3$，含油量不大于 $1mg/m^3$。

c) 出口空气在排气压力下的露点，应低于当地最低环境温度 10℃。

d) 气源压力应能控制在 0.6MPa～0.8MPa 范围，过滤减压阀的气压设定值符合运行要求。

4.1.5.4 仪表与控制气源中不含易燃、易爆、有毒、有害及腐蚀性气体或蒸汽。

4.1.5.5 仪表与控制气源装置的运行总容量应能满足仪表与控制气动仪表和设备的最大耗气量。

4.1.5.6 当气源装置停用时，仪表与控制用压缩空气系统的贮气罐的容量，应能维持时间不小于 5min 的耗气量。

4.1.5.7 仪用压缩空气供气母管及分支配气母管应采用不锈钢管，至仪表及气动设备的配气支管管路宜采用不锈钢管或紫铜管；仪表控制气源系统管路上的隔离阀门宜采用不锈钢截止阀或球阀。

4.1.5.8　配气网络的供气管路宜采用架空敷设方式安装。管路敷设时，应避开高温、腐蚀、强烈振动等环境恶劣的位置，供气管路敷设时应有 0.1%～0.5% 的倾斜度，在供气管路某个区域的最低点应装设排污门。

4.1.5.9　仪用压缩空气供气母管上应配置空气露点检测仪，以便于实时监测压缩空气含水状况；多台空气压缩机的启停应设计完善的压力联锁功能，以保持空气压力稳定。

4.1.6　DCS 出厂验收

4.1.6.1　DCS 出厂验收应遵循 DL/T 1083、DL/T 655、DL/T 656、DL/T 657、DL/T 658、DL/T 659、DL/T 1091、DL/T 1012 等相关标准及反事故措施的要求。

4.1.6.2　在 DCS 系统出厂验收前，应组织有关各方召开 DCS 系统验收会议，就验收项目、验收程序、验收组成人员、验收结果评估标准等事项制定简单实用的工作程序，作为验收过程的指导文件。

4.1.6.3　根据 DCS 系统合同、技术协议和设计联络会纪要对 DCS 设计文档资料、图纸进行全面核对检查。

4.1.6.4　根据设计资料对 DCS 系统的所有硬件配置进行清点，进行硬件连接检查，接地系统连接检查、系统设置参数检查。

4.1.6.5　对冗余设计的电源、处理器、通信等配置进行切换测试，应对系统运行无扰动。

4.1.6.6　测试不同类型和不同配置方式模件 I/O 通道的精度，应符合设计要求。

4.1.6.7　检查 DAS 系统组态，数据采集、监视、计算、输出等功能的设计已完成并经测试符合要求。

4.1.6.8　SCS/FSSS/电气控制系统（ECS）的系统组态，联锁保护逻辑、顺序控制逻辑等功能的设计已完成并经测试符合要求。

4.1.6.9　检查 MCS 系统组态，闭环控制逻辑、监控切换逻辑、运算处理逻辑等功能的设计已完成并经测试符合要求。

4.1.6.10　检查汽轮机数字式电液调节系统（DEH）/给水泵汽轮机数字式电液调节系统（MEH）的系统组态，闭环控制逻辑、监控切换逻辑、运算处理逻辑等功能的设计已完成并经测试符合要求。

4.1.6.11　按照 DCS 系统设计资料要求，检查诸如处理器负荷率、设备冗备率、设备制造商、软件正版等各项性能指标符合要求。

4.1.6.12　检查 DCS 系统所有软件配置，软件数量和载体应符合合同与技术协议的要求，且均应为正版，杀毒软件是否配置应明确说明。

4.2　设备安装阶段监督

4.2.1　热工设备安装应遵循 GB/T 50093、DL 5190.4、DL/T 5182、DL/T 5210.4 和 DL/T 1212 等相关标准及反事故措施的要求。

4.2.2　设备安装前应由电厂对取源部件、检测元件、就地设备、就地设备防护、管路、电缆敷设及接地等提出安装要求，安装单位编制安装方案报电厂审核通过后方可实施安装。

4.2.3　安装单位技术专责应在安装前对安装人员进行技术交底，以便科学地组织施工，确保安装质量。安装接线工作应由专业人员进行。

4.2.4　待安装的热工自动装置应妥善管理，防止破损、受潮、受冻、过热及灰尘浸污。施工单位质量检查人员和热工仪表及控制装置安装技术负责人应对保管情况进行检查和监督。凡因保管不善或其他失误造成严重损伤的热控系统，必须及时通知生产单位，确定处理办法。

4.2.5 热控系统施工前应全面对热控系统的布置、电缆、盘内接线盒端子接线进行核对，如发现差错和不当之处，应及时修改并做好记录。

4.2.6 在密集敷设电缆的主控室下电缆夹层及电缆沟内，不得布置热力管道、油气管以及其他可能引起着火的管道和设备。

4.2.7 新建扩建及改造的电厂应设计热控电缆走向布置图，注意强电与弱电分开，防止强电造成的磁场干扰，所有二次回路测量电缆和控制电缆必须避开热源，并有防火措施。进入 DCS 的信号电缆及补偿导线必须采用质量合格的屏蔽阻燃电缆，都应符合计算机使用规定的抗干扰的屏蔽要求。模拟量信号必须采用对绞对屏电缆连接，且有良好的单端接地。

4.2.8 热工用控制盘柜（包括就地盘安装的仪表盘）及电源柜内的电缆孔洞，应采用合格的不燃或阻燃材料封堵。

4.2.9 主厂房内架空电缆与热体管路之间的最小距离应满足如下要求：

    a) 控制电缆与热体管路之间距离不应小于 0.5m；

    b) 动力电缆与热体管路之间的距离不应小于 1m；

    c) 热工控制电缆不应有与汽水系统热工用变送器脉冲取样管路相接触的地方。

4.2.10 合理布置动力电缆和测量信号电缆的走向，允许直角交叉方式，但应避免平行走线，如无法避免，除非采取屏蔽措施，否则两者间距应大于 1m；竖直段电缆必须固定在横档上，且间隔不大于 2m；FCS 通信电缆应采用独立的电缆槽盒或增加金属隔离层。

4.2.11 控制和信号电缆不应有中间接头，如必需则应按工艺要求对电缆中间接头进行冷压或焊接连接，经质量验收合格后再进行封闭；补偿导线敷设时，不允许有中间接头。

4.2.12 光缆的敷设环境温度应符合产品技术文件的要求，布线应避免弯折，如需弯折，则不应小于光缆外径的 15 倍（静态）和 20 倍（动态）。

4.2.13 光缆芯线终端接线应满足下列要求：

    a) 采用光纤连接盒对光纤进行连接、保护，在连接盒中光纤的弯曲半径应符合安装工艺要求。

    b) 光纤熔接处应加以保护和固定，使用连接器以便于光纤的跳接。

    c) 光纤连接盒面板应有标识。

    d) 光纤连接损耗值：多模光纤平均值不大于 0.15dB，最大值不大于 0.3dB；单模光纤平均值不大于 0.15dB，最大值不大于 0.3dB。

4.2.14 测量油、水、蒸汽等的一次仪表不应引入控制室。可燃气体参数的测量仪表应有相应等级的防爆措施，其一次仪表严禁引入任何控制室。

4.2.15 凝汽器和低压加热系统用于水位测量的接管内径尺寸不小于 DN20。

4.2.16 所有可拆卸的热工温度测量用元件及其他热工仪表（包括测压装置、测温元件、补偿导线、补偿盒、液位开关等），施工单位在安装前必须进行 100%的检定，并填写符合计量检定规程标准要求的检定报告。施工监理单位及基建技术监督单位应不定期地对施工单位的检定报告进行抽查，并对重要热工仪表做系统综合误差测定，确保仪表的综合误差在允许范围内。

4.2.17 检定和调试校验用的标准仪器仪表，应具有有效的检定证书，装置经考核合格，开展与批准项目系统的检定项目，无有效检定合格证书的标准仪器仪表不应使用。

4.2.18 温度测量用保护套管，施工单位在安装前应对不同批次的套管进行随机抽样和金属分析检查，确认所用材质与设计材质一致。对检查结果应按金属分析检验报告的标准要求，做出检验报告备查。

4.2.19 施工单位在安装前，应按孔板（或喷嘴）计算书中所给出的几何尺寸，检查确认流量测量用的孔板、喷嘴等测量元件的正确性，并确认其安装正确。

4.2.20 汽包水位测量用单室平衡容器取样管路的安装，必须满足如下要求：

    a) 当差压式水位测量装置采用外置式单室平衡容器时，正压侧取样管应从平衡容器侧面引出，并按 1:100 下倾延长 1m 以上，且引出点应略低于汽侧取样管。

    b) 管路敷设应整齐、美观、牢固，减少弯曲和交叉，不应有急弯和复杂的弯，成排敷设的管路，其弯头弧度应一致。

    c) 当汽包水位测量装置采用内置式单室平衡容器的测量方法时，汽包内的取样器及管路应视为取样管，其倾斜方向要和汽包外取样管路一致，整个管路不应有垂直凸凹的弯曲，不应发生"气塞"或"水塞"，影响汽包水位计正常运行。当不能避开其他管路或设备时，可水平弯曲。

    d) 管路水平敷设时，应保持坡度大于 1:100。测量管内不应有影响测量的气体或凝结水。对于差压式水位测量装置，一次门前的汽侧取样管应使取样孔侧低，水侧取样管应使取样孔侧高；对于联通管式水位测量装置，汽侧取样管应使取样孔侧高，水侧取样管应使取样孔侧低。

4.2.21 测量管道压力时，测点应设置在流速稳定的直管段上，不应设置在有涡流的部位。

4.2.22 测量不同介质时压力取样孔的位置确定：

    a) 测量气体压力时，测点在管道的上部；

    b) 测量液体压力时，测点在管道的下半部与管道的水平中心线成 45°角的范围内；

    c) 测量蒸汽压力时，测点在管道的上半部及下半部与管道水平中心线成 45°角的范围内。

4.2.23 当压力测量与温度测量同时存在，按介质流向，压力测点在前，温度测点在后。

4.2.24 当在有控制阀门的管道上测量压力时，其压力测点与阀门的距离应满足（D 为管道的直径）如下要求：

    a) 在阀门上游时（按介质流向），压力测点与阀门的距离不得小于 $2D$；

    b) 在阀门下游时（按介质流向），压力测点与阀门的距离不得小于 $5D$。

4.2.25 炉膛压力的取样测孔宜设置在燃烧室火焰中心的上部，一般设置在炉顶下 2m～3m 处。

4.2.26 测量低于 0.1MPa 的压力时，应尽量减少引压管液柱高度引起的测量误差。联锁保护用压力开关及电接点压力表动作值整定时，应修正由于测量系统液柱高度产生的误差。

4.2.27 现场总线设备应选择经过国际现场总线组织授权机构认证的设备，协议版本应统一。

4.2.28 现场总线设备地址、通信速率、控制模式应设置正确，现场总线设备地址设定时需注意数据格式 16 进制和 10 进制的区分。

4.2.29 现场布置的热工设备应根据需要采取必要的防护、防冻和防爆措施。

4.3 系统调试阶段监督

4.3.1 热工设备调试应遵循 DL/T 5294、DL/T 5277 等相关标准及反事故措施的要求。

4.3.2 新投产机组的热控系统调试应由有相应资质的调试机构承担。调试单位和监督、监理单位应参与工程前期的设计审定及出厂验收等工作。

4.3.3 新投产机组在调试前，调试单位应针对机组设备的特点及系统配置，编制热工保护装置和热工自动调节装置的调试大纲和调试措施，以及详细的热工参数检测系统及控制系统调试计划。调试措施的内容应包括各部分的调试步骤、完成时间和质量标准。调试计划应详细规定热工参数检测系统及控制系统在新机组分部试运和整套启动两个阶段中应投入的项目、范围和质量要求。为此，必须在调试计划的安排中保证热工保护和自动调节系统有充足的调试时间和验收时间。

4.3.4 新投产机组热控系统的启动验收应按国家及行业的有关规定进行。新建锅炉的各项设备及重要仪器、仪表，未安装完毕并经验收检验合格前，锅炉不应启动。安全保护系统在未调试合格前，锅炉不允许交付生产运行。

4.3.5 安装、调试单位应将设计单位、设备制造厂家和供货单位为工程提供的技术资料、专用工具、备品备件以及仪表校验记录、调试记录、调试总结等有关档案材料列出清单全部移交生产单位。

4.3.6 DCS 的调试及验收应按照 DL/T 659 的要求进行。

4.3.7 调试期间，非热工调试人员或热工专业授权人员未经批准，不得进入电子间和工程师站进行工作。工程师站、操作员站等人机接口系统应分级授权使用。严禁非授权人员使用工程师站和/或操作员站的系统组态功能。

4.3.8 调试单位在发电企业和电网调度单位的配合下，应逐套对保护系统、MCS 和 SCS 按照有关规定和要求做各项试验。MCS 的试验项目和调节质量应满足 DL/T 657 的要求。SCS 的试验项目和要求应满足 DL/T 658 的要求。FSSS 的试验项目和要求应满足 DL/T 655 的要求，其中，炉膛压力保护定值应合理，要综合考虑炉膛防爆能力、炉底密封承受能力和锅炉正常试验的要求，新机启动必须进行炉膛压力保护带工质传动试验。

4.4 试生产及验收阶段监督

4.4.1 在试生产期，发电企业应负责组织有关单位进行热控系统的深度调试。按照国家及行业的有关规定对遗留问题及未完项目做深入的调整和试验工作。

4.4.2 在试生产期，电网调度应在安全运行的条件下，满足热控系统调试所提出的机组启动及负荷变动的要求，运行人员应全力配合，满足调试需要的各种不同工况的要求。

4.4.3 试生产期内热工专业应根据国家及行业有关规定协助其他专业完成各项特性试验，包括辅机故障减负荷（RB）试验和热工设备的性能考核试验。

4.4.4 试生产期内应继续提高 MCS 的投入率，并使 MCS 的调节品质满足热工技术监督考核指标的规定。

    a） DAS 测点完好率大于或等于 99%；

    b） DCS 机组 MCS 投入率大于或等于 95%；

    c） 热工保护投入率等于 100%；

    d） SCS 投入率大于或等于 90%。

4.4.5 试生产期内应全面考核热工仪表及控制装置，对不能达到相关规程及热工技术监督考核指标（见附录 B）要求的应进一步完善，保证试生产期结束前满足热工技术监督的要求。

4.4.6 试生产期结束前，应由发电企业或其委托的建设单位负责组织调试、生产、施工、监督、监理、制造等单位按照有关规定对各项装置和系统的各项试验进行逐项考核验收，测试验收应按照 DL/T 1083、DL/T 655、DL/T 656、DL/T 657、DL/T 658、DL/T 659 等验收测试规程进行。

4.4.7 试生产期结束前，热工控制系统与保护装置应符合国家能源局颁布的 DL/T 5437 的要求，并应做好（但不限于）以下工作：

 a）发电机组调速系统的传递函数及各环节参数应由有资质的单位测试，建立可直接用于电力系统仿真的计算模型，并报所在电网调度机构确认，如发生参数变化，应及时报所在电网调度机构；

 b）新投入或大修后的机组调速系统应按国家及行业标准做过静态特性、空载扰动、甩负荷等试验，调速器的动态特性应符合标准的要求；

 c）电厂运行、检修部门中应有国家及行业相关标准，调速系统的运行、检修应按规程规定执行，运行和检修规程、试验报告（包括录波图）应齐全；

 d）超速保护控制（OPC）控制器处理周期应符合要求：采用硬件的 OPC 控制器的动作回路的响应时间应不大于 20ms，采用软件系统的 OPC 处理周期应不大于 50ms；

 e）应完成机组甩负荷试验，试验结果符合要求；

 f）新建或大修后的火电机组启动前应做机炉电大联锁试验，联锁应正确；

 g）新建和大修后的火电机组应做汽门关闭试验，主汽门和调门关闭时间应满足要求；

 h）汽轮机重要参数的测量探头及功率、频率变送器应定期校验，检定周期一般不超过 1 年，测量系统工作应正常；

 i）汽轮机主保护中的作为定值保护的执行元件，如 EH 油压低、润滑油压低、转速信号器、温度信号器等，应定期校验，检定周期一般不超过 1 年，保护执行元件定值应正确；

 j）停炉停机保护装置应随机组运行时投入；

 k）未经规定的手续批准不得随意切除保护功能；

 l）汽轮机跳闸的事故记录是否正常和正确，SOE 的分辨率应小于 1ms；

 m）调速器电气柜电源应具备交、直流双电源，且互为备用，电源自动切换时接力器的位移不得超过全行程的 2%；

 n）试生产期结束前，300MW 及以上机组的 AGC 和一次调频应具备完善的功能，其性能指标达到属地并网调度协议或其他有关规定的要求，并随时可以投入运行。

4.4.8 新建机组投运 18 个月内应按照 DL/T 659 所规定的测试项目及相应的指标进行 DCS 系统性能的全面测试，确认 DCS 系统的功能和性能是否达到（或符合）有关在线测试验收标准及供货合同中的特殊约定，评估 DCS 系统可靠性，并据此修编《热工检修维护规程》中的 DCS 部分及《DCS 故障处理预案》（即 DCS 失灵预案）。

4.4.9 调试及试生产结束后，安装及调试单位应向电厂提交完整的技术资料和试验报告。

4.5 运行维护和事故预控

4.5.1 热工设备维护

4.5.1.1 热工仪表及控制系统的运行维护应执行 DL/T 774、DL/T 1210、DL/T 1213 等相关标准及反事故措施的要求。

4.5.1.2 对运行中的热工仪表及控制系统，热工专业应制定明确可行的巡检路线，热工人员每天至少巡检一次，并将巡检情况记录在热工设备巡检日志上。为防止巡检工作不到位，巡检记录在现场存放并安排专人每周检查。在热工设备巡检中发现重要问题，巡检人员及设备管辖班组、专业要及时逐级汇报。

a) 热工班组全年重点巡检设备为主机 DCS、DEH 系统运行工作状态（操作员站、工程师站、历史站和各控制站的运行状态），各散热风扇运转情况及电子间环境温、湿度。

b) 热工班组口常巡检发现泄漏点要及时进行治理，如确因设备运行无法处理的，应制定相应的预防措施，防止缺陷扩大化。

c) 热工班组应制定和执行《热工接线防松动措施》，有条件应借助红外设备每月对电源配线、继电器触点等重点部位进行普查。

d) 热工班组雨季要加强露天设备巡检，防止雨水进入热工仪表及控制系统，造成测量信号失灵导致保护误动或受控设备控制失灵。

e) 热工班组冬季要加强伴热系统巡检（南方无霜冻区域电厂除外），防止测量取样管路或控制气源管路结冰，造成测量信号失灵导致保护误动或受控设备控制失灵。

f) 热电联产及烟气排放数据采集和传输系统，应每日对上位机数据显示、电源、通信卡件、测量卡件工作状态等进行巡检，确保数据传输正确连续。

4.5.1.3 热工检测参数指示误差符合精度等级要求，测量系统反应灵敏，数据记录存储准确，并按抽检计划进行被检测参数的系统误差测试，发现问题要认真处理。

4.5.1.4 热工仪表及控制系统标识应正确、清晰、齐全。现场测量取样管、电缆和一次设备，要有明显的名称、去向的标识牌。

4.5.1.5 现场设备标识牌，应通过颜色区分其重要等级。所有进入热工保护的就地一次检测元件以及可能造成机组跳闸的就地元部件，其标识牌都应有明显的高级别的颜色标志，以防止人为原因造成热工保护误动。

4.5.1.6 机柜内电源端子排和重要保护端子排应有明显标识。机柜内应张贴重要保护端子接线简图以及电源开关用途及容量配置表。线路中转的各接线盒、柜应标明编号，接线盒或柜内应附有接线图，并保持及时更新。

4.5.1.7 热工仪表及控制系统盘内照明电源应由专门电源盘提供，热工仪表及控制系统电源不得做照明电源或检修及动力设备电源使用。

4.5.1.8 电子设备间要配备消防器具，并检查消防器具在有效期内，确保可靠备用。

4.5.1.9 机组运行时对振动等信号应每季度检查历史曲线，若有信号跳跃现象，应引起高度重视，及时检查传感器的各相应接头是否松动或接触不良，电缆绝缘层是否有破损或接地，屏蔽层接地是否符合要求等，并进行处理。

4.5.1.10 锅炉炉膛压力取样装置、一次（二次）风流量取样表管等运行中可能被堵塞，要定期进行吹扫，防止堵塞现象发生，并将吹扫情况填写备案记录。定期吹扫工作原则每月至少进行一次，存在堵塞严重的测点需要每半月吹扫一次。

4.5.1.11 锅炉炉膛火焰检测装置要每月进行检查，防止火检信号偏弱导致火焰丧失信号误发，并将检查情况填写备案记录。

4.5.1.12 引风机、脱硫增压风机等的热工设备应加强检修维护，每周对入口调节装置进行灵活性检查，确保动作可靠和炉膛压力调节特性良好，防止设备故障或锅炉灭火后产生过大负压。

4.5.1.13 定期对安装在振动大区域的热工设备进行专项检查，如每天检查冗余的 LVDT 反馈装置，防止芯棒螺栓松动造成芯棒脱落或调门振荡，发现问题及时处理。

4.5.1.14 热工仪表及控制系统的操作开关、按钮、操作器（包括软操）及执行机构（包括电动门）手轮等操作装置，要有明显的开、关方向标识，并保持操作灵活、可靠。

4.5.1.15 对运行中的热工仪表及控制系统，非热工人员不得进行调整、拨动或改动，热工人员在未办理工作票的情况下，也不得进行调整、拨动或改动。

4.5.1.16 热工仪表及控制系统出现异动时，应及时进行数据追忆、备份，以便于进行异常、障碍分析。

4.5.1.17 未经生产副厂长或总工程师批准，运行中的热工仪表及控制装置盘面或操作台面不得进行施工作业。

4.5.1.18 DCS 电子间和工程师站应配备专用空调，环境应满足相关标准要求，不应有 380V 及以上动力电缆及产生较大电磁干扰的设备。非热工专业 DCS 工作人员未经批准，不得进入电子间和工程师站进行工作。机组运行时禁止在电子间内使用无线通信工具。

4.5.1.19 各控制系统的工程师站应分级授权使用，机组运行中需要进行计算机软件组态、设定值修改等工作应履行审批手续，涉及主要保护及主要自动调节系统的软件组态、设定值修改等工作，原则上在机组停运时进行。

4.5.1.20 运行中的热工信号根据工作需要暂时强制的，要办理有关手续，由热工人员执行，并指定专人进行监护。

4.5.1.21 运行机组 AGC 与一次调频控制的具体指标及要求，按电网调度部门制定的有关规定执行。

4.5.1.22 DCS 报警信号应按运行实际要求进行合理分级，避免误报、漏报和次要报警信息的频繁报警，通过对报警功能的不断完善，使报警信号达到描述正确、清晰，闪光和音响报警可靠。

4.5.1.23 热工仪表及控制系统的保护和报警定值修改，须办理审批手续后，方可由热工专业落实执行。

4.5.1.24 主要自动调节系统在需要投运工况下不得随意退出，确需退出时间超过 24h 以上的应办理审批手续。

4.5.1.25 运行机组应每两年修订一次热工报警及保护、联锁定值，并应建立完善的 DCS 逻辑修改验收制度，把核查热工定值工作纳入机组热工标准化检修项目中。新建机组试运行结束后 30 天内，应由运行和机务人员结合实际运行情况完成对热工定值的重新确认，由热工专业人员对新的热工定值的执行结果进行全面核对确认。

4.5.2 热工保护投退

4.5.2.1 热工保护投退应执行 DL/T 774 等相关标准及反事故措施的要求，保护投退申请格式可结合本厂实际参考附录 C 制定。

4.5.2.2 机组正常运行时，热工保护装置要随主设备准确可靠地投入运行。当热工保护装置退出运行后需要重新投入时，须经运行值长许可。

4.5.2.3 操作员站及工程师站上，热工重要保护系统的投入和切除应有"状态指示"画面（见附录 D），以防止保护解除或恢复不到位的情况发生。

4.5.2.4 锅炉、汽轮机、发电机等配置的热工主机跳闸保护在运行中严禁随意退出，因故确实需要限时退出时，必须办理经生产副厂长或总工程师批准的保护退出申请。

4.5.2.5 炉侧、机侧主要辅机等配置的热工辅机跳闸保护在运行中需要限时退出时，8h 以内必须经策划部（生产部）主任或副总工程师批准，8h～24h 必须经生产副厂长或总工程师批准。热工主要辅机跳闸保护长期退出运行时，需要向上级主管部门汇报备案。

4.5.2.6 锅炉炉膛压力、全炉膛灭火、汽包水位（直流炉断水）和汽轮机超速、轴向位移、低油压等主机保护装置采取三取二保护逻辑的，原则按照集团公司《防止电力生产事故重点要求》（2007 版）中对汽包水位保护异常处理的规定执行，且要做到当有一点因某种原因具备动作条件或判断为坏点时，应及时发出热工信号报警。

4.5.3 事故预控

4.5.3.1 热工班组每月应进行缺陷统计，热工专业应汇总班组统计缺陷，选择有针对性的缺陷进行分析总结，形成月度缺陷分析报告。

4.5.3.2 DCS、DEH 应建立并保存故障及维护记录，每季度对系统故障和缺陷进行统计与分析工作，掌握系统的健康状况，做好备品备件准备。当 DCS、DEH 系统故障频发，备品备件出现市场难以购买的情况时，综合 DCS、DEH 系统的运行时间，在机组运行满 8 年～10 年时，应对 DCS、DEH 系统升级改造。

4.5.3.3 根据机组具体情况，依据 DL/T 1340 制定不同的 DCS 失灵后应急处理预案，结合反事故演习和技术培训，使热工和运行人员熟悉预案措施。

4.5.3.4 DCS 维护班组应收集汇总同类型 DCS 异常情况的发生现象和处理方法，提高专业人员的应急处理能力。

4.6 检修管理

4.6.1 修前准备及监督项目制定

4.6.1.1 根据年度机组检修计划，修前应按照集团公司《电力检修标准化管理实施导则（实行）》的要求，进行标准检修项目和非标准检修项目的检修计划编制。具体可根据工艺系统的划分，结合热工设备的特点编制。检修计划要做到应修必修，并符合 DL/T 774 的相关要求。

4.6.1.2 结合标准检修项目和非标准检修项目的检修计划，应明确 W、H 点质检验收要求，制定热工监督项目计划，W、H 点质检项目和热工监督项目要避免重复设置，附录 E 中设置的 W、H 点质检项目和热工监督项目，供 300MW 以上机组（含 300MW）A 级检修参考。原则可多于但不能少于附录 E 中设置的 W、H 点质检项目和热工监督项目。

4.6.1.3 W、H 点质检项目和热工监督项目应包括主机和主要辅机保护测量元件检查、保护定值检验、保护传动试验；机组主要检测参数系统误差测试；热工电源配置检查及切换试验；DCS、DEH 系统性能试验等。

4.6.1.4 供热机组检修应将相应热工设备列入标准检修项目。

4.6.2 检修过程质量验收

4.6.2.1 热工仪表及控制系统的检修要执行检修计划，不得漏项。热工设备检修、检定和调试按热工检修规程的要求进行，并符合 DL/T 774 及反事故措施的技术要求，做到文明检修。

4.6.2.2 热工 DCS 重点检修项目应包括：停运前检查、软件检查、停运后检修。

a) 电子设备室、工程师室和控制室内的空气调节系统应有足够容量，调温调湿性能应良好，其环境温度、湿度、清洁度，应符合 GB 2887 或制造厂的规定。

b) DCS 测量通道，在主设备投入运行前要进行系统综合误差测试，实测误差满足 DL/T

774 和 DL/T 1056 的有关要求。

c) 控制系统基本性能试验：冗余性能试验、系统容错性能试验。

d) 检修后的 DCS 接地，须符合一点接地的要求，机组 A/B 级检修时，要进行接地网接地电阻测量，接地电阻值符合 DL/T 774 及设备厂要求，接地电阻测试报告保留三个周期。设备生产厂有特殊要求的按生产厂要求执行。

e) 机架、卡件卫生清扫应做好防静电措施。

4.6.2.3 机组首次 A 级检修或 DCS 改造后应按照 DL/T 659 所规定的测试项目及相应的指标进行 DCS 性能的全面测试，确认 DCS 的功能和性能是否达到（或符合）有关在线测试验收标准，评估 DCS 可靠性。

4.6.2.4 对热工现场仪表及测量装置的校验应遵循 JJF、JJG 系列相关标准，原则上检定周期不宜超过一年。

4.6.2.5 对隐蔽安装的热工检测元件（如孔板、喷嘴和测温套管等）随机组 A 级检修进行滚动拆装检查（两个 A 级检修周期滚动检查完成），焊接的检测元件可适当延长，检查测量数据要记录准确。

4.6.2.6 检修后的热工电源，母线及重要分支开关要有触点直阻测量记录，所有开关要合、断灵活，接触良好，双路电源的备自投要可靠。对 DCS 电源设备定期巡检和维护消缺的同时，还应规范电源切换试验方法及明确质量验收标准，在 DCS 电源切换试验验收标准中，增加对电源回路连续带载运行的最低时间要求（建议不低于 24h），确保 DCS 供电电源的可靠性。

4.6.2.7 对于汽轮机轴向位移保护、差胀保护、轴瓦振动保护、轴振动保护及轴弯曲保护中的测量元件在机组大修时必须检定，并出具检定合格证书，存档备查。经检定不合格的测量元件严禁使用。

4.6.2.8 热工仪表及控制装置的检修工作结束后，热工盘台的底部电缆孔洞要封堵良好。

4.6.2.9 检修后的主要热工仪表及 DCS 测量通道，在主设备投入运行前要进行系统综合误差测试，实测误差满足 DL/T 774、DL/T 1056 的有关要求。特殊分析仪表要根据厂家要求进行定期校验或标定。

4.6.2.10 检修后应对主要热工信号进行系统检查和试验，确认准确可靠，满足运行要求。

4.6.2.11 热工仪表及控制系统的检修应执行热工接线防松动措施，保证热工测量、保护、控制回路可靠性。

4.6.2.12 机组检修后，应根据被保护设备的重要程度，按热工联锁保护传动试验卡进行控制系统基本性能与应用功能的全面检查、测试和调整，以确保各项指标达到规程要求。整个检查、试验和调整时间，A 级检修后机组整套启动前（期间）至少应保证 72h，C 级检修后机组整套前应保证 36h，为确保控制系统的可靠运行，该检查、试验和调整的总时间应列入机组检修计划，并予以充分保证。

4.6.2.13 具体检修项目进行中实施班组、部门、厂级三级验收，参加验收人员要对检修质量做出评价。

4.6.2.14 机组 A 或 B 级检修时，热工检修项目全部完成后要进行冷态验收，确保满足机组启动条件。

4.6.3 修后热工设备评价

热工设备 A/B 级检修后应按 DL/T 838 的要求，完成热工设备 A/B 级检修后评价报告，报告格式参见附录F。

4.7 热工定期试验管理

4.7.1 热工保护传动试验应遵循 DL/T 774、DL/T 655、DL/T 1012 等相关标准及反事故措施的要求。

4.7.2 检修后在机组投入运行前机组保护系统应使用真实改变机组物理参数的办法进行传动试验，如汽轮机润滑油压系统保护试验和锅炉汽包水位保护试验，无法采用真实传动进行的热工试验项目，应采用就地短接改变机组物理参数方法进行传动试验，信号应从源头端加入，并尽量通过模拟物理量的实际变化。

4.7.3 在试验过程中如发现缺陷，应及时消除后重新试验。所有试验应有试验方案或试验操作单，试验结束后应填写试验报告，试验时间、试验内容、试验结果及存在的问题应填写正确。试验方案、试验报告、试验曲线等应归档保存。

4.7.4 ETS 保护（包含汽轮机超速、轴向位移、振动、低油压、低真空保护等）应每半年或每次机组检修后启动前进行静态试验。

4.7.5 对于设计有在线保护试验功能的机组，功能应完善，并在确保安全可靠的原则下定期进行保护在线试验，试验周期一般不超过 4 个月。

4.7.6 FSSS 的动态试验除新机组或保护系统有较大修改外，一般宜以静态试验方法确认；必须进行的 FSSS 系统动态试验，也宜安排在机组启停过程中实施。

4.7.7 MCS 应结合机组检修进行扰动试验，以机组带负荷后的动态试验为主，试验周期不宜超过一年。当出现设备 A 级检修、控制策略变动、调节参数有较大修改、控制系统发生异常等情况也应进行扰动试验。调节机构特性试验应在调节机构新投入使用或调节机构检修后进行，所有试验报告中应将试验日期、试验人员、审核人及试验数据填写完整、规范，并附有相应的趋势曲线。试验报告保存三个周期备查。

4.7.8 机组运行过程中控制系统在较大扰动工况（变负荷、磨煤机启停等）下的过程数据应完整保存，便于控制系统稳定性的分析和判断。

4.8 热工计量监督

4.8.1 热工自动化试验室基本要求

4.8.1.1 热工自动化试验室的布置：

a) 热工自动化试验室应根据发电厂规划总容量一次建成，热工自动化试验室宜布置在主厂房附近，可以设置在生产综合办公楼内，也可以单独设置。

b) 应在主厂房合适的位置设置热工现场维修间，用于执行器和阀门等不易搬动的现场热工设备的维修。

4.8.1.2 热工自动化试验室的环境要求：

a) 热工试验室的设计应满足 DL/T 5004 的要求。

b) 热工自动化试验室应远离震动大、灰尘多、噪声大、潮湿或有强磁场干扰的场所。试验室地面宜为混凝土或地砖结构，避免受震动影响；墙壁应装有防潮层。

c) 除恒温间、现场维修间和备品保管间外，热工试验室的室内温度宜保持在 18℃～25℃，相对湿度在 45%～70% 的范围内，试验室的空调系统应提供足够的、均匀的空气流。

d) 标准仪表间入口应设置缓冲间。标准仪表间应有防尘、恒温、恒湿设施，室温应保持 20℃±3℃，相对湿度在 45%～70%范围内。

e） 恒温源间（设置检定炉、恒温油槽的房间）应设排烟、降温装置。

f） 热工自动化试验室工作间应配备消防设施。对装有检定炉、恒温油槽的标准仪表间，应设置灭火装置。

g） 除现场维修间和备品保管间外的各工作间的照明设计应符合精细工作室对采光的要求。

4.8.2 计量标准仪器和设备配置的基本要求

4.8.2.1 用于热工自动化计量检定、校准或检验的标准计量器具，应按规定的计量传递原则传递。

4.8.2.2 热工自动化试验室的标准计量仪器和设备配置应满足对电厂控制设备和仪表进行检定、校准和检验、调试和维修的需要。

4.8.2.3 应建立完整的标准仪器设备台账，做到账、卡、物相符。

4.8.2.4 暂时不使用的计量标准器具和仪表可报请上级检定机构封存，再次使用时需经上级检定机构启封，并经检定合格后使用。

4.8.3 量值传递

4.8.3.1 从事热工计量检定人员，应进行考核取证，做到持证上岗。

4.8.3.2 标准计量器具和设备应具备有效的检定合格证书、计量器具制造许可证或者国家的进口设备批准书，铅封应完整。

4.8.3.3 热工计量标准器具和仪表必须按周期进行检定，送检率达到 100%。不合格或超过检定周期的标准器具和仪表不准使用。

4.8.3.4 热工测量和控制仪表应定期进行校验和抽检，包括热工主要检查参数、节能统计分析仪表、化学分析仪表、烟气连续监视系统（CEMS）、供热计量结算仪表等，校准周期由电厂按照国家、行业标准、集团公司企业标准或仪表使用说明书的规定，结合现场使用条件、频繁程度和重要性（包括节能、环保、化水、供热等专业对计量仪表的准确度要求）来确定，检定周期一般不超过 1 年。

4.8.3.5 新购的检测仪表投入使用前，须经过检定或校准；运行中的检测仪表应按照计量管理要求进行分类，按周期进行检定和校准，使其符合本身精确度等级的要求，达到最佳的工作状态，并满足现场使用条件。根据调前记录评定等级并经批准，校准周期可适当缩短（调整前检查性校准记录评定为不合格表）或延长（调整前检查性校准记录评定为优表）。

4.8.3.6 在不影响机组安全运行的前提下，检查和校准可在运行中逐个进行。在运行中不能进行的，则随机组检修同时进行。

4.8.3.7 检修后的机组启动前，应对主要热工测量参数进行系统联调，其系统综合误差应符合规定。

4.8.3.8 检测仪表的校准方法和质量要求应符合国家仪表专业标准、国家计量检定规程、行业标准或仪表使用说明书的规定，如无相应的现行标准，应编写相应的校验规定和标准，经批准后执行。

4.8.3.9 仪表经校准合格后，应贴有效的计量标签（标明编号、校准日期、有效周期、校准人、用途）。

5 监督管理要求

5.1 监督基础管理工作

5.1.1 热工监督管理的依据

电厂应按照集团公司《电力技术监督管理办法》和本标准的要求，制定火电厂热工监督标准，并根据国家法律、法规及国家、行业、集团公司标准、规范、规程、制度，结合电厂实际情况，编制热工监督相关/支持性文件；建立健全技术资料档案，以科学、规范的监督管理，保证热工设备安全可靠运行。

5.1.2 热工监督管理应具备的相关/支持性文件

a) 热工监督管理标准或实施细则；

b) 热工检修维护规程、系统图；

c) 热工设备定期试验管理制度；

d) 热工设备巡回检查管理制度；

e) 热工设备检修管理标准、检修维护作业指导文件；

f) 设备缺陷管理制度；

g) 设备点检定修管理制度；

h) 设备评级管理制度；

i) 设备异动管理制度；

j) 设备停用、报废管理制度；

k) 技术监督考核和奖惩制度；

l) 技术监督培训管理制度；

m) 其他制度。

5.1.3 技术资料档案

5.1.3.1 基建阶段技术资料：

a) 热工监督相关技术规范（主辅机、DCS招标资料及相关文件）；

b) DCS功能说明和硬件配置清册；

c) 热工检测仪表及控制系统技术资料（包含说明书、出厂试验报告等）；

d) 安装竣工图纸（包含系统图、实际安装接线图等）；

e) 设计变更、修改文件；

f) 设备安装验收记录、缺陷处理报告、调试报告、竣工验收报告。

5.1.3.2 设备清册及设备台账：

a) 热工设备清册；

b) 主要热控系统（DCS、DEH、TSI等）台账；

c) 主要热工设备（变送器、执行机构等）台账；

d) 热工计量标准仪器仪表清册。

5.1.3.3 主辅机保护与报警定值清单（参考格式见附录G）。

5.1.3.4 试验报告和记录：

a) DCS各系统调试报告；

b) 一次调频试验报告；

    c) AGC 系统试验报告；

    d) RB 试验报告；

    e) 其他相关试验报告。

5.1.3.5 日常维护记录：

    a) 热工设备日常巡检记录；

    b) 热工保护系统投退记录；

    c) 热工自动调节系统扰动试验记录；

    d) 热工定期工作（试验）执行情况记录（定期工作参考附录 H 制定）；

    e) DCS 逻辑组态强制、修改记录；

    f) 热控系统软件和应用软件备份记录；

    g) 热工计量试验用标准仪器仪表检定记录；

    h) 热工专业培训记录；

    i) 热工专业反事故措施；

    j) 与热工监督有关的事故（异常）分析报告；

    k) 待处理缺陷的措施和及时处理记录。

5.1.3.6 检修维护报告和记录：

    a) 检修质量控制质检点验收记录；

    b) 检修文件包；

    c) 热控系统传动试验记录；

    d) 检修记录及竣工资料；

    e) 检修总结；

    f) 日常设备维修记录。

5.1.3.7 缺陷闭环管理记录：月度缺陷分析。

5.1.3.8 事故管理报告和记录：

    a) 热工设备非计划停运、障碍、事故统计记录；

    b) 事故分析报告。

5.1.3.9 技术改造报告和记录：

    a) 可行性研究报告；

    b) 技术方案和措施；

    c) 技术图纸、资料、说明书；

    d) 质量监督和验收报告；

    e) 完工总结报告和后评估报告。

5.1.3.10 监督管理文件：

    a) 与热工监督有关的国家法律、法规及国家、行业、集团公司标准、规范、规程、制度；

    b) 火电厂热工监督标准、规定、措施等；

    c) 热工技术监督年度工作计划和总结；

    d) 热工技术监督季报、速报；

    e) 热工技术监督预警通知单和验收单（见附录 I 和附录 J）；

f) 热工技术监督会议纪要；

g) 热工技术监督工作自我评价报告和外部检查评价报告；

h) 热工技术监督人员技术档案、上岗考试成绩和证书；

i) 热工计量人员资质证书、热工计量试验室标准装置定期校验报告；

j) 与热工设备质量有关的重要工作来往文件。

5.2 日常管理内容和要求

5.2.1 健全监督网络与职责

5.2.1.1 各电厂应建立健全由生产副厂长（总工程师）领导下的热工技术监督三级管理网。第一级为厂级，包括生产副厂长（总工程师）领导下的热工监督专责人；第二级为部门级，包括部门热工专工；第三级为班组级，包括各专工领导的班组人员。在生产副厂长（总工程师）领导下由热工监督专责人统筹安排，协调运行、检修等部门，协调各相关专业共同配合完成热工监督工作。热工监督三级网严格执行岗位责任制。

5.2.1.2 按照集团公司《华能电厂安全生产管理体系要求》编制电厂热工监督管理标准，做到分工、职责明确，责任到人。

5.2.1.3 电厂热工技术监督工作归口职能管理部门在电厂技术监督领导小组的领导下，负责热工技术监督网络的组织建设工作，建立健全技术监督网络，并设热工技术监督专责人，负责全厂热工技术监督日常工作的开展和监督管理。

5.2.1.4 电厂热工技术监督工作归口职能管理部门每年年初要根据人员变动情况及时对网络成员进行调整；按照监督人员培训和上岗资格管理办法的要求，定期对技术监督专责人和特殊技能岗位人员进行专业和技能培训，保证持证上岗。

5.2.2 确定监督标准符合性

5.2.2.1 热工监督标准应符合国家、行业及上级主管单位的有关标准、规范、规定和要求。

5.2.2.2 每年年初，技术监督专责人应根据新颁布的标准规范及设备异动情况，组织对热工检修维护等规程、制度的有效性、准确性进行评估，修订不符合项，经归口职能管理部门领导审核、生产主管领导审批后发布实施。国家标准、行业标准及上级单位监督规程、规定中涵盖的相关热工监督工作均应在电厂规程及规定中详细列写齐全。

5.2.3 确定仪器仪表有效性

5.2.3.1 热工计量试验室应建立热工计量用仪器仪表设备台账，根据检验、使用及更新情况进行补充完善。

5.2.3.2 根据检定周期，每年应制订热工计量试验室仪器仪表的检修计划和现场仪表及测量装置的检定计划，根据检验计划定期进行检验或送检，送检率应达到100%；对检验合格的可继续使用，对检验不合格的则送修，对送修仍不合格的作报废处理。

5.2.3.3 热工测量和控制仪表应定期进行校验和抽检，校准周期由电厂按照国家标准、行业标准、集团公司企业标准或仪表使用说明书的规定，结合现场实际需求确定，原则上不宜超过1年。

5.2.4 监督档案管理

5.2.4.1 为掌握热工自动化设备变化规律，便于分析研究和采取对策，电厂应建立健全热工设备台账，记录每次设备检修、故障及损坏更换原因、采取的措施和设备生产单位，台账宜有设备寿命提示功能。

5.2.4.2 根据热工监督组织机构的设置和受监设备的实际情况，要明确档案资料的分级存放地点和指定专人负责整理保管。

5.2.4.3 为便于上级检查和自身管理的需要，热工技术监督专责人要存有全厂热工档案资料目录清册，并负责实时更新。

5.2.4.4 热工技术监督管理工作制度、档案、规程及设备制造、安装、调试、运行、检修及技术改造等过程的原始技术资料，由设备管理部门负责移交档案管理部门，确保其完整性和连续性。

5.2.4.5 热工检修资料归档是热工监督档案管理的重要组成部分，应确保资料归档及时、细致、正确。检修实施过程中的各项验收签字记录，热工仪表及控制系统的变更记录，调校和试验的检定报告、测试报告，热工设备检修台账，热工图纸更改，原始测量记录等检修技术资料，在检修工作结束后一个月内整理完毕并归档。

5.2.5 制订监督工作计划

5.2.5.1 热工技术监督专责人每年 11 月 30 日前应组织完成下年度技术监督工作计划的制订工作，并将计划报送产业公司、区域公司，同时抄送西安热工研究院有限公司（以下简称"西安热工院"）。

5.2.5.2 热工技术监督年度计划的制订依据至少应包括以下几个方面：

    a) 国家、行业、地方有关电力生产方面的政策、法规、标准、规范和反事故措施要求；

    b) 集团公司、产业公司、区域公司、电厂技术监督管理制度和年度技术监督动态管理要求；

    c) 集团公司、产业公司、区域公司、电厂技术监督工作规划和年度生产目标；

    d) 技术监督体系健全和完善化；

    e) 人员培训和监督用仪器设备配备和更新；

    f) 机组检修计划；

    g) 主、辅设备目前的运行状态；

    h) 技术监督动态检查、预警、月（季报）提出问题的整改；

    i) 收集的其他有关发电设备设计选型、制造、安装、运行、检修、技术改造等方面的动态信息。

5.2.5.3 电厂热工技术监督工作计划应实现动态化，即每季度应制订热工技术监督工作计划。年度（季度）监督工作计划应包括以下主要内容：

    a) 技术监督组织机构和网络完善；

    b) 监督管理标准、技术标准规范制定、修订计划；

    c) 人员培训计划（主要包括内部培训、外部培训取证，标准规范宣贯）；

    d) 技术监督例行工作计划；

    e) 检修期间应开展的技术监督项目计划；

    f) 监督用仪器仪表检定计划；

    g) 技术监督自我评价、动态检查和复查评估计划；

    h) 技术监督预警、动态检查等监督问题整改计划；

    i) 技术监督定期工作会议计划。

5.2.5.4 电厂应根据上级公司下发的年度技术监督工作计划，及时修订补充本单位年度技术监督工作计划，并发布实施。

5.2.5.5 热工监督专责人每季度对热工监督各部门的监督计划的执行情况进行检查，对不满足监督要求的通过技术监督不符合项通知单的形式下发到相关部门进行整改，并对热工监督的相关部门进行考评。技术监督不符合项通知单编写格式见附录K。

5.2.6 监督报告管理

5.2.6.1 热工监督速报的报送

当电厂发生重大监督指标异常，受监控设备重大缺陷、故障和损坏事件，火灾事故等重大事件后24h内，应将事件概况、原因分析、采取措施按照附录L的格式，以速报的形式报送产业公司、区域公司和西安热工院。

5.2.6.2 热工监督季报的报送

热工技术监督专责人应按照附录M的季报格式和要求，组织编写上季度热工技术监督季报。经电厂归口职能管理部门汇总后，应于每季度首月5日前，将全厂技术监督季报报送产业公司、区域公司和西安热工院。

5.2.6.3 热工监督年度工作总结报送

a) 热工技术监督专责人应于每年1月5日前编制完成上年度技术监督工作总结，并将总结报告报送产业公司、区域公司和西安热工院。

b) 年度热工监督工作总结报告主要内容应包括以下几方面：

    1) 主要监督工作完成情况、亮点、经验与教训；

    2) 设备一般事故、危急缺陷和严重缺陷统计分析；

    3) 热工监督存在的主要问题和改进措施；

    4) 热工监督下年度工作思路、计划、重点和改进措施。

5.2.7 监督例会管理

5.2.7.1 电厂每年至少召开两次厂级技术监督工作会议，会议由电厂技术监督领导小组组长主持，检查评估、总结、布置热工技术监督工作，对技术监督中出现的问题提出处理意见和防范措施，形成会议纪要，按管理流程批准后发布实施。

5.2.7.2 热工专业每季度至少召开一次技术监督工作会议，会议由热工监督专责人主持并形成会议纪要。

5.2.7.3 例会主要内容包括：

a) 上次监督例会以来热工监督工作开展情况；

b) 热工设备及系统的故障、缺陷分析及处理措施；

c) 热工监督存在的主要问题以及解决措施及方案；

d) 上次监督例会提出问题整改措施完成情况的评价；

e) 技术监督工作计划发布及执行情况，监督计划的变更；

f) 集团公司技术监督季报，监督通讯，新颁布的国家、行业标准规范，监督新技术学习交流；

g) 热工监督需要领导协调和其他部门配合和关注的事项；

h) 至下次监督例会时间内的工作要点。

5.2.8 监督预警管理

5.2.8.1 热工监督三级预警项目见附录N，电厂应将三级预警识别纳入热工监督日常管理和考核工作中。

5.2.8.2 对于上级监督单位签发的预警通知单，电厂应认真组织人员研究有关问题，制订整改计划，整改计划中应明确整改措施、责任部门、责任人和完成日期。

5.2.8.3 问题整改完成后，电厂应按照验收程序要求，向预警提出单位提出验收申请，经验收合格后，由验收单位填写预警验收单，并报送预警签发单位备案。

5.2.9 监督问题整改管理

5.2.9.1 整改问题的提出：

a) 上级或技术监督服务单位在技术监督动态检查、预警中提出的整改问题；

b)《火电技术监督报告》中明确的集团公司或产业公司、区域公司提出的督办问题；

c)《火电技术监督报告》中明确的电厂需关注及解决的问题；

d) 电厂热工监督专责人每季度对各部门热工监督计划的执行情况进行检查，对不满足监督要求提出的整改问题。

5.2.9.2 问题整改管理：

a) 电厂收到技术监督评价考核报告后，应组织有关人员会同西安热工院或技术监督服务单位在两周内完成整改计划的制订和审核（整改计划编写格式见附录O），并将整改计划报送集团公司、产业公司、区域公司，同时抄送西安热工院或技术监督服务单位；

b) 整改计划应列入或补充列入年度监督工作计划，电厂按照整改计划落实整改工作，并将整改实施情况及时在技术监督季报中总结上报；

c) 对整改完成的问题，电厂应保存问题整改相关的试验报告、现场图片、影像等技术资料，作为问题整改情况及实施效果评估的依据。

5.2.10 监督评价与考核

5.2.10.1 电厂应将《热工技术监督工作评价表》中的各项要求纳入热工监督日常管理工作中，《热工技术监督工作评价表》见附录P。

5.2.10.2 按照《热工技术监督工作评价表》中的要求，编制完善各项热工技术监督管理制度和规定，并认真贯彻执行；完善各项热工监督的日常管理和检修记录，加强热工自动化设备的检修维护技术监督。

5.2.10.3 电厂应定期对热工技术监督工作开展情况组织自我评价，对不满足监督要求的不符合项以通知单的形式下发到相关部门进行整改，并对相关部门及责任人进行考核。

5.3 各阶段监督重点工作

5.3.1 设计阶段

5.3.1.1 按 DL 5000、DL/T 5175、DL/T 5182、DL/T 5428 等相关标准要求执行，对违反标准、规范要求的设计选型应及时提出更改建议。

5.3.1.2 设备设计选型要针对机组特点进行充分调研，吸取其他使用单位的经验，确保设备的先进性和适用性。

5.3.1.3 参与并监督热控系统的新建、改建、扩建工程的设计、设备选型、审查、招标工作。

5.3.1.4 依照 DL/T 659 等相关标准，参与并监督 DCS 出厂测试、验收。

5.3.2 安装阶段

5.3.2.1 按照 GB/T 50093、DL 5190.4、DL/T 5182、DL/T 5210.4 和 DL/T 1212 等相关标准要

求执行，对违反标准、规范要求的安装工艺应及时提出更改建议。

5.3.2.2 对系统与设备新建、扩建、改建工程的安装与调试过程进行全过程监督，对项目的施工单位和监理单位的施工资质、监理资质进行监督，对发现的安装、调试质量问题应及时予以指出，要求限时整改。

5.3.2.3 对重要设备的验收工作进行监督，如应按照订货合同和相关标准进行验收，并形成验收报告。

5.3.2.4 设备安装前应对取源部件、检测元件、就地设备、就地设备防护、管路、电缆敷设及接地等提出安装要求，安装单位编制安装方案报电厂审核通过后方可实施安装。

5.3.2.5 安装实施工程监理时，应对监理单位的工作提出热工监督的意见，如要求监理方派遣工作经验丰富的监理工程师常驻施工现场，负责对安装工程全过程进行见证、检查、监督，以确保设备安装质量。

5.3.2.6 对设备安装进行全面监督，如按相关标准、订货技术要求进行设备安装和验收；监督重要设备的主要试验项目由具备相应资质和试验能力的单位进行试验；对安装工作中不符合热工监督要求的问题，应立即整改，直至合格。

5.3.2.7 对技术监督服务单位在系统安装和调试过程中的工作开展情况进行监督。

5.3.3 调试验收阶段

5.3.3.1 调试验收工作应对照 DL/T 5294、DL/T 5277、DL 5190.4、DL/T 822 等国家、行业相关质量验收标准执行，采用工程建设资料审查及现场试验检验方式，对违反标准、规范要求的调试措施应及时提出更改建议。

5.3.3.2 新投产机组的热控系统调试应由有相应资质的调试机构承担。调试单位和监督、监理单位应参与工程前期的设计审定及出厂验收等工作。

5.3.3.3 调试单位在发电企业和电网调度单位的配合下，应逐套对保护系统、MCS、SCS 和 RB 功能按照有关规定和要求进行各项试验。

5.3.3.4 模拟量控制系统 MCS 的试验项目和调节质量应满足 DL/T 657 的要求；顺序控制系统 SCS 的试验应满足 DL/T 658 的要求；锅炉炉膛安全监控系统（FSSS）的试验应满足 DL/T 655 的要求；RB 试验应满足 DL/T 1213 的要求。

5.3.3.5 调试工作结束后，对调试单位编制的调试报告进行监督，包含各调试项目开展情况、测试数据分析情况及调试结论。对不满足国家、行业相关技术指标的，应提出整改方案并监督实施。

5.3.3.6 监督验收是否依据了国家和行业标准、审定的工程设计文件、工程招标文件和采购合同、与工程建设有关的各项合同、协议及文件。监督实施情况、工程质量、工程文件等的验收工作，对工程遗留问题提出处理意见。

5.3.3.7 监督调试验收工作是否规范、项目是否齐全或结果是否合格、设备是否达到相关技术要求、基础资料是否齐全，当上述验收不满足要求时立即整改，直至合格。

5.3.3.8 监督基建安装调试资料的交接。基建单位应按时向生产运营单位移交全部基建技术资料。生产运营单位资料档案室应及时将资料清点、整理、归档。

5.3.4 生产运行阶段

5.3.4.1 按照 DL/T 774、DL/T 1210、DL/T 1213 等相关标准要求执行，对违反标准、规范要求的运行方式应及时提出更改建议。

5.3.4.2 对运行中的热工仪表及控制系统，热工专业应制定明确可行的巡检路线，热工人员每天至少巡检一次，并将巡检情况记录在热工设备巡检日志上。对系统巡检制度、巡检维护记录、巡检过程中发现的重要问题及缺陷处理情况进行监督。

5.3.4.3 对系统软件、数据定期备份和修改管理制度，备份、存档记录情况进行监督。

5.3.4.4 对已投运的热工仪表和控制装置应每月进行设备缺陷分析，制定事故预控措施，通过逻辑优化和试验调整，有效进行事故防范。

5.3.4.5 对热工控制系统和设备定值的定期复核进行监督。系统参数发生大的变化、主设备技术参数变更、运行控制方式变化、运行条件变化时，相应设备定值应对照国家、行业规程、标准、制度以及设备运行参数进行重新整定并审批执行。

5.3.4.6 对热工控制系统及设备应急预案和故障恢复措施的制定进行监督，不定期检查反事故演习，数据备份、病毒防范和安全防护工作的落实情况。

5.3.5 检修维护阶段

5.3.5.1 按照 DL/T 774、DL/T 822、DL/T 1056 等相关标准要求执行，对违反标准、规范要求的检修工序应及时提出更改建议。

5.3.5.2 根据国家和行业有关的热工检修维护规程和产品技术条件文件，结合电厂的实际，监督制定本企业的热工检修维护规程、检修作业文件等。

5.3.5.3 检修前，根据热工控制系统运行状况，依据集团公司《电力检修标准化管理实施导则（实行）》的要求，结合技术监督季报、动态检查中发现的问题制订检修整改计划，并监督检修文件包的编制及审核，确认检修准备情况。

5.3.5.4 检修过程中，应按检修文件包的要求对检修工艺、质量、质监点（W、H 点）验收及三级验收制度进行监督。

5.3.5.5 检修后各项重要热工保护传动试验的监督。

5.3.5.6 检修完毕，监督检修记录及报告的编制、审核及归档。对检修遗留问题，应监督制订整改计划，并对整改实施过程予以监督。

6 监督评价与考核

6.1 评价内容

6.1.1 热工监督评价考核内容见附录 P《热工技术监督工作评价表》。

6.1.2 热工监督评价内容分为技术监督管理、技术监督标准执行两部分，总分为 1000 分，其中监督管理评价部分包括 8 个大项 29 小项，共 400 分；监督标准执行部分包括 7 大项 41 个小项，共 600 分，每项检查评分时，如扣分超过本项应得分，则扣完为止。

6.2 评价标准

6.2.1 被评价的电厂按得分率高低分为四个级别，即优秀、良好、合格、不符合。

6.2.2 得分率高于或等于 90% 为"优秀"；80%～90%（不含 90%）为"良好"；70%～80%（不含 80%）为"合格"；低于 70% 为"不符合"。

6.3 评价组织与考核

6.3.1 技术监督评价包括集团公司技术监督评价、属地电力技术监督服务单位技术监督评价、电厂技术监督自我评价。

6.3.2 集团公司定期组织西安热工院和公司内部专家，对电厂技术监督工作开展情况、设备状态进行评价，评价工作按照集团公司《电力技术监督管理办法》规定执行，分为现场评价和定期评价。

6.3.2.1　集团公司技术监督现场评价按照集团公司年度技术监督工作计划中所列的电厂名单和时间安排进行。各电厂在现场评价实施前应按附录 P《热工技术监督工作评价表》进行自查，编写自查报告。西安热工院在现场评价结束后三周内，应按照集团公司《电力技术监督管理办法》附录 C 的格式要求完成评价报告，并将评价报告电子版报送集团公司安生部，同时发送产业公司、区域公司及电厂。

6.3.2.2　集团公司技术监督定期评价按照集团公司《电力技术监督管理办法》及《火力发电厂燃煤机组热工监督标准》要求和规定，对电厂生产技术管理情况，机组障碍及非计划停运情况，热工监督报告内容的符合性、准确性、及时性等进行评价，通过年度技术监督报告发布评价结果。

6.3.2.3　集团公司对严重违反技术监督制度、由于技术监督不当或监督项目缺失、降低监督标准而造成严重后果、对技术监督发现问题不进行整改的电厂，予以通报并限期整改。

6.3.3　电厂应督促属地技术监督服务单位依据技术监督服务合同的规定，提供技术支持和监督服务，依据相关监督标准定期对电厂技术监督工作开展情况进行检查和评价分析，形成评价报告，并将评价报告电子版和书面版报送产业公司、区域公司及电厂。电厂应将报告归档管理，并落实问题整改。

6.3.4　电厂应按照集团公司《电力技术监督管理办法》及华能电厂安全生产管理体系要求建立完善技术监督评价与考核管理标准，明确各项评价内容和考核标准。

6.3.5　电厂应每年按附录 P《热工技术监督工作评价表》，组织安排热工监督工作开展情况的自我评价，根据评价情况对相关部门和责任人开展技术监督考核工作。

附　录　A

（规范性附录）

主要热工仪表和控制装置

A.1　主要检测参数

A.1.1　锅炉

包括但不限于：主蒸汽压力、温度、流量；再热蒸汽压力、温度；主给水压力、温度、流量；炉膛压力、直流炉中间点温度、过热度（或焓值）、燃水比、汽水分离器储水箱水位、汽水分离器压力；排烟温度；一次风压，一、二次风量，总风量；烟气含氧量；水冷壁温度；燃料量；磨煤机出口风粉混合温度；煤粉仓煤粉温度；燃油炉进油压力、流量；过热器、再热器管壁温度；吸收塔液位、吸收塔出口温度、增压风机入口压力。

A.1.2　汽轮机、发电机

包括但不限于：主蒸汽压力、温度、流量；再热蒸汽温度、压力；汽轮机转速、轴承振动、轴向位移、差胀；汽缸热膨胀各级抽汽压力、速度级压力；监视段蒸汽压力；轴封蒸汽压力；轴承温度；轴承回油温度；推力瓦温度；排汽压力；排汽温度；调速油压力；润滑油压力；供热流量；凝结水流量；凝结水导电度；汽缸及法兰螺栓温度；发电机定子线圈及铁芯温度；发电机氢气压力；氢气纯度和湿度；发电机定子、转子冷却水压力、流量。

A.1.3　辅助及公用系统

包括但不限于：除氧器蒸汽压力、水箱水位；给水泵润滑油压力；汽动给水泵转速；主要辅机的振动和轴承温度；烟气流量、烟尘浓度、二氧化硫浓度、氮氧化物浓度、氨逃逸浓度；热网送汽、水母管温度、流量、压力；公用系统的重要测量参数。

A.2　主要保护控制装置

A.2.1　锅炉

炉膛火焰保护、燃料全停保护、送风机全停保护、引风机全停保护、空气预热器全停保护、给水泵全停保护、风量低保护、一次风机全停保护、饱和蒸汽压力保护、过热器压力保护、再热器压力保护、手动紧急停炉保护、炉膛压力保护、直流炉断水保护和分离器水位保护、炉水循环泵保护、吸收塔液位保护、吸收塔出口温度高、浆液循环泵（海水循环泵）全停、增压风机全停、增压风机入口压力保护。

A.2.2　汽轮机、发电机

汽轮机轴向位移保护、汽轮机超速保护、润滑油压保护、凝汽器真空保护、EH 油压低保护、高压加热器水位保护、抽汽逆止门保护、汽轮机旁路保护、发电机逆功率保护、发电机断水保护、汽轮机轴系振动保护、主/再热汽温度突降保护、手动紧急停机保护。

A.3　主要顺序控制装置

点火顺序控制、吹灰顺序控制、定期排污顺序控制、风烟系统顺序控制、制粉系统顺序控制、凝汽器铜管胶球清洗顺序控制、调速电动给水泵顺序控制。

A.4 主要模拟量控制装置

自动发电控制、机组协调控制、给水调节，主蒸汽温度调节，再热蒸汽温度调节，主蒸汽压力调节，送风调节，炉膛压力调节，直流炉中间点温度（焓值）调节，磨煤机负荷、温度、风量调节，一次风压调节，汽轮机转速调节，汽轮机负荷调节，汽轮机旁路调节，汽轮机凝汽器水位调节，汽轮机轴封压力调节，高、低压加热器水位调节，除氧器压力及水位调节。

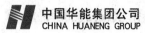

附 录 B

（规范性附录）

热工技术监督及控制系统性能指标

机组在生产考核期结束后（无生产考核期的则在机组整套启动试运移交后），热工仪表及控制装置应满足以下质量标准。

B.1 热工监督指标应达到：

　　a) 保护投入率为 100%；

　　b) 自动调节系统应投入协调控制系统，投入率不低于 95%；

　　c) 计算机测点投入率为 99%，合格率为 99%；

　　d) 顺序控制系统投入率不低于 90%。

B.2 有关热控系统应满足：

　　a) 数据采集系统（DAS）设计功能全部实现；

　　b) 顺序控制系统（SCS）应符合生产流程操作要求；

　　c) 炉膛安全监控系统（FSSS）应正常投运且动作无误；

　　d) 汽轮机监视仪表（TSI）应正常投运且输出无误；

　　e) 汽轮机电液调节系统（DEH、MEH）应正常投运且动作无误。

B.3 热工仪表及控制系统"三率"统计方法：

　　a) 完好率：

　　　　1) 自动装置完好率＝一、二类自动装置总数/全厂自动装置总数×100%。

　　　　2) 保护装置完好率＝一、二类保护装置总数/全厂保护装置总数×100%。

　　b) 合格率：

　　　　1) 主要仪表抽检合格率＝主要仪表抽检校合格总数/全厂主要仪表抽检总数×100%。

　　　　2) 计算机测点合格率＝抽检合格点总数/抽检点总数×100%。

　　c) 投入率：

　　　　1) 热工自动控制系统投入率＝自动控制系统投入总数/全厂自动控制系统总数×100%。

　　　　2) 全厂热工自动控制系统总数按原设计的总数统计，其中协调系统按四套（基本方式、协调方式、机跟炉、炉跟机）统计，给水系统按两套（干态、湿态）统计，其余控制系统按单套统计。

　　　　3) 热工自动控制系统投运标准为：600MW 等级及以上机组调节品质满足考核标准的要求，且累计投运时间超过主设备运行时间的 90%。

　　　　4) 保护装置投入率＝保护装置投入总数/全厂保护装置总数×100%。

　　　　5) 总燃料跳闸保护（MFT）、汽轮机危急遮断保护（ETS）按设计跳闸条件数统计套数。

　　　　6) 计算机测点投入率＝实际使用数据采集系统测点数/设计数据采集系统测点数×100%。

B.4 自动调节系统动态、稳态品质指标：

　　　　1) 除负荷最大偏差外，稳定负荷 AGC 测试主参数品质考核指标符合 DL/T 657 规定的要求，见表 B.1。

表 B.1　稳定负荷工况机组 AGC 测试主参数品质考核指标

指　　标	负荷稳态 偏差 %P_e	主蒸汽 压力 MPa	主蒸汽 温度 ℃	再热蒸汽 温度 ℃	汽包水位 mm	炉膛压力 Pa	烟气 含氧量 %
300MW 等级以下 亚临界机组	±1.0	±0.2	±2.0	±3.0	±20	±50	±1
300MW 等级以下 亚临界机组	±1.0	±0.3	±3.0	±4.0	±25	±100	±1
超临界及 超超临界机组	±1.0	±0.3	±3.0	±4.0	—	±100	±1

2）　幅度为 5%P_e 的单向斜坡指令 AGC 性能指标要求，见表 B.2。

表 B.2　变负荷工况 AGC 测试主参数品质考核指标一

参数	亚临界机组		超临界机组	
	300MW 等级以下	300MW 等级及 以上	600MW 等级及 以下	1000MW 等级
负荷平均变化率 %P_e/min	≥1.5	≥1.5	≥1.5	≥1.2
负荷响应时间 s	60	60	60	60
负荷启动时延时间 s	45	45	45	45
负荷结束时延时间 s	45	45	45	45
负荷动态过调量 %P_e	±1.5	±1.5	±1.5	±1.5
主蒸汽压力偏差 MPa	±0.4	±0.5	±0.5	±0.5
主蒸汽温度偏差 ℃	±8.0	±8.0	±8.0	±8.0
再热蒸汽温度偏差 ℃	±10.0	±10.0	±10.0	±10.0
汽包水位偏差 mm	±60	±60	—	—
炉膛压力偏差 Pa	±200	±200	±200	±200

注 1：纯滑压机组不考核主蒸汽压力偏差。

注 2：亚临界直流锅炉参照超临界直流锅炉。

注 3：P_e 为机组额定负荷

3） 幅度为 $5\%P_e$ 的连续三角波指令 AGC 性能指标要求，以及幅度为 $10\%P_e$ 的单向斜坡指令 AGC 性能指标要求，见表 B.3。

表 B.3　变负荷工况 AGC 测试主参数品质考核指标二

参　数	亚临界机组		超临界机组	
	300MW 等级以下	300MW 等级及以上	600MW 等级及以下	1000MW 等级
负荷平均变化率 $\%P_e$/min	≥1.5	≥1.5	≥1.5	≥1.2
负荷响应时间 s	60	60	60	60
负荷启动时延时间 s	45	45	45	45
负荷结束时延时间 s	45	45	45	45
负荷动态过调量 $\%P_e$	±1.5	±1.5	±1.5	±1.5
主蒸汽压力偏差 MPa	±0.5	±0.6	±0.6	±0.6
主蒸汽温度偏差 ℃	±10.0	±10.0	±10.0	±10.0
再热蒸汽温度偏差 ℃	±12.0	±12.0	±12.0	±12.0
汽包水位偏差 mm	±60	±60	—	—
炉膛压力偏差 Pa	±200	±200	±200	±200

注 1：纯滑压机组不考核主蒸汽压力偏差。
注 2：亚临界直流锅炉参照超临界直流锅炉。
注 3：对三角波变动，仅考核 AGC 指令开始变化时的负荷响应时间

附 录 C

（资料性附录）

热工保护投退申请单

编号：××××班组　　　　年　月　日

主保护/辅机保护			主保护/辅机保护		
解除原因：			投入原因：		
措施步骤：		执行标记	措施步骤（恢复保护前，必须在保护输入的 DI 卡确认保护信号的有或无）：		执行标记
申请解除时间： 自_____年___月___日___时___分 至_____年___月___日___时___分			实际恢复时间： _____年___月___日___时___分		
解除申请栏	申请人：班组签写		延期申请栏	申请人：	
	审核人：热工专工/专责签写			审核人：	
	批准人：策划部主任/生产厂长/厂长助理			批准人：	
解除执行栏	执行人：班组签写		恢复执行栏	执行人：	
	监护人：班组签写			监护人：	
	值长：			值长：	
注 1：此表一式两份，一份由运行保留，另一份由责任班组保留。 注 2：保护/自动装置如无法短期恢复，责任班组应在备注栏说明原因。 注 3：由非热工班组提出保护/自动解除申请时，提出人员只填写"保护名称""解除原因"和申请解除时间，其余项目均由热工人员填写，并完成相关的审批程序后通知热工人员执行					

附 录 D

（资料性附录）

热工保护投退状态指示画面

汽轮机主要保护投入状态指示画面和锅炉主要保护投入状态指示画面如图 D.1 和图 D.2 所示。

图 D.1　汽轮机主要保护投入状态指示画面

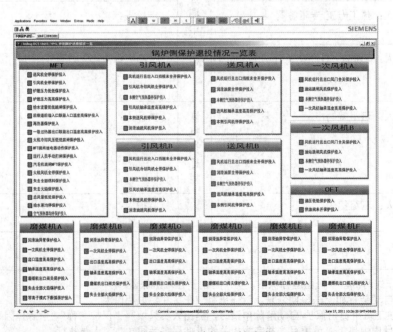

图 D.2　锅炉主要保护投入状态指示画面

附 录 E

（资料性附录）

300MW 及以上机组

A 级检修 W、H 点质检项目及热工监督项目

序号	W、H 点质检项目及热工监督项目名称	W、H 点	热工监督
1	锅炉侧		
1.1	炉膛压力保护定值校验	H	
1.2	炉膛压力系统综合误差检查		热工监督
1.3	MFT 保护传动试验（含脱硫）	H	
1.4	ERV（PCV）阀动作定值核查	W	
1.5	汽包水位（汽包炉）保护定值核查	W	
1.6	一次风母管压力系统综合误差检查		热工监督
1.7	炉侧主蒸汽压力系统综合误差检查		热工监督
1.8	过热蒸汽温度系统综合误差检查		热工监督
1.9	给水流量低（直流炉）保护定值核查	W	
1.10	送风机联锁保护传动试验	W	
1.11	一次风机联锁保护传动试验	H	
1.12	引风机联锁保护传动试验	H	
1.13	磨煤机联锁保护传动试验	W	
1.14	磨煤机风粉温度高保护定值核查	W	
1.15	锅炉侧主要热工信号回路核查	W	
2	汽轮机侧（含发电机）		
2.1	高压缸末级叶片温度高高保护传动试验	H	
2.2	汽轮机侧主蒸汽压力系统综合误差检查		热工监督
2.3	低压缸排汽温度高保护传动试验	W	
2.4	汽轮机侧再热蒸汽压力系统综合误差检查		热工监督
2.5	真空低保护定值核验	W	
2.6	真空低保护传动试验	H	
2.7	真空系统综合误差检查		热工监督
2.8	润滑油压低保护传动试验	H	
2.9	润滑油压低保护定值核验	W	
2.10	润滑油压系统综合误差检查		热工监督

表（续）

序号	W、H 点质检项目及热工监督项目名称	W、H 点	热工监督
2.11	润滑油箱油位低保护传动试验	W	
2.12	EH 油压系统综合误差检查		热工监督
2.13	EH 油压低保护传动试验	H	
2.14	给水泵汽轮机 ETS 保护传动试验	H	
2.15	高压加热器保护传动试验	W	
2.16	汽轮机侧主要热工信号回路核查	W	
2.17	除氧器压力高保护传动试验	W	
2.18	发电机断水保护传动试验	H	
3	DCS 和 DEH 系统		
3.1	DCS 系统各机柜电源切换试验	H	
3.2	DCS 系统操作员站电源切换试验	W	
3.3	DCS 系统网络交换机切换试验	W	
3.4	DCS 系统历史记录、SOE、打印功能检查		热工监督
3.5	DCS 系统接地检查		热工监督
3.6	DEH 系统各机柜电源切换试验	H	
3.7	DEH 系统操作员站电源切换试验	W	
3.8	DEH 系统网络交换机切换试验	W	
3.9	DEH 系统历史记录、SOE、打印功能检查		热工监督
3.10	DEH 系统接地检查		热工监督
4	热工电源		
4.1	锅炉侧保安电源盘电源切换试验	W	
4.2	锅炉侧 UPS 电源盘电源切换试验	H	
4.3	锅炉侧电源盘电源配置核查		热工监督
4.4	火检专用电源切换试验	H	
4.5	汽轮机侧保安电源盘电源切换试验	W	
4.6	汽轮机侧 UPS 电源盘电源切换试验	H	
4.7	锅炉侧电源盘电源配置核查		热工监督
统计	W 点：20 项，H 点：15 项，热工监督：15 项		

附 录 F

（资料性附录）

A 级检修后评价报告（热工专业）

A 级检修后热工专业总结和评价报告（模板）

F.1 概述

×厂×号机组在××××年××月××日～××××年××月××日进行了总工期 89
天的 A 级检修。现对该机组热工专业的大修实施情况检查和评估如下：

（1）检修项目完成情况，见表 F.1。

表 F.1 检修项目完成情况

内容	合计	标准项目	特殊项目	技术改造项目	增加项目	减少项目	备注（监督及消缺项目）
计划数	97	70	8	6	13	0	0
实际数	276	70	8	6	13	0	179

增加热工设备治理项目 179 项。

（2）大修前后热工"三率"统计，见表 F.2。

表 F.2 大修前后热工"三率"统计

内 容	修 前		修 后		备 注
	设计数量（套、块）	投入率%	设计数量（套、块）	投入率%	
测点投入率	1653	100	1897	100	
自动投入率	110	100	110	100	
保护投入率	89	100	90	100	

F.2 控制系统组态及保护联锁定值变动情况

F.3 对发现缺陷的处理情况

（1）现场表计排污门使用原俄罗斯的胶木二次门，经过 10 多年的运行，出现了渗漏、锈
蚀等，利用本次大修机会对现场 120 个胶木门更换为针形门，消除了设备安全隐患。

（2）利用本次汽轮机本体检修和发电机线棒检修机会将轴瓦温度测点和线棒温度测点全
部由 CU50 更换为 Pt100，提高了温度测量精确度和可靠性。

（3）在 DCS 系统检修中发现 44 号柜 D 槽的 UD 模板连接线有接触不良现象，并紧急零

购一根 CE-UD 专用电缆进行更换，该故障在运行中发生后将会导致 DAS2 所有扩展单元 37 块模板故障，至少 592 路测量信号异常。

（4）针对 20××年出现的仪表管磨损渗漏的情况，按照隐患管理的理念在机组检修前对 1 号机组热工取样管路走向不规范，易磨损部位，固定不牢固的管线进行统计调查，在检修中由专人负责，三名工作人员共计工作 40 天，治理仪表管 207 根，其中焊接 118 根，改管 57 根。此项工作提高了热工设备的可靠性和安全性。

（n）…

F.4 大修完成项目及质量验收

（1）完成项目情况，见表 F.3。

表 F.3 完 成 项 目 情 况

内容	合计	标准项目	特殊项目	技术改造项目	增加项目	减少项目	备注
计划数		164	12	5	0	0	
实际数		164	12	5	0	0	

（2）质量验收情况，见表 F.4。

表 F.4 质 量 验 收 情 况

内容	H 点			W 点			不符合项通知单	备注
	合计	合格	不合格	合计	合格	不合格	合计	
计划数	52	52	0	328	328	0	0	
实际数	52	52	0	328	328	0	6	

F.5 热工专业检修亮点（借鉴之处）

（1）提前做好与脱硫系统的接口工作。按照设计明年脱硫系统的主要信息将进入 DCS 系统，此次利用 1 号机组检修机会提前将接口做好，包括脱硫系统数据库、监视画面、I/O 模板，并完成了传动工作，做到了脱硫系统随时投入、状态信息的及时接入。

（2）注重检修过程管理。在按照检修标准进行验收的同时，管理人员每天深入到检修现场对包括质量、工艺、文明生产、安全问题不符合项进行拍照，在照片上指出问题所在和改进要求，对不符合项进行汇总后发到班组进行整改。通过拍照方式即可以直观地指出问题所在，同时也是一种培训，值得在其他电厂推广。

（3）治理基建遗留隐患，提高设备可靠性。在机组检修前对基建时遗留的热工取样管路走向不规范，易磨损部位，固定不牢固的管线进行统计调查，在检修中由专人负责，治理仪表管 207 根，其中焊接 118 根，改管 57 根。此项工作提高了热工设备的可靠性和安全性。

（n）…

F.6 检修后尚存在的主要问题及建议

（1）顺序控制系统运行状况不理想，机组共设计有顺控功能组 18 套，目前仅投入 8 套。

（2）没有进行 RB 试验，AGC 也没有投入（目前已经具备了投入条件）。

（3）DEH/MEH 改造后，协调和给水系统的调节机构动态特性已经发生了改变，建议通过扰动试验对系统参数重新整定，以保证调节品质。

（4）送风和引风控制系统没有设计炉膛压力偏差大时的单向闭锁回路，存在误操作隐患，也不符合 DL/T 5175 要求；引风控制系统没有 MFT 后的超驰控制功能，不满足 DL/T 435 要求。

（n）…

F.7 现场检查

详见表 F.5《机组大修后热工仪表及控制系统检查评估表》。

F.8 评价

热工仪表及控制系统 A 级检修前准备充分，检修项目完整符合规程要求，检修过程组织得力、人员到位，各阶段工作严格按照公司大修工期要求及专业制定的检修节点按时完成。大修过程中还对技术监督和安评提出的问题进行了整改。大修后期按照制订的热控系统试验方案对有关系统进行了传动和扰动试验。从机组启动以来的运行状况看，达到了 A 级检修的预期效果。

需要指出的是：本次检修对热工设备的治理比较彻底，但对原 DCS 组态设计存在问题重视不够，原有问题依然存在，建议及时完善。

表 F.5 机组大修后热工仪表及控制系统检查评估表

分类	检查评估项目/内容	检查情况
DCS	检修后系统和外设设备的全面清扫	
	GPS 与系统时钟核对、系统接地	
	控制系统软件和数据的备份、保存情况	
	硬件检修及功能试验（包括网络及控制站冗余检查、处理器备用电池测试、检查）	
	系统及外设设备的基本性能和功能测试	
	自备 UPS 电源检修试验	
DAS	数据采集系统检修与功能试验	
	模件处理精度测试及调整情况	
	显示异常（坏点）的参数处理、主要检测参数综合误差抽查	
MCS	模拟量控制系统设备的系统检查（系统跟踪和调节规律正确）	
	调节品质异常或有较大修改的模拟量控制系统品质、设备特性试验	

表 **F.5**（续）

分类	检查评估项目/内容	检查情况
BMS	炉膛安全监控与电厂保护系统逻辑修改、检查、核对情况	
	炉膛安全监控与电厂保护系统静态及动态试验	
	燃油泄漏试验和炉膛吹扫功能检查	
OCS（含 SCS）	开关量控制系统逻辑修改、检查、核对	
	开关量控制系统静态试验	
DEH	DEH 系统逻辑修改、检查、软件核对	
	DEH 系统的全功能模拟传动操作检查和联锁试验	
MEH	给水控制系统逻辑修改、检查、软件核对	
	MEH 系统的全功能模拟传动操作检查和联锁试验	
TSI&ETS	各检测信号准确性检查	
	各回路静态及动态试验	
综合	检修安全总结	
	检修技术总结（说明存在问题及原因）	
	重大技术改造项目检修总结（说明存在问题及以后改进方向）	
	检修专项交代（重点说明运行操作和安全注意事项）	
信号及电源	热工信号系统检查与试验	
	热工报警、保护（包括软报警）定值的修改、校准、核对	
	报警信号的分级整理	
	SOE 系统检查、整理与试验	
	报表打印系统检查、检修与试验	
	热工专用电源系统检查、性能测试和切换试验	
	电源系统设备及熔丝完好情况检查、更换	
仪表部件	所有检测仪表、元件、变送器、装置的检修、校准	
	电动门、气动门、执行设备的检修，加注新润滑油，校准	
	继电器动作及释放电压测试	
测量控制系统	隐蔽的热工检测元件检查、更换	
	接地系统可靠性检查，设备和线路绝缘测试，电缆和接线整理	
	机柜、台盘、接线端子箱内部清洁	

表 F.5（续）

分类	检查评估项目/内容	检查情况
测量控制系统	取源部件的检修、清扫，测量管路、阀门吹扫及接头紧固	
	检修工作结束后的屏、盘、台、柜、箱孔洞封堵	
	现场设备防火、防水、防灰堵、防振、防人为误动措施完善	
	测量设备计量标签：管路、阀门、电缆、设备挂牌和标识	
其他	技术监督和安全评价中发现问题的整改情况	
	运行及小、中修中无法处理而遗留的设备缺陷消除	
	DCS 系统功能试验时临时强制点的恢复	

附 录 G

（资料性附录）
热工保护逻辑定值单

××电厂×号机组热工保护逻辑定值单

序号	保护项目名称	单机套数	定值	延时时间	主要逻辑关系/动作结果	测点类型	备注
一	锅炉保护	17					
1	炉膛压力高	1	3.0kPa	3s	3 取 2	开关	
2	炉膛压力低	1	−3.0kPa	3s	3 取 2	开关	
⋮	⋮						
二	汽轮机保护	17					
1	汽轮机轴向位移大	1	±1.0mm	3s (TSI)	双与或	TSI	
2	汽轮机大轴相对振动大	1	0.25/0.125mm	3s (TSI)	（XⅠ×YⅡ＋XⅡ×YⅠ）×8	TSI	
⋮	⋮						
三	机组 RB 保护	8					
1	任一送风机跳闸	2			2 取 1，留 4 台磨煤机		
2	任一引风机跳闸	2			2 取 1，留 4 台磨煤机		
四	点火油 OFT 保护						
…	…………						
五	启动油 OFT 保护						
…	…………						
六	给煤机保护						
…	…………						
七	磨煤机保护						
…	…………						
八	送风机保护						
…	…………						
九	引风机保护						
…	…………						

表（续）

序号	保护项目名称	单机套数	定值	延时时间	主要逻辑关系	测点类型	备注
十	一次风机保护						
…	…………						
十一	汽动给水泵保护						
…	…………						
十二	电动给水泵保护						
…	…………						
十三	凝结水泵保护						
…	…………						
十四	循环水泵保护						
…	…………						
十五	高压加热器保护						
…	…………						
十六	低压加热器保护						
…	…………						
注：表中仅列出主要保护条目，联锁、报警逻辑定值单等可参考编制							

附 录 H

（资料性附录）

热工技术监督定期工作内容（模板）

序号	定期工作项目	周期或执行时间	责任班组	责任人	监督人	工作内容及要求	备注
一	定期维护项目						
1	炉膛压力检测设备吹扫	每月10日	炉控班			（1）在办理好安全措施后关闭取样二次门打开吹扫风；（2）保证取样装置畅通	
2	火检探头外观检查、擦拭	每月15日	炉控班			无砸伤或脱落等现象，探头信号转换正常、成像清晰	
⋮							
n							
二	定期检查项目						
1	电子间设备巡检	每日10时前	检修维护部			（1）环境温度保持18℃～24℃，温度变化率应小于或等于5℃/h；（2）湿度一般应保持在45%～70%；（3）DCS系统操作员站、工程师站、历史数据站、控制器、模件、电源等工作正常	
2	真空压低试验电磁阀	随检修周期	机控班			500V绝缘电阻表对电磁阀线圈对外壳进行测量。万用表对电磁阀线圈进行阻抗测量	
⋮							
n							
三	定期试验项目						

表（续）

序号	定期工作项目	周期或执行时间	责任班组	责任人	监督人	工作内容及要求	备注
1	各控制器、通信模块、操作员站和功能服务站冗余切换试验	随检修周期	计算机班			（1）并行冗余的设备，如操作员站等，停用其中一个或一部分设备，应不影响整个 DCS 系统的正常运行； （2）冗余切换的设备，当通过停电或停运应用软件等手段使主运行设备停运后，从运行设备应立即自启或切换至主运行状态； （3）上述试验过程中，除发生与该试验设备相关的过程报警外，系统不得发生出错、死机或其他异常现象，故障诊断显示应正确	
2	模件热拔插试验	随检修周期	计算机班			（1）确认待试验模件具有热拔插功能； （2）拔出一输出模件，屏幕应显示该模件的异常状态，控制系统应自动进行相应的处理，在拔出和插入模件（模件允许带电插拔）的过程中，控制系统的其他功能应不受任何影响； （3）被试验 I/O 模件通道输入电量信号并保持不变，应对系统运行、过程控制和其他输入点无影响	
⋮							
n							
四	技术管理定期工作						
1	本月专业工作总结下月专业工作计划	每月底				总结应内容详实，重点突出，充分查找存在的问题以便于持续改进；计划应切合实际，便于实施	

表（续）

序号	定期工作项目	周期或执行时间	责任班组	责任人	监督人	工作内容及要求	备注
2	检修资料归档（包括新增设备台账、检修更换设备、评定级等）	随检修				检修实施过程中的各项验收签字记录，热工仪表及控制系统的变更记录，调校和试验的检定报告、测试报告，热工设备检修台账，热工图纸更改，原始测量记录等检修技术资料均应整理完毕并归档	小修后：10天大修后：30天
3							
⋮							
n							

附　录　I
（规范性附录）
技术监督预警通知单

通知单编号：T-　　　　　　　　预警类别编号：　　　　　　日期：　　年　　月　　日

发电企业名称	
设备（系统）名称及编号	

异常情况	
可能造成或已造成的后果	
整改建议	
整改时间要求	

提出单位		签发人	

注：通知单编号：T—预警类别编号—顺序号—年度。预警类别编号：一级预警为1，二级预警为2，三级预警为3。

附 录 J
（规范性附录）
技术监督预警验收单

验收单编号：Y-　　　　　　　预警类别编号：　　　　　日期：　　年　　月　　日

发电企业名称	
设备（系统）名称及编号	
异常情况	
技术监督服务单位整改建议	
整改计划	
整改结果	

验收单位		验收人	

注：验收单编号：Y—预警类别编号—顺序号—年度。预警类别编号：一级预警为1，二级预警为2，三级预警为3。

附 录 K

（规范性附录）

技术监督不符合项通知单

编号（No）：××-××-××

发现部门：　　　专业：　　　被通知部门、班组：　　　签发：　　　日期：20××年××月××日

不符合项描述	1. 不符合项描述： 2. 不符合标准或规程条款说明：	
整改措施	3. 整改措施： 　　　　　　　　　制订人/日期：　　　　　　　　审核人/日期：	
整改验收情况	4. 整改自查验收评价： 　　　　　　　　　整改人/日期：　　　　　　　　自查验收人/日期：	
复查验收评价	5. 复查验收评价： 　　　　　　　　　　　　　　　　　　　　复查验收人/日期：	
改进建议	6. 对此类不符合项的改进建议： 　　　　　　　　　　　　　　　　　　　　建议提出人/日期：	
不符合项关闭	整改人：　　　自查验收人：　　　复查验收人：　　　签发人：	
编号说明	年份＋专业代码＋本专业不符合项顺序号	

附　录　L

（规范性附录）

技 术 监 督 信 息 速 报

单位名称			
设备名称		事件发生时间	
事件概况	注：有照片时应附照片说明。		
原因分析			
已采取的措施			
监督专责人签字		联系电话： 传　真：	
生产副厂长或 总工程师签字		邮　　箱：	

附 录 M

（规范性附录）

热工技术监督季报编写格式

××电厂20××年×季度热工技术监督季报

编写人：×××　固定电话/手机：××××××

审核人：×××

批准人：×××

上报时间：20××年××月××日

M.1　上季度集团公司督办事宜的落实或整改情况

M.2　上季度产业（区域）公司督办事宜的落实或整改情况

M.3　热工监督年度工作计划完成情况统计报表（见表 M.1）

表 M.1　年度技术监督工作计划和技术监督服务单位合同项目完成情况统计报表

发电企业技术监督计划完成情况			技术监督服务单位合同工作项目完成情况		
年度计划 项目数	截至本季度 完成项目数	完成率 %	合同规定的 工作项目数	截至本季度 完成项目数	完成率 %

M.4　热工监督考核指标完成情况统计报表

M.4.1　监督管理考核指标报表（见表 M.2 和表 M.3）

监督指标上报说明：每年的 1、2、3 季度所上报的技术监督指标为季度指标；每年的 4 季度所上报的技术监督指标为全年指标。

表 M.2　技术监督预警问题至本季度整改完成情况统计报表

一级预警问题			二级预警问题			三级预警问题		
问题 项数	完成 项数	完成率 %	问题 项数	完成 项数	完成率 %	问题 项目	完成 项数	完成率 %

表 M.3 集团公司技术监督动态检查提出问题本季度整改完成情况统计报表

检查年度	检查提出问题项目数（项）			电厂已整改完成项目数统计结果			
	严重问题	一般问题	问题项合计	严重问题	一般问题	完成项目数小计	整改完成率 %

M.4.2 技术监督考核指标报表（见表 M.4～表 M.8）

表 M.4 20××年×季度热工自动投入率报表

设计套数	统计套数	投入套数	投入率 %	完好率 %	备注

表 M.5 20××年×季度热工保护投入率报表

设计套数	统计套数	投入套数	投入率 %	正确动作次数	误动次数	正确动作率 %	完好率 %	备注

表 M.6 20××年×季度计算机测点投入率报表

计算机监视测点			备 注
设计点数	投用点数	投入率 %	

表 M.7 20××年×季度顺序控制系统投入率报表

设计套数	统计套数	投入套数	投入率 %	完好率 %	备注

表 M.8 20××年×季度热工监督主要考核指标报表

指标名称	本季度完成的指标值	考核或标杆值
保护投入率 %		100
自动投入率 %		95
计算机测点投入率 %		99
顺序控制系统投入率 %		90

M.4.3 技术监督考核指标简要分析

填报说明：分析指标未达标的原因。

a) 保护投入率为100%；

b) 自动调节系统应投入协调控制系统，投入率不低于95%；

c) 计算机测点投入率为99%，合格率为99%；

d) 顺序控制系统投入率不低于90%。

M.5 本季度主要的热工监督工作

填报说明：简述热工监督管理、试验、检修、运行的工作和设备遗留缺陷的跟踪情况。

M.6 本季度热工监督发现的问题、原因及处理情况

填报说明：包括试验、检修、运行、巡视中发现的一般事故和一类障碍、危急缺陷和严重缺陷。必要时应提供照片、数据和曲线。

1. 一般事故及一类障碍

2. 危急缺陷

3. 严重缺陷

M.7 热工下季度的主要工作

M.8 附表

华能集团公司技术监督动态检查专业提出问题至本季度整改完成情况，见表M.9。《华能集团公司火（水）电技术监督报告》专业提出的存在问题至本季度整改完成情况，见表M.10。技术监督预警问题至本季度整改完成情况，见表M.11。

表M.9 华能集团公司技术监督动态检查专业提出问题至本季度整改完成情况

序号	问题描述	问题性质	西安热工研究院有限公司提出的整改建议	发电企业制订的整改措施和计划完成时间	目前整改状态或情况说明

注1：填报此表时需要注明集团公司技术监督动态检查的年度；
注2：如4年内开展了两次检查，应按此表分别填报。待年度检查问题全部整改完毕后，不再填报

表 M.10 《华能集团公司火（水）电技术监督报告》专业提出的存在问题至本季度整改完成情况

序号	问题描述	问题性质	问题分析	解决问题的措施及建议	目前整改状态或情况说明

表 M.11 技术监督预警问题至本季度整改完成情况

预警通知单编号	预警类别	问题描述	西安热工研究院有限公司提出的整改建议	发电企业制定的整改措施和计划完成时间	目前整改状态或情况说明

附 录 N

（规范性附录）

热工技术监督预警项目

N.1 一级预警

同一类型热控系统或设备故障短时间内连续引发停机停炉。

N.2 二级预警

a) 重要保护系统或装置随意退出、停用或虽经批准退出，但未在规定时间内恢复并正常投入；

b) 重要保护系统存在误动、拒动隐患；

c) 到期的热工计量标准器具超过一个月未送上级计量部门检定。

N.3 三级预警

a) 设备巡检不到位，巡检无记录或记录不详细；

b) 设备或系统异常不及时分析原因，无相应预控措施；

c) 技术监督网络不完善，不按要求开展定期活动；

d) 主要热工自动调节系统不能投入或随意切除。

附 录 O
（规范性附录）
技术监督动态检查问题整改计划书

O.1 概述

O.1.1 叙述计划的制订过程（包括西安热工研究院有限公司、技术监督服务单位及电厂参加人等）；

O.1.2 需要说明的问题，如：问题的整改需要较大资金投入或需要较长时间才能完成整改的问题说明。

O.2 重要问题整改计划表（见表 O.1）

表 O.1 重要问题整改计划表

序号	问题描述	专业	监督单位提出的整改建议	电厂制订的整改措施和计划完成时间	电厂责任人	监督单位责任人	备 注

O.3 一般问题整改计划表（见表 O.2）

表 O.2 一般问题整改计划表

序号	问题描述	专业	监督单位提出的整改建议	电厂制订的整改措施和计划完成时间	电厂责任人	监督单位责任人	备 注

附 录 P
（规范性附录）
热工技术监督工作评价表

序号	评价项目	标准分	评价内容与要求	评分标准
1	热工监督管理	400		
1.1	组织与职责	50	查看企业技术监督机构文件、上岗资格证	
1.1.1	监督组织健全	10	建立健全监督领导小组领导下的三级热工监督网络，在策划部设置热工监督专责人	（1）未建立三级热工监督网，扣10分。 （2）未落实热工监督专责人或人员调动未及时变更，扣5分
1.1.2	职责明确并得到落实	10	专业岗位职责明确，落实到人	专业岗位设置不全或未落实到人，每一岗位扣10分
1.1.3	热工专责持证上岗	30	厂级热工监督专责人持有效上岗资格证	未取得资格证书或证书超期，扣25分
1.2	标准符合性	50	查看企业热工监督管理标准及保存的国家、行业技术标准，电厂编制的"热控系统检修、运行维护规程"	
1.2.1	热工监督管理标准	10	（1）编写的内容、格式应符合《华能电厂安全生产管理体系要求》和《华能电厂安全生产管理体系管理标准编制导则》的要求，并统一编号。 （2）"内容应符合国家、行业法律、法规、标准和《华能集团公司电力技术监督管理办法》相关的要求，并符合电厂实际	（1）不符合《华能电厂安全生产管理体系要求》和《华能电厂安全生产管理体系管理标准编制导则》的编制要求，扣5分。 （2）不符合国家、行业法律、法规、标准和《华能集团公司电力技术监督管理办法》相关的要求和电厂实际，扣5分
1.2.2	国家、行业技术标准	15	保存的技术标准符合集团公司年初发布的热工监督标准目录，及时收集新标准，并在厂内发布	（1）缺少标准或未更新，每个扣5分。 （2）标准为在厂内发布，扣10分
1.2.3	企业技术标准	15	企业"热工检修维护规程"、"DCS故障处理预案"（即失灵预案）等规章制度符合国家和行业技术标准；符合本厂实际情况，并按时修订	（1）巡视周期、试验周期、检修周期不符合要求，每项扣10分。 （2）性能指标、运行控制指标、工艺控制指标不符合要求，每项扣10分

表（续）

序号	评价项目	标准分	评价内容与要求	评分标准
1.2.4	标准更新	10	标准更新符合管理流程	（1）未按时修编，每个扣5分。 （2）标准更新不符合标准更新管理流程，每个扣5分
1.3	热工计量标准量值传递	50	现场查看；查看仪器仪表台账、检验计划、检验报告	
1.3.1	仪器仪表台账与资料	10	（1）建立仪器仪表台账，栏目应包括：仪器仪表型号、技术参数（量程、精度等级等）、购入时间、供货单位；检验周期、检验日期、使用状态等。 （2）保存仪器仪表使用说明书。 （3）编制精密（试验用）仪器仪表操作（使用）规程等专用仪器仪表操作规程。 （4）计量标准使用记录及计量标准履历书内容应填写完整，计量标准更换符合要求，具有符合要求的技术报告及量值传递系统图	（1）仪器仪表台账记录不全，一台扣3分。 （2）新购仪表未录入或检验；报废仪表未注销和另外存放，每台扣3分。 （3）使用说明书缺失，专用仪器操作规程缺漏，一台扣2分。 （4）任一项达不到要求影响计量标准准确度，扣3分
1.3.2	计量检定人员	10	（1）检查文件，确认电厂设立了计量标准负责人（可兼职）。 （2）检查证书，要求从事量值传递的工作人员必须持证上岗，一检定项目必须有两名或以上人员持本项目检定证。凡脱离检定岗位一年以上的人员，必须重新考核，合格后方可恢复工作。 （3）检查记录或实际操作等，要求检定人员必须熟练掌握检定操作过程，正确填写原始记录，数据处理准确	不符合要求，一项扣5分
1.3.3	仪器仪表维护	10	（1）仪器仪表存放地点整洁、配有温度计、湿度计。 （2）仪器仪表的接线及附件不许另作他用。 （3）仪器仪表清洁、摆放整齐。 （4）有效期内的仪器仪表应贴上有效期标识，不与其他仪器仪表一道存放。 （5）待修理、已报废的仪器仪表应另外分别存放	不符合要求，一项扣5分
1.3.4	仪器仪表管理	10	（1）计划送检的仪表应有对应的检验报告，送检率应达到100%，无超期未检情况。 （2）对外委试验使用仪器仪表应有检验报告复印件	（1）热工计量标准试验仪器仪表校验率/送检率每低于标准1%，扣5分。 （2）其他不符合要求，一项扣5分

表（续）

序号	评价项目	标准分	评价内容与要求	评分标准
1.3.5	计量检定记录	10	（1）热工主要检测参数仪表无超期未检情况，定期抽检工作按规范完成。 （2）检查记录，出具的检定证书格式规范正确。检查记录，原始记录/检定记录完整并符合规定	不符合要求，一项扣5分
1.4	监督计划	50	查看监督计划	
1.4.1	计划的制订	20	（1）计划制订时间、依据符合要求。 （2）计划内容应包括： 1）管理制度制订或修订计划； 2）培训计划（内部及外部培训、资格取证、规程宣贯等）； 3）检修中热工监督项目计划； 4）动态检查提出问题整改计划； 5）热工监督中发现重大问题整改计划； 6）仪器仪表送检计划； 7）技改中热工监督项目计划； 8）定期工作（预试、工作会议等）计划	（1）计划制订时间、依据不符合，一个计划扣10分。 （2）计划内容不全，一个计划扣5分～10分
1.4.2	计划的审批	15	符合工作流程：班组或部门编制—策划部热工专责人审核—策划部主任审定—生产厂长审批—下发实施	审批工作流程缺少环节，一个扣10分
1.4.3	计划的上报	15	每年11月30日前上报产业公司、区域公司，同时抄送西安热工研究院有限公司	计划上报不按时，扣15分
1.5	监督档案	50	查看监督档案、档案管理的记录	
1.5.1	监督档案清单	10	每类资料有编号、存放地点、保存期限	不符合要求，扣5分
1.5.2	报告和记录	20	（1）各类资料内容齐全、时间连续； （2）及时记录新信息； （3）及时完成预防性试验报告、运行月度分析、定期检修分析、检修总结、故障分析等报告编写，按档案管理流程审核归档	（1）第（1）、（2）项不符合要求，一件扣5分。 （2）第（3）项不符合要求，一件扣10分
1.5.3	档案管理	20	（1）资料按规定储存，由专人管理； （2）记录借阅应有借、还记录； （3）有过期文件处置的记录	不符合要求，一项扣10分
1.6	评价与考核	40	查阅评价与考核记录	
1.6.1	动态检查前自我检查	10	自我检查评价切合实际	自我检查评价与动态检查评价的评分相差10分及以上，扣10分
1.6.2	定期监督工作评价	10	有监督工作评价记录	无工作评价记录，扣10分

表（续）

序号	评价项目	标准分	评价内容与要求	评分标准
1.6.3	定期监督工作会议	10	有监督工作会议纪要	无工作会议纪要，扣 10 分
1.6.4	监督工作考核	10	有监督工作考核记录	发生监督不力事件而未考核，扣 10 分
1.7	工作报告制度	50	查阅检查之日前两个季度季报、检查速报事件及上报时间	
1.7.1	监督季报、年报	20	（1）每季度首月 5 日前，应将技术监督季报报送产业公司、区域公司和西安热工研究院有限公司； （2）格式和内容符合要求	（1）季报、年报上报迟报 1 天扣 5 分。 （2）格式不符合，一项扣 5 分。 （3）报表数据不准确，一项扣 10 分。 （4）检查发现的问题，未在季报中上报，每 1 个问题扣 10 分
1.7.2	技术监督速报	20	按规定格式和内容编写技术监督速报并及时上报	（1）发生危急事件未上报监督速报，一次扣 30 分。 （2）未按规定时间上报，一件 15 分。 （3）事件描述不符合实际，一件扣 15 分
1.7.3	年度工作总结报告	10	（1）每年 1 月 5 日前组织完成上年度技术监督工作总结报告的编写工作，并将总结报告报送产业公司、区域公司和西安热工研究院有限公司； （2）格式和内容符合要求	（1）未按规定时间上报，扣 10 分。 （2）内容不全，扣 10 分
1.8	监督管理考核指标	60		
1.8.1	监督管理综合考评	20	要求：（1）不发生因热工监督不到位造成非计划停运。 （2）不发生因热工监督不到位造成主设备损坏	不符合要求，不得分
1.8.2	监督预警、季报问题整改完成率	15	要求：监督预警问题整改完成率为 100%	不符合要求，不得分
1.8.3	动态检查存在问题整改完成率	15	要求：从发电企业收到动态检查报告之日起，第 1 年整改完成率不低于 85%；第 2 年整改完成率不低于 95%	不符合要求，不得分
1.8.4	缺陷消除率	10	要求：（1）危急缺陷为 100%； （2）严重缺陷为 90%	不符合要求，不得分
2	技术监督实施	600		

表（续）

序号	评价项目	标准分	评价内容与要求	评分标准
2.1	热工技术监督	370		
2.1.1	热工主要检测参数	30	查看相关记录和现场监视画面显示，要求热工主要检测仪表应完好，数据采集系统设计功能全部实现，计算机测点投入率为99%，合格率为99%	热工主要检测参数（用于保护装置和自动调节系统）坏一点，扣2分；热工主要检测参数合格率每低于1%，扣10分
2.1.2	热工保护系统	160		
2.1.2.1	主要保护投入率	25	查看运行日志及操作员画面，机组主要保护投入率应达100%，操作员站应有主要保护投入状态指示画面	（1）主要保护未投，扣20分。（2）非主要保护未投入，保护投入率每低于1%，扣5分。无保护投退状态指示画面扣10分
2.1.2.2	保护装置误动或拒动	25	核查月报及运行日志，确认指标统计有效时间段内有无保护装置误动、拒动情况	保护误动一次，扣20分，保护拒动一次，扣25分
2.1.2.3	主辅机保护与报警定值清单	20	核实保护系统是否存有完善、准确的保护定值清单，且定期（两年）进行保护定值的进行核准	一项内容不准确或不详细，扣5分。定值逾期无核准扣10分
2.1.2.4	热工保护传动试验	20	查看试验记录及运行日志，核实是否对热工保护系统进行实际传动校验，试验记录中项目、方法、日期、试验数据及试验监护人员是否填写完整、规范	一项未按规定做传动试验，扣10分
2.1.2.5	热工保护投退管理	20	查看试验记录及运行日志，对机组运行中锅炉炉膛压力保护、全炉膛灭火、汽包水位或给水流量低、汽轮机超速、轴向位移、振动、低油压等重要保护投退是否严格执行审批制度	一项未按制度执行，扣10分
2.1.2.6	热工在线保护试验	10	查看试验记录及运行日志，对于设计有在线保护试验功能的机组，功能是否完善，并应在确保安全可靠的原则下定期进行保护在线试验	一项未按规定做传动试验，扣5分
2.1.2.7	锅炉灭火保护	10	检查现场设备，100MW及以上等级机组的锅炉是否装设锅炉灭火保护装置，功能是否完好，使用正常	未安装，扣10分

表（续）

序号	评价项目	标准分	评价内容与要求	评分标准
2.1.2.8	汽包水位测点配置及保护逻辑	10	检查现场设备和保护逻辑，确认电厂汽包锅炉至少应配置两只彼此独立的就地汽包水位计和两只远传汽包水位计。水位计的配置应采用两种以上工作原理共存的配置方式，以保证在任何运行工况下锅炉汽包水位计的正确监视。用于汽包水位保护控制的水位变送器或水位开关必须可靠，安装位置和采样方式合理，保护逻辑控制为三取二方式	水位计配置方式不符合要求，扣5分。安装和保护逻辑不合理扣5分
2.1.2.9	炉膛压力测点配置及保护逻辑	10	检查现场设备和保护逻辑，确认用于炉膛压力保护控制的压力变送器或压力开关必须可靠，安装位置和采样方式合理，保护逻辑控制为三取二方式。测点应分配在不同的 I/O 模件上	安装和保护逻辑不合理扣5分。测点分配不合理扣10分
2.1.2.10	汽包水位、炉膛压力设备缺陷维护档案	10	现场检查档案，确认电厂建立详细、真实、健全的锅炉汽包水位及炉膛压力测量系统的维修和设备缺陷档案，对并各类设备缺陷进行定期分析	没有建立档案不得分，内容不健全扣5分
2.1.3	自动调节系统	120		
2.1.3.1	自动调节系统投入率	40	查看季月报、扰动试验曲线、运行日志及现场设备系统投入情况，要求 200MW 以上有 DCS 系统机组自动调节系统投入率应大于或等于95%，非 DCS 机组和循环流化床机组自动调节系统投入率应大于或等于80%	（1）主要自动调节系统未投入一项，扣20分。 （2）DCS 自动调节系统投入率低于90%，扣10分。 （3）低于80%，扣20分；低于70%，扣30分；低于60%，扣35分；低于50%，扣40分
2.1.3.2	自动调节系统品质	25	查看季月报、扰动试验曲线、运行日志及现场设备系统投入情况，确认电厂自动调节系统品质指标是否满足 DL/T 1210 的要求	一项调节性能不达标，扣10分；扰动试验记录不全或试验报告不规范扣10分
2.1.3.3	RB 功能	20	现场检查，确认 RB 功能正常投入	没有投入不得分，性能不全酌情扣分
2.1.3.4	一次调频功能	20	检查运行记录，确认一次调频功能应能正常投入，指标满足当地电网要求	没有投入不得分，指标不满足要求酌情扣分
2.1.3.5	DEH 主要功能	15	检查试验记录及现场设备，确认汽轮机电液调节系统（DEH）转速和负荷调节精度满足标准和规范要求	一项不满足考核指标和精度要求扣5分
2.1.4	DCS 控制系统	60		

表（续）

序号	评价项目	标准分	评价内容与要求	评分标准
2.1.4.1	热工控制系统电源	15	检查试验记录及现场设备，确认电厂控制系统电源应设计有可靠的后备手段，备用电源的切换应保证控制器不能被初始化。系统电源故障应在控制室内设有报警	备用电源切换时间不满足要求，扣5分，没有独立的声光报警，扣5分
2.1.4.2	DCS失灵预案	15	检查该项措施（即失灵预案），对于配备DCS的电厂，确认其根据机组的具体情况，制定在各种情况下DCS失灵后的紧急停机停炉措施	没有扣15分，内容不健全视程度扣5分～10分
2.1.4.3	DCS性能测试	15	查阅测试报告，要求DCS应定期进行性能检查及测试	没有测试不得分
2.1.4.4	DCS防病毒措施	5	检查该项措施，要求电厂必须建立有针对性的DCS防病毒措施	没有不得分
2.1.4.5	DCS电子间环境	10	实地检查DCS电子间环境（包括温度、湿度、振动等），确认是否满足DCS运行环境条件，机柜内无积灰，设备外观完好	不满足要求酌情扣分
2.2	热工联锁系统	20	现场检查工艺信号，联锁投入情况记录（联锁及工艺信号系统主要包括：油泵联锁、设备主、备用联锁等），主要联锁应投入，音响报警、指示报警要正确	主要联锁未投，每项扣5分
2.3	辅网控制	30	现场查看程控设备投入情况，查阅运行日志，化水、输煤等程序控制系统、顺控系统、程序控制系统在设备、系统投入运行时应能正常投入使用，无跳步使用或短接信号的现象	主要程控系统未投或不能正常使用扣10分
2.4	热工报警系统	20	现场检查热工报警信号，是否应按重要程度进行分级；报警信息应及时准确，无误报漏报现象	误报漏报一项扣10分，报警信号未分级扣10分
2.5	热工监视及分析系统	55		
2.5.1	TSI装置	10	现场检查及查阅运行日志，确认TSI监视系统完善、可靠	系统未投或功能不正常，扣10分
2.5.2	汽包水位电视	10	现场检查及查阅运行日志，对200MW以上大机组要求安装水位电视，系统应正常投入，观测清晰、准确，满足运行要求	系统未投或功能不正常，扣10分
2.5.3	锅炉全炉膛火焰监视	10	现场检查及查阅设备运行日志，对100MW以上机组，要求锅炉全炉膛火焰电视必须完善，灭火保护必须可靠	系统未投或功能不正常，扣10分
2.5.4	SOE功能	10	现场检查及查阅设备运行日志，确认SOE记录完整、正确，分辨率达到要求	系统未投或功能不正常，扣10分
2.5.5	环保监测分析仪表	15	现场检查及查阅设备运行日志，确认分析仪表指示准确，传送正常	仪表未投或功能不正常，扣10分

表（续）

序号	评价项目	标准分	评价内容与要求	评分标准
2.6	热工设备检查	25	现场实地检查，电厂热工设备上应有挂牌和明显标识；操作开关、按钮、操作器及执行器应有明显的开关方向标识，操作灵活可靠；控制盘台内外应有良好的照明，盘内电缆入口要封堵严密、干净整洁；主要的仪表及保护装置应有必要的防雨防冻措施。电子设备间环境满足要求；仪用空气系统运行正常	一项不合格，扣10分
2.7	热工检修与日常维护	80		
2.7.1	大、小修管理	20	查看计划、总结、记录等，热工大、小修应有专业检修项目计划和作业指导书，做到不漏项按期完成；各种设备检修有记录，检修有总结	计划不详细扣10分，检修记录不全扣10分，检修无总结扣20分
2.7.2	检修质量与验收	20	查看报告及记录，确认检修质量良好，并认真切实执行三级验收制度，验收报告内容、签字齐全	验收报告不全扣10分，验收手续不全扣10分
2.7.3	热工技改	20	检查记录及报告，热工技术改造项目应有竣工报告、验收试验要有记录，并对技改效果进行评价	无竣工报告不得分，无验收试验记录扣5分，无评价报告扣5分
2.7.4	日常消缺	10	查看消缺记录，确认发现缺陷是否及时消除，对暂时不具备消缺条件的缺陷是否制订了相应的消缺计划	消缺不及时扣5分，无消缺计划酌情扣分
2.7.5	缺陷管理	10	查看记录，热工专业应有详细的消缺记录，详细的缺陷登记；应定期进行缺陷分析，根据分析结果指出设备维护重点	没有记录扣10分，不完善酌情扣分。没有缺陷分析扣5分

火力发电厂
技术监督标准汇编

下册

中国华能集团公司 编

内 容 提 要

为规范和加强火力发电厂技术监督工作，促进技术监督工作规范、科学、有效开展，保证发电机组及电网安全、可靠、经济、环保运行，预防人身和设备事故的发生，中国华能集团公司依据 DL/T 1051—2007《电力技术监督导则》和国家、行业相关标准、规范，组织编制和修订了集团公司《电力技术监督管理办法》及火力发电厂绝缘、继电保护及安全自动装置、励磁、电测、电能质量、汽轮机、锅炉、热工、节能、环境保护、金属、化学、锅炉压力容器、供热等 14 项专业监督标准。监督标准规定了火电相关设备和系统在设计选型、制造、安装、运行、检修维护过程中的相关监督范围、项目、内容、指标等技术要求，火力发电厂监督组织机构和职责、全过程监督范围和要求、技术监督管理的内容要求。其适用于火力发电设备设计选型、制造、安装、生产运行全过程技术监督工作。

图书在版编目（CIP）数据

火力发电厂技术监督标准汇编/中国华能集团公司编. —北京：中国电力出版社，2015.9（2020.10重印）
ISBN 978−7−5123−8178−0

Ⅰ. ①火… Ⅱ. ①中… Ⅲ. ①火电厂−技术监督−标准−汇编−中国 Ⅳ. ①TM621-65

中国版本图书馆 CIP 数据核字（2015）第 197536 号

中国电力出版社出版、发行
（北京市东城区北京站西街 19 号 100005 http://www.cepp.sgcc.com.cn）
三河市百盛印装有限公司印刷
各地新华书店经售

*

2015 年 9 月第一版 2020 年 10 月北京第二次印刷
787 毫米×1092 毫米 16 开本 76 印张 1879 千字
印数 2001—3000 册 定价 **230.00** 元（上、下册）

序

电力体制改革以来，中国华能集团公司电力产业快速发展，截至 2014 年 12 月，公司可控发电装机容量突破 1.5 亿千瓦，已成为全球装机规模最大的发电企业。电力技术监督作为保障发供电设备安全、可靠、经济、环保运行的重要抓手，在公司创建世界一流企业战略目标发挥重要作用。2010 年公司发布火电 12 项技术监督标准，以规范火电厂各项监督的技术标准，指导电厂技术人员在设备管理中落实各项国标、行标，技术标准保证了监督工作的规范性、科学性、先进性。5 年来，火电技术监督标准的实施，在保证电厂的安全生产经济运行、防止设备事故发生方面发挥了重要作用。

在集团公司开展电厂安全生产管理体系创建工作中，发现技术监督标准没有解决监督管理问题。锅炉及附属系统、设备主要是通过节能、锅炉压力容器及金属等专业进行间接监督，不能对锅炉及附属设备进行全面监督。公司热电联产机组及热力管网发展迅速，供热面积逐年递增，但随之暴露出来很多问题，如热网的水质控制、加热器 / 管网腐蚀、热网的节能经济运行、计量管理、供热可靠性等方面都亟须规范。另外，近几年涉及电力行业的国家、行业许多技术标准进行了修订，也颁布了一些新的标准；随着发电机组容量、参数的不断提高，国家、行业对节能、环保提出了更高的要求，旧的技术标准已经不能满足公司强化技术监督的要求。因此迫切火电 12 项监督技术标准进行整体修订，并制订锅炉和供热监督标准，以适应集团公司安全生产管理的需要。

为进一步完善公司的标准体系，强化公司技术监督管理工作，充分发挥技术监督在安全生产的重要抓手作用，全面提升电厂安全生产管理水平，达到"一流的安全生产管理水平、一流的设备可靠性、一流的技术经济指标"，确保电力安全生产管理水平创一流。2014 年，集团公司组织西安热工研究院有限公司、各电力产业和局域子公司、部分发电企业专业人员开展了火力发电厂监督标准的修订和制订工作，标准共分为绝缘监督、继电保护及安全自动装置监督、励磁监督、电测监督、电能质量监督、汽轮机监督、锅炉监督、热工监督、节能监督、环保监督、金属监督、化学监督、压力容器监督技术、供热监督 14 项。

《火力发电厂绝缘监督标准》等 14 项技术标准是按照国家发改委颁布的《电力工业技术

监督导则》（DL/T1051-2007）要求，在原标准的基础上，根据 2009 年以来国家和行业有关火电技术标准、规程和规范的要求进行了补充、删减和修改，并结合《华能电厂安全生产管理体系要求》而修编的。标准修订、制订的指导思想是：以最新火电的国家、行业与技术监督相关的导则、标准、规范为依据，重点梳理 2009 年及以后颁布的国标、行标，并对监督技术标准之前引用采纳相关重要标准的情况进行梳理排查；充分吸收国内、外火力发电机组研究总结的监督方面新技术、先进经验、研究成果；结合近 5 年来集团公司技术监督服务过程中发现的由于电厂在标准采纳执行过程中造成机组非停或设备损坏的问题，总结经验教训，提炼相关措施要求纳入监督标准和管理要求中。标准内容应涵盖火力发电机组的设计、基建、调试、验收、运行、检修、改造等全过程的技术规范、管理重点和评价考核要求。

　　集团公司将于 2015 年 1 月发布新的火电技术监督标准。各产业、区域子公司和发电企业要组织对新标准的学习、贯彻和执行，进一步提高安全生产水平和技术监督水平，为集团公司发电设备安全、可靠、经济、环保运行奠定坚实基础。

　　在火电监督标准即将出版之际，谨对所有参与和支持火电监督标准编写、出版工作的单位和同志们表示衷心的感谢！

寇伟

2015 年 1 月

前　言

　　电力体制改革以来，中国华能集团公司电力产业快速发展，截至 2014 年 12 月，集团公司可控发电装机容量突破 1.5 亿千瓦，已成为全球装机规模最大的发电企业。电力技术监督作为保障发供电设备安全、可靠、经济、环保运行的重要抓手，在集团公司创建世界一流企业战略目标中发挥着重要作用。2010 年集团公司发布火电 12 项、水电 12 项技术监督标准，指导发电企业技术人员在设备管理中落实各项国家标准、行业标准。5 年来，技术监督标准的实施保证了监督工作的规范性、科学性和先进性。

　　为进一步完善集团公司标准体系，强化技术监督管理工作，充分发挥技术监督超前预控的作用，全面提升发电企业安全生产管理水平，达到"一流的安全生产管理水平、一流的设备可靠性、一流的技术经济指标"。2014 年，集团公司组织西安热工研究院有限公司、各电力产业公司、区域公司和发电企业专业人员开展了《电力技术监督管理办法》和火电、水电技术监督标准修订，以及《锅炉监督标准》《供热监督标准》的新编工作。其中《火力发电厂绝缘监督标准》由陈志清、吕尚霖、梁志钰、陈仓、蓝洪林、冯海斌、南江、魏强、杨春明、李培健主编，《火力发电厂继电保护及安全自动装置监督标准》由杨博、马晋辉、曹浩军、吴敏、杨敏照主编，《火力发电厂励磁监督标准》由都劲松、苏方伟、王福晶主编，《火力发电厂电测监督标准》由周亚群、曹浩军、王勤、刘洋、冯一主编，《火力发电厂电能质量监督标准》由舒进、贺飞、张晓、闫明、郑昀主编，《火力发电厂汽轮机监督标准》由刘丽春、安欣、崔光明、杨涛、陈凡夫、关志宏主编，《火力发电厂锅炉监督标准》由杨辉、党黎军、张宇博、应文忠主编，《火力发电厂燃煤机组热工监督标准》由任志文、周昭亮、王靖程、徐建鲁、王家兴主编，《火力发电厂燃煤机组节能监督标准》由张宇博、党黎军、渠富元、刘丽春、杨辉主编，《火力发电厂燃煤机组环境保护监督标准》由侯争胜、张广孙、吴宇、施永健、张光斌主编，《火力发电厂燃煤机组金属监督标准》由马剑民、姚兵印、张志博、王金海、邹智成、朱建华主编，《火力发电厂燃煤机组化学监督标准》由柯于进、滕维忠、王国忠、陈裕忠、何文斌、韩旭主编，《火力发电厂锅炉压力容器监督标准》由张志博、马剑民、姚兵印主编，《火力发电厂供热监督标准》由安欣、马明、司源、孙吉广、马德红、马强主编。《水力发电厂绝缘监督标准》由陈志清、杨春明、陈仓、李培健、南江、梁志钰、蓝洪林、吕尚霖、冯海斌、魏强主编，《水力发电厂继电保护及安全自动装置监督标准》由杨博、马晋辉、曹浩军、黄献生、吴敏、杨敏照主编，《水力发电厂励磁监督标准》由都劲松、张会军、杨强主编，《水力发电厂电测与热工计量监督标准》由燕翔、吕凤群、舒晓滨、仝辉主编，《水力发电厂电能质量监督标准》由舒进、贺飞、闫明、张晓、郑昀主编，《水力发电厂水轮机监督标准》由乔进国、裴海林、姜发兴、齐巨涛、郭良波、郭金忠、王新乐主编，《水力发电厂水工监督标准》由邱小弟、字陈波、李黎、蒋金磊、杨立新、汪俊波主编，《水力发电厂监控自动化监督标准》由刘永珺、杜景琦、王靖程、李军、禹跃美、贾成、李天平主编，《水力发电厂节能监督标准》由万散航、卢云江、朱宏、许跃主编，《水力发电厂环境保护监督标准》由吴明波、梅增荣、夏一丹主编，《水力发电厂金属监督标准》由董东旭、曾云军、李定利、蒋三林、许宏伟、邓博主编，《水力发电厂化学监督标准》由杨建凡、柯于进、刘晋曦、张震、韦占海、滕维忠主编。

各专业监督标准按照 DL/T 1051—2007《电力技术监督导则》要求，重点梳理 2009 年以后新颁布的国家、行业标准，充分吸收国内外发电行业新技术、先进经验和研究成果，对近年来集团公司系统发电企业发生的非停或设备损坏事件总结经验教训，提炼措施纳入到标准中，涵盖机组设计、基建、调试、验收、运行、检修、改造等全过程监督的技术规范、管理重点和评价考核要求。其中监督技术标准部分，强调技术监督工作执行的技术要求，明确了相关行业标准推荐性技术要求执行的边界条件，对部分行业标准在现场执行中存在的问题予以进一步澄清，对因设备更新升级而不再采纳的技术条文进行删减，补充了现有标准中缺失的内容，对公司设备中发生过的共性、典型性问题提出了具体的技术措施和要求；监督管理要求部分，强调如何落实技术监督工作中的各项技术要求，即"5W1H"：如何通过监督管理来执行技术标准，监督管理要求由监督基础管理、监督日常管理内容和要求、全过程监督中各阶段监督重点三部分组成；监督评价与考核部分，强调对发电企业技术监督工作落实执行情况的评估与评价，形成完整的闭环管理，监督评价与考核由评价内容、评价标准、评价组织与考核三部分构成。标准内容力求全面、贴近实际，便于理解和操作执行，具备科学性和先进性。由于编写人员的水平所限，难免存在疏漏和不当之处，敬请广大读者批评指正。

修编后的监督标准涵盖了火力、水力发电企业主要专业，进一步完善了集团公司技术监督体系，符合国家、行业对发电企业专业监督的最新技术规定，具有更强的实用性和可操作性，对确保电厂及其接入电网的安全稳定运行，规范和提升电厂专业技术工作具有积极指导意义。

在监督标准即将出版之际，谨对所有参与和支持火电、水电监督标准编写、出版工作的单位和同志们表示衷心的感谢！

编　者

2015 年 5 月

目　录

序
前言

技术标准篇

管理标准篇

中国华能集团公司

CHINA HUANENG GROUP

中国华能集团公司火力发电厂技术监督标准汇编

Q／HN－1－0000.08.025—2015

技术标准篇

火力发电厂燃煤机组节能监督标准

2015 － 05 － 01 发布

2015 － 05 － 01 实施

目　次

前　言

　　为加强中国华能集团公司火力发电厂技术监督管理，提高燃煤发电机组运行经济性，特制定本标准。本标准依据国家和行业有关标准、规程和规范，以及中国华能集团公司发电厂的管理要求、结合国内外发电的新技术、监督经验制定。

　　本标准是中国华能集团公司所属火力发电厂燃煤机组节能监督工作的主要依据，是强制性企业标准。

　　本标准自实施之日起，代替 Q/HB-J-08.L05—2009《火力发电厂节能监督技术标准》。

　　本标准由中国华能集团公司安全监督与生产部提出。

　　本标准由中国华能集团公司安全监督与生产部归口并解释。

　　本标准起草单位：西安热工研究院有限公司、华能山东发电有限公司。

　　本标准主要起草人：张宇博、党黎军、渠富元、刘丽春、杨辉。

　　本标准审核单位：中国华能集团公司安全监督与生产部、华能国际电力股份有限公司、北方联合电力有限责任公司、西安热工研究院有限公司、华能陕西发电有限公司、华能山东发电有限公司。

　　本标准主要审核人：赵贺、罗发青、陈锋、卢闽南、鲍军、任艳慧、张敏、李立勋、方超、李献才、李玉军。

　　本标准审定：中国华能集团公司技术工作管理委员会。

　　本标准批准人：寇伟。

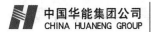

火力发电厂燃煤机组节能监督标准

1 范围

本标准规定了中国华能集团公司（以下简称"集团公司"）所属火力发电厂燃煤机组设计选型、制造、安装、运行、检修、技术改造的全过程节能监督的技术、监督管理及评价与考核的要求。

本标准适用于集团公司火力发电厂新建、改建、扩建以及现役燃煤发电机组的节能监督工作，燃用生物质、垃圾等其他固体燃料的火力发电机组可参照执行。

2 规范性引用文件

下列文件对于本文件的应用是必不可少的。凡是注日期的引用文件，仅所注日期的版本适用于本文件。凡是不注日期的引用文件，其最新版本（包括所有的修改单）适用于本文件。

GB 474　煤样的制备方法

GB 475　商品煤样人工采取方法

GB 10184　电站锅炉性能试验规程

GB 17167　用能单位能源计量器具配备和管理通则

GB 21258　常规燃煤发电机组单位产品能源消耗限额

GB 24789　用水单位水计量器具配备和管理通则

GB 25960　动力配煤规范

GB 50185　工业设备及管道绝热工程施工质量验收规范

GB 50660　大中型火力发电厂设计规范

GB/T 211　煤中全水分的测定方法

GB/T 212　煤的工业分析方法

GB/T 213　煤的发热量测定方法

GB/T 214　煤中全硫的测定方法

GB/T 219　煤灰熔融性的测定方法

GB/T 476　煤中碳和氢的测定方法

GB/T 2565　煤的可磨性指数测定方法（哈德格罗夫法）

GB/T 2589　综合能耗计算通则

GB/T 3216　回转动力泵　水力性能验收试验　1级和2级

GB/T 3485　评价企业合理用电技术导则

GB/T 7119　节水型企业评价导则

GB/T 8117.1　汽轮机热力性能验收试验规程　第1部分：方法A　大型凝汽式汽轮机高准确度试验

GB/T 8117.2　汽轮机热力性能验收试验规程　第2部分：方法B　各种类型和容量的汽

轮机宽准确度试验

GB/T 8174　设备及管道绝热效果的测试与评价

GB/T 18666　商品煤质量抽查与验收办法

GB/T 18916.1　取水定额　第 1 部分：火力发电

GB/T 19494.1　煤炭机械化采样　第 1 部分：采样方法

GB/T 19494.3　煤炭机械化采样　第 3 部分：精密度测定和偏倚试验

GB/T 21369　火力发电企业能源计量器具配备和管理要求

GB/T 26925　节水型企业　火力发电行业

GB/T 28749　企业能量平衡网络图绘制方法

DL 470　电站锅炉过热器和再热器试验导则

DL 5190.2　电力建设施工技术规范　第 2 部分：锅炉机组

DL 5190.3　电力建设施工技术规范　第 3 部分：汽轮发电机组

DL 5190.4　电力建设施工技术规范　第 4 部分：热工仪表及控制装置

DL/T 244　直接空冷系统性能试验规程

DL/T 262　火力发电机组煤耗在线计算导则

DL/T 300　火电厂凝汽器管防腐防垢导则

DL/T 448　电能计量装置技术管理规程

DL/T 466　电站磨煤机及制粉系统选型导则

DL/T 467　电站磨煤机及制粉系统性能试验

DL/T 468　电站锅炉风机选型和使用导则

DL/T 469　电站锅炉风机现场性能试验

DL/T 520　火力发电厂入厂煤检测实验室技术导则

DL/T 552　火力发电厂空冷塔及空冷凝汽器试验方法

DL/T 567.1　火力发电厂燃料试验方法　第 1 部分：一般规定

DL/T 567.2　火力发电厂燃料试验方法　第 2 部分：入炉煤和入炉煤粉样品的采取方法

DL/T 567.3　火力发电厂燃料试验方法　第 3 部分：飞灰和炉渣样品的采集

DL/T 567.4　火力发电厂燃料试验方法　第 4 部分：入炉煤、入炉煤粉、飞灰和炉渣样品的制备

DL/T 567.5　火力发电厂燃料试验方法　第 5 部分：煤粉细度的测定

DL/T 567.6　火力发电厂燃料试验方法　第 6 部分：飞灰和炉渣可燃物测定方法

DL/T 569　汽车、船舶运输煤样的人工采取方法

DL/T 581　凝汽器胶球清洗装置和循环水二次过滤装置

DL/T 586　电力设备监造技术导则

DL/T 606.1　火力发电厂能量平衡导则　第 1 部分：总则

DL/T 606.2　火力发电厂能量平衡导则　第 2 部分：燃料平衡

DL/T 606.3　火力发电厂能量平衡导则　第 3 部分：热平衡

DL/T 606.4　火力发电厂电能平衡导则

DL/T 606.5　火力发电厂能量平衡导则　第 5 部分：水平衡试验

DL/T 747　发电用煤机械采制样装置性能验收导则

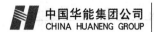
DL/T 750　回转式空气预热器运行维护规程

DL/T 783　火力发电厂节水导则

DL/T 831　大容量煤粉燃烧锅炉炉膛选型导则

DL/T 839　大型锅炉给水泵性能现场试验方法

DL/T 855　电力基本建设火电设备维护保管规程

DL/T 892　电站汽轮机技术条件

DL/T 904　火力发电厂技术经济指标计算方法

DL/T 932　凝汽器与真空系统运行维护导则

DL/T 934　火力发电厂保温工程热态考核测试与评价规程

DL/T 964　循环流化床锅炉性能试验规程

DL/T 1027　工业冷却塔测试规程

DL/T 1052　节能技术监督导则

DL/T 1078　表面式凝汽器运行性能试验规程

DL/T 1111　火力发电厂厂用高压电动机调速节能导则

DL/T 1127　等离子体点火系统设计与运行导则

DL/T 1189　火力发电厂能源审计导则

DL/T 1195　火电厂高压变频器运行与维护规范

DL/T 1290　直接空冷机组真空严密性试验方法

DL/T 1316　火力发电厂煤粉锅炉少油点火系统设计与运行导则

DL/T 5072　火力发电厂保温油漆设计规程

DL/T 5145　火力发电厂制粉系统设计计算技术规定

DL/T 5153　火力发电厂厂用电设计技术规定

DL/T 5240　火力发电厂燃烧系统设计计算技术规程

DL/T 5294　火力发电建设工程机组调试技术规范

DL/T 5437　火力发电建设工程启动试运及验收规程

JB/T 4358　电站锅炉离心式通风机

JB/T 5862　汽轮机表面式给水加热器性能试验规程

JB/T 8059　高压锅炉给水泵　技术条件

JJF 1356　重点用能单位能源计量审查规范

JJG 195　连续累计自动衡器（皮带秤）检定规程

中华人民共和国主席令　第 77 号　中华人民共和国节约能源法

国办发〔2007〕53 号　节能发电调度办法（试行）

中华人民共和国国家发展和改革委员会令　第 6 号　固定资产投资项目节能评估和审查暂行办法

发改能源〔2014〕2093 号　煤电节能减排升级与改造行动计划（2014—2020 年）

Q/HN-1-0000.08.001—2011　中国华能集团公司优秀节约环保型燃煤发电厂标准

Q/HN-1-0000.08.002—2013　中国华能集团公司电力检修标准化管理实施导则（试行）

Q/HN-1-0000.00.049—2015　中国华能集团公司电力技术监督管理办法

Q/HB-G-08.L01—2009　华能电厂安全生产管理体系要求

Q/HB-G-08.L02—2009 华能电厂安全生产管理体系评价办法（试行）

华能安〔2011〕271号 中国华能集团公司电力技术监督专责人员上岗资格管理办法（试行）

中国华能集团公司 火电工程设计导则（2010）

3 总则

3.1 节能技术监督是依据国家法律、法规和相关国家、行业标准，采用技术措施或技术手段，对发电企业在规划、设计、制造、建设、运行、检修和技术改造过程中有关能耗的重要参数、性能和指标进行监测、检查、分析、评价和调整，做到合理优化用能，降低资源消耗。

3.2 节能监督工作应贯彻"安全第一，预防为主"的方针，涉及与电厂经济性有关的设备及管理工作，涵盖进出用能单位计量点之间的能量消耗、能量转换、能量输送过程的所有设备、系统，目的是使电厂的煤、电、油、水、汽等消耗指标达到最佳水平。

3.3 各电厂应按照集团公司《华能电厂安全生产管理体系要求》《电力技术监督管理办法》中有关技术监督管理和本标准的要求，结合本厂实际情况，制定电厂节能监督管理标准和实施细则；依据国家和行业有关标准、规程和规范，编制并执行运行规程、检修规程和检验及试验规程等相关/支持性文件；以科学、规范的监督管理，保证节能监督工作目标的实现和持续改进。

3.4 电厂应树立全员整体节能意识，建立健全节能监督组织机构，落实节能降耗责任制，将节能工作落实到全厂工作的每个环节。

3.5 节能监督应依靠科技进步，采用先进、适用的技术、设备和方法，采用计算机及其网络等现代管理手段，不断提高监督效率和水平。

3.6 从事节能监督的人员，应熟悉和掌握本标准及相关标准和规程中的规定。

4 监督技术标准

4.1 设计选型监督

4.1.1 设计总的要求

4.1.1.1 火电机组建设规划、设计应贯彻执行《中华人民共和国节约能源法》《固定资产投资项目节能评估和审查暂行办法》、"节水三同时"等节约能源法律、法规、制度的有关要求，应遵循经济高效、可持续发展的方针。

4.1.1.2 火电机组建设项目建设单位应委托有能力和经验的机构编制节能评估报告书，其内容深度应符合要求。节能评估报告书应包括以下内容：

    a) 评估依据；

    b) 项目概况；

    c) 能源供应情况评估；

    d) 项目建设方案节能评估；

    e) 项目能源消耗和能效水平评估；

    f) 节能措施评估；

    g) 存在问题及建议；

    h) 结论。

4.1.1.3 火电机组建设项目应利用高效、清洁燃烧技术，积极发展冷/热电联供，空调蓄冷、蓄热，水源（冷却水、废水、污水、中水）热泵，利用低品位热能（烟气、废热）的供冷供热等技术；应进行节能技术经济方案比较，确定先进、合理的煤耗、电耗、水耗、油耗等设计指标。

4.1.1.4 火电机组建设项目应优先选用大容量、高参数、高效率、高调节性、节水型的设备，禁止使用已公布淘汰的高能耗设备（产品）。对设计阶段或规划中的火电机组，汽轮机、锅炉及其主要辅机的性能指标和参数应以同类型、同容量正在设计和已投产机组的最优值为标杆，优化工程设计。

4.1.1.5 火电机组设计性能指标的计算应按照 GB 50660 规定的计算方法进行，其中汽轮机的热耗率、锅炉效率宜取用供货合同中制造厂的保证值，管道效率宜取用 99%。机组性能考核工况设计厂用电率的计算可参考 DL/T 5153 的有关规定。新建、扩建火电机组的设计供电煤耗不得高于 GB 21258 和发改能源〔2014〕2093 号规定的机组单位产品能耗准入值，对燃用无烟煤、褐煤或采用空冷的机组，可按照 GB 21258 的规定进行修正。

4.1.1.6 火电机组的规划和设计应将节约用水作为一项重要的技术原则，工程可行性研究报告中应提出节约用水的原则性技术措施，初步设计文件中应提出节约用水的具体技术措施，施工图设计中应有节约用水措施的详细设计，在可研、初设和施工图设计阶段均应绘制全厂水量平衡图。新建、扩建火电机组的装机取水量不应超过 GB 50660 规定的取水量定额，见本标准附录 A。火电厂设计耗水指标应为夏季纯凝工况、频率为 10%的日平均气象条件、机组满负荷运行时单位装机容量的耗水量。耗水量应包括厂内各项生产、生活和未预见用水量，不应包括厂外输水管道损失水量、供热机组外网损失、原水预处理系统和再生水深度处理系统的自用水量。

4.1.1.7 循环供水凝汽式火力发电厂全厂复用水率不应低于 95%，严重缺水地区的凝汽式火力发电厂全厂复用水率不应低于 98%。

4.1.2 主机设备及系统设计选型

4.1.2.1 火电机组主设备及系统选型应符合集团公司《火电工程设计导则》、集团公司节能降耗相关指导性文件的要求。

4.1.2.2 设计和校核煤种是燃煤火电机组设计的基本依据，应进行必要的调查研究，以合理确定煤质，使其能够代表长期实际燃用煤种（设计煤种应为机组投运后大部分时间燃用的主导煤种）；应委托有资质的机构进行全面的煤质化验分析，全面、细致地掌握煤质特性，煤质特性数据至少应包括全水分、工业分析（水分、灰分、挥发分、固定碳）、元素分析（碳、氢、氧、氮等）、全硫、发热量、可磨性指数、煤灰熔融特性（特征温度）、煤灰成分（二氧化硅、三氧化二铝、三氧化二铁、氧化钙、氧化镁、氧化钠、氧化钾、二氧化钛、三氧化硫、二氧化锰）、煤灰比电阻、煤的冲刷磨损指数、煤粉气流着火温度等项目。

4.1.2.3 确定机组类型、容量、参数及匹配时，应满足以下要求：

a) 宜选用超临界或超超临界参数 600MW 级及以上的机组，优先选用超超临界机组；对电网容量不大或受电网结构限制的区域，可选用超临界 350MW 级供热机组。

b) 机组参数选择时，综合考虑经济性、安全性与工程实际应用情况，主蒸汽压力可提高至 27MPa～28MPa，热再热蒸汽温度可提高至 620℃，以进一步提高机组效率。技术经济比较合理时，可采用二次再热技术，即在常规一次再热的基础上，汽轮机排汽二次进入锅炉进行再热；汽轮机增加超高压缸，超高压缸排汽为冷一次再热，其经过锅炉一次再热器加热后进入高压缸，高压缸排汽为冷二次再热，其经过锅炉二次再热器加热后进入中压缸。

c) 对干旱指数大于 1.5 的缺水地区，宜选用空冷式汽轮机组。

d) 锅炉的台数及容量应与汽轮机相匹配。对于纯凝式汽轮机应一机配一炉，锅炉的最大连续蒸发量与汽轮机调节阀全开时的进汽量相匹配，锅炉额定（ECR）工况的蒸发量与汽轮机热耗保证（THA）工况的主蒸汽流量相匹配；对于供热式汽轮机宜一机配一炉，当一台容量最大的蒸汽锅炉停用时，其余锅炉的对外供汽能力若不能满足热力用户连续生产所需的 100%生产用汽量和 65%～75%（严寒地区取上限）的冬季采暖、通风及生活用热量要求时，可由其他热源供给。

e) 发电机和汽轮机的容量选择应协调，在额定功率因数和额定氢压（对氢冷发电机）下，发电机的额定容量应与汽轮机的额定出力相匹配，发电机的最大连续容量应与汽轮机的最大连续出力相匹配，其冷却器进水温度宜与汽轮机相应工况下的冷却水温度相一致。

4.1.2.4 汽轮机设备及系统选型应符合以下规定：

a) 对有集中供热条件的地区应根据近期热负荷和规划热负荷的大小和特性选用供热式机组。

b) 汽轮机背压的确定应经优化计算后确定，并符合 GB 50660 的有关规定。在燃料资源匮乏地区，可适当降低汽轮机背压。当年总费用差距不大时，应优先选用低背压、冷却系统低功耗方案。

c) 汽轮机设计时应优先考虑选用结构型式先进、密封效果较好的汽封。高、中压部分可采用弹性可调或刷式汽封（包括平衡盘和隔板汽封），低压缸轴端汽封可采用接触式汽封，低压缸隔板可采用蜂窝式或接触式汽封。选用的汽轮机技术条件应满足 DL/T 892 的要求。

d) 对于超超临界机组，其旁路容量宜大于锅炉直流负荷，若选用按照欧洲标准设计制造的锅炉，经技术经济比较合理，也可采用具有安全阀功能的 100%容量旁路。对于直接空冷机组，旁路容量不仅考虑满足机组启动要求，还应配合排汽管隔离阀的数量以保证机组冬季启动时空冷凝汽器的最小防冻热量。

e) 给水系统应采用单元制系统；当正常运行给水泵采用调速给水泵时，给水主管路不应设调节阀系统，启动支管应根据给水泵的特性设置调节阀；高压加热器给水旁路宜采用大旁路。

f) 正常运行及备用给水泵宜选用汽动泵或调速电动给水泵；对于空冷机组，经技术经济分析合理时应采用汽动给水泵，以节省厂用电。汽动给水泵前置泵可采用与主泵同轴布置，取消前置泵的电动机，利用给水泵汽轮机驱动前置泵，以降低厂用电率。给水泵的配置（型式、台数、容量）应符合 GB 50660 和集团公司《火电工程设计导则》10.3.2 条的规定，给水泵的技术条件应满足 JB/T 8059 的要求。

g) 对超超临界机组，其高压加热器抽汽温度高，具有较大过热度，可通过设置独立的外置蒸汽冷却器，充分利用抽汽过热焓，以提高回热系统热效率。

h) 凝结水泵应设计变频调节装置，以降低部分负荷下凝结水泵的耗电率；热网系统的循环水泵经技术经济比较后应采用汽动泵或设置变频装置，疏水泵及补给水泵均应设置变频装置；凝结水泵和疏水泵的容量、扬程和台数选择应符合 GB 50660 的规定。

i) 湿冷凝汽器宜装设胶球清洗装置，其技术条件应满足 DL/T 581 的要求；当冷却水含有悬浮杂物，易形成单向堵塞时，应装设具有反冲洗装置的二次滤网；间接空冷汽轮机的表面式凝汽器不应装设胶球清洗装置；采用海水冷却的机组，应设置凝汽器检漏装置。

j) 凝汽器的抽真空设备选型应符合 GB 50660 的规定，当全部抽真空设备投入运行时，应能满足机组启动时建立真空度的时间要求。

k) 空冷凝汽器和散热器设计时的换热面积选取应充分考虑夏季高温时机组运行的安全性、经济性要求，同时兼顾对空冷器换热管束冬季防冻的要求，防冻措施既要解决空冷器管束防冻问题，又要提高空冷机组冬季运行的经济性。

l) 对于直接空冷机组，应将夏季风频尤其是高温大风作为厂址选择和空冷岛布置的重要依据，当风环境比较复杂或电厂周边地形地貌特殊时，应利用数值模拟计算或物理模型试验对空冷凝汽器的布置方案进行分析论证；对大容量直接空冷机组，风机应采用变频调速，挡风墙高度一般应与直接空冷系统蒸汽分配管管顶齐平。

m) 空冷凝汽器和空冷散热器应设置清除其表面积尘的水冲洗设施。

n) 对于循环水系统，宜采用扩大单元制供水系统，每台机组设两台循环水泵，循环水母管之间设联络门，以实现不同季节、不同负荷下循环水泵的优化运行。对于每台机组设两台循环水泵的单元制供水系统，应优先采用至少一台循环水泵具备高低速功能的设计方案。

4.1.2.5 锅炉设备及系统选型应符合以下规定：

a) 锅炉应优先采用煤粉炉。当燃用洗煤副产物、煤矸石、石煤、油页岩和石油焦等不能稳定燃烧的燃料时，宜选用循环流化床锅炉。

b) 锅炉的选型设计应以燃用的设计燃料及校核燃料特性数据为基础，设计煤种与校核煤种不应相差过大，避免锅炉及其辅机选型偏大。

c) 锅炉炉膛选型（包括燃烧方式、特征参数选取等）、燃烧系统的设计应符合 DL/T 831、DL/T 5240 的有关规定，应合理控制炉膛出口烟温、炉膛容积热负荷、截面热负荷和燃烧器区域壁面热负荷等参数，最上层燃烧器中心距屏底下缘高度应足够，以防止受热面结渣。

d) 锅炉燃烧设备应经过优化选型设计，宜适当增加燃烧器数量，减小单只燃烧器容量；炉膛及燃烧器的布置应考虑减小炉膛出口沿炉宽烟温和烟气流速的不均匀。

e) 对于安装在高海拔地区（海拔高度超过 500m）的燃煤锅炉机组，应参照 DL/T 831 的规定对炉膛特征参数进行大气压力修正，并考虑强化燃尽的技术措施。

f) 磨煤机和制粉系统形式应根据煤质特性、可能的煤种变化范围、负荷性质、磨煤机的适用条件，并结合锅炉燃烧方式、炉膛结构和燃烧器结构型式，按照有利于安全运行、提高燃烧效率、降低污染物排放的原则确定。磨煤机和制粉系统的选型设计应符合 GB 50660、DL/T 466、DL/T 5145 的相关规定，同时磨煤机出力裕度宜根据可能的煤质变化情况适当提高，以尽量避免实际运行中磨煤机出力不足。

g） 中速磨煤机应采用动态分离器，以提高煤粉细度和锅炉热效率；一次风粉在线系统的风速测量系统应设计在线防堵吹扫装置；对于超（超）临界大容量锅炉机组，应对炉膛燃烧稳定均匀性提出更高要求，宜在磨煤机出口设置煤粉分配器，保证一次风管粉量分配均匀。

h） 对采用风扇磨煤机的直吹式制粉系统，宜选用可计量的刮板式给煤机；对采用中速磨煤机和双进双出钢球磨煤机的直吹式制粉系统，宜选用耐压称重式皮带给煤机。给煤机宜采用变频驱动方式。

i） 对正压直吹式制粉系统或热风送粉储仓式制粉系统，当采用三分仓空气预热器时，冷一次风机可采用动叶可调轴流式风机或调速离心式风机，对轴流式一次风机应采取预防喘振失速的保护措施。

j） 锅炉风机选型应选用与烟风系统相匹配的风机及调节方式。送风机宜选用动叶可调轴流式风机，引风机宜选用轴流式风机，送风机和引风机的风量和压头选择应经过准确计算并符合 GB 50660、DL/T 468 的相关规定，避免因裕量过大而导致运行中风机效率偏低。锅炉离心式风机的技术条件应满足 JB/T 4358 的规定。

k） 锅炉空气预热器的选型设计应符合以下要求：

1） 应选择密封效果好和寿命长的密封型式和材料，以降低空气预热器漏风率，减少风机无用功率。

2） 锅炉空气预热器的设计应考虑脱硝系统投运、煤质变差等因素引起的堵灰问题，应选择防堵性能较好的换热元件型式和材料，并配置在线高压水冲洗和吹灰设施。

3） 空气预热器设计时应保证换热面积足够，并预留一定空间。

l） 空气预热器进风系统应根据工程气象及煤质条件设置空气加热系统，经过技术经济比较可选用热风再循环、暖风器或其他空气加热系统。热风再循环系统宜用于管式空气预热器或较低硫分和灰分的煤种及环境温度较高的地区，热风再循环率不宜大于8%，热风抽出口应布置在烟尘含量低的部位。对于严寒地区，暖风器宜设置在风机入口；暖风器在结构和布置上应满足降低阻力的要求，对暖风器年使用小时数不高的宜采用移动式结构。

m） 直流锅炉启动系统宜选用内置式分离器启动系统；对于机组启停较为频繁的机组、空冷机组，宜选用带循环泵的锅炉启动系统。

n） 应采用成熟、可靠的新型燃烧器及其他稳燃技术（如浓淡燃烧技术），提高锅炉在低负荷下的稳燃能力，减少助燃用油。燃煤锅炉的稳燃性能应满足以下要求：

1） 燃用高挥发分烟煤的锅炉，其不投油助燃的最低稳定负荷不低于额定工况30%～35%；

2） 燃用贫煤、低挥发分烟煤、褐煤的锅炉，其不投油助燃的最低稳定负荷不低于额定工况的35%～50%；

3） 燃用无烟煤的锅炉，其不投油助燃的最低稳定负荷不低于额定工况的40%～50%。

o） 锅炉点火及助燃系统应根据燃用煤种、锅炉型式、制粉系统形式、点火及助燃燃料等条件优先采用合适的节油点火技术，如等离子点火（参考 DL/T 1127）、微油点火

（参考 DL/T 1316）、气化小油枪、加氧微油点火和邻炉加热点火等。工程设计阶段应论述采用节油点火与不采用节油点火方式总的节油量，对不采用节油点火方式的项目应说明理由。

p) 锅炉机组燃油系统的供油泵宜加装变频调节装置，或单独增设小流量燃油循环泵，在燃油循环加热时使用，节约用电同时防止燃油过热。

q) 对缺水地区，可采用风冷式排渣系统，并严格控制漏风量。采用风冷式排渣系统时，应按照设计和校核煤种对应的灰渣排量选取合适的风冷式排渣系统容量，既应保证对灰渣的冷却能力足够，又应避免漏风率超过设计值；风冷式排渣系统的进风门应有自动调节措施。煤粉炉的水冷式除渣系统冷却水应采用闭式循环系统。

r) 循环流化床锅炉宜采用水冷机械式冷渣器，其冷却水流量应有调节措施。循环流化床锅炉底渣的气力输送系统能耗大，且管道和设备易磨损，应慎重采用。

s) 锅炉各级受热面应设置有效的吹灰设施，以有效防止受热面积灰、结渣。

t) 锅炉炉顶密封宜采用柔性密封技术。

u) 对燃用褐煤或排烟温度较高的锅炉机组，应考虑装设低温省煤器烟气余热利用装置。

4.1.2.6 为避免出现运行中泵与风机的运行效率低、辅机耗电率高等问题，泵与风机的设计选型、配套及安全裕量选择应合理，应通过技术经济比较，选择效率高、性能优异的辅机；对负荷变化较大或需要变速运行的水泵和风机应采用变频调速或双速技术以降低能耗。

4.1.2.7 电气设备及系统选型应符合以下规定：

a) 变压器应选用高效、低损耗型产品，其铁芯宜选用高导磁优质冷轧硅钢片，绕组宜采用优质无氧铜线。

b) 应合理选择变压器阻抗，在满足短路水平的情况下，宜采用低阻抗变压器。

c) 根据变压器的容量尽可能选用自然冷却变压器，以节约用电和减少变压器故障。

d) 主变压器应布置在主厂房外靠近发电机出线的位置，尽可能缩短封闭母线长度。

e) 高压厂用变压器（启动备用变压器）应尽可能布置在距高压厂用配电装置近的位置，与高压厂用配电装置的连接宜采用共箱母线或离相小母线。

f) 选择低压厂用变压器接线组别时，宜选用一侧星形、一侧三角形接线，以减少三次谐波污染引起的损耗及功率因数的降低。

g) 电厂照明系统应经过优化设计。照明电源线路应采用三相四线制供电，宜使三相照明负荷对称；应选用合适的照明方式和光源类型（如发光二极管 LED）；合理配置开关，保证运行人员在不需要大面积照明的情况下，可以有选择地开、关灯具；用于公共场所的开关应采用电子调光器、延时开关、光控开关、声控开关或感应式开关；对灯具悬挂比较高的场所，如高大厂房、露天工作场所、一般照明及道路照明，应采用高压钠灯、金属卤化物灯或外镇流荧光汞灯；在悬挂高度较低的场所，应采用节能荧光灯或小功率高压钠灯，不宜采用白炽灯；只有在开合频繁或特殊需要时方可使用白炽灯；路灯可采用洁净能源，如太阳能等。

4.1.3 环保设备及系统设计选型

4.1.3.1 除尘、脱硫、脱硝等环保设备及系统的设计选型应经过详细的技术经济比较，尽量减少其对全厂经济性指标的影响。

4.1.3.2 除尘系统设计时应满足以下要求：

a) 在煤种适宜时，宜选用静电除尘器。有条件时应采用低温静电除尘器系统。

b) 在电除尘器选型时应优先采用前级电场新型电源、预荷电技术、烟气调质技术、移动电极技术等新技术，以降低耗电率。

c) 除尘器的设计应留有足够裕量（如增加电场数和增大比集尘面积），以保证满足环保对烟尘排放浓度的要求及可能的节电优化运行调整。

d) 应优化除尘器出入口挡板走向，设置导流板，使各除尘器入口烟气量均匀、气流分布均匀，以减小系统阻力。

e) 除尘器采用露天布置时，除尘器灰斗应采取防结露措施；对严寒地区，除尘器设备下部应采用封闭布置。

4.1.3.3 对湿法脱硫系统，设计时应满足以下要求：

a) 对于大直径脱硫塔，应优先考虑带有气流均布设备（如托盘）的塔型；为降低吸收塔高度，可优先采用变径塔和斜切式吸收塔入口烟道形式。

b) 设计吸收塔时，应充分考虑吸收塔的流速选取与浆液循环泵流量的关系，使其处于较低电耗。

c) 脱硫浆液循环泵和氧化风机选型及裕量选择应符合 GB 50660 的规定，应保证在低负荷运行条件下具有良好的经济性。吸收塔石膏浆液排出泵、石灰石浆液泵宜采用变频调速泵，以在负荷改变或煤种含硫量变化时降低耗电率。

d) 设计烟道时应设置必要的导流板，以降低烟道局部阻力损失；烟道弯头尽量采用缓转弯头，降低弯头的阻力损失。

e) 脱硫增压风机应与引风机合并设置，但同时需要考虑脱硝装置的阻力。

f) 脱硫系统设计时应尽量取消烟气加热器（GGH），并考虑回收进入脱硫塔前的烟气余热，如用于加热凝结水、锅炉送风等。

g) 对于海水法脱硫装置，应设计循环水泵至海水脱硫曝气系统的旁路管道，以利于冬季工况的经济运行。在技术合理可行的前提下，应降低吸收塔海水进口的高度，以降低海水升压泵的扬程和耗电率。

4.1.3.4 脱硝系统设计时应满足以下要求：

a) 选择性催化还原烟气脱硝系统应能在 40%～100%锅炉最大连续蒸发量之间的任何负荷运行，当烟气温度低于最低喷氨温度时，喷氨系统应能自动解除运行。

b) 脱硝系统烟道设计应进行流场优化计算，保证烟气流场分布均匀，以减小脱硝系统阻力；应对氨喷嘴的布置、型式进行优化设计，以提高喷氨均匀性。

c) 脱硝催化剂的型式和种类应根据烟气特性、烟气含尘量、灰特性等因素合理选择，应尽量减小系统阻力。

d) 脱硝系统设计氨逃逸浓度不应超过 $2.3mg/m^3$。

e) 脱硝系统应有防止大粒径灰进入脱硝反应器的措施，并应设置吹灰设施。

4.1.4 燃料设备及系统设计选型

4.1.4.1 燃煤电厂燃料系统应进行综合优化设计，在保证安全、可靠的前提下，应尽量减少运距和转运环节，以降低耗电率。当条件允许时，厂内输送系统应具有从卸煤装置直通煤仓间的功能，避免所有来煤必须经过煤场二次转运。

4.1.4.2 燃煤电厂卸煤设施设计时宜留有适当的裕度。

4.1.4.3 储煤设施的型式及设计容量应综合厂外运输方式、运距、气象条件、煤种等因素确定。对于沿海地区、环保要求较高地区、城市供热等情况，可选用筒仓或全封闭式圆形煤场；对露天煤场应设置挡风墙。对多雨地区（年平均降雨量大于或等于 1000mm）宜设置干煤储存设施（干煤棚）。

4.1.4.4 燃料设计中应考虑配煤掺烧的要求，若燃煤较杂，有配（混）煤要求时，宜选用筒仓，并配备斗轮堆取料机、翻车机（地下煤斗）等设备。当筒仓作为配煤设施或储存褐煤、高挥发分烟煤时，应设置防爆、通风、温度监测、可燃气体检测、惰性气体保护等装置。

4.1.4.5 输煤系统中应设置筛碎设备（或预留装设的位置），筛碎后的燃煤粒度应符合磨煤机入料粒度的要求，粒径一般不大于 30mm。对于循环流化床锅炉，当输煤系统中一级破碎不能满足要求时，应设置两级破碎。

4.1.4.6 输煤系统中的煤斗、落煤管设计应符合 DL/T 5145 的要求，并考虑配备必要的防堵煤装置。

4.1.4.7 燃煤电厂应装设入厂煤和入炉煤的计量装置，并应配备适宜的校验装置（如循环链码），建议配备实物校验装置。

4.1.4.8 燃煤电厂应装设入厂煤和入炉煤的机械取样装置。

4.1.5 其他辅机设备及系统设计选型

4.1.5.1 燃煤火电机组在设计时，应设置足够的热力试验测点（可参照本标准附录 B），以保证机组热力性能试验数据的完整、可靠。设计联络会期间，性能考核试验单位应及时提出有关性能试验所需条件的各项技术要求，并由项目建设单位负责组织落实。

4.1.5.2 火电机组设计阶段应进行保温设计，保温层结构及材料选择应符合 DL/T 5072 的要求。

4.1.5.3 空压机房宜全厂集中设置，热机与脱硫仪用压缩空气系统合并设置、厂用及仪用空压机与除灰专业合并设置，应优先选用大容量空气压缩机，共用备用空气压缩机。空气压缩机房应选址于环境粉尘浓度低、湿度较低的区域。

4.1.5.4 为满足日常节能检测的要求，应在锅炉尾部竖井且烟气流动比较稳定的烟道上安装自抽式飞灰取样器，取样器的设计、安装、运行使用和维护应符合 DL/T 567.3 的要求。

4.1.5.5 蒸汽门、减温水调门、疏水阀门等阀门应选用质量过关的产品，防止热力系统内、外漏。设计时应考虑在阀门后设置温度测点以有效监视内漏情况。

4.1.5.6 热力、烟风等系统的管道应经过优化设计，合理布置（如适当增大管径、缩短长度、减少弯头、尽量采用大曲率半径弯管和斜三通等）和选择流速，以降低阻力、提高机组经济性。汽水管道附件的选择应尽量采用焊接形式，特别是真空系统，避免漏水、漏汽（气）损失。

4.1.5.7 对锅炉、暖风器等设备的疏水排汽应尽量采用扩容后回收其能量。超临界锅炉启动疏水在水质合格时，一部分可排到除氧器，回收其热量及工质；亚临界锅炉排污系统中连排扩容器的排汽应排向除氧器，以减少工质和热量损失。

4.1.5.8 其他辅助系统中的转动设备电动机、变压器应选用高效节能产品，并根据需要配备变频器，以降低系统耗电率。

4.1.6 节水设计

4.1.6.1 火力发电厂的节水设计应遵守国家现行法律、法规和标准，节水工作的开展及管理应满足 GB/T 7119、DL/T 783、集团公司《火电工程设计导则》的基本要求。

4.1.6.2 设计中应对电厂的各类供水、用水、排水进行全面规划、综合平衡和优化比较，以达到经济合理、一水多用、综合利用，提高复用水率，降低全厂耗水指标，减少废水排放量，排水符合排放标准等目的。

4.1.6.3 在工程可行性研究报告中应提出节水设计原则，初设文件中应提出节水具体措施，施工图中应体现各项节水措施的落实情况，在可研、初设和施工图设计阶段均应绘制全厂水量平衡图。

4.1.6.4 电厂凡需控制水量和水质的各个水系统，均应设计必要的计量和监测装置。

4.1.6.5 火力发电厂设计中可采取的节水措施有：

    a) 在煤炭资源丰富但水资源缺乏（富煤缺水）地区，宜采用空冷技术。

    b) 缺水地区新建、扩建电厂应优先利用污水再生水、矿井疏干水和其他废水，控制使用地表水，避免取用地下水。有条件时，扩建机组宜优先使用老厂排水。

    c) 对于海边电厂，宜采用海水淡化技术。

    d) 滨海电厂的主机凝汽器冷却水应使用海水，同时应采取可靠的防腐蚀及防生物附着措施；对于二次循环冷却系统，应采取防止结垢和腐蚀的措施，并根据水源条件（水量、水温、水质和水价等因素），经技术经济比较后选择经济合理的循环水浓缩倍率，降低循环水补水率。湿冷再循环系统，应采取措施提高循环水浓缩倍率。湿冷机组以天然水为水源时，循环水浓缩倍率原则上不小于 4.5 倍，采用再生水时原则上不小于 3 倍。

    e) 除灰系统应优先采用干除灰系统。如条件允许时，可采用高浓度水力除灰系统，并设置灰水回收和循环利用系统。

    f) 严重缺水地区和条件合适的电厂应采用干式除尘、干式除灰渣及干储灰场。采用干式除尘器的电厂，粉煤灰应尽量干除，并积极扩大综合利用途径；在缺水地区宜推广锅炉干除渣技术。

    g) 各类废、污水经处理后应分级梯级使用，加强锅炉排污水、冲灰水、冲渣水、脱硫废水、含煤废水的收集处理，提高复用水率。

    h) 锅炉排污水经冷却后应回收利用。

    i) 输煤系统冲洗废水和煤场区域的雨水应收集进行处理，并作为输煤系统冲洗、除尘、煤场喷洒等用水，使含煤废水不外排。

    j) 生活污水经二级生化处理、含油废水经除油处理，工业废水经澄清处理后再进行深度处理后回用。

    k) 在严重缺水地区，可考虑设雨水收集系统，以进一步降低耗水指标。

4.2 制造、安装、调试监督

4.2.1 火力发电厂电力设备制造时应按照 DL/T 586 的规定委托有资质的监造单位进行现场设备监造。设备监造应重点对选用材料、制造工艺、分散制造的部分进行监督。在制造厂进行装设的热力测点和重要测点，出厂前应进行详细核对，保证出厂产品符合设计和使用要求，设备出厂验收试验未达标不应出厂。

4.2.2 重要设备到厂后，应按照订货合同和相关标准进行验收，形成验收记录，并及时收集与设备性能参数有关的技术资料。设备验收后、安装前，应按照设备技术文件和 DL/T 855 的

要求做好保管工作,特别应防止受热面(换热元件)氧化腐蚀、汽轮机通流部件脏污和腐蚀。

4.2.3 火电机组建设应选择有资质的监理单位进行工程安装和调试监理,应严格执行开工条件审查、过程监理、隐蔽工程旁站监理和验收。

4.2.4 火电机组的安装工作应委托有同类机组安装经验的安装单位进行,应重点监督关键设备的安装间隙、调整间隙数据符合规定。

4.2.5 汽轮机安装应执行 DL 5190.3,在保证汽轮机通流部分动静不发生碰磨、振动优良、安全运行的前提下,通流间隙应尽量取下限值,并使间隙均匀,减少汽轮机级间漏汽。凝汽器组装完毕后,汽侧应进行灌水查漏试验。

4.2.6 锅炉安装应执行 DL 5190.2,应对燃烧器安装尺寸进行验收;应重视对回转式空气预热器密封间隙的调整和控制,空气预热器冷态密封间隙应按照设备技术文件规定进行调整;应保证和控制锅炉风机集流器与叶轮间动静间隙在规定范围内;应对炉膛本体、烟风管道、制粉系统、除尘器、脱硫装置等系统进行密封性检查,特别是对各种烟风门、人孔门、膨胀节进行检查,烟风道安装完毕后、保温施工前宜进行炉膛及烟风系统严密性试验;应对锅炉风机入口间隙进行调整和控制;应重视对烟风挡板实际位置与指示值的一致性检查。

4.2.7 热力设备及管道的保温施工应符合 DL 5190.2 和设备技术文件的要求,应对到达现场的耐火、保温材料进行检查;热力系统及管道的保温施工应按照 GB 50185 的规定进行施工质量验收。

4.2.8 热工测量仪表的安装应执行 DL 5190.4,以保证测量数据准确;热力试验测点、能源计量器具应按照设计要求安装。

4.2.9 机组调试过程应符合 DL/T 5294、DL/T 5437 等标准的要求,应重视对烟风挡板、阀门等控制机构的调试,应按照要求开展风量调平和标定、锅炉冷态试验等工作。

4.2.10 机组调试过程中应优化调试程序,减少工质和燃料消耗:

    a) 各系统的冲洗、吹扫应结合系统试运同步进行;

    b) 凝汽器或凝结水箱、除氧器等汽水容器在上水进行系统冲洗或设备试运前应人工清理干净,并通过验收;

    c) 在设备试运的过程中,应完成相关系统压力、流量、温度等测点的投入和在线验证;

    d) 基建阶段燃油消耗量可参考集团公司《火电工程设计导则》23.3.1 条的规定。

4.2.11 在基建阶段,应收集与设备性能参数有关的技术资料,并及时归档,如锅炉热力计算书、汽轮机热力特性书(性能曲线)、流量测量元件设计说明书等。

4.2.12 新投产火电机组,在试生产期结束前须按照设备订货合同和 DL/T 5437 的规定进行性能考核试验,并编写热力性能试验报告和技术经济性能评价报告。主要的性能试验项目及要求应执行本标准 4.7.3 的规定。应全面考核机组的以下各项性能和技术经济指标:

    a) 机组供电煤耗及厂用电率;

    b) 机组补水率;

    c) 汽轮机热耗率;

    d) 汽轮机高、中、低压缸效率;

    e) 高压加热器投入率;

    f) 真空严密性;

    g) 凝汽器端差;

h) 胶球清洗装置投入率、胶球清洗装置收球率；

i) 主蒸汽、再热蒸汽参数；

j) 锅炉效率；

k) 锅炉不投油（气）最低稳燃负荷；

l) 排烟温度；

m) 飞灰及大渣可燃物含量；

n) 除尘器、制粉系统及空气预热器漏风率，空气预热器烟气侧压差；

o) 吹灰器可投用率；

p) 脱硫和脱硝装置投入率及运行指标；

q) 汽轮机汽缸，高温、高压热力管道及设备，锅炉本体及烟风道的保温性能。

4.2.13 试生产期内，机组的热工仪表投入率、准确率、热工保护投入率均应达到100%；热工自动调节应投入协调控制系统，投入率应达到100%，且调节品质满足设计要求。

4.3 经济调度监督

4.3.1 火力发电厂的经济运行和调度应贯彻执行《节能发电调度办法（试行）》和集团相关节能降耗指导性文件的规定。

4.3.2 产业公司、区域公司应积极与所在地区主管部门进行沟通，在电量争取、所辖机组运行方式、激励与评价机制等方面采取措施，以达到争取较高的电量、实现内部效益调电、提高整体经济性的目的。

4.3.3 电厂应加强电量营销力度，通过提高机组出力系数和利用小时、协调厂内不同性能机组间承担负荷的比例及不同时间段的负荷，以达到较好的节能效益。

4.3.4 电厂应优化全厂电量结构，提高大容量高效机组的电量权重。宜按照"煤耗等微增率"的原则（可参考 DL/T 262 确定机组煤耗微增率），根据各台机组效率与负荷的对应关系曲线，制定全厂不同负荷和运行方式下的电量调度策略，实现全厂经济运行。

4.3.5 电厂应优化机组运行方式，在非用电高峰季节适当减少运行机组台数，避免机组长时间低负荷运行。

4.3.6 电厂应合理安排机组检修、备用停机时间，优化年度发电量分配，以提高机组全年整体经济性。

4.3.7 对于采用高峰和低谷分时电价进行结算的电厂，应合理安排日电量调度方式，提高整体上网电价和机组经济性。

4.3.8 应对磨煤机、引风机、循环水泵、脱硫浆液循环泵等重要辅机的运行方式进行优化调整，实现经济调度，避免长时间在低效区运行。

4.4 生产运行监督

4.4.1 运行节能管理

4.4.1.1 电厂（或上级主管部门）应依据机组实际情况，结合检修、技术改造计划，制定合理、先进的综合经济指标的年度目标值。

4.4.1.2 电厂应根据上级主管部门下达的综合经济指标目标值，制定节能年度实施计划，开展全面、全员的节能管理，按月度将各项经济指标分解到有关部门、班组，开展单项小指标的考核，以单项小指标来保证综合经济指标的完成。机组运行实际煤耗应低于 GB 21258 规定的现有机组单位产品能耗限额限定值。

4.4.1.3 电厂运行人员应不断总结操作经验，并根据机组优化运行试验得出的最佳控制方式和参数对主、辅设备进行调节，使机组各项运行参数达到额定值或不同负荷对应的最佳值，最大限度地降低各项可控损失，使机组的供电煤耗率在各负荷下相对较低，以提高全厂经济性。主、辅机经过重大节能技术改造后，应及时进行性能试验和运行优化试验，确定主、辅机的优化运行方式。

4.4.1.4 应建立、健全能耗小指标记录、统计制度，完善统计台账，为能耗指标分析提供可靠依据。火力发电厂燃煤机组运行综合技术经济指标和运行小指标报表可参考本标准附录 C。

4.4.1.5 电厂应定期开展节能分析和对标分析，应把实际完成的综合经济指标同国内外同类型机组最好水平进行比较和分析；应开展重要小指标对综合技术经济指标的影响分析，找出差距，提出改进措施。

4.4.1.6 应定期召开月度节能分析会议，对影响节能指标的问题讨论并落实整改措施，并形成会议纪要。

4.4.1.7 应积极开展小指标竞赛活动，根据各指标对供电煤耗影响大小及变化情况、运行调整工作量等因素制定、调整考核权重，并加大奖惩力度，以充分调动运行人员的积极性。

4.4.1.8 应积极采用、开发计算机应用程序，如 SIS、MIS、耗差分析等系统，进行有关参数、指标的统计、计算，并指导运行方式的优化，不断保持或提高机组的运行水平。

4.4.1.9 应加强煤、灰、渣、水、汽、油的化验监督工作，对化验结果异常应及时分析，并采取措施进行调整。

4.4.1.10 应按要求定期开展全厂能源审计工作，能源审计的程序、内容、方法及报告编写等应符合 DL/T 1189 的规定。

4.4.2 主要综合技术经济指标

4.4.2.1 火力发电厂节能监督主要综合技术经济指标包括：

- a) 发电量；
- b) 供热量；
- c) 发电煤耗率；
- d) 生产供电煤耗率；
- e) 综合供电煤耗率；
- f) 发电（生产）厂用电率；
- g) 供热厂用电率；
- h) 综合厂用电率；
- i) 单位发电量取水量（发电水耗率）；
- j) 发电用油量；
- k) 入厂/入炉煤热值差。

4.4.2.2 电厂应定期（每日、每月、每年）对全厂和分机组的综合技术经济指标进行统计、分析和考核。综合技术经济指标的统计、计算应符合以下要求：

- a) 统计期内的煤耗，应按 DL/T 904 规定采用正平衡方法进行计算，月煤耗计算应根据月末盘煤结果进行调整，以确保数据的准确。当以入厂煤和煤场盘煤计算的煤耗率及以入炉煤计算的煤耗率偏差达到 1.0%时，应及时查找原因；应定期采用反平衡法对煤耗率进行校核，正、反平衡计算的供电煤耗偏差大于 3g/（kW·h）时，应及时分析原因并尽快整改。生产供电煤耗计算应扣除非生产耗用燃料，具体包括以下内容：

1) 新设备或 A 级检修后设备的烘炉、煮炉、暖机、空载运行的燃料；
2) 新设备在未移交生产前的带负荷试运行期间耗用的燃料；
3) 计划 A 级检修以及基建、更改工程施工用的燃料；
4) 发电机做调相运行时耗用的燃料；
5) 厂外运输用自备机车、船舶等耗用的燃料；
6) 修配车间、副业、综合利用及非生产用（食堂、宿舍、幼儿园、学校、医院、服务公司和办公室等）的燃料。

b) 火力发电厂耗用的总燃料量在扣除以上燃料量后，根据供热比例，分别用于供热煤耗和发电煤耗的统计计算。非生产耗用燃料量能确定到机组的，直接在机组的耗用标煤量中扣除，不能确定到机组的，可按机组的发电量比例进行分摊。

c) 计算发、供电煤耗等指标时，应按照 GB/T 2589 的规定，选取标准煤的发热量为 29 307.8kJ/kg。

d) 厂用电率等其他技术经济指标的统计计算应严格按 DL/T 904 规定进行。应每月进行厂用电率及其影响因素分析，制定主要辅机节电计划并考核落实。

4.4.2.3 火力发电厂生产供电煤耗、生产厂用电率应达到集团公司《华能优秀节约环保型燃煤发电厂标准》或上级主管部门下达目标值的要求。

4.4.2.4 电厂应制定用水定额，加强考核。应按照 GB/T 7119、DL/T 606 的规定定期进行水平衡测试，通过水量平衡测试工作，查清全厂的用水状况，综合协调各种取、用、排、耗水之间的关系，作为运行控制和调整的依据，找出节水的薄弱环节，采取改进措施，确定合理的用水流程和水质处理工艺。火力发电厂应控制单位发电取水指标符合集团公司《华能优秀节约环保型燃煤发电厂标准》（300MW 及以上机组）、GB/T 18916.1（300MW 以下机组）的规定。单位发电量取水量定额基准值如表 1 所示。节水型火电企业的考核指标和要求应参照 GB/T 26925 的规定执行。

表 1　单位发电量取水量定额基准值　　　　　　　　　　　kg/（kW·h）

机组冷却形式	单机容量<300MW	单机容量300MW 级	350MW≤单机容量<600MW	单机容量≥600MW
循环冷却	3.20	2.20	2.10	2.05
直流冷却	0.79	0.25	0.21	0.18
空气冷却	0.95	0.40	0.35	0.32

注 1：循环冷却不包含海水循环冷却。

注 2：热电联产发电机组取水量应增加对外供汽、供热不能回收而增加的取水量（含自用水量）。

注 3：采用直流供水、空冷系统的机组安装脱硫（脱硝）设施时，按脱硫（脱硝）系统设计水耗[脱硫系统水耗原则上不超过 0.2kg/（kW·h）]增加机组发电水耗考核值；循环供水系统的机组原则上采用循环水排污水作为脱硫（脱硝）系统用水。机组消耗的中水以及海水淡化水在发电新鲜水耗统计范围内。采用中水作为循环水补充水且中水用量占全厂用水总量50%以上的电厂，发电水耗在基准值基础上增加 0.15kg/（kW·h）。

注 4：循环水补充水及排污水没有安装弱酸或反渗透等水处理设施的机组，机组发电水耗在基准值基础上增加 0.25kg/（kW·h）

4.4.2.5 电厂应改善操作技术，努力节约点火用油和助燃用油。应根据各种启停状态条件，制定冷、热态及各种启停状态点火和助燃耗油定额，并加强对启停过程的监督，认真考核。

4.4.2.6 入厂煤与入炉煤热量差是指入厂煤收到基低位发热量（加权平均值）与入炉煤收到基低位发热量（加权平均值）之差。计算入厂煤与入炉煤热量差应考虑燃料收到基水分变化的影响，并修正到同一收到基水分的状态下进行计算。入厂/入炉煤热值差在统计期内不应超过 418kJ/kg。

4.4.3 运行小指标

4.4.3.1 燃煤火力发电机组主要运行小指标应纳入值际小指标竞赛制度，主要包括以下项目：

    a) 汽轮机热耗率；

    b) 主蒸汽温度（机侧）；

    c) 再热蒸汽温度（机侧）；

    d) 主蒸汽压力（机侧）；

    e) 再热蒸汽压力（机侧）；

    f) 给水温度；

    g) 加热器端差；

    h) 高压加热器投入率；

    i) 凝汽器真空度；

    j) 排汽压力；

    k) 凝汽器端差；

    l) 凝结水过冷度；

    m) 真空严密性；

    n) 胶球清洗装置投入率及胶球清洗装置收球率；

    o) 湿式冷却塔冷却幅高；

    p) 疏放水阀门泄漏率；

    q) 锅炉热效率；

    r) 再热器减温水流量；

    s) 排烟温度；

    t) 锅炉运行氧量；

    u) 排烟一氧化碳浓度；

    v) 飞灰及炉渣可燃物含量；

    w) 空气预热器漏风率；

    x) 空气预热器烟气侧阻力；

    y) 空气预热器入口风温；

    z) 煤粉细度（循环流化床锅炉入炉煤粒度）；

    aa) 中速磨石子煤热值；

    bb) 吹灰器投入率；

    cc) 辅助设备耗电率，包括给水泵、循环水泵、凝结水泵、空冷岛、锅炉风机、制粉系统、电除尘器、脱硫系统、真空泵、冷却水泵、输煤系统、除灰系统等；

    dd) 保温效果；

ee) 节水指标：机组补水率、自用水率、汽水损失率、循环水浓缩倍率等；

ff) 燃料指标：燃料检斤率、检质率、煤场存损率等。

4.4.3.2 燃煤火力发电机组主要运行小指标应参照 DL/T 904、DL/T 1052 的规定进行统计计算，其考核管理要求应符合表 2 要求。

表 2 运行小指标考核管理要求

参　　数	单位	要　　求
汽轮机热耗率	kJ/（kW·h）	应达到集团公司《优秀节约环保型燃煤发电厂标准》的要求
主蒸汽温度（机侧）	℃	≥相应负荷设计值
再热蒸汽温度（机侧）	℃	≥相应负荷设计值
主蒸汽压力（机侧）	MPa	定压运行时，设计值±1%；滑压运行时，主蒸汽压力应达到机组部分主蒸汽流量定滑压优化运行试验得出的该负荷的最佳值
凝汽器真空度	%	湿冷机组≥95；空冷机组≥86
排汽压力	kPa	≤设计值
凝汽器端差	℃	≤3.5
凝结水过冷度	℃	≤0.5
真空系统严密性	Pa/min	300MW 以上湿冷机组（含 300MW）≤200；300MW 以下湿冷机组≤270；空冷机组≤100
胶球清洗装置投入率	%	100
胶球清洗装置收球率	%	≥95
湿式冷却塔冷却幅高	℃	在 90%以上额定热负荷下，气象条件正常时，夏季冷却塔出水温度与大气湿球温度的差值≤7
给水温度	℃	≥相应负荷设计值
高压加热器投入率	%	100
加热器端差	℃	≤设计值
疏放水阀门泄漏率	%	≤3
锅炉热效率	%	应达到集团公司《优秀节约环保型燃煤发电厂标准》的要求
再热器减温水流量	t/h	0
排烟温度	℃	≤相应负荷设计值×（1+3%）
锅炉运行氧量	%	（最佳值±0.5）
排烟一氧化碳浓度	mg/m³	≤200
飞灰可燃物含量	%	对煤粉锅炉：无烟煤≤6，贫煤≤4，烟煤、褐煤≤2；对循环流化床锅炉：煤矸石、无烟煤≤8，贫煤、劣质烟煤≤5，烟煤、褐煤≤3

表 2（续）

参　数	单位	要　求
炉渣可燃物含量	%	对煤粉锅炉：无烟煤≤8，贫煤≤6，烟煤、褐煤≤4； 对循环流化床锅炉：煤矸石、无烟煤≤3，烟煤、褐煤、贫煤≤2
空气预热器漏风率	%	回转式≤8，管式≤4；
空气预热器烟气侧阻力	kPa	额定负荷下低于设计值，一般应≤1.2
空气预热器入口风温	℃	≥相应负荷设计值
煤粉细度（循环流化床锅炉入炉煤粒度）	%	燃用无烟煤、贫煤和烟煤时，煤粉细度可按 $R_{90}=0.5nV_{daf}$（n 为煤粉均匀性指数）选取，煤粉细度 R_{90} 不应低于 4； 当燃用褐煤时，对于中速磨，煤粉细度 R_{90} 取 30～50；对于风扇磨，煤粉细度 R_{90} 取 45～55； 循环流化床锅炉入炉煤粒度应在设计范围内
中速磨石子煤热值	MJ/kg	≤6.27
吹灰器投入率	%	≥98
给水泵前置泵耗电率	%	亚临界机组≤0.16； 超临界机组≤0.19； 超超临界机组≤0.20； 空冷机组在同类型机组的耗电率基础上增加 0.02 个百分点
电动给水泵耗电率（含前置泵）	%	≤2.3
循环水泵耗电率	%	受环境温度及运行操作方式影响较大，通常在 0.65～0.75
凝结水泵耗电率	%	超超临界机组配置 2×100%凝结水泵≤0.20%； 超临界机组配置 2×100%凝结水泵≤0.18%； 亚临界机组配置 2×100%凝结水泵≤0.15%； 配置 3×50%凝结水泵机组控制值在同类型机组的耗电率基础上增加 0.03 个百分点； 空冷机组在同类型机组的耗电率基础上增加 0.02 个百分点
空冷岛耗电率	%	受环境温度及运行操作方式影响较大，通常在 0.7～0.8
一次风机、送风机、引风机耗电率（燃用烟煤，不设脱硝装置，不含引增合一）	%	超（超）临界湿冷机组≤1.4； 亚临界湿冷机组≤1.5； 600MW 空冷机组≤1.5； 300MW 空冷机组≤1.55
制粉系统耗电率	%	1000MW 超超临界烟煤机组≤0.35； 600MW 超（超）临界湿冷烟煤机组≤0.38； 其他烟煤机组配中速磨煤机≤0.4； 配钢球磨煤机燃用无烟煤机组≤1.1
电除尘器耗电率	%	600MW 及以上超临界机组≤0.20； 其他机组≤0.25

表 2（续）

参　数	单位	要　求
脱硫系统耗电率	%	600MW～1000MW 超（超）临界机组≤1.1（或设计值）； 其他机组≤1.2（或设计值）
真空泵、冷却水泵、输煤系统、除灰系统等其他辅机	%	≤0.4
机组补水率	%	超（超）临界机组≤0.7； 亚临界机组≤1.0（不考核供热期）
注：对于 300MW 以下机组的辅机耗电率，以设计值或历史最好水平作为考核值		

4.4.4 运行优化调整

4.4.4.1 机组优化启停：

4.4.4.1.1 电厂应积极探索机组启停和备用过程中辅机的优化运行方式，尽量缩短启停时间和启停、备用能耗。

4.4.4.1.2 电厂可根据机组特点，在启停期间采取循环水运行方式优化、单侧风机启动等措施，停机后及时停止辅机并对辅机运行方式进行优化，以降低启停及备用时的辅机耗电率。

4.4.4.1.3 应加强运行管理，积极采用有利于节油的机组启停方式，缩短启停时间，减少机组启停过程中的燃油消耗。

    a) 启动过程中可采用烟煤过渡，以节约点火用油。

    b) 有条件的机组在冷态启动时，应投入锅炉底部蒸汽加热，并利用邻炉输粉，以减少锅炉点火初期的用油。

    c) 机组正常启停时，应尽量采用滑参数运行，以减少启停用油量。

    d) 应充分利用机组的最大连续出力和最低稳燃能力，减少机组启停调峰次数，节约点火用油。

    e) 在机组启动过程中，条件允许的情况下应尽可能早地投入磨煤机。

4.4.4.2 机组优化运行：

4.4.4.2.1 机组运行期间应开展必要的运行优化调整试验，如汽轮机定滑压试验（调门优化试验）、锅炉燃烧调整试验、制粉系统优化运行试验、冷端优化运行试验、除尘/脱硫/脱硝系统优化运行试验等，并及时将试验结果（曲线）应用于机组逻辑控制系统，以有效指导运行。

4.4.4.2.2 对燃用非单一煤种的电厂，应成立以总工程师（生产副厂长）为首的，运行、燃料、生技（策划）等部门参加的燃煤调度小组，进行配煤掺烧，保持锅炉安全、高效运行。

4.4.4.2.3 运行人员应加强巡检和对参数的监视，应及时进行分析、判断和调整；发现缺陷应按规定填写缺陷单或做好记录，及时联系检修处理。运行专工和运行人员应每班、每日、每周、每月对运行参数报警进行分析，找出报警原因和存在的问题，并采取相应措施，以控制运行参数在规定的范围内。

4.4.4.2.4 应保证自动和协调控制系统正常投入，控制参数应在最佳范围内。

4.4.4.2.5 运行人员应重视锅炉燃烧调整，值班人员应随时掌握入炉煤的变化情况，根据煤质分析报告、机组负荷及炉膛燃烧工况，及时调整燃烧，使机组蒸汽参数保持设计值，并减少减温水用量。

4.4.4.2.6 运行人员应加强对锅炉受热面积灰、结焦情况的监视，应按规程规定并结合受热面实际情况及时做好锅炉各级受热面的清焦和吹灰工作，保持锅炉受热面清洁。

4.4.4.2.7 机组在滑压运行区域时，应根据机组滑压运行曲线监视（或控制）主蒸汽压力、主蒸汽温度和再热蒸汽温度压红线运行，并应尽量通过锅炉燃烧侧的调整手段控制汽温。

4.4.4.2.8 应对锅炉的飞灰、炉渣可燃物定期取样和化验，并将化验结果及时通知锅炉运行人员；运行人员应加强燃烧调整以降低飞灰、炉渣可燃物含量，提高锅炉运行效率。

4.4.4.2.9 对于配备钢球磨的制粉系统，应及时加装钢球，保持在最佳钢球装载量的情况下运行；在干燥出力、磨煤机差压允许范围内，磨煤机应尽量在大出力下运行；有条件时，可考虑进行小球试验，确定磨煤机更换小球方案。对分离效率较低的粗、细粉分离器应进行节能技术改造，充分发挥磨煤机的潜力，降低制粉单耗。对中速磨煤机，为降低制粉系统耗电率，应根据机组负荷变化及时调整磨煤机运行台数，正常运行情况下单台磨煤机出力应调整到该磨煤机最大出力的 80% 以上运行，最低出力不低于最大出力的 65%。

4.4.4.2.10 对于锅炉烟风系统，在满足锅炉正常运行条件下，应尽可能开大系统中各种风门的开度，减小风门的节流损失；系统中需隔离的风门应确保其严密性，如热风再循环风门、停用磨煤机的出口关断门、停用暖风器的蒸汽门等。

4.4.4.2.11 运行人员应密切关注烟风系统阻力及漏风变化情况，及时对阻力增加较多的设备（主要是空气预热器、暖风器、除尘器、脱硫系统烟气加热器和除雾器等易积灰堵塞的设备）进行吹灰或清洗，以减小系统阻力；对漏风增加较多的设备和烟风道及时进行治理。回转式空气预热器的运行维护应符合 DL/T 750 的相关规定。

4.4.4.2.12 每月应进行一次真空严密性试验，当机组真空下降速度超出本标准要求时，应查找泄漏原因，并及时消除。

4.4.4.2.13 应保持汽轮机在最佳背压下运行，且凝汽系统和循环冷却系统应按优化方式运行。设计条件下凝汽器背压的运行值与设计值偏差大于 0.8kPa 时，应进行凝汽机组冷端系统经济性诊断试验。

4.4.4.2.14 汽轮机监视段压力应每月统计分析一次，分析汽轮机通流部分运行状态和结盐率。

4.4.4.2.15 双压凝汽器高压侧与低压侧压差应定期（每日）分析，尤其是机组负荷变化后，控制高压侧与低压侧压差不低于设计值，发现小于设计值时应及时分析或调整。

4.4.4.2.16 应采取杀菌灭藻、旁路过滤、胶球清洗、连续排污等措施保证凝汽器管内表面和循环水系统的清洁。应加强凝汽器的清洗，保持凝汽器的胶球清洗装置（包括二次滤网）处于良好状态，根据循环水质情况和凝汽器端差确定每天的投入次数、间隔和持续时间。应保证真空泵冷却器和空冷机组空冷换热器的清洁度，根据其脏污情况及时进行清洗。清洗前后应记录机组真空值。

4.4.4.2.17 应按照 DL/T 300 的要求开展运行中循环水质监测和控制及停运维护工作。

4.4.4.2.18 应加强对加热器的管理，保证高压加热器投入率。高压加热器投退过程中应控制温度变化速率，防止温度急剧变化；加热器水位应按照加热器下端差的设计值进行调整；应监视各加热器的上、下端差变化，发现异常应查明原因并及时解决。

4.4.4.2.19 应重视热力及疏放水系统阀门严密性对机组安全性和经济性的影响，应选购质量优良的阀门，并对其进行正确开关操作，阀门泄漏时应及时联系检修人员进行检修或更换。

4.4.4.2.20 应做好机、炉等热力设备的疏水、排污及启、停时的排汽和放水的回收。机组启动正常后，应及时关闭疏水门，运行中应设法消除阀门泄漏，以最大限度地减少汽水损失，降低机组补水率。

4.4.4.2.21 热电厂应加强供热管理，与用户协作，采取积极措施减少供热管网的疏放水及泄漏损失，按设计（或协议）规定数量返回合格的供热回水。

4.4.4.2.22 应进行除尘、脱硫及脱硝系统的优化运行试验，在满足环保要求、实现达标排放的条件下，尽量降低除尘、脱硫和脱硝系统耗电率。在保证除尘效率的前提下，结合灰的比电阻及相关成分，优先采用节电方式运行（如采用脉冲与直流结合的供电方式、火花跟踪控制方式、停电场方式等结合的运行方式等），有效提高除尘效率，降低除尘器耗电率。

4.4.4.2.23 电厂应在电动机、照明等方面采取合理用电的措施，并符合 GB/T 3485 的基本要求。

4.4.4.2.24 应重视变压器冷却系统的冷却风机运行优化工作，应以变压器温度为基准点自动控制冷却风机运行台数。

4.5 检修维护监督

4.5.1 检修维护管理

4.5.1.1 电厂应坚持"应修必修，修必修好"的原则，科学、适时安排机组检修，避免机组欠修、失修，通过检修应使机组性能得到恢复。

4.5.1.2 机组的检修工作应符合集团公司《电力检修标准化管理实施导则（试行）》的相关要求，应建立健全设备维护、检修管理制度，从计划、方案、措施、备品备件、工艺、质量、过程检查、验收、评价、考核、总结等各个方面进行规范要求，建立完整、有效的检修质量监督体系，使相应工作实现标准化，确保维护、检修工作能够顺利、按时完成，并且工艺水平高、质量优，以降低机组非计划停运和降出力次数，减少启停和助燃用油，为设备的安全、经济运行打好基础。检修中应从严控制汽轮机热耗率、锅炉效率、排烟温度等关键指标，确保修后机组的供电煤耗和生产厂用电率等主要指标得到明显改善。

4.5.1.3 检修前应完成各项有利于提高机组性能的专项检测、评估，如保温测试、锅炉漏风、阀门内漏等，并形成正式检测、评估报告。

4.5.1.4 检修前应编制运行分析报告和检修分析报告，并应根据目前设备状况、同类型机组能耗指标领先水平、优秀两型企业标准，提出具体处理措施和要求。

4.5.1.5 检修后应进行总结和评价，应编制修后运行分析报告和检修总结报告，开展修后性能试验，与修前相同工况下的主要经济指标、运行小指标进行对比分析。

4.5.1.6 设备技术档案、台账、运行和检修规程等应根据检修情况进行动态维护。

4.5.2 检修维护中的节能项目

4.5.2.1 电厂在检修维护计划中应列入必要的节能项目。

4.5.2.2 应利用机组检修机会，进行以下全部或部分主要节能项目：

a) 锅炉受热面、空气预热器（和脱硫系统烟气加热器）换热元件、脱硝催化剂、暖风器、汽轮机通流部分、凝汽器管、加热器、热网换热器、二次滤网、高压变频器滤网、真空泵冷却器等设备的清理或清洗；

b) 锅炉点火装置的检查、维护；

c) 燃烧器摆角、烟风挡板等控制（执行）机构的检查、维护；

d) 制粉系统中分离器等易磨损件的检查、维护;

e) 锅炉本体、烟风道漏风检查（整体风压试验）、处理;

f) 脱硫喷淋系统、浆液系统、除雾器,脱硝喷氨系统的检查、维护;

g) 空气预热器（和脱硫系统烟气加热器）密封片检查更换、间隙调整,损坏换热元件的修复、更换;

h) 吹灰系统检修维护;

i) 汽轮机通流部分间隙调整;

j) 汽封检查、调整;

k) 真空系统查漏、堵漏;

l) 胶球清洗系统检查、调整;

m) 水塔填料检查更换、配水槽清理、喷嘴检查更换,循环水系统清淤;

n) 直接空冷机组空冷岛和间接空冷散热器（冷却三角）冲洗;

o) 热力系统内、外漏阀门治理;

p) 高压加热器水室分程隔板的检查、修复;

q) 机组保温治理;

r) 能源计量装置的维护、校验;

s) 辅机变频器的检查、维护。

4.5.2.3 应加强火检、等离子点火、微油点火等点火装置的日常维护,防止因火检本身的原因,造成油枪自投。

4.5.2.4 应做好制粉系统的维护工作,保证制粉系统在经济状态下运行。根据煤质变化情况,及时进行试验,确定钢球磨煤机的最佳钢球装载量、补加钢球的周期和每次补加钢球的数量。应对中速磨煤机和风扇磨煤机的易磨损部件及时修复或更换,以确保其能够安全、经济运行。

4.5.2.5 回转式空气预热器的清洗应符合 DL/T 750 的规定。

4.5.2.6 应做好锅炉本体、空气预热器、脱硝装置等区域吹灰装置的维护,必要时根据实际情况增加吹灰器或更换原有吹灰器,保证吹灰器能够正常投运。

4.5.2.7 应按规定对冷却水塔进行检查和维护,加强对进、出水温差的监督,结合检修对其进行彻底清理和整修,积极采用高效淋水填料和新型喷溅装置,使淋水密度均匀,以提高冷却效率。

4.5.2.8 应通过检修消除"七漏"（漏汽、漏水、漏油、漏风、漏灰、漏煤、漏热）,阀门及结合面的泄漏率应低于 0.3%。应建立定期查漏、堵漏制度,及时检查和消除锅炉漏风,锅炉本体烟道及制粉系统漏风率应定期测试;建立定期检查阀门泄漏制度,特别是加强对主蒸汽、再热蒸汽、高低压旁路、抽汽管道上的疏水阀门、汽轮机本体疏水阀门、高压加热器危急疏水阀门、加热器旁路门、高压加热器大旁路门、给水泵再循环阀门、除氧器事故放水和溢流门、锅炉定排门、减温水调门、锅炉过热蒸汽系统疏水阀门、锅炉再热器疏水门等的严密性状况的检查,发现问题应做好记录,并及时消除。

4.5.2.9 应做好机组保温工作,保持热力设备、管道及阀门的保温完好,积极采用新材料、新工艺,努力降低散热损失。保温效果测试应每年开展一次,保温效果评价应列入检修竣工验收项目,测试方法及评价应参照 GB/T 8174、DL/T 934 进行。当周围环境温度不高于 25℃时,保温层表面温度不得超过 50℃;当周围环境温度高于 25℃时,保温层表面温度与环境温度的差值不得超过 25℃。

4.5.2.10 应按照能源计量管理制度，做好能源计量器具的定期维护、校验工作，确保测量结果准确。发现不准的应及时标定（校验），或根据需要进行更换。

4.5.2.11 应加强对高压变频器的运行维护，保证其投入率。应配备高压变频器运行维护专责，高压变频器场所应具备良好的通风和散热条件，应具有防雨、防尘和防小动物进入措施；应有专人定期进行巡检，定期维护和试验项目按 DL/T 1195 要求开展。

4.5.3 检修后效果评价

4.5.3.1 检修后应对检修计划中节能项目的落实情况进行检查，并对节能项目实施效果进行评价。

4.5.3.2 机组 A、B 级检修后，应考核的指标有：

a) 供电煤耗、厂用电率应达到目标值；

b) 汽轮机热耗率应达到目标值，汽轮机经通流改造后应达到性能保证值或同类型机组最优值；

c) 锅炉热效率应不低于性能保证值；

d) 真空严密性应符合规定值，即机组容量大于等于 300MW 时湿冷机组的真空严密性不大于 200Pa/min；机组容量小于 300MW 时湿冷机组的真空严密性不大于 270Pa/min；空冷机组的真空严密性不大于 100Pa/min；

e) 给水温度不小于相应负荷设计值；

f) 胶球清洗装置的投入率达到 100%，胶球清洗装置收球率不小于 95%；

g) 在 90%以上额定热负荷，气象条件正常时，夏季冷却塔出水温度与大气湿球温度的差值不高于 7℃；

h) 凝汽器真空度应达到相应工况下的设计值；

i) 机组不明泄漏率不大于 0.3%；

j) 主蒸汽温度、再热蒸汽温度应达到设计值；

k) 排烟温度修正到设计条件下不高于设计值的 3%；

l) 空气预热器漏风率（90%以上负荷）：回转式不大于 8%，管式不大于 4%；

m) 空气预热器阻力应低于设计值；

n) 飞灰可燃物不高于规定值；

o) 吹灰器投入率不小于 98%；

p) 冬季暖风器或热风再循环投入时空气预热器入口风温不低于设计值；

q) 煤粉细度应符合所燃用煤种规定的煤粉细度值；

r) 辅机及脱硫系统耗电率不高于历史最好水平，如在检修期间实施了节电改造，应不高于同类型机组最好水平；

s) 修后的机组连续带负荷运行天数不少于 100 天。

4.6 技术改造监督

4.6.1 节能技术改造管理

4.6.1.1 应高度重视技术进步，加强国内外相关节能新技术、新设备、新材料和新工艺的信息收集，掌握节能技术动态，跟踪其应用状况。

4.6.1.2 根据国内外先进节能技术的应用情况，积极采用成熟、有效的节能技术和设备进行系统优化和设备更新改造，提高机组经济性。

4.6.1.3 应定期分析评价全厂生产系统、设备的运行状况，根据设备状况、现场条件、改造费用、预期效果、投入产出比等确定节能技改项目，编制中长期节能技术改造项目规划和年度节能改造项目计划，按年度计划实施节能技术改造项目。

4.6.1.4 对重大节能改造项目应进行技术经济可行性研究，必要时开展改造前的摸底试验，认真制定改造方案，落实施工措施，有计划地结合设备检修进行施工，对改造的效果做出后评估。

4.6.2 主机改造

4.6.2.1 对于主要性能参数（如主蒸汽温度、再热蒸汽温度、减温水流量、受热面管壁温度等）异常的锅炉，应结合常用煤种特性，对照锅炉设计参数进行热力校核计算，以发现存在的设计或运行问题。首先应进行锅炉燃烧、制粉系统优化调整试验，优化调整试验后主要性能参数仍异常时，应采取相应的技术改造措施（如受热面改造、掺烧其他煤种等）加以解决。

4.6.2.2 对飞灰可燃物含量偏高的机组，可考虑对分离器、燃烧器进行相应改造。

4.6.2.3 采用各种运行、检修技术措施和燃烧调整试验后，额定负荷下锅炉排烟温度仍然比设计值高出 15℃以上时，应通过增加空气预热器受热面积、省煤器受热面积或加装烟气余热利用系统等技术改造降低锅炉排烟温度。

4.6.2.4 对于最低不投油稳燃负荷高的锅炉，应根据燃煤品种、炉型结构，选用成熟技术进行燃烧器改造，以提高锅炉低负荷时的燃烧稳定性，增加调峰能力，减少助燃和点火用油。

4.6.2.5 应对原有的点火燃油系统（特别是大油枪）进行改造，采用成熟、先进、可靠的点火技术（如等离子点火、微油点火、气化小油枪、加氧微油点火和邻炉加热点火等），减少点火用油。

4.6.2.6 对投产较早、效率较低的汽轮机，可采用新型高效叶片、更换新型叶轮、新型隔板、新型汽封结构、新型流道主汽门和调门等措施进行通流部分改造，条件允许时宜进行供热改造，以提高整个机组效率。

4.6.2.7 新投产汽轮机经各类修正后的试验热耗率高于保证值时，应利用首次 A 级检修通过汽轮机揭缸检查，对通流部分存在的缺陷和汽封间隙过大等不合理问题进行整改。试验的一、二类修正量较大时，应对回热系统进行检查消缺，并通过汽轮机和锅炉等主辅设备的运行调整使初、终参数达到设计值。

4.6.3 重要辅机改造

4.6.3.1 应积极推广先进的节电技术，根据热力系统和设备的优化分析，落实节电技术改造项目。

4.6.3.2 应加强空气预热器维护和运行管理，对结构不合理、通过检修仍不能解决漏风大、阻力大问题的空气预热器，应结合计划检修进行密封改造或更换、换热元件换型。

4.6.3.3 对于运行实践证明其带球能力差的钢球磨煤机衬板，应择机对其进行换型改造，以提高磨煤机的出力。如进行小钢球改造的，一般需同时更换合适的节能型衬板，以确保其节电效果。可根据实际运行情况，对中速磨实施液压加载调节、风环截面积及旋转风环等技术改造，降低中速磨煤机耗电率。对风扇磨煤机可实施出口分离器再循环风管改造。

4.6.3.4 对炉顶及炉墙严密性差的锅炉，应采用新材料、新工艺或改造原有结构的措施予以解决。

4.6.3.5 对运行效率较低的风机、水泵，应根据其型式、与系统匹配情况和机组负荷调节情况等，采取更换叶轮、导流部件及密封装置，或定速改双速、改变频调速等措施，进行有针对性的技术改造，以提高其运行效率。高压电动机调速节能改造的选型应参考 DL/T 1111。对一次风机变频改造宜采用"一拖一"方案，并加装工频旁路装置，保证在变频器异常停运时电动机可切换到工频下运行。

4.6.3.6 对运行效率低的抽气器或真空泵，应采取更换新型高效抽气器或真空泵、增加或改造冷却装置等措施，进行有针对性的技术改造，以提高其运行效率。

4.6.3.7 对汽动泵组的前置泵扬程选型偏高造成实际运行中前置泵耗电率偏高和给水泵入口有效汽蚀余量远高于必需汽蚀余量的机组，可通过叶轮改造（叶轮切削）降低前置泵扬程。

4.6.3.8 凝汽器性能较差的机组，可根据情况进行凝汽器单纯换管改造或整体优化改造，以提高凝汽器的换热能力和可靠性。

4.6.3.9 冷却水塔填料老化损坏、破损或热力性能达不到要求，冷却塔淋水不均匀、填料损坏等，导致冷却塔冷却性能变差且夏季冷却塔幅高过大，可更换破损填料或整体更换，或对填料进行改型，同时对喷溅装置进行改造。

4.6.3.10 对于直接空冷系统宜增加自动冲洗装置，以保持空冷换热管束空气侧清洁。空冷系统根据技术经济比较结果，可加装尖峰冷却器、蒸发式冷凝器等，以提高夏季机组运行真空。

4.6.3.11 根据脱硫系统的运行情况，可进行石膏抛浆系统设置浆管联络、除雾器冲洗水稳压改造、烟气加热器大通道换热元件改造、减缓柱状喷淋塔喷嘴及管道堵塞改造、氧化风系统改造、托盘改造、除雾器改造等。

4.6.3.12 对于未配备依据烟尘连续监测信号进行节电智能控制的（需准确、有效控制）上位机系统或未配备依据燃煤和机组负荷变化进行节电运行控制的上位机控制系统的静电除尘器，应进行系统升级或改造。对于早期投运的不具备间歇供电运行方式功能，或不具备各种供电方式自动转化功能的控制器宜进行高压控制器改造。

4.6.3.13 对运行时间较长、损耗较高的电动机、变压器，应结合检修或消缺，进行节能改造或直接更换为节能型设备。

4.6.3.14 在进行脱硝、脱硫等环保技术改造的同时，应考虑引风机、空气预热器的配套改造，保证引风机出力及空气预热器的安全、经济运行。

4.6.3.15 建议电厂在锅炉省煤器出口烟道(或在脱硝烟气在线连续监测装置处)加装(配置)一氧化碳浓度测量装置，以实现与氧量配合进行精确配风，防止锅炉受热面高温腐蚀和飞灰含碳量升高。

4.6.3.16 在缺水地区，可采用锅炉干除渣技术。

4.6.4 系统优化改造

4.6.4.1 应对设计不合理的热力及疏水系统进行改进。热力及疏水系统改进总原则是机组在各种不同工况下运行时，疏水系统应能防止汽轮机进水和汽轮机本体的不正常积水，并满足系统暖管和热备用的要求。为减少热力及疏水系统泄漏，其改进原则是：

   a) 运行中相同压力的疏水管路应尽量合并，减少疏水阀门和管道。

   b) 热力及疏水系统阀门应采用质量可靠、性能有保证、使用业绩优良的阀门。

   c) 疏水阀门宜采用球阀，不宜采用电动球阀。

   d) 为防止疏水阀门泄漏，造成阀芯吹损，各疏水管道应加装一手动截止阀，原则上手动阀安装在气动或电动阀门前。为不降低机组运行操作的自动化程度，正常工况下手动截止阀应处于全开状态。当气动或电动疏水阀出现内漏，而无处理条件时，可作为临时措施，关闭手动截止阀。

  e) 对于运行中处于热备用的管道或设备，在用汽设备的入口门前应能实现暖管，暖管采用组合型自动疏水器方式，禁止采用节流疏水孔板连续疏水方式。

  f) 由于各电厂所处的地理环境不同，以及设计院所设计的热力系统的布置不同，在进行改进前宜进行诊断试验，根据具体情况进行核算和分析。

4.6.4.2 锅炉蒸汽吹灰汽源可采用高排汽源（低温再热器进口），以提高吹灰器和受热面运行安全性和经济性。对于已投产机组，可在保留原吹灰汽源管路的基础上，从低温再热器进口管道接出至新的吹灰汽源减压站，新增加的吹灰减压站可与原减压站相互切换。

4.6.4.3 对串联式双背压凝汽器抽汽系统，宜改造为并联布置，以改善抽真空系统运行效果。

4.6.4.4 对于直吹式制粉系统，热一次风温度满足干燥出力要求的同时，制粉系统掺入冷风量占一次风总量10%时，可进行热一次风加热凝结水技术改造。

4.6.4.5 对于设计煤种水分与实际燃用煤种水分差别较大，引起热一次风温偏离设计值较多、排烟温度升高或磨煤机干燥出力不足，可通过改变空气预热器转子旋转方向，达到降低排烟温度或提高磨煤机出力的目的。

4.6.4.6 电厂可结合热力系统实际，通过改造，采用辅汽等汽源实施冷炉预热、利用辅汽预暖汽缸及转子，以缩短启动时间和点火用油。

4.6.4.7 对于排烟温度高于设计值20℃以上的机组，可加装锅炉排烟余热回收利用系统，即在空气预热器之后、脱硫塔之前烟道的合适位置（除尘器入口或脱硫塔入口）通过加装低温省煤器，用来加热凝结水、锅炉送风或者城市热网低温回水，回收锅炉排烟的部分热量，同时大幅度减少脱硫系统耗水量，从而达到节能、节水目的。

4.7 节能试验监督

4.7.1 基本要求

4.7.1.1 节能试验项目可分为性能考核试验、检修前后性能试验与优化调整试验、定期试验（测试）与化验三类。

4.7.1.2 电厂在设计和基建阶段应完成试验测点的安装，对投产后不完善的试验测点应加以补装，对常规的节能试验应有专用试验测点。试验测点应满足开展锅炉热效率、汽轮机热耗率的测试要求，还应满足重要辅助设备，如加热器、凝汽器、水塔、大型水泵、磨煤机、风机等性能试验的要求。

4.7.1.3 热力试验和定期化验应严格执行有关标准和规程对试验方法、试验数据处理方法、测点数量、测点安装方法和要求、仪表精度、试验持续时间、试验次数等的规定，编制试验措施和程序，确保试验结果可靠。对试验数据及结果，应在认真分析的基础上，对设备的性能和运行状况进行评价和诊断，必要时提出改进措施和建议，并形成报告。

4.7.2 性能考核试验

4.7.2.1 新投产火电机组，应尽早（自168h后，一般不宜超过八周）进行汽轮机和锅炉的性能考核试验，考核机组经济性能是否达到制造厂订货合同中的保证值。主要性能考核试验项目应包括：

  a) 锅炉热效率试验；

b) 锅炉最大出力试验；

c) 锅炉额定出力试验；

d) 锅炉不投油最低稳燃出力试验；

e) 制粉系统出力试验；

f) 磨煤单耗试验；

g) 空气预热器漏风率试验；

h) 除尘器效率试验；

i) 机组污染物排放测试；

j) 机组噪声测试；

k) 机组散热测试；

l) 机组粉尘测试；

m) 脱硫效率测试；

n) 脱硝效率测试；

o) 汽轮机最大出力试验；

p) 汽轮机额定出力试验；

q) 汽轮机高、中、低压缸效率试验；

r) 机组热耗试验；

s) 机组供电煤耗试验；

t) 机组厂用电率测试；

u) 汽轮发电机组轴系振动试验；

v) 真空严密性试验；

w) 凝汽器性能试验；

x) 泵与风机的效率试验；

y) 空冷系统性能试验；

z) 冷却水塔性能试验；

aa) 机组 RB 功能试验。

4.7.2.2 火力发电机组的性能考核试验应委托有资质的试验单位开展。电厂应在工程（初步）设计阶段确定性能试验单位，并要求其对试验采用标准、试验测点的位置、型式及规格尺寸等提出要求和建议，并明确测点制造、安装单位。试验单位在试验前应按相关标准要求编写试验大纲（方案），其内容应包括试验目的、试验应具备的条件及要求、试验标准、试验测点及仪器、试验方法、试验组织、各单位职责及分工等。试验大纲应由电厂组织讨论后批准执行。

4.7.2.3 锅炉的性能考核试验应按照订货技术协议和 GB 10184、DL 470、DL/T 964 的要求进行，并满足以下要求：

a) 锅炉热效率试验前应进行燃烧调整试验，以确定最佳的煤粉细度，一、二次风配比等参数。

b) 试验时锅炉应燃用设计煤种或商定的试验煤种。

c) 正式试验前应进行预备性试验，以检验试验测点、测量仪器及系统的准确性。

d) 锅炉的最大连续出力试验宜与汽轮机阀门全开（VWO）工况试验同时进行。

e) 新投产机组在性能试验时测量的排烟温度场、排烟氧量场和风量标定试验结果，应及时用于热工测量和控制系统中，确保测量准确。

4.7.2.4 磨煤机及制粉系统性能试验应按照 DL/T 467 的要求进行，锅炉风机性能试验应按照 DL/T 469 的要求进行。

4.7.2.5 汽轮机性能考核试验应按照订货技术协议和 GB/T 8117 的要求进行。汽轮机性能考核试验不能在规定时间内进行时，应尽量安排进行焓降试验。

4.7.2.6 凝汽器的性能试验应按照 DL/T 244、DL/T 552、DL/T 1078 进行，加热器的性能试验应按照 JB/T 5862 进行，冷却塔性能测试应按照 DL/T 1027 进行，水泵的性能试验应按照 GB/T 3216、DL/T 839 的要求进行。

4.7.2.7 热力系统设备及管道保温性能测试应按 GB/T 8174、DL/T 934 进行。

4.7.2.8 以上各项性能试验项目完成后应分别编写试验报告，并及时提交。

4.7.3 检修前后性能试验与优化调整试验

4.7.3.1 在机组检修前后、主辅设备改造前后，应进行相应的效率试验及其他试验项目，主要有：

a) 锅炉性能试验，包括锅炉热效率、空气预热器漏风率等（A 级检修前后应做，B、C 级检修前后宜做），按照 GB 10184、DL/T 964 进行；

b) 汽轮机性能试验，包括汽机热耗率（加热器性能应随汽轮机热耗率试验一起分析评价）、汽机缸效率等（A 级检修前后应做，B、C 级检修前后宜做），按照 GB/T 8117 进行；

c) 闭式循环冷却水塔、空冷塔及空冷凝汽器性能试验（A 级检修前后应做，B、C 级检修前后宜做），按照 DL/T 552、DL/T 1027 进行；

d) 水泵效率试验（A 级检修前后应做），按照 GB/T 3216、DL/T 839 进行；

e) 风机热态性能试验（A 级检修前后应做），按照 DL/T 469 进行；

f) 锅炉修后风量标定、一次风量调平、空气预热器入口氧量场标定、排烟温度场标定等试验（A、B 级检修后应做），按照 GB 10184 进行；

g) 保温效果测试（A、B、C 级检修应做），按照 GB/T 8174、DL/T 934 进行；

h) 脱硫、脱硝、除尘系统性能评估，必要时进行性能试验；

i) 改造设备出力、改造设备效率测试。

4.7.3.2 A 级检修前后或汽轮机通流部分改造前后，宜以阀点为基准进行汽轮机热力性能试验，测试并对比检修或改造前后汽轮机缸效率和热耗率，以检验汽轮机通流检修或改造的效果。

4.7.3.3 A 级检修前应进行泵与风机的热态性能试验，根据试验结果决定是否对其进行改造以及适宜的改造方式；改造后应再次进行泵与风机的热态性能试验，以检验改造效果。对未改造的主要辅机在每个大修期内均应对其性能进行测试，以确定其不同条件下的合理运行方式。

4.7.3.4 机组投产后、A 级检修后应进行机组的部分负荷优化运行调整试验，寻求不同负荷下机组的最佳运行方式，主要包括汽轮机定滑压试验（调门优化试验）、锅炉燃烧调整试验、制粉系统优化运行试验、冷端优化运行试验、除尘/脱硫/脱硝系统优化运行试验等。

4.7.3.5 当煤质或锅炉燃烧设备发生较大变化后，应及时进行锅炉燃烧及制粉系统优化调整试验，以确定最佳煤粉细度、一次风粉分配特性、风量配比、磨煤机投运方式等，提出针对不同煤质、不同负荷下的优化运行方案。

4.7.3.6　A级检修后应进行汽轮机组的冷端优化试验，寻求不同负荷、不同循环水温度下的凝汽器最佳真空，得出循环水泵的最佳运行方式。对于直接空冷机组，应根据环境温度、风向变化以及负荷情况及时调整空冷风机的叶片安装角度、风机转速，使机组真空达到最佳值。

4.7.4　定期试验（测试）与化验分析

4.7.4.1　电厂应积极开展定期试验（测试）和化验分析工作。

4.7.4.2　定期试验（测试）主要有：

　　a)　每月开展真空严密性试验，按照 DL/T 932、DL/T 1290 进行；

　　b)　每月开展冷却塔性能测试，按照 DL/T 552、DL/T 1027 进行；

　　c)　每季度开展空气预热器漏风率测试，按照 GB 10184 进行；

　　d)　每五年（或新机组投产）开展全厂燃料、汽水、电量、热量等能量平衡的测试，按照 DL/T 606 进行，并按照 GB/T 28749 要求绘制能量平衡图。

4.7.4.3　定期化验主要包括煤质（每班）、煤粉细度（每月）、飞灰（每班）、炉渣（每周）、石子煤（每季或排放异常时）等化验项目，应按照 DL/T 567.1～6 进行。

4.8　能源计量监督

4.8.1　能源计量管理

4.8.1.1　能源计量是节能监督的基础，电厂应贯彻执行 GB 17167、GB/T 21369、JJF 1356 的规定，建立健全能源计量管理制度，明确能源计量管理职责，配备必要的能源计量器具，加强能源计量管理，确保能源计量数据真实准确。

4.8.1.2　电厂应设置能源计量管理、能源计量器具检定/校准和维护、能源计量数据采集、统计分析等岗位并明确其职责。应设有专人负责能源计量器具的管理，能源计量管理人员应通过国家相关职能部门的能源计量管理培训、考核，做到持证上岗。

4.8.1.3　电厂应按 JJF 1356 的要求建立健全能源计量管理制度，并保持和持续改进其有效性。管理制度应形成文件，传达至有关人员，被其理解、获取和执行。能源计量管理制度至少应包括下列内容：

　　a)　能源计量管理职责；

　　b)　能源计量器具配备、使用和维护管理制度；

　　c)　能源计量器具周期检定/校准管理制度；

　　d)　能源计量人员配备、培训和考核管理制度；

　　e)　能源计量数据采集、处理、统计分析和应用制度；

　　f)　能源计量工作自查和改进制度。

4.8.1.4　电厂能源计量器具的配备应能满足能耗定额管理、能耗考核及商务结算的需要，应满足以下要求：

　　a)　贸易结算的要求；

　　b)　能源分类计量的要求；

　　c)　用能单位实现能源分级分项统计和核算的要求；

　　d)　用能单位评价其能源加工、转换、输运效率的要求；

　　e)　应配备必要的便携式能源计量器具，如便携式超声波流量计等，以满足自检自查的要求；

f) 计算和评价单台机组发电（供热）煤耗的要求；

g) 计算和评价单台锅炉热效率、汽轮发电机组热效率的要求；

h) 计算和评价单台机组厂用电率的要求；

i) 计算和评价生产补水率、非生产补水率、化学自用水率的要求。

4.8.1.5 能源计量器具的配备应实行生产和非生产、外销和自用分开的原则，非生产用能应与生产用能严格分开，加强管理，节约使用。不得向本单位职工无偿提供能源，不得对能源消费实行包费制。

4.8.1.6 所有能源计量器具配备、选型、精确度和管理应满足 GB/T 21369、行业和集团公司的有关规定和要求，应根据生产实际和能源管理的需要制定配备计划，配齐以下计量器具或装置：

a) 进、出厂的一次能源（煤、油、天然气等）、二次能源（电、热、成品油等）以及工质（压缩空气、氧、氮、氢、水等）的计量；

b) 生产过程中能源的分配、加工转换、储运和消耗的计量；

c) 企业能量平衡测试所需的计量；

d) 生活的辅助部门用能的计量；

e) 有单独考核意义的生产重要辅机或系统的能源计量。

4.8.1.7 能源计量检测率应符合以下要求：

a) 电厂一级计量（进、出厂）的燃料、电、油、煤气、蒸汽、热、水等其他能源计量检测率应达到 100%；

b) 以上能源的二级计量（车间、班组及重要辅机）计量检测率应达到 95%；

c) 三级计量（各设备和设施、生活用计量）计量检测率应达到 85%。

4.8.1.8 应根据本厂生产流程绘制能源计量点网络图（包括燃料、电、热、水计量），制定企业能源计量器具的配备规划，解决计量器具在运行中影响正确计量的有关问题。

4.8.1.9 应编制完整的能源计量器具一览表（应列出计量器具的名称、型号规格、准确度等级、测量范围、生产厂家、安装位置、购入时间、检定周期/校准间隔、使用状态等信息）和能源计量器具技术档案［含使用说明书、出厂合格证、检定（测试、校准）证书、维修记录］。

4.8.1.10 能源计量器具应布置合理，其安装应符合技术要求，并应实行定期检定（校准）、检查维护，保证计量数据的准确性。应根据在用器具的准确度等级、使用情况和环境条件等，确定各类计量器具检定周期，制定检定计划。在用计量器具周期受检率应达到 100%。检定合格的计量器具应具有合格证，不合格或超周期未检的计量器具不得使用。

4.8.1.11 电厂能源计量器具的定期校验工作主要包括：输煤皮带秤（每半月），汽车衡（每半年），轨道衡（每年），锅炉氧量计（每季度）、一氧化碳浓度测量装置（每季度）、关口电能表（合格期内），热计量表计（每年）、水计量表计（每年比对）等。

4.8.2 燃料计量

4.8.2.1 燃料入厂/入炉计量数据应实现自动采集，化验数据自动生成上线，无人工干预，保证数据准确可靠。

4.8.2.2 入厂煤应配备可靠的计量装置，火车来煤的电厂，以轨道衡计量为准；汽车来煤的电厂，以汽车衡计量为准；船舶来煤的电厂，以船舶检尺（卸煤前后船舶吃水深度检测）为准，并以入厂煤皮带秤检测作为校核。入厂燃油可采用检斤或检尺法计量，同时做好燃油温度、密度的测量；天然气以入厂表计计量为准。入厂煤静态计量设备的准确度等级应达到 0.1 级，动态计量设备的准确度等级应达到 0.5 级，其整机连续无故障时间大于 10 000h。

4.8.2.3　入厂煤的采、制、化应按照 GB/T 18666、DL/T 520 等规定执行。入厂煤采样应采用机械采样装置，并符合 GB/T 19494 的要求，其投入率应达到 100%。如特殊情况不能实现机械采样，人工采取应严格执行相关标准要求：火车运输的煤样采取方法按照 GB 475 进行，船舶运输和汽车运输的煤样采取方法按照 DL/T 569 进行。进厂煤样的制备方法按照 GB 474 进行，发电用煤质量验收及抽检方法按照 GB/T 18666 进行。燃料进厂后，应立即采样并制样，24h 内提出化验报告。

4.8.2.4　单元制机组的电厂入炉煤、入炉油应有分炉计量装置，入炉煤应以输煤皮带秤或给煤机皮带秤测量，每台锅炉均应装设燃油流量表，保证能单独计量、考核单炉用油量。锅炉的点火助燃油系统应设置质量流量计，对燃油的使用量进行实时和累计计量。

4.8.2.5　入炉煤的采样、制样应按照 DL/T 567.2、DL/T 567.4、GB 474 等标准执行。用于入炉煤煤质化验的煤样，应保证取样的代表性。入炉煤的采取应采用机械采样装置，其投入率应达到 98% 以上。全水分样须单独制备，包装严密，且优先于其他煤样送至化验室。

4.8.2.6　入厂煤与入炉煤的化验应按照 GB/T 211、GB/T 212、GB/T 213、GB/T 214、GB/T 219、GB/T 476、GB/T 2565 的规定进行。

4.8.2.7　应对全厂煤、油、气等采样、制样、化验及计量装置定期校验，并有合格的校验证书，具体要求如下：

  a）　电厂配置的入厂煤、入炉煤计量及分炉计量装置、实煤校验装置应定期进行校验。对皮带秤，应建立实煤或实煤模型校验制度，并严格执行。用输煤皮带秤作为入炉煤计量装置的，每月校验不应少于二次；用给煤机皮带秤作为入炉煤计量的，也应定期进行实煤校验或标准链码校验。皮带秤的计量性能要求及校验程序应符合 JJG 195 的规定。

  b）　入厂煤、入炉煤机械采样装置应每半年进行一次采样精密度核对，机械采制样装置的性能指标（可靠性、最大允许偏倚度、采样精密度、全水分损失）应符合 GB/T 19494.3 和 DL/T 747 的规定，宜每两年进行一次整机综合性能检验，确保自动采制样装置精密度符合要求，且所采制的样品无系统误差。如两年内更换主要部件或对设备有关综合性能产生怀疑时，应重新检验。制样间应配备破碎缩分联合制样机、各级破碎机以及缩分器，采用该设备制样，其煤样水分整体损失率小于 0.5%，设备整机精密度为 ±1%，无实质性偏倚；制样间至少应配备两套制样设备，一套运行一套备用。

  c）　火力发电厂入厂煤检测实验室所有计量用仪器设备应经定期检定、校准，非计量用仪器设备应定期检查。

4.8.2.8　火力发电厂应配备激光盘煤仪和必要的盘煤设施，且应定期检验和维护，测量精度应达到 ±0.5%。

4.8.3　电能计量

4.8.3.1　电厂应配备发电机出口，主变压器出口，高、低压厂用变压器，高压备用变压器，贸易结算用等电能计量装置（电能表），其准确度等级不应低于 GB/T 21369、DL/T 448 的规定，检验率应达到 100%，检验合格率不低于 98%。

4.8.3.2 6kV（100kW）及以上电动机应配备电能计量装置，电能表准确度等级不应低于 1.0 级，互感器准确度等级不应低于 0.5 级，检验合格率不应低于 95%。

4.8.3.3 非生产用电应配齐计量表计，电能表准确度等级不低于 1.0 级，检验合格率不低于 95%。

4.8.4 热能计量

4.8.4.1 向热力系统外供蒸汽和热水的机组应配置必要的热能计量装置。测点应布置合理，安装应符合技术要求，并应定期校验、检查、维护和修理，保证计量数据的准确性。

4.8.4.2 热能计量仪表的配置应结合热平衡测试的需要，二次仪表应定期校验并有合格检测报告。一级热能计量（对外供热收费的计量）的仪表配备率、合格率、检测率和计量率均应达到 100%；二级热能计量（各机组对外供热及回水的计量）的仪表配备率、合格率、检测率和计量率均应达到 95% 以上；三级热能计量（各设备和设施用热、生活用热计量）也应配置仪表，计量率应达到 85%。

4.8.4.3 电厂应在以下各处设置热能计量仪表：

    a) 对外收费的供热管；

    b) 单台机组对外供热管；

    c) 厂内外非生产用热管；

    d) 对外供热后的回水管；

    e) 除本厂热力系统外的其他生产用热。

4.8.4.4 供热介质流量的检测应考虑温度、压力补偿，供热介质流量检测仪表应适应不同季节流量的变化，必要时应安装适应不同季节负荷的两套仪表。对进出电厂的蒸汽工质，其流量测量装置的准确度等级应不小于 1.0 级，温度测量仪表和压力测量仪表的准确度等级应分别不小于 1.0 级、0.5 级；对进出电厂的热水工质，其流量测量装置的准确度等级应不小于 1.5 级，温度测量仪表和压力测量仪表的准确度等级应不小于 1.5 级。

4.8.4.5 热能计量宜安装累积式热能表计。

4.8.4.6 电厂应收集、保存完整的热能计量仪表的一次元件设计图、流量设计计算书、二次仪表规格、准确度等级、定期校验报告等技术资料。

4.8.5 水量计量

4.8.5.1 电厂的用水和排水系统应配置必要的水量计量装置，水量计量装置应根据用水和排水的特点、介质的性质、使用场所和功能要求进行选择。测点布置应合理，安装应符合技术要求，并应定期校验、检查、维护和修理，保证计量数据的准确性。

4.8.5.2 水量计量仪表的配置应符合 GB 24789 的规定，并符合水平衡测试的需要，二次仪表应定期校验并有合格检测报告。一级用水计量（全厂各种水源的计量）的仪表配备率、合格率、检测率和计量率均应达到 100%；二级用水计量（各类分系统）的仪表配备率、合格率、检测率和计量率均应达到 95% 以上；三级用水计量（各设备和设施用水、生活用水计量）也应配置仪表，计量率应达到 85%。

4.8.5.3 电厂应在以下各处设置累积式流量表：

    a) 取水泵房（地表和地下水）的原水管；

    b) 原水入厂区后的水管；

c) 进入主厂房的工业用水管；

d) 供预处理装置或化学处理车间的原水总管及化学水处理后的除盐水出水管；

e) 循环冷却水补充水管；

f) 除灰渣系统及烟尘净化装置系统用水管；

g) 热网补充水管；

h) 各机组除盐水补水管；

i) 脱硫系统用水管；

j) 非生产用水总管；

k) 其他需要计量处。

4.8.5.4 水表的精确度等级不应低于 2.0 级。水量计量仪表通常为超声波流量计、喷嘴或孔板流量计、电磁流量计、叶轮流量计等。

4.8.5.5 机组宜装设标定过的标准化流量喷嘴，测量给水流量、凝结水流量等。

4.8.5.6 电厂应收集、保存完整的水计量仪表的流量设计计算书、二次仪表规格、准确度等级、定期校验报告等技术资料。

4.9 燃料监督

4.9.1 燃料管理

4.9.1.1 燃料管理应符合集团公司《燃料管理办法》《燃料管理标杆电厂创建方案》等的规定。

4.9.1.2 火力发电厂应从燃料采购、燃料的检斤和检质、配煤、煤场、燃料盘点等方面开展燃料精细化管理，保证入炉煤的适用性、燃料计量的准确性，并尽量减少燃料损失。

4.9.2 燃料采购

4.9.2.1 燃料采购应保证不出现缺煤停机、存煤低于警戒库存、因燃料原因而发生的机组燃烧不稳或带不起负荷等事件。

4.9.2.2 电厂应结合锅炉及制粉系统设备特性，提出适用于电厂燃用的最低燃煤控制标准，不应采购不符合最低燃煤控制标准的煤种。燃料采购部门应做好燃料采购和燃料品种的监测工作，尽可能采购适合电厂锅炉燃烧的煤种。

4.9.2.3 应对入厂煤的发热量、挥发分、水分、灰分、含硫量和燃料到货率、检斤率、检质率、亏吨率、索赔率、配煤合格率、煤场结存量等指标进行监督考核。对未使用过的新煤种，除常规煤种化验分析外，还应进行煤灰熔融特性化验和结焦性判别，必要时进行试烧试验。对采用中速磨煤机的机组，应增加对入厂煤和入炉煤可磨系数的测试监督。

4.9.2.4 燃料采购部门应在煤船靠岸或火车到达卸煤前，将来煤品质的主要参数发送至生产运行部门，在入厂煤化验报告未出具之前，加仓及运行参数调节以燃料采购提供的煤质参数为依据。

4.9.2.5 燃料采购、运输过程中货权转移后，需中转的汽车、江船应安装 GPS 定位装置监控，以防止燃料调换、掺杂等。

4.9.3 入厂/入炉煤的检斤、检质

4.9.3.1 电厂应建立内部监督机制，制定严格的入厂/入炉煤的计量、采、制、化制度。

4.9.3.2 入厂/入炉煤的计量、采、制、化应按照本标准 4.8.2 条规定进行。

4.9.3.3 电厂的采、制、化人员应经专业技术培训并持有效操作证书或岗位资格证书，持证

上岗率应达到 100%。

4.9.3.4 应保证采、制、化工作场所符合要求，禁止任何人员干预采、制、化工作。电厂入厂煤检测实验室布局及仪器设备、标准物质的配备应符合 DL/T 520 的要求。

4.9.3.5 应建立入厂/入炉煤的检斤、检质设备对应的运行、维护、校验台账，设备的定期校验证书、运行维护记录、检定合格证书应完整有效。

4.9.3.6 入厂煤检斤、检质应符合以下要求：

a) 凡进入电厂的燃料，应逐列、逐车、逐船进行数量和质量的验收，检斤/检尺率、检质率应为 100%。

b) 入厂煤数量验收应符合以下要求：

1) 依据汽车衡、火车轨道衡、船运水尺据实测量，按规定做好入厂煤数量验收工作。

2) 水运电厂，在入厂煤皮带上已经安装电子皮带秤的，入厂煤量应用电子皮带秤的数据进行校核。

c) 电厂应根据 GB/T 18666 的规定，制定《入厂煤采、制、化管理办法》；严把入厂煤的质量验收关，按照"公开、公平、公正"的原则，保证入厂煤质量检测符合要求，为依法计价提供真实依据。入厂煤的采、制样应实现机械化，并保证采制设备完好率达到主设备水平，入厂煤机械采样装置投入率应达到 100%。

d) 电厂入厂煤检测应开展的项目及依据应按表 3 要求执行，其中煤的元素分析、煤灰熔融特性和可磨性指数测定为可选项目。对于新煤种，电厂应在采购前检测其煤灰熔融特性和可磨性指数。

表 3　入厂煤检测项目及依据

检 测 项 目		依 据
采、制样	人工采、制样	GB 474、GB/T 475、DL/T 569
	机械化采、制样	GB/T 19494
	全水分	GB/T 211
化 验	工业分析	GB/T 212
	发热量	GB/T 213
	全硫分	GB/T 214
	元素分析	GB/T 476
	煤灰熔融特性	GB/T 219
	哈氏可磨性指数	GB/T 2565
入厂煤质量验收		GB/T 18666

4.9.3.7 入炉煤检斤、检质应符合以下要求：

a) 入炉煤数量验收应符合以下要求：

1) 电厂应配备入炉煤电子皮带秤和称重给煤机计量装置，并根据实际情况指定其中之一的计量作为计算电厂燃煤耗用量，另一个计量装置则作为校验；

2） 入炉煤应实行分炉计量，以便统计分析单台机组的技术经济指标。

b） 电厂应配备入炉煤机械化自动采样装置，投入率应达到98%以上；没有安装入炉煤自动采样装置的，应实行人工采样。对采集的入炉煤样应及时化验。

c） 入炉煤样的化验结果应及时向生产部门提供，保证化验结果能及时用于指导燃烧调整。入炉煤化验结果应至少包括全水分、收到基灰分、收到基硫分、干燥无灰基挥发分、收到基低位发热量等参数，入炉煤化验报告可参考本标准附录 D.1。

4.9.4 配煤

4.9.4.1 火力发电厂应在保证锅炉安全稳定运行的前提下，积极开展经济煤种的掺烧工作。凡燃烧非单一煤种的电厂，应落实配煤责任制，根据预计负荷、锅炉燃烧、煤场存煤、后续来煤和排放等情况制定入炉煤掺配方案。

4.9.4.2 应根据季节、天气、存煤、耗用等因素，利用干煤棚、筒仓、煤场和卸煤直通锅炉原煤仓等设施和方式，制定综合效益最大化的配煤措施。

4.9.4.3 不同煤质相掺配时，干燥无灰基挥发分不能相差过大，若两种燃煤干燥无灰基挥发分相差15%以上，应进行试烧试验。不同燃料的配比计算可参考 GB 25960 的相关规定。

4.9.4.4 为保证锅炉燃烧的安全性和经济性，在煤质变化较大或燃用新煤种时，应进行不同煤种的掺烧方式和最佳掺烧配比试验，总结提出入炉煤煤质最低要求的量化指标，与设计煤种相差较多时还应进行锅炉燃烧效率试验。

4.9.5 煤场管理

4.9.5.1 应按煤种不同，合理分类堆放，撒匀压实，烧旧存新，并将煤场堆放示意图按数字化煤场的管理要求输入计算机。煤堆应设置规范的标识牌，标注煤种、产地、数量、存放日期等有关信息，并根据煤堆变化及时更新。

4.9.5.2 储煤场应配备挡煤墙、防风墙、排水、抑尘、喷淋等设施，煤场喷淋装置的喷洒面积应能覆盖整个煤堆。

4.9.5.3 应制定防止存煤损失和自燃的措施并组织实施，如做好煤场喷淋工作，减少煤尘飞扬；对储存的烟煤、褐煤定期或在线测温；做好防雨、排水工作，防止存煤损失等。

4.9.5.4 多雨地区的燃煤电厂应备足一定数量的干煤，防止潮湿的原煤直接进入原煤仓（尤其是直吹式制粉系统）。

4.9.5.5 应做好燃料接卸装置的维护工作，应在规定的时间将燃料卸完、卸净。

4.9.5.6 应采取各种措施防止煤中"四块"（大块、石块、铁块、木块）进入煤仓，除大块、碎煤机、磁铁分离器等装置应正常投入使用。

4.9.5.7 场损率应控制在 0.4%以内，损耗部分应严格按照财务制度进行核算和账务处理；入厂煤与入炉煤的热值差（以最近六个月累计值为准）应小于 418kJ/kg；入厂煤与入炉煤的水分差应控制在 1%以内。以上指标超过规定时或发生较大的煤场盈亏，应找出原因，提出整改措施，及时报告主管部门。

4.9.5.8 燃煤从港口、码头、车站煤场采用车、船进行厂内中转时，中转运输损耗不得超过以下规定：铁路运输损耗应不超过 1.2%，公路运输损耗应不超过 1%，水路运输损耗应不超过 1.5%，每换装一次的损耗应不超过 1%。水陆联运的煤炭如经过二次铁路或二次水路运输损耗仍按一次计算，换装损耗按换装次数累加。

4.9.6 燃料盘点

4.9.6.1 每月末应组织策划、运行、燃料、财务、监审等部门对库存燃料进行盘点，并按照统一格式形成盘点报告。盘点报告由盘点部门共同签字确认后上报分管领导审批。每年底的燃料盘点报告还须上报上级公司备案。

4.9.6.2 燃料盘点应执行 DL/T 606.2 的规定，应按煤堆整形、测量体积、测量密度、计算存煤量等步骤进行。

4.9.6.3 煤堆的体积测量应采用先进仪器（如激光盘煤仪等）进行燃料盘点，没有盘煤仪的电厂应进行煤堆整形、测量计算。

4.9.6.4 燃料盘点中应分堆测量燃煤堆积密度，并根据煤场存煤时间、堆积方式、煤量、煤种等实际情况，用模拟实测加权法测定存煤综合密度。

4.9.6.5 燃料盘点报告应列明账面数和实盘数的差异及其原因，并由参加人员签字确认。每月盘点差异数量在月末存煤量1%以内时，可以不予调整。每季末无论盘点差异数量多少，以及年末盘点盈亏煤在 2 万 t 以下的，均须调整财务账目。需调整财务账面数时，应由燃料管理部门编制燃料盘点调整报告，上报本单位主要负责人批准后，由财务部门按规定处理。燃料盘盈或盘亏在 2 万 t 及以上时，除执行上述内部报批程序外，还应将差异调整报告及盘点报告上报产业公司、区域公司审核批准，报集团公司备案。在批复之前不得进行账务处理，必须待正式批复意见下达后才能进行账务处理。

5 监督管理要求

5.1 节能监督管理的依据

5.1.1 电厂应按照集团公司《电力技术监督管理办法》和本标准的要求，制定节能监督管理标准，并根据国家法律、法规及国家、行业、集团公司标准、规范、规程、制度，结合电厂实际情况，编制节能监督相关/支持性文件；建立健全技术资料档案（部分节能技术监督资料档案格式可参考本标准附录 D），以科学、规范的监督管理，保证各耗能设备的安全、可靠、经济运行。

5.1.2 节能监督管理应具备的相关/支持性文件

    a）节能技术监督实施细则（包括执行标准、工作要求）；

    b）节能监督考核制度；

    c）能源计量管理制度；

    d）非生产用能管理制度；

    e）节油节水管理制度；

    f）节能试验管理制度（含定期化验）；

    g）节能培训管理制度；

    h）电厂统计管理制度；

    i）经济指标计算办法及管理制度；

    j）设备检修管理标准；

    k）运行管理标准；

    l）燃料管理标准。

5.1.3 技术资料档案

5.1.3.1 设计和基建阶段技术资料，主要包括：

a) 锅炉及汽轮机主、辅机原始设备资料：

1) 汽轮机热力特性书（含修正曲线）；

2) 凝汽器设计使用说明书（湿冷、空冷）；

3) 高压、低压加热器设计说明书；

4) 主要水泵（给水泵、凝结水泵、循环水泵等）设计使用说明书（含性能曲线）；

5) 冷却水塔设计说明书；

6) 锅炉设计说明书、使用说明书、热力计算书；

7) 空气预热器设计、使用说明书；

8) 磨煤机设计使用说明书；

9) 主要风机（送风机、引风机、一次风机、增压风机等）设计使用说明书（含性能曲线）。

b) 设计阶段的节能评估报告、节能专题报告，调试报告、投产验收报告。

5.1.3.2 发电厂规程及系统图：

a) 全厂各专业运行及检修规程；

b) 全厂各专业系统图。

5.1.3.3 试验、测试、化验报告，主要包括：

a) 主、辅机（锅炉、汽轮机、磨煤机、风机、泵、凝汽器等）性能考核试验报告（含机组发、供电煤耗测试）；

b) 历次检修前后汽轮机、锅炉性能试验报告；

c) A级检修前后主要水泵、主要风机的效率试验报告；

d) 锅炉A、B级检修后风量标定、一次风量调平、空气预热器入口氧量场标定、排烟温度场标定等试验报告；

e) 机组检修前、后 保温效果测试报告；

f) 机组优化运行试验报告，包括汽轮机定滑压试验、冷端优化运行试验、锅炉配煤掺烧试验、锅炉燃烧调整试验、制粉系统优化试验、脱硫/脱硝/除尘系统优化运行试验等；

g) 机组投产或重大改造后锅炉冷态试验报告，包括煤粉炉冷态空气动力场试验、循环流化床锅炉冷态试验；

h) 主、辅设备技术改造前后性能对比试验报告，如汽轮机通流改造前后试验、锅炉受热面改造前后试验、风机改造前后试验、水泵改造前后试验等；

i) 全厂能量平衡测试报告，包括全厂燃料、汽水、电量、热量等能量平衡测试（每五年或新机组投产）；

j) 定期试验（测试）报告，包括真空严密性（每月）、月度水塔性能测试、空气预热器漏风率测试（每季）等；

k) 定期化验报告，包括入厂煤和入炉煤煤质（每班）、煤粉细度（每月）、飞灰（每班）、炉渣（每周）、石子煤（每季或排放异常时）等项目。

5.1.3.4 能源计量管理和技术资料，主要包括：

a) 能源计量器具一览表、燃料计量点图（包括燃煤、燃气、燃油计量网络图）、电能计量点图、热计量点图、水计量点图；

    b) 能源计量器具检定、检验、校验计划；

    c) 能源计量器具检定、检验、校验报告（记录），包括汽车衡、轨道衡、皮带秤等入厂煤计量装置，入炉煤皮带、入炉煤给煤机、入炉油计量装置，入厂/入炉煤采、制样装置及化验仪器设备，关口、发电机出口、主变压器二次侧、高低压厂用变压器、非生产用电等电能计量表，对外供热、厂用供热、非生产用热等热计量表计，向厂内供水、对外供水、化学用水、锅炉补水、非生产用水等水计量总表，锅炉氧量计、一氧化碳浓度测量装置等项目；

    d) 入厂煤/入炉煤机械采样装置投入记录。

5.1.3.5 节能监督管理资料档案，主要包括：

    a) 节能监督三级管理体系文件，包括相关管理标准、厂级节能管理制度，节能监督三级网络图，各级人员岗位职责、节能监督网络日常活动记录；

    b) 节能监督相关标准规范，包括国家、行业最新颁布的与节能监督相关的标准规范（参考每年初集团公司公布的当年技术监督标准规范目录），集团公司颁发的与节能监督相关的有关办法、标准、导则；

    c) 节能监督工作计划，包括电厂中长期节能规划，年度节能监督工作计划，机组检修节能监督项目计划，主要节能技改项目计划及其可研报告；节能培训规划和计划；

    d) 节能技术监督报表，包括运行月报，生产月报，月度节能考核资料，小指标竞赛评分表及奖惩资料，月度燃料盘点报告（含煤、油），集团公司、地方政府、西安热工研究院有限公司（以下简称西安热工院）、电科院的月、季、年度报送报告（报送西安热工院的季报包括节能监督季报、速报和机组运行小指标报表）；

    e) 节能监督工作总结，包括节能中长期规划实施情况总结，主要节能技改项目改造效果评价报告，机组检修节能监督总结，半年/年度节能监督总结（含节电、节油、节水工作），节能培训记录、宣传活动材料；

    f) 月度节能分析，月度节能分析会会议纪要；

    g) 能源审计报告；

    h) 耗能设备节能台账，包括主辅设备设计、历次试验性能参数统计；

    i) 泄漏阀门台账；

    j) 技术监督检查资料，包括迎检资料及动态检查自查报告，历年集团技术监督动态检查报告及整改计划书，历年技术监督预警通知单和验收单，集团公司技术监督动态检查提出问题整改完成（闭环）情况报告；

    k) 节能监督网络人员档案，节能监督专责人员上岗考试成绩和证书，能源管理师证书，能源计量管理资质证书。

5.2 日常管理内容和要求

5.2.1 健全监督网络与职责

5.2.1.1 各电厂应建立健全由生产副厂长（总工程师）领导下的节能技术监督管理网络体系。第一级为厂级，包括生产副厂长（总工程师）领导下的节能监督专责人；第二级为部门级，包括运行部锅炉专工、汽机专工、化学专工，检修部锅炉专工、汽机专工、热工专工、电气专工，燃料部门的燃料专工，行政部门的节能员；第三级为班组级，包括各专工领导的班组人员。在生产副厂长（总工程师）领导下由节能监督专责人统筹安排，协调运行、检修等部门，协调锅炉、汽机、化学、燃料、热工、电气等相关专业共同配合完成节能监督工作。

5.2.1.2 按照集团公司《华能电厂安全生产管理体系要求》和《电力技术监督管理办法》编制电厂节能监督管理标准，做到分工、职责明确，责任到人。

5.2.1.3 电厂节能技术监督工作归口职能管理部门在电厂技术监督领导小组的领导下，负责节能技术监督的组织建设工作，建立健全技术监督网络，并设节能技术监督专责人，负责全厂节能技术监督日常工作的开展和监督管理。

5.2.1.4 电厂节能技术监督工作归口职能管理部门每年年初要根据人员变动情况及时对网络成员进行调整；按照人员培训和集团公司《电力技术监督专责人员上岗资格管理办法（试行）》的要求，定期对技术监督专责人和特殊技能岗位人员进行专业和技能培训，保证持证上岗。

5.2.2 确定监督标准符合性

5.2.2.1 节能监督标准应符合相关国家、行业及上级主管单位的有关标准、规范、规定和要求。

5.2.2.2 每年年初，节能技术监督专责人应根据新颁布的标准及设备异动情况，组织对节能技术监督实施细则及其他厂级节能监督管理制度、节能技术措施等文件的有效性、准确性进行评估，修订不符合项，经归口职能管理部门领导审核、生产主管领导审批后发布实施。国家标准、行业标准及上级单位监督规程、规定中涵盖的相关节能监督工作均应在电厂标准、规程及规定中详细列写齐全。在主要耗能设备规划、设计、建设、更改过程中的节能监督要求等同采用每年发布的相关标准。

5.2.3 确定仪器仪表有效性

5.2.3.1 应配备必需的能源计量器具和节能监督用仪器、仪表。

5.2.3.2 应编制节能监督用仪器、仪表使用、操作、维护规程，规范仪器仪表管理。

5.2.3.3 应建立、健全能源计量器具一览表和能源计量点网络图。能源计量点图可参考本标准附录 D.2。

5.2.3.4 应定期对能源计量器具和节能监督用仪器、仪表的配备和使用情况进行检查，缺项的和不符合要求的应及时制定配备和改造计划，并监督落实。

5.2.3.5 应根据检定、检验、校验周期和项目，制定能源计量器具和节能监督用仪器、仪表的检定、检验、校验计划，按规定进行检验、校验或送检，对检验合格的可继续使用，对检验不合格的则送修或报废处理，保证仪器、仪表的有效性。输煤皮带秤校验报告可参考本标准附录 D.3。

5.2.4 监督档案管理

5.2.4.1 电厂应按照本标准 5.1.3 条规定的资料目录并参考本标准附录 D 相关格式要求，建立健全节能技术监督档案、制度和技术资料，确保技术监督原始档案和技术资料的完整性和连续性。

5.2.4.2 节能技术监督专责人应建立节能监督档案资料目录清册，根据节能监督组织机构的设置和受监设备的实际情况，明确档案资料的分级存放地点，并指定专人负责整理保管，及时更新。

5.2.5 制订监督工作计划

5.2.5.1 节能技术监督专责人每年 11 月 30 日前应组织完成下年度技术监督工作计划的制订

工作，报送产业公司、区域公司，同时抄送西安热工院。

5.2.5.2 电厂节能技术监督年度计划的制订依据至少应包括以下几个方面：

    a) 国家、行业、地方有关电力生产方面的法律、政策、法规、标准、规程和反事故措施要求；

    b) 集团公司、产业公司、区域公司、电厂技术监督管理制度和年度技术监督动态管理要求；

    c) 集团公司、产业公司、区域公司、电厂技术监督工作规划和年度生产目标；

    d) 技术监督体系健全和完善化要求；

    e) 人员培训和监督用仪器设备的配备和更新要求；

    f) 机组检修计划；

    g) 主要耗能设备目前的运行状态；

    h) 技术监督动态检查、预警、月（季）报提出的问题；

    i) 收集的其他有关主要耗能发电设备设计选型、制造、安装、运行、检修、技术改造等方面的动态信息。

5.2.5.3 电厂节能技术监督工作计划应实现动态化，即每季度应制订节能技术监督工作计划。年度（季度）监督工作计划应包括以下主要内容：

    a) 技术监督组织机构和网络完善；

    b) 监督管理标准、技术标准规范制定、修订计划；

    c) 人员培训计划（主要包括内部培训、外部培训取证，标准规范宣贯）；

    d) 技术监督例行工作计划；

    e) 定期试验、化验计划（含机组检修前后热力性能试验等）；

    f) 能源计量器具检定、检验、校验计划；

    g) 技术监督自我评价、动态检查和复查评估计划；

    h) 技术监督预警、动态检查等监督问题整改计划；

    i) 技术监督定期工作会议计划。

5.2.5.4 电厂应根据上级公司下发的年度技术监督工作计划，及时修订补充本单位年度技术监督工作计划，并发布实施。

5.2.5.5 节能监督专责人每季度应对监督年度计划执行和监督工作开展情况进行检查评估，对不满足监督要求的问题，通过技术监督不符合项通知单下发到相关部门监督整改，并对相关部门进行考评。技术监督不符合项通知单编写格式见本标准附录E。

5.2.6 定期试验管理

5.2.6.1 热力试验是了解耗能设备经济性能、对设备进行评价和考核、提出改进措施的基础工作。电厂应重视和加强主、辅设备在不同阶段的各类热力试验，以促进节能工作的开展。

5.2.6.2 电厂应按相关标准规范的要求，定期开展热力试验、化验工作。入厂煤和入炉煤煤质化验报告可参考本标准附录D.1，真空严密性试验报告可参考本标准附录D.4，空气预热器漏风率测试报告可参考本标准附录D.5，煤粉细度测试报告可参考本标准附录D.6，汽水系统泄漏阀门台账可参考本标准附录D.7。燃煤火力发电厂应开展的定期试验、化验工作可参见本标准附录F。

5.2.6.3 电厂应制定节能试验管理制度，明确各部门职责、试验项目及要求。试验前应编制试验组织措施、技术措施和安全措施，确保试验的顺利进行。试验完成后应编制试验报告，并及时向相关人员提供。

5.2.7 监督报告管理

5.2.7.1 节能监督速报报送：电厂发生重大监督指标异常，受监控设备重大缺陷、故障和损坏事件，火灾事故等重大事件后 24h 内，节能技术监督专责人应将事件概况、原因分析、采取措施按照本标准附录 G 的格式，填写速报并报送产业公司、区域公司和西安热工院。

5.2.7.2 节能监督季报报送：节能技术监督专责人应按照本标准附录 H 的季报格式和要求，组织编写上季度节能技术监督季报，经电厂归口职能管理部门汇总后，于每季度首月 5 日前，将全厂技术监督季报报送产业公司、区域公司和西安热工院。

5.2.7.3 节能监督年度工作总结报送：

    a) 节能技术监督专责人应于每年 1 月 5 日前编制完成上年度技术监督工作总结，并报送产业公司、区域公司和西安热工院。

    b) 年度节能监督工作总结主要包括以下内容：

        1) 主要工作完成情况、亮点和经验与教训（含主要技术经济指标完成情况及分析）；

        2) 设备一般事故、危急缺陷和严重缺陷统计分析；

        3) 监督存在的主要问题和改进措施；

        4) 下一步工作思路、计划、重点和改进措施。

5.2.8 监督例会管理

5.2.8.1 电厂每年至少召开两次厂级技术监督工作会议，会议由电厂技术监督领导小组组长主持，检查评估、总结、布置全厂节能技术监督工作，对节能技术监督中出现的问题提出处理意见和防范措施，形成会议纪要，按管理流程批准后发布实施。

5.2.8.2 节能专业每月至少召开一次技术监督工作会议，会议由节能监督专责人主持并形成会议纪要（会议纪要格式可参见本标准附录 D.8）。

5.2.8.3 例会主要内容包括：

    a) 主要技术经济指标完成情况；

    b) 上次监督例会以来节能监督主要工作的开展情况；

    c) 影响节能指标存在的主要问题及解决措施/方案；

    d) 上次监督例会提出问题整改措施完成情况的评价；

    e) 技术监督标准、相关生产技术标准（措施）、规范和管理制度的编制修订情况；

    f) 技术监督工作计划发布及执行情况，监督计划的变更；

    g) 集团公司技术监督季报、监督通讯、新颁布的国家、行业标准规范、监督新技术学习交流；

    h) 节能监督需要领导协调和其他部门配合和关注的事项；

    i) 至下次监督例会时间内的工作要点。

5.2.9 监督预警管理

5.2.9.1 节能监督三级预警项目见本标准附录 I，电厂应将三级预警识别纳入日常节能监督管理和考核工作中。

5.2.9.2 对于上级监督单位签发的预警通知单（见本标准附录 J），电厂应组织人员研究，制定整改计划，整改计划中应明确整改措施、责任部门、责任人和完成日期。

5.2.9.3 问题整改完成后，电厂应按照验收程序要求，向预警提出单位提出验收申请，经验收合格后，由验收单位填写预警验收单（见本标准附录 K），并报送预警签发单位备案。

5.2.10 监督问题整改

5.2.10.1 整改问题的提出：

 a) 上级或技术监督服务单位在技术监督动态检查、预警中提出的整改问题。

 b) 《火电技术监督报告》中明确的集团公司或产业公司、区域公司督办问题。

 c) 《火电技术监督报告》中明确的电厂需要关注及解决的问题。

 d) 电厂节能监督专责人每季度对各部门节能监督计划的执行情况进行检查，对不满足监督要求提出的整改问题。

5.2.10.2 问题整改管理：

 a) 电厂收到技术监督评价报告后，应组织有关人员会同西安热工院或技术监督服务单位在两周内完成整改计划的制定和审核，整改计划编写格式见本标准附录 L。并将整改计划报送集团公司、产业公司、区域公司，同时抄送西安热工院或技术监督服务单位。

 b) 整改计划应列入或补充列入年度监督工作计划，电厂应按照整改计划落实整改工作，并将整改实施情况及时在技术监督季报中总结上报。

 c) 对整改完成的问题，电厂应保存问题整改相关的试验报告、现场图片、影像等技术资料，作为问题整改情况及实施效果评估的依据。

5.2.11 监督评价与考核

5.2.11.1 电厂应将《节能技术监督工作评价表》中的各项要求纳入节能监督日常管理工作中，《节能技术监督工作评价表》见本标准附录 M。

5.2.11.2 电厂应按照《节能技术监督工作评价表》中的各项要求，编制完善各项节能技术监督管理制度和规定；完善各项节能监督的日常管理和记录，加强受监设备的运行、检修维护技术监督。

5.2.11.3 电厂应定期对技术监督工作开展情况进行自我评价，对不满足监督要求的不符合项以通知单的形式下发到相关部门进行整改，并对相关部门及责任人进行考核。

5.3 各阶段监督重点工作

5.3.1 设计与设备选型阶段

5.3.1.1 电厂节能监督人员、调试单位和性能试验单位相关人员应尽早参与设计与设备选型工作。

5.3.1.2 应对初可研、可研、初设阶段的设计文件进行审核，对节能评估报告、节能专题报告和相关节能措施进行审核，对影响节能指标的内容提出意见。

5.3.1.3 监督、审核新建、扩建机组的煤耗、电耗、水耗等设计指标，确保指标的先进性和合理性。

5.3.1.4 在主、辅机设备及系统设计、选型时，应监督设计单位采用先进的工艺、技术，选择成熟、高效的设备，参与审核环保设备及系统的技术经济比较方案。

5.3.1.5 应参与审核设备采购技术协议，应重点关注设备的技术参数、性能指标水平及性能考核验收标准等条款。

5.3.1.6 应对电厂节水设计方案进行审核，提出节能监督意见。

5.3.1.7 对设计的热力试验测点进行审查,确保足够、合理,以满足机组投产后经济性测试和分析的需要。

5.3.1.8 监督、审核机组能源计量器具的设计和配备。

5.3.2 制造、安装及调试阶段

5.3.2.1 设备制造阶段应对设备重要热力测点的装设进行检查验收,如条件允许,可参与设备出厂有关验收试验。

5.3.2.2 应参与重要设备到厂后的验收工作,并及时收集与设备性能参数有关的技术资料。监督相关单位验收后按要求做好设备安装前的保管工作。

5.3.2.3 应对安装单位、工程监理单位的资质及工作质量进行监督,如要求监理单位派遣工作经验丰富的监理工程师常驻施工现场,负责对安装工程全过程进行见证、检查、监督,以确保设备安装质量。

5.3.2.4 应参与对锅炉易漏风部位的安装质量检查、空气预热器密封间隙的调整控制验收、汽轮机通流部分间隙的调整控制验收、重要烟风挡板和阀门的安装调试质量验收等。

5.3.2.5 应监督凝汽器汽侧灌水查漏试验、炉膛及烟风系统严密性试验、锅炉冷态试验、风量调平和标定试验的开展并对结果进行评价。

5.3.2.6 应参与对热力设备及管道保温材料的到厂检查和保管,参与对保温施工质量的验收。

5.3.2.7 应对重要热工测量仪表、热力试验测点、能源计量器具的安装、调试质量进行监督、检查。

5.3.2.8 应对机组调试措施进行审核,提出优化机组调试程序、减少工质和燃料消耗方面的意见。

5.3.2.9 对新机组性能考核试验方案、计划、措施、过程和试验报告进行审核,提出修改、完善意见;并根据性能考核试验结果,评价机组主要技术经济指标。

5.3.2.10 应督促、监督基建单位按时移交与设备性能有关的设计、安装、调试等全部基建技术资料,并监督档案室按规定进行资料清点、整理、归档。

5.3.3 运行阶段

5.3.3.1 应对产业公司、区域公司、厂内、机组不同层次的经济调度和主、辅机优化运行方式提出建议,以达到较好的节能效益。

5.3.3.2 应根据上级主管部门下达的综合经济指标目标值,合理制定和分解年度实施计划,并监督完成情况,以保证年度目标的完成。

5.3.3.3 应掌握节能指标的变化情况,及时了解设备运行状态。应定期对节能相关能耗指标、运行小指标进行统计、计算、分析和对标,对于指标异常情况,应及时分析原因并要求相关部门采取措施进行调整。

5.3.3.4 应参与主、辅设备的运行规程、运行技术措施的审核,提出优化运行方面的建议。

5.3.3.5 应结合电厂实际制定节约用电、节约用水、节约用油的技术措施,并监督执行情况。

5.3.3.6 开展值际运行小指标竞赛,进行节能考核。

5.3.3.7 应定期召开月度节能分析会议,对影响节能指标的问题讨论并落实整改措施,并形成会议纪要。

5.3.3.8 应监督煤、灰、渣、水、汽、油的定期化验工作。

5.3.3.9 应积极组织开展汽轮机调门优化、锅炉燃烧调整、冷端优化运行、脱硫/脱硝/除尘系

统优化运行等运行优化试验，寻找最佳运行方式。应监督相关定期试验（测试）工作的开展情况，如真空严密性试验、冷却塔性能测试、空气预热器漏风率测试、保温测试、全厂能量平衡测试（含热、水、电、燃料）。

5.3.3.10 应按要求配合开展能源审计工作。

5.3.4 检修维护、技术改造阶段

5.3.4.1 应及时收集国内外相关节能新技术、新设备、新材料和新工艺的信息，掌握节能技术动态。

5.3.4.2 应参与检修计划、检修文件包、检修规程的审核，提出节能监督的意见。

5.3.4.3 参与各专业修前运行分析、检修分析，对影响能耗指标的问题提出检修处理措施和建议。

5.3.4.4 应定期分析评价全厂生产系统、设备的运行状况，编制中长期节能技术改造项目规划和年度节能项目计划。参与重大节能技术改造项目的可行性研究，审核技术经济比较结果，监督选择成熟、高效的技术和设备。

5.3.4.5 应制定完整的检修节能项目计划，并做好检修过程监督及质量验收工作。

5.3.4.6 检修、改造后应参与对检修、改造效果进行总结和评价。

5.3.4.7 应组织或监督检修前、后性能测试的实施，如修前的主辅机性能试验、修前保温测试、锅炉漏风、阀门内漏测试，修后主辅机性能试验等。

5.3.4.8 应监督热工、电测专业做好能源计量器具的定期检定、检验、校验工作，保证其测量准确性。

6 监督评价与考核

6.1 评价内容

6.1.1 节能监督评价内容详见本标准附录 M。

6.1.2 节能监督评价内容分为技术监督管理、技术监督标准执行两部分，总分为 1000 分，其中监督管理评价部分包括 9 个大项 29 小项共 400 分，监督标准执行部分包括 3 大项 56 个小项共 600 分，每项检查评分时，如扣分超过本项应得分，则扣完为止。

6.2 评价标准

6.2.1 被评价的电厂按得分率高低分为四个级别，即：优秀、良好、合格、不符合。

6.2.2 得分率高于或等于 90%为"优秀"；80%～90%（不含 90%）为"良好"；70%～80%（不含 80%）为"合格"；低于 70%为"不符合"。

6.3 评价组织与考核

6.3.1 技术监督评价包括集团公司技术监督评价、属地电力技术监督服务单位技术监督评价、电厂技术监督自我评价。

6.3.2 集团公司定期组织西安热工院和公司内部专家，对电厂技术监督工作开展情况、设备状态进行评价，评价工作按照集团公司《电力技术监督管理办法》规定执行，分为现场评价和定期评价。

6.3.2.1 集团公司技术监督现场评价按照集团公司年度技术监督工作计划中所列的电厂名单和时间安排进行。各电厂在现场评价实施前应按本标准附录 M 进行自查，编写自查报告。西安热工院在现场评价结束后三周内，应按照集团公司《电力技术监督管理办法》附录 C 的格

式要求完成评价报告，并将评价报告电子版报送集团公司安生部，同时发送产业公司、区域公司及电厂。

6.3.2.2 集团公司技术监督定期评价按照集团公司《电力技术监督管理办法》及本标准要求和规定，对电厂生产技术管理情况、机组障碍及非计划停运情况、节能监督报告的内容符合性、准确性、及时性等进行评价，并通过年度技术监督报告发布评价结果。

6.3.2.3 集团公司对严重违反技术监督制度、由于技术监督不当或监督项目缺失、降低监督标准而造成严重后果，以及对技术监督发现问题不进行整改的电厂，予以通报并限期整改。

6.3.3 电厂应督促属地技术监督服务单位依据技术监督服务合同的规定，提供技术支持和监督服务，依据相关监督标准定期对电厂技术监督工作开展情况进行检查和评价分析，形成评价报告，并将评价报告电子版和书面版报送产业公司、区域公司及电厂。电厂应将报告归档管理，并落实问题整改。

6.3.4 电厂应按照集团公司《电力技术监督管理办法》及华能电厂安全生产管理体系要求建立完善技术监督评价与考核管理标准，明确各项评价内容和考核标准。

6.3.5 电厂应每年按本标准附录M，组织安排节能监督工作开展情况的自我评价，根据评价情况对相关部门和责任人开展技术监督考核工作。

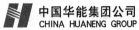

附 录 A

（规范性附录）

单位装机容量取水量定额

表 A.1 单位装机容量取水量定额指标   m³/（s·GW）

机组冷却形式	单机容量<300MW	单机容量≥300MW	参考的相关工艺方案
淡水循环供水系统	0.80	0.70	湿法脱硫、干式除灰、湿式除渣
淡水直流供水系统	0.12	0.10	湿法脱硫、干式除灰、湿式除渣
海水直流供水系统	0.12	0.10	湿法脱硫、干式除灰、湿式除渣
空冷机组	0.15	0.12	湿法脱硫、干式除灰、干式除渣、电动给水泵或汽动给水泵排汽空冷、辅机冷却水湿冷
空冷机组	0.12	0.10	湿法脱硫、干式除灰、干式除渣、电动给水泵或汽动给水泵排汽空冷、辅机冷却水空冷
空冷机组	—	0.06	干法脱硫、干式除灰、干式除渣、电动给水泵或汽动给水泵排汽空冷、辅机冷却水空冷

注 1：热电联产发电机组取水量应增加对外供汽、供热不能回收而增加的取水量（含自用水量）。

注 2：配备湿法脱硫系统且采用直流冷却或空气冷却的发电机组，当脱硫系统采用新水为工艺水时，可按实际用水量增加脱硫系统所需的水量。

注 3：当采用再生水、矿井水等非常规水资源及水质较差的常规水资源时，取水量可根据实际水质情况适当增加

附 录 B

（资料性附录）

热力试验必要的测点

B.1 汽轮机专业

B.1.1 主凝结水流量（在最后一级低压加热器出口至除氧器的管道上装设长颈或标准喷嘴，距离不够的，加装测量旁路）、主凝结水压力、主凝结水温度。

B.1.2 凝结水泵出口温度。

B.1.3 主给水流量、压力、温度（最后一级高压加热器出口管道）。

B.1.4 给水大旁路后温度（距离大旁路门 2m 以内）。

B.1.5 给水泵汽轮机进汽流量、压力、温度（进汽管道）。

B.1.6 过热器、再热器减温水流量、压力、温度（给水泵出口及泵抽头）。

B.1.7 主蒸汽及再热蒸汽压力、温度（主汽门前、再热汽门前）。

B.1.8 高压缸排汽压力和温度、中压缸排汽压力和温度（靠近中压缸侧）、低压缸排汽压力（每个排汽口至少安装两个，并配有专用网笼探头）。

B.1.9 高压缸第一级后压力、温度。

B.1.10 低压缸进汽压力、温度（靠近低压缸侧）。

B.1.11 给水泵汽轮机排汽压力（排汽管）。

B.1.12 给水泵进、出口温度。

B.1.13 加热器进汽压力、温度（进汽口），加热器进水、出水温度（加热器水侧），加热器疏水温度（疏水管调节阀前）。

B.1.14 除氧器进汽压力、温度，水箱出水温度（每台泵进水管上各一个）。

B.1.15 轴封供汽压力、温度。

B.1.16 热井水位、除氧水箱水位、汽包水位。

B.1.17 发电机功率。

B.2 锅炉专业

B.2.1 过热器出口压力、温度；汽包压力。

B.2.2 原煤取样。

B.2.3 给煤量。

B.2.4 煤粉取样。

B.2.5 磨煤机风量，进、出口压力。

B.2.6 密封风风量。

B.2.7 飞灰取样；炉渣取样。

B.2.8 空气预热器进、出口烟温及静压。

B.2.9 排烟温度、空气预热器进口氧量、出口氧量（排烟氧量），排烟（空气预热器出口）二氧化硫、氮氧化物含量。

B.2.10 除尘器进、出口粉尘取样，静压。

B.2.11 送、引风机和一次风机流量，进、出口静压及温度。

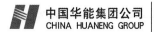

附 录 C

（资料性附录）

机组运行综合技术经济指标和运行小指标报表

表 C.1　火力发电厂燃煤机组运行技术经济指标月度报表

序号	指标名称	单位	目标值（设计值）	本月	同期（去年本月）	累计	
						本年	去年
1	发电量	亿 kW·h					
2	供热量	GJ					
3	发电煤耗	g/(kW·h)					
4	生产供电煤耗	g/(kW·h)					
5	综合供电煤耗	g/(kW·h)					
6	发电（生产）厂用电率	%					
7	供热厂用电率	%					
8	综合厂用电率	%					
9	单位发电量取水量（发电水耗率）	kg/(kW·h)					
10	发电用油量	t					
11	入厂/入炉煤热值差	kJ/kg					
12	机组运行小时	h					
13	机组利用小时	h					
14	机组出力系数	%					
15	发电补水率	%					
16	锅炉热效率	%					
17	主蒸汽温度（机侧）	℃					
18	主蒸汽压力（机侧）	MPa					
19	主蒸汽减温水流量	t/h					
20	再热蒸汽温度（机侧）	℃					
21	再热蒸汽压力（机侧）	MPa					
22	再热器减温水流量	t/h					
23	排烟温度（空气预热器出口）	℃					

表 C.1（续）

序号	指标名称	单位	目标值（设计值）	本月	同期（去年本月）	累计	
						本年	去年
24	低温烟气余热利用装置后烟气温度	℃					
25	锅炉运行氧量	%					
26	飞灰可燃物含量	%					
27	炉渣可燃物含量	%					
28	空气预热器漏风率	%					
29	空气预热器阻力（烟气侧）	Pa					
30	空气预热器入口风温	℃					
31	煤粉细度 R_{90}	%					
32	循环流化床锅炉入炉煤大于上限粒径的份额	%					
33	吹灰器投入率	%					
34	制粉系统单耗	（kW·h）/t					
35	制粉系统耗电率	%					
36	引风机单耗	（kW·h）/t					
37	引风机耗电率	%					
38	送风机单耗	（kW·h）/t					
39	送风机耗电率	%					
40	一次风机耗电率	%					
41	一次风机单耗	（kW·h）/t					
42	除灰系统单耗	（kW·h）/t					
43	除灰系统耗电率	%					
44	除尘系统单耗	（kW·h）/t					
45	除尘系统耗电率	%					
46	脱硫系统耗电率	%					
47	脱硝系统耗电率	%					
48	增压风机耗电率	%					
49	高压缸效率	%					
50	中压缸效率	%					
51	低压缸效率	%					

表 C.1（续）

序号	指标名称	单位	目标值（设计值）	本月	同期（去年本月）	累计 本年	累计 去年
52	汽轮机热耗率	kJ/（kW·h）					
53	汽轮机汽耗率	kg/（kW·h）					
54	凝汽器真空度	%					
55	凝汽器端差	℃					
56	凝结水过冷却度	℃					
57	排汽温度	℃					
58	真空系统严密性	Pa/min					
59	凝汽器入口循环水温	℃					
60	凝汽器出口循环水温	℃					
61	胶球清洗装置投入率	%					
62	胶球清洗装置收球率	%					
63	冷却塔水温降	℃					
64	湿式冷却塔幅高	℃					
65	给水温度	℃					
66	给水温降	℃					
67	高压加热器投入率	%					
68	1 号高压加热器上端差	℃					
69	1 号高压加热器下端差	℃					
70	2 号高压加热器上端差	℃					
71	2 号高压加热器下端差	℃					
72	3 号高压加热器上端差	℃					
73	3 号高压加热器下端差	℃					
74	1 号低压加热器上端差	℃					
75	1 号低压加热器下端差	℃					
76	2 号低压加热器上端差	℃					
77	2 号低压加热器下端差	℃					
78	3 号低压加热器上端差	℃					
79	3 号低压加热器下端差	℃					
80	4 号低压加热器上端差	℃					

表 C.1（续）

序号	指标名称	单位	目标值（设计值）	本月	同期（去年本月）	累计	
						本年	去年
81	4 号低压加热器下端差	℃					
82	电动给水泵单耗	（kW·h）/t					
83	电动给水泵耗电率	%					
84	凝结水泵耗电率	%					
85	循环水泵耗电率	%					
86	空冷系统耗电率	%					
87	当地大气压力	kPa					

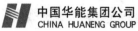
附 录 D

（资料性附录）
节能技术监督部分资料档案格式

D.1 入炉煤煤质化验报告格式

××电厂××机组入炉煤煤质化验分析报告见表 D.1。

表 D.1 ××电厂××机组入炉煤煤质化验分析报告

来（上）煤日期	来（上）煤名称	煤量 t	取样时间	化验时间	全水分 M_t %	收到基灰分 A_{ar} %	收到基硫分 S_{ar} %	干燥无灰基挥发分 V_{daf} %	收到基低位发热量 $Q_{ar,net}$ kJ/kg	备注
2014-8-10										
取样：			化验：			审核：			日期：	

D.2 能源计量点图格式

D.2.1 燃料计量点图

煤煤计量点图（陆运）见图 D.1。

煤煤计量点图（船运）见图 D.2。

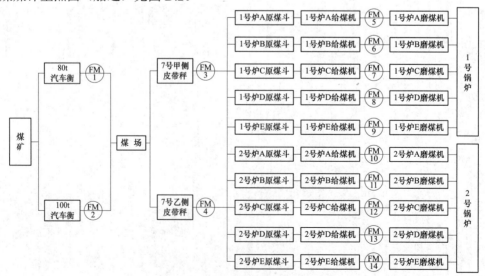

图 D.1 燃煤计量点图（陆运）

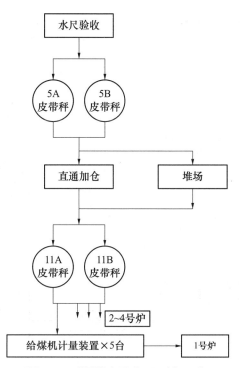

图 D.2　燃煤计量点图（船运）

D.2.2　水计量点图（见图 D.3）

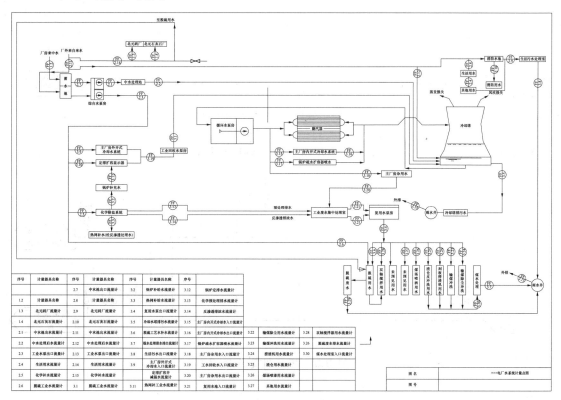

序号	计量器具名称	序号	计量器具名称	序号	计量器具名称	序号	计量器具名称
		2.7	中水池出口流量计	3.2	锅炉补给水流量计	3.12	锅炉定排水流量计
1.2	计量器具名称	2.8	计量器具名称	3.3	热网补给水流量计	3.13	化学预处理排水流量计
1.3	北元砖厂流量计	2.9	北元砖厂流量计	3.4	复用水泵出口流量计	3.14	反渗透排放水流量计
1.4	北元石灰石流量计	2.10	北元石灰石流量计	3.5	冷却水塔排污水流量计	3.15	主厂房内开式冷却水流量计
2.1	中水池出水流量计	2.11	中水池出水流量计	3.6	脱硫工艺水补水流量计	3.16	主厂房内开式冷却水流量计
2.2	中水处理后水流量计	2.12	中水处理后水流量计	3.7	煤场喷淋用水流量计	3.17	锅炉疏水扩容器喷水流量计
2.3	工业水泵出口流量计	2.13	工业水泵出口流量计	3.8	生活污水出口流量计	3.18	主厂房水入口流量计
2.4	生活用水流量计	2.14	生活用水流量计	3.9	主厂房外开式冷却水入口流量计	3.19	工水回收水入口流量计
2.5	化学补水流量计	2.15	化学补水流量计	3.10	定排扩容器减温水流量计	3.20	主厂房杂用水入口流量计
2.6	脱硫工业水流量计	3.1	脱硫工业水流量计	3.11	热网补工业水流量计	3.21	复用水入口流量计

序号	计量器具名称	序号	计量器具名称
3.22	输煤除尘用水流量计	3.28	双轴搅拌器用水流量计
3.23	输煤冲洗用水流量计	3.26	渣场喷淋用水流量计
3.24	捞渣机用水流量计	3.30	煤水处理室入口流量计
3.25	渣含水流量计		
3.27	其他用水流量计		

图名		×××电厂水系统计量点图
图号		

图 D.3　水计量点图

D.2.3 热计量点图（见图 D.4 和图 D.5）

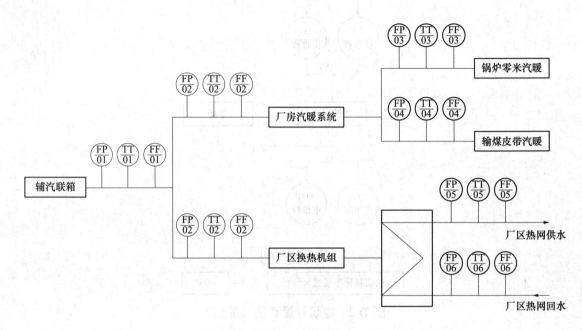

图 D.4　热量计量点图 1

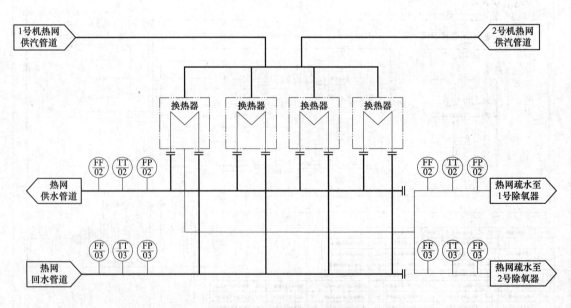

图 D.5　热量计量点图 2

D.3 皮带秤定期校验报告格式

××电厂电子皮带秤校验报告见表 D.2。

表 D.2 ××电厂电子皮带秤校验报告

皮带秤名称	2/4B 电子皮带秤
安装位置	2/4B 皮带机尾部
参加校验人员	
校验时间	2014 年 1 月 10 日 10 时 30 分

校验方法和步骤：
1. 皮带空载运行。
2. 转换开关打到"就地位""自动位"，按下"启动按钮"，经过 4min 5s（2/4A 皮带运行一周用时 4min 5s），循环链码自动放下，跟随皮带运行。
3. 循环连码运行 5min 后自动收起。
4. 就地控制箱上显示：ACCUMULATIVE：65.70t；
   　　　　　　　　　　　FACT：65.73t；
   　　　　　　　　　　　ERROR：−0.03t。
5. ACCUMULATIVE：运行 5min 的测量值。
   　　　　　　　　FACT：运行 5min 的实际设定值。
   　　　　　　　　ERROR：测量值与实际值之间的误差。

校验数据：
测量值：65.70t
实际值：65.71t
误差：−0.01t
链码检验值：0.02%
注：链码检验值计算方法：ERROR 值/FACT 值≤0.3%即为合格。如果链码检验值＞0.3%即为不合格，按以上方法继续校验，直到合格。

检验结果	合格/不合格
检验人员	
审核人员	

D.4 真空严密性试验报告格式

D.4.1 试验目的

真空严密性试验是检查汽轮机负压系统是否存在由于设备原因导致的漏空气现象，并且这样的缺陷有可能发展严重威胁真空，而影响机组安全经济运行的一种试验。

D.4.2 试验的依据

DL/T 932—2005《凝汽器与真空系统运行维护导则》

《××电厂运行规程》

D.4.3 试验的要求及方法

D.4.3.1 试验要求

D.4.3.1.1 汽轮机大、小修后要求做此试验；

D.4.3.1.2 停机时间超过 15 天时，机组投运后 3 天内应做此试验；

D.4.3.1.3 机组正常运行，每月进行一次试验；

D.4.3.1.4 试验时，要求机组负荷稳定在 80%额定负荷以上。

D.4.3.2 试验方法

D.4.3.2.1 检查机组运行正常，维持机组负荷在 80%额定负荷以上，保持运行工况稳定，通知各有关人员到位。

D.4.3.2.2 记录试验前负荷、真空、排汽温度、大气压力等参数。

D.4.3.2.3 关闭凝汽器抽气出口门，停运抽气设备。

D.4.3.2.4 抽气设备停运 30s 后开始记录，每 30s 记录一次真空数值。

D.4.3.2.5 记录 8min 后，恢复抽气设备运行，检查抽气设备运行状态正常。

D.4.3.2.6 取后 5min 真空数值，计算出真空平均下降速度。

D.4.3.2.7 可按表 D.3 进行试验数据记录。

表 D.3 ×号机组真空系统严密性试验记录表 20××年××月××日

时间	负荷 MW	真空值 kPa		循环水进水温度 ℃	循环水出口温度 ℃	凝结水温度 ℃	排汽温度 ℃	大气压力 kPa	大气温度 ℃
		A 侧	B 侧						
抽气设备停运前									
抽气设备停运 30s									
1min									
1min 30s									
2min									
2min 30s									
3min									
3min 30s									
4min									
4min 30s									
5min									
5min 30s									
6min									
6min 30s									
7min									
7min 30s									
8min									

D.4.4 评价标准及建议

D.4.4.1 对于湿冷机组，优秀：真空系统严密性≤0.133kPa/min；合格：真空系统严密性≤0.270kPa/min。

D.4.4.2 对于空冷机组，优秀：真空系统严密性≤0.05kPa/min；合格：真空系统严密性≤0.10kPa/min。

D.4.4.3 建议：（略）。

D.4.5 注意事项

试验过程中，如果凝汽器压力上升至报警值，应立即停止试验，启动真空泵，恢复机组试验前运行方式，并查找原因。

D.4.6 试验人员签字

D.5 空气预热器漏风率测试报告格式

D.5.1 试验目的

测量锅炉空气预热器漏风率。了解空气预热器漏风状况，掌握空气预热器运行状态，为空气预热器检修、节能、技术改造等提供依据。

D.5.2 试验依据

GB 10184—1988 《电站锅炉性能试验规程》。

D.5.3 试验内容及方法

D.5.3.1 试验内容

在锅炉额定负荷下，维持负荷和氧量稳定，对空气预热器进、出口氧量进行测量，进而计算空气预热器漏风率。

D.5.3.2 空气预热器漏风率计算方法

根据实际测量得到的空气预热器进、出口烟气含氧量（O_2'、O_2''），用下式计算进、出口过量空气系数 α'、α''：

$$\alpha' = \frac{21}{21 - O_2'}$$

$$\alpha'' = \frac{21}{21 - O_2''}$$

式中：

O_2' ——空气预热器入口烟气含氧量；

O_2'' ——空气预热器出口烟气含氧量；

α' ——空气预热器入口过量空气系数；

α'' ——空气预热器出口过量空气系数。

然后根据下式计算空气预热器漏风率 A_L：

$$A_L = \frac{\alpha'' - \alpha'}{\alpha''} \times 90$$

D.5.4 试验技术条件

D.5.4.1 空气预热器漏风率试验在额定负荷或接近额定负荷下进行。

D.5.4.2 试验期间保证锅炉负荷稳定，汽温、汽压稳定，入炉煤质、煤量稳定，试验期间不

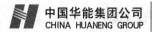

进行风压、风量的调整，不进行可能干扰燃烧工况的操作（如吹灰、磨煤机切换等），尽量保证配风稳定。

D.5.4.3　锅炉蒸汽参数和过剩空气系数均稳定在合适范围内。

D.5.4.4　参与试验的仪器仪表已进行校验和标定。

D.5.4.5　试验记录表格准备齐全。

D.5.5　**试验所需仪器**

D.5.5.1　烟气分析仪（用来测试空气预热器进、出口烟道的氧气氧量）。

D.5.5.2　烟气预处理器。

D.5.6　**试验步骤**

D.5.6.1　试验前稳定锅炉蒸发量和风量，同时记录炉膛负压，检查确认负荷、氧量、排烟温度等参数稳定，试验过程中入炉燃料和空气量保持不变。

D.5.6.2　在空气预热器进、出口烟道，使用同种类型的烟气分析仪采用网格法多点取样测试空气预热器相应区段烟道进、出口氧量，烟气样品由取样管先引至烟气预处理器进行清洁、除湿和冷却，然后接至烟气分析仪，测量数据由试验人员每隔 10min 记录一次，测得的含氧量数值取算术平均值。

D.5.6.3　根据测得的进、出口氧量平均值，依据上述计算方法计算空气预热器漏风率。

D.5.7　**空气预热器漏风率测试数据记录表（见表 D.4）**

表 **D**.4　××电厂锅炉空气预热器漏风率测试记录表

20××年××月××日

锅炉编号	1号锅炉		2号锅炉	
空气预热器编号	A 侧	B 侧	A 侧	B 侧
试验时间				
机组负荷 MW				
磨煤机投运情况				
引风机电流 A				
送风机电流 A				
锅炉运行氧量 %				
炉膛负压 Pa				
空气预热器入口烟气温度 ℃				
空气预热器出口烟气温度 ℃				
实测入口平均氧量 %				
实测出口平均氧量 %				

表 D.4（续）

锅炉编号	1号锅炉		2号锅炉	
空气预热器编号	A 侧	B 侧	A 侧	B 侧
入口过量空气系数				
出口过量空气系数				
空气预热器漏风率 A_L %				

D.5.8 空气预热器漏风率评价及建议

空气预热器合格标准为：管式≤4%，回转式≤8%。

建议：略。

D.5.9 试验人员签字

D.6 煤粉细度测试报告格式（见表 D.5）

表 D.5 ××电厂煤粉细度测试记录表

磨煤机编号	单位	×号机组 A 磨				×号机组 B 磨				×号机组 C 磨				×号机组 D 磨				×号机组 E 磨				×号机组 F 磨			
煤粉取样位置		A	B	C	D	A	B	C	D	A	B	C	D	A	B	C	D	A	B	C	D	A	B	C	D
取样时间	年—月—日—时—分																								
分离器转速	rad/min																								
分离挡板开度	%																								
给煤量	t/h																								
煤粉细度 R_{200}	%																								
煤粉细度 R_{90}	%																								
化验时间	年—月—日																								
取样：					化验：									时间：											

D.7　汽水系统泄漏阀门台账格式（见表 D.6）

表 D.6　××电厂汽水系统泄漏阀门台账

序号	阀门名称	位置	环境温度	阀体温度	门前温度	门后温度	阀门状态（是否泄漏）	检查人	检查时间	整改负责人	整改计划时间	备注
主蒸汽、再热蒸汽、轴封蒸汽和旁路系统												
汽轮机本体系统												
给水、凝结水系统												
抽汽、疏放水系统												
辅助蒸汽系统												
锅炉过热蒸汽系统（汽包事故放水、顶棚过热器入口集箱疏水、包墙集箱疏水、低温过热器入口集箱疏水、屏过出口至吹灰等）												
锅炉疏水排污放气系统（下降管排污、炉顶联箱疏水至定排、分隔墙入口集箱疏水至定排、低温过热器出口集箱至定排、屏过出口集箱疏水至定排、汽包至定排、省煤器出口管道疏水至定排等）												

D.8　节能监督月度例会会议纪要格式

节能监督月度例会会议纪要

时间：

地点：

主持：

记录：

参加人员：

一、节能专责汇报

1. 上月主要技术经济指标完成情况

2. 上月节能主要工作的开展情况

3. 影响节能指标存在的主要问题及解决措施/方案

4. 技术监督工作计划发布及执行情况，监督计划的变更

二、上月节能监督例会安排事宜落实情况

1. 由策划部（生技部）、运行部、检修部、燃料部、行政部等相关责任人分别汇报

2. 需要领导协调的问题

三、集团公司技术监督季报、监督通讯，新颁布的国家、行业标准规范，监督新技术学习交流

四、下阶段主要工作安排

附 录 E

（规范性附录）

技术监督不符合项通知单

编号（No.）：××–××–××

发现部门：　　　专业：　　　被通知部门、班组：　　　签发：　　　日期：20××年××月××日

不符合项描述	1. 不符合项描述： 2. 不符合标准或规程条款说明：
整改措施	3. 整改措施： 制定人/日期：　　　　　　　审核人/日期：
整改验收情况	4. 整改自查验收评价： 整改人/日期：　　　　　　　自查验收人/日期：
复查验收评价	5. 复查验收评价： 复查验收人/日期：
改进建议	6. 对此类不符合项的改进建议： 建议提出人/日期：
不符合项关闭	整改人：　　　自查验收人：　　　复查验收人：　　　签发人：
编号说明	年份＋专业代码＋本专业不符合项顺序号

附 录 F

（资料性附录）

节能监督定期工作项目列表

表 F.1 火力发电厂燃煤机组节能监督定期工作项目列表

序号	类型	监督工作项目	周 期	资料档案
1	节能监督管理体系	三级网络建立及更新	每年	节能监督三级网络图及组织机构成立文件
2		节能监督管理标准修订	每年	标准修订记录
3		节能监督相关/支持性文件修订（含技术标准、相关制度）	每年	修订记录
4		月度节能监督会议	每月	会议纪要
5		节能监督相关标准规范收集、宣贯	每年	标准规范及宣贯资料
6		节能培训	每年	节能培训记录
7		节能宣传	每年	节能宣传活动材料
8		监督计划的检查考核	每季	技术监督不符合项通知单
9	计划及总结	技术监督报告	每季	技术监督季报（年报）
10		中长期节能规划	每3～5年	规划报告
11		节能中长期规划实施情况总结	每年	规划完成情况总结
12		节能监督年度计划	每年	年度计划
13		节能监督年度计划完成情况总结	每年	计划完成情况总结
14		节能监督总结	每半年/年	半年/年度总结
15		机组检修节能监督项目计划	检修前110天	检修节能监督项目计划
16		机组检修节能监督总结	检修后30天	检修节能监督总结
17		节能培训规划、计划和总结	每年	培训计划和总结
18		能源计量器具检定、检验、校验计划	每年	检定计划
19		节能监督动态检查与考核	每年/定期	迎检资料，检查报告，问题整改计划，整改结果
20		节能预警问题整改	每年	整改计划、措施及完成情况

表 F.1（续）

序号	类型	监督工作项目	周期	资料档案
21	运行节能定期工作	运行报表	年/月/日	运行报表
22		节能分析及对标	月	节能分析及对标报告
23		节能考核	月	节能考核资料
24		小指标竞赛及奖惩	月	指标竞赛及奖惩资料
25		燃料盘点（含煤、油）	月	燃料盘点报告
26		入厂煤/入炉煤机械采样装置投入统计	月	投入记录月报表
27	检修节能定期工作	锅炉受热面、空气预热器（和脱硫系统烟气加热器）换热元件、脱硝催化剂、暖风器、汽轮机通流部分、凝汽器管、加热器、热网换热器、二次滤网、高压变频器滤网、真空泵冷却器等设备的清理或清洗	检修期间	检修记录、检修总结
28		锅炉点火装置的检查、维护	检修期间	检修记录、检修总结
29		燃烧器摆角、烟风挡板等控制（执行）机构的检查、维护	检修期间	检修记录、检修总结
30		制粉系统中分离器等易磨损件的检查、维护	检修期间	检修记录、检修总结
31		锅炉本体、烟风道漏风检查（整体风压试验）、处理	检修期间	检修记录、检修总结
32		脱硫喷淋系统、浆液系统、除雾器，脱硝喷氨系统的检查、维护	检修期间	检修记录、检修总结
33		空气预热器（和脱硫系统烟气加热器）密封片检查更换、间隙调整，损坏换热元件的修复、更换	检修期间	检修记录、检修总结
34		吹灰系统检修维护	检修期间	检修记录、检修总结
35		汽轮机通流部分间隙调整	检修期间	检修记录、检修总结
36		汽封检查、调整	检修期间	检修记录、检修总结
37		真空系统查漏、堵漏	检修期间	检修记录、检修总结
38		胶球清洗系统检查、调整	检修期间	检修记录、检修总结
39		水塔填料检查更换、配水槽清理、喷嘴检查更换，循环水系统清淤	检修期间	检修记录、检修总结
40		直接空冷机组空冷岛和间接空冷散热器（冷却三角）冲洗	检修期间	检修记录、检修总结
41		热力系统内、外漏治理	检修期间	检修记录、检修总结

表 F.1（续）

序号	类型	监督工作项目	周 期	资料档案
42	检修节能定期工作	高压加热器水室分程隔板的检查、修复	检修期间	检修记录、检修总结
43		机组保温治理	检修期间	检修记录、检修总结
44		能源计量装置的维护、校验	检修期间	检修记录、检修总结
45		辅机变频器的检查、维护	检修期间	检修记录、检修总结
46		节能技改项目可行性研究	每年	节能技改可研报告
47		节能技改项目完工总结	技改后	节能技改项目总结报告
48	定期试验	锅炉、汽轮机性能试验	投产后性能考核，检修前、后	试验报告
49		主要辅机性能试验（泵、风机、磨煤机、凝汽器、水塔等）	投产后性能考核，A级检修前、后	试验报告
50	定期试验	机组优化运行试验：汽轮机定滑压试验、冷端优化运行试验、锅炉配煤掺烧试验、锅炉燃烧调整试验、制粉系统优化试验、脱硫/脱硝/除尘系统优化运行试验	投产后、A级检修后、设备异动后、煤质发生较大变化后	试验报告
51		锅炉冷态试验	机组投产或重大改造后	试验报告
52		主、辅设备技术改造前后性能对比试验，如汽轮机通流改造前后试验、锅炉受热面改造前后试验等	技术改造后	试验报告
53		真空严密性测试	每月	测试报告
54		冷却塔、空冷岛、间冷塔性能测试	每月	测试报告
55		空气预热器漏风率测试	每季	测试报告
56		保温测试	停机检修前、检修后	测试报告
57		全厂能量平衡测试（含燃料、热、电、水）	每五年	测试报告
58	定期化验	入厂煤和入炉煤采、制、化	每班	煤质化验报告
59		飞灰取样、化验	每班	可燃物化验报告
60		炉渣取样、化验	每周	可燃物化验报告
61		煤粉细度化验	每月	煤粉细度化验报告
62		石子煤热值化验及质量统计	每季/异常时	石子煤热值化验报告及质量统计记录

表 F.1（续）

序号	类型	监督工作项目	周　期	资料档案
63	定期检定、检验、校验	输煤皮带秤校验	每半月	皮带秤校验记录
64		轨道衡检定	每年	检定报告
65		汽车衡检定	每半年	检定报告
66		氧量计、一氧化碳测量装置标定	每季度	氧量计、一氧化碳浓度测量装置标定记录
67		关口电能表检定	合格期内	检定报告
68		热计量表计校验	每年	校验记录
69		水计量表计校验	每年/合格期内	校验记录
70	台账	综合技术经济指标和小指标台账	每月	月度指标台账
71		耗能设备节能台账	每年	主辅设备历史性能参数统计
72		泄漏阀门台账	每月	泄漏阀门台账
73		能源计量器具台账建立及更新	及时	能源计量器具台账，应包括一览表、合格期
74		能源计量点网络图修订（含煤、油、水、汽、电）	每年	能源计量网络图
75		主、辅机原始设备资料	投产后	设备设计、运行说明书，主要性能参数（性能曲线）
76		节能监督人员档案	每年	节能监督网络人员档案、上岗资格证

附 录 G

（规范性附录）

技 术 监 督 信 息 速 报

单位名称			
设备名称		事件发生时间	
事件概况	注：有照片时应附照片说明。		
原因分析			
已采取的措施			
监督专责人签字		联系电话： 传　真：	
生产副厂长或总工程师签字		邮　箱：	

附 录 H

（规范性附录）

节能技术监督季报编写格式

××电厂20××年×季度节能技术监督季报

编写人：×××　固定电话/手机：××××××

审核人：×××

批准人：×××

上报时间：20××年×月×日

H.1　上季度集团公司督办事宜的落实或整改情况

H.2　上季度产业（区域子）公司督办事宜的落实或整改情况

H.3　节能监督年度工作计划完成情况统计报表（见表 H.1）

表 H.1　年度技术监督工作计划和技术监督服务单位合同项目完成情况统计报表

发电企业技术监督计划完成情况			技术监督服务单位合同工作项目完成情况		
年度计划项目数	截至本季度完成项目数	完成率 %	合同规定的工作项目数	截至本季度完成项目数	完成率 %

H.4　节能监督考核指标完成情况统计报表

H.4.1　监督管理考核指标报表（见表 H.2～表 H.4）

　　监督指标上报说明：每年的一、二、三季度所上报的技术监督指标为季度指标；每年的四季度所上报的技术监督指标为全年指标。

表 H.2　20××年×季度能源计量装置校验率统计报表

年度计划应校验仪表台数	截至本季度完成校验仪表台数	仪表校验率 %	考核或标杆值 %
			100

表 H.3　技术监督预警问题至本季度整改完成情况统计报表

一级预警问题			二级预警问题			三级预警问题		
问题项数	完成项数	完成率%	问题项数	完成项数	完成率%	问题项目	完成项数	完成率%

表 H.4　集团公司技术监督动态检查提出问题本季度整改完成情况统计报表

检查年度	检查提出问题项目数（项）			电厂已整改完成项目数统计结果			
	严重问题	一般问题	问题项合计	严重问题	一般问题	完成项目数小计	整改完成率%

H.4.2　技术监督考核指标报表（见表 H.5）

表 H.5　20××年×季度节能监督综合技术经济指标统计报表

机组编号	名　称	单位	本　年			去　年		
			本季	年累计	年目标	本季	年累计	年目标
全厂	发电量	亿 kW·h						
	供热量	GJ						
	发电煤耗	g/(kW·h)						
	生产供电煤耗	g/(kW·h)						
	综合供电煤耗	g/(kW·h)						
	发电（生产）厂用电率	%						
	供热厂用电率	%						
	综合厂用电率	%						
	单位发电量取水量	kg/(kW·h)						
	发电用油量	t						
	入厂/入炉煤热值差	kJ/kg						

表 H.5（续）

机组编号	名称	单位	本年			去年		
			本季	年累计	年目标	本季	年累计	年目标
1号机组	发电量	亿kW·h						
	供热量	GJ						
	发电煤耗	g/(kW·h)						
	生产供电煤耗	g/(kW·h)						
	发电（生产）厂用电率	%						
	供热厂用电率	%						
	单位发电量取水量	kg/(kW·h)						
	发电用油量	t						
2号机组	发电量	亿kW·h						
	供热量	GJ						
	发电煤耗	g/(kW·h)						
	生产供电煤耗	g/(kW·h)						
	发电（生产）厂用电率	%						
	供热厂用电率	%						
	单位发电量取水量	kg/(kW·h)						
	发电用油量	t						
3号机组	发电量	亿kW·h						
	供热量	GJ						
	发电煤耗	g/(kW·h)						
	生产供电煤耗	g/(kW·h)						
	发电（生产）厂用电率	%						
	供热厂用电率	%						
	单位发电量取水量	kg/(kW·h)						
	发电用油量	t						

表 H.5（续）

机组编号	名称	单位	本 年			去 年		
			本季	年累计	年目标	本季	年累计	年目标
4号机组	发电量	亿 kW·h						
	供热量	GJ						
	发电煤耗	g/(kW·h)						
	生产供电煤耗	g/(kW·h)						
	发电（生产）厂用电率	%						
	供热厂用电率	%						
	单位发电量取水量	kg/(kW·h)						
	发电用油量	t						
5号机组	发电量	亿 kW·h						
	供热量	GJ						
	发电煤耗	g/(kW·h)						
	生产供电煤耗	g/(kW·h)						
	发电（生产）厂用电率	%						
	供热厂用电率	%						
	单位发电量取水量	kg/(kW·h)						
	发电用油量	t						
6号机组	发电量	亿 kW·h						
	供热量	GJ						
	发电煤耗	g/(kW·h)						
	生产供电煤耗	g/(kW·h)						
	发电（生产）厂用电率	%						
	供热厂用电率	%						
	单位发电量取水量	kg/(kW·h)						
	发电用油量	t						

H.4.3 监督考核指标简要分析

填报说明：分别对监督管理和技术监督考核指标进行分析，说明未达标指标的原因。

H.4.3.1 综合技术经济指标分析

填写说明：分析发电量、生产供电煤耗率、生产厂用电率、发电用油量（供热量、供热煤耗率、供热厂用电率）等能耗指标本季度完成值与上季度、年目标值和去年同期完成值的比较，简要分析说明环比、同比及与年目标值相比升高或降低的原因，同时应与上级公司或电厂指标年度考核值（或一级预警值）进行对比。

H.4.3.2 机、炉专业主要小指标分析

按本标准附录 C《火力发电厂燃煤机组运行综合技术经济指标和运行小指标报表》填写上报、异常分析。

H.4.3.3 技术监督预警和技术监督动态检查提出问题完成率分析

H.5 本季度主要的节能监督工作

填报说明：简述节能监督管理、试验（化验、校验）、运行、检修、技改的工作和设备遗留缺陷的跟踪情况。包括：① 节能监督管理体系方面，如节能监督网络更新，节能监督管理标准、厂级节能管理制度修订完善，节能监督网络活动开展情况，节能培训、宣传活动等；② 节能相关试验、测试、化验、校验工作，如性能试验、优化调整试验、煤质化验，能源计量器具校验、标定等；③ 设计、基建阶段节能监督工作；④ 运行监督；⑤ 检修监督；⑥ 技术改造监督；⑦ 燃料管理等。

H.6 本季度节能监督发现的问题、原因分析及处理情况

填报说明：包括试验、检修、运行、巡视中发现的影响能耗指标的问题（缺陷）、原因分析及处理情况，必要时应提供照片、数据和曲线。

H.6.1 锅炉主辅设备
H.6.2 汽轮机主辅设备
H.6.3 其他系统

H.7 节能监督需要关注的主要问题

H.7.1 锅炉节能部分
H.7.2 汽轮机节能部分

H.8 节能监督下季度的主要工作（包括锅炉、汽轮机运行优化、检修、技改和试验工作）

H.9 附表

技术监督动态检查节能专业提出的问题至本季度整改完成情况见表 H.6，《中国华能集团公司火（水）电技术监督报告》节能专业提出的存在问题至本季度整改完成情况见表 H.7，技术监督预警问题至本季度整改完成情况见表 H.8。

表 H.6 　20××年技术监督动态检查节能专业提出的问题至本季度整改完成情况

序号	问题描述	问题性质	西安热工院提出的整改建议	发电企业制定的整改措施和计划完成时间	目前整改状态或情况说明
注 1：填报此表时需要注明集团公司技术监督动态检查的年度。					
注 2：如 4 年内开展了 2 次检查，应按此表分别填报。待年度检查问题全部整改完毕后，不再填报					

表 H.7 　《中国华能集团公司火（水）电技术监督报告》（20××年××季度）
　　　　　节能专业提出的存在问题至本季度整改完成情况

序号	问题描述	问题性质	问题分析	解决问题的措施及建议	目前整改状态或情况说明
注：应注明提出问题的《技术监督报告》的出版年度和月度					

表 H.8 　技术监督预警问题至本季度整改完成情况

预警通知单编号	预警类别	问题描述	西安热工院提出的整改建议	发电企业制定的整改措施和计划完成时间	目前整改状态或情况说明

附　录　I

（规范性附录）

节能技术监督预警项目

I.1　一级预警

I.1.1　以下参数超标：

a)　生产供电煤耗（按上年度累计值）高于优秀两型企业（300MW 及以上）或两型企业（300MW 以下）规定值（修正后）10g/(kW·h) 以上；

b)　生产厂用电率（按上年度累计值）高于优秀两型企业（300MW 及以上）或两型企业（300MW 以下）规定值（修正后）1 个百分点以上；

c)　新机性能考核试验值：锅炉热效率低于合同保证值 1 个百分点，汽轮机热耗率高于合同保证值 300kJ/(kW·h) 以上；机组 A 级检修后：锅炉热效率低于合同保证值 1 个百分点，汽轮机热耗率高于合同保证值 300kJ/(kW·h) 以上。

I.1.2　以下技术管理不到位：对二级预警项目未及时采取措施进行整改。

I.2　二级预警

I.2.1　以下参数超标：

a)　生产供电煤耗（按上年度累计值）高于优秀两型企业（300MW 及以上）或两型企业（300MW 以下）规定值（修正后）5（含）g/(kW·h) 以上；

b)　生产厂用电率（按上年度累计值）高于优秀两型企业（300MW 及以上）或两型企业（300MW 以下）规定值（修正后）0.5（含）个百分点以上；

c)　新机性能考核试验值：锅炉热效率低于合同保证值 0.5 个百分点，汽轮机热耗率高于合同保证值 150kJ/(kW·h) 以上；机组 A 级检修后：锅炉热效率低于合同保证值 0.5 个百分点，汽轮机热耗率高于合同保证值 150kJ/(kW·h) 以上；

d)　入厂与入炉煤热值差（按上年度累计值）超过 627kJ/kg。

I.2.2　以下技术管理不到位：对三级预警项目未及时采取措施进行整改。

I.3　三级预警

I.3.1　以下参数超标：

a)　生产供电煤耗（按上年度累计值）高于优秀两型企业（300MW 及以上）或两型企业（300MW 以下）规定值（修正后）3（含）g/(kW·h) 以上；

b)　生产厂用电率（按上年度累计值）高于优秀两型企业（300MW 及以上）或两型企业（300MW 以下）规定值（修正后）0.3（含）个百分点以上；

c)　主蒸汽温度低于设计值 10℃ 以上；

d)　再热蒸汽温度低于设计值 15℃ 以上；

e)　锅炉排烟温度（修正值）高于设计值 20℃ 以上；

f)　飞灰可燃物含量超过考核值 3 个百分点以上；

g)　再热器减温水流量大于 20 t/h；

h) 管式空气预热器漏风率超过 6%，回转式空气预热器漏风率超过 10%；

i) 给水温度低于相应负荷设计值 5℃以上；

j) 对于湿冷机组，300MW 容量以上机组真空系统严密性超过 300Pa/min，300MW 容量以下机组真空严密性超过 500Pa/min；对于空冷机组，真空严密性超过 200Pa/min；

k) 真空比设计值低 2kPa；

l) 凝汽器端差高于考核值 5℃；

m) 超（超）临界机组补水率大于 1.0%，亚临界机组补水率大于 1.5%；

n) 入炉煤低位发热量低于设计值 15%，硫分高于设计值 30%；

o) 场损率大于 0.5%。

I.3.2 以下技术管理不到位：

a) 未按要求开展相关热力试验：新机（汽轮机、锅炉）投产性能考核试验、汽轮机 A/B 级检修前/后性能试验、锅炉 A/B 级检修前/后效率试验、汽轮机本体改造后的汽轮机定滑压优化运行试验、冷端优化试验、锅炉设备改造后或煤种改变后的燃烧调整及制粉系统优化试验、配煤掺烧试验、风机改造前后的风机热态性能试验。

b) 新机考核及 A/B 级检修后的性能试验结果（汽轮机缸效率、修正后的汽轮机热耗率和锅炉效率）不达标而未制定整改计划。

c) 未按照优化运行试验给出的参数和运行方式运行。

d) 热力系统及疏水系统阀门泄漏严重，如主/再热蒸汽管道疏水门、抽汽管道疏水门、高压加热器事故疏水门、汽轮机本体疏水门、给水泵再循环门、锅炉排污系统门、高低压旁路门等。

e) 未按照集团公司相关规定进行盘煤。

附 录 J
（规范性附录）
技术监督预警通知单

通知单编号：T-　　　　　　　　预警类别编号：　　　　　日期：　　年　　月　　日

发电企业名称	
设备（系统）名称及编号	
异常情况	
可能造成或已造成的后果	
整改建议	
整改时间要求	

提出单位		签发人	

注：通知单编号：T—预警类别编号—顺序号—年度。预警类别编号：一级预警为1，二级预警为2，三级预警为3。

附　录　K
（规范性附录）
技术监督预警验收单

验收单编号：Y-　　　　　　　预警类别编号：　　　　　日期：　　年　　月　　日

发电企业名称	
设备（系统）名称及编号	
异常情况	
技术监督服务单位整改建议	
整改计划	
整改结果	
验收单位		验收人	

注：验收单编号：Y—预警类别编号—顺序号—年度。预警类别编号：一级预警为1，二级预警为2，三级预警为3。

附 录 L

（规范性附录）

技术监督动态检查问题整改计划书

L.1 概述

L.1.1 叙述计划的制定过程（包括西安热工院、技术监督服务单位及电厂参加人等）；

L.1.2 需要说明的问题，如问题的整改需要较大资金投入或需要较长时间才能完成整改的问题说明。

L.2 重要问题整改计划表（见表 L.1）

表 L.1 重要问题整改计划表

序号	问题描述	专业	监督单位提出的整改建议	电厂制定的整改措施和计划完成时间	电厂责任人	监督单位责任人	备 注

L.3 一般问题整改计划表（见表 L.2）

表 L.2 一般问题整改计划表

序号	问题描述	专业	监督单位提出的整改建议	电厂制定的整改措施和计划完成时间	电厂责任人	监督单位责任人	备 注

附 录 M
（规范性附录）
节能技术监督工作评价表

序号	评价项目	标准分	评价内容与要求	评分标准
1	节能监督管理	400		
1.1	组织与职责	50	查看电厂技术监督组织机构文件、上岗资格证	
1.1.1	监督组织健全	10	建立健全监督领导小组领导下的节能监督组织机构，在归口职能管理部门设置节能监督专责人	（1）未建立三级节能监督网，扣10分； （2）未落实节能监督专责人或监督网络缺少一级，扣5分； （3）监督网络人员调动未及时更新，扣3分
1.1.2	人员职责明确并得到落实	10	（1）节能监督网络各级岗位责任应明确，落实到人； （2）应制定节能监督各级网络人员职责	（1）未制定各级网络人员岗位职责，扣10分； （2）专业岗位设置不全或职责未落实到人，每一岗位扣5分
1.1.3	节能专责持证上岗	30	厂级节能监督专责人持有效上岗资格证	未取得资格证书或证书超期，扣30分
1.2	标准符合性	40	查看企业节能监督管理标准、节能监督相关/支持性文件及保存的国家、行业标准规范	
1.2.1	节能监督管理标准	10	（1）《节能监督管理标准》编写的内容、格式应符合《华能电厂安全生产管理体系要求》和《华能电厂安全生产管理体系管理标准编制导则》的要求，并统一编号； （2）《节能监督管理标准》的内容应符合国家、行业法律、法规、标准和《华能集团公司电力技术监督管理办法》相关的要求，并符合电厂实际	（1）未制定《管理标准》不得分； （2）不符合《华能电厂安全生产管理体系要求》和《华能电厂安全生产管理体系管理标准编制导则》的编制要求，扣5分； （3）不符合国家、行业法律、法规、标准和《华能集团公司电力技术监督管理办法》相关的要求和电厂实际，扣5分； （4）未及时修订扣5分

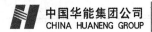

表（续）

序号	评价项目	标准分	评价内容与要求	评分标准
1.2.2	节能监督相关/支持性文件	20	应根据电厂实际情况编制以下文件： （1）节能技术监督实施细则（包括执行标准、工作要求）； （2）节能监督考核制度； （3）能源计量管理制度； （4）非生产用能管理制度； （5）节油节水管理制度； （6）节能定期试验管理制度（含定期化验）； （7）节能培训管理制度； （8）电厂统计管理制度； （9）经济指标计算办法及管理制度； （10）设备检修管理标准； （11）运行管理标准； （12）燃料管理标准	（1）每缺少一项文件，扣10分； （2）内容不完善，每项扣5分
1.2.3	国家、行业、集团公司标准规范	10	（1）保存的技术标准符合集团公司年初发布的节能监督标准目录； （2）应及时收集新标准并在厂内发布	（1）缺少标准或未更新，每项扣5分； （2）标准未在厂内发布，扣5分
1.3	计量器具	40	现场查看计量器具台账、检验计划、检验报告	
1.3.1	能源计量器具和节能监督仪器、仪表配备	10	（1）能源计量器具应配备齐全，满足节能统计、考核的需要； （2）节能监督用仪器、仪表配备满足需要	（1）进出用能单位能源计量器具配备率低于100%，扣10分； （2）进出主要次级用能单位和主要用能设备的能源计量器具配备率低于规定值，每项扣2分； （3）节能监督用仪器、仪表配备不满足需要，每项扣2分
1.3.2	能源计量器具台账	10	（1）建立能源计量器具台账（一览表），应列出：计量器具的名称、型号规格、准确度等级、测量范围、生产厂家、安装位置、购入时间、检定周期/校准间隔、使用状态等； （2）应根据本厂生产流程编制能源计量点网络图（包括燃料、电、热、水计量）	（1）未建立能源计量器具一览表或未建立能源计量点图，扣10分； （2）计量器具统计不全或能源计量点图不完善，每项扣2分
1.3.3	计量器具技术档案资料	10	（1）保存能源计量器具使用说明书、合格证、检定（测试、校准）证书、维修记录等技术档案； （2）编制便携式氧量计、超声波流量计、红外测温仪等专用仪器仪表操作规程	（1）使用说明书等技术档案缺失，每项扣2分； （2）专用仪器操作规程缺漏，每项扣2分

表（续）

序号	评价项目	标准分	评价内容与要求	评分标准
1.3.4	检验计划和检验报告	10	（1）应制定能源计量器具检验计划； （2）计划送检的仪表应有对应的检验报告； （3）定期检验、校验（比对）的计量装置应有记录	（1）未制定检验计划，扣10分； （2）计划不完善，扣2分； （3）超期未检验，仍在使用的计量装置，每项扣2分； （4）无检验、校验记录（报告），每项扣2分； （5）检定报告不符合要求，每项扣1分
1.4	监督档案	40	现场查看监督档案、档案管理的记录	
1.4.1	监督档案目录（清单）	5	应建立节能监督资料档案目录（清单），每类资料应有编号、存放地点、保存期限	（1）未建立监督档案目录（清单），不得分； （2）目录不完整，扣2分
1.4.2	报告和记录	30	（1）节能监督资料应齐全、时间连续； （2）节能监督资料内容应完整、规范，符合标准要求； （3）节能监督档案应包括本标准5.1.3所列内容，即设计和基建阶段技术资料，规程及系统图，试验、测试、化验报告，能源计量管理和技术资料，节能监督管理资料等方面的内容	（1）资料不齐全，每缺一项扣5分； （2）资料内容不完整、不规范，每项扣2分
1.4.3	档案管理	5	（1）资料应按规定保存，由专人管理； （2）借阅应有借、还记录； （3）应有过期文件处置的记录	不符合要求，每项扣2分
1.5	监督计划	40	查看监督计划、中长期节能规划	
1.5.1	计划的制订	20	（1）计划制订时间、依据应符合要求； （2）计划内容应包括： 1）完善节能监督体系（含节能监督组织机构的更新，节能监督管理标准、节能技术监督实施细则及厂级节能相关管理制度的修订）； 2）收集、更新和宣贯相关节能技术监督标准、规范和管理制度； 3）制定日常节能监督定期工作计划（定期会议等网络活动、报表、总结、小指标竞赛等）；	（1）未制订计划，扣20分； （2）计划制定时间不符合要求，扣10分； （3）计划内容不全，每项扣5分

表（续）

序号	评价项目	标准分	评价内容与要求	评分标准
1.5.1	计划的制定	20	4）制订定期试验、化验计划（含机组检修前后热力性能试验等）； 5）制订检修期间节能监督工作计划； 6）制订节能技术改造项目计划； 7）制订能源计量器具的检定、检验、校验计划； 8）制订技术监督检查提出问题的整改计划及监督提出预警问题的整改计划； 9）制订节能培训计划（主要包括内部培训、外部培训取证，标准规程宣贯）	（1）未制定计划，扣20分； （2）计划制定时间不符合要求，扣10分； （3）计划内容不全，每项扣5分
1.5.2	计划的审批	5	应符合工作流程：班组或部门编制→节能监督专责人修改、审核→主管主任审定→生产厂长审批→下发实施	审批工作流程缺少环节，每项扣5分
1.5.3	计划的上报	5	每年11月30日前上报产业公司、区域公司，同时抄送西安热工院	未按时上报计划，扣5分
1.5.4	中长期节能规划	10	本厂中长期节能规划，应切合实际、先进性、按时制/修订	（1）无中长期节能规划，扣10分； （2）未将能耗异常的设备或系统列入规划，扣5分； （3）节能规划每年修订一次，未按时修订扣5分
1.6	试验	40	现场查阅试验报告	
1.6.1	热力试验	30	（1）应定期开展相关热力试验，试验方法、仪器、程序符合标准要求； （2）试验报告编写规范，并及时向相关专业人员提供	（1）未开展新投产机组性能考核试验、A级检修前后锅炉和汽轮机性能试验，每项扣10分； （2）未开展4.7节所列其他热力试验，每项扣5分； （3）热力试验开展不符合标准要求或试验报告不规范，每项扣2分； （4）不及时向相关专业人员提供试验报告，扣2分
1.6.2	能量平衡测试	10	每5年或机组投产后应开展全厂能量平衡测试，编写燃料、电、热、水平衡测试报告	（1）未按时开展能量平衡测试，每项扣5分； （2）能量平衡测试不标准、报告不规范，每项扣2分

表（续）

序号	评价项目	标准分	评价内容与要求	评分标准
1.7	评价与考核	40	查阅评价与考核记录	
1.7.1	动态检查前自我检查	10	自我检查评价切合实际	（1）未自查或无自查报告，扣10分； （2）自查不合理，或自我检查评价与动态检查评价的评分相差20分及以上，扣5分
1.7.2	定期监督工作评价	10	有监督工作评价记录	无工作评价记录，扣10分
1.7.3	定期监督工作会议	10	有监督工作会议纪要	无工作会议纪要，扣10分
1.7.4	监督工作考核	10	有监督工作考核记录	发生监督不力事件而未考核，扣10分
1.8	工作报告制度执行情况	50	查阅检查之日前四个季度季报，检查速报事件及上报时间	
1.8.1	监督季报、年报	20	（1）按规定按时上报，即每季度首月5日前，应将技术监督季报报送产业公司、区域公司和西安热工院； （2）格式和内容符合要求	（1）季报、年报上报迟报1天扣5分； （2）格式不符合，每项扣5分； （3）统计报表数据不准确，每项扣10分； （4）检查发现的问题，未在季报中上报，每1个问题扣10分
1.8.2	技术监督速报	20	按规定格式和内容编写技术监督速报并及时上报	（1）发现或者出现重大设备问题和异常及障碍未及时、真实、准确上报技术监督速报，每次扣10分； （2）事件描述不符合实际，一件扣10分
1.8.3	年度工作总结报告	10	（1）每年元月5日前组织完成上年度技术监督工作总结报告的编写工作，并将总结报告报送产业公司、区域公司和西安热工院； （2）格式和内容应符合要求（本标准5.2.7.3）	（1）未编写年度工作总结报告，扣10分； （2）内容不全面，扣5分； （3）未按规定时间上报，扣5分
1.9	监督管理考核指标	60	查看综合技术经济指标统计计算过程及结果、监督预警问题验收单、技术监督检查提出问题整改完成证明文件	

表（续）

序号	评价项目	标准分	评价内容与要求	评分标准
1.9.1	综合技术经济指标	30	（1）综合技术经济指标统计计算方法和程序合理、正确； （2）以下综合技术经济指标应完成年度目标值： 1）发电量； 2）供热量； 3）发电煤耗率； 4）生产供电煤耗率； 5）综合供电煤耗率； 6）发电（生产）厂用电率； 7）供热厂用电率； 8）综合厂用电率； 9）单位发电量取水量（发电水耗率）； 10）发电用油量； 11）入厂/入炉煤热值差	（1）机组运行实际煤耗高于GB 21258规定限制，不得分； （2）综合技术经济指标未完成年度目标值，每项扣10分； （3）指标统计计算方法和程序不正确，每项扣5分
1.9.2	监督预警问题整改完成率	15	应达到100%	不符合要求，不得分
1.9.3	动态检查提出问题整改完成率	15	要求：从发电企业收到动态检查报告之日起，第1年整改完成率不低于85%，第2年整改完成率不低于95%	不符合要求，不得分
2	监督过程实施	600		
2.1	能源计量	130		
2.1.1	燃料计量监督	40		
2.1.1.1	入厂煤（油）计量	10	铁路/汽车/水运进厂煤（油），应有轨道衡/汽车衡/皮带秤有校验记录（准确度等级、上次检定日期、下次检定日期、检定单位资质等）	（1）没有校验记录不得分； （2）校验报告不规范，每项扣4分
2.1.1.2	入炉煤（油）计量	5	应有入炉煤总皮带秤/分炉计量装置、入炉油计量装置，并且入炉煤总皮带秤/分炉计量装置、入炉油计量有校验记录（准确度等级、上次检定日期、下次检定日期、检定单位资质等）	（1）没有计量装置，或没有实现分炉计量，或计量装置运行不正常，不得分； （2）没有校验记录不得分； （3）定期校验缺少一项扣2分，扣完为止； （4）校验记录不规范扣2分
2.1.1.3	入厂煤/入炉煤皮带秤链码或实物校验装置	5	链码和实物校验装置应有校验记录，准确可用（准确度等级、上次检定日期、下次检定日期、检定单位资质等）	（1）没有校验记录不得分； （2）校验报告不规范，每项扣2分

表（续）

序号	评价项目	标准分	评价内容与要求	评分标准
2.1.1.4	入厂煤/入炉煤机械采样投入率	5	入厂煤/入炉煤机械取样投入率应达到98%以上	（1）没有入厂/入炉煤机械取样装置不得分； （2）投入率每偏低 1 个百分点扣2分，扣完为止
2.1.1.5	入厂煤/入炉煤采、制样设备检验	5	应有煤采、制样设备检验记录（准确度等级、上次检定日期、下次检定日期、检定单位资质等）	（1）没有校验记录不得分； （2）校验报告不规范，每项扣2分
2.1.1.6	煤场盘点	10	每月应进行煤场盘点，并编制煤场盘煤报告	（1）没有盘煤报告或计算方法错误不得分； （2）未测量燃煤堆积密度或报告不规范，扣5分
2.1.2	电能计量	40		
2.1.2.1	关口电能计量	10	关口电能计量表应有检验（校验）记录	（1）未校验或无校验记录不得分； （2）表计运行不正常，扣5分； （3）校验报告不规范，扣2分； （4）表计现场无合格标识或所处环境不符合要求，扣1分
2.1.2.2	发电机出口电能计量	10	发电机出口电能计量表应有校验记录	（1）未校验或无校验记录不得分； （2）表计运行不正常，扣5分； （3）校验报告不规范，扣2分； （4）表计现场无合格标识或所处环境不符合要求，扣1分
2.1.2.3	主变压器二次侧电能计量	5	主变压器二次侧电能计量表应有校验记录	（1）未校验或无校验记录不得分； （2）表计运行不正常，扣2分； （3）校验报告不规范，扣1分； （4）表计现场无合格标识或所处环境不符合要求，扣1分
2.1.2.4	高压、低压厂用变压器电能计量	5	高压、低压厂用变压器电能计量表应有校验记录	（1）未校验或无校验记录不得分； （2）表计运行不正常，扣2分； （3）校验报告不规范，扣1分； （4）表计现场无合格标识或所处环境不符合要求，扣1分
2.1.2.5	100kW 及以上电动机电能计量	5	100kW 及以上电动机电能计量表应有校验记录	（1）未校验或无校验记录不得分； （2）表计运行不正常，扣2分； （3）校验报告不规范，扣1分； （4）表计现场无合格标识或所处环境不符合要求，扣1分

表（续）

序号	评价项目	标准分	评价内容与要求	评分标准
2.1.2.6	非生产用电计量	5	非生产用电总表应有校验记录	（1）未校验或无校验记录，扣3分； （2）表计运行不正常，扣2分； （3）校验报告不规范，扣1分； （4）表计现场无合格标识或所处环境不符合要求，扣1分
2.1.3	热计量	20		
2.1.3.1	对外供热计量	10	应有对外供热表计且有校验记录	（1）未校验或无校验记录不得分； （2）表计运行不正常，扣5分； （3）校验报告不规范，扣2分；表计现场无合格标识或所处环境不符合要求，扣1分
2.1.3.2	厂用供热计量	5	应有厂用供热表且有校验记录	（1）未校验或无校验记录，扣3分； （2）表计运行不正常，扣2分； （3）校验报告不规范，扣1分； （4）表计现场无合格标识或所处环境不符合要求，扣1分
2.1.3.3	非生产用热计量	5	应有非生产用热表计且有校验记录	（1）未校验或无校验记录，扣3分； （2）表计运行不正常，扣2分； （3）校验报告不规范，扣1分； （4）表计现场无合格标识或所处环境不符合要求，扣1分
2.1.4	水计量	30		
2.1.4.1	向厂内供水计量	10	应有向厂内供水总表且有校验记录	（1）未校验或无校验记录不得分； （2）表计运行不正常，扣5分； （3）校验报告不规范，扣2分；表计现场无合格标识或所处环境不符合要求，扣1分
2.1.4.2	对外供水计量	5	应有对外供水总表且有校验记录	（1）未校验或无校验记录不得分； （2）表计运行不正常，扣2分； （3）校验报告不规范，扣1分； （4）表计现场无合格标识或所处环境不符合要求，扣1分
2.1.4.3	化学用水计量	5	应有化学用水总表且有校验记录	（1）未校验或无校验记录，扣3分； （2）表计运行不正常，扣2分； （3）校验报告不规范，扣1分； （4）表计现场无合格标识或所处环境不符合要求，扣1分

表（续）

序号	评价项目	标准分	评价内容与要求	评分标准
2.1.4.4	锅炉补水计量	5	应有锅炉补水总表且有校验记录	（1）未校验或无校验记录，扣3分； （2）表计运行不正常，扣2分； （3）校验报告不规范，扣1分； （4）表计现场无合格标识或所处环境不符合要求，扣1分
2.1.4.5	非生产用水计量	5	应有非生产用水总表且有校验记录	（1）未校验或无校验记录，扣3分； （2）表计运行不正常，扣2分； （3）校验报告不规范，扣1分； （4）表计现场无合格标识或所处环境不符合要求，扣1分
2.2	运行小指标	330	查看报表及实时、历史数据	
2.2.1	锅炉热效率	20	锅炉热效率应达到合同保证值	锅炉热效率低于合同保证值0.5个百分点，扣10分
2.2.2	再热减温水流量	10	再热减温水流量为零	（1）再热减温水调门内漏严重未采取有效措施，不得分； （2）未充分利用烟气侧调节手段，扣5分； （3）流量不高于2t/h，不扣分；流量高于2t/h后，每超过1t/h扣1分，扣完为止
2.2.3	排烟温度	15	排烟温度修正到设计条件下不大于设计值×（1+3%）	（1）检修后未进行排烟温度标定、排烟温度代表性差，扣2分； （2）相比对应环境温度设计值每偏高1℃扣1分，扣完为止
2.2.4	锅炉运行氧量	10	烟气含氧量在（设计值±0.5）范围内	（1）锅炉排烟氧量计未定期标定，不得分； （2）烟气含氧量在允许范围外，每偏离0.1个百分点扣2分，扣完为止
2.2.5	飞灰可燃物含量	10	飞灰可燃物，不高于设计值或核定值： （1）对煤粉锅炉：无烟煤≤6%，贫煤≤4%，烟煤、褐煤≤2%； （2）对循环流化床锅炉：煤矸石、无烟煤≤8%，贫煤、劣质烟煤≤5%，烟煤、褐煤≤3%	（1）飞灰可燃物未定期取样、化验，不得分； （2）飞灰可燃物每高于考核值1个百分点扣5分，扣完为止

671

表（续）

序号	评价项目	标准分	评价内容与要求	评分标准
2.2.6	炉渣可燃物含量	10	炉渣可燃物，不高于设计值或核定值： （1）对煤粉锅炉：无烟煤≤8%，贫煤≤6%，烟煤、褐煤≤4%。 （2）对循环流化床锅炉：煤矸石、无烟煤≤3%，烟煤、褐煤、贫煤≤2%	（1）炉渣可燃物未定期取样、化验，不得分； （2）炉渣可燃物每高于考核值1个百分点扣2分，扣完为止
2.2.7	空气预热器漏风率	10	空气预热器漏风率不超过规定值，管式≤4%，回转式≤8%	（1）未定期进行空气预热器漏风率测试，扣5分； （2）每偏高考核值1个百分点扣2分，扣完为止
2.2.8	空气预热器阻力	10	空气预热器烟气侧压差不大于设计值	烟气侧压差每超设计值0.2kPa扣2分，扣完为止
2.2.9	煤粉细度（循环流化床锅炉入炉煤粒度）	10	（1）燃用无烟煤、贫煤和烟煤时，煤粉细度可按 $R_{90}=0.5nV_{daf}$（n为煤粉均匀性指数）选取，煤粉细度 R_{90} 不应低于4%。 （2）当燃用褐煤时，对于中速磨，煤粉细度 R_{90} 取30%～50%；对于风扇磨，煤粉细度 R_{90} 取45%～55%。 （3）循环流化床锅炉入炉煤粒度应在设计范围内	（1）煤粉细度未定期取样、化验，不得分； （2）煤粉细度每偏离考核值20%，扣2分，扣完为止
2.2.10	中速磨石子煤热值	10	中速磨石子煤排量在合理范围内，石子煤热值不超标（≤6.27MJ/kg）	（1）未进行石子煤排量统计或石子煤热值未定期化验，不得分； （2）石子煤热值超过规定值20%，扣5分
2.2.11	吹灰器投入率	10	吹灰器投入率应≥98%	（1）吹灰器投入情况未统计，不得分； （2）吹灰率投入率每低1个百分点，扣2分； （3）易积灰、结渣部位无吹灰系统，扣2分
2.2.12	汽轮机热耗率	20	汽轮机热耗率应达到合同保证值	（1）汽轮机热耗率高于合同保证值100kJ/(kW·h)以内，不扣分； （2）汽轮机实际热耗率高于合同保证值100kJ/(kW·h)以上，每高出50kJ/(kW·h)，扣5分
2.2.13	主蒸汽温度（机侧）	10	不低于相应负荷设计值	统计期内平均值低于设计值不超过2℃，不扣分；低于设计值2℃后，每低1℃扣2分，扣完为止

表（续）

序号	评价项目	标准分	评价内容与要求	评分标准
2.2.14	再热蒸汽温度（机侧）	10	不低于相应负荷设计值	统计期内平均值低于设计值不超过2℃，不扣分；低于设计值2℃后，每低1℃扣2分，扣完为止
2.2.15	主蒸汽压力（机侧）	10	（1）定压运行时，设计值×（1+1%）； （2）滑压运行时，主蒸汽压力应达到机组部分负荷定滑压优化运行试验得出的该负荷的最佳值	（1）不按照优化试验结果进行调整，扣5分（汽轮机调门按最优运行方式）； （2）压力每偏离优化值0.1MPa扣1分，扣完为止
2.2.16	凝汽器真空度	15	凝汽器真空度（%）应达到相应循环水进水温度或环境温度下的设计值或《华能优秀节约环保型燃煤发电厂标准》要求；供热机组考核非供热期	统计期内的平均值每低于设计值1个百分点扣5分，扣完为止
2.2.17	凝汽器端差	10	≤3.5℃	统计期内平均值不高于4℃，不扣分；超过4℃后，每超过1℃扣1分，扣完为止
2.2.18	凝结水过冷度	10	≤0.5℃	统计期内平均值不高于1℃，不扣分；高于1℃后，每超过0.2℃扣2分，扣完为止
2.2.19	真空系统严密性	10	300MW以上湿冷机组（含300MW）≤200Pa/min；300MW以下湿冷机组≤270Pa/min；空冷机组≤100Pa/min；供热机组考核非供热期	（1）对湿冷机组，真空严密性每超过50Pa/min扣2分，扣完为止； （2）对空冷机组，真空严密性每超过20Pa/min扣2分，扣完为止
2.2.20	胶球清洗装置	10	（1）胶球清洗装置投入率应达到100%； （2）胶球清洗装置收球率≥95%	（1）胶球清洗装置投入率每降低1个百分点扣2分，扣完为止； （2）胶球清洗装置收球率每降低1个百分点扣1分，扣完为止
2.2.21	湿式冷却塔冷却幅高	10	在90%以上额定热负荷下，气象条件正常时，夏季冷却塔出水温度与大气湿球温度的差值≤7℃	测试结果每高于规定值1℃扣2分，扣完为止
2.2.22	给水温度	10	给水温度≥相应负荷设计值	给水温度比相应负荷设计值每低1℃扣2分，扣完为止
2.2.23	给水温降	10	给水温降（高压加热器出口温度−省煤器入口给水温度）≤1℃	给水温降每超过1℃扣2分，扣完为止
2.2.24	高压加热器投入率	10	100%	高压加热器投入率比规定值每降低1个百分点扣2分，扣完为止
2.2.25	加热器端差	10	加热器端差≤设计值	加热器端差每高于设计值1℃，每项扣1分，扣完为止

表（续）

序号	评价项目	标准分	评价内容与要求	评分标准
2.2.26	机组补水率	10	机组补水率：超（超）临界机组补水率不大于 0.7%，亚临界机组补水率不大于 1.0%；供热机组考核非供热期	每超过规定值 0.1 个百分点扣 2 分，扣完为止
2.2.27	辅机耗电率	40	（1）锅炉辅机（磨煤机、排粉机、送风机、引风机、一次风机、炉水循环泵、除灰系统、除尘系统、脱硫系统、脱硝系统）单耗及耗电率应低于设计值、先进值或符合《华能优秀节约环保型燃煤发电厂标准》要求； （2）汽机辅机（凝结水泵、循环水泵、给水泵、真空泵、空冷岛）单耗及耗电率应低于设计值、先进值或符合《华能优秀节约环保型燃煤发电厂标准》要求	辅机总耗电率按同类型机组先进水平为满分，每超出基准值的 10%扣 10 分，扣完为止
2.3	现场查看	140	现场查看测点、能源计量装置、机组运行情况	
2.3.1	重要监视参数测点	15	（1）排烟温度、空气预热器入口风温、排烟含氧量、飞灰、炉渣取样测点抽查，安装位置应具有取样的代表性，每次 A 级检修结束后应进行代表点标定； （2）锅炉、汽轮机及其主要辅机的热力试验测点应齐全，并定期维护	测点每缺一处或不符合要求或未按期标定、维护各扣 2 分，扣完为止
2.3.2	煤场管理情况	15	应符合集团公司燃料管理有关制度规定	（1）防风墙、喷淋装置、排水设施等不完善，扣 2 分； （2）有自燃现象的，每处扣 2 分； （3）未分区堆放和标识，扣 1 分
2.3.3	入炉煤机械采样装置及皮带秤，入炉煤质量	20	（1）入炉煤采样、制样、化验工作应满足集团公司燃料管理和节能监督标准要求； （2）入炉煤能够实现分炉计量并正常投入运行； （3）入炉煤低位发热量不应低于设计值 15%，硫分不应高于设计值 30%	（1）入炉煤采样、制样、化验程序不符合标准要求，每项扣 2 分，扣完为止； （2）入炉煤计量装置运行不正常、现场环境不符合要求，每项扣 5 分，扣完为止； （3）入炉煤低位发热量每低于设计值 10%，硫分高于设计值 15%，扣 5 分，扣完为止

表（续）

序号	评价项目	标准分	评价内容与要求	评分标准
2.3.4	锅炉设备运行情况	20	（1）应保持受热面清洁，锅炉基本无结焦、无严重积灰情况； （2）锅炉范围内无严重漏风、漏粉、漏水、漏汽； （3）风机、磨煤机等应运行正常，无影响出力的缺陷	（1）锅炉存在严重结焦、积灰，影响机组带负荷，不得分； （2）锅炉受热面存在结焦、积灰现象，影响锅炉热效率，视严重程度扣2分～5分； （3）锅炉存在漏风、漏粉、漏水、漏汽现象，影响锅炉热效率，视严重程度扣2分～5分； （4）锅炉辅机存在影响机组带负荷能力的缺陷，每项扣2分
2.3.5	汽轮机设备运行情况	20	（1）汽轮机设备应运行正常，如水塔运行应正常，淋水应均匀；凝汽器胶球清洗装置可正常投入；一、二次滤网压差应处于合格范围内；真空泵冷却器应运行正常等。 （2）汽轮机辅机应运行正常，无影响出力的缺陷	（1）每发现一处不合格，扣2分； （2）汽轮机辅机存在影响机组带负荷能力的缺陷，每项扣2分
2.3.6	其他系统及设备的运行情况	10	对环保设备、其他辅助系统，应认真执行所制定的节能技术措施	未执行节能技术措施，每项扣1分
2.3.7	热力系统泄漏	20	（1）汽轮机和锅炉热力系统内外漏（包括主蒸汽管道疏水、再热蒸汽管道疏水、抽汽管道疏水及汽轮机本体疏水、给水泵再循环门、高压旁路门、低压旁路门等）； （2）一、二级旁路后温度应合格	（1）发现一处漏点扣2分，扣完为止； （2）高压旁路温度小于（高排温度＋20℃）不扣分，每高5℃扣1分
2.3.8	保温抽查	10	锅炉炉膛本体、烟道、机炉侧主再热蒸汽管道及汽轮机本体保温抽查，保温外表面温度与环境温度之差不大于25℃	发现一处超温扣2分，扣完为止
2.3.9	运行表单及运行监视参数抽查	10	（1）运行表单抽查，运行表单的数据记录要全面、真实、可靠，实事求是； （2）到主控室查看各系统、设备运行监视参数，监视参数应准确	（1）记录不完整、不真实或有明显错误的，每发现一处扣1分，扣完为止； （2）监视参数发现一个问题扣1分，扣完为止

中国华能集团公司

CHINA HUANENG GROUP

中国华能集团公司火力发电厂技术监督标准汇编

Q/HN-1-0000.08.026—2015

技术标准篇

火力发电厂燃煤机组环境保护
监　督　标　准

2015 - 05 - 01 发布

2015 - 05 - 01 实施

目　次

前　言

为加强中国华能集团公司发电厂技术监督管理，保证燃煤发电厂环保设备的安全可靠运行，特制定本标准。本标准依据国家和行业有关标准、规程和规范，以及中国华能集团公司燃煤发电厂的管理要求、结合国内外燃煤发电厂的新技术、监督经验制定。

本标准是中国华能集团公司所属火力发电厂燃煤机组工作的主要依据，是强制性企业标准。

本标准自实施之日起，代替 Q/HB-J-08.L06—2009《火力发电厂环境保护监督技术标准》。

本标准由中国华能集团公司安全监督与生产部提出。

本标准由中国华能集团公司安全监督与生产部归口并解释。

本标准起草单位：西安热工研究院有限公司、华能陕西发电有限公司、华能国际电力股份有限公司。

本标准主要起草人：侯争胜、张广孙、吴宇、施永健、张光斌。

本标准审核单位：中国华能集团公司安全监督与生产部、中国华能集团公司科技环保部、中国华能集团公司基本建设部、华能国际电力股份有限公司、华能陕西发电有限公司、华能北方联合电力有限责任公司、华能山东发电有限公司。

本标准主要审核人：赵贺、赵毅、武春生、林勇、罗发青、张俊伟、曾德勇、陈勇、郑志海、夏春雷、周晔芳、吴宇、李慧芬、徐敏然。

本标准审定：中国华能集团公司技术工作管理委员会。

本标准批准人：寇伟。

火力发电厂燃煤机组环境保护监督标准

1 范围

本标准规定了中国华能集团公司（以下简称"集团公司"）火力发电厂燃煤机组环境保护监督从可研、环评、设计、制造、安装、调试、验收、运行、检修及改造的全过程相关的技术标准内容和监督管理要求。

本标准适用于集团公司火力发电厂燃煤机组的环境保护监督工作。

2 规范性引用文件

下列文件对于本标准的应用是必不可少的。凡是注日期的引用文件，仅注日期的版本适用于本标准。凡是不注日期的引用文件，其最新版本（包括所有的修改单）适用于本标准。

GB 150.1～4 压力容器

GB 536 液体无水氨

GB 2440 尿素

GB 5085.1～7 危险废物鉴别标准

GB 5750 生活饮用水标准检验方法

GB 6920 水质 pH值的测定 玻璃电极法

GB 7469 水质 总汞的测定 高锰酸钾过硫酸钾消解法双硫腙分光光度法

GB 7470 水质 铅的测定 双硫腙分光光度法

GB 7475 水质 铜、锌、铅、镉的测定 原子吸收分光光度法

GB 7478 水质 铵的测定 蒸馏和滴定法

GB 7479 水质 铵的测定 纳氏试剂比色法

GB 8978 污水综合排放标准

GB 11901 水质 悬浮物的测定 重量法

GB 11914 水质 化学需氧量的测定 重铬酸盐法

GB 12348 工业企业厂界环境噪声排放标准

GB 13195 水质 水温的测定 温度计或颠倒温度计测定法

GB 13223 火电厂大气污染物排放标准

GB 14554 恶臭污染物排放标准

GB 16297 大气污染物综合排放标准

GB 18599 一般固体废物贮存、处置场污染控制标准

GB 50205 钢结构工程施工质量验收规范

GB 50231 机械设备安装工程施工及验收通用规范

GB 50235 工业金属管道工程施工规范

GB 50236 现场设备、工业管道焊接工程施工规范

GB 50257　电气装置安装工程爆炸和火灾危险环境电气装置施工及验收规范

GB 50275　风机、压缩机、泵安装工程施工及验收规范

GB/T 212　煤的工业分析方法

GB/T 214　煤中全硫的测定方法

GB/T 6719　袋式除尘器技术要求

GB/T 7349　高压架空送电线、变电站无线电干扰测量方法

GB/T 7468　水质　总汞的测定　冷原子吸收分光光度法

GB/T 7482　水质　氟化物的测定　茜素磺酸锆目视比色法

GB/T 7483　水质　氟化物的测定　氟试剂分光光度法

GB/T 7484　水质　氟化物的测定　离子选择电极法

GB/T 7485　水质　总砷的测定　二乙基二硫代氨基甲酸银分光光度法

GB/T 7488　水质　五日生化需氧量（BOD5）的测定稀释与接种法

GB/T 7490　水质　挥发酚的测定　蒸馏后 4-氨基安替比林分光光度法

GB/T 12720　工频电场测量

GB/T 13931　电除尘器　性能测试方法

GB/T 14679　空气质量　氨的测定　次氯酸钠—水杨酸分光光度法

GB/T 14848　地下水质量标准

GB/T 15432　环境空气　总悬浮颗粒物的测定　重量法

GB/T 16157　固定污染源排气中颗粒物测定与气态污染物采样方法

GB/T 16488　水质　石油类和动植物油的测定　红外光度法

GB/T 16489　水质　硫化物的测定　亚甲基蓝分光光度法

GB/T 20801.1～6　压力管道规范　工业管道

GB/T 21508　燃煤烟气脱硫设备性能测试方法

GB/T 21509　燃煤烟气脱硝技术装备

CJ 3082　污水排入城市下水道水质标准

DL/T 260　燃煤电厂烟气脱硝装置性能验收试验规范

DL/T 296　火电厂烟气脱硝技术导则

DL/T 322　火电厂烟气脱硝（SCR）装置检修规程

DL/T 334　输变电工程电磁环境监测技术规范

DL/T 335　火电厂烟气脱硝（SCR）系统运行技术规范

DL/T 341　火电厂石灰石/石灰—石膏湿法烟气脱硫装置检修导则

DL/T 387　火力发电厂烟气袋式除尘器选型导则

DL/T 414　火电厂环境监测技术规范

DL/T 461　燃煤电厂电除尘器运行维护导则

DL/T 514　电除尘器

DL/T 586　电力设备监造技术导则

DL/T 678　电力钢结构焊接通用技术条件

DL/T 748.1～10　火力发电厂锅炉机组检修导则

DL/T 838　发电企业设备检修导则

DL/T 852　锅炉启动调试导则

DL/T 894　除灰除渣系统调试导则

DL/T 895　除灰除渣系统运行导则

DL/T 938　火电厂排水水质分析方法

DL/T 988　高压交流架空送电线路、变电站工频电场和磁场测量方法

DL/T 997　火电厂石灰石—石膏法脱硫废水水质控制指标

DL/T 1076　火力发电厂化学调试导则

DL/T 1121　燃煤电厂锅炉烟气袋式除尘工程技术规范

DL/T 1149　火电厂石灰石/石灰—石膏湿法　烟气脱硫系统运行导则

DL/T 1150　火电厂烟气脱硫装置验收技术规范

DL/T 1175　火力发电厂锅炉烟气袋式除尘器滤料滤袋技术条件

DL/Z 1262　火电厂在役湿烟囱防腐技术导则

DL/T 5046　火力发电厂废水治理设计技术规程

DL/T 5047　电力建设施工及验收技术规范　锅炉机组篇

DL/T 5142　火力发电厂除灰设计技术规程

DL/T 5161.3　电气装置安装工程　质量检验及评定规程　第3部分：电力变压器、油浸电抗器、互感器施工质量检验

DL/T 5190.4　电力建设施工及验收技术规范　第4部分：热工仪表及控制装置

DL/T 5196　火力发电厂烟气脱硫设计技术规定

DL/T 5257　火电厂烟气脱硝工程施工验收技术规程

DL/T 5403　火电厂烟气脱硫工程调整试运及质量验收评定规程

DL/T 5417　火电厂烟气脱硫工程施工质量验收及评定规程

DL/T 5418　火电厂烟气脱硫吸收塔施工及验收规程

DL/T 5436　火电厂烟气海水脱硫工程调试及质量验收评定规程

DL/T 5480　火力发电厂烟气脱硝设计技术规程

HJ 580　含油污水处理工程技术规范

HJ 2015　水污染治理工程技术导则

HJ 2020　袋式除尘工程通用技术规范

HJ 2025　危险废弃物收集、贮存、运输技术规范

HJ 2028　电除尘器工程通用技术规范

HJ 2529　环境保护产品技术要求　电袋复合除尘器

HJ/T 55　大气污染物无组织排放监测技术导则

HJ/T 75　固定污染源烟气排放连续监测技术规范

HJ/T 76　固定污染源烟气排放连续监测系统技术要求及检测方法

HJ/T 92　水污染物排放总量监测技术规范

HJ/T 178　火电厂烟气脱硫工程技术规范　烟气循环流化床法

HJ/T 179　火电厂烟气脱硫工程技术规范　石灰石/石灰—石膏法

HJ/T 212　污染源在线自动监控（监测）系统数据传输标准

HJ/T 255　建设项目竣工环境保护验收技术规范　火力发电厂

HJ/T 320　环境保护产品技术要求　电除尘器高压整流电源

HJ/T 321　环境保护产品技术要求　电除尘器低压控制电源

HJ/T 325　环境保护产品技术要求　袋式除尘器滤袋框架

HJ/T 327　环境保护产品技术要求　袋式除尘器滤袋

HJ/T 328　环境保护产品技术要求　脉冲喷吹类袋式除尘器

HJ/T 329　环境保护产品技术要求　回转反吹袋式除尘器

HJ/T 330　环境保护产品技术要求　分室反吹类袋式除尘器

HJ/T 353　水污染源在线监测系统安装技术规范

HJ/T 354　水污染源在线监测系统验收技术规范

HJ/T 355　水污染源在线监测系统运行与考核技术规范

HJ/T 356　水污染源在线监测系统数据有效性判别技术规范

HJ 543　固定污染源废气　汞的测定　冷原子吸收分光光度法

HJ 562　火电厂烟气脱硝工程技术规范　选择性催化还原法

HJ 563　火电厂烟气脱硝工程技术规范　选择性非催化还原法

JB/T 2932　水处理设备　技术条件

JB/T 5909.1　电除尘器用瓷绝缘子支持瓷套

JB/T 5910　电除尘器

JB/T 5911　电除尘器焊接件　技术要求

JB/T 8471　袋式除尘器　安装技术要求与验收规范

JB/T 8536　电除尘器　机械安装技术条件

JB/T 10921　燃煤锅炉烟气袋式除尘器

JB/T 11263　燃煤烟气干法/半干法脱硫设备　运行维护规范

SH 3007　石油化工储运系统罐区设计规范

国务院令　第 253 号　建设项目环境保护管理条例

发改价格〔2014〕536 号　燃煤发电机组环保电价及环保设施运行监管办法

国家环境保护总局令　第 13 号　建设项目竣工环境保护验收管理办法

环发〔2009〕第 88 号　国家重点监控企业污染源自动监测数据有效性审核办法

Q/HN-1-0000.19.001—2011　中国华能集团公司燃煤电厂烟气脱硫装置设计导则

Q/HN-1-0000.19.002—2011　中国华能集团公司燃煤电厂烟气脱硫装置运行导则

Q/HN-1-0000.19.003—2011　中国华能集团公司燃煤电厂烟气脱硫装置检修维护导则

Q/HN-1-0000.08.002—2013　中国华能集团公司电力检修标准化管理实施导则（试行）

Q/HN-1-0000.08.049—2015　中国华能集团公司电力技术监督管理办法

Q/HB-G-08.L01—2009　华能电厂安全生产管理体系要求

Q/HB-G-08.L02—2009　华能电厂安全生产管理体系评价办法（试行）

华能安〔2011〕第 271 号　中国华能集团公司电力技术监督专责人员上岗资格管理办法（试行）

3　总则

3.1　环境保护监督必须坚持"预防为主，防治结合"的工作方针。

3.2 环境保护监督的任务是实现火力发电厂燃煤机组环保设施在可研、环评、设计、制造、安装、调试、验收、运行、检修及改造等各个环节的全过程监督。

3.3 火力发电厂燃煤机组环境保护监督的目的是以燃料、脱硫用吸收剂及副产物、脱硝用还原剂及催化剂、环保设施和各类污染物（烟尘、二氧化硫、氮氧化物、汞及其化合物、氨、废水污染物、厂界噪声、厂界电场与磁场强度、储煤场及储灰（渣）场的无组织粉尘、废弃物等）排放为对象，以环保标准为依据，以环境监测为手段，监督环保设施的正常投运，从而使污染物排放达标。

3.4 各电厂应按照集团公司《华能电厂安全生产管理体系要求》《中国华能集团公司电力技术监督管理办法》中有关技术监督管理和本标准的要求，结合本厂的实际情况，制定电厂环保监督管理标准；依据国家和行业有关标准、规程和规范，编制运行规程、检修规程和检验及试验规程等相关/支持性文件；以科学、规范的监督管理，保证环保监督工作目标的实现和持续改进。

3.5 从事环境保护监督的人员，应熟悉和掌握本标准及相关标准和规程中的规定。

4 监督技术标准

4.1 除尘系统监督

4.1.1 除尘器的设计

4.1.1.1 一般要求：

a) 除尘器的设计应满足 GB 13223、地方排放标准及环评批复的要求。

b) 电厂应向除尘器制造厂家提供设计时所必需的原始燃煤性质、烟气参数、飞灰特性及工况参数、工程条件、设计参数等技术性能要求，由制造厂家根据技术性能要求按照国家、行业标准设计。

c) 电厂如果有超越上述标准的特殊要求，应在订货合同书或技术协议书中注明，可作特殊设计。

d) 除尘器的设计应重点考虑环保标准变化、实际烟气量、燃煤灰分等指标，并留有足够的裕量。

4.1.1.2 电除尘器：

a) 电除尘器的设计按照 DL/T 514，HJ 2028，JB/T 5910 执行。

b) 适合电除尘器处理的含尘气体粉尘比电阻率一般在 $10^4 \Omega \cdot cm \sim 10^{13} \Omega \cdot cm$。

c) 电除尘器的入口烟尘浓度应不大于 $50 g/m^3$。高于上限时应设置预除尘设施。

d) 电除尘器的设计年限应与主机设计年限相适应，电除尘器设计寿命应不低于 30 年。电除尘器主要结构件保证 30 年的使用寿命，电控设备保证 10 年以上的寿命。

4.1.1.3 袋式除尘器：

a) 袋式除尘器的设计选型按照 GB/T 6719、DL/T 387、DL/T 1121、HJ 2020 执行。

b) 袋式除尘系统应设置预涂灰装置。

c) 袋式除尘器根据具体情况可设计紧急喷雾降温系统。紧急喷雾降温装置应安装在空气预热器出口烟道总管的直管段上。喷嘴投入使用的数量根据烟气温升情况确定。喷水量和液滴直径应能保证雾滴在进入除尘器之前能完全蒸发。喷嘴应有防堵和防磨措施。

d) 袋式除尘器的正常运行阻力宜控制在 1000Pa～1300Pa；高浓度袋式除尘器正常运行阻力宜控制在 1400Pa～1800Pa。

4.1.1.4 除灰系统设计按照 DL/T 5142 执行。

4.1.2 除尘器的制造

a) 电除尘器的制造应符合 DL/T 514、HJ 2028 的规定。

b) 电除尘器电源应符合 HJ/T 320、HJ/T 321 的规定。

c) 电除尘器的主要零部件（包括底梁、立柱、大梁、阳极板、阴极线、阴极框架）应符合 JB/T 5910、JB/T 5911 及相关国家标准的规定。

d) 电除尘器主件、焊缝质量、涂漆等检验，按 DL/T 514 技术指标及有关规定进行，检验方法、数量依据制造厂有关技术文件或标准进行，检验合格的零部件方可出厂。

e) 袋式除尘器和电袋复合除尘器的制造应符合 GB/T 6719、DL/T 387、DL/T 1121、HJ/T 325、HJ/T 327、HJ/T 328、HJ/T 329、HJ/T 330、HJ 2020、JB/T 10921 的规定。滤袋应符合 DL/T 1175 及 HJ/T 327 的规定。

f) 钢结构件所有的焊缝应符合 DL/T 678 的规定。

g) 所用材料及紧固件应符合国家标准或行业标准的有关规定，对于牌号不明或无合格证书的外购件，须经制造厂复检，符合设计规定时方可使用。

h) 电厂应按照 DL/T 586 对除尘系统主要设备进行监造。

4.1.3 除尘器的安装

4.1.3.1 电除尘器：

a) 电除尘器安装按照 DL/T 514、HJ 2028、JB/T 8536 及制造厂安装说明书执行。

b) 电除尘器系特大型设备，其零部件一般在制造厂内制造，运到现场总装。出厂前应重点检验产品主件：大梁、底梁、立柱、阳极板、阴极线、阴极框架、高压电源。

c) 安装前，应复检各零部件，合格后方可安装。

d) 安装单位应有专检人员按 DL/T 514 标准的规定及制造厂提供的安装图样进行安装质量检验，制造厂派工地代表进行安装质量监督，并协助解决安装中的问题。

e) 电除尘器应按施工设计图纸、技术文件、设备图纸等组织施工，设备安装应符合 GB 50231、DL/T 5047、DL/T 5161.3 及 JB/T 8536 的规定。

f) 所有电瓷类产品应在安装前进行耐压和绝缘性能试验，并符合 JB/T 5909.1 的规定。

g) 电除尘器应设置专用地线网，每台电除尘器本体外壳与地线网连接点不得少于 6 个，接地电阻不大于 2Ω。整流变压器室和电除尘器控制室的接地网应与电除尘器本体接地网连接。高压控制柜应可靠接地，整流变压器接地端应与除尘器接地网可靠连接。

4.1.3.2 袋式除尘器：

a) 袋式除尘器的安装应按照 DL/T 1121、JB/T 8471 的要求执行。

b) 压缩空气系统管道安装按照 GB 50235、GB 50236 的要求执行，压缩空气管路施工时除设备和管道附件采用法兰或螺纹连接外，其余均采用焊接。

c) 压缩机、风机、泵的安装符合 GB 50275 的要求。

d) 按照行业标准和除尘器制造厂设备安装说明书对除尘器的安装质量进行检查、评价与验收。

4.1.4 除尘器的调试

4.1.4.1 电除尘器：

a) 电除尘器的调试按照 DL/T 461、DL/T 852、HJ 2028 及电力行业相关调试规范执行。

b) 电除尘器高、低压电源调试，应按电气说明书进行。

c) 电场阴、阳极间的绝缘电阻应大于 500MΩ。

d) 振打电动机、电磁振打器、卸灰电动机绝缘电阻应大于 0.5MΩ。

e) 雨、雪、雾、大风等恶劣天气，不得进行并联供电升压试验。

f) 电除尘器的主要调试内容。

1) 电除尘器低压控制回路调试。

2) 电除尘器高压控制回路调试。

3) 电除尘器阴阳极、槽板振打机构调试。

4) 灰斗料位计及出灰系统调试。

5) 所有加热器的调试。

6) 各控制系统的报警和跳闸功能调试。

7) 电除尘器冷态空载调试。

8) 电除尘器热态负荷整机调试。

4.1.4.2 袋式除尘器：

a) 袋式除尘器的调试按照 DL/T 1121、HJ 2028 及电力行业相关调试规范执行。

b) 单体调试的主要内容。

1) 机电设备、电气设备、仪表柜等单机空载运行不少于 2h。

2) 各阀门应动作灵活、关闭到位、转向正确。

3) 卸、输灰系统调试。

4) 空气压缩机调试。

5) 脉冲阀喷吹调试。

6) 喷雾降温系统调试。

7) 电气及热工仪表自动控制系统调试。

c) 联动调试操作流程。

1) 系统中所有的控制设备和热工仪表受电。

2) 压缩空气系统启动。

3) 卸、输灰系统启动。

4) 风机、电动机冷却系统启动，引风机启动。

5) 清灰系统工作。

6) 各控制对象的动作应符合控制模式的要求。

7) 冷态联动试车时间不少于 4h。

d) 检漏及预涂灰。

1) 袋式除尘器预涂灰前应进行检漏。检漏可采用荧光粉检漏方式。

2) 对于新投运的袋式除尘器，为防止油污对滤袋的污染，在正式投运前应进行预涂灰。预涂灰的粉剂可采用粉煤灰或消石灰。

3) 预涂灰过程中及预涂灰完成后不得清灰，直至除尘器正式投入运行。

4.1.4.3 除灰除渣系统调试按照 DL/T 894 的规定执行。

4.1.5 除尘器的运行监督

除尘器的运行监督应严格按照《燃煤发电机组环保电价及环保设施运行监管办法》（发改价格 第 536 号）的规定执行。

4.1.5.1 电除尘器

a) 电除尘器投运率达到 100%。

b) 电除尘效率、压力损失、漏风率、出口烟尘浓度达到设计保证值。

c) 监视整流变压器、电抗器温升，油温不允许超过 80℃，无异常声音。

d) 高压整流设备的运行电压、电流应在正常范围，当工况变化时应及时调整。

e) 振打系统运行正常。

f) 灰斗料位计、灰斗加热系统及出灰系统运行正常。

g) 监视指示器、信号灯及报警系统工作情况。

h) 当电除尘器高压硅整流设备停运后，阴、阳极振打装置应继续运行 2h～3h 后停运。

i) 振打装置停止运行后，仍应继续排灰，直到灰斗排空方可停运出灰系统。

j) 若电除尘前设置低温或低低温省煤器，监视凝结水流动阻力，应按运行规程要求控制好冷却流量和除尘器入口烟温。

k) 监督湿式电除尘器阴、阳极冲洗管网的电动阀启停正常，监视冲洗压力和流量在正常值范围内。

l) 湿式电除尘器产生的废水宜回用于脱硫系统。

4.1.5.2 袋式除尘器

a) 袋式除尘器投运率达到 100%。

b) 袋式除尘效率、压力损失、漏风率、烟尘浓度达到设计保证值。

c) 按运行操作规程要求巡查并记录袋式除尘系统的运行状况和参数，发现异常及时报告和处理。

d) 监督压力损失及清灰效果。

e) 监督进口烟气温度：当烟气温度达到设定的高温或低温值时应发出报警，并立即采取应急措施。

f) 监督出灰系统：检查灰斗料位状况，当高料位信号报警后，应及时卸灰；出灰系统运行正常。

g) 监督喷吹系统：检查空气压缩机电流、排气压力、储气罐压力及稳压气包喷吹压力正常。

h) 监督巡检脉冲阀和其他阀门的运行状况，以及人孔门、检查门的密封情况。

i) 实时检查风机与电机运行状况、轴承温度、油位和振动，发现异常及时处理。

j) 锅炉停运后，袋式除尘系统应继续运行 5min～10min，进行通风清扫。

k) 锅炉短期停运（不超过 4 天）时，除尘器可不清灰，再次启动时可不进行预涂灰。

l) 锅炉长期停运时，应对滤袋彻底清灰，并清理灰斗的存灰。再次启动时宜进行预涂灰。

m) 运行期间，滤袋备件不少于 5%。滤袋寿命期前 6 个月应批量采购滤袋。

4.1.5.3 其他要求

a) 除灰除渣系统运行按照 DL/T 895 的规定执行。

b) 除尘系统运行记录保留时间不少于 1 年。

c) 新投产机组在投运 6 个月后，进行除尘器性能验收试验；现役机组在除尘器技术改造或 A 修 1 个月后，进行除尘器性能验收试验。电除尘器性能验收试验参照 GB/T 13931 执行；袋式除尘器性能验收试验参照 GB/T 6719 执行。

4.1.6 除尘器的检修监督

4.1.6.1 电除尘器：

a) 监督检查阳极板、阴极线、绝缘瓷件等内部设备的积灰、定位及损坏情况。

b) 监督阳极振打系统及传动设备：检查减速机、承击砧振打中心位置、磨损情况；检查各振打轴、锤紧固情况，保险销断裂损坏情况。

c) 监督阴极悬挂装置、大小框架及传动装置：检查绝缘子室及绝缘套管、阴极大小框架、阴极线、振打传动装置。

d) 监督电加热或蒸汽加热系统：检查电加热元件、温度控制、热风吹扫系统。

e) 监督灰斗卸灰及输灰系统：检查灰斗卸灰装置、料位报警装置、加热装置。

f) 监督高压硅整流变压器及电除尘器控制系统：检查高压硅整流变压器，高、低压套管，绝缘轴电缆头及瓷轴、绝缘轴、绝缘子。

g) 监督低温或低低温省煤器：检查传热管腐蚀、积灰、磨损情况；检查吹灰器堵塞和损坏情况；检查弯头及焊缝磨损状况。

h) 监督湿式电除尘器：检查壳体和支撑梁的防腐损坏情况；检查阳极板和支撑梁腐蚀、损坏情况；检查阴极线及上下部吊挂装置及绝缘箱损坏情况。

i) 监督湿式电除尘器工艺水系统：检查电磁阀状态；检查冲洗管网、喷嘴堵塞情况。

4.1.6.2 袋式除尘器：

a) 监督滤袋和袋笼：检查每个过滤仓室的滤袋破损情况；检查袋笼、气流分布板磨损、变形和腐蚀情况。

b) 监督清灰系统：检查喷吹装置是否有错位、松动和脱落情况；检查压缩空气及空气过滤器堵塞情况。

c) 监督电磁脉冲阀：检查各阀门处积灰、腐蚀和磨损情况；检查阀门的灵活性和严密性。

d) 监督灰斗卸灰及输灰系统：检查灰斗卸灰装置、料位报警装置、加热装置。

e) 监督烟道预喷涂装置：检查烟道上预喷涂法兰或喷孔磨损、腐蚀、堵塞情况。

f) 监督喷雾降温系统：检查烟道内部喷嘴的磨损、腐蚀、堵塞情况。

g) 监督压缩空气系统：检查空气压缩机、除油、脱水、干燥过滤设备。

4.1.6.3 除尘器检修按照 DL/T 748.6 执行。

4.2 脱硫系统监督

4.2.1 脱硫系统设计

4.2.1.1 脱硫系统的设计应满足 GB 13223、地方排放标准及环评批复的要求。

4.2.1.2 脱硫工艺宜根据锅炉容量、可预计供应的燃料品质、脱硫效率、脱硫投运率及排放标准和总量控制要求、吸收剂的供应、脱硫副产物的综合利用、场地布置、脱硫工艺和设备技术发展现状、安全可靠性要求等因素，在兼顾节电的前提下，经全面分析优化后确定。

    a) 对燃煤 $S_{t,ar} \geq 1\%$ 或单机容量 $\geq 300MW$ 的机组，宜采用石灰石—石膏湿法脱硫工艺。

    b) 对燃煤 $S_{t,ar} < 1\%$ 或单机容量 $< 300MW$ 或运行寿命低于 10 年或位于非重点地区、非省会城市的机组，优先采用石灰石—石膏湿法脱硫工艺。经技术经济性论证评估后，也可慎重采用烟气循环流化床工艺。

    c) 对燃煤 $S_{t,ar} \leq 1\%$ 的海滨电厂，在海水碱度满足工艺要求、海域环境影响评价经国家有关部门审查通过后，宜采用海水法脱硫工艺；对燃煤 $S_{t,ar} > 1\%$ 的海滨电厂，在满足上述条件且经技术经济比较后，也可采用海水法脱硫工艺。

    d) 经技术经济论证评估后，有条件的电厂也可试用氨法烟气脱硫工艺。

    e) 在严重缺水地区，对燃煤 $S_{t,ar} < 1\%$ 的机组，经技术经济论证评估后，可慎重采用烟气循环流化床工艺。

4.2.1.3　现役机组加装烟气脱硫装置或进行二次增容改造时，宜根据实测及可预见的锅炉在供热＋发电最大负荷下、燃煤、吸收剂品质及用水水质最不利情况下的烟气（含裕量）及参数，确定脱硫装置及公用系统的设计基础数据，并结合煤源变化、燃煤掺烧趋势、设备条件、运行情况、现有场地条件、机组停机时间、机组节能降耗和工程投资情况以及国家和地方对排放限值及总量削减要求等因素，因地制宜，制定最合适的方案。一般情况下，脱硫技改项目吸收系统、烟气系统和公用系统应协调改造。

4.2.1.4　新建机组配套建设的脱硫装置，设计参数宜采用锅炉最大连续工况（BMCR）、燃用可覆盖重量占比 95%以上硫分的燃煤烟气参数，无论锅炉设计煤种如何，脱硫系统设计硫分须综合考虑煤源变化、燃煤掺烧趋势以及国家和地方对排放限值及环评批复对总量削减要求等因素，并留有 20%以上的裕量，脱硫系统场地宜预留进一步改造空间。

4.2.1.5　无旁路脱硫装置的设计应遵守的原则：在锅炉防爆设计压力允许条件下，宜采取增压风机与引风机合并；宜设置吸收塔废浆处理系统；脱硫设备备用和冗余系数应增加；脱硫逻辑和保护应进入主机系统；脱硫系统设事故降温措施。

4.2.1.6　电厂应向脱硫设备制造厂家提供设计时所必需的技术性能要求，制造厂家根据要求并按 DL/T 5196 设计。石灰石/石灰—石膏法脱硫的设计、制造、安装及调试按照 HJ/T 179 等相关标准执行；烟气循环流化床法脱硫的设计、制造、安装及调试按照 HJ/T 178 等相关标准执行。

4.2.1.7　烟气脱硫设计应充分发挥生产、建设和研究机构的综合作用，达到烟气脱硫总体布局合理，主、辅机设备选型及裕量合理，充分体现节能、节电原则，设计指标领先。

4.2.1.8　新建机组配套建设的脱硫装置的寿命，与主机组寿命相同；现役机组脱硫装置的寿命，原则上不低于主机组剩余寿命。

4.2.1.9　脱硫设备的设计应重点考虑环保标准变化、实际烟气量、燃煤硫分、烟尘浓度等指标，并留有足够的裕量。新建燃煤机组不得设置脱硫旁路烟道。

4.2.1.10　设计脱硫 DCS 系统时，应重点考虑以下因素：

    a) 对于湿法脱硫系统和烟气循环流化床脱硫系统，DCS 系统要记录发电负荷（或锅炉负荷）、烟气温度、烟气流量、增压风机电流和叶片开启度、氧化风机和密封风机电流、脱硫剂输送泵电流、脱硫岛 pH 值以及烟气进口和出口二氧化硫、烟尘、氮氧化物浓度等参数。

b) 对于循环流化床锅炉炉内脱硫系统和炉内喷钙炉外活化增湿脱硫系统，DCS系统要记录自动添加脱硫剂系统输送风机电流以及烟气出口温度、流量、二氧化硫、烟尘、氮氧化物浓度等参数。

c) DCS系统要确保能随机调阅上述运行参数及趋势曲线，相关数据至少保存1年以上。

4.2.1.11 在满足污染物达标排放、系统安全稳定运行、脱硫投运率和脱硫效率满足环保要求的前提下，脱硫系统的设计要按能耗最优来考虑。

4.2.1.12 脱硫系统的设计原则按照集团公司《燃煤电厂烟气脱硫装置设计导则》执行。

4.2.2 脱硫设备的制造

4.2.2.1 脱硫系统的主要设备制造质量应按照国家或行业现行标准规定执行；无规定时，应按照合同约定执行。

4.2.2.2 脱硫设备中的压力容器遵循 GB 150.1～GB 150.4 的规定。

4.2.2.3 钢结构件所有的焊缝应符合 DL/T 678 的规定。

4.2.2.4 所用材料及紧固件应符合国家标准或行业标准的有关规定，对于牌号不明或无合格证书的外购件，须经制造厂复检，符合设计规定时方可使用。

4.2.2.5 主要零部件的加工应符合相应的国家标准，并应按经规定程序批准的产品图样、技术文件制造、检验和验收，并确保总装的接口尺寸精度。

4.2.2.6 脱硫设备内部防腐施工所选择的防腐材料应符合相应的行业标准规定，并具有出厂合格证和检验资料，必要时对原材料应进行抽查复检。

4.2.2.7 电厂应按照 DL/T 586 对脱硫系统主要设备进行监造。

4.2.3 脱硫设备的安装

4.2.3.1 脱硫设备的安装按照 DL/T 5417 中规定及制造厂安装说明书执行。

4.2.3.2 湿法脱硫吸收塔的施工按照 DL/T 5418 的规定执行。

4.2.3.3 脱硫装置安装宜采取业主主导的非总承包的方式或其他有利于提高工程质量、加快工程进度、确保工程安全、降低工程造价的方式进行。

4.2.3.4 钢结构的施工符合 GB 50205 的规定。

4.2.4 脱硫设备的调试

4.2.4.1 一般要求

a) 脱硫设备的调试应按照电厂与调试单位签订的调试合同、设备制造厂的技术标准及相关资料执行。

b) 石灰石/石膏湿法脱硫设备的调试按照 DL/T 5403 执行。

c) 海水脱硫设备的调试按照 DL/T 5436 执行。

d) 干法/半干法脱硫设备的调试按照 JB/T 11263 执行。

e) 其他脱硫方式的调试可参照 DL/T 5403 及 DL/T 5436 执行。

4.2.4.2 单体调试的主要内容

a) 仪表的单体调校，信号和控制单回路调试检查。

b) 设备电动机转向的确认和试转，其中主要包括：工艺水泵、除雾器冲洗水泵、搅拌器、氧化风机、吸收塔浆液循环泵、石灰石仓顶布袋除尘器、石灰石称重皮带给料机、石灰石振动给料机、石灰石磨机、浆液箱搅拌器、GGH、脱水机、石膏排出泵、滤布冲洗水泵、滤液泵等。

c) 检查和确认电动门、气动门、手动门、安全门等阀门的动作情况。

4.2.4.3 分系统调试的主要内容

a) 工艺系统调试。

1) 工艺水系统。

2) 压缩空气系统。

3) 烟气系统冷调试。

4) 吸收塔系统。

5) 石灰石存储及浆液制备系统。

6) 石膏脱水系统。

7) 脱硫废水处理排放系统。

b) 电气系统调试。

c) 热控系统调试。

4.2.4.4 整套启动调试的主要内容

a) 检验调整系统的完整性、设备的可靠性、管路的严密性、仪表的准确性、保护和自动的投入效果，检验不同运行工况下脱硫系统的适应性。

b) 检验石灰石储存及浆液制备系统、公用系统满足脱硫装置整套运行情况。

c) 进行烟气系统、SO_2 吸收系统热态运行和调试。

d) 进行石膏脱水、脱硫废水处理等系统带负荷试运和调试。

e) 完善 pH 值调节、密度显示与调节、增压风机热态动（静）叶调整、脱水调节、液位调节等。

4.2.4.5 整套启动调试应达到的技术指标

a) 各分系统试运验收合格率 100%。

b) 保护自动装置、热控测点、仪表投入率达到 100%，热控保护投入率 100%。

c) 电气保护投入率 100%、电气自动装置投入率 100%、电气测点/仪表投入率 100%。

d) 烟气排放连续监测系统（CEMS）能够准确实时监测进、出口烟气参数。

e) 锅炉满负荷下，脱硫效率、出口 SO_2 排放浓度、系统压力降、石膏品质、废水排放均达到设计保证值。

4.2.5 脱硫系统的运行监督

脱硫系统的运行监督应严格按照《燃煤发电机组环保电价及环保设施运行监管办法》（发改价格 第 536 号）的规定执行。

4.2.5.1 湿法脱硫系统

a) 投运率应达到 100%。

b) 烟气系统。

1) 脱硫效率、出口 SO_2 浓度达到环保部门要求。

2) 根据机组负荷变化调整增压风机出力，控制脱硫装置入口压力。

c) SO_2 吸收系统。

1) 通过调节吸收塔浆液循环量，从而适应不同含硫量和不同机组负荷工况。

2) 根据吸收塔入口烟气流量、SO_2 浓度及石灰石浆液品质和石灰石浆液密度变化，调整石灰石供浆量以控制吸收塔浆液的 pH 值。一般 pH 值控制在 5.0～6.0 的范围。

    3） 通过控制吸收塔石膏浆液排出量来实现吸收塔浆液密度调整，一般吸收塔浆液密度控制在 $1080kg/m^3 \sim 1130kg/m^3$ 的范围。

    4） 通过控制吸收塔废水排出量来实现吸收塔氯离子含量控制，一般氯离子含量控制在 2×10^{-2}（$1ppm=1 \times 10^{-6}$）以下。

d） 吸收剂制备系统。

    1） 石灰石氧化钙含量、活性、细度等指标达到设计要求。石灰石氧化钙含量、细度等常规指标每批测量一次。

    2） 石灰石给料稳定，石灰石浆液浓度合格。

    3） 根据石灰石球磨机电动机电流应定期补充钢球。

    4） 石灰石旋流器入口压力正常。

e） 石膏脱水系统。

    1） 脱硫石膏品质达到设计值。

    2） 石膏旋流子投入数量及入口压力正常。

    3） 真空皮带脱水机滤饼厚度符合要求。

4.2.5.2 海水脱硫系统

a） 投运率应达到 100%。

b） 脱硫效率、出口 SO_2 浓度达到环保部门要求。

c） 外排海水 pH 值满足设计要求，一般不应小于 6.8，符合当地海水水质标准。

d） 外排海水 COD 增加值和溶解氧含量等达到设计要求，符合当地海水水质标准。

e） 全厂外排废水温升符合设计要求。

4.2.5.3 干法脱硫系统

a） 投运率应达到 100%。

b） 脱硫效率、出口 SO_2 浓度达到环保部门要求。

c） 生石灰石中氧化钙含量、活性、细度等指标达到设计要求。氧化钙含量、细度等常规指标每批测量一次。

d） 脱硫塔出口烟气温度满足后续除尘装置安全稳定运行。

4.2.5.4 其他要求

a） 石灰石/石膏湿法脱硫系统的运行参照 DL/T 1149 及集团公司《燃煤电厂烟气脱硫装置运行导则》执行。

b） 烟气干法/半干法脱硫设备运行参照 JB/T 11263 执行。

c） 新投产机组在投运 6 个月后，进行脱硫设备性能验收试验；现役机组在脱硫设备技术改造或 A 修 1 个月后，进行脱硫设备性能验收试验。脱硫设备性能验收试验按照 GB/T 21508 及 DL/T 1150 执行。

4.2.6 脱硫系统的检修监督

4.2.6.1 湿法脱硫系统

a） 烟气系统。

    1） 增压风机：检查外壳、衬板、叶片、出口导叶的磨损情况；检查调整液压驱动装置，校对叶片开度；检查传动装置；检查失速及喘振探头；检查液压缸、轴承箱、轮毂；对油系统进行检查、清理；校对叶片实际角度与刻度盘角度是否相符。检查润滑油过滤器前后压差。

2）GGH：定期检查 GGH 原、净烟气侧差压情况，及时清理积灰；检查 GGH 密封系统，进行各向密封间隙测量、调整；定期检查中心筒密封；检查导向、支撑轴承；扇形板检查及间隙调整；减速箱各齿轮传动齿面磨损检查及间隙的调整；检查吹灰器、喷嘴堵塞处理；检查密封风机系统。

3）检查烟道各处膨胀节应无开裂和漏烟现象；检查烟道内防腐脱落及磨损情况。

b）SO_2 吸收系统。

1）吸收塔：检查塔本体有无漏浆、漏烟及漏风现象；检查塔内损坏的部件并对其进行更换；检查吸收塔的内壁、钢梁、支撑件和喷淋层的防腐；检查、清理更换喷嘴；检查、清理塔内件的结垢物。

2）除雾器：检查除雾器元件是否脱落、变形；检查除雾器元件是否堵塞，表面是否清洁；检查冲洗水喷嘴是否脱落、角度是否正确；检查除雾器冲洗管道是否堵塞、是否泄漏；除雾器支撑件是否正常，如有必要进行局部更换。

3）吸收塔搅拌器：检查油封；减速机内部清理；轴承检查更换；叶轮检查修理，必要时更换；搅拌器轴检修；检查更换润滑油；检查搅拌器的震动情况，机封是否泄漏，皮带是否松动。

4）浆液循环泵：检查紧固地脚螺栓；检查联轴器螺栓；检查中心及轴承间隙；检查轴承、机封、衬胶泵壳、密封环、叶轮，必要时更换；检查修理吸入端泵盖、护板；检查出入口管道膨胀节；检查修补叶轮，必要时更换；检查入口滤网堵塞、破损情况；检查滤网紧固连接件部件腐蚀情况。

5）氧化风机：检查油封、联轴器、轴承及轴承箱；检查入口滤网、出口消声器是否堵塞；检查叶轮间隙是否正常。

6）石膏浆液排出泵：检查地脚螺栓；检查对轮及泵的附件；检查中心及轴承间隙。

c）吸收剂制备系统。

1）振动给料机：检查整体机件的紧固程度；调整双质点连接弹簧板组；整定电磁铁铁芯与衔铁间的间隙。

2）石灰石斗式提升机：检查溜槽衬板；检查传动齿轮、传动链条；检查顶部轴承磨损情况；检查减速箱油质情况；检查料斗及料斗固定螺栓；检查料斗传动轴平行度；检查落料口及配重情况。

3）卸料斗专用除尘器（仓顶袋式除尘器）：检查更换滤袋；检查风机；内部清理，消除漏风；滤袋筒架检查、修理；电磁阀膜片检查、更换。

4）石灰石料仓或粉仓：检查内部密封情况；检查料位计是否准确。

5）湿式球磨机：检查大牙轮、联轴器及其防尘装置；检查钨金瓦、选补钢球；检查润滑系统、冷却系统、进出螺丝套椭圆管及其他磨损部件；检查滚动轴承；检查球磨机减速箱装置；球磨机人孔检查；轴端唇形密封检查；入口锥形密封盘更换；出口滚筒滤网检查；检查入口短节衬胶；检查筒体内衬；检查端盖螺栓及筒壁；检查大小齿轮磨损情况；检查小齿轮油封；检查齿轮箱、离合器；检查润滑油喷射泵；检查弹性联轴器；检查油站高压气泵冷油器喉部密封；检查油站润滑油泵进出口滤网；检查齿轮轴承；检查油站油质、油雾器、检查油管及接头。

    6) 检查输送设备及管道。

d) 石膏脱水系统。

    1) 石膏/废水旋流器：检查、清理旋流器内部各部件的磨损情况；检查溢流嘴、沉砂嘴的磨损情况；检查筒体、锥体、锥体延长体及其进料口是否结垢，并及时清理；检查各管道连接是否牢固。

    2) 真空皮带脱水机：检查修补真空皮带脱水机滤布、脱水皮带；检查、清理冲洗水喷嘴；滚筒轴承、托辊轴承更换；检查耐磨皮带磨损程度；检查皮带跑偏开关、冲洗水流量控制系统和调偏气囊；检查真空盘；检查真空泵。

e) 石灰石/石灰—石膏湿法烟气脱硫装置检修监督按照 DL/T 341 及集团公司《燃煤电厂烟气脱硫装置检修维护导则》执行。

4.2.6.2 其他方式的脱硫系统

a) 海水脱硫、干法/半干法脱硫及其他脱硫方式的脱硫系统的检修监督参照 DL/T 341、DL/T 748.10、集团公司《燃煤电厂烟气脱硫装置检修维护导则》及电厂脱硫系统检修规程执行。

b) 烟气干法/半干法脱硫设备检修监督参照 JB/T 11263 执行。

4.3 脱硝系统监督

4.3.1 脱硝系统设计

4.3.1.1 脱硝工艺的选择

a) 烟气脱硝工艺应根据国家环保排放标准、环境影响评价批复要求、锅炉特性、燃料特性、还原剂的供应条件、水源和气源的可利用条件、还原剂制备区废水与废气排放条件、场地布置条件等因素，经全面技术经济比较后确定。

b) 优先使用燃烧控制技术，在使用燃烧控制技术后仍不能满足 NO_x 排放要求的，可因地制宜、因煤制宜、因炉制宜地选择技术上成熟、经济上可行并便于实施的选择性催化还原技术（以下简称"SCR"）或选择性非催化还原技术（以下简称"SNCR"）。

c) 低氮燃烧器（LNB）是减少炉外 SCR 脱硝运行费用的有效手段，当低氮燃烧器降低 NO_x 幅度超过 100mg/m³ 时应优先考虑低氮燃烧系统改造，否则不建议改造低氮燃烧系统。

d) 为达到 100mg/m³ 以下的 NO_x 控制指标,可选择的脱硝技术包括:LNB＋SCR;SCR;LNB＋SNCR/SCR。

e) 新建、改建、扩建的燃煤机组（除循环流化床锅炉外）脱硝工艺宜采用 SCR 烟气脱硝工艺。

f) 对于循环流化床锅炉脱硝工艺优先采用 SNCR。

g) 脱硝工艺的选择按照 DL/T 296 执行。

4.3.1.2 还原剂的选择

a) 还原剂主要有液氨（NH_3）、尿素 $[CO(NH_2)_2]$、氨水（$NH_3 \cdot H_2O$ 或 $NH_4 \cdot OH$）。

b) 还原剂的选择应根据其安全性、可靠性、外部环境敏感度及技术经济比较后确定。

c) 电厂地处城市远郊或远离城区，且液氨产地距电厂较近，在能保证运输安全、正常供应的情况下，宜选择液氨作为还原剂。

d) 电厂位于大中城市及其近郊区或受液氨运输条件限制的地区，宜选择尿素作为还原剂。

e) SNCR 脱硝系统一般采用尿素或氨水为还原剂。

f) 液氨应符合 GB 536 的要求。液氨运输工具应采用专用密封槽车。

g) 尿素应符合 GB 2440 的要求。尿素溶解罐宜布置在室内，各设备间的连接管道应保温。所有与尿素溶液接触的设备等材料宜采用不锈钢材质。

h) 当采用尿素水解工艺制备氨气时，尿素水解反应器的出力宜按脱硝系统设计工况下氨气消耗量的 120%设计。

i) 采用氨水作为还原剂时，宜采用质量浓度 20%～25%浓度的氨水溶液。

j) 还原剂储存、制备和使用应符合 HJ 562 和 HJ 563 的规定。

4.3.1.3 催化剂的选择

a) 催化剂的形式及特性。

　　1) 蜂窝式催化剂是以二氧化钛为载体，以钒（V）为主要活性成分，将载体与活性成分等物料充分混合，经模具挤压成型后煅烧而成，比表面积大。

　　2) 平板式催化剂是以金属板网为骨架，以玻璃纤维和二氧化钛为载体，以钒（V）为主要活性成分，采取双面碾压的方式将载体、活性材料等与金属板网结合，后经成型、切割、组装和煅烧而成。

　　3) 波纹板式催化剂是以玻璃纤维为载体，表面涂敷活性成分，或通过玻璃纤维加固的二氧化钛基板浸渍钒（V）等活性成分后，烧结成型，质量轻。

b) 当省煤器出口烟尘浓度＜20g/m³ 时，宜优先考虑采用蜂窝式催化剂。

c) 当省煤器出口烟尘浓度≥50g/m³ 时，宜优先考虑使用板式催化剂。

d) 当省煤器出口烟尘浓度在 20g/m³～50g/m³ 之间时，应根据项目实际情况选择蜂窝式或板式催化剂。

e) 催化剂层数设计尽可能留有备用层，其层数的配置及寿命管理模式应进行综合技术经济比较，优选最佳模式。基本安装层数应根据催化剂化学、机械性能衰减特性及环保要求确定。对于板式催化剂可以采取半层添加方案。

f) 电厂应根据实际运行情况，对催化剂测试块进行性能测试，其化学寿命和机械寿命应满足催化剂运行管理的要求。

4.3.1.4 脱硝系统的设计

a) 脱硝设施的设计应满足 GB 13223、地方排放标准及环评批复的要求。

b) 脱硝设施的设计按照 DL/T 5480 的规定执行，工艺系统、技术要求、检验验收按照 GB/T 21509 执行。

c) 选择性催化还原法烟气脱硝系统设计参照 HJ/T 562 执行；选择性非催化还原法烟气脱硝系统设计参照 HJ/T 563 执行。

d) 脱硝设备的设计应重点考虑环保标准变化、实际烟气量、燃煤情况、灰渣特性等指标，并留有足够的裕量。

e) 液氨储存与供应区域应设置完善的消防系统、洗眼器及防毒面罩等。氨站应设防晒及喷淋措施，喷淋设施应考虑工程所在地冬季气温因素。

f) 还原剂制备区应设置工业电视监视探头，并纳入工业电视监视系统。

g) 厂界氨气的浓度应符合 GB 14554 的要求。

h) 反应器入口 CEMS 至少应包含：烟气流量、NO_x 浓度（以 NO_2 计）、烟气含氧量等测量项目；反应器出口 CEMS 至少应包含 NO_x 浓度、烟气含氧量、氨逃逸浓度等测量项目，同时满足地方环保部门要求，CEMS 与环保等相关部门联网。

4.3.2 脱硝设备的制造

4.3.2.1 一般要求

a) 脱硝系统的主要设备制造质量应按照国家或行业现行标准规定执行；无规定时，应按照合同约定执行。

b) 钢结构件所有的焊缝应符合 DL/T 678 的规定。

c) 所用材料及紧固件应符合国家标准或行业标准的有关规定，对于牌号不明或无合格证书的外购件，须经制造厂复检，符合设计规定时方可使用。

d) 主要零部件的加工应符合相应的国家标准，并应按经规定程序批准的产品图样、技术文件制造、检验和验收，并确保总装的接口尺寸精度。

e) 电厂应按照 DL/T 586 对脱硝系统主要设备进行监造。

4.3.2.2 脱硝设备的制造要求

a) 脱硝设备中压力容器制造应按照 GB 150 执行。

b) 所有与尿素溶液的接触泵和输送管道等材料宜采用不锈钢材质。所有与氨水溶液接触的设备、管道和其他部件宜采用不锈钢制造。

c) 氨输送用管道应符合 GB/T 20801 有关规定，所有可能与氨接触的管道、管件、阀门等部件均应严格禁铜。液氨管道上应设置安全阀，其设计应符合 SH 3007 有关规定。

d) 催化剂应有性能质量检验合格报告。

1) 蜂窝式催化剂外观质量要求见表 1。

表 1　蜂窝式催化剂外观质量要求

项目	质量指标
破损	催化剂单元单侧端面及每条催化剂单侧壁面：破损处的宽度应不超过一个开孔，长度应在 10mm～20mm 之间，破损数量不超过两处
裂纹	催化剂单元单侧端面的细小裂纹（除上述提到的破损之外）：裂纹数量不超过 10 处；每条催化剂单侧壁面：细小裂纹的宽度≤0.4mm，长度不超过催化剂总长度的一半，裂缝数量不超过 5 处
裂缝	催化剂单元单侧端面：裂缝的贯穿程度不应超过开孔的一半，裂缝数量不超过两处

2) 板式催化剂不应有裂纹和裂缝，表面应平整光滑，不得有锋棱、尖角、毛刺；不得有剥离、气泡和裂纹等缺陷。

4.3.3 脱硝设备的安装

a) 脱硝工程的主要设备安装应符合 GB 50231 及 GB 50275 的有关规定。

b) 氨系统管道和尿素溶液管道的安装质量标准和检验方法（水压试验、气密性试验）

应符合 GB 50235 相关规定。

c) 压力容器的安装质量标准和检验方法（水压试验、气密性试验）应符合 GB 150.1～GB 150.4 相关规定。

d) 脱硝系统电气工程施工应符合 GB 50257 的有关规定。

e) 脱硝系统热控工程施工应符合 DL/T 5190.4 的有关规定。

f) 脱硝设备的安装质量标准及验收检验方法参照 DL/T 5047、DL/T 5257 中有关规定及制造厂安装说明书执行。

g) 催化剂层的安装方案应方便催化剂的检修、维护与换装，安装高度为催化剂模块高度、支撑梁高度、单轨吊高度、安装与检修空间之和。

4.3.4 脱硝设备的调试

4.3.4.1 一般要求

a) 脱硝设备调试应按照电厂与调试单位签订的调试合同、设备制造厂的技术标准及相关资料。

b) 脱硝设备调试参照 DL/T 335 执行。

4.3.4.2 单体调试的主要内容

a) 仪表的单体调校，信号和控制单回路调试检查。

b) 电动机转向的确认和试转，其中包括：稀释风机、卸料压缩机、液氨泵（尿素溶解混合泵、尿素循环泵）、废水泵、蒸汽吹灰器、声波吹灰器等设备运转正常。

c) 氨区管路吹扫。

d) 严密性试验。

e) 压力容器及管路压力试验。

f) 氨系统 N_2 置换：向液氨储罐充氮气，其余与液氨、气氨有关联的管道、机泵均用氮气置换。置换完毕取有代表性气样分析，两次氧含量低于 2%为合格。

g) 氨区液氨卸载调试。

h) 蒸发器调试。

i) 热解炉调试。

4.3.4.3 分系统调试的主要内容

a) 工艺系统调试。

    1) 烟气系统。

    2) 喷氨系统。

    3) 吹灰系统。

    4) 除灰系统。

    5) 还原剂制备系统。

b) 电气系统调试。

c) 热控系统调试。

4.3.4.4 整套启动调试的主要内容

a) 检验调整系统的完整性、设备的可靠性、管路的严密性、仪表的准确性、保护和自动的投入效果，检验不同运行工况下脱硝系统的适应性。

b) 检验还原剂制备系统、公用系统满足脱硝装置整套运行情况。

c） 进行烟气系统、脱硝反应器热态运行和调试。

4.3.4.5 整套启动调试应达到的技术指标

a） 各分系统试运验收合格率 100%。

b） 保护自动装置、热控测点、仪表投入率达到 100%，热控保护投入率 100%。

c） 电气保护投入率 100%、电气自动装置投入率 100%、电气测点/仪表投入率 100%。

d） 还原剂制备系统能够满足烟气脱硝的需要。

e） 脱硝 CEMS 能够实时监测进、出口烟气参数。

f） 锅炉满负荷下，脱硝效率、出口 NO_x 浓度、氨逃逸浓度、SO_2/SO_3 转化率、催化剂层阻力、系统压力降均达到设计保证值。

4.3.5 脱硝系统的运行监督

脱硝系统的运行监督应严格按照《燃煤发电机组环保电价及环保设施运行监管办法》（发改价格 第 536 号）的规定执行。

4.3.5.1 SCR 法

a） 投运率应达到 100%。

b） 脱硝效率、SO_2/SO_3 的转化率、系统压力损失等达到设计保证值。

c） 脱硝出口 NO_x 浓度应满足 GB 13223 及地方排放标准的要求。

d） 氨逃逸浓度应小于 $2.3mg/m^3$，同时应不影响后续设备正常稳定运行，并达到环保排放标准要求。

e） 脱硝用还原剂的储存应符合化学危险品处理有关规定。

f） 对失效或活性不符合要求的催化剂可进行清洗和再生，延长催化剂的整体寿命。催化剂再生的化学活性应达到新催化剂的 80% 以上，催化剂外观质量要求参照第 4.3.2.2 款执行。

g） 对于不能再生或不宜再生的催化剂，应由具有相应资质和能力的单位回收或按照国家、地方相关部门要求处理。

h） 脱硝系统运行调试优化。

   1） CEMS 仪表校验。

   2） 调整喷氨系统喷氨量。

   3） 监测反应器出口截面的 NO_x 分布均匀性。

   4） 监测反应器出口截面氨逃逸浓度。

   5） 液氨蒸发器或尿素热解炉温控参数优化。

   6） 根据反应器出口 NO_x 排放浓度优化控制策略。

i） 脱硝设备性能考核试验。

通常脱硝系统设备质保期 1 年，催化剂质保期 3 年。脱硝装置宜进行以下三次考核试验：

   1） 考虑到催化剂初期活性衰减较快，初次性能考核试验宜在脱硝正式投运 4400h 后的半年内进行。此阶段测试 SCR 装置的全部保证指标，包括脱硝效率（初期按照最大效率考核）、氨逃逸、系统阻力（含催化剂层阻力）、还原剂耗量、烟气温降等。

   2） 第二次试验在脱硝正式投运 16 000h 后进行。此阶段主要在实验室进行催化剂的性能指标检测，包括外观、几何尺寸、机械强度、活性及催化剂成分等。

3） 第三次试验在催化剂化学寿命期末（24 000h 或 16 000h）进行，此阶段试验内容涵盖第一次和第二次试验内容。

4.3.5.2 SNCR 法

a） 投运率应达到 100%。

b） 脱硝效率、SO_2/SO_3 的转化率、系统压力损失达到设计保证值。

c） 脱硝出口 NO_x 浓度应满足 GB 13223 及地方排放标准的要求。

d） 氨逃逸浓度应小于 $8mg/m^3$，同时应不影响后续设备正常稳定运行，并达到环保排放标准要求。

e） 脱硝用还原剂的储存应符合化学危险品处理有关规定。

4.3.5.3 其他要求

a） SNCR-SCR 法主要监督参照第 4.3.5.1 款和第 4.3.5.2 款相关规定执行。

b） 脱硝设备的运行按照 DL/T 335 执行。

c） SCR 法脱硝设备运行按照 HJ/T 562 执行；SNCR 法脱硝设备运行按照 HJ/T 563 执行。

d） 现役机组脱硝设备在技术改造或 A 修 1 个月后，应进行脱硝设备性能试验，脱硝设备性能试验参照 DL/T 260 执行。

4.3.6 脱硝系统的检修监督

4.3.6.1 脱硝反应区：

检查稀释风机、取样风机、氨–空气混合器、稀释风加热器、喷氨装置、反应器及催化剂、吹灰器、烟道补偿器、烟气均布装置等。

4.3.6.2 还原剂制备区：

a） 检查液氨制氨系统：液氨卸料压缩机、液氨储罐、液氨供应泵、液氨蒸发器、氨气缓冲罐、氮气瓶组、氮气储罐、氨气稀释罐、废水泵等。

b） 检查尿素制氨系统。

　　1） 尿素热解制氨系统的主要设备包括：尿素储罐（仓）、尿素计量装置、溶解罐、溶解泵、尿素溶液储罐、尿素热解循环泵、尿素热解室（包括尿素溶液雾化空气系统、尿素雾化喷枪、热解风加热系统等）、稀释风机。

　　2） 尿素水解制氨系统的主要设备包括：尿素储罐（仓）、尿素计量装置、溶解罐、溶液泵、尿素溶液储罐、尿素溶液循环泵、水解反应器、缓冲罐、蒸汽加热器、疏水回收装置。

c） 检查氨水制氨系统：氨水储罐、氨水泵、氨气提塔等。

4.3.6.3 其他：

a） 检查电气系统设备：交流电动机、低压开关柜、电加热器、接触器、互感器、电力电缆、继电保护和照明设备等。

b） 检查仪表及控制系统主要设备：DCS 系统（PLC 系统）、CEMS 系统、火灾报警控制系统、氨泄漏检测报警仪、变送器、信号保护装置、流量计、压力表、液位计和温度仪等。

4.3.6.4 脱硝系统主要设备的检修项目及检修周期参见 DL/T 322 执行。

4.3.6.5 其他要求：

a) 氨系统检修人员应通过有关危险化学品知识培训，并通过考试合格。储氨罐维修人员，还应具备压力容器操作证书。

b) 对氨气制备系统内设备、管道进行检修时应进行气体分析，氮气置换标准：$O_2 \leqslant 0.5\%$，并对作业周围进行氨气监测，要求 $NH_3 \leqslant 30 \times 10^{-6}$，保证容器内氧含量 $>20\%$ 才能作业。

c) 氨区检修与维护时使用铜制工具，严谨动火操作，如必须动火处理，须做好隔离措施。

d) 在氨罐内检查清除杂物时，应设专人监护。

e) 作业人员离开氨罐体时，应将作业工具带出，不得留在氨罐内。

f) 氨罐内照明，应使用电压不超过 12V 的低压防爆灯。

g) 催化剂要求做到停炉必查，其中，催化剂的检修包括停炉检查、清灰、活性检测、现场性能测试、加装和更换。

h) SCR 反应器内部检修过程中应做好催化剂的防护工作，不造成催化剂单元孔堵塞和破损。

i) 通用设备如泵、风机、电动机、电气设备、仪控设备、保温伴热等的检修周期、工艺质量及各级检修项目要求参见 DL/T 748.1～DL/T 748.10 和 DL/T 838。

j) 主要设备的检修工艺及质量要求按照 DL/T 322 执行。

4.4 废水处理系统监督

废水处理设施主要包括：工业废水处理设施、脱硫废水处理设施、含煤废水处理设施、含油废水处理设施、生活污水处理设施。

4.4.1 废水处理设施的设计

a) 废水处理设施的设计应满足 GB 8978、地方排放标准及环评批复的要求。

b) 电厂应向制造厂家提供设计时所必需的技术性能要求，厂家根据要求并按照 DL/T 5046 设计。

c) 设计应充分考虑分类使用或梯级使用，不断提高废水的重复利用率，减少废水排放量。

d) 设计规模应按照电厂规划容量和分期建设情况确定。

e) 废水处理设施的设计及选型参照 HJ 2015 执行。

f) 含油污水处理设施的设计及选型参照 HJ 580 执行。

g) 脱硫废水尽可能经单独处理达到回用标准后回收利用。

h) 废水处理系统的排出口应设置控制项目的在线监测仪表和人工监测取样点。

4.4.2 废水处理设施的制造

a) 废水处理设施的制造按照 HJ 2015 及 JB/T 2932 的规定执行。

b) 设备制造质量应按照国家或行业标准规定执行；无规定时，应按照合同约定执行。

c) 钢结构件所有的焊缝应符合 DL/T 678 的规定。

d) 电厂应按照 DL/T 586 对废水处理设施的主要设备进行监造。

4.4.3 废水处理设施的安装

a) 废水处理系统的机械设备安装施工及验收按照 GB 50231 的规定执行。

b) 废水处理系统的金属管道施工及验收按照 GB 50235 的规定执行。

c) 废水处理系统的风机、压缩机、泵安装工程施工及验收按照 GB 50275 的规定执行。

d) 订购成套装置时应签订技术协议书，并作为合同的附件和施工验收的依据。

4.4.4 废水处理设施的调试

a) 废水处理设施的调试参照 DL/T 1076 执行。

b) 安全连锁装置、紧急停机和报警信号等经试验均应正确、灵敏、可靠。

c) 各种手柄操作位置、按钮、控制显示和信号等，应与实际动作方向相符。压力、温度、流量等仪表、仪器指示均应正确、灵敏、可靠。

d) 设备均应进行设计状态下各级速度（低、中、高）的运转试验。其启动、运转、停止和制动，在手动、半自动和自动控制下，均应正确、可靠、无异常现象。

e) 废水处理设施验收按照 HJ/T 255 和技术文件执行。

4.4.5 废水处理设施的运行监督

4.4.5.1 一般要求

a) 外排废水中污染物的排放应满足 GB 8978 及地方排放标准和总量的要求。

b) 设备出力和系统出口水质应达到设计要求。

c) 废水处理系统产生的污泥应严格按照环保部门有关规定进行无害化处理。

4.4.5.2 工业废水处理设施

a) 主要设备（废水收集池及空气搅拌装置、废水提升泵、混凝剂和助凝剂配药、计量、加药设备、混凝和絮凝设备、气浮装置、泥渣浓缩装置等）和附属设备应能达到正常投运。

b) 加药计量箱液位指示准确，加药计量泵运转状态良好，按照处理水质进行药量的调整。

c) 废水提升泵出力、扬程可达到额定值，满足工业废水处理系统的要求。

d) 混凝澄清效果良好出水浊度可满足设计值。

e) 气浮设备：容气管压力一般控制在 0.25MPa～0.4MPa。

f) 过滤器进、出口压差一般为 0.02MPa～0.04MPa；过滤器出力达到设备额定值；反洗水泵可满足反洗强度的要求，可使滤料达到设计膨胀率。

g) 泥浆脱水系统正常投运，泥水分离效果良好。

h) 在线监测 pH、流量等表计指示正确，与实验室比对数据一致。

4.4.5.3 脱硫废水处理设施

a) 脱硫废水处理系统主要设备和附属设备应能达到正常投运。

b) 脱硫废水监测项目参照 DL/T 997 执行。

c) 各加药计量箱液位计指示准确，各加药计量泵运行良好，按照处理水质进行药量的调整。

d) pH 调整箱、有机硫加药混合箱、絮凝箱内搅拌机正常投运，搅拌强度达到设计值。混凝、絮凝效果良好。

e) 泥浆脱水系统可投运，泥水分离效果良好。

f) 在线监测 pH、流量等表计指示正确，与实验室比对数据一致。

4.4.5.4 含煤废水处理设施

含煤废水主要有输煤栈桥冲洗排水、煤场雨水及输煤系统除尘排水，其处理设施有预沉池、废水调节池、废水提升泵、加药系统、废水综合处理装置及过滤器等。

a) 废水提升泵、加药系统、废水综合处理机、过滤器能正常投入运行。

b) 各加药计量泵运转状态良好，可准确按照处理水质进行药量的调整。

c) 含煤废水提升泵出力、扬程达到额定值，可满足含煤废水处理系统的要求。

d) 过滤器入、出口压差，一般为 0.02MPa～0.04MPa；过滤器出力达到设备额定值；反洗水泵可满足反洗强度的要求。

e) 含煤废水处理设施出口，应对悬浮物、pH 值等进行监测。

4.4.5.5 含油废水处理设施

含油废水主要有油罐区冲洗排水、油罐区雨水排水、燃油泵房冲洗排水等。处理工艺为经隔油池处理后，再提升进入油水分离器进行除油处理，处理后的出水进入生产废水处理系统进一步处理。隔油池上方的浮油经浮油吸收机输送至储油罐内。

a) 油水分离器能正常投入运行。

b) 油水分离器出力和出口水质应达到设计要求。

c) 废水提升泵出力、扬程可满足含油废水处理系统的要求。

d) 油水分离设施分离出的回收废油中含水量<5%，油水分离器出水含油量≤10mg/L。

e) 油水分离器排放的沉淀物质应考虑防火措施。

4.4.5.6 生活污水处理设施

a) 生活污水处理系统的原水格栅、调节池、二级生物处理单元、沉淀池、消毒池，空气压缩机，污水提升泵等设施应能正常投入运行。

b) 提升泵出力和系统出口水质应达到设计要求；监督和监测项目可参照电厂回用水标准。

c) 一、二级生物处理单元污水中应含有足够的溶解氧（DO），采用空气压缩机不间断供气，确保水中溶氧量含量在 3mg/L～5mg/L。

d) 观察系统处理水量水质，如水量明显减少，应及时对滤料进行反洗。

e) 在线监测 pH、流量等表计指示正确，与实验室比对数据一致。

4.4.6 废水处理设施的检修监督

4.4.6.1 工业废水处理设施

a) 加药设施：检查配药箱、计量箱液位计，保证指示正确；检查药箱内外防腐层有无脱落，定期清理箱内沉积物；检查计量箱出液管–计量泵间的过滤器有无污堵，药液箱包括计量泵以及管路系统有无泄漏，计量泵药量调节阀门和配药、计量箱排污管是否堵塞、排污阀门操作是否灵活。

b) 混凝澄清设施：混凝澄清主体设备主要包括加药混合箱、气浮池、溶气罐、澄清器等；应检查主体设备人孔、表计接口等有无泄漏，内外部防腐层有无脱落。排污管、取样管、气浮池内释放器有无堵塞，取样阀门操作是否灵活。溶气罐内填料有无污堵，澄清器内斜板（管）固定是否牢固，斜板（管）有无损坏或污堵。检查系统压力表计和安全阀是否校验合格。

c) 过滤设施：检查主体设备人孔、窥视镜、进出料口、表计接口等有无泄漏，内外部防腐层有无脱落，滤料有无污堵，过滤器内布水和出水装置有无变形和损坏。过滤器进气管调节阀操作灵活，逆止阀方向正确。如过滤器为无阀滤池，还应检查反洗水量调节系统，保证操作灵活，当压差达到反洗要求时能自动形成虹吸。

d) 转动设备：工业废水系统转动设备有搅拌机、水泵、空气压缩机等；检查油位、油质、振动及严密性，检查转动设备冷却状况，保证各设备冷却水畅通；定期检查泵出入口压力，清扫泵与风机的滤网，防止滤网堵塞；定期检查泵的机械密封是否有泄漏。

e) 在线监测表计：工业废水在线监测表计主要有pH、浊度、流量等；应检查表计的取样管路、阀门等有无腐蚀、卡涩、堵塞；定期清洗水样流动杯，保证内部清洁；各种表计应按期校验合格。

4.4.6.2 脱硫废水处理设施

a) 加药混凝系统。检查 pH 调整箱、有机硫加药混合箱、絮凝箱、废水储存罐、净水箱、石灰浆液罐等容器箱内搅拌机有无损坏、箱内是否存在沉积物，箱内防腐层有无脱落，系统有无泄漏，排污管有无堵塞。检查石灰浆液泵、净水泵、废水泵、废水循环泵、废水收集池外排泵等的机械密封是否有泄漏。检查絮凝剂加药泵、混凝剂、助凝剂加药泵、氧化剂加药泵及加药管路系统是否存在堵塞、泄漏及腐蚀损坏，手动调节部件是否灵活。

b) 絮凝澄清系统。检查澄清器防腐层有无脱落、排泥和取样管段有无堵塞，排泥和取样阀门操作是否灵活，清水区各出水堰孔是否水平。

c) 在线监测表计。脱硫废水在线监测表计主要有pH、浊度、流量等；应检查表计的取样系统能否取到代表性样品，系统取样阀门操作灵活；表计应按期校验合格。

d) 泥浆脱水系统。泥浆脱水系统主要设备有泥浆浓缩池、泥浆输送泵、泥浆脱水机；检查泥浆提升泵轴封和管路系统有无泄漏、控制阀门操作灵活，系统程控可调。检查泥浆浓缩池搅拌机转数可调，无机械卡涩，定期更换变速箱和轴承润滑油。检查泥浆脱水机本体严密性，水量调节系统可控，出力达到设计要求。

4.4.6.3 含煤废水处理设施

a) 废水提升泵。检查废水提升泵和出口管道，应保证出口管道不振动、不漏水、泵的盘根不发热、不甩水、泵体不泄漏，泵出口压力正常。

b) 加药和取样系统。检查配药箱、加药计量箱是否存在沉积物，箱内防腐层有无脱落，系统有无泄漏，排污管有无堵塞。检查混凝剂、助凝剂加药泵否有泄漏，手动调节部件是否灵活。检查取样系统管路和阀门有无腐蚀、卡涩。

c) 综合处理机、过滤器。检查综合处理机、过滤器本体人孔和取样连接管有无泄漏。过滤器每年打开人孔盖板，检查滤池滤料是否平整，是否有胶结泥球，并检查穿孔出水管和排泥管是否堵塞。检查综合处理机排泥系统是否存在堵塞，控制阀门操作是否灵活。

d) 在线监测表计。在线监测表计主要有pH、浊度、流量等；应检查表计的取样系统是否堵塞，取样阀门操作灵活；表计应按期校验合格。

4.4.6.4 含油废水处理设施

a) 废水提升泵：检查废水提升泵出口管道、盘根、泵体泄漏，出口压力等，应保证出口管道不振动、不漏水、盘根不发热、不甩水、泵体不泄漏，泵出口压力正常。

b) 油水分离、储油罐内：检查油水分离器、储油罐内本体及连接管路系统有无泄漏。

4.4.6.5 生活污水处理设施

a) 生活污水除渣设施：时常保证捞渣机清洁，定期清理格栅拦截的漂浮物及大颗粒机械杂质，防止格栅缝隙被堵塞。

b) 检查污水提升泵和出口管道，保证出口管道不振动、不漏水、泵的盘根不发热、不甩水、泵体不泄漏，泵出口压力正常。检查水泵、风机油位、转向达到厂家说明要求，当风机内进入污水，必须及时清理。

c) 生化池：检查生化池内防腐层有无脱落，微孔曝气器有无腐蚀、微孔有无堵塞，立体弹性填料有无损坏。

d) 沉淀池：检查污泥回流和排出系统管道以及沉淀池底部污泥斗有无堵塞，防腐层有无脱落。

e) 在线监测表计：在线监测表计主要有 pH、浊度、流量等；应检查表计的取样系统是否堵塞，取样阀门操作灵活；表计应按期校验合格。

4.4.6.6 废水处理设施检修验收

a) 废水处理系统各单元均能满足设计要求及生产实际需要。

b) 废水处理系统主要设备、部件的检修工艺及验收均严格按本厂检修工艺包执行。

c) 废水处理设施检修验收指标参照 HJ/T 255 执行。

4.5 烟气排放连续监测系统监督

4.5.1 CEMS 的安装及监测项目

4.5.1.1 应在适当位置安装符合 HJ/T 75、HJ/T 76 及环保部门的规定的 CEMS，根据测量项目和安装位置的不同，CEMS 主要分为三种：脱硝 CEMS、脱硫 CEMS 及环保监测用 CEMS。

4.5.1.2 脱硝 CEMS：

a) 在脱硝反应器进、出口适当位置分别安装 CEMS。

b) 反应器进口 CEMS 测量项目通常包括：烟气流量、NO_x 浓度（以 NO_2 计）、温度、压力、烟气含氧量等。

c) 反应器出口 CEMS 测量项目通常包括：烟气流量、NO_x 浓度、温度、压力、烟气含氧量、氨逃逸浓度等。

4.5.1.3 脱硫 CEMS：

a) 在脱硫设备进、出口烟道适当位置分别安装 CEMS。

b) 进口 CEMS 测量项目通常包括：SO_2 浓度、烟尘、含氧量、烟气流量、压力、温度等。

c) 出口 CEMS 测量项目通常包括：SO_2 浓度、NO_x、烟尘、含氧量、烟气流量、压力、温度和湿度等。

d) 当脱硫系统取消旁路后，脱硫出口 CEMS 可与环保监测用 CEMS 合用。

4.5.1.4 环保监测用 CEMS：

a) 新建燃煤机组环保监测用 CEMS 采样点应安装在烟囱符合监测要求的高度位置。

b) 现有环保监测用 CEMS 的监测点应逐步统一安装在烟囱符合监测要求的高度位置。

c) 环保部门监测用 CEMS 测量项目至少应包括：烟气流量、烟尘浓度、SO_2 浓度、NO_x 浓度、温度、压力、烟气含氧量、流速、湿度等。

4.5.2 CEMS 的技术验收

4.5.2.1 CEMS 的技术验收由参比验收和联网验收两部分组成。

4.5.2.2 参比验收检测项目及考核指标见表 2。

表2　参比验收检测项目及考核指标

验收检测项目		考　核　指　标
颗粒物	准确度	当参比方法测定烟气中颗粒物排放浓度： （1）≤50mg/m³ 时，绝对误差不超过±15mg/m³； （2）>50mg/m³～≤100mg/m³ 时，相对误差不超过±25%； （3）>100mg/m³～≤200mg/m³ 时，相对误差不超过±20%； （4）>200mg/m³ 时，相对误差不超过±15%
气态污染物	准确度	当参比方法测定烟气中二氧化硫、氮氧化物排放浓度： （1）≤20μmol/mol 时，绝对误差不超过±6μmol/mol； （2）>20μmol/mol～≤250μmol/mol 时，相对误差不超过±20%； （3）>250μmol/mol 时，相对准确度≤15%
		当参比方法测定烟气其他气态污染物排放浓度： 相对准确度≤15%
流速	相对误差	（1）流速>10m/s 时，不超过±10%； （2）流速≤10m/s 时，不超过±12%
烟温	绝对误差	不超过±3℃
氧量	相对准确度	≤15%

4.5.2.3 联网验收检测项目及考核指标见表3。

表3　联网验收检测项目及考核指标

验收检测项目	考　核　指　标
通信稳定性	（1）现场机在线率为 90% 以上； （2）正常情况下，掉线后，应在 5min 之内重新上线； （3）单台数据采集传输仪每日掉线次数在 5 次以内； （4）报文传输稳定性在 99% 以上，当出现报文错误或丢失时，启动纠错逻辑，要求数据采集传输仪重新发送报文
数据传输安全性	（1）对所传输的数据应按照 HJ/T 212 中规定的加密方法进行加密处理传输，保证数据传输的安全性； （2）服务器端对请求连接的客户端进行身份验证
通信协议正确性	现场机和上位机的通信协议应符合 HJ/T 212 中的规定，正确率 100%
数据传输正确性	系统稳定运行一周后，对一周的数据进行检查，对比接收的数据和现场的数据完全一致，抽查数据正确率 100%
联网稳定性	系统稳定运行一个月，不出现除通信稳定性、通信协议正确性、数据传输正确性以外的其他联网问题

4.5.2.4 符合参比验收和联网验收指标要求的 CEMS，方可纳入固定污染源监控系统。

4.5.2.5 CEMS 应与环保部门的监控中心联网。

4.5.3　CEMS 的定期校准

4.5.3.1 具有自动校准功能的颗粒物 CEMS 和气态污染物 CEMS 每 24h 至少自动校准一次仪器零点和跨度。具有自动校准功能的流速 CMS 每 24h 至少自动校准一次仪器零点和跨度。

4.5.3.2 无自动校准功能的颗粒物 CEMS 和气态污染物 CEMS 每 3 个月至少校准一次仪器零点和跨度。

4.5.3.3 直接测量法气态污染物 CEMS 每 30 天至少用校准装置通入零气和接近烟气中污染物浓度的标准气体校准一次仪器零点和工作点。

4.5.3.4 无自动校准功能的气态污染物 CEMS 每 15 天至少用校准装置通入零气和接近烟气中污染物浓度的标准气体校准一次仪器零点和工作点。

4.5.3.5 无自动校准功能的流速 CMS 每 3 个月至少校准一次仪器零点和跨度。

4.5.3.6 抽气式气态污染物 CEMS 每 3 个月至少进行一次全系统的校准。

4.5.4　CEMS 的定期校验

4.5.4.1 每 6 个月至少做一次校验，校验用参比方法和 CEMS 同时段数据进行比对。

4.5.4.2 当校验结果不符合表 2 要求时，则应扩展为对颗粒物 CEMS 方法的相关系数的校正、评估气态污染物 CEMS 的相对准确度和流速 CMS 的速度场系数的校正，直到烟气 CEMS 达到表 2 要求。

4.5.5　CEMS 的监测数据的有效性审核

4.5.5.1 电厂应配合环境保护主管部门进行有效性审核工作。

4.5.5.2 有效性审核工作按照《国家重点监控企业污染源自动监测数据有效性审核办法》和《国家重点监控企业污染源自动监测设备监督考核规程》（环保部环发〔2009〕第 88 号）等有关规定进行，重点审核污染源自动监测数据准确性、数据缺失和异常情况等。

4.5.5.3 考核合格的自动监测设备核发设备获得监督考核合格标志，合格标志自设备监督考核通过之日起 3 个月内有效。

4.5.6　CEMS 缺失数据的处理

4.5.6.1 烟气 CEMS 故障期间、维修期间、失控时段、参比方法替代时段以及有计划地维护保养、校准、校验等时间段均为烟气 CEMS 缺失数据时间段。

4.5.6.2 不论何种原因导致的 CEMS 监测数据缺失，电厂均应在 8h 内上报当地环保部门。

4.5.6.3 任一参数的烟气 CEMS 数据缺失在 24h 以内（含 24h），缺失数据按该参数缺失前 1h 的有效小时均值和恢复后 1h 的有效小时均值的算术平均值进行补遗。

4.5.6.4 颗粒物 CEMS、气态污染物 CEMS 数据缺失超过 24h 时，缺失的小时排放量按该参数缺失前 720h（有效）均值中最大小时排放量进行补遗，其浓度值不需补遗。

4.5.6.5 除颗粒物、气态污染物以外的其他参数的烟气 CMS 数据缺失超过 24h 时，缺失数据按该参数缺失前 720h（有效）均值的算术平均值进行补遗。

4.5.7　CEMS 日常维护

4.5.7.1 根据 CEMS 说明书的要求确定 CEMS 系统保养内容、保养周期、耗材更换周期，每次保养情况进行记录并归档。每次进行备件或材料更换时，更换的备件或材料的品名、规格、数量等进行记录并归档。如更换标准物质，记录新标准物质的来源、有效期和浓度等信息。

4.5.7.2 对日常巡检或维护保养中发现的故障或问题，应及时处理并记录。对于一些容易诊断的故障，如电磁阀控制失灵、泵膜裂损、气路堵塞、数据采集器死机、通信和电源故障等，应在 24h 内及时解决；对不易维修的仪器故障，若 72h 内无法排除，应准备相应的备用仪器。备用仪器或主要关键部件（如光源、分析单元）经调换后应根据本标准中规定的方法对系统重新调试经检测合格后方可投入运行。

4.5.8 CEMS 定期维护

4.5.8.1 机组停运到开机前应及时到现场清洁浊度仪光学镜面。

4.5.8.2 每 30 天至少清洗一次隔离烟气与光学探头的玻璃视窗，检查一次仪器光路的准直情况；对清吹空气保护装置进行一次维护，检查空气压缩机或鼓风机、软管、过滤器等部件。

4.5.8.3 每 3 个月至少检查一次气态污染物 CEMS 的过滤器、采样探头和管路的结灰和冷凝水情况、气体冷却部件、转换器、泵膜老化状态。

4.5.8.4 每 3 个月至少检查一次流速探头的积灰和腐蚀情况、反吹泵和管路的工作状态。

4.6 烟囱防腐监督

4.6.1 烟囱防腐设计原则

4.6.1.1 新建脱硫装置后的烟囱，内衬材料原则上选择耐强腐蚀材料。

4.6.1.2 现役机组进行脱硫改造时，应对现有烟囱进行分析鉴定，确定是否需要改造。

4.6.1.3 无论脱硫系统是否设置 GGH，均应考虑烟囱防腐设计。不设置 GGH 的湿烟囱顶部应考虑防止冬季结冰的措施。

4.6.1.4 根据环保监测要求，应预留烟气 CEMS 及手工监测孔。

4.6.1.5 防腐材料应有抗酸性、抗渗性、耐磨性和强黏结性，且具有自重轻、吸水率低的特性。

4.6.2 现役湿烟囱防腐改造方案选用原则

4.6.2.1 现役湿烟囱进行防腐改造前，应对原烟囱内衬及钢筋混凝土筒体的腐蚀状况及强度进行安全性检测和评价。

4.6.2.2 单筒式烟囱、砖排烟内筒套筒式烟囱、钢排烟内筒套筒式烟囱的防腐改造方案选用原则按照 DL/Z 1262 执行。

4.6.3 主要防腐材料性能要求

4.6.3.1 烟囱防腐材料主要包括：金属内衬防腐材料、无机内衬防腐材料、有机内衬防腐材料等。

4.6.3.2 防腐材料（镍基合金—钢复合板、钛合金—钢复合板、纯钛—钢复合板、无机内衬轻质玻璃砖、无机内衬发泡陶瓷砖、黏结剂、底层涂料、有机内衬）的性能要求，金属内衬防腐施工及焊接质量验收，非金属类防腐材料施工及检验均按照 DL/Z 1262 执行。

4.6.4 湿烟囱的检修监督

4.6.4.1 选用金属内衬防腐的烟囱检修监督应以巡查为主。

4.6.4.2 选用无机内衬及有机内衬防腐的烟囱，检修维护应定期进行，重点监督防腐层的局部脱落及由此引起的腐蚀渗漏。

4.7 各类污染物排放监督

各类污染物主要包括：烟尘、二氧化硫、氮氧化物、汞及其化合物、氨、废水、厂界噪声、厂界电场与磁场强度、无组织粉尘、储灰（渣）场地下水污染、废弃物等。

4.7.1 烟尘、二氧化硫、氮氧化物、汞及其化合物排放监督

4.7.1.1 烟尘、二氧化硫、氮氧化物、汞及其化合物排放浓度应满足 GB 13223 及地方排放标准的要求，烟尘、二氧化硫、氮氧化物、汞及其化合物排放总量应符合排污许可证的要求。

4.7.1.2 烟气中烟尘、二氧化硫、氮氧化物排放浓度的监测方法参照 GB/T 16157 执行。

4.7.1.3 烟气中汞的监测方法参照 HJ/T 543 执行。

4.7.1.4 烟气中汞的监测周期通常每年监测 1 次，电厂也可根据具体实际情况增加或减少，当机组煤种有较大变化时应进行烟气中汞的监测。

4.7.2 废水污染物排放监督

4.7.2.1 废水污染物排放应满足 GB 8978 及地方排放标准的要求。废水污染物排放总量应符合排污许可证的要求。

4.7.2.2 电厂应根据实际情况及地方环保的要求，确定是否需要安装水污染源在线监测系统。对于已安装水污染源在线监测系统的电厂，其水污染源在线监测系统的安装、验收、运行与考核、数据有效性判别分别按照 HJ/T 353、HJ/T 354、HJ/T 355 及 HJ/T 356 执行；水污染源在线监测系统数据有效性审核工作按照《国家重点监控企业污染源自动监测数据有效性审核办法》执行。

4.7.2.3 对于未安装水污染源在线监测系统的电厂，各类外排废水的主要监测项目、监测周期参照 DL/T 414 执行，详见表 4；各类外排废水的监测方法参照 DL/T 414 执行，详见表 5；日常具体监测项目及监测周期可以根据排水的性质、电厂的实际情况、当地环保部门要求及相关地方标准增减。

表 4　各类外排废水的主要监测项目、监测周期

监测项目	灰场废水	工业废水	生活污水	脱硫废水	备注
pH 值	1 次/旬	1 次/旬		1 次/旬	
悬浮物	1 次/旬	1 次/旬	1 次/月	1 次/季	
COD	1 次/旬	1 次/旬	1 次/月	1 次/季	
石油类		1 次/季			
氟化物	1 次/月	1 次/月		1 次/月	
总砷	1 次/月	1 次/月		1 次/季	
硫化物	1 次/月			1 次/季	
挥发酚	1 次/年	1 次/年			
氨氮		1 次/月	1 次/月		
BOD$_5$			1 次/季		
动植物油			1 次/月		
水温		1 次/月		1 次/月	
排水量	1 次/月	1 次/月	1 次/月		
总铅				1 次/季	
总汞				1 次/季	
总镉				1 次/季	
总铬				1 次/季	
总镍				1 次/季	
总锌				1 次/季	

表 5 各类外排废水的监测方法

监测项目	方法名称	适用范围	监测方法
pH 值	玻璃电极法	工业废水	GB 6920
悬浮物	重量法	生活污水、工业废水	GB 11901
COD	重铬酸盐法	COD 大于 30mg/L 的水样	GB 11914
石油类和动植物油	（1）红外分光光度法	生活污水、工业废水	GB/T 16488
石油类和动植物油	（2）重量法	生活污水、工业废水	DL/T 938
氟的无机化合物	（1）离子选择电极法	工业废水	GB/T 7484
氟的无机化合物	（2）氟试剂分光光度法	工业废水	GB/T 7483
氟的无机化合物	（3）茜素磺酸锆目视比色法	工业废水	GB/T 7482
总砷	二乙基二硫代氨基甲酸银分光光度法	废水	GB/T 7485
硫化物	（1）亚甲基蓝分光光度法	生活污水、工业废水	GB/T 16489
硫化物	（2）氨基二甲基苯胺分光光度法	生活污水、工业废水	DL/T 938
硫化物	（3）碘量法	工业废水	DL/T938
挥发酚	蒸馏后 4–氨基安替比林分光光度法	废水	GB/T 7490
氨氮	（1）钠氏试剂比色法	工业废水	GB/T 7478
氨氮	（2）蒸馏滴定法	生活污水、工业废水	GB/T 7479
BOD_5	稀释与接种法	含量范围： 2mg/L ～ 6000mg/L	GB/T 7488
水温	温度计法	生活污水、工业废水	GB 13195
总铅	（1）原子吸收分光光谱法	脱硫废水	GB 7475
总铅	（2）双硫腙分光光谱	脱硫废水	GB 7470
总汞	（1）冷原子吸收分光光度法	脱硫废水	GB/T 7468
总汞	（2）高锰酸钾—过硫酸钾消解法	脱硫废水	GB/T 7469

4.7.3 厂界噪声排放监督

4.7.3.1 按照环境影响报告书（表）、环评批复及环保部门的要求进行防噪降噪设施的设计、制造、安装、调试、运行及检修。

4.7.3.2 测点设置。在电厂总平面图上，沿着厂界或厂围墙 50m～100m 选取一个测点，测量点设在厂界外 1m～2m 处，距地面 1.2m，其中至少有两个测点设在距电厂主要噪声设施最近处，但应避开外界噪声源。当厂界有围墙且周围有受影响的噪声敏感建筑物时，测点应选在厂界外 1m、高于围墙 0.5m 以上的位置。

4.7.3.3 测量时间。测量时间分为昼间（6：00～22：00）和夜间（22：00～6：00），昼间测量一般选在 8：00～12：00 和 14：00～18：00，夜间测量一般选在 22：00～次日 5：00。

4.7.3.4 监测周期。

a) 厂界噪声通常每年监测 2 次，电厂也可根据具体实际情况增加或减少。

b) 当电厂有新建、改建、扩建项目时，应在厂界外环境敏感点设置监测点，测量厂界噪声。

4.7.3.5 厂界噪声排放限值及测量方法按照 GB 12348 执行。

4.7.4 厂界电场与磁场强度监督

4.7.4.1 监测时段

a) 新建电厂必须测量 1 次。

b) 如果升压站或输出线路有变动时，可能会引起厂界电场和磁场发生较大变化时，应再测量 1 次。

4.7.4.2 测点设置

a) 在电厂总平面图上，沿着厂界或厂围墙 50m～100m 选取一个测点，其中至少有两个测点是主要发电设备、变电设备或其他大型电器设备最近距离处，测量点设在电厂厂界外（无围墙）1m 处，或电厂围墙外，离围墙的距离为围墙高度的 2 倍，离地面 1.5m。

b) 在电厂出线走廊下，以出线走廊下中心为起点，沿垂直于出线走廊的方向每隔 2m 设置 10 个以上测点。

c) 在厂界外环境敏感点应设置测点。

d) 测量位置应避开其他外界电器设备、建筑物、树木及金属构件的物体。测量时测量人员应离测量装置 2m 以上。

4.7.4.3 测量方法

测量方法按照 DL/T 334、DL/T 988 的规定执行。

4.7.4.4 测量仪器

测量仪器性能符合 GB/T 12720 的规定。

4.7.4.5 数据处理

数据计算与处理按 GB/T 7349、GB/T 12720 及 DL/T 988 的规定执行。厂界工频电场强度和磁场强度应符合环境保护标准。

4.7.5 无组织颗粒物及氨排放监督

4.7.5.1 储灰（渣）场的选址、设计及管理应符合 GB 18599 的规定。

4.7.5.2 煤场、储灰（渣）场、石灰石料场的设计应采取相应防止扬尘的措施，并满足环评批复的要求。储煤场应设置防尘设施；储灰（渣）场应及时碾压，并定期进行洒水；停运灰场尽可能进行灰渣利用、覆土、绿化、复耕或表面固化处理。

4.7.5.3 储煤场、储灰（渣）场、石灰石料场粉尘及氨区氨的无组织排放监测。

a) 监测目的：了解电厂无组织排放的水平，分析其对环境的影响。

b) 监测项目：粉尘及氨的无组织排放浓度。

c) 监测周期：粉尘及氨的无组织排放通常每年监测 1 次，电厂也可根据实际情况及当地环保部门的要求增减。

d) 测点设置：无组织排放的监测按 HJ/T 55 的规定执行，测点设置如下：

　　1) 监控点应设在无组织排放源边界下风向 2m～50m 范围内的浓度最高点，相对应的参照点设在排放源上风向 2m～50m 范围内。按规定监控点最多可设 4 个，参照点只设 1 个。

    2） 监控点应设置于平均风向轴线的两侧，监控点与无组织排放源所形成的夹角不超出风向变化的±$S°$（10 个风向读数的标准偏差）范围之内。

    3） 参照点应不受或尽可能少受被测无组织排放源的影响，参照点要力求避开其近处的其他无组织排放源和有组织排放源的影响，尤其要注意避开那些可能对参照点造成明显影响而同时对监控点无明显影响的排放源；参照点的设置，要以能够代表监控点的污染物本底浓度为原则。

  e） 监测方法：

    1） 储煤场、储灰（渣）场、石灰石料场的颗粒物无组织排放监测分析方法按照 GB/T 15432 执行。

    2） 氨区氨的无组织排放监测分析方法按照 GB/T 14679 执行。

4.7.5.4 无组织粉尘及氨的排放浓度限值：

  a） 粉尘的排放浓度限值应符合 GB 16297 中的规定。

  b） 氨的排放浓度限值应符合 GB 14554 中的规定。

4.7.6 储灰（渣）场的地下水水质监督

4.7.6.1 测点设置：测点设在储灰（渣）场的地下水质监控井。

4.7.6.2 监测方法：按照 GB 5750 的规定执行。

4.7.6.3 监测结果：按照 GB 14848 的规定，根据测量数值的变化，判断储灰（渣）场对地下水水质的影响。

4.7.6.4 监测周期：电厂根据实际情况及当地环保部门的要求执行。

4.7.7 废弃物处置监督

4.7.7.1 废弃物处置监督按照电厂《废弃物管理标准》执行。

4.7.7.2 应在产生废弃物的地方设置临时存放点，并设标识。

4.7.7.3 一般废弃物：

  a） 可回收废弃物应委托相关部门许可的有相关资质回收公司进行回收处理、再利用。

  b） 不可回收废弃物如生活垃圾等应送至垃圾转运站或处理场由环卫部门进行统一处理。

4.7.7.4 危险废弃物：

  a） 危险废弃物应按照 GB 5085 进行认定，并进行分类收集。

  b） 危险废弃物的收集、储存、运输、标识等应按照 HJ 2025 执行。

  c） 申报危险废弃物种类、产生量、流向、储存、处置等。

  d） 审查危险废弃物处置单位的资质，委托有资质的单位对危险废物进行处置，并到有关部门备案。

4.8 燃煤中硫分、灰分监督

4.8.1 燃煤中硫分、灰分的测定周期

  a） 入厂煤硫分、灰分每批测量 1 次。

  b） 入炉煤硫分、灰分每天测量 1 次。

4.8.2 燃煤中硫分、灰分的测定方法

  a） 燃煤中硫分测定方法按照 GB/T 214 执行。

  b） 燃煤中灰分测定方法按照 GB/T 212 执行。

4.8.3 燃煤中硫分、灰分的监督要求

a) 入炉煤硫分不大于设计值。

b) 入炉煤灰分不大于设计值。

5 监督管理要求

5.1 环保监督管理的依据

5.1.1 电厂应按照集团公司《电力技术监督管理办法》和本标准的要求，制定环保监督管理标准，并根据国家法律、法规及国家、行业、集团公司标准、规范、规程、制度，结合电厂实际情况，编制环保监督相关/支持性文件；建立健全技术资料档案，以科学、规范的监督管理，保证环保设备安全可靠运行。

5.1.2 环保监督应具备的相关/支持性文件。

a) 环保监督技术标准。

b) 环保监督管理标准。

c) 粉煤灰治理管理标准。

d) 废弃物管理标准。

e) 脱硫副产品治理管理标准。

f) 环境污染事故应急预案。

g) 各类环保设备运行规程、检修规程、系统图。

5.1.3 技术资料档案。

5.1.3.1 基建阶段技术资料：

a) 各类环保设备技术规范。

b) 整套设计和制造图纸、说明书、出厂试验报告。

c) 安装竣工图纸。

d) 设计修改文件。

e) 设备监造报告、安装验收记录、缺陷处理报告、调试试验报告、投产验收报告。

5.1.3.2 应建立的设备台账：

a) 除尘系统设备台账。

b) 脱硫系统设备台账。

c) 脱硝系统设备台账。

d) 废水处理系统设备台账。

e) 烟气排放连续监测系统设备台账。

f) 各类环保监测仪器、仪表台账。

g) 储灰场及储煤场防尘抑尘设施设备台账。

h) 防止或减少噪声设施设备台账。

i) 工频电场和磁场屏蔽设施设备台账。

5.1.3.3 运行报告和记录：

a) 月度运行分析和总结报告。

b) 运行日志。

c) 交接班记录。

d) 与环保监督有关的事故（异常）分析报告。

e) 待处理缺陷的措施和及时处理记录。

5.1.3.4 检修维护报告和记录：

a) 检修质量控制质检点验收记录。

b) 检修文件包。

c) 检修记录及竣工资料。

d) 检修总结。

e) 日常设备维修（缺陷）记录和异动记录。

5.1.3.5 事故管理报告和记录：

a) 设备非计划停运、障碍、事故统计记录。

b) 事故分析报告。

5.1.3.6 技术改造报告和记录：

a) 可行性研究报告。

b) 技术方案和措施。

c) 技术图纸、资料、说明书。

d) 质量监督和验收报告。

e) 完工总结报告和性能考核试验报告。

5.1.3.7 应归档的档案资料（监督管理文件）：

a) 环保监督人员技术交流及培训记录。

b) 环保监测仪器汇总表及操作规程。

c) 各类环保监测仪器、仪表的台账，检定周期计划及记录。

d) 各类环保设施设备台账、运行规程、检修规程及考核与管理制度。

e) 环保监督网络成员名单（环保监督机构网络图）及上岗资格证书。

f) 环保监督网络活动记录。

g) 各类环保设施运行记录、检修记录。

h) 各类污染物排放监测数据及各类环保设施性能试验报告及技术改造总结。

i) 各类环保报表（包括季报、速报等）及上报环保部门资料。

j) 环保技术监督年度计划及年终总结报告。

k) 环保设备设计、制造、安装、调试过程的相关资料。

l) 火电建设项目环境影响评价大纲和环评报告等。

m) 火电建设项目环保设施竣工验收资料。

n) 火电建设项目水土保持报告书及验收资料等。

o) 燃煤硫分、灰分、石灰石及石膏等的分析报告。

p) 主要环保设施（除尘器、脱硫设备、脱硝设备）效率及投运率统计。

q) 环保监督预警通知单和验收单。

r) 环保监督工作自我评价报告和外部检查评价报告。

s) 环保部门颁发的排污许可证。

t) 国家、行业、地方、集团公司关于环保工作的法规、标准、规范、规程及制度。

u) 环保核查汇报资料及检查结果。

5.2 日常管理内容和要求

5.2.1 健全监督网络与职责

5.2.1.1 电厂应建立健全由生产副厂长（总工程师）领导下的环保技术监督三级管理网。第一级为厂级，包括生产副厂长（总工程师）领导下的环保监督专责人；第二级为部门级，包括运行部环保专工，检修部环保专工；第三级为班组级，包括各专工领导的班组人员。

5.2.1.2 按照集团公司《电力技术监督管理办法》和《华能电厂安全生产管理体系要求》编制本厂环保监督管理标准，做到分工、职责明确，责任到人。

5.2.1.3 电厂环保技术监督工作归口职能管理部门，在电厂技术监督领导小组的领导下，负责环保技术监督的组织建设工作，建立健全技术监督网络，并设环保技术监督专责人，负责全厂环保技术监督日常工作的开展和监督管理。

5.2.1.4 电厂每年年初要根据人员变动情况及时对网络成员进行调整；按照人员培训和上岗资格管理办法的要求，定期对技术监督专责人和特殊技能岗位人员进行专业和技能培训，保证持证上岗。

5.2.2 确定监督标准符合性

5.2.2.1 环保监督标准应符合国家、行业及上级主管单位的有关规定和要求。

5.2.2.2 每年年初，环保技术监督专责人应根据新颁布的标准及设备改造情况，组织对厂内环保设备运行规程、检修规程等规程、制度的有效性、准确性进行评估，对不符合项进行修订，经归口职能管理部门领导审核、生产主管领导审批完成后发布实施。国标、行标及上级监督规程、规定中涵盖的相关环保监督工作均应在厂内规程及规定中详细列写齐全，在环保设备规划、设计、建设、更改过程中的环保监督要求等同采用每年发布的相关标准。

5.2.3 确定仪器仪表有效性

5.2.3.1 应编制环保监督用仪器仪表使用、操作、维护规程，规范仪器仪表管理。

5.2.3.2 各班组应建立环保监督用仪器仪表设备台账，根据检验、使用及更新情况进行补充完善。

5.2.3.3 根据检定周期，每年应制定仪器仪表的检验计划，根据检验计划定期进行检验或送检，对检验合格的可继续使用，对检验不合格的则送修，对送修仍不合格的作报废处理。

5.2.4 制订监督工作计划

5.2.4.1 环保技术监督专责人每年 11 月 30 日前应组织完成下年度技术监督工作计划的制订工作，并将计划报送产业公司、区域公司，同时抄送西安热工研究院有限公司。

5.2.4.2 发电企业环保技术监督年度计划的制订依据至少应包括以下几方面：

    a) 国家、行业、地方有关电力生产方面的法规、政策、标准、规范、反事故措施要求；

    b) 集团公司、产业公司、区域公司、电厂技术监督管理制度和年度技术监督动态管理要求；

    c) 集团公司、产业公司、区域公司、电厂技术监督工作规划和年度生产目标；

    d) 技术监督体系健全和完善化；

    e) 人员培训和监督用仪器设备配备和更新；

    f) 主、辅设备目前的运行状态；

    g) 技术监督动态检查、预警、月（季报）提出问题的整改；

    h) 收集的其他有关环保设备设计选型、制造、安装、运行、检修、技术改造等方面的动态信息。

5.2.4.3 电厂环保技术监督工作计划应实现动态化，每季度制订环保技术监督工作计划。年度（季度）监督工作计划应包括以下主要内容：

    a）技术监督组织机构和网络完善；

    b）监督管理标准、技术标准规范制定、修订计划；

    c）人员培训计划（主要包括内部培训、外部培训取证，标准规范宣贯）；

    d）技术监督例行工作计划；

    e）检修期间应开展的技术监督项目计划；

    f）监督用仪器仪表检定计划；

    g）技术监督自我评价、动态检查和复查评估计划；

    h）技术监督预警、动态检查等监督问题整改计划；

    i）技术监督定期工作会议计划。

5.2.4.4 电厂应根据上级公司下发的年度环保技术监督工作计划，及时修订补充本单位年度技术监督工作计划，并发布实施。

5.2.4.5 环保监督专责人每季度对环保监督各部门的监督计划的执行情况进行检查，对不满足监督要求的通过技术监督不符合项通知单的形式下发到相关部门进行整改，并对环保监督的相关部门进行考评。环保技术监督不符合项通知单编写格式见附录B。

5.2.5 监督档案管理

5.2.5.1 为掌握环保设备的改造及变更情况，便于分析研究和采取对策，电厂应建立和健全环保技术监督档案、规程、制度和技术资料，确保技术监督原始档案和技术资料的完整性和连续性。

5.2.5.2 根据环保监督组织机构的设置和受监设备的实际情况，要明确档案资料的分级存放地点和指定专人负责整理保管。

5.2.5.3 为便于上级检查和自身管理的需要，环保技术监督专责人要存有全厂环保档案资料目录清册，并负责实时更新。

5.2.6 监督报告管理

5.2.6.1 环保监督速报的报送

当电厂发生重大环保监督指标异常，受监控设备重大缺陷、故障和损坏事件后24h内，应将事件概况、原因分析、采取措施按照附录D环保技术监督信息速报编写格式，以速报的形式报送产业公司、区域公司和西安热工研究院有限公司。

5.2.6.2 环保监督季报的报送

环保技术监督专责人应按照附录C环保技术监督季报编写格式，组织编写上季度环保技术监督季报。经电厂归口职能管理部门季报汇总人按照集团公司《电力技术监督管理办法》中的格式编写完成"技术监督综合季报"后，应于每季度首月5日前，将全厂技术监督季报报送产业公司、区域公司和西安热工研究院有限公司。

5.2.6.3 环保监督年度工作总结报告的报送

5.2.6.3.1 环保技术监督专责人应于每年1月5日前组织完成上年度技术监督工作总结报告的编写工作，并将总结报告报送产业、区域子公司和西安热工研究院有限公司。

5.2.6.3.2 年度监督工作总结报告主要内容应包括以下几方面：

a) 主要工作完成情况、亮点和经验与教训。要突出重点和亮点，反映年度或专项工作的重点，抓住主要问题。要点面结合，既有全面概括的统计资料，又有典型事实材料。材料要准确翔实，要有数据支持。要总结规律，通过分析、综合，找出具有指导意义的规律性的东西。

b) 设备一般事故和异常统计分析。

c) 监督存在的主要问题和改进措施。

   1) 未完成工作。

   2) 存在问题分析（对存在的差距及问题，要进行深入分析、查找原因）。

   3) 经验与教训（结合设备一般事故和异常统计分析）。

d) 下年度工作思路、计划、重点和改进措施。要在总结工作、查找差距的基础上，结合本专业重点工作，详细梳理下一步工作思路，拟订工作计划和改进措施。

5.2.7　监督例会管理

5.2.7.1　电厂每年至少召开两次厂级技术监督工作会议，会议由电厂技术监督领导小组组长主持，检查评估、总结、布置环保技术监督工作，对技术监督中出现的问题提出处理意见和防范措施，形成会议纪要，按管理流程批准后发布实施。

5.2.7.2　环保专业每季度至少召开一次技术监督工作会议，会议由环保监督专责人主持并形成会议纪要。

5.2.7.3　例会主要内容包括：

a) 上次监督例会以来环保监督工作开展情况；

b) 设备及系统的故障、缺陷分析及处理措施；

c) 环保监督存在的主要问题以及解决措施/方案；

d) 上次监督例会提出问题整改措施完成情况的评价；

e) 环保监督工作计划发布及执行情况，监督计划的变更；

f) 集团公司技术监督季报、监督通讯、新颁布的国家、行业标准规范、监督新技术学习交流；

g) 环保监督需要领导协调和其他部门配合和关注的事项；

h) 至下次监督例会时间内的工作要点。

5.2.8　监督预警管理

5.2.8.1　环保技术监督预警项目见附录 E，电厂应将三级预警识别纳入日常环保监督管理和考核工作中。

5.2.8.2　对于上级监督单位签发的预警通知单，电厂应认真组织人员研究有关问题，制定整改计划，整改计划中应明确整改措施、责任部门、责任人、完成日期。环保技术监督预警通知单格式见附录F。

5.2.8.3　问题整改完成后，按照验收程序要求，电厂应向预警提出单位提出验收申请，经验收合格后，由验收单位填写预警验收单报送预警签发单位备案。环保技术监督预警验收单格式见附录G。

5.2.9　监督问题整改

5.2.9.1　整改问题的提出

a) 上级或技术监督服务单位在技术监督动态检查、预警中提出的整改问题；

b) 《火电技术监督报告》中明确的集团公司或产业公司、区域公司督办问题；

c) 《火电技术监督报告》中提出的电厂需要关注及解决的问题；

d) 电厂环保监督专责人每季度对各部门环保监督计划的执行情况进行检查，对不满足监督要求提出的整改问题。

5.2.9.2 问题整改管理

a) 电厂收到技术监督评价考核报告后，应组织有关人员会同西安热工研究院有限公司或技术监督服务单位在 2 周内完成整改计划的制订和审核，环保技术监督动态检查问题整改计划书编写格式见附录 H。并将整改计划报送集团公司、产业公司、区域公司，同时抄送西安热工研究院有限公司或技术监督服务单位。

b) 整改计划应列入或补充列入年度监督工作计划，电厂按照整改计划落实整改工作，并将整改实施情况及时在技术监督季报中总结上报。

c) 对整改完成的问题，电厂应保留问题整改相关的试验报告、现场图片、影像等技术资料，作为问题整改情况及实施效果评估的依据。

5.2.10 监督评价与考核

5.2.10.1 电厂应将《环保技术监督工作评价表》中的各项要求纳入日常环保监督管理工作中，《环保技术监督工作评价表》见附录 I。

5.2.10.2 按照附录 I 中的要求，编制完善各项环保技术监督管理制度和规定，并认真贯彻执行；完善各项环保监督的日常管理和检修记录，加强受监设备的运行技术监督和检修技术监督。

5.2.10.3 按照附录 I 中的要求，电厂应定期对技术监督工作开展情况进行评价，对不满足监督要求的不符合项以通知单的形式下发到相关部门进行整改，并对相关部门及责任人进行考核。

5.3 各阶段监督重点工作

5.3.1 设计阶段

5.3.1.1 根据《中华人民共和国环境影响评价法》及《建设项目环境保护管理条例》中的相关规定，委托有资质的单位编制环境影响评价文件，对建设项目产生的污染及对环境的影响进行全面评价，并报环保主管部门批准。

5.3.1.2 根据环境影响报告书（表）及批复文件，委托设计单位进行环保设施的设计，电厂应参加环保设施的可研、初设、设计、设备选型及设备招标等技术讨论和审核。

5.3.1.3 监督各类环保设施性能验收试验所用测点及烟气连续排放监测系统安装位置的设计。

5.3.1.4 监督设计单位，确保环保设施的设计必须符合国家、行业的法规和标准规范的要求。

5.3.2 制造阶段

5.3.2.1 监督环保设备制造厂按合同要求制造，重要部件及原材料材质与合同一致。

5.3.2.2 监督关键部件的加工精度符合图纸的要求。

5.3.2.3 监督设备装配工艺符合工艺文件要求。

5.3.2.4 对环保设备的制造质量进行抽样检查，做好抽检记录，提供抽检报告。

5.3.2.5 对出厂试验项目、试验方法、试验结果进行监督。

5.3.2.6 监督设备出厂时，包装、运输符合相关规定。

5.3.2.7 检查出厂试验报告、产品使用说明书、安装说明书及图纸、质量检验证书等。

5.3.3 安装阶段

5.3.3.1 审查安装单位编制的工作计划、施工方案及进度网络图。

5.3.3.2 监督安装单位严格按照安装图纸及相关标准进行施工。

5.3.3.3 监督各重要节点的质量见证点,落实验收各见证点。

5.3.3.4 对环保设备的安装质量进行抽样检查,并做好抽检记录,提供抽检报告。

5.3.3.5 监督安装单位提供各类环保设备的安装图纸、工程质量大纲、安装记录、质检记录和验收记录。

5.3.3.6 监督安装单位施工进度。

5.3.3.7 按照环评批复要求,监督落实施工期环境保护措施。

5.3.4 试运行阶段

5.3.4.1 试生产前应向有审批权的环境保护行政主管部门提出试生产申请,得到同意后方可进行试生产。

5.3.4.2 审查调试单位及人员的资质,审核调试单位编制环保设施的调试大纲、技术措施及进度网络图。

5.3.4.3 电厂环保监督人员应参与环保设施的调试工作,监督检查调试方案的实施,保证各项指标达到设计值。

5.3.4.4 环保监督人员应对环保设施的调试结果进行验收签字。

5.3.4.5 监督调试单位提交试验记录、调试报告及相关技术资料。

5.3.4.6 项目竣工后,电厂应按照 HJ/T 255 的要求,委托有资质的环境监测站完成竣工验收监测,自试生产之日起 3 个月内将竣工验收监测报告、环保设施的建设总结和申请验收文件等,上报给批复环评的环境保护部门,申请该项目配套的环境保护设施竣工验收,获得验收通过后方可正式投入生产。

5.3.5 运行阶段

5.3.5.1 应根据集团公司制定的环境管理目标,结合电厂的实际制定相应的环保规划和年度实施计划。

5.3.5.2 电厂环保领导小组(或环保监督网成员)应组织环境保护技术改造项目的立项、验收工作,并将相应情况报告上级公司。

5.3.5.3 组织运行和检修人员对环保设备进行巡视、检查和记录,当环保设备出现故障停运时,应立即向环保部门汇报故障原因、处理措施及恢复投运时间。

5.3.5.4 监督环保设备的运行状况。监督除尘器系统、脱硫系统、脱硝系统、CEMS 等环保设施的正常运行,保证其投运率均达到 100%,监视烟气中烟尘浓度、SO_2、NO_x 排放浓度,出现超标时,及时调整运行参数并通知有关人员进行处理。

5.3.5.5 监督煤质硫分、灰分,监督脱硫废水处理系统、工业废水处理系统、含煤废水处理系统、含油废水处理系统、生活污水处理系统的正常运行。最大限度地进行回收利用,力争实现废水零排放。

5.3.5.6 编写《环保设备运行月度分析报告》,掌握设备运行及污染物排放状况。

5.3.5.7 制定《环境污染事故应急预案》,并下发到各有关工作岗位,当发生环境污染事故时,立即采取相应的紧急措施,避免事故扩大,并及时向上级公司和地方环保部门报告。

5.3.5.8 电厂在缴纳排污费的同时,结合本厂环保设施改造,尽可能争取环保治理专项资金。

5.3.5.9 凡发生超标排放而被处罚的电厂，必须及时报告上级公司，说明超标排放原因。

5.3.5.10 定期开展环境监测工作，掌握各类污染物排放浓度和排放量。

5.3.6 检修阶段

5.3.6.1 按照集团公司《电力检修标准化管理实施导则（试行）》对检修的全过程进行监督。

5.3.6.2 制定环保设备检修监督工作计划，监督环保设备检修计划、检修方案及检修项目是否全面，二级验收质检点是否齐全，检修质量是否达到要求。

5.3.6.3 检查检修记录、试验记录等，审查各关键见证点的验收，对不符合项，填写不符合项通知单，并按相应程序处理。

5.3.6.4 检修过程应按检修文件包的要求进行工艺和质量控制，执行质监点（W、H 点）检查和三级验收相结合的方式。

5.3.6.5 监督检修报告的编写，对检修资料进行归档，根据环保设备检修情况，对设备台账、运行规程、检修规程及系统图进行动态修编。环境保护设备台账编写格式可参考附录 A。

5.3.6.6 建立健全环保设施检修分析、消缺记录，并实行严格的档案管理。

6 监督评价与考核

6.1 评价内容

6.1.1 环保监督评价考核内容见附录 I。

6.1.2 环保监督评价内容分为环保监督管理、环保设备监督两部分，总分为 1000 分，其中环保监督管理评价部分共 400 分，环保设备监督评价部分共 600 分，每项检查评分时，如扣分超过本项应得分，则扣完为止。

6.2 评价标准

6.2.1 被评价考核的电厂按得分率的高低分为四个级别，即：优秀、良好、一般、不符合。

6.2.2 得分率高于或等于 90% 为"优秀"；80%～90%（不含 90%）为"良好"；70%～80%（不含 80%）为"合格"；低于 70% 为"不符合"。

6.3 评价组织与考核

6.3.1 技术监督评价包括集团公司技术监督评价、属地电力技术监督服务单位技术监督评价、电厂技术监督自我评价。

6.3.2 集团公司定期组织西安热工研究院有限公司和公司内部专家，对电厂技术监督工作开展情况、设备状态进行评价，评价工作按照附录 I《环保技术监督工作评价表》执行，分为现场评价和定期评价。

6.3.2.1 集团公司技术监督现场评价按照集团公司年度技术监督工作计划中所列的电厂名单和时间安排进行。各电厂在现场评价实施前应按附录 I《环保技术监督工作评价表》进行自查，编写自查报告。西安热工研究院有限公司在现场评价结束后 3 周内，应按照集团公司《电力技术监督管理办法》中的格式要求完成评价报告，并将评价报告电子版报送集团公司安生部，同时发送产业公司、区域公司及电厂。

6.3.2.2 集团公司技术监督定期评价按照集团公司《电力技术监督管理办法》及本标准要求和规定，对电厂生产技术管理情况、机组障碍及非计划停运情况、环保监督报告的内容符合性、准确性、及时性等进行评价，通过年度技术监督报告发布评价结果。

6.3.2.3 集团公司对严重违反技术监督制度、由于技术监督不当或监督项目缺失、降低监督

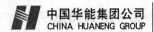

标准而造成严重后果、对技术监督发现问题不进行整改的电厂，予以通报并限期整改。

6.3.3 电厂应督促属地技术监督服务单位依据技术监督服务合同的规定，提供技术支持和监督服务，依据相关监督标准定期对电厂技术监督工作开展情况进行检查和评价分析，形成评价报告报送电厂，并将评价报告电子版和书面版报送产业公司、区域公司及电厂。电厂应将报告归档管理，并落实问题整改。

6.3.4 电厂应按照集团公司《电力技术监督管理办法》及《华能电厂安全生产管理体系要求》建立完善技术监督评价与考核管理标准，明确各项评价内容和考核标准。

6.3.5 电厂应每年按附录 I，组织安排环保监督工作开展情况的自我评价，根据评价情况对相关部门和责任人开展技术监督考核工作。

附 录 A

（规范性附录）

环保设备台账编写格式

A.1 环保设备台账目录

a) 封面。

b) 设备技术规范。

c) 附属设备技术规范。

d) 制造、运输、安装及投产验收情况记录。

e) 运行状况记录。

f) 重要故障记录。

g) 检修记录。

h) 变更记录。

i) 重要记事。

j) 设备基建阶段资料及图纸目录。

A.2 环保设备台账的要求

a) 设备台账是由一个文本文档（Word 文档或者 Excel 工作表）和一个文件夹组成。

b) 文本文档用来记录设备从设计选型和审查、监造和出厂验收、安装和投产验收、运行、检修到技术改造的全过程环保监督的重要内容；文件夹用来保存和提供设备的相关资料。

c) 设备台账的记录应简明扼要，详细内容可通过超链接调用文件夹中的相关资料，或者通过索引在文件夹中查找到相关的资料。

A.3 环保设备台账示例

a) 封面。

    1) 设备名称。

    2) KKS 编码。

    3) 管理部门。

    4) 责任人。

    5) 建档日期。

b) 设备技术规范。

c) 附属设备技术规范。

d) 制造、运输、安装及投产验收情况记录见表 A.1。

表 A.1 制造、运输、安装及投产验收情况记录

设备名称		制造厂家	
运输单位		安装单位	

制造过程出现的问题及处理	问题及处理		
	索引或超链接		
运输过程出现的问题及处理	问题及处理		
	索引或超链接		
安装及投产验收中出现的问题及处理	问题及处理		
	索引或超链接		

e) 运行状况记录见表 A.2。

表 A.2 运行状况记录

年、月	可用小时	运行小时	故障停运		计划检修停运		备注
	h	h	次数	h	次数	h	

f) 重要故障记录（包括一类事故、障碍、危急缺陷和严重缺陷）见表 A.3。

表 A.3 重 要 故 障 记 录

故障名称				
发生日期			处理完成日期	
故障类别		非停时间 h	责任人	
事件简述				
原因分析				
处理方法				
防范措施				
索引或超链接				
编制		审核	审批	

g) 检修记录见表 A.4。

表 A.4 检 修 记 录

检修等级				检修性质			质量总评价	
检修时间	计划	自		至		消耗工时		计划
	实际	自		至				实际
主要检修人员								
检修主要内容								
检修中发现的问题及处理								
试验情况								
遗留问题								
索引或超链接								
检修负责人			审核				审批	

h）变更记录（包括：改进、更换、报废）见表A.5。

表A.5 变更记录

变更名称				
变更日期			变更工作负责人	
变更原因				
变更依据				
变更内容				
变更效果				
索引或超链接				
编制		审核		审批	

i) 重要记事见表 A.6。

表 A.6 重 要 记 事

事件名称			发生日期	
事件描述				
索引或超链接				
编制		审核		审批	

j) 设备基建阶段资料及图纸目录见表 A.7。

表 A.7 设备基建阶段资料及图纸目录

序号	资料及图纸名称	索引号	保存地点

附 录 B

（规范性附录）

环保技术监督不符合项通知单

编号（No）：××-××-××

发现部门：　　　专业：　　　被通知部门、班组：　　　签发：　　　日期：20××年××月××日

不符合项描述	1. 不符合项描述：
	2. 不符合标准或规程条款说明：
整改措施	3. 整改措施： 　　　　　　　　　　制订人/日期：　　　　　　　　　　审核人/日期：
整改验收情况	4. 整改自查验收评价： 　　　　　　　　　　整改人/日期：　　　　　　　　　　自查验收人/日期：
复查验收评价	5. 复查验收评价： 　　　　　　　　　　　　　　　　　　　　　复查验收人/日期：
改进建议	6. 对此类不符合项的改进建议： 　　　　　　　　　　　　　　　　　　　　　建议提出人/日期：
不符合项关闭	整改人：　　　自查验收人：　　　复查验收人：　　　签发人：
编号说明	年份＋专业代码＋本专业不符合项顺序号

附 录 C

（规范性附录）

环保技术监督季报编写格式

××电厂20××年×季度环保技术监督季报

编写人：×××　固定电话/手机：×××××××

审核人：×××

批准人：×××

上报时间：20××年××月××日

C.1 上季度集团公司督办事宜的落实或整改情况

C.2 上季度产业（区域）子公司督办事宜的落实或整改情况

C.3 环保监督年度工作计划完成情况统计报表（见表C.1）

表 C.1　年度技术监督工作计划和技术监督服务单位合同项目完成情况统计报表

电厂技术监督计划完成情况			技术监督服务单位合同工作项目完成情况		
年度计划项目数	截至本季度完成项目数	完成率%	合同规定的工作项目数	截至本季度完成项目数	完成率%

C.4 环保监督考核指标完成情况统计报表

C.4.1 监督管理考核指标报表（见表C.2和表C.3）

监督指标上报说明：每年的第1、2、3季度所上报的技术监督指标为季度指标；每年的第4季度所上报的技术监督指标为全年指标。

表 C.2　技术监督预警问题至本季度整改完成情况统计报表

一级预警问题			二级预警问题			三级预警问题		
问题项数	完成项数	完成率%	问题项数	完成项数	完成率%	问题项数	完成项数	完成率%

表 C.3　集团公司技术监督动态检查提出问题本季度整改完成情况统计报表

检查年度	检查提出问题项目数			电厂已整改完成项目数统计结果			
	严重问题	一般问题	问题项合计	严重问题	一般问题	完成项目数小计	整改完成率%

C.4.2 技术监督考核指标报表（见表 C.4）

表 C.4 技术监督考核指标报表

项　目	单位	1 号	2 号	3 号	4 号	5 号	6 号	季累计或季平均	考核值
机组容量	MW								
燃煤收到基含灰量	%								
燃煤收到基含硫量	%								
烟气排放量	Mm³								
烟尘排放浓度	mg/m³					·			
烟尘排放量	t								
二氧化硫排放浓度	mg/m³								
二氧化硫排放量	t								
氮氧化物排放浓度	mg/m³								
氮氧化物排放量	t								
汞及其化合物排放浓度	mg/m³								
汞及其化合物排放量	kg								
废水排放量	万 t								
灰渣综合利用率	%								
脱硫副产品综合利用率	%								
除尘器投运率	%								
脱硫设施投运率	%								
脱硝设施投运率	%								

C.4.3 技术监督考核指标简要分析

填报说明：主要环保指标简要分析（燃煤煤质、环保设施投运率、效率及排放量升高、降低简要说明，分析污染物超标及指标未达标的原因）。

C.5 本季度主要完成的环保监督工作

a）环保监督网活动、管理制度修订及人员培训情况。

b）环保设施竣工验收、检修、技术改造、性能试验、污染物排放监测、比对试验及新技术应用情况。

C.6 本季度环保监督发现的问题、原因分析以及处理情况

填报说明：包括试验、检修、运行、巡视中发现的一般事故和一类障碍、危急缺陷和严重缺陷。必要时应提供照片、数据和曲线。

a) 脱硝设备。

b) 脱硫设备。

c) 烟气排放连续监测系统（CEMS）。

d) 除尘设备。

e) 废水处理设施及废水排放。

f) 其他环保设施。

C.7 环保技术监督需要解决的主要问题

C.8 下一季度环保监督工作重点

C.9 附表

华能集团公司技术监督动态检查环保专业提出问题至本季度整改完成情况，见表 C.5。《华能集团公司火电技术监督报告》环保专业提出的存在问题至本季度整改完成情况，见表 C.6。环保技术监督预警问题至本季度整改完成情况，见表 C.7。

表 C.5　华能集团公司技术监督动态检查环保专业提出问题至本季度整改完成情况

序号	问题描述	问题性质	西安热工研究院有限公司提出的整改建议	发电企业制定的整改措施和计划完成时间	目前整改状态或情况说明

注 1：填报此表时需要注明集团公司技术监督动态检查的年度。

注 2：如 4 年内开展了 2 次检查，应按此表分别填报。待年度检查问题全部整改完毕后，不再填报

表 C.6　《华能集团公司火电技术监督报告》环保专业提出的
存在问题至本季度整改完成情况

序号	问题描述	问题性质	问题分析	解决问题的措施及建议	目前整改状态或情况说明

表 C.7　环保技术监督预警问题至本季度整改完成情况

预警通知单编号	预警类别	问题描述	西安热工研究院有限公司提出的整改建议	发电企业制定的整改措施和计划完成时间	目前整改状态或情况说明

附 录 D
（规范性附录）
环保技术监督信息速报

单位名称			
设备名称		事件发生时间	
事件概况	注：有照片时应附照片说明。		
原因分析			
已采取的措施			
监督专责人签字		联系电话： 传　真：	
生产副厂长或总工程师签字		邮　箱：	

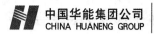
附 录 E

（规范性附录）

环保技术监督预警项目

E.1 一级预警

a) 环保部门重要核查过程中，未按要求进行整改，存在严重环保事件风险。

b) 机组投运 24 个月内，未完成环保设施竣工验收。

c) 发生被省级及以上环保部门通报事件。

E.2 二级预警

a) 预计不能按期完成节能减排目标责任书、重点污染防治或者限期治理任务。

b) 除尘器、脱硫装置、脱硝装置、废水处理设施、烟气排放连续监测系统及其他重要环保设施非计划连续停运时间在 24h 以上，未按要求报环保部门备案。

c) 烟尘、二氧化硫、氮氧化物、汞及其化合物等重要指标的排放浓度超标值在 200%～300%之间（相对误差）的时间超过 48h。

d) 机组投运 18 个月以上，未完成环保设施竣工验收。

e) 发生被市级环保部门通报事件。

E.3 三级预警

a) 连续出现 2 次未按要求向上级管理单位报送重要环保报表、总结及其他环保材料。

b) CEMS 有效性数据审核不符合环保要求。

c) 烟尘、二氧化硫、氮氧化物、汞及其化合物等重要指标的排放浓度超标值在 100%～200%之间（相对误差）的时间超过 48h。

d) 废水直接外排，造成一定程度的环境污染，存在较大环保事件风险。

e) 机组投运 12 个月以上，未完成环保设施竣工验收。

f) 厂界有 3 个以上敏感点噪声指标超标，引起居民投诉。

g) 发生被区、县级环保部门通报事件。

附　录　F

（规范性附录）

环保技术监督预警通知单

通知单编号：T-　　　　　　预警类别编号：　　　　　　日期：　年　月　日

发电企业名称	
设备（系统）名称及编号	
异常情况	
可能造成或已造成的后果	
整改建议	
整改时间要求	

提出单位		签发人	

注：通知单编号：T—预警类别编号—顺序号—年度。预警类别编号：一级预警为1，二级预警为2，三级预警为3。

附 录 G

（规范性附录）

环保技术监督预警验收单

验收单编号：Y-　　　　　预警类别编号：　　　　　　　日期：　　年　月　日

发电企业名称	
设备（系统）名称及编号	
异常情况	
技术监督 服务单位 整改建议	
整改计划	
整改结果	
验收单位		验收人	

注：验收单编号：Y—预警类别编号—顺序号—年度。预警类别编号：一级预警为1，二级预警为2，三级预警为3。

附 录 H

（规范性附录）

环保技术监督动态检查问题整改计划书

H.1 概述

H.1.1 叙述计划的制订过程（包括西安热工研究院有限公司、技术监督服务单位及电厂参加人等）；

H.1.2 需要说明的问题，如：问题的整改需要较大资金投入或需要较长时间才能完成整改的问题说明。

H.2 重要问题整改计划表（见表H.1）

表 H.1 重要问题整改计划表

序号	问题描述	专业	西安热工研究院有限公司提出的整改建议	发电企业制定的整改措施和计划完成时间	发电企业责任人	西安热工研究院有限公司责任人	备注

H.3 一般问题整改计划表（见表H.2）

表 H.2 一般问题整改计划表

序号	问题描述	专业	西安热工研究院有限公司提出的整改建议	发电企业制定的整改措施和计划完成时间	发电企业责任人	西安热工研究院有限公司责任人	备注

附 录 I

（规范性附录）

环保技术监督工作评价表

序号	评价项目	标准分	评价内容与要求	评分标准
1	环保监督管理	400		
1.1	组织与职责	50		
1.1.1	监督组织机构健全	10	查阅相关文件资料	建立总工程师或生产副总经理、环保监督专责工程师、环保设施相关部门及班组三级环保技术监督网络。没有建立网络扣10分，网络不健全酌情扣0～10分
1.1.2	职责明确并得到落实	10	查阅相关文件资料	无岗位职责扣10分，岗位职责不具体酌情扣0～10分
1.1.3	环保监督专责人员持证上岗	30	查阅环保监督专责人持证上岗资格证	环保监督专责人员无上岗证扣30分。上岗证不在有效期内，酌情扣0～30分
1.2	监督依据及配套管理制度	100		
1.2.1	《环保监督技术标准》	20	查阅环保监督技术标准	未制定扣20分，环保监督技术标准内容不全酌情扣0～15分
1.2.2	《环保监督管理标准》	20	查阅环保监督管理标准	未制定扣20分，环保监督管理标准内容不全酌情扣0～15分
1.2.3	《粉煤灰治理管理标准》	15	查阅粉煤灰治理管理标准	未制定扣15分，粉煤灰治理管理标准内容不全酌情扣0～15分
1.2.4	《废弃物管理标准》	15	查阅废弃物管理标准	未制定扣15分，废弃物管理标准内容不全酌情扣0～15分
1.2.5	《脱硫副产品治理管理标准》	15	查阅脱硫副产品治理管理标准	未制定扣15分，脱硫副产品治理管理标准内容不全酌情扣0～15分
1.2.6	《环境污染事故应急预案》	15	查阅环境污染事故应急预案	未制定扣15分，环境污染事故应急预案内容不全酌情扣0～10分
1.3	环保技术档案管理	70		
1.3.1	环保监督人员技术交流及培训记录	5	查阅技术交流及培训记录	根据技术交流及培训记录，酌情扣0～5分
1.3.2	环保监测仪器、仪表汇总表及操作规程	5	查阅汇总表及操作规程	根据监测仪器、仪表汇总表及操作规程，酌情扣0～5分

表（续）

序号	评价项目	标准分	评价内容与要求	评分标准
1.3.3	各类环保监测仪器、仪表台账、检定周期计划及记录	5	查阅监测仪器、仪表台账、检定周期计划及记录	根据台账、检定周期计划及记录情况，酌情扣0～5分
1.3.4	各类环保设施设备规范、运行规程、检修规程及考核与管理制度	5	查阅相关文件资料	设备规范、运行规程、检修规程及考核与管理制度，未及时更新酌情扣0～5分
1.3.5	各类环保设施运行记录、检修记录	5	查阅相关记录	根据各类环保设施运行记录、检修记录的具体情况，酌情扣0～5分
1.3.6	各类污染物排放监测数据及各类环保设施性能试验报告	5	查阅相关监测报告及性能试验报告	根据污染物监测报告及性能试验报告，酌情扣0～5分
1.3.7	各类环保报表及上报环保部门资料	5	查阅各类环保报表及相关资料	根据环保报表及相关资料的上报情况，酌情扣0～5分
1.3.8	环保设备设计、制造、安装、调试过程的相关资料	5	查阅相关文件资料	根据环保设备设计、制造、安装、调试过程的相关资料的具体备案情况，酌情扣0～5分
1.3.9	火电建设项目环境影响报告书（表）及批复文件	5	查阅环境影响报告书（表）及批复文件	根据环境影响报告书（表）及批复文件的具体备案情况，酌情扣0～5分
1.3.10	火电建设项目环保设施竣工验收报告及批复文件	5	查阅环保设施竣工验收监测报告及批复文件	根据火电建设项目环保设施竣工验收报告及批复文件的具体备案情况，酌情扣0～5分
1.3.11	火电建设项目水土保持报告书及验收资料	5	查阅水土保持报告书及验收资料	根据火电建设项目水土保持报告书及验收资料的具体备案情况，酌情扣0～5分
1.3.12	国家、行业、地方、集团公司关于环保工作的法规、标准及规定	5	查阅相关文件资料	根据国家、行业、地方、集团公司关于环保工作的法规、标准及规定的更新及备案情况，酌情扣0～5分
1.3.13	环保部门颁发的排污许可证	5	查阅排污许可证	环保部门颁发的排污许可证未办理或过期，酌情扣0～5分
1.3.14	环保核查汇报资料及检查结果	5	查阅环保核查汇报资料及检查结果	根据环保核查汇报资料及检查结果，酌情扣0～5分
1.4	监督计划	50		
1.4.1	计划的制订	20	计划制定时间符合要求，计划内容全面	根据计划制定时间及计划内容，酌情扣0～20分
1.4.2	计划的审批	15	计划审批符合流程	根据计划审批流程，酌情扣0～15分
1.4.3	计划的上报	15	每年11月30日前上报上级公司	根据计划上报情况，酌情扣0～15分

表（续）

序号	评价项目	标准分	评价内容与要求	评分标准
1.5	评价与考核	40		
1.5.1	动态检查前自我检查	10	查阅自我检查评价报告	根据自我检查评价报告情况，扣0～10分
1.5.2	定期监督工作评价	10	查阅监督工作评价记录	根据监督工作评价记录情况，扣0～10分
1.5.3	定期监督工作会议	10	查阅监督工作会议记录	根据监督工作会议记录情况，扣0～10分
1.5.4	监督工作考核	10	查阅监督工作考核记录	根据监督工作考核记录情况，扣0～10分
1.6	工作报告制度执行情况	50		
1.6.1	监督季报、年报上报工作	20	按规定时间、格式和内容上报	根据环保监督季报、年报上报情况，酌情扣0～20分
1.6.2	技术监督速报上报工作	20	按规定格式和内容编写技术监督速报并及时上报	根据环保技术监督速报上报情况，酌情扣0～20分
1.6.3	年度工作总结报告	10	按规定格式和内容编写年度技术监督工作总结报告并及时上报	根据环保监督年度工作总结报告编写情况，酌情扣0～10分
1.7	监督考核指标	40		
1.7.1	环保监督预警、季报问题整改完成率100%	15	查看预警通知单、预警验收单及整改见证资料等	根据整改完成情况，酌情扣0～15分
1.7.2	环保监督动态检查问题整改完成率100%	15	查看整改计划及整改验收单	根据整改完成情况，酌情扣0～15分
1.7.3	灰渣综合利用率	5	灰渣综合利用率不低于当地平均水平	根据灰渣综合利用率，酌情扣0～5分
1.7.4	脱硫副产品综合利用率	5	脱硫副产品综合利用率不低于当地平均水平	根据脱硫副产品综合利用率，酌情扣0～5分
2	环保设备监督	600		
2.1	环保设施三同时执行情况	10	查阅相关文件资料	环保设施未同时投运扣10分
2.2	建设项目环保设施竣工验收	20	查阅相关文件资料	未按期完成火电建设项目环保设施竣工验收，每超期1个月扣5分
2.3	除尘系统设计、制造、调试监督	15		

表（续）

序号	评价项目	标准分	评价内容与要求	评分标准
2.3.1	除尘系统设计监督	5	查阅相关文件资料	电厂应参与新、扩、改建工程有关除尘器的可研、设计审查等，未参与扣5分
2.3.2	除尘系统制造监督	5	查阅相关文件资料	电厂应参与新、扩、改建工程有关除尘器的监造验收等，未参与扣5分
2.3.3	除尘系统调试监督	5	查阅相关文件资料	电厂应参与新、扩、改建工程有关除尘器的调试验收等，未参与扣5分
2.4	除尘设施性能验收试验	24		
2.4.1	除尘效率	10	查阅除尘设施性能验收试验报告	未达到设计保证值，扣10分
2.4.2	出口烟尘浓度	10	查阅除尘设施性能验收试验报告	未达到设计保证值，扣10分
2.4.3	本体压力损失	2	查阅除尘设施性能验收试验报告	未达到设计保证值，扣2分
2.4.4	本体漏风率	2	查阅除尘设施性能验收试验报告	未达到设计保证值，扣2分
2.5	除尘系统运行监督	20		
2.5.1	除尘器投运率100%	10	查阅相关文件资料并现场巡查	除尘器投运率达不到100%，扣10分
2.5.2	除尘器出口烟尘浓度达到运行规程要求	10	查阅相关文件资料并现场巡查	出口烟尘浓度达不到要求，扣10分
2.6	除尘系统检修监督	15		
2.6.1	制定除尘系统的检修计划	5	查阅相关文件资料	未制定检修计划扣5分，检修计划不全酌情扣0~5分
2.6.2	按规定进行检修质量监督和验收	5	查阅相关文件资料	未按规定进行检修质量监督和验收扣5分，监督和验收记录不全酌情扣0~5分
2.6.3	除尘系统A修或改造后，应进行性能验收试验	5	查阅除尘设施性能验收试验报告	未进行性能试验扣5分
2.7	脱硫系统设计、制造、调试监督	15		
2.7.1	脱硫系统设计监督	5	查阅相关文件资料	电厂应参与新、扩、改建工程有关脱硫系统的可研、设计审查等，未参与扣5分
2.7.2	脱硫系统制造监督	5	查阅相关文件资料	电厂应参与新、扩、改建工程有关脱硫系统的监造验收等，未参与扣5分

表（续）

序号	评价项目	标准分	评价内容与要求	评分标准
2.7.3	脱硫系统调试监督	5	查阅相关文件资料	电厂应参与新、扩、改建工程有关脱硫系统的调试验收等，未参与扣5分
2.8	脱硫设施性能验收试验	30		
2.8.1	脱硫效率	10	查阅脱硫设施性能验收试验报告	未达到设计保证值，扣10分
2.8.2	SO$_2$排放浓度	10	查阅脱硫设施性能验收试验报告	未达到设计保证值，扣10分
2.8.3	吸收剂耗量与钙硫比	2	查阅脱硫设施性能验收试验报告	未达到设计保证值，扣2分
2.8.4	烟气排放温度与系统压力降	2	查阅脱硫设施性能验收试验报告	未达到设计保证值，扣2分
2.8.5	水量消耗和液气比	2	查阅脱硫设施性能验收试验报告	未达到设计保证值，扣2分
2.8.6	除雾器雾滴	2	查阅脱硫设施性能验收试验报告	未达到设计保证值，扣2分
2.8.7	脱硫副产物品质	2	查阅脱硫设施性能验收试验报告	未达到设计保证值，扣2分
2.9	脱硫系统运行监督	70		
2.9.1	脱硫投运率100%	20	查阅相关文件资料并现场巡查	投运率每减少1%，扣10分
2.9.2	出口SO$_2$浓度达标排放	50	查阅相关文件资料并现场巡查	根据脱硫出口SO$_2$浓度超标情况，酌情扣0～50分
2.10	脱硫系统检修监督	15		
2.10.1	制定脱硫系统的检修计划	5	查阅相关文件资料	未制定检修计划扣5分，检修计划不全酌情扣0～5分
2.10.2	按规定进行检修质量监督和验收	5	查阅相关文件资料	未按规定进行检修质量监督和验收扣5分，监督和验收记录不全酌情扣0～5分
2.10.3	脱硫系统A修或改造后，应进行性能验收试验	5	查阅脱硫设施性能试验报告	未进行性能试验扣5分
2.11	脱硝系统设计、制造、调试监督	15		
2.11.1	脱硝系统设计监督	5	查阅相关文件资料	电厂应参与新、扩、改建工程有关脱硝系统的可研、设计审查等，未参与扣5分
2.11.2	脱硝系统制造监督	5	查阅相关文件资料	电厂应参与新、扩、改建工程有关脱硝系统的监造验收等，未参与扣5分

表（续）

序号	评价项目	标准分	评价内容与要求	评分标准
2.11.3	脱硝系统调试监督	5	查阅相关文件资料	电厂应参与新、扩、改建工程有关脱硫系统的调试验收等，未参与扣5分
2.12	脱硝设施性能验收试验	30		
2.12.1	脱硝效率	10	查阅脱硝设施性能验收试验报告	未达到设计保证值，扣10分
2.12.2	NO$_x$排放浓度	10	查阅脱硝设施性能验收试验报告	未达到设计保证值，扣10分
2.12.3	氨逃逸浓度	2	查阅脱硝设施性能验收试验报告	未达到设计保证值，扣2分
2.12.4	SO$_2$/SO$_3$转化率	2	查阅脱硝设施性能验收试验报告	未达到设计保证值，扣2分
2.12.5	烟气系统压力降	2	查阅脱硝设施性能验收试验报告	未达到设计保证值，扣2分
2.12.6	烟气系统温降	2	查阅脱硝设施性能验收试验报告	未达到设计保证值，扣2分
2.12.7	系统漏风率	2	查阅脱硝设施性能验收试验报告	未达到设计保证值，扣2分
2.13	脱硝系统运行监督	80		
2.13.1	脱硝投运率100%	20	查阅相关文件资料并现场巡查	投运率每减少1%，扣10分
2.13.2	出口NO$_x$浓度达标排放	50	查阅相关文件资料并现场巡查	根据出口NO$_x$浓度超标情况，酌情扣0～50分
2.13.3	氨逃逸符合要求	10	查阅相关文件资料并现场巡查	根据氨逃逸情况，酌情扣0～10分
2.14	脱硝系统检修监督	15		
2.14.1	制定脱硝系统的检修计划	5	查阅相关文件资料	未制定检修计划扣5分，检修计划不全酌情扣0～5分
2.14.2	按规定进行检修质量监督和验收	5	查阅相关文件资料	未按规定进行检修质量监督和验收扣5分，监督和验收记录不全酌情扣0～5分
2.14.3	脱硝系统A修或改造后，应进行性能验收试验	5	查阅脱硝设施性能验收试验报告	未进行性能试验扣5分
2.15	废水处理系统设计、制造、调试监督	15		
2.15.1	废水处理系统设计监督	5	查阅相关文件资料	电厂应参与新、扩、改建工程有关废水处理系统的可研、设计审查等，未参与扣5分

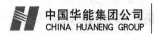
表（续）

序号	评价项目	标准分	评价内容与要求	评分标准
2.15.2	废水处理系统制造监督	5	查阅相关文件资料	电厂应参与新、扩、改建工程有关废水处理系统的监造验收等，未参与扣5分
2.15.3	废水处理系统调试监督	5	查阅相关文件资料	电厂应参与新、扩、改建工程有关废水处理系统的调试验收等，未参与扣5分
2.16	废水处理设施性能验收试验	10		
2.16.1	工业废水处理设施性能验收试验	2	查阅工业废水处理设施性能验收试验报告	未达到设计要求，扣2分
2.16.2	脱硫废水处理设施性能验收试验	2	查阅脱硫废水处理设施性能验收试验报告	未达到设计要求，扣2分
2.16.3	含煤废水处理设施性能验收试验	2	查阅含煤废水处理设施性能验收试验报告	未达到设计要求，扣2分
2.16.4	含油废水处理设施性能验收试验	2	查阅含油废水处理设施性能验收试验报告	未达到设计要求，扣2分
2.16.5	生活污水处理设施性能验收试验	2	查阅生活污水处理设施性能验收试验报告	未达到设计要求，扣2分
2.17	废水处理系统运行监督	15		
2.17.1	工业废水处理设施正常投运	3	查阅相关文件资料并现场巡查	运行不正常，扣3分
2.17.2	脱硫废水处理设施正常运行	3	查阅相关文件资料并现场巡查	运行不正常，扣3分
2.17.3	含煤废水处理设施正常运行	3	查阅相关文件资料并现场巡查	运行不正常，扣3分
2.17.4	含油废水处理设施正常运行	3	查阅相关文件资料并现场巡查	运行不正常，扣3分
2.17.5	生活污水处理设施正常运行	3	查阅相关文件资料并现场巡查	运行不正常，扣3分
2.18	废水处理系统检修监督	9		
2.18.1	制定废水处理系统的检修计划	3	查阅相关文件资料	未制定检修计划扣3分，检修计划不全酌情扣0~3分
2.18.2	按规定进行检修质量监督和验收	3	查阅相关文件资料	未按规定进行检修质量监督和验收扣3分

表（续）

序号	评价项目	标准分	评价内容与要求	评分标准
2.18.3	废水处理系统改造后,应进行性能验收试验	3	查阅废水处理设施性能验收试验报告	未进行性能试验扣3分
2.19	烟气排放连续监测系统（CEMS）监督	35		
2.19.1	CEMS 与相关环保部门监控中心联网	10	查阅相关文件资料并现场巡查	未与环保部门的监控中心联网扣10分
2.19.2	CEMS 通过有效性数据审核	10	查阅相关文件资料并现场巡查	有效性数据审核不符合环保要求,酌情扣0～10分
2.19.3	CEMS 获得监督考核合格标志	15	查阅相关文件资料并现场巡查	未获得监督考核合格标志扣15分,考核合格标志过期扣10分
2.20	烟囱防腐监督	14		
2.20.1	烟囱采取防腐措施	10	查阅相关文件资料	烟囱未采取防腐措施扣10分
2.20.2	烟囱腐蚀情况巡查	2	查阅相关文件资料并现场巡查	无巡查记录扣2分
2.20.3	烟囱防腐检修	2	查阅相关文件资料	无检修记录扣2分
2.21	储煤场监督	6		
2.21.1	按环评批复要求建设防尘设施	3	查阅相关文件资料并现场巡查	防尘措施不符合环评批复要求扣3分
2.21.2	正常使用防尘设施	3	查阅相关文件资料并现场巡查	防尘措施未正常使用扣3分
2.22	储灰场监督	12		
2.22.1	按环评批复要求建设储灰场	3	查阅相关文件资料并现场巡查	储灰场不符合环评批复要求扣3分
2.22.2	正常使用防尘设施	3	查阅相关文件资料并现场巡查	防尘措施未正常使用扣3分
2.22.3	储灰场地下水水质监测	3	查阅相关文件资料并现场巡查	储灰场地下水水质未监测扣3分
2.22.4	已报废灰场应采取防尘措施	3	查阅相关文件资料并现场巡查	已报废灰场未采取防尘措施扣3分
2.23	各类污染物排放监督	96		
2.23.1	烟尘排放浓度及烟尘排放量监督	40	查阅排污许可证及相关文件资料并现场巡查	根据烟尘浓度及烟尘排放量超标情况,酌情扣0～40分
2.23.2	SO_2 排放量监督	10	查阅排污许可证及相关文件资料并现场巡查	根据 SO_2 排放量超标情况,酌情扣0～10分

表（续）

序号	评价项目	标准分	评价内容与要求	评分标准
2.23.3	氮氧化物排放量监督	10	查阅排污许可证及相关文件资料并现场巡查	根据氮氧化物排放量超标情况，酌情扣0～10分
2.23.4	汞及其化合物浓度及排放量监督	10	查阅排污许可证及相关文件资料并现场巡查	根据汞及其化合物浓度及排放量超标情况，酌情扣0～10分
2.23.5	各类废水污染物浓度及排放量监督	10	查阅排污许可证及相关文件资料并现场巡查	根据各类废水污染物浓度及排放量超标情况，酌情扣0～10分
2.23.6	灰场无组织排放监督	2	查阅相关文件资料并现场巡查	根据监测及投诉情况，酌情扣0～2分
2.23.7	煤场无组织排放监督	2	查阅相关文件资料并现场巡查	根据监测及投诉情况，酌情扣0～2分
2.23.8	储灰场地下水水质监督	2	查阅相关文件资料并现场巡查	根据监测及投诉情况，酌情扣0～2分
2.23.9	厂界噪声监督	8	查阅监测报告	根据厂界噪声超标引起投诉情况扣0～8分
2.23.10	厂界电场与磁场强度监督	2	查阅监测报告	根据厂界电场与磁场强度监测情况，酌情扣0～2分
2.24	固体废弃物处置监督	4		
2.24.1	一般废弃物	2	查阅相关记录并现场巡查	根据记录及巡查情况，酌情扣0～2分
2.24.2	危险废弃物	2	查阅相关记录并现场巡查	根据记录及巡查情况，酌情扣0～2分
2.25	燃料中硫分和灰分监督	10		
2.25.1	燃煤月平均硫分监督	5	查阅相关文件资料	燃煤月平均硫分超出设计值，酌情扣0～5分
2.25.2	燃煤月平均灰分监督	5	查阅相关文件资料	燃煤月平均灰分超出设计值，酌情扣0～5分

中国华能集团公司

CHINA HUANENG GROUP

中国华能集团公司火力发电厂技术监督标准汇编

Q/HN-1-0000.08.027—2015

技术标准篇

火力发电厂燃煤机组金属监督标准

2015 - 05 - 01 发布

2015 - 05 - 01 实施

目　　次

前　言

　　为加强中国华能集团公司火力发电厂技术监督管理，保证火力发电厂设备安全、经济、稳定、环保运行，特制定本标准。本标准依据国家和行业有关标准、规程和规范，以及中国华能集团公司发电厂的管理要求，结合国内外发电的新技术、监督经验制定。

　　本标准是中国华能集团公司所属火力发电厂金属监督工作的主要依据，是强制性企业标准。

　　本标准自实施之日起，代替 Q/HB-J-08.L07—2009《火力发电厂金属监督技术标准》。

　　本标准由中国华能集团公司安全监督与生产部提出。

　　本标准由中国华能集团公司安全监督与生产部归口并解释。

　　本标准起草单位：西安热工研究院有限公司、华能山东发电有限公司、华能陕西发电有限公司、华能国际电力股份有限公司。

　　本标准主要起草人：马剑民、姚兵印、张志博、王金海、邹智成、朱建华。

　　本标准审核单位：中国华能集团公司安全监督与生产部、中国华能集团公司基本建设部、西安热工研究院有限公司、华能国际电力股份有限公司、华能呼伦贝尔能源开发有限公司、北方联合电力有限责任公司。

　　本标准主要审核人：赵贺、武春生、罗发青、张俊伟、李益民、王洪涛、冯琳杰、李治发、纪榕、齐散丹高娃、冯童。

　　本标准审定：中国华能集团公司技术工作管理委员会。

　　本标准批准人：寇伟。

火力发电厂燃煤机组金属监督标准

1 范围

本标准规定了中国华能集团公司（以下简称"集团公司"）火力发电厂燃煤机组金属监督的部件范围、检验项目、内容和相应的技术要求，金属及锅炉压力容器监督的管理要求和监督评价与考核内容、方法、标准。

本标准适用于集团公司火力发电厂开展金属及锅炉压力容器监督管理和发电设备金属部件的专业技术监督工作。

2 规范性引用文件

下列文件对于本文件的应用是必不可少的。凡是注日期的引用文件，仅所注日期的版本适用于本文件。凡是不注日期的引用文件，其最新版本（包括所有的修改单）适用于本文件。

GB 713　　锅炉和压力容器用钢板

GB 5310　　高压锅炉用无缝钢管

GB 50660　　大中型火力发电厂设计规范

GB 50764　　电厂动力管道设计规范

GB/T 983　　不锈钢焊条

GB/T 5118　　热强钢焊条

GB/T 8110　　气体保护电弧焊用碳钢、低合金钢焊丝

GB/T 14957　　熔化焊用钢丝

GB/T 16507　　水管锅炉

GB/T 17493　　低合金钢药芯焊丝

GB/T 17853　　不锈钢药芯焊丝

GB/T 19624　　在用含缺陷压力容器安全评定

GB/T 20410　　涡轮机高温螺栓用钢

GB/T 20490　　承压无缝和焊接（埋弧焊除外）钢管分层缺欠的超声检测

DL 473　　大直径三通锻件技术条件

DL 612　　电力工业锅炉压力容器监察规程

DL 647　　电站锅炉压力容器检验规程

DL 5190.2　　电力建设施工技术规范　第2部分：锅炉机组

DL 5190.3　　电力建设施工技术规范　第3部分：汽轮发电机组

DL/T 438　　火力发电厂金属技术监督规程

DL/T 439　　火力发电厂高温紧固件技术导则

DL/T 441　　火力发电厂高温高压蒸汽管道蠕变监督规程

DL/T 505　　汽轮机主轴焊缝超声波探伤规程

DL/T 515　电站弯管

DL/T 531　电站高温高压截止阀、闸阀技术条件

DL/T 586　电力设备监造技术导则

DL/T 616　火力发电厂汽水管道与支吊架维修调整导则

DL/T 654　火电机组寿命评估技术导则

DL/T 674　火电厂用 20 号钢珠光体球化评级标准

DL/T 694　高温紧固螺栓超声检测技术导则

DL/T 695　电站钢制对焊管件

DL/T 714　汽轮机叶片超声波检验技术导则

DL/T 715　火力发电厂金属材料选用导则

DL/T 717　汽轮发电机组转子中心孔检验技术导则

DL/T 734　火力发电厂锅炉汽包焊接修复技术导则

DL/T 752　火力发电厂异种钢焊接技术规程

DL/T 753　汽轮机铸钢件补焊技术导则

DL/T 773　火电厂用 12Cr1MoV 钢球化评级标准

DL/T 786　碳钢石墨化检验及评级标准

DL/T 787　火力发电厂用 15CrMo 钢珠光体球化评级标准

DL/T 794　火力发电厂锅炉化学清洗导则

DL/T 819　火力发电厂焊接热处理技术规程

DL/T 820　管道焊接接头超声波检验技术规程

DL/T 821　钢制承压管道对接焊接接头射线检验技术规程

DL/T 850　电站配管

DL/T 855　电力基本建设火电设备维护保管规程

DL/T 868　焊接工艺评定规程

DL/T 869　火力发电厂焊接技术规程

DL/T 884　火电厂金相检验与评定技术导则

DL/T 889　电力基本建设热力设备化学监督导则

DL/T 922　火力发电用钢制通用阀门订货、验收导则

DL/T 925　汽轮机叶片涡流检验技术导则

DL/T 930　整锻式汽轮机实心转子体超声波检验技术导则

DL/T 939　火力发电厂锅炉受热面管监督检验技术导则

DL/T 940　火力发电厂蒸汽管道寿命评估技术导则

DL/T 956　火力发电厂停（备）用热力设备防锈蚀导则

DL/T 991　电力设备金属光谱分析技术导则

DL/T 999　电站用 2.25Cr-1Mo 钢球化评级标准

DL/T 1105.1　电站锅炉集箱小口径接管座角焊缝无损检测技术导则　第 1 部分：通用要求

DL/T 1105.2　电站锅炉集箱小口径接管座角焊缝无损检测技术导则　第 2 部分：超声检测

DL/T 1105.3　电站锅炉集箱小口径接管座角焊缝无损检测技术导则　第3部分：涡流检测

DL/T 1105.4　电站锅炉集箱小口径接管座角焊缝无损检测技术导则　第4部分：磁记忆检测

DL/T 1113　火力发电厂管道支吊架验收规程

DL/T 5054　火力发电厂汽水管道设计技术规定

DL/T 5366　发电厂汽水管道应力计算技术规程

JB/T 3375　锅炉用材料入厂验收规则

JB/T 4730　承压设备无损检测

JB/T 10326　在役发电机护环超声波检验技术标准

NB/T 47044　电站阀门

SJ/T 10743　惰性气体保护电弧焊和等离子焊接、切割用钨铈电极

TSG G0001　锅炉安全技术监察规程

TSG G7001　锅炉安装监督检验规则

TSG R0004　固定式压力容器安全技术监察规程

TSG R5002　压力容器使用管理规则

TSG R7001　压力容器定期检验规则

TSG R7004　压力容器监督检验规则

ASME B31.1　动力管道

EN10246-14　钢管的无损检测

主席令第四号　中华人民共和国特种设备安全法

能源外〔1992〕215号　电力系统进口成套设备检验工作的规定

质技监局锅发〔1999〕202号　锅炉定期检验规则

国能安全〔2014〕161号　防止电力生产事故的二十五项重点要求

Q/HB-G-08.L01—2009　华能电厂安全生产管理体系要求

Q/HB-G-08.L02—2009　华能电厂安全生产管理体系评价办法（试行）

Q/HN-1-0000.00.049—2015　中国华能集团公司电力技术监督管理办法

华能建〔2011〕894号　中国华能集团公司电力工程建设设备监理管理办法

华能建〔2011〕894号　中国华能集团公司火电工程设备监理大纲

3　总则

3.1　金属监督是保证火力发电厂设备安全、经济、稳定、环保运行的重要基础工作，应坚持"安全第一、预防为主"的方针，实行在设计、制造、安装（包括工厂化配管）、工程监理、调试、运行、停用、检修、技术改造等全过程的监督。

3.2　金属技术监督的目的是依据相关金属技术监督的规章制度、导则、技术标准和规范，通过采用必要的监测、检测、试验分析和计量等监督手段，对受监范围内金属部件的设计选材、制造和安装质量，以及长期运行过程中的材质老化和缺陷状态、性能变化状态进行有效的监测和控制，防止由于设计选材不当、材料和焊缝原始质量问题或运行中产生的缺陷，以及运行中材料老化、性能下降等原因而引起的金属部件失效事故的发生，从而达到减少机组非计

划停运次数和时间，提高设备安全运行的可靠性，延长设备的使用寿命。

3.3 本标准规定了火力发电厂燃煤机组水、水汽介质管道，蒸汽介质管道，锅炉受热面管，联箱，汽包和汽水分离装置、储水罐，汽轮机本体，发电机本体，紧固件，支吊架，油管道等受监金属部件，在材料和焊接质量控制，制造阶段、安装阶段、运行阶段、检修阶段的检验项目、内容及相应的技术要求，以及金属监督管理要求、评价与考核标准。它是火力发电厂燃煤机组金属监督工作的基础，也是建立金属技术监督体系的依据。

3.4 各电厂应按照《华能电厂安全生产管理体系要求》《中国华能集团公司电力技术监督管理办法》中的有关技术监督管理和本标准的要求，结合本厂的实际情况，制定电厂金属监督管理标准和金属监督实施细则或金属监督技术标准；依据国家和行业有关标准及规范，编制、执行运行规程、检修规程和检验及试验规程等相关/支持性文件；以科学、规范的监督管理，保证金属监督工作目标的实现和持续改进。

3.5 各火力发电厂金属监督专责工程师在主管技术监督主管领导的领导下进行工作，金属监督专责工程师的职责见附录 A。

3.6 从事金属监督的人员，应熟悉和掌握本标准及相关标准和规程中的规定。

4 监督技术标准

4.1 金属监督的范围

金属监督的范围包括以下几个方面：

- a) 水、水汽介质管道：
  1) 高压水、水汽介质管道（指工作压力不小于 5.88MPa 的主给水管道、省煤器至汽包或直流锅炉汽水分离器的上升管、分散或集中下降管、阀壳和三通等），以及与管道相连的一次门前管子。
  2) 低压水、水气管道（指工作压力小于 5.88MPa 且不小于 1.6MPa 的减温水管道，除氧器和高压、低压加热器疏放水管道）。
- b) 蒸汽介质管道：
  1) 高压蒸汽管道（指工作温度不小于 450℃的主蒸汽管道、再热蒸汽热段管道、汽缸导汽管和抽汽管、联箱之间的导汽管、阀壳和三通等），以及与管道相连的一次门前的管子。
  2) 低压蒸汽管道（指工作温度小于 450℃且不小于 100℃的一次和二次再热冷段、汽轮机抽汽、汽包饱和蒸汽引出管道等）。
- c) 锅炉受热面管：水冷壁、省煤器、过热器、再热器（包括二次再热器）管。
- d) 联箱：高温联箱（工作温度不小于 450℃）、低温联箱（工作温度小于 450℃且不小于 100℃），以及与联箱相连的一次门前的管子。
- e) 汽包和汽水分离装置、储水罐：工作压力不小于 3.82MPa 的汽包和直流锅炉的汽水分离器、储水罐，以及接管座角焊缝。
- f) 汽轮机本体：汽缸、喷嘴、隔板和隔板套、轴瓦、大轴、叶轮、叶片、拉金、主汽门、调速汽门、给水泵汽轮机等。
- g) 发电机本体：大轴、集电环（或称滑环）护环、中心环、风扇叶片、轴瓦。
- h) 紧固件：汽缸、汽门、联轴器、导汽管法兰螺栓等。

i) 支吊架：监督范围内水、水汽、蒸汽管道和联箱支吊架。

j) 机组范围内油管道：锅炉、汽轮机（包括给水泵汽轮机）范围内的油管道。

4.2 金属材料的监督

4.2.1 受监范围内金属部件材料的选用应符合 GB 5310、DL/T 715 的规定，或相应国家、行业标准的规定；进口机组金属材料的选用应符合相应国家的技术标准，锅炉受热面管的选材应充分考虑材料实际抗高温蒸汽氧化性能和氧化皮剥落的隐患。

4.2.2 高温蒸汽管道、主给水管道、汽包、汽水分离器及储水罐、联箱、汽轮机大轴、叶轮、发电机大轴、护环、大型铸件等重要金属部件订货时，应在订货合同或技术协议中明确相关验收依据标准名称和编号；当相关产品的设计、制造、检验、验收标准规定内容不明确和无相关标准依据时，双方应在订货合同或技术协议中明确相关验收技术条款，如针对 P92 管道夹层的问题，双方应在订货协议中明确相关检验和质量验收依据标准及具体要求。

4.2.3 受监范围内金属材料及其部件的质量，应严格按照相应的国内外国家标准、行业标准的规定进行检验。火力发电厂常用金属材料和重要部件的国内外技术标准参见附录 B，附录 C 中列出了火力发电厂常用金属材料钢号与其他相近钢牌号的对照表。

4.2.4 金属材料的质量验收应遵照如下规定：

4.2.4.1 受监的金属材料，应符合相关国家标准和行业标准；进口的金属材料，应符合合同规定的相关国家的技术法规、标准。

4.2.4.2 受监的钢材、钢管、备品和配件应按质量保证书进行质量验收。质量保证书中一般应包括材料牌号、炉批号、化学成分、热加工工艺、力学性能及必要的金相、无损检测、工艺性能试验结果等。数据不全的应进行补检，补检的方法、范围、数量应符合相关国家标准或行业标准。

4.2.4.3 重要的金属部件，如汽包、汽水分离器及储水罐、联箱、汽轮机大轴、叶轮、发电机大轴、护环等，应有部件质量保证书，质量保证书中的技术指标应符合相关国家标准或行业标准。

4.2.4.4 锅炉部件金属材料的入厂检验按 JB/T 3375 的规定执行。

4.2.4.5 受检金属材料的部分技术指标不满足相应标准的规定或对材料质量有疑问时，应按相关标准扩大抽样检验比例。

4.2.4.6 金相组织检验照片均应注明分辨率（标尺）。

4.2.5 凡是受监范围的合金钢材及部件，在制造、安装或检修中更换时（包括入库验收时），应进行光谱检验，确认材料牌号无误，方可使用或入库。

4.2.6 受监范围内的钢材、钢管和备品、配件，无论是短期还是长期存放，都应挂牌，标明材料牌号和规格，按材料牌号和规格分类存放，并采取相应的措施，防止发生腐蚀、变形和损伤。

4.2.7 对进口钢材、钢管和备品、配件等，进口单位应在索赔期内，按合同或订货技术协议或相关标准规定进行质量验收。除应符合相关国家的标准和合同规定的技术条件外，应有商检合格证明书。

4.2.8 材料代用应按 DL/T 715 中的有关条款执行。其主要技术要求如下：

4.2.8.1 选用代用材料时，应选择化学成分、设计和工艺性能相当或略优者；应保证在使用条件下各项性能指标均不低于设计要求；若代用材料工艺性能不同于设计材料，应经工艺评定验证后方可使用。

4.2.8.2　制造、安装（含工厂化配管）中使用代用材料时，应取得设计单位和业主（或建设单位）金属监督专责工程师的认可，并经技术主管批准；检修中使用代用材料时，应征得电厂金属监督专责工程师的同意，并经技术主管批准。

4.2.8.3　代用材料安装前、后，应进行光谱复查，确认无误后，方可安装和使用。

4.2.8.4　制造、安装、检修维护过程中，当采用代用材料（包括部件规格尺寸发生变化）后，应做好记录，同时应修改相应的图纸、技术文件，并及时将相应的更改通知单或图纸、技术文件发送给各相关方，通知各相关方及时修改相应的图纸、技术文件、档案资料。

4.2.9　机组检修维护过程中，在锅炉受热面管排、主给水、主蒸汽和再热热段蒸汽管道等重要部件更换后，应做好记录（包括更换的时间），并修改相应的图纸、技术文件、档案资料。

4.2.10　物资供应部门、各级仓库和基建工地储存受监范围内的钢材、钢管和备品、配件等，应建立严格的质量验收和领用制度，严防错收错发。基建期间应严格按照 DL/T 855、DL/T 889 的规定进行保管、维护。

4.2.11　奥氏体钢部件在运输、储存、使用过程中应注意以下问题：

4.2.11.1　运输过程中，采取措施避免海水或其他腐蚀性介质的腐蚀，避免遭受雨淋，尤其是海边电厂应制订切实可行的储存保管措施。

4.2.11.2　奥氏体钢部件在电厂存放保管过程中，应严格按照 DL/T 855 的相关规定，做好防锈、防蚀措施。

4.2.11.3　奥氏体钢部件的保管要设置专门的存放场地单独存放，严禁与其他钢材混放或接触。奥氏体钢材料存放不允许接触地面，管子端部应全部安装堵头。

4.2.11.4　奥氏体钢部件在吊装过程中，不允许直接接触钢丝绳，不应有敲击、碰撞、弯曲，以免产生应力，导致锈蚀或腐蚀。

4.2.11.5　奥氏体钢部件在运输、储存过程中，避免碰撞、擦伤，应保护好表面保护膜。

4.2.11.6　奥氏体钢部件表面打磨时，应采用不锈钢打磨专用的砂轮片打磨。

4.2.11.7　不允许在奥氏体钢部件上打钢印，如采用记号笔标记，应选用不含氯离子或硫化物成分的记号笔。

4.2.11.8　各火力发电厂在建设和生产阶段，应定期检查奥氏体钢备品、配件的存放保管情况，对发现的问题应及时整改。

4.3　焊接质量的监督

4.3.1　金属监督范围内锅炉、汽轮机承压管道和部件的焊接及修复工作，应由具有相应资质的焊工担任。对承担受监范围内重要合金钢部件焊接工作的焊工，焊前应进行焊接知识和焊接试样考试，考核合格后方可从事焊接工作。

4.3.2　金属监督范围内锅炉、汽轮机承压管道和部件焊接时，应有符合 DL/T 868 的焊接工艺评定报告，初次使用的进口新材料（或国产化后首次使用）应进行焊接性试验。焊接材料的选择、焊接工艺、焊后热处理、焊接质量检验及质量评定标准等，均应执行 DL/T 869 的规定或其他有效标准。异种钢材焊接时，焊接工艺及焊接材料的选用应符合 DL/T 752 的规定。焊接热处理按 DL/T 819 的规定执行。火力发电厂常用金属材料管道焊接工艺卡参见附录 D。

4.3.3　焊接材料（焊条、焊丝、钨棒、氩气、氧气、乙炔和焊剂）的质量应符合表 1 所列国家标准规定的要求。焊条、焊丝等均应有制造厂的质量证明书，无质量证明书的不能入库或使用。焊接材料过期后，应经检验合格后才能使用。钨极氩弧焊用的电极，宜采用铈钨棒及钨镧电极，钨铈电极应符合 SJ/T 10743 的规定，所用氩气纯度不低于 99.95%。氧—乙炔焊接方法所用的氧气纯度应在 98.5%以上。火力发电厂常用焊接材料及化学成分参见附录 E。

表1 受监焊接材料国家或行业产品标准

序号	材料类别	材料产品标准
1	焊条	GB/T 983、GB/T 5118
2	焊丝和焊剂	GB/T 14957、GB/T 17493、GB/T 17853、GB/T 8110

4.3.4 焊接材料应设专库、专门的货架，分类挂牌存放，不能与其他材料混放。应按产品说明书上要求的储存温度和湿度保管，应配备专用设备进行温度和湿度控制，并定期监测和记录，保证库房内湿度和温度符合要求，防止变质锈蚀。

4.3.5 外委工作中凡属受监范围内部件和设备的焊接，应遵循如下原则：

4.3.5.1 应对承包商的焊接质量保证体系及焊工资质、检验人员资质证书原件进行审查，并留复印件归档和备查。

4.3.5.2 承包商应有符合 DL/T 868 规定的焊接工艺评定报告，且评定项目能够覆盖承担的焊接工作范围，并应提供全面的焊接项目技术措施，金属监督专责工程师应对焊接工艺和技术措施进行审核。

4.3.5.3 承包商应具有相应的检验、试验能力，或与有能力的检验单位签订技术合同，负责其承担范围的检验工作。

4.3.5.4 承包商应有符合 4.3.1 条要求且考试合格的焊工；焊接工作实施前应对焊工进行实际代样模拟性练习考核，考核合格后方可从事焊接工作。

4.3.5.5 委托方应及时对焊接质量、检验质量、检验记录和技术报告进行监督检查。

4.3.5.6 焊接接头的质量检验程序、检验方法、范围和数量，以及质量验收标准，应按 DL/T 869 及相关技术协议的规定执行。

4.3.5.7 工程竣工时，承包商应向委托单位提供完整的技术报告。

4.3.6 当焊接接头一次检验合格率低于 90%时，若确认属于焊工操作问题，应立即停止该焊工的焊接工作。

4.3.7 受监范围内部件外观质量检验不合格的焊缝，不允许进行其他项目的检验。

4.3.8 对于受压元件不合格焊缝的处理原则，应按照 DL/T 869 的规定执行，具体要求如下：

4.3.8.1 应查明造成不合格焊缝的原因，对于重大的不合格焊缝事件应进行事故原因分析，同时提出返修措施。返修后还应按原检验方法重新进行检验。

4.3.8.2 表露缺陷应采取机械方法消除。

4.3.8.3 有超过标准规定、需要补焊消除的缺陷时，可以采取挖补方式返修。但同一位置上的挖补次数不宜超过三次，耐热钢不应超过两次。挖补时应遵守下列规定：

   a）彻底消除缺陷。

   b）制订具体的补焊措施并经专业技术负责人审定，按照工艺要求实施。

   c）需进行焊后热处理的焊接接头，返修后应重做热处理。

4.3.8.4 经评价为焊接热处理温度或时间不够的焊口，应重新进行热处理；因温度过高导致焊接接头部位材料过热的焊口，应进行正火处理，或割掉重新焊接。

4.3.8.5 经光谱分析确认不合格的焊缝应割掉，重新焊接。

4.3.9 制造、安装、检修维护过程中，当发生管道或管子焊缝位置变化、焊缝修复，或检修维护中更换部件的新焊接焊缝，应做好记录（包括检修维护的时间），并及时通知各相关方修改相应的图纸、技术文件、档案资料。

4.4 高压水、水汽管道的监督

4.4.1 设计阶段的监督

4.4.1.1 高压水、水汽管道的设计应符合 DL/T 5054 的规定，设计单位应提供管道单线立体布置图。

4.4.1.2 高压水、水汽管道的应力计算应符合 DL/T 5366 的规定。

4.4.2 制造阶段的监督

4.4.2.1 制造阶段应按 DL/T 586、集团公司《电力工程建设设备监理管理办法》和《火电工程设备监理大纲》的规定，对工作压力不小于 5.88MPa 的水、水汽介质管道及管件的制造质量进行监督检验。

4.4.2.2 管道材料的监督按照 4.2.1 条～4.2.4 条的相关条款执行。

4.4.2.3 管件和阀门质量应满足的标准有：弯管的制造质量应符合 DL/T 515 的规定；弯头、三通和异径管的制造质量应符合 DL/T 695 的规定；锻制的大直径三通应满足 DL 473 的技术条件；阀门的制造质量应符合 DL/T 531、DL/T 922 和 NB/T 47044 的规定。

4.4.2.4 配管前，对直管段应进行如下检验：

a) 钢管表面上的出厂标记（钢印或漆记）应与该制造商产品标记相符。

b) 100%进行外观质量检验。钢管内外表面不允许有裂纹、折叠、轧折、结疤、离层等缺陷，钢管表面的裂纹、机械划痕、擦伤和凹陷及深度大于 1.6mm 的缺陷应完全清除，清除处应圆滑过渡；清理处的实际壁厚不得小于壁厚偏差所允许的最小值，且不应小于按 GB 50764 或 DL/T 5366、DL/T 5054、ASME B31.1 计算的钢管最小需要壁厚。

c) 钢管内外表面不允许有大于以下尺寸的直道缺陷：热轧（挤）管，大于壁厚的 5%，且最大深度大于 0.4mm。

d) 校核钢管的壁厚和管径应符合设计和相关标准的规定。

e) 对合金钢管逐根进行光谱检验，光谱检验按 DL/T 991 执行；检验结果应符合附录 E 的规定。

f) 合金钢管应逐根进行硬度检验；硬度检验的打磨深度通常为 0.5mm～1.0mm，并以 120 号或更细的砂轮、砂纸精磨，表面粗糙度 $Ra < 6.3\mu m$；每根钢管上选取两端和中间 3 个截面，每一截面按 90° 间隔共检查 4 点，每点测量 3 个硬度值，取其平均值作为该点的硬度值，硬度值应符合附录 F 的规定。对用便携式里氏硬度计测量的硬度异常部位，应进行金相组织检验，同时扩大硬度检查区域，对硬度异常的分布区域、范围、偏差程度进行确认和记录。对用里氏硬度计测量发现大范围硬度异常情况时，宜采用便携式布氏硬度计进行复核。

g) 对合金钢管按同规格根数的 10%进行金相组织检查，每炉批至少抽查 1 根，合金钢管的标准供货状态金相组织见附录 G。

h)　钢管按同规格根数的 20%，依据 GB/T 20490、JB/T 4730 进行超声检测，探伤部位为钢管两端头的 300mm～500mm 区段，若发现超标缺陷，则应扩大检查；对于钢管端部夹层类缺陷的验收，按 GB/T 20490 或 EN10246-14 与供货方协商确定。

i)　对初次使用的进口新材料或国产化后首次使用的管道，应对直管按每炉批至少抽取 1 根进行以下项目的试验，确认下列项目应符合附录 B 现行国家、行业标准或国外相应的标准：

　　1)　化学成分；

　　2)　拉伸、冲击、硬度；

　　3)　金相组织、晶粒度和非金属夹杂物；

　　4)　弯曲试验（按 ASTM A335 执行）；

　　5)　无损检测。

j)　管道有下列情况之一时，为不合格：

　　1)　最小壁厚小于按 GB 50764 或 DL/T 5366、DL/T 5054、ASME B31.1 计算的管子或管道的最小需要壁厚。

　　2)　硬度值超过附录 F 的规定范围。

　　3)　金相组织异常。

　　4)　割管试验力学性能不合格。

　　5)　无损检测发现超标缺陷。

4.4.2.5　配管前，对弯头/弯管应进行如下检验：

a)　查明弯头/弯管表面上的出厂标记（钢印或漆记）应与该制造商产品标记相符。

b)　100%进行外观质量检查。弯头/弯管表面不允许有裂纹、折叠、重皮、凹陷和尖锐划痕等缺陷。表面缺陷处理后的实际壁厚不得小于壁厚偏差所允许的最小值且不应小于按 GB 50764 或 DL/T 5366、DL/T 5054、ASME B31.1 计算的钢管最小需要壁厚。

c)　按质量证明书校核弯头/弯管规格并检查以下几何尺寸：

　　1)　逐件检验弯管/弯头的中性面/外/内弧侧壁厚、椭圆度和波浪率。

　　2)　弯管的椭圆度应满足：公称压力大于 8MPa 时，椭圆度不大于 5%；公称压力不大于 8MPa 时，椭圆度不大于 7%。

　　3)　弯头的椭圆度应满足：公称压力不小于 10MPa 时，椭圆度不大于 3%；公称压力小于 10MPa 时，椭圆度不大于 5%。

d)　合金钢弯头/弯管应逐件进行光谱检验，光谱检验按 DL/T 991 执行；检验结果应符合附录 E 的规定。

e)　对合金钢弯头/弯管应逐件进行硬度检验,至少在外弧侧顶点和侧弧中间位置测 3 点，硬度值应符合附录 F 的规定。对硬度异常部位，应进行金相组织检验，同时扩大硬度检查区域，对硬度异常的分布区域、范围、偏差程度进行确认和记录。对用里氏硬度计测量发现大范围硬度异常情况时，宜采用便携式布氏硬度计进行复核。

f)　对合金钢弯头/弯管按 10%进行金相组织检验（同一规格的不得少于 1 件），合金钢弯头/弯管的标准供货状态金相组织见附录 G。

g)　弯头/弯管按 100%进行外弧面渗透或磁粉检测，渗透或磁粉检测按照 JB/T 4730 的规定执行。

h） 弯头/弯管有下列情况之一时，为不合格：

1） 存在晶间裂纹、过烧组织、夹层或无损检测发现的其他超标缺陷。

2） 弯管几何形状和尺寸不满足 DL/T 515 中有关规定，弯头几何形状和尺寸不满足本标准和 DL/T 695 中有关规定。

3） 弯头/弯管外弧侧的最小壁厚小于按 GB 50764 或 DL/T 5366、DL/T 5054、ASME B31.1 计算的管子或管道的最小需要壁厚。

4） 硬度值超过附录 F 的规定范围。

5） 金相组织异常。

4.4.2.6 配管前，对锻制、热压和焊制三通以及异径管应进行如下检查：

a） 三通和异径管表面上的出厂标记（钢印或漆记）应与该制造商产品标记相符。

b） 100%进行外观质量检验。锻制、热压三通及异径管表面不允许有裂纹、折叠、重皮、凹陷和尖锐划痕等缺陷；表面缺陷处理后的实际壁厚不得小于壁厚偏差所允许的最小值，且不应小于按 GB 50764 或 DL/T 5366、DL/T 5054、ASME B31.1 计算的钢管最小需要壁厚；三通肩部的壁厚应大于主管公称壁厚的 1.4 倍。

c） 合金钢三通、异径管应逐件进行光谱检验，光谱检验按 DL/T 991 的规定执行。

d） 合金钢三通、异径管应逐件进行硬度检验。三通至少在肩部和腹部位置各测 3 点，异径管至少在大、小头位置测 3 点。硬度值应符合附录 F 的规定。对硬度异常部位，应进行金相组织检验，同时扩大硬度检查区域，对硬度异常的分布区域、范围、偏差程度进行确认和记录。对用里氏硬度计测量发现大范围硬度异常情况时，宜采用便携式布氏硬度计进行复核。

e） 对合金钢三通、异径管按 10%进行金相组织检验（不得少于 1 件），合金钢三通、异径管的标准供货状态金相组织见附录 G。

f） 三通、异径管按 100%进行渗透或磁粉检测，渗透或磁粉检测按照 JB/T 4730 的规定执行；三通探伤部位为肩部和腹部外表面，异径管探伤部位为外表面。

g） 三通、异径管有下列情况之一时，为不合格：

1） 存在晶间裂纹、过烧组织、夹层或无损检测存在的其他超标缺陷。

2） 焊接三通焊缝存在超标缺陷。

3） 几何形状和尺寸不符合 DL/T 695 中的有关规定。

4） 三通主管/支管壁厚、异径管最小壁厚小于按 GB/T 16507 或 GB 50764、ASME B31.1 中规定计算的最小需要壁厚；三通主管/支管的补强不满足 GB/T 16507 或 GB 50764、ASME B31.1 中的补强规定。

5） 硬度值超过附录 F 的规定范围。

6） 金相组织异常。

4.4.2.7 管道、管件硬度高于本标准的规定值，可通过再次回火处理达到标准要求，重新回火不超过 3 次；硬度低于本标准的规定值时，可通过重新正火＋回火处理达到标准要求，但处理次数不得超过 2 次。

4.4.2.8 对验收合格的直管段与管件，按 DL/T 850 进行组配，组配后的配管应进行以下检验，并满足以下技术条件：

a） 几何尺寸应符合 DL/T 850 的规定。

b) 对合金钢管焊缝 100%进行光谱检验和热处理后的硬度检验，对整体热处理后的合金钢管应进行 100%的硬度检验，硬度值应符合附录 F 的规定；对硬度异常部位应进行金相组织检验，合金钢管的标准供货状态金相组织参见附录 G。

c) 对组配焊缝应进行 100%的射线或超声和磁粉检测，射线或超声和磁粉检测分别按 DL/T 820、DL/T 821、JB/T 4730 的规定执行；焊缝的质量验收标准按 DL/T 869 的规定执行。

d) 管段上的接管角焊缝应经 100%的渗透或磁粉检测，渗透或磁粉检测按 JB/T 4730 的规定执行。

e) 管段上小径接管的形位偏差应符合 DL/T 850 的规定。

4.4.3 安装阶段的监督

4.4.3.1 安装前，安装单位应对阀门做如下检验：

a) 阀壳表面上的出厂标记（钢印或漆记）应与该制造商产品标记相符。

b) 按质量证明书校核阀壳材料有关技术指标应符合现行国家或行业技术标准；阀门的制造质量应符合 DL/T 531、DL/T 922 和 NB/T 47044 的规定。

c) 校核阀门的规格，并 100%进行外观质量检验。铸造阀壳内外表面应光洁，不得存在裂纹、气孔、毛刺和夹砂及尖锐划痕等缺陷；锻件表面不得存在裂纹、折叠、锻伤、斑痕、重皮、凹陷和尖锐划痕等缺陷；焊缝表面应光滑，不得有裂纹、气孔、咬边、漏焊、焊瘤等缺陷；若存在上述表面缺陷，则应完全清除，清除深度不得超过公称壁厚的负偏差，清理处的实际壁厚不得小于壁厚偏差所允许的最小值。

d) 对合金钢制阀壳逐件进行光谱检验，光谱检验按 DL/T 991 的规定执行。

e) 对阀壳 100%进行渗透或磁粉检测，重点检验阀壳外表面非圆滑过渡的区域和壁厚变化较大的区域。渗透或磁粉检测按 JB/T 4730 的规定执行。

4.4.3.2 安装前，安装单位应对直管段、弯头/弯管、三通 100%地进行内外表面质量检验和几何尺寸抽查：

a) 部件表面应无裂纹、严重凹陷、变形等缺陷。

b) 按管段数量的 20%测量直管的外（内）径和壁厚。

c) 按弯管（弯头）数量的 20%进行椭圆度、壁厚测量，特别是外弧侧的壁厚。

d) 检验热压三通肩部、管口区段及焊制三通管口区段的壁厚。

e) 对异径管进行壁厚和直径测量。

f) 管道上接管的形位偏差。

g) 几何尺寸不合格的管件，应加倍抽查。

4.4.3.3 安装前，安装单位应对合金钢管、合金钢制管件（弯头/弯管、三通、异径管）按 DL/T 991 的规定进行 100%的光谱检验，按管段、管件数量的 20%和 10%分别进行硬度和金相组织检查；每种规格至少抽查 1 个，硬度异常的管件应扩大检查比例且进行金相组织检查。硬度值检验结果应符合附录 F 的规定，光谱检验结果应符合附录 E 的规定，合金钢管、管件的标准供货状态金相组织参见附录 G。

4.4.3.4 对安装焊缝的外观、光谱、硬度、金相检验和无损检测的比例、质量要求应参照 DL/T 438、DL/T 869 中的规定执行。

4.4.3.5 对安装焊缝超声、射线检测发现的虽未超标，但存在的记录性缺陷，应确定其位置、尺寸和性质，并记入技术档案。

4.4.3.6 对管道上的堵阀/堵板阀体、焊缝应进行 100%的超声、渗透或磁粉检测，超声检测按 DL/T 820 的规定执行，渗透或磁粉检测按 JB/T 4730 的规定执行，质量验收标准按对主管道的规定执行。

4.4.3.7 安装过程中，应对管道上的各种制造、安装接管座角焊缝进行 100%的渗透或磁粉检测，渗透或磁粉检测按 JB/T 4730 的规定执行。

4.4.3.8 应对管道上小径管一次门前的对接焊缝 100%的射线检测，焊缝质量合格标准按对主管道的规定执行，射线检测按 DL/T 821 的规定执行。

4.4.3.9 应对主管道上小径接管（如仪表管、疏放水管等）的材质与主管道的一致性进行确认，如发现其与主管道差异较大时，则应将小径接管更换为与主管相同材质的管子。

4.4.3.10 管道安装完毕后,应在管道保温层外表面设置明显的、永久性的焊缝位置指示标识。

4.4.3.11 安装单位应向电厂提供与实际管道和部件相对应的以下资料：

a) 三通、阀门的型号、规格、出厂证明书及检验结果；若电厂直接从制造商获得三通、阀门的出厂证明书，则可不提供。

b) 安装焊缝坡口形式、焊缝位置、焊接及热处理工艺和各项检验结果。

c) 标注有焊缝位置定位尺寸的管道立体布置图，图中应注明管道的材质、规格、支吊架的位置、类型。

d) 直管的外观、几何尺寸和硬度检查结果，合金钢直管应有金相组织检查结果。

e) 弯管/弯头的外观、椭圆度、波浪率、壁厚等检验结果。

f) 合金钢制弯头/弯管的硬度和金相组织检验结果。

g) 管道系统合金钢部件的光谱检验记录。

h) 代用材料记录。

i) 安装过程中异常情况及处理记录。

4.4.3.12 监理单位应向电厂提供钢管、管件原材料检验、焊接工艺执行情况监督，以及安装质量检验监督等相应的监理资料。

4.4.4 运行阶段的监督

4.4.4.1 机组运行期间，管道不得超温、超压运行，如发生超温、超压运行情况时，应及时查明原因，并做好运行调整和对超温、超压的幅度、时间、次数情况建立台账和记录。

4.4.4.2 机组运行期间，运行、检修（点检）、监督人员应加强对管道的振动、泄漏、变形、移位、保温、支吊情况的检查，对异常情况应进行记录，对其中严重影响人身和设备运行安全的情况，应及时查明原因，并采取措施处理。

4.4.4.3 对运行期间发生的管道失效事故，应进行原因分析，并采取措施防止同类型事故再次发生。

4.4.5 检修阶段的监督

4.4.5.1 机组每次 A 级检修或 B 级检修，应对拆除保温层的管道、焊缝和弯头/弯管部位进行外观质量检验，对发现的表面裂纹、严重机械损伤、重皮等缺陷，应予以消除，清除处的实际壁厚不应小于按 GB 50764 或 DL/T 5366、DL/T 5054、ASME B31.1 计算的筒体管道的最小需要壁厚。首次检验应对主给水管道调整阀门后的管段和第一个弯头进行检验。

4.4.5.2 机组每次 A 级检修或 B 级检修对管道焊缝按 10%的比例进行外观质量检验和超声

检测，重点检验有记录缺陷及应力集中部位的焊缝，后次抽查部位为前次未检部位，至 10 万 h 完成 100%检验。渗透或磁粉检测按 JB/T 4730 的规定执行，超声检测按 DL/T 820 的规定执行。

4.4.5.3 机组每次 A 级检修或 B 级检修对管道上的三通、阀门进行外表面宏观检查，对可疑部位应进行渗透或磁粉检测，必要时进行超声检测，渗透或磁粉检测按 JB/T 4730 的规定执行，超声检测按 DL/T 820 的规定执行。

4.4.5.4 机组每次 A 级检修或 B 级检修，对与管道相连的小口径管（疏水管、测温管、压力表管、空气管、安全阀、排气阀、充氮、取样、压力信号管等）管座角焊缝按不少于 20%的比例进行检验；检验内容包括角焊缝外观质量、渗透或磁粉检测；后次抽查部位为前次未检部位，至 10 万 h 完成 100%检验；对运行 10 万 h 的小口径管，宜结合检修进行更换。渗透或磁粉检测按 JB/T 4730 的规定执行。

4.4.5.5 机组每次 A 级检修或 B 级检修，应对管道焊缝上记录缺陷进行复查；对硬度异常的管道和焊缝进行跟踪检验。

4.4.5.6 机组每次 A 级检修或 B 级检修，对管道弯头（或其上连接的小口径管）易冲刷减薄的部位应进行壁厚测量，对管道弯头中易积水部位的中性面腐蚀疲劳裂纹进行检测。

4.5 低压水、水汽管道的监督

4.5.1 设计阶段的监督

4.5.1.1 低压水、水汽管道的设计应符合 DL/T 5054 的规定，设计单位应提供管道单线立体布置图。

4.5.1.2 低压水、水汽管道的应力计算应符合 DL/T 5366 的规定。

4.5.2 制造阶段的监督

4.5.2.1 制造阶段应按 DL/T 586、集团公司《电力工程建设设备监理管理办法》和《火电工程设备监理大纲》的规定，对工作压力小于 5.88MPa 且不小于 1.6MPa 的水、水汽介质管道及管件的制造质量进行监督检验。

4.5.2.2 管道材料的监督按照 4.2.1、4.2.3、4.2.4 条的相关条款执行。

4.5.2.3 管件和阀门质量应满足以下标准：弯管的制造质量应符合 DL/T 515 的规定；弯头、三通和异径管的制造质量应符合 DL/T 695 的规定；锻制的大直径三通应满足 DL 473 的技术条件；阀门的制造质量应符合 DL/T 531、DL/T 922 和 NB/T 47044 的规定。

4.5.2.4 配管前，对管道应进行如下检验：

a) 钢管表面上的出厂标记（钢印或漆记）应与该制造商产品标记相符。

b) 100%进行外观质量检验。钢管内外表面不允许有裂纹、折叠、轧折、结疤、离层等缺陷，钢管表面的裂纹、机械划痕、擦伤和凹陷以及深度大于 1.6mm 的缺陷应完全清除，清除处应圆滑过渡；清除处的实际壁厚不得小于壁厚偏差所允许的最小值且不应小于按 GB 50764 或 DL/T 5366、DL/T 5054、ASME B31.1 计算的钢管最小需要壁厚。

c) 钢管内外表面不允许有大于以下尺寸的直道缺陷：热轧（挤）管，大于壁厚的 5%，且最大深度大于 0.4mm。

d) 校核钢管的壁厚和管径应符合设计和相关标准的规定。

e) 对合金钢管逐根进行光谱检验，光谱检验按 DL/T 991 的规定执行；检验结果应符合附录 E 的规定。

f） 管道有下列情况之一时，为不合格：

1） 管道材料、规格尺寸不符合设计要求。

2） 最小壁厚小于按 GB 50764 或 DL/T 5366、DL/T 5054、ASME B31.1 计算的管子或管道的最小需要壁厚。

4.5.2.5 配管前，对弯头/弯管应进行如下检验：

a） 查明弯头/弯管表面上的出厂标记（钢印或漆记）应与该制造商产品标记相符。

b） 100%进行外观质量检验。弯头/弯管表面不允许有裂纹、折叠、重皮、凹陷和尖锐划痕等缺陷。表面缺陷处理后的实际壁厚不得小于壁厚偏差所允许的最小值且不应小于按 GB 50764 或 DL/T 5366、DL/T 5054、ASME B31.1 计算的钢管最小需要壁厚。

c） 按质量证明书校核弯头/弯管规格并检查以下几何尺寸：

1） 逐件检验弯管/弯头的中性面/外/内弧侧壁厚、椭圆度和波浪率。

2） 弯管的椭圆度应不大于 7%。

d） 合金钢弯头/弯管应逐件进行光谱检验，光谱检验按 DL/T 991 的规定执行；检验结果应符合附录 E 的规定。

e） 弯头、弯管 100%进行外弧面渗透或磁粉检测，渗透或磁粉检测按照 JB/T 4730 的规定执行。

f） 弯头/弯管有下列情况之一时，为不合格：

1） 管道材料、规格尺寸不符合设计要求。

2） 无损检测存在超标缺陷。

3） 弯头/弯管外弧侧的最小壁厚小于按 GB 50764 或 DL/T 5366、DL/T 5054、ASME B31.1 计算的管子或管道的最小需要壁厚。

4.5.2.6 配管前，对锻制、热压和焊制三通以及异径管应进行如下检查：

a） 三通和异径管表面上的出厂标记（钢印或漆记）应与该制造商产品标记相符。

b） 100%进行外观质量检验。锻制、热压三通以及异径管表面不允许有裂纹、折叠、重皮、凹陷和尖锐划痕等缺陷；表面缺陷处理后的实际壁厚不得小于壁厚偏差所允许的最小值且不应小于按 GB 50764 或 DL/T 5366、DL/T 5054、ASME B31.1 计算的钢管最小需要壁厚；三通肩部的壁厚应大于主管公称壁厚的 1.4 倍。

c） 合金钢三通、异径管应逐件进行光谱检验，光谱检验按 DL/T 991 的规定执行。

d） 三通、异径管 100%进行渗透或磁粉检测，渗透或磁粉检测按照 JB/T 4730 的规定执行；三通探伤部位为肩部和腹部外表面，异径管探伤部位为外表面。

e） 三通、异径管有下列情况之一时，为不合格：

1） 管道材料、规格尺寸不符合设计要求。

2） 无损检测发现超标缺陷。

3） 三通主管/支管壁厚、异径管最小壁厚小于按 GB/T 16507 或 GB 50764、ASME B31.1 的规定计算的最小需要壁厚；三通主管/支管的补强不满足 GB/T 16507 或 GB 50764、ASME B31.1 中的补强规定。

4.5.2.7 对验收合格的直管段与管件，按 DL/T 850 进行组配，组配后的配管应进行以下检验，并满足以下技术条件：

a） 几何尺寸应符合 DL/T 850 的规定。

b) 对合金钢管焊缝 100%进行光谱检验和热处理后的硬度检验，对整体热处理后的合金钢管应进行 100%的硬度检验，硬度值应符合附录 F 的规定。

c) 对组配焊缝应进行 100%的射线或超声和磁粉检测，射线或超声和磁粉检测分别按 DL/T 821、DL/T 820、JB/T 4730 的规定执行；焊缝的质量验收标准按 DL/T 869 的规定执行。

d) 管段上的接管角焊缝应经 100%的渗透或磁粉检测，渗透或磁粉检测按 JB/T 4730 的规定执行。

e) 管段上小径接管的形位偏差应符合 DL/T 850 的规定。

4.5.3 安装阶段的监督

4.5.3.1 安装前，安装单位应对阀门进行如下检验：

a) 阀壳表面上的出厂标记（钢印或漆记）应与该制造商产品标记相符。

b) 按质量证明书校核阀壳材料有关技术指标应符合现行国家或行业技术标准；阀门的制造质量应符合 DL/T 531、DL/T 922 和 JB/T 3595、NB/T 47044 的规定。

c) 校核阀门的规格，并 100%进行外观质量检验。铸造阀壳内外表面应光洁，不得存在裂纹、气孔、毛刺和夹砂及尖锐划痕等缺陷；锻件表面不得存在裂纹、折叠、锻伤、斑痕、重皮、凹陷和尖锐划痕等缺陷；焊缝表面应光滑，不得有裂纹、气孔、咬边、漏焊、焊瘤等缺陷；若存在上述表面缺陷，则应完全清除，清除深度不得超过公称壁厚的负偏差，清理处的实际壁厚不得小于壁厚偏差所允许的最小值。

d) 对合金钢制阀壳逐件进行光谱检验，光谱检验按 DL/T 991 的规定执行。

e) 对阀壳 100%进行渗透或磁粉检测，重点检验阀壳外表面非圆滑过渡的区域和壁厚变化较大的区域。渗透或磁粉检测按 JB/T 4730 的规定执行。

4.5.3.2 安装前，安装单位应对直管段、弯头/弯管、三通 100%地进行内外表面质量检验和几何尺寸抽查：

a) 部件表面应无裂纹、严重凹陷、变形等缺陷。

b) 按管段数量的 20%测量直管的外（内）径和壁厚。

c) 按弯管（弯头）数量的 20%进行壁厚测量，特别是外弧侧的壁厚。

d) 检验热压三通肩部、管口区段以及焊制三通管口区段的壁厚。

e) 对异径管进行壁厚和直径测量。

f) 管道上接管的形位偏差。

g) 几何尺寸不合格的管件，应加倍抽查。

4.5.3.3 安装前，安装单位应对合金钢管、合金钢制管件（弯头/弯管、三通、异径管）按 DL/T 991 的规定进行 100%的光谱检验，光谱检验结果应符合附录 E 的规定。

4.5.3.4 对安装焊缝的外观、光谱和无损检测的比例、质量要求应参照 DL/T 438、DL/T 869 中的规定执行。

4.5.3.5 对安装焊缝超声、射线检测发现的虽未超标，但存在的记录性缺陷，应确定其位置、尺寸和性质，并记入技术档案。

4.5.3.6 对管道上的堵阀/堵板阀体、焊缝应进行 100%的超声、渗透或磁粉检测，超声检测按 DL/T 820 的规定执行，渗透或磁粉检测按 JB/T 4730 的规定执行，质量验收标准按对主管道的规定执行。

4.5.3.7 安装过程中，应对管道上的各种制造、安装接管座角焊缝进行 100%的渗透或磁粉检测，渗透或磁粉检测按 JB/T 4730 的规定执行。

4.5.3.8 应对管道上小径管一次门前的对接焊缝进行 100%的射线检测，焊缝质量合格标准按对主管道的规定执行；射线检测按 DL/T 821 的规定执行。

4.5.3.9 管道安装完毕后,应在管道保温层外表面设置明显的、永久性的焊缝位置指示标识。

4.5.3.10 安装单位应向电厂提供与实际管道和部件相对应的以下资料：

    a) 三通、阀门的型号、规格、出厂证明书及检验结果；若电厂直接从制造商获得三通、阀门的出厂证明书，则可不提供。

    b) 安装焊缝坡口形式、焊缝位置、焊接及热处理工艺和各项检验结果。

    c) 标注有焊缝位置定位尺寸的管道立体布置图，图中应注明管道的材质、规格、支吊架的位置、类型。

    d) 直管的外观、几何尺寸检查结果。

    e) 弯管/弯头的外观、壁厚等检验结果。

    f) 合金钢部件的光谱检验记录。

    g) 代用材料记录。

    h) 安装过程中异常情况及处理记录。

4.5.3.11 监理单位应向电厂提供钢管、管件原材料检验、焊接工艺执行情况监督，以及安装质量检验监督等相应的监理资料。

4.5.4 运行阶段的监督

4.5.4.1 运行阶段管道不得超温、超压运行，如发生超温、超压运行情况，应及时做好调整、情况记录。

4.5.4.2 机组运行期间，运行、检修（点检）、监督人员应加强对管道的振动、泄漏、变形、移位、保温、支吊情况的检查，对异常情况应进行记录，对其中严重影响人身和设备运行安全的情况，应及时查明原因，并采取措施处理。

4.5.4.3 对运行期间发生的管道失效事故，应进行原因分析，并采取措施防止同类型事故再次发生。

4.5.5 检修阶段的监督

4.5.5.1 机组每次 A 级检修或 B 级检修，应对直管段、弯头易冲刷减薄部位进行壁厚测量，对检查壁厚小于管道的最小需要壁厚的直管、弯头等应及时安排更换。

4.5.5.2 机组每次 A 级检修或 B 级检修，对每条管道至少抽查一道焊缝进行超声或射线检测，重点检验有记录缺陷、应力较大部位（结构应力、热应力）的焊缝；后次抽查部位为前次未检部位。射线、超声检测按 JB/T 4730 的规定执行。

4.5.5.3 机组每次 A 级检修或 B 级检修，对每条管道至少抽查一个接管座角焊缝进行渗透或磁粉检测，渗透或磁粉检测按 JB/T 4730 的规定执行。

4.6 高温蒸汽管道的监督

4.6.1 设计阶段的监督

4.6.1.1 高温蒸汽管道的设计应符合 DL/T 5054 的规定，管道应力计算应符合 DL/T 5366 的规定。设计单位应提供管道单线立体布置图。图中应标明：

    a) 管道的材料牌号、规格、理论计算壁厚、壁厚偏差。

b) 设计采用的材料许用应力、弹性模量、线膨胀系数。

c) 管道的冷紧口位置及冷紧值。

d) 管道对设备的推力、力矩。

e) 管道最大应力值及其位置。

4.6.1.2 设计单位对每种管件均应提供强度设计计算书。

4.6.1.3 管道不同厚度对口的设计要求应符合 DL/T 5054、DL/T 869 的规定，其中应特别注意蒸汽管道与阀门的不同厚度对接焊口的设计要求。

4.6.1.4 管道对接焊口间距的设计要求应符合 DL/T 5054、DL/T 869 的规定。

4.6.1.5 对新建机组蒸汽管道，不强制要求设计、安装蠕变变形测点，由金属监督人员根据具体情况考虑是否设计和安装。

4.6.1.6 对主蒸汽、高温再热蒸汽管道和导汽管上的温度、压力、排空、疏水（一次门内）等接管应选取同种材料。

4.6.2 制造阶段的监督

4.6.2.1 制造阶段应依据 DL/T 586、集团公司《电力工程建设设备监理管理办法》和《火电工程设备监理大纲》的规定和要求，对工作温度不小于 450℃ 的蒸汽介质管道及管件的制造质量进行监督检验。

4.6.2.2 管道材料的监督按照 4.2.1～4.2.4 条的相关条款执行。

4.6.2.3 管件和阀门应满足以下标准：弯管的制造质量应符合 DL/T 515 的规定；弯头、三通和异径管的制造质量应符合 DL/T 695 的规定；锻制的大直径三通应满足 DL 473 的技术条件；阀门的制造质量应符合 DL/T 531、DL/T 922 和 NB/T 47044 的规定。

4.6.2.4 配管前，对直管段应进行如下检验：

a) 钢管表面上的出厂标记（钢印或漆记）应与该制造商产品标记相符。

b) 100%进行外观质量检验。钢管内外表面不允许有裂纹、折叠、轧折、结疤、离层等缺陷，钢管表面的裂纹、机械划痕、擦伤和凹陷以及深度大于 1.6mm 的缺陷应完全清除，清除处应圆滑过渡；清理处的实际壁厚不得小于壁厚偏差所允许的最小值且不应小于按 GB 50764 或 DL/T 5366、DL/T 5054、ASME B31.1 计算的最小需要壁厚。

c) 钢管内外表面不允许有大于以下尺寸的直道缺陷：热轧（挤）管，大于壁厚的 5%，且最大深度大于 0.4mm。

d) 校核钢管的壁厚和管径应符合设计和相关标准的规定。

e) 对合金钢管逐根进行光谱检验，光谱检验按 DL/T 991 的规定执行。

f) 合金钢管应逐根进行硬度检验；硬度检验的打磨深度通常为 0.5mm～1.0mm，并以 120 号或更细的砂轮、砂纸精磨，表面粗糙度 Ra 小于 6.3μm；每根钢管上选取两端和中间 3 个截面，每一截面按 90° 间隔共检查 4 点，每点测量 3 个硬度值，取其平均值作为该点的硬度值；硬度值应符合附录 F 的规定。对用便携式里氏硬度计测量的硬度异常部位，应进行金相组织检验，同时扩大硬度检查区域，对硬度异常的分布区域、范围、偏差程度进行确认和记录。对用里氏硬度计测量发现大范围硬度异常情况时，宜采用便携式布氏硬度计进行复核。

g) 对合金钢管应逐根进行金相组织检查，合金钢管的标准供货状态金相组织参见附录 G。

h) 对 9%Cr～12%Cr 系列合金钢管（包括 P91、P92、P122 等）的硬度和金相组织要求
   如下：

    1) 直管段母材的硬度应均匀，且控制在 180HB～250HB，同根钢管上任意两点间
   的硬度差不应大于 Δ30HB，个别点最低不低于 175HB；对检验较大面积母材硬
   度不大于 160HB 的管段应更换。

    2) 用金相显微镜在 100 倍下检查 δ-铁素体含量，取 10 个视场的平均值，外表面金
   相组织中的 δ-铁素体含量不应大于 5%。

i) 钢管逐根按 JB/T 4730、GB/T 20490 进行超声检测，检测部位为钢管两端头的
   300mm～500mm 全周范围内，若发现超标缺陷，则应扩大检查；对于钢管端部夹层
   类缺陷的验收，按 GB/T 20490 或 EN10246-14 与供货方协商确定。

j) 对初次使用的进口新材料或国产化后首次使用的管道，应对直管按每炉批至少抽取
   1 根进行以下项目的试验，确认下列项目应符合附录 B 中列出的现行国家、行业标
   准或国外相应的标准：

    1) 化学成分；

    2) 拉伸、冲击、硬度；

    3) 金相组织、晶粒度和非金属夹杂物；

    4) 弯曲试验（按 ASTM A335 执行）；

    5) 无损检测。

k) P22 钢管若为美国 WYMAN-GORDON 公司生产，其金相组织为珠光体＋铁素体；
   若为德国 VOLLOREC&MANNESMAN 公司或国产管，金相组织为贝氏体（珠光体）
   ＋铁素体。

l) 管道有下列情况之一时，为不合格：

    1) 最小壁厚小于按 GB 50764 或 DL/T 5366、DL/T 5054、ASME B31.1 计算的最小
   需要壁厚。

    2) 硬度值超过附录 F 的规定范围。

    3) 金相组织异常。

    4) 割管试验力学性能不合格。

    5) 无损检测发现超标缺陷。

4.6.2.5 配管前，对弯头/弯管应进行如下检验：

a) 查明弯头/弯管表面上的出厂标记（钢印或漆记）应与该制造商产品标记相符。

b) 100%进行外观质量检验。弯头/弯管表面不允许有裂纹、折叠、重皮、凹陷和尖锐划痕等
   缺陷。表面缺陷处理后的实际壁厚不得小于壁厚偏差所允许的最小值且不应小于按 GB
   50764 或 DL/T 5366、DL/T 5054、ASME B31.1 计算的最小需要壁厚。

c) 按质量证明书校核弯头/弯管规格并检查以下几何尺寸：

    1) 逐件检验弯管/弯头的中性面/外/内弧侧壁厚、椭圆度和波浪率。

    2) 弯管的椭圆度应满足：公称压力大于 8MPa 时，椭圆度不大于 5%；公称压力不
   大于 8MPa 时，椭圆度不大于 7%。

    3) 弯头的椭圆度应满足：公称压力不小于 10MPa 时，椭圆度不大于 3%；公称压
   力小于 10MPa 时，椭圆度不大于 5%。

    4）　椭圆度检查部位为弯头/弯管外侧和内侧，内、外侧椭圆度检查结果有一个不合格时则判定不合格。

d）　合金钢弯头/弯管应逐件进行光谱检验，光谱检验按 DL/T 991 的规定执行。

e）　对合金钢弯头/弯管应逐件进行硬度检验，至少在外弧侧顶点和侧弧中间位置测 3 点；硬度值应符合附录 F 的规定。对用便携式里氏硬度计测量的硬度异常部位，应进行金相组织检验，同时扩人硬度检查区域，对硬度异常的分布区域、范围、偏差程度进行确认和记录。对用里氏硬度计测量发现大范围硬度异常情况时，宜采用便携式布氏硬度计进行复核。

f）　对合金钢弯头/弯管按逐件进行金相组织检验,合金钢弯头/弯管的标准供货状态金相组织参见附录 G。

g）　对 9%Cr～12%Cr 系列合金的（包括 P91、P92、P911、P122 等）热推、热压和锻造弯头、弯管的硬度应均匀，且控制在 180HB～250HB，同一管件上任意两点之间的硬度差不应大于Δ50HB，个别点最低不低于 175HB；外表面金相组织中的 δ-铁素体含量不应大于 5%，F92 锻件的硬度应控制在 180HB～270HB。

h）　弯头、弯管按 100%比例进行外弧面渗透或磁粉检测，渗透或磁粉检测按 JB/T 4730 的规定执行。

i）　弯头/弯管有下列情况之一时，为不合格：

    1）　存在晶间裂纹、过烧组织、夹层或无损检测发现的其他超标缺陷。

    2）　弯管几何形状和尺寸不满足本标准及 DL/T 515 中的有关规定，弯头几何形状和尺寸不满足本标准及 DL/T 695 中的有关规定。

    3）　弯头/弯管外弧侧的最小壁厚小于按 GB 50764 或 DL/T 5366、DL/T 5054、ASME B31.1 计算的最小需要壁厚。

    4）　硬度值超过附录 F 的规定范围。

    5）　金相组织异常。

4.6.2.6　配管前，对锻制、热压和焊制三通（包括主管、支管）以及异径管应进行如下检查：

a）　三通和异径管表面上的出厂标记（钢印或漆记）应与该制造商产品标记相符。

b）　100%进行外观质量检验。锻制、热压三通以及异径管表面不允许有裂纹、折叠、重皮、凹陷和尖锐划痕等缺陷。表面缺陷处理后的实际壁厚不得小于壁厚偏差所允许的最小值且不应小于按 GB 50764 或 DL/T 5366、DL/T 5054、ASME B31.1 计算的最小需要壁厚。三通肩部的壁厚应大于主管公称壁厚的 1.4 倍。

c）　合金钢三通、异径管应逐件进行光谱检验，光谱检验按 DL/T 991 的规定执行。

d）　合金钢三通、异径管 100%进行硬度检验。三通至少在肩部和腹部位置各测 3 点，异径管至少在大、小头位置测 3 点；硬度值应符合附录 F 的规定。对用便携式里氏硬度计测量的硬度异常部位，应进行金相组织检验，同时扩大硬度检查区域，对硬度异常的分布区域、范围、偏差程度进行确认和记录。对用里氏硬度计测量发现大范围硬度异常情况时，宜采用便携式布氏硬度计进行复核。

e）　对 9%Cr～12%Cr 系列合金的（包括 P91、P92、P911、P122 等）热推、热压、锻造三通和异径管的硬度应均匀，且控制在 180HB～250HB；外表面金相组织中的 δ-铁素体含量不应大于 5%，F92 锻件的硬度应控制在 180HB～270HB。

f) 对合金钢三通、异径管逐件进行金相组织检验。

g) 三通、异径管按 100%进行渗透或磁粉检测，渗透或磁粉检测按 JB/T 4730 的规定执行；三通检测部位为肩部和腹部外表面，异径管检测部位为外表面。

h) 三通、异径管有下列情况之一时，为不合格：

1) 存在晶间裂纹、过烧组织、夹层或无损检测发现的其他超标缺陷。

2) 焊接三通焊缝存在超标缺陷。

3) 几何形状和尺寸不符合 DL/T 695 中的有关规定。

4) 三通主管/支管壁厚、异径管最小壁厚小于按 GB/T 16507 或 GB 50764、ASME B31.1 中规定计算的最小需要壁厚；三通主管/支管的补强不满足 GB/T 16507 或 GB 50764、ASME B31.1 中的补强规定。

5) 硬度值超过附录 F 的规定范围。

6) 金相组织异常。

4.6.2.7 管道、管件硬度高于本标准的规定值，可通过再次回火处理达到标准要求，重新回火不超过 3 次；硬度低于本标准的规定值时，可通过重新正火＋回火处理达到标准要求，但处理次数不得超过 2 次。

4.6.2.8 对验收合格的直管段与管件，按 DL/T 850 进行组配，组配后的配管应进行以下检验，并满足以下技术条件：

a) 几何尺寸应符合 DL/T 850 的规定。

b) 配管时，直管段的最小长度应符合 DL/T 869 中对对接焊口最小间距的规定。

c) 对合金钢管焊缝 100%进行光谱检验和热处理后的硬度检验，对整体热处理后的合金钢管应进行 100%的硬度检验，硬度值应符合附录 F 的规定；对硬度异常部位应进行金相组织检验，合金钢管的标准供货状态金相组织见附录 G；光谱检验按 DL/T 991 的规定执行。

d) 对 9%Cr～12%Cr 系列合金钢管（包括 P91、P92、P911、P122 等）和焊缝的硬度、金相组织应进行 100%的检验，其中钢管硬度和金相组织应符合本标准 4.6.2.4 条 h) 的规定；焊缝的硬度和金相组织的检验、质量要求如下：

1) 焊缝硬度检验的打磨深度通常为 0.5mm～1.0mm，并以 120 号或更细的砂轮、砂纸精磨。表面粗糙度 Ra 小于 6.3μm；硬度检验部位包括焊缝和近缝区的母材，同一部位至少测量 3 点。硬度值应控制在 180HB～270HB。

2) 焊缝硬度超出控制范围，首先在原测点附近两处和原测点 180°位置再次测量；其次在原测点可适当打磨较深位置，打磨后的管道壁厚不应小于最小需要壁厚。

3) 焊缝和熔合区金相组织中的 δ-铁素体含量不应大于 8%，最严重的视场不应大于 10%。

e) 组配焊缝应进行 100%的射线或超声和磁粉检测，射线或超声和磁粉检测分别按 DL/T 821、DL/T 820、JB/T 4730 的规定执行；焊缝的质量验收标准按 DL/T 869 的规定执行；对 9%Cr～12%Cr 系列合金钢材料（包括 P91、P92、P911、P122 等）配管焊缝区域表面裂纹检验，应在打磨后进行磁粉检测。

f) 管段上的接管座角焊缝应经 100%的渗透或磁粉检测，渗透或磁粉检测按 JB/T 4730 的规定执行。

g) 管段上小径接管（如仪表管、疏放水管等）应采用与管道相同的材料，形位偏差应符合 DL/T 850 的规定。

h) 组配件母管或弯头/弯管的硬度高于本标准的规定值，通过再次回火，重新回火不超过 3 次；硬度低于本标准的规定值，重新正火＋回火，正火＋回火不得超过 2 次。

i) 组配件焊缝硬度高于本标准的规定值，可通过局部再次回火，重新回火不超过 3 次；焊缝硬度低于本标准的规定值，挖除重新焊接/热处理。

4.6.3 安装阶段的监督

4.6.3.1 安装前，安装单位应对管道、管件、阀门和堵阀进行如下检验：

4.6.3.1.1 安装前，安装单位应对直管段、弯头/弯管、三通 100%进行内外表面质量检验和几何尺寸抽查：

a) 表面不允许存在裂纹、严重凹陷、变形等缺陷。

b) 按管段数量的 20%测量直管的外(内)径和壁厚，检查直管段的最小长度应符合 DL/T 869 中对对接焊口最小间距的规定。

c) 按弯头、弯管数量的 20%进行椭圆度、壁厚测量，特别是外弧侧的壁厚。

d) 检验热压三通检验肩部、管口区段及焊制三通管口区段的壁厚。

e) 对异径管进行壁厚和直径测量。

f) 管道上小接管的形位偏差应符合 DL/T 850 中的规定。

g) 几何尺寸不合格的管件，应加倍抽查。

4.6.3.1.2 安装前，安装单位应对合金钢管、合金钢制管件（弯头、弯管、三通、异径管）100%进行光谱检验，对于高合金钢如采用弧光激发的光谱仪进行检验，应在检验完成后立即去除检验部位的灼痕。按管段、管件数量的 20%和 10%分别进行硬度和金相组织检查；每种规格至少抽查 1 个，硬度异常的管件可采用便携式布氏硬度计进行复核，复核后仍不合格应扩大检查比例且进行金相组织检查；硬度值应符合附录 F 的规定；光谱检验按 DL/T 991 的规定执行，检验结果应符合附录 E 的规定；合金钢管、管件的标准供货状态金相组织参见附录 G。

4.6.3.1.3 阀门、堵阀，安装前应做如下检验：

a) 阀壳表面上的出厂标记（钢印或漆记）应与该制造商产品标记相符。

b) 按质量证明书校核阀壳材料有关技术指标应符合现行国家或行业技术标准；阀门的制造质量应符合 DL/T 531、DL/T 922 和 NB/T 47044 的规定。

c) 校核阀门的规格，并 100%进行外观质量检验。铸造阀壳内外表面应光洁，不得存在裂纹、气孔、毛刺和夹砂及尖锐划痕等缺陷；锻件表面不得存在裂纹、折叠、锻伤、斑痕、重皮、凹陷和尖锐划痕等缺陷；焊缝表面应光滑，不得有裂纹、气孔、咬边、漏焊、焊瘤等缺陷；若存在上述表面缺陷，则应完全清除，清除深度不得超过公称壁厚的负偏差，清理处的实际壁厚不得小于壁厚偏差所允许的最小值。

d) 对合金钢制阀壳应逐件进行光谱检验，光谱检验按 DL/T 991 的规定执行。

e) 对每个阀壳进行 100%的渗透或磁粉检测；重点检验阀壳外表面非圆滑过渡的区域和壁厚变化较大的区域；渗透或磁粉检测按照 JB/T 4730 的规定执行。

f) 如果阀壳内外表面缺陷深度超过公称壁厚的负偏差，或清理处的实际壁厚小于壁厚偏差所允许的最小值，则应进行退货处理或返修处理，铸钢阀壳的返修补焊焊接工艺参见附录 H。

g) 检查阀门（如汽轮机进汽阀门）与管道不同厚度对口应符合 DL/T 5054、DL/T 869 的规定。

4.6.3.2 管道安装质量的监督规定如下：

4.6.3.2.1 对工作温度大于 450℃的主蒸汽管道、高温再热蒸汽管道，应在直管段上设置监督段（主要用于金相和硬度跟踪检验）；监督段应选择该管系中实际壁厚最薄的同规格钢管，其长度约 1000mm；监督段应包括锅炉蒸汽出口第一道焊缝后的管段和汽轮机入口前第一道焊缝前的管段。

4.6.3.2.2 在以下部位可装设蒸汽管道安全状态在线监测装置：

　　a) 管道应力危险的区段。

　　b) 管壁较薄、应力较大的区段，或运行时间较长，以及经评估后剩余寿命较短的管道。

4.6.3.2.3 管道安装焊缝的焊接、焊后热处理、焊接质量检验和验收应按照 DL/T 438、DL/T 869 的规定执行。对于工作温度不小于 450℃的主蒸汽管道、高温再热蒸汽管道、导汽管的安装焊缝应采取氩弧焊打底。对安装焊缝质量检验和验收具体要求如下：

　　a) 安装焊缝应进行 100%的外观检验，合金钢管安装焊缝应进行 100%的光谱、硬度检验和 20%的金相组织检验，光谱检验按照 DL/T 991 的规定执行，安装焊缝外观、光谱、硬度、金相检验结果应符合 DL/T 869 中的规定。其中对 9%Cr～12%Cr 系列合金钢管（包括 P91、P92、P911、P122 等）安装焊缝应进行 100%的金相组织检验，焊缝的硬度和金相组织检验应符合本标准 4.6.2.8 条中 d）项的规定。对于检验硬度异常的部位应采用便携式布氏硬度计进行复核，并进行金相组织检查。

　　b) 安装焊缝在热处理后或焊后（不需热处理的焊缝），应进行 100%的射线或超声和磁粉检测，射线或超声和磁粉检测分别按 DL/T 821、DL/T 820、JB/T 4730 的规定执行；焊缝的质量验收标准按 DL/T 869 的规定执行。

4.6.3.2.4 对蒸汽管道上的堵板焊缝应进行 100%的渗透或磁粉和超声检测，超声检测按 DL/T 820 的规定执行，渗透或磁粉检测按 JB/T 4730 的规定执行；焊缝质量验收标准按主管道的规定执行。

4.6.3.2.5 管道安装完应对监督段进行硬度和金相组织检验，并建立档案保存。

4.6.3.2.6 管道安装完毕后，应在管道保温层外表面设置明显的、永久性的焊缝位置指示标识。

4.6.3.2.7 管道露天布置的部分，以及与油管平行、交叉和可能滴水的部分，应加包金属薄板保护层。露天吊架处应有防雨水渗入保护层的措施。

4.6.3.2.8 管道要保温良好，严禁裸露，保温材料应符合设计要求，不能对管道金属有腐蚀作用；保温层破裂或脱落时，应及时修补；更换容重相差较大的保温材料时，应考虑对支吊架的影响；严禁在管道上焊接保温拉钩，不得借助管道起吊重物。

4.6.3.3 安装过程中，应对与高温蒸汽管道相连的管道或管子进行如下监督：

　　a) 对管道上各种制造、安装接管座角焊缝应进行 100%的渗透或磁粉检测，渗透或磁粉检测按 JB/T 4730 的规定执行。

　　b) 对管道上各种接管一次门前的直管、管件、阀门，按 DL/T 991 的规定进行 100%的光谱检验。

　　c) 对管道上各种接管一次门前的所有焊缝应进行 100%的射线或超声检测，射线或超声检测分别按 DL/T 821、DL/T 820 的规定执行，焊缝质量验收标准按对主管道的要求执行。

4.6.3.4 管道安装资料的监督要求如下：

4.6.3.4.1 安装单位应向电厂提供与实际管道和部件相对应的以下资料：

a) 三通、阀门的型号、规格、出厂证明书及检验结果；若电厂直接从制造商获得三通、阀门的出厂证明书，则可不提供。

b) 安装焊缝坡口形式、焊缝位置、焊接及热处理工艺及各项检验结果。

c) 标注有焊缝位置定位尺寸的管道立体布置图，图中应注明管道的材质、规格、支吊架的位置、类型。

d) 直管的外观、几何尺寸和硬度检查结果，合金钢直管应有金相组织检查结果。

e) 弯头、弯管的外观、椭圆度、波浪率、壁厚等检验结果。

f) 合金钢制弯头、弯管的硬度和金相组织检验结果。

g) 管道系统合金钢部件的光谱检验记录。

h) 代用材料记录。

i) 安装过程中异常情况及处理记录。

4.6.3.4.2 监理单位应向电厂提供钢管、管件原材料检验、焊接工艺执行监督，以及安装质量检验监督等相应的监理资料。

4.6.4 运行阶段的监督

4.6.4.1 机组运行期间，管道不得超温、超压运行。如发生超温、超压运行情况，应及时查明原因，并做好运行调整，对超温、超压的幅度、时间、次数情况应建立台账和记录。

4.6.4.2 机组运行期间，运行、检修（点检）、监督人员应加强对管道振动、泄漏、变形、移位、保温、支吊情况的检查，对异常情况应进行记录，对其中严重影响人身和设备运行安全的情况，应及时查明原因，并采取措施处理。

4.6.4.3 对运行期间发生的管道失效事故，应进行原因分析，并采取措施防止同类型事故再次发生。

4.6.5 检修阶段的监督

4.6.5.1 直管段母材和焊缝的检修监督

4.6.5.1.1 机组第一次 A 级或 B 级检修中，应对每类高温蒸汽管道直管、焊缝，按不低于 10%的比例进行外观质量、胀粗、硬度检查，对焊缝进行渗透或磁粉、超声检测，对焊缝两侧直管段进行壁厚测量，对硬度异常的部位可采用便携式布氏硬度计进行复核，复核后仍不合格应进行金相组织检查。如发现焊缝存在超标缺陷时，应扩大检验比例。后次 A 级或 B 级检修抽查范围，应为前次未检管道直管段和焊缝，至 10 万 h 完成 100%检验。

4.6.5.1.2 机组每次 A 级检修中，应重点加强监督检查的部位和项目如下：

a) 监督段直管和焊缝外观、壁厚、硬度、金相组织检查，焊缝 100%渗透或磁粉、超声检测。硬度和金相检验点应在前次检验点处或附近区域。

b) 安装前或前次检修硬度、金相组织检查异常的直管段和焊缝部位进行硬度、金相组织检查，以及直管段胀粗情况和焊缝的渗透或磁粉、超声检测。硬度和金相检验点应在前次检验点处或附近区域。

c) 存在应力集中的部位（如三通焊缝、管道与阀门连接焊缝），温差大和温度交变频繁部位的焊缝（如过热和再热蒸汽减温器、启动减温器管道焊缝），曾经发生过泄漏的直管段和焊缝，以及制造或安装检查、上次检修检查存在记录（超标未处理）缺陷的焊缝，存在振动的管道影响到的焊缝，应进行渗透或磁粉、超声检测。

d) 存在积水的直管和焊缝部位应进行超声检测。

e) 管壁较薄部位直管和焊缝外观、壁厚检查，焊缝渗透或磁粉、超声检测。

4.6.5.1.3 管道硬度和金相组织检验、无损检测及质量评定标准：

a) 管道直段、焊缝外观不允许存在裂纹、严重划痕、拉痕、麻坑、重皮及腐蚀等缺陷。

b) 焊缝渗透或磁粉检测按 JB/T 4730 的规定执行，超声检测按 DL/T 820 的规定执行，焊缝质量验收按 DL/T 869 的规定执行。

c) 直管段母材和焊缝的硬度应参考附录 F 进行评定，直管段母材或焊缝金相组织参考附录 G 进行评定。

d) 12CrMo、15CrMo 钢的珠光体球化评级按 DL/T 787 的规定执行（参见附录 I），12CrMoV、12Cr1MoV 钢的珠光体球化评级按 DL/T 773 的规定执行（参见附录 I），12Cr2MoG、2.25Cr-1Mo、P22 和 10CrMo910 钢的珠光体球化评级按 DL/T 999 的规定执行（参见附录 I）。

4.6.5.1.4 对已装设蠕变测点的高温蒸汽管道，每次 A 级或 B 级检修时可继续进行蠕变变形测量；对于设计选用管道（或实际壁厚偏薄的管段）偏薄的管道，应装设蠕变变形测点或装置，并在每次 A 级或 B 级检修时进行蠕变测量或运行监测。

4.6.5.1.5 管道的状态评估、寿命评估（材质鉴定）和更换的相关规定：

a) 对运行时间达到或超过 20 万 h、工作温度高于 450℃的低合金钢主蒸汽管道、高温再热蒸汽管道，应割管进行材质评定；当割管试验表明材质损伤严重时（材质损伤程度根据割管试验的各项力学性能指标和微观金相组织的老化程度由金属监督人员确定），应进行寿命评估；管道寿命评估按照 DL/T 940 的规定执行。

b) 12CrMo、15CrMo、12CrMoV、12Cr1MoV 和 12Cr2MoG 钢蒸汽管道，当蠕变应变达到 1%或蠕变速度大于 0.35×10^{-5}%/h，应割管进行材质评定和寿命评估。其余合金钢制主蒸汽管道、高温再热蒸汽管道，当蠕变应变达 1%或蠕变速度大于 1×10^{-5}%/h 时，应割管进行材质评定和寿命评估。

c) 已运行 20 万 h 的 12CrMo、15CrMo、12CrMoV、12Cr1MoV、12Cr2MoG（2.25Cr-1Mo、P22、10CrMo910）钢制蒸汽管道，经检验符合下列条件，直管段一般可继续运行至 30 万 h：

1) 实测最大蠕变应变小于 0.75%，或最大蠕变速度小于 0.35×10^{-5}%/h。

2) 监督段金相组织未严重球化（即未达到 5 级）。

3) 未发现严重的蠕变损伤。

d) 对 9%Cr～12%Cr 系列合金钢（包括 P91、P92、P911、P122）管道，机组服役 3 个 A 级检修（约 10 万 h）时或有异常时，宜在主蒸汽管道监督段割管进行以下试验检验：

1) 硬度检验，并与每次检修现场检测的硬度值进行比较。

2) 拉伸性能（室温、服役温度）。

3) 冲击性能（室温、服役温度）。

4) 微观组织的光学金相和透射电镜检验。

5) 依据试验结果，对管道的材质状态作出评估，由金属专责工程师确定下次割管时间。

6) 第 2 次割管除进行 4.6.5.1.5 条中 d）项的 1）～4）试验外，还应进行持久断裂试验。

7) 第 2 次割管试验后，依据试验结果，对管道的材质状态和剩余寿命作出评估。

e) 主蒸汽管道材质损伤，经检验发现下列情况之一时，应及时处理或更换：

1) 自机组投运以后，一直提供蠕变测量数据，其蠕变应变达 1.5%。

2) 一个或多个晶粒长的蠕变微裂纹。

f) 对于 P91、P92 直管段硬度值低于 180HB 且不低于 160HB，金相组织为回火马氏体＋铁素体（金相组织中的 δ-铁素体含量大于 5%）时，在加强对此类管道的监督检查的同时，应按本标准 4.6.5.1.5 条中 d）项的规定割取管样进行性能试验，根据试验结果决定是否更换。对于硬度值低于 160HB 的直管段，应对其进行更换。

4.6.5.2 管件及阀门的检修监督

4.6.5.2.1 机组第一次 A 级检修或 B 级检修，应按 10%对管件及阀壳（每种管道至少抽查一件）进行外观质量、硬度、金相组织、壁厚、椭圆度检验和无损检测（弯头的探伤包括外弧侧的表面渗透或磁粉检测与对外弧两侧中性面之间内壁表面的超声检测）。当发现超标缺陷时，应扩大检验比例。后次 A 级检修或 B 级检修的抽查部件为前次未检部件。弯头表面渗透或磁粉检测、内壁表面的超声检测按 JB/T 4730 的规定执行。

4.6.5.2.2 机组每次 A 级检修中，应重点加强监督检查的部位和项目如下：

a) 应重点对以下管件进行硬度、金相组织检验。硬度和金相组织检验点应在前次检验点处或附近区域：

1) 硬度、金相组织异常的管件。

2) 安装前椭圆度较大、外弧侧壁厚较薄的弯头、弯管。

3) 锅炉出口第一个弯头、弯管，以及汽轮机入口邻近的弯头、弯管。

b) 应对安装前或前次检修椭圆度较大、外弧侧壁厚较薄的弯头、弯管进行椭圆度和壁厚测量。

c) 对安装前存在缺陷和运行中开裂修复过的阀门、三通等管件每次 A 级检修或 B 级检修应进行渗透（或磁粉）或超声检测，其中对阀门、三通焊缝（包括锻制三通的肩部等应力集中部位）应按 JB/T 4730 的规定进行渗透或磁粉检测，三通焊缝应按 DL/T 820 的规定进行超声检测。

4.6.5.2.3 管件及阀门缺陷处理和更换的相关规定：

4.6.5.2.3.1 弯头、弯管发现下列情况时，应及时处理或更换：

a) 弯头、弯管有下列情况之一时，为不合格：

1) 存在晶间裂纹、过烧组织、夹层或无损检测存在其他超标缺陷。

2) 弯管几何形状和尺寸不满足 DL/T 515 中的有关规定，弯头几何形状和尺寸不满足本标准和 DL/T 695 中的有关规定。

3) 弯头、弯管外弧侧的最小壁厚小于按 GB 50764 或 DL/T 5366、DL/T 5054、ASME B31.1 计算的管子或管道的最小需要壁厚。

b) 产生蠕变裂纹或严重的蠕变损伤（蠕变损伤 4 级及以上）时，蠕变损伤评级按附录 J 执行。

4.6.5.2.3.2 三通和异径管有下列情况时，应及时处理或更换：

a) 三通、异径管有下列情况之一时，为不合格：

1) 存在晶间裂纹、过烧组织、夹层或无损检测存在超标缺陷。

2) 几何形状和尺寸不符合 DL/T 695 中的有关规定。

3) 最小壁厚小于按 GB 50764 或 DL/T 5366、DL/T 5054、ASME B31.1 中规定计算的最小需要壁厚。

b) 产生蠕变裂纹或严重的蠕变损伤（蠕变损伤 4 级及以上）时，蠕变损伤评级按附录 J 执行。

c) 对需更换的三通和异径管，推荐选用锻造、热挤压三通。

d) 热推、热压和锻造 P91、P92 管件的硬度值低于 180HB 且不低于 160HB，金相组织为回火马氏体＋铁素体（外表面金相组织中的 δ-铁素体含量大于 5%），在加强对此类管件监督检查的同时，应按本标准 4.6.5.1.5 条中 d) 项的规定割取管样进行性能试验，根据试验结果决定是否更换。对于硬度值低于 160HB 的管件，应尽快安排对其进行更换。

4.6.5.2.3.3 铸钢阀壳存在裂纹、铸造缺陷，经打磨消缺后的实际壁厚小于最小壁厚时，应及时修复处理或更换；对于修复处理的部位应进行渗透或磁粉检测，渗透或磁粉检测按 JB/T 4730 的规定执行；铸钢阀壳的返修补焊焊接工艺参见附录 H。

4.6.5.3 **对与高温蒸汽管道相连的管道、小口径管的检修监督**

4.6.5.3.1 对与高温蒸汽管道相连接管道、小口径管的接管座角焊缝的监督规定如下：

a) 每次 A 级或 B 级检修时，对与高温蒸汽管道相连接的管道、小口径管的接管座角焊缝按不低于 20%进行渗透（或磁粉）、超声检测，至 10 万 h 抽查完毕。渗透或磁粉检测按 JB/T 4730 的规定执行，超声检测按 DL/T 820 的规定执行。

b) 每次 A 级或 B 级检修时，应重点检查以下管道、小口径管的接管座角焊缝：

1) 与高温蒸汽管道材料不同的管道、小口径管的接管座角焊缝。

2) 可能有凝结水积水（压力表管、疏水管、喷水减温器的下部、较长的盲管或不经常使用的联络管）、膨胀不畅部位的接管管座角焊缝，以及相连母管管孔部位和内表面是否有裂纹。

3) 运行期间发生泄漏或前次检修曾经发现过裂纹的接管座角焊缝。

4.6.5.3.2 对与高温蒸汽管道相连接的管道、小口径管子及对接焊缝的监督规定如下：

a) 对各种管道、小口径管子一次门前的焊缝，首次 A 级检修时，按不低于 20%进行射线或超声检测抽查，对小口径管子焊缝宜采用射线检测，发现超标缺陷时，应扩大检查比例。射线或超声检测分别按 DL/T 821、DL/T 820 的规定执行，合格标准按主蒸汽、高温再热蒸汽管道和导汽管的要求执行。

b) 每次 A 级或 B 级检修时，应重点检查以下管道、小口径管和对接焊缝：

1) 膨胀不畅部位管道、管子的对接焊缝。

2) 发生过泄漏的对接焊缝。

3) 因冲刷减薄发生过泄漏的管道、管子直段或弯头部位应进行壁厚测量。

c) 与高温蒸汽管道材料膨胀系数差别较大的小口径接管应进行更换。

d) 对易产生凝结水和积水、膨胀不畅的管道或管子应进行改造，防止运行期间发生疲劳开裂泄漏。

　　e)　对与高温蒸汽管道相连小口径管子的一次门前的管段、管件、阀壳运行 10 万 h 后，宜结合检修全部更换。

4.7　低温蒸汽管道的监督

4.7.1　设计阶段的监督

4.7.1.1　低温蒸汽管道的设计应符合 DL/T 5054 的规定，设计单位应提供管道单线立体布置图。

4.7.1.2　低温蒸汽管道的应力计算应符合 DL/T 5366 的规定。

4.7.2　制造阶段的监督

4.7.2.1　制造阶段应依据 DL/T 586、集团公司《电力工程建设设备监理管理办法》和《火电工程设备监理大纲》的规定和要求，对工作温度小于 450℃且不小于 100℃的低温蒸汽管道（主要包括再热冷段、汽轮机抽汽、汽包饱和蒸汽引出管道）的制造质量进行监督检验。

4.7.2.2　低温蒸汽管道制造阶段的监督按照本标准 4.5.2 条中的要求执行。

4.7.3　安装阶段的监督

4.7.3.1　低温蒸汽管道安装阶段的监督按照本标准 4.5.3 条中的要求执行。

4.7.3.2　安装过程中，应对蒸汽管道上的各种制造、安装接管座角焊缝进行 100%的渗透或磁粉检测，渗透或磁粉检测按 JB/T 4730 的规定执行。

4.7.3.3　机组调试方案中，应有防止发生管道水冲击的事故预案。

4.7.4　运行阶段的监督

4.7.4.1　运行阶段管道不得超温、超压运行，如发生超温、超压运行情况，应及时做好调整、情况记录。

4.7.4.2　运行、检修（点检）、监督人员在机组运行期间，应加强对管道（管子）振动、泄漏、变形、移位、支吊情况的检查，对异常情况应进行记录，对其中严重影响人身和设备运行安全的情况，应及时采取措施处理。

4.7.4.3　对运行期间发生的失效事故，应进行原因分析，并采取措施防止同类型事故再次发生。

4.7.5　检修阶段的监督

4.7.5.1　机组每次 A 级检修或 B 级检修，应对拆除保温层的管道、焊缝和弯头、弯管进行宏观检验，对发现存在表面裂纹、严重机械损伤、重皮等缺陷，应予以消除，清除处的实际壁厚不应小于按 GB 50764 或 DL/T 5366、DL/T 5054、ASME B31.1 计算的筒体管道的最小需要壁厚。

4.7.5.2　每次 A 级检修或 B 级检修中，对每类管道的焊缝抽取不小于 10%（至少抽查 1 道环焊缝）进行壁厚测量和超声检测，对带有纵焊缝的再热冷段蒸汽管道至少抽查 1 条进行超声检测，超声检测按 DL/T 820 的规定执行，后次抽查部位为前次未检部位，如发现超标缺陷，应扩大检验比例。

4.7.5.3　对于焊缝超声检测发现的超标缺陷，应在去除缺陷后按照原制造或安装焊接工艺进行补焊，补焊部位应进行超声检测，超声检测按 DL/T 820 的规定执行。

4.7.5.4　机组每次 A 级检修或 B 级检修，对与蒸汽管道相连的小口径管（疏水管、测温管、压力表管、空气管、安全阀、排气阀、充氮、取样、压力信号管等）管座角焊缝按不小于 10%的比例进行检验，检验内容包括外观检查、渗透或磁粉检测；后次抽查部位为前次未检部位，渗透或磁粉检测按 JB/T 4730 的规定执行。

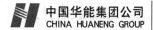

4.7.5.5 机组每次 A 级检修或 B 级检修对蒸汽管道的三通、阀门进行外表面宏观检查，对可疑部位应进行渗透或磁粉检测，必要时进行超声检测。

4.8 高温联箱的监督

4.8.1 制造阶段的监督

4.8.1.1 制造阶段应依据 DL/T 586、集团公司《电力工程建设设备监理管理办法》和《火电工程设备监理大纲》的规定和要求，对高温联箱的制造质量进行监督检验。

4.8.1.2 制造阶段应重点对联箱和管接头的材料质量、焊接质量，以及联箱管孔的加工残留物和联箱内部的清洁度进行监督检查。清洁度方面重点加强对管孔加工残留"眼镜片"和加工过程中其他遗留异物的检查；联箱在制造厂发运前，应采用内窥镜对联箱进行清洁度检查，制造厂、监检（监理）单位等专业人员应对联箱清洁度的检查过程共同见证，并做好记录签名；所有管孔应加装不易脱落的堵头或盖板。

4.8.2 安装阶段的监督

4.8.2.1 安装前，应重点检查见证以下技术资料，内容应符合国家、行业标准：

　　a) 联箱的图纸、强度计算书。

　　b) 设计修改资料，制造缺陷的返修处理记录。

　　c) 对于首次用于锅炉联箱的管材，锅炉制造商应提供焊接工艺评定报告。

　　d) 联箱的焊接、焊后热处理报告。

　　e) 焊缝的无损检测记录报告。

　　f) 联箱和接管座的几何尺寸检验报告。

　　g) 合金钢联箱筒体、管接头或端盖及连接焊缝的光谱检验报告。

　　h) 联箱的水压试验报告。

4.8.2.2 安装前，对高温联箱制造质量的监督规定如下：

　　a) 安装前，对高温联箱应进行如下检验：

　　　　1) 制造商应提供合格证明书，证明书中有关技术指标应符合现行国家或行业技术标准；对进口联箱，除应符合有关国家的技术标准和合同规定的技术条件外，应有商检合格证明单。

　　　　2) 查明联箱筒体表面上的出厂标记（钢印或漆记）是否与该厂产品相符。

　　　　3) 按设计要求校对其筒体、管座形式、规格和材料牌号及技术参数。

　　　　4) 外观质量检验。

　　　　5) 筒体、管座壁厚和直径测量，特别注意环焊缝邻近区段的壁厚。

　　　　6) 联箱上接管的形位偏差检验，应符合设计要求或相关制造标准中的规定。

　　　　7) 对合金钢制联箱，应逐件对筒体筒节、封头进行光谱分析，光谱检验按 DL/T 991 的规定执行。

　　　　8) 对存在内隔板的联箱，应对内隔板与筒体的角焊缝进行内窥镜检测。

　　　　9) 对合金钢制联箱，对每段筒体母材和每个制造焊缝进行 100%硬度检验；对联箱过渡段 100%进行硬度检验。硬度值应符合附录 F 的规定。对硬度异常的部位，应进行金相组织检验，合金钢管的标准供货状态金相组织参见附录 G。

　　　　10) 对于 9%Cr～12%Cr 钢制联箱的母材、焊缝的硬度和金相组织应符合本标准 4.6.2.8 款中 d) 项的规定。

11）对联箱制造环焊缝按 10%进行超声检测，对管座角焊缝和手孔管座角焊缝按 50%进行渗透或磁粉检测。超声检测按照 DL/T 820 的规定执行，渗透或磁粉检测按照 JB/T 4730 的规定执行。

12）检验联箱内部清洁度，如钻孔残留的"眼镜片"、焊瘤、杂物等，并彻底清除。

b）安装前，对联箱筒体和管座的表面质量要求如下：

1）筒体表面不允许有裂纹、折叠、重皮、结疤及尖锐划痕等缺陷，筒体焊缝和管座角焊缝不允许存在裂纹、未熔合、气孔、夹渣、咬边、根部凸出和内凹等缺陷，管座角焊缝应圆滑过渡。

2）对上述表面缺陷应完全清除，清除后的实际壁厚不得小于按 GB/T 16507 计算的筒体的最小需要壁厚；若按内径校核，参照 GB 50764 或 DL/T 5366、DL/T 5054、ASME B31.1 的规定。

3）筒体表面凹陷深度不得超过 1.5mm，凹陷最大长度不应大于周长的 5%，且不大于 40mm。

4）环形联箱弯头外观应无裂纹、重皮和损伤，外形尺寸符合设计要求。

c）安装前，联箱筒体、焊缝检查有下列情况时，应予返修或判不合格：

1）母材存在裂纹、夹层或无损检测存在其他超标缺陷。

2）焊缝存在裂纹、未熔合及较严重的气孔、夹渣，咬边、根部内凹等缺陷。

3）筒体和管座的壁厚小于最小需要壁厚。

4）筒体与管座形式、规格、材料牌号不匹配。

4.8.2.3 高温联箱安装质量的监督规定如下：

a）安装焊缝的焊接、外观、光谱、硬度、金相和无损检测的比例、质量要求由安装单位按 DL/T 869 的规定执行。

b）对 9%Cr～12%Cr 系列合金钢（包括 P91、P92、P911、P122 等）焊缝，应进行 100%的磁粉和射线或超声检测，磁粉和射线或超声检测分别按 JB/T 4730、DL/T 821、DL/T 820 的规定执行，焊缝的质量验收标准按 DL/T 869 的规定执行；对焊缝的硬度、金相组织应进行 100%的检验，筒体母材和焊缝的硬度检验应符合本标准 4.6.2.8 款中 d）项的规定，其中对于硬度异常部位也应进行金相组织检查；硬度值应符合附录 F 的规定，联箱筒体母材的标准供货状态金相组织参见附录 G。

c）与联箱连接的一次门前管子的角焊缝、对接焊缝，应分别进行 100%的渗透或磁粉检测、射线检测，焊缝质量按对联箱的要求执行，渗透或磁粉检测、射线检测分别按 JB/T 4730、DL/T 821 的规定执行。

d）联箱安装封闭前和吹管后，应用内窥镜对联箱内部清洁度进行检验。清洁度检验时，基建单位质检部门和安装、检验、监理单位应安排专人，共同见证联箱清洁度检验过程，及时清理联箱内遗留异物，并签字确认检查结果。

e）对超（超）临界锅炉联箱水压试验后临时封堵部件的割除，以及检修管子及手孔的切割应采用机械切割，不应使用火焰切割；返修焊口、焊口根部缺陷应采用机械的方法消缺。

f）保温材料不能对联箱金属有腐蚀作用；严禁在联箱筒体上焊接保温拉钩。

g）不得借助联箱起吊重物。

4.8.2.4　联箱安装资料的监督要求如下：

  a)　安装单位应向电厂提供与实际联箱相对应的以下资料：

    1)　联箱型号、规格、出厂证明书及检验结果；若电厂直接从制造商获得联箱的出厂证明书，则可不提供。

    2)　安装焊缝坡口形式、焊接及热处理工艺和各项检验结果。

    3)　筒体的外观、壁厚、金相组织及硬度检验结果。

    4)　合金钢制联箱筒体、焊缝的硬度和金相检验结果。

    5)　合金钢制联箱筒体、焊缝的光谱检验记录。

    6)　代用材料记录。

    7)　安装过程中异常情况及处理记录。

  b)　监理单位应向电厂提供钢管、接管原材料检验、焊接工艺执行监督以及安装质量检验监督等相应的监理资料。

4.8.3　运行阶段的监督

4.8.3.1　运行阶段联箱不得超温、超压运行，如发生超温、超压运行情况，应及时进行调整，并做好记录。

4.8.3.2　运行、检修（点检）、监督人员在机组运行期间，应加强对联箱振动、泄漏、移位、支吊情况的检查，对异常情况应进行记录，对其中严重影响人身和设备运行安全的情况，应及时查明原因，并采取措施处理。

4.8.3.3　对运行期间发生的失效事故，应进行原因分析，并制订反事故措施落实实施。

4.8.4　检修阶段的监督

4.8.4.1　A 级检修中，应对联箱进行如下检验：

  a)　每次 A 级检修中，对拆除保温层的联箱筒体和管座角焊缝部位应进行外观检查，检查结果应符合 4.8.2.2 款中的 b)项的规定；同时要检查外壁氧化、腐蚀、胀粗等；环形联箱弯头、弯管外观应无裂纹、重皮和损伤。

  b)　每次 A 级检修中，应重点对联箱以下部位进行检查：

    1)　对硬度、金相组织异常的筒体部位和焊缝进行硬度和金相组织检验，硬度检验结果应参照附录 F 的规定进行评定。

    2)　对含有记录缺陷的焊缝进行超声检测复查，超声检测按 JB/T 4730 的规定执行。

  c)　每次 A 级检修中，应对联箱支座、位移指示器、吊架进行检查。对吊耳与联箱焊缝进行外观质量检验和渗透或磁粉检测，必要时进行超声检测，渗透或磁粉检测按 JB/T 4730 的规定执行。

  d)　每次 A 级检修中，应对联箱封头、手孔管和球形（或圆形）封头进行壁厚检测，对壁厚明显减薄的应及时查明原因并处理。

  e)　对运行温度不小于 540℃联箱的其他监督规定如下：

    1)　首次 A 级（或 B 级）检修时，应对联箱筒体焊缝、封头焊缝至少按 10%的比例进行渗透或磁粉检测和超声检测。后次 A 级检修检查部位为前次未检查部位。渗透或磁粉检测按 JB/T 4730 的规定执行，超声检测按 DL/T 820 的规定执行。

    2)　首次检查（首次检查性大修或首次 A 级或 B 级检修）时，应对联箱筒体对接或封头焊缝至少抽查 1 道，对筒节、焊缝及邻近母材进行硬度和金相组织检查；后次 A 级检修中的检查焊缝为首次未检查部位或其邻近区域；对联箱过渡段应100%进行硬度检验；检查中如发现硬度异常，应进行金相组织检查。

3） 联箱筒体或封头焊缝表面和超声检测发现超标缺陷、硬度检查发现异常时，应对该联箱所有筒体或封头焊缝进行检测和硬度检查，同时对硬度检查发现异常时，应进行金相组织检查。

f） 对存在内隔板的联箱，每累积运行 10 万 h 后用内窥镜对内隔板位置及焊缝进行全面检查。

g） 在顶棚过热器管发生下陷时，应检查下垂部位联箱的弯曲度及其连接管道的位移情况。

4.8.4.2 A 级检修中，对与联箱连接的管道角焊缝、管子的检验内容如下：

a） 每次 A 级检修中，对与温度高于 540℃联箱相连的受热面管屏接管座角焊缝按 10%进行无损检测，无损检测按 DL/T 1105.1～DL/T 1105.4 的规定执行。后次 A 级检修的检查部位为前次未检查部位，至 10 万 h 完成 100%检查。

b） 首次 A 级检修中，对与温度高于 540℃联箱连接的大直径管三通焊缝按 100%进行渗透或磁粉检测和超声检测，以后每 5 万 h 检查一次。渗透或磁粉检测和超声检测按 JB/T 4730 的规定执行。

c） 首次 A 级检修中，对与联箱连接的疏水管、测温管、压力表管、空气管、安全阀、排气阀、充氮、取样、压力信号等小口径管道等管座按 20%（至少抽取 3 个）进行抽查，检查内容包括角焊缝外观质量、渗透或磁粉检测；重点检查可能有凝结水积水、膨胀不畅部位的管座角焊缝；以后每次 A 级检修抽查部位件为前次未检部位，至 10 万 h 完成 100%检查；此后的 A 级检修中重点检查有记录缺陷或泄漏过的管座焊缝，每次检查不少于总数量的 50%。机组运行 10 万 h 后，宜结合检修全部更换。渗透或磁粉检测按 JB/T 4730 的规定执行。

d） 对与联箱连接的各种小口径管子（受热面管屏接管座角焊缝除外）一次门前的对接焊缝，如在安装过程中未完成 100%的检测或焊缝质量情况不明的，首次 A 级检修时，按 20%（至少抽取 1 个）进行射线或超声检测抽查，至 10 万 h 抽查完毕，对膨胀不畅管子的焊缝应首先进行检测。射线或超声检测分别按 DL/T 821、DL/T 820 的规定执行，焊缝质量标准按 DL/T 869 对联箱的要求执行。

e） 每次 A 级检修中，应对集汽联箱的安全门管座角焊缝进行渗透或磁粉检测，渗透或磁粉检测按 JB/T 4730 的规定执行。

f） A 级检修中，对易产生凝结水和积水、膨胀不畅的管道或管子应进行改造，防止运行期间发生疲劳开裂泄漏问题。

g） 对过热器、再热器联箱排空管管座角焊缝进行渗透或磁粉检测，并对排空管座内壁、管孔周围进行超声检测，必要时内窥镜检查是否存在热疲劳裂纹。若排空管的一次门至管座距离较长，应利用机组最近一次检修时机对易产生凝结水倒流的排空管进行改造，并做好一次门及门前排空管的保温。渗透或磁粉检测和超声检测按 JB/T 4730 的规定执行。

h） 对与再热器联箱排空管和蒸汽取样管联合使用一根管子的情况，要求排空用的一次门和取样用的三通之间距离不超过 0.5m。

i) 对易冲刷减薄的管子直管段、弯管部位应进行壁厚测量，对明显减薄的管段和弯管应进行更换。

4.8.4.3 每次 A 级检修中，应对减温器联箱进行如下检查：

a) 对混合式（文丘里式）减温器联箱用内窥镜检查内壁、内衬套、喷嘴，应无裂纹、磨损、腐蚀脱落等情况，对安装内套筒的管段进行胀粗情况检查。

b) 对内套筒定位螺丝封口焊缝和喷水管角焊缝进行渗透或磁粉检测，渗透或磁粉检测按 JB/T 4730 的规定执行。

c) 对安装内套筒的管段，在内套筒定位螺丝封口焊缝渗透或磁粉检测发现裂纹、内套筒脱落和移位时，应对内套筒对应减温器管段的筒体和附近的对接焊缝进行 100% 超声检测，超声检测按 JB/T 4730 的规定执行。

4.8.4.4 对工作温度不低于 400℃的碳钢、钼钢制联箱，当运行至 10 万 h 时，应进行石墨化检查，以后的检查周期约 5 万 h；运行至 20 万 h 时，则每次机组 A 级检修或 B 级检修应按 4.8.4.1 款中有关条款执行。

4.8.4.5 对已运行 20 万 h 的 12CrMo、15CrMo、12Cr2MoG（2.25Cr-1Mo、P22、10CrMo910）、12Cr1MoV 钢制联箱，经检查符合下列条件，筒体一般可继续运行至 30 万 h：

a) 金相组织未严重球化（即未达到 5 级）。

b) 未发现严重的蠕变损伤。

c) 筒体未见明显胀粗。

d) 对珠光体球化达到 5 级、硬度下降明显的联箱，应进行寿命评估或更换。联箱寿命评估参照 DL/T 940 的规定执行。

4.8.4.6 联箱检查发现下列情况时，应及时处理或更换：

a) 当发现 4.8.2.2 款中的 c) 项的规定之一时。

b) 筒体产生蠕变裂纹或严重的蠕变损伤（蠕变损伤 4 级及以上）时。

c) 碳钢和钼钢制联箱，当石墨化达 4 级时，应予更换；石墨化评级按 DL/T 786 的规定执行。

d) 联箱筒体周向胀粗超过公称直径的 1%。

e) 存在内隔板的联箱隔板发生开裂、减温器联箱内衬套和喷嘴发生严重的开裂或脱落情况时，应及时进行处理，对于脱落遗失的部件应采取措施顺气流方向查找到并取出，防止运行期间由脱落部件堵塞管子发生超温爆管事故。

4.9 低温联箱的监督

4.9.1 制造阶段的监督

4.9.1.1 制造阶段应依据 DL/T 586、集团公司《电力工程建设设备监理管理办法》和《火电工程设备监理大纲》的规定和要求，对低温联箱的制造质量进行监督检验。

4.9.1.2 制造阶段应重点对联箱和管接头的材料质量、焊接质量，以及联箱管孔的加工残留物和联箱内部的清洁度进行监督检查。清洁度方面重点加强对管孔加工残留"眼镜片"和加工过程中其他遗留异物的检查；联箱在制造厂发运前，应采用内窥镜对联箱进行清洁度检查，制造厂、监检（监理）单位等专业人员应对联箱清洁度的检查过程共同见证，并做好记录签名；所有管孔应加装不易脱落的堵头或盖板。

4.9.2 安装阶段的监督

4.9.2.1 安装前，对低温联箱制造质量的监督规定如下：

a) 安装前，对低温联箱应进行如下检验：

1) 制造商应提供合格证明书，证明书中有关技术指标应符合现行国家或行业技术标准；对进口联箱，除应符合有关国家的技术标准和合同规定的技术条件外，应有商检合格证明单。

2) 查明联箱筒体表面上的出厂标记（钢印或漆记）是否与该厂产品相符。

3) 按设计要求校对其筒体、管座形式、规格和材料牌号及技术参数。

4) 进行外观质量检验。

5) 进行筒体和管座壁厚和直径测量，特别注意环焊缝邻近区段的壁厚。

6) 联箱上接管的形位偏差检验，应符合设计要求或相关制造标准中的规定。

7) 检验联箱内部清洁度，如钻孔残留的"眼镜片"、焊瘤、杂物等，并彻底清除。

b) 安装前，对联箱筒体和管座的表面质量要求如下：

1) 筒体表面不允许有裂纹、折叠、重皮、结疤及尖锐划痕等缺陷，筒体焊缝和管座角焊缝不允许存在裂纹、未熔合、气孔、夹渣、咬边、根部凸出和内凹等缺陷，管座角焊缝应圆滑过渡。

2) 对上述表面缺陷应完全清除，清除后的实际壁厚不得小于壁厚偏差所允许的最小值且不应小于按 GB 50764 或 DL/T 5366、DL/T 5054、ASME B31.1 计算的筒体的最小需要壁厚。

3) 筒体表面凹陷深度不得超过 1.5mm，凹陷最大长度不应大于周长的 5%，且不大于 40mm。

4) 环形联箱弯头外观应无裂纹、重皮和损伤，外形尺寸符合设计要求。

c) 安装前，联箱筒体、焊缝检查有下列情况时，应予返修或判不合格：

1) 母材存在裂纹、夹层或无损检测存在其他超标缺陷。

2) 焊缝存在裂纹，较严重的气孔、夹渣、咬边等缺陷。

3) 筒体和管座的壁厚小于最小需要壁厚。

4) 筒体与管座形式、规格、材料牌号不匹配。

4.9.2.2 低温联箱安装质量的监督规定如下：

a) 安装焊缝的焊接、外观、光谱、硬度、金相和无损检测的比例、质量要求由安装单位按 DL/T 869 的规定执行。

b) 与联箱连接的一次门前管子的角焊缝、对接焊缝，应分别进行 100%渗透或磁粉检测、射线检测，焊缝质量按对联箱的要求执行。

c) 联箱安装封闭前和吹管后，应用内窥镜对联箱内部清洁度进行检验。清洁度检验时，基建单位质检部门和安装、检验、监理单位应安排专人，共同见证联箱清洁度检验过程，及时清理联箱内遗留异物，并签字确认检查结果。

d) 保温材料不能对联箱金属有腐蚀作用；严禁在联箱筒体上焊接保温拉钩。

e) 不得借助联箱起吊重物。

4.9.2.3 联箱安装资料的监督要求如下：

a) 安装单位应向电厂提供与实际联箱相对应的以下资料：

1) 联箱型号、规格、出厂证明书及检验结果；若电厂直接从制造商获得联箱的出厂证明书，则可不提供。
2) 安装焊缝坡口形式、焊接及热处理工艺和各项检验结果。
3) 筒体的外观、壁厚检验结果。
4) 代用材料记录。
5) 安装过程中异常情况及处理记录。

b) 监理单位应向电厂提供焊接、热处理工艺，焊接、热处理过程，焊接和热处理质量检验等相应的监理资料。

4.9.3 运行阶段的监督

4.9.3.1 运行阶段联箱不得超温、超压运行，如发生超温、超压运行情况，应及时进行调整，并做好记录。

4.9.3.2 运行、检修（点检）、监督人员在机组运行期间，应加强对联箱振动、泄漏、移位、支吊情况的检查，对异常情况应进行记录，对其中严重影响人身和设备运行安全的情况，应及时查明原因，并采取措施处理。

4.9.3.3 对运行期间发生的失效事故，应进行原因分析，并制订反事故措施落实实施。

4.9.4 检修阶段的监督

4.9.4.1 A 级检修中，应对联箱进行如下检验：

a) 每次 A 级检修中，应对拆除保温层的联箱筒体和管座角焊缝部位进行外观检查，检查结果应符合 4.9.2.1 款中的 b) 项的规定；同时要检查外壁氧化、腐蚀、胀粗等；环形联箱弯头、弯管外观应无裂纹、重皮和损伤。

b) 每次 A 级检修中，应对联箱筒体焊缝（封头焊缝、与联箱连接的大直径管道角焊缝）至少抽取 1 道焊缝进行渗透或磁粉检测和超声检测；后次 A 级检修的抽查部位为前次未检部位，至 10 万 h 完成 100%检验；10 万 h 后的检验重点为有记录缺陷的焊缝；渗透或磁粉检测按 JB/T 4730 的规定执行，超声检测按 DL/T 820 的规定执行。

c) 每次 A 级检修中，应对联箱支座、位移指示器、吊架进行检查。对吊耳与联箱焊缝进行外观质量检验，必要时进行渗透或磁粉检测，渗透或磁粉检测按 JB/T 4730 的规定执行。

d) 每次 A 级检修中，应对联箱含有记录缺陷的焊缝进行超声检测复查，超声检测按 DL/T 820 的规定执行。

4.9.4.2 每次 A 级检修中，对与联箱连接的小口径管（疏水、测温、压力表、空气、安全阀、排气阀、充氮、取样、压力信号管等）管座角焊缝按 10%（至少抽取 3 个）进行检验，检查内容包括角焊缝外观质量、渗透或磁粉检测；以后每次 A 级检修抽查部位为前次未检部位，至 10 万 h 完成 100%检查；机组运行 10 万 h 后，宜结合检修全部更换。渗透或磁粉检测按 JB/T 4730 的规定执行。

4.9.4.3 联箱筒体、焊缝检查有下列情况之一时，应及时处理或更换：

a) 母材存在裂纹、夹层或无损检测存在其他超标缺陷。
b) 焊缝存在裂纹，较严重的气孔、夹渣、咬边等缺陷。
c) 筒体和管座的壁厚小于最小需要壁厚。

4.10 受热面管子的监督

4.10.1 设计阶段的监督

4.10.1.1 设计阶段，应对锅炉受热面的设计选材、管屏布置、材料焊接、设计规格、强度计算书、设计面积、壁温计算书、材料最高许用壁温、壁温测点布置等进行审核，必要时组织第三方进行审核。

4.10.1.2 对于大型亚临界、超（超）临界锅炉设计时，应充分考虑过热器、再热器管材料实际抗高温蒸汽氧化的性能和氧化皮剥落后堵管的隐患问题，所选材料的允许使用温度应高于计算壁温并留有裕度。锅炉受热面管设计允许壁温可参照附录K。

4.10.1.3 超临界锅炉高温过热器、再热器不宜选择T23、T91、TP304H材料，超超临界锅炉高温过热器、再热器不宜选择TP304H、TP347H材料。

4.10.1.4 对于超（超）临界锅炉设计时，应根据投运后受热面管壁温实际监视需要，应配置必要的炉膛出口或高温受热面两侧烟温测点，以及高温受热面炉内壁温测点、炉顶穿顶棚管壁温测点。锅炉受热面金属壁温测点布置原则可参照附录L。

4.10.1.5 超（超）临界锅炉选用奥氏体不锈钢时，应优先选用内壁喷丸处理或细晶粒钢。

4.10.1.6 锅炉受热面管屏穿顶棚管与密封钢板的设计连接结构形式和焊接工艺，应能预防与管子的密封焊缝产生焊接裂纹、较大的焊接残余应力和长期运行后发生疲劳开裂泄漏事故。

4.10.1.7 对循环流化床锅炉易磨损部位受热面、煤粉锅炉燃用高硫煤时易发生高温硫腐蚀的部位，应设计相应的防磨、防腐涂层。

4.10.2 制造阶段的监督

4.10.2.1 制造阶段应依据DL/T 586、集团公司《电力工程建设设备监理管理办法》和《火电工程设备监理大纲》的规定和要求，对受热面管排（屏）的制造质量进行监督检验。

4.10.2.2 对受监范围的受热面管子，应根据4.2节、4.3节的规定或相应的技术标准，对管材质量进行监督检查。主要监督检查管子供应商的质量保证书和材料复检记录或报告，进口管材应有商检报告。主要见证内容应包括：

    a）管材制造商、进口管材商检报告。

    b）管材的化学成分、低倍检验、金相组织、力学性能、工艺性能和无损检测结果应符合GB 5310中相关条款的规定；进口管材应符合相应国家的标准及合同规定的技术条件；受热面管材料技术标准参见附录B。

    c）管材入厂复检记录。

    d）奥氏体耐热钢管的晶间应力腐蚀试验报告。

    e）细晶粒奥氏体耐热钢管晶粒度检验报告。

    f）内壁喷丸的奥氏体耐热钢管的硬化层厚度、硬化层硬度检验报告。

4.10.2.3 膜式水冷壁的鳍片应选与管子同类的材料，蛇形管应进行通球试验和超水压试验。

4.10.2.4 对循环流化床锅炉易磨损部位受热面、煤粉锅炉燃用高硫煤时易发生高温硫腐蚀的部位，出厂前宜喷涂相应的防磨、防腐涂层。

4.10.2.5 受热面管的制造焊缝，应进行100%的射线或超声检测，对于超临界、超超临界压力锅炉受热面管的焊缝，至少应有不小于50%比例的射线检测。

4.10.2.6 弯曲半径小于 1.5 倍管子公称外径的小半径弯管宜采用热弯；若采用冷弯，当外弧伸长率超过工艺要求的规定值时，弯制后应进行回火处理；弯曲半径小于 2.5D 或接近 2.5D（D 钢管直径）的奥氏体不锈钢管冷弯后应进行固溶处理，热弯温度应控制在要求的温度范围，否则热弯后也应重新进行固溶处理；内壁喷丸的奥氏体耐热钢管不应进行固溶热处理。

4.10.3　安装阶段的监督

4.10.3.1　受热面管子安装前，应见证设计资料、制作工艺和检验资料等，内容应符合国家、行业标准，包括：

a) 受热面管屏图纸、管子强度计算书和过热器、再热器壁温计算书，设计修改资料等。

b) 对于首次用于锅炉受热面的管材和异种钢焊接，锅炉制造商应提供焊接工艺评定报告。

c) 管屏的焊接、焊后热处理报告。

d) 制造缺陷的返修处理报告。

e) 焊缝的无损检测报告。

f) 管屏的几何尺寸检验报告。

g) 合金钢管屏管材及焊缝的光谱检验报告。

h) 管屏的通球、水压试验报告。

4.10.3.2　受热面管安装前，应进行以下检验：

a) 管子表面不允许有裂纹、折叠、轧折、结疤、离层、撞伤、压扁及较严重腐蚀等缺陷，视情况对缺陷进行处理（打磨或更换）；处理后缺陷处的实际壁厚不得小于壁厚偏差所允许的最小值且不应小于按 GB/T 16507 计算的管子的最小需要壁厚。

b) 管子内外表面不允许有大于以下尺寸的直道缺陷：热轧（挤）管，大于壁厚的 5%，且最大深度 0.4mm；冷拔（轧）钢管，大于公称壁厚的 4%，且最大深度为 0.2mm。

c) 焊缝的质量状况按 DL/T 869 的规定执行，同时要检查鳍片管的扁钢熔深。

d) 对受热面管屏进行 100% 的外观检验，管子内部不得有杂物、积水及锈蚀；管接头、管口应密封。

e) 管排应平整，部件外形尺寸符合图纸要求，吊卡结构、防磨装置、密封部件质量良好；螺旋管圈水冷壁悬吊装置与水冷壁管的连接焊缝应无漏焊、裂纹及咬边等超标缺陷；液态排渣炉水冷壁的销钉高度和密度应符合图纸要求，销钉焊缝无裂纹和咬边等超标缺陷。

f) 膜式水冷壁的鳍片焊缝应无裂纹、漏焊，管子与鳍片的连接焊缝咬边深度不得大于 0.5mm，且连续长度不大于 100mm。

g) 随机抽查受热面管子的外径和壁厚，不同材料牌号和不同规格的直段各抽查 10 根，每根 2 点，应符合图纸尺寸要求，壁厚负偏差在允许范围内。

h) 不同规格、不同弯曲半径的弯管各抽查 10 根，弯管的椭圆度应符合 DL 612 的规定，压缩面不应有明显的皱褶。

i) 弯管外弧侧的最小壁厚减薄率 $b[b=(S_o-S_{min})/S_o]$ 应满足表 2 的要求，且不应小于按 GB/T 16507 计算的管子最小需要壁厚；S_o、S_{min} 分别为管子的实际壁厚和弯头上壁厚减薄最大处的壁厚。

表 2　弯管外弧侧的最小壁厚减薄率

R/D	$1.8 < R/D < 3.5$	$R/D \geqslant 3.5$
b %	≤15	≤10
注：R、D——管子的弯曲半径和公称直径		

j)　对合金钢管及焊缝按 10%进行光谱抽查，应符合相关材料技术条件。受热面使用的
　　 T91、T92、T122、TP304H、TP347H、TP347HFG、Super304H、HR3C 等材料在制
　　 造、安装前，应对管材和焊缝分别进行 100%的光谱检验。

k)　抽查合金钢管及其焊缝硬度，硬度值应符合附录 F 的规定。不同规格、材料的管子
　　 各抽查 10 根，每根管子的焊缝、母材各抽查 1 组；若出现硬度异常，应进行金相组
　　 织检验；9%Cr～12%Cr 钢焊缝的硬度控制在 180HB～290HB；若硬度超出上限，必
　　 要时取样进行弯曲试验。

l)　焊缝质量应做射线检测抽查，射线检测和质量标准分别按 DL/T 821、DL/T 869 的规
　　 定执行。在制造厂已做 100%无损检测的，则按不同受热面的焊缝数量抽查 5/1000；
　　 发现超标缺陷应扩大检测比例。

m)　用内窥镜对锅炉管子节流孔板部位进行 100%的检查，对管子弯头部位进行抽查，检
　　 查是否存在异物或加工遗留物。

4.10.3.3　安装前或安装过程中，应对锅炉受热面管屏穿顶棚管与密封钢板的连接结构形式和
焊接工艺进行审查，主要审查管子与密封钢板的连接结构形式、焊接工艺是否会产生焊接裂纹
和较大的焊接残余应力，以及长期运行后是否会因管排晃动产生的弯曲应力和热膨胀产生的
热应力而发生疲劳开裂泄漏事故。

4.10.3.4　锅炉受热面安装质量检验验收按 DL/T 939—2005 中 5.3 条等要求执行，具体要求
如下：

a)　管子应无锈蚀及明显变形，无裂纹、重皮及引弧坑等缺陷；施工临时铁件应全部割
　　 除，并打磨圆滑，未伤及母材；机械损伤深度应不超过管子壁厚下偏差值且无尖锐
　　 棱角。

b)　管排等应安装平整，节距均匀，偏差不大于 5mm，管排平整度不大于 20mm，管卡
　　 安装牢固，安装位置符合图纸要求。

c)　悬吊式受热面与烟道底部管间膨胀间距应符合图纸要求。

d)　各受热面与包覆管（或炉墙）间距应符合图纸要求，无烟气走廊。

e)　水冷壁和包覆管安装平整，水平偏差在±5mm 以内，垂直偏差在±10mm 以内；与
　　 刚性梁的固定连接点和活动连接点的施工符合图纸要求，与水冷壁、包覆管连接的
　　 内绑带安装正确，无漏焊、错焊，膨胀预留间隙符合要求。

f)　防磨板与管子应接触良好，无漏焊，固定牢靠，阻流板安装正确，符合设计要求。

g)　水冷壁、包覆管鳍片应选用与水冷壁管同类的材料。鳍片安装焊缝应无漏焊、假焊；
　　 扁钢与管子连接处焊缝咬边深度不得大于 0.5mm，且连续咬边长度不大于 100mm。

h)　抽查安装焊缝外观质量，比例为 1%～2%，应无裂纹、咬边、错口及偏折度符合 DL/T
　　 869 的要求；安装焊缝内部焊接质量用射线检测抽查并符合 DL/T 869 的规定，抽查

比例为 1%。

i) 炉顶管间距应均匀，平整度偏差在±5mm 以内；边排管与水冷壁、包覆管的间距应符合图纸要求；顶棚管吊攀、炉顶密封铁件应按图纸要求安装齐全，无漏焊。

4.10.3.5 安装过程中，应有防止异物进入管子的措施，并定期进行监督检查。

4.10.3.6 锅炉受热面安装焊缝的外观质量、无损检测、光谱分析、硬度和金相组织检验以及不合格焊缝的处理按 DL/T 869 中相关条款执行。受热面安装焊口应进行射线和超声检测（UT＋RT 共 100%），其中射线检测的比例应大于 50%。

4.10.3.7 低合金、不锈钢和异种钢钢焊缝的硬度分别按 DL/T 869 和 DL/T 752 中的相关条款执行；9%Cr～12%Cr 钢焊缝的硬度控制在 180HB～290HB，硬度异常时，则应进行金相组织检验。

4.10.3.8 锅炉受热面安装质量监督单位应按 5%的比例抽查安装焊缝外观质量，应无裂纹、咬边、错口及偏折度，并符合 DL/T 869 的要求；安装焊缝内部质量用射线检测抽查并符合 DL/T 869 的要求，抽查比例为 1%，射线检测按 DL/T 821 的规定执行。

4.10.3.9 锅炉吹管结束后，应采用内窥镜对受热面管屏清洁度进行抽查，重点检查节流孔和弯头部位；也可采用射线检测方法检查节流孔部位是否有异物。

4.10.3.10 锅炉奥氏体不锈钢受热面管水压试验和化学清洗时的监督规定：

a) 锅炉奥氏体不锈钢受热面管水压试验时，应采用除盐水进行水压试验，严禁采用生水和未经处理的水进行水压试验，其中 Cl⁻含量按 DL/T 889 的要求不大于 0.2mg/L，水压试验后应通过疏水系统及时排净积水；若水压试验合格后的水不能及时放出，应严格按 DL/T 889 和 DL/T 956 的有关要求进行防锈蚀保护。

b) 锅炉奥氏体不锈钢受热面管化学清洗时，应严格按 DL/T 794 的规定，选用不含易产生晶间腐蚀的 Cl⁻、F⁻离子和 S 元素的清洗介质和缓蚀剂。

4.10.3.11 锅炉水压试验后，应对奥氏体耐热钢受热面管子弯头内弧面（弯管后未进行固溶热处理或固溶处理效果不良产生的表面横向裂纹）进行渗透检测，渗透检测按 JB/T 4730 的规定执行。

4.10.3.12 锅炉受热面安装后，安装单位应提供 DL/T 939—2005 中 5.2 节要求的如下资料：

a) 锅炉受热面组合、安装和找正记录及验收签证；受热面的清理和吹扫、安装通球记录及验收签证；缺陷处理记录；受压部件的设计变更通知单；材质证明书及复验报告。

b) 有关安装的设计变更通知单、设备修改通知单、材料代用通知单及设计单位证明。

c) 安装焊接工艺评定报告，热处理报告，焊接和热处理作业指导书。

d) 现场组合、安装焊缝的检验记录和检验报告，以及缺陷处理报告。

4.10.3.13 监理公司应按合同规定提供锅炉受热面相应的监理资料。

4.10.4 运行阶段的监督

4.10.4.1 按照国能安全〔2014〕161 号、DL/T 438 等的规定，锅炉运行期间，应加强如下内容的监督：

a) 加强风量、燃料、炉膛压力、氧量、燃烧状态、吹灰器、管子泄漏的监视、检查和调整，防止发生严重结焦、炉膛爆炸、尾部燃烧、受热面干烧、吹灰器吹损、高温腐蚀、较大的烟温偏差等事故的发生。

b) 加强温度和压力的监测，防止发生长期超温、超压运行情况，如发生超温、超压时应及时分析原因，并采取措施进行调整，确保锅炉受热面管壁温不超过规定范围。运行管理部门对锅炉受热面管的超温情况应进行记录，主要记录超温幅度、次数、时间及累计时间。

c) 加强对水、汽品质的监督检测，发现指标不合格情况时，应及时进行检查分析和处理，防止发生水冷壁严重结垢和大面积腐蚀事故的发生。

4.10.4.2 发电厂锅炉、金属专工应对超温情况进行定期统计、分析，对经常超温的管屏（子）或超温幅度和累计时间有增加趋势的管屏（子），应加强监督和分析，防止超温爆管事故的发生。

4.10.4.3 锅炉受热面在运行过程中失效时，应查明失效原因，采取措施及时处理，防止损坏范围扩大。同时应对爆管泄漏事故进行原因分析，并研究采取针对性的措施，防止同样原因爆管事故的重复发生。

4.10.4.4 为了防止运行期间，锅炉受热面管内壁发生大面积氧化皮剥落（如 T23、T91、TP304 等材料）堵管问题的发生，在机组启动、运行、停炉过程中，应严格按照运行曲线调整运行，并加强监督和考核。

4.10.4.5 应对锅炉炉膛内烟温、壁温和炉顶穿顶棚管壁温测点测量值的准确性进行分析，对其中测量值不正常的测点应进行记录，并在检修期间安排进行检查、校验或更换处理。

4.10.4.6 发电厂锅炉、金属专工应建立锅炉受热面管失效事件台账。

4.10.5 检修阶段的监督

4.10.5.1 锅炉检修期间，应对受热面管进行外观质量检验，包括管子外表面的磨损、腐蚀、刮伤、鼓包（胀粗）、变形（含蠕变变形）、氧化及表面裂纹等情况，视检验情况确定采取的处理措施。应重点检查运行期间壁温较高部位、易磨损（包括吹灰器易吹损部位）和易腐蚀部位管排。

4.10.5.2 锅炉受热面管壁厚应无明显减薄，壁厚应满足按 GB/T 16507 计算管子的最小需要壁厚。

4.10.5.3 对锅炉受热面管节流孔部位，应采用射线检测等有效方法检查是否有异物存在，如存在异物时应及时采取措施清除处理。

4.10.5.4 对锅炉受热面管失效损坏的烟温、壁温测点应及时修复，对运行期间温度显示异常的测点应及时检查校验、修复或更换处理。

4.10.5.5 对吹灰系统应加强检修检查、缺陷处理，确保运行期间能正常投运。

4.10.5.6 锅炉受热面检修维护期间的材料、焊接质量监督应按本标准 4.2 节、4.3 节的规定执行。

4.10.5.7 在役水冷壁管的金属检验监督按 DL/T 939—2005 中 6.6.4 条等要求执行，具体要求如下：

a) 燃烧器周围和热负荷较高区域检查：

1) 管壁的冲刷磨损和腐蚀程度；

2) 管子应无明显变形和鼓包；

3) 对液态排渣炉或有卫燃带的锅炉，应检查卫燃带及销钉的损坏程度；

4) 定点监测管壁厚度及胀粗情况，一般分三层标高，每层四周墙各若干点；

5) 对可能出现传热恶化的部位，直流锅炉中汽水分界线发生波动的部位，应检查有无热疲劳裂纹产生。

b) 冷灰斗区域管子检查：

1) 应无落焦碰伤，管壁应无明显减薄；

2) 检查液态排渣炉渣口及炉底耐火层应无损坏及析铁；

3) 定点监测斜坡及冷灰斗弯管外弧处管壁厚度。

c) 所有人孔、看火孔周围水冷壁管应无拉裂、鼓包、明显磨损和变形等异常情况。

d) 折焰角区域水冷壁管外观检查：

1) 管子应无明显胀粗、鼓包；

2) 管壁应无明显减薄；

3) 屏式再热器冷却定位管相邻水冷壁应无明显变形、磨损现象；

4) 定点监测斜坡及弯管外弧处壁厚及管子胀粗情况。

e) 检查吹灰器辐射区域水冷壁的损伤情况，应无裂纹、明显磨损。

f) 防渣管检查：

1) 管子两端应无疲劳裂纹，必要时进行渗透或磁粉检测；

2) 管子应无明显胀粗、鼓包；

3) 管子应无明显飞灰磨损；

4) 定点监测管子壁厚及胀粗量。

g) 水冷壁鳍片检查：

1) 鳍片与管子的焊缝应无开裂；

2) 重点应对组装的片间连接、与包覆管连接、直流炉分段引出、引入管处的嵌装短鳍片、燃烧器处短鳍片等部位的焊缝进行 100%外观检查。

h) 对锅炉水冷壁热负荷最高处设置的监视段（一般在燃烧器上方 1m～1.5m）割管检查，检查内壁结垢、腐蚀情况和向、背火侧垢量并计算结垢速率，对垢样做成分分析。根据腐蚀程度决定是否扩大检查范围；当内壁结垢量超过 DL/T 794 的规定时，应进行受热面化学清洗工作；监视管割管长度不少于 0.5m。

i) 水冷壁拉钩及管卡检查：

1) 外观检查应完好，无损坏和脱落；

2) 膨胀间隙足够，无卡涩；

3) 管排平整，间距均匀。

j) 循环流化床锅炉检查：

1) 进料口、布风板水冷壁、膜式水冷壁、冷渣器水管应无明显磨损、腐蚀等情况；

2) 锅炉旋风分离器进出口处水冷壁管应无明显飞灰磨损；

3) 炉膛下部敷设高温耐磨耐火材料与光管水冷壁过渡区域的管壁应无明显磨损。

k) 对有节流孔的水冷壁管，应采取射线、割管等有效检查方法，对节流孔部位内壁结垢情况进行检查，发现问题及时采取措施进行处理。

l) 直流锅炉相变区域蒸发段水冷壁管，运行约 5 万 h 后每次 A 级或 B 级检修在温度较高的区域分段割管进行金相组织检验。

4.10.5.8 在役省煤器管的金属检验监督按 DL/T 939—2005 中 6.6.5 条等要求执行，具体要求如下：

a) 检查管排平整度及其间距，应不存在烟气走廊及杂物，重点检查管排、弯头的磨损情况。

b) 外壁应无明显腐蚀减薄。

c) 省煤器上下管卡及阻流板附近管子应无明显磨损。

d) 阻流板、防磨瓦等防磨装置应无脱落、歪斜或明显磨损。

e) 支吊架、管卡等固定装置应无烧损、脱落。

f) 鳍片省煤器管鳍片表面焊缝应无裂纹、咬边等超标缺陷。

g) 悬吊管应无明显磨损，吊耳角焊缝应无裂纹。

h) 对于已运行 5 万 h 的省煤器进行割管，检查管内结垢、腐蚀情况，重点检查进口水平段氧腐蚀、结垢量；如存在均匀腐蚀，应测定剩余壁厚；如存在深度大于 0.5mm 的点腐蚀时，应增加抽检比例。

4.10.5.9　在役过热器管的金属检验监督按 DL/T 939—2005 中 6.6.6 条等要求执行，具体要求如下：

a) 低温过热器管排间距应均匀，不存在烟气走廊；重点检查后部弯头、上部管子表面及烟气走廊附近管子的磨损情况。

b) 低温过热器防磨板、阻流板接触良好，无明显磨损、移位、脱焊等现象。

c) 吹灰器附近包覆管表面应无明显冲蚀减薄，包覆过热器管及人孔附近弯头应无明显磨损。

d) 顶棚过热器管应无明显变形和外壁腐蚀情况；顶棚管下垂变形严重时，应检查膨胀和悬吊结构。

e) 对循环流化床锅炉过热器受热面，进行过热、腐蚀及磨损情况检查，必要时应测量管子壁厚。

f) 对高温过热器、屏式过热器做外观检查，管排应平整，间距应均匀；管子及下弯头应无明显磨损和腐蚀，无鼓包，外壁氧化层厚度不大于 0.6mm，管子胀粗不超过 4.10.5.12 款中的 c）项的规定。

g) 定位管应无明显磨损和变形。

h) 高温过热器弯头与烟道的间距应符合设计要求，管子表面应无明显磨损。

i) 过热器管穿炉顶部分与顶棚管应无碰磨，与高冠密封结构焊接的密封焊缝应无裂纹。

j) 定点检测高温过热器出口段管子外径及壁厚。

k) 按照 DL 647 要求对低温过热器割管取样，检查结垢、腐蚀情况。

l) 对高温过热器管实际运行壁温最高的区域，应取样进行金相组织的老化和力学性能的劣化检查，检验内容包括管子壁厚、管径、金相组织、脱碳层和力学性能。第一次取样为 5 万 h，10 万 h 后每次 A 级检修取样，每次割取 2 根～3 根管样，后次的割管尽量在前次割管的附近管段或具有相近温度的区段。

m) 对铁素体类钢管内壁氧化层厚度和弯头部位剥落氧化物堆积情况的监督规定如下：

　　1) 运行时间达到 5 万 h 后，应结合机组检修安排，对屏式过热器、高温过热器管内壁氧化层厚度进行抽查；当氧化层厚度超过 0.3mm 时，应对管子材质进行状态评估。

2) 对 T22、T23、钢 102、T91、T92、T122 运行期间温度较高的管子弯头部位，宜采用射线透照方法对剥落氧化物堆积情况进行抽查，发现问题时应扩大检查范围。对其中截面堵塞率不小于 30%以上的必须割管清理。

n) 对奥氏体钢管内壁氧化层厚度和弯头部位剥落氧化物堆积情况的监督规定如下：

1) 可采取割管等方法对管子内壁氧化层的厚度进行检测，根据检测结果，对发生大面积氧化层剥落的可能性进行分析，并采取措施预防运行期间发生大面积剥落堵管的事故。

2) 锅炉停炉检修期间，应采用射线透照或磁性检测方法，对过热器下弯头部位剥落氧化物堆积情况进行 100%的检测，并依据检验结果，采取相应措施清理。对其中截面堵塞率不小于 30%以上的必须割管清理。

o) 应根据运行中高温过热器的实际温度、超温情况监测结果，对管子炉外部分管段进行外壁氧化、胀粗及割管金相组织检查。

p) 对与奥氏体不锈钢连接的异种钢焊接接头的监督规定如下：

1) 锅炉运行 5 万 h 后的每次 A 级或 B 级检修中，应对异种钢接头进行外观检查，并按 10%比例进行无损检测抽查，应重点检查焊缝低合金钢侧熔合区裂纹。

2) 对异种钢焊接接头应取样进行金相组织的老化和力学性能的劣化检查，第一次取样为 5 万 h，10 万 h 后每次大修取样检验，取样在管子壁温最高区域，割取 2 根～3 根管样，后次的割管尽量在前次割管的附近管段或具有相近温度的区段，并结合取样对奥氏体不锈钢进行金相组织检验，若发现有粗大的 σ 相析出，应进行材质评定。

4.10.5.10 在役再热器管的金属检验监督按 DL/T 939—2005 中 6.6.7 条等要求执行，具体要求如下：

a) 墙式再热器管子应无磨损、腐蚀、鼓包或胀粗，必要时应在减薄部位选点测量壁厚。

b) 屏式再热器冷却定位管、自夹管应无明显磨损和变形，屏式再热器弯头与烟道的间距应符合设计要求。

c) 高温再热器、屏式再热器管排应平整。

d) 高温再热器迎流面及其下弯头应无明显变形、鼓包等情况，磨损、腐蚀减薄后的剩余壁厚应满足强度计算所确定的最小需要壁厚（应考虑下一个检修周期中的磨损、腐蚀减薄量）。

e) 定点测量高温再热器出口管子胀粗情况。

f) 应根据运行中高温再热器的超温情况，抽查管排炉顶不受热部分管段胀粗及金相组织情况。

g) 高温再热器管夹、梳形板应无烧损、移位、脱落，管子间无明显碰磨情况。

h) 高温再热器管穿炉顶部分与顶棚管应无碰磨，与高冠密封结构焊接的密封焊缝应无裂纹。

i) 吹灰器辐射区域部位管子应无开裂，无明显冲蚀减薄。

j) 高温再热器割管监督检查按 4.10.5.9 款 1）项的规定执行。

k) 对铁素体类钢管内壁氧化层厚度和弯头部位剥落氧化物堆积情况的监督按 4.10.5.9 款 m）项的规定执行。

l) 对奥氏体钢管内壁氧化层厚度和弯头部位剥落氧化物堆积情况的监督按 4.10.5.9 款中 n）项的规定执行。

m) 对与奥氏体不锈钢连接的异种钢焊接接头的监督按 4.10.5.9 款中 p）项的规定执行。

4.10.5.11 锅炉受热面管检查，当发现下列情况之一时，应对过热器和再热器管进行材质评定和寿命评估：

a) 碳钢和钼钢管石墨化达 4 级；20 号钢、15CrMoG、12Cr1MoVG 和 12Cr2MoG（2.2.5Cr-1Mo、T22、10CrMo910）的珠光体球化达到 5 级；T91 钢管的组织老化达到 5 级；12Cr2MoWVTiB（钢 102）钢管碳化物明显聚集长大（3μm～4μm）；奥氏体耐热钢管发现有粗大的 σ 相析出；T91 钢管的组织老化评级按 DL/T 884 执行。

b) 管材的拉伸性能低于相关标准要求。

4.10.5.12 锅炉受热面管检查，当发现下列情况之一时，应及时更换管段：

a) 管子外表面有宏观裂纹和明显鼓包。

b) 高温过热器管和再热器管外表面氧化皮厚度超过 0.6mm。

c) 低合金钢管外径蠕变应变大于 2.5%，碳素钢管外径蠕变应变大于 3.5%，T91、T122 类管子外径蠕变应变大于 1.2%；奥氏体不锈钢管子蠕变应变大于 4.5%。

d) 管子由于腐蚀减薄后的壁厚小于按 GB/T 16507 计算的管子最小需要壁厚（应考虑下一个检修周期中的磨损、腐蚀减薄量）。

e) 金相组织检验发现晶界氧化裂纹深度超过 5 个晶粒或晶界出现蠕变裂纹。

f) 奥氏体不锈钢管及焊缝产生沿晶、穿晶裂纹，特别要注意焊缝的检验。

4.10.5.13 对 Cr-Ni 奥氏体钢管应采取如下防止应力腐蚀措施：

a) 锅炉停运期间是产生晶间腐蚀的危险期。要特别注意避免因减温器两端阀门不严导致不干净的水流入过热器和再热器系统，导致晶间腐蚀。

b) 水压试验时应采用除盐水，严禁用生水，试验溶液应满足 DL/T 561 的要求，Cl⁻应低于 0.2mg/L。水压试验后，应及时把水放净，用压缩空气吹干。

c) 锅炉酸洗时所选择的酸洗介质和缓蚀剂均应有利于防止应力腐蚀。

4.10.5.14 受热面管子检修中更换时，在焊缝外观检查合格后，按照 DL/T 820、DL/T 821 的规定进行 100% 的超声或射线检测，焊缝质量应符合 DL/T 869 的要求，并对更换部位和焊缝进行建档记录。

4.11 汽包和汽水分离器、储水罐的监督

4.11.1 制造阶段的监督

制造阶段应依据 DL/T 586、集团公司《电力工程建设设备监理管理办法》和《火电工程设备监理大纲》的规定和要求，对汽包和汽水分离器、储水罐的制造质量进行监督检验。

4.11.2 安装阶段的监督

4.11.2.1 安装前，应按照 DL 612、DL 647 的规定，对汽包和汽水分离装置、储水罐进行监督检验。监督检验的相关规定如下：

a) 应检查制造商的质量保证书是否齐全。质量保证书中应包括以下内容：

1) 使用材料的制造商；母材和焊接材料的化学成分、力学性能、工艺性能；母材技术条件应符合 GB 713 中相关条款的规定；进口板材应符合相应国家的标准及合同规定的技术条件；汽包和汽水分离装置、储水罐材料及制造有关技术条

件见附录 B。

2) 制造商对每块钢板进行的理化性能复验报告或数据。

3) 制造商提供的汽包和汽水分离装置、储水罐图纸、强度计算书。

4) 制造商提供的焊接及热处理工艺资料。对于首次使用的材料，制造商应提供焊接工艺评定报告。

5) 制造商提供的焊缝探伤及焊缝返修资料。

6) 在制造厂进行的水压试验资料。

b) 汽包和汽水分离装置、储水罐应进行如下检验：

1) 对母材和焊缝内外表面进行 100%外观检验，母材表面不允许有裂纹、重皮等缺陷，焊缝表面不允许有裂纹等超标缺陷。

2) 对合金钢制汽包和汽水分离装置、储水罐的每块钢板、每个管接头进行光谱检验。光谱检验按 DL/T 991 的规定执行。

3) 测量筒体和封头的壁厚应符合设计要求，其中每块钢板测量部位不少于 2 处；不同规格的接管至少选取 1 个进行壁厚测量，测量部位不少于 2 处，其测量结果应符合设计要求。

4) 纵、环焊缝和集中下降管管座角焊缝分别按 25%、10%和 100%的比例进行渗透或磁粉检测和超声检测，检验中应包括纵、环焊缝的 T 形接头；分散下降管、给水管、饱和蒸汽引出管等管座角焊缝按 20%进行渗透或磁粉检测；安全阀及向空排气阀管座角焊缝进行 100%渗透或磁粉检测。抽检焊缝的选取应参考制造商的焊缝检测结果。焊缝无损检测按照 JB/T 4730 的规定执行。

5) 对筒体（每块钢板抽查 1 个部位）、纵环焊缝及热影响区（每条焊缝抽查 1 个部位）进行硬度检查；如发现硬度异常，应进行金相组织检验。

4.11.2.2 汽包和汽水分离装置、储水罐的安装焊接和热处理应有完整的记录。

4.11.2.3 安装焊缝应进行 100%的无损检测；对焊缝及邻近母材应进行硬度检验，如发现硬度异常，应进行金相组织检验；所有的检验应有完整的记录。硬度值应符合附录 F 的规定。

4.11.2.4 安装阶段中严禁在筒身焊接拉钩及其他附件。

4.11.3 运行阶段的监督

4.11.3.1 机组运行期间，应防止汽包和汽水分离装置、储水罐内外壁温差超过限定值的情况发生。

4.11.3.2 机组运行期间，运行、检修（点检）、监督人员应加强对汽包和汽水分离装置、储水罐的异常振动、移位、泄漏、保温、支吊情况的检查，对异常情况应进行记录，对其中严重影响人身和设备运行安全的情况，应及时查明原因，并采取措施处理。

4.11.3.3 对运行期间发生的筒体和焊缝、接管管座角焊缝泄漏失效事故，应进行原因分析，并采取措施防止同类型事故再次发生。

4.11.4 检修阶段的监督

4.11.4.1 首次 A 级检修时，应对汽包和汽水分离装置、储水罐进行第一次检验，检验内容如下：

a) 对筒体和封头内表面（尤其是水线附近和底部）、焊缝的可见部位进行 100%外观检验，特别注意管孔和预埋件角焊缝是否有咬边、裂纹、凹坑、未熔合和未焊满等缺陷及严重程度，必要时进行渗透或磁粉检测，渗透或磁粉检测按照 JB/T 4730 的规定执行。

b) 对纵、环焊缝和集中下降管管座角焊缝的记录缺陷进行渗透或磁粉检测和超声检测复查；分散下降管、给水管、饱和蒸汽引出管等管座角焊缝按 10%进行外观和渗透或磁粉检测，第一次检验应为安装前未检查部位。渗透或磁粉检测和超声检测按照 JB/T 4730 的规定执行。

4.11.4.2 机组以后每次 A 级检修检验如下内容：

a) 汽包和汽水分离装置、储水罐内外观检验按 4.11.4.1 中 a）执行。

b) 对纵、环焊缝和集中下降管管座角焊缝的记录缺陷进行渗透或磁粉检测和超声检测复查；分散下降管、给水管、饱和蒸汽引出管等管座角焊缝按 10%进行外观和渗透或磁粉检测，后次检验应为前次未查部位，且对前次检验发现缺陷的部位应进行复查，至运行至 10 万 h 左右时，应完成 100%的检验。渗透或磁粉检测和超声检测按照 JB/T 4730 的规定执行。

c) 对偏离硬度正常值的筒体和焊缝进行跟踪检验。

4.11.4.3 对检查发现的缺陷，应根据具体情况，采取如下处理措施：

a) 若发现筒体或焊缝有表面裂纹，首先应分析裂纹性质、产生原因及时期，根据裂纹的性质和产生原因及时采取相应的措施；表面裂纹和其他表面缺陷原则上可磨除，磨除后对该部位壁厚进行测量，必要时按 GB/T 16507 的规定进行壁厚校核，依据校核结果决定是否进行补焊或监督运行。

b) 汽包和汽水分离装置、储水罐的补焊按 DL/T 734 的规定执行。

c) 对超标缺陷较多、超标幅度较大、暂时又不具备处理条件的，或采用一般方法难以确定裂纹等超标缺陷严重程度和发展趋势时，应按 GB/T 19624 的规定进行安全性和剩余寿命评估；如评定结果为不可接受的缺陷，则应进行补焊，或降参数运行和加强运行监督等措施。

4.11.4.4 对按基本负荷设计的频繁启停的机组，应按 GB/T 16507 的规定对汽包和汽水分离装置、储水罐的低周疲劳寿命进行校核。国外引进的汽包和汽水分离装置、储水罐，可按生产国规定的疲劳寿命计算方法进行。

4.11.4.5 对已投入运行的含较严重超标缺陷的汽包和汽水分离装置、储水罐，应尽量降低锅炉启停过程中的温升、温降速度，尽量减少启停次数，必要时可视具体情况，缩短检查的间隔时间或降参数运行。

4.12 汽轮机部件的监督

4.12.1 制造阶段的监督

制造阶段应依据 DL/T 586、集团公司《电力工程建设设备监理管理办法》和《火电工程设备监理大纲》的规定和要求，对汽轮机转子大轴、叶轮、叶片、喷嘴、隔板和隔板套等的制造质量进行监督检验。

4.12.2 安装阶段的监督

4.12.2.1 安装前，应对汽轮机转子大轴、叶轮、叶片、喷嘴、隔板和隔板套等部件进行以下出厂资料的审查：

a) 制造商提供的部件质量证明书有关技术指标应符合现行国家或行业技术标准；对进

口锻件，除应符合有关国家的技术标准和合同规定的技术条件外，应有商检合格证明单；汽轮机转子大轴、叶轮、叶片材料及制造有关技术条件见附录 B。

b) 转子大轴、轮盘及叶轮的技术指标包括：

    1) 部件图纸；

    2) 材料牌号；

    3) 锻件制造商；

    4) 坯料的冶炼、锻造及热处理工艺；

    5) 化学成分；

    6) 力学性能：拉伸、硬度、冲击、脆性形貌转变温度 $FATT_{50}$ 或 $FATT_{20}$；

    7) 金相组织、晶粒度；

    8) 残余应力测量结果；

    9) 无损检测结果；

    10) 几何尺寸；

    11) 转子热稳定性试验结果。

c) 叶轮、叶片等部件的技术指标参照上述指标可增减。

4.12.2.2 安装前，应进行如下检验：

a) 根据 DL 5190.3 的规定，对汽轮机转子、叶轮、叶片、喷嘴、隔板和隔板套等部件的完好情况，以及是否存在制造缺陷进行检验，对易出现缺陷的部位重点检查。外观质量检验主要检查部件表面有无裂纹、有无严重划痕、有无碰撞痕印，依据检验结果作出处理措施。

b) 对汽轮机转子进行圆周和轴向硬度检验，圆周不少于 4 个截面，且应包括转子 2 个端面，高中压转子有 1 个截面应选在调速级轮盘侧面；每一截面周向间隔 90°进行硬度检验，同一圆周线上的硬度值偏差不应超过 Δ30HB，同一母线的硬度值偏差不应超过 Δ40HB。

c) 若制造厂未提供转子探伤报告或对其提供的报告有疑问时，应进行无损检测。转子中心孔无损检测按 DL/T 717 的规定执行，焊接转子无损检测按 DL/T 505 的规定执行，实心转子检测按 DL/T 930 的规定执行。

d) 各级推力瓦和轴瓦的超声检测，应检查是否有脱胎或其他缺陷。

e) 镶焊有司太立合金的叶片，应对焊缝进行无损检测。叶片无损检测按 DL/T 714、DL/T 925 的规定执行。

f) 对隔板进行外观质量检验和渗透或磁粉检测，渗透或磁粉检测按 JB/T 4730 的规定执行。

4.12.3 运行阶段的监督

4.12.3.1 汽轮机启停和运行过程中，应有防止汽轮机进水或冷蒸汽的措施，预防大轴弯曲、动静部件磨损、叶片断裂事故的发生。

4.12.3.2 汽轮机运行过程中应加强巡检，当发生蒸汽泄漏、振动超标、超速情况时，应及时停机查明原因并处理，防止汽轮机金属部件发生损伤或损伤事故扩大。

4.12.3.3 机组进行超速试验时，转子大轴的温度不得低于转子材料的脆性转变温度。

4.12.4 检修阶段的监督

4.12.4.1 机组投运后每次 A 级检修对转子大轴轴颈，特别是高中压转子调速级叶轮根部的变截面 R 处和前汽封槽等部位，叶轮、轮缘小角及叶轮平衡孔部位，叶片、叶片拉金、拉金孔和围带等部位，喷嘴、隔板、隔板套等部件进行表面检验，应无裂纹，无严重划痕，无碰撞痕印。有疑问时进行渗透或磁粉检测，渗透或磁粉检测按 JB/T 4730 的规定执行。

4.12.4.2 机组投运后首次 A 级检修对高、中压转子大轴进行硬度检验和金相组织检验。硬度检验部位为大轴端面和调速级轮盘平面（标记记录检验点位置），端面圆周的硬度值偏差不应超过 Δ30HB；金相组织检验部位为调速级叶轮侧平面，金相组织检验完后需对检验点多次清洗。此后每次 A 级检修在调速级叶轮侧平面首次检验点邻近区域进行硬度检验；若硬度相对首次检验无明显变化，可不进行金相检验。

4.12.4.3 每次 A 级检修对低压转子末三级叶身和叶根、高中压转子末一级叶身和叶根进行无损检测；对高、中、低压转子末级套装叶轮轴向键槽部位进行超声检测，叶片检测按 DL/T 714、DL/T 925 的规定执行。

4.12.4.4 机组运行 10 万 h 后的第一次 A 级检修，应根据设备的具体情况（如大轴是否有较大、较多的记录或超标缺陷，运行中发生过弯曲、水冲击、超速事故），对转子大轴进行无损检测；带中心孔的汽轮机转子，可采用内窥镜、超声波、涡流等方法对转子进行检验；若为实心转子，则对转子进行渗透或磁粉检测和超声检测。下次检验为 2 个 A 级检修期后。转子中心孔无损检测按 DL/T 717 的规定执行，焊接转子无损检测按 DL/T 505 的规定执行，实心转子检测按 DL/T 930 的规定执行。

4.12.4.5 对存在超标缺陷的转子大轴运行 20 万 h 后，每次 A 级检修应进行无损检测。

4.12.4.6 不合格的转子不允许使用，已经过主管部门批准并投入运行的有缺陷转子，应按 DL/T 654 的规定用断裂力学的方法进行安全性评定和缺陷扩展寿命估算；同时根据缺陷性质、严重程度制订相应的安全运行监督措施。

4.12.4.7 机组运行中出现异常工况，如严重超速、超温、转子水激弯曲等，检修过程中应对转子进行硬度、无损检测等。

4.12.4.8 根据设备状况，结合机组 A 级检修或 B 级检修，对各级推力瓦和轴瓦进行外观质量检验和无损检测。

4.12.4.9 根据检验结果采取如下处理措施：
   a) 对表面较浅缺陷，应磨除。
   b) 叶片产生裂纹时，应更换。
   c) 叶片产生严重冲蚀时，应修补或更换。
   d) 高、中压转子调速级叶轮根部的变截面 R 处和汽封槽等部位产生裂纹后，应彻底清除裂纹，消除疲劳硬化层，并进行轴径强度校核和疲劳寿命估算。转子疲劳寿命估算按 DL/T 654 的规定执行。

4.13 发电机部件的监督

4.13.1 制造阶段的监督

制造阶段应依据 DL/T 586、集团公司《电力工程建设设备监理管理办法》和《火电工程设备监理大纲》的规定和要求，对发电机转子大轴、集电环（或称滑环）、护环、中心环、风扇叶片等部件的制造质量进行监督检验。

4.13.2 安装阶段的监督

4.13.2.1 安装前，应对发电机转子大轴、护环等部件进行以下出厂资料的审查：

a) 制造商提供的部件质量证明书有关技术指标应符合现行国家或行业技术标准；对进口锻件，除应符合有关国家的技术标准和合同规定的技术条件外，应有商检合格证明单；发电机转子大轴、护环材料及制造有关技术条件见附录 B。

b) 转子大轴和护环的技术指标包括：

1) 部件图纸；

2) 材料牌号；

3) 锻件制造商；

4) 坯料的冶炼、锻造及热处理工艺；

5) 化学成分；

6) 力学性能：拉伸、硬度、冲击、脆性形貌转变温度 $FATT_{50}$ 或 $FATT_{20}$（对护环不要求 FATT）；

7) 金相组织、晶粒度；

8) 残余应力测量结果；

9) 无损检测结果；

10) 发电机转子电磁特性检验结果；

11) 几何尺寸。

4.13.2.2 发电机转子安装前应进行如下检验：

a) 对发电机转子大轴、护环等部件的完好情况和是否存在制造缺陷进行检验，对易出现缺陷的部位重点检查。外观质量检验主要检查部件表面有无裂纹、有无严重划痕、有无碰撞痕印，依据检验结果作出处理措施。

b) 若制造商未提供转子探伤报告或对其提供的报告有疑问时，应对转子进行无损检测。转子中心孔无损检测按 DL/T 717 的规定执行，实心转子检测按 DL/T 930 的规定执行。

c) 对转子大轴进行圆周和轴向硬度检验，圆周不少于 4 个截面且应包括转子 2 个端面，每一截面周向间隔 90°进行硬度检验。同一圆周的硬度值偏差不应超过 Δ30HB，同一母线的硬度值偏差不应超过 Δ40HB。

4.13.3 运行阶段的监督

4.13.3.1 发电机运行过程中应加强巡检，当发生振动超标、超速情况时，应及时停机查明原因并处理，防止发电机金属部件发生损伤或损伤事故扩大。

4.13.3.2 机组进行超速试验时，转子大轴的温度不得低于转子材料的脆性转变温度。

4.13.4 检修阶段的监督

4.13.4.1 机组投运后每次 A 级检修对转子大轴（特别注意变截面位置）、风冷扇叶等部件进行表面检验，主要检查表面有无裂纹、有无严重划痕、有无碰撞痕印，有疑问时进行无损检测；对表面较浅的缺陷应磨除；转子若经磁粉检测后应进行退磁。无损检测按 JB/T 4730 的规定执行。

4.13.4.2 机组运行 10 万 h 后的第一次 A 级检修，应根据设备状况对转子大轴的可检测部位进行无损检测。以后的检验为 2 个 A 级检修周期。

4.13.4.3 对存在超标缺陷的转子，按 DL/T 654 的规定用断裂力学的方法进行安全性评定和缺陷扩展寿命估算；同时根据缺陷性质和严重程度，制订相应的安全运行监督措施。

4.13.4.4 机组运行 10 万 h 后第一次 A 级检修中，应对护环内壁进行渗透（护环拆下时）或超声检测（护环不拆下时），以后的检验为 2 个 A 级检修周期；护环渗透检测按 JB/T 4730 的规定执行，超声检测按 JB/T 10326 的规定执行；检测结果验收按 JB/T 7030 的规定执行。

4.13.4.5 机组每次 A 级检修，应对转子滑环（或称集电环）进行表面质量检验，检验结果应无表面裂纹。

4.13.4.6 对 Mn18Cr18 系材料的护坏，在机组第 3 次 A 级检修开始进行晶间裂纹检查（通过金相检查），金相组织检验完后要对检查点多次清洗。

4.13.4.7 根据检查结果采取如下处理措施：

  a) 对表面较浅缺陷，应磨除。

  b) 对存在超标缺陷的转子，应进行安全性评估和剩余寿命评估，评估按照 DL/T 654 的规定执行。带缺陷、需监督运行的转子，应根据情况制订安全运行技术措施。

  c) 对护环内表面检测存在裂纹时，应更换处理。对存在晶间裂纹的护环，应作较详细的检查，根据缺陷情况，组织有关专家进行讨论，确定消缺方案或更换。

4.14 紧固件的监督

4.14.1 制造阶段的监督

4.14.1.1 制造阶段应依据 DL/T 586、集团公司《电力工程建设设备监理管理办法》和《火电工程设备监理大纲》的规定和要求，对紧固件（包括汽缸螺栓、汽门螺栓、联轴器、导汽管法兰螺栓等）的制造质量进行监督检验。

4.14.1.2 制造厂应提供质量证明书，其中至少包括材料、热处理规范、力学性能和金相组织等技术资料。

4.14.1.3 对不小于 M32 的高温紧固件的质量检验按 GB/T 20410 中相关条款的规定执行。高温螺栓的力学性能应符合 DL/T 439 的要求。

4.14.1.4 根据螺栓的使用温度按 DL/T 439 的规定选择钢号。螺母强度应比螺栓材料低一级，硬度值低 20HBW～50HBW。螺栓的硬度值控制范围见附录 F。

4.14.1.5 几何尺寸、表面粗糙度及表面质量应符合 DL/T 439 的要求。

4.14.1.6 经过调质处理的 20Cr1Mo1VNbTiB 钢新螺栓，其组织和性能要求：

  a) 硬度值符合附录 F 的规定。

  b) U 形缺口冲击功：小于 M52 的螺栓，$A_k \geqslant 63J$；不小于 M52 的螺栓，$A_k \geqslant 47J$。

  c) 对刚性螺栓的 U 形缺口冲击功应比柔性螺栓高 16J。

  d) 按晶粒尺寸分 7 级，各级平均晶粒尺寸及其组织特征，按 DL/T 439 的规定确定。根据使用条件和螺栓结构允许使用级别见表 3。

表 3 20Cr1Mo1VNbTiB 钢允许使用的晶粒级别

序号	使 用 条 件	螺栓结构	允许使用级别
1	原设计螺栓材料为 20Cr1Mo1VNbTiB 钢	柔性螺栓	5
2	引进大机组采用 20Cr1Mo1VNbTiB 钢	柔性螺栓	5
3	原设计为 540℃ 等级，容量在 200MW 以下的机组螺栓，如采用该钢种	柔性螺栓	3、4、5、6、7
		刚性螺栓	4、5

4.14.2 安装阶段的监督

4.14.2.1 安装前，应首先检查制造厂提供的质量证明书，其中至少包括材料、热处理规范、力学性能和金相组织等技术资料。其材料应符合设计要求，力学性能应符合 DL/T 439 的规定。

4.14.2.2 对于不小于 M32 的高温螺栓，安装前（包括入库前验收）应进行如下检查：

    a）螺栓表面应光洁、平滑，不应有凹痕、裂口、毛刺和其他引起应力集中的缺陷。

    b）合金钢、高温合金螺栓、螺母应进行 100% 的光谱检验，检查部位为螺栓端面，对高合金钢或高温合金的光谱检查斑点应及时打磨消除。光谱检验按 DL/T 991 的规定执行。

    c）按 DL/T 439 的要求进行 100% 的硬度检验，硬度值应符合附录 F 的规定。

    d）按 DL/T 694 的检验和验收标准进行 100% 的超声检测，必要时可按 JB/T 4730 的规定进行磁粉或渗透检测。对 IN783 合金制的螺栓光杆部位进行超声检测，螺纹部位进行渗透检测。

    e）按 DL/T 884 的规定进行金相组织抽检，每种材料、规格的螺栓抽检数量不少于 1 件，检查部位可在螺栓光杆或端面处。铁素体类的螺栓材料正常组织为均匀回火索氏体；镍基合金螺栓材料的正常组织为均匀的奥氏体；带状组织、夹杂物严重超标、方向性排列的粗大贝氏体组织、粗大原奥氏体黑色网状晶界均属于异常组织。

4.14.2.3 对于汽轮机、发电机对轮螺栓，安装前（包括入库验收）应进行如下检验：

    a）螺栓表面应光洁、平滑，不应有凹痕、裂口、毛刺和其他引起应力集中的缺陷。

    b）合金钢螺栓应进行 100% 的光谱检验，检查部位为螺栓端面。光谱检验按 DL/T 991 的规定执行。

    c）对螺栓进行 100% 的硬度检验，硬度值应符合附录 F 的规定。

    d）按 DL/T 694 的检验和验收标准进行 100% 的超声检测，必要时可按 JB/T 4730 的规定进行磁粉或渗透检测。

4.14.3 运行阶段的监督

4.14.3.1 机组运行过程中应加强对汽轮机和蒸汽阀门的巡检，如发生螺栓断裂原因引起的泄漏，应及时停机处理，防止设备损伤事故的扩大。

4.14.3.2 对于机组运行过程发生的螺栓断裂事故（包括检修中发现的开裂和断裂螺栓），应及时安排进行原因分析，防止同类型事故的发生。

4.14.4 检修阶段的监督

4.14.4.1 对于不小于 M32 的高温螺栓，每次 A 级检修应拆卸进行检验，检查内容和合格标准如下：

    a）按 DL/T 694 的检验和验收标准进行 100% 的超声检测；必要时可按 JB/T 4730 的规定进行磁粉或渗透检测；检测结果应无裂纹。

    b）进行 100% 的硬度检查，检验方法和部位按 DL/T 439 的要求执行，硬度检查结果应符合附录 F 的要求。

    c）累计运行时间达 5 万 h，应根据螺栓的规格和材料，抽查 1/10 数量的螺栓进行金相组织测试，当抽查比例不足 1 件时，抽取 1 件，硬度测量结果不合格的螺栓应为金相抽查首选。以后每次 A 级检修进行抽查。金相检查部位在螺栓光杆处，金相检测方法及要求见 4.14.2.2 款中 e）项的规定。

d）螺栓的蠕变监督按照 DL/T 439 的规定执行。

e）断裂螺栓应进行解剖试验和失效分析。

4.14.4.2 对于汽轮机、发电机对轮螺栓，每次 A 级检修应进行检查，检查内容和合格标准如下：

a）螺栓表面应光洁、平滑，不应有凹痕、裂口、毛刺和其他引起应力集中的缺陷。

b）按 DL/T 694 的检验和验收标准进行 100%的超声检测，必要时可按 JB/T 4730 的规定进行磁粉或渗透检测。

4.14.5 螺栓检验结果的分类、更换与报废

4.14.5.1 根据检验结果，螺栓可分为以下三类：

a）正常螺栓。硬度检验符合附录 F 的规定，外观检查无影响使用性能的机械性损伤，无损检测无裂纹的螺栓。

b）需重新热处理的螺栓。硬度高于要求上限或者低于要求下限的螺栓，以及具有粗大原奥氏体黑色网状晶界的螺栓，进行重新热处理的螺栓按已恢复热处理螺栓的等级使用。

c）超过标准需报废的螺栓。

4.14.5.2 螺栓的更换规定：对螺栓检验结果符合下列条件之一者应进行更换，更换下的螺栓可进行恢复热处理，检验合格后可继续使用。如已完成运行螺栓的安全性评定工作，则可根据评定报告继续使用。

a）硬度值超过附录 F 的规定。

b）金相组织有明显的黑色网状奥氏体晶界。

c）25Cr2Mo1V 和 25Cr2MoV 的 U 形缺口冲击功：

    1）调速汽门螺栓和采用扭矩法装卸的螺栓，$A_k \leqslant 47J$；

    2）采用加热伸长装卸或油压拉伸器装卸的螺栓，$A_k \leqslant 24J$。

4.14.5.3 螺栓的报废规定：符合下列条件之一的螺栓应报废。

a）螺栓运行后的蠕变变形量达到 1%。

b）已发现裂纹的螺栓。

c）经二次恢复热处理后发生热脆性，达到更换螺栓的规定。

d）外形严重损伤，不能修理复原。

e）螺栓中心孔局部烧伤熔化。

4.14.6 螺栓紧固和拆卸的监督

高温螺栓的紧固和拆卸工艺按 DL/T 439 的要求执行。另外，螺栓安装时，应在螺母下加装平面弹性或塑性变形垫圈、球面变位垫圈、套筒等，以补偿螺杆或法兰面的偏斜，消除附加弯曲应力，提高抗动载能力，保证紧力均匀。

4.15 大型铸件的监督

4.15.1 制造阶段的监督

制造阶段应依据 DL/T 586、DL/T 438、集团公司《电力工程建设设备监理管理办法》和《火电工程设备监理大纲》的规定和要求，对大型铸件如汽缸、汽室、主汽门、调速汽门、平衡环、阀门、堵阀等部件的制造质量进行监督检验。

4.15.2 安装阶段的监督

4.15.2.1 对大型铸件如汽缸、汽室、主汽门、调速汽门、平衡环、阀门、堵阀等部件，安装前应进行以下资料审查：

a) 制造商提供的部件质量证明书有关技术指标应符合现行国家或行业技术标准；对进口部件，除应符合有关国家的技术标准和合同规定的技术条件外，应有商检合格证明单。汽缸、汽室、主汽门、阀门、堵阀等材料及制造有关技术条件见附录B。

b) 部件的技术指标包括：
1) 部件图纸。
2) 材料牌号。
3) 坯料制造商。
4) 化学成分。
5) 坯料的冶炼、铸造和热处理工艺。
6) 力学性能：拉伸、硬度、冲击、脆性形貌转变温度 $FATT_{50}$ 或 $FATT_{20}$。
7) 金相组织。
8) 射线或超声检测结果。特别注意铸钢件的关键部位，包括铸件的所有浇口、冒口与铸件的相接处、截面突变处、补焊区以及焊缝端头的预加工处。
9) 汽缸坯料补焊的焊接资料和热处理记录。

4.15.2.2 安装前，应对大型铸件如汽缸、汽室、主汽门、调速汽门、平衡环、阀门、堵阀等部件进行如下检验：

a) 铸件100%进行外表面和内表面可视部位的检查，内外表面应光洁，不得有裂纹、缩孔、粘砂、冷隔、漏焊、砂眼、疏松及尖锐划痕等缺陷，必要时进行渗透或磁粉检测；若存在上述缺陷，则应完全清除，清理处的实际壁厚不得小于壁厚偏差所允许的最小值且应圆滑过渡；若清除处的实际壁厚小于壁厚的最小值，则应进行补焊。对挖补部位应进行无损检测和金相、硬度检验。大型铸件的补焊按 DL/T 753 的规定执行，铸钢件的返修补焊焊接工艺参见附录H。

b) 对汽缸坯料补焊区进行硬度检查，若硬度偏高，应进行金相组织检查。

c) 对汽缸坯料补焊区进行无损检测。

d) 对汽缸的螺栓孔进行无损检测。

e) 若制造厂未提供部件检测报告或对其提供的报告有疑问时，应进行无损检测；若含有超标缺陷，应加倍复查。

f) 铸件的硬度检验，特别要注意部件的高温区段。铸件硬度值参见附录F。

g) 对汽缸等大型铸件上的各种制造、安装接管座角焊缝，应按 JB/T 4730 的规定进行100%的渗透或磁粉检测。

4.15.3 运行阶段的监督

4.15.3.1 机组运行过程中应加强对大型铸件的巡检，如发生泄漏应及时停机查明原因并处理，防止损伤事故的扩大。

4.15.3.2 机组运行过程中大型铸件开裂泄漏的焊接修复工作，应按 DL/T 753 的规定执行。

4.15.4 检修阶段的监督

4.15.4.1 机组每次 A 级检修对受监的大型铸件进行表面检验，有疑问时进行无损检测，对补焊区进行无损检测，特别要注意高压汽缸高温区段的内表面、结合面和螺栓孔部位、主汽门内表面，以及阀门、堵阀内外表面。

4.15.4.2 大型铸件发现表面裂纹后，应进行打磨或打止裂孔，若打磨处的实际壁厚小于壁厚的最小值，可进行补焊处理。挖补处理按 DL/T 753 的规定执行，对挖补部位应进行无损检测和金相、硬度检查，铸钢件的返修补焊焊接工艺参见附录 H。

4.15.4.3 根据铸件状况，确定是否对部件进行超声检测。

4.15.4.4 每次 A 级检修中，根据实际情况，可对汽缸等大型铸件上的各种接管座角焊缝进行渗透或磁粉检测，渗透或磁粉检测按 JB/T 4730 的规定执行。

4.16 支吊架的监督

4.16.1 设计阶段的监督

4.16.1.1 汽水管道支吊架的设计选型应符合 DL/T 5054 的规定。

4.16.1.2 汽水管道设计文件上应有支吊架的类型及布置，以及支吊架的结构荷重、工作荷重、支吊架的冷位移和热位移值。

4.16.2 制造阶段的监督

4.16.2.1 制造阶段应依据 DL/T 586、DL/T 438、DL/T 1113、集团公司《电力工程建设设备监理管理办法》和《火电工程设备监理大纲》的规定和要求，对汽水管道支吊架的制造质量进行监督检验和资料审查、出厂验收。

4.16.2.2 管道支吊架的弹簧应有产品质量保证书和合格证，用于变力弹簧或恒力弹簧支吊架的弹簧特性应进行 100%检查，变力弹簧支吊架、恒力弹簧支吊架和阻尼装置等功能件的性能试验必须逐台检验。

4.16.2.3 合金钢材料的支吊架管夹、承载块和连接螺栓应进行 100%光谱复查，复查结果应与设计要求相一致，代用材料必须有设计单位出具的更改通知单。

4.16.2.4 恒力弹簧支吊架应进行载荷偏差度、恒定度和超载试验，恒力弹簧支吊架载荷偏差度应不大于 5%，恒定度应不大于 6%，超载载荷值应不小于 2 倍支吊架标准载荷值。

4.16.2.5 变力弹簧支吊架应进行超载试验，超载载荷值应不小于 2 倍最大工作载荷值。

4.16.2.6 支吊架弹簧的外观及几何尺寸检查应符合下列要求：

a) 弹簧表面不应有裂纹、折叠、分层、锈蚀、划痕等缺陷。

b) 弹簧尺寸偏差应符合图纸的要求。

c) 弹簧工作圈数偏差不应超过半圈。

d) 在自由状态时，弹簧各圈节距应均匀，其偏差不得超过平均节距的±10%。

e) 弹簧两端支承面与弹簧轴线应垂直，其偏差不得超过自由高度的 2%。

4.16.2.7 支吊架上用螺栓及螺母的螺纹应完整，无伤痕、毛刺等缺陷，螺栓与螺母应配合良好，无松动或卡涩现象。

4.16.2.8 支吊架出厂文件资料至少应包括以下内容：

a) 产品检验合格证、使用说明书、热处理记录。

b) 恒力支吊架、变力弹簧支吊架、液压阻尼器、弹簧减震器的性能试验报告。

4.16.3 安装阶段的监督

4.16.3.1 安装前，应依据 DL/T 1113 的规定对汽水管道支吊架进行开箱验收。

4.16.3.2 安装前，应对管道和联箱支吊架的合金钢部件进行 100%的光谱检验，检验结果应符合设计要求, 光谱检验按 DL/T 991 的规定执行。

4.16.3.3　支吊架的安装应符合设计文件、使用说明书、DL/T 1113 的规定。

4.16.3.4　支吊架安装完毕后应依据 DL/T 1113 的规定, 对支吊架安装质量进行水压试验前、水压试验后升温前、运行条件下三个阶段的检查和验收。

4.16.3.5　检查支吊架安装质量应符合如下要求:

　　a)　吊架的设置、吊杆偏装方向和偏装量应符合设计图纸、相应技术标准的要求。

　　b)　管道穿墙处应留有足够的管道热位移间距。

　　c)　弹簧支吊架的冷态指示位置应符合设计要求, 支吊架热位移方向和范围内应无阻挡。

　　d)　支吊架调整后, 各连接件的螺杆丝扣必须带满, 锁紧螺母应锁紧。

　　e)　活动支架的滑动部分应裸露, 活动零件与其支承件应接触良好, 滑动面应洁净, 活动支架的位移方向、位移量及导向性能应符合设计要求。

　　f)　固定支架应固定牢靠。

　　g)　变力弹簧支吊架位移指示窗口应便于检查。

　　h)　参加锅炉启动前水压试验的管道, 其支吊架定位销应安装牢固。

　　i)　定位销应在管道系统安装结束且水压试验及保温后方可拆除, 全部定位销应完整、顺畅地拔除。

4.16.3.6　在机组试运行方案中, 应有防止发生管道水冲击的事故预案, 以预防管道发生水冲击并引发支吊架损坏事故的发生。

4.16.3.7　在机组试运行前, 应确认所有的弹性吊架的定位装置均已松开。

4.16.3.8　在机组试运行期间, 在蒸汽温度达到额定值 8h 后, 应对主蒸汽管道、高温再热蒸汽管道、高压旁路管道与启动旁路管道所有的支吊架进行一次目视检查, 对弹性支吊架荷载标尺或转体位置、减振器及阻尼器行程、刚性支吊架及限位装置状态进行一次记录。发现异常应分析原因, 并进行调整或处理。固定吊架调整完毕后, 螺母应用点焊与吊杆固定。

4.16.3.9　机组试运行结束后, 检查支吊架热位移方向和热位移量应与设计基本吻合; 支吊架热态位移无受阻现象; 管道膨胀舒畅, 无异常振动。

4.16.3.10　安装过程中, 不应将弹簧、吊杆、滑动与导向装置的活动部分包在保温内。

4.16.3.11　在对支吊架安装质量进行水压试验前、水压试验后升温前、运行条件下三个阶段的检查和验收过程中, 如发现支吊架安装位置不符合设计文件、使用说明书的情况, 应及时予以整改。如发现支吊架有严重的失载、超载、偏斜情况, 以及其他经分析判断支吊架有明显的选型不当情况时, 应安排对支吊架进行全面的检验和管系应力分析的设计计算校核。

4.16.4　运行阶段的监督

4.16.4.1　运行过程中, 应对主蒸汽、再热热段和冷段、高压给水管道等重要管道和外置式联箱的支吊架, 每年在热态下进行一次外观检查, 并对检查情况进行记录和建档保存。检查项目和内容如下:

　　a)　各支吊架结构正常, 转动或滑动部位灵活和平滑。支吊架根部、连接件和管部部件应无明显变形, 焊缝无开裂。

　　b)　各支吊架热位移方向符合设计要求。恒力和变力弹簧吊架的吊杆偏斜角度应小于 4°, 刚性吊架的吊杆偏斜角度应小于 3°。

　　c)　恒力弹簧支吊架热态应无失载或过载、弹簧断裂情况, 位移指示在正常范围以内。

d) 变力弹簧支吊架热态应无失载或弹簧压死的过载、弹簧断裂情况，弹簧高度在正常范围以内。

e) 活动支架的位移方向、位移量及导向性能符合设计要求。

f) 防反冲刚性吊架横担与管托之间不得焊接，热态间距符合设计要求。

g) 管托应无松动或脱落情况。

h) 刚性吊架受力正常，无失载。

i) 固定支架牢固可靠，混凝土支墩无裂缝、损坏。

j) 减振器结构完好，液压阻尼器液位正常，无渗油现象。

4.16.4.2 运行过程中，对有振动情况的主蒸汽、再热热段和冷段、高压给水管道等重要管道，应加强对支吊架状态的检查和记录，对发现的断裂、严重变形等情况时应及时处理。

4.16.4.3 运行过程中，对在巡检或外部检查过程中发现的支吊架失效（包括失载）情况，应及时检查分析原因，并采取措施修复处理。

4.16.4.4 运行过程中，严禁在管道或支吊架上增加任何永久性或临时性载荷。

4.16.5 检修阶段的监督

4.16.5.1 检修阶段，应依据 DL/T 438、DL/T 616—2006 的规定和要求，对汽水管道支吊架进行检查、维修、调整、改造和缺陷问题处理。

4.16.5.2 机组每次 A 级检修，应对主蒸汽、再热热段和冷段、高压给水管道等重要管道和联箱支吊架的管部、根部、连接件、吊杆、弹簧组件、减振器与阻尼器进行一次全面的检查，并做好记录。全面检查的项目和内容参见 DL/T 616—2006 中附录 F 的规定。

4.16.5.3 每次 A 级检修时，应对一般汽水管道（除主蒸汽、再热热段和冷段、高压给水管道外）的支吊架进行外观检查，检查项目至少应包括以下内容：

a) 承受安全阀、泄压阀排汽反力作用的液压阻尼器的油系统与行程。

b) 承受安全阀、泄压阀排汽反力作用的刚性支吊架间隙。

c) 限位装置、固定支架结构状态是否正常。

d) 大荷载刚性支吊架结构状态是否正常。

4.16.5.4 对主蒸汽、再热热段和冷段、高压给水管道等重要管道和联箱支吊架热态检验，以及 A 级检修发现的支吊架超标缺陷和异常情况，应利用大修机会及时安排进行维修或调整、改造处理。对支吊架、发生断裂、支吊架存在大量的失载或超载、无法调整或明显选型错误的情况时，应对管道或联箱支吊架在进行全面的冷、热态位移和承载状态检验的基础上，对管系应力进行一次全面的校核计算，对支吊架进行调整或进行重新设计选型、改造。

4.16.5.5 检修过程中，当更换管道规格不同于原管道，或在原管道上连接其他管道或管件、阀门，或新更换阀门不同于原规格时，应对管系应力进行一次全面的校核计算，对支吊架进行调整或进行重新设计选型、改造。

4.16.5.6 管道大范围更换保温材料时，应将弹簧支吊架、恒力支吊架暂时锁定，待保温恢复后应解除锁定。

4.16.5.7 管道大范围更换保温材料时，对新材料容重与原材料相差不同时，应对管系应力进行一次全面的计算校核，对支吊架进行调整或进行重新设计选型、改造。

4.16.5.8 检修过程中，严禁在管道或支吊架上增加任何永久性或临时性载荷。

4.17 机组范围内油管道的监督

4.17.1 安装阶段的监督

4.17.1.1 油系统的设计、选材、安装质量应符合 GB 50660、DL/T 5204、DL 5190.2、DL 5190.3、国能安全〔2014〕161 号等相关规定。

4.17.1.2 油管路设计时不宜采用法兰连接，尽量使用焊接连接方式和减少焊口，禁止使用铸铁阀门。

4.17.1.3 油管路设计时，三通应选取有大小头过渡的结构形式，避免采用插入式结构形式。

4.17.1.4 DN50 及以下油管道应采用全氩弧焊焊接方法，其他油管道至少应采用氩弧焊打底，焊缝的坡口类型、焊口检验应按 DL/T 869 的规定执行。

4.17.1.5 安装前，检查油管道应有质量保证书，管道的外径和壁厚、材料牌号应符合设计要求。

4.17.1.6 安装前，对合金钢管道和管件应进行 100%的光谱检验，检验结果应符合设计要求，光谱检验按 DL/T 991 的规定执行。

4.17.1.7 安装前，对油管道、管件、阀门进行 100%的外观检验，检查结果应无严重的机械划伤、穿孔、裂纹、重皮、折叠等缺陷。

4.17.1.8 汽轮机（包括给水泵汽轮机）高压抗燃油系统的管道、管件、油箱应选用不锈钢材料；管道弯头宜采用大曲率半径弯管，不宜采用直角接头；弯管表面应光滑，无皱纹、扭曲、压扁；弯管时应使各弯管半径均等，弯管两端应留有直段；不锈钢管道焊接应采用氩弧焊焊接方法。

4.17.1.9 油管道的安装焊缝应确保焊透，安装焊缝应依据 DL/T 821 的规定进行 100%的射线检测，焊缝外观检验和射线检测结果应符合 DL/T 869 的规定。

4.17.1.10 油管道应与系统中酸、碱区域的采样管材质相同，应采用不锈钢管，在管路敷设时避开高温区域。采样管应采用不锈钢管，管外壁涂防腐漆。

4.17.1.11 安装过程中，油系统管道应布置整齐，尽量减少交叉，固定卡牢固，防止运行中由振动而引起的疲劳失效。

4.17.1.12 安装时，油管道的外壁与蒸汽管道保温层外表面的净距离不应小于 150mm，距离不满足要求时应加隔热板，应防止油管道紧贴蒸汽管道保温层或将油管道直接包在蒸汽管道保温层中的情况发生，运行中存有静止油的油管与蒸汽管道保温层外表面的净距离不应小于 200mm，在主蒸汽管道及阀门附近的油管道上不宜设置法兰和活接头。

4.17.1.13 不锈钢油管道不得采用含有氯化物的溶剂清洗，不锈钢油管道的管壁与铁素体支吊架接触的地方应采用不锈钢垫片或氯离子含量不超过 500×10^{-6} 的非金属垫片隔离。

4.17.1.14 油管路安装完毕后，检查油管道的支吊架应符合设计要求；要保证油管道在机组各种运行工况下自由膨胀。

4.17.1.15 机组安装完毕启动前，应依据 4.17.1.12 款的规定，对机组范围内油管路与热源的安全距离进行排查，发现问题应及时采取措施处理，严禁将油管路与热力管道高温部件保温在一起。

4.17.2 运行阶段的监督

4.17.2.1 机组运行过程中，应加强对油管路的巡检，对有振动现象的油管道，应及时查明原因，并消除振动问题，以预防管道疲劳开裂引起的油液泄漏和火灾事故的发生。

4.17.2.2 机组运行过程中，当油管路由于疲劳或腐蚀发生泄漏修复时，新更换管道、管件的质量和焊接工作按 4.17.1 条的相关规定执行。

4.17.3 检修阶段的监督

4.17.3.1 首次 A 级检修中，应依据 4.17.1.12 款的规定，对机组范围内油管路与热源的安全距离进行排查，发现问题及时采取措施处理。

4.17.3.2 对油管路插入式结构形式的三通焊缝、结构突变部位的焊缝，应在每次 A 级检修中进行宏观和渗透检测检查，渗透检测按 JB/T 4730 的规定执行；尤其对于有明显震动的管路应重点加强监督检查，并采取措施消除或减小管路振动幅度。

4.17.3.3 对安装阶段油管道安装焊缝未进行 100%射线检测的油管路或当油管路安装焊缝质量不明的，应利用 A 级检修机会，对安装焊缝进行 20%的射线检测抽查，射线检测和焊缝质量验收分别按 DL/T 821、DL/T 869 的规定执行；当发现存在超标缺陷情况时，应扩大抽查比例，如仍然发现存在超标缺陷的焊缝，则应对油管道安装焊缝进行 100%的射线检测检查；对存在超标缺陷的焊缝应及时安排进行返修处理，焊缝的返修应全部割除原焊口，返修后的焊缝应按 4.17.1.4 款和 4.17.1.9 款的规定执行。

4.17.3.4 油管路检修更换的新管道、管件的质量和焊接工作按 4.17.1 条的相关规定执行。

5 监督管理要求

5.1 金属监督管理的依据

5.1.1 电厂应按照集团公司《电力技术监督管理办法》和本标准的要求，制定金属监督管理标准和锅炉压力容器监督管理标准，并根据国家法律、法规及国家、行业、集团公司标准、规范、规程、制度，结合电厂实际情况，编制金属及锅炉压力容器监督相关/支持性文件；建立健全技术资料档案，以科学、规范的监督管理，保证设备安全可靠运行。

5.1.2 金属及锅炉压力容器监督管理应具备的相关/支持性文件

    a) 金属监督：

        1) 金属监督管理标准；

        2) 金属监督技术标准或实施细则（包括执行标准、工作要求）；

        3) 防磨防爆管理标准；

        4) 特种设备及特种作业人员安全管理标准；

        5) 设备检修管理标准。

    b) 锅炉压力容器监督：

        1) 锅炉压力容器监督管理标准；

        2) 防磨防爆管理标准；

        3) 特种设备及特种作业人员安全管理标准；

        4) 设备检修管理标准；

        5) 设备异动管理标准；

        6) 设备停用、退役管理标准。

5.1.3 技术资料档案

5.1.3.1 基建阶段技术资料

    a) 金属监督：

1) 受监金属部件的制造资料包括部件的质量保证书或产品质保书，通常应包括部件材料牌号、化学成分、热加工工艺、力学性能、结构几何尺寸、强度计算书等；

2) 受监金属部件的监造、安装前检验技术报告和资料；

3) 四大管道设计图、安装技术资料等；

4) 受压元件设计更改通知书；

5) 安装、监理单位移交的有关技术报告和资料。

b) 锅炉压力容器监督：

1) 设计图纸及竣工图样、安装说明书和使用说明书；

2) 产品合格证、产品质量证明文件；

3) 制造、安装、改造技术资料及监检证明；

4) 受压元件设计更改通知书；

5) 强度计算书、热力计算书、受热面壁温计算书、安全阀排放量的计算书和反力计算书；

6) 热膨胀系统图、汽水系统图；

7) 锅炉压力容器安装质量证明资料；

8) 锅炉压力容器投入使用前验收资料。

5.1.3.2　设备清册、台账及图纸资料

a) 金属监督：

1) 机组投运时间、累计运行小时数、启停次数；

2) 机组或部件的设计、实际运行参数；

3) 受热面管超温超压记录；

4) 设备原始资料台账；

5) 设备检修检验技术台账；

6) 设备焊接修复、更换技术台账。

b) 锅炉压力容器监督：

1) 锅炉、压力容器及安全阀设备清册；

2) 锅炉、压力容器及安全阀设备台账。

5.1.3.3　检验报告和记录

a) 金属监督：

1) 受监金属部件入厂验收报告或记录；

2) 受监金属部件检修检验报告或记录；

3) 受监金属部件失效分析报告；

4) 支吊架检查调整报告；

5) 专项检验试验报告；

6) 检修总结。

b) 锅炉压力容器监督：

1) 锅炉定期内部检验报告、外部检验报告、水压试验报告；

2) 压力容器定期检验报告、年度检查报告、水压试验报告；

3） 安全阀校验报告、安全阀排气试验报告、安全阀离线检查报告或记录；

4） 检修总结。

5.1.3.4 运行报告和记录

a） 金属监督：

1） 培训记录；

2） 与金属监督有关的事故（异常）分析报告；

3） 待处理缺陷的措施和及时处理记录；

4） 金属年度监督计划、监督工作总结；

5） 金属监督会议记录和文件。

b） 锅炉压力容器监督：

1） 培训记录；

2） 与锅炉压力容器监督有关的事故（异常）分析报告；

3） 待处理缺陷的措施和及时处理记录；

4） 锅炉压力容器年度监督计划、监督工作总结；

5） 锅炉压力容器监督会议记录和文件；

6） 锅炉压力容器及其安全附件日常使用状况检查记录。

5.1.3.5 事故管理报告和记录

a） 设备非计划停运、障碍、事故统计记录；

b） 事故分析报告。

5.1.3.6 监督管理文件

a） 与金属及锅炉压力容器监督有关的国家法律、法规及国家、行业、集团公司标准、规范、规程、制度；

b） 电厂金属及锅炉压力容器监督标准、规定、措施等；

c） 金属及锅炉压力容器技术监督年度工作计划和总结；

d） 金属及锅炉压力容器技术监督季报、速报；

e） 金属及锅炉压力容器技术监督预警通知单和验收单；

f） 金属及锅炉压力容器技术监督会议纪要；

g） 金属及锅炉压力容器技术监督工作自我评价报告和外部检查评价报告；

h） 金属及锅炉压力容器技术监督人员技术档案、上岗考试成绩和证书；

i） 焊接、热处理、理化及无损检测人员技术档案；

j） 与金属及锅炉压力容器设备质量有关的重要工作来往文件。

5.2 日常管理内容和要求

5.2.1 健全监督网络与职责

5.2.1.1 各电厂应建立健全由生产副厂长（总工程师）领导下的金属及锅炉压力容器技术监督三级管理网。第一级为厂级，包括生产副厂长（总工程师）领导下的金属及锅炉压力容器监督专责人，第二级为部门级，第三级为班组级，包括各专工领导的班组人员。在生产副厂长（总工程师）领导下由金属及锅炉压力容器监督专责人统筹安排，协调运行、检修等部门，协调锅炉、汽轮机、电气、化学、热工、金属、焊接、物资等相关专业共同配合完成金属及锅炉压力容器监督工作。金属及锅炉压力容器监督三级网严格执行岗位责任制。

5.2.1.2 按照集团公司《华能电厂安全生产管理体系要求》和《电力技术监督管理办法》编制电厂金属监督管理标准和锅炉压力容器监督管理标准，做到分工、职责明确、责任到人。

5.2.1.3 电厂金属及锅炉压力容器技术监督工作归口职能管理部门在电厂技术监督领导小组的领导下，负责金属及锅炉压力容器技术监督的组织建设工作，建立健全技术监督网络，并设金属及锅炉压力容器技术监督专责人，负责全厂金属及锅炉压力容器技术监督日常工作的开展和监督管理。

5.2.1.4 电厂金属及锅炉压力容器技术监督工作归口职能管理部门每年年初要根据人员变动情况及时对网络成员进行调整；按照人员培训和上岗资格管理办法的要求，定期对技术监督专责人和特殊技能岗位人员进行专业和技能培训，保证持证上岗。

5.2.2 确定监督标准符合性

5.2.2.1 金属及锅炉压力容器监督标准应符合国家、行业及上级主管单位的有关规定和要求。

5.2.2.2 每年年初，金属及锅炉压力容器技术监督专责人应根据新颁布的标准规范及设备异动情况，组织对金属及锅炉压力容器相关技术标准的有效性、准确性进行评估，修订不符合项，经归口职能管理部门领导审核、生产主管领导审批后发布实施。国家标准、行业标准及上级单位监督规程、规定中涵盖的相关金属及锅炉压力容器监督工作均应在电厂技术标准中详细列写齐全。在金属及锅炉压力容器设备规划、设计、建设、更改过程中的金属及锅炉压力容器监督要求等同采用每年发布的相关标准。

5.2.3 确定仪器仪表有效性

5.2.3.1 应配备必需的金属监督、检验和计量设备。

5.2.3.2 应编制金属监督用仪器仪表使用、操作、维护规程，规范仪器仪表管理。

5.2.3.3 应建立金属监督用仪器仪表设备台账，根据检验、使用及更新情况进行补充完善。

5.2.3.4 根据检定周期和项目，制定金属监督仪器、仪表年度校验计划，按规定进行检验、送检和量值传递，对检验合格的可继续使用，对检验不合格的送修或报废处理，保证仪器仪表有效性。

5.2.4 监督档案管理

5.2.4.1 电厂应按照本标准规定的文件、资料、记录和报告目录及格式要求，建立健全金属技术监督各项台账、档案、规程、制度和技术资料，确保技术监督原始档案和技术资料的完整性和连续性。

5.2.4.2 技术监督专责人应建立金属监督档案资料目录清册，根据监督组织机构的设置和设备的实际情况，明确档案资料的分级存放地点，并指定专人整理保管，及时更新。

5.2.5 制订监督工作计划

5.2.5.1 金属及锅炉压力容器技术监督专责人每年 11 月 30 日前应组织制订下年度技术监督工作计划，报送产业公司、区域公司，同时抄送西安热工研究院有限公司（以下简称"西安热工院"）。

5.2.5.2 电厂金属技术监督年度计划的制订依据至少应包括以下几个方面：

    a) 国家、行业、地方有关电力生产方面的政策、法规、标准、规程和反措要求；

    b) 集团公司、产业公司、区域公司、电厂技术监督管理制度和年度技术监督动态管理要求；

    c) 集团公司、产业公司、区域公司、电厂技术监督工作规划和年度生产目标；

d) 技术监督体系健全和完善化；

e) 人员培训和监督用仪器设备配备和更新；

f) 主、辅设备目前的运行状态；

g) 技术监督动态检查、预警、月（季）报提出问题的整改；

h) 收集的其他有关金属及锅炉压力容器设备和系统设计选型、制造、安装、运行、检修、技术改造等方面的动态信息。

5.2.5.3 电厂金属技术监督工作计划应实现动态化，即各专业每季度应制订金属技术监督工作计划。年度（季度）监督工作计划应包括以下主要内容：

a) 技术监督组织机构和网络完善；

b) 监督管理标准、技术标准规范制定及修订计划；

c) 人员培训计划（主要包括内部培训、外部培训取证，标准规范宣贯）；

d) 技术监督例行工作计划；

e) 检修期间应开展的技术监督项目计划；

f) 监督用仪器仪表检定计划；

g) 技术监督自我评价、动态检查和复查评估计划；

h) 技术监督预警、动态检查等监督问题整改计划；

i) 技术监督定期工作会议计划。

5.2.5.4 电厂应根据上级公司下发的年度技术监督工作计划，及时修订补充本单位年度技术监督工作计划，并发布实施。

5.2.5.5 金属及锅炉压力容器监督专责人每季度对金属及锅炉压力容器监督各部门的监督计划的执行情况进行检查，对不满足监督要求的通过技术监督不符合项通知单的形式下发到相关部门进行整改，并对金属及锅炉压力容器监督的相关部门进行考评。技术监督不符合项通知单编写格式见附录 M。

5.2.6 监督报告管理

5.2.6.1 金属及锅炉压力容器监督速报的报送

当电厂发生重大监督指标异常，受监控设备重大缺陷、故障和损坏事件，火灾事故等重大事件后 24h 内，应将事件概况、原因分析、采取措施按照附录 N 的格式，以速报的形式报送产业公司、区域公司和西安热工院。

5.2.6.2 金属及锅炉压力容器监督季报的报送

金属及锅炉压力容器技术监督专责人应按照附录 O 的季报格式和要求，组织编写上季度金属及锅炉压力容器技术监督季报。经电厂归口职能管理部门汇总于每季度首月 5 日前，将全厂技术监督季报报送产业公司、区域公司和西安热工院。

5.2.6.3 金属及锅炉压力容器监督年度工作总结报告的报送

a) 金属及锅炉压力容器技术监督专责人应于每年 1 月 5 日前编制完成上年度技术监督工作总结报告，并将总结报告报送产业公司、区域公司和西安热工院。

b) 年度监督工作总结报告主要内容应包括以下几方面：

1) 主要监督工作完成情况、亮点和经验与教训；

2) 设备一般事故、危急缺陷和严重缺陷统计分析；

3) 监督存在的主要问题和改进措施；

4） 下年度工作思路、计划、重点和改进措施。

5.2.7 监督例会管理

5.2.7.1 电厂每年至少召开两次厂级技术监督工作会，会议由电厂技术监督领导小组组长主持，检查评估、总结、布置金属及锅炉压力容器技术监督工作，对技术监督中出现的问题提出处理意见和防范措施，形成会议纪要，按管理流程批准后发布实施。

5.2.7.2 金属及锅炉压力容器专业每季度至少召开一次技术监督工作会议，会议由金属及锅炉压力容器监督专责人主持并形成会议纪要。

5.2.7.3 例会主要内容包括：

a） 上次监督例会以来金属及锅炉压力容器监督工作开展情况；

b） 设备及系统的故障、缺陷分析及处理措施；

c） 金属及锅炉压力容器监督存在的主要问题及解决措施/方案；

d） 上次监督例会提出问题整改措施完成情况的评价；

e） 技术监督工作计划发布及执行情况、监督计划的变更；

f） 集团公司技术监督季报、监督通讯、新颁布的国家标准、行业标准规范、监督新技术学习交流；

g） 金属及锅炉压力容器监督需要领导协调及其他部门配合和关注的事项；

h） 至下次监督例会时间内的工作要点。

5.2.8 监督预警管理

5.2.8.1 金属及锅炉压力容器监督三级预警项目见附录 P，电厂应将三级预警识别纳入日常金属及锅炉压力容器监督管理和考核工作中。

5.2.8.2 对于上级监督单位签发的预警通知单（见附录 Q），电厂应认真组织人员研究有关问题，制定整改计划，整改计划中应明确整改措施、责任部门、责任人和完成日期。

5.2.8.3 问题整改完成后，电厂应按照验收程序要求，向预警提出单位提出验收申请，经验收合格后，由验收单位填写预警验收单（见附录 R），并报送预警签发单位备案。

5.2.9 监督问题整改

5.2.9.1 整改问题的提出

a） 上级或技术监督服务单位在技术监督动态检查、预警中提出的整改问题；

b） 《火电技术监督报告》中明确的集团公司或产业公司、区域公司督办问题；

c） 《火电技术监督报告》中明确的电厂需要关注及解决的问题；

d） 电厂金属及锅炉压力容器监督专责人每季度对各部门金属及锅炉压力容器监督计划的执行情况进行检查，对不满足监督要求提出的整改问题。

5.2.9.2 问题整改管理

a） 电厂收到技术监督评价报告后，应组织有关人员会同西安热工院或技术监督服务单位，在两周内完成整改计划的制订和审核，整改计划编写格式见附录 S，并将整改计划报送集团公司、产业公司、区域公司，同时抄送西安热工院或技术监督服务单位。

b） 整改计划应列入或补充列入年度监督工作计划，电厂按照整改计划落实整改工作，并将整改实施情况及时在技术监督季报中总结上报。

c） 对整改完成的问题，电厂应保存问题整改相关的试验报告、现场图片、影像等技术资料，作为问题整改情况及实施效果评估的依据。

5.2.10 监督评价与考核

5.2.10.1 电厂应将"金属（含锅炉压力容器）技术监督工作评价表"中的各项要求纳入日常金属锅炉压力容器监督管理工作中，"金属（含锅炉压力容器）技术监督工作评价表"见附录 T。

5.2.10.2 按照"金属（含锅炉压力容器）技术监督工作评价表"（见附录 T）中的要求，编制完善各项金属及锅炉压力容器技术监督管理制度和规定，并认真贯彻执行；完善各项金属及锅炉压力容器监督的日常管理和记录，加强受监设备的运行技术监督和检修技术监督。

5.2.10.3 电厂应定期对技术监督工作开展情况组织自我评价，对不满足监督要求的不符合项以通知单的形式下发到相关部门进行整改，并对相关部门及责任人进行考核。

5.3 各阶段监督重点工作

5.3.1 金属监督

5.3.1.1 设计与设备选型阶段的监督

a) 新建（扩建）工程设备选型应依据国家、行业相关的现行标准和反事故措施的要求，以及工程的实际需要，提出金属监督的意见和要求。

b) 参加工程设计审查。对设备选材提出要求，审查设备材料是否满足强度及塑性韧性要求；对设备所选用的材料提出性能及组织、理化要求（高温及室温强度、塑性、韧性、微观组织、硬度）、制造工艺、焊接及热处理要求，设备检验比例及方法要求等方面提出金属监督的要求。

c) 参加设备采购合同审查和设备技术协议签订。对设备的选材、性能和结构等提出金属监督的意见。

d) 审核无损检测、理化检验试验仪器仪表及装置的配置和选型，提出金属监督的具体要求，并签字认可。

e) 参加设计联络会。对设计中的技术问题、招标方与投标方，以及各投标方之间的接口问题提出金属监督的意见和要求，应将设计联络结果形成的文件归档，并监督设计联络结果的执行。

5.3.1.2 监造和出厂验收阶段的监督

a) 根据 DL/T 438 和本标准的规定，对相关的金属监督受监设备进行监造和出厂验收，对备品备件进行质量检验与验收。

b) 参加设备监造监理合同的签订。落实采购合同对设备监造方式和项目的要求；提出对设备监理单位的工作要求，如对监督人员素质的要求、监造周报的报送、制造中出现不合格项时的处置等。

c) 监造过程中应保持与设备监理单位沟通，随时掌握设备的制造质量，出现问题及时消除。有条件时，可派生产运营阶段的金属监督人员参与设备监造。

d) 出厂试验、检验按相关标准及规程进行，并完成订货合同或协议中明确增加的试验、检验项目，应全部合格。

e) 监造工作结束后，监造人员应及时出具监造报告。监造报告应包括产品结构叙述、监造内容、方式、要求和结果，并如实反映产品制造过程中出现的问题及处理的方法和结果等。

5.3.1.3 安装和投产验收阶段的监督

a) 重要设备运输至现场后，应按照订货合同和相关标准进行验收，并形成验收报告。重点检查可能影响设备运行安全性能的材质出厂证明文件、焊接质量检验记录、热处理记录、无损检测报告、合格证及水压试验、密封性试验报告等文件。

b) 安装实施工程监理时，应对监理单位的工作提出金属监督的意见，如要求监理方派遣工作经验丰富的监理工程师常驻施工现场，负责对安装工程全过程进行见证、检查、监督，以确保设备安装质量。

c) 安装结束后，应按国家、行业、企业标准及订货技术协议的要求进行设备验收。重要设备的主要试验项目应由具备相应资质和试验能力的单位进行检验。

d) 技术资料交接：

1) 基建单位应按时向建设单位移交全部基建技术资料。建设单位资料档案室应及时将资料清点、整理、归档。

2) 验收合格后，移交的技术资料包括（但不限于）设备原始图纸、安装施工图纸、使用说明书、出厂合格证及质量证明书、出厂及投运检定证书、备品配件清单、验收单等，各类技术资料应归档保存。

5.3.1.4 运行阶段的监督

a) 建立健全试验仪器仪表台账，编制试验仪器仪表校验计划，定期送到有检验资质的单位校验。新购置的仪器仪表检验、校验合格后，方可使用。

b) 对外委项目的焊接、热处理检验检测、校验等人员资质证书进行审核。

c) 及时编写试验报告，并按报告审核程序进行审核；外委试验报告应经试验单位审批后，由金属监督专责人验收。

d) 定期检查技术工器具并做好维修保管。

e) 相关运行和检修人员对设备进行巡视、检查和记录。发现异常时，应予以消除；带缺陷运行的设备应加强运行监视，必要时应有应急预案。

f) 加强对运行设备的运行监测和数据分析。如锅炉受热面管运行中超温、超压记录，高温管道超温超压记录、部件检验缺陷记录等。

5.3.1.5 检修阶段的监督

a) 根据本标准的要求，结合本厂年度机组检修计划和受监设备的实际运行状况，编制金属监督检验计划。

b) 检修过程中，应按检修文件包的要求进行工艺和质量控制，执行质监点（W、H点）技术监督及三级（班组、专业、厂级）现场验收，当场签字。

c) 检修后应按本标准的要求进行验收，合格后方可投入运行。

d) 检修完毕，及时编写检验报告及监督总结并履行审核手续，有关检修资料应归档。

5.3.2 锅炉压力容器监督

5.3.2.1 制造阶段的监督

a) 对锅炉、压力容器的制造质量，应按照 DL 612 的要求实行监检。监检内容和要求按照 TSG G0001、TSG R0004、TSG R7004、能源外〔1992〕215 号、国能安全〔2014〕161 号，以及 DL/T 586、DL 612、DL 647、DL 5190.2 的规定执行。

b) 检验机构进行检验前应编制检验大纲。大纲中应明确受检单位必须提供的原始资料，明确检验依据，明确文件见证和现场抽查项目等。

5.3.2.2 安装阶段的监督

a) 应选择有资质的检验单位实施安装质量监督检验，监检内容和要求按照主席令第四号、TSG G0001、TSG R0004、TSG G7001、TSG R7004、国能安全〔2014〕161号，以及 DL 612 和 DL 647 的规定执行，检验机构进行检验前应编制检验大纲，大纲中应明确受检单位必须提供的原始资料，明确检验依据，明确文件见证和现场抽查项目等。

b) 锅炉压力容器安装过程中安装质量由安装单位负责。锅炉压力容器安全监督专责工程师应对安装单位的焊接、无损检测、光谱、金相和热处理人员的资质进行审查，并留底以备查验，对各种检验结果文件进行抽查。要求安装工作全部完成并经 168h（300MW 以下机组电站锅炉经过 72h）调试运行后，安装单位应按 DL 612 的要求移交所有资料。

5.3.2.3 使用过程的监督

a) 电厂锅炉、压力容器的安全管理人员应对设备使用状况进行经常性检查，作业过程中发现事故隐患或者其他不安全因素，应当立即向有关负责人报告；设备运行不正常时，作业人员应当按照操作规程采取有效措施保证安全。

b) 电厂应当按照 GB/T 12145 和 DL/T 912 的规定，做好水处理工作，保证水汽质量。无可靠的水处理措施，锅炉不应投入运行。

5.3.2.4 检修过程的监督

a) 应按主席令第四号、TSG G0001、TSG R0004 等规定实行定期检验，定期检验应选择有资质的检验单位实施。

b) 检验机构进行检验前应根据 TSG G7001、TSG R7001、TSG R5002，以及 DL 647 的规定和锅炉压力容器实际安全状况编制检验大纲。大纲中应明确受检单位必须提供的原始资料，明确检验依据，明确文件见证和现场抽查项目等。

6 监督评价与考核

6.1 评价内容

6.1.1 金属及锅炉压力容器监督评价内容见附录 T。

6.1.2 金属及锅炉压力容器监督评价内容分为技术监督管理、技术监督标准执行两部分，总分为 1000 分，其中监督管理评价部分包括 8 个大项 31 个小项共 400 分，监督标准执行部分包括 5 个大项 43 个小项共 600 分，每项检查评分时，如扣分超过本项应得分，则扣完为止。

6.2 评价标准

6.2.1 被评价的电厂按得分率高低分为四个级别，即优秀、良好、合格、不符合。

6.2.2 得分率不低于 90%的为"优秀"；80%～90%（不含 90%）的为"良好"；70%～80%（不含 80%）的为"合格"；低于 70%的为"不符合"。

6.3 评价组织与考核

6.3.1 技术监督评价包括集团公司技术监督评价、属地电力技术监督服务单位技术监督评价、电厂技术监督自我评价。

6.3.2 集团公司定期组织西安热工院和公司内部专家，对电厂技术监督工作开展情况、设备状态进行评价，评价工作按照集团公司《电力技术监督管理办法》规定执行，分为现场评价和定期评价。

6.3.2.1 集团公司技术监督现场评价按照集团公司年度技术监督工作计划中所列的电厂名单和时间安排进行。各电厂在现场评价实施前应按附录 T 进行自查，编写自查报告。西安热工院在现场评价结束后三周内，应按照集团公司《电力技术监督管理办法》附录 C 的格式要求完成评价报告，并将评价报告电子版报送集团公司安生部，同时发送产业公司、区域公司及电厂。

6.3.2.2 集团公司技术监督定期评价按照集团公司《电力技术监督管理办法》及本标准的要求和规定，对电厂生产技术管理情况、机组障碍及非计划停运情况、金属及锅炉压力容器监督报告的内容符合性、准确性、及时性等进行评价，通过年度技术监督报告发布评价结果。

6.3.2.3 集团公司对严重违反技术监督制度、由于技术监督不当或监督项目缺失、降低监督标准而造成严重后果、对技术监督发现问题不进行整改的电厂，予以通报并限期整改。

6.3.3 电厂应督促属地技术监督服务单位依据技术监督服务合同的规定，提供技术支持和监督服务，依据相关监督标准定期对电厂技术监督工作开展情况进行检查和评价分析，形成评价报告，并将评价报告电子版和书面版报送产业公司、区域公司及电厂。电厂应将报告归档管理，并落实问题整改。

6.3.4 电厂应按照集团公司《电力技术监督管理办法》及华能电厂安全生产管理体系要求建立完善技术监督评价与考核管理标准，明确各项评价内容和考核标准。

6.3.5 电厂应每年按附录 T，组织安排金属及锅炉压力容器监督工作开展情况的自我评价，根据评价情况对相关部门和责任人开展技术监督考核工作。

附 录 A

（规范性附录）

火力发电厂金属监督专责工程师职责

A.1 贯彻执行国家、行业、上级公司、本单位有关金属监督的各项管理制度、导则、规程、标准、技术措施。

A.2 在本单位技术监督主管领导的领导下，负责组织本单位金属监督工作的开展。

A.3 负责建立和完善本单位金属监督网络。

A.4 负责制定或修订本单位的金属监督相关规章制度和实施细则。

A.5 负责或组织及时编写和上报本单位金属监督工作计划和工作总结。

A.6 参与新建机组安全前、安装过程中和在役机组检修中的金属监督工作，负责制定或审定机组安装前、安装过程和检修中金属监督检验项目计划。

A.7 负责及时组织编写和上报金属监督报表、大修工作总结、事故分析报告和其他专题报告。

A.8 负责或参与机组安装前、安装过程和检修中金属技术监督中发现问题的处理。

A.9 负责焊接、热处理、金属检验人员的资质审查，以及焊接工艺、检验方案和工作质量的监督；参与对焊工的培训考核工作。

A.10 负责督促金属监督工作的实施和定期检查。

A.11 负责各种检查工作中提出的金属监督问题的整改落实。

A.12 负责组织建立、健全金属监督档案。

附 录 B

（资料性附录）

火力发电厂常用金属材料和重要部件国内外技术标准

B.1 国内标准

GB 713—2008　锅炉和压力容器用钢板

GB 5310—2008　高压锅炉用无缝钢管

GB 13296—2013　锅炉、热交换器用不锈钢无缝钢管

GB 50660—2011　大中型火力发电厂设计规范

GB/T 1220—2007　不锈钢棒

GB/T 1221—2007　耐热钢棒

GB/T 3077—1999　合金结构钢技术条件

GB/T 8732—2004　汽轮机叶片用钢

GB/T 12459—2005　钢制对焊无缝管件

GB/T 16507—2013　水管锅炉

GB/T 19624—2004　在用含缺陷压力容器安全评定

GB/T 20410—2006　涡轮机高温螺栓用钢

GB/T 20490—2006　承压无缝和焊接（埋弧焊除外）钢管分层缺欠的超声检测

GB/T 22395—2008　锅炉钢结构设计规范

GB/T 30579—2014　承压设备损伤模式识别

GB/T 30580—2014　电站锅炉主要承压部件寿命评估技术导则

GB/T 30583—2014　承压设备焊后热处理规程

DL 473—1992　大直径三通锻件技术条件

DL 612—1996　电力工业锅炉压力容器监察规程

DL 647—2004　电站锅炉压力容器检验规程

DL 5190.2—2012　电力建设施工技术规范　第 2 部分：锅炉机组

DL 5190.3—2012　电力建设施工技术规范　第 3 部分：汽轮发电机组

DL 5190.5—2012　电力建设施工技术规范　第 5 部分：管道及系统

DL/T 370—2010　承压设备焊接接头金属磁记忆检测

DL/T 439—2006　火力发电厂高温紧固件技术导则

DL/T 441—2004　火力发电厂高温高压蒸汽管道蠕变监督规程

DL/T 505—2005　汽轮机主轴焊缝超声波探伤规程

DL/T 515—2004　电站弯管

DL/T 586—2008　电力设备监造技术导则

DL/T 616—2006　火力发电厂汽水管道与支吊架维修调整导则

DL/T 654—2009　火电机组寿命评估技术导则

DL/T 674—1999　火电厂用 20 号钢珠光体球化评级标准

DL/T 678—2013　电站钢结构焊接通用技术条件

DL/T 679—2012　焊工技术考核规程

DL/T 694—2012　高温紧固螺栓超声检测技术导则

DL/T 695—2014　电站钢制对焊管件

DL/T 714—2011　汽轮机叶片超声波检验技术导则

DL/T 715—2000　火力发电厂金属材料选用导则

DL/T 717—2013　汽轮发电机组转子中心孔检验技术导则

DL/T 718—2014　火力发电厂三通及弯头超声波检测

DL/T 748.1—2001　火力发电厂锅炉机组检修导则　第1部分：总则

DL/T 752—2010　火力发电厂异种钢焊接技术规程

DL/T 753—2001　汽轮机铸钢件补焊技术导则

DL/T 773—2001　火电厂用12Cr1MoV钢球化评级标准

DL/T 785—2001　火力发电厂中温中压管道（件）安全技术导则

DL/T 786—2001　碳钢石墨化检验及评级标准

DL/T 787—2001　火力发电厂用15CrMo钢珠光体球化评级标准

DL/T 819—2010　火力发电厂焊接热处理技术规程

DL/T 820—2002　管道焊接接头超声波检验技术规程

DL/T 821—2002　钢制承压管道对接焊接接头射线检验技术规程

DL/T 850—2004　电站配管

DL/T 868—2014　焊接工艺评定规程

DL/T 869—2012　火力发电厂焊接技术规程

DL/T 874—2004　电力工业锅炉压力容器安全监督管理（检验）工程师资格考试规则

DL/T 882—2004　火力发电厂金属专业名词术语

DL/T 884—2004　火电厂金相检验与评定技术导则

DL/T 905—2004　汽轮机叶片焊接修复技术导则

DL/T 925—2005　汽轮机叶片涡流检验技术导则

DL/T 930—2005　整锻式汽轮机实心转子体超声波检验技术导则

DL/T 931—2005　电力行业理化检验人员资格考核规则

DL/T 939—2005　火力发电厂锅炉受热面管监督检验技术导则

DL/T 940—2005　火力发电厂蒸汽管道寿命评估技术导则

DL/T 991—2006　电力设备金属光谱分析技术导则

DL/T 999—2006　电站用2.25Cr-1Mo钢球化评级标准

DL/T 1105.1—2010　电站锅炉集箱小口径接管座角焊缝无损检测技术导则　第1部分：通用要求

DL/T 1105.2—2010　电站锅炉集箱小口径接管座角焊缝无损检测技术导则　第2部分：超声检测

DL/T 1105.3—2010　电站锅炉集箱小口径接管座角焊缝无损检测技术导则　第3部分：涡流检测

DL/T 1105.4—2010　电站锅炉集箱小口径接管座角焊缝无损检测技术导则　第4部分：

磁记忆检测

DL/T 1161—2012　超（超）临界机组金属材料及结构部件检验技术导则

DL/T 5054—1996　火力发电厂汽水管道设计技术规定

DL/T 5210.2—2009　电力建设施工质量验收及评价规程　第2部分：锅炉机组

DL/T 5210.3—2009　电力建设施工质量验收及评价规程　第3部分：汽轮发电机组

DL/T 5210.5—2009　电力建设施工质量验收及评价规程　第5部分：管道及系统

DL/T 5210.7—2010　电力建设施工质量验收及评价规程　第7部分：焊接

DL/T 5366—2014　发电厂汽水管道应力计算技术规程

DL/T 5174—2003　燃气—蒸汽联合循环电厂设计规定

JB/T 1266—2014　25MW～200MW汽轮机轮盘及叶轮锻件　技术条件

JB/T 1269—2014　汽轮发电机磁性环锻件　技术条件

JB/T 1581—2014　汽轮机、汽轮发电机转子和主轴锻件超声检测方法

JB/T 1582—2014　汽轮机叶轮锻件超声检测方法

JB/T 3073.5—1993　汽轮机用铸造静叶片　技术条件

JB/T 3375—2002　锅炉用材料入厂验收规则

JB/T 4730—2005　承压设备无损检测

JB/T 5263—2005　电站阀门铸钢件技术条件

JB/T 6315—1992　汽轮机焊接工艺评定

JB/T 6439—2008　阀门受压件磁粉探伤检验

IB/T 6440—2008　阀门受压铸钢件射线照相检验

JB/T 7024—2014　300MW及以上汽轮机缸体铸钢件　技术条件

JB/T 7027—2014　300MW及以上汽轮机转子体锻件　技术条件

JB/T 7030—2014　汽轮发电机Mn18Cr18N无磁性护环锻件　技术条件

JB/T 8707—2014　300MW以上汽轮机无中心孔转子锻件　技术条件

JB/T 8708—2014　300MW～600MW汽轮发电机无中心孔转子锻件　技术条件

JB/T 9625—1999　锅炉管道附件承压铸钢件　技术条件

JB/T 9626—1999　锅炉锻件　技术条件

JB/T 9628—1999　汽轮机叶片　磁粉探伤方法

JB/T 9632—1999　汽轮机主汽管和再热汽管的弯管　技术条件

NB/T 47008—2010　承压设备用碳素钢和合金钢锻件

NB/T 47010—2010　承压设备用不锈钢和耐热钢锻件

NB/T 47014—2011　承压设备焊接工艺评定

NB/T 47015—2011　压力容器焊接规程

NB/T 47044—2014　电站阀门

B.2　国外标准

ASME SA—106/ASME SA-106M　高温用无缝碳钢公称管

ASME SA—193/ASME SA-193M　高温用合金钢和不锈钢螺栓材料

ASME SA—194/ASME SA-194M　高温高压螺栓用碳钢和合金钢螺母

ASME SA—209/ASME SA-209M　锅炉和过热器用无缝碳钼合金钢管子

ASME SA—210/ASME SA-210M　锅炉和过热器用无缝中碳钢管子

ASME SA—213/ASME SA-213M　锅炉、过热器和换热器用无缝铁素体和奥氏体合金钢管子

ASME SA—299/ASME SA-299M　压力容器用碳锰硅钢板

ASME SA—335/ASME SA-335M　高温用无缝铁素体合金钢公称管

ASME SA—672/ASME SA-672M　中温高压用电熔化焊钢管

ASME SA—691/ASME SA-691M　高温、高压用碳素钢和合金钢电熔化焊钢管

ASTM A182/182M　高温用锻制或轧制合金钢和不锈钢法兰、锻制管件、阀门和部件

ASTM A209/A209M　锅炉和过热器用无缝碳钼合金钢管子

ASTM A213/A213M　锅炉、过热器和换热器用无缝铁素体和奥氏体合金钢管子

ASTM A234/A234M　中温与高温下使用的锻制碳素钢及合金钢管配件

ASTM A335/A335M　高温用无缝铁素体合金钢公称管

ASTM A515/515M　中温及高温压力容器用碳素钢板

ASTM A691/A691M　高温下高压装置用电熔焊碳素钢和合金钢管的标准规范

BS EN 10222　承压用钢制锻件

BS EN 10295　耐热钢铸件

DIN EN 10216　承压用无缝钢管交货技术条件

EN 10095　耐热钢和镍合金

EN 10246　钢管无损检测

JIS G3203　高温压力容器用合金钢锻件

JIS G3463　锅炉、热交换器用不锈钢管

JIS G4107　高温用合金钢螺栓材料

JIS G5151　高温高压装置用铸钢件

ГОСТ 5520　锅炉和压力容器用碳素钢、低合金钢和合金钢板技术条件

ГОСТ 5632　耐蚀、耐热及热强合金钢牌号和技术条件

ГОСТ 18968　汽轮机叶片用耐蚀及热强钢棒材和扁钢

ГОСТ 20072　耐热钢技术条件

附　录　C
（资料性附录）

火力发电厂常用金属材料钢号对照表

表 C.1　火力发电厂常用金属材料钢号对照表

钢材种类	中国 GB	美国 ASME	日本 JIS	德国 DIN/欧洲 EN	俄罗斯 ГОСТ	捷克 CSN
碳钢	Q235A 20G	SA106A/B/C SA210A/ C SA283Gr.C	STB42	St45.8/III H II	20 20K	12022
低合金钢	15MoG	SA209 T1, T1a, T1b SA 335P1	STBA12	15Mo3	16M	150020
	15CrMoG	SA213T12, T11 SA335P12, P11 SA182F12, F11 SA387Gr.11, Gr.12	STBA22, STPA22 STBA23, STPA23	13CrMo44	15XM	15121
	12Cr2MoG	SA213T22 SA335P22 SA182F22 SA387Gr.22	STBA24 STPA24	10CrMo910		15313
	12CrMoVG			14MoV63	12XMФ	15123 15128
	12Cr1MoVG			12Cr1MoV	12XMФ	
	12Cr2MoWVTiB （G102）					
	07Cr2MoW2VNbB	SA213T23 SA335P23	HCM2S 住友	7Cr W VMoNb9-6	—	—
		SA213T24 SA335P24		7CrMoVTiB10-10		
	15Ni1MnMoNbCu	SA213T36 SA335P36	15NiCuMoNb5 （WB36）	15NiCuMoNb-5-6-4	—	—
马氏体钢	10Cr9Mo1VNbN	SA213T91 SA335P91 SA182F91 SA387Gr.91	STPA28 NF616	X10CrMoVNb9-1	—	—
	10Cr9Mo1W1VNbBN	SA213T911 SA335P911	—	X11CrMoWVNb 9-1-1E911	—	—

表 C.1（续）

钢材种类	中国 GB	美国 ASME	日本 JIS	德国 DIN/欧洲 EN	俄罗斯 ГОСТ	捷克 CSN
马氏体钢	10Cr9MoW2VNbBN	SA213T92 SA335P92 SA182F92 SA387Gr.92		X10CrWMoVNb9-2		
	10Cr11MoW2VNbCu1BN	SA213T122 SA335P122 SA182F122 SA387Gr.122	HCM12A 住友 SUS410J3DTB 三菱			
				X20CrMoV12-1 X20CrMoWV12-1	1Х12В2МФ 2Х12В2МФ	
奥氏体不锈钢	07Cr19Ni10	TP304H	SUS304TB SUS304TP	X5CrNi18-10		
	10Cr18Ni9NbCu3BN	S30432	Super304H 住友			
	07Cr25Ni21NbN （HR3C）	TP310HCbN S31042	S31042			
	06Cr17Ni12Mo2	TP 316	SUS316			
	07Cr19Ni11Ti	TP321H	SUS 321H TB	X7CrNiTi18-10		
	07Cr18Ni11Nb	TP347H	SUS 347H TB	X7CrNiNb18-10		
	07Cr18Ni11NbFG	TP347HFG				

附 录 D

（资料性附录）

火力发电厂常用焊接材料及管道焊接工艺卡

表 D.1　火力发电厂常用金属材料及对应焊接材料、化学成分表

序号	钢　号	焊材	C	Si	Mn	P	S	Cr	Mo	V	Cu	Ni	Ti	Nb
1	20G、SA-105C、SA-106C、SA-210C、Q235-A（A3）、15MnSi、16MnA672B70CL32、SA-181CL70	焊丝 TIG-J50	0.065	0.66	1.22	0.017	0.007				0.15			
		焊条 J507	0.072	0.40	1.05	0.016	0.011	0.06	< 0.01			0.01		
2	12X1МΦ、12CrMoV、15X1M1Φ、15Cr1Mo1V	焊丝 TIG-R31	0.050	0.53	0.75	0.009	0.006	1.14	0.50	0.23				
		焊条 R317	0.050	0.6	0.9	0.007	0.005	1.30	0.8	0.35				
3	SA-213T/P2、15CrMoG、SA-213T12、SA-335P12、A335P11、SA-182F12CL1、SA-182F11CL1、SA-182F12CL2	焊丝 TIG-R30	0.053	0.57	0.85	0.008	0.007	1.16	0.50					
		焊条 R307	0.062	0.24	0.73	0.016	0.013	1.22	0.54					
4	SA-182F22CL1、A691Gr2-1/4CrCL22、SA-213T22、SA-335P22、10CrMo910、A691Cr-1/4CL22、A6911Cr-1/4CL22、12Cr2Mol	焊丝 TIG-R40L	0.025	0.57	0.77	0.020	0.005	2.20	0.97		0.09			
		焊条 R407	0.087	0.38	0.69	0.018	0.010	2.15	1.05					
5	12X18H12T	焊丝 TIG-308	0.058	0.32	1.76	0.019	0.014	19.58	0.05			9.83	0.54	
		焊丝 ER-321	0.051	0.51	1.47	0.026	0.006	19.23	0.10		0.22	9.15	0.52	
6	15NiCuMoNb5（WB36）	焊丝 Union I Mo	0.10	0.63	1.19	0.008	0.013	0.05	0.48	0.0003	0.006	0.04		
		焊条 SHSchwarz3K Ni	0.07	0.28	1.26	0.007	0.006	0.05	0.45	0.005	0.03	0.97		

表 D.1（续）

序号	钢号	焊材	C	Si	Mn	P	S	Cr	Mo	V	Cu	Ni	Ti	Nb
7	SA213-T91 SA335-P91	焊丝 MTS-3	0.107	0.23	0.57	0.008	0.002	8.92	0.93	0.215	0.04	0.65	0.05	0.063
		焊条 Chromo 9V	0.09	0.23	0.64	0.008	0.008	8.80	0.99	0.18	0.04	0.60	Al: 0.04	0.050
		焊条 Chromo T91	0.10	0.24	0.56	0.012	0.005	8.72	0.95	0.21	0.02	0.58	0.003	0.040
8	SA213-T91 SA335-P91	焊丝 TGS-9cb	0.08	0.13	1.01	0.007	0.007	9.06	0.88	0.18	0.12	0.74		
		焊条 C9MVφ2.5	0.10	0.30	0.70	0.008	0.004	9.0	0.9	0.2		0.7		
		焊条 C9MVφ3.2	0.008	0.20	0.52	0.008	0.004	8.62	0.86	0.21	0.04	0.7		
9	SA213-T92 SA335-P92	焊丝 Thermanit MTS616	0.106	0.36	0.49	0.007	0.002	8.72	0.42	0.213	0.04	0.50	W: 1.54	0.07
		焊条 Thermanit MTS616	0.10	0.34	0.52	0.007	0.002	8.83	0.52	0.215	0.05	0.60	W: 1.67	0.049
10	SA213-T122 SA335-P122	焊丝 TGS-12CRS	0.09	0.32	0.49	0.010	0.002	10.16	0.29	0.21	1.44	1.13	W: 1.65	0.05
		焊条 CR-12S	0.09	0.22	0.79	0.006	0.002	10.13	0.19	0.19	1.49	0.93	W: 1.41	0.03
11	SA213-T23 SA335P23	焊丝 Union I P23	0.07	0.42	0.57	0.006	0.003	2.09	0.02	0.212	0.005	0.005	W: 1.69	
		焊条 Thermant P23	0.07	0.31	0.54	0.011	0.006	2.24	0.02	0.220	0.05	0.03	W: 1.55	
12	SA213-TP347H	焊丝 TGS-347	≤ 0.08	0.30 ~ 0.65	1.0~ 2.50	≤ 0.030	≤ 0.030	19~ 21.5	≤ 0.75		≤ 0.75	9.0~ 11.0		8XC-1
		焊丝 ER316H	0.04 ~ 0.08	0.30 ~ 0.65	1.0~ 2.50	≤ 0.030	≤ 0.030	18.0 ~ 20.0	2.0~ 3.0			11.0 ~ 14.0		
13	SA213-Super304H SA213TP310HCbN （HR3C）	焊丝 YT-34H	0.1	0.23	3.20	0.001	0.004	18.36	0.85		3.04	16.16		0.62
		焊丝 ERNiCr3	0.004	0.05	3.17	0.002	0.005	20.22	0.01		0.01	73.23		2.71
14	0Cr18Ni9Ti	焊丝 H0Cr25Ni20	0.058	0.25	1.98	0.024	0.010	25.87				20.78		
15	1Cr18Ni9Ti 12X18H10T	焊丝 H1Cr18 Ni9Ti	0.055	0.48	1.70	0.023	0.006	18.6				9.16	0.68	
16	3RE60	焊丝 Sandvik 22.8.3L	< 0.020	0.50	1.6	0.020	0.015	23.0	3.2			9.0		
17	SAF-2507	焊丝 Sandvik 25.10.4L	< 0.020	0.30	0.40	0.020	0.020	25.0	4.0			9.50		

表 D.1（续）

序号	钢 号	焊材	C	Si	Mn	P	S	Cr	Mo	V	Cu	Ni	Ti	Nb
18	SAF-2304	焊丝 Sandvik 23.7L	< 0.020	0.040	1.50	0.020	0.015	23.0				7.00		
19	SAF-2205	焊丝 Sandvik 22.9.3L	< 0.030	< 0.90	0.80	0.030	0.025	22.0	3.0			9.0		

表 D.2　碳钢大径管焊接工艺卡

部件名称		碳钢大径管		工艺评定编号		
部件材质		20G、SA-106C、SA-106B		部件规格		$\phi \geqslant 273mm \times （30 \sim 80）mm$
焊接方法		Ws/Ds		焊接位置		5G
接头要求	接头形式	管对接	10° 10 1~2 60° 3~4			
	坡口形式	双 V 形				
	钝边厚度	1mm～2mm				
	对口间隙	3mm～4mm				
	坡口打磨	两侧 30mm 范围				
焊接材料	焊条	J507/ϕ3.2、ϕ4.0		钨极		Wce20/ϕ2.5
	焊丝	J50/ϕ2.5		氩气		纯度≥99.95%
氩弧焊	氩气流量	8L/min～10L/min	背部保护		充氩流量	
焊前预热	加热方法	电加热	温度	100℃～200℃	层间温度	100℃～400℃
热处理	加热方法	电加热	升降温速度	$v_{升降} \leqslant （6250/\delta）$ ℃/h		
	温度	600℃～650℃	恒温时间	1.5h～2.5h		
焊接特性	焊层道号	焊接方法	焊条（丝）及规格	电流极性	电流范围 A	电压范围 V
	第 1 层	Ws	TIG -J50/ϕ2.5	直流正接	90～110	10～12
	第 2 层	Ds	J507/ϕ3.2	直流反接	100～120	20～25
	第 3 层	Ds	J507/ϕ4.0	直流反接	130～170	20～25
	第 4 层～12 层	Ds	J507/ϕ4.0	直流反接	130～170	20～25
	盖面层	Ds	J507/ϕ4.0	直流反接	140～160	20～25
编制：			审核：		批准：	

表 D.3　1Cr-0.5Mo 材质大径管焊接工艺卡

部件名称	1Cr-0.5Mo 材质大径管焊接工艺卡			工艺评定编号		
部件材质	15CrMoG、SA-335P12 等			部件规格	（ϕ150～ϕ750）×（30～80）mm	
焊接方法	Ws/Ds			焊接位置	5G（水平固定）	
接头要求	接头形式	管对接				
	坡口形式	U 形				
	钝边厚度	1mm～2mm				
	对口间隙	2mm～3mm				
	坡口打磨	两侧 20mm 范围				
焊接材料	焊条	R307/ϕ3.2、ϕ4.0		钨极	Wce20/ϕ2.5	
	焊丝	TIG-R30/ϕ2.5		氩气	纯度≥99.95%	
氩弧焊	氩气流量	8L/min～10L/min	背部保护		充氩流量	
焊前预热	加热方法	电加热	温度	150℃～250℃	层间温度	150℃～400℃
热处理	加热方法	电加热	升降温速度	（6250/δ）℃/h 且不大于 300℃		
	温度	670℃～700℃	恒温时间	1.5h～2.5h		
焊接特性	焊层道号	焊接方法	焊条（丝）及规格	电流极性	电流范围 A	电压范围 V
	第 1 层	Ws	TIG-R31/ϕ2.5	直流正接	100～120	10～12
	第 2 层	Ds	R307/ϕ3.2	直流反接	100～120	20～25
	第 3 层	Ds	R307/ϕ4.0	直流反接	110～130	20～26
	第 4 层	Ds	R307/ϕ4.0	直流反接	140～160	20～26
	第 5 层	Ds	R307/ϕ4.0	直流反接	150～170	20～26
	第 6 层	Ds	R307/ϕ4.0	直流反接	150～170	20～26
	第 7 层	Ds	R307/ϕ4.0	直流反接	150～170	20～26
	其他层	Ds	R307/ϕ4.0	直流反接	150～170	20～26
	盖面层	Ds	R307/ϕ4.0	直流反接	150～170	20～26
编制：		审核：			批准：	

表 D.4　12Cr1MoVG 大径管焊接工艺卡

部件名称	合金大径管（12Cr1MoVG）		工艺评定编号		
适应部件材质	12Cr1MoV		适应部件规格	$\phi \geqslant 150mm \times$（$36 \sim 80$）mm	
焊接方法	Ws/Ds		焊接位置	5G	
接头要求	接头形式	管对接			
	坡口形式	U 形			
	钝边厚度	1mm～2mm			
	对口间隙	2mm～3mm			
	坡口打磨	两侧 30mm 范围			
焊接材料	焊条	R317/ϕ3.2、ϕ4.0		钨极	Wce20/ϕ2.5
	焊丝	TIG-R31/ϕ2.5		氩气	纯度≥99.95%
氩弧焊	氩气流量	8L/min～10L/min	背部保护		充氩流量
焊前预热	加热方法	电加热	温度	200℃～300℃	层间温度	200℃～400℃
热处理	加热方法	电加热	升温降速度	$v_{升降} \leqslant$（6250/δ）℃/h	
	温度	720℃～750℃	恒温时间	1.5h～4h	
焊接特性	焊层道号	焊接方法	焊条（丝）及规格	电流极性	电流范围 A	电压范围 V
	第 1 层	Ws	TIG-R31/ϕ2.5	直流正接	100～120	10～12
	第 2 层	Ds	R317/ϕ3.2	直流反接	100～120	20～25
	第 3 层	Ds	R317/ϕ3.2	直流反接	110～130	20～25
	第 4 层	Ds	R317/ϕ4.0	直流反接	140～160	20～25
	第 5 层	Ds	R317/ϕ4.0	直流反接	150～170	20～25
	第 6 层	Ds	R317/ϕ4.0	直流反接	150～170	20～25
	其他层	Ds	R317/ϕ4.0	直流反接	150～170	20～25
	盖面层	Ds	R317/ϕ4.0	直流反接	150～170	20～25
编制：		审核：		批准：	

图示说明：10°～15°、R、1～2、2～3

表 D.5 1Cr18Ni9Ti 等不锈钢材质小径管焊接工艺卡

部件名称	1Cr18Ni9Ti 等不锈钢材质小径管焊接		工艺评定编号	
适应部件材质	0Cr18Ni9、0Cr18Ni9Ti、1Cr18Ni9Ti、TP304H		适应部件规格	1.5mm≤δ≤6mm
焊接方法	Ws		焊接位置	5G（水平固定）

接头要求	接头形式	管对接	
	坡口形式	V 形	
	钝边厚度	1mm	
	对口间隙	1mm～3mm	
	坡口打磨	两侧 20mm 范围	

焊接材料	焊条		钨极	Wce20/φ2.5
	焊丝	H1Cr18Ni9Ti/φ2.4；ER-321/φ2.4、ER308/φ2.4	氩气	纯度≥99.95%

氩弧焊	氩气流量	8L/min～11L/min	背部保护	坡口充氩	充氩流量	3L/min～6L/min

焊前预热	加热方法		温度		层间温度	≤150℃

热处理	加热方法		升降温速度			
	温度		恒温时间			

焊接特性	焊层道号	焊接方法	焊条（丝）及规格	电流极性	电流范围 A	电压范围 V
	第1层	Ws	ER-321/φ2.4	直流正接	90～110	9～11
	第2层	Ws	ER-321/φ2.4	直流正接	90～110	9～11

编制：	审核：	批准：

表 D.6 T91 材质焊接工艺卡

部件名称		T91 材质焊接工艺卡		工艺评定编号		
适应部件材质		SA-213T91	适应部件规格		8mm≤δ≤16mm	
焊接方法		Ws/Ds	焊接位置		5G（水平固定）	
接头要求	接头形式	管对接				
	坡口形式	V 形				
	钝边厚度	1mm				
	对口间隙	1mm～3mm				
	坡口打磨	两侧 20mm 范围				
焊接材料	焊条	Chromo 9V/ϕ2.5		钨极		Wce20/ϕ2.5
	焊丝	MTS3/ϕ2.4		氩气		纯度≥99.95%
氩弧焊	氩气流量	8L/min～12L/min	背部保护	坡口充氩	充氩流量	8L/min～10L/min
焊前预热	加热方法	火焰	温度	150℃～200℃	层间温度	100℃～300℃
热处理	加热方法	电加热	升降温速度 $v_{升降}$		$v_{升降}$≤150℃/h	
	温度	750℃～770℃	恒温时间		1h	

焊接特性	焊层道号	焊接方法	焊条（丝）规格	电流极性	电流范围 A	电压范围 V
	第 1 层	Ws	MTS3/ϕ2.4	直流正接	80～100	9～11
	第 2 层	Ds	Chromo 9V/ϕ2.5	直流反接	65～85	20～22
	第 3 层	Ds	Chromo 9V/ϕ2.5	直流反接	65～85	20～22

编制：	审核：	批准：

表 D.7 P91 材质大径管焊接工艺卡

部件名称	P91 材质大径管焊接工艺卡		工艺评定编号	
适应部件 材质	SA335P91	适应部件规格	δ≥40mm	
焊接方法	Ws/Ds	焊接位置	5G（水平固定）	

接头要求	接头形式	管对接		
	坡口形式	双 V 形		
	钝边厚度	1mm～2mm		
	对口间隙	3mm～4mm		
	坡口打磨	两侧 20mm 范围		

| 焊接材料 | 焊条 | 9V　φ3.2 | 钨极 | Wce20/φ2.5 |
| | 焊丝 | MTS3 φ2.4 | 氩气 | 纯度≥99.95% |

| 氩弧焊 | 氩气流量 | 8L/min～
12L/min | 背部保护 | 坡口充氩 | 充氩流量 | 12L/min～
30L/min |

| 焊前预热 | 加热方法 | 电加热 | 温度 | 氩弧焊：
150℃～200℃
电焊：
200℃～250℃ | 层间温度 | 氩弧焊：
100℃～300℃
电焊：
200℃～300℃ |

| 热处理 | 加热方法 | 电加热 | 升降温速度 $v_{升降}$ | $v_{升降}$≤150℃/h | | |
| | 温度 | 750℃～770℃ | 恒温时间 | 5h | | |

焊接特性	焊层道号	焊接方法	焊条（丝）规格	电流极性	电流范围 A	电压范围 V
	第 1 层第 1 道	Ws	MTS3/φ2.4	直流正接	80～100	9～11
	第 2 层 第 1 道～2 道	Ws	MTS3/φ2.4	直流正接	90～110	9～11
	第 3 层 第 1 道～2 道	Ds	Chromo 9V/φ3.2	直流反接	100～125	20～24
	第 4 层～12 层 第 1 道～2 道	Ds	Chromo 9V/φ3.2	直流反接	110～130	20～24
	第 13 层～14 层 第 1 道～3 道	Ds	Chromo 9V/φ3.2	直流反接	110～130	20～24
	第 15 层 第 1 道～5 道	Ds	Chromo 9V/φ3.2	直流反接	110～130	20～24

| 编制： | 审核： | 批准： |

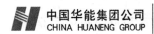
表 D.8 T92 材质焊接工艺卡

部件名称		T92 材质焊接工艺卡			工艺评定编号		
适应部件材质		SA-213T92		适应部件规格	8mm≤δ≤16mm		
焊接方法		Ws		焊接位置	5G（水平固定）		
接头要求	接头形式	管对接					
	坡口形式	V 形					
	钝边厚度	1mm					
	对口间隙	1mm～3mm					
	坡口打磨	两侧 20mm 范围					
焊接材料	焊条	—			钨极	Wce20/φ2.5	
	焊丝	MTS616 ER90S-Gφ2.4			氩气	纯度≥99.95%	
氩弧焊	氩气流量	8L/min～12L/min	背部保护	坡口充氩	充氩流量	8L/min～10L/min	
焊前预热	加热方法	火焰	温度	150℃～200℃	层间温度	150℃～250℃	
热处理	加热方法	电加热	升降温速度 $v_{升降}$	$v_{升降}$≤150℃/h			
	温度	750℃～770℃	恒温时间	2h			
焊接特性	焊层道号	焊接方法	焊条（丝）规格	电流极性	电流范围 A	电压范围 V	
	第 1 层	Ws	MTS616φ2.4	直流正接	100～115	9～11	
	第 2 层	Ws	MTS616φ2.4	直流正接	115～120	9～11	
	第 3 层 第 1 道～2 道	Ws	MTS616φ2.4	直流正接	115～120	9～11	
	第 4 层 第 1 道～2 道	Ws	MTS616φ2.4	直流正接	120～125	9～11	
	第 5 层 第 1 道～2 道	Ws	MTS616φ2.4	直流正接	120～125	9～11	
编制：		审核：			批准：		

接头图示：30°，1～3

表 D.9　P92 材质焊接工艺卡

部件名称		P92 材质焊接工艺卡		工艺评定编号		
适应部件材质		SA335P92	适应部件规格		$\delta \geqslant 45mm$	
焊接方法		Ws/Ds	焊接位置		5G（水平固定）	
接头要求	接头形式	管对接				
	坡口形式	双 V 形				
	钝边厚度	1mm～2mm				
	对口间隙	3mm～4mm				
	坡口打磨	两侧 20mm 范围				
焊接材料	焊条	MTS616 E9015-G ϕ3.2		钨极	Wce20/ϕ2.5	
	焊丝	MTS616 ER90S-G ϕ2.4		氩气	纯度≥99.95%	
氩弧焊	氩气流量	8L/min～12L/min	背部保护	坡口充氩	充氩流量	12L/min～30L/min
焊前预热	加热方法	电加热	温度	氩弧焊：150℃～200℃ 电焊：200℃～250℃	层间温度	氩弧焊：100℃～250℃ 电焊：200℃～250℃
热处理	加热方法	电加热	升降温速度 $v_{升降}$	$v_{升降} \leqslant 150℃/h$		
	温度	750℃～770℃	恒温时间	6.5h		

焊接特性	焊层道号	焊接方法	焊条（丝）规格	电流极性	电流范围 A	电压范围 V
	第 1 层第 1 道	Ws	MTS616 ϕ2.4	直流正接	90～100	10～12
	第 2 层 第 1 道～2 道	Ws	MTS616 ϕ2.4	直流正接	110～120	10～12
	第 3 层～5 层 第 1 道	Ds	MTS616 ϕ3.2	直流反接	100～120	21～26
	第 6 层～16 层 第 1 道～2 道	Ds	MTS616 ϕ3.2	直流反接	110～125	21～26
	第 17 层～23 层 第 1 道～3 道	Ds	MTS616 ϕ3.2	直流反接	110～130	21～26
	第 24 层 第 1 道～3 道	Ds	MTS616 ϕ4.0	直流反接	110～130	22～28

编制：	审核：	批准：

831

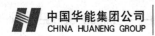

表 D.10   15NiCuMoNb5 大径管焊接工艺卡

部件名称	15NiCuMoNb5 材质焊接工艺卡		工艺评定编号	
适应部件材质	15NiCuMoNb5		适应部件规格	$\delta \geqslant 30mm$
焊接方法	Ws/Ds		焊接位置	5G（水平固定）

接头要求	接头形式	管对接	
	坡口形式	双 V 形	
	钝边厚度	1mm～2mm	
	对口间隙	3mm～4mm	
	坡口打磨	两侧 20mm 范围	

焊接材料	焊条	T Phoeinix 3 K Ni ϕ3.2、ϕ4.0	钨极	Wce20/ϕ2.5
	焊丝	T Union GT Mo ϕ2.4	氩气	纯度≥99.95%

氩弧焊	氩气流量	8L/min～12L/min	背部保护	—	充氩流量	—

焊前预热	加热方法	电加热	温度	150℃～200℃	层间温度	150℃～350℃

热处理	加热方法	电加热	升降温速度 $v_{升降}$	$v_{升降} \leqslant 150℃/h$	
	温度	580℃～600℃	恒温时间	2h	

焊接特性	焊层道号	焊接方法	焊条（丝）规格	电流极性	电流范围 A	电压范围 V
	第 1 层	Ws	GT Mo ϕ2.4	直流正接	90～110	9～11
	第 2 层～3 层	Ds	3 K Ni ϕ3.2	直流反接	110～130	20～25
	第 4 层～8 层	Ds	3 K Ni ϕ4.0	直流反接	140～160	20～25
	第 9 层 第 1 道～2 道	Ds	3 K Ni ϕ3.2	直流反接	100～120	20～25

编制：	审核：	批准：

表 D.11 TP347H 小径管焊接工艺卡

部件名称	TP347H 不锈钢材质焊接		工艺评定编号		
适应部件材质	TP347H		适应部件规格	$\delta \leqslant 16mm$	
焊接方法	Ws		焊接位置	6G（45°固定）	

接头要求	接头形式	管对接			
	坡口形式	V 形			
	钝边厚度	1mm			
	对口间隙	1mm～3mm			
	坡口打磨	两侧 20mm 范围			

焊接材料	焊条	—		钨极	Wce20/ϕ2.5
	焊丝	H0Cr19Ni9Nb/ϕ2.4；TGS347/ϕ2.4		氩气	纯度≥99.95%

氩弧焊	氩气流量	8L/min～12L/min	背部保护	坡口充氩	充氩流量	8L/min～12L/min

焊前预热	加热方法	—	温度	—	层间温度	≤150℃

热处理	加热方法	—	升降温速度		—	
	温度	—	恒温时间		—	

焊接特性	焊层道号	焊接方法	焊条（丝）规格	电流极性	电流范围 A	电压范围 V
	第1层	Ws	H0Cr19Ni9Nb/ϕ2.4	直流正接	80～100	9～11
	第2层	Ws	H0Cr19Ni9Nb/ϕ2.4	直流正接	90～110	9～11
	第3层第1道	Ws	H0Cr19Ni9Nb/ϕ2.4	直流正接	90～110	9～11
	第3层第2道	Ws	H0Cr19Ni9Nb/ϕ2.4	直流正接	90～110	9～11
	第4层第1道	Ws	H0Cr19Ni9Nb/ϕ2.4	直流正接	80～100	9～11
	第4层第2道	Ws	H0Cr19Ni9Nb/ϕ2.4	直流正接	80～100	9～11

编制：	审核：	批准：

表 D.12　S30432 小径管焊接工艺卡

部件名称	SA-213S30432（Super304H）不锈钢材质焊接		工艺评定编号	
适应部件材质	SA-213S30432（Super304H）		适应部件规格	$\delta \leqslant 16mm$
焊接方法	Ws		焊接位置	6G（45°固定）

接头要求	接头形式	管对接	
	坡口形式	V 形	
	钝边厚度	1mm	
	对口间隙	1mm～3mm	
	坡口打磨	两侧 20mm 范围	

焊接材料	焊条	—		钨极	Wce20/ϕ2.5
	焊丝	YT304H 或 THERMANIT 617（无同材质焊材，可用此焊丝替代）/ϕ2.4		氩气	纯度≥99.95%

氩弧焊	氩气流量	8L/min～12L/min	背部保护	坡口充氩	充氩流量	10L/min～12L/min

焊前预热	加热方法	—	温度	—	层间温度	≤150℃

热处理	加热方法	—	升降温速度	—
	温度	—	恒温时间	—

焊接特性	焊层道号	焊接方法	焊条（丝）规格	电流极性	电流范围 A	电压范围 V
	第 1 层	Ws	YT304H/ϕ2.4	直流正接	90～95	9～11
	第 2 层	Ws	YT304H/ϕ2.4	直流正接	95～100	9～11
	第 3 层第 1 道	Ws	YT304H/ϕ2.4	直流正接	95～100	9～11
	第 3 层第 2 道	Ws	YT304H/ϕ2.4	直流正接	95～100	9～11
	第 4 层第 1 道	Ws	YT304H/ϕ2.4	直流正接	90～95	9～11
	第 4 层第 2 道	Ws	YT304H/ϕ2.4	直流正接	90～95	9～11

编制：	审核：	批准：

表 D.13 HR3C 小径管焊接工艺卡

部件名称	TP310HCbN 不锈钢材质焊接		工艺评定编号	
适应部件材质	TP310HCbN、HR3C		适应部件规格	$\delta \leqslant 16mm$
焊接方法	Ws		焊接位置	6G（45°固定）

接头要求	接头形式	管对接			
	坡口形式	V 形			
	钝边厚度	1mm			
	对口间隙	1mm～3mm			
	坡口打磨	两侧 20mm 范围			

焊接材料	焊条	—		钨极	Wce20/ϕ2.5
	焊丝	T–HR3C 或 THERMANIT 617（无同材质焊材，可用此焊丝替代）/ϕ2.4		氩气	纯度≥99.95%

氩弧焊	氩气流量	8L/min～12L/min	背部保护	坡口充氩	充氩流量	10L/min～12L/min

焊前预热	加热方法	—	温度	—	层间温度	≤150℃

热处理	加热方法	—	升降温速度		—	
	温度	—	恒温时间		—	

焊接特性	焊层道号	焊接方法	焊条（丝）规格	电流极性	电流范围 A	电压范围 V	焊接速度 mm/min
	第 1 层	Ws	T-HR3C/ϕ2.4	直流正接	90～100	10～14	70～80
	第 2 层～7 层	Ws	T-HR3C/ϕ2.4	直流正接	90～100	10～14	70～80

编制：		审核：		批准：

附　录　E

（资料性附录）

火力发电厂常用金属材料的化学成分、力学性能

表 E.1　火力发电厂常用金属材料的化学成分

化学成分（质量分数，%）

序号	钢号	标准号	C	Mn	Si	Cr	Mo	V	Ni	Ti	B	N	W	Nb	Cu	S	P
1	A106B	ASTM A106	≤0.30	0.29~1.06	≥0.10	0.40	≤0.15	≤0.08	≤0.40	—	—	—	—	—	≤0.40	≤0.035	≤0.035
2	A106C	ASTM A106	≤0.35	0.29~1.06	≥0.10	0.40	≤0.15	≤0.08	≤0.40	—	—	—	—	—	—	≤0.035	≤0.035
3	T12		0.05~0.15	0.30~0.61	≤0.50	0.80~1.25	0.44~0.65	—	—	—	—	—	—	—	—	≤0.025	≤0.025
4	T22	ASTM A213	0.05~0.15	0.30~0.60	≤0.50	1.90~2.60	0.87~1.06	—	—	—	—	—	—	—	—	≤0.025	≤0.025
5	T23		0.04~0.10	0.10~0.60	0.030	1.90~2.60	0.05~0.30	0.20~0.30	Al: 0.030	—	0.0005~0.006	0.03	1.45~1.75	0.02~0.08	—	0.010	0.030
6	T24		0.05~0.10	0.30~0.70	0.15~0.45	2.20~2.60	0.90~1.10	0.20~0.30	Al: 0.02	0.06~0.10	0.0015~0.007	0.012	—	—	—	0.020	0.030
7	12Cr1MoV		0.08~0.15	0.40~0.70	0.17~0.37	0.90~1.20	0.25~0.35	0.15~0.30	—	—	—	—	—	—	—	0.010	0.025
8	12Cr2MoWVTiB	GB 5310	0.08~0.15	0.45~0.65	0.45~0.75	1.60~2.10	0.50~0.65	0.28~0.42	—	0.08~0.18	0.0020~0.0080	—	0.30~0.55	—	—	0.015	0.025
9	T91	ASTM A213	0.07~0.14	0.30~0.60	0.010	8.0~9.5	0.85~1.05	0.20~0.3	0.40	0.01	Zr: 0.01	0.030~0.070	—	0.06~0.1	—	0.010	0.020

表E.1（续）

化学成分（质量分数，%）

序号	牌号 钢号	标准号	C	Mn	Si	Cr	Mo	V	Ni	Ti	B	N	W	Nb	Cu	S	P
10	T92	ASTM A213	0.07~0.13	0.30~0.60	0.50	8.5~9.5	0.30~0.60	0.15~0.25	0.40	0.01	0.001~0.006	0.030~0.070	1.5~2.0	0.04~0.09	Zr: 0.01	0.010	0.020
11	T122		0.07~0.14	0.70	0.50	10.0~11.5	0.25~0.60	0.15~0.30	0.50	0.01	0.0005~0.005	0.040~0.100	1.50~2.50	0.04~0.10	0.30~1.70	0.010	0.020
12	T911		0.09~0.13	0.30~0.60	0.10~0.50	8.5~9.5	0.90~1.10	0.18~0.25	0.40	0.01	0.0003~0.003	0.040~0.090	0.90~1.10	0.06~0.10	Zr: 0.01	0.010	0.020
13	TP304H		0.04~0.10	2.00	1.00	18.0~20.0	—	—	8.0~11.0	—	—	—	—	—	—	0.030	0.045
14	TP310HCbN		0.04~0.10	2.00	1.00	24.0~26.0	—	—	19.0~22.0	—	—	0.15~0.35	—	0.20~0.60	—	0.030	0.045
15	TP321H		0.04~0.10	2.00	1.00	17.0~19.0	—	—	9.0~12.0	4×(C+N)~0.70	—	—	—	—	—	0.030	0.045
16	TP347H		0.04~0.10	2.00	1.00	17.0~19.0	—	—	9.0~13.0	—	—	—	—	8×C~1.10	—	0.030	0.045
17	TP347HFG		0.06~0.10	2.00	1.00	17.0~19.0	—	—	9.0~13.0	—	—	—	—	8×C~1.10	—	0.030	0.045
18	S30432		0.07~0.13	1.00	0.30	17.0~19.0	—	—	7.5~10.5	—	0.001~0.010	0.05~0.12	Al: 0.003~0.030	0.30~0.60	2.5~3.5	0.010	0.040
19	P12	ASME SA335	0.05~0.15	0.30~0.61	≤0.50	0.80~1.25	0.44~0.65	—	—	—	—	—	—	—	—	0.025	0.025
20	P22		0.05~0.15	0.30~0.60	≤0.50	1.90~2.60	0.87~1.13	—	—	—	—	—	—	—	—	0.025	0.025

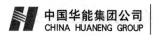
表 E.1（续）

序号	牌号		化学成分（质量分数，%）													
	标准号	钢号	C	Mn	Si	Cr	Mo	V	Ni	Ti	B	N	W	Nb	Cu	S	P
21	ASME SA335	P91	0.08~0.12	0.30~0.60	0.20~0.50	8.00~9.50	0.85~1.15	0.18~0.25	0.40	—	—	0.030~0.070	Al: ≤0.44	0.04~0.10	—	0.010	0.020
22		P92	0.07~0.13	0.30~0.60	≤0.50	8.50~9.50	0.30~0.60	0.15~0.25	0.40	—	0.001~0.006	0.03~0.70	1.5~2.00	0.04~0.09	Al: ≤0.04	0.010	0.020
23		P122	0.07~0.14	≤0.70	≤0.50	10.00~12.50	0.25~0.60	0.15~0.30	0.40	Al: ≤0.040	0.0005~0.005	0.040~0.100	1.50~2.50	0.04~0.10	0.30~1.70	0.010	0.020
24		P911	0.09~0.13	0.30~0.60	0.10~0.50	8.50~9.50	0.90~1.10	0.18~0.25	0.40	Al: ≤0.040	0.0003~0.006	0.04~0.09	0.90~1.10	0.060~0.10	Al: ≤0.04	0.010	0.020
25	DL/T 439	35	0.32~0.40	0.50~0.80	0.17~0.37	≤0.25	—	—	≤0.25	—	—	—	—	—	—	≤0.035	≤0.035
26		45	0.42~0.50	0.50~0.80	0.17~0.37	≤0.25	—	—	≤0.25	—	—	—	—	—	—	≤0.035	≤0.035
27		20CrMo	0.17~0.24	0.40~0.70	0.17~0.37	0.80~1.10	0.15~0.25	—	≤0.30	—	—	—	—	—	—	≤0.035	≤0.035
28		35CrMoA	0.32~0.40	0.40~0.70	0.17~0.37	0.80~1.10	0.15~0.25	—	≤0.30	—	—	—	—	—	0.25	≤0.025	≤0.025
29		42CrMoA	0.38~0.45	0.50~0.80	0.17~0.37	0.90~1.20	0.15~0.25	—	≤0.30	—	—	—	—	—	0.25	≤0.025	≤0.025
30		25Cr2MoVA	0.22~0.29	0.40~0.70	0.17~0.37	1.50~1.80	0.25~0.35	0.15~0.35	≤0.30	—	—	—	—	—	≤0.25	≤0.025	≤0.025
31		25Cr2Mo1VA	0.22~0.29	0.40~0.70	0.17~0.37	2.10~2.50	0.90~1.10	0.30~0.50	≤0.30	—	—	—	—	—	≤0.25	≤0.025	≤0.025
32		20Cr1Mo1V1A	0.180~0.25	0.30~0.60	0.17~0.37	1.00~1.30	0.80~1.10	0.70~1.10	≤0.40	—	—	—	—	—	≤0.25	≤0.025	≤0.025

表 E.1（续）

化学成分（质量分数，%）

序号	牌号																	
	钢号	标准号	C	Mn	Si	Cr	Mo	V	Ni	Ti	B	N	W	Nb	Cu	S	P
33	20Cr1Mo1VNbTiB		0.17~0.23	0.40~0.65	0.40~0.60	0.90~1.30	0.75~1.00	0.50~0.70	≤0.30	0.05~0.14	0.001~0.005	—	—	0.11~0.22	≤0.25	≤0.025	≤0.025
34	20Cr1Mo1VTiB		0.17~0.23	0.40~0.60	0.40~0.60	0.90~1.30	0.75~1.00	0.45~0.65	≤0.30	0.16~0.28	0.001~0.005	—	—	—	≤0.25	≤0.025	≤0.025
35	2Cr12Ni1Mo1W1V（C422）	DL/T 439	0.020~0.25	0.50~1.00	≤0.50	11.00~12.50	0.90~1.25	0.20~0.30	0.50~1.00	—	—	—	0.90~1.25	—	≤0.25	≤0.025	≤0.025
36	R26		≤0.08	≤1.00	≤1.50	16.0~20.0	2.50~3.50	2.50~3.50	35.0~39.0	2.50~3.00	≤0.01	Al: 0.40~1.00	Co: 18.0~22.0	Fe余量	≤0.50	≤0.030	≤0.030
37	GH4145		≤0.08	≤0.35	≤0.35	14.0~17.0	Mg: ≤0.010	Fe: 5.0~9.0	≥70	2.25~2.75	≤0.01	—	Zr≤0.050	Co≤1.00	≤0.50	≤0.010	≤0.015

表 E.2　火力发电厂常用金属材料的力学性能

序号	牌　　号		常温力学性能				
	钢号	标准号	R_e MPa	R_m MPa	A %	A_{kv} J	硬度 HBW
1	A106B	ASTM A106	≥240	≥415	≥22	—	—
2	A106C		≥275	≥485	≥20	—	—
3	T12	ASTM A213	220	415	30	—	163
4	T22						
5	T23		400	510	20	—	220
6	T24		415	585	20		
7	12Cr1MoV	GB 5310	255	470～640	21	40	—
8	12Cr2MoWVTiB		345	540～735	18	40	—
9	T91	ASTM A213	415	585	20	—	250
10	T92		440	620	20		250
11	T122		400	620	20		250
12	T911		440	620	20		250
13	TP304H		205	515	35	—	191
14	TP310HCbN		295	655	30		256
15	TP321H		205	515	35		192
16	TP347H		205	515	35		192
17	TP347HFG		205	550	35		192
18	S30432		235	590	35		219
19	P12	ASME SA335	220	415	22		
20	P22		205	415	22		
21	P91		415	585	20	—	250
22	P92		440	620	20		250
23	P122		440	620	20		250
24	P911		440	620	20		250
25	35	DL/T 439	265	510	18	55	146～196
26	45		353	637	16	39	187～229
27	20CrMo		490	637	14	55	
28	35 CrMoA		590[a]	765[a]	14[a]	47	241～285[a]
			686[b]	834[b]	12[b]		255～311[b]

表 E.2（续）

序号	牌 号		常温力学性能				
	钢号	标准号	R_e MPa	R_m MPa	A %	A_{kv} J	硬度 HBW
29	42 CrMoA	DL/T 439	660[c]	790[c]	16	47	248～311[c]
			720[d]	860[d]			255～321[d]
30	25 Cr2MoV A		686	785	15	47	248～293
31	25Cr2Mo1V A		685	785	15	47	248～293
32	20Cr1Mo1V1 A		637	735	15	59	248～293
33	20Cr1Mo1VNbTiB		735	834	12	39	252～302
34	20Cr1Mo1VTiB		685	785	14	39	255～293
35	2Cr12NiMo1W1V （C422）		760	930	14	—	277～331
36	R26		555	1000	14	—	262～331
37	GH4145		550	1000	12	—	262～331

[a] 螺栓直径＞50mm。
[b] 螺栓直径≤50mm。
[c] 螺栓直径＞65mm。
[d] 螺栓直径≤65mm。

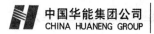
附 录 F

（规范性附录）

火力发电厂常用金属材料硬度值范围

表 F.1 火力发电厂常用金属材料硬度值范围

材　料	标准及要求 HB	控制范围 HB	备　注
210C	ASME SA210，≤179	130～179	
T1a、20MoG STBA12、15Mo3	ASME SA209，≤153	125～153	
T2、T11、T12、T21 T22、10CrMo910	ASME SA213，≤163	120～163	
P2、P11、P12、P21 P22、10CrMo910		125～179	
P2、P11、P12、P21 P22、10CrMo910 类管件		130～197	
T23	ASME SA213，≤220	150～220	
T24	ASME SA213，≤250	180～250	
T/P91、T/P92 T911、T/P122	ASME SA213，≤250 ASME SA335，≤250	180～250	
（T/P91、T/P92、T911、 T/P122）焊缝		180～270	
WB36	ASME SA335，≤252	180～252	
A515、A106B、A106C A672 B70 类管件		130～197	
12CrMoG	GB/T 3077，≤179	120～179	
15CrMoG	NB/T 47008，118～180 （R_m：440～610） NB/T 47008，115～178 （R_m：430～600）	118～180 115～178	
12Cr1MoVG	GB/T 3077，≤179	135～179	
15Cr1Mo1V		135～180	
F2	ASME SA182，143～192	143～192	
F11，1级	ASME SA182，121～174	121～174	锻制或轧制管件、 阀门和部件
F11，2级	ASME SA182，143～207	143～207	
F11，3级	ASME SA182，156～207	156～207	

表 F.1（续）

材　料	标准及要求 HB	控制范围 HB	备　注
F12，1级	ASME SA182，121～174	121～174	锻制或轧制管件、阀门和部件
F12，2级	ASME SA182，143～207	143～207	
F22，1级	ASME SA182，≤170	130～170	
F22，3级	ASME SA182，156～207	156～207	
F91	ASME SA182，≤248	175～248	
F92	ASME SA182，≤269	180～269	
F911	ASME SA182，187～248	187～248	
F122	ASME SA182，≤250	177～250	
20，Q245R	NB/T 47008，106～159	106～159	压力容器用碳素钢和低合金钢锻件、钢板
35，Q345R	NB/T 47008，136～200 （R_m：510～670） NB/T 47008，130～190 （R_m：490～640）	136～200 130～190	
16Mn	NB/T 47008，121～178 （R_m：450～600）	121～178	
20MnMo	NB/T 47008，156～208 （R_m：530～700） NB/T 47008，136～201 （R_m：510～680） NB/T 47008，130～196 （R_m：490～660）	156～208 136～201 130～196	
35CrMo	NB/T 47008，185～235 （R_m：620～790） NB/T 47008，180～223 （R_m：610～780）	185～235 180～223	
0Cr18Ni9 0Cr17Ni12Mo2	NB/T 47010，139～187 （R_m：520） NB/T 47010，131～187 （R_m：3490）	139～187 131～187	压力容器用不锈钢锻件
1Cr18Ni9	GB/T 1220，≤187	140～187	
0Cr17Ni12Mo2	GB/T 1220，≤187	140～187	
0Cr18Ni11Nb	GB/T 1220，≤187	140～187	
TP304H、TP316H、TP347H	ASME SA213，≤192	140～192	
1Cr13		192～211	动叶片
2Cr13		212～277	动叶片

表 F.1（续）

材　料	标准及要求 HB	控制范围 HB	备　注
1Cr11MoV		212～277	动叶片
1Cr12MoWV		229～311	动叶片
ZG20CrMo	JB/T 7024，135～180	135～180	
ZG15Cr1Mo	JB/T 7024，140～220	140～220	
ZG15Cr2Mo1	JB/T 7024，140～220	140～220	
ZG20CrMoV	JB/T 7024，140～220	140～220	
ZG15Cr1Mo1V	JB/T 7024，140～220	140～220	
35	DL/T 439，146～196	146～196	螺栓
45	DL/T 439，187～229	187～229	螺栓
20CrMo	DL/T 439，197～241	197～241	螺栓
35CrMo	DL/T 439，241～285	241～285	螺栓（直径 ＞50mm）
	DL/T 439，255～311	255～311	螺栓（直径 ≤50mm）
42CrMo	DL/T 439，248～311	248～311	螺栓（直径 ＞65mm）
	DL/T 439，255～321	255～321	螺栓（直径 ≤65mm）
25Cr2MoV	DL/T 439，248～293	248～293	螺栓
25Cr2Mo1V	DL/T 439，248～293	248～293	螺栓
20Cr1Mo1V1	DL/T 439，248～293	248～293	螺栓
20Cr1Mo1VTiB	DL/T 439，255～293	255～293	螺栓
20Cr1Mo1VNbTiB	DL/T 439，252～302	252～302	螺栓
2Cr12NiW1Mo1V	东方汽轮机厂标准	291～321	螺栓
2Cr11Mo1NiWVNbN	东方汽轮机厂标准	290～321	螺栓
45Cr1MoV	东方汽轮机厂标准	248～293	螺栓
20Cr12NiMoWV（C422）	DL/T 439，277～331	277～331	螺栓
R-26（Ni–Cr–Co 合金）	DL/T 439，262～331	262～331	螺栓
GH445	DL/T 439，262～331	262～331	螺栓
ZG20CrMo	JB/T 7024，135～180	135～180	汽缸
ZG15Cr1Mo ZG15Cr2Mo ZG20Cr1MoV ZG15Cr1Mo1V	JB/T 7024，140～220	140～220	汽缸

注：表中的 R_m 为材料的抗拉强度，单位为 MPa

附 录 G

（资料性附录）

火力发电厂常用金属材料热处理工艺及金相组织

表 G.1　火力发电厂常用金属材料热处理工艺及金相组织

耐 热 钢		供货热处理状态	金相组织
铁素体耐热钢	20G	热轧状态，880℃～940℃正火终轧温度≥900℃，可代替正火	珠光体＋铁素体
	T2/P2（12CrMo）	900℃～930℃正火＋670℃～720℃回火	珠光体＋铁素体
	T12/P12（15CrMo）	930℃～960℃正火＋680℃～720℃回火	珠光体＋铁素体
	12Cr1MoV	980℃～1020℃正火＋720℃～760℃回火	回火贝氏体或珠光体＋铁素体
	T22/P22（12Cr2MoG、2.25Cr-1Mo、10CrMo910）	900℃～960℃正火＋700℃～750℃回火或加热至 900℃～960℃，炉冷至 700℃，保温 1h	回火贝氏体或珠光体＋铁素体
	T23/P23（07Cr2MoW2VNbB）	1040℃～1080℃正火＋750℃～780℃回火	回火贝氏体
	T24/P24（7CrMoVTiB10-10）	（1000±10）℃正火＋（750±15）℃回火	回火贝氏体
	T91/P91（10Cr9Mo1VNbN）	1040℃～1080℃正火＋750℃～780℃回火	回火马氏体或回火索氏体
	T92/P92（10Cr9MoW2VNbBN、NF616）	1040℃～1080℃正火＋760℃～790℃回火	回火马氏体或回火索氏体
	T122/P122（10Cr11MoW2VNbCu1BN、HCM12A）	1040℃～1080℃正火＋760℃～790℃回火	回火马氏体
	T36/P36（15NiCuMoNb5-6-4、15Ni1MnMoNbCu、15NiCuMoNb5、9NiMnMoNb5、WB36）	壁厚≤30mm：880℃～980℃正火＋760℃～790℃回火；壁厚＞30mm：＞900℃淬火＋610℃～680℃回火或 880℃～980℃正火＋610℃～680℃回火	贝氏体＋铁素体＋索氏体或贝氏体＋铁素体
奥氏体耐热钢	TP304H	≥1040℃固溶处理	奥氏体
	TP347H	热轧（挤压、扩）：≥1050℃固溶处理；冷拔（轧）：≥1100℃固溶处理	奥氏体

表 G.1（续）

耐 热 钢		供货热处理状态	金相组织
奥氏体耐热钢	TP347HFG	≥1180℃固溶处理，急冷	奥氏体
	Super304H	≥1040℃固溶处理	奥氏体
	HR3C	≥1040℃固溶处理	奥氏体
	NF709	固溶处理	奥氏体

附　录　H
（资料性附录）
火力发电厂铸钢件（汽缸、阀门等）补焊焊接工艺

H.1　缺陷、损伤的清除

H.1.1　首先采用机械方法（角磨机打磨等方法）清除机械损伤部位金属及裂纹，边打磨边观察，采用渗透检测检查裂纹，直至裂纹全部消除。被挤突出的部分打磨平整，存在的裂纹已全部打磨去除。最后采用渗透检测确定裂纹全部去除。

H.1.2　打磨坡口为圆滑的 U 形坡口，这样可使填充金属量少。坡口两端也打磨成圆滑过渡，损伤及裂纹打磨消除后打磨坡口见图 H.1。

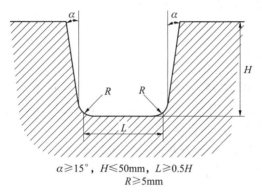

$\alpha \geq 15°$，$H \leq 50mm$，$L \geq 0.5H$
$R \geq 5mm$

图 H.1　U 形坡口示意图

H.2　制定焊接工艺并现场实施

H.2.1　参照 DL/T 869 和 DL/T 753 的要求，并根据现场实际条件，制定焊接修复工艺。

H.2.2　由于修复区域形状不规则，因此采用手工焊接。焊条电弧焊具有现场修复局部区域灵活、方便且速度快的优点，因此选用焊条电弧焊工艺。以下为焊接过程中需采取的措施。

a）　焊接方法：焊条电弧焊。

b）　焊接特点：异质冷焊工艺。

c）　焊材：采用镍基焊材（ENiCrFe-3 焊条）。

d）　焊条经过 350℃/2h 烘干，放置于焊条保温筒内，并通上电，随用随取。清理干净焊丝表面的油污、铁锈等污物，并采用无水酒精或丙酮清洗清理坡口及其附近 20mm 范围内区域。

e）　采用渗透探伤检测坡口及其附近 20mm 范围内无裂纹等缺陷。

f）　采用火焰预热，坡口及其周围 150mm 范围内温度必须达到 200℃～220℃，采用石棉等保温材料包扎。采用接触式测温仪以及远红外测温仪测温。

g）　电焊机、测温仪等仪器设备经过校验且在有效期内。

h）　焊工应该拥有相应的焊接资质。焊接开始之前技术人员进行详细技术交底。

i) 预热温度：高压内缸（ZG15Cr1Mo）焊接修复：180℃～220℃。

j) 打底用ϕ3.2 ENiCrFe-3焊条，在保证熔合良好的情况下，选用较小的焊接电流，以减小母材的稀释。焊接时采用连续焊，后焊道压先焊焊道的1/3，打底层应将坡口面全部覆盖。

k) 打底层焊完后，立即用石棉布等保温缓冷，至室温后进行宏观检查，重新按上述步骤预热焊接敷焊层，直至合格再继续焊接。

l) 根据DL/T 869的规定，焊接应在室温下（≥20℃）进行，在第2层焊接前加热到50℃后进行焊接，在整个焊接过程中，汽缸金属温度均小于100℃。

m) 采用多层多道焊；焊条不摆动。对长焊道采用分段焊的方法。

n) 收弧时将弧坑填满，焊后立即进行了锤击。锤击时应先锤击焊道中部，后锤击焊道两侧。锤痕应紧凑整齐，避免重复。使用的锤头尖端半径为10mm。

o) 焊接完成后包扎缓冷。

p) 冷却至室温后采用角磨机等粗磨，打磨焊缝，使其与周围形状相近，并留有精磨和抛光余量。

H.3 缺陷、损伤的清除

H.3.1 参照DL/T 869和DL/T 753的要求，并根据现场实际条件，制定焊接修复工艺。

H.3.2 焊接完成后进行精磨、粗磨、抛光。焊接完成后冷却到室温24h后进行渗透检测，未发现缺陷线性显示，焊缝无损检测合格。

H.3.3 焊缝及其附件母材的硬度检查要求参照DL/T 869的要求。

H.3.4 其他铸钢件（堵阀、主汽门、中压汽门等部件）的焊接修复工艺可参考汽缸的冷焊修复工艺。

附 录 I
（规范性附录）
火力发电厂常用金属材料组织老化评级标准

I.1 20G 钢显微组织老化评级标准按 DL/T 674 的规定执行。

I.1.1 20G 钢微观组织与球化评级见表 I.1。

表 I.1 20G 钢珠光体球化组织特征

球化名称	球化级别	组 织 特 征
未球化 （原始态）	1 级	球光体区域中的碳化物呈片状
倾向性球化	2 级	珠光体区域中的碳化物开始分散，珠光体形态明显
轻度球化	3 级	珠光体区域中的碳化物已分散，并逐渐向晶界扩散，珠光体形态尚明显
中度球化	4 级	珠光体区域中的碳化物已明显分散，并向晶界聚集，珠光体形态尚保留
完全球化	5 级	珠光体形态消失，晶界及铁素体基体上的球状碳化物已逐渐长大

I.1.2 20G 钢各个球化级别及其常温性能的相应数据见表 I.2。

表 I.2 20G 钢各个球化级别及其常温性能的相应数据（平均值）

性能指标	1 级	2 级	3 级	4 级	5 级
抗拉强度 σ_b MPa	455	423	416	382	363
屈服强度 $\sigma_{0.2}$ MPa	325	266	262	247	246
伸长率 δ_5 %	35	40	43	43	42
断面收缩率 ψ %	64	69	71	75	74
硬度 HB	141	127	126	120	116
显微硬度（铁素体）	124	111	105	100	95

I.2 15CrMo 钢显微组织老化评级标准按 DL/T 787 的规定执行。

I.2.1 15CrMo 钢微观组织与球化评级见表 I.3。

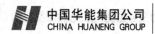

表 I.3　15CrMo 钢球光体球化组织特征

球化程度	球化级别	组织特征
未球化 （供货态）	1 级	珠光体区域明显，珠光体中的碳化物呈层片状
倾向性球化	2 级	珠光体区域完整，层片状碳化物开始分散，趋于球状化，晶界有少量碳化物
轻度球化	3 级	珠光体区域较完整，部分碳化物呈粒状，晶界碳化物的数量增加
中度球化	4 级	珠光体区域尚保留其形态，珠光体中的碳化物多数呈粒状，密度减小，晶界碳化物出现链状
完全球化	5 级	珠光体区域形态特征消失，只留有少量粒状碳化物，晶界碳化物聚集，粒度明显增大

I.2.2　15CrMo 钢各个球化级别及其常温性能的相应数据见表 I.4。

表 I.4　15CrMo 钢各及其常温性能的相应数据（平均值）

性能指标	1 级	2 级	3 级	4 级	5 级
抗拉强度 σ_b MPa	505	465	443	423	412
屈服强度 $\sigma_{0.2}$ MPa	332	322	296	280	277
伸长率 δ_5 %	36	35	36	39	40
断面收缩率 ψ %	76	72	71	70	73
硬度 HB	154	139	132	128	123
显微硬度（铁素体）	133	124	116	105	99

I.3　12Cr1MoVG 钢显微组织老化评级标准按 DL/T 773 的规定执行。

I.3.1　12Cr1MoVG 钢微观组织与球化评级见表 I.5。

表 I.5　12Cr1MoV 钢球化组织特征

球化程度	球化级别	组织特征
未球化 （原始态）	1	聚集形态的珠光体（贝氏体），珠光体（贝氏体）中的碳化物并非全部为片层状，有灰色块状区域存在
轻度球化	2	聚集形态的珠光体（贝氏体）区域已开始分散，其组成仍然较为致密，珠光体（贝氏体）保持原有的区域形态
中度球化	3	珠光体（贝氏体）区域内的碳化物已显著分散，碳化物已全部成小球状，但仍保持原有的区域形态

表 I.5（续）

球化程度	球化级别	组 织 特 征
完全球化	4	大部分碳化物已分布在铁素体晶界上,仅有极少量的珠光体(贝氏体)区域的痕迹
严重球化	5	珠光体(贝氏体)区域形态已完全消失,碳化物粒子在铁素体晶界上分布,出现双晶界现象

I.3.2　12Cr1MoV 钢常温抗拉强度与球化级别关系见图 I.1。

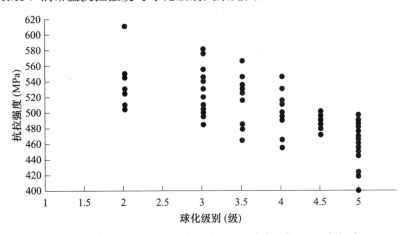

图 I.1　12Cr1MoV 钢常温抗拉强度与球化级别关系

12Cr1MoV 钢常温抗拉强度（平均值）与球化级别关系经验公式如下：

$$\sigma_b = -28.13E + 608.04$$

式中：

σ_b——抗拉强度，MPa；

E——球化级别，级。

I.4　2.25Cr-1Mo（P22/12Cr2MoG）钢显微组织老化评级标准按 DL/T 999 的规定执行。

I.4.1　2.25Cr-1Mo（P22/12Cr2MoG）钢微观组织与球化评级见表 I.6。

表 I.6　2.25Cr-1Mo 钢球光体球化组织特征

球化程度	球化级别	组 织 特 征
未球化 (原始态)	1 级	聚集形态的贝氏体,贝氏体中的碳化物呈粒状
倾向性球化	2 级	聚集状态的贝氏体区域已分散,部分碳化物分布于铁素体晶界上,贝氏体形态尚保留其形态
轻度球化	3 级	贝氏体区域内碳化物明显分散,碳化物呈球状分布于铁素体晶界上,贝氏体形态基本消失
中度球化	4 级	大部分碳化物分布在铁素体晶界上,部分呈链状
完全球化	5 级	晶界碳化物呈链状并长大
注：当 2.25Cr-1Mo 钢供货状态有少量珠光体存在时,珠光体的球化也可按此表规定评级		

I.4.2 2.25Cr-1Mo 钢球化与常温、高温短时力学性能对应关系见表 I.7。

表 I.7　2.25Cr-1Mo 钢球化与常温、高温短时力学性能对应关系

球化级别	室温								540℃				
	R_m MPa	$R_{P0.2}$ MPa	A %	Z %	A_{kU2} J	HB W	贝氏体		R_m MPa	$R_{P0.2}$ MPa	A %	Z %	A_{kU2} J
							$H_{10\mu}$	$H_{10\mu}$					
1 级	548	314	29	78	176	163	264	223	374	241	28	83	130
2 级	490	266	32	73	139	152	231	201	341	211	27	76	82
3 级	465	255	33	75	154	141	218	192	314	188	29	75	76
4 级	445	242	34	72	129	136	201	179	298	164	31	74	54
5 级	441	246	38	70	131	172	163		310	161	28	71	
注：取实验数据下限													

I.5 18Cr-8Ni 系列奥氏体不锈钢锅炉管显微组织老化评级依据《18Cr-8Ni 系列奥氏体不锈钢锅炉管显微组织老化评级标准》（送审稿）的规定执行。

I.5.1 该标准规定了 18Cr-8Ni 系列钢（07Cr19Ni10、07Cr19Ni11Ti、07Cr18Ni11Nb、08Cr18Ni11NbFG 及与其成分相近牌号的钢种）制造的过热器和再热器管在高温服役后的组织老化等级评定。10Cr18Ni9NbCu3BN、07Cr25Ni21NbN 及与其成分相近牌号钢锅炉管的组织老化等级评定可参照执行。

I.5.2 根据 18Cr-8Ni 奥氏体不锈（耐热）钢第二相析出的特性，按是否含有稳定化元素（Nb、Ti）将 18Cr-8Ni 型奥氏体不锈（耐热）钢分为非稳定化奥氏体不锈（耐热）钢（如 07Cr19Ni10）和稳定化奥氏体不锈（耐热）钢（如 07Cr19Ni11Ti、07Cr18Ni11Nb）两类。每类均从原始状态至完全老化分为 5 个级别，非稳定化奥氏体不锈（耐热）钢各级别的组织特征见表 I.8，稳定化奥氏体不锈（耐热）钢各级别的组织特征见表 I.9。

表 I.8　非稳定化奥氏体不锈钢组织老化特征

老化程度	老化级别	组 织 特 征
未老化（原始态）	1 级	晶界和晶内分布有少量细小的第二相
轻度老化	2 级	晶内存在较多细小的第二相，晶界附近有大量第二相偏聚，晶界上少量尺寸稍大的第二相
中度老化	3 级	晶内存在较少的第二相，晶界附近有较多的第二相偏聚，晶界上存在略多尺寸稍大的第二相
重度老化	4 级	晶内存在少量的第二相，晶界上有较多的第二相，颗粒尺寸粗化，部分三叉晶界处存在粗大第二相，部分晶界第二相成链状，晶界粗化
完全老化	5 级	晶内存在少量的第二相，晶界上有较多呈链状分布的第二相，并严重粗化，较多三叉晶界处存在粗大第二相

表 I.9　稳定化奥氏体不锈钢组织老化特征

老化程度	老化级别	组　织　特　征
未老化（原始态）	1 级	晶界和晶内分布少量细小的第二相
轻度老化	2 级	晶内存在较多细小的第二相，晶界上有少量第二相颗粒
中度老化	3 级	晶内存在较多稍粗化的第二相，晶界上有略多稍粗化的第二相颗粒
重度老化	4 级	晶内存在较多稍粗化的第二相，晶界上有较多明显粗化的第二相
完全老化	5 级	晶内存在一些稍粗化的第二相，晶界上有较多呈链状分布的第二相，并严重粗化，较多三叉晶界处存在粗大第二相

附 录 J

（规范性附录）

火力发电厂低合金耐热钢蠕变损伤评级标准

J.1 蠕变损伤检查方法按 DL/T 884 执行。

J.2 蠕变损伤评级见表 J.1。

表 **J**.1 低合金耐热钢蠕变损伤评级

评级	微观组织形貌
1 级	新材料。正常金相组织
2 级	珠光体或贝氏体已经分散，晶界有碳化物析出，碳化物球化达到 2 级～3 级
3 级	珠光体或贝氏体基本分散完毕，略见其痕迹，碳化物球化达到 4 级
4 级	珠光体或贝氏体完全分散，碳化物球化达到 5 级，碳化物颗粒明显长大且在晶界呈具有方向性（与最大应力垂直）的链状析出
5 级	晶界上出现一个或多个晶粒长度的微裂纹

附 录 K

（资料性附录）

火力发电厂锅炉受热面管常用金属材料最高许用壁温

表 K.1 火力发电厂锅炉受热面管常用金属材料最高许用壁温

耐 热 钢		最高许用壁温 ℃	耐 热 钢		最高许用壁温 ℃
铁素体耐热钢	20g	≤450	奥氏体耐热钢	TP304H	≤650
	12CrMo、15CrMo	≤540		TP347H	≤650
	12Cr1MoV	≤570		TP347HFG	≤650
	T22（12Cr2MoG、2.25Cr-1Mo、10CrMo910）	≤580		Super304H	≤650
	T23（07Cr2MoW2VNbB）	≤570		HR3C	≤700
	T24（7CrMoVTiB10-10）	≤580		NF709	≤730
	T91（10Cr9Mo1VNbN）	≤595			
	T92（10Cr9MoW2VNbBN）	≤605			
	T122（10Cr11MoW2VNbCu1BN）	≤650			

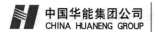

附 录 L
（资料性附录）
超（超）临界锅炉受热面管金属壁温测点的布置原则

L.1 超（超）临界锅炉受热面金属壁温测点的总体布置原则。

金属壁温测点应能监测到运行温度较高的管子；应能全面反映受热面不同金属材料的壁温水平；应能监测到容易造成氧化皮脱落后堵塞的管子；对于同类型的首台机组，可以适当增加一部分测点；对某些新型材料缺乏使用经验，可以适当增加一部分测点；对于新建机组应能监测到容易造成杂物堵塞的管子。

L.2 水冷壁。

L.2.1 对于螺旋管圈水冷壁出口壁温测点，应每隔 3 根～6 根管布置一点。上部垂直管屏按与螺旋管圈对应布置。

L.2.2 对于垂直上升水冷壁，每个回路至少布置一个测点，热负荷较高区域应增设一点。

L.3 Ⅱ 型炉。

L.3.1 分隔屏过热器：

分隔屏过热器的最外圈管子沿宽度方向应每屏布置一点。理论计算或同类型机组运行中壁温最高的管子，应每屏布置一点。

L.3.2 后屏过热器：

后屏过热器沿宽度方向的每片屏均装设壁温测点，且装在出口汽温最高的管子上。同时，对于切圆燃烧方式锅炉，沿宽度方向靠近两侧墙约 1/4 处装设全屏壁温测点；对冲燃烧方式锅炉，沿宽度方向在中部区域应装设 2 片～3 片全屏壁温测点。

L.3.3 高温过热器、高温再热器：

a) 高温过热器、高温再热器按布置方式考虑，对于半辐射式高温受热面（位于折焰角之上）沿宽度方向每隔 2 片～3 片屏至少装设一个壁温测点；对于对流式高温受热面（位于水平烟道）沿宽度方向每隔 1m 装设一个壁温测点，均装设在每屏壁温分布计算值最高的管子上。

b) 对于切圆燃烧方式锅炉，沿宽度方向靠近两侧墙约 1/4 处装设全屏壁温测点；对于对冲燃烧方式锅炉，在宽度方向的中部应装设 2 片～3 片全屏壁温测点。

c) 管屏最内圈管子如采用弯曲半径小于 1 倍管径的弯管，则应装设壁温测点。

d) 超超临界参数锅炉，在每屏国产 Super304H 钢管计算壁温最高的两根管子上加装壁温测点。

L.3.4 低温过热器、低温再热器：

低温过热器和低温再热器可以不布置全屏壁温测点，沿宽度方向每隔 1m 装设一个壁温测点。

L.4 塔式炉。

L.4.1 一级过热器：

一级过热器沿宽度方向应每隔 2 片～3 片屏在理论计算或同类型机组运行中壁温最高的管子上布置一点，并在靠近右侧墙约 1/4 处装设全屏壁温测点。

L.4.2 二级过热器：

二级过热器沿宽度方向应每隔 2 片～3 片屏在理论计算或同类型机组运行中壁温最高的管子上布置一点，并在靠近两侧墙约 1/5 处装设全屏壁温测点。

L.4.3 三级过热器：

三级过热器沿宽度方向应每隔 2 片～3 片屏在理论计算或同类型机组运行中壁温最高的管子上布置一点，并在靠近两侧墙约 1/4 处装设全屏壁温测点。

L.4.4 一级再热器：

一级再热器沿宽度方向应每隔 2 片～3 片屏在理论计算或同类型机组运行中壁温最高的管子上布置一点，并在靠近左侧墙约 1/6 处装设全屏壁温测点。

L.4.5 二级再热器：

二级再热器沿宽度方向应每隔 2 片～3 片屏在理论计算或同类型机组运行中壁温最高的管子上布置一点，并在靠近两侧墙约 1/4 处装设全屏壁温测点。

L.5 新建锅炉容易被制造和安装时残留异物堵塞的管子，根据蒸汽引入、引出的不同位置，每台锅炉可适当增加测点 15 点以上。例如对于两端引入的进口集箱，从集箱长度中间部位、集箱圆周下部引出的管子；对于用三通引入的进口集箱，从集箱两端的部位，以及两个三通中间部位、集箱圆周下部引出的管子。

L.6 本原则是根据已投运的上海锅炉厂制造的 600MW 等级超临界 Π 型炉、1000MW 超超临界塔式炉和东方锅炉厂制造的 1000MW 超超临界 Π 型炉的调研结果制定的，全屏壁温测点的装设位置会随着炉型的不同而改变。对于未来投运的新炉型，应在调研同类型锅炉实际金属壁温分布情况或理论计算的基础上，确定全屏壁温测点的装设位置。

附 录 M
（规范性附录）
技术监督不符合项通知单

编号（No.）：××-××-××

发现部门：　专业：　被通知部门、班组：　签发：　日期：20××年××月××日

不符合项描述	1. 不符合项描述： 2. 不符合标准或规程条款说明：	
整改措施	3. 整改措施： 制订人/日期：	审核人/日期：
整改验收情况	4. 整改自查验收评价： 整改人/日期：	自查验收人/日期：
复查验收评价	5. 复查验收评价： 复查验收人/日期：	
改进建议	6. 对此类不符合项的改进建议： 建议提出人/日期：	
不符合项关闭	整改人：　　自查验收人：　　复查验收人：　　签发人：	
编号说明	年份＋专业代码＋本专业不符合项顺序号	

附　录　N
（规范性附录）
技 术 监 督 信 息 速 报

单位名称			
设备名称		事件发生时间	
事件概况	注：有照片时应附照片说明		
原因分析			
已采取的措施			
监督专责人签字		联系电话： 传　真：	
生产副厂长或总工程师签字		邮　箱：	

附 录 O
（规范性附录）

金属技术监督季报编写格式

××电厂20××年×季度金属技术监督季报

编写人：×××　固定电话/手机：××××××

审核人：×××

批准人：×××

上报时间：20××年××月××日

O.1 上季度集团公司督办事宜的落实或整改情况

O.2 上季度产业（区域）公司督办事宜的落实或整改情况

O.3 金属监督年度工作计划完成情况统计报表（见表O.1）

表O.1　年度技术监督工作计划和技术监督服务单位合同项目完成情况统计报表

发电厂技术监督计划完成情况			技术监督服务单位合同工作项目完成情况		
年度计划项目数	截至本季度完成项目数	完成率%	合同规定的工作项目数	截至本季度完成项目数	完成率%

O.4 金属监督考核指标完成情况统计报表

O.4.1 监督管理考核指标报表（见表O.2~表O.4）

监督指标上报说明：每年的1、2、3季度所上报的技术监督指标为季度指标；每年的4季度所上报的技术监督指标为全年指标。

表O.2　技术监督预警问题至本季度整改完成情况统计报表

一级预警问题			二级预警问题			三级预警问题		
问题项数	完成项数	完成率%	问题项数	完成项数	完成率%	问题项目	完成项数	完成率%

表O.3　集团公司技术监督动态检查提出问题本季度整改完成情况统计报表

检查年度	检查提出问题项目数（项）			电厂已整改完成项目数统计结果			
	严重问题	一般问题	问题项合计	严重问题	一般问题	完成项目数小计	整改完成率%

表 O.4   20××年×季度仪表校验率统计报表

年度计划应校验仪表台数	截至本季度完成校验仪表台数	仪表校验率 %	考核或标杆值 %
			100

O.4.2   技术监督考核指标报表（见表 O.5、表 O.6）

表 O.5   20××年×季度超温情况统计报表

机组标号	部件名称	设计温度	超温最高值 ℃	超温统计		年超温统计		自投运超温统计	
				次数	累计时间 h	次数	累计时间 h	次数	累计时间 h

表 O.6   20××年×季度金属监督指标统计报表

检验计划完成率			超标缺陷处理率			超标缺陷消除率		
计划项数	完成项数	完成率 %	缺陷项数	处理项数	处理率 %	缺陷项数	消除项数	消除率 %

O.4.3   技术监督考核指标简要分析

填报说明：分析指标未达标的原因。

O.5   本季度主要的金属监督工作

编写说明：

a)   规章制度修订、监督网活动、人员培训（取证）、试验仪器校验及购置、科研项目、技术改进、新技术应用等；

b)   对于监督标准、制度要求的设备或部件定期检测、试验、设备消缺等工作完成情况（尤其针对含缺陷设备的监督检测情况）进行总结，其中对于未依据标准按时、按数量完成的情况应说明。

O.6   本季度金属监督发现的问题、原因分析及处理情况

编写说明：包括运行期间和检修期间发现的问题，可附照片、文字说明、原因、采取措施、处理情况。

O.7   金属监督需要关注的主要问题和下年度工作计划

编写说明：未按照标准规定进行检验的项目，锅炉压力容器超过规定的定期检验周期的问题，设备目前存在的主要问题（安全隐患），以及所采取的措施等。

O.8 附表

华能集团公司技术监督动态检查专业提出问题至本季度整改完成情况见表 O.7,《华能集团公司火电技术监督报告》专业提出的存在问题至本季度整改完成情况见表 O.8,技术监督预警问题至本季度整改完成情况见表 O.9。

表 O.7 华能集团公司技术监督动态检查专业提出问题至本季度整改完成情况

序号	问题描述	问题性质	西安热工院提出的整改建议	发电厂制订的整改措施和计划完成时间	目前整改状态或情况说明

注 1：填报此表时需要注明集团公司技术监督动态检查的年度。

注 2：如 4 年内开展了 2 次检查,应按此表分别填报。待年度检查问题全部整改完毕后,不再填报

表 O.8 《华能集团公司火电技术监督报告》专业提出的存在问题至本季度整改完成情况

序号	问题描述	问题性质	问题分析	解决问题的措施及建议	目前整改状态或情况说明

表 O.9 技术监督预警问题至本季度整改完成情况

预警通知单编号	预警类别	问题描述	西安热工院提出的整改建议	发电企业制订的整改措施和计划完成时间	目前整改状态或情况说明

附 录 P

（规范性附录）

金属及锅炉压力容器技术监督预警项目

P.1 一级预警

重要受监部件，如火力发电厂汽包、转子、除氧器、主蒸汽管道、再热蒸汽管道、联箱等存在危害性缺陷或影响安全运行的因素未按规定及时消除或采取措施。

P.2 二级预警

a） 受监范围内合金钢材料或备品，入库或使用前未按规程进行验收、检验；

b） 主要受监金属部件，如火电厂汽包、汽缸、转子、除氧器、主蒸汽管道、再热蒸汽管道、联箱、受热面管子等进行重要改造、修复未制订方案或未审批即实施；

c） 金属检验人员、焊工、热处理工无证上岗。

P.3 三级预警

a） 未建立金属或锅炉压力容器技术监督网络；

b） 金属或锅炉压力容器技术监督管理标准未制定或超过4年以上未修订；

c） 对外委焊接和检验人员未进行资格审核；

d） 机组投产后未申请锅炉压力容器登记注册；

e） 锅炉压力容器定期检验超期，且具备检验条件仍未进行检验。

附 录 Q

（规范性附录）

技术监督预警通知单

通知单编号：T-　　　　　预警类别编号：　　　　　　　　日期：　年　月　日

发电企业名称	
设备（系统）名称及编号	
异常情况	
可能造成或已造成的后果	
整改建议	
整改时间要求	

提出单位		签发人	

注：通知单编号：T—预警类别编号—顺序号—年度。预警类别编号：一级预警为1，二级预警为2，三级预警为3。

附 录 R
（规范性附录）
技术监督预警验收单

通知单编号：T-　　　　　预警类别编号：　　　　　　　日期：　　年　　月　　日

发电企业名称	
设备（系统）名称及编号	
异常情况	
技术监督服务单位整改建议	
整改计划	
整改结果	
验收单位		验收人	

注：验收单编号：Y—预警类别编号—顺序号—年度。预警类别编号：一级预警为1，二级预警为2，三级预警为3。

附 录 S
（规范性附录）
技术监督动态检查问题整改计划书

S.1 概述

S.1.1 叙述计划的制订过程（包括西安热工院、技术监督服务单位及电厂参加人等）。

S.1.2 需要说明的问题，如：问题的整改需要较大资金投入或需要较长时间才能完成整改的问题说明。

S.2 重要问题整改计划表（见表 S.1）

表 S.1 重要问题整改计划表

序号	问题描述	专业	西安热工院提出的整改建议	发电厂制订的整改措施和计划完成时间	发电厂责任人	西安热工院责任人	备注

S.3 一般问题整改计划表（见表 S.2）

表 S.2 一般问题整改计划表

序号	问题描述	专业	西安热工院提出的整改建议	发电厂制订的整改措施和计划完成时间	发电厂责任人	西安热工院责任人	备注

附 录 T
（规范性附录）
金属（含锅炉压力容器）技术监督工作评价表

序号	评价项目	标准分	评价内容与要求	评分标准
1	金属及锅炉压力容器监督管理	400		
1.1	组织与职责	70	查看电厂技术监督机构文件、上岗资格证	
1.1.1	监督组织健全	15	建立健全监督领导小组领导下的三级金属及锅炉压力容器监督网，在生技部（策划部）设置金属及锅炉压力容器监督专责人	（1）未建立三级金属及锅炉压力容器监督网，扣15分； （2）未落实金属及锅炉压力容器监督专责人或人员调动未及时变更，扣5分
1.1.2	职责明确并得到落实	15	专业岗位职责明确，落实到人	专业岗位设置不全或未落实到人，每一岗位扣10分
1.1.3	金属及锅炉压力容器专责持证上岗	40	厂级金属及锅炉压力容器监督专责人持有效上岗资格证	（1）未取得上岗资格证书或证书超期，扣30分； （2）未取得锅炉压力容器安全监督管理工程师资格证书扣10分
1.2	标准符合性	50	查看企业金属监督管理标准及保存的国家、行业技术标准，电厂编制的金属监督技术标准或金属监督实施细则	
1.2.1	金属监督管理标准	10	（1）编写的内容、格式应符合《华能电厂安全生产管理体系要求》和《华能电厂安全生产管理体系管理标准编制导则》的要求，并统一编号； （2）内容应符合国家、行业法律、法规、标准和《中国华能集团公司电力技术监督管理办法》相关的要求，并符合电厂实际	（1）不符合《华能电厂安全生产管理体系要求》和《华能电厂安全生产管理体系管理标准编制导则》的编制要求，扣5分； （2）不符合国家、行业法律、法规、标准和《中国华能集团公司电力技术监督管理办法》相关的要求和电厂实际，扣5分
1.2.2	锅炉压力容器监督管理标准	10	（1）编写的内容、格式应符合《华能电厂安全生产管理体系要求》和《华能电厂安全生产管理体系管理标准编制导则》的要求，并统一编号； （2）内容应符合国家、行业法律、法规、标准和《中国华能集团公司电力技术监督管理办法》相关的要求，并符合电厂实际	（1）不符合《华能电厂安全生产管理体系要求》和《华能电厂安全生产管理体系管理标准编制导则》的编制要求，扣5分； （2）不符合国家、行业法律、法规、标准和《中国华能集团公司电力技术监督管理办法》相关的要求和电厂实际，扣5分

表（续）

序号	评价项目	标准分	评价内容与要求	评分标准
1.2.3	国家、行业技术标准	10	保存的技术标准符合集团公司年初发布的金属及锅炉压力容器监督标准目录；及时收集新标准，并在厂内发布	（1）缺少标准或未更新，每项扣5分； （2）标准未在厂内发布，扣10分
1.2.4	企业技术标准	10	企业金属监督技术标准或金属监督实施细则符合国家和行业技术标准；符合本厂实际情况，并及时修订	检验项目、检验周期、检验比例、质量控制标准不符合要求，每项扣10分
1.2.5	标准更新	10	标准更新符合管理流程	（1）未按时修编，每个扣5分； （2）标准更新不符合标准更新管理流程，每个扣5分
1.3	仪器仪表	40	现场查看；查看仪器仪表台账、检验计划、检验报告	
1.3.1	仪器仪表台账	10	建立仪器仪表台账，栏目应包括仪器仪表型号、技术参数（量程、精度等级等）、购入时间、供货单位、检验周期、检验日期、使用状态等	（1）仪器仪表记录不全，一台扣5分； （2）新购仪表未录入或检验；报废仪表未注销和另外存放，每台扣10分
1.3.2	仪器仪表资料	5	（1）保存仪器仪表使用说明书； （2）编制专用仪器仪表操作使用说明	（1）使用说明书缺失，一件扣2分； （2）专用仪器操作说明缺漏，一台扣2分
1.3.3	仪器仪表维护	5	（1）仪器仪表存放地点整洁，配有温度计、湿度计； （2）仪器仪表的接线及附件不许另作他用； （3）仪器仪表清洁，摆放整齐； （4）有效期内的仪器仪表应贴上有效期标识，不与其他仪器仪表一道存放； （5）待修理、已报废的仪器仪表应另外分别存放	不符合要求，一项扣2分
1.3.4	检验计划和检验报告	10	计划送检的仪表应有对应的检验报告	不符合要求，每台扣5分
1.3.5	对外委试验使用仪器仪表的管理	10	应有试验使用的仪器仪表检验报告复印件	不符合要求，每台扣5分
1.4	监督计划	50	查看监督计划	

表（续）

序号	评价项目	标准分	评价内容与要求	评分标准
1.4.1	计划的制订	20	（1）计划制订时间、依据符合要求； （2）计划内容应包括：① 管理制度制定或修订计划；② 培训计划（内部及外部培训、资格取证、规程宣贯等）；③ 检修中金属及锅炉压力容器监督项目计划；④ 动态检查提出问题整改计划；⑤ 金属及锅炉压力容器监督中发现重大问题整改计划；⑥ 仪器仪表送检计划；⑦ 技改中金属及锅炉压力容器监督项目计划；⑧ 定期工作计划	（1）计划制订时间、依据不符合，一个计划扣10分； （2）计划内容不全，一个计划扣5～10分
1.4.2	计划的审批	15	符合工作流程：班组或部门编制—策划部金属及锅炉压力容器专责人审核—策划部主任审定—生产厂长审批—下发实施	审批工作流程缺少环节，一个扣10分
1.4.3	计划的上报	15	每年11月30日前上报产业公司、区域公司，同时抄送西安热工院	计划上报不按时，扣15分
1.5	监督档案	50	查看监督档案、档案管理的记录	
1.5.1	监督档案清单	10	每类资料有编号、存放地点、保存期限	不符合要求，扣5分
1.5.2	报告和记录	20	（1）各类资料内容齐全、时间连续； （2）及时记录新信息； （3）及时完成检修检验记录或报告、运行月度分析、定期检修分析、检修总结、故障分析等报告编写，按档案管理流程审核归档	（1）第（1）项、第（2）项不符合要求，一件扣5分； （2）第（3）项不符合要求，一件扣10分
1.5.3	档案管理	20	（1）资料按规定储存，由专人管理； （2）记录借阅有借、还记录； （3）有过期文件处置的记录	不符合要求，一项扣10分
1.6	评价与考核	40	查阅评价与考核记录	
1.6.1	动态检查前自我检查	10	自我检查评价切合实际	自我检查评价与动态检查评价的评分相差10分及以上，扣10分
1.6.2	定期监督工作评价	10	有监督工作评价记录	无工作评价记录，扣10分
1.6.3	定期监督工作会议	10	有监督工作会议纪要	无工作会议纪要，扣10分
1.6.4	监督工作考核	10	有监督工作考核记录	发生监督不力事件而未考核，扣10分
1.7	工作报告制度	50	查阅检查之日前两个季度季报、检查速报事件及上报时间	

表（续）

序号	评价项目	标准分	评价内容与要求	评分标准
1.7.1	监督季报、年报	20	（1）每季度首月 5 日前，应将技术监督季报报送产业、区域子公司和西安热工院； （2）格式和内容符合要求	（1）季报、年报上报迟报 1 天扣 5 分； （2）格式不符合，一项扣 5 分； （3）报表数据不准确，一项扣 10 分； （4）检查发现的问题，未在季报中上报，每 1 个问题扣 10 分
1.7.2	技术监督速报	20	按规定格式和内容编写技术监督速报并及时上报	（1）发生危急事件未上报速报一次扣 20 分； （2）未按规定时间上报，一件 10 分； （3）事件描述不符合实际，一件扣 15 分
1.7.3	年度工作总结报告	10	（1）每年元月 5 日前组织完成上年度技术监督工作总结报告的编写工作，并将总结报告报送产业公司、区域公司和西安热工院； （2）格式和内容符合要求	（1）未按规定时间上报，扣 10 分； （2）内容不全，扣 10 分
1.8	监督考核指标	50	查看仪器仪表校验报告；监督预警问题验收单；整改问题完成证明文件。检验计划及检验报告；现场查看，查看检修报告、缺陷记录	
1.8.1	试验仪器仪表校验率	5	要求：100%	不符合要求，不得分
1.8.2	监督预警、季报问题整改完成率	15	要求：100%	不符合要求，不得分
1.8.3	动态检查存在问题整改完成率	15	要求：从发电企业收到动态检查报告之日起，第 1 年整改完成率不低于 85%；第 2 年整改完成率不低于 95%	不符合要求，不得分
1.8.4	检验计划完成率	5	等级检修时考核，应不小于 95%	每减少 1%，扣 2 分
1.8.5	受监金属部件超标缺陷处理率	5	应为 100%	每减少 1%，扣 2 分
1.8.6	受监金属部件超标缺陷消除率	5	应不小于 95%	每减少 1%，扣 2 分
2	技术监督实施	600		
2.1	专业人员资格	30		

表（续）

序号	评价项目	标准分	评价内容与要求	评分标准
2.1.1	金属检测人员资格	15	从事无损检验、理化检验、热处理等专业人员应持有电力部门或中国特种设备检验协会颁发的有效资格证书，必须做到持证上岗，所从事的技术工作必须与所持的证书相符。对外委检测人员，应对其资质进行审核，并留复印件存档	无证上岗1人，扣5分
2.1.2	焊接人员资格	15	焊工应取得电力行业或技术监督局焊工培训考核部门颁发的焊工资格证书。对外委焊接人员，应对其资质进行审核，并留复印件存档。对外委焊接人员焊前应进行代样练习	无证上岗1人，扣5分。焊前未进行代样练习扣5分
2.2	金属材料的监督	70		
2.2.1	受监金属材料、备品配件的质检资料	10	受监金属材料、备品配件的质检资料应包含质量保证书、监检报告、合格证。材料质量证明书的内容应齐全、清晰，并加盖材料制造单位质量检验章。当材料不是由材料制造单位直接提供时，供货单位应提供材料质量证明书原件或材料质量证明书复印件并加盖供货单位公章和经办人签章	（1）金属材料、备品配件无质检资料，扣10分；（2）材料质量证明书内容不全未进行补检的，每缺一项扣5分；（3）质量证明书不是原件或未加盖供货单位公章和经办人签章的，扣5分
2.2.2	受监金属材料和备品配件的入厂验收	20	受监金属材料和备品配件入库应进行检验，并建有相应的记录或报告。检验项目应齐全，合金钢部件应进行100%的宏观和光谱检验，P（T、F）91、92、122还应进行硬度检查，高温紧固件还应进行硬度、超声和金相检验	（1）受监范围内备品配件入库前未按合格证和产品质量证明书验收的，扣20分；（2）检验项目不齐全，每缺一项扣5分
2.2.3	受监金属材料和备品配件的保管监督	15	受监金属材料和备品配件的存放应有相应的防雨措施，并应按照材质、规格、分类挂牌存放。奥氏体不锈钢应单独存放，严禁与碳钢混放或接触	（1）受监金属材料、备品配件未挂牌标明钢号、规格、用途，扣10分；（2）受监金属材料、备品配件未按钢号、规格分类存放，扣10分；（3）不锈钢未单独存放，扣5分；（4）露天堆放，扣15分
2.2.4	受监金属材料和备品配件在安装、更换前的检验	15	受监金属材料在安装、检修更换（或领用出库）时应验证钢号，防止错用，组装后应进行复检，确认无误方可投入运行	更换前未进行材质验证扣15分
2.2.5	材料的代用	10	金属材料的代用原则上应选用成分和性能略优者，并应有相关审批手续、记录	（1）不符合代用原则的扣10分；（2）未经过审批扣10分；（3）未建立代用记录扣5分

表（续）

序号	评价项目	标准分	评价内容与要求	评分标准
2.3	焊接质量监督	70		
2.3.1	焊接工艺、重要部件修复或更换方案	10	应制订并建立受监范围内部件材料的焊接工艺；重要部件（如主蒸汽、再热蒸汽、主给水管道，汽包，联箱，转子，汽缸和阀门，受热面管大量更换等）的修复性焊接或更换前应制订书面焊接方案	（1）未制订焊接工艺，每缺1项扣5分； （2）重要部件修复性焊接或更换前未制订书面焊接方案（包括焊接工艺），扣10分
2.3.2	焊条、焊丝的质量抽查监督	10	焊条、焊丝应有制造厂产品合格证、质量证明书，应对合金焊条焊丝进行光谱抽查	无产品合格证、质量证明书，并且没有进行抽查扣10分
2.3.3	焊接材料的存放管理	10	存放焊接材料的库房温度和湿度应满足标准规定，并应建有温度、湿度记录。焊接材料的存放应挂牌标示	（1）存放焊接材料的库房温湿度达不到要求，扣5分； （2）存放焊接材料的库房没有温、湿度记录，扣5分； （3）焊接材料存放未挂牌标明牌号、规格的扣5分
2.3.4	焊接材料的使用管理	10	应建有焊接材料发放记录，使用前应进行材质确认，并按规定进行烘干，建有烘干记录	（1）错用焊接材料扣10分； （2）未按规定烘干使用扣10分； （3）无发放记录扣2分； （4）未建立烘干记录扣2分
2.3.5	焊接设备（含热处理设备）的监督管理	10	焊接设备（含热处理设备）及仪表应定期检查，需要计量校验的部分应在校验有效期内使用。所有焊接和焊接修复所涉及的设备、仪器、仪表在使用前应确认其与承担的焊接工作相适应	（1）热处理、焊条烘干设备不能正常工作仍继续使用扣10分； （2）热处理、焊条烘干设备的温度、时间表未进行定期校验扣10分
2.3.6	焊接检验记录或报告	20	应建立受监金属部件的焊接接头外观质量检查记录和无损检测记录或报告，检验记录或报告中对返修焊口检验情况也应记录说明	（1）无外观质量检查检验记录扣10分； （2）无无损检测记录或报告扣10分； （3）返修焊口检验情况未记录说明的扣10分
2.4	运行阶段监督	130		
2.4.1	运行阶段的巡查	20	运行或检修人员应加强对高温高压设备的巡视，发现渗漏（或泄漏）、变形、位移等异常情况应及时记录和报告，并按相关要求及时采取措施处理	（1）现场检查发现有受监范围部件泄漏一点扣5分，汽水管道振动严重的扣10分； （2）支吊架明显异常、保温破损、膨胀补偿等一处扣5分

表（续）

序号	评价项目	标准分	评价内容与要求	评分标准
2.4.2	超温、超压监督	20	运行人员应遵守运行操作规程，严禁超温、超压运行，超温超压时要做好记录	未建立超温、超压记录档案或记录不完善的扣10分；机组长期超温超压未采取措施扣20分
2.4.3	奥氏体不锈钢立式过热器、再热器运行监督	10	受热面管大量使用奥氏体不锈钢的锅炉应制订有启、停炉速度控制措施，并按规定执行	未制订启、停炉速度控制措施扣10分，措施未执行扣10分
2.4.4	锅炉、压力容器登记注册	20	新装或退役后重新启用的锅炉、压力容器，应及时办理登记注册	投产后30日内尚未申请办理登记注册，锅炉1台未办理扣10分，压力容器1台扣5分
2.4.5	锅炉外部检验、压力容器年度检查	20	应定期开展锅炉外部检验、压力容器年度检查	（1）锅炉外部检验超期1台扣5分；（2）压力容器年度检查超期1台扣2分
2.4.6	安全阀校验	20	安全阀应定期进行校验	未办理延期手续，安全阀校验超期1个扣5分
2.4.7	锅炉、压力容器停用及报废	20	已停用或报废的锅炉、压力容器，应办理相应的变更登记或注销手续。达到设计使用年限可以继续使用的，应按照安全技术规范的要求通过检验或安全评估，并办理使用登记证书变更，方可继续使用	锅炉1台未办理扣10分，压力容器1台扣5分
2.5	检修阶段监督	300		
2.5.1	检修项目计划的制订，以及总结的编写	20	检修前，应按照DL/T 438、DL 612、《火力发电厂燃煤机组金属监督标准》及《火力发电厂锅炉压力容器监督标准》等的要求制订受监部件的金属检验计划和锅炉压力容器定期检验计划。检修前，应要求检验单位出具相应的检验方案。检修结束后，应及时编写检修总结	检修未制订检验计划和编写总结扣30分；检修前无技术方案扣10分；检修计划内容不具体扣5分；总结内容应包含检修计划的完成情况，临时增加或减少项目的相关说明，检修所发现的问题及采取的措施等，每缺一项扣3分
2.5.2	机、炉外小管的检修监督	35	应制订机、炉外小管的普查计划，并落实执行，在台账中应如实记录机、炉外小管的检修检验情况	未制订普查计划，扣20分；未按照普查计划落实执行，扣10分；未在台账中记录检修、检验情况，每项扣2分
2.5.2.1	与水、水汽介质管道相连的小口径管的监督	10	管座角焊缝按不少于20%的比例进行检验；检验内容包括角焊缝外观质量、渗透或磁粉检测；后次抽查部位为前次未检部位，至10万h完成进行100%检验；对运行10万h的小口径管，宜结合检修进行更换	未按照规定的比例进行检验扣5分

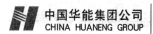

表（续）

序号	评价项目	标准分	评价内容与要求	评分标准
2.5.2.2	与高温蒸汽管道相连的管道、小口径管的监督	10	管座角焊缝按不低于 20%进行渗透或磁粉、超声检测，至 10 万 h 抽查完毕。一次门前的焊缝，首次 A 级检修时，按不低于 20%进行射线或超声检测抽查。一次门前的管段、管件、阀壳运行 10 万 h 后，宜结合检修全部更换	未按照规定的比例进行检验扣 5 分
2.5.2.3	与低温蒸汽管道相连的小口径管的监督	5	管座角焊缝按不小于 10%的比例进行检验，检验内容包括外观检查、渗透或磁粉检测；次次抽查部位为前次未检部位	未按照规定的比例进行检验扣 5 分
2.5.2.4	与高温联箱相连的小口径管的监督	5	管座按 20%（至少抽取 3 个）进行抽查，检查内容包括角焊缝外观质量、渗透或磁粉检测；重点检查可能有凝结水积水、膨胀不畅部位的管座角焊缝；以后每次 A 级检修抽查部位件为前次未检部位，至 10 万 h 完成 100%检查。机组运行 10 万 h 后，宜结合检修全部更换。一次门前的对接焊缝，如在安装过程中未完成 100%的探伤或焊缝质量情况不明的，首次 A 级检修时，按 20%（至少抽取 1 个）进行射线或超声检测抽查，至 10 万 h 抽查完毕	未按照规定的比例进行检验扣 5 分
2.5.2.5	与低温联箱相连的小口径管的监督	5	管座角焊缝按 10%（至少抽取 3 个）进行检验，检查内容包括角焊缝外观质量、渗透或磁粉检测；以后每次 A 级检修抽查部位件为前次未检部位，至 10 万 h 完成 100%检查；机组运行 10 万 h 后，宜结合检修全部更换	未按照规定的比例进行检验扣 5 分
2.5.3	锅炉受热面奥氏体不锈钢立式过热器、再热器管检修监督	20	应结合检修，开展对锅炉受热面奥氏体不锈钢内壁氧化皮堆积情况的检查，对于内壁氧化皮剥落较为严重的机组应做到逢停必检	未进行检查扣 20 分
2.5.4	存在超标缺陷部件的监督	20	对于存在超标缺陷危及安全运行的部件，应及时进行处理，暂不具备处理条件的，应经安全性评定制订明确的监督运行措施，并严格执行	（1）没有书面监督运行措施扣 10 分；（2）未严格执行的扣 20 分
2.5.5	未处理超标缺陷的复查	20	对于存在的超标缺陷进行监督运行的部件，应利用检修机会进行复查	未按监督运行措施的规定进行复查每项扣 10 分
2.5.6	检修中受监部件换管焊口、消缺补焊后的检验	20	应进行 100%的检验	未进行 100%的检验每项扣 10 分
2.5.7	锅炉、压力容器定期检验	30	锅炉压力容器应进行定期检验	未办理延期手续，锅炉超期 1 台扣 10 分；压力容器超期 1 台扣 5 分；定检中项目不全的，每缺 1 项扣 5 分

表（续）

序号	评价项目	标准分	评价内容与要求	评分标准
2.5.8	检验记录或技术报告	20	检修结束后，应出具相应的技术报告，报告内容和要求应符合标准规定	无记录或技术报告，扣 30 分；引用标准不正确，未使用法定计量单位，图示不明确、照片不清晰，超标缺陷无返修及检验记录，结论不正确或检验结果无结论，措施不可行，每缺 1 项扣 2 分；对外委单位移交报告没有审核或审核不到位扣 10 分
2.5.9	大修项目的完成情况	115	应按照大修前所制订的检修计划进行检修，检修计划项目应符合标准规定，并结合电厂设备实际状况	
2.5.9.1	水、水汽介质管道的监督	10	应按照 DL/T 438、《火力发电厂燃煤机组金属监督标准》中规定的检验项目、检验比例进行检验。对管道焊缝按 10%的比例进行外观质量检验和超声检测	结合实际检验数量和比例酌情扣减相应的分值
2.5.9.2	高温蒸汽管道的监督	20	应按照 DL/T 438、《火力发电厂燃煤机组金属监督标准》中规定的检验项目、检验比例进行检验。应对每类高温蒸汽管道焊缝、管件及阀壳按不低于 20%的比例进行检验。后次 A 级检修或 B 级检修抽查的范围，应为前次未检部位，累积运行时间至 10 万 h 完成 100%的检验	结合实际检验数量和比例酌情扣减相应的分值
2.5.9.3	低温蒸汽管道的监督	5	应按照 DL/T 438、《火力发电厂燃煤机组金属监督标准》中规定的检验项目、检验比例进行检验。抽取不小于 10%比例的环焊缝（包括带纵焊缝的再热冷段蒸汽管道）进行超声检测	结合实际检验数量和比例酌情扣减相应的分值
2.5.9.4	高温联箱的监督	10	应按照 DL/T 438、《火力发电厂燃煤机组金属监督标准》中规定的检验项目、检验比例进行检验。对联箱筒体对接或封头焊缝至少按 10%的比例进行渗透或磁粉检测和超声检测。后次 A 级检修中检查焊缝为前次未检查焊缝，至 10 万 h 完成 100%的焊缝检查	结合实际检验数量和比例酌情扣减相应的分值
2.5.9.5	低温联箱的监督	5	应按照 DL/T 438、《火力发电厂燃煤机组金属监督标准》中规定的检验项目、检验比例进行检验。对联箱筒体焊缝（封头焊缝、与联箱连接的大直径管道角焊缝）至少抽取 1 道焊缝进行渗透或磁粉检测和超声检测；后次 A 级检修的抽查部位为前次未检部位，至 10 万 h 完成 100%检验	结合实际检验数量和比例酌情扣减相应的分值

表（续）

序号	评价项目	标准分	评价内容与要求	评分标准
2.5.9.6	受热面管子的监督	20	应按照 DL/T 438、《火力发电厂燃煤机组金属监督标准》及机组自身运行状况，对受热面管子老化和力学性能割管检查。过热器管、再热器管及与奥氏体不锈钢相连的异种钢焊接接头第一次取样一般为 5 万 h，10 万 h 后每次大修取样检验。老化严重（老化 5 级）的受热面管应定期（每年）割管，发现异常情况及时更换	结合实际检验数量和比例酌情扣减相应的分值
2.5.9.7	汽包和汽水分离器、储水罐的监督	10	对纵、环焊缝和集中下降管管座角焊缝的记录缺陷进行渗透或磁粉检测和超声检测复查；分散下降管、给水管、饱和蒸汽引出管等管座角焊缝按 10% 进行外观和渗透或磁粉检测，后次检验应为前次未查部位，且对前次检验发现缺陷的部位应进行复查，累积运行时间达到 10 万 h 左右时，应完成 100% 的检验	结合实际检验数量和比例酌情扣减相应的分值
2.5.9.8	汽轮机部件的监督	10	应按照 DL/T 438、《火力发电厂燃煤机组金属监督标准》中规定的检验项目、检验比例进行检验。每次 A 级检修对低压转子末三级、高中压转子末一级叶片（包括叶身和叶根）进行无损检测；对高、中、低压转子末级套装叶轮轴向键槽部位进行超声检测。运行 10 万 h 后的第 1 次 A 级检修，对转子大轴进行无损检测；运行 20 万 h 的机组，每次 A 级检修应对转子大轴进行无损检测	结合实际检验数量和比例酌情扣减相应的分值
2.5.9.9	发电机部件的监督	5	应按照 DL/T 438、《火力发电厂燃煤机组金属监督标准》中规定的检验项目、检验比例进行检验。对转子大轴、风冷扇叶等部件进行渗透或磁粉检测，运行 10 万 h 后的第 1 次 A 级检修，应视设备状况对转子大轴的可检测部位进行无损检测。以后的检验为 2 个 A 级检修周期。对护环进行检测，对 Mn18Cr18 系材料的护环，在机组第 3 次 A 级检修开始进行晶间裂纹检查	结合实际检验数量和比例酌情扣减相应的分值
2.5.9.10	紧固件的监督	10	对于不小于 M32 的高温螺栓和汽轮机、发电机对轮螺栓，进行 100% 的超声检测和硬度检查；累计运行时间达 5 万 h，应根据螺栓的规格和材料，抽查 1/10 数量的螺栓进行金相组织测试	结合实际检验数量和比例酌情扣减相应的分值
2.5.9.11	其他检修项目	10	DL/T 438 或《火力发电厂燃煤机组金属监督标准》中规定的其他项目，技术监督季报中督办需结合大修整改的项目，以及设备中存在的其他需结合大修进行的项目	结合实际检验数量和比例酌情扣减相应的分值

中国华能集团公司火力发电厂技术监督标准汇编

Q/HN—1—0000.08.028—2015

中国华能集团公司

CHINA HUANENG GROUP

技术标准篇

火力发电厂燃煤机组化学监督标准

2015 - 05 - 01 发布

2015 - 05 - 01 实施

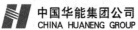
目　次

前　言

为加强中国华能集团公司火力发电厂技术监督管理，保证火力发电厂设备安全、经济、稳定、环保运行，特制定本标准。本标准依据国家和行业有关标准、规程和规范，以及中国华能集团公司发电厂的管理要求、结合国内外发电的新技术、监督经验制定。

本标准是中国华能集团公司所属火力发电厂燃煤机组化学监督工作的主要依据，是强制性企业标准。

本标准自实施之日起，代替 Q/HB-J-08.L08—2009《火力发电厂化学监督技术标准》。

本标准由中国华能集团公司安全监督与生产部提出。

本标准由中国华能集团公司安全监督与生产部归口并解释。

本标准起草单位：西安热工研究院有限公司、华能国际电力股份有限公司。

本标准主要起草人：柯于进、滕维忠、王国忠、陈裕忠、何文斌、韩旭。

本标准审核单位：中国华能集团公司安全监督与生产部、中国华能集团公司基本建设部、西安热工研究院有限公司、华能国际电力股份有限公司、华能山东发电有限公司。

本标准主要审核人：赵贺、武春生、罗发青、张俊伟、郭俊文、何广仁、陈戎、沈保中、徐骁、付惠玲、张美英、李志刚。

本标准审定：中国华能集团公司技术工作管理委员会。

本标准批准人：寇伟。

火力发电厂燃煤机组化学监督标准

1 范围

本标准规定了中国华能集团公司（以下简称集团公司）火力发电厂燃煤机组化学监督相关的技术标准内容和监督管理要求。

本标准适用于集团公司火力发电厂燃煤机组的化学监督工作。

2 规范性引用文件

下列文件对于本文件的应用是必不可少的。凡是注日期的引用文件，仅所注日期的版本适用于本文件。凡是不注日期的引用文件，其最新版本（包括所有的修改单）适用于本文件。

GB 252 普通柴油

GB 474 煤样的制备方法

GB 475 商品煤样人工采取方法

GB 2536 电工流体 变压器和开关用的未使用过的矿物绝缘油

GB 4962 氢气使用安全技术规程

GB 5903 工业闭式齿轮油

GB 11118.1 液压油（L-HL、L-HM、L-HV、L-HS、L-HG）

GB 11120 涡轮机油

GB 12691 空气压缩机油

GB 25989 炉用燃料油

GB 50013 室外给水设计规范

GB 50050 工业循环冷却水处理设计规范

GB 50177 氢气站设计规范

GB 50335 污水再生利用工程设计规范

GB 50660 大中型火力发电厂设计规范

GB/T 1.1 标准化工作导则 第1部分：标准的结构和编写

GB/T 483 煤炭分析试验方法一般规定

GB/T 4213 气动调节阀

GB/T 4756 石油液体手工取样法

GB/T 5475 离子交换树脂取样方法

GB/T 7252 变压器油中溶解气体分析和判断导则

GB/T 7595 运行中变压器油质量

GB/T 7596 电厂运行中汽轮机油质量

GB/T 7597 电力用油（变压器油、汽轮机油）取样方法

GB/T 8905 六氟化硫电气设备中气体管理和检测导则

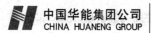
GB/T 12022　工业六氟化硫

GB/T 12145　火力发电机组及蒸汽动力设备水汽质量

GB/T 14541　电厂用运行矿物汽轮机油维护管理导则

GB/T 14542　运行变压器油维护管理导则

GB/T 18666　商品煤质量抽查和验收方法

GB/T 19494.1　煤炭机械化采样　第1部分：采样方法

GB/T 19494.2　煤炭机械化采样　第2部分：煤样的制备

GB/T 19494.3　煤炭机械化采样　第3部分：精密度测定和偏倚试验

GB/T 50619　火力发电厂海水淡化工程设计规范

DL 5000　火力发电厂设计技术规程

DL 5068　发电厂化学设计规范

DL/T 246　化学监督导则

DL/T 290　电厂辅机用油运行及维护管理导则

DL/T 333.1　火电厂凝结水精处理系统技术要求　第1部分：湿冷机组

DL/T 333.2　火电厂凝结水精处理系统技术要求　第2部分：空冷机组

DL/T 519　发电厂水处理用离子交换树脂验收标准

DL/T 520　火力发电厂入厂煤检测实验室技术导则

DL/T 561　火力发电厂水汽化学监督导则

DL/T 569　汽车、船舶运输煤样的人工采取方法

DL/T 571　电厂用磷酸酯抗燃油运行维护导则

DL/T 582　火力发电厂水处理用活性炭使用导则

DL/T 596　电力设备预防性试验规程

DL/T 651　氢冷发电机氢气湿度的技术要求

DL/T 677　发电厂在线化学仪表检验规程

DL/T 712　发电厂凝汽器及辅机冷却器管选材导则

DL/T 722　变压器油中溶解气体分析和判断导则

DL/T 747　发电用煤机械采制样装置性能验收导则

DL/T 794　火力发电厂锅炉化学清洗导则

DL/T 801　大型发电机内冷却水水质及系统技术要求

DL/T 805.1　火电厂汽水化学导则　第1部分：锅炉给水加氧处理导则

DL/T 805.2　火电厂汽水化学导则　第2部分：锅炉炉水磷酸盐处理

DL/T 805.3　火电厂汽水化学导则　第3部分：汽包锅炉炉水氢氧化钠处理

DL/T 805.4　火电厂汽水化学导则　第4部分：锅炉给水处理

DL/T 805.5　火电厂汽水化学导则　第5部分：汽包锅炉炉水全挥发处理

DL/T 855　电力基本建设火电设备维护保管规程

DL/T 889　电力基本建设热力设备化学监督导则

DL/T 913　火电厂水质分析仪器质量验收导则

DL/T 941　运行中变压器用六氟化硫质量标准

DL/T 951　火电厂反渗透水处理装置验收导则

DL/T 952　火力发电厂超滤水处理装置验收导则

DL/T 956　火力发电厂停（备）用热力设备防锈蚀导则

DL/T 977　发电厂热力设备化学清洗单位管理规定

DL/T 1051　电力技术监督导则

DL/T 1076　火力发电厂化学调试导则

DL/T 1094　电力变压器用绝缘油选用指南

DL/T 1096　变压器油中颗粒度限值

DL/T 1115　火力发电厂机组大修化学检查导则

DL/T 1138　火力发电厂水处理用粉末离子交换树脂

DL/T 1260　火力发电厂电除盐水处理装置验收导则

DL/T 5004　火力发电厂试验、修配设备及建筑面积配置导则

DL/T 5190.3　电力建设施工技术规范　第3部分：汽轮发电机组

DL/T 5190.6　电力建设施工技术规范　第6部分：水处理及制氢设备和系统

DL/T 5210.6　电力建设施工质量验收及评价规程　第6部分：水处理及制氢设备和系统

DL/T 5295　火力发电建设工程机组调试质量验收及评价规程

DL/T 5437　火力发电建设工程启动试运及验收规程

NB/SH/T 0636　L-TSA汽轮机油换油指标

SH/T 0476　L-HL液压油换油指标

NB/SH/T 0586　工业闭式齿轮油换油指标

NB/SH/T 0599　L-HM液压油换油指标

Q/HN-1-0000-08.049—2015中国华能集团公司电力技术监督管理办法

中国华能集团公司　火电工程设计导则（2010年）

3　总则

3.1　化学监督是保证火力发电厂设备安全、经济、稳定、环保运行的重要基础工作，应坚持"安全第一、预防为主"的方针，实行全过程监督。

3.2　化学监督的目的是对水，汽，气（氢气、六氟化硫、仪用压缩空气等），油及燃料等进行质量监督，防止和减缓热力系统腐蚀、结垢、积集沉积物；发现油（气）质量劣化，判定充油（气）设备潜伏性故障；指导锅炉安全经济燃烧；核实煤价、计算煤耗；核算污染物排放量等。

3.3　本标准规定了火力发电厂燃煤机组在设计、基建、运行、停用及检修阶段水、汽、燃料、油及气体（氢气、六氟化硫、仪用压缩空气）等的质量监督标准，机组停（备）用防腐蚀保护技术标准，热力设备检修腐蚀、结垢的检查和评价标准，化学清洗标准，化学仪表检验、检定标准，水处理主要设备、材料和化学药品检验标准，以及化学监督管理的要求、评价与考核标准，它是火力发电厂燃煤机组化学监督工作的基础，也是建立化学技术监督体系的依据。

3.4　各电厂应按照集团公司《华能电厂安全生产管理体系要求》《电力技术监督管理办法》中有关技术监督管理和本标准的要求，结合本厂的实际情况，制定电厂化学监督管理标准；依据国家和行业有关标准和规范，编制、执行运行规程、检修规程和检验及试验规程等相关/

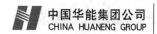

支持性文件；以科学、规范的监督管理，保证化学监督工作目标的实现和持续改进。

3.5　从事化学监督的人员，应熟悉和掌握本标准及相关标准和规程中的规定。

4　监督技术标准

4.1　设计阶段化学监督

4.1.1　化学补给水系统设计

4.1.1.1　化学补给水系统设计应满足 DL/T 5068 的规定，并参考集团公司《火电工程设计导则》的要求。

4.1.1.2　化学补给水处理工艺的设计应做到合理选用水源、节约用水、降低能耗、保护环境，并便于安装、运行和维护。

4.1.1.3　设计前应取得全部可利用的水源水质分析资料，其要求应符合 DL/T 5068 的规定，应结合当地发展规划，充分估计出水源水质的变化趋势。

4.1.1.4　水处理工艺设计应保证出水水质满足机组正常运行时水汽质量符合 GB/T 12145 的规定，并满足生产过程中各种工况变化的要求。

4.1.1.5　化学制水能力、储水量应符合 DL/T 5068 的规定，应满足机组正常运行的连续补水，以及一台机组启动或化学清洗等非正常用水的需要；空冷机组制水能力，应考虑采用除盐水作间接空冷机组的循环冷却水系统泄漏所需的补水量、空冷器外部清洗以及夏季空冷器喷水降温的用水量。

4.1.1.6　水处理系统设计、设备选型、仪表配置、测点布置及自动控制方式等方案，应符合 DL/T 5068 规定。

4.1.1.7　采用城市中水、电厂循环排污水作为化学补给水水源时，应采用可靠的预处理工艺，宜优先选择石灰混凝澄清加过滤器（池）工艺。

4.1.1.8　除盐水箱及凝结水补水箱，应采用下进水、下出水方式，并采取与大气隔离的措施；除盐水箱至主厂房的锅炉补给水管道宜选用相当于 0Cr18Ni9 及以上等级的不锈钢管。

4.1.2　加药系统设计

4.1.2.1　加药系统设计应满足 DL/T 5068 的规定，加药系统应满足锅炉给水和炉水处理，闭式循环冷却水处理，循环冷却水稳定、杀菌（生）处理，以及机组停用保养加药的要求。

4.1.2.2　各加药系统宜按两台机组公用一套加药系统设计，系统电源必须具备两台机组电源自动切换，以保证机组检修时加药泵持续供电。计量箱一用一备，加药泵按三台即二用一备设计。

4.1.2.3　宜考虑机组启动期间向凝汽器或向除氧器补水时，向凝汽器和除氧器水加氨调节 pH 值，可在补水阀门前增设加氨点，分别由给水加氨泵和精处理（凝结水泵）出口加氨泵加入。

4.1.2.4　无铜给水系统，给水应采用加氨弱氧化处理［AVT（O）］或加氧处理（OT），应设计给水加氨和加氧系统，并按以下原则设计：

　　a)　加氨设备和系统。

　　　　1)　氨的加入点以精处理出口或凝结水泵出口为主，除氧器出口加氨点只是备用的加氨点。

　　　　2)　氨的加入量应能同时满足机组停用时很高的加氨量、AVT（O）方式下高的加氨量和 OT 方式下低的加氨量要求。

  3） 机组运行加氨应为自动调节。精处理（凝结水水泵）出口加氨控制信号宜采用凝结水流量和除氧器入口比电导率，除氧器出口加氨控制信号宜采用给水流量和给水比电导率。

  4） 两台机组加氨设备配置参考表 1。

 b） 给水加氧设备和系统。

  1） 给水加氧处理的加氧点为精处理出口和除氧器出口，每台机组宜配备单独的加氧控制设备和相应的氧气汇流排。

  2） 给水加氧系统由氧气瓶、汇流排、氧气流量控制设备和氧气输送管线组成，见图 1。

  3） 加氧流量控制柜应具备手动和良好的自动调节氧气流量的功能，流量控制范围应满足机组水汽系统氧含量准确控制的要求，一般宜根据氧含量和水流量两个因数来控制，并且确保水汽品质异常时自动停止加氧。由于氧的可压缩性，加氧设备调节阀前后宜配备保持压差相对稳定的装置。

  4） 氧气瓶至汇流排的母管应采用铜合金管或紫铜管，母管出口减压至小于 6MPa后，可采用不锈钢管与加氧控制柜连接。加氧控制柜至加氧点的加氧管道可采用内径 5mm～7mm、壁厚 1.5mm～2.5mm 的不锈钢抛光仪表管。除氧器出口加氧支管应在各给水泵前置泵入口加氧点附近分开。加氧点就地应设置两个耐压仪表针型阀或截止阀，此处不宜设逆止阀。

表 1 两台机组加氨系统配备

设 备	数 量 台
精处理（凝结水泵）出口运行加氨泵	3～4
给水加氨泵	2～3
正常运行氨计量箱	2
精处理（凝结水泵）出口停用保护加氨泵	1
停用保护氨计量箱	1

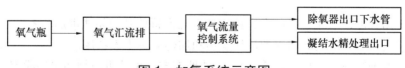

图 1 加氧系统示意图

4.1.2.5 新建机组热力系统设计时应避免采用铜合金高、低压加热器和轴封加热器；在役机组使用铜合金时，宜将铜合金管改造为不锈钢管。

4.1.2.6 给水加热器为铜合金的含铜给水系统，给水处理方式应为加氨和联氨（其他除氧剂）处理［AVT（R）］。应分别设计给水加氨和加联氨系统，并按以下原则设计：

 a） 氨的加入点以精处理出口或凝结水泵出口为主，除氧器出口加氨点只是备用的加氨点。

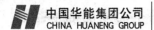

b) 机组运行加氨应为自动调节。精处理（凝结水水泵）出口加氨控制信号宜采用凝结水流量和除氧器入口比电导率，除氧器出口加氨控制信号宜采用给水流量和给水比电导率。

c) 两台机组加氨系统配置见表1。

d) 机组正常运行时，联氨（其他除氧剂）应加在凝结水泵出口，手动方式控制；给水设计加联氨系统主要是考虑可作为锅炉停用保养加药之用，加联氨系统配置参见表2。

表2 机组给水 AVT（R）处理加联氨系统配置（两台机组）

设　备	数　量 台
精处理（凝结水泵）出口运行加联氨泵	3
给水加联氨泵	2～3
联氨计量箱	2

4.1.2.7 炉水可采用磷酸盐处理、氢氧化钠处理或氢氧化钠＋磷酸盐处理，应设计磷酸盐加药系统，加药系统设计原则如下：

a) 汽包内应安装专用加药分配管，以保证固体碱化剂在炉水中均匀分配；

b) 磷酸盐和氢氧化钠应公用加药泵；

c) 计量箱可以公用，也可以两台机组设计一个容量较小的单独氢氧化钠计量箱；

d) 炉水加药泵一般为手动控制，加药设备配置参考表3。

表3 机组炉水加药系统配备（两台机组）

设　备	数　量 台
加药泵	3
磷酸盐计量箱	2
氢氧化钠计量箱	1

4.1.2.8 由于闭式冷却水系统可能含有铜材料，应设置单独的闭式水加药系统，加氨、联氨、固体碱化剂或缓蚀剂，闭式冷却水加药计量箱和加药泵可不设备用。

4.1.2.9 应该根据循环水的稳定、杀菌（生）处理方式，设计机组循环水的稳定、杀菌（生）剂的加药系统。

4.1.2.10 表面式间接空冷系统循环水的加药方式应根据凝汽器和空冷散热器的材料，选择合适的处理方式，设计不同的加药系统：

a) 凝汽器为不锈钢、散热器为碳钢管的表面式间接空冷系统，循环水应采用加氨处理，控制 pH 值不低于 10，设计加氨系统。加氨可以手动控制，也可以根据循环水电导率自动控制。

b) 凝汽器为不锈钢、散热器为铝管的表面式间接空冷系统，循环水应采用微碱性加氧处理，设计加氨系统和加氧系统。加氨可以手动控制，也可以根据循环水电导率自动控制；加氧可以手动控制。

c) 凝汽器为铜合金、散热器为碳钢管表面式间接空冷系统，循环水应采用加氨和联氨处理，设计加氨和加联氨系统。加氨、联氨均可以手动控制。

4.1.3 凝结水精处理系统设计

4.1.3.1 凝结水精处理系统的设计应该满足 DL/T 5068、DL/T 331.1 和 DL/T 331.2 的相关要求。

4.1.3.2 应根据机组参数和型式（锅炉和汽轮机型式，供热疏水回收与否、凝汽器冷却方式和材料、循环水水质）等设计不同的凝结水精处理系统。

4.1.3.3 凝结水精处理系统出水水质应满足 GB/T 12145 的要求。

4.1.3.4 直流锅炉。应该设计全流量凝结水的精除盐系统。湿冷及间接空冷机组设计不含备用的前置过滤器和含备用的除盐设备；直接空冷设计含备用的前置过滤器和含备用的除盐设备。

4.1.3.5 亚临界压力汽包锅炉。机组为供热并有热网疏水回收。凝结水精除盐系统宜设计为无备用的前置过滤器和含备用的除盐设备。

4.1.3.6 亚临界压力汽包锅炉。采用湿冷方式，应设计凝结水精除盐系统。循环水含盐量高时（电导率大于 $2000\mu S/cm$），精除盐设备应设有备用；循环水含盐量较低时，精除盐设备可不设备用。

4.1.3.7 亚临界直接空冷机组。应设计全流量凝结水精处理系统，处理系统以除铁过滤为主，并应设置备用设备；也可在除铁过滤器后设置除盐设备，但除盐设备不设备用。

4.1.3.8 超临界湿冷及表面式间接空冷机组凝结水精处理系统应按如下要求选择：

a) 超临界湿冷及表面式间接空冷机组应配备全流量凝结水精除盐的凝结水精处理系统，典型系统包括无备用的前置过滤器以及带备用的高速混床。各种容量超临界机组凝结水精处理系统配备见表4。

b) 前置过滤器宜选择过滤面积较大的折叠式滤元，并设计启动滤元和运行滤元。启动滤元过滤精度宜为 $5\mu m\sim10\mu m$，运行滤元过滤精度宜为 $1\mu m$。

c) 高速混床树脂高度应不小于1m，阳、阴树脂比例宜为2:1或3:2。

d) 混床再生设备宜为两台机组所公用，树脂分离系统宜选择具有良好分离性能的"高塔法"。阳树脂再生可使用盐酸或硫酸，阴树脂再生使用氯化钠含量小于 0.007%的离子膜碱。

e) 阳再生塔内与酸接触的部件宜选用哈氏合金。

表4 各种容量超临界机组凝结水精处理系统配备

机组容量 MW	前置过滤器	高速混床
350	2×50%	3×50%
600	2×50%	3×50%
1000	2×50%或3×33%	4×33%

4.1.3.9 超临界直接空冷机组凝结水精处理系统应按如下要求选择：

a) 超临界直接空冷机组凝结水精处理应配备全流量凝结水过滤和精除盐的凝结水精处理系统，典型系统为粉末树脂过滤器＋高速混床、前置阳床＋混床或前置过滤器＋阳床＋阴床。各种容量超临界直接空冷机组凝结水精处理系统配备见表5。

b) 采用高速混床时，阳、阴树脂比例宜为3:2或2:1；采用前置阳床时，混床的阳、阴树脂比例宜为2:3或1:1。阴树脂应具备良好耐温性能；树脂招标采购时，应进行阴树脂热稳定性能试验。

c) 为了降低超临界直接空冷机组凝结水中含铁量，凝结水精处理系统前宜安装磁性除铁设备。

表5 各种容量超临界直接空冷机组凝结水精处理系统配备

机组容量 MW	粉末树脂过滤器＋混床		前置阳床＋混床		前置过滤器＋阳床＋阴床	
	过滤器	高速混床	前置阳床	高速混床	前置过滤器	阳床或阴床
350	2×100%	3×50%	3×50%	3×50%	2×100%	3×50%
600	3×50%	3×50%	3×50%	3×50%	3×50%	3×50%
1000	4×33%	4×33%	4×33%	4×33%	4×33%	4×33%

4.1.3.10 超临界混合凝汽器空冷机组凝结水精处理系统应按如下要求选择：

a) 超临界混合凝汽器空冷机组凝结水精处理系统选择与直接空冷机组相同。

b) 当空冷散热器为铝管时，凝结水 pH 值为中性，混床中阳、阴树脂比例宜为 2:3 或 1:1。

c) 当空冷散热器为钢管时，凝结水 pH 值为碱性，混床中阳、阴树脂比例宜为 3:2 或 2:1。

4.1.3.11 亚临界机组。只有采用铝管作为散热器的混合凝汽器空冷方式，凝结水 pH 值为中性，除盐设备阳、阴树脂比例宜为2:3或1:1；其他型式除盐设备阳、阴树脂比例宜为3:2或2:1。

4.1.3.12 凝结水精处理监控化学仪表宜按如下要求选择：

a) 机组精处理系统监控化学仪表的选择应考虑确保监督出水水质、监督精处理阳树脂的运行状态，以及在线化学仪表本身的准确性。

b) 精处理在线化学仪表宜布置在水汽集中取样间。如布置在精处理设备现场，空冷机组、供热机组凝结水精处理水样应设水样冷却装置，湿冷机组宜根据凝结水温度设水样冷却装置。

c) 每台精处理混床应配备单独的电导率表和氢电导率表，宜配备单独的钠表和公用硅表。

d) 串联阳、阴床化学仪表应配备阳床出口电导率表和阴床出口氢电导率表；阴床出口宜配备钠表及硅表（所有阴床公用）。

e) 粉末树脂过滤器出口在线化学仪表只需配备氢电导率表。

f) 每台过滤器、混床或阳床、阴床都应设置人工取样装置。

4.1.4 在线化学监督仪表设计

4.1.4.1 机组水汽集中取样系统和仪表设计应符合 DL/T 5068 的相关规定。

4.1.4.2 水汽质量监测点设计应该满足机组的正常运行和启动、停运的监测要求。

4.1.4.3 所有在线分析测量值及取样装置运行状况信号，应根据机组控制要求送至相关控制系统（辅网或机组控制室 DCS）。

4.1.4.4 为了提高样品监督的代表性，取样点至冷却装置的距离应该尽量缩短。省煤器入口给水取样点宜在给水调节阀后，主蒸汽和再热蒸汽（热段）取样点宜在进汽机房的主蒸汽和再热蒸汽（热段）管道上或主蒸汽阀和再热蒸汽阀前。

4.1.4.5 水汽取样分析装置宜两台机组集中布置。

4.1.4.6 直流锅炉主蒸汽和再热蒸汽取样管不宜分左、右侧。

4.1.4.7 汽包锅炉机组水汽集中在线化学仪表最低按表 6 配置。

表 6 汽包锅炉机组水汽集中取样点及在线仪表配备

项目	应设置的取样点位置	高压、超高压机组	亚临界机组	备　　注
		配置仪表及手工取样		
凝结水	凝结水泵出口	CC、O_2、M	Na、CC、O_2、M	空冷机组不设钠表
给水	除氧器入口	—	SC、O_2、M	机组加氧时设置 O_2，SC 用于控制凝结水精处理出口加药
给水	除氧器出口	O_2、M	O_2、M	亚临界机组给水加氧时，可不设置 O_2
给水	省煤器入口	CC、SC、pH、M	CC、SC、pH、M、O_2	锅炉厂应设置取样头机组采用加氧时设置 O_2
炉水	汽包炉水左侧	SC、pH、M	CC、SC、pH、SiO_2、M	锅炉厂应设置取样头
炉水	汽包炉水右侧			锅炉厂应设置取样头
炉水	炉水下降管		CC、O_2、M	机组采用加氧时设置
饱和蒸汽	饱和蒸汽左侧	CC、M	CC、M	锅炉厂应设置取样头
饱和蒸汽	饱和蒸汽右侧			锅炉厂应设置取样头
过热蒸汽	过热蒸汽左侧	CC、M	CC、Na、SiO_2、M	锅炉厂应设置取样头
过热蒸汽	过热蒸汽右侧			锅炉厂应设置取样头
再热蒸汽	再热蒸汽左侧	M	CC、M	锅炉厂应设置取样头
再热蒸汽	再热蒸汽右侧			锅炉厂应设置取样头
疏水	高压加热器	M	M	
疏水	低压加热器	M	M	
疏水	暖风器	M	M	
疏水	热网加热器	CC、M	CC、M	每台加热器

表6（续）

项目	应设置的取样点位置	高压、超高压机组	亚临界机组	备 注
		配置仪表及手工取样		
冷却水	取样冷却装置冷却水/闭式循环冷却水	M	SC、pH、M	
	发电机内冷却水	SC、M	SC、pH、M	可由发电机厂配套设置，但应将仪表信号送至水汽取样监控系统
	间接空冷机组循环冷却水	M	SC、pH、M	
生产回水	返回水管或返回水箱出口	CC、M	CC、M	

注1：CC—带有氢离子交换柱的电导率表；O$_2$—溶氧表；pH—pH表；SiO$_2$—硅表；Na—钠表；SC—电导率表；M—人工取样。
注2：给水配备的pH表宜为根据比电导率计算型。
注3：硅表可选择多通道仪表，但炉水不得与给水或蒸汽共用一块硅表，两台锅炉炉水可共用

4.1.4.8 直流锅炉机组水汽集中在线化学仪表最低按表7配置。

表7　直流锅炉机组水汽集中取样点及在线仪表配备

水样	取样点名称	配置仪表及手工取样	备 注
凝结水	凝结水泵出口	CC、O$_2$、Na、M	空冷机组不设置钠表
给水	除氧器入口	CC、SC、pH、O$_2$、M	SC和O$_2$用于控制精处理出口加药
	除氧器出口	M	
	省煤器入口	CC、SC、pH、O$_2$、SiO$_2$、M	
蒸汽	主蒸汽	CC、O$_2$、Na、SiO$_2$、M	锅炉厂应设置取样头
	再热蒸汽	CC、M	锅炉厂应设置取样头
	启动分离器汽侧出口	CC、M	锅炉厂应设置取样头
疏水	高压加热器	CC、O$_2$、M	
	低压加热器	M	
	暖风器	CC、M	
	热网加热器	CC、M	每台加热器配
冷却水	发电机冷却水	SC、pH、M	
	取样冷却装置冷却水/闭式冷却水	SC、pH、M	
	间接空冷机组循环冷却水	SC、pH、M	

表 7（续）

水样	取样点名称	配置仪表及手工取样	备　注
热态清洗水	启动分离器排水	CC、M	锅炉厂应设置取样头

注 1：CC—带有 H^+ 离子交换柱的电导率；O_2—溶氧表；pH—pH 表；SiO_2—硅表；Na—钠度计；SC—比电导率表；M—人工取样。

注 2：给水配备的 pH 表宜为根据比电导率计算型。

注 3：硅表可选择多通道仪表

4.1.5　凝汽器检漏装置的设计

4.1.5.1　海水冷却或循环水电导率超过 1000μS/cm 的亚临界压力及以上湿冷机组，应设计凝汽器检漏装置。检漏装置能同时检测机组每个凝汽器的氢电导率，氢电导率信号应引至电厂化学辅网和集控室 DCS，并设报警。

4.1.5.2　海水冷却的超高压机组宜设计凝汽器检漏装置。检漏装置能同时检测机组每个凝汽器的氢电导率，氢电导率信号应引至电厂化学辅网和集控室 DCS，并设报警。

4.1.6　化学实验室仪表配置

4.1.6.1　化学试验室水、油、燃料分析仪表应该满足正常水、油和燃料质量的分析和监督，可按 DL/T 5004 的规定配备，参见附录 A。

4.1.6.2　实验室应配备洁净度仪以检测油的洁净度，配备体积电阻率测定仪器以测定变压器油和抗燃油体积电阻率。

4.1.6.3　超临界机组应配备原子吸收分光光度计以准确监测痕量的铁和铜，宜配置离子色谱仪以检测痕量的阴离子。

4.1.7　凝汽器管材的设计

4.1.7.1　凝汽器管的选择原则

a）　电厂新建、扩建机组凝汽器管材应根据循环水的水质来选择，应选择不锈钢或钛管，不应选择铜合金管。

b）　根据水质条件，按表 8 规定初选合适等级的不锈钢管，然后按 DL/T 712 要求进行点蚀试验，进行选材验证。

c）　滨海电厂或有季节性海水倒灌的电厂，凝汽器及辅机冷却器管应选用钛管。对于使用严重污染的淡水水源，宜选用钛管。

表 8　常用不锈钢管适用水质的参考标准

Cl^-（mg/L）	GB/T 20878—2007		ASTM A959-04	JIS G4303—1998 JIS G4311—1991	ISO/TS 15510:2003	EN 10088:1—1995 EN 10095—1999 等
	统一数字代码	牌号				
<200	S30408	06Cr19Ni10	S30400，304	SUS304	X5CrNi18-10	X5CrNi18-10，1.4301
	S30403	022Cr19Ni10	S30403，304L	SUS304L	X2CrNi19-11	X2CrNi19-11，1.4306
	S32168	06Cr18Ni11Ti	S32100，321	SUS321	X6CrNiTi18-10	X6CrNiTi18-10，1.4541

表8（续）

Cl⁻ (mg/L)	GB/T 20878—2007		ASTM A959-04	JIS G4303—1998 JIS G4311—1991	ISO/TS 15510:2003	EN 10088:1—1995 EN 10095—1999 等
	统一数字代码	牌号				
<1000	S31608	06Cr17Ni12Mo2	S31600，316	SUS316	X5CrNiMo17-12-2	X5CrNiMo17-12-2，1.4401
	S31603	022Cr17Ni12Mo2	S31603，316L	SUS316L	X2CrNiMo17-12-2	X2CrNiMo17-12-2，1.4404
<2000ᵃ	S31708	06Cr19Ni13Mo3	S31700，317	SUS317	—	—
	S31703	022Cr19Ni13Mo3	S31703，317L	SUS317L	X2CrNiMo19-14-4	X2CrNiMo18-15-4，1.4438
<5000ᵇ	S31708	06Cr19Ni13Mo3	S31700，317	SUS317	—	—
	S31703	022Cr19Ni13Mo3	S31703，317L	SUS317L	X2CrNiMo19-14-4	X2CrNiMo18-15-4，1.4438
海水ᶜ			AL-6X，AL-6XN 254SMo，AL29-4C、Sea-Cure（海优）			

a 可用于再生水；
b 适用于无污染的咸水；
c 用于海水的不锈钢管仅作选用参考

4.1.7.2 管板材料的选用原则

a) 凝汽器管板选择应从管板的耐蚀性和管材价格等方面进行技术经济比较。

b) 对于溶解固体小于 2000mg/L 的冷却水，可选用碳钢板，必要时实施有效的防腐涂层和电化学保护。

c) 对于海水，可选用钛管板、复合钛管板、不锈钢管板、复合不锈钢管板或采用与凝汽器管材相同材质的管板。对于咸水，可根据管材和水质情况选用碳钢板、不锈钢管板或复合不锈钢管板。但选用碳钢板时，应实施有效的防腐涂层和电化学保护。

d) 使用薄壁钛管时，管板应选用钛管板或复合钛管板。

4.1.8 热网加热器系统的设计

4.1.8.1 热网加热器管的材质应能满足热网循环水运行温度下耐蚀性的要求。

4.1.8.2 热网循环水应设计加药系统，以控制循环水系统的腐蚀和结垢。

4.1.8.3 每台热网换热器疏水应设计人工取样点并安装在线氢电导率表，该仪表信号应作为主要化学监督信号引至化学辅网和集控室 DCS。

4.1.8.4 热网疏水回收点为除氧器、凝汽器。在回收至凝汽器时，设计应考虑增加热网回水冷却换热器，以保证凝汽器附加热负荷满足要求，凝结水温度满足精处理设备和树脂耐温的要求。

4.2 安装调试阶段化学监督

4.2.1 热力设备和部件的出厂检查

4.2.1.1 热力设备和部件在出厂时必须保持洁净，管子和管束内部不允许有积水、泥沙、污物和明显的腐蚀产物。

4.2.1.2 长途运输、存放时间较长的设备和采用奥氏体、铁素体不锈钢作为再热器或过热器的管束外表面必须涂刷防护漆。

4.2.1.3 除氧器、除氧器水箱、凝汽器等大型容器，出厂时必须采取防锈蚀措施。

4.2.1.4 采用碳钢为管材的高、低压加热器、空冷散热器等，在出厂时均应清洗干净后密封充氮（维持氮压 30kPa～50kPa），或采用有机胺等气相保护法进行保护。

4.2.1.5 汽轮机油、抗燃油管道和设备应采取除锈和防锈蚀措施，有合格的防护包装。

4.2.1.6 凝汽器管应有合格的防护包装，包装箱应牢固，以保证在吊装和运输时不变形；应有出厂材料化学成分、物理性能和热处理检测合格证；电厂应按批量抽样，委托有资质单位进行材质成分分析，并出具检验报告；安装和监理单位应逐根进行外观检查，表面应无裂纹、砂眼、凹陷、毛刺及夹杂物等缺陷，管内应无油垢污物，管子不应弯曲。

4.2.2 热力设备的保管和监督

4.2.2.1 热力设备现场保管要求

4.2.2.1.1 热力设备到达现场后，应按 DL/T 855 的有关规定进行保管，以保持设备良好的原始状况；并设专人负责防锈蚀监督，做好检查记录，发现问题应向有关部门提出要求，及时解决。

4.2.2.1.2 热力设备和部件防锈蚀涂层损伤脱落时应及时补涂。

4.2.2.1.3 锅炉受热面管、加热器在组装前 2h 内方可打开密封罩，其他设备在施工当天方可打开密封罩。在搬运和存放过程中密封罩脱落应及时盖上或包覆。

4.2.2.1.4 汽轮机油、抗燃油系统管道和设备在组装前 2h 内方可打开密封罩。

4.2.2.2 凝汽器管检查监督

4.2.2.2.1 拆箱搬运凝汽器管时应轻拿轻放，安装时不得用力捶击，避免增加凝汽器管内应力。

4.2.2.2.2 钛管或不锈钢管应抽取凝汽器管总数的 10%进行涡流探伤，发现一根不合格管子，则应进行 100%涡流探伤。

4.2.2.2.3 凝汽器管在正式胀接前，应进行试胀工作。胀口应无欠胀或过胀，胀口处管壁厚度减薄约为 4%～6%，胀口处应平滑光洁、无裂纹和显著切痕，胀口胀接深度一般为管板厚度的 75%～90%，试胀工作合格后方可正式进行胀管。

4.2.2.2.4 检查所有接至凝汽器的水汽管道，不应使水、汽直接冲击到凝汽器管上。凝汽器补水管上的喷水孔应能使进水充分雾化。

4.2.2.2.5 在穿管前应检查管板孔光滑无毛刺，并彻底清扫凝汽器壳体内部，除去壳体内壁的锈蚀物和油脂。

4.2.2.2.6 安装钛管和钛管板的凝汽器，除符合凝汽器管的有关要求外，还应符合下列要求：

a) 钛管板和钛管端部在穿管前应使用白布以脱脂溶剂（如无水乙醇、三氯乙烯等）擦拭除去油污。管子胀好后，在管板外伸部分也应用无水乙醇清洗后再焊接。

b) 对管孔、穿管用导向器以及对管端施工用具，每次使用前都应用乙醇清洗，穿管时不得使用铅锤。

4.2.2.2.7　凝汽器组装应按照 DL/T 5011 工艺质量要求进行，组装完毕后，对凝汽器汽侧应进行灌水试验，灌水高度应高出顶部凝汽器管 100mm，维持 24h 应无渗漏。

4.2.3　基建机组水冲洗和水压试验

4.2.3.1　设备和管道水冲洗

4.2.3.1.1　机组设备和管道水冲洗和水压试验用水必须是除盐水，水压试验前应该充分冲洗临时管道和正式管道，冲洗水质应达到如下标准：

 a)　进、出口浊度的差值应小于 10NTU；

 b)　出口水的浊度应小于 20NTU；

 c)　出口水应无泥沙和锈渣等杂质颗粒，清澈透明。

4.2.3.2　水压试验

4.2.3.2.1　锅炉等热力设备和管道安装完水压试验可采用氨水法或联氨法，见表 9，试验用水的 pH 值或联氨控制量应根据水压试验后热力设备的停放时间确定。宜采用氨水法，如采用联氨法，应考虑联氨废液的处理措施。

4.2.3.2.2　应使用优级工业品或化学纯以上的氨水、联氨，并检测其氯离子含量，确保加药后水压用水中的氯离子含量小于 0.2mg/L。

4.2.3.2.3　经水压试验合格的锅炉，放置 2 周以上不能进行试运行时，应进行防锈蚀保护。保护方法为：

 a)　当采用湿法保护时，水质应符合表 9 的规定；

 b)　采用充氮气方式保护时，用氮气置换放水，氮气纯度应大于 99.5%，充氮保护期间维持氮气压力在 0.02MPa～0.05MPa；

 c)　当采用其他方式保护时，应符合 DL/T 956 的相关要求。

表 9　机组锅炉整体水压水质

保护时间	氨水法	联氨法		Cl⁻ mg/L
		联氨 mg/L	加氨调节 pH 值	
两周内	10.5～10.7	200	10.0～10.5	
0.5 个月～1 个月	10.7～11.0	200～250	10.0～10.5	＜0.2
1 个月～6 个月	11.0～11.5	250～300	10.0～10.5	

4.2.4　锅炉和热力系统的基建阶段化学清洗

4.2.4.1　化学清洗范围

4.2.4.1.1　锅炉和热力系统基建阶段化学清洗范围应满足 DL/T 794 的规定。

4.2.4.1.2　直流炉和过热蒸汽出口压力为 9.8MPa 及以上的汽包炉，在投产前必须进行锅炉本体的化学清洗；压力在 9.8MPa 以下的汽包炉，当水冷壁垢量小于 150g/m² 时，可不进行酸洗，但必须进行碱洗或碱煮。

4.2.4.1.3　再热器一般不进行化学清洗。出口压力为 17.4MPa 及以上机组的锅炉，再热器可根据情况进行化学清洗，但必须有消除立式管内的气塞和防止腐蚀产物在管内沉积的措施，应保持管内清洗流速在 0.2m/s 以上。

4.2.4.1.4　塔式炉过热器或 Ⅱ 型炉过热器垢量大于 100g/m² 时，宜进行化学清洗，但应有防止立式管产生气塞和腐蚀产物在管内沉积的措施，并应进行清洗工艺条件下的应力腐蚀和晶间腐蚀试验，清洗液不应产生应力腐蚀和晶间腐蚀。

4.2.4.1.5　机组容量为 200MW 及以上新建机组的凝结水及高压给水系统，垢量小于 150g/m² 时，可采用流速大于 0.5m/s 的水冲洗；垢量大于 150g/m² 时，应进行化学清洗。机组容量为 600MW 及以上机组的凝结水及给水管道系统至少应进行碱洗、除油清洗，凝汽器、低压加热器和高压加热器的汽侧及其疏水系统也应进行碱洗、除油清洗或水冲洗。

4.2.4.2　化学清洗介质

4.2.4.2.1　化学清洗介质的选择应根据垢的成分、锅炉设备构造、材质等，通过试验确定。选择的清洗介质在保证化学清洗及缓蚀效果的前提下，应综合考虑其经济性及环保要求等因素。

4.2.4.2.2　含不锈钢锅炉受热面选择清洗介质时，不得含有对不锈钢有晶间腐蚀或应力腐蚀敏感性阴离子（Cl^-＜0.2mg/L）。

4.2.4.2.3　用于化学清洗的药剂应有产品合格证，并通过质量检验，其质量要求参见 DL/T 794 之附录 F。

4.2.4.2.4　锅炉基建阶段常用清洗介质宜为盐酸、柠檬酸、EDTA 铵盐或钠盐、羟基乙酸＋甲酸。汽包锅炉本体清洗一般选用盐酸；直流锅炉一般选用柠檬酸、EDTA 铵盐和羟基乙酸＋甲酸。

4.2.4.2.5　当清洗液中三价铁离子浓度大于 300mg/L 时，应在清洗液中添加还原剂。

4.2.4.2.6　超临界机组不应使用固体无机盐进行钝化，不应使用固体碱进行加热器汽侧的碱洗。

4.2.4.3　化学清洗质量控制

a）　承担锅炉化学清洗的单位应符合 DL/T 977 的要求。

b）　清洗和调试单位应根据系统特点、受热面结垢量和材料制订详细的化学清洗方案，化学清洗方案与措施应报上级技术主管部门审批或备案。

c）　业主应参加化学清洗全过程的质量监督，清洗结束后，进行检查验收和评定。

d）　应尽量缩短锅炉化学清洗至锅炉点火的时间，一般不得超过 20 天。如超过，化学清洗后应采取防锈蚀保护措施。

e）　清洗废液必须经处理达到 GB 8978 污水综合排放标准或地方规定的排放标准。

f）　化学清洗结束后，应对参加清洗的容器（凝汽器，除氧器，高、低压加热器水侧，汽包，下水包等）进行清理，必要时割开受热面底部联箱的手孔以清理沉渣。

4.2.4.4　化学清洗质量标准

a）　清洗后的金属表面应清洁，基本上无残留氧化物和焊渣，不应出现二次锈蚀和点蚀，不应有镀铜现象。

b）　用腐蚀指示片测量的金属平均腐蚀速度应小于 6g/（m²·h），腐蚀总量应小于 60g/m²。

c）　割取被清洗受热面代表性管样检测的残余垢量小于 30g/m² 为合格，残余垢量小于 15g/m² 为优良。

d）　清洗后的设备内表面应形成良好的钝化保护膜。

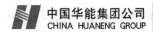

e) 固定设备上的阀门、仪表等不应受到腐蚀损伤。

4.2.5 机组整套启动前的水冲洗

4.2.5.1 一般要求

a) 锅炉启动点火前，必须对热力系统进行冷态冲洗和热态冲洗，调试单位应制订详细的冲洗措施。

b) 机组启动前的冷态冲洗和热态冲洗方式满足 DL/T 889 的规定。

c) 在冷态及热态冲洗过程中，当除氧器上水后，应投入精处理（凝结水泵）出口加氨设备，控制冲洗水 pH 值分别为：无铜给水系统 9.2～9.6、有铜给水系统 9.0～9.3，以形成钝化体系，减少冲洗腐蚀。锅炉上水时，如精处理出口（凝结水泵）加氨量不能满足要求，可投运给水加氨设备以提高省煤器入口给水的 pH 值至：无铜给水系统 9.2～9.6、有铜给水系统 9.0～9.3。

d) 在冷态及热态水冲洗的整个过程中，应监督凝结水、给水和炉水（分离器排水）中的铁、二氧化硅以及 pH 值。

e) 汽包锅炉在冷态、热态冲洗阶段炉水不得加入固态碱化剂（氢氧化钠或磷酸三钠）。

4.2.5.2 水冲洗应具备的条件

a) 除盐水设备应能连续正常供水，除盐水箱水位处于高位，除盐水能满足机组冷态、热态冲洗要求。

b) 加氨设备应调试完毕、正常运行。

c) 热态冲洗时，除氧器能加热除氧（至少在点火前 6h 投入），并使除氧器水温尽可能达到低参数下运行的饱和温度。

4.2.5.3 点火前冷态冲洗

4.2.5.3.1 汽包锅炉冷态冲洗

a) 机组冷态冲洗应遵循分段冲洗，前段不污染后段的原则。

b) 凝结水系统、低压给水系统冷态冲洗：

1) 当凝结水含铁量大于 1000μg/L 时，应采取排放冲洗方式。

2) 当冲洗至凝结水含铁量小于 1000μg/L，并且硬度小于 5μmol/L 时，可向除氧器上水，并加氨调整 pH 值至：无铜给水系统 9.2～9.6、有铜给水系统 9.0～9.3。

3) 有凝结水过滤装置，投运过滤装置，并在凝汽器与除氧器间循环冲洗；无凝结水过滤装置时开路冲洗，至除氧器出口水含铁量小于 200μg/L，凝结水系统、低压给水系统冲洗结束。

c) 高压给水系统和锅炉本体冷态冲洗：

1) 锅炉上水冲洗前，先冲洗高压给水系统（先旁路后高压加热器）。

2) 高压加热器出水铁含量小于 500μg/L 后，冲洗锅炉本体，并控制汽包高水位。

3) 当炉水（汽包和下联箱排水）含铁量降至小于 200μg/L 时，冷态冲洗结束。

4.2.5.3.2 直流锅炉冷态冲洗

a) 凝结水系统、低压给水系统冷态冲洗：

1) 当凝结水及除氧器出口水含铁量大于 1000μg/L 时，应采取排放冲洗方式。

2) 当冲洗至凝结水及除氧器出口水含铁量小于 1000μg/L 时，可采取循环冲洗方式。

3) 投运凝结水精处理过滤装置，使水在凝汽器与除氧器间循环。

4) 当除氧器出口水含铁量小于 200μg/L 时,凝结水系统、低压给水系统冲洗结束。

b) 高压给水系统至启动分离器间的冷态冲洗:

1) 锅炉水冷壁上水冲洗前,先冲洗高压给水系统(先旁路后高压加热器)。

2) 高压加热器出水铁含量小于 500μg/L 后,冲洗省煤器,打开省煤器到水冷壁下联箱的分配联箱上的排污门,从分离器排水至铁含量小于 500μg/L。

3) 关闭省煤器到水冷壁下联箱的分配联箱的排污门,水冷壁上水,分离器高水位后,启动炉水循环泵(如有),加大水冷壁冲洗流速。

4) 从启动分离器排水直至其含铁量小于 1000μg/L 时,将水返回凝汽器循环冲洗,通过凝结水处理过滤装置除去水中铁。

5) 当启动分离器排水含铁量降至小于 200μg/L 时,冷态冲洗结束。

4.2.5.4 热态冲洗

4.2.5.4.1 当汽包炉水给水含铁量小于 100μg/L,直流锅炉给水含铁量小于 50μg/L 时,锅炉可以点火启动。

4.2.5.4.2 在热态冲洗过程中,应监督给水、炉水、凝结水中的含铁量、二氧化硅和 pH 值。

4.2.5.4.3 宜维持锅炉热态冲洗的水温 150℃～170℃(汽包锅炉汽包炉水温度,直流锅炉分离器排水温度)。

4.2.5.4.4 汽包锅炉热态冲洗时,应加强排污,必要时整炉换水,直至炉水清澈,热态冲洗过程监督炉水含铁量,当炉水含铁量小于 200μg/L 时,热态冲洗结束。

4.2.5.4.5 直流锅炉热态冲洗监督分离器的排水,当含铁量大于 1000μg/L,从分离器排放,进行开路冲洗;当含铁量小于 1000μg/L 时,将水回收至凝汽器,并通过凝结水处理过滤装置进行净化处理,直至启动分离器出水含铁量小于 100μg/L 时,热态冲洗结束。

4.2.5.4.6 停炉放水后应对凝汽器、除氧器、汽包等容器底部进行清扫或冲洗。

4.2.6 蒸汽吹管阶段的监督

4.2.6.1 锅炉蒸汽吹管阶段应投运精处理(凝结水泵)出口加氨设备,必要时投运给水加氨设备,使给水的 pH 值至:无铜给水系统 9.2～9.6,有铜给水系统 9.0～9.3。

4.2.6.2 有凝结水精处理设备在吹管期间应投运凝结水精处理设备。

4.2.6.3 汽包锅炉蒸汽吹管时,炉水不得加入固态碱化剂调整炉水的 pH 值,以避免吹管期间汽包水位、压力急剧变化过程,蒸汽带水导致固态盐类进入过热器、再热器。

4.2.6.4 吹管时监督给水、炉水中的含铁量、电导率、pH 值、硬度、二氧化硅,给水质量应满足表 10 的要求;吹管后期应监督蒸汽中铁、二氧化硅的含量,并观察样品外状。

4.2.6.5 汽包锅炉当炉水含铁量大于 1000μg/L 时,应加强排污。在吹管停止时,当炉水或分离器排水铁和二氧化硅含量大(铁含量大于 1000μg/L),应排放炉水。

4.2.6.6 直流锅炉炉水不排放时,应采取凝汽器→除氧器→锅炉→启动分离器→凝汽器的循环,并投运凝结水精处理设备,以保持给水水质正常。

4.2.6.7 吹管完毕后,锅炉带压放水,排净凝汽器热井和除氧水箱内的存水,仔细清扫凝汽器、除氧器和汽包内铁锈和杂物,清理或更换凝结水泵和给水泵入口滤网。

4.2.7 机组整套启动阶段的化学监督

4.2.7.1 一般要求

a) 机组整套启动时,化学除盐水箱处于高水位,补给水处理系统能正常运行制水。

b) 安装有凝结水精处理系统（包括前置过滤器和精除盐设备），精处理系统能可靠投运。

c) 精处理（凝结水泵）出口、除氧器出口加氨设备及炉水加磷酸盐设备能可靠投入运行，满足给水、炉水水质调节要求。

d) 水汽取样分析装置具备投运条件，水样温度和流量应符合设计要求，能满足人工和在线化学仪表同时分析的要求。

e) 在线化学仪表具备随时投运条件：锅炉冷态冲洗结束，投运凝结水、精处理出口和给水氢电导率、电导率表，给水 pH 表；锅炉点火时，投运炉水电导率表和 pH 表；热态冲洗结束，锅炉开始升压时，饱和及过热蒸汽氢电导率表应投运；机组 168h 满负荷试运行时，所有在线化学仪表应投入运行。

f) 除氧器投入运行并使除氧器水温达到运行参数的饱和温度，使给水溶解氧含量达到要求。

g) 汽轮机油和抗燃油进行旁路或在线处理，以除去汽轮机油系统和调速系统中的杂质颗粒和水分，油质满足机组启动要求。

h) 循环水加药系统应能投入运行，按设计或调整试验后的技术条件对循环水进行阻垢、缓蚀以及杀生灭藻。凝汽器胶球清洗系统应能投入运行。

i) 全厂闭式循环冷却水系统水冲洗合格，闭式循环冷却水充满除盐水或凝结水，并在冷却水中加入氨或联氨调节 pH 值使之满足表 39 的规定。

4.2.7.2 锅炉给水质量

锅炉启动时，给水水质应满足表 10 的要求。机组并网运行，在 8h 内给水质量达到正常运行水质，见表 16、表 17、表 19 和表 20。

表 10　锅炉启动时给水质量

炉型	锅炉过热蒸汽压力 MPa	硬度 μmol/L	氢电导率 （25℃） μS/cm	铁 μg/L	二氧化硅 μg/L
汽包炉	3.8～5.8	≤10.0	—	≤150	—
	5.9～12.6	≤5.0	—	≤100	—
	>12.6	≤5.0	≤1.00	≤75	≤80
直流炉	—	0	≤0.50	≤50	≤30

4.2.7.3 炉水（分离器排水）质量

锅炉热态冲洗结束启动时，炉水（分离器排水）的质量应满足表 11 的要求。

表 11　锅炉启动时炉水（分离器排水）质量

炉型	汽包压力 MPa	外观	硬度 μmol/L	pH 25℃	电导率 （25℃） μS/cm	铁 μg/L	二氧化硅 mg/L
汽包锅炉	>5.9～10	澄清	≤5.0	9.0～10.5	≤100	≤200	≤2
	>10～12.6	澄清	≤5.0	9.0～10	≤50	≤200	≤1.2

表 11（续）

炉型	汽包压力 MPa	外观	硬度 μmol/L	pH 25℃	电导率（25℃）μS/cm	铁 μg/L	二氧化硅 mg/L
汽包锅炉	>12.6～15.8	澄清	≤2.0	9.0～9.7	≤30	≤200	≤0.40
	>15.8	澄清	0	9.0～9.7	≤20	≤200	≤0.20
直流锅炉	—	澄清	0	9.0～9.6	≤20	≤100	≤0.10

4.2.7.4 蒸汽质量

a） 汽机冲转时蒸汽品质应该满足表 12 的要求。

表 12　汽轮机冲转前的蒸汽质量

炉型	锅炉过热蒸汽压力 MPa	氢电导率（25℃）μS/cm	二氧化硅 μg/kg	铁 μg/kg	铜 μg/kg	钠 μg/kg
汽包炉	3.8～5.8	≤3.00	≤80	—	—	≤50
	>5.8	≤1.00	≤60	≤50	≤15	≤20
直流炉	—	≤0.50	≤30	≤50	≤15	≤20
注：无铜给水系统，铜不作为控制指标，可不检测

b） 机组试运期间，蒸汽质量应符合表 13 的规定。

c） 锅炉洗硅运行期间，当蒸汽中二氧化硅大于 60μg/kg，应采取降压、降负荷运行措施，保证蒸汽品质合格。

d） 直流锅炉洗硅运行期间，当蒸汽中二氧化硅大于 30μg/kg，应采取降压、降负荷运行措施，保证蒸汽品质合格。

e） 机组并网带满负荷运行，在 8h 内蒸汽质量应该达到正常要求，见表 16～表 18。

表 13　机组整套启动试运行时的蒸汽质量

炉型	锅炉过热蒸汽压力 MPa	阶段	钠 μg/kg	二氧化硅 μg/kg	铁 μg/kg	铜 μg/kg	氢电导率（25℃）μS/cm
汽包炉	>12.6～18.3	带负荷至1/2额定负荷前	≤20	≤60	—	—	≤1.0
		1/2额定负荷至满负荷	≤10	≤20	≤20	≤5	≤0.3
直流炉	>12.6～18.3	带负荷至1/2额定负荷前	≤20	≤30	—	—	≤0.6
		1/2额定负荷至满负荷	≤10	≤20	≤20	≤5	≤0.3
	>18.3	带负荷至1/2额定负荷前	≤20	≤30	≤30	≤15	≤0.5
		1/2额定负荷至满负荷	≤5	≤15	≤10	≤5	≤0.3
注：无铜给水系统，铜不作为控制指标，可不检测

4.2.7.5 凝结水回收质量标准

a) 当锅炉补水是通过除氧器补水时，凝结水回收规定如下：

1) 有凝结水精处理装置时，凝结水的回收质量应符合表 14 的规定；

2) 无凝结水精处理装置时，凝结水全部排放至符合给水水质标准方可回收。

表 14 凝结水回收质量标准

凝结水精处理形式	外观	硬度 μmol/L	钠 μg/L	铁 μg/L	二氧化硅 μg/L	铜 μg/L
过滤除铁设备	无色透明	≤5.0	≤30	≤500	≤80	≤30
精除盐设备	无色透明	≤5.0	≤80	≤1000	≤200	≤30

b) 当锅炉补水只能补至凝汽器时，机组冲转、并网和运行的凝结水只能即时全部回收，无法排放，应采取如下措施保证给水水质：

1) 有凝结水精处理设备时，通过凝结水精处理设备处理，使精处理出口水质满足给水要求；

2) 无凝结水精处理设备时，回收凝结水导致凝结水泵出水水质不能满足给水水质要求时，应通过加大凝汽器的补水量，凝结水泵出口部分排放凝结水来提高给水水质。

4.2.7.6 发电机冷却水质量

a) 发电机内冷却水系统投入运行前应使用除盐水进行彻底冲洗。冲洗水的流量、流速应大于正常运行下的流量、流速。当冲洗至排水清澈无杂质颗粒，进、排水的 pH 值基本一致，电导率小于 2μS/cm 时，冲洗结束。

b) 机组联合启动时，发电机内冷水质量应满足机组正常运行标准，见表 40。

4.3 机组运行给水、炉水处理和水、汽质量监督

4.3.1 给水处理方式

4.3.1.1 机组热力系统应尽量避免使用铜合金材料。新建、扩建机组高压加热器采用合金钢管，低压、轴封加热器应采用不锈钢管；在役机组高压、低压、轴封加热器是铜合金管时，宜改造为合金钢管或不锈钢管。

4.3.1.2 机组给水处理应该采用先进的工艺，降低热力系统的腐蚀产物和盐类杂质的产生、迁移和沉积，以达到消除因化学因素造成机组可利用率降低的目的。

4.3.1.3 给水处理方式的选择满足 DL/T 805.4 的要求。

4.3.1.4 给水加氨、联氨（或其他还原剂）还原性挥发处理［AVT（R）］。

a) 只有在机组为有铜给水系统时，即热力系统的高压、低压、轴封加热器含有铜合金，给水才采用 AVT（R）的工艺；

b) 采用 AVT（R）工艺，联氨应加在精处理（凝结水泵）出口；

c) 氨分别加在精处理（凝结水泵）出口和除氧器出口，控制加氨后凝结水的 pH 值在 8.8～9.1，省煤器入口给水 pH 值在 9.1～9.3。

4.3.1.5 给水加氨弱氧化性处理［AVT（O）］。

a) AVT（O）工艺为无铜给水系统的汽包锅炉正常运行、启动和停用期间，以及直流锅

炉启动、停用期间的给水处理工艺；

b) 采用 AVT（O）工艺，氨应主要加在精处理（凝结水泵）出口，并控制加氨后凝结水 pH 值在 9.2～9.6（凝汽器为铜合金时，pH 值在 9.1～9.4）；

c) 除氧器出口为机组启动、停用过程及机组负荷变化、凝结水加氨设备故障等情况下的辅助加氨。

4.3.1.6 给水加氧处理（OT）。

a) 机组给水加氧处理条件和要求应满足 DL/T 805.1 的规定；

b) 为抑制热力系统的流动加速腐蚀，降低锅炉受热面结垢速率，直流锅炉正常运行时，给水应采用 OT 处理；

c) 亚临界机组汽包锅炉，带全流量凝结水精处理设备，机组正常运行给水可采用加氧处理；

d) 给水加氧的同时，应根据凝汽器方式和材料加入不同量氨，控制水汽系统不同的 pH 值；

e) 氨加在精处理出口，控制加氨后 pH 值大于 8.5（混合凝汽器间接空冷机组，散热器为铝管时 pH 宜为 7.0～8.0）；

f) 氧加在精处理出口和除氧器出口，控制给水溶解氧含量为 $30\mu g/L$～$150\mu g/L$，汽包锅炉还应同时满足下降管炉水溶解氧含量小于 $10\mu g/L$ 的要求。

4.3.2 炉水处理方式

4.3.2.1 应根据锅炉参数、凝结水精处理装置的型式、汽包汽水分离装置的分离效果，选择合适的炉水处理方式，以抑制炉水中腐蚀性阴离子对炉管的腐蚀，控制杂质在锅炉水冷壁的沉积，并降低蒸汽中固体杂质的携带量。

4.3.2.2 炉水磷酸盐处理。

a) 炉水磷酸盐处理的条件和要求满足 DL/T 805.2 的规定；

b) 锅炉正常运行和启动期间，炉水可采用磷酸盐处理；

c) 当凝汽器、热网加热器渗漏可能导致炉水有少量硬度，或机组启动初期炉水可能有硬度时，炉水应采用磷酸盐处理，通过排污可以防止炉水中的硬度在水冷壁形成水垢；

d) 磷酸盐应加在汽包内部，加药管满足 DL/T 805.2 的相关要求；

e) 在保证炉水无硬度和 pH 值合格的前提下，炉水磷酸盐的含量应维持在标准值的低限，以减少蒸汽中磷酸盐的携带量，减缓炉水磷酸盐的"隐藏"问题。

4.3.2.3 炉水氢氧化钠处理。

a) 炉水氢氧化钠处理的条件和要求满足 DL/T 805.3 的规定；

b) 凝汽器无泄漏，给水无硬度，锅炉正常运行时，炉水可采用氢氧化钠处理；

c) 配备凝结水精处理的亚临界机组、采用不锈钢或钛管凝汽器机组、海水冷却机组、炉水宜采用氢氧化钠处理；

d) 炉水氢氧化钠处理，除可调整炉水 pH 值，抑制炉水中腐蚀性阴离子（氯离子、硫酸根）的腐蚀外，也避免了磷酸盐的"隐藏"问题，并且炉水 pH 控制较稳定；

e) 氢氧化钠加入装置是利用磷酸盐加入装置。

4.3.2.4 炉水全挥发处理。

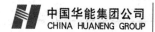

a) 炉水全挥发处理的条件和要求满足 DL/T 805.5 的规定；

b) 在凝汽器无泄漏，给水无硬度，给水系统和凝汽器均无铜，锅炉连续正常运行时，炉水可采用全挥发处理；

c) 炉水采用固体碱化剂处理导致蒸汽品质超标时，炉水宜采用全挥发处理；

d) 运行超过一个 A 修周期的亚临界直接空冷机组，宜采用全挥发处理；

e) 炉水全挥发处理时，对炉水中腐蚀性阴离子（氯离子、硫酸根）缓冲性差，炉水氢电导率应控制较低水平；

f) 炉水全挥发处理时，氨主要加在精处理（凝结水泵）出口，并应保证炉水的 pH 值不低于 9.0，必要时也可在除氧器出口给水补加氨以维持炉水的 pH 值。

4.3.3 正常运行水汽质量标准

4.3.3.1 水汽监督项目和检测周期

机组正常运行时主要水汽监督项目和检测周期见表 15。

表 15 热力系统水汽品质监测项目

取样点	pH (25℃)	氢电导率 μS/cm (25℃)	电导率 μS/cm (25℃)	溶解氧[a]	二氧化硅[b]	全铁	铜[c]	钠离子[d]	硬度	氯离子
凝结水泵出口	—	C	—	C	—	T	T	C	T	T
精除盐设备出口	—	C	C	—	C	W	W	C	—	T
除氧器入口	—	C	C	—	C	T	T	—	—	T
除氧器出口	—	—	—	C	—	T	T	—	—	—
省煤器入口	C	C	—	C	T	W	W	T	T	T
汽包炉水	C	C	C	—	C	W	W	T	T	T
下降管炉水	—	C[e]	—	C	—	—	—	—	—	—
饱和蒸汽	—	C	—	—	T	W	W	W	—	T
过热蒸汽	—	C	—	—	C	W	W	C	—	T
再热蒸汽	—	C	—	—	T	W	W	T	—	—
热网疏水	—	C	—	—	—	W	—	—	T	—
发电机内冷水	C	—	C	—	—	—	W	—	T	—

注：C—连续监测；W—至少每周一次；T—根据实际需要定时取样监测。
a 给水采用加氧处理时，除氧器入口、下降管炉水安装在线氧表，此时除氧器出口不必安装氧表。
b 直流锅炉给水应安装硅表连续监督，可以与蒸汽共用；炉水硅表不能与蒸汽或给水共用，可与另外一台锅炉共用。
c 凝汽器、加热器无铜时，只需检测发电机内冷水中铜。
d 海水和高含盐量水冷却时，凝结水宜安装在线钠表，空冷机组不需要安装凝结水在线钠表。
e 汽包锅炉采用加氧处理时宜连续监督下降管炉水的氢电导率

4.3.3.2 超临界机组水汽质量标准

4.3.3.2.1 超临界机组水汽质量标准应满足 GB/T 12145 的规定。

4.3.3.2.2 超临界机组给水采用 AVT（O）工艺时，水汽质量标准见表 16。

表 16　直流锅炉机组给水 AVT（O）水汽质量标准

取样点	监测项目	单位	正常运行	
			标准值	期望值 d
凝结水泵出口	氢电导率（25℃）a	μS/cm	≤0.15	—
	溶解氧 b	μg/L	≤20	—
	钠离子	μg/L	≤10	≤5
精处理出口	氢电导率（25℃）	μS/cm	≤0.10	≤0.08
	二氧化硅	μg/L	≤5	
	钠	μg/L	≤2	≤1
	全铁	μg/L	≤3	≤1
	铜	μg/L	≤2	≤1
	氯离子	μg/L	≤2	≤1
除氧器入口	电导率（25℃）c	μS/cm	4.3～11	—
	pH 值（25℃）c		9.2～9.6	—
省煤器入口给水	电导率（25℃）c	μS/cm	4.3～11	—
	pH 值（25℃）c		9.2～9.6	—
	氢电导率（25℃）	μS/cm	≤0.10	≤0.08
	溶解氧	μg/L	≤10	—
	二氧化硅	μg/L	≤5	—
	钠	μg/L	≤2	≤1
	全铁	μg/L	≤5	≤3
	铜	μg/L	≤2	≤1
	氯离子	μg/L	≤2	≤1
	TOC	μg/L	≤200	—
主蒸汽	氢电导率（25℃）	μS/cm	≤0.10	—
	二氧化硅	μg/kg	≤5	
	钠	μg/kg	≤2	≤1
	全铁	μg/kg	≤5	≤3
	铜	μg/kg	≤2	≤1
	氯离子	μg/kg	≤2	≤1

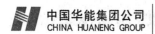

表 16（续）

取样点	监测项目	单位	正常运行	
			标准值	期望值 [d]
高加疏水	全铁	μg/L	≤5	≤3

[a] 直接空冷机组和混合式凝汽器间接空冷机组凝结水氢电导率标准值应小于或等于 0.30μS/cm，期望值小于或等于 0.20μS/cm。

[b] 直接空冷机组及混合式凝汽器间接空冷机组凝结水溶解氧标准值应小于 100μg/L，期望值小于或等于 30μg/L。

[c] 直接空冷机组为抑制碳钢空冷散热器流动加速腐蚀，给水和除氧器入口 pH 标准值应为 9.4～9.8，对应电导率标准值为 7.0μS/cm～17.0μS/cm。

[d] 超超临界机组宜按期望值控制

4.3.3.2.3 给水采用 OT 工艺时，水汽质量标准见表 17。

表 17 超临界机组给水加氧处理水汽质量标准

取样点	监测项目	单位	正常运行	
			标准值	期望值 [d]
凝结水泵出口	氢电导率（25℃）[a]	μS/cm	≤0.15	—
	溶解氧 [b]	μg/L	≤20	—
	钠离子	μg/L	≤10	≤5
精处理出口	氢电导率（25℃）	μS/cm	≤0.10	≤0.08
	二氧化硅	μg/L	≤5	—
	钠	μg/L	≤2	≤1
	全铁	μg/L	≤3	≤1
	铜	μg/L	≤2	≤1
	氯离子	μg/L	≤2	≤1
除氧器入口	电导率（25℃）[c]	μS/cm	>1	—
	pH 值（25℃）[c]		>8.5	—
	溶解氧	μg/L	30～150	30～100
省煤器入口给水	电导率（25℃）[c]	μS/cm	>1	—
	pH 值（25℃）[c]		>8.5	—
	氢电导率（25℃）	μS/cm	≤0.10	≤0.08
	溶解氧	μg/L	30～150	30～100
	二氧化硅	μg/L	≤5	—
	钠	μg/L	≤2	≤1
	全铁	μg/L	≤2	≤1
	铜	μg/L	≤2	≤1
	氯离子	μg/L	≤2	≤1

表 17（续）

取样点	监测项目	单位	正常运行	
			标准值	期望值 [d]
主蒸汽	氢电导率（25℃）	μS/cm	≤0.10	—
	二氧化硅	μg/kg	≤5	—
	钠	μg/kg	≤2	≤1
	全铁	μg/kg	≤2	≤1
	铜	μg/kg	≤2	≤1
	氯离子	μg/kg	≤2	≤1
高加疏水	溶解氧	μg/L	≥5	—
	全铁	μg/L	≤5	—

[a] 直接空冷机组和混合式凝汽器间接空冷机组凝结水氢电导率标准值应小于或等于 0.3μS/cm，期望值小于或等于 0.2μS/cm。

[b] 直接空冷机组和混合式凝汽器间接空冷机组凝结水溶解氧标准值应小于 100μg/L，期望值小于或等于 30μg/L。

[c] 直接空冷机组加氧处理时，为抑制碳钢空冷散热器流动加速腐蚀，给水和除氧器入口 pH 值标准值应为 9.2～9.6；对应电导率标准值应为 4.3μS/cm～11μS/cm；混合式凝汽器间接空冷机组，空冷散热器为铝时，给水为中性加氧处理，给水和除氧器入口 pH 值标准值应 7.0～8.0，期望值 7.5～8.0，对应电导率小于 0.3μS/cm。

[d] 超超临界机组宜按期望值控制

4.3.3.3 亚临界及以下参数等级机组水汽质量标准

4.3.3.3.1 亚临界及以下参数等级机组的水汽质量应满足 GB/T 12145 的规定。

4.3.3.3.2 蒸汽质量标准。

汽包炉的饱和、过热、再热蒸汽质量以及亚临界压力直流炉的过热、再热蒸汽质量应符合表 18 的规定。

表 18 蒸 汽 质 量 标 准

过热蒸汽压力 MPa	钠 μg/kg		氢电导率（25℃）μS/cm		二氧化硅 μg/kg		铁 μg/kg		铜 μg/kg	
	标准值	期望值	标准值	期望值	标准值	期望值	标准值	期望值	标准值	期望值
3.8～5.8	≤15	—	≤0.30	—	≤20	—	≤20	—	≤5	—
5.9～15.6	≤5	≤2	≤0.15[a]	≤0.10[a]	≤20	≤10	≤15	≤10	≤3	≤2
15.7～18.3	≤5	≤2	≤0.15[a]	≤0.10[a]	≤20	≤10	≤10	≤5	≤3	≤2
>18.3[b]	≤3	≤2	≤0.15	≤0.10	≤10	≤5	≤5	≤3	≤2	≤1

[a] 没有凝结水精处理除盐装置（粉末树脂过滤器除盐能力小，按无精除盐考虑）的机组，蒸汽的氢电导率标准值不大于 0.30μS/cm，期望不大于 0.15μS/cm。

[b] 亚临界以上机组，还应定期监测氯离子（≤5μg/kg）和 TOC（≤200μg/kg），每年至少 2 次

4.3.3.3.3 给水质量标准。

　　a) 给水的硬度、溶解氧、铁、铜、钠、二氧化硅的含量和氢电导率，应符合表 19 的规定。

表 19　锅 炉 给 水 质 量

炉型	过热蒸汽压力（MPa）	氢电导率 a（25℃）μS/cm		硬度 c μmol/L	溶解氧 b μg/L	铁 c μg/L		铜 c μg/L		钠 μg/L		二氧化硅 μg/L	
		标准值	期望值		标准值	标准值	期望值	标准值	期望值	标准值	期望值	标准值	期望值
汽包炉	3.8～5.8	≤0.50	—	≤2.0	≤15	≤50	—	≤10	—	—	—	应保证蒸汽二氧化硅符合标准	
	5.9～12.6	≤0.30	—		≤7	≤30	—	≤5	—				
	12.7～15.6	≤0.30	—		≤7	≤20	—	≤5	—				
	＞15.6	≤0.15 a	≤0.10		≤7	≤15	≤10	≤3	≤2			≤20	≤10
直流炉	5.9～18.3	≤0.15	≤0.10		≤7	≤10	≤5	≤3	—	≤5	≤2	≤15	≤10

a 没有凝结水精处理除盐装置的机组，给水氢电导率应不大于 0.30μS/cm。
b 加氧处理时，溶解氧指标按表 21 控制。
c 液态排渣炉和原设计为燃油的锅炉，其给水的硬度和铁、铜的含量，应符合比其压力高一级锅炉的规定

　　b) 给水的 pH 值、联氨和 TOC 应符合表 20 的规定。

表 20　给水的 pH 值、联氨和 TOC 标准

炉型	锅炉过热蒸汽压力 MPa	pH 值（25℃）	联氨 μg/L	TOC c μg/L
汽包炉	3.8～5.8	8.8～9.3	—	—
	5.9～15.6	8.8～9.3（有铜给水系统）或 9.2～9.6 a,b（无铜给水系统）	≤30	≤500
	＞15.6			≤200
直流炉	5.9～18.3			≤200

a 对于凝汽器管为铜管、其他换热器管均为钢管的机组，给水 pH 值控制范围为 9.1～9.4。
b 对于凝结水精处理设备是粉末树脂过滤器的直接空冷机组，给水的 pH 值控制范围是 9.2～9.8。
c 必要时监测

　　c) 锅炉给水采用加氧处理时，给水 pH 值、氢电导率、溶解氧含量应符合表 21 的规定。

表 21　加氧处理给水 pH 值、氢电导率、溶解氧的含量和 TOC 标准

pH 值（25℃）	氢电导率（25℃）µS/cm		溶解氧含量 µg/L	TOC µg/L
	标准值	期望值		
>8.5	≤0.15	≤0.10	30～150	≤200

注 1：采用中性加氧处理的机组，给水的 pH 控制在 7.0～8.0（无铜给水系统），溶解氧 50µg/L～250µg/L。

注 2：汽包锅炉给水加氧处理时，给水溶解氧含量应保证下降管炉水溶解氧含量小于 10µg/L

4.3.3.3.4 凝结水质量标准。

a） 凝结水泵出口的硬度、钠和溶解氧的含量和氢电导率应符合表 22 的规定。

表 22　凝结水泵出口水质

锅炉过热蒸汽压力 MPa	硬度 µmol/L	钠 µg/L	溶解氧[a] µg/L	氢电导率（25℃）µS/cm	
				标准值	期望值
3.8～5.8	≤2.0	—	≤50	—	
5.9～12.6	≤1.0	—	≤50	≤0.30	—
12.7～15.6	≤1.0	—	≤40	≤0.30	≤0.20
>15.6	≈0	≤5[b]	≤30	≤0.30	≤0.15

[a]　直接空冷机组凝结水溶解氧浓度标准值应小于 100µg/L，期望值小于 30µg/L；配有混合式凝汽器的间接空冷机组凝结水溶解氧浓度宜小于 200µg/L。

[b]　凝结水有精处理除盐装置时，凝结水泵出口的钠浓度可放宽至 10µg/L

b） 经过凝结水精处理（过滤除铁和精除盐）后的凝结水中二氧化硅、钠、铁、铜的含量和氢电导率质量应符合表 23 的规定。

表 23　经过凝结水精处理后凝结水的水质

锅炉过热蒸汽压力 MPa	精处理方式	氢电导率（25℃）µS/cm		钠 µg/L		氯离子 µg/L		铜 µg/L		铁 µg/L		二氧化硅 µg/L	
		标准值	期望值	标准值	期望值	标准值	期望值	标准值	期望值	标准值	期望值	标准值	期望值
≤18.3	精除盐	≤0.15	≤0.10	≤3	≤2	≤2	≤1	≤3	≤1	≤5	≤3	≤15	≤10
	过滤器（粉末树脂过滤器）	同凝结水		同凝结水		同凝结水		≤3	≤2	≤10	≤5	同凝结水	
>18.3	精处理	≤0.10	≤0.08	≤1	≤1	≤1	≤1	≤3	≤1	≤5	≤3	≤10	≤5

4.3.3.3.5 炉水质量标准。

    a) 汽包锅炉炉水水质满足 GB/T 12145、DL/T 805.2、DL/T 805.3、DL/T 805.5 的相关要求。

    b) 汽包炉炉水的电导率、氢电导率、二氧化硅和氯离子含量，应根据制造厂的规范并宜通过水汽品质专门试验确定。

    c) 炉水中二氧化硅含量应保证蒸汽品质合格，不同汽包压力对应二氧化硅含量参见表 24。

表 24 不同汽包压力对应炉水二氧化硅含量

汽包压力 MPa	≤6	7	8	9	10	11	12	13	14	15	16	17	18	19
SiO_2 mg/L	≤7.5	≤4.8	≤3.4	≤2.5	≤2.0	≤1.6	≤1.2	≤0.9	≤0.6	≤0.4	≤0.33	≤0.24	≤0.20	≤0.10

    d) 炉水磷酸盐处理时，炉水水质指标可参见表 25。

表 25 炉水磷酸盐处理时炉水水质指标

汽包压力 MPa	pH 值（25℃）		磷酸根 mg/L	电导率（25℃）μS/cm	氯离子 mg/L
	标准值	期望值			
3.8～5.8	9.0～11.0	9.5～10.5	2～10	<80	≤2
5.9～10.0	9.0～10	9.4～10	2～6	<50	≤1.5
10.1.～12.6	9.0～9.8	9.4～9.8	1～3	<30	≤1.0
12.7～15.8	9.0～9.7	9.3～9.7	0.5～2.0	<20	≤0.8
15.9～19.3	9.0～9.7	9.3～9.6	<1.0	<15	≤0.5

    e) 炉水氢氧化钠处理，炉水水质指标可参照表 26。

表 26 炉水氢氧化钠处理时炉水水质指标

汽包压力 MPa	pH（25℃）		电导率（25℃）μS/cm	氢电导率（25℃）μS/cm	氯离子 mg/L
	标准值	期望值			
12.7～15.8	9.0～9.7	9.3～9.7	4.5～15	≤10	≤0.35
15.9～19.3	9.0～9.6	9.2～9.6	4.5～12	≤4	≤0.2

    f) 炉水全挥发处理时，炉水水质指标可参照表 27。

表 27 炉水全挥发处理时炉水水质指标

汽包压力 MPa	pH（25℃）		电导率（25℃）μS/cm	氢电导率（25℃）μS/cm	氯离子 mg/L
	标准值	期望值			
15.9～18.3	9.0～9.8	9.2～9.8	5～17	≤1.2	≤0.05
＞18.3				≤1.0	≤0.04

4.3.3.4 化学补给水质量：

4.3.3.4.1 锅炉化学补给水的质量，以不影响给水质量为标准，见表28。

表 28 锅 炉 补 给 水 质 量

锅炉过热蒸汽压力 MPa	二氧化硅 μg/L	除盐水箱进水电导率（25℃）μS/cm		除盐水箱出口电导率（25℃）μS/cm	TOCa μg/L
		标准值	期望值		
5.9～12.6	—	≤0.20	—	≤0.40	—
12.7～18.3	≤20	≤0.20	≤0.10		≤400
＞18.3	≤10	≤0.15	≤0.10		≤200
a 必要时监测					

4.3.3.4.2 化学补给水处理系统末级（离子交换混床或EDI）出水水质应该满足表28的要求。

4.3.3.4.3 补给水水处理系统设备进、出水水质量标准：

a) 补给水水处理系统各设备进、出水水质应满足 DL/T 5068 的相关要求。

b) 应根据进水悬浮物的大小选择澄清池，澄清池进水悬浮物应符合表 29 的要求。

c) 澄清器（池）出水水质应满足下一级处理对水质的要求，澄清器（池）出水浊度正常情况下小于 5NTU，短时间小于 10NTU。

表 29 澄清池进水悬浮物要求

设备名称	澄清池	沉淀池或沉沙池
允许的进水悬浮物 kg/m³	含沙量≤5	含沙量＞5

d) 各类过滤器进水水质应符合表 30 的要求。

表 30 过滤器进水水质要求

项目	单位	细砂过滤器	双介质过滤器	石英砂过滤器	纤维过滤器	活性炭过滤器
悬浮物	mg/L	3～5	≤20	≤20		
浊度	NTU	—	—	—	≤20	≤3
注：活性炭过滤器进水余氯不宜大于1mg/L						

e) 超/微滤装置进水宜符合表 31 的规定。

表 31　超/微滤系统的进水要求

项　目	单　位	进水水质	
水温	℃	10～40	
pH（25℃）		2～11	
浊度	NTU	压力式	<5
		浸没式	以膜制造商的设计导则为准

f) 反渗透装置要求的进水应根据所选膜的种类，结合膜厂商的设计要求，以及类似工程的经验确定。卷式复合膜的进水要求应符合表 32 的规定。

表 32　反渗透膜的进水要求

项　目	单位	指　标
pH（25℃）		4～11（运行）；2～11（清洗）
浊度	NTU	<1.0
淤泥密度指数（SDI_{15}）		<5
游离余氯	mg/L	<0.1[a]，控制为 0.0
铁	mg/L	<0.05（溶氧>5mg/L）[b]
锰	mg/L	<0.3
铝	mg/L	<0.1
水温[c]	℃	5～45

[a] 同时满足在膜寿命期内总剂量小于 1000h·mg/L。
[b] 铁的氧化速度取决于铁的含量、水中溶氧浓度和水的 pH 值，当 pH<6，溶氧<0.5mg/L，允许最大 Fe^{2+}<4mg/L。
[c] 反渗透装置的最佳设计水温宜为 20℃～25℃

g) 阳、阴离子交换器的进水指标应符合表 33 的要求。

表 33　阳、阴离子交换器进水指标

项　目	单位	进水指标	备　注
水温	℃	5～45	Ⅱ型阴树脂、聚丙烯酸阴树脂的进水水温应小于 35℃
浊度	NTU	<2（对流）；<5（顺流）	
游离余氯	mg/L	<0.1	
铁	mg/L	<0.3[a]	
化学耗氧量（$KMnO_4$法）	mg/L	<2	对弱酸离子交换器可适当放宽

注：当阳床采用硫酸作再生剂，进水钡离子含量应小于 0.2mg/L。
[a] 对于用酸再生的离子交换器，铁可小于 2mg/L

h) 混合离子交换器进水水质应符合表34的要求。

表34 混合离子交换器进水水质要求

项　　　目	单位	进水水质
电导率（25℃）	μS/cm	＜10
二氧化硅	μg/L	＜100
碳酸化合物	μmol/L	＜20
含盐量	mg/L	＜5

i) EDI装置进水水质标准应符合表35的规定。

表35 EDI装置进水水质标准

项目	单位	期望值	控制值
水温	℃	—	5～40
电导率（25℃）	μS/cm	＜20	＜40
总可交换阴离子	mmol/L	—	0.5
硬度	mmol/L	＜0.01	＜0.02
二氧化碳	mg/L	＜2	＜5
二氧化硅	mg/L	＜0.25	≤0.5
铁	mg/L	＜0.01	—
锰	mg/L	＜0.01	—
TOC	mg/L	＜0.5	—
pH（25℃）		5～9	

4.3.3.5 减温水质量

锅炉蒸汽采用混合减温时，其减温水质量，应保证减温后蒸汽中的钠、二氧化硅和金属氧化物的含量符合蒸汽质量标准表16～表18的规定。

4.3.3.6 热网疏水质量

4.3.3.6.1 热网疏水回收至除氧器时，应以不影响给水水质为前提，参考极限指标见表36。

表36 热网疏水回收至除氧器时水质控制指标

炉型	锅炉过热蒸汽压力 MPa	氢电导率（25℃）μS/cm	硬度 μmol/L	钠离子 μg/L	二氧化硅 μg/L	铁 μg/L
汽包锅炉	3.8～5.8	≤0.50	≤2.0	—	—	≤50
	5.9～12.6	≤0.30	0	—	—	≤30
	12.7～15.6	≤0.30	0	—	—	≤20
	＞15.6	≤0.15[a]	0	—	≤20	≤15

表 36（续）

炉型	锅炉过热蒸汽压力 MPa	氢电导率（25℃）μS/cm	硬度 μmol/L	钠离子 μg/L	二氧化硅 μg/L	铁 μg/L
直流炉	5.9～18.3	≤0.15	0	≤5	≤15	≤10
	超临界压力	≤0.10	0	≤2	≤10	≤5

a 没有凝结水精处理除盐装置的机组，氢电导率应不大于 0.30μS/cm

4.3.3.6.2 当换热器疏水质量超过表 36 的要求时，应回收至凝汽器，回收至凝汽器热网疏水水质应满足表 37 要求，并且凝结水应全部经过净化装置（过滤、精除盐）进行处理，精除盐的阳树脂以氢型方式运行，以保证精处理出水水质满足机组正常运行水质标准。

表 37　热网疏水回收至凝汽器时水质控制指标

项目	氢电导率（25℃）μS/cm	硬度 μmol/L	钠离子 μg/L	全铁 μg/L
标准值	≤1.0	≤2.5	≤35	≤100

注 1：热网疏水氢电导率大于 1.0μS/cm，钠含量大于 35μg/L，应该停运该换热器进行堵漏处理。
注 2：凝结水精处理装置无精除盐时，氢电导率、硬度和钠离子指标应满足表 22 的要求

4.3.3.6.3 热网疏水回收至凝汽器经精处理仍然不能满足给水水质的要求时，应全部或部分排放。

4.3.3.6.4 生产回水质量要求同热网疏水，并且应根据生产回水可能受到的污染情况，增加必要的监督项目，如油含量等。

4.3.3.7 热网首站补充水和循环水水质

a) 热网补充水水质应该达到表 38 要求，氯离子浓度应满足换热器材料在运行温度下耐蚀要求。

表 38　热 网 补 充 水 质 量

总硬度 μmol/L	浊度 NTU
＜600	＜5

b) 热网循环水宜进行缓蚀、阻垢处理，例如加入一定量的磷酸盐（磷酸三钠、三聚磷酸钠）或加氢氧化钠调节 pH 值至碱性，控制热网水的 pH 值处于 8.5～9.5 之间。

c) 热网停运时，应该加入缓蚀阻垢剂进行保养。

4.3.3.8 闭式循环冷却水质量标准

闭式循环冷却水的质量可参照表 39 控制。

表39 闭式循环冷却水质量

材　　　质	电导率（25℃）μS/cm	pH 值（25℃）
全铁系统	≤30	≥9.5
含铜系统	≤20	8.0～9.2

4.3.3.9 水内冷发电机的冷却水质量标准

水内冷发电机的冷却水质量可按表40控制，不锈钢系统按发电机制造厂家相关要求执行。

表40 水内冷发电机的冷却水质量

内冷水	电导率（25℃）μS/cm		铜 μg/L		pH 值（25℃）	
	标准值	期望值	标准值	期望值	标准值	期望值
双水内冷	≤5.0	—	≤40	≤20	7.0～9.0	—
定子冷却水	≤2.0	0.4～1.5	≤20	≤10	7.0～9.0	8.0～8.7
不锈钢	<1.0	—	—	—	6～8	—

4.3.3.10 循环水质量

a) 应按照 DL/T 300 的要求加强循环水处理系统与药剂的监督管理。

b) 应根据凝汽器管材、水源水质和环保要求，通过科学试验选择兼顾防腐、防垢的缓蚀阻垢剂和杀菌、杀生剂，确定循环水处理工况和水质控制指标，并提高循环水的浓缩倍率，达到节水的目的。

4.3.4 水汽质量劣化处理

4.3.4.1 水汽质量劣化处理原则

4.3.4.1.1 当水汽质量劣化时，应迅速检查取样的代表性、化验结果的准确性，并综合分析系统中水、汽质量的变化，确认水汽质量劣化无误后，应按三级处理原则执行。

4.3.4.1.2 三级处理值的涵义为：

a) 一级处理。有因杂质造成腐蚀、结垢、积盐的可能性，应在 72h 内恢复至相应的标准值。

b) 二级处理。肯定有因杂质造成腐蚀、结垢、积盐的可能性，应在 24h 内恢复至相应的标准值。

c) 三级处理。正在发生快速腐蚀、结垢、积盐，如果 4h 内水质不好转，应停机。

4.3.4.1.3 在异常处理的每一级中，如果在规定的时间内尚不能恢复正常，则应采用更高一级的处理方法。

4.3.4.1.4 在采取措施期间，可采用降压、降负荷运行的方式，使其监督指标处于标准值的范围内。

4.3.4.2 凝结水（凝结水泵出口）水质异常处理

4.3.4.2.1 凝结水水质异常时的处理值见表41。

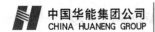

表 41 凝结水水质异常时的处理值

锅炉过热蒸汽压力 MPa	精处理设备	项 目	标准值	处理等级		
				一级	二级	三级
≤5.8	无精除盐	氢电导率（25℃）μS/cm	≤0.50	>0.50~0.75	>0.75~1.0	>1.0
>5.8~亚临界压力	无精除盐	氢电导率（25℃）μS/cm	≤0.30	>0.30~0.40	>0.40~0.65	>0.65
		钠 μg/L	≤5	>5~10	>10~20	>20
	有精除盐	氢电导率（25℃）μS/cm	≤0.30	>0.30~1.0	>1.0~2.0	>2.0
		钠 μg/L	≤10	>10	—	—
超临界压力 a	有精除盐	氢电导率（25℃）μS/cm	≤0.15	>0.15~0.30	>0.30~0.50	>0.50
		钠 μg/L	≤10	>10~20	>20~30	>30

a 直接空冷或混合凝汽器间接空冷机组凝结水氢电导率标准值为不大于 0.30μS/cm，一级处理为大于 0.30μS/cm

4.3.4.2.2 汽包锅炉凝汽器泄漏处理措施。

a) 无凝结水精除盐装置汽包锅炉，凝汽器泄漏处理措施如下：

1) 海水冷却或循环水电导率大于 1000μS/cm 的机组宜安装并连续投运凝汽器检漏设备，检漏设备应能同时检测每侧凝汽器的氢电导率。

2) 发现凝汽器泄漏，凝结水氢电导率或钠含量达到一级处理值时，应观察检漏装置显示的氢电导率和手工分析相应钠含量，分析判断哪个凝汽器泄漏，并通过加锯末等办法进行堵漏。同时加大炉水磷酸盐加入量，必要时混合加入氢氧化钠，以维持炉水的 pH 值；加大锅炉排污，以维持炉水电导率和 pH 值尽量合格。

3) 凝结水氢电导率或钠含量达到二级处理值时，并且凝汽器检漏装置检测某一侧凝汽器氢电导率大于 1.0μS/cm，应该申请降负荷凝汽器半侧查漏，同时避免使用给水进行过热、再热蒸汽减温。

4) 凝结水氢电导率或钠含量达到三级处理值时，应立即降负荷凝汽器半侧查漏。

5) 用海水或电导率大于 5000μS/cm 苦咸水冷却的电厂，当凝结水中的含钠量大于 400μg/L 或氢电导率大于 10μS/cm，并且炉水 pH 值低于 7.0，应紧急停机。

b) 有凝结水精除盐装置汽包锅炉，凝汽器泄漏处理措施如下：

1) 海水冷却或循环水电导率大于 1000μS/cm 的机组，宜安装并连续投运凝汽器检漏设备，检漏设备应能同时检测每侧凝汽器的氢电导率。

2) 一旦发现凝汽器泄漏，应确认凝结水精处理旁路门全关，全部凝结水经过精处理进行处理，并且阳树脂以氢型方式运行，以使给水氢电导率满足标准值。

3） 凝结水氢电导率或钠含量达到一级处理值时，应观察检漏装置显示的氢电导率和手工分析相应钠含量，分析判断哪个凝汽器泄漏，并通过加锯末等办法进行堵漏。

4） 凝结水氢电导率或钠含量达到二级处理值时，并且凝汽器检漏装置检测某一侧凝汽器氢电导率大于 2.0μS/cm，应该申请降负荷凝汽器半侧查漏。同时加大炉水磷酸盐加入量，必要时混合加入氢氧化钠，以维持炉水的 pH 值；加大锅炉排污，以维持炉水电导率和 pH 值尽量合格。

5） 凝结水氢电导率或钠含量达到三级处理值时，凝汽器检漏装置检测某一侧凝汽器氢电导率大于 4.0μS/cm，应立即降负荷凝汽器半侧查漏。当给水氢电导率超过 0.5μS/cm 时，应避免使用给水进行过热、再热蒸汽减温。

6） 用海水或电导率大于 5000μS/cm 苦咸水冷却的电厂，当凝结水中的含钠量大于 400μg/L 或氢电导率大于 10μS/cm，并且炉水 pH 值低于 7.0，应紧急停机。

7） 处理过泄漏凝结水的精处理树脂，应该采用双倍剂量的再生剂进行再生。

4.3.4.2.3 直流锅炉凝汽器泄漏处理措施。

a） 海水冷却或循环水电导率大于 1000μS/cm 的湿冷机组，宜安装并连续投运凝汽器检漏设备，检漏设备应能同时检测每侧凝汽器的氢电导率。

b） 一旦发现凝汽器泄漏，应确认凝结水精处理旁路门全关，全部凝结水经过精处理进行处理，并且阳树脂以氢型方式运行，以使给水氢电导率满足标准值。

c） 凝结水氢电导率或钠含量达到一级处理值时，应观察检漏装置显示的氢电导率和手工分析相应钠含量，分析判断哪侧凝汽器泄漏，并通过加锯末等办法进行堵漏。

d） 凝结水氢电导率或钠含量达到二级处理值时，并且凝汽器检漏装置检测某一侧凝汽器氢电导率大于 1.0μS/cm，应该申请降负荷凝汽器半侧查漏。

e） 凝结水氢电导率或钠含量达到三级处理值时，应立即降负荷凝汽器半侧查漏。

f） 用海水或电导率大于 5000μS/cm 苦咸水冷却的电厂，当凝结水中的含钠量大于 400μg/L 或氢电导率大于 10μS/cm，并且给水氢电导率大于 0.5μS/cm 时，应紧急停机。

g） 处理过泄漏凝结水的精处理树脂，应该采用双倍剂量的再生剂进行再生。

4.3.4.3 给水水质异常处理

4.3.4.3.1 汽包锅炉给水水质异常处理值见表 42。

表 42 汽包锅炉给水水质异常时的处理值

项　　目	前提条件	标准值	处理等级		
			一级	二级	三级
pH[a]（25℃）	无铜给水系统[a]	9.2～9.6	<9.2	—	—
	有铜给水系统	8.8～9.3	<8.8 或 >9.3	—	—
氢电导率（25℃）μS/cm	过热蒸汽压力<5.8MPa	≤0.50	>0.50	>1.0	>2.0
	无凝结水精除盐	≤0.30	>0.30	>0.40	>0.65
	有凝结水精除盐	≤0.15	>0.15	>0.20	>0.30

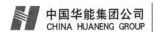

表 42（续）

项　　目	前提条件	标准值	处理等级		
			一级	二级	三级
溶解氧 μg/L	还原性全挥发处理	≤7	>7	>20	—

注：汽包锅炉加氧处理的机组水质出现异常时，按 DL/T 805.1 执行。

a　对于凝汽器管为铜管、其他换热器管均为钢管的机组，给水 pH 标准值为 9.1～9.4，则一级处理值为小于 9.1 或大于 9.4

4.3.4.3.2 直流锅炉给水水质异常处理措施。

a）　直流锅炉给水水质异常处理值见表 43。

表 43　直流锅炉给水水质异常时的处理值

项　　目		标准值	处理等级		
			一级	二级	三级
pH[a]（25℃）	OT[a]	>8.5	<8.5	—	—
	AVT（O）	9.2～9.6	<9.2	—	—
氢电导率（25℃）μS/cm	超临界压力	≤0.10	0.10～0.15	0.15～0.30	>0.30
	5.9MPa～18.3MPa	≤0.15	0.15～0.20	0.20～0.30	>0.30

a　给水 pH 值低于 7.0，按三级处理等级处理，铝管散热器混合凝汽器间接空冷机组 pH 一级处理值为 <7.0 或 >8.0

b）　给水氢电导率小于 0.15μS/cm，精处理出口氢电导率小于 0.10μS/cm，给水采用加氧处理。

c）　给水氢电导率大于 0.15μS/cm，精处理出口氢电导率大于 0.10μS/cm，停止给水加氧，同时提高精处理出口加氨量，提高给水 pH 值，给水采用 AVT（O），待给水的氢电导率合格并稳定后，再恢复加氧处理工况。

4.3.4.4　炉水水质异常处理

4.3.4.4.1 无论炉水采用何种处理方式，当炉水 pH 值≤7.0 时，应立即停炉。

4.3.4.4.2 发现炉水水质异常时，应立即调整炉水处理方式和加药量，并加大排污，以维持炉水水质合格。

4.3.4.4.3 炉水磷酸盐处理炉水水质异常处理值见表 44，当炉水 pH 达到低限一级处理值时，炉水可采用磷酸盐＋氢氧化钠处理，以提高炉水的 pH 值。

表 44　磷酸盐处理炉水水质异常时的处理值

锅炉汽包压力 MPa	pH（25℃）标准值	处理等级		
		一级	二级	三级
3.8～5.8	9.0～11.0	8.5～<9.0；>11.0	8.0～<8.5；>11.5	<8.0
5.9～12.6	9.0～9.8	8.5～<9.0；>9.8	8.0～<8.5，>10	<8.0，>10.5

表44（续）

锅炉汽包压力 MPa	pH（25℃）标准值	处理等级		
		一级	二级	三级
12.7～15.8	9.0～9.7	8.5～<9.0；>9.7	8.0～<8.5，>10	<8.0，>10.3
15.9～19.3	9.0～9.7	8.5～<9.0；>9.7	8.0～<8.5，>9.9	<8.0，>10.2

4.3.4.4.4 炉水氢氧化钠处理时炉水水质异常处理值见表45。当确认是凝汽器泄漏并导致炉水氢电导率达到一级处理值，炉水可能有硬度，炉水应改为磷酸盐＋氢氧化钠处理，加大氢氧化钠和磷酸盐的加入量，维持炉水的 pH 值合格，并且磷酸根含量为标准值的低限。

表45 炉水氢氧化钠处理时炉水水质异常时的处理值

锅炉汽包压力 MPa	项 目	标准值	处理等级		
			一级	二级	三级
12.7～15.8	pH（25℃）	9.0～9.7	8.5～<9.0，>9.7～10	8.0～<8.5，>10～10.3	<8.0，>10.3
	氢电导率（25℃）μS/cm	≤10	>10～15	>15～22.5	>22.5
15.9～19.3	pH（25℃）	9.0～9.6	8.5～<9.0，>9.7～10	8.0～<8.5，>10～10.3	<8.0，>10.3
	氢电导率（25℃）μS/cm	≤4	>4～6	>6～9	>9

4.3.4.4.5 炉水全挥发处理时炉水水质异常处理值见表46。异常处理措施如下：

a）当炉水水质达到一级处理值，应加大锅炉排污，使炉水水质在 72h 内合格；

b）当炉水水质达到二级处理时，炉水处理方式应考虑改为氢氧化钠或磷酸盐处理；

c）当炉水水质达到三级处理时，应该立即改为氢氧化钠＋磷酸盐处理；在加大磷酸盐＋氢氧化钠的加入量的同时，加大锅炉的排污，使炉水 pH 值尽快恢复正常。

表46 炉水全挥发处理时炉水水质异常处理值

锅炉汽包压力 MPa	项 目	标准值	处理等级		
			一级	二级	三级
—	pH（25℃）	9.0～9.8	8.5～<9.0	8.0～<8.5	<8.0
15.9～18.3	氢电导率（25℃）μS/cm	≤1.2	>1.2～1.8	>1.8～2.7	>2.7
>18.3		≤1.0	>1.0～1.5	>1.5～2.3	>2.3

4.3.5 停（备）用机组启动阶段水汽品质净化措施和标准

4.3.5.1 一般要求

4.3.5.1.1 机组启动过程应严格按照 GB/T 12145、DL/T 561 的规定进行冷态、热态冲洗，做到给水质量不合格，锅炉不点火；蒸汽质量不合格，汽轮机不冲转、并网；疏水质量不合格，不回收。

4.3.5.1.2 安装了凝结水精处理装置的机组，在启动过程中应尽早投运，以净化启动过程水汽品质，缩短启动时间，节约冲洗用水。

4.3.5.1.3 机组检修后冷态启动，应进行凝汽器汽侧灌水查漏，长期备用机组冷态启动宜进行凝汽器汽侧灌水查漏。

4.3.5.1.4 凝汽器灌水查漏用水宜加氨调整 pH 值至：无铜给水系统 9.2～9.6，有铜给水系统 9.0～9.3。可采用加氨方法：凝汽器补水管调节阀前安装一个加氨点；启动凝结水泵建立自循环，利用凝结水加氨设备加氨；其他临时措施加氨。

4.3.5.1.5 冷态冲洗应按热力系统热力设备前后顺序（凝汽器、低压给水系统、高给水和锅炉本体）进行分段冲洗，前段水汽品质合格才进行后段冲洗。

4.3.5.2 汽包锅炉机组启动阶段水汽品质净化措施和标准

4.3.5.2.1 冷态启动过程水汽品质净化措施和标准

a) 机组冷态冲洗应具备 4.2.5 所规定的基本要求和条件。

b) 冷态启动时，为避免汽包水位大幅变化可能导致的炉水进入过热器，磷酸盐和氢氧化钠宜在锅炉热态冲洗后期加入。

c) 冷态启动时，在线化学仪表按以下要求投运：锅炉冷态冲洗结束，投运凝结水氢电导率表，给水氢电导率表、电导率表、pH 表；锅炉点火，投运炉水电导率表、pH 表；热态冲洗结束，锅炉开始升压时投运饱和及过热蒸汽氢电导率表；机组带负荷后 4h 内，所有在线化学仪表应投入运行。

d) 凝结水系统、低压给水系统冷态冲洗。

   1) 凝汽器补水至热井水位至高位（当进行过凝汽器汽侧灌水查漏时，查漏水可以作为凝结水系统冲洗水，不必全部排放），启动凝结水泵，自循环冲洗，当凝结水含铁量大于 1000μg/L 时，应采取排放冲洗方式。

   2) 当冲洗至凝结水小于 1000μg/L，并且硬度小于 5μmol/L 时，可向除氧器上水，并加氨调整 pH 至：无铜给水系统 9.2～9.6（凝汽器为铜合金时，pH 为 9.1～9.4），有铜给水系统 9.0～9.3。

   3) 有凝结水精处理设备（过滤或除盐），投运凝结水精处理设备，使全部凝结水经过精处理设备处理，并在凝汽器与除氧器间循环冲洗；无凝结水精处理装置时开路冲洗，至除氧器出口水含铁量小于 200μg/L，凝结水系统、低压给水系统冲洗结束。

e) 高压给水系统和锅炉本体冷态冲洗。

   1) 锅炉上水冲洗前，先冲洗高压给水系统（先旁路后高加）；

   2) 高加出水冲洗后向锅炉本体上水冲洗锅炉本体，并控制汽包高水位。

   3) 当省煤器入口给水水质满足表 10 的要求，炉水（汽包或下联箱排水）含铁量降至小于 200μg/L 时，冷态冲洗结束。

   4) 冷态冲洗时每 1～2h 分析凝结水、给水、炉水的品质，其中凝结水主要为硬度、铁和二氧化硅；给水主要为硬度、电导率、氢电导率、铁和 pH 值；炉水主要为电导率、铁、二氧化硅和 pH 值。

f) 热态冲洗。

1) 给水水质满足表 10 的要求时，锅炉可以点火启动，升温、升压。

2) 除氧器投入运行，并使除氧器水温尽量达到运行参数的饱和温度，使给水溶解氧含量达到要求。

3) 锅炉热态冲洗时，应每小时取样分析炉水、给水水质（电导率、氢电导率、pH、硬度、二氧化硅和铁）。

4) 通过不同压力下加大锅炉排污量（定期排污和连续排污）或底部联箱放水的方式，使炉水的水质满足表 11 的要求。

5) 热态冲洗过程中，当炉水浑浊，含铁量超过 2000μg/L，宜进行整炉换水，以加快炉水水质合格速度。

6) 当炉水温度 150℃～170℃，炉水水质满足表 11 的要求时，热态冲洗结束，锅炉可以继续升温、升压。

g) 冲转、并网和带负荷。

1) 锅炉升温和升压过程中应继续加大锅炉的连续排污和定期排污。

2) 每 1h～2h 分析过热蒸汽品质，包括氢电导率、钠、二氧化硅、铁。

3) 加强过热器、再热器等受热面的疏水，进行过热器和再热器的冲洗，当蒸汽品质满足表 12 要求时方可进行汽轮机的冲转、并网、升负荷。

4) 凝结水回收按 4.2.6.5 的要求进行。

5) 在升负荷过程中，如果蒸汽的二氧化硅含量超标，应进行降负荷洗硅运行。

6) 机组带调度负荷 8h 后，水汽品质应满足 4.3.3 的规定。

4.3.5.2.2 热态启动过程水汽品质净化措施和标准。

a) 热态启动时，有凝结水精处理装置应投入运行，以净化凝结水品质。

b) 热态启动时，给水、炉水和蒸汽品质净化措施和标准按 4.3.5.2.1 的 f) 和 g) 项执行。

4.3.5.3 直流锅炉机组启动阶段水汽品质净化措施和标准

4.3.5.3.1 冷态启动过程水汽品质净化措施和标准。

a) 机组启动过程低压系统开路及循环冲洗。

1) 当凝泵启动向除氧器上水时，必须投运精处理系统（过滤器＋精除盐）。

2) 投运精处理出口加氨，使出水 pH 为 9.2～9.6（凝汽器为铜合金时 pH 为 9.1～9.4），开始低压系统上水冲洗。

3) 凝结水泵出水质量满足表 47 时，低压系统循环冲洗合格，进入高压系统冲洗。

表 47 凝结水泵出水质量（分析周期 30min）

外　　观	硬度 μmol/L	浊度 NTU	全铁 μg/L	二氧化硅 μg/L
无色透明	≤5	≤3	≤200	≤200

b) 高压系统开路及循环冲洗。

1) 锅炉上水至分离器正常水位。

2) 冲洗至分离器排水铁含量小于 1000μg/L，分离器停止排水，进行循环冲洗，并

启动炉水循环泵，投除氧器辅助蒸汽加热。

3） 在循环冲洗后期投运给水氢电导率和溶解氧表。

4） 高压系统循环合格水质指标如表48所示。

表48　高压系统循环合格水质指标

取样点	外观	硬度 μmol/L	氢电导率（25℃）μS/cm	全铁 μg/L	二氧化硅 μg/L
省煤器入口给水	清澈	~0	≤0.5	≤50	≤30
启动分离器储水箱排水	清澈	≤5	—	≤100	≤100

c） 锅炉点火时的给水水质控制标准。

1） 锅炉点火时省煤器入口给水水质应该满足表49的要求。

表49　锅炉点火时省煤器入口给水水质标准

项　目	氢电导率	pH	二氧化硅	全铁
单　位	μS/cm，25℃		μg/L	μg/L
标准值	≤0.5	9.2~9.6	≤30	≤50
注：凝汽器为铜合金时，给水pH值9.1~9.4				

2） 锅炉点火后，应每30min检测分离器排水铁含量。当铁含量大于1000μg/L时，分离器排水不回收；小于1000μg/L，回收至凝汽器。

d） 锅炉点火热态冲洗要求和水质标准

1） 锅炉点火热态冲洗时应维持水冷壁出水温度稳定在150℃~170℃。

2） 热态冲洗至分离器排水水质满足表50的要求即为合格。

表50　启动分离器储水箱排水质量

外　观	全铁 μg/L	二氧化硅 μg/L
无色透明	≤100	≤30

e） 机组启动至稳定运行阶段的水汽监督标准。

1） 机组启动给水水质指标。

（1）锅炉热态冲洗结束后，进行升温升压，投运所有在线化学仪表，给水控制指标见表49；

（2）启动后给水指标应在8h内达到表16规定标准值，分析周期30min。

2） 蒸汽质量控制标准。

（1）当主蒸汽参数达到表51的要求时，可以进行汽轮机冲转。

表 51 汽轮机冲转前主蒸汽标准

项 目	氢电导率（25℃） μS/cm	二氧化硅 μg/kg	全铁 μg/kg	钠离子 μg/kg
标准值	≤0.5	≤30	≤50	≤20

（2）汽轮机冲转后主蒸汽指标应在 8h 内达到表 16 规定的标准值。

3） 高压加热器疏水回收标准：高压加热器疏水满足表 52 的要求后回收至除氧器，否则回收至凝汽器。

表 52 高压加热器疏水回收至除氧器质量标准

外观	氢电导率（25℃） μS/cm	全铁 μg/L	二氧化硅 μg/L	钠 μg/L
无色透明	≤0.5	≤20	≤30	≤5

4.3.5.3.2 热态启动过程水汽品质净化措施和标准。

a） 热态启动时，凝结水精处理装置（过滤器和除盐设备）应投入运行，以净化凝结水品质。

b） 热态启动时，给水、炉水和蒸汽品质净化措施和标准按 4.3.5.2.1 的 c）～e）项执行。

4.4 机组停（备）用期间防腐蚀保护技术标准

4.4.1 热力设备停（备）用防腐蚀保护方法

4.4.1.1 热力设备停（备）用防腐蚀保护方法选择原则

4.4.1.1.1 机组热力设备停用保护应满足 DL/T 956 的相关要求。

4.4.1.1.2 机组热力设备防锈蚀方法选择的基本原则是：给水处理方式，停（备）用时间的长短和性质，现场条件、可操作性和经济性。

4.4.1.1.3 机组停用保护方法与机组运行所采用的给水处理工艺不冲突，不会影响凝结水精处理设备的正常投运。

4.4.1.1.4 采用的保护方法不应影响机组正常运行热力系统所形成的保护膜，也不应影响机组启动和正常运行时的汽水品质。

4.4.1.1.5 其他应该考虑因素：

a） 防锈蚀保护方法不应影响机组按电网要求随时启动运行要求；

b） 有废液处理设施，废液排放应符合 GB 8978 的规定；

c） 冻结因素；

d） 大气条件（例如海滨电厂的盐雾环境）；

e） 所采用的保护方法不影响检修工作和检修人员的安全。

4.4.1.2 热力设备停（备）用防腐蚀可选择的保护方法

4.4.1.2.1 超临界机组不应采用成膜胺类防锈蚀保护方法。

4.4.1.2.2 配备凝结水精除盐设备的亚临界机组，不宜采用成膜胺类防锈蚀保护方法；如机组长期停用时采用，应制定机组启动过程中热力系统详细的冲洗方案，并且只有确认凝结水不含成膜胺，才能投运凝结水精除盐设备。

4.4.1.2.3 给水采用 AVT（O）和 OT 处理工艺的机组，不应采用氨–联氨溶液法或氨–联氨钝化法。

4.4.1.2.4 当采用新型有机胺碱化剂、缓蚀剂、气相缓蚀剂进行停用保养时，应经过严格的科学试验，确定药品浓度和工艺参数，谨防由于药品过量或分解产物腐蚀和污染热力设备。

4.4.1.2.5 热炉放水、余热烘干是目前国内最常采用的锅炉停用保护方法，应在尽量高的锅炉允许压力、温度下放水，以保证受热面能完全烘干；利用凝汽器抽真空设备和启动旁路系统对汽轮机通流部分、过热器、再热器抽真空，是达到这些热力设备干燥的较易实施的措施。

4.4.1.2.6 给水采用 AVT（O）或 OT 处理的机组，采用停机前加大凝结水泵出口氨的加入量，提高水汽系统 pH 值至 9.4～10.5，是无铜给水系统热力设备内部最方便的防腐蚀保护方法。可根据设备停用时间长短，确定 pH 的范围，停用时间长，则采用 pH 值应高一些。也可采用活性胺代替氨进行停用保护，活性胺在液相中分配系数高，有利于提高除氧器、汽轮机低压缸和凝汽器汽侧的初凝局域的 pH 值。

4.4.1.2.7 给水采用 AVT（R）的机组，采用氨–联氨溶液法或氨–联氨钝化法是有铜给水系统热力设备内部最方便的防腐蚀保护方法，保护的 pH 一般为 9.1～9.5。根据停用时间长短，确定联氨的加入量，如停用时间长，则联氨的加入量要多一些。

4.4.1.2.8 无凝结水精除盐机组，长期停用可采用成膜胺类进行水汽系统热力设备的防锈蚀保护。

4.4.1.2.9 当机组停用时间超过 1 个月或长期备用，可采用干风干燥法进行水汽系统热力设备的停用防腐蚀保护或封存。

4.4.1.2.10 在氮气供应方便，或机组设计时已经安装了完善充氮系统，充氮覆盖法或充氮密封法是水汽系统热力设备可靠的防腐蚀保护方法。

4.4.1.2.11 机组停（备）用防腐蚀保护方法选择可参见表 53 选择，详细可参考 DL/T 956。

表 53 停（备）用热力设备的防锈蚀方法

防锈蚀方法		适用状态	适用设备	防锈蚀方法的工艺要求	停用时间					备注
					≤3天	<1周	<1月	<1季度	>1季度	
干法防锈蚀保护	热炉放水余热烘干法	临时检修、小修	锅炉	炉膛有足够余热，系统严密，放水门、空气门无缺陷	√	√	√			应无积水
	负压余热烘干法	大、小修	锅炉	炉膛有足够余热，配备有抽气系统，系统严密		√	√	√		应无积水
	邻炉热风烘干法	冷备用，大、小修	锅炉	邻炉有富裕热风，有热风连通道，热风应能连续供给			√	√		应无积水
	干风干燥法	冷备用，大、小修	锅炉汽轮机	备有干风系统和设备，干风应能连续供给				√	√	应无积水
	热风吹干法	冷备用，大、小修	锅炉汽轮机	备有热风系统和设备，热风应能连续供给		√	√			应无积水

表 53（续）

防锈蚀方法		适用状态	适用设备	防锈蚀方法的工艺要求	停用时间					备注
					≤3天	<1周	<1月	<1季度	>1季度	
干法防锈蚀保护	氨水碱化烘干法	冷备用，大、小修	锅炉、无铜给水系统	停炉前 4h 加氨提高给水 pH 至 9.4～10.5，热炉放水，余热烘干	√	√	√	√	√	应无积水
	氨、联氨钝化烘干法	冷备用，大、小修	锅炉、给水系统	停炉前4h，无铜系统加氨提高给水 pH 至 9.4～10.0，有铜系统给水 pH 至 9.1～9.3，联氨浓度加大到 0.5mg/L～500mg/L，热炉放水，余热烘干	√	√	√	√	√	应无积水
	气相缓蚀剂法	冷备用、封存	锅炉，高、低压加热器	要配置热风气化系统，系统应严密；锅炉，高、低压加热器应基本干燥			√	√	√	应无积水
	吹灰排烟通干风法	冷备用、封存	锅炉烟气侧	配备吹灰、排烟气设备和干风设备			√	√	√	应无积水
	通风干燥法	冷备用，大、小修	凝汽器水侧	备有通风设备		√	√	√	√	应无积水
湿法防锈蚀保护	蒸汽压力法	热备用	锅炉	锅炉保持一定压力	√	√				
	给水压力法	热备用	锅炉及给水系统	锅炉保持一定压力，给水水质保持运行水质	√	√				
	维持密封、真空法	热备用	汽轮机、再热器、凝汽器汽侧	维持凝汽器真空，汽轮机轴封蒸汽保持使汽轮机处于密封状态	√	√				
	氨水法	冷备用、封存	锅炉，高、低给水系统	无铜系统，有配药、加药系统			√	√	√	
	氨-联氨法	冷备用、封存	锅炉，高、低给水系统	有配药、加药系统和废液处理系统			√	√	√	
	充氮法	冷备用、封存	锅炉，高、低给水系统	配置充氮系统，氮气纯度应符合附录要求，系统有一定严密性		√	√	√	√	
	成膜胺法	冷备用，大、小修	锅炉、汽轮机和高压给水系统	配有加药系统，停机过程中实施			√	√	√	
	通蒸汽加热循环法	热备用	除氧器	维持水温高于 105℃	√	√				
	循环水运行法	备用	凝汽器水侧	维持水侧一台循环水泵运行	√					

4.4.2 机组推荐停（备）用保护方法

4.4.2.1 汽包锅炉机组

4.4.2.1.1 非计划临时停机

    a) 采用提高给水 pH 值，热炉放水、余热烘干法进行停用保护。

    b) 立即停止向炉水加磷酸盐或氢氧化钠，加大凝结水或给水的加氨量，适当提高给水的 pH 值至高于正常运行值 0.1pH～0.2pH（有铜给水系统 pH 值为 9.1～9.3，无铜给水系统 pH 值为 9.3～9.7）。

    c) 根据热力设备检修、消缺和防冻的要求，决定是否需要放水。热力设备和系统不需要放水时，则充满较高 pH 值的除盐水。

    d) 锅炉需要放水时，在锅炉压力为 0.6MPa～1.6MPa（以放水过程中汽包上、下壁温差不超过 40℃为限），打开锅炉受热面所有疏放水门和空气门，热炉放水、余热烘干锅炉所有受热面。其他设备系统同样在热态下放水。

    e) 锅炉放水结束后，利用凝汽器抽真空系统和启动一、二级旁路，抽真空使过热器、再热器和汽轮机蒸汽抽出。

4.4.2.1.2 短期（D 检修）停机

    a) 采用提高给水 pH 值或联氨含量，热炉放水、余热烘干法进行停用保护。

    b) 正常停机时，提前 4h 停止向炉水加磷酸盐或氢氧化钠。

    c) 无铜给水系统。加大凝结水泵（精处理设备）出口（必要时给水泵入口）氨的加入量，有凝结水精除盐设备的旁路精除盐设备，以尽快提高给水的 pH 值至 9.4～9.8，并停机。

    d) 有铜给水系统。提高凝结水的联氨加入量，使给水联氨含量超过 0.5mg/L，提高给水氨的加入量使给水的 pH 在 9.2～9.5。

    e) 根据热力设备检修、消缺和防冻的要求，决定是否需要放水。热力设备和系统不需要放水时，则充满较高 pH 值的除盐水（有铜给水系统充满氨和联氨的除盐水）。

    f) 锅炉需要放水时，在锅炉压力为 0.6MPa～1.6MPa（以放水过程中汽包上、下壁的温差不超过 40℃为限），打开锅炉受热面所有疏放水门和空气门，热炉放水，余热烘干锅炉所有受热面。其他设备系统同样在热态下放水。

    g) 锅炉放水结束后，利用凝汽器抽真空系统和启动一、二级旁路，抽真空使过热器、再热器和汽轮机蒸汽抽出。

4.4.2.1.3 中、长期（1 月及以上，或 A/B/C 检修）停机

4.4.2.1.3.1 提高 pH 值碱化烘干法

    a) 本方法适用于无铜给水系统机组。

    b) 提前 4h，炉水停加磷酸盐或氢氧化钠，加大凝结水泵出口（必要时启动给水泵入口加氨泵）氨的加入量，有凝结水精除盐设备的旁路精除盐设备，以尽快提高给水的 pH 值至 9.6～10.5（停机时间长，则 pH 值控制相对高一些），也可以用活性胺代替氨来提高水汽系统的 pH 值至 9.6～10.5，并停机。

    c) 根据热力设备检修和防冻要求，决定是否需要放水。热力设备和系统不需要放水时，则充满较高 pH 值的除盐水。

    d) 锅炉需要放水时，在锅炉压力为 0.6MPa～1.6MPa（以放水过程中汽包上、下壁温差

不超过 40℃为限），热炉放水，打开锅炉受热面所有疏放水门和空气门，热炉放水、余热烘干锅炉所有受热面；其他热力设备系统需要放水时，同样在热态下进行放水。

e）锅炉放水结束后，利用凝汽器抽真空系统和启动一、二级旁路，抽真空使过热器、再热器和汽轮机蒸汽抽出。

4.4.2.1.3.2 干风干燥法

a）本方法适用于安装了干风保护专用设备的机组。

b）提前 4h，炉水停加磷酸盐或氢氧化钠，加大凝结水泵出口（必要时给水泵入口）氨的加入量，有凝结水精除盐设备的旁路精除盐设备，以尽快提高给水的 pH 值至 9.4～10.0（停机时间长，则 pH 值控制相对高一些），并停炉。

c）在锅炉压力为 0.6MPa～1.6MPa（以放水过程中汽包上、下壁温差不超过 40℃为限），热炉放水，打开锅炉受热面所有疏放水门和空气门，余热烘干锅炉。

d）停机后，利用凝汽器抽真空系统和启动一、二级旁路，抽真空使过热器、再热器和汽轮机水汽抽出。

e）放尽热力系统其他设备内积水。

f）根据需要保护热力系统实际情况设计并连接干风系统。

g）启动除湿机，对热力系统进行干燥，在停（备）保护期间，维持热力系统各排气点的相对湿度 30%～50%，并由此控制除湿机的启停。

h）热力设备需要检修时，进行检修。

4.4.2.1.3.3 热风吹干法

a）本方法适用于安装了启动专门正压吹干装置的锅炉停用保护。

b）提前 4h，炉水停加磷酸盐或氢氧化钠，加大凝结水泵出口（必要时给水泵入口）氨的加入量，有凝结水精除盐设备的旁路精除盐设备，以尽快提高给水的 pH 值至 9.4～10.0（停机时间长，则 pH 值控制相对高一些），并停炉。

c）在锅炉压力为 0.6MPa～1.6MPa（以放水过程中汽包上、下壁温差不超过 40℃为限），热炉放水，打开锅炉受热面所有疏放水门和空气门，热炉放水。

d）放水结束后，启动专门正压吹干装置，将 180℃～200℃热压缩空气参照 DL/T 966—2005 中的图 6 系统，依次吹干再热器、过热器、水冷系统和省煤器。监督各排气点空气相对湿度，相对湿度小于或等于当时大气相对湿度为合格。

e）汽轮机停用过程加强疏水，并利用凝汽器抽真空系统对低压缸进行抽真空；放尽热力系统其他设备内积水。

f）热力设备需要检修时，进行检修。

g）锅炉长期停用无检修时，可每周启动正压吹干装置一次，以维持受热面内干燥状态。

4.4.2.1.3.4 氨–联氨高温钝化烘干法

a）本方法适用于给水采用 AVT（R）处理的有铜给水系统机组。

b）提前 4h，炉水停加磷酸盐或氢氧化钠。

c）维持凝结水或给水氨加入量，使省煤器入口给水 pH 值为 9.1～9.3，加大给水和凝结水联氨的加入量，使省煤器入口给水联氨浓度 0.5mg/L～10mg/L。

d）炉水改加浓联氨，使炉水联氨浓度达到 200mg/L～400mg/L。停炉过程中，在汽包压力降至 4.0MPa 时保持 2h。然后继续降压、降温。

e) 锅炉需要放水时，在锅炉压力为 0.6MPa～1.6MPa（以放水过程中汽包上、下壁温差不超过 40℃为限）下，热炉放水，打开锅炉受热面所有疏放水门和空气门，热炉放水余热烘干锅炉所有受热面。

f) 其他热力设备根据需要检修进行放水，需要放水时，热态下放水。

4.4.2.1.3.5 成膜胺法

a) 本方法适用于无凝结水精除盐设备的机组。

b) 提前 4h，炉水停加磷酸盐或氢氧化钠。

c) 维持凝结水或给水的加氨量，无铜给水使水汽系统 pH 值为 9.2～9.6，有铜给水系统使水汽系统 pH 值为 9.1～9.3。

d) 在机组滑参数停机过程中，当过热蒸汽温度降至 500℃以下时，利用专门的加药泵向凝结水泵出口（或真空吸入法向凝结水泵入口或凝汽器）等方法加入成膜胺，成膜胺含量以其供应厂家推荐量为准。

e) 锅炉需要放水时，在锅炉压力为 0.6MPa～1.6MPa（以放水过程中汽包上、下壁温差不超过 40℃为限）下，热炉放水，打开余热锅炉受热面所有疏放水门和空气门，余热烘干；其他系统同样在热态下放水。

f) 停机后，利用凝汽器抽真空系统和启动一、二级旁路，抽真空使过热器、再热器、汽轮机低压缸的蒸汽抽出。

4.4.2.1.3.6 充氮覆盖法

a) 本方法适用于安装了充氮系统，不进行设备检修的热力设备备用保护。

b) 提前 4h，炉水停加磷酸盐或氢氧化钠。

c) 无铜给水系统机组，加大凝结水泵出口（必要时给水泵入口）氨的加入量，有凝结水精除盐设备的旁路精除盐设备，以尽快提高给水的 pH 值至 9.4～10.0（停机时间长，则 pH 值控制相对高一些）；有铜给水系统机组，维持给水的 pH 值 9.1～9.3，并停炉。

d) 停炉过程中，锅炉汽包压力下降至 0.5MPa 时，关闭锅炉受热面所有疏水门、放水门和空气门，打开锅炉受热面充氮门充入氮气，在锅炉冷却和保护过程，维持氮气压力 0.03MPa～0.05MPa。高、低压加热器也同样在压力在 0.5MPa 下开始充氮，并在设备冷却和保护过程，维持氮气压力 0.03MPa～0.05MPa。

4.4.2.1.3.7 氮气密封法

a) 按充氮覆盖法 4.4.2.1.3.6 的 a）～c）项进行操作。

b) 停炉过程中，锅炉汽包压力下降至 0.5MPa 时，打开锅炉受热面充氮门充入氮气，在保证氮气压力在 0.01MPa～0.03MPa 的前提下，微开放水门或疏水门，用氮气置换炉水和疏水。

c) 高、低压加热器等其他热力设备也在压力在 0.5MPa 下开始充氮，在保证氮气压力在 0.01MPa～0.03MPa 的前提下，微开放水门或疏水门，用氮气置换水。

d) 当热力设备水排尽后，检测排气氮气纯度，大于 98%后关闭所有疏水门和放水门。

e) 保护过程中维持氮气压力在 0.01MPa～0.03MPa 范围内。

4.4.2.2 直流锅炉机组

4.4.2.2.1 短期（D检修）停机

a) 正常停机，提前 4h，加氧机组停止加氧，加大精处理出口氨加入量，使除氧器入口电导率在 5.5μS/cm～10.7μS/cm 范围，以尽快提高给水的 pH 值至 9.3～9.6（直接空冷机组电导率在 6.8μS/cm～17μS/cm，pH 值在 9.4～9.8），并停机。

b) 锅炉需要放水时，在锅炉压力为 1.6MPa～2.4MPa 下，热炉放水，打开锅炉受热面所有疏放水门和空气门。

c) 停机后，利用机组凝汽器抽真空系统和启动一、二级旁路，抽真空使过热器、再热器和汽轮机低压缸蒸汽抽出。

d) 锅炉不需要放水时，锅炉充满 pH 值为 9.3～9.6 的除盐水。

e) 其他热力设备和系统，需要放水时放水，不需要放水时充满 pH 值 9.3～9.6 除盐水。

4.4.2.2.2　中、长期（A/B/C 检修）停机

a) 提前 4h，加氧机组停止加氧，加大精处理出口氨加入量提高给水 pH 值至 9.3～9.6（直接空冷机组 9.4～9.8）。汽轮机跳闸后，建立分离器回凝汽器的循环回路，旁路精处理设备，继续提高精处理出口加氨量，调整给水 pH 值至：9.60～10.0（直接空冷机组 9.80～10.0）。

b) 停炉冷却，在锅炉压力为 1.6MPa～2.4MPa 下，打开锅炉受热面所有疏放水门和空气门、热炉放水、余热烘干锅炉受热面。

c) 停机后，利用机组凝汽器抽真空系统和启动一、二级旁路系统，抽真空使过热器、再热器和汽轮机低压缸蒸汽抽出。

d) 锅炉不需要放水时，锅炉充满 pH 值为 9.6～10.0 的除盐水。

e) 其他热力设备和系统，需要放水时放水，不需要放水时充满 pH 值为 9.6～10.0 的除盐水。

4.4.2.2.3　非计划停机

a) 非计划停机，立即停止加氧并加大精处理出口的加氨量，使除氧器入口电导率至 5.5μS/cm～10.7μS/cm 范围（必要时启动给水加氨泵向除氧器出口加氨或精处理加联氨系统加氨），尽快将给水 pH 提高到 9.3～9.6。

4.4.2.3　运行机组锅炉水压试验

a) 给水采用 AVT（O）或 OT 工艺的机组，锅炉采用加氨调整 pH 值至 10.5～10.7 的除盐水进行水压试验。

b) 给水采用 AVT（R）工艺的机组，锅炉可采用加氨调整 pH 值至 10.5～10.7 的除盐水，也可采用氨–联氨溶液（pH 值为 10.0～10.5，联氨 200mg/L）进行水压试验。

4.4.3　各种防锈蚀方法的监督项目和控制标准

各种防锈蚀方法的监督项目和控制标准见表 54。

表 54　各种防锈蚀方法的监督项目和控制标准

防锈蚀方法	监督项目	控制标准	监测方法或仪器	取样部位	其　　他
热炉放水余热烘干法	相对湿度	＜70% 或不大于环境相对湿度	干湿球温度计法、相对湿度计	空气门、疏水门、放水门	烘干过程每 1h 测定 1 次，停（备）用期间每周测定 1 次
负压余热烘干法	相对湿度				
邻炉热风烘干法	相对湿度				

表 54（续）

防锈蚀方法	监督项目	控制标准	监测方法或仪器	取样部位	其　他
干风干燥法	相对湿度	<50%	相对湿度计	排气门	干燥过程每1h测定1次，停（备）用期间每48h测定一次
热风吹干法	相对湿度	不大于环境相对湿度	干湿球温度计法、相对湿度计	排气门	干燥过程每1h测定1次，停（备）用期间每周测定1次
气相缓蚀剂法	缓蚀剂浓度	>30g/m³	DL/T 956 附录D	空气门、疏水门、放水门、取样门	充气过程每1h测定1次，停（备）用期间每周测定1次
氨、联氨钝化烘干法	pH、联氨		GB/T 6904、GB/T 6906	水、汽取样	停炉期间每1h测定1次
氨碱化烘干法	pH		GB/T 6904	水、汽取样	停炉期间每1h测定1次
充氮覆盖法	氮气压力	0.03MPa～0.05MPa	气相色谱仪或氧量仪	空气门、疏水门、放水门、取样门	充氮过程中每1h记录1次氮压，充氮结束测定排气氮气纯度，停（备）用期间班记录1次
	氮气纯度	>98%			
充氮密封法	氮气压力	0.01MPa～0.03MPa			
	氮气纯度	>98%			
氨水法	氨含量	500mg/L～700mg/L	GB/T 12146	水、汽取样	充氨液时每2h测定1次，保护期间每天分析1次
氨-联氨法	pH	10.0～10.5	GB/T 6904、GB/T 6906、	水、汽取样	充氨-联氨溶液时每2h测定1次，保护期间每天分析1次
	联氨含量	≥200mg/L			
成膜胺法	pH、成膜胺含量	pH:9.0～9.6；成膜胺使用量由供应商提供	GB/T 6906；成膜胺含量测定方法由供应商提供	水、汽取样	停机过程测定
蒸汽压力法	压力	>0.5MPa	压力表	锅炉出口	每班记录次
给水压力法	压力，pH、溶解氧、氢电导率	压力：0.5MPa～1.0MPa；满足运行pH、溶解氧、氢电导率要求	压力表、GB/T 6904、GB/T 6906	水、汽取样	每班记录1次压力，分析1次pH、溶解氧、氢电导率

4.4.4　停（备）用机组防锈效果的评价

4.4.4.1　应根据机组启动时水汽质量和热力设备腐蚀检查结果评价停用保护效果。

4.4.4.2　保护效果良好的机组在启动过程中，冲洗时间短，水汽质量应符合 GB/T 12145 和本标准的要求。锅炉启动时，给水质量应符合表 10 的规定，且在机组并网 8h 内达到正常运行的标准值。锅炉启动后，并汽或汽轮机冲转前的蒸汽质量符合表 12 的规定，且在机组并网 8h 内达到正常运行的标准值。

4.4.4.3 机组检修期间，应对重点热力设备进行腐蚀检查，如对锅炉受热面进行割管检查，对汽包（分离器）、除氧器、凝汽器、高低压加热器、汽轮机低压缸进行目视检查，这些部位应无明显停用腐蚀现象。

4.5 机组检修阶段化学监督

4.5.1 机组检修热力设备化学检查

4.5.1.1 一般要求

4.5.1.1.1 机组检修化学检查的目的是掌握发电设备的腐蚀、结垢或积盐等状况，建立热力设备腐蚀、结垢档案；评价机组在运行期间所采用的给水、炉水处理方法是否合理，监控是否有效；评价机组在基建和停（备）用期间所采取的各种保护方法是否合适；对检查发现的问题或预计可能要出现的问题进行分析，提出改进方案和建议。

4.5.1.1.2 机组检修热力设备化学检查应满足 DL/T 1115 的规定。

4.5.1.1.3 在热力设备检修前，化学监督专责工程师应制订详细的检查方案，提出与水汽质量有关的检修项目和要求。机组 A 修、B 修时应对锅炉水冷壁、省煤器（必要时包括过热器、再热器）进行割管检查，以测定垢量、氧化皮量及检查腐蚀情况；凝汽器为铜管时应抽管检查；在机组 A 级检修前的一次 C 级检修时，应对水冷壁管和省煤器进行割管检测垢量，以确定是否需要在 A 级检修时进行化学清洗。

4.5.1.1.4 机组在检修时，生产管理部门和机、炉、电专业的有关人员应根据化学检查项目，配合化学专业进行检查。

4.5.1.1.5 当检修设备解体后，化学监督专责工程师应会同有关人员，按 DL/T 1115 的要求，对省煤器、水冷壁、过热器、再热器、除氧器、凝汽器和汽轮机以及相关的辅机设备的腐蚀、结垢、沉积情况进行全面检查，并做好详细记录与采样。在化学专业人员进行检查之前，应保持热力设备解体状态，不得清除内部沉积物或进行检修工作。检修完毕后及时通知化学专业有关人员参与检查验收。

4.5.1.1.6 对各种水箱及低温管道的腐蚀情况定期进行检查，对高、低压加热器，省煤器入口管段，空冷散热器的流动加速腐蚀情况进行检查，检查后做好记录，发现问题及时进行处理。

4.5.1.1.7 化学监督专责工程师按 DL/T 1115 对热力设备的腐蚀、结垢、积盐及沉积物情况进行全面分析，并针对存在的问题提出整改措施与改进意见，组织编写机组检修化学监督检查报告，机组大修结束后 1 个月内应提出化学检查报告。

4.5.1.1.8 主要设备的垢样或管样应干燥保存，时间不少于 2 次化学清洗间隔。机组大修化学检查技术档案应长期保存。

4.5.1.2 机组大修化学检查主要内容

4.5.1.2.1 汽包的检查内容。

    a) 检查汽包、下水包、下联箱、直流锅炉汽水分离器的腐蚀、沉积情况，积水情况，杂物或焊渣堆积情况，对其表面原始状态照相记录。

    b) 对汽包、下水包、下联箱、直流锅炉汽水分离器内表面的附着物、沉积物、堆积物

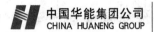
取样，分析沉积物的化学成分（必要时进行物相分析），沉积量较大时，测量单位面积的沉积速率。

c) 检查汽水分离装置是否完好、旋风筒是否倾斜或脱落，检查汽包内衬的焊缝完整性。

d) 检查加药管、排污管、连接管、给水管是否完整，是否存在堵塞或断裂等缺陷。

e) 检查汽侧管口有无积盐和腐蚀，炉水下降管、水冷壁上升管管口有无沉积物。

4.5.1.2.2 锅炉的检查内容。

a) 对锅炉主要受热面的省煤器、水冷壁、再热器和过热器进行割管检查。省煤器割管位置一般为进口联箱出口管和出口联箱入口管；水冷壁为炉膛热负荷最高处；省煤器和水冷壁二次割管位置一般为相邻处或相同管，以便进行比较。再热器和过热器割管位置选择顺序为：首先选择曾经发生爆管及附近部位，其次选择管径发生胀粗或管壁颜色有明显变化的部位，最后选择烟温高的部位高温出口最后一个弯头处。

b) 水冷壁、省煤器、过热器和再热器等受热面加工完后，对内表面原始状态照相记录腐蚀、沉积状态，酸洗后再次照相记录内部状态（腐蚀坑点）。

c) 省煤器、水冷壁管采用酸溶法检测其垢量，计算沉积（结垢）速率。

d) 再热器、过热器采用酸溶法或挤压法检测其氧化皮量，并测量、检查氧化皮厚度、脱落情况和积盐情况。

e) 锅炉水冷壁和省煤器的沉积速率在二类及以上时，应分析沉积物化学成分和物相。

f) 应检查分离器和水冷壁入口联箱腐蚀及腐蚀产物沉积情况，对水冷壁节流圈需要进行割管或无损检查，确定是否结垢堵塞。

4.5.1.2.3 汽轮机检查内容。

a) 对汽轮机通流部件的原始状态照相，记录通流部件的冲蚀、腐蚀、沉积和冲刷状态。

b) 检查高、中压缸前数级叶片和隔板固体微粒冲蚀形成机械损伤或坑点。对机械损伤严重或坑点较深的叶片应进行详细记录，包括损伤部位、坑点深度、单位面积的坑点数量（个/cm^2）等，并与历次检查情况进行对比。

c) 检查高、中、低压缸通流部件积盐情况。定性检测每级铜沉积和 pH 值；对沉积量较大的叶片、隔板，用硬质工具刮取沉积量最大部位的沉积物，检测沉积量，计算沉积速率，分析沉积物化学成分和物相（同级叶片或隔板可混合一起）。

d) 检查中低压缸腐蚀情况，检测腐蚀坑点深度。

4.5.1.2.4 凝汽器检查内容。

a) 水侧检查内容：

1) 检查水室淤泥、杂物的沉积及微生物生长、附着情况。

2) 检查凝汽器管管口冲刷、污堵、结垢和腐蚀情况，检查管板防腐层是否完整。仔细检查钛管和不锈钢管的非焊接堵头是否松动或脱落。

3) 检查水室内壁、内部支撑构件的腐蚀情况，凝汽器水室及其管道的阴极（牺牲阳极）保护情况。

4) 记录凝汽器灌水查漏情况。

b) 汽侧检查内容：

1) 检查顶部最外层凝汽器管的砸伤、吹损情况，重点检查受汽轮机启动旁路排汽、高压疏水等影响的凝汽器管。

2) 检查最外层管隔板处的磨损或隔板间因振动引起的裂纹情况。

3) 检查凝汽器管外壁腐蚀产物的沉积情况。

4) 检查凝汽器壳体内壁锈蚀和凝汽器底部沉积物的堆积情况。

5) 检查空冷凝汽器排汽管、分配管、疏水管腐蚀和腐蚀产物沉积情况，以及散热器鳍片腐蚀、沉积状况。

c) 抽管和探伤：

1) 机组大修时凝汽器铜管应抽管检查。凝汽器钛管和不锈钢管，一般不抽管，但不锈钢出现腐蚀泄漏时应抽管。

2) 根据需要抽 1 根～2 根管，并按以下顺序选择抽管部位：首先选择曾经发生泄漏附近部位，其次选择靠近空抽区部位或迎汽侧的部位，最后选择一般部位。

3) 对于抽出的管按一定长度（通常 100mm）上、下半侧剖开。如果管中有浮泥，应用水冲洗干净。烘干后通常采用化学方法测量单位面积的结垢量。管内沉积物的沉积量在评价标准二类及以上时，应进行化学成分分析。

4) 检查管内外表面的腐蚀情况。若凝汽器管腐蚀减薄严重或存在严重泄漏情况，则应进行全面涡流探伤检查。

4.5.1.2.5 其他设备检查内容。

a) 除氧器的检查内容。

1) 除氧器内部典型特征部位照相记录腐蚀、沉积、积水状态。

2) 检查除氧头内壁颜色及腐蚀情况，内部多孔板装置是否完好，喷头有无脱落。

3) 检查除氧水箱内壁颜色及腐蚀情况、水位线是否明显、底部沉积物的堆积情况。

b) 高、低压加热器的检查内容。

1) 加热器内部典型特征部位照相记录腐蚀、沉积、积水状态。

2) 检查水室换热管端的冲刷腐蚀和管口腐蚀产物的附着情况，水室底部沉积物的堆积情况。

3) 若换热管腐蚀严重或存在泄漏情况，应进行汽侧上水查漏，必要时进行涡流探伤检查。

c) 油系统的检查内容。

1) 汽轮机油系统：

（1）检查汽轮机主油箱、密封油箱内壁的腐蚀和底部油泥沉积情况。

（2）检查冷油器管水侧的腐蚀泄漏情况。

（3）检查冷油器油侧和油管道油泥附着情况。

2) 抗燃油系统：

（1）检查抗燃油主油箱，高、低压旁路抗燃油箱内壁的腐蚀和底部油泥沉积情况。

（2）检查冷油器管水侧的腐蚀泄漏情况。

（3）检查冷油器油侧和油管道油泥附着情况。

d) 发电机冷却水系统的检查内容。

1) 检查发电机内冷却水水箱和冷却器的腐蚀情况。内冷水加药处理的机组，重点检查药剂是否有不溶解现象以及微生物附着生长情况。

2） 检查内冷却水系统有无异物。

3） 检查冷却水管有无氧化铜沉积。

4） 检查外冷却水系统冷却器的腐蚀和微生物的附着生长情况。

e） 循环水冷却系统的检查内容。

1） 检查塔内填料沉积物附着、支撑柱上藻类附着、水泥构件腐蚀、池底沉积物及杂物情况。

2） 检查冷却水管道的腐蚀、生物附着、粘泥附着等情况。

3） 检查冷却系统防腐（外加电流保护、牺牲阳极保护或防腐涂层保护）情况。

f） 凝结水精处理系统的检查内容。

1） 检查过滤器进、出水装置和内部防腐层的完整性。

2） 检查精处理混床进、出水装置和内部防腐层的完整性。

3） 检查树脂捕捉器缝隙的均匀性和变化情况，采用附加标尺数码照片进行分析。

4） 检查体外再生设备内部装置及防腐层的完整性。

g） 水箱的检查内容。检查除盐水箱和凝结水补水箱防腐层及顶部密封装置的完整性，有无杂物。

4.5.1.3 腐蚀、结垢评价标准

4.5.1.3.1 热力设备腐蚀评价标准用腐蚀速率或腐蚀深度表示，评价标准见表55。

表55 热力设备腐蚀评价标准

部 位		类 别		
		一 类	二 类	三 类
省煤器		基本没腐蚀或点蚀深度<0.3mm	轻微均匀腐蚀[a]或点蚀深度0.3mm～1mm	有局部溃疡性腐蚀或点蚀深度>1mm
水冷壁		基本没腐蚀或点蚀深度<0.3mm	轻微均匀腐蚀或点蚀深度0.3mm～1mm	有局部溃疡性腐蚀或点蚀深度>1mm
过热器再热器		基本没腐蚀或点蚀深度<0.3mm	轻微均匀腐蚀或点蚀深度0.3mm～1mm	有局部溃疡性腐蚀或点蚀深度>1mm
汽轮机转子叶片、隔板		基本没腐蚀或点蚀深度<0.1mm	轻微均匀腐蚀或点蚀深度0.1mm～0.5mm	有局部溃疡性腐蚀或点蚀深度>0.5mm
凝汽器管	铜管	无局部腐蚀，均匀腐蚀速率<0.005mm/a	均匀腐蚀速率 0.005mm/a～0.02mm/a或点蚀深度≤0.3mm	均匀腐蚀速率>0.02mm/a或点蚀、沟槽深度>0.3mm或已有部分管子穿孔
	不锈钢管[b]	无局部腐蚀，均匀腐蚀速率<0.005mm/a	均匀腐蚀速率 0.005mm/a～0.02mm/a或点蚀深度≤0.2mm	均匀腐蚀速率>0.02mm/a或点蚀、沟槽深度>0.2mm或已有部分管子穿孔
	钛管[c]	无局部腐蚀，无均匀腐蚀	均匀腐蚀速率 0.0005mm～0.002mm/a 或点蚀深度≤0.01mm	均匀腐蚀速率>0.002mm/a或点蚀深度>0.1mm
[a] 均匀腐蚀速率可用游标卡尺或显微镜测量管壁厚度的减少量除以时间得出。				
[b] 凝汽器管为不锈钢时，如果凝汽器未发生泄漏，一般不进行抽管检查。				
[c] 凝汽器管为钛管时，一般不进行抽管检查				

4.5.1.3.2 结垢、积盐评价标准用沉积速率或总沉积量或垢层厚度表示，具体评价标准见表56。

表 56 热力设备结垢、积盐评价标准 [a]

部 位	类 别		
	一 类	二 类	三 类
省煤器 [a-b]	结垢速率 [c]<40g/（m²·a）	结垢速率 40g/（m²·a）～80g/（m²·a）	结垢速率>80g/（m²·a）
水冷壁 [a-b]	结垢速率<40g/（m²·a）	结垢速率 40g/（m²·a）～80g/（m²·a）	结垢速率>80g/（m²·a）
汽轮机转子叶片、隔板 [c]	结垢、积盐速率 [d]<1mg/（cm²·a）或沉积物总量<5mg/cm²	结垢、积盐速率 1mg/（cm²·a）～10mg/（cm²·a）或沉积物总量 5mg/cm²～25mg/cm²	结垢、积盐速率>10mg/（cm²·a）沉积物总量>25mg/cm²
凝汽器管 [c]	垢层厚度<0.1mm 或沉积量<8mg/cm²	垢层厚度 0.1mm～0.5mm 或沉积量 8mg/cm²～40mg/cm²	垢层厚度>0.5mm 或沉积量>40mg/cm²

[a]	锅炉化学清洗后 1 年内省煤器和水冷壁割管检查评价标准。一类：结垢速率<80g/（m²·a）；二类：结垢速率 80g/（m²·a）～120g/（m²·a）；三类：结垢速率>120g/（m²·a）。
[b]	对于省煤器、水冷壁和凝汽器的垢量，均指多根样管中垢量最大的一侧（通常为向火侧、向烟侧和凝汽器管迎汽侧），一般用化学清洗法测量计算；对于汽轮机的垢量，是指某级叶片局部最大的结垢量，测量方法见 DL/T 1115—2009 的附录 F。
[c]	取结垢、积盐速率或沉积物总量高者进行评价。
[d]	计算结垢、积盐速率所用的时间为运行时间与停用时间之和

4.5.2 设备结垢、积盐和腐蚀处理措施和标准

4.5.2.1 运行锅炉化学清洗

4.5.2.1.1 运行锅炉化学清洗范围、清洗工艺条件、清洗质量控制和验收应满足 DL/T 794 的规定。

4.5.2.1.2 承担锅炉化学清洗的单位应符合 DL/T 977 的要求，具备相应的资质，严禁无证清洗。

4.5.2.1.3 确定运行锅炉化学清洗范围的原则：

a) 在机组 A 修、B 修时或 A 修、B 修前的最后一次检修应割取水冷壁管，测定垢量，当水冷壁管向火侧最大垢量达到表 57 规定的范围时，应安排化学清洗。

表 57 确定需要化学清洗的条件

炉 型	汽 包 锅 炉				直流炉
主蒸汽压力 MPa	<5.9	5.9～12.6	12.7～15.6	>15.6	—
垢量 g/m²	>600	>400	>300	>250	>200

注：垢量是指在水冷壁管垢量最大处、向火侧 180°部位割管取样测量的垢量。测定方法见 DL/T 794—2012 的附录 B

b) 以重油和天然气为燃料的锅炉和液态排渣炉，应按表 57 中的规定提高一级压力锅炉的垢量确定化学清洗。

c) 一旦发生因结垢导致爆管或蠕胀的水冷壁管，应立即安排化学清洗。

d) 当运行水质和锅炉运行出现以下异常情况时，经过技术分析可安排清洗：

   1) 给水水质异常，酸性水进入或大量生水、海水进入，水冷壁可能或已经出现"氢脆"时。

   2) 锅炉压差增加导致给水泵出力不能满足锅炉的要求，机组出力降低时。

   3) 水冷壁金属壁温超过额定值或受热面发生明显温度偏差，超过设计值，并且无法进行调整时。

e) 当过热器、再热器垢量超过 $400g/m^2$，或者发生氧化皮脱落造成爆管事故时，可考虑进行酸洗；但应有防止晶间腐蚀、应力腐蚀和沉积物堵管可靠的技术措施。

f) 锅炉省煤器、水冷壁更换比例低于 30%，更换的新管道表面垢量不超过 $35g/m^2$，可不安排化学清洗，但必须在机组启动期间进行的充分冷态和热态水冲洗；如受热面更换比例低于 30%，但更换的新管道表面垢量超过 $35g/m^2$ 时，应对新管道先进行化学清洗后再安装更换；如受热面更换比例在 30%以上时，应对锅炉水冷系统进行整体化学清洗。更换过热器和再热器，应在安装前进行新管的除油清洗（使用中性有机除油剂）。

4.5.2.1.4 运行锅炉化学清洗介质和工艺条件选择。

a) 应该根据锅炉受热面沉积物性质，锅炉设备的构造、材质等，通过模拟试验选择合适的清洗介质和工艺条件。清洗介质选择还应综合考虑其经济性、安全性及环保要求等因素。

b) 清洗介质不能产生对机组启动及运行造成汽水品质污染的物质；用于化学清洗的药剂应有产品合格证，并通过有关药剂的质量检验。

c) 加大清洗流速能加快清洗速度，但是清洗流速应控制在缓蚀剂所允许的范围内，一般清洗流速不得超过 1m/s。

d) 在化学清洗时，清洗液温度不应过高，几种化学清洗方法控制的温度为：

   1) 盐酸的清洗温度应控制在 45℃～55℃；

   2) 柠檬酸的清洗温度 90℃～98℃；

   3) EDTA 钠盐、铵盐清洗温度 130℃～140℃；

   4) 羟基乙酸＋甲酸清洗温度 90℃～98℃。

e) 当清洗液中 Fe^{3+} 浓度大于 300mg/L 时，应在清洗液中添加还原剂。

f) 当垢中含铜量大于 5%时，应有防止金属表面镀铜的措施。

g) 奥氏体钢清洗，选用清洗介质、缓蚀剂、助剂和钝化介质时，应该检测并控制其易产生晶间腐蚀的敏感离子 Cl^-、F^- 和 S^{2-} 离子浓度，所配成清洗或钝化溶液中 Cl^-＜0.2mg/L，同时还应进行应力腐蚀和晶间腐蚀试验。

h) 给水加氧处理后，由于省煤器和水冷壁沉积物更难彻底清洗，应该引起充分重视，必须进行模拟试验确定清洗介质和工艺条件（流速、温度、清洗时间）。

i) 无机酸不应作为超临界机组的清洗介质。

j) 运行锅炉化学清洗主要清洗介质见表 58。

表 58　运行锅炉化学清洗主要清洗介质

序号	清洗工艺名称	清洗介质	添加药品及条件[a]	适用于清洗垢的种类	适用炉型及金属材料	优缺点
1	盐酸清洗[b]	HCl 4%～7%	缓蚀剂 0.3%～0.4%	$CaCO_3$>3% Fe_3O_4>40% SiO_2<5%	汽包炉、碳钢	清洗效果好，价格便宜，货源广，废液易于处理；垢剥离量大，易产生堵塞；不能用于奥氏体钢和高合金钢
2	盐酸清洗清除硅酸盐垢[b]	HCl 4%～7%	缓蚀剂 0.3%～0.4% 0.5%氟化物	Fe_3O_4>40% SiO_2>5%	汽包炉、碳钢	对含硅酸盐的氧化铁垢清洗效果好，价格便宜，货源广
3	盐酸清洗清除碳酸盐垢、硫酸盐垢和硅酸盐硬垢[b]	HCl 4%～7%	清洗前必须用 Na_3PO_4、NaOH 碱煮，酸洗液中加入缓蚀剂 0.3%～0.4%、NH_4HF_2 0.2% 或 NaF0.4% 及 $(NH_2)_2CS$0.5%（无 CuO 不加）	$CaCO_3$>3% $CaSO_4$>3% Fe_3O_4>40% SiO_2>20% CuO<5%	汽包炉、碳钢及低合金钢	对坚硬的硅酸盐、氧化铁垢（CuO 含量小于 5%）有足够的清洗能力，价格便宜，货源广，清洗工艺简单，易于掌握，废液较易处理
4	盐酸清洗，硫脲一步除铜[b]	HCl 4%～7%	缓蚀剂 0.3%～0.4%、NH_4HF_2 0.2% 或 NaF 0.4% 及 0.5～0.8% $(NH_2)_2CS$、应加还原剂，保证 Fe^{3+}<300mg/L	Fe_3O_4>40% CuO<5%	汽包炉、碳钢及低合金钢	适用于 CuO 含量小于 5%的氧化铁垢的清洗。工艺简单，效果好
5	柠檬酸清洗	$C_6H_8O_7$ 2%～8%	缓蚀剂 0.3%～0.4%，在 $C_6H_8O_7$ 中添加氨水调 pH 值至 3.5～4.5，温度 85℃～95℃，流速大于 0.3m/s，时间≤24h	Fe_3O_4>0%	汽包炉、直流炉、过热器、奥氏体钢	清洗系统简单，不需对阀门采取防护措施，危险性较小。酸洗液中铁含量过高和溶液 pH 值小于 3.5，易产生柠檬酸铁沉淀，会影响酸洗效果，该介质不宜于清洗钙镁垢和硅垢
6	高温EDTA清洗[c]	EDTA 铵盐	缓蚀剂 0.3%～0.5%，EDTA 铵盐浓度 4%～10%，温度为 120℃～140℃，pH 值为 8.5～9.5	$CaCO_3$<3% Fe_3O_4>40% CuO<5% SiO_2<3%	汽包炉、直流炉、奥氏体钢	清洗系统简单，时间短，清洗水量少，废液可回收；清洗钙镁盐垢 pH 值不宜太低。该工艺不宜用于铜、硅垢大于 5%的锅炉。辅助系统复杂，配药、回收工作量大
7	氢氟酸开路清洗或半开半闭清洗	HF 1%～1.5%	缓蚀剂 0.3%，流速≥0.15m/s	Fe_3O_4>40% SiO_2>20%	直流炉，不适于奥氏体钢	对氧化铁垢溶解能力强，反应速度快，清洗时间短。但酸液烟雾大，有强刺激性。废液处理较麻烦，应备有专门的技术和设施

表 58（续）

序号	清洗工艺名称	清洗介质	添加药品及条件 a	适用于清洗垢的种类	适用炉型及金属材料	优缺点
8	羟基乙酸、羟基乙酸＋甲酸或柠檬酸清洗	羟基乙酸2%～4%、羟基乙酸2%～4%＋甲酸或柠檬酸1%～2%	缓蚀剂0.2%～0.4%，温度为85℃～95℃，流速为0.3m/s～0.6m/s,时间≤24h	$Fe_3O_4>40\%$ $CaCO_3>3\%$ $CaSO_4>3\%$ $Ca_3(PO_4)_2$ $>3\%$ $MgCO_3>3\%$ $Mg(OH)_2$ $>3\%$ $SiO_2<5\%$	奥氏体钢、含铬材料的锅炉及过热器、再热器	羟基乙酸是腐蚀性低、不易燃，无臭，毒性小，生物分解性强，水溶性高，几乎不挥发的有机物。清洗时不会产生有机酸铁的沉淀，废液易于处理。因此，用途广泛，使用操作方便。当锈垢占比重大时，混酸清洗效果会更佳。注意甲酸有强刺激性
9	氨基磺酸清洗	NH_2SO_3H5%～10%	缓蚀剂0.2%～0.4%，温度为50～60℃	$CaSO_4>3\%$ $CaCO_3>3\%$ $Ca_3(PO_4)_2$ $>3\%$ $MgCO_3>3\%$ $Fe_3O_4>40\%$	碳钢、不锈钢（非敏化状态）	氨基磺酸具有不挥发、无臭味和对人体毒性小，对金属腐蚀量小、运输、存放方便的特点。对Ca、Mg垢溶解速度快，对铁的化合物作用慢，可添加一些助剂，从而有效地溶解铁垢

> a 根据锅炉炉型、材质和垢的成分选择合适的清洗介质和清洗方式。除氢氟酸宜采用半开半闭式、开式清洗和浸泡加鼓泡法清洗，其他几种清洗介质均宜采用循环清洗。
>
> b 清洗时盐酸与金属接触的时间不宜超过 10h

4.5.2.1.5 运行锅炉化学清洗质量控制及标准：

a) 运行炉的除垢率不小于 90%为合格，除垢率不小于 95%为优良，测量方法见 DL/T 794—2012 的附录 C。

b) 运行炉化学清洗其他质量控制及标准同基建锅炉，参见 4.2.4.3 款、4.2.4.4 款。

4.5.2.1.6 化学清洗废液的处理标准：

锅炉清洗废液应经处理达到 GB 8978 或地方规定的排放标准，处理方法见 DL/T 794。电厂按第二类污染物最高允许排放浓度二级标准，见表 59。

表 59 排 放 浓 度 二 级 标 准 mg/L

污染物	1997 年 12 月 31 日前建设的电厂	1998 年 1 月 1 日后建设的电厂
pH 值	6～9	6～9
悬浮物（SS）	200	150
石油类	10	10
化学耗氧量（COD）	150	150
硫化物	1.0	1.0

表 59（续）

污染物	1997 年 12 月 31 日前建设的电厂	1998 年 1 月 1 日后建设的电厂
氨氮	25	25
氟化物	10	10
磷酸盐（以 P 计）	1.0	1.0

4.5.2.2 高压加热器化学清洗要求

4.5.2.2.1 应根据高压加热器的端差，结垢和腐蚀检查结果等情况，确定高压加热器是否需要进行化学清洗。应根据垢的成分，高压加热器的构造、材质等，通过试验确定化学清洗介质及参数。所选择的清洗介质在保证清洗及缓蚀效果的前提下，应综合考虑其经济性及环保要求等因素。

4.5.2.2.2 高压加热器宜单独进行化学清洗。如果要和锅炉一起进行，需要充分考虑高压加热器的垢量和清洗介质，避免对高压加热器垢量估计不足，造成高压加热器清洗不彻底、高压加热器垢转移问题，这一点在使用柠檬酸清洗尤为重要。高压加热器清洗应该由具有 DL/T 977 规定相应清洗资质、并有清洗经验单位承担。

4.5.2.3 凝汽器化学清洗技术标准

4.5.2.3.1 凝汽器结垢导致端差超标时，应进行化学清洗。凝汽器管沉积污泥可用高压水冲洗或其他方法进行冲洗、清理，薄壁钛管不宜采用高压水进行冲洗。

4.5.2.3.2 凝汽器化学清洗应按 DL/T 957 标准执行。

4.5.2.3.3 根据垢的成分、凝汽器设备的构造、材质，通过小型试验，并综合考虑经济、环保因素，确定合理的清洗介质和工艺条件。清洗介质和工艺条件见表 60。

表 60 凝汽器清洗介质和工艺条件

序号	工艺名称	工艺条件	添加药品	适用垢的主要种类	凝汽器材质	优缺点
1	盐酸清洗	温度：常温；流速：0.1m/s～0.25m/s；时间：4h～6h	HCl 1%～6%；缓蚀剂 0.3%～0.8%；消泡剂适量还原剂适量	碳酸盐为主的垢、铜绿	黄铜、海军黄铜、白铜	清洗效果好，价格便宜，货源广、废液易于处理
2	盐酸清洗	温度：常温；流速：0.1m/s～0.25m/s；时间：4h～6h	HCl 1%～6%；缓蚀剂 0.3%～0.8%；消泡剂适量；氧化剂适量	碳膜	黄铜、海军黄铜、白铜	清洗效果好，价格便宜，货源广、废液易于处理
2	氨基磺酸清洗	温度：50℃～60℃；流速：0.10m/s～0.25m/s；时间：6h～8h	NH₂SO₃H 3%～10%；缓蚀剂 0.2%～0.8%；消泡剂适量	碳酸盐、磷酸盐为主的垢	不锈钢、黄铜、海军黄铜、白铜、钛管	氨基磺酸具有不挥发、无臭味、对人体毒性小，对金属腐蚀量小、运输存放方便的特点。对 Ca、Mg 垢溶垢速度快，对铁的化合物作用慢，可添加一些助剂，从而有效地溶解铁垢

表 60（续）

序号	工艺名称	工艺条件	添加药品	适用垢的主要种类	凝汽器材质	优缺点
3	硝酸氟化钠清洗	温度：常温；流速：0.1m/s～0.25m/s；时间：6h～8h	HNO_3 2%～6% ＋NaF 适量；缓蚀剂 0.2%～0.8%；消泡剂适量	碳酸盐垢和硅酸盐垢	不锈钢	对 Ca、Mg 垢和 SiO_2 垢除垢能力强，造价高
4	碱液	温度：≤60℃；流速：0.1m/s～0.25m/s；时间：4h～8h	Na_2CO_3 0.5%～2%；Na_3PO_4 0.5%～2%；NaOH 0.5%～2%；乳化剂适量	油脂、黏泥硫酸盐垢转型	不锈钢、黄铜、海军黄铜、白铜、钛管	除油脱脂，成本低，加热要求高
5	除油剂	温度：≤50℃；流速：0.1m/s～0.25m/s；时间：4h～8h	1%～2%	油脂	不锈钢、黄铜、白铜、钛管	除油脱脂，造价高

注：凝汽器管内结大量碳酸盐垢时，经化学清洗后会产生大量泡沫。为防止酸箱溢流大量泡沫，影响环境，一般使用消泡剂，正确的使用方法是利用小型手持喷雾器向泡沫表面喷洒

4.5.2.4 锅炉受热面和汽轮机通流积盐的清洗

4.5.2.4.1 机组紧急停机后清洗。

4.5.2.4.1.1 海水冷却凝汽器发生严重泄漏，已经紧急停机，但海水漏入热力系统导致严重污染，停机后应进行热力系统彻底清洗。

4.5.2.4.1.2 参考清洗方法如下：

   a）锅炉停炉后，打开热力系统所有疏放水门，放尽热力系统所有积水。

   b）凝汽器汽侧灌水查漏，并进行冲洗至含钠量小于 10μg/L。

   c）用加氨调整 pH 值大于 10 的除盐水对炉前低压、高压给水系统进行彻底分段冲洗至给水氢电导率小于 0.5μS/cm。

   d）锅炉省煤器、水冷壁上水冲洗至汽包（直流锅炉分离器）氢电导率小于 0.5μS/cm，钠小于 10μg/L。

   e）对有积盐的过热器和再热器，可采用加氨调整 pH 值大于 10.5 的除盐水进行冲洗，冲洗时应采取措施防止气塞，确保过热器和再热器冲通，冲洗时要监督出水 pH、含钠量、氢电导率，直至主蒸汽和再热蒸汽水样氢电导率小于 0.50μS/cm，含钠小于 10μg/L。

   f）高、低压加热器汽侧采用灌水方法进行冲洗，给水泵汽轮机采用临机辅助蒸汽（湿）进行冲洗。

   g）汽轮机按以下方法采用开缸或不开缸方法进行清洗：

     1）汽轮机通流部分严重结盐，特别是发生海水（苦咸水）泄漏导致汽轮机结盐和腐蚀时，开缸清洗应采用加氨调整 pH 大于 10.5 的除盐水进行高压（水压 30MPa～80MPa）水冲洗，并检测清洗后表面的钠离子含量。

2） 汽轮机不开缸，可通过汽轮机本体疏水管灌水（加氨调整 pH 大于 11）至中轴，维持汽轮机盘车，进行冲洗，直至排水钠离子小于 50μg/L。

h） 机组启动时，严格按程序进行冲洗，同时投运凝结水精处理装置净化凝结水，并在锅炉升压、汽轮机冲转时加强疏水以对过热器、再热器和汽轮机进行冲洗。

4.5.2.4.2 汽轮机大修时的清洗。

a） 对于沉积盐垢的汽轮机，通流部件应优先选用加氨除盐水（pH 大于 10.5）进行高压冲洗（冲洗压力 30MPa～80MPa），如果无法方便加氨，应使用运行机组的凝结水。

b） 如果汽轮机通流部件沉积盐垢以腐蚀产物为主，非常坚硬，需要采用喷砂方法清洗，应该使用加氨除盐水或凝结水，不应使用工业水或消防水冲洗汽轮机通流部件。

4.6 化学仪器仪表验收和检验技术标准

4.6.1 一般要求

4.6.1.1 高参数、大容量的机组水汽品质应主要依靠在线化学仪表进行监督。

4.6.1.2 应高度重视在线化学仪表的监督管理，宜实施化学仪表实验室计量确认工作，确保在线化学仪表的配备率、投入率、准确率。

4.6.1.3 电厂应根据在线化学仪表配备情况和 DL/T 677 相关要求制订在线化学仪表维护和校验制度。

4.6.1.4 电厂应配备专职在线化学仪表维护校验人员，在线化学仪表维护校验人员应参加电力行业相应培训，并取得上岗证。

4.6.1.5 所有在线化学仪表信号应远传至化学监控计算机，主要水汽品质如凝结水氢电导率和钠含量、给水氢电导率和 pH、炉水电导率和 pH、主蒸汽氢电导率和钠含量还应送至主控 DCS，并设置报警。化学监控计算机能即时显示，自动记录、报警、储存水汽品质参数，宜自动生成日报、月报。

4.6.1.6 电厂应定期开展在线化学仪表校验工作或委托有资质单位对在线电导率表、pH 表、溶解氧表、钠表和硅表进行校验。

4.6.2 水质分析仪器质量验收和技术要求

4.6.2.1 实验室和在线电导率表、pH 表、钠表、溶解氧表、硅表应按 DL/T 913 相关规定进行验收，其他仪器参考 DL/T 913 以及合同要求进行验收。

4.6.2.2 新购置水分析仪器的质量验收程序见图 2。

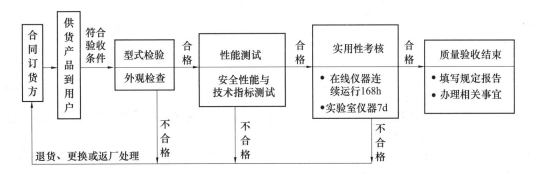

图 2 新购置水分分析仪器质量验收程序

4.6.2.3 水质分析仪器应按表 61 的要求进行安全性能测试，按表 62 的要求进行实用性考核。

表 61 水质分析仪器安全性能测试项目与技术要求

测试项目	技术要求
绝缘电阻	1000V/20MΩ
耐压试验	2000V、50Hz/1min，无击穿、无飞弧

表 62 实用性考核时间与技术要求

分析仪器形式	考核时间	技术要求
在线式工业分析仪器	连续运行 168h	不同性质的异常次数小于或等于 2 次且无故障发生
离线式实验室分析仪器	7d，每天开机时间不少于 6h	

4.6.2.4 在线化学仪表应按 DL/T 677 的规定进行检验，在线仪表投入率和主要在线化学仪表准确率应符合表 63 的规定。

4.6.2.5 主要在线化学仪表包括凝结水、给水、蒸汽氢电导率表，给水、炉水 pH 表，补给水除盐设备出口、炉水、发电机内冷水电导率表，凝结水精除盐出口电导率或氢电导率表，凝结水、给水溶解氧表，发电机在线湿度和纯度表。

表 63 在线仪表投入率和主要在线化学仪表准确率技术要求

投入率 %	准确率 %
≥98	≥96

4.6.2.6 水质分析仪器实验室的工作环境条件应符合表 64 规定的指标。

表 64 水质分析仪器实验室的工作环境条件

序号	项 目	指 标
1	环境温度	（20±2）℃
2	环境湿度	＜80%RH
3	振动幅度	＜5μm（规定值），＜2μm（理想值）
4	工作电压	220（1+7%～10%）V
5	电网频率	（50±0.5）Hz
6	室内通风良好、无腐蚀性气体、无强电磁场干扰	

4.6.2.7 当室内工作环境无法满足表 64 的要求时，应提供测试证明或验证报告，以说明环境影响值和构成检验误差的各种因素的控制情况。

4.6.2.8 进入和使用会影响工作质量的区域，实验室应有明确的限制和控制措施。根据需要，实验室应对环境条件进监测、控制、记录，应保留其有关设备监控记录。

4.6.2.9 入厂煤检测实验室的检测环境及设施技术要求应符合 DL/T 520—2007 第 6 章的相关规定。

4.6.3 化学在线仪表的校验和检定

4.6.3.1 在线电导率表

a) 在线电导率表检验项目、性能指标和检验周期应符合表 65 的规定。

表 65 电导率表检验项目与检验周期

项 目		要求	检验周期		
			运行中	检修后	新购置
整机配套检验	整机引用误差（δ_Z）%FS	±1	1 次/12 个月	√	√
	工作误差（δ_G）%FS	±1	1 次/1 个月	√	√
	温度测量误差（Δt）℃	±0.5	1 次/12 个月	—	√
二次仪表	温度补偿附加误差（δ_t）×10⁻²/10℃	±0.25	1 次/12 个月	√	√
	引用误差（δ_Y）%FS	±0.25	1 次/12 个月	—	√
	重复性（δ_C）%FS	<0.25	根据需要[a]	—	√
	稳定性（δ_W）×10⁻²/24h	<0.25	根据需要[a]	—	√
电极常数误差（δ_D）%		±1	根据需要[b]	—	√
交换柱附加误差（δ_J）%		±5	1 次/12 个月	—	√

[a] 当发现仪表读数不稳定时，进行该项目的检验。
[b] 当整机工作误差检验不合格时，进行该项目的检验

b) 对于测量水样电导率值不大于 0.30μS/cm 的电导率表不能采用标准溶液法，应采用水样流动法进行整机工作误差的检验；对于测量电导率值大于 0.30μS/cm 的电导率表，可采用标准溶液法进行整机引用误差的检验。

c) 检验工作条件应符合表 66 的规定。

表 66 电导 3 率表检验工作条件

项 目		规范与要求
工作条件	电源要求	220V±22V（AC），50Hz±1Hz
	环境温度	10℃～40℃
	环境相对湿度	30%RH～85%RH

表 66（续）

项　　　目		规范与要求
介质条件	压力	0.098MPa～0.200MPa
	温度	5℃～40℃
	流量	仪表制造厂要求的流量

注：如果厂家有特殊要求时，可按照仪表制造厂的技术条件掌握

4.6.3.2 在线 pH 表

　　a）　在线 pH 表检验项目、性能指标和检验周期应符合表 67 的规定，电极的检验项目与
技术要求应符合表 68 的规定。

　　b）　进行 pH 表整机示值误差项目检验时，水样的选择应在 pH 值为 3～10 的范围内进
行。

　　c）　对于测量水样电导率不大于 100μS/cm 的在线 pH 表，应采用水样流动检验法进行整
机工作误差的在线检验。对于测量水样电导率值大于 100μS/cm 的在线 pH 表，应优
先选择水样流动检验法进行整机工作误差的在线检验，也可采用标准溶液检验法进
行离线整机示值误差检验。

表 67　pH 表检验项目、性能指标和检验周期

项　　　目		要求	检验周期		
			运行中	检修后	新购置
整机配套检验	整机示值误差（δ_S）pH	±0.05	1 次/1 个月	√	√
	工作误差（δ_G）pH	±0.05	1 次/1 个月	√	√
	示值重复性（S）	<0.03	根据需要 [a]	—	√
	温度补偿附加误差（pH_t）pH/℃	±0.01	根据需要 [b]	—	√
	温度测量误差（Δt）℃	±0.5	1 次/12 个月	—	√
二次仪表	示值误差（ΔpH）pH	±0.03	1 次/12 个月	—	√
	输入阻抗引起的示值误差 pH$_R$	±0.01	1 次/12 个月	—	√
	温度补偿附加误差（pH_t）pH/℃	±0.01	根据需要 [b]	—	√

[a]　当发现仪表读数不稳定时进行检验。
[b]　当发现仪表示值误差或工作误差超标时，随时进行检验

表 68 电极的检验项目与技术要求

检 验 项 目	技 术 要 求
参比电极内阻 电极电位稳定性 液络部位渗透速度	≤10kΩ 在±2mV/8h 之内 可检出/5min
玻璃电极内阻 R_N（MΩ） 百分理论斜率 *PTS*	5～20（低阻）；100～250（高阻） ≥90%
注：电极检验时间至少为 1 次/3 个月	

d） 检验条件应符合表 69 的规定。

表 69 pH 表 检 验 工 作 条 件

室温 ℃	相对湿度 %RH	标准溶液和电极系统的温度恒定 ℃	干扰因素
10～40	30～85	25±2	无强烈的机械振动和 电磁场干扰

4.6.3.3 在线钠表

a） 在线钠表检验项目、性能指标和检验周期应符合表 70 的规定。

b） 钠电极性能检验方法可参照表 68 的规定，检验条件应符合表 71 的规定。

表 70 钠表检验项目与技术要求

项 目		要求	检验周期		
			运行中	检修后	新购置
整机检验	整机引用误差（δ_Z） %FS	<10	1 次/3 个月 [a]	√	√
	温度补偿附加误差（δ_t） pNa/10℃	±0.05	根据需要 [b]	—	√
	示值重复性（*S*）	<0.05	根据需要 [c]	—	√
二次仪表	示值误差（ΔpNa） pNa	±0.05	1 次/12 个月	—	√
	输入阻抗（pNa_R） Ω	≥1×10¹²	1 次/12 个月	—	√
	温度补偿附加误差（pNa_t） pNa/10℃	±0.05	根据需要 [b]	—	√
[a] 当发现仪表结果可疑时，随时进行检验。					
[b] 当发现仪表整机引用误差超标时，随时进行检验。					
[c] 当发现仪表读数不稳定时进行检验					

表 71 钠表检验条件

室温 ℃	相对湿度 %RH	干扰因素
10～40	30～85	检验现场无强烈的机械振动和电磁场干扰

4.6.3.4 在线溶解氧表

a) 在线溶解氧表检验项目、性能指标和检验周期应符合表 72 的规定。

表 72 在线溶解氧表检验项目与技术要求

项　目	要求	检验周期 运行中	检修后	新购置
整机引用误差（δ_Z） %FS	±10	1 次/1 个月	√	√
零点误差（δ_0） μg/L	<1.0	1 次/12 个月 [a]	√	√
温度影响附加误差（δ_T） 10^{-2}/℃	±1%	1 次/12 个月 [a]	—	√
流路泄漏附加误差（δ_L） %	<1.0	1 次/1 个月	√	√
整机示值重复性（S） mg/L	<0.2	根据需要 [b]	—	√

[a] 当发现仪表引用误差超标时，随时进行检验。
[b] 当发现仪表读数不稳定时进行检验

b) 检验条件应符合表 73 的规定。

表 73 在线溶解氧表检验条件

项　目		规范与要求
工作条件	电源要求	AC220V±22V，50Hz±1Hz
	环境温度	10℃～40℃
	环境相对湿度	30%RH～85%RH
	无强烈振动，无其他能引起被检仪表性能改变的电磁场存在	
介质条件	压力	0.01MPa～0.02MPa
	温度	5℃～40℃
	流量	仪表制造厂要求的流量
	水样无油污、无过量悬浮物质并符合采样的基本要求	
被检仪表条件	整机接线连接正确可靠，各紧固件应无松动，取样流路严密无漏泄现象；传感器内部有符合要求的支持电解质溶液，覆膜应完好无损；直观检查被检仪表已具备正常运行的基本条件	

注：如果厂家有特殊要求时，可按照仪表制造厂的技术条件掌握

4.6.3.5 在线工业硅酸根分析仪表

在线硅表检验项目、性能指标和检验周期应符合表74的规定，检验条件应符合表75的规定。

表74 硅表检验项目性能指标和检验周期

项 目		要求	检 验 周 期		
			运行中	检修后	新购置
整机配套检验	整机引用误差（δ_Z）%FS	＜1.0	1次/1个月	√	√
	重复性（δ_C）%FS	＜0.5	1次/12个月 [a]	—	√
抗磷酸盐干扰性能 [b]		在磷酸盐含量为 5mg/L 时，产生的正向误差≤2μg/L；在30mg/L 时，误差≤4μg/L			

[a] 当发现仪表读数不稳定时进行检验。
[b] 测量炉水的硅表检验抗磷酸盐干扰性能

表75 硅表检验条件

项 目		规范与要求
工作条件	电源要求	AC220V±22V，50Hz±1Hz
	环境温度	10℃～40℃
	环境相对湿度	30%RH～85%RH
	无腐蚀性气体，无强烈震动，无其他能引起被检仪表性能改变的电磁场存在	
介质条件	压力	0.098MPa～0.2MPa
	温度	5℃～40℃
	流量	20mL/min～200mL/min
	水样应澄清透明，最大固体颗粒粒径不能超过 5μm	
被检仪表条件	整机接线连接正确可靠，各紧固件应无松动，流路管道应选用高分子惰性材料；具有数量充足的预先配制合格的所需各种试剂溶液；直观检查被检仪表已具备正常运行的基本条件	
注：如果厂家有特殊要求时，可按照仪表制造厂的技术条件掌握		

4.6.3.6 在线露点仪

4.6.3.6.1 在线露点仪应按 JJG 499 的规定进行检定，检定周期一般不超过 1 年。

4.6.3.6.2 露点仪按其最大误差分为一级和二级。露点仪的示值误差为仪器测量的平均值 T_d 与计量检定值 T_d' 之差，露点仪在露点温度-70℃～+40℃之间的最大误差应符合表76中的要求。

表76 精确度等级、最大允许误差的要求

露点温度范围 ℃	−70～−50	−50～−20	−20～+40
一级（最大允许误差）	0.3	0.2	0.15
二级（最大允许误差）	0.6	0.4	0.3

4.6.3.6.3 露点仪检定项目应符合表77的规定。

表77 检 定 项 目

检定项目	首次检定	后续检定	使用中检验
外观检查	√	√	√
示值误差检定	√	√	√
注："√"表示需要检定的项目			

4.6.3.6.4 检验条件应符合下列要求：

a) 环境温度：

1) 露点测量室和采取系统的温度应高于待测气体的露/霜点温度，当测量的露/霜点温度高于环境温度时，所有测量管路应加热，使其至少高于露/霜点温度3℃。用自来水或循环冷却液来冷却电制冷器的散热器热端时，冷却液的温度和流量应相对恒定。使用风冷时，环境温度应相对恒定。

2) 主机工作的环境温度应在5℃～35℃之间，有特殊要求者，应按其要求确定是否在恒温条件下检定。

b) 测量室压力：

1) 当露点测量室出气端向大气放空时，露点测量室内的压力等于大气压；

2) 当露点测量室内样气压力的波动超过200Pa/h时，不能进行检定；

3) 当露点测量室内样气压力与标准大气压（101 325Pa）的偏离值虽超过±200Pa，但相对稳定（波动小于200Pa/h时），可用计算的方法对检定结果加以修正（已配置了自动压力修正系统的仪器外）。

c) 环境湿度：主机应在10%RH～85% RH之间使用。

d) 电源：按仪器的要求供电，当电源电压超过额定值的±10%，应采取稳压措施。

4.7 燃料质量化学监督

4.7.1 燃煤质量化学监督

4.7.1.1 燃煤采、制、化基本要求

4.7.1.1.1 发电厂应建立燃煤采、制、化管理制度，制度上实现采、制、化部门和人员的有效分离。采、制、化流程采用条码系统进行管理，入厂与入炉煤样宜进行混编，并制定有效的防舞弊措施。

4.7.1.1.2 厂内工业电视监控系统应涵盖燃煤采、制、化管理全过程，做到无死角、无盲点。采样机间、制样室、化验室等关键部位应采用多角度固定摄像。

4.7.1.1.3 建立指纹门禁或人脸识别系统，系统应涵盖燃煤采样间、制样室、化验室和存样室。

4.7.1.1.4 采、制、化场地宜集中布置，减少煤样的流转过程，采制化环境不应受到风雨、热源、光源以及外界尘土影响，采制化作业区应与办公区域严格分隔。

4.7.1.1.5 燃煤制样、化验采用先进仪器和设备，化验仪器设备应具备数据输出功能，可实现煤样化验数据自动生成上传，无人工干预，数据准确可靠。

4.7.1.1.6 检质设备应符合国标要求，按规定周期定期由具备资质的机构进行检定，检定合格后方可使用。

4.7.1.1.7 燃煤采、制、化岗位人员应经过专门的技术培训，并持有有效的操作证书或岗位资格证书，持证上岗率达到 100%。应建立燃煤采、制、化主要岗位从业人员岗位不定期轮换制度，并积极组织实施。

4.7.1.2 燃煤采、制、化的设备管理

4.7.1.2.1 发电厂应建立和健全燃煤检质设备管理制度，并建立三级管理网络，明确管理分工、职责，确保检质工作的"公平、公正、公开"。设备归口管理部门应负责检质设备的维护和管理，对设备检质结果的正确性和数据的可靠性负责。设备使用班组和部门应建立检质设备的清册、台账及运行、维护、校验、检定台账或记录，实时更新和维护。设备使用部门应将设备清册报设备监督管理部门，设备监督管理部门负责对设备维护、定期校验和使用状况进行监督。检质设备在投运前应检定其精度是否合格，使用过程中应按国标要求定期进行校验，确保设备在检定合格证书有效期内使用。

4.7.1.2.2 应建立检质设备故障应急响应机制，一旦设备故障，能及时恢复运行或者切换至备用设备，禁止在检质设备不能投入的情况进行入厂煤接卸和入炉煤配送加仓工作（应急情况除外，如锅炉严重缺煤，但需采取相应补救措施）。

4.7.1.2.3 入厂、入炉煤应实现机械化采样。新安装的机械化采样设备必须经过权威第三方试验合格后方可使用，机械化采样设备整机精密度应满足 GB/T 19494.1 和 DL/T 747 的要求，且无实质性偏倚；机械化采样设备运行 2 年后应重新检验其精密度和偏倚情况，精密度和偏倚试验合格后方可继续使用。

4.7.1.2.4 机械化采样设备与输煤系统应具有连锁保护并运行可靠，入厂煤机械化采样器投入率 100%，入炉煤机械化采样器投入率大于 98%。

4.7.1.2.5 机械化采样间应封闭完好，制样间环境、设施应满足 GB 474 及 DL/T 520 的要求。机械化采样间和制样间应安装性能良好的除尘设备。

4.7.1.2.6 制样间配备的破碎缩分联合制样机、各级破碎机以及缩分器，投入使用之前必须经过验收并满足 DL/T 747 的要求，所制备的煤样水分整体损失率小于 0.5%，设备整机精密度为 ±1%，无实质性偏倚。联合制样机使用二年后应重新检验精密度和偏倚情况，精密度和偏倚试验合格后方可继续使用。人工制样所用的缩分器在投入使用前，必须进行精密度检验，精密度合格后方可投入使用。人工制样所用的筛子，必须经有资质单位检验合格后方可使用，使用后也应定期检验。制样间至少配备两套制样设备，一套运行一套备用。

4.7.1.2.7 单项化验设备至少配备两套，一台运行一台备用。整个煤化验室应当划分为：天平室、条码煤样接收区域、检验用气体存放区域、全水分测定区域、工业分析区域、元素分

析区域、发热量测定区域、灰融溶特性试验区域、煤样贮存区域。

4.7.1.3 燃煤的检质管理

4.7.1.3.1 入厂煤的检质

a) 凡进入电厂的燃煤，须根据不同运输方式分别按船、列、车进行质量验收，批次的划分须符合 GB 475 的规定，检质率达到 100%，准确率达到 100%。

b) 采样。入厂煤采样应采用机械化采样方式，并严格按照 GB/T 19494.1 的规定执行；机械自动采样装置运行参数、启停操作、收存样有详细记录，确保煤样的代表性和安全性；煤样样品包装过程应现场进行，要求必须严密、安全。电厂应严格按照 GB 475 和 DL/T 569 制定人工采样方案，并制定相应管理制度，明确人工采样方式适用的条件、申报流程、操作要求等。

c) 制样。煤样的制备应采用破碎缩分联合制样机制样，制样过程严格按照 GB 474 和 GB/T 19494.2 的规定执行；煤样的制备严格遵循"单进单出"的原则，防止煤样污染；煤样样品包装应严密、安全。

d) 煤样。应建立完善的煤样取、送、存、毁等环节监督管理制度，各环节管理有序可控，每个环节工作应由 2 人及以上人员进行。煤样转运应采用专用车辆，并严格沿着指定的工业监控系统覆盖的路线转运煤样，车辆应使用监控摄像及行驶记录仪对整个煤样转运过程实施监控。

e) 全水分煤样。全水分煤样须及时制备，煤样可根据需要单独制备或在制备分析煤样过程中分取，煤样应包装严密并进行称重。煤样制备完成后及时送至化验室，化验室收到煤样后应核实煤样重量并立即进行化验，如收到煤样有水分损失应按 GB/T 211 规定对化验结果进行水分修正或说明。

f) 化验。化验室操作要严格按照 GB/T 483 和 DL/T 520 的规定执行，煤质化验项目按表 78 的标准执行。煤质化验数据应自动采集并上传到燃料全过程数字化动态管理系统。

表 78　常 用 煤 质 化 验 标 准

化验项目	执行标准	化验项目	执行标准
全水分	GB/T 211	发热量	GB/T 213
工业分析	GB/T 212	碳氢	GB/T 476
全硫	GB/T 214	灰熔点	GB/T 219

g) 建立健全入厂煤检质台账，其至少包括煤样采集、制备、化验、各环节交接以及煤样管理的记录，台账记录应完整清楚。要建立完善的存查样、仲裁样管理制度，存查样、仲裁样的保存与提取做到"有章可循"，煤样的封存时间不低于 2 个月。

4.7.1.3.2 入炉煤的检质

a) 电厂应在入炉煤皮带输送系统合适位置配备机械采样装置，并与输煤系统连锁。机械自动采样装置运行参数、启停操作、收存样应有详细记录，确保煤样的代表性和安全性。入炉煤检质率要求 100%，准确率 100%。

b) 入炉煤煤样制备、化验与入厂煤样同等要求。

c) 入炉煤检质数据应自动采集并传送燃料全过程数字化动态管理系统。

4.7.1.3.3 电厂负责燃料监督的专工，每月应对入厂煤、入炉煤的备查样进行抽查，抽查数量不少于备查样的 5%，并应建立抽查台账。

4.7.1.4 燃煤的检测项目及周期

4.7.1.4.1 入厂煤检测项目及周期

a) 入厂煤煤样应按批次进行工业分析、全水分、发热量、全硫及氢值的化验。

b) 对新煤种，应增加煤灰熔融性、可磨性系数、煤灰成分及其元素等项目的分析化验，以确认该煤种是否适用于本厂锅炉的燃烧。

c) 检测项目及周期见表 79。

d) 必要时可根据生产需求进行非常现项目的分析。

表 79 入厂煤检测项目及周期

检测项目	采、制样	全水分	固有水分	灰分[a]	挥发分	热值	非常规项目[b]
检测周期	车车采样 批批制样	批批化验					生产需要 时测定
检测项目	硫	氢	碳、氮	灰熔点	样品贮存	审核及数据处理	
检测周期	批批化验	每半年	根据需要 随时测定	每个样品保留两 个月以上	每次检测 结束进行		

> [a] 如测定浮煤挥发分时，应增加浮煤检测项目。
> [b] 非常现项目：灰熔点、可磨系数、灰比电阻、煤着火温度、煤燃烧分布曲线、煤燃尽特性、煤着火稳定性和煤冲刷磨损性试验

4.7.1.4.2 入炉煤检测项目及周期

a) 入炉煤应以每天的上煤量作为一个采样单元进行分析化验。有条件的电厂宜以每班（值）、单元（炉）的上煤量作为一个采样单元，并以当天每班（值）加权平均值（以每班上煤量进行加权）作为当天的化验值。

b) 全水分煤样宜每班（值）采制并及时分析化验，以当天每班（值）加权平均值（以每班上煤量进行加权）作为当天全水分值。

c) 飞灰可燃物、煤粉细度至少每天进行一次测定，炉渣可燃物可根据需要进行测定。

d) 应定期对入炉煤进行全分析，分析项目应包括常规分析项目和根据需要测定的非常规分析项目。

e) 检测项目及周期见表 80。

表 80　入炉煤、飞灰可燃物检测项目及周期

检测项目	全水分	工业分析	发热量	硫、氢	飞灰可燃物	炉渣	煤粉细度	非常规项目 [a]
检测周期	每天或每班（值）	一天（24h）	一天（24h）	一天（24h）	一天（24h）	根据需要测定	一天（24h）或依燃烧、磨煤机工况确定	定期及生产需要
数据处理	一天加权平均值							

[a] 非常规项目：元素分析、灰成分、灰熔点、可磨系数、灰比电阻、煤着火温度、煤燃烧分布曲线、煤燃尽特性、煤着火稳定性和煤冲刷磨损性试验

4.7.1.5　仪器设备的定期检定

4.7.1.5.1　燃煤监督使用的仪器和设备应按规定定期由具备资质的机构进行检验、检定，合格后方可使用。

4.7.1.5.2　入厂、入炉煤机械化采样装置的定期检定工作应按照 GB/T 19494.3 和 DL/T 747 要求进行，每 2 年检定一次，设备大修或更换关键部件后应进行检定。

4.7.1.5.3　天平、水分仪、工业分析仪、测硫仪、量热仪、元素分析仪、马弗炉、干燥箱等化验设备每年检定一次（量热仪的氧弹使用 2 年检定一次），量热仪的热容量每季标定一次。

4.7.1.5.4　应根据化验仪器设备性能，定期使用标准煤样（量热仪可使用量热标准苯甲酸）进行校正，以确保其准确性。每台化验仪器设备每月至少进行一次校正。

4.7.1.6　入厂煤质量验收的允许差（界定值）

4.7.1.6.1　入厂煤质量验收应按 GB/T 18666 执行。

4.7.1.6.2　对同一批煤的验收，以其干基高位发热量（或干基灰分）、干基全硫作为质量评定指标。批煤验收的各项质量评定指标允许差如表 81 和表 82 所示。

4.7.1.6.3　单项质量指标评定。

    a)　出卖方提供报告值的评定。当电厂和出卖方分别对同一批煤采样、制样和化验时，如出卖方的报告值（测定值）和电厂的检验值的差值满足下述条件，则该项质量指标评为合格；否则评为不合格。

        灰分（A_d）：（报告值−检验值）≥表 81 的规定值；

        发热量（$Q_{gr,d}$）：（报告值−检验值）≤表 81 的规定值；

        全硫（$S_{t,d}$）：（报告值−检验值）≥表 82 的规定值。

    b)　有贸易合同约定值或产品标准（或规格）规定值的评定。以合同约定值或产品标准（或规格）规定值和电厂检验值，按 4.7.1.6.3 a)的规定进行评定，但各项指标的实际允许差按式（1）修正。

$$T = T_0 \sqrt{2} \tag{1}$$

式中：

T——实际允许差，%或 MJ/kg；

T_0——表 81 和表 82 规定的允许差，%或 MJ/kg。

c) 出卖方既提供报告值、又有合同约定值的评定：分别按 4.7.1.6.3 a)、4.7.1.6.3 b) 进行评定。

4.7.1.6.4 批煤质量评定。以灰分计价者，干基灰分和干基全硫都合格，该批煤质量评为合格；否则该批煤质量评为不合格。以发热量计价者，干基高位发热量和干基全硫都合格，该批煤质量评为合格；否则该批煤质量评为不合格。

4.7.1.6.5 批煤质量争议解决办法。电厂和出卖方的报告值超出表 81 和表 82 规定允许差时，如双方协商不能解决，则应按以下两种方式解决，此时电厂应将收到的该批煤单独存放。

a) 双方共同对电厂收到的批煤进行采样、制样和化验，以共同检验结果进行验收。

b) 双方请共同认可的第三公正方对电厂收到的批煤进行采样、制样和化验并以此检验结果进行验收。

表 81 灰分和发热量允许差

煤的品种	灰分（以检验值计）A_d %	允许差（报告值–检验值）	
		ΔA_d %	$\Delta Q_{gr,d}$ MJ/kg
原煤和筛选煤	＞20.00～40.00 10.00～20.00 ＜10.00	−2.82 −0.141A_d −1.41	＋1.12 ＋0.056A_d ＋0.56
非冶炼用精煤	—	−1.13	按原煤、筛选煤计
其他洗煤	—	−2.12	

注 1： 检验值是指检验单位按国家标准方法对被检验批煤进行采样、制样和化验所得的煤炭质量指标值。报告值是指被检验单位出具的被检验批煤质量指标值。
注 2： ΔA_d 为灰分（干燥基）允许差。
注 3： $\Delta Q_{gr,d}$ 为发热量（干燥基高位）允许差

表 82 全硫允许差

煤的品种	全硫（以检验值计）	允许差（报告值–检验值） %
除冶炼用精煤外其他煤	＜1.00 1.00～2.00 ＞2.00～3.00	−0.17 −0.17St.d −0.34

4.7.2 燃油质量化学监督

4.7.2.1 燃油的质量

a) 锅炉用燃油应满足 GB 25989 的技术要求，见表 83。

表 83　锅炉用燃油技术要求

项　目		馏分型		残渣型				试验方法
		F-D1	F-D2	F-R1	F-R2	F-R3	F-R4	
运动黏度 mm²/s	40℃ 100℃	不大于 5.5 —	>5.5～ 24.0 —	— 5.0～15.0	— >15.0～ 25.0	— >25.0～ 50	— >50～ 185	GB/T 265 GB/T 11137
闪点 ℃	闭口不低于 开口不低于	55 —	60 —	80 —	80 —	80 —	— 120	GB/T 261 GB/T 267
硫含量（质量百分数） 不大于 %		1.0	1.5	1.5	2.5	2.5	2.5	GB/T 17040 GB/T 387
水和沉淀物（体积百分数）不大于 %		0.50	0.50	1.00	1.00	2.00	3.00	GB/T 6533
灰分（质量百分数） 不大于 %		0.05	0.10	报告	报告	报告	报告	GB/T 508
酸值（以 KOH 计） 不大于 mg/g		报告	2.0					GB/T 7304
馏程（250℃回收体积百分数） %		—	报告					GB/T 6536
倾点 ℃		报告						GB/T 3535
密度（20℃） kg/m³		报告						GB/T 1884 GB/T 1885
水溶性酸或碱		报告						GB/T 259

b)　各种牌号燃煤重油的特性见表 84。

表 84　各种牌号燃料重油的特性

特性指标		燃料重油牌号			
		20 号	60 号	100 号	200 号
恩氏黏度 a ⁰E₈₀		5.0	11.0	15.5	—
恩氏黏度 b ⁰E₁₀₀		—	—	—	5.5～9.5
开口闪点 ℃	不低于	80	100	120	130
凝固点 ℃	不高于	15	20	25	36

表 84（续）

特性指标		燃料重油牌号			
		20 号	60 号	100 号	200 号
灰分 %	不大于	0.3	0.3	0.3	0.3
水分 %	不大于	1.0	1.5	2.0	2.0
含硫量 %	不大于	1.0	1.5	2.0	3.0
机械杂质 %	不大于	1.5	2.0	2.5	2.5
a 相同温度下，运动黏度（mm²/s）=7.31^{0}E$_t$–6.31/^{0}E$_t$					

c) 各种牌号重柴油的特性见表 85。

表 85 各种牌号重柴油的特性

项 目		GB 445-64		SY 1072-64
		10 号	20 号	30 号
运动黏度（50℃） 厘泊	不大于	13.5	20.5	36.2
恩氏黏度（50℃） ^{0}E	不大于	—	—	5.0
残炭 %	不大于	0.5	0.5	1.5
灰分 %	不大于	0.04	0.06	0.08
残炭 %	不大于	0.5	0.5	1.5
水溶性酸或碱		无	无	—
机械杂质 %	不大于	0.1	0.1	0.5
水分 %	不大于	0.5	1.0	1.5
闪点（闭口） ℃	不低于	55	55	55
凝点（闭口） ℃	不高于	10	20	30

d) 普通轻柴油应满足 GB 252 的要求，见表 86。

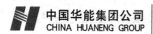

表86 普通柴油技术要求和试验方法

项　目			10 号	5 号	0 号	–10 号	–20 号	–30 号	–50 号	试验方法
色度号		不大于	3.5							GB/T 6540
氧化安定性　总不溶物 mg/100mL		不大于	2.5							SH/T 0175
硫含量 %		不大于	0.035							SH/T 0689
酸度 mgKOH/100mL		不大于	7							GB/T 258
10%蒸余物残炭 %		不大于	0.3							GB/T 268
灰分 %		不大于	0.01							GB/T 508
铜片腐蚀（50℃，3h） 级		不大于	1							GB/T 5096
水分 %		不大于	痕迹							GB/T 260
机械杂质			无							GB/T 511
运动黏度（20℃） mm²/s			3.0～8.0				2.5～8.0	1.8～7.0		GB/T 265
凝点 ℃		不高于	10	5	0	–10	–20	–35	–50	GB/T 510
冷凝点 ℃		不高于	12	8	4	–5	–14	–29	–44	SH/T 0248
闪点（闭口） ℃		不低于	55					45		GB/T 261
十六烷值		不小于	45							GB/T 386
馏程	50%馏出温度 ℃	不高于	300							GB/T 6536
	90%馏出温度 ℃	不高于	355							
	95%馏出温度 ℃	不高于	365							
密度（20℃） kg/m³			报告							GB/T 1884

4.7.2.2　燃油的质量监督

a）电厂应作好入厂燃油油种的鉴别和质量验收，防止不合格的油品入库。

b）燃油的采样应按照 GB/T 4756 执行。

c）入厂重油的检测项目及周期见表87。

表87 进厂新燃料重油检测项目及周期

检测项目	黏度	闪点	密度	硫分	水分	机械杂质	凝点	发热量
检测周期	进厂采样化验							
注：每种新燃油种还需测定黏度与温度的关系曲线								

d) 每批、每罐测定燃油热值，对燃用含硫量较高的渣油、重油或发现锅炉受热面腐蚀、积垢较多时，应进行必要的测试或油种鉴别，以便采取对策。

e) 入厂轻油（柴油）的检测项目及周期见表88。

表88 进厂轻油（柴油）检测项目及周期

检测项目	黏度	闪点	密度	硫分	水分	机械杂质	凝点
检测周期	进厂采样化验						
注：必要时做全分析试验							

4.8 电力用油质量化学监督

4.8.1 电力用油的取样

4.8.1.1 电力用油的取样工具，取样部位，取样方法，样品的标识、运输和保存应满足 GB/T 4756、GB/T 7597、GB/T 14541、GB/T 14542、DL/T 571 的相关要求。

4.8.1.2 新油取样：油桶、油罐或槽车中的油样均应从污染最严重的底部取出，必要时可抽查上部油样。

4.8.1.3 电气设备中取样。

4.8.1.3.1 变压器、油开关或其他充油电气设备，应从下部阀门处取样（制造厂家有规定时按制造厂家规定取样），取样前油阀门需先用干净甲级棉纱或布擦净，再放油冲洗干净后取样。

4.8.1.3.2 对需要取样的套管，在停电检修时，从取样孔取样；没有放油管或取样阀门的充油电气设备，可在停电或检修时设法取样；进口全密封无取样阀的设备，按制造厂规定取样。

4.8.1.3.3 对大油量的变压器、电抗器等，取样量可为 50mL～80mL，对少油量的设备要尽量少取，以够用为限。

4.8.1.4 变压器油中水分和油中溶解气体分析取样。

4.8.1.4.1 油样应能代表设备本体油，应避免在油循环不够充分的死角处取样。

4.8.1.4.2 一般应从设备取样阀取样，在特殊情况下可在不同取样部位取样。

4.8.1.4.3 取样要求全密封，即取样连接方式可靠，不能让油中溶解水分及气体逸散，也不能混入空气（必须排净取样接头内残存的空气），操作时油中不得产生气泡。

4.8.1.4.4 取样应在晴天进行。

4.8.1.4.5 取样后要求注射器芯子能自由活动，以避免形成负压空腔。

4.8.1.4.6 油样应避光保存。

4.8.1.5 汽轮机或辅机用油取样。

4.8.1.5.1 正常监督试验由冷油器取样。

4.8.1.5.2 检查油的脏污及水分时，自油箱底部取样。

4.8.1.6 抗燃油取样。

4.8.1.6.1　常规项目和洁净度检测油样应分开。

4.8.1.6.2　运行油取样前调速系统在正常情况下至少运行24h，以保证所取样品具有代表性。

4.8.1.6.3　常规监督测试的油样应从油箱底部的取样口取样；发现油质被污染，可增加取样点（如油箱内油液的上部、过滤器或再生装置出口等）取样。

4.8.1.6.4　从油箱内油液上部取样时，应先将人孔法兰或呼吸器接口周围清理干净后再打开，按GB/T 7597的规定用专用取样器从油的上部取样，取样后应将人孔法兰或呼吸器复位。

4.8.2　变压器油质量化学监督

4.8.2.1　新变压器油质量监督

4.8.2.1.1　在新油交货时，应对接收的全部油样进行监督，以防出现差错或带入脏物。所有样品应进行外观检验，国产新变压器油应按GB 2536要求，即按表89～表91验收。对进口的变压器油则应按国际标准（IEC 60296）或合同规定指标验收。

表89　变压器油（通用）技术要求和试验方法

项　目			质量指标					试验方法
最低冷态投运温度（LCSET）			0℃	−10℃	−20℃	−30℃	−40℃	
功能特性[a]	倾点　℃	不高于	−10	−20	−30	−40	−50	GB/T 3535
	运动黏度　mm²/s	40℃	12	12	12	12	12	GB/T 265
		0℃	1800	—	—	—	—	
	不大于	−10℃	—	1800	—	—	—	
		−20℃	—	—	1800	—	—	
		−30℃	—	—	—	1800	—	
		−40℃	—	—	—	—	2500[b]	NB/SH/T 0837
	水含量[c]（mg/kg）　不大于		30/40					GB/T 7600
	击穿电压（满足下列要求之一）　不小于　kV	未处理油	30					GB/T 507
		经处理油[d]	70					
	密度[e]（20℃）　kg/m³　不大于		895					GB/T 1884 和 GB/T 1885
	介质耗损因数[f]（90℃）　不大于		0.005					GB/T 5654
精制/稳定特性[g]	外观		清澈透明、无沉淀物和悬浮物					目测[h]
	酸值（以KOH计）　mg/g　不大于		0.01					NB/SH/T 0836
	水溶性酸或碱		无					GB/T 259
	界面张力　mN/m　不小于		40					GB/T 6541
	总硫含量[i]（质量分数）　%		无通用要求					SH/T 0689

表89（续）

项 目		质量指标					试验方法
最低冷态投运温度（LCSET）		0℃	−10℃	−20℃	−30℃	−40℃	
精制/稳定特性 [g]	腐蚀性硫 [j]	非腐蚀性					SH/T 0804
	抗氧化添加剂含量 [k]（质量分数）%						SH/T 0802
	不含抗氧化添加剂油（U）	检测不出					
	含微抗氧化添加剂油（T）　不大于	0.08					
	含抗氧化添加剂油（I）	0.08～0.40					
	2−糠醛含量　不大于　mg/kg	0.1					NB/SH/T 0812
运行特性 [l]	氧化安定性（120℃）						
	试验时间：（U）不含抗氧化添加剂油：164h（T)含微量抗氧化添加剂油：332h（I）含抗氧化添加剂油：500h	总酸值（以KOH计）mg/g　不大于	1.2					NB/SH/T 0811
		油泥（质量分数）%　不大于	0.8					
		介质耗损因数 [f]（90℃）　不大于	0.500					GB/T 5654
	析气性 mm³/min	无通用要求					NB/SH/T 0810
健康、安全和环保特性（HSE）[m]	闪点（闭口）　不低于　℃	135					GB/T 261
	稠环芳烃（PCA）含量（质量分数）%　不大于	3					NB/SH/T 0838
	多氟联苯（PCB）含量（质量分数）mg/kg	检测不出 [n]					SH/T 0803

注1："无通用要求"指由供需双方协商确定改项目是否检测，且测定限值由供需双方协商确定。

注2：凡技术要求中的"无通用要求"和"由供需双方协商确定是否采用该方法进行检测"的项目为非强制性的。

[a] 对绝缘和冷却有影响的性能。

[b] 运动黏度（−40/℃）以第一个黏度值为测定结果。

[c] 当环境湿度不大于50%时，水含量不大于30mg/kg适用于散装交货；水含量不大于40mg/kg适用于桶装或复合中型集装容器（IBC）交货。当环境湿度不大于50%时，水含量不大于35mg/kg适用于散装交货；水含量不大于45mg/kg适用于桶装或复合中型集装容器交货。

[d] 经处理油指试验样品在60℃下通过真空（压力低于2.5kPa）过滤流过一个孔隙度为4的烧结玻璃过滤器的油。

[e] 测定方法也包括用SH/T 0604。结果有争议时，以GB/T 1884和GB/T 1885为仲裁办法。

[f] 测定方法也包括用GB/T 21216。结果有争议时，以GB/T 5654为仲裁办法。

[g] 受精制深度和类型及添加剂影响的性能。

[h] 讲样品注入100mL量筒中，在20℃±5℃下目测。结果有争议时，按GB/T 511测定机械杂质含量为无。

[i] 测定方法也包括用GB/T 11140、GB/T 17040、SH/T 0253、ISO14596。

[j] SH/T 0804为必做试验。是否还需要采用GB/T 25961方法进行检测由供需双方协商确定。

[k] 测定方法也包括用SH/T 0792。结果有争议时，以SH/T 0802为仲裁办法。

[l] 在使用中和/或在高电场强度和温度影响下与油品长期运行有关的性能。

[m] 与安全和环保有关的性能。

[n] 检测不出指PCB含量小于2mg/kg，且其单峰检出限为0.1mg/kg

表90　变压器油（特殊）技术要求和试验方法

项　目			质量指标					试验方法
最低冷态投运温度（LCSET）			0℃	−10℃	−20℃	−30℃	−40℃	
功能特性 [a]	倾点　　　不高于　℃		−10	−20	−30	−40	−50	GB/T 3535
	运动黏度　　不大于　mm²/s							GB/T 265
		40℃	12	12	12	12	12	NB/SH/T 0837
		0℃	1800	—	—	—	—	
		−10℃	—	1800	—	—	—	
		−20℃	—	—	1800	—	—	
		−30℃	—	—	—	1800	—	
		−40℃	—	—	—	—	2500 [b]	
	水含量 [c]　　不大于　mg/kg		30/40					GB/T 7600
功能特性 [a]	击穿电压（满足下列要求之一）　kV　不小于							GB/T 507
	未处理油		30					
	经处理油 [d]		70					
	密度 [e]（20℃）　不大于　kg/m³		895					GB/T 1884 和 GB/T 1885
	苯胺点　　℃		报告					GB/T 262
	介质耗损因数 [f]（90℃）　不大于		0.005					GB/T 5654
精制/稳定特性 [g]	外观		清澈透明、无沉淀物和悬浮物					目测 [h]
	酸值（以 KOH 计）　不大于　mg/g		0.01					NB/SH/T 0836
	水溶型酸或碱		无					GB/T 259
	界面张力　　不小于　mN/m		40					GB/T 6541
	总硫含量 [i]（质量分数）　不大于　%		0.15					SH/T 0689
	腐蚀性硫 [j]		非腐蚀性					SH/T 0804
	抗氧化添加剂含量 [k]（质量分数）　%							SH/T 0802

表 90（续）

项　目			质量指标					试验方法
最低冷态投运温度（LCSET）			0℃	−10℃	−20℃	−30℃	−40℃	
精制/稳定特性 g	含抗氧化添加剂油（I）		0.08～0.40					
	2-糠醛含量　　　　　　不大于　mg/kg		0.05					NB/SH/T 0812
运行特性 l	氧化安定性（120℃）							NB/SH/T 0811
	试验时间：（I）含抗氧化添加剂油：500h	总酸值（以 KOH 计）mg/g　　　　不大于	0.3					
		油泥（质量分数）%　　　　　不大于	0.05					
		介质耗损因 f（90℃）　　　　不大于	0.050					GB/T 5654
	析气性 mm³/min		报告					NB/SH/T 0810
	带电倾向（ECT）μC/m³		报告					DL/T 385
健康、安全和环保特性（HSE）m	闪点（闭口）　　　　不低于　℃		135					GB/T 261
	稠环芳烃（PCA）含量（质量分数）　　　不大于　%		3					NB/SH/T 0838
健康、安全和环保特性（HSE）m	多氯联苯（PCB）含量（质量分数）　mg/kg		检测不出 n					SH/T 0803

注：　凡技术要求中"由供需双方协商确定是否采用该方法进行检测"和测定结果为"报告"的项目，为非强制性的。

a　对绝缘和冷却有影响的性能。

b　运动黏度（−40/℃）以第一个黏度值为测定结果。

c　当环境湿度不大于 50%时，水含量不大于 30mg/kg 适用于散装交货；水含量不大于 40mg/kg 适用于桶装或复合中型集装容器（IBC）交货。当环境湿度不大于 50%时，水含量不大于 35mg/kg 适用于散装交货；水含量不大于 45mg/kg 适用于桶装或复合中型集装容器（IBC）交货。

d　经过处理油指试验样品在 60℃下通过真空（压力低于 2.5kPa）过滤流过一个孔隙度为 4 的烧结玻璃过滤器的油。

e　测定方法也包括用 SH/T 0604。结果有争议时，以 GB/T 1884 和 GB/T 1885 为仲裁办法。

f　测定方法也包括用 GB/T 21216。结果有争议时，以 GB/T 5654 为仲裁办法。

g　受精制深度和类型及添加剂影响的性能。

h　讲样品注入 100mL 量筒中，在 20℃±5℃下目测。结果有争议时，按 GB/T 511 测定机械杂质含量为无。

i　测定方法也包括用 GB/T 11140、GB/T 17040、SH/T 0253、ISO 14596。

j　SH/T 0804 为必做试验。是否还需要采用 GB/T 25961 方法进行检测由供需双方协商确定。

k　测定方法也包括用 SH/T 0792。结果有争议时，以 SH/T 0802 为仲裁办法。

l　在使用中和/或在高电场强度和温度影响下与油品长期运行有关的性能。

m　与安全和环保有关的性能。

n　检测不出指 PCB 含量小于 2mg/kg，且其单峰检出限为 0.1mg/kg

表 91　低温断路器油技术要求和试验方法

项　　目			质量指标	试验方法
最低冷态投运温度（LCSET）			−40℃	
功能特性 [a]	倾点 ℃	不高于	−60	GB/T 3535
	运动黏度 mm²/s 40℃ −40℃	不大于	 3.5 400 [b]	GB/T 265 NB/SH/T 0837
	水含量 [c] mg/kg	不大于	30/40	GB/T 7600
	击穿电压（满足下列要求之一） kV 未处理油 经处理油 [d]	不小于	 30 70	GB/T 507
	密度 [e]（20℃） kg/m³	不大于	895	GB/T 1884 和 GB/T 1885
	介质耗损因数 [f]（90℃）	不大于	0.005	GB/T 5654
精制/稳定特性 [g]	外观		清澈透明、无沉淀物和悬浮物	目测 [h]
	酸值（以 KOH 计） mg/g	不大于	0.01	NB/SH/T 0836
	水溶型酸或碱		无	GB/T 259
	界面张力 mN/m	不小于	40	GB/T 6541
	总硫含量 [i]（质量分数） %		无通用要求	SH/T 0689
	腐蚀性硫 [j]		非腐蚀性	SH/T 0804
	抗氧化添加剂含量 [k]（质量分数） % 含抗氧化添加剂油（I）		 0.08～0.40	SH/T 0802
	2−糠醛含量 mg/kg	不大于	0.1	NB/SH/T 0812
运行特性 [l]	氧化安定性（120℃） 试验时间： （I）含抗氧化添加剂油：500h	总酸值（以 KOH 计） mg/g　不大于	1.2	NB/SH/T 0811
		油泥（质量分数） %　不大于	0.8	
		介质耗损因数 [f]（90℃）不大于	0.500	GB/T 5654
	析气性 mm³/min		无通用要求	NB/SH/T 0810

表91（续）

项　　目		质量指标	试验方法
最低冷态投运温度（LCSET）		−40℃	
健康、安全和环保特性（HSE）[m]	闪点（闭口）　　　　　不低于　℃	100	GB/T 261
	稠环芳烃（PCA）含量（质量分数）　%　　　　　　　　　不大于	3	NB/SH/T 0838
	多氟联苯（PCB）含量（质量分数）mg/kg	检测不出[n]	SH/T 0803

注1："无通用要求"指由供需双方协商确定改项目是否检测，且测定限值由供需双方协商确定。

注2：凡技术要求中的"无通用要求"和"由供需双方协商确定是否采用该方法进行检测"的项目为非强制性的。

[a] 对绝缘和冷却有影响的性能。

[b] 运动黏度（−40/℃）以第一个黏度值为测定结果。

[c] 当环境湿度不大于50%时，水含量不大于30mg/kg适用于散装交货；水含量不大于40mg/kg适用于桶装或复合中型集装容器（IBC）交货。当环境湿度不大于50%时，水含量不大于35mg/kg适用于散装交货；水含量不大于45%时适用于桶装或复合中型集装容器（IBC）交货。

[d] 经过处理油指试验样品在60℃下通过真空（压力低于2.5kPa）过滤流过一个孔隙度为4的烧结玻璃过滤器的油。

[e] 测定方法也包括用SH/T 0604。结果有争议时，以GB/T 1884和GB/T 1885为仲裁办法。

[f] 测定方法也包括用GB/T 21216。结果有争议时，以GB/T 5654为仲裁办法。

[g] 受精制深度和类型及添加剂影响的性能。

[h] 讲样品注入100mL量筒中，在20℃±5℃下目测。结果有争议时，按GB/T 511测定机械杂质含量为无。

[i] 测定方法也包括用GB/T 11140、GB/T 17040、SH/T 0253、ISO14596。

[j] SH/T 0804为必做试验。是否还需要采用GB/T 25961方法进行检测由供需双方协商确定。

[k] 测定方法也包括用SH/T 0792。结果有争议时，以SH/T 0802为仲裁办法。

[l] 在使用中和/或在高电场强度和温度影响下与油品长期运行有关的性能。

[m] 与安全和环保有关的性能。

[n] 检测不出指PCB含量小于2mg/kg，且其单峰检出限为0.1mg/kg

4.8.2.1.2 新油注入设备前必须用真空脱气滤油设备进行过滤净化处理，以脱除油中的水分、气体和其他杂质，在处理过程中应按表92的规定，随时进行油品的检验。

4.8.2.1.3 新油经真空过滤净化处理达到要求后，应从变压器下部阀门注入油箱内，使氮气排尽，最终油位达到制造厂家要求的高度，油的静置时间应不小于12h，经检验油的指标应符合表92的规定。真空注油后，应进行热油循环，热油经过二级真空脱气设备由油箱上部进入，再从油箱下部返回处理装置，一般控制净油箱出口温度为60℃（制造厂另外规定除外），连续循环时间为三个循环周期。经过热油循环后，应按表93的规定进行试验。

表 92   新油净化后检验指标

项　目	设备电压等级 kV		
	500 及以上	330～220	≤110
击穿电压 kV	≥60	≥55	≥45
水分 mg/kg	≤10	≤15	≤20
介质损耗因数（90℃）	≤0.002	≤0.005	≤0.005

表 93   热油循环后油质检验指标

项　目	设备电压等级 kV		
	500 及以上	330～220	≤110
击穿电压 kV	≥60	≥50	≥40
水分 mg/kg	≤10	≤15	≤20
含气量（体积分数）%	≤1	—	—
介质损耗因数（90℃）	≤0.005	≤0.005	≤0.005

注：对于 500kV 及以上设备油中洁净度指标按 DL/T 1096 或按制造厂规定执行

4.8.2.2   运行中变压器油质量监督

4.8.2.2.1   运行变压器、断路器油质量检测项目和检测周期应按 GB/T 7595 执行，运行中变压器油质量标准见表 94，断路器油质量标准见表 95，检测项目及周期见表 96。

4.8.2.2.2   对于 500kV 及以上的变压器应按 DL/T 1096 的规定周期检测变压器油的洁净度，并执行其洁净度标准值和处理要求。

表 94   运行中变压器油质量标准

序号	项　目	设备电压等级 kV	质量指标		检验方法
			投入运行前的油	运行油	
1	外状		透明、无杂质或悬浮物		外观目视加标准号
2	水溶性酸（pH 值）		>5.4	≥4.2	GB/T 7598
3	酸值 mgKOH/g		≤0.03	≤0.1	GB/T 264
4	闪点（闭口）℃		≥135		GB/T 261

表94（续）

序号	项　目	设备电压等级 kV	质　量　指　标		检验方法
			投入运行前的油	运行油	
5	水分 [a] mg/L	330~1000 220 ≤110 及以下	≤10 ≤15 ≤20	≤15 ≤25 ≤35	GB/T 7600 或 GB/T 7601
6	界面张力（25℃） mN/m		≥35	≥19	GB/T 6541
7	介质损耗因数（90℃）	500~1000 ≤330	≤0.005 ≤0.010	≤0.020 ≤0.040	CB/T 5654
8	击穿电压 [b] kV	750~1000 500 330 66~220 35 及以下	≥70 ≥60 ≥50 ≥40 ≥35	≥60 ≥50 ≥45 ≥35 ≥30	DL/T 429.9 [c]
9	体积电阻率（90℃） Ω·m	500~1000 ≤330	≥6×10¹⁰	≥1×10¹⁰ ≥5×10⁹	GB/T 5654 或 DL/T 421
10	油中含气量（体积分数） %	750~1000 330~500 （电抗器）	≤1	≤2 ≤3 ≤5	DL/T 423 或 DL/T 450 或 DL/T 703
11	油泥与沉淀物（质量分数） %		<0.02（以下可忽略不计）		GB/T 511
12	析气性	≥500	报告		IEC 60628（A） GB/T 11142
13	带电倾向		报告		DL/T 1095
14	腐蚀性硫		非腐蚀性		DIN51353 或 SH/T 0804 ASTM D1075B
15	油中洁净度	≥500	DL/T 1096 的规定		DL/T 432

注：由供需双方协商确定是否采用该方法进行检测

[a] 水分取样的油温为 40℃~60℃。

[b] 750kV~1000kV 设备运行经验不足，本标准参考西北电网 750kV 设备运行规程提出此值，供参考，以积累经验。

[c] 击穿电压测定：DL/T 429.9 的方法是采用平板电极；GB/T 507 采用圆球、球盖形两种形状电极。三种电极所测的击穿电压值不同（见 GB/T 7595—2008 附录 B），其质量指标为平板电极测定值

表95　运行中断路器油质量标准

序号	项　目	质　量　指　标	检验方法
1	外状	透明、无游离水分、无杂质或悬浮物	外观目视
2	水溶性酸（pH 值）	≥4.2	GB/T 7598
3	击穿电压 kV	110kV 以上：投运前或大修后≥40，运行中≥35； 110kV 及以下：投运前或大修后≥35，运行中≥30	GB/T 507 或 DL/T 429.9

表 96　运行中变压器油、断路器油常规检测周期和项目

设备名称	设备规范	检测周期	检测项目
变压器、电抗器，所、厂用变压器	330kV～1000kV	设备投运前或大修	1～10
		每年至少 1 次	1、5、7、8、10
		必要时	2～4、6、9、11～15
	66kV～220kV 8MVA 及以上	设备投运前或大修后	1～9
		每年至少 1 次	1、5、7、8
		必要时	3、6、7、11、13、14 或自行规定
	<35kV	设备投运前或大修后 3 年至少 1 次	自行规定
套管	—	设备投运前或大修后	自行规定
		1 年～3 年	
		必要时	
断路器		设备投运前或大修后	1～3
	>110kV	每年至少 1 次	3
	≤110kV	3 年至少 1 次	3
	油量 60kg 以下	3 年至少 1 次，或换油	3

注 1：变压器、电抗器、厂用变压器、互感器、套管等油中的"检验项目"栏内的 1、2、3…为表 94 的项目序号。

注 2：断路器油"检验项目"栏内的 1、2、3 为表 95 的项目序号。

注 3：对不易取样或补充油的全密封式套管、互感器设备，根据具体情况自行规定

4.8.2.3　运行变压器油的维护管理

4.8.2.3.1　应按 GB/T 14542 的规定进行运行变压器油的维护管理。

4.8.2.3.2　变压器油在运行中的劣化程度和污染状况，应根据试验室中所测得的所有的试验结果，以及已确认的污染来源一起来评价油是否可以继续运行，以保证设备的安全可靠。

4.8.2.3.3　运行变压器油应通过下述试验确定油质和设备的情况：

    a)　油的颜色和外观；

    b)　击穿电压；

    c)　介质损耗因数或电阻率（同一油样不要求同时进行这两项试验）；

    d)　酸值；

    e)　水分含量；

    f)　油中溶解气体组分含量的色谱分析。

4.8.2.3.4　运行中变压器油的检验项目指标超过标准值或注意值的原因分析及应采取的措施，参见 GB/T 14542—2005 的表 4，同时遇有下述情况应立即引起注意，并采取相应措施：

    a)　当试验结果超出了所推荐的极限值范围时，应与以前的试验结果进行比较，如情况许可，在进行任何措施之前，应重新取样分析以确认试验结果无误；

b) 如果油质快速劣化，则应进行跟踪试验，必要时可通知设备制造商；

c) 某些特殊试验项目，如击穿电压低于极限值要求，或是色谱检测发现有故障存在，则可以不考虑其他特性项目，应果断采取措施以保证设备安全。

4.8.2.4 变压器、电抗器、互感器、套管油中溶解气体监督

4.8.2.4.1 电气设备油中溶解气体检测周期、注意值应满足 GB/T 7252 和 DL/T 772 的规定。

4.8.2.4.2 电气设备油中溶解气体检测方法按 GB/T 17623 执行。

4.8.2.4.3 电气设备油中溶解气体的检测周期如下：

a) 投运前检测：新安装或大修设备投运前，应至少作一次检测；如果在现场进行感应耐压和局部放电试验，则应在试验完毕 24h 后再作一次检测；制造厂规定不取样的全密封互感器不作检测。

b) 新投运时的检测：新的或大修后的 66kV 及以上的变压器和电抗器至少应在投运后 1、4、10、30 天各做一次检测；新的或大修后的 66kV 及以上的互感器，至少应在投运后 3 个月内做一次检测；制造厂规定不取样的全密封互感器可不做检测。

c) 正常运行的检测：运行中设备的定期检测周期按表 97 的规定。

表 97　运行中设备油中溶解气体组分含量的定期检测周期

设备名称	设备电压等级和容量	检测周期
变压器和电抗器	电压 750kV 及以上	1 个月 1 次
	电压 330kV 及以上；容量 240MVA 及以上；所有发电厂升压变压器	3 个月 1 次
	电压 220kV 及以上；容量 120MVA 及以上	6 个月 1 次
	电压 66kV 及以上；容量 8MVA 及以上	1 年 1 次
互感器	电压 66kV 及以上	1~3 年 1 次
套管	—	必要时
注：其他电压等级变压器、电抗器和互感器的检测周期自行规定。制造厂规定不取样的全密封互感器和套管，一般在保证期内可不做检测；在超过保证期后，可在不破坏密封的情况下取样检测		

d) 特殊情况下应按以下要求进行检测：

1) 当设备（不含少油设备）出现异常情况时（如变压器气体继电器动作、差动保护动作、压力释放阀动作，经受大电流冲击、过励磁或过负荷，互感器膨胀器动作等），应立即取油样进行检测。

2) 当气体继电器中有集气时需要取气样进行检测。

3) 当怀疑设备内部有异常时，应根据情况缩短检测周期进行监测或退出运行。在监测过程中，若增长趋势明显，须采取其他相应措施；若在相近运行工况下，检测三次后含量稳定，可适当延长检测周期，直至恢复正常检测周期。

4) 过热性故障。怀疑是由铁芯或漏磁产生时，可缩短到至少每周一次；当怀疑导电回路存在故障时，可缩短到至少每天一次。

5) 放电性故障。若怀疑存在低能量放电，应缩短到至少每天一次；若怀疑存在高能量放电，应进一步检查或退出运行。

4.8.2.4.4 出厂和新投运的设备气体含量应符合表 98 的要求。

表 98　出厂和新投运的设备气体含量的要求　　　　　　　　　μL/L

气体	变压器和电抗器	互感器	套　管
氢气	<10	<50	<150
乙炔	0[a]	0[a]	0[a]
总烃	<20	<10	<10
a　"0" 为未检出			

4.8.2.4.5 运行中设备内部油中气体含量超过表 99 和表 100 所列数值时，应引起注意。

表 99　变压器、电抗器和套管油中溶解气体含量注意值　　　　　　　μL/L

设　　备	气体组分	含　　量	
		330kV 及以上	220kV 及以下
变压器和电抗器[a]	总烃	150	150
	乙炔	1	5
	氢气	150	150
	一氧化碳	见 GB/T 7252.10.3	见 GB/T 7252.10.3
	二氧化碳	见 GB/T 7252.10.3	见 GB/T 7252.10.3
套管	甲烷	100	100
	乙炔	1	2
	氢气	500	500

注：本表所列数值不适用于从气体继电器放气嘴取出的气样。
a　对 330kV 及以上的电抗器，当出现小于 1μL/L 乙炔时也应引起注意；如气体分析虽已出现异常，但判断不至于危及绕组和铁芯安全时，可在超过注意值较大的情况下运行

表 100　电流互感器和电压互感器油中溶解气体含量的注意值　　　　μL/L

设　　备	气体组分	含　　量	
		220kV 及以上	110kV 及以上
电流互感器	总烃	100	100
	乙炔	1	2
	氢气	150	150
电压互感器	总烃	100	100
	乙炔	2	3
	氢气	150	150

4.8.2.4.6 运行变压器和电抗器绝对产气速率的注意值见表 101。

表 101 变压器和电抗器绝对产气速率注意值　　　　　　　　mL/d

气体组分	开　放　式	隔　膜　式
总烃	6	12
乙炔	0.1	0.2
氢气	5	10
一氧化碳	50	100
二氧化碳	100	200
注：当产气速率达到注意值时，应缩短检测周期，进行追踪分析		

4.8.2.4.7 气体含量注意值应参照以下原则进行处置：

a) 气体含量注意值不是划分设备内部有无故障的唯一判断依据。当气体含量超过注意值时，应缩短检测周期，结合产气速率进行判断。若气体含量超过注意值但长期稳定，可在超过注意值的情况下运行。同时，气体含量虽低于注意值，但产气速率超过注意值，也应引起重视。

b) 当油中首次检测到乙炔（$\geqslant 0.1\mu L/L$）时也应引起注意。

c) 影响油中氢气含量的因素较多，若仅氢气含量超过注意值，但无明显增长趋势，也可判断为正常。

d) 注意区别非故障情况下的气体来源，结合其他手段进行综合分析。

4.8.2.4.8 电气设备溶解气体含量异常时，应按 GB/T 7252 和 DL/T 772 规定的方法进行故障类型的判断。

4.8.2.4.9 大型变压器宜安装在线溶解气体监测设备，安装在线溶解气体监测设备应正常投运。

4.8.2.4.10 对于配备有绝缘油在线溶解气体检测仪器的，每年应由具有相应资质的单位进行一次检验，并做好检验报告的归档管理，每年应对变压器油进行取样分析，与在线溶解气体检测仪进行比对试验，当实验室检验与在线仪表偏差较大时，应查找原因，并对在线仪表进行相应的处理。

4.8.2.5 固体绝缘老化的监督

a) 固体绝缘老化应按 DL/T 596 要求监督；

b) 110kV 及以上主变压器及高压电抗器投运 1 年后、大修滤油前，应进行油中糠醛含量分析；

c) 当设备异常，怀疑伤及固体绝缘时，应进行油中糠醛含量分析；

d) 有条件时，还可进行绝缘纸聚合度的测试；

e) 油中糠醛含量参考注意值和纸绝缘聚合度判据按表 102 和表 103 中的规定执行。

表 102 绝缘油中糠醛含量参考注意值

运行年限 年	1～5	5～10	10～15	15～20
糠醛含量 mg/L	0.1	0.2	0.4	0.75
注 1：含量超过表中值时，一般为非正常老化，需跟踪检测。 注 2：跟踪检测时，注意增长率。 注 3：测试值大于 4mg/L 时，认为绝缘老化已比较严重。				

表 103　变压器纸绝缘聚合度判据

样品聚合度 DPv	＞500	500～250	250～150	＜150
诊断意见	良好	可以运行	注意（根据情况作决定）	退出运行

4.8.3　汽轮机油质量监督

4.8.3.1　新汽轮机油质量标准

新汽轮机、燃/汽轮机油的验收应按 GB 11120 验收，见表 104 和表 105，取样按 GB/T 7597 的要求；进口新汽轮机油则应按国际标准验收或合同规定指标验收。

表 104　L-TSA 和 L-TSE 汽轮机油质量标准

项　目		质量指标							试验方法
		A 级			B 级				
黏度等级（按 GB/T 3141）		32	46	68	32	46	68	100	
外观		透明			透明				目　测
色度/号		报告			报告				GB/T 6540
运动黏度（40℃） mm²/s		28.8～35.2	41.4～50.6	61.2～74.8	28.8～35.2	41.4～50.6	61.2～74.8	90.0～110.0	GB/T 265
黏度指数　　不小于		90			85				GB/T 1995[a]
倾点[b] ℃　　不高于		−6			−6				GB/T 3535
密度（20℃） kg/m³		报告			报告				GB/T 1884 GB/T 1885[c]
闪点（开口） ℃　　不低于		186		195	186		195		GB/T 3536
酸值（以 mgKOH/g 计） 不大于		0.2			0.2				GB/T 4945[d]
水分（质量百分数） %　　不大于		0.02			0.02				GB/T 11133[e]
泡沫性（泡沫倾向/泡沫稳定性）[f]　不大于 mL/mL 程序Ⅰ（24℃） 程序Ⅱ（93℃） 程序Ⅲ后（24℃）		450/0 100/0 450/0			450/0 100/0 450/0				GB/T 12579
空气释放值（50℃） mim　　不大于		5	6		5	6	8	—	SH/T 0308
铜片试验（100℃，3h） 级　　不大于		1			1				GB/T 5096

表 104（续）

项　目	质量指标							试验方法
	A 级			B 级				
黏度等级（按 GB/T 3141）	32	46	68	32	46	68	100	
液相锈蚀（24h）	无锈			无锈				GB/T 11143（B 法）
抗乳化性（乳化液达到 3mL 的时间） 　　　min　　不大于 54℃ 82℃	15 —		30 —	15 —		30 —	— 30	GB/T 7305
旋转氧弹 g min	报告			报告				SH/T 0193
氧化安定性 1000h 后总酸值（以 KOH 计）　　不大于 　　　　mg/g	0.3	0.3	0.3	报告	报告	报告		GB/T 12581
总酸值达 2.0（以 KOH 计）/（mg/g）的时间 　　h　　不小于	3500	3000	2500	2000	2000	1500	1000	GB/T 12581
1000h 后油泥　　不大于 　　mg	200	200	200	报告	报告	报告	—	SH/T 0565
承载能力 h 齿轮机试验/ 失效级　　不小于	8	9	10	—				SH/T 0805
过滤性 干法　　不小于 % 湿法	85 通过			报告 报告				SH/T 0805
清洁度 i/级	—/18/15			报告				GB/T 14039

注：L-TSA 类分 A 级和 B 级。B 级不适用于 L-TSE 类。

a　测定方法也包括 GB/T 2541，结果有争议时，以 GB/T 1995 为仲裁方法。

b　可以供应商协商较低的温度。

c　测定方法也包括 SH/T 0604。

d　测定方法也包括 GB/T 7304 和 SH/T 0163，结果有争议时以 GB/T 4945 为仲裁方法。

e　测定方法也包括 GB/T 7600 和 SH/T 0207，结果有争议时以 GB/T 11133 为仲裁方法。

f　对于程序Ⅰ和程序Ⅲ，泡沫稳定性在 300s 时记录，对于程序Ⅱ，在 60s 时记录。

g　该数值对油品使用中监控是有用的，低于 250min 属不正常。

h　仅适用 TSE，测定方法也包括 SH/T 0306，结果有争议时，以 GB/T 19936.1 为仲裁方法。

i　按 GB/T 18854 校正自动粒子计数器（推荐采用 DL/T 432 方法计算和测量粒子）

表 105   L-TGSB 和 L-TGSE 燃/汽轮机油质量标准

项　目		质量指标						试验方法
		L-TGSB			L-TGSE			
黏度等级（按 GB 3141）		32	46	68	32	46	68	
外观		透明			透明			目测
色度/号		报告			报告			GB/T 6540
运动黏度（40℃） mm²/s		28.8~ 35.2	41.4~ 50.6	61.2~ 74.8	28.8~ 35.2	41.4~ 50.6	61.2~ 74.8	GB/T 265
黏度指数	不小于	90			90			GB/T 1995[a]
倾点[b] ℃	不高于	−6			−6			GB/T 3535
密度（20℃） kg/m³		报告			报告			GB/T 1884 GB/T 1885[c]
闪点 ℃ 开口 闭口	不低于	200 190			200 190			GB/T 3536 GB/T 261
酸值 mgKOH/g	不大于	0.2			0.2			GB/T 4945[d]
水分（质量百分数） %	不大于	0.02			0.02			GB/T 11133[e]
泡沫性（泡沫倾向/泡沫稳定性）[f] mL/mL 程序Ⅰ（24℃） 程序Ⅱ（93℃） 程序Ⅲ后（24℃）	不大于	450/0 50/0 450/0			50/0 50/0 50/0			GB/T 12579
空气释放值（50℃） mim	不大于	5	5	6	5	5	6	SH/T 0308
铜片试验（100℃，3h） 级	不大于	1			1			GB/T 5096
液相锈蚀（24h）		无锈			无锈			GB/T 11143 （B 法）
抗乳化性（54℃，乳化液达到 3mL 的时间） min	不大于	30			30			GB/T 7305
旋转氧弹 min	不小于	750			750			SH/T 0193
改进旋转氧弹[g] min	不小于	85			85			SH/T 0193

表 105（续）

项　目	质量指标						试验方法
	L-TGSB			L-TGSE			
黏度等级（按 GB 3141）	32	46	68	32	46	68	
氧化安定性 总酸值达 2.0（以 KOH 计，mg/g）的时间 　　　　　　　　　　　　　　　　不小于 h	3500	3000	2500	3500	3000	2500	GB/T 12581
高温氧化安定性（175℃，72h） 黏度变化率 　% 酸值变化（以 KOH 计） 　mg/g 金属片重量变化 　mg/cm² 钢、铝、镉、铜、镁	报告 报告 ±0.250			报告 报告 ±0.250			ASTMD 4636[h]
承载能力　　齿轮机试验/失效级 　　　　　　　　　　　　不小于	—			8	9	10	GB/T 19936.1
过滤性	干法　　　不小于 　% 湿法	85 通过			85 报告			SH/T 0805
清洁度[i] 级	—/17/14			—/17/14			GB/T 14039

[a] 测定方法也包括 GB/T 2541，结果有争议时，以 GB/T 1995 为仲裁方法。
[b] 可以供应商协商较低的温度。
[c] 测定方法也包括 SH/T 0604。
[d] 测定方法也包括 GB/T 7304 和 SH/T 0163，结果有争议时以 GB/T 4945 为仲裁方法。
[e] 测定方法也包括 GB/T 7600 和 SH/T 0207，结果有争议时以 GB/T 11133 为仲裁方法。
[f] 对于程序Ⅰ和程序Ⅲ，泡沫稳定性在300s时记录，对于程序Ⅱ，在60s时记录。
[g] 取 300mL 油样，在 121 下，以 3L/h 的速度通入情节干燥的氮气，经48h 后，按照 SH/T 0193 进行试验，所得结果与未经处理的样品所得结果的比值的百分数表示。
[h] 测定方法也包括 SH/T 0306，结果有争议时，以 GB/T 19936.1 为仲裁方法。
[i] 按 GB/T 18854 校正自动粒子计数器（推荐采用 DL/T 432 方法计算和测量粒子）

4.8.3.2　新机组投运前及投运初期汽轮机油检测要求

4.8.3.2.1　运行汽轮机油的检测项目、检测周期和质量标准应满足 GB/T 7596 和 GB/T 14541 的要求。

4.8.3.2.2　汽轮机新油注入设备后的检验项目和要求如下：

　　a）　油样：经循环 24h 后的油样，并保留 4L 油样。

　　b）　外观：清洁、透明。

　　c）　颜色：与新油颜色相似。

　　d）　黏度：应与新油结果一致。

　　e）　酸值：同新油。

　　f）　水分：无游离水存在。

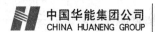

g） 洁净度：≤NAS 7 级。

h） 破乳化度：同新油要求。

泡沫特性：同新油要求。

4.8.3.2.3 汽轮机组在投运后一年内的检验项目和周期见表 106。

表 106　汽轮机组投运 12 个月内的检验项目及周期

项目	外观	颜色	黏度	酸值	闪点	水分	洁净度	破乳化度	防锈性	泡沫特性	空气释放值
检验周期	每天	每周	1 个月～3 个月	每月	必要时	每月	1 个月～3 个月	每 6 个月	每 6 个月	必要时	必要时

4.8.3.3　正常运行期间汽轮机油的质量标准和检测周期

4.8.3.3.1 运行中汽轮机油质量标准满足 GB/T 7596 的要求，见表 107。

表 107　运行中汽轮机油的质量指标和检测方法

序号	项　目		质量指标	检测方法
1	外状		透明	DL/T 429.1
2	运动黏度（40℃）mm²/s	32[a]	28.8～35.2	GB/T 265
		46[a]	41.4～50.6	
3	闪点（开口杯）℃		≥180，且比前次测定值不低于 10℃	GB/T 267
4	机械杂质		无	外观目视
5	洁净度[b]（NAS 1638）级		≤8	DL/T 432
6	酸值 mgKOH/g	未加防锈剂油	≤0.2	GB/T 264
		加防锈剂油	≤0.3	
7	液相锈蚀		无锈	GB/T 11143
8	破乳化度（54℃）min		≤30	GB/T 7605
9	水分 mg/L		≤100	GB/T 7600 或 GB/T 7601
10	起泡沫试验 mL	24℃	500/10	GB/T 12579
		93.5℃	50/10	
		后 24℃	500/10	
11	空气释放值 min		≤10	SH/T 0308
12	旋转氧弹值 min		报告	SH/T 0193

[a] 32、46 为汽轮机油黏度等级。

[b] 对于润滑油系统和调速系统共用一个油箱，也用矿物汽轮机油的设备，此时油中洁净度指标应参考设备制造厂提出的控制指标执行，NAS 1638 洁净度分级标准参见本标准附录 C

4.8.3.3.2 运行中汽轮机油检测项目和周期满足 GB/T 14541 要求，见表 108。

表 108   汽轮机油常规检验周期和检验项目

检 验 周 期	检 验 项 目
新设备投运	1～11
机组在大修后和启动前	1～11
每周至少 1 次	1、4
每 1 个月、第 3 个月以后每 6 个月	2、3
每月、1 年以后每 3 个月	5、6、9
第 1 个月、第 6 个月以后每年	10、11
第 1 个月以后每 6 个月	7、8

注1："检验项目"栏内 1、2…为表 107 中项目序号。
注2：机组运行正常，可以适当延长检验周期，但发现油中混入水分（油呈混浊）时，应增加检验次数，并及时采取处理措施。
注3：机组检修后的补油、换油以后的试验则应另行增加检验次数，如果试验结果指出油已变坏或接近它的运行寿命终点时，则检验次数应增加

4.8.3.3.3 汽轮机检测项目异常时，应按 GB/T 14541 的规定采取相应的措施，见表 109。

表 109   运行中汽轮机油试验数据解释及推荐措施

项目	警戒极限	原因解释	措施概要
外观	1）乳化不透明，有杂质； 2）有油泥	1）油中含水或有固体物质； 2）油质深度劣化	1）调查原因，采取机械过滤； 2）投入油再生装置或必要时换油
颜色	迅速变深	1）有其他污染物； 2）油质深度老化	找出原因，必要时投入油再生装置
酸值 mg KOH/g	增加值超过新油的0.1～0.2 时	1）系统运行条件恶劣； 2）抗氧化剂耗尽； 3）补错了油； 4）油被污染	查明原因，增加试验次数；补加 T501投入油再生装置；有条件单位可测定RBOT，如果 RBOT 降到新油原始值的25%时，可能油质劣化，考虑换油
闪点（开口） ℃	比新油高或低出15℃以上	油被污染或过热	查明原因，并结合其他试验结果比较，并考虑处理或换油
黏度 （40℃） mm²/s	比新油原始值相差±10%以上	1）油被污染； 2）补错了油； 3）油质已严重劣化	查明原因，并测定闪点或破乳化度，必要时应换油
锈蚀试验	有轻锈	1）系统中有水； 2）系统维护不当（忽视放水或油已呈乳化状态）； 3）防锈剂消耗	加强系统维护，并考虑添加防锈剂

表 109（续）

项目	警戒极限	原因解释	措施概要
破乳化度 min	>30	油污染或劣化变质	如果油呈乳化状态，应采取脱水或吸附处理措施
水分 mg/L	氢冷机组>80 非氢冷机组>150 时	1）冷油器泄漏； 2）轴封不严； 3）油箱未及时排水	检查破乳化度，并查明原因；启用过滤设备，排出水分。并注意观察系统情况消除设备缺陷
洁净度 NAS 级	>8	1）补油时带入的颗粒； 2）系统中进入灰尘； 3）系统中锈蚀或磨损颗粒	查明和消除颗粒来源，启动精密过滤装置清洁油系统
起泡沫试验 mL	倾向>500 稳定性>10	1）可能被固体物污染或加错了油； 2）在新机组中可能是残留的锈蚀物的妨害所致	注意观察，并与其他试验结果比较；如果加错了油应更换纠正；可酌情添加消泡剂，并开启精滤设备处理
空气释放值 min	>10	油污染或劣化变质	注意观察，并与其他试验结果相比较，找出污染原因并消除

注：表中除水分和锈蚀两个试验项目外，其余项目均适用于燃气—蒸汽联合循环油

4.8.3.3.4　运行汽轮机油防止劣化的措施按 GB/T 7596—2008 的附录 A 执行。

4.8.3.3.5　当汽轮机油质量指标达到 NB/SH/T 0636 规定的换油指标时，应采取措施处理或更换新油，L-TSA 汽轮机油换油标准见表 110。

表 110　L-TSA 汽轮机油换油指标的技术要求和试验方法

项　　目	换油指标				试验方法
黏度等级（按 GB/T 3141）	32	46	68	100	
运动黏度（40℃）变化率 % 超过	±10				
酸值增加 mgKOH/g 大于	0.3				GB/T 7304
水分（质量分数）% 大于	0.1				GB/T 260；GB/T 11133；GB/T 7600
抗乳化性（乳化层减少到 3ml，54℃ª） min 大于	40		60		GB/T 7305
氧化安定性旋转氧弹（150℃）min 小于	60				SH/T 0193
液相锈蚀试验（蒸馏水）	不合格				GB/T 11143

4.8.4 密封油质量监督

4.8.4.1 新密封油验收标准

新密封油验收按 GB/T 11120 的要求执行，新密封质量质量标准见表 104。

4.8.4.2 运行中的密封油质量标准

运行中的密封油质量标准应符合表 111 的规定。

表 111 运行中氢冷发电机用密封油质量标准

序号	项　目	质量标准	测试方法
1	外观	透明	目视
2	运动黏度（40℃） mm²/s	与新油原测定值的偏差不大于 20%	GB/T 265
3	闪点（开口杯） ℃	不低于新油原测定值 15℃	GB/T 267
4	酸值 mgKOH/g	≤0.30	GB/T 264
5	机械杂质	无	外观目视
6	水分 mg/L	≤50	GB/T 7600
7	空气释放值（50℃） min	10	GB/T 12597
8	泡沫特性（24℃） mL	600	SH/T 0308

4.8.4.3 运行密封油的监督

a) 对密封油系统与润滑油系统分开的机组，应从密封油箱底部取样化验；对密封油系统与润滑油系统共用油箱的机组，应从冷油器出口处取样化验。

b) 机组正常运行时的常规检验项目和周期应符合表 112 的规定。

c) 新机组投运或机组检修后启动运行 3 个月内，应加强水分和机械杂质的检测。

d) 机组运行异常或氢气湿度超标时，应增加油中水分检验次数。

表 112 运行中氢冷发电机用密封油常规检验周期和检验项目

检验项目	检验周期
水分、机械杂质	半月一次
运动黏度、酸值	半年一次
空气释放值、泡沫特性、闪点	每年一次

4.8.5 抗燃油质量标准

4.8.5.1 新抗燃油质量标准

新抗燃油应按 DL/T 571 的规定验收，质量标准见表 113，取样数量见 GB/T 7597。

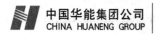

表 113　新磷酸酯抗燃油质量标准

序号	项　目		指标	试验方法
1	外观		透明，无杂质或悬浮物	DL/T 429.1
2	颜色		无色或淡黄	DL/T 429.2
3	密度（20℃） kg/m³		1130～1170	GB/T 1884
4	运动黏度（40℃） mm²/s	ISO VG32	28.8～35.2	GB/T 265
		ISO VG46	41.4～50.6	
5	倾点 ℃		≤−18	GB/T 3535
6	闪点（开口） ℃		≥240	GB/T 3536
7	自燃点 ℃		≥530	DL/T 706
8	洁净度　SAE　AS4509D 级 ª		≤6	DL/T 432
9	水分 mg/L		≤600	GB/T 7600
10	酸值 mgKOH/g		≤0.05	GB/T 264
11	氯含量 mg/kg		≤50	DL/T 433 或 DL/T 1206
12	泡沫特性 mL/mL	24℃	≤ 50/0	GB/T 12579
		93.5℃	≤ 10/0	
		后 24℃	≤ 50/0	
13	电阻率（20℃） Ω·cm		≥1×10¹⁰	DL/T 421
14	空气释放值（50℃） min		≤6	SH/T 0308
15	水解安定性 mgKOH/g		≤0.5	EN 14833
16	氧化安定性	酸值 mgKOH/g	1.5	EN 14832
		铁片重量变化 mg	1.0	
		铜片重量变化 mg	2.0	
ª　洁净度（SAE　AS4509D）分级见附录 C				

4.8.5.2 运行中抗燃油质量标准

a) 运行中抗燃油质量标准见表 114。

b) 运行中抗燃油的取样应按 GB/T 7597 及 DL/T 571 执行。

表 114　运行中磷酸酯抗燃油质量标准

序号	项　目		指标	试验方法
1	外观		透明，无杂质或悬浮物	DL/T 429.1
2	颜色		桔红	DL/T 429.2
3	密度（20℃）kg/m³		1130～1170	GB/T 1884
4	运动黏度（40℃）mm²/s	ISO　VG32	27.2～36.8	GB/T 265
		ISO　VG46	39.1～52.9	
5	倾点 ℃		≤−18	GB/T 3535
6	闪点（开口）℃		≥235	GB/T 3536
7	自燃点 ℃		≥530	DL/T 706
8	洁净度（SAE　AS4509D）级		≤6	DL/T 432
9	水分 mg/L		≤1000	GB/T 7600
10	酸值 mgKOH/g		≤0.15	GB/T 264
11	氯含量 mg/kg		≤100	DL/T 433
12	泡沫特性 mL/mL	24℃	≤200/0	GB/T 12579
		93.5℃	≤40/0	
		后 24℃	≤200/0	
13	电阻率（20℃）Ω·cm		≥6×10⁹	DL/T 421
14	空气释放值（50℃）min		≤10	SH/T 0308
15	矿物油含量（质量分数）%		≤4	DL/T 571—2014 附录 C

4.8.5.3 运行中磷酸酯抗燃油的监督和维护

4.8.5.3.1 新的及进行系统检修的抗燃油系统投运前应采取的监督和维护措施：

a) 抗燃油系统设备安装前，应用将使用的同牌号抗燃油冲洗所有过油零部件、设备，确认表面清洁、无异物（包括制造的残油）污染后方可安装。

b) 设备、系统安装完毕，应按照 DL/T 5190.3 及制造厂编写的冲洗规程制订冲洗方案进行冲洗。注入新抗燃油，油箱油位高位后启动油泵进行油循环冲洗，并外加过滤装置过滤，冲洗过程应及时补油保持油箱油位处于最高油位。

c) 在系统冲洗过滤过程中，应取样测试洁净度，直至测定结果达到设备制造厂要求的洁净度后，再进行油动机等部件的动作试验。

d) 外加过滤装置继续过滤，直至油动机等动作试验完毕，取样化验洁净度合格后（满足 SAE AS 4509D 中不大于 5 级的要求）可停止过滤，同时取样进行油质全分析试验，试验结果应符合表 113 的要求。

4.8.5.3.2 运行人员应巡检项目：

a) 定期记录油压、油温、油箱油位；

b) 记录油系统及旁路再生装置精密过滤器的压差变化情况。

4.8.5.3.3 试验室试验项目及周期：

a) 试验室试验项目及周期应符合表 115 的规定。

表 115 抗燃油试验室试验项目及周期

序号	试 验 项 目	第一个月	第二个月后
1	外观、颜色、水分、酸值、电阻率	两周一次	每月一次
2	运动黏度、洁净度	—	三个月一次
3	泡沫特性、空气释放值、矿物油含量	—	六个月一次
4	外观、颜色、密度、运动黏度、倾点、闪点、自燃点、洁净度、水分、酸值、氯含量、泡沫特性、电阻率、空气释放值和矿物油含量	—	机组检修重新启动前、每年至少一次
5	洁净度	—	机组启动 24h 后复查
6	运动黏度、密度、闪点和洁净度	—	补油后
7	倾点、闪点、自燃点、氯含量、密度	—	必要时

b) 如果油质异常，应缩短试验周期，必要时取样进行全分析。

4.8.5.3.4 油质异常原因及处理措施：

a) 实验室、化学监督专责人应根据表 114 运行磷酸酯抗燃油质量标准的规定，对油质试验结果进行分析。如果油质指标超标，应进行评估，提出建议，并通知有关部门，查明指标超标原因，并采取相应处理措施。

b) 运行磷酸酯抗燃油油质指标超标的可能原因及参考处理方法见表 116。

表 116 运行中磷酸酯抗燃油油质异常原因及处理措施

项目	异常极限值	异 常 原 因	处 理 措 施
外观	混浊、有悬浮物	（1）油中进水； （2）被其他液体或杂质污染	（1）脱水过滤处理； （2）考虑换油

表 116（续）

项　目	异常极限值	异　常　原　因	处　理　措　施
颜色	迅速加深	（1）油品严重劣化； （2）油温升高，局部过热； （3）磨损的密封材料污染	（1）更换旁路吸附再生滤芯或吸附剂； （2）采取措施控制油温； （3）消除油系统存在的过热点； （4）检修中对油动机等解体检查、更换密封圈
密度（20℃） kg/m³	＜1130；或＞1170	被矿物油或其他液体污染	换油
倾点 ℃	＞–15		
运动黏度（40℃） mm²/s	与新油牌号代表的运动黏度中心值相差超过±20%		
矿物油含量 %	＞4		
闪点 ℃	＜220		
自燃点 ℃	＜500		
酸值 mgKOH/g	＞0.15	（1）运行油温高，导致老化； （2）油系统存在局部过热； （3）油中含水量大，发生水解	（1）采取措施控制油温； （2）消除局部过热； （3）更换吸附再生滤芯，每隔48h取样分析，直至正常； （4）如果更换系统的旁路再生滤芯还不能解决问题，可考虑采用外接带再生功能的抗燃油滤油机滤油； （5）如果经处理仍不能合格，考虑换油
水分 mg/L	＞1000	（1）冷油器泄漏； （2）油箱呼吸器的干燥剂失效，空气中水分进入； （3）投用了离子交换树脂再生滤芯	（1）消除冷油器泄漏； （2）更换呼吸器的干燥剂； （3）进行脱水处理
氯含量 mg/kg	＞100	含氯杂质污染	（1）检查是否在检修或维护中用过含氯的材料或清洗剂等； （2）换油
电阻率（20℃） Ω·cm	＜6×10⁹	（1）油质老化； （2）可导电物质污染	（1）更换旁路再生装置的再生滤芯或吸附剂； （2）如果更换系统的旁路再生滤芯还不能解决问题，可考虑采用外接带再生功能的抗燃油滤油机滤油； （3）换油

表 116（续）

项 目		异常极限值	异 常 原 因	处 理 措 施
洁净度 （SAE AS4509D） 级		>6	（1）被机械杂质污染； （2）精密过滤器失效； （3）油系统部件有磨损	（1）检查精密过滤器是否破损、失效，必要时更换滤芯； （2）检修时检查油箱密封及系统部件是否有腐蚀磨损； （3）消除污染源，进行旁路过滤，必要时增加外置过滤系统过滤，直至合格
泡沫 特性 mL/mL	24℃	>250/50	（1）油老化或被污染； （2）添加剂不合适	（1）消除污染源； （2）更换旁路再生装置的再生滤芯或吸附剂； （3）添加消泡剂； （4）考虑换油
	93.5℃	>50/10		
	后 24℃	>250/50		
空气释放值（50℃） min		>10	（1）油质劣化； （2）油质污染	（1）更换旁路再生滤芯或吸附剂； （2）考虑换油

4.8.5.3.5 运行中磷酸酯抗燃油的维护以及相关技术管理、安全要求按照 DL/T 571 的具体规定执行。

4.8.6 辅机用油监督

4.8.6.1 辅机用油监督一般规定

4.8.6.1.1 辅机用油监督和维护应满足 DL/T 290 的相关要求。

4.8.6.1.2 辅机用油测定洁净度的取样按照 DL/T 432 的要求进行，其他项目试验的取样按照 GB/T 7597 的要求进行。

4.8.6.1.3 对用油量大于 100L 各种辅机用油，包括水泵用油、风机用油、磨煤机及湿磨机用油、空气预热器用油和空气压缩机用油，应进行定期检测分析监督。

4.8.6.1.4 用油量小于 100L 的各种辅机，运行中只需要现场观察油的外观、颜色和机械杂质。如外观异常或有较多肉眼可见的机械杂质，应进行换油处理；如无异常变化，则每次大修时或按照设备制造商要求做换油处理。

4.8.6.1.5 使用汽轮机油的给水泵汽轮机和电动给水泵油的监督应按汽轮机油执行。

4.8.6.2 新辅机用油的验收

4.8.6.2.1 在新油交货时，应对油品进行取样验收。防锈汽轮机油按照 GB 11120 验收，液压油按照 GB 11118.1 验收，齿轮油按照 GB 5903 验收，空气压缩机用油按照 GB 12691 验收，液力传动油按照 TB/T 2957 验收等，必要时可按有关国际标准或双方合同约定的指标验收。

4.8.6.2.2 各类辅机用油新油的质量标准见表 117～表 124。

表 117 L-HL 抗氧防锈液压油的技术要求和试验方法

项 目	质 量 指 标							试验方法
黏度等级（GB/T 3141）	15	22	32	46	68	100	150	
密度（20℃）a kg/m³	报告							GB/T 1884 GB/T 1885

表117（续）

项　目		质 量 指 标							试验方法
黏度等级（GB/T 3141）		15	22	32	46	68	100	150	
色度 号		报告							GB/T 6540
外观		透明							目测
闪点（开口）　不低于 ℃		140	165	175	185	195	205	215	GB/T 3536
运动黏度 mm²/s 40℃ 0℃　　　　　不大于		13.5～ 16.5 140	19.8～ 24.2 300	28.8～ 35.2 420	41.4～ 50.6 780	61.2～ 74.8 1400	90～ 110 2560	135～ 165 —	GB/T 265
黏度指数[b]　　　　不小于		80							GB/T 1995
倾点[c]　　　　　不高于 ℃		−12	−9	−6	−6	−6	−6	−6	GB/T 3535
酸值[d] mg KOH/g		报告							GB/T 4945
水分（质量分数）　不大于 %		痕迹							GB/T 260
机械杂质		无							GB/T 511
清洁度[e]		—							DL/T 432 和 GB/T 14039
铜片腐蚀（100℃，3h）　不大于 级		1							GB/T 5096
液相锈蚀（24h）		无锈							GB/T 11143 （A 法）
泡沫性（泡沫倾向/泡沫稳定性） mL/mL 程序Ⅰ（24℃）　　不大于 程序Ⅱ（93.5℃）　不大于 程序Ⅲ（后24℃）　不大于		150/0 75/0 150/0							GB/T 12579
空气释放值（50℃）　不大于 min		5	7	7	10	12	15	25	SH/T 0308
密封适应性指数　　不大于		14	12	10	9	7	6	报告	SH/T 0305
抗乳化性（乳化液到3mL 的时间） min 54℃　　　　　　不大于 82℃　　　　　　不大于		30 —	30 —	30 —	30 —	30 —	— 30	— 30	GB/T 7305

表 117（续）

项　　目	质　量　指　标							试验方法
黏度等级（GB/T 3141）	15	22	32	46	68	100	150	
氧化安定性 1000h 后总酸值　　不大于 f 　mg KOH/g 1000h 后油泥 　mg	—	—	2.0 报告					GB/T 12581 SH/T 0565
旋转氧弹（150℃） 　　min	报告		报告					SH/T 0193
磨斑直径（392N，60min，75℃， 1200r/min） 　　mm	报告							SH/T 0189

a　测定方法也包括用 SH/T 0604。
b　测定方法也包括用 GB/T 2541，结果有争议时，以 GB/T 1995 为仲裁方法。
c　用户有特殊要求时，可与生产单位协商。
d　测定方法也包括用 GB/T 264。
e　由供需双方协商确定，也包括用 NAS 1638 分级。
f　黏度等级为 15 的油不测定，但所含抗氧化剂类型和量应与产品定型时黏度等级为 22 的试验油样相同

表 118　L-HM 抗磨液压油（高压、普通）的技术要求和试验方法

项　　目	质量指标										试验方法
	L–HM（高压）				L–HM（普通）						
黏度等级（GB/T 3141）	32	46	68	100	22	32	46	68	100	150	
密度 a（20℃） 　kg/m³	报告				报告						GB/T 1884 GB/T 1885
色度 　号	报告				报告						GB/T 6540
外观	透明				透明						目测
闪点（开口）　不低于 　℃	175	185	195	205	165	175	185	195	205	215	GB/T 3536
运动黏度 　mm²/s 40℃ 0℃　　　　不大于	28.8 ～ 35.2 —	41.4 ～ 50.6 —	61.2 ～ 74.8 —	90 ～ 110	19.8 ～ 24.2 300	28.8 ～ 35.2 420	41.4 ～ 50.6 780	61.2 ～ 74.8 1400	90 ～ 110 2560	135 ～ 165 —	GB/T 265
黏度指数 b　不小于	95				85						GB/T 1995
倾点 c　　　不高于 　℃	−15	−9	−9	−9	−15	−15	−9	−9	−9	−9	GB/T 3535
酸值 d 　mg KOH/g	报告				报告						GB/T 4945
水分（质量分数）　不大于 　%	痕迹				痕迹						GB/T 260

表118（续）

项 目		质量指标										试验方法
		L–HM（高压）				L–HM（普通）						
黏度等级（GB/T 3141）		32	46	68	100	22	32	46	68	100	150	
机械杂质		无				无						GB/T 511
清洁度 e		—				—						DL/T 432 和 GB/T 14039
铜片腐蚀（100℃3h） 级 不大于		1				1						GB/T 5096
硫酸盐灰分 %		报告				报告						GB/T 2433
液相锈蚀（24h） A 法 B 法		— 无锈				无锈 —						GB/T 11143
泡沫性（泡沫倾向/泡沫稳定性） mL/mL 程序 I （24℃） 不大于 程序 II（93.5℃） 不大于 程序III（后24℃）不大于		150/0 75/0 150/0				150/0 75/0 150/0						GB/T 12579
空气释放值（50℃） min 不大于		6	10	13	报告	5	6	10	13	报告	报告	SH/T 0308
抗乳化性（乳化液到3mL的时间） min 54℃ 不大于 82℃ 不大于		30 —	30 —	30 —	— 30	30 —	30 —	30 —	30 —	— 30	— 30	GB/T 7305
密封适应性指数 不大于		12	10	8	报告	13	12	10	8	报告	报告	SH/T 0305
氧化安定性 1500h 后总酸值 不大于 mg KOH/g		2.0				—						GB/T 12581
1000h 后总酸值 不大于 mg KOH /g		—				2.0						GB/T 12581
1000h 后油泥 mg		报告				报告						SH/T 0565
旋转氧弹（150℃） min		报告				报告						SH/T 0193
抗磨性	齿轮机试验 f/ 失效级 不小于	10	10	10	10	—	10	10	10	10	10	SH/T 0306
	叶片泵试验（100h,总失重）f 不大于 mg	—	—	—	—	100	100	100	100	100	100	SH/T 0307

表 118（续）

项　目		质量指标										试验方法
		L–HM（高压）				L–HM（普通）						
黏度等级（GB/T 3141）		32	46	68	100	22	32	46	68	100	150	
抗磨性	磨斑直径（392N，60min，75℃，1200r/min）mm	报告				报告						SH/T 0189
	双泵（T6H20C）试验[f] 叶片和柱销总失重 　mg　不大于	15				—						GB 11118.1—2011 的附录 A
	柱塞总失重　不大于 mg	300										
水解安定性 铜片失重　不大于 　mg/cm²		0.2				—						SH/T 0301
水层总酸度/（以 KOH 计） 　mg　不大于		4.0				—						
铜片外观		未出现灰、黑色				—						
热稳定性（135℃，168h） 铜棒失重　不大于 mg/200mL		10				—						SH/T 0209
钢棒失重 mg/200mL		报告				—						
总沉渣重　不大于 mg/100mL		100				—						
40℃运动黏度变化率 　%		报告				—						
酸值变化率 　%		报告				—						
铜棒外观		报告				—						
钢棒外观		不变色				—						
过滤性 s 无水　不大于		600				—						SH/T 0210
2%水[g]　不大于		600				—						
剪切安定性（250 次循环后，40℃运动黏度下降率） 　%　不大于		1				—						SH/T 0103

a　测定方法也包括用 SH/T 0604。

b　测定方法也包括用 GB/T 2541，结果有争议时，以 GB/T 1995 为仲裁方法。

c　用户有特殊要求时，可与生产单位协商。

d　测定方法也包括用 GB/T 264。

e　由供需双方协商确定。也包括用 NAS 1638 分级。

f　对于 L-HM（普通）油，在产品定型时，允许只对 L-HM22（普通）进行叶片泵试验，其他各黏度等级油所含功能剂类型和量应与产品定型时 L-HM22（普通）试验油样相同。对于 L-HM（高压），在产品定型时，允许只对 L-HM32（高压）进行齿轮机试验和双泵试验，其他各黏度等级油所含功能类型剂类型和量应与产品定型时 L-HM32（高压）试验油样相同。

g　有水时的过滤时间不超过无水时的过滤时间的两倍

表119　L-HV 低温液压油的技术要求和试验方法

项　目	质量指标							试验方法
黏度等级（GB/T 3141）	10	15	22	32	46	68	100	
密度 a（20℃） kg/m³	报告							GB/T 1884 GB/T 1885
色度 号	报告							GB/T 6540
外观	透明							目测
闪点 ℃ 开口　　　　　不低于 闭口　　　　　不低于	— 100	125 —	175 —	175 —	180 —	180 —	190 —	GB/T 3536 GB/T 261
运动黏度（40℃） mm²/s	9.00～ 11.0	13.5～ 16.5	19.8～ 24.2	28.8～ 35.2	41.1～ 50.6	61.2～ 74.8	90～ 110	GB/T 265
运动黏度1500mm²/s 时的温度 ℃　　　　　不高于	−33	−30	−24	−18	−12	−6	0	GB/T 265
黏度指数 b　　　　　不小于	130	130	140	140	140	140	140	GB/T 1995
倾点 c　　　　　不高于 ℃	−39	−36	−36	−33	−33	−30	−21	GB/T 3535
酸值 d（以 KOH） mg/g	报告							GB/T 4945
水分（质量分数）　　不大于 %	痕迹							GB/T 260
机械杂质	无							GB/T 511
清洁度 e	—							DL/T 432 和 GB/T 14039
铜片腐蚀（100℃，3h）　不大于 级	1							GB/T 5096
硫酸盐灰分 %	报告							GB/T 2433
液相锈蚀（24h）	无锈							GB/T 11143 （B 法）
泡沫性（泡沫倾向/泡沫稳定性） mL/mL 程序Ⅰ（24℃）　　　不大于 程序Ⅱ（93.5℃）　　不大于 程序Ⅲ（后24℃）　　不大于	150/0 75/0 150/0							GB/T 12579
空气释放值（50℃）　　不大于 min	5	5	6	8	10	12	15	SH/T 0308
抗乳化性（乳化液到3mL 的时间） min 54℃　　　　　不大于 82℃　　　　　不大于	30 —	30 —	30 —	30 —	30 —	30 —	— 30	GB/T 7305

表 119（续）

项　目	质量指标							试验方法
黏度等级（GB/T 3141）	10	15	22	32	46	68	100	
剪切安定性（250 次循环后，40℃ 运动黏度下降率）　　　　　不大于　%				10				SH/T 0103
密封适应性指数　不大于	报告	16	14	13	11	10	10	SH/T 0305
氧化安定性 1500h 后总酸值（以 KOH 记）[f] 　　　　　mg/g　　不大于	—	—		2.0				GB/T 12581
1000h 后油泥 mg	—	—		报告				SH/T 0565
旋转氧弹（150℃） min	报告	报告		报告				SH/T 0193
抗磨性　齿轮机试验[g] 　失效级　　　　不小于	—	—		10	10	10	10	SH/T 0306
抗磨性　磨斑直径（392N，60min，75℃，1200r/min）　mm				报告				SH/T 0189
抗磨性　双泵（T6H20C）试验[g] 叶片和柱销总失重 　mg　　　　　不大于	—	—	—			15		GB 11118.1— 2011 附录
柱塞总失重 mg　　　　　不大于	—	—	—			300		
水解安定性 铜片失重/　　　　不大于 （mg/cm²）				0.2				SH/T 0301
水层总酸度/（以 KOH 计） mg　　　　　不大于				4.0				
铜片外观			未出现灰、黑色					
热稳定性（135℃，168h） 铜棒失重　　　　不大于 mg/200mL				10				SH/T 0209
钢棒失重 mg/200mL				报告				
总沉渣重　　　　不大于 mg/100mL				100				
40℃ 运动黏度变化 　%				报告				
酸值变化率 %				报告				
铜棒外观				报告				
钢棒外观				不变色				

表 119（续）

项目	质量指标							试验方法
黏度等级（GB/T 3141）	10	15	22	32	46	68	100	
过滤性 s 无水　　　　　不大于 2%水 [h]　　　 不大于				600 600				SH/T 0210

[a]　测定方法也包括用 SH/T 0604。

[b]　测定方法也包括用 GB/T 2541，结果有争议时，以 GB/T 1995 为仲裁方法。

[c]　用户有特殊要求时，可与生产单位协商。

[d]　测定方法也包括用 GB/T 264。

[e]　由供需双方协商确定。也包括用 NAS 1638 分级。

[f]　黏度等级为 10 和 15 的油不测定，但所含抗氧化剂类型和量应与产品定型时黏度等级为 22 的试验油样相同。

[g]　在产品定型时，允许只对 L-HV32 油进行齿轮机试验和双泵试验，其他各黏度等级所含功能类型和量应与产品定型时黏度等级为 32 的试验油样相同。

[h]　有水时的过滤时间不超过无水时的过滤时间的两倍

表 120　L-HS 超低温液压油的技术要求和试验方法

项目	质量指标					试验方法
黏度等级（GB/T 3141）	10	15	22	32	46	
密度 [a]（20℃） kg/m³			报告			GB/T 1884 GB/T 1885
色度 号			报告			GB/T 6540
外观			透明			目测
闪点 ℃ 开口　　　　　不低于 闭口　　　　　不低于	— 100	125 —	175 —	175 —	180 —	GB/T 3536 GB/T 261
运动黏度（40℃） mm²/s	9.0～ 11.0	13.5～ 16.5	19.8～ 24.2	28.8～ 35.2	41.4～ 50.6	GB/T 265
运动黏度 1500（mm²/s）时 的温度　　　　不高于 ℃	−39	−36	−30	−24	−18	GB/T 265
黏度指数 [b]　　　不小于	130	130	150	150	150	GB/T 1995
倾点 [c]　　　　不高于 ℃	−45	−45	−45	−45	−39	GB/T 3535
酸值 [d]（以 KOH 计） mg/g			报告			GB/T 4945
水分（质量分数）　不大于 %			痕迹			GB/T 260
机械杂质			无			GB/T 511

表 120（续）

项 目	质量指标					试验方法
黏度等级（GB/T 3141）	10	15	22	32	46	
清洁度 e	—					DL/T 432 和 GB/T 14039
铜片腐蚀（100℃，3h） 不大于 级	1					GB/T 5096
硫酸盐灰分 %	报告					GB/T 2433
液相锈蚀（24h）	无锈					GB/T 11143 （B 法）
泡沫性（泡沫倾向/泡沫稳定性） mL/mL 程序Ⅰ（24℃） 不大于 程序Ⅱ（93.5℃） 不大于 程序Ⅲ（后 24℃） 不大于	150/0 75/0 150/0					GB/T 12579
空气释放值（50℃） 不大于 min	5	5	6	8	10	SH/T 0308
抗乳化性（乳化液到 3mL 的时间） 54℃ 不大于 min	30					GB/T 7305
剪切安定性（250 次循环后，40℃ 运动黏度下降率） 不大于 %	10					SH/T 0103
密封适应性指数 不大于	报告	16	14	13	11	SH/T 0305
氧化安定性 1500h 后总酸值 f 不大于 mg KOH /g 1000h 后油泥 mg	— —	— —		2.0 报告		GB/T 12581 SH/T 0565
旋转氧弹（150℃） min	报告	报告	报告			SH/T 0193
抗磨性 齿轮机试验 g 不小于 失效级	—	—	—	10	10	SH/T 0306
抗磨性 磨斑直径（392N，60min， 75℃，1200r/min） mm	报告					SH/T 0189
抗磨性 双泵（T6H20C）试验 叶片和柱销总失重 不大于 mg 柱塞总失重 不大于 mg	— —	— —	— —	15 300		GB 11118.1 20111 的 附录 A

表 120（续）

项　目		质量指标					试验方法
黏度等级（GB/T 3141）		10	15	22	32	46	
水解安定性 铜片失重　　　　　　不大于 　mg/cm²				0.2			SH/T 0301
水层总酸度（以 KOH 计） 　　　　　　mg　　　不大于				4.0			
铜片外观			未出现灰、黑色				
热稳定性（135℃，168h） 铜棒失重　　　　　　不大于 mg/200mL				10			SH/T 0209
钢棒失重 mg/200mL				报告			
总沉渣重　　　　　　不大于 mg/200mL				100			
40℃运动黏度变化率 　　　　　　%				报告			
酸值变化率				报告			
铜棒外观				报告			
钢棒外观				不变色			
过滤性 　　s 无水　　　　　　　不大于 2%水 ʰ　　　　　　不大于				600 600			SH/T 0210

a　测定方法也包括用 SH/T 0604。
b　测定方法也包括用 GB/T 2541，结果有争议时，以 GB/T 1995 为仲裁方法。
c　用户有特殊要求时，可与生产单位协商。
d　测定方法也包括用 GB/T 264。
e　由供需双方协商确定。也包括用 NAS 1638 分级。
f　黏度等级为 10 和 15 的油不测定，但所含抗氧化剂类型和量应与产品定型时黏度等级为 22 的试验油样相同。
g　在产品定型时，允许只对 L-HS32 油进行齿轮机试验和双泵试验，其他各黏度等级所含功能类型和量应与产品定型时黏度等级为 32 的试验油样相同。
h'　有水时的过滤时间不超过无水时的过滤时间的两倍

表 121　L-HG 液压导轨油的技术要求和试验方法

项　目		质量指标				试验方法
黏度等级（GB/T 3141）		32	46	68	100	
密度 ᵃ（20℃） 　kg/m³		报告				GB/T 1884 和 GB/T 1885
色度 　号		报告				GB/T 6540
外观		透明				目测
闪点（开口）　　不低于 　℃		175	185	195	205	GB/T 3536
运动黏度（40℃） 　mm²/s		28.8～ 35.2	41.4～ 50.6	61.2～ 74.8	90～110	GB/T 265

表 121（续）

项 目	质量指标				试验方法
黏度等级（GB/T 3141）	32	46	68	100	
黏度指数[b]　　不小于	90				GB/T 1995
倾点[c]　　不高于　℃	−6	−6	−6	−6	GB/T 3535
酸值[d]　mg KOH /g	报告				GB/T 4945
水分（质量分数）　不大于　%	痕迹				GB/T 260
机械杂质	无				GB/T 511
清洁度[e]	—				DL/T 432 和 GB/T 14039
铜片腐蚀（100℃，3h）　　级　不大于	1				GB/T 5096
液相锈蚀（24h）	无锈				GB/T 11143（A 法）
皂化值　mg KOH/g	报告				GB/T 8021
泡沫性（泡沫倾向/泡沫稳定性）　　mL/mL　程序Ⅰ（24℃）　不大于　程序Ⅱ（93.5℃）　不大于　程序Ⅲ（后 24℃）　不大于	150/0 75/0 150/0				GB/T 12579
密封适应性指数　不大于	报告				SH/T 0305
抗乳化性（乳化液到 3mL 的时间）　　min　54℃　82℃	报告 —		— 报告		GB/T 7305
黏滑特性（动静摩擦系数差值）[f]　不大于	0.08				SH/T 0361—1998 的附录 A
氧化安定性　1000h 后总酸值　不大于　mg KOH/g	2.0				GB/T 12581
1000h 后油泥　　mg	报告				SH/T 0565
旋转氧弹（150℃）　　min	报告				SH/T 0193
抗磨性　齿轮机试验/失效级　不小于	10				SH/T 0306
磨斑直径（392N，60min，75℃，1200r/min）　　mm	报告				SH/T 0189

[a]　测定方法也包括用 SH/T 0604。

[b]　测定方法也包括用 GB/T 2541。结果有争议时，以 GB/T 1995 为仲裁方法。

[c]　用户有特殊要求时，可与生产单位协商。

[d]　测定方法也包括用 GB/T 264。

[e]　由供需双方协商确定，也包括用 NAS 1638 分级。

[f]　经供需双方商定后，也可以采用其他黏滑特性测定法

表122 L-CKB 工业闭式齿轮油的技术要求和试验方法

项　目	质量指标				试验方法
黏度等级（GB/T 3141）	100	150	220	320	
运动黏度（40℃） mm²/s	80.0～110	135～165	198～242	288～352	GB/T 265
黏度指数　　　不小于	90				GB/T 1995[a]
闪点（开口）　不低于 ℃	180	200			GB/T 3536
倾点　　　　　不高于 ℃	−8				GB/T 3535
水分（质量分数）不大于 %	痕迹				GB/T 260
机械杂质（质量分数） %　　　　不大于	0.01				GB/T 511
铜片腐蚀（100℃，3h） 级　　　　不大于	1				GB/T 5096
液相锈蚀（24h）	无锈				GB/T 11143（B 法）
氧化安定性 总酸值达 2.0mg KOH/g 的时间 h　　　　不小于	750		500		GB/T 12581
旋转氧弹（150℃） min	报告				SH/T 0193
泡沫性（泡沫倾向/泡沫稳定性） 　　　　mL/mL 程序Ⅰ（24℃）　不大于 程序Ⅱ（93.5℃）不大于 程序Ⅲ（后24℃）不大于	75/10 75/10 75/10				GB/T 12579
抗乳化性 （82℃）油中水（体积分数） %　　　　不大于 乳化层 mL　　　不大于 总分离水 mL　　　不大于	0.5 2.0 30.0				GB/T 8022
[a]　测定方法也包括 GB/T 2541，结果有争议时以 GB/T 1995 为仲裁方法					

表123 L-CKC 工业闭式齿轮油的技术要求和试验方法

项　目	质量指标											试验方法
黏度等级 （GB/T 3141）	32	46	68	100	150	220	320	460	680	1000	1500	
运动黏度（40℃） mm²/s	28.8～35.2	41.4～50.6	61.2～74.8	90.0～110	135～165	198～242	288～352	414～506	612～748	900～1110	1350～1650	GB/T 265

表 123（续）

项 目	质量指标											试验方法
黏度等级（GB/T 3141）	32	46	68	100	150	220	320	460	680	1000	1500	
外观	透明											目测 [a]
黏度指数 不小于	90								85			GB/T 1995 [b]
表观黏度达 150 000mPa·s 时的温度 [c] ℃	—											GB/T 11145
倾点 不高于 ℃	−12				−9				−5			GB/T 3535
闪点（开口） 不低于 ℃	180			200								GB/T 3536
水分（质量分数） % 不大于	痕迹											GB/T 260
机械杂质（质量分数） % 不大于	0.02											GB/T 511
泡沫性（泡沫倾向/泡沫稳定性） mL/mL 程序Ⅰ（24℃） 不大于 程序Ⅱ（93.5℃） 不大于 程序Ⅲ（后 24℃） 不大于	50/0 50/0 50/0								75/10 75/10 75/10			GB/T 12579
铜片腐蚀（100℃，3h） 级 不大于	1											GB/T 5096
抗乳化性（82℃） 油中水（体积分数） 不大于 % 乳化层 不大于 ml 总分离水 不大于 mL	2.0 1.0 80.0							2.0 4.0 50.0				GB/T 8022
液相锈蚀（24h）	无锈											GB/T 11143（B 法）
氧化安定性（95℃，312h） 100℃运动黏度增长 % 不大于 沉淀值 mL 不大于	6 0.1											SH/T 0123

表 123（续）

项 目	质量指标											试验方法
黏度等级 （GB/T 3141）	32	46	68	100	150	220	320	460	680	1000	1500	
极压性能（梯姆肯试验机法）OK 负荷值/N（lb） 不小于	200（45）											GB/T 11144
承载能力齿轮机试验 失效级　　　不小于	10		12			>12						SH/T 0306
剪切安定性（齿轮机法） 剪切后 40℃运动黏度 mm²/s	在黏度等级范围内											SH/T 0200

a 取 30mL～50mL 样品，倒入洁净的量筒中，室温下静置 10min 后，在常光下观察。
b 测定方法也包括 GB/T 2541。结果有争议时，以 GB/T 1995 为仲裁方法。
c 此项目根据客户要求进行检测

表 124　**L-CKD 工业闭式齿轮油的技术要求和试验方法**

项 目		质量指标								试验方法
黏度等级（GB/T 3141）		68	100	150	220	320	460	680	1000	
运动黏度（40℃） mm²/s		61.2 ～ 74.8	90.0 ～ 110	135 ～ 165	198 ～ 242	288 ～ 352	414 ～ 506	612 ～ 748	900 ～ 1100	GB/T 265
外观		透明								目测 a
运动黏度（100℃） mm²/s		报告								GB/T 265
黏度指数　　　不小于		90								GB/T 1995 b
表观黏度达 150 000mPa·s 时的温度 ℃		c								GB/T 11145
倾点 ℃　　　　　不高于		−12			−9			−5		GB/T 3535
闪点（开口） ℃　　　　　不低于		180		200						GB/T 3536
水分（质量分数） %　　　　　不大于		痕迹								GB/T 260
机械杂质（质量分数） %　　　　　不大于		0.02								GB/T 511
泡沫性（泡沫倾向/泡沫稳定性） mL/mL 程序Ⅰ（24℃）　　不大于 程序Ⅱ（93.5℃）　不大于 程序Ⅲ（后 24℃）　不大于		50/0 50/0 50/0						75/10 75/10 75/10		GB/T 12579

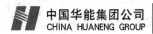

表 124（续）

项 目	质量指标								试验方法
黏度等级（GB/T 3141）	68	100	150	220	320	460	680	1000	
铜片腐蚀（100℃，3h） 级　　　　　不大于	1								GB/T 5096
抗乳化性（82℃） 油中水（体积分数）　不大于 　　% 乳化层　　　　　　不大于 　　mL 总分离水　　　　　不大于 　　mL				2.0 1.0 80.0				2.0 4.0 50.0	GB/T 8022
液相锈蚀（24h）	无锈								GB/T 11143 （B 法）
氧化安定性（121℃，312h） 100℃运动黏度增长 　　%　　　　　　不大于 沉淀值　　　　　　不大于 　　mL				6 0.1		报告 报告			SH/T 0123
极压性能（梯姆肯试验机法） OK 负荷值　　　　不小于 　　N（lb）				267（60）					GB/T 11144
承载能力 齿轮机试验　　　　不小于 失效级	12			>12					SH/T 0306
剪切安定性（齿轮机法）剪切后 40℃运动黏度 　　mm²/s	在黏度等级范围内								SH/T 0200
四球机试验 烧结负荷（P_D）　　不小于 　　N（kgf） 综合磨损指数　　　不小于 　　n（kgf） 磨斑直径（196N，60min，54℃， 1800r/min） 　　　　　　　　　不大于 　　mm				2450（250） 441（45） 0.35					GB/T 3142 SH/T 0189

> a　取 30mL～50mL 样品，倒入洁净的量筒中，室温下静置 10min 后，在常光下观察。
> b　测定也方法包括 GB/T 2541；结果有争议时，以 GB/T 1995 为仲裁方法。
> c　此项目根据客户要求进行检测

4.8.6.3　运行辅机用油质量标准和检测周期

4.8.6.3.1　当新油注入设备后进行系统冲洗时，应在连续循环中定期取样分析，直至油的清洁度经检查达到运行油标准要求，并且满足设备制造厂家的要求，且循环时间大于 24h 后，方能停止油系统的连续循环。

4.8.6.3.2 在新油注入设备或换油后，应在经过 24h 循环后，取油样按照运行油的检测项目进行检验。

4.8.6.3.3 运行、维护人员应定期记录油温、油箱油位，记录每次补油量、补油日期以及油系统各部件的更换情况。

4.8.6.3.4 用油量大于 100L 的辅机用油按照表 125～表 127 中的检验项目和周期进行检验。汽轮机油按照 4.8.3 条执行，6 号液力传动油按照表 125 执行。

表 125 运行液压油的质量指标及检验周期

序号	项目	质量指标	检验周期	试验方法
1	外观	透明，无机械杂质	1 年或必要时	外观目视
2	颜色	无明显变化	1 年或必要时	外观目视
3	运动黏度（40℃）mm²/s	与新油原始值相差＜±10%	1 年、必要时	GB/T 265
4	闪点（开口杯）℃	与新油原始值比不低于 15℃	必要时	GB/T 267；GB/T 3536
5	洁净度（NAS 1638）级	报告	1 年或必要时	DL/T 432
6	酸值 mgKOH/g	报告	1 年或必要时	GB/T 264
7	液相锈蚀（蒸馏水）	无锈	必要时	GB/T 11143
8	水分	无	1 年或必要时	SH/T 0257
9	铜片腐蚀试验（100℃，3h）级	≤2a	必要时	GB/T 5096

表 126 运行齿轮油的质量指标及检验周期

序号	项目	质量指标	检验周期	试验方法
1	外观	透明，无机械杂质	1 年或必要时	外观目视
2	颜色	无明显变化	1 年或必要时	外观目视
3	运动黏度（40℃）mm²/s	与新油原始值相差＜±10%	1 年、必要时	GB/T 265
4	闪点（开口杯）℃	与新油原始值比不低于 15℃	必要时	GB/T 267；GB/T 3536
5	机械杂质 %	≤0.2	1 年或必要时	GB/T 511
6	液相锈蚀（蒸馏水）	无锈	必要时	GB/T 11143
7	水分	无	1 年或必要时	SH/T 0257
8	铜片腐蚀试验（100℃，3h）级	≤2b	必要时	GB/T 5096
9	Timken 机试验（OK 负荷）N（1b）	报告	必要时	GB/T 11144

表 127 运行空气压缩机油的质量指标及检验周期

序号	项目	质量指标	检验周期	试验方法
1	外观	透明，无机械杂质	1年或必要时	外观目视
2	颜色	无明显变化	1年或必要时	外观目视
3	运动黏度（40℃） mm^2/s	与新油原始值相差＜±10%	1年、必要时	GB/T 265
4	洁净度（NAS 1638） 级	报告	1年或必要时	DL/T 432
5	酸值 mgKOH/g	与新油原始值比增加≤0.2	1年或必要时	GB/T 264
6	液相锈蚀（蒸馏水）	无锈	必要时	GB/T 11143
7	水分 mg/L	报告	1年或必要时	GB/T 7600
8	旋转氧弹（150℃） min	≥60	必要时	SH/T 0193

4.8.6.3.5 正常的检验周期是基于保证辅机设备安全运行而制定的，但对于辅机设备补油及换油以后的检测则应另行增加检验次数。

4.8.6.4 运行辅机用油的监督和维护

4.8.6.4.1 新装辅机设备和检修后的辅机设备在投运之前，监督相关专业必须进行油系统冲洗，将油系统全部设备及管道冲洗达到合格的洁净度。

4.8.6.4.2 运行辅机用油系统的污染防止措施。

a) 运行期间：运行中应加强监督所有与大气相通的门、孔、盖等部位，防止污染物的直接侵入。如发现运行油受到水分、杂质污染时，应及时采取有效措施予以解决。

b) 油转移过程中：当油系统检修或因油质不合格换油时，需要进行油的转移。如果从系统内放出的油还需要再使用时，应将油转移至内部已彻底清理干净的临时油箱。当油从系统转移出来时，应尽可能将油放尽，特别是应将加热器、冷油器内等含有污染物的残油设法排尽。放出的油可用净油机净化，待完成检修后，再将净化后的油返回到已清洁的油系统中。油系统所需的补充油也应净化合格后才能补入。

c) 检修前油系统污染检查：油系统放油后应对油箱、油泵、过滤器等重要部件进行检查，并分析污染物的可能来源，采取相应的措施。

d) 检修中油系统清洗：对油系统解体后的元件及管道进行清理。清理时所用的擦拭物应干净、不起毛，清洗时所用的有机溶剂应洁净，并注意对清洗后残留液的清除。清理后的部件应用洁净油冲洗，必要时需用防锈剂（油）保护。清理时不宜使用化学清洗法，也不宜用热水或蒸汽清洗。

4.8.6.4.3 辅机用油净化处理要求。

a) 辅机用油的品种和规格较多，在净化处理时同种油品、相同规格油宜使用一台油处理设备。如果混用，会造成不同油品的相互污染问题。

b) 对于用油量较大的辅机设备，在运行中，可以采用旁路油处理设备进行油净化处理。当油中的水分超标时，可采用带精过滤器的真空滤油机处理；当颗粒杂质含量超标时，可采用精密滤油机进行处理；当油的酸值和破乳化度超标时，可以采用具有吸附再生功能的设备处理，也可以采用具有脱水、再生和净化功能的综合性油处理设备。

c) 辅机设备检修时，应将油系统中的油排出，检修结束清理完油箱后，将经过净化处理合格的油注入油箱，进行油循环净化处理，使油系统清洁度达到规范要求。

4.8.6.4.4 辅机补油要求。

a) 运行中需要补加油时，应补加经检验合格的相同品牌、相同规格的油。补油前应进行混油试验，油样的配比应与实际使用的比例相同，试验合格后方可补加。

b) 当要补加不同品牌的油时，除进行混油试验外，还应对混合油样进行全分析试验，混合油样的质量应不低于运行油的质量标准。

4.8.6.4.5 辅机换油要求。

a) 由于油质劣化，需要换油时，应将油系统中的劣化油排放干净，用冲洗油将油系统彻底冲洗后排空，注入新油，进行油循环，直到油质符合运行油的要求。

b) 工业闭式齿轮油换油指标参照 NB/SH/0586 执行，见表128。

表128 工业闭式齿轮油换油指标的技术要求和试验方法

项　　目		L-CKC 换油指标	L-CKD 换油指标	试验方法
外观		异常 [a]	异常 [a]	目测
运动黏度（40℃）变化率 %	超过	±15	±15	GB/T 265
水分（质量分数） %	大于	0.5	0.5	GB/T 260
机械杂质（质量分数） %	大于或等于	0.5	0.5	GB/T 511
铜片腐蚀（100℃，3h） 级	大于或等于	3b	3b	GB/T 5096
梯姆肯 OK 值 N	小于或等于	133.4	178	GB/T 11144
酸值增加 mgKOH/g	大于或等于	—	1.0	GB/T 7304
铁含量 mg/kg	大于或等于	—	200	GB/T 17476
[a] 外观异常是指使用后油品颜色与新油相比变化非常明显（如由新油的黄色或者棕黄色等变为黑色），或油品中能观察到明显的油泥状物质或颗粒物质等				

c) L-HM 液压油换油指标参照 NB/SH/0599 执行，见表129。

表129 L-HM 液压油换油指标的技术要求和试验方法

项　　目		换油指标	试验方法
40℃运动黏度变化率 %	超过	±10	GB/T 265
水分（质量分数） %	大于	0.1	GB/T 260

表 129（续）

项　　目		换油指标	试验方法
色度增加 号	大于	2	GB/T 6540
酸值增加 ª mgKOH/g	大于	0.3	GB/T 264，GB/T 7304
正戊烷不溶物 ᵇ %	大于	0.10	GB/T 8926A 法
铜片腐蚀（100℃，3h） 级	大于	2a	GB/T 5096
泡沫特性（24℃）（泡沫倾向/泡沫稳定性） mL/mL	大于	450/10	GB/T 12579
清洁度 ᶜ	大于	—/18/15 或 NAS9	GB/T 14039 或 NAS 1638

ª　结果有争议时以 GB/T 7304 为仲裁方法。
ᵇ　允许采用 GB/T 511 方法，使用 60℃～90℃石油醚作溶剂，测定试样机械杂质。
ᶜ　根据设备制造商的要求适当调整

d)　L-HL 液压油换油指标参照 NB/SH/0476 执行，见表 130。

表 130　L-HL 液压油换油指标的技术要求和试验方法

项　　目		换油指标	试验方法
外观		不透明或混浊	目测
40℃运动黏度变化率 %	超过	±10	GB/T 265
色度变化（比新油） 号	等于或大于	3	GB/T 6540
酸值 mgKOH/g	大于	0.3	GB/T 264
水分 %	大于	0.1	GB/T 260
机械杂质 %	大于	0.1	GB/T 511
铜片腐蚀（100℃，3h） 级	等于或大于	2	GB/T 5096

4.8.6.4.6　辅机用油油质异常原因及处理措施。

　　a)　实验室、化学监督专责人应根据运行油质量标准，对油质检验结果进行分析，如果
油质指标超标，应通知有关部门，查明原因，并采取相应处理措施。

　　b)　辅机用油油质异常原因及处理措施见表 131。

表 131　辅机运行油油质异常原因及处理措施

异常项目		异常原因	处 理 措 施
外观		油中进水或被其他液体污染	脱水处理或换油
颜色		油温升高或局部过热，油品严重劣化	控制油温、消除油系统存在的过热点，必要时滤油
运动黏度（40℃）		油被污染或过热	查明原因，结合其他试验结果考虑处理或换油
闪点		油被污染或过热	查明原因，结合其他试验结果考虑处理或换油
酸值		运行油温高或油系统存在局部过热导致老化、油被污染或抗氧剂消耗	控制油温、消除局部过热点、更换吸附再生滤芯作再生处理，每隔 48h 取样分析，直至正常
水分		密封不严，潮气进入	更换呼吸器的干燥剂、脱水处理、滤油
清洁度		被机械杂质污染、精密过滤器失效或油系统部件有磨损	检查精密过滤器是否破损、失效，必要时更换滤芯、检查油箱密封及系统部件是否有腐蚀磨损、消除污染源，进行旁路过滤，必要时增加外置过滤系统过滤，直至合格
泡沫特性 [a]	24℃	油老化或被污染、添加剂不合适	消除污染源、添加消泡剂、滤油或换油
	93.5℃		
	后 24℃		
液相锈蚀		油中有水或防锈剂消耗	加强系统维护，脱水处理并考虑添加防锈剂
破乳化度 [a]		油被污染或劣化变质	如果油呈乳化状态，应采取脱水或吸附处理措施
[a]　泡沫特性和破乳化度适用于汽轮机油			

4.8.7　机组启动、停备用及检修阶段油质控制要求

4.8.7.1　机组油系统检修，检修工作完成后，应对所检修的系统进行彻底的清扫，并通过三级验收后，方可充油。机组启动前，对油系统进行循环净化，油质合格方可启动。

4.8.7.2　机组启动、停备用及检修阶段变压器油、汽轮机油、抗燃油、密封油和辅机用油的油质控制要求应按照各类油品的技术监督中的规定执行。

4.8.7.3　在机组投运前或大修后，变压器油、汽轮机油和抗燃油及密封油均应作全分析。其分析结果均应符合运行变压器油、运行汽轮机油、运行密封油、运行抗燃油质量标准。

4.8.7.4　抗燃油除机组启动前作全分析外，启动 24h 后应测定洁净度，并符合运行抗燃油质量标准。

4.8.8　电力用油的相容性（混油、补油）要求

4.8.8.1　变压器等电气设备混油、补油应按 GB/T 14542 的规定进行；汽轮机混油、补油应按 GB/T 14541 的规定进行；抗燃油混油、补油应按 DL/T 571 的规定进行。

4.8.8.2 电气设备混油、补油的相容性规定。

a) 电气设备充油不足需要补充油时，应优先选用符合相关新油标准的未使用过的变压器油，最好补加同一油基、同一牌号及同一添加剂类型的油品，补加油品的各项特性指标都应不低于设备内的油。在补油前应先做油泥析出试验，确认无油泥析出，酸值、介质损耗因数值不大于设备内油时，方可进行补油。

b) 不同油基的油原则上不宜混合使用。

c) 在特殊情况下，如需将不同牌号的新袖混合使用，应按混合油的实测倾点决定是否适于此地域的要求，然后再按 DL/T 429.6 的方法进行混油试验，并且混合样品的各项指标应不比最差的单个油样差。

d) 如在运行油中混入不同牌号的新油或已使用过的油，除应事先测定混合油的倾点以外，还应按 DL/T 429.6 的方法进行老化试验，观察油泥析出情况，无沉淀方可使用，所获得的混合样品的各项指标（酸值、介质损耗因数等）应不比原运行油的差，才能决定混合使用。

e) 对于进口油或产地、生产厂家来源不明的油，原则上不能与不同牌号的运行油混合使用。当必须混用时，应预先进行参加混合的各种油及混合后的油按 DL/T 429.6 的方法进行老化试验，在无油泥沉淀析出的情况下，混合油的质量不低于原运行油时，方可混合使用；若相混的都是新油，其混合油的各项指标（酸值、介质损耗因数等）应不低于最差的一种油，并需按实测倾点决定是否适合该地区使用。

f) 在进行混油试验时，油样的混合比应与实际使用的比例相同；如果混油比无法确定时，则采用 1:1 质量比例混合进行试验。

4.8.8.3 汽轮机混油、补油的相容性规定。

a) 需要补充油时，应补加与原设备相同牌号及同一添加剂类型的新油，或曾经使用过的符合运行油标准的合格油品。补油前应先进行混合油样的油泥析出试验（按 DL/T 429.7 油泥析出测定法），无油泥析出时方可允许补油。

b) 参与混合的油，混合前其各项质量均应检验合格。

c) 不同牌号的汽轮机油原则上不宜混合使用。在特殊情况下必须混用时，应先按实际混合比例进行混合油样黏度的测定后，再进行油泥析出试验，以最终决定是否可以混合使用。

d) 对于进口油或来源不明的汽轮机油，若需与不同牌号的油混合时，应先将混合前的单个油样和混合油样分别进行黏度检测，如黏度均在各自的黏度合格范围之内，再进行混油试验。混合油的质量应不低于未混合油中质量最差的一种油，方可混合使用。

e) 试验时，油样的混合比例应与实际的比例相同；如果无法确定混合比例时，则试验时一般采用 1:1 比例进行混油。

f) 矿物汽轮机油与用作润滑、调速的合成液体（如磷酸酯抗燃油）有本质上的区别，切勿将两者混合使用。

4.8.8.4 抗燃油补油、换油的规定。

4.8.8.4.1 抗燃油补油应遵以下规定：

a) 运行中的电液调节系统需要补加抗燃油时，应补加经检验合格的相同品牌、相同牌号规格的抗燃油。补油前应对混合油样进行油泥析出试验，油样的配比应与实际使用的比例相同，试验合格方可补加。

b) 不同品牌规格的抗燃油不宜混用，当不得不补加不同品牌的抗燃油时，应满足下列条件才能混用：

　1) 应对运行油、补充油和混合油进行质量全分析，试验结果合格，混合油样的质量应不低于运行油的质量；

　2) 应对运行油、补充油和混合油样进行开口杯老化试验，混合油样无油泥析出，老化后补充油、混合油油样的酸值、电阻率质量指标应不低于运行油老化后的测定结果。

c) 补油时，应通过抗燃油专用补油设备补入，补入油的洁净度应合格；补油后应从油系统取样进行洁净度分析，确保油系统洁净度合格。

d) 抗燃油不应与矿物油混合使用。

4.8.8.4.2 抗燃油换油应遵以下规定：

a) 抗燃油运行中因油质劣化需要换油时，应将油系统中的劣化油排放干净。

b) 应检查油箱及油系统，应无杂质、油泥，必要时清理油箱，用冲洗油将油系统彻底冲洗。

c) 冲洗过程中应取样化验，冲洗后冲洗油质量不得低于运行油标准。

d) 将冲洗油排空，应更换油系统及旁路过滤装置的滤芯后再注入新油，进行油循环，直到取样化验洁净度合格后（满足 SAE AS4509D 中不大于 5 级的要求）可停止过滤，同时取样进行油质全分析试验，试验结果应符合表 114 的要求。

4.9 气体质量监督

4.9.1 氢气质量监督标准

4.9.1.1 制氢站、发电机氢气及气体置换用惰性气体的质量标准

a) 制氢站、发电机氢气及气体置换用惰性气体的质量标准应按表 132 执行。

b) 氢气湿度和纯度测量要求见附录 D.1。

表 132　制氢站、发电机氢气及气体置换用惰性气体的质量标准

气　体	气体纯度 %	气体中含氧量 %	气体湿度（露点温度）℃
制氢站产品或发电机充氢、补氢用氢气（H_2）	≥99.8	≤0.2	≤-25
发电机内氢气（H_2）	≥96.0	≤2.0	发电机最低温度5℃时：<-5；>-25 发电机最低温度≥10℃时：<0；>-25
气体置换用惰性气体（N_2 或 CO_2）	≥98.0	≤2.0	（同上）
新建、扩建机电厂制氢站氢气	≥99.8	≤0.2	≤-50

注：制氢站产品或发电机充氢、补氢用氢气湿度为常压下的测定值；发电机内氢气湿度为发电机运行压力下的测定值

4.9.1.2 发电机气体置换时各种气体的质量标准

a) 由二氧化碳排空气，二氧化碳＞85%；

b) 由氢气排二氧化碳，氢气＞96%；

c) 由二氧化碳排氢气，二氧化碳＞95%；

d) 由空气排二氧化碳，二氧化碳＜3%。

4.9.1.3 氢气使用过程中的注意事项

4.9.1.3.1 制氢系统设计及技术要求按照 GB 50177 的要求执行。

4.9.1.3.2 氢气在使用、置换、储存、压缩与充（灌）装、排放过程以及消防与紧急情况处理、安全防护方面的安全技术要求按照 GB 4962 的要求执行。

4.9.1.3.3 氢气系统应保持正压状态，禁止负压或超压运行。同一储氢罐（或管道）禁止同时进行充氢和送氢操作。

4.9.1.3.4 水电解制氢系统的冲洗用水应为除盐水，冲洗应按系统流程依次进行，冲洗结束后应对碱液过滤器进行清理。

4.9.1.3.5 水电解制氢系统气密性试验介质应选用氮气，系统保持压力应为额定压力的 1.05 倍，保压 30min，检查各连接处有无泄漏。再降压至工作压力，保压时间不应少于 24h，压降平均每小时不大于 $0.5\%p$（p 为额定压力）为合格。

4.9.1.3.6 配制电解液的电解质应选用分析纯或优级纯产品，质量符合 GB/T 2306 和 GB/T 629 的规定，溶剂应选用除盐水。

4.9.1.3.7 电解制氢系统的气体置换应使用氮气，储氢罐的气体置换可采用水、氮气，供氢母管的气体置换可采用氮气。

4.9.1.3.8 发电机的充氢和退氢均应借助中间介质（二氧化碳或氮气）进行，置换时系统压力应不低于最低允许值。

4.9.1.3.9 当发电机内氢气纯度超标时，应及时对发电机内氢气进行排补等处理。当发电机漏氢量超标时，应对发电机氢气相关系统进行检查处理。

4.9.1.3.10 氢气使用区域空气中氢气体积分数不超过 1%，氢气系统动火检修，系统内部和动火区域的氢气体积分数不超过 0.4%。

4.9.1.3.11 氢系统中［包括储氢罐、电解装置、干燥装置、充（补）氢汇流排］的安全阀、压力表、减压阀等应按压力容器的规定定期进行检验。

4.9.1.3.12 供（制）氢站和主机配备的在线氢气纯度仪、露点仪和检漏仪表，每年应由相应资质的单位进行一次检定，并做好检验报告的归档管理。

4.9.2 六氟化硫质量控制标准

4.9.2.1 六氟化硫新气监督

4.9.2.1.1 六氟化硫新气验收按照 GB/T 8905 和 GB/T 12022 的规定进行（包含进口新气的验收）。

4.9.2.1.2 新的六氟化硫气体到货后，应检查生产厂家的质量证明书，其内容应包括：生产厂家名称、产品名称、气瓶编号、生产日期、净重、检验报告等。

4.9.2.1.3 抽检率：六氟化硫新气到货后 30 天内应标进行抽检，从同批气瓶抽检时，抽取样品的瓶数应符合表 133 的规定。

4.9.2.1.4 六氟化硫气体的取样见附录 D.2.1。

表 133 总气瓶数与应抽取的瓶数

项 目	1	2	3	4[a]	5[a]
总气瓶数	1～3	4～6	7～10	11～20	20 以上
抽取瓶数	1	2	3	4	5
[a] 除抽检瓶数外，其余瓶数测定湿度和纯度					

4.9.2.1.5 对不具备新气验收的电厂，新气购置到货应按要求抽检送至具备检验资质单位进行检验；具备新气验收条件的电厂应进行抽样检测验收，分析项目及指标要求见表134。

4.9.2.1.6 六氟化硫气体储存时间超过半年后，使用前应重新检测湿度，指标应符合新气标准。

表 134 新六氟化硫（包括再生气体）分析项目及指标要求

序号	项 目		单位	指标	试验方法
1	六氟化硫（SF_6）		%（重量比）	≥99.9	DL/T 920
2	空气		%（重量比）	≤0.04	DL/T 920
3	四氟化碳（CF_4）		%（重量比）	≤0.04	DL/T 920
4	湿度（20℃）	重量比	%（重量比）	≤0.000 5	GB/T 5832
		露点（101 325Pa）	℃	≤−49.7	
5	酸度（以 HF 计）		%（重量比）	≤0.000 02	DL/T 916
6	可水解氟化物（以 HF 计）		%（重量比）	≤0.000 10	DL/T 918
7	矿物油		%（重量比）	≤0.000 4	DL/T 919
8	毒性			生物试验无毒	DL/T 921

4.9.2.2 投运前、交接时监督

4.9.2.2.1 六氟化硫电气设备制造厂在设备出厂前，应检验设备气室内气体的湿度和空气含量，并将检验报告提供给使用单位。

4.9.2.2.2 投运前、交接时六氟化硫气体分析项目及质量指标见表135。

4.9.2.2.3 六氟化硫气体在充入变压器24h后，才能进行试验。

表 135 投运前、交接时六氟化硫分析项目及质量要求

序号	项目	周期	单位	标准	检测方法
1	气体泄漏（年泄漏率）	投运前	%	≤0.5	GB 11023
2	湿度（20℃）	投运前	μL/L	灭弧室≤150 非灭弧室≤250	DL/T 506
3	酸度（以 HF 计）	必要时	%（重量比）	≤0.000 03	DL/T 916
4	四氟化碳	必要时	%（重量比）	≤0.05	DL/T 920
5	空气	必要时	%（重量比）	≤0.05	DL/T 920

表 135（续）

序号	项目	周期	单位	标准	检测方法
6	可水解氟化物（以 HF 计）	必要时	%（重量比）	≤0.000 1	DL/T 918
7	矿物油	必要时	%（重量比）	≤0.001	DL/T 919
8	气体分解物	必要时	小于 5μL/L，或（SO₂＋SOF₂）小于 2μL/L、HF 小于 2μL/L		电化学传感器、气相色谱、红外光谱等

4.9.2.3 运行六氟化硫监督

4.9.2.3.1 运行中六氟化硫气体分析项目及质量指标见表 136。

表 136 运行中六氟化硫气体分析项目及质量指标

序号	项目	周期	标准	检测方法
1	气体泄漏 [a]	日常监控，必要时	年泄漏量不大于总气量的 0.5%	GB 11023
2	湿度（20℃）（H₂O）μL/L	1～3 年/次，大修后，必要时 [b]	1）有电弧分解物的隔室：大修后：不大于 150；运行中：不大于 300 2）无电弧分解物的隔室：大修后：不大于 250；运行中：不大于 500（1000）[c]	DL/T 506
3	酸度（以 HF 计）μg/g	必要时 [d]	≤0.3	DL/T 916
4	四氟化碳（CF₄，m/m）%	必要时 [d]	大修后≤0.05；运行中≤0.1	DL/T 920
5	空气（O₂＋N₂，m/m）%	必要时 [d]	大修后≤0.05；运行中≤0.2	DL/T 920
6	可水解氟化物（以 HF 计）μg/g	必要时 [d]	≤1.0	DL/T 918
7	矿物油 μg/g	必要时 [d]	≤10	DL/T 919
8	气体分解产物	必要时	50μL/L 全部，或 12μL/L（SO₂＋SOF₂）、25μL/LHF，注意设备中分解产物变化增量	电化学传感器、气相色谱、红外光谱等

[a] 气体泄漏检查可采用多种方式，如定性检漏、定量检漏、红外成像检漏、激光成像检漏等。
[b] 是指新装及大修后 1 年内复测湿度或漏气量不符合要求和设备异常时，按实际情况增加的检测。
[c] 若采用括号内数值，应得到制造厂认可。
[d] 怀疑设备存在故障或异常时，或是需要据此查找原因时

4.9.2.3.2 凡充于电气设备中的六氟化硫气体，均属于使用中的六氟化硫气体，应按照 DL/T 596 中的有关规定进行检验。

4.9.2.3.3 充六氟化硫气体变压器应参照 DL/T 941、生产厂家制定质量标准执行。

4.9.2.3.4　设备通电后一般每三个月，亦可一年内复核一次六氟化硫气体中的湿度，直至稳定后，每1年～3年检测湿度一次。

4.9.2.3.5　对充气压力低于 0.35MPa 且用气量少的六氟化硫电气设备（如 35kV 以下的断路器），只要不漏气，交接时气体湿度合格，除在异常时，运行中可不检测气体湿度。

4.9.2.3.6　六氟化硫电气设备运行无异常声音，室内无异常气味，设备温度、气室压力正常，断路器液压操作机构油位正常，无漏油现象。

4.9.2.3.7　六氟化硫电气设备安装的湿度在线监测装置、气体泄漏报警装置等在线检测设备工作正常。

4.9.2.3.8　运行设备如发现压力下降应分析原因，必要时对设备进行全面检漏，若发现有漏气点应及时处理。

4.9.2.3.9　六氟化硫气体分解产物检测项目及要求。

    a)　在安全措施可靠的条件下，可在设备带电状况下进行六氟化硫气体分解产物检测。

    b)　对不同电压等级系统中的设备，宜按表 137 给出的检测周期进行六氟化硫气体分解产物现场检测。

表 137　不同电压等级设备的六氟化硫气体分解产物检测周期

电压 kV	检 测 周 期	备 注
750、1000	（1）新安装和解体检修后投运 3 个月内检测 1 次； （2）正常运行每 1 年检测 1 次； （3）诊断检测	诊断检测： （1）发生短路故障、断路器跳闸时； （2）设备遭受过电压严重冲击时，如雷击等； （3）设备有异常声响、强烈电磁振动响声时
66～500	（1）新安装和解体检修后投运 1 年内检测 1 次； （2）正常运行每 3 年检测 1 次； （3）诊断检测	
≤35	诊断检测	

    c)　运行设备中六氟化硫气体分解产物的检测组分、检测指标及其评价结果如表 138 所示。

    d)　若设备中六氟化硫气体分解产物 SO_2 或 H_2S 含量出现异常，应结合六氟化硫气体分解产物的 CO、CF_4 含量及其他状态参量变化、设备电气特性、运行工况等，对设备状态进行综合诊断。

表 138　六氟化硫气体分解产物的检测组分、检测指标和评价结果

检测组分	检测指标 μL/L		评 价 结 果
SO_2	≤1	正常值	正常
	1～5	注意值	缩短检测周期
	5～10	警示值	跟踪检测，综合诊断
	>10	警示值	综合诊断

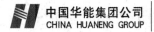

表 138（续）

检测组分	检测指标 μL/L		评 价 结 果
H₂S	≤1	正常值	正常
	1～2	注意值	缩短检测周期
	2～5	警示值	跟踪检测，综合诊断
	5	警示值	综合诊断

注 1：灭弧气室的检测时间应在设备正常开断额定电流及以下电流 48h 后。
注 2：CO 和 CF₄ 作为辅助指标，与初值（交接验收值）比较，跟踪其增量变化，若变化显着，应进行综合诊断

4.9.2.3.10　运行六氟化硫电气设备定性检漏、定量检测、泄漏率要求。

　　a）　定性检漏，定性检漏仅作为判断试品漏气与否的一种手段，是定量检漏前的预检。用灵敏度不低于 0.01μL/L 的六氟化硫气体检漏仪检漏，无漏点则认为密封性能良好。

　　b）　定量检漏，定量检漏可以在整台设备、隔室或由密封对应图 TC（高压开关设备、隔室与分装部件、元件密封要求的互相关系图，一般由制造厂提供）规定的部件或组件上进行。定量检漏通常采用扣罩法、挂瓶法、局部包扎法、压力降法等方法。

　　c）　六氟化硫设备每个隔室的年漏气率不大于 0.5%。操作间空气中六氟化硫气体的允许浓度不大于 1000μL/L（或 6g/m³）。短期接触，空气中六氟化硫的允许浓度不大于 1250μL/L（或 7.5g/m³）。

4.9.2.3.11　运行六氟化硫设备补气。

　　a）　六氟化硫电气设备补气时，所补气体必须符合新气质量标准，补气时应注意管路和接头的干燥及清洁；如遇不同产地、不同生产厂家的六氟化硫气体需混用时，符合新气体质量标准的气体均可以混用。

　　b）　运行设备经过连续两次补加气体或单次补加气体超过设备气体总量10%时，补气后应对气室内气体水分、空气含量和六氟化硫纯度进行检测。

4.9.2.4　**六氟化硫设备检修监督**

4.9.2.4.1　六氟化硫电气设备检修，应按照 DL/T 639、GB/T 8905 执行。

4.9.2.4.2　六氟化硫设备解体前，应对设备内六氟化硫气体进行必要的分析测定，根据有毒气体含量，采取相应的安全防护措施。

4.9.2.4.3　断路器、隔离开关等气室检修，如需对检修气室中的气体完全回收，为确保相邻气室和运行气室的安全，需对检修气室的相邻气室进行降压处理。

4.9.2.4.4　路器、隔离开关的操作机构滤油应保证滤芯过滤精度，换油时，避免使用溶剂清洗操作机构压力箱体，清洗剂和洗涤油应完全从操作机构箱体内排除以免污染新加入的油。

4.9.2.4.5　补加油宜采用与已充油同一油源、同一牌号及同一添加剂类型的油品，并且补加油（不论是新油或已使用的油）的各项特性指标不应低于已充油。

4.9.2.4.6　六氟化硫气体的回收：

　　a）　回收气体一般应充入钢瓶储存。钢瓶设计压力为 7MPa 时，充装系数不大于 1.04kg/L；钢瓶设计压力为 8MPa 时，充装系数不大于 1.17kg/L；钢瓶设计压力为 12.5MPa 时，

充装系数不大于 1.33kg/L。

b) 六氟化硫气体的回收包括对电气设备中正常的、部分分解或污染的六氟化硫气体的回收。包含以下几种情况六氟化硫气体应回收：

　　1) 设备压力过高时；

　　2) 在对设备进行维护、检修、解体时；

　　3) 设备基建需要更换时。

4.9.2.4.7　吸附剂在安装前应进行活化处理，处理温度按生产厂家要求执行。应尽量缩短吸附剂从干燥容器或密封容器内取出直接安装完毕的时间，吸附剂安装完毕后，应立即抽真空。

4.9.2.4.8　六氟化硫气体的充装要求参见附录 D.2.2。

4.9.2.4.9　重复使用气体杂质最大容许要求应符合投运前、交接时六氟化硫分析项目及质量指标。

4.9.2.4.10　六氟化硫电气设备安装完毕，在投运前（充气 24h 以后）应复验六氟化硫气室内的湿度和空气含量。

4.9.2.4.11　从事六氟化硫电气设备试验、运行、检修和监督管理工作的人员，必须按照 DL/T 639 的有关条款执行。

4.9.2.4.12　工作场所中六氟化硫气体的容许含量见附录 D.2.3。

4.9.2.4.13　对于配备有在线密度、湿度计的六氟化硫电气设备，每年应由相应资质的单位进行一次检定，并做好检验报告的归档管理，每半年应对六氟化硫密度、湿度进行取样分析，对在线仪表进行比对试验，当实验室检验与在线仪表偏差较大时，应查找原因对在线仪表进行相应的处理。

4.9.3　仪用气体的质量要求

4.9.3.1　仪用气源质量应满足 GB/T 4213 的规定。

4.9.3.2　操作压力下的气源其露点应比调节阀工作温度至少低 10℃。

4.9.3.3　气源中无明显的油蒸汽、油和其他液体。

4.9.3.4　气源中无明显的腐蚀性气体、蒸汽和溶剂。

4.9.3.5　带定位器的调节阀气源中固体微粒的含量应小于 $0.1g/m^3$，且微粒直径应小于 $30\mu m$，含油量应小于 $10mg/m^3$。仪用压缩空气的检验项目及周期见表 139。

表 139　仪用压缩空气的检验项目及周期

序号	项目	单位	标　　　准	周　　　期
1	湿度	℃	比环境温度低 10℃	1 次/半年
2	杂质	—	无油蒸汽、油及其他液体	1 次/半年

4.10　水处理主要设备、材料和化学药品的技术标准

4.10.1　反渗透装置验收标准

4.10.1.1　反渗透水处理装置的验收应按照订货合同逐套进行。

4.10.1.2　合同中没有明确规定的项目，按照 DL/T 951 标准进行检验和验收。

4.10.1.3　检验和验收分为出厂检验、交货验收和性能试验三部分。

4.10.1.4　反渗透装置处理装置的性能参数见表 140。

4.10.1.5 渗透装置处理装置的性能试验应在设备完成全部调试内容后进行,应在额定出力条件下运行 168h。

表 140　反渗透本体的性能参数

序号	项目	常规（苦咸水脱盐）反渗透	海水淡化反渗透
1	脱盐率	满足合同要求,一般第一年不小于 98%	满足合同要求,一般第一年不小于 98%
2	回收率	满足合同要求,一般不小于 75%	满足合同要求,一般不小于 40
3	运行压力	满足设计要求,初始运行进水压力一般不大于 1.5MPa	满足设计要求,一般不大于 6.9MPa
4	能量回收装置		能量回收率一般不小于 65%
5	产水量	满足相应水温条件下的合同要求	
6	仪表	正确指示,精度达到合同要求	
7	连锁与保护	满足合同要求	
8	阀门	开关灵活,阀位状态指示正确;电动阀电机运转平稳,振动和噪声等指标满足电动阀技术要求	
注:用于废水处理时,根据具体水质情况来定,按照订货合同验收			

4.10.2　超滤水处理装置验收标准

4.10.2.1　超滤水超滤水处理装置的验收应按照订货合同逐套进行。

4.10.2.2　合同中没有明确规定的项目,按照 DL/T 952 标准进行检验和验收。

4.10.2.3　检验和验收分为出厂检验、交货验收和性能试验三部分。

4.10.2.4　超滤水处理装置的性能参数见表 141。

表 141　处理装置的性能参数

序号	项　目	要　求
1	平均水回收率	达到合同要求,一般大于等于 90%
2	产水量	额定压力时,达到相应水温条件下的设计值
3	透膜压差	满足合同要求
4	化学清洗周期	符合合同值,不小于 30 天
5	制水周期	符合合同值
6	反洗历时	符合合同值

4.10.2.5　超滤水处理装置出水水质参考指标见表 142。

4.10.2.6　超滤水处理装置的性能试验应在设备完成全部调试内容后进行,应在额定出力条件下运行 168h。

表 142　超滤水处理装置出水水质参考指标

序号	项　目	指　标
1	SDI_{15} 值	<3
2	浊度	$<0.4NTU$
3	悬浮物	$<1mg/L$
注：浊度测试方法按 GB/T 15893.1 执行，悬浮物测试方法按 GB 11901 执行			

4.10.3　电除盐水处理装置验收标准

4.10.3.1　电除盐水处理装置验收应按照订货合同逐条进行。

4.10.3.2　合同中没有明确规定的项目，应按照 DL/T 1260 标准进行检验和验收。

4.10.3.3　检验和验收应分为出厂检验、交货验收和性能试验三部分。

4.10.3.4　在性能试验前，电除盐水处理装置的进水应能满足 DL/T 5068 及电除盐膜组件对水质的要求。

4.10.3.5　性能试验在水处理系统设备完成全部调试合格后进行，应在额定出力条件下运行 168h。

4.10.3.6　电除盐水处理装置保安过滤器的流量和压差：达到设计值；新滤元投运初期压差宜小于 0.05MPa。

4.10.3.7　电除盐水处理装置的性能参数见表 143。

4.10.3.8　电除盐装置出水水质应符合合同要求，同时满足 GB/T 12145 中锅炉补给水质量标准要求。

表 143　电除盐水处理装置的性能参数

序号	项目	要　求
1	平均水回收率	按照不小于 90% 验收
2	运行压差	(1) 初始运行进、出水压差不大于 0.3MPa； (2) 产品水压力应大于浓水和极水压力 0.035MPa
3	产水量	额定压力、设计温度及设计进水水质条件下达到合同要求
4	单位能耗	不宜大于 0.5kW·h/m³

4.10.4　离子交换树脂验收标准

4.10.4.1　离子交换树脂验收应按 DL/T 519 的要求进行。

4.10.4.2　离子交换树脂取样按 GB/T 5475 中规定的方法进行。

4.10.4.3　树脂生产厂以每釜为一批取样，用户已收到的树脂每五批（或不足五批）为一个取样单元。

4.10.4.4　每个取样单元中，任取 10 包（件），单独计量，其总量不应小于铭牌规定的 10 包（件）量的和。若包装件中有游离水分，应除去游离水分后计量。

4.10.4.5　每包装件必须有树脂生产厂质量检验部门的合格证。

4.10.4.6　发电厂按 DL/T 519 标准的规定项目对收到的树脂产品进行检验。并将部分样品封存以备复验。若需复验，应在收到树脂产品三个月内向树脂生产厂提出。

4.10.4.7 检验结果有某项技术指标不符合本验收标准的要求时,应重新自该取样单元中两倍的包装件中取样复验。并以复验结果为准。

4.10.4.8 若发电厂对所定购离子交换树脂的技术要求超出 DL/T 519 规定时,应按供货合同要求进行验收。

4.10.4.9 当供需双方对树脂产品的质量有异议时,由供需双方协商解决或由法定质量检测部门进行仲裁。

4.10.5 粉末离子交换树脂的验收标准

4.10.5.1 粉末离子交换树脂验收按照 DL/T 1138 要求进行。

4.10.5.2 粉末离子交换树脂按 GB/T 5475 规定的方法进行取样。

4.10.5.3 每 5 包(件)为 1 个取样单元,不足 5 包按 1 个取样单元计。

4.10.5.4 每包(件)应有生产厂的合格证。

4.10.5.5 发电厂应按 DL/T 1138 标准规定项目对对收到的粉末离子交换树脂产品进行检验,并留样备查。

4.10.5.6 检验结果有不符合项时,应双倍取样复检,并以复检结果为准。

4.10.6 滤料的采用及其验收标准

4.10.6.1 滤料的选择。滤料应符合设计要求,如设计未作规定时,可根据滤料的化学稳定性和机械强度进行选择。一般要求如下:

    a) 凝聚处理后的水,可采用石英砂。

    b) 石灰处理后的水,可采用大理石、无烟煤。

    c) 磷酸盐、食盐过滤器的滤料,可采用无烟煤。

    d) 离子交换器、活性炭过滤器底部的垫层,应采用石英砂。

4.10.6.2 滤料的验收。

    a) 过滤器的滤料验收应满足 DL/T 5190.4 要求。

    b) 对石英砂和无烟煤应进行酸性、碱性和中性溶液的化学稳定性试验;对大理石和白云石应进行碱性和中性溶液的化学稳定性试验。滤料浸泡 24h 后,应分别符合以下要求:

        1) 全固形物的增加量不超过 20mg/L。

        2) 二氧化硅的增加量不超过 2mg/L。

    c) 用于离子交换器、活性炭过滤器垫层的石英砂,应符合以下要求:

        1) 纯度:二氧化硅≥99%。

        2) 化学稳定性试验合格。

    d) 过滤材料的组成应符合制造厂或设计要求,如未作规定时,一般应采用表 144 的规定。

    e) 过滤器填充滤料前,应做滤料粒度均匀性的试验,并应达到有关标准。

表 144 过滤材料粒度表

序号	类 别		粒 径	不均匀系数
1	单层滤料	石英砂	$d_{min}=0.5$, $d_{max}=1.0$	2.0
		大理石	$d_{min}=0.5$, $d_{max}=1.0$	

表 144（续）

序号	类 别		粒 径	不均匀系数
1	单层滤料	白云石	d_{min}=0.5，d_{max}=1.0	
		无烟煤	d_{min}=0.5，d_{max}=1.5	
2	双层滤料	无烟煤	d_{min}=0.8，d_{max}=1.8	2～3
		石英砂	d_{min}=0.5，d_{max}=1.2	

4.10.7 活性炭验收标准

4.10.7.1 水处理用活性炭的验收按照 DL/T 582 要求执行。

4.10.7.2 活性炭的取样满足 GB/T 13803.4 要求。

4.10.7.3 活性炭的物理性能指标的检验。按 DL/T 582—2004 第 7.1 节至 7.11 节所列试验方法进行活性炭物理性能指标检验，结果应符合 DL/T 582—2004 第 4.2 节中规定。

4.10.7.4 活性炭对有机物吸附性能指标的检验。验收的活性炭样品与原样品对同一种水中天然有机物（通常为腐殖酸或富里酸）达到吸附平衡时，按 DL/T 582—2004 中式（1）计算平衡浓度为 5mg/L 时吸附值之间的偏差 S，小于或等于 10%时，认为与原活性炭样品相同。也可按试验方法 DL/T 582 7.14 测定验收。

4.10.7.5 余氯的吸附性能指标检验。按 DL/T 582—2004 中式（1）计算验收的活性炭样品与原样品的碘值之间的偏差 S 应小于或等于 10%，认为与原活性炭样品相同。

4.10.8 水处理用药剂的技术要求

4.10.8.1 水处理药剂应按水处理工艺的技术要求进行采购。

4.10.8.2 发电厂应制定《大宗化学药品管理制度》以规范水处理药剂的管理，逐批进行质量验收，宜进行化学药剂纯度及其杂质含量的分析。

4.10.8.3 水处理和凝结水精处理用化学药剂包括：盐酸、氢氧化钠、硫酸、阻垢剂、还原剂、凝聚剂、缓蚀剂、杀菌剂等药剂，炉内处理用化学药剂包括：氨、磷酸钠、氢氧化钠等药剂。

4.10.8.4 盐酸标准及验收项目应满足 GB 320，见表 145。

表 145　盐酸标准及验收项目　　　　　　　　　　　　　　　　　　　　%

序号	项 目	优等品	一等品	合格品
1	总酸度（以 HCl 计）的质量分数		≥31.0	
2	铁（以 Fe 计）的质量分数	≤0.002	≤0.008	≤0.01
3	灼烧残渣的质量分数	≤0.05	≤0.10	≤0.15
4	游离氯（以 Cl 计）的质量分数	≤0.004	≤0.008	≤0.01
5	砷的质量分数		≤0.000 1	
6	硫酸盐（以 SO_4^{2-} 计）的质量分数	≤0.005	≤0.03	—

4.10.8.5 氢氧化钠标准及验收项目应满足 GB/T 11199，见表 146。

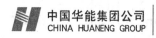

表 146　氢氧化钠标准及验收项目 %

项目	型号规格							
	HS		HL					
	I		I		II		III	
	指标							
	优等	一等	优等	一等	优等	一等	优等	一等
氢氧化钠（以 NaOH 计）	≥99.0	≥99.5	≥45.0		≥32.0		≥30.0	
碳酸钠（以 Na₂CO₃ 计）	≤0.5	≤0.8	≤0.1	≤0.2	≤0.04	≤0.06	≤0.04	≤0.06
氯化钠（以 NaCl 计）	≤0.02	≤0.04	≤0.008	≤0.01	≤0.004	≤0.007	≤0.004	≤0.007
三氧化二铁（以 Fe₂O₃ 计）	≤0.002	≤0.004	≤0.000 8	≤0.001	≤0.000 3	≤0.000 5	≤0.000 3	≤0.000 5
二氧化硅（以 SiO₂ 计）	≤0.008	≤0.010	≤0.002	≤0.003	≤0.001 5	≤0.003	≤0.001 5	≤0.003
氯酸钠（以 NaClO₃ 计）	≤0.005	≤0.005	≤0.002	≤0.003	≤0.001	≤0.002	≤0.001	≤0.002
硫酸钠（以 Na₂SO₄ 计）	≤0.01	≤0.02	≤0.002	≤0.004	≤0.001	≤0.002	≤0.001	≤0.002
三氧化二铝（以 Al₂O₃ 计）	≤0.004	≤0.005	≤0.001	≤0.002	≤0.000 4	≤0.000 6	≤0.000 4	≤0.000 6
氧化钙（以 CaO 计）	≤0.001	≤0.003	≤0.000 3	≤0.000 8	≤0.000 1	≤0.000 5	≤0.000 1	≤0.000 5

4.10.8.6 硫酸标准及验收项目应满足 GB 534，见表 147。

表 147　硫酸标准及验收项目 %

序号	项目	浓硫酸		
		优等品	一等品	合格品
1	硫酸（以 H₂SO₄ 计）的质量分数	≥92.5 或 98.0		
2	灰分的质量分数	≤0.02	≤0.03	≤0.1
3	铁（以 Fe 计）的质量分数	≤0.005	≤0.010	—
4	砷（以 As 计）的质量分数	≤0.000 1	≤0.005 0	—
5	汞（以 Hg 计）的质量分数	≤0.001	≤0.010	—
6	铅（以 Pb 计）的质量分数	≤0.005	≤0.020	—

表 147（续）

序号	项　目	浓硫酸		
		优等品	一等品	合格品
7	透明度 mm	≥80	≥50	—
8	色度 mL	≤2.0	≤2.0	—

4.10.8.7 循环水用阻垢缓蚀剂标准及验收项目应满足 DL/T 806，见表 148。

表 148　循环水用阻垢缓蚀剂标准及验收项目　　　　　　　%

序号	指　标　名　称	指　　标		
		A 类	B 类	C 类
1	唑类（以 C_6H_4NHN：N 计）	—	≥1.0	≥3.0
2	磷酸盐（以 PO_4^{3-}计）含量	≤20.0		
3	亚磷酸盐（以 PO_3^{3-}计）含量	≤1.0		
4	正磷酸盐（以 PO_4^{3-}计）含量	≤0.5		
5	固含量	≥32.0		
6	密度（20℃） g/cm^3	≥1.15		
7	pH（1%水溶液）	3±1.5		

注 1：A 类阻垢缓蚀剂可用于不锈钢管、钛管循环冷却水处理系统，也可用于碳钢管冲灰水系统。
注 2：B 类阻垢缓蚀剂可用于铜管循环冷却水处理系统。
注 3：C 类阻垢缓蚀剂可用于要求有较高唑类含量的铜管循环冷却水处理系统。
注 4：磷酸盐含量大于 6.8%为含磷阻垢剂；磷酸盐含量 2.0%～6.8%为低磷阻垢剂；磷酸盐含量低于 2.0%
为无磷阻垢剂，需要时可参照 GB/T 20778 对阻垢缓蚀剂的生物降解性进行分析

4.10.8.8 聚合硫酸铁剂标准及验收项目应满足 GB 14591，见表 149。

表 149　聚合硫酸铁剂标准及验收项目　　　　　　　%

序号	项　目	I 型	II 型
1	密度（20℃） g/cm^3	≥1.45	
2	全铁的质量分数	≥11.0	≥18.5
3	还原性物质（以 Fe^{2+}计）的质量分数	≤0.10	≤0.15
4	盐基度	9.0～14.0	9.0～14.0
5	pH（1%水溶液）	2.0～3.0	2.0～3.0
6	砷（以 As 计）的质量分数	≤0.000 5	≤0.000 8
7	铅（以 Pb 计）的质量分数	≤0.001 0	≤0.001 5
8	不溶物的质量分数	≤0.3	≤0.5

4.10.8.9 聚氯化铝标准及验收项目应满足 GB 15892，预处理出水作为电厂饮用水水源时应满足表 150，不作为饮用水水源时满足表 151。

表 150　饮用水用聚氯化铝标准及验收项目　　　　　　　　%

序号	项　　目	指　　标	
		液体	固体
1	氧化铝（以 Al_2O_3 计）的质量分数	≥10.0	≥29.0
2	盐基度	40.0～90.0	
3	密度（20℃） g/cm^3	≥1.12	—
4	不溶物的质量分数	≤0.2	≤0.6
5	pH（10g/L 水溶液）	3.5～5.0	
6	砷（以 As 计）的质量分数	≤0.000 2	
7	铅（以 Pb 计）的质量分数	≤0.001	
8	镉（以 Cd 计）的质量分数	≤0.000 2	
9	汞（以 Hg 计）的质量分数	≤0.000 01	
10	六价铬（以 Cr_{+6} 计）的质量分数	≤0.000 5	

注：表中所列液体所列砷、铅、镉、汞、六价铬、不溶物的指标均按 Al_2O_3 10%产品的计算，当 Al_2O_3 含量≥10%时，应按实际含量折算成 Al_2O_3 10%产品比例计算各项杂质指标

表 151　不作为饮用水的聚氯化铝标准及验收项目　　　　　　%

序号	项　　目	指　　标	
		液体	固体
1	氯化铝（以 Al_2O_3 计）的质量分数	≥6.0	≥28.0
2	盐基度	30～95	
3	密度（20℃） g/cm^3	≥1.10	—
4	不溶物的质量分数	≤0.5	≤1.5
5	pH（10g/L 水溶液）	3.5～5.0	
6	铁（以 Fe 计）的质量分数	≤2.0	≤5.0
7	砷（以 As 计）的质量分数	≤0.000 5	≤0.001 5
8	铅（以 Pb 计）的质量分数	≤0.002	≤0.006

注：表中所列液体不溶物、铁、砷、铅的质量分数均指 Al_2O_3 10%产品的含量，当 Al_2O_3 含量不等于10%时，应按实际含量折算成 Al_2O_3 10%产品比例计算出相应的质量分数

4.10.8.10 次氯酸钠标准及验收项目应满足 GB 19106，见表 152。

表152 次氯酸钠标准及验收项目 %

序号	项 目	型 号 规 格				
		A[a]		B[b]		
		Ⅰ	Ⅱ	Ⅰ	Ⅱ	Ⅲ
		指 标				
1	有效氯（以Cl计）	≥10.0	≥5.0	≥13.0	≥10.0	≥5.0
2	游离碱（以NaOH计）	0.1～1.0		0.1～1.0		
3	铁（以Fe计）	≤0.005		≤0.005		
4	重金属（以Pb计）	≤0.001		—		
5	砷（以As计）	≤0.000 1		—		
[a] A型适用于消毒、杀菌及水处理等。						
[b] B型仅适用于一般工业用						

4.10.8.11 氨水的标准及验收项目应满足GB 631，见表153。

表153 氨水的标准及验收项目 %

序号	名 称	分析纯	化学纯
1	含量（NH_3）	25～28	25～28
2	蒸发残渣	≤0.002	≤0.004
3	氯化物（Cl）	≤0.000 05	≤0.000 1
4	硫化物（S）	≤0.000 02	≤0.000 05
5	硫酸盐（SO_4）	≤0.000 2	≤0.000 5
6	碳酸盐（CO_2）	≤0.001	≤0.002
7	磷酸盐（PO_4）	≤0.000 1	≤0.000 2
8	钠（Na）	≤0.000 5	—
9	镁（Mg）	≤0.000 1	≤0.000 5
10	钾（K）	≤0.000 1	—
11	钙（Ca）	≤0.000 1	≤0.000 5
12	铁（Fe）	≤0.000 02	≤0.000 05
13	铜（Cu）	≤0.000 01	≤0.000 02
14	铅（Pb）	≤0.000 05	≤0.000 1
15	还原高锰酸钾物质（以O计）	≤0.000 8	≤0.000 8

4.10.9 各种水处理设备、管道的防腐方法和技术要求

各种水处理设备、管道的防腐方法和技术要求参见附录E。

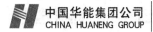
5 监督管理要求

5.1 化学监督管理的依据

5.1.1 电厂应按照集团公司《电力技术监督管理办法》和本标准的要求，制定化学监督管理标准，并根据国家法律、法规及国家、行业、集团公司标准、规范、规程、制度，结合电厂实际情况，编制化学监督相关/支持性文件；建立健全技术资料档案，以科学、规范的监督管理，保证化学设备以及化学监督设备的安全可靠运行。

5.1.2 化学技术监督管理应具备的相关/支持性文件。

    a) 化学技术监督实施细则（包括执行标准、工作要求）；

    b) 化学运行规程；

    c) 化学设备检修工艺规程；

    d) 在线化学仪表维护、检验规程；

    e) 化学实验室管理规定；

    f) 化学实验室仪器仪表设备管理规定；

    g) 机组检修化学检查规定；

    h) 化学大宗物资（材料、油品、气体、药剂等）的验收、保管规定；

    i) 油务管理规定；

    j) 燃料质量管理监督规定；

    k) 六氟化硫气体监督管理规定。

5.1.3 技术资料档案。

5.1.3.1 基建阶段技术资料：

    a) 化学设备技术规范；

    b) 化学设备和有关重要监督设备、系统的设计和制造图纸、说明书、出厂试验报告；

    c) 化学设备安装竣工图纸；

    d) 化学设备设计修改文件；

    e) 主要化学设备验收报告、安装验收记录、缺陷处理报告、调试试验报告、投产验收报告；

    f) 锅炉水压试验方案和报告；

    g) 热力系统化学清洗方案和总结报告；

    h) 机组整套启动化学监督报告。

5.1.3.2 设备清册、台账以及图纸资料：

    a) 化学设备清册。

    b) 化学监督仪器、仪表、辅机用油、设备台账。

        1) 实验室化学仪器、仪表和在线化学分析仪表清单和维护、校验台账，参见附录F.1；

        2) 重要辅机设备用油台账，参见附录F.2；

        3) 化学设备台账，参见附录F.3，应包括以下系统设备：

            （1）预处理系统设备；

            （2）补给水处理系统设备；

（3）凝结水精处理系统设备；

（4）机组加药系统设备；

（5）制氢和储氢系统设备；

（6）水汽集中取样装置；

（7）循环水处理系统设备；

（8）热网补充水处理系统和热网循环水处理系统设备；

（9）发电机定子冷却水处理系统设备。

c) 全厂水汽热力系统图册。

d) 全厂化学设备系统图册。

e) 汽轮发电机组油气监督设备系统图册。

f) 化学监督有关系统设备设计和生产厂家说明书及培训资料等。

5.1.3.3 试验报告、记录和台账：

a) 化学实验室水汽质量查定记录和台账，参见附录 F.4；

b) 机组运行水汽质量记录报表；

c) 汽轮机油、抗燃油和电气设备用油、气试验检测记录、报告和台账，参见附录 F.5；

d) 机组启动水汽化学监督记录，参见附录 F.6；

e) 机组检修热力设备结垢、积盐和腐蚀检查台账，参见附录 F.7；

f) 预处理、补给水处理、凝结水精处理、循环水处理、制氢（供氢）等系统运行记录。

5.1.3.4 运行报告和记录：

a) 月度运行分析和总结报告；

b) 经济性分析和节能对标报告；

c) 设备定期轮换记录；

d) 定期试验执行记录；

e) 运行日志；

f) 交接班记录；

g) 培训记录；

h) 化学专业反事故措施；

i) 与化学监督有关的事故（异常）分析报告，凝汽器泄漏处理报告，水汽品质劣化三级处理报告，油、气质量异常跟踪分析报告；

j) 待处理缺陷的措施和及时处理记录；

k) 给水、炉水处理及水汽品质优化试验报告；

l) 凝结水精处理优化试验报告；

m) 循环水动、静态模拟试验报告；

n) 化学补给水系统调整试验报告；

o) 年度监督计划、化学监督工作总结；

p) 化学监督会议记录和文件。

5.1.3.5 检修维护记录和报告：

a) 机组检修热力设备化学监督检查方案、记录和报告；

b) 热力设备停（备）用防锈蚀记录及报告；

    c) 运行热力设备（锅炉、高压加热器、凝汽器和其他换热器）的化学清洗措施和总结报告；

    d) 化学设备检修文件包；

    e) 检修记录及竣工资料；

    f) 检修总结；

    g) 日常设备维修（缺陷）记录和异动记录。

5.1.3.6 缺陷闭环管理记录：

    月度缺陷分析。

5.1.3.7 事故管理报告和记录：

    a) 设备非计划停运、障碍、事故统计记录；

    b) 事故分析报告。

5.1.3.8 技术改造报告和记录：

    a) 可行性研究报告；

    b) 技术方案和措施；

    c) 技术图纸、资料、说明书；

    d) 质量监督和验收报告；

    e) 完工总结报告和后评估报告。

5.1.3.9 监督管理文件：

    a) 与化学监督有关的国家法律、法规及国家、行业、集团公司标准、规范、规程、制度；

    b) 电厂制定的化学监督标准、规程、规定、措施等；

    c) 年度化学监督工作计划和总结；

    d) 化学监督季报、速报，预警通知单和验收单；

    e) 化学监督网络会议纪要记录；

    f) 监督工作自我评价报告和外部检查评价报告；

    g) 化学技术监督人员档案、上岗证书；

    h) 试验室水、油分析人员，燃料采、制、化人员，在线化学仪表维护、校验人员上岗证书；

    i) 岗位技术培训计划、记录和总结；

    j) 与化学设备以及监督工作有关重要往来文件。

5.2 日常管理内容和要求

5.2.1 健全监督网络与职责

5.2.1.1 各电厂应建立健全由生产副厂长（总工程师）领导下的化学技术监督三级管理网。第一级为厂级，包括生产副厂长（总工程师）领导下的化学监督专责人；第二级为部门级，包括运行部化学专工，检修部化学专工；第三级为班组级，包括各专工领导的班组人员。在生产副厂长（总工程师）领导下由化学监督专责人统筹安排，协调运行、检修等部门，协调化学、锅炉、汽轮机、热工、金属、电气、燃料等相关专业共同配合完成化学监督工作。化学监督三级网应严格执行岗位责任制。

5.2.1.2 按照集团公司《华能电厂安全生产管理体系要求》和《电力技术监督管理办法》编制电厂化学监督管理标准，做到分工、职责明确，责任到人。

5.2.1.3 电厂化学技术监督工作归口职能管理部门在电厂技术监督领导小组的领导下，负责化学技术监督的组织建设工作，建立健全技术监督网络，并设化学技术监督专责人，负责全厂化学技术监督日常工作的开展和监督管理。

5.2.1.4 电厂化学技术监督工作归口职能管理部门每年年初要根据人员变动情况及时对网络成员进行调整；按照人员培训和上岗资格管理办法的要求，定期对技术监督专责人和特殊技能岗位人员进行专业和技能培训，保证持证上岗。

5.2.2 确定监督标准符合性

5.2.2.1 化学监督标准应符合国家、行业及上级主管单位的有关规定和要求。

5.2.2.2 每年年初，化学技术监督专责人应根据新颁布的标准规范及设备运行、技术参数以及异动情况，组织对化学运行规程、检修规程等规程、制度的有效性、准确性进行评估并修订不符合项，经归口职能管理部门领导审核、生产主管领导审批后发布实施。国标、行标及上级单位监督规程、规定中涵盖的相关化学监督工作均应在电厂规程及规定中详细列写齐全。在化学设备规划、设计、建设、更改过程中的化学监督要求等同采用每年发布的相关标准。

5.2.3 确定仪器仪表有效性

5.2.3.1 应配备必需的化学监督、检验和计量设备、仪表，建立相应的试验室。

5.2.3.2 应编制化学监督用仪器仪表使用、操作、维护规程，规范仪器仪表管理。

5.2.3.3 应建立化学监督用仪器仪表设备清单和台账，并根据检验、使用及更新情况进行补充完善。

5.2.3.4 应根据校验、检定周期和项目，制定化学监督仪器、仪表年度校验、检定计划，按规定进行检验、送检和量值传递，对检验合格的可继续使用，对检验不合格的送修或报废处理，保证仪器仪表有效性。

5.2.3.5 应按 DL/T 677 的要求对在线化学仪表进行定期校验和维护。

5.2.4 监督档案管理

5.2.4.1 电厂应按照本标准规定的文件、资料、记录和报告目录以及格式要求，建立健全化学技术监督各项台账、档案、规程、制度和技术资料，确保技术监督原始档案和技术资料的完整性和连续性。

5.2.4.2 技术监督专责人应建立化学监督档案资料目录清册，根据监督组织机构的设置和设备的实际情况，明确档案资料的分级存放地点，并指定专人整理保管，及时更新。

5.2.5 制定监督工作计划

5.2.5.1 化学技术监督专责人每年 11 月 30 日前应组织制订完成下年度技术监督工作计划，报送产业、区域子公司，同时抄送西安热工院。

5.2.5.2 电厂化学技术监督年度计划的制订依据至少应包括以下几方面：
   a) 国家、行业、地方有关电力生产方面的政策、法规、标准、规程和反措要求；
   b) 集团公司、产业公司、区域公司、发电企业技术监督管理制度和年度技术监督动态管理要求；
   c) 集团公司、产业公司、区域公司、发电企业技术监督工作规划和年度生产目标；
   d) 技术监督体系健全和完善化；
   e) 人员培训和监督用仪器设备配备和更新；
   f) 机组检修计划；

g) 化学运行和监督设备上年度异常、缺陷等；

h) 化学运行和监督设备目前的运行状态；

i) 技术监督动态检查、预警、季报提出的问题；

j) 收集的其他有关化学设备设计选型、制造、安装、运行、检修、技术改造等方面的动态信息。

5.2.5.3 电厂化学技术监督工作计划应实现动态化，即每季度应制订技术监督工作计划。年度（季度）监督工作计划应包括以下主要内容：

a) 技术监督组织机构和网络完善；

b) 监督管理标准、技术标准规范制订、修订计划；

c) 人员培训计划（主要包括内部培训、外部培训取证、标准规范宣贯）；

d) 技术监督例行工作计划；

e) 检修期间应开展的技术监督项目计划，包括热力设备化学清洗计划，反渗透、EDI 系统离线清洗计划，超滤、反渗透和 EDI 组件更换计划，离子交换树脂更换和补充计划；

f) 试验室仪器仪表和在线化学仪表校验、检定计划；

g) 试验室仪表和在线化学仪表更新和备品、配件采购计划；

h) 大宗化学药品、材料采购和水处理设备备品、配件采购计划；

i) 技术监督自我评价、动态检查和复查评估计划；

j) 技术监督预警、动态检查等监督问题整改计划；

k) 技术监督定期工作会议计划。

5.2.5.4 电厂应根据上级公司下发的年度技术监督工作计划，及时修订补充本单位年度技术监督工作计划，并发布实施。

5.2.5.5 化学监督专责人每季度应对监督年度计划执行和监督工作开展情况进行检查评估，对不满足监督要求的问题，通过技术监督不符合项通知单下发到相关部门监督整改，并对相关部门进行考评。技术监督不符合项通知单编写格式见附录 G。

5.2.6 监督报告管理

5.2.6.1 化学监督速报报送

电厂发生因主要化学监督指标异常而停机，凝汽器泄漏导致水汽品质恶化停机等事件后 24h 内，化学技术监督专责人应将事件概况、原因分析、采取措施按照附录 H 的格式，填写速报并报送产业、区域子公司和西安热工院。

5.2.6.2 化学监督季报报送

化学技术监督专责人应按照附录 I 的季报格式和要求，组织编写上季度化学技术监督季报，经电厂归口职能管理部门汇总后，于每季度首月 5 日前，将全厂技术监督季报报送产业、区域子公司和西安热工院。

5.2.6.3 化学监督年度工作总结报送

5.2.6.3.1 化学技术监督专责人应于每年 1 月 5 日前编制完成上年度技术监督工作总结，并报送产业、区域子公司和西安热工院。

5.2.6.3.2 年度化学监督工作总结报告主要内容应包括以下几方面：

a) 主要监督工作完成情况、亮点和经验与教训；

b) 设备一般事故、危急缺陷和严重缺陷统计分析；

c) 监督存在的主要问题和改进措施；

d) 下年度工作思路、计划、重点和改进措施。

5.2.7 监督例会管理

5.2.7.1 电厂每年至少召开两次厂级化学技术监督工作会议。会议由电厂技术监督领导小组组长主持，检查、评估、总结、布置全厂化学技术监督工作，对化学技术监督中出现的问题提出处理意见和防范措施，形成会议纪要，按管理流程批准后发布实施。

5.2.7.2 化学专业每季度至少召开一次技术监督工作会议，会议由化学监督专责人主持并形成会议纪要。

5.2.7.3 例会主要内容包括：

a) 上次监督例会以来化学监督工作开展情况；

b) 设备及系统的故障、缺陷分析及处理措施；

c) 化学监督存在的主要问题以及解决措施、方案；

d) 上次监督例会提出问题整改措施完成情况的评价；

e) 技术监督工作计划发布及执行情况，监督计划的变更；

f) 集团公司技术监督季报、监督通讯，集团公司、产业公司、区域公司化学典型案例，新颁布的国家、行业标准规范，监督新技术等学习交流；

g) 化学监督需要领导协调和其他部门配合和关注的事项；

h) 至下次监督例会时间内的工作要点。

5.2.8 监督预警管理

5.2.8.1 化学监督三级预警项目见附录 J。电厂应将三级预警识别纳入日常化学监督管理和考核工作中。

5.2.8.2 对于上级监督单位签发的预警通知单（见附录 K），电厂应认真组织人员研究有关问题，制定整改计划，整改计划中应明确整改措施、责任部门、责任人和完成日期。

5.2.8.3 问题整改完成后，电厂应按照验收程序要求，向预警提出单位提出验收申请，经验收合格后，由验收单位填写预警验收单（见附录 L），并报送预警签发单位备案。

5.2.9 监督问题整改管理

5.2.9.1 整改问题的提出：

a) 上级或技术监督服务单位在技术监督动态检查、预警中提出的整改问题；

b) 《火电技术监督报告》中明确的集团公司或产业、区域子公司督办问题；

c) 《火电技术监督报告》中明确的电厂需要关注及解决的问题；

d) 电厂化学监督专责人每季度对各部门的化学监督计划的执行情况进行检查，对不满足监督要求提出的整改问题。

5.2.9.2 问题整改管理：

a) 电厂收到技术监督评价报告后，应组织有关人员会同西安热工院或技术监督服务单位，在两周内完成整改计划的制订和审核，整改计划编写格式见附录 M。并将整改计划报送集团公司、产业公司、区域公司，同时抄送西安热工院或技术监督服务单位。

b) 整改计划应列入或补充列入年度监督工作计划，电厂按照整改计划落实整改工作，并将整改实施情况及时在技术监督季报中总结上报。

c) 对整改完成的问题，发电厂应保存问题整改相关的试验报告、现场图片、影像等技术资料，作为问题整改情况及实施效果评估的依据。

5.2.10 监督评价与考核

5.2.10.1 电厂应将《化学技术监督工作评价表》中的各项要求纳入化学监督日常管理工作中，《化学技术监督工作评价表》见附录 N。

5.2.10.2 电厂应按照《化学技术监督工作评价表》中的各项要求，编制完善化学技术监督管理制度和规定，贯彻执行；完善各项化学监督的日常管理和检修维护记录，加强化学设备的运行、检修维护技术监督。

5.2.10.3 电厂应定期对技术监督工作开展情况组织自我评价，对不满足监督要求的不符合项以通知单的形式下发到相关部门进行整改，并对相关部门及责任人进行考核。

5.3 各阶段监督重点工作

5.3.1 设计与设备选型阶段

5.3.1.1 化学工艺系统、设备的设计和选型审查应依据 GB 50013、GB 50050、GB 50177、GB 50335、GB 50660、GB/T 12145、GB/T 50619、DL 5000、DL/T 5068、DL/T 331.1、DL/T 331.2、DL/T 712、集团公司《火电工程设计导则》等国家标准、电力行业标准、集团公司相关标准和规定进行。化学工艺、加药系统的设计、设备选择，在线、试验分析监督仪表的配置，应与机组参数、容量、运行方式相适应，并能满足机组安全、环保、可靠、经济运行的要求。

5.3.1.2 参加化学可行性研究、初步设计、设计优化、施工图审核、设备的技术招标及选型等工作，对设备的技术参数、性能和结构等提出意见，并提出性能考核、技术资料、技术培训等方面的要求。

5.3.1.3 根据工程的规划情况及特点，监督工程设计做到合理选用水源、节约用水、降低能耗、保护环境，并便于安装、运行和维护。

5.3.1.4 对供热、空冷机组凝结水精处理系统的设备选型、树脂选型和配比优化提出建议，并监督阴树脂的耐温试验。

5.3.1.5 当城市中水、海水或其他再生水用作循环水补水时，监督进行循环水系统材料适应性和循环水优化处理模拟试验。

5.3.1.6 监督审核设计与设备选型阶段的工作文件、记录，技术协议、说明书、培训资料是否按照电厂文件记录管理标准的要求编写、记录、收集、留存并归档。

5.3.2 安装和调整试运阶段

5.3.2.1 依据 DL/T 794、DL/T 855、DL/T 889、DL/T 1076、DL 5190.6、DL/T 5210.6、DL/T 5295、DL/T 5437 等标准和本标准技术部分的规定，监督主要化学设备系统安装过程以及单体、分系统调试质量的检查、验收和评价过程是否满足过程控制和质量要求。

5.3.2.2 审查安装、调试主体单位及人员的资质；审查安装单位所编制的工作计划、进度网络图以及施工、调试方案、试验记录和技术报告。

5.3.2.3 监督化学补给水处理系统设备、凝结水精处理系统设备、制（供）氢等系统设备的安装及调试过程，确保质量满足应符合相关标准的要求。

5.3.2.4 监督并做好调整试运阶段的各种水处理材料、树脂、油品以及化学药品等物资的入厂检查、验收工作。

5.3.2.5 监督并参加重要热力设备到货、保管、安装过程中内、外表面的腐蚀情况的检查，监督和检查系统设备内部二次污染的防护过程。

5.3.2.6 监督凝汽器管安装前抽查和探伤工作是否符合本标准的规定，监督凝汽器汽侧灌水查漏满足相关规定。

5.3.2.7 审核锅炉水压试验及保养的方案和措施，对水压试验用药品和水质的进行分析化验，严禁使用不合格药品和水质进行锅炉水压试验。

5.3.2.8 审核锅炉化学清洗方案和措施，参加化学清洗全过程质量检测和监督工作，参加清洗质量检查验收过程，并签署质量检查评价表。

5.3.2.9 审核锅炉吹管方案和措施，对吹管过程热力系统净化冲洗和水汽品质进行检测化验，监督吹管结束后清扫凝汽器、除氧器和汽包内铁锈和杂物。

5.3.2.10 审核机组整套试运热力系统净化方案和措施；对各阶段水汽品质进行检测化验；监督启动过程中给水品质不合格，锅炉不点火，蒸汽品质不合格，汽轮机不冲转。

5.3.2.11 依据 GB/T 7597、GB/T 7595、GB/T 7596、GB/T 14541、GB/T 14542、DL/T 571、GB/T 8905 等标准和本标准技术部分的规定，监督并做好机组整套试运阶段油、气的质量监督检测化验工作，特别是充油电气设备到厂后、热油循环后、投用后的油、气质量的分析检测，以及汽轮机和抗燃油严格遵守油质颗粒度不合格机组不能启动的规定。

5.3.2.12 监督并协助进行发电机内冷水系统水冲洗净化，对内冷水水质进行检测，监督机组整套启动时，内冷水质量应满足机组正常运行标准。

5.3.2.13 按照电厂文件资料归档管理的要求，监督检查各基建单位按时向电厂移交化学专业基建技术资料、设备资料。

5.3.3 运行阶段

5.3.3.1 根据国家和行业有关的技术标准，结合电厂的实际制定本企业的《化学运行规程》和《化学技术监督实施细则》，并按《化学运行规程》和《化学技术监督实施细则》规定要求进行运行中的化学监督。

5.3.3.2 按规定每年对《化学运行规程》和《化学技术监督实施细则》复查、修订并书面通知有关人员。不需修订的，也应出具经复查人、批准人签名"可以继续执行"的书面文件。

5.3.3.3 根据机组的参数、型式、运行方式及热力系统材质，选择合适的给水、炉水处理方式，以降低系统的腐蚀及腐蚀产物的转移，避免锅炉受热面的结垢和腐蚀，汽轮机通流部件的积盐和腐蚀。必要时，外委进行水汽品质优化试验，以确定最佳的给水、炉水处理方式、加药方式、控制指标和锅炉运行方式（包括水位及变化控制、负荷变化控制、锅炉排污方式）。

5.3.3.4 应按国家、行业标准和本标准技术部分要求的水汽监督项目和检测周期，对水、汽质量进行检测和监督，保证机组的水汽质量处于可控状态，必要时还应水汽系统微量阴离子（氯离子、硫酸根离子）进行检测。

5.3.3.5 当水汽质量出现异常、劣化时，应迅速检查取样的代表性，化验结果的准确性，并综合分析系统中水汽质量的变化规律，确认水汽质量劣化无误后，应严格按水汽品质劣化三级处理原则进行处理。

5.3.3.6 应按本标准技术部分要求，结合电厂实际制定凝汽器泄漏紧急处理措施，在凝汽器泄漏严格按紧急处理措施执行，避免凝汽器大量泄漏导致水汽品质恶化，锅炉受热面结垢、腐蚀，汽轮机积盐。

5.3.3.7 凝结水精处理阳树脂宜采用氢型方式运行，以防止铵型运行时出水漏氯离子，而对后续给水、炉水、蒸汽品质造成影响，并造成锅炉水冷壁和汽轮机中、低压缸通流部件的腐蚀。

5.3.3.8 根据原水水质、水温变化情况及时对原水预处理系统的运行调整，确保出水水质满足后续设备、系统的安全、稳定运行。

5.3.3.9 加强对超滤、反渗透设备的运行管理和维护，定期对超滤、反渗透膜的化学清洗，确保超滤、反渗透装置的安全运行。

5.3.3.10 加强对循环水的防垢、杀菌处理，当循环水补水方式改变、药剂改变时，应外委进行循环水动、静态模拟试验，确定最佳的循环水处理方案和浓缩倍率，以确保循环水系统设备结垢和腐蚀得到抑制，并达到节水的目的。

5.3.3.11 供热机组应按本标准技术部分要求进行热网疏水质量的监督，热网循环水处理，尤其应加强加热器投运时，供热蒸汽管道和疏水管道的冲洗的监督工作。

5.3.3.12 按 DL/T 677 和本标准技术部分要求开展在线化学仪表的运行维护工作，定期对在线仪表进行校验，确保在线化学仪表的投入率和准确率。

5.3.3.13 按国家、行业标准和本标准技术部分规定编制燃料质量监督管理规定，对进行入厂煤、入炉煤的采、制、化全过程管理作出规定，并根据有关标准的更新及时修订。

5.3.3.14 加强对燃煤自动取样装置的维护工作，并按规定进行定期检定，使之处于良好的状态。

5.3.3.15 按国家、行业标准和本标准技术部分规定开展入厂煤、入炉煤的采、制、化工作，及时提交入炉煤的分析结果，以指导锅炉燃烧。

5.3.3.16 按国家、行业标准和本标准技术部分要求制定电厂各种油质量监督和管理规定，对电力用油的取样、验收，定期检测、运行监督，异常处理以及补油、混油等做出明确规定，并根据有关标准的更新情况定期进行修订。

5.3.3.17 按国家、行业标准和本标准技术部分规定的监督项目和检测周期，对汽轮机油、抗燃油、绝缘油、六氟化硫进行检测，发现不合格的指标应进行分析和及时处理。

5.3.3.18 按国家、行业标准和本标准技术部分要求对发电机氢气纯度、湿度的监督检测，发现指标超标应及时通知相关专业人员进行处理，监督氢气纯度、湿度的在线检测仪表按规定进行定期检定和校验。

5.3.3.19 按本标准技术部分要求，对入厂大宗化学药品、材料、树脂、油品化验、验收。

5.3.3.20 按规定定期对实验室水、煤、油、气的分析仪器进行校验和检定。

5.3.3.21 编制水汽质量、油品质量、氢气和六氟化硫气体监督台账，并定期进行汇总分析，及时掌握设备运行状态，并对设备异常状态进行预控。

5.3.4 停用和检修阶段

5.3.4.1 按 DL/T 246、DL/T 561、GB/T 12145、DL/T 956 等标准和本标准技术部分的规定，结合机组的特点及停（备）用时间、停用性质等，制定符合切实可行的机组热力设备停（备）用保护措施，并明确相关专业的职责，将相关措施纳入机组运行规程之中。

5.3.4.2 监督并指导机组停用保护措施的实施过程，结合机组启动期间水汽质量，机组检修热力设备化学检查情况，对停用保护措施的效果进行总结评价，并提出改进方案。

5.3.4.3 机组热力设备停（备）用防腐保护采用新工艺、新药剂时，应经过科学试验，并确定对机组水汽品质、凝结水精处理树脂没有危害，履行电厂审批手续后方可实施。

5.3.4.4 按 DL/T 1115 和本标准技术部分规定制定机组检修热力设备化学检查方案，开展化学检查。记录检查结果，对锅炉受热面垢量和成分，汽包、下联箱、汽轮机通流部分、凝汽器或其他部位垢的成分进行分析、检测。编写检查报告，对设备结垢、积盐、腐蚀进行评级，并根据锅炉受热面结垢、腐蚀，汽轮机通流部件积盐、腐蚀，凝汽器结垢、腐蚀和污堵情况，提出给水、炉水处理，循环水处理改进措施。

5.3.4.5 按 DL/T 794、DL/T 957、DL/T 977 和本标准技术部分的规定，根据锅炉受热面结垢量，凝汽器结垢量和运行端差，高压加热器结垢情况和运行端差，热网加热器及其他换热结垢情况，确定是否进行这些热力设备的化学清洗。监督选择有资质的清洗单位承担化学清洗工作，审核锅炉、凝汽器、换热器等热力设备化学清洗方案和废液处理措施，参加清洗全过程的质量监督，组织清洗结果的验收工作。

5.3.4.6 根据补给水处理、凝结水精处理、炉内加药、制氢、循环水处理等设备系统运行情况，制定这些设备系统的检修项目和计划，履行审批手续后，监督执行。

5.3.4.7 监督化学设备的检修工作，检查化学处理设备内部配件，并根据检修工艺要求做好维修或更换工作；确定检修期间是否需要进行离子交换树脂的复苏、补充或更换，超滤、反渗透、EDI 是否需要进行离线清洗或更换等。

5.3.4.8 油、气设备特殊检修或技改前，应监督相关专业编制相应的检修、技改方案，落实化学监督的具体要求，并履行审批手续。检修前、中、后应按相关标准开展油、气质量的检验工作，如果检验中发现异常应及时反馈给相关专业制定净化处理措施，监督净化处理的落实并确保净化处理到符合相关标准要求，严格执行汽轮机油、抗燃油洁净度不合格不得启机规定。如果需要补油，应补充相同牌号、厂家的油品，并做好油品质量的验收工作；如果补充不同牌号的油，应开展混油试验，符合要求后才能进行补油工作。

5.3.4.9 参与机组热力设备、化学设备、用油、气电气设备检修后的质量的验收和检查，监督或编写质量验收记录、报告。

5.3.4.10 根据 GB/T 12145、DL/T 246、DL/T 561 以及本标准技术部分规定，编写机组启动时热力系统水汽净化详细措施、监督指标和专用报表（参见附录 F.6）。监督并指导机组热力系统冷、热态水冲洗过程，做到给水品质不合格，锅炉不点火；炉水或分离器排水质量不合格，热态冲洗不结束；蒸汽品质不合格，汽轮机不冲转、并网。

5.3.4.11 监督有关专业定期对氢系统中储氢罐、电解装置、干燥装置、充（补）氢汇流排的安全阀、压力表、减压阀等进行定期检验。

5.3.4.12 机组热力设备检修化学检查录和报告、化学设备检修记录和报告，汽轮机油、抗燃油和各种辅机换油、补油记录和报告，用油、气电气设备换油（气）、补油（气）记录和报告，化学清洗记录和报告，机组停用保护报告，启机启动水汽净化记录等应按发电厂资料管理规定归档保管。

6 监督评价与考核

6.1 评价内容

6.1.1 化学监督评价内容见附录 N。

6.1.2 化学监督评价内容分为技术监督管理、技术监督标准执行两部分，总分为 1000 分，其中监督管理评价部分包括 8 个大项 35 小项共 400 分，监督标准执行部分包括 14 大项 39 个

小项共 600 分，每项检查评分时，如扣分超过本项应得分，则扣完为止。

6.2 评价标准

6.2.1 被评价的电厂按得分率高低分为四个级别，即优秀、良好、合格、不符合。

6.2.2 得分率高于或等于 90% 为"优秀"；80%～90%（不含 90%）为"良好"；70%～80%（不含 80%）为"合格"；低于 70% 为"不符合"。

6.3 评价组织与考核

6.3.1 技术监督评价包括集团公司技术监督评价、属地电力技术监督服务单位技术监督评价、电厂技术监督自我评价。

6.3.2 集团公司定期组织西安热工院和公司内部专家，对电厂技术监督工作开展情况、设备状态进行评价，评价工作按照集团公司《电力技术监督管理办法》规定执行，分为现场评价和定期评价。

6.3.2.1 集团公司技术监督现场评价按照集团公司年度技术监督工作计划中所列的电厂名单和时间安排进行。各电厂在现场评价实施前应按附录 N 进行自查，编写自查报告。西安热工院在现场评价结束后三周内，应参照集团公司《电力技术监督管理办法》附录 C 的格式要求完成评价报告，并将评价报告电子版报送集团公司安生部，同时发送产业、区域子公司及电厂。

6.3.2.2 集团公司技术监督定期评价按照集团公司《电力技术监督管理办法》及本标准要求和规定，对电厂生产技术管理情况、机组障碍及非计划停运情况、化学监督报告的内容符合性、准确性、及时性等进行评价，并通过年度技术监督报告发布评价结果。

6.3.2.3 集团公司对严重违反技术监督制度、由于技术监督不当或监督项目缺失、降低监督标准而造成严重后果以及对技术监督发现问题不进行整改的电厂，予以通报并限期整改。

6.3.3 电厂应督促属地技术监督服务单位依据技术监督服务合同的规定，提供技术支持和监督服务，依据相关监督标准定期对电厂技术监督工作开展情况进行检查和评价分析，形成评价报告，并将评价报告电子版和书面版报送产业、区域子公司及电厂，电厂应将报告归档管理，并落实问题整改。

6.3.4 电厂应按照集团公司《电力技术监督管理办法》及华能电厂安全生产管理体系要求，建立完善技术监督评价与考核管理标准，明确各项评价内容和考核标准。

6.3.5 电厂应每年按附录 N 要求，组织安排化学监督工作开展情况的自我评价，根据评价情况对相关部门和责任人开展技术监督考核工作。

附 录 A

（资料性附录）

化学试验室的主要仪器设备

A.1 水分析主要仪器设备

水分析主要仪器设备见表 A.1。

表 A.1 机组水分析主要仪器设备

序号	设备名称	规　范	单位	数量		备注
				超临界机组	超高压及亚临界机组	
1	电子精密天平	称量 200g，感量 0.1mg	台	2	1	
2	电子天平	称量 200g，感量 1mg	台	1	1	
3	电子天平	称量 2000g，感量 10mg	台	1	1	
4	箱形高温炉	最高炉温：1000℃（325mm×200mm×125mm）	台	1	1	带恒温装置
5	电热干燥箱	额定温度：250℃（350mm×450mm×450mm）	台	2	2	
6	钠度计	测量范围：pNa0～7；精确度 0.05pNa，稳定性：±0.02pNa/2h；检出限：0.1μg/L	台	2	2	钠度计
7	电导率仪	测量范围：0μS/cm～10^5μS/cm；精确度：±1.5%	台	2	2	
8	便携式数字电导率仪	测量范围：0μS/cm～10^5μS/cm；精确度（满量程）：±1%	台	2	1	带自动温度补偿
9	便携式数字纯水电导率仪	测量范围：0μS/cm～100μS/cm；精度等级：0.001 级	台	1	1	带自动温度补偿，流动电极杯
10	便携式溶氧仪	最低检测限：0.1μg/L	台	2	1	
11	便携式氧化还原电位测定仪		台	1	2	
12	酸度计	测量范围：pH0～14；数字式：pH±0.05pH	台	2	2	
13	便携式酸度计	测量范围：pH0～14	台	1	1	
14	便携式纯水酸度计	精度等级：pH0.005 级	台	2	1	

表 A.1（续）

序号	设备名称	规 范	单位	数量 超临界机组	数量 超高压及亚临界机组	备注
15	分光光度计	波长范围：300nm～900nm；波长精度：±2nm（参考）	台	1	1	带 100mm 比色皿
16	微量硅比色计	测量范围：0μg/L～50μg/L	台	2	2	
17	白金蒸发皿和坩埚		g	100	60	
18	实体显微镜	100 倍～200 倍	台	1	1	
19	生物显微镜		台	1	1	
20	玛瑙研钵		台	1	1	
21	电冰箱	180L	台	1	1	
22	紫外-可见分光光度计	波长范围：190nm～900nm；波长精度：±0.3nm；基线稳定性：0.004ABS/h；平坦度：0.001ABS	台	1	1	
23	原子吸收分光光度计	带石墨炉、自动进样器；检出限：Cd：0.15pg；Cu：1pg；Fe：1.5pg	台	1	—	
24	离子色谱仪	一次 1mL 进样量时，对阴离子最低检测限为：F^-：0.02μg/L；CH_3COO^-：0.4μg/L；$HCOO^-$：0.2μg/L；Cl^-：0.1μg/L；SO_4^{2-}：0.2μg/L	台	1	—	
25	总有机碳测定仪	灵敏度可测定<50μg/L TOC	台	1	—	
26	计算机		台	2	2	

A.2 燃煤检质主要仪器设备

煤制样主要仪器设备见表 A.2，煤分析主要设备见表 A.3。

表 A.2 煤制样主要仪器设备

序号	设备名称	规 范	单位	数量	备注
1	缩分破碎联合制样机	可同时出料 13mm（或 6mm）、3mm 粒度煤样	台	2	
2	密封式破碎机 1	出料粒度<13mm（或 6mm）	台	2	
3	密封式破碎机 2	出料粒度<3mm	台	2	

表 A.2（续）

序号	设备名称	规 范	单位	数量	备注
4	密封式二分器	用于缩分 13mm、6mm、3mm 煤样	套	2	
5	煤样筛	25mm、13mm、6mm 方孔筛，3mm 圆孔筛，0.2mm 标准筛	套	2	
6	电热干燥箱	30℃～50℃恒温	台	2	
7	密封式化验制样粉碎机	装料重量约 100g，装料粒度＜3mm，出料粒度＜0.2mm，加工时间 0min～12min	台	2	满足煤样"单进单出.
8	振筛机	垂直振打 149 次/min，水平回转 220 次/min	台	2	
9	电子天平	称量：5kg；感量：0.1g	台	2	
10	磅秤		台	2	
11	其他人工制样工具	铁锤、碾磨煤样的钢板钢辊、十字分样板、铁锹、毛刷、磁铁、清扫设备等	套	2	
12	条码机		套	1	
13	塑封机		台	2	
14	计算机		台	1	

表 A.3 煤分析主要仪器设备

序号	设备名称	规 范	单位	数量	备注
1	自动水分分析仪	符合 GB/T 211 要求	台	2	
2	自动工业分析仪	符合 GB/T 212 要求	台	2	
3	自动量热仪	符合 GB/T 213 要求	台	2	
4	自动测硫仪	符合 GB/T 214 要求	台	2	
5	碳氢分析仪	符合 GB/T 476 要求	台	2	
6	灰熔点测定仪	符合 GB/T 219 要求	台	1	
7	电热干燥箱	自动控温，温度能控制在（30℃～40℃）和（105℃～110℃），每小时能换气 5 次以上	台	2	
8	通氮干燥箱	自动控温，温度能控制在（105℃～110℃），有较小空间，能容纳适量称量瓶，每小时能换气 15 次以上	台	2	根据需要选择
9	智能马弗炉	符合 GB/T 212 要求	台	2	
10	电子天平 1	称量：100g～200g，感量 0.1mg	台	2	具备数据输出功能
11	电子天平 2	称量：100g～200g，感量 0.001g	台	2	

表 A.3（续）

序号	设备名称	规 范	单位	数量	备注
12	工业天平	称量：5.0kg，感量 0.1g	台	2	
13	条码机		台	1	
14	计算机		台	1	
注：以上仪器数量为最低配置数量，电厂可根据来煤批量适当增减					

A.3 油分析主要仪器设备

油分析主要仪器设备见表 A.4。

表 A.4 油分析主要仪器设备

序号	设备名称	规 范	单位	数量	备注
1	开口闪点测定仪	功率＜120W	台	1	与抗燃油合用
2	闭口闪点测定仪	功率＜100W	台	1	与抗燃油合用
3	工业天平	称量 200g，感量 1mg	台	1	
4	电热鼓风干燥箱	额定温度 250℃，尺寸 350mm×350mm×350mm	台	1	
5	电热恒温水浴锅	8 孔双列，温度 100℃	台	1	
6	油浴箱	温度 300℃	台	1	
7	酸度计	测量范围：pH1～14，0mV～±1400mV；最小分度：pH0.02，2mV；灵敏度：0.02pH	台	1	
8	界面张力仪	灵敏度：0.1mN/m；测量范围：5～100mN/m	台	1	
9	气相色谱仪	灵敏度：H_2 最小检知量 10μL/L，C_2H_2 最小检知量 1μL/L	套	1	
10	脱气装置	恒温振荡式，变径活塞式	台	1	
11	微量水分测定仪	测量范围：10～30 000μg；水灵敏度 1μg；10μg～1mg 精确度：≤5μg；＞1mg 精确度：≤0.5%	台	1	
12	比重计	测量范围：0.600～2.000；刻度 0.001	台	1	
13	锈蚀测定仪		台	1	
14	凝固点测定仪	精确度±1℃，测量范围：−50℃～0℃	台	1	与抗燃油合用
15	耐压试油器	速度 2kV/s，范围：0kV～60kV	台	1	
16	运动黏度计	0.8mm²/s～1.5mm²/s	台	1	与抗燃油合用
17	电冰箱	150L～175L	台	1	
18	电阻率测定仪	温控范围：20℃～95℃；精确度：±0.5℃；测量范围：$1.8×10^8$～$1.8×10^{15}$Ω·cm	台	1	与抗燃油合用
19	洁净度测定仪		台	1	
20	计算机		台	1	

A.4 燃油主要仪器设备

燃油主要仪器设备见表 A.5。

表 A.5 燃 油 主 要 仪 器 设 备

序号	设备名称	规　范	单位	数量	备注
1	开口闪点测定仪		台	1	
2	运动黏度计		台	1	
3	量热计		台	1	
4	凝固点测定仪		套	1	
5	比重计	测量范围：0.000 5～1.01	套	1	
6	超压恒温器	恒温 0.05℃/min（测燃油运动黏度）	台	1	

A.5 电厂抗燃油化验需用仪器

电厂抗燃油化验需用仪器见表 A.6。

表 A.6 电厂抗燃油化验需用仪器

序号	设备名称	规　范	单位	数量	备注
1	微量水测定仪		台		与油分析共用
2	泡沫体积测定仪		台	1	
3	电阻率测定仪		台		与油分析共用
4	自燃点测定仪		台	1	
5	空气释放值测定仪		台	1	
6	闪点测定仪		台	1	与油分析共用
7	破乳化度仪		台	1	
8	洁净度测定仪		台	1	与油分析共用

附 录 B

（资料性附录）

燃煤化学监督相关的技术资料

B.1 煤炭的分级

B.1.1 煤炭灰分分级

煤炭灰分的划分，见表 B.1。

表 B.1 煤 炭 灰 分 分 级

序号	级 别 名 称	代号	灰分 A_d 范围 %
1	特低灰煤	SLA	≤5.00
2	低灰分煤	LA	>5.00～10.00
3	低中灰煤	LMA	>10.00～20.00
4	中灰分煤	MA	>20.00～30.00
5	中高灰煤	MHA	>30.00～40.00
6	高灰分煤	HA	>40.00～50.00

B.1.2 煤炭硫分分级

煤的硫分等级的划分，见表 B.2。

表 B.2 煤 炭 硫 分 分 级

序号	级 别 名 称	代号	硫分 $S_{t,d}$ 范围 %
1	特低硫煤	SLS	≤0.50
2	低硫分煤	LS	>0.50～1.00
3	低中硫煤	LMS	>1.00～1.50
4	中硫分煤	MS	>1.50～2.00
5	中高硫煤	MHS	>2.00～3.00
6	高硫分煤	HS	>3.00

B.1.3 煤炭发热量分级

按煤的收到基低位发热量 $Q_{net,ar}$ 分级，详见表 B.3。

表 B.3 煤 炭 发 热 量 分 级

序号	级别名称	代号	发热量 $Q_{net,ar}$ 范围 MJ/kg
1	低热值煤	LQ	≥8.50～12.50

表 B.3（续）

序号	级别名称	代号	发热量 $Q_{net,ar}$ 范围 MJ/kg
2	中低热值煤	M_LQ	>12.50～17.00
3	中热值煤	MQ	>17.00～21.00
4	中高热值煤	MHQ	>21.00～24.00
5	高热值煤	HQ	>24.00～27.00
6	特高热值煤	SHQ	>27.00

B.1.4 煤的全水分分级

煤炭的全水分分级，详见表 B.4。

表 B.4 煤炭的全水分分级

序号	级别名称	代号	M_t 分级范围 %
1	特低全水分煤	SLM	≤6.0
2	低全水分煤	LM	>6.0～8.0
3	中等全水分煤	MLM	>8.0～12.0
4	中高全水分煤	MHM	>12.0～20.0
5	高全水分煤	HM	>20.0～40.0
6	特高全水分煤	SHM	>40.0

B.1.5 煤的挥发分产率分级

煤的挥发分产率分级，详见表 B.5。

表 B.5 煤的挥发分产率分级

序号	级别名称	代号	V_{daf} 分级范围 %
1	特低挥发分煤	SLV	≤10.00
2	低挥发分煤	LV	>10.00～20.00
3	中等挥发分煤	MV	>20.00～28.00
4	中高挥发分煤	MHV	>28.00～37.00
5	高挥发分煤	HV	>37.00～50.00
6	特高挥发分煤	SHV	>50.00

B.2 电力用煤特性指标及符号

电力用煤特性指标及符号见表 B.6。

表 B.6　电力用煤特性指标及符号

特性指标	英文名称	符号	特性指标	英文名称	符号
水分	moisture	M	全硫	total sulfur	S_t
全水分	total moisture	M_t	硫铁矿硫	pyritic sulfur	Sp
灰分	ash content	A	硫酸盐硫	Sulphate Sulfur	Ss
挥发分	Volatile matter	V	有机硫	organic Sulfur	S_o
固定碳	fixed carbon	FC	变形温度	deformation temperature	DT
高位发热量	gross calorific Value	Q_{gr}	软化温度	Softening temperature	ST
低位发热量	net calorific value	Q_{net}	流动温度	fluid temperature	FT
碳	Gabon	C	哈氏可磨性指数	Hardgrove grindability index	HGI
氢	hydrogen	H	碳酸盐二氧化碳	Carbonete carbon dioxside	$[CO_2]_c$
氧	Oxygen	O	外在水分	free moisture	M_f
氮	Nitrogen	N	内在水分	in moisture	M_{inh}
硫	Sulfur	S			

B.3　煤的基准

煤的基准名称、定义及其组分见表 B.7，不同基准之间的换算见表 B.8。

表 B.7　煤的基准名称、定义及其组分

基准	定　义	组　分
收到基（ar）	以使用状态煤为基准计算其组分含量的百分比	$M_{ar}+A_{ar}+C_{ar}+H_{ar}+N_{ar}+S_{t.ar}+O_{ar}=100$
空气干燥基（ad）	以空气干燥状态的煤为基准计算其组分含量的百分比	$M_{ad}+A_{ad}+C_{ad}+H_{ad}+N_{ad}+S_{t.ad}+O_{ad}=100$
干燥基（d）	以无水分状态的干燥煤为基准，计算其组分含量的百分比	$A_d+C_d+H_d+N_d+S_{t.d}+O_d=100$
干燥无灰基（daf）	以假设干燥无灰状态的煤为基难，计算其分含量的百分比	$C_{daf}+H_{daf}+N_{daf}+S_{daf}+O_{daf}=100$
干燥无矿物质基（dmmf）	以假设干燥无矿物质状态的煤为基准，计算其组分含量的百分比	$C_{dmmf}+H_{dmmf}+N_{dmmf}+S_{dmmf}+O_{dmmf}=100$

表 B.8　不同基准之间的换算系数表

换算后基准 ＼ 已知基准	收到基	空气干燥基	干燥基	干燥无灰基
收到基	1	$\dfrac{100-M_{ad}}{100-M_{ar}}$	$\dfrac{100}{100-M_{ar}}$	$\dfrac{100}{100-M_{ar}-A_{ar}}$

表 B.8（续）

换算后基准 已知基准	收到基	空气干燥基	干燥基	干燥无灰基
空气干燥基	$\dfrac{100-M_{ar}}{100-M_{ad}}$	1	$\dfrac{100}{100-M_{ad}}$	$\dfrac{100}{100-M_{ad}-A_{ad}}$
干燥基	$\dfrac{100-M_{ar}}{100}$	$\dfrac{100-M_{ad}}{100}$	1	$\dfrac{100}{100-A_d}$
干燥无灰基	$\dfrac{100-M_{ad}-A_{ad}}{100}$	$\dfrac{100-M_{ad}-A_{ad}}{100}$	$\dfrac{100-A_d}{100}$	1

B.4 入厂煤采样

B.4.1 采样精密度

燃煤的采样精密度要求，见表 B.9。

表 B.9 煤的采样精密度要求

入 厂 煤				入炉煤
原煤、 选煤		精煤	其他洗煤 （包括中煤）	
灰分（A_d）≤20%	灰分（A_d）>20%			
±1/10×灰分， 但不超出±1%（绝对值）	±2%（绝对值）	±1%（绝对值）	±1.5%（绝对值）	±1%（绝对值）

B.4.2 子样数目

1000t 原煤、筛选煤、精煤及其他洗煤和粒度大于 100mm 块煤应采的最少子样数，见表 B.10。

表 B.10 1000t 煤量最少子样数目　　　　　　　　　　个

采 样 地 点		煤流	火车	汽车	船舶	煤堆
原煤、筛选煤	干基灰分>20%	60	60	60	60	60
	干基灰分≤20%	30	60	60	60	60
精煤		15	20	20	20	20
其他洗煤（包括中煤）和粒度大于 100mm 块煤		20	20	20	20	20

煤量超过 1000t 时，应采的子样数目按下式计算：

$$N = n\sqrt{\dfrac{m}{100}}$$

式中：

N——实际应采子样数目，个；

n——表 B.10 规定的子样数目，个；

m——实际被采样煤量，t。

煤量少于 1000t 时，应采的子样数目根据表 B.10 规定比例递减，但不得少于表 B.11 规定的数目。

表 B.11　煤量少于 1000t 的最少子样数目　　　　　个

采 样 地 点		煤流	火车	汽车	船舶	煤堆
原煤、筛选煤	干基灰分＞20%	表 B.10 规定数目的 1/3	18	18	表 B.10 规定数目的 1/2	表 B.10 规定数目的 1/2
	干基灰分≤20%		18	18		
	精煤		6	6		
其他洗煤（包括中煤）和粒度大于 100mm 块煤			6	6		

B.4.3　子样质量

子样质量根据燃煤标称最大粒度按表 B.12 规定确定。

表 B.12　部分粒度初级子样最小质量

最大粒度 mm	≤6	13	25	50	100
子样最小质量 kg	0.5	0.8	1.5	3.0	6.0

B.4.4　留样量

制样过程中，煤样的最少留样量应按表 B.13 规定选用。

表 B.13　制样中不同粒度的最少留样量

煤样粒度 mm	一般和共用煤样 kg	全水分煤样 kg
≤25	40	8
≤13	15	3
≤6	3.75	1.25
≤3	0.7	0.65
≤1.0	0.1	—

B.5　机械采制样装置

机械采制样装置应包括采样器、给料机、破碎轧、缩分器、弃样处理和控制系统等主要部件，其整机性能及技术要求见表 B.14，各部件的技术要求应符合表 B.15 中的规定。

表 B.14　机械采制样装置整机性能及技术要求

序号	性能及技术要求
1	整机采样精密度合格。入厂煤机采装置要符合 GB/T 475、GB/T 19494 中所要求的采样精密度，入炉煤采样精密度为±1%

表 B.14（续）

序号	性能及技术要求
2	整机全水分损失率不大于 0.7%
3	在燃煤外在水分不大于 9%时，整机系统无卡、堵现象
4	各部件间出力要匹配
5	破碎和缩分部件及其连接管道要易于清理维护
6	控制系统应具有与输煤系统联动功能和一般故障自行诊断功能

表 B.15　机械采样装置各部件的技术要求

结构	性能及技术要求
采样器	（1）能采到完整的子样。 （2）对流动煤层的有断面刮板式采样头,其开口宽度与最大煤块相适应(通常为 2 倍～2.5 倍)。 （3）运动速度横过煤流速度不超过 1.5m/s，波动小于 5%（落煤流采样）；　运动速度不低于带式输送机速度（皮带中部采样）
给料机	给料均匀，系统密封
破碎机	出料粒度合格，通道畅通，不发生煤质改变
缩分器	无系统偏差，缩分精度合格，缩分比可调
弃样处理系统	能将弃样运送到不会再被采的位置

附 录 C

（资料性附录）

油品监督相关技术要求

C.1 电力用洁净度标准

C.1.1 NAS 的油洁净度

美国航空航天工业联合会（AIA）NAS 1638：1984 年 1 月发布，见表 C.1。

表 C.1 NAS 的油洁净度分级标准

分级 （颗粒数/100mL）	颗粒尺寸 μm				
	5～15	15～25	25～50	50～100	>100
00	125	22	4	1	0
0	250	44	8	2	0
1	500	89	16	3	1
2	1000	178	32	6	1
3	2000	356	63	11	2
4	4000	712	126	22	4
5	8000	1425	253	45	8
6	16 000	2850	506	90	16
7	32 000	5700	1012	180	32
8	64 000	11 400	2025	360	64
9	128 000	22 800	4050	720	128
10	256 000	45 600	8100	1440	256
11	512 000	91 200	16 200	2880	512
12	1 024 000	182 400	32 400	5760	1024

C.1.2 MOOG 的污染等级标准

美国飞机工业协会（ALA）、美国材料试验协会（ASTM）、美国汽车工程师协会（SAE）联合提出的标准 MOOG 的污染等级标准，各等级应用范围：0 级——很难实现；1 级——超清洁系统；2 级——高级导弹系统；3 级、4 级——一般精密装置（电液伺服机构）；5 级——低级导弹系统；6 级——一般工业系统，见表 C.2。

表 C.2 MOOG 的污染等级标准

分级 （颗粒数/100mL）	颗 粒 尺 寸 μm				
	5～10	10～25	25～50	50～100	>100
0	2700	670	93	16	1
1	4600	1340	210	28	3

表 C.2（续）

分级 （颗粒数/100mL）	颗 粒 尺 寸 μm				
	5～10	10～25	25～50	50～100	＞100
2	9700	2680	380	56	5
3	2400	5360	780	110	11
4	32 000	10 700	1510	225	21
5	87 000	21 400	3130	430	41
6	128 000	42 000	6500	1000	92

C.1.3 SAE AS4059D 洁净度分级标准

C.1.3.1 SAE AS4059D 是 NAS 1638 的发展和延伸，代表了液体自动颗粒计数器校准方法转变后颗粒污染分级的发展趋势，不但适用于显微镜计数方法，也适用于液体自动颗粒计数器计数方法。

C.1.3.2 与 NAS 1638 相比较，SAE AS4059D 具有下列特点：

a） 将计数方式由差分计数改为累计计数，更贴合自动颗粒计数器的特点。

b） 计数的颗粒尺寸向下延伸至 1μm（ACFTD 校准方法）或者 4μm（ISO MTD 校准方法），并且作为一个可选的颗粒尺寸，由用户根据自己的需要自己决定。

c） 增加了一个 000 等级。

d） SAE AS4059D 采用字母代码来表示相应的颗粒尺寸。

e） 污染度等级报告形式多样化，以适应来自各方面的不同需要：AS4059D 既可以按照大于特定尺寸的颗粒总数来判级，如 5C 级；也可以按照每个尺寸范围同时判级，如 5C/4D/3E 级、5C/4D/4E/4F 级；还可以按照多个尺寸范围的最高污染度等级来判级，如 5C-F 级等等。

C.1.3.3 SAE AS4059D 洁净度分级标准表 C.3。

表 C.3 SAE AS4059D 洁净度分级标准

		最大污染度极限 颗粒数/100mL					
ACFTD 尺寸 （ISO4402 校准）		＞1μm	＞5μm	＞15μm	＞25μm	＞50μm	＞100μm
MTD 尺寸 （ISO11171 校准）		＞4μm	＞6μm	＞14μm	＞21μm	＞38μm	＞70μm
尺寸代码		A	B	C	D	E	F
等级	000	195	76	14	3	1	0
	00	390	152	27	5	1	0
	0	780	304	54	10	2	0
	1	1560	609	109	20	4	1
	2	3120	1220	217	39	7	1

表 C.3（续）

		最大污染度极限 颗粒数/100mL					
等级	3	6250	2430	432	76	13	2
	4	12 500	4860	864	152	26	4
	5	25 000	9730	1730	306	53	8
	6	50 000	19 500	3460	612	106	18
	7	100 000	38 900	6920	1220	212	32
	8	200 000	77 900	13 900	2450	424	64
	9	400 000	156 000	27 700	4900	848	128
	10	800 000	311 000	55 400	9800	1700	256
	11	1 600 000	623 000	111 000	19 600	3390	512
	12	3 200 000	1 250 000	222 000	39 200	6780	1020

C.1.4 ISO 分级标准与 NAS、MOOG 分级标准之间的等量关系

国际标准化组织（ISO）考虑一种改进分级标准，颗粒尺寸在 5/μm 以上和 15/μm 以上从 ISO 图上可以查出与这两种不同尺寸数目的分级（见 ISO 4406：1987），现将 ISO 分级标准与 MOOG、NAS 分级标准之间的等量关系列于表 C.4。

表 C.4 ISO 分级标准与 NAS、MOOG 分级标准之间的等量关系

ISO 标准	NAS 标准	MOOC 标准	ISO 标准	NAS 标准	MOOG 标准
26/23			13/10	4	1
25/23 23/20			12/9	3	0
21/18	12		11/8	2	
20/17	11		10/8		
20/16			t0/7	1	
19/16	L0		10/6		
			9/6	0	
18/15	9	6	8/5	00	
17/14	8	5			
16/13	7	4	7/5		
15/12	6	3	6/3 5/2		
14/12 14/11	5	2	2/0.8		

C.2 抗燃油及矿物油对密封衬垫材料的相容性

燃油及矿物油对密封衬垫材料的相容性见表 C.5。

表 C.5 抗燃油及矿物油对密封衬垫材料的相容性

材 料 名 称	磷酸酯抗燃油	矿 物 油
氯丁橡胶	不适应	适应
丁腈橡胶	不适应	适应
皮 革	不适应	适应
橡胶石棉垫	不适应	适应
硅橡胶	适应	适应
乙丙橡胶	适应	不适应
氟化橡胶	适应	适应
聚四氟乙烯	适应	适应
聚乙烯	适应	适应
聚丙烯	适应	适应

附 录 D
（规范性附录）
气体质量化学监督相关技术要求

D.1 氢气质量监督的技术要求

D.1.1 氢气湿度和纯度的测定要求

D.1.1.1 氢气湿度和纯度的测定满足 DL/T 651 的要求。

D.1.1.2 对氢冷发电机内的氢气和供发电机充氢、补氢用的新鲜氢气的湿度和纯度应进行定时测量；对 300MW 及以上的氢冷发电机可采用连续监测方式。

D.1.2 氢气湿度计的安装、使用

D.1.2.1 氢气湿度计在氢系统上的安装、使用，应严格遵守有关在氢系统进行作业的各项规定并符合湿度计生产厂的要求。

D.1.2.2 对氢气湿度计应进行定期检定，随时保证氢气湿度计的测量准确性。

D.1.2.3 测定氢气湿度值时的压力修正。当氢气湿度计测湿元件所在处的氢气压力与 DL/T 561—1998 第 5 章中所规定的氢压不同时，应对测定的氢气湿度值进行压力修正。

D.1.2.4 对采样点和连续监测氢气湿度计的安装位置，还应注意选择在干燥、通风、无尘土飞扬、无强磁场作用、防水、防油、采光照明好、便于安装维护和记录数据，并不易被碰撞的地方。

D.1.2.5 在受较低环境温度影响而使流经管道的被测氢气温度有所降低时，应特别注意，只有在确认测湿元件前方流经被测氢气的管段内并未发生结露的前提下，测量方可进行。否则，应采取加强该管段保温或改变测湿元件位置等措施予以解决。

D.1.2.6 在采用定时测量方式对氢气湿度进行测量时，应在排净采气管段内的积存氢气后，再进行测定。

D.1.2.7 氢气湿度计的技术性能宜如表 D.1 所示。

表 D.1 氢气湿度计的技术性能表

项　　目		氢气湿度计测湿元件所在处的氢压为运行氢压时	氢气湿度计测湿元件所在处的氢压为常压时
测量范围（露点温度）	用于发电机内氢气湿度的测量	−30℃～+30℃	−50℃～+20℃
	用于供发电机充氢、补氢的新鲜氢气湿度的测量	可根据常压下的湿度范围和氢站的氢气压力，参照 DL/T 651 附录 A、B 进行计算	−60℃～+10℃
测量不确定度（露点温度）		≤2℃（在测量范围为−60℃～20℃时）	
响应时间		≤2min（在环境温度为20℃，露点温度为−20℃及以上时）	
校准周期		一般为1年	

D.1.2.8 氢气湿度计承压部分应能承受的表压如下：在发电机运行氢压下，用于监测发电机

内氢气湿度的氢气湿度计,应能在运行氢压下长期运行,且须经 0.8MPa 历时 15min 的承压试验。在氢站运行氢压下,用于监测供发电机充氢、补氢的新鲜氢气湿度的氢气湿度计,应能在采样点处最高工作表压下长期运行,且须经 1.2 倍最高工作表压(若该值小于 0.8MPa,则应以 0.8MPa 为准)历时 15min 的承压试验。在常压下,用于测量氢气湿度的氢气湿度计,无承压要求。

D.1.2.9 氢气湿度计测湿元件应允许的被测氢气温度如下:

a) 用于测量(监测)发电机氢气湿度时为 0℃～70℃。

b) 用于测量(监测)供发电机充氢、补氢的新鲜氢气湿度时为 –45℃～+55℃。

c) 氢气湿度计应允许的环境温度为 –10℃～+45℃。

D.1.3 测定发电机内和新鲜氢气湿度的采样点及采样管道

D.1.3.1 测定发电机内氢气湿度的采样点,在采用定时测量方式时,应选在通风良好且尽量靠近发电机本体处;在采用连续监测方式时,宜设置在发电机干燥装置的入口管段上。为在发电机干燥装置检修、停运时仍能连续监测发电机内氢气湿度和在氢气湿度计退出时仍能对氢气进行干燥,同时还为满足氢气湿度计对流量(流速)的要求,可在采样处为氢气湿度计专门配设一条带隔离阀、调节阀的采样旁路。

D.1.3.2 测定新鲜氢气湿度的采样点,宜设置在制氢站出口管段上。当采用连续监测方式时,为在氢气湿度计退出时制氢站仍能向氢冷发电机充氢、补氢,同时还为满足氢气湿度计对流量(流速)的要求,也可在采样处为氢气湿度计专门配设一条带隔离阀、调节阀的采样旁路。

D.1.3.3 采样管道所经之处的环境温度,应均比被测气体湿度露点温度高出 3℃以上。

D.2 六氟化硫质量监督技术要求

D.2.1 六氟化硫气体取样要求

D.2.1.1 取样的目的是为了能够得到有代表性的气体样品。一般情况下,六氟化硫是以气体状态存在的,样品应从设备内部直接抽取,不应通过设备内部的过滤器抽取。最理想的是从被检查的设备中将气体样品直接通入分析装置。在运行现场不能直接检测的项目,采用惰性材质制成的容器取样。

D.2.1.2 当所取的样品是液态时,取样容器必须经受 7MPa 的压力试验,并且不准充满。充装条件应符合 GB 12022 中 6.1 节和 6.2 节的规定。

D.2.1.3 取样容器的脏污使被测试样中的杂质增加。取样瓶不得用于盛装除六氟化硫以外的其他物质。容器使用过后,加热至 100℃抽真空,充入新六氟化硫至常压,至少重复洗涤两次。保存时需充入稍高于大气压的新六氟化硫气体。取样前,用真空泵再次抽真空,并用待取样品冲洗容器。

D.2.1.4 取样管是连接从被取样设备或取样容器到分析装置,取样管的内径为 3mm～6mm,长度应尽量缩短的聚四氟乙烯管或不锈钢管,接头应为全金属型,例如压接型或焊接型。管子的内部应清洗干净,除尽油脂、焊药等。

D.2.1.5 取样点应进行干燥处理,保持洁净干燥,连接管路确保密封完好。取样前用六氟化硫气体缓慢地冲洗取样管路后再连接取样。

D.2.1.6 取样装置要求:取样容器满足抽真空处理,配置压力表可判断取样及洗气瓶中压力;真空泵具数显真空度显示、有尾气吸附处理、无毒排放。

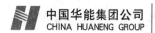

D.2.1.7 连接系统要求：取样接头采用不吸水、耐腐蚀、密封好、寿命长的不锈钢材质或聚四氟乙烯管。

D.2.1.8 样品的标签内容：单位名称、设备编号、设备型号、电压等级、取样日期、环境温度、湿度、取样人员、取样原因。

D.2.1.9 运输及存储：为避免气体逸散，一般情况下取回样品应尽快完成试验，采样钢瓶取的气体保存期不超过 3 天。

D.2.2 六氟化硫气体的充装

D.2.2.1 在充装作业时，为防止引入外来杂质，充气前所有管路、连接部件均需根据其可能残存的污物和材质情况用稀盐酸或稀碱浸洗，冲净后加热干燥备用。连接管路时操作人员应佩戴清洁、干燥的手套。接口处擦净吹干，管内用六氟化硫新气缓慢冲洗即可正式充气。

D.2.2.2 对设备抽真空是净化和检漏的重要手段。充气前设备应抽真空至规定指标，真空度为 133×10^{-6}MPa，再继续抽气 30min，停泵 30min，记录真空度（A），再隔 5h，读真空度（B），若（B）－（A）值小于 133×10^{-6}MPa，则可认为合格，否则应进行处理并重新抽真空至合格为止。

D.2.2.3 设备充入六氟化硫新气前，应复检其湿度，当确认合格后，方可缓慢地充入。当六氟化硫气瓶压力降至 0.1MPa 表压时应停止充气。

D.2.2.4 充装完毕后，对设备密封处，焊缝以及管路接头进行全面检漏，确认无泄漏则可认为充装完毕。充装完毕 24h 后，对设备中气体进行湿度测量，若超过标准，必须进行处理，直到合格。

D.2.3 工作场所中六氟化硫气体的容许含量

工作场所中六氟化硫气体及其毒性分解物的容许含量，见表 D.2。

表 D.2 工作场所中六氟化硫气体及其毒性分解物的容许含量

毒性气体及固体名称		容许含量（TLV—TWA）	毒性气体及固体名称		容许含量（TLV—TWA）
六氟化硫	SF_6	1000μL/L	十氟化二硫一氧	$S_2F_{10}O$	0.5μL/L
四氟化硫	SF_4	0.1μL/L	四氟化硅	SiF_4	2.5mg/m³
四氟化硫酰	SOL_4	2.5mg/m³	氟化氢	HF	3μL/L
氟化亚硫酰	SO_2F_2	2.5mg/m³	二硫化碳	CS_2	10μL/L
二氧化硫	SO_2	2μL/L	三氟化铝	AlF_3	2.5mg/m³
氟化硫酰	SO_2F_2	5μL/L	氟化铜	CuF_2	2.5mg/m³
十氟化二硫	S_2F_{10}	0.025μL/L	二氟化二甲基硅	$Si(CH_3)_2F_2$	1mg/m³
注：表中 TLV—TWA 为物质加权浓度，选用美国 ACGIH（1978 年）和 NIOSH（1982 年）公布的值					

附 录 E

（资料性附录）

各种水处理设备、管道的防腐方法和技术要求

各种水处理设备，管道的防腐方法和技术要求见表 E.1。

表 E.1　各种设备、管道的防腐方法和技术要求

序号	项　目	防 腐 方 法	技 术 要 求
1	活性炭过滤器	衬胶	衬胶厚 3mm～4.5mm
2	钠离子交换器	涂耐蚀漆	涂漆 4 度～6 度
3	除盐系统各种离子交换器	衬胶	衬胶厚 4.5mm（共两层）
4	中间（除盐、自用）水泵和化学废水泵	不锈钢	根据介质性质选择相应材质
5	除二氧化碳器	衬胶，耐蚀玻璃钢	衬胶厚 3mm～4.5mm
6	真空除气器	衬胶	压力 1.07kPa～2.67kPa（即真空度 752mmHg～740mmHg），衬胶厚度 3mm～4.5mm
7	中间水箱	衬胶，衬耐蚀玻璃钢	衬胶厚 3mm～4.5mm　玻璃钢 4 层～6 层
8	除盐水箱，凝结水补水箱	涂漆（漆酚树脂，环氧树脂，氰凝，氯磺化聚乙烯等），玻璃钢	涂漆 4 度～6 度，衬玻璃钢 2 层～3 层
9	盐酸贮存槽	钢衬胶	衬胶厚度 4.5mm（共两层）
10	浓硫酸贮存槽及计量箱	钢制	不应使用有机玻璃及塑料附件
11	凝结水精处理用氢氧化钠贮存槽及计量箱	钢衬胶	衬胶厚度 3mm
12	次氯酸钠贮存槽	钢衬胶，FRP/PVC 复合玻璃钢	耐 NaOCl 橡胶 衬胶厚 4.5mm（共两层）
13	食盐湿贮存槽	衬耐酸瓷砖，耐蚀玻璃钢	玻璃钢 2 层～4 层
14	浓碱液贮存槽及计量箱	钢制（必要时可防腐）	—
15	盐酸计量箱	钢衬胶，FRP/PVC 复合玻璃钢，耐蚀玻璃钢	衬胶厚 3mm～4.5mm
16	稀硫酸箱、计量箱	钢衬胶	衬胶厚 3mm～4.5mm
17	食盐溶液箱、计量箱	涂耐蚀漆、FRP/PVC 复合玻璃钢	涂漆 4 度～6 度

表 E.1（续）

序号	项 目	防 腐 方 法	技 术 要 求
18	加混凝剂的钢制澄清器、过滤器，清水箱	涂耐蚀漆	涂漆4度～6度
19	混凝剂溶液箱，计量箱	钢衬胶，FRP/PVC 复合玻璃钢	衬胶厚 3mm～4.5mm
20	氨、联氨溶液箱	不锈钢	
21	酸、碱中和池	衬耐蚀玻璃钢，花岗石	玻璃钢4层～6层
22	盐酸喷射器	钢衬胶，耐蚀玻璃钢	衬胶厚 3mm～4.5mm
23	硫酸喷射器	耐蚀、耐热合金，聚四氟乙烯等	
24	碱液喷射器	钢制（应为无铜件）耐蚀玻璃钢	—
25	系统（除盐，软化）主设备出水管	钢衬胶，钢衬塑管，ABS 管	衬胶厚 3mm
26	浓盐酸溶液管	钢衬胶，钢衬塑管	衬胶厚 3mm
27	稀盐酸溶液管	钢衬胶，钢衬塑管，ABS 管，FRP/PVC 复合管等	衬胶厚 3mm
28	浓硫酸管	钢管，不锈钢管	—
29	稀硫酸溶液管	钢衬胶，钢衬塑管，ABS 管，FRP/PVC 复合管等	衬胶厚 3mm
30	凝结水精处理用氢氧化钠碱液管	钢衬胶，钢衬塑管，ABS 管，FRP/PVC 复合管，不锈钢管等	衬胶厚 3mm
31	碱液管	钢制（必要时可防腐）	—
32	混凝剂和助凝剂管	不锈钢管，钢衬塑管，ABS 管	应根据介质性质，选择相应的材质
33	食盐溶液管	钢衬塑管，ABS 管，FRP/PVC 复合管，钢衬胶等	衬胶厚 3mm
34	氨、联氨溶液管	不锈钢管	—
35	氯气管	紫铜	—
36	液氯管	钢管	—
37	氯水及次氯酸钠溶液管	钢衬塑管，FRP/PVC 复合管，ABS 管等	—
38	水质稳定剂药液管	钢衬塑管，ABS 管，不锈钢管，FRP/PVC 复合管	—
39	氢气管	不锈钢管，钢管	—
40	气动阀门用压缩空气母管	不锈钢管	—
41	其他压缩空气管	钢管	—

表 E.1（续）

序号	项　目	防　腐　方　法	技　术　要　求
42	盐酸、碱贮存槽和计量箱地面	衬耐蚀玻璃钢，衬耐酸瓷砖或其他耐蚀地坪	玻璃钢 4 层～6 层
43	硫酸贮存槽和计量箱地面	衬耐酸瓷砖，耐蚀地坪，花岗石	玻璃钢 4 层～6 层
44	酸、碱性水排水沟	衬耐蚀玻璃钢，花岗石	玻璃钢 4 层～6 层
45	酸、碱性水排水沟盖板	水泥盖板衬耐蚀玻璃钢，铸铁盖板、FRP 格栅	—
46	受腐蚀环境影响的钢平台、扶梯及栏杆、设备和管道外表面（包括直埋钢管）等	涂刷耐酸（碱）涂料，如环氧沥青漆、氯磺化聚乙烯等	除锈干净，涂料按规定施工并不少于两度，色漆按工艺要求
47	氧气管（10MPa 及以上）	紫铜、铜合金	—
48	氧气管（10MPa 以下）	不锈钢	—
注 1：当使用和运输的环境温度低于 0℃时，衬胶应选用半硬橡胶。			
注 2：ABS 管材不能使用再生塑料			

附 录 F

（资料性附录）

化学技术监督记录和台账格式

F.1 实验室、在线化学仪器仪表清单和设备台账

化学实验室应分别建立水、燃料、气体和油质分析仪器仪表清单,清单表格形式见表 F.1,并动态管理;建立每台仪器仪表的设备台账,表格形式见表 F.3。在线化学仪表维护、检验班组应建立全厂在线化学仪表清单（按系统）,清单表格形式见表 F.2,并动态管理;建立每台仪表的维护台账,表格形式见表 F.3。

表 F.1 电厂化学实验室分析仪器仪表清单

序号	名称	型号	测量范围	允许误差	检出限	精度等级	出厂编号	生产厂家	出厂时间	使用时间	使用地点	校验周期	校验日期	校验/维护人	备注

批准: 审核: 记录:

表 F.2 电厂化学在线化学仪表清单

序号	设备编号	KKS 编码	系统名称	仪表名称	型号	测量量程	生产厂家	备注

批准: 审核: 记录:

表 F.3 电厂化学实验室仪器仪表和在线化学仪表维护台账

仪表名称		型号		检出限		校验周期	
制造厂家		测量范围		电极型号/参数		校验依据	
出厂编号/生产日期		允许误差		仪表使用时间		校验人	
电厂编号/使用时间		精度等级		电极使用时间		水样流量	
使用地点							

表 F.3（续）

主要附属设备技术参数							
序号	设备名称	编号	型号	主　要　规　范	制造厂	制造日期	出厂编号
校准、检定和检修、维护以及零部件更换记录							
时间	校验、检定、检修、维护内容		校验、检定、检修、维护结果			责任人	验收人

批准：　　　　　　　　　　审核：　　　　　　　　　　记录：

F.2　主要辅机用油台账

主要辅机用油台账见表 F.4。

表 F.4　_____号机组辅机用油技术台账

序号	设备名称	使用部位、油品名称	设计牌号、生产厂商/实际牌号、生产厂商	单台设备油量	规定换油周期	技术监督要求	油质监督异常处理情况（处理、补油、换油等）
说明：应根据 DL/T 290 和设备厂家的规定确定换油周期和技术监督要求							

批准：　　　　　　　　　　审核：　　　　　　　　　　记录：

F.3　化学运行系统主要设备清单和设备（检修）台账

　　应建立化学运行管理的每个系统的主要设备清单，表格形式参见表 F.5。化学运行系统包括：预处理、除盐、凝结水精处理、机组加药、杀菌剂制取设备、制氢和储氢设备、集中取样、循环水处理、定子冷却水处理等系统。应按照表 F.6 规定格式建立化学运行主要设备（检修）台账，并动态管理。

表 F.5 ＿＿＿＿＿＿＿＿系统主要设备清单

序号　　系统名称		备注

批准：　　　　　　　　　　　审核：　　　　　　　　　　　记录：

表 F.6 _____系统设备（检修）台账

系统名称			供货厂商		设备编号 （KKS）	
设备名称			型号		生产厂家/ 出厂时间	
数量			安装时间		投用时间	
使用地点			设备状态		设备责任人	
检修责任人						
技术性能 描述						
设备技术 参数	编号	技术参数名称		技术参数		
主要零部件	序号	部件名称	数量		型号及规范	备注说明
专用工具						
随机资料						
检修情况记录						
时 间	内容（检修项目、原因）				检修验收、效果评 价/责任人	

批准：   审核：   记录：

F.4　化学实验室水汽品质查定记录和合账

化学实验室水汽品质查定记录和合账见表 F.7 和表 F.8。

表 F.7　_____号机组水汽品质实验室查定记录、台账

水样名称	主蒸汽								炉水							给水			除氧器出口			凝结水			
测试项目	CC	Fe	Cu	Na	SiO_2	CL	SC	CC	pH	PO_4^{3-}	SiO_2	Fe	CL	CC	SC	Fe	Cu	TOC	CL	O_2	Fe	CC	O_2	Na	Fe
单位	µS/cm	µg/kg	µg/kg	µg/kg	µg/kg	µg/kg	µS/cm	µS/cm		mg/L	µg/L	µg/kg	µg/L	µS/cm	µS/cm	µg/L	µg/L	µg/L	µg/L	µg/L	µg/L	µS/cm	µg/L	µg/L	µg/L
标准值																									
期望值																									
分析项目 分析时间																									

注 1：查定项目数据包括发电厂化学实验室和外委分析检测结果。

注 2：可以使用带流动电极杯阳树脂交换柱的便携式电导率表在线检测直接电导率和氢电导率。

注 3：氯离子每季度检测一次或必要时检测，TOC 必要时检测。

注 4：无铜机组只检测发电机内冷水中铜含量。

①氢电导率指标出现不明原因超标；②机组检修炉管和汽轮机叶片积盐元素分析氯含量超过 1%；③低压缸通流部件出现腐蚀现象。

批准：　　　　　审核：　　　　　化验记录：

表 F.7（续）

水样名称	除盐设备出口		除盐水箱出口				前置过滤器出水		高速混床出水（A/B/C）					高加疏水	热网加热器疏水			闭式冷却水		发电机内冷水		
测试项目	SC	SiO₂	SC	SiO₂	Fe	TOC	A Fe	B Fe	Fe	SiO₂	SC	Na	CL	Fe	CC	硬度	Fe	SC	pH	SC	pH	Cu
单位	μS/cm	μg/L	μS/cm	μg/L	μg/L	μg/L	μg/L	μg/L	μg/L	μg/L	μS/cm	μg/L	μg/L	μg/L	μS/cm	μmol/L	μg/L	μS/cm		μS/cm		μg/L
标准值																						
期望值																						
分析项目																						
分析时间																						

注1：查定项目数据包括发电厂化学实验室和外委分析检测结果。
注2：可以使用带流动电极杯和阳树脂交换柱的便携式电导率表在线检测直接电导率和氢电导率。
注3：氯离子每季度检测一次或必要时检测。TOC必要时检测。必要时氢电导率指标出现不明原因超标；②机组检修炉管和汽轮机叶片积盐盐元素分析氯含量超过1%；③低压缸通流部件出现腐蚀现象。
注4：无铜机组只检测发电机内冷水中铜含量

批准：　　　　　　　　审核：　　　　　　　　化验记录：

1053

表 F.8 _____号机组循环水实验室查定记录、台账

项目 \\ 分析时间	外观	pH	电导率 μS/cm	全碱度 mmol/L	硬度 mmol/L	钙硬 mmol/L	氯根 mg/L	硫酸根 mg/L	正磷 mg/L	总磷 mg/L	浓缩倍率

批准：　　　　　　　　　　　　　审核：　　　　　　　　　　　　　化验记录：

F.5 汽轮机油、抗燃油和电气设备用油、气质量实验室分析记录、台账

F.5.1 汽轮机油和密封油质量化验记录、台账见表F.9。

表 F.9 ＿＿＿＿＿＿号机组汽轮机、密封油质量分析化验记录、台账

工作地点								油品种类				油品牌号				备注
		贮油容量														
分析项目	外观	运动黏度（40℃）mm²/s	开口闪点 ℃	机械杂质	洁净度 NAS/级	酸值 mgKOH/g	水分 mg/L	破乳化度 min	空气释放值（50℃）min	液相锈蚀（蒸馏水）	泡沫特性 mL/mL				
											24℃	93.5℃	后24℃		
标准值 检测时间															
															定期试验
															启机前
															异常值
															跟踪检测

注1：备注中应说明以下检测情况：①定期试验；②新建/大修机组启动前；③异常值；④异常处理跟踪检测等。
注2：此表格填写单台机组（汽轮机、燃气轮机、给水泵、发电机密封）油历次分析化验结果；填报某次分析化验结果时，则成为记录。
注3：台账应记录外委分析结果

批准：　　　　　　　　　　审核：　　　　　　　　　　化验记录：

F.5.2 抗燃油质量分析化验记录、台账见表 F.10。

表 F.10 _____号机组抗燃油质量分析化验记录、台账

分析项目	外状	密度(20℃) g/cm³	运动黏度(40℃) mm²/s	倾点 ℃	开口闪点 ℃	自然点 ℃	洁净度 NAS 级	水分 mg/L	酸值 mgKOH/g	电阻率(20℃) Ω·cm	空气释放值(50℃) min	氯含量 mg/kg	矿物油含量 %	泡沫特性 mL/mL 24℃	93.5℃	后24℃	备注
标准值																	
检测时间																	
																	定期试验
																	启机前
																	异常值
																	跟踪检测

注1：备注中应说明以下检测情况：①定期试验；②新建、大修机组启动前；③异常值；④异常处理跟踪检测等。

注2：此表格填写单台机组（主机、旁路）抗燃油历次分析化验结果，则成为台账；填报某次分析化验结果时，为记录。

注3：台账应记录外委分析结果

批准：　　　　　审核：　　　　　化验记录：

F.5.3 绝缘油质量分析化验记录、台账

绝缘油质量分析化验记录、台账见表 F.11。

表 F.11 _____号绝缘油质量分析化验记录、台账

电压等级								储油容量				油品种类				油品牌号		备注
检测项目	项目	外状	水溶性酸值 pH	酸值 mgKOH/g	闭口闪点 ℃	水分 mg/L	界面张力 (25℃) mN/m	介质损耗因数 (90℃)	击穿电压 kV	体积电阻率 (90℃) Ω·cm	油中含气量 %	油泥与沉淀物 %	析气性	带电倾向	腐蚀性硫	油中洁净度	
检测时间	标准值																	
																		耐压试验后
																		定期试验
																		异常值
																		跟踪检测

注1：备注中应说明以下检测情况：① 定期试验；② 耐压试验后；③ 异常值；④ 异常处理跟踪检测等。
注2：此表格填写单台设备历次化验检测数据时，则成为台账；填报某次化验分析结果
注3：台账应记录外委分析结果

批准：   审核：   化验记录：

F.5.4 绝缘油特征气体色谱分析记录、台账

绝缘油特征气体色谱分析记录、台账见表 F.12。

表 F.12 _____ 号绝缘油特征气体色谱分析化验记录、台账

设备参数 项目	电压/容量	H₂	CO	CO₂	CH₄ (牌号)	C₂H₄	C₂H₆	C₂H₂ (油量)	总烃	水分	备注
单位		μL/L	μL/L	μL/L	μL/L	μL/L	μL/L	μL/L	μL/L	mg/L	
注意值											
											投运前
											投运后
											定期试验
											耐压试验后
											检修后
											异常值
											跟踪检测

注1：备注中说明以下检测情况：① 到厂后、投运前后；② 耐压试验后；③ 定期试验；④ 异常处理跟踪检测等；⑤ 检修后；⑥ 出现的注意值的原因分析结果。

注2：此表格填写单台变压器设备历次化验检测数据时，则成为台账。

注3：台账应记录外委分析结果

批准：　　　　　　　　审核：　　　　　　　　化验记录：

F.5.5 六氟化硫质量监督检测记录、台账见表 F.13。

表 F.13 _____号机组六氟化硫质量监督检测记录、台账

检测项目 检测时间	泄漏 （年泄漏率）	CF₄	空气 （N₂+O₂）	湿度 （H₂O, 20℃）	酸度 （以 HF 计）	密度 （20℃, 101 325Pa）	纯度 （SF₆）	毒性	矿物油	可水解 氟化物 （以 HF 计）	设备运 行状态
单位	‰	质量分数 %	质量分数 %	μg/g	μg/g	g/L	质量分数 %	生物 试验	μg/g	μg/g	
标准值											

注 1：六氟化硫设备交接时，大修后时：① 湿度（露点温度℃）要求：箱体和开关应≤-40，电缆箱等其余部位≤-35；② 有关杂质组分（CO₂、CO、HF、SO₂、SF₄、SOF₄、SO₂F₂）。

注 2：运行六氟化硫设备：① 湿度（露点温度℃）要求：箱体和开关应≤-35，电缆箱等其余部位≤-30；② 有关杂质组分（CO₂、CO、HF、SO₂、SF₄、SOF₂、SO₂F₂）：必要时报告（监督其增长情况）（建议有条件 1 次/a）。

注 3：SF₆ 在充入设备 24h 后，才能进行试验。

注 4：此表格填写单台设备历次化验检测数据时，则成为台账；填报某次化验数据时，为记录。

注 5：台账应记录外委分析分析结果

批准： 审核： 化验记录：

F.6 机组启动水冲洗和水汽监督记录

机组启动水冲洗和水汽监督记录,见表 F.14。

表 F.14　　　　号机组启动水冲洗和水汽监督记录

| 启动机组容量和参数 | | | | | | | | | | | | | | | | |
| 机组停机原因 | | | | | | | 停机、启动时间 | | | | | | | | | |

第一阶段:机组热力系统净化冲洗

水冲洗阶段	化验时间	凝结水					除氧器出水		给水				炉水/启动分离器				备注
		CC μS/cm	硬度 μmol/L	Na μg/L	Fe μg/L	SiO₂ μg/L	pH	Fe μg/L	SC μS/cm	pH	硬度 μmol/L	Fe μg/L	SC μS/cm	pH	Fe μg/L	SiO₂ μg/L	
冷态水冲洗																	
热态水冲洗																	

第二阶段:机组启动水汽品质监督

水冲洗阶段	化验时间	凝结水					给 水					炉水/启动分离器				过热(再热)蒸汽					备注
		CC μS/cm	硬度 μmol/L	Na μg/L	Fe μg/L	SiO₂ μg/L	SC μS/cm	pH	Na μg/L	Fe μg/L	SiO₂ μg/L	SC μS/cm	pH	Fe μg/L	SiO₂ μg/L	CC μS/cm	SiO₂ μg/kg	Na μg/kg	Fe μg/kg	Cu μg/kg	
点火																					
冲转																					
并网																					
并网 4 小时																					
并网 8 小时																					

注 1:报表应说明机组启动过程水汽指标不能达到规定要求的原因。
注 2:造成水质异常的主要原因及采取的措施。
注 3:其他情况说明。
注 4:应填写每个阶段的每次化验数据。
注 5:无铜给水系统只检测发电机内冷水铜含量。

批准:　　　　　　　　审核:　　　　　　　　化验记录:

F.7 热力设备结垢、积盐和腐蚀检查台账

热力设备结垢、积盐和腐蚀检查台账，见表 F.15。

表 F.15 ＿＿＿＿＿＿号机组检修热力设备结垢、积盐和腐蚀化学检查台账

锅炉型号				汽轮机型号				
机组投运时间								
	二次检查时间间隔							
	历年锅炉化学清洗时间							
	检修检查检测时间			201X 年 X 月		201Y 年 Y 月		201Z 年 Z 月	
样品名称	位置			取样部位	检测结果	取样部位	检测结果	取样部位	检测结果
水冷壁	向火侧	结垢量 g/m²							
		结垢速率 g/（m²·a）							
		腐蚀深度 mm							
	背火侧	结垢量 g/m²							
		结垢速率 g/（m²·a）							
		腐蚀深度 mm							
	结垢评级								
	腐蚀评级								
	向火侧	结垢量 g/m²							
		结垢速率 g/（m²·a）							
		腐蚀深度 mm							
	背火侧	结垢量 g/m²							
		结垢速率 g/（m²·a）							
		腐蚀深度 mm							
	结垢评级								
	腐蚀评级								

表 F.15（续）

样品名称	位置		取样部位	检测结果	取样部位	检测结果	取样部位	检测结果
水冷壁	向火侧	结垢量 g/m²						
		结垢速率 g/(m²·a)						
		腐蚀深度 mm						
	背火侧	结垢量 g/m²						
		结垢速率 g/(m²·a)						
		腐蚀深度 mm						
	结垢评级							
	腐蚀评级							
	水冷壁结垢评级							
	水冷壁腐蚀评级							
省煤器	入口管	结垢量 g/m²						
		结垢速率 g/(m²·a)						
		腐蚀深度 mm						
		结垢评级						
		腐蚀评级						
	出口管	结垢量 g/m²						
		结垢速率 g/(m²·a)						
		腐蚀深度 mm						
		结垢评级						
		腐蚀评级						
	省煤器结垢评级							
	省煤器腐蚀评级							

表 F.15（续）

样品名称	位置		取样部位	检测结果	取样部位	检测结果	取样部位	检测结果
汽轮机	高压缸	沉积量 mg/cm^2						
		沉积速率 g/（cm^2·a）						
		腐蚀深度 mm						
		沉积评级						
		腐蚀评级						
	中压缸	沉积量 mg/cm^2						
		沉积速率 g/（cm^2·a）						
		腐蚀深度 mm						
		沉积评级						
		腐蚀评级						
	低压缸	沉积量 mg/cm^2						
		沉积速率 g/（cm^2·a）						
		腐蚀深度 mm						
		沉积评级						
		腐蚀评级						
	汽轮机沉积评级							
	汽轮机腐蚀评级							
注：锅炉受热面或汽轮机检查数量增加时，在表中重复增加								

批准：　　　　　　　　　审核：　　　　　　　　　检查和试验记录：

附 录 G

（规范性附录）
技术监督不符合项通知单

编号（No）：××-××-××

发现部门：　　　专业：　　　被通知部门、班组：　　　签发：　　　日期：20××年××月××日

不符合项 描述	1. 不符合项描述： 2. 不符合标准或规程条款说明：
整改措施	3. 整改措施： 制订人/日期：　　　　　　　　　　　审核人/日期：
整改验收 情况	4. 整改自查验收评价： 整改人/日期：　　　　　　　　　　　自查验收人/日期：
复查验收 评价	5. 复查验收评价： 复查验收人/日期：
改进建议	6. 对此类不符合项的改进建议： 建议提出人/日期：
不符合项 关闭	整改人：　　　　自查验收人：　　　　复查验收人：　　　　签发人：
编号说明	年份+专业代码+本专业不符合项顺序号

附 录 H
（规范性附录）
技 术 监 督 信 息 速 报

单位名称			
设备名称		事件发生时间	
事件概况	注：有照片时应附照片说明		
原因分析			
已采取的措施			
监督专责人签字		联系电话 传　真	
生产副厂长或总工程师签字		邮　箱	

附　录　Ⅰ

（规范性附录）

火力发电厂燃煤机组化学技术监督季报格式

××电厂20××年××季度化学技术监督季报

编写人：×××　固定电话/手机：××××××

审核人：×××

批准人：×××

上报时间：20××年××月××日

Ⅰ.1　上季度集团公司督办事宜的落实或整改情况

Ⅰ.2　上季度产业（区域子）公司督办事宜的落实或整改情况

Ⅰ.3　上季度技术监督季报提出电厂应关注化学的问题落实或整改情况

Ⅰ.4　化学监督年度工作计划完成情况统计报表（见表Ⅰ.1）

表Ⅰ.1　年度技术监督工作计划和技术监督服务单位合同项目完成情况统计报表

发电企业技术监督计划完成情况			技术监督服务单位合同工作项目完成情况		
年度计划 项目数	截至本季度 完成项目数	完成率 （%）	合同规定的 工作项目数	截至本季度 完成项目数	完成率 （%）

说明：

Ⅰ.5　化学监督考核指标完成情况统计报表

Ⅰ.5.1　监督管理考核指标报表（见表Ⅰ.2～表Ⅰ.5）

监督指标上报说明：每年的1、2、3季度所上报的技术监督指标为季度指标；每年的4季度所上报的技术监督指标为全年指标。

表Ⅰ.2　201×年×季度化学监督指标统计汇总报表

指标	水汽品质 合格率 %	油品 合格率 %	在线仪表 投入率 %	在线仪表 准确率 %	氢气湿度 合格率 %	氢气纯度 合格率 %	入炉煤取样 装置投运率 %	煤质检率 %
考核值	≥98	≥98	≥98	≥96	≥98	≥98	≥98	100
实现值								

表 I.3　化学技术监督预警问题至本季度整改完成情况统计报表

一级预警问题			二级预警问题			三级预警问题		
问题项数	完成项数	完成率%	问题项数	完成项数	完成率%	问题项目	完成项数	完成率%

表 I.4　集团公司技术监督动态检查化学提出问题本季度整改完成情况统计报表

检查年度	检查提出问题项目数（项）			电厂已整改完成项目数统计结果			
	严重问题	一般问题	问题项合计	严重问题	一般问题	完成项目数小计	整改完成率%

表 I.5　集团公司上季度技术监督季报化学提出问题本季度整改完成情况统计报表

专业	上季度监督季报提出问题项目数（项）			截至本季度问题整改完成统计结果			
	重要问题项数	一般问题项数	问题项合计	重要问题完成项数	一般问题完成项数	完成项目数小计	整改完成率%
化学							

I.5.2　监督考核指标简要分析

填报说明：分别对监督管理和技术监督考核指标进行分析，说明指标未达标及问题未整改的原因。

I.5.3　其他化学监督详细指标

填报本季度机组水汽品质，在线化学仪表投运情况，油气品质、氢气湿度和纯度等详细指标（见表 I.6～表 I.12），机组启动期间水汽品质（见表 F.14）。

I.6　本季度主要的化学监督工作完成情况

I.6.1　化学技术监督管理、技术工作

填写说明：规程、规范和制度修订，实验仪器购置和定期校验，人员培训、取证，化学专业主要技术改造和新技术应用。

I.6.2　化学监督定期检测、试验分析工作完成情况

填写说明：对于监督标准、制度要求的水、煤、油、汽（气）、设备定期检测、试验分析工作完成情况进行总结，其中对于未按时、按数量完成的情况应说明。

I.7　本季度化学监督发现的问题、原因分析及处理情况

I.7.1　本季度化学技术监督发现的设备问题及缺陷和处理情况

　　a）　凝汽器泄漏问题，检漏系统运行情况（凝结水或检漏装置钠或氢电导率最大值，持续时间）：

b) 补给水处理：

c) 凝结水精处理（氢型或铵型运行）：

d) 给水、炉水处理方式及化学加药系统：

e) 制氢设备、发电机氢冷系统：

f) 发电机内冷水处理及系统：

g) 循环冷却水处理及系统：

h) 集中取样及在线化学仪表（准确性、校验和缺陷）：

i) 机组停（备）用保护情况：

j) 机组启动化学监督（水、油、氢气异常）情况：

k) 厂内采暖、供暖加热器泄漏情况：

表 I.6　水汽质量及经济指标月报

填报单位：华能×××电厂　　　　　　　　　　　　　　　　　　　　　　　　　　201×年×月

设备编号	项目	锅炉补给水 SC (μS/cm)	锅炉补给水 SiO$_2$ (μg/L)	凝结水泵出口 CC (μS/cm)	凝结水泵出口 O$_2$ (μg/L)	凝结水泵出口 Na$^+$ (μg/L)	精处理出口 CC (μS/cm)	精处理出口 Na$^+$ (μg/L)	精处理出口 SiO$_2$ (μg/L)	精处理出口 Fe (μg/L)	精处理出口 Cu (μg/L)	除氧器入口 O$_2$ (μg/L)	除氧器入口 pH	除氧器入口 CC (μS/cm)	省煤器入口给水 pH	省煤器入口给水 O$_2$ (μg/L)	省煤器入口给水 Fe (μg/L)	省煤器入口给水 Cu (μg/L)	炉水 SC (μS/cm)	炉水 CC (μS/cm)	炉水 pH	炉水 PO$_4^{3-}$ (mg/L)	炉水 Cl$^-$ (μg/L)
	单位																						
	标准值																						
	期望值																							
1 号机组	最高																						
	最低																							
	标准值合格率																							
	期望值合格率																							
2 号机组	最高																						
	最低																							
	标准值合格率																							
	期望值合格率																							
	单项标准值合格率																							
	单项期望值合格率																							

项目	1 号机组	2 号机组
机组月补水量 t		
补水率 %		
制水量 t	1 号机组	2 号机组

副总经理（总工程师）：　　　　　　　　　　审核：　　　　　　　　　　填报：

表 I.6（续）

填报单位：华能×××电厂　　　　　　　　　　　　　　　　　201×年×月

设备编号 项目 单位	主蒸汽					高加疏水	热网加热器1疏水		热网加热器2疏水		闭冷水		发电机内冷水			循环冷却水			机组及总合格率
	CC μS/cm	Na⁺	SiO₂	Fe	Cu μg/kg	Fe μg/L	CC μS/cm	Fe μg/L	CC μS/cm	Fe μg/L	SC μS/cm	pH	SC μS/cm	pH	Cu μg/L	pH	药剂浓度 mg/L	浓缩倍率	%
标准值																			
期望值																			
1号机组　最高																			
最低																			
标准值合格率																			
期望值合格率																			
2号机组　最高																			
最低																			
标准值合格率																			
期望值合格率																			
单项标准合格率																			
单项期望合格率																			
机组月补氢量 m³（标况下）										机组水汽标准值总合格率 %								
										机组水汽期望值总合格率 %								

副总经理（总工程师）：　　　　　　　　　　　审核：　　　　　　　　　　　填报：

表 I.7 汽轮机油监督报表（季报）

填报单位：华能×××电厂

201×年×月

机组	日期	牌号	汽轮机油质检测项目								油质	油耗			防劣措施	备注
			外状	黏度(40℃)mm²/s	闪点℃	酸值mgKOH/g	液相锈蚀	破乳化度min	水分mg/L	洁净度NAS1638	合格率%	机组油量t	补油量t	油耗%		
	标准值															
全厂上半年平均油耗					全厂上半年平均合格率											
全厂下半年平均油耗					全厂下半年平均合格率											
全年油耗					全年平均合格率											

注 1：按单机统计油耗，计算方法：（补油量/机组油量）×100%，全厂平均油耗为各机组油耗平均值。

注 2：按单机统计油质合格率，计算方法：（合格项目数(8)）×100%，全厂平均油质合格率为各单机油质合格率的平均值。

注 3：防劣措施包括：① 添加抗氧化剂、防锈剂；② 投入连续再生装置、油净化器；③ 定期滤油等

副总经理（总工程师）：　　　　　审核：　　　　　填报：

表 I.8 抗燃油质量监督报表（季报）

填报单位：华能×××电厂

201×年×月

机组	日期	外观	密度（20℃）g/cm³	运动黏度（40℃）mm²/s	闪点℃	洁净度 NAS1638	水分 mg/L	酸值 mgKOH/g	20℃时电阻率 Ω·cm	油牌号	机组油量
	标准值										

注：按单机统计抗燃油质合格率，计算方法：（合格项目数/当季检测项目数）×100%，全厂平均抗燃油质合格率为各单机油质合格率的平均值

副总经理（总工程师）：　　　　　　　审核：　　　　　　　填报：

表 I.9 变压器特征溶解气体监督报表（季报）

填报单位：华能×××电厂 201×年×月

机号	试验日期	设备名称	容量 MVA	电压 kV	油种 牌号	油量 t	H₂ μL/L	CO μL/L	CO₂ μL/L	CH₄ μL/L	C₂H₄ μL/L	C₂H₆ μL/L	C₂H₂ μL/L	总烃 μL/L	水分 mg/L
1号															
2号															
3号															
4号															
公用															
记事				总油吨数			合格油量			补油量					

填报： 审核： 副总经理（总工程师）：

表 I.10 变压器油油质合格率、油耗及异常情况报表（季报）

填报单位：华能××电厂 　　　　　　　　　　　　　　　　填报日期：　　　年　　月　　日

设备台数	油质合格率 %	油耗 %	气相色谱检测率 %	微水检测率 %	色谱或微水异常情况
设备异常					
全厂					

注1：变压器油的合格率的统计为 110kV 及以上等级的变压器。
注2：油耗的统计为补充油量占所统计变压器油量的百分数。
注3：110kV 及以上变压器油的检测项目按相关标准规定执行

副总经理（总工程师）：　　　　　　　审核：　　　　　　　填报：

表 I.11 氢气质量监督统计月报表

填报单位：华能××电厂 　　　　　　　　　　　　　　　　填报日期：　　　年　　月　　日

分类		制氢站数据		发电机组数据				
设备编号		1号	2号	1号	2号	3号	4号	全厂
氢气纯度 %	最高							
	最低							
	合格率							
氢气湿度 露点 ℃	最高							
	最低							
	合格率 %							
补氢总量 m³								
补氢次数								
运行天数								
平均日补氢量 m³								

注：供氢母管氢气露点为常压下露点；机组氢气露点为发电机压力下露点

副总经理（总工程师）：　　　　　　　审核：　　　　　　　填报：

表 I.12　机组在线化学仪表投入率和准确率汇总月报表

系统	仪表名称	安装位置	数量	投运台数	监测项目	投运天数	投运率%	主要在线准确率%
机组集中取样间	硅表							
	钠表							
	氧表							
	pH 表							
	电导率表							
	氢电导率表							
定冷水在线	电导表							
	pH 表							
精处理	硅表							
	电导表							
	氢电导率表							
	钠表							
	pH 表							
检漏	氢电导表							
水处理	酸碱浓度计							
	钠表							
	电导表							
	硅表							
	pH 表							
	浊度计							
氢气系统	氢气湿度计							
	氢气纯度计							
合计								
说明	准确率上报主要在线化学仪表，包括：凝结水、给水、蒸汽氢电导率；给水、炉水 pH 表；补给水除盐设备出口、炉水、发电机内冷水电导率；精除盐出口电导率或氢电导率；凝结水、给水溶解氧；发电机在线湿度和纯度表							

副总经理（总工程师）：　　　　　　审核：　　　　　　填报：

I.7.2　机组检修中发现的主要问题及原因和处理情况

a)　化学相关设备、系统检修发现问题：

b)　机组检修化学检查结果，热力设备腐蚀、结垢和沉积情况（数量和评价），腐蚀沉积典型照片：

c) 机组化学清洗（清洗介质、腐蚀速率、残余垢量或除垢率）：

I.8 化学技术监督需要解决的主要问题

I.9 化学技术监督下季度主要工作计划

I.10 技术监督提出问题整改情况

I.10.1 技术监督动态查评提出问题整改完成情况
化学技术监督动态查评提出问题整改完成情况见表 I.13。

I.10.2 技术监督预警问题整改完成情况
化学技术监督预警问题整改完成情况见表 I.14。

I.10.3 技术监督季报中提出问题整改完成情况
化学技术监督季报中提出问题整改完成情况见表 I.15。

表 I.13 华能集团公司20××年技术监督动态检查化学专业提出问题至本季度整改完成情况

序号	问题描述	问题性质	西安热工院提出的整改建议	发电企业制定的整改措施和计划完成时间	目前整改状态或情况说明

注1：填报此表时需要注明集团公司技术监督动态检查的年度。

注2：如4年内开展了2次检查，应按此表分别填报。待年度检查问题全部整改完毕后，不再填报

表 I.14 《华能集团公司火电技术监督报告》（20××年××季度）
化学专业提出的存在问题至本季度整改完成情况

序号	问题描述	问题性质	问题分析	解决问题的措施及建议	目前整改状态或情况说明

应注明提出问题的《华能火电技术监督报告》的出版年度和月度。

表 I.15 技术监督预警问题至本季度整改完成情况

预警通知单编号	预警类别	问 题 描 述	西安热工院提出的整改建议	发电企业制定的整改措施和计划完成时间	目前整改状态或情况说明

附 录 J

（规范性附录）

火力发电厂燃煤机组化学技术监督预警项目

J.1 一级预警

无。

J.2 二级预警

a) 凝汽器泄漏，处理措施不力，导致水汽品质恶化紧急停机或锅炉受热面结垢、腐蚀，汽轮机结盐。

b) 水汽质量异常，达到三级处理规定值，未在规定的时间内恢复正常。

c) 汽轮机油、抗燃油中洁净度不合格，仍启动机组。

J.3 三级预警

a) 水汽质量异常，达到二级处理规定值，未在规定的时间内恢复正常。

b) 运行机组的汽轮机油、抗燃油洁净度按规定周期连续两次检测不合格，汽轮机油中含水量大于 100mg/L，未采取处理措施。

c) 绝缘油色谱分析乙炔含量超出注意值，总烃含量和产气速率同时超过注意值，未采取处理措施。

d) 未按化学技术监督标准的要求，对电气设备的绝缘油、六氟化硫气体采样分析。

e) 主要化学在线仪表（凝结水氢电导率，给水氢电导率、pH 表或直接电导率表，主蒸汽氢电导率表，炉水 pH 表）工作不正常，且超过 7 天未采取处理措施。

f) 锅炉化学清洗单位不满足 DL/T 977 规定，清洗过程不参与监督。

附 录 K
（规范性附录）
技术监督预警通知单

通知单编号：T- 　　　　　　预警类别编号： 　　　　　　日期： 年 月 日

发电企业名称	
设备（系统）名称及编号	
异常情况	
可能造成或已造成的后果	
整改建议	
整改时间要求	

提出单位		签发人	

注：通知单编号：T—预警类别编号—顺序号—年度；预警类别编号：一级预警为1，二级预警为2，三级预警为3。

附 录 L
（规范性附录）
技术监督预警验收单

验收单编号：Y-   预警类别编号：   日期：   年   月   日

发电企业名称	
设备（系统）名称及编号	

异常情况	
技术监督服务单位整改建议	
整改计划	
整改结果	

验收单位		验收人	

注：验收单编号：Y—预警类别编号—顺序号—年度；预警类别编号：一级预警为1，二级预警为2，三级预警为3。

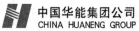

附 录 M
（规范性附录）
技术监督动态检查问题整改计划书

M.1 概述

M.1.1 叙述计划的制定过程（包括西安热工研究院、技术监督服务单位及电厂参加人等）。

M.1.2 需要说明的问题，如：问题的整改需要较大资金投入或需要较长时间才能完成整改的问题说明。

M.2 重要问题整改计划

重要问题整改计划见表 M.1。

表 M.1 重要问题整改计划表

序号	问题描述	专业	监督单位提出的整改建议	电厂制定的整改措施和计划完成时间	电厂责任人	监督单位责任人	备注

M.3 一般问题整改计划

一般问题整改计划见表 M.2。

表 M.2 一般问题整改计划表

序号	问题描述	专业	监督单位提出的整改建议	电厂制定的整改措施和计划完成时间	电厂责任人	监督单位责任人	备注

附 录 N
（规范性附录）
火力发电厂燃煤机组化学技术监督工作评价表

序号	评价项目	标准分	评价内容与要求	评分标准
1	化学监督管理	400		
1.1	组织与职责	60	查看电厂技术监督组织机构文件、上岗资格证	
1.1.1	监督组织机构健全	5	建立健全厂级监督领导小组领导下的化学监督组织机构，在归口职能管理部门设置化学监督专责人	（1）未建立化学监督网，扣5分； （2）未落实化学监督专责人或人员调动未及时调整，每一人扣1分
1.1.2	职责明确并得到落实	5	各级监督岗位职责明确，落实到人	岗位设置不全或未落实到人，每一岗位扣5分
1.1.3	化学监督专责人持证上岗	30	厂级化学监督专责人持有效上岗资格证	（1）厂级化学监督专责人未取得资格证书扣30分； （2）证书超期扣20分
1.1.4	化学专业技能持证上岗	20	（1）试验室水分析：持证人数应不少于2人； （2）试验室油化验：持证人数应不少于2人； （3）燃煤采、制、化：持证人数应不少于4人； （4）化学在线仪表检验维护：持证人数应不少于2人	（1）化学专业技能岗位未取得资格证书或证书超期，每缺一证书扣2分； （2）证书超期，每超期一证书扣1分
1.2	标准符合性	50	查看： （1）保存现行有效的国家、行业与化学监督有关的技术标准、规范； （2）化学监督管理标准； （3）企业技术标准	
1.2.1	化学监督管理标准	10	（1）"化学监督管理标准"编写的内容、格式应符合《华能电厂安全生产管理体系要求》和《华能电厂安全生产管理体系管理标准编制导则》的要求，并统一编号； （2）"化学监督管理标准"的内容应符合国家、行业法律、法规、标准和《华能集团公司电力技术监督管理办法》相关的要求，并符合电厂实际	（1）不符合《华能电厂安全生产管理体系要求》和《华能电厂安全生产管理体系管理标准编制导则》的编制要求，扣10分； （2）不符合国家、行业法律、法规、标准和《华能集团公司电力技术监督管理办法》相关的要求和电厂实际，扣10分

序号	评价项目	标准分	评价内容与要求	评分标准
1.2.2	国家、行业技术标准	10	使用的技术标准符合集团公司年初发布的化学监督标准目录；及时收集新标准，并在厂内发布	（1）缺少标准或未更新，每一个标准扣5分； （2）标准未在厂内发布，扣10分
1.2.3	企业技术标准	30	"化学运行规程""化学检修规程""在线化学仪表校验维护规程""水、油分析和燃煤采制化规程"等符合国家和行业技术标准；符合本厂实际情况，并按时修订	（1）未制订化学运行规程，化学检修规程，在线化学仪表校验和维护，水、油分析和燃煤采制化规程，每项扣10分； （2）制订化学运行规程，化学检修规程，在线化学仪表校验和维护，水、油分析和燃煤采制化规程不符合要求，每项扣5分； （3）企业标准未按时修编，每一个企业标准扣5分
1.3	仪器仪表	50	现场查看仪器仪表台账、检验计划、检验报告	
1.3.1	仪器仪表配备	15	试验室水、油、气体、燃料监督仪器、仪表、设备配备满足日常化学监督要求	水、油、气体和燃料监督仪器、仪表和设备不能满足日常化学监督要求，每台扣分5分
1.3.2	仪器仪表台账	5	建立仪器仪表台账，栏目应包括：仪器仪表型号、技术参数（量程、精度等级等）、购入时间、供货单位；检验周期、检验日期、使用状态等	（1）仪器仪表记录不全，一台扣1分； （2）新购仪表未录入或检验；报废仪表未注销和另外存放，每台扣1分
1.3.3	仪器仪表资料	5	（1）保存仪器仪表使用说明书； （2）编制主要仪器仪表的操作规程	（1）使用说明书缺失，一台扣1分； （2）主要仪器操作规程缺漏，一台扣1分
1.3.4	仪器仪表维护	15	（1）水、油、气体、燃料监督分析试验室试验条件满足要求； （2）水、油、燃料、气体分析仪器仪表分类摆放，仪器仪表清洁、摆放整齐； （3）有效期内的仪器仪表应贴上有效期标识，不与其他仪器仪表一道存放； （4）待修理、已报废的仪器仪表应另外分别存放	（1）第1项不满足，扣10分； （2）第2项～第4项不符合要求，一项扣2分
1.3.5	检验计划和检验报告	10	送检的仪表应有对应的检验报告	不符合要求，每台扣5分
1.4	监督计划	20	现场查看电厂监督计划	

表（续）

序号	评价项目	标准分	评价内容与要求	评分标准
1.4.1	计划的制定	10	（1）计划制定时间、依据符合要求。 （2）计划内容应包括： 1）管理制度制定或修订计划； 2）培训计划（内部及外部培训、资格取证、规程宣贯等）； 3）检修中化学监督项目计划； 4）动态检查提出问题整改计划； 5）化学监督中发现重大问题整改计划； 6）仪器仪表送检计划； 7）技改中化学监督项目计划； 8）定期工作； 9）网络会议计划	（1）计划制定时间、依据不符合，一个计划扣10分； （2）计划内容不全，一个计划扣5~10分
1.4.2	计划的审批	5	符合工作流程：班组或部门编制→化学监督专责人审核→主管主任审定→生产厂长审批→下发实施	审批工作流程缺少环节，一个扣5分
1.4.3	计划的上报	5	每年11月30日前上报产业公司、区域公司，同时抄送西安热工研究院	计划上报不按时，扣5分
1.5	监督档案	40	现场查看监督档案、档案管理的记录	
1.5.1	监督档案清单	5	应建有监督档案资料清单。每类资料有编号、存放地点、保存期限	不符合要求，扣5分
1.5.2	报告和记录	30	（1）各类资料内容齐全、时间连续； （2）及时记录新信息； （3）及时完成运行月度分析、检修总结、故障分析等报告的编写，按档案管理流程审核归档	（1）第1、2项不符合要求，一件扣5分； （2）第3项不符合要求，一件扣10分
1.5.3	档案管理	5	（1）资料按规定储存，由专人管理； （2）记录借阅应有借、还记录； （3）有过期文件处置的记录	不符合要求，一项扣2分
1.6	评价与考核	40	查阅评价与考核记录	

表（续）

序号	评价项目	标准分	评价内容与要求	评分标准
1.6.1	动态检查前自我检查	10	自我检查评价切合实际	没有自查报告扣 10 分；自我检查评价与动态检查评价的评分相差 10 分及以上，扣 10 分
1.6.2	定期监督工作评价	10	有监督工作评价记录	无工作评价记录，扣 10 分
1.6.3	定期监督工作会议	10	有监督工作会议纪要	无工作会议纪要，扣 10 分
1.6.4	监督工作考核	10	有监督工作考核记录	发生监督不力事件而未考核，扣 10 分
1.7	工作报告制度执行情况	50	查阅检查之日前四个季度季报、检查速报事件及上报时间	
1.7.1	监督季报、年报	20	（1）每季度首月 5 日前，应将技术监督季报报送产业公司、区域公司和西安热工研究院； （2）格式和内容符合要求	（1）季报、年报上报迟报 1 天扣 5 分； （2）格式不符合，一项扣 5 分； （3）报表数据不准确，一项扣 10 分； （4）检查发现的问题，未在季报中上报，每个问题扣 10 分
1.7.2	技术监督速报	20	按规定格式和内容编写技术监督速报并及时上报	（1）发现或者出现重大设备问题和异常及障碍未及时、真实、准确上报技术监督速报，每项扣 10 分； （2）上报速报事件描述不符合实际，一件扣 10 分
1.7.3	年度工作总结报告	10	（1）每年元月 5 日前组织完成上年度技术监督工作总结报告的编写工作，并将总结报告报送产业公司、区域公司和西安热工研究院； （2）格式和内容符合要求	（1）未按规定时间上报，扣 10 分； （2）内容不全，扣 5 分
1.8	监督考核指标	90		
1.8.1	监督预警问题整改完成率	15	要求：100%	不符合要求，不得分
1.8.2	动态检查问题整改完成率	15	要求：自电厂收到动态检查报告之日起：第 1 年整改完成率不低于 85%；第 2 年整改完成率不低于 95%	不符合要求，不得分
1.8.3	全厂水汽品质合格率	15	要求：≥98%	（1）全厂水汽品质合格率低于98%，每低 1%，扣 5 分； （2）单机主要指标（凝结水、给水、主蒸汽氢电导率，给水、炉水 pH 值，给水、蒸汽含铁量，发电机内冷水电导率、铜含量）低于 96%，每低 1%，扣 2 分

表（续）

序号	评价项目	标准分	评价内容与要求	评分标准
1.8.4	全厂油品合格率	15	要求：≥98%	（1）全厂油质合格率低于98%，每低1%，扣5分； （2）单机单项低于96%，每低1%，扣2分
1.8.5	在线仪表投入率	5	要求：≥98%	（1）全厂在线化学仪表投入率低于98%，每低1%，扣2分； （2）单机单项，投入率低于90%，每低1%扣1分
1.8.6	主要在线仪表准确率	5	主要在线化学仪表（凝结水、给水、蒸汽氢电导率，给水、炉水pH表，补给水除盐设备出口、炉水、发电机内冷水电导率，精除盐出口电导率或氢电导率，凝结水、给水溶解氧；发电机在线湿度和纯度表）准确率要求：≥96%	（1）全厂主要在线化学仪表准确率低于96%，每低1%，扣2分； （2）单机单项准确率低于90%，低1%，扣1分
1.8.7	氢气纯度合格率	5	要求：≥98%	（1）全厂氢气纯度合格率每低1%，扣2分； （2）单机氢气纯度合格率每低1%，扣1分
1.8.8	氢气湿度合格率	5	要求：≥98%	（1）全厂氢气湿度合格率每低1%，扣2分； （2）单机氢气湿度合格率每低1%，扣1分
1.8.9	入炉煤取样装置投运率	5	要求：≥98%	入炉煤自动取样装置投入率低于98%，每低1%，扣2分
1.8.10	煤质检率	5	要求：100%	煤质检率100%，每低1%，扣5分
2	化学监督过程实施	600		
2.1	预处理系统	15		
2.1.1	澄清池	10	查看文件记录和现场检查： （1）运行记录和水质检测报表内容应符合标准、运行规程规定，并满足完整性、连续性要求； （2）澄清器（池）出水水质： 1）应满足规程规定和下一级处理设备对水质的要求； 2）石灰软化处理出水硬度和碱度以及去除率应满足运行规程定	（1）运行记录，水质检测和运行监督项目、周期不符合规定，一项扣2分； （2）出水水质不合格，每项超标4h扣2分； （3）设备缺陷不及时处理，扣5分

表（续）

序号	评价项目	标准分	评价内容与要求	评分标准
2.1.2	过滤器（池）	2.5	查看文件记录和现场检查： （1）运行记录和水质检测报表内容应符合标准、运行规程规定，并满足完整性、连续性要求； （2）出水水质满足后续设备要求	（1）运行记录，水质检测和运行监督项目、周期不符合规定，每项扣1分； （2）出水水质不合格，每项超标4h扣1分； （3）设备缺陷不及时处理，扣2分
2.1.3	活性炭过滤器	2.5	查看文件记录和现场检查： （1）运行记录和水质检测报表内容应符合标准、运行规程规定，并满足完整性、连续性要求； （2）出水水质不能满足下级设备进水水质要求，不及时进行反洗； （3）活性炭失效不及时进行更换	（1）运行记录，水质检测和运行监督项目、周期不符合规定，每项扣1分； （2）出水水质不合格，每项超标4h扣1分； （3）未及时更换活性炭滤料，造成出水水质不合格，不得分
2.2	预除盐设备系统	30		
2.2.1	超滤、微滤	15	查看文件记录和现场检查： （1）运行记录和水质检测报表内容应符合标准、运行规程规定，并满足完整性、连续性要求； （2）出水水质满足规程及后续设备规定的要求； （3）运行压差满足规程要求	（1）运行记录，水质检测和运行监督项目、周期不符合规定，每项扣2分； （2）出水水质不合格，SDI超标4h扣5分； （3）设备出现泄漏、缺陷处理不及时扣5分； （4）不及时清洗导致压差上升扣10分； （5）压差短期上升快影响正常运行扣10分； （6）不到设计寿命，出现严重断丝、污堵需要更换，不得分
2.2.2	反渗透设备	15	查看文件记录和现场检查： （1）运行记录和水质检测报表内容应符合标准、运行规程规定，并满足完整性、连续性要求； （2）性能指标（脱盐率、压差和回收率）应满足设计和技术标准要求； （3）运行压差满足要求	（1）运行记录，水质检测和运行监督项目、周期不符合规定，每项扣2分； （2）反渗透保安过滤器压差上升快，需要频繁更换扣5分； （3）反渗透脱盐率、压差和回收率等性能指标不满足设计或规定要求，每项扣5分； （4）出水水质不能满足下级处理要求扣10分； （5）缺陷处理不及时，扣5分； （6）反渗透污堵严重，不进行清洗影响制水不得分； （7）因运行控制不当、维护不及时，不到设计寿命期，需要更换反渗透膜组件，不得分

表（续）

序号	评价项目	标准分	评价内容与要求	评分标准
2.3	除盐水系统	25		
2.3.1	EDI 设备	15	查看文件记录和现场检查： （1）运行记录和水质检测报表内容应符合标准、运行规程规定，并满足完整性、连续性要求； （2）水质及其他性能指标应符合设计和标准要求	（1）运行记录，水质检测和运行监督项目、周期不符合规定，每项扣2分； （2）出水水质（电导率和二氧化硅）不合格，每项超过4h扣5分； （3）压差、产水量、回收率每项超标扣2分； （4）缺陷处理不及时，扣5分； （5）因运行维护不到位，需要频繁清洗，扣5分； （6）EDI 组件设计寿命期内损坏需要更换扣15分
2.3.2	离子交换设备	8	查看文件记录和现场检查： （1）运行记录和水质检测报表内容应符合标准、运行规程规定，并满足完整性、连续性要求； （2）除盐设备出水水质满足要求	（1）运行记录，水质检测和运行监督项目、周期不符合规定，每项扣2分； （2）出水水质不合格，每项超过4h扣5分； （3）缺陷处理不及时，扣5分；重大缺陷不及时处理导致无法制水不得分
2.3.3	除盐水箱出水水质	2	查看文件记录和现场检查： 除盐水箱出水水质	除盐水箱出水水质单项（电导率和二氧化硅）不合格超过4h不得分
2.4	机组加药装置	20	查看文件记录和现场检查： （1）运行记录内容应符合标准、运行规程规定，并满足完整性、连续性要求； （2）机组各加药系统的设置应符合满足技术标准的规定，主要加药系统有：①给水处理，②炉水处理，③闭式循环冷却水处理，④凝汽器循环冷却水稳定、缓蚀、杀菌处理，⑤机组停用保养加药等系统； （3）给水加氨和加氧满足具备自动调节功能； （4）挥发性氨水、联氨、二氧化氯、次氯酸钠等药品的储存和加药间的安全和职业卫生要求应符合有关标准规定	（1）未及时调整或因加药设备故障导致机组水汽质量超标，每4h扣5分； （2）没有按要求投运给水自动加氨和加氧，每套系统扣5分； （3）炉内给水、炉水加药位置不正确，扣5分； （4）循环水加药设备不投运，每台机组扣5分； （5）加药设备运行记录不完整，每次扣2分； （6）设备缺陷处理不及时，扣5分； （7）药品储存和加药间安全和职业卫生要求不符合有关标准规定，扣5分

表（续）

序号	评价项目	标准分	评价内容与要求	评分标准
2.5	制氢、供氢系统	20	查看文件记录和现场检查： （1）运行记录和检测报表内容应符合标准、运行规程规定，并满足完整性、连续性要求； （2）制氢设备运行性能满足厂家和规程要求； （3）制氢、储氢设备安全措施满足要求； （4）制氢、储氢设备和系统以及安全附件（压力表、安全阀、减压阀、泄压阀、静电接地、压力容器）的定期检验应符合规定； （5）在线氢气纯度分析仪、湿度检测仪表和泄漏检测仪，应定期进行检验或检定	（1）运行记录，检测和运行监督项目、周期不符合规定，每项扣2分； （2）产氢、供氢纯度、湿度不合格，每项超标4h扣5分； （3）未对在线检测分析仪表进行定期检验、检定，每台仪表扣5分； （4）未按照标准规定对制氢、储氢设备和系统以及安全附件（压力表、安全阀、减压阀、泄压阀、压力容器）的进行定期检验，每台设备扣5分； （5）设备缺陷处理不及时，扣5分； （6）氢气系统有安全隐患未及时处理，不得分
2.6	凝结水精处理系统	55		
2.6.1	前置过滤器	5	查看文件记录和现场检查： （1）运行记录和水质检测报表内容应符合标准、运行规程规定，并满足完整性、连续性要求； （2）过滤器运行压差满足要求； （3）过滤器及时反洗	（1）运行记录，水质检测和运行监督项目、周期不符合规定，每项次扣1分； （2）压差大，不及时反洗、擦洗扣2分； （3）存在缺陷不及时处理不得分
2.6.2	粉末树脂及覆盖过滤器	10	查看文件记录和现场检查： （1）运行记录和水质检测报表，内容和项目应符合标准、运行规程规定，并满足完整性、连续性要求； （2）根据压差及时铺膜； （3）出水水质满足后续设备要求	（1）运行记录，水质检测和运行监督项目、周期不符合规定，每项次扣2分； （2）设备缺陷处理不及时，扣5分； （3）不根据压差及时爆膜、铺膜，导致滤元严重污堵，需要更换滤元，不得分； （4）发生滤元损坏，粉末树脂或其他滤料泄漏，污染后续设备或污染热力系统，不得分； （5）设备不按要求及时投退，不得分

表（续）

序号	评价项目	标准分	评价内容与要求	评分标准
2.6.3	高速混床（阴、阳分床）精除盐设备	30	查看文件记录和现场检查： （1）运行记录和水质检测报表，内容应符合标准、运行规程规定，并满足完整性、连续性要求； （2）设备状态良好，能随时自动投退； （3）设备出水水质满足技术标准要求； （4）精除盐设备制水量、差压正常，满足设计要求； （5）精除盐阳树脂以氢型方式运行，铵型方式运行时保证出水氯离子和钠离子含量均小于1μg/L，并及时检测氯离子浓度； （6）试验室定期查定精除盐出水铁、铜、二氧化硅、钠和微量阴离子； （7）精除盐投运冲洗彻底； （8）设备消缺、检修、维护正常	（1）运行记录，水质检测和运行监督项目、周期不符合规定，每项扣2分； （2）出水水质超标，单项超标4h，扣5分； （3）未定期进行水质查定，每项扣2分； （4）没有设备异常、缺陷记录，扣5分； （5）周期制水量不能满足设计要求，每台扣10分； （6）设备存在缺陷，不能按要求投退，一台扣10分； （7）凝结水水质异常，旁路门未全关，扣10分； （8）周期制水量、出水水质异常，未分析原因，并采取处理措施，进行调整试验，扣20分； （9）设备不按要求正常投运，不得分； （10）树脂漏入热力系统，不得分
2.6.4	树脂分离再生系统	10	查看文件记录和现场检查： （1）运行记录、检测报表内容应符合标准、运行规程规定，并满足完整性、连续性要求； （2）阴、阳树脂再生使用合格的酸、碱，再生剂量、浓度符合要求； （3）失效树脂擦洗、反洗分层、转移符合规程要求； （4）再生后树脂冲洗满足要求	（1）运行记录、检测内容不符合规定每项扣2分； （2）树脂分离和转移不进行现场确认和观察，扣5分； （3）再生剂量、浓度不根据树脂实际情况调整，扣5分； （4）再生设备没有异常、缺陷记录，扣5分； （5）未对设备重大缺陷及时报修，导致不能再生，不得分； （6）再生设备缺陷，导致跑树脂，不得分； （7）再生后树脂冲洗不彻底或隔离不严，导致酸或碱进入热力系统，不得分
2.7	水汽集中取样装置	5	现场检查机组集中和凝结水精处理取样装置： （1）管路系统无泄漏； （2）手工取样的水温不应高于40℃，在线仪表样水应经恒温装置调节，样水温度控制在25℃±2℃； （3）氢电导率失效树脂及时再生，交换柱运行正常； （4）水样过滤器、流量计和电极无明显污脏； （5）在线仪表流量正常	存在不符合问题，每项扣1分

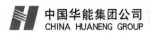

表（续）

序号	评价项目	标准分	评价内容与要求	评分标准
2.8	在线化学分析仪表	20	查看文件记录和现场检查： （1）在线化学仪表清册、台账； （2）在线化学校验、维护计划、记录和报告； （3）主要在线化学仪表：凝结水、给水、炉水、蒸汽、发电机内冷水的电导率或氢电导率表，给水和炉水 pH 表，加氧处理机组给水、除氧器入口和下降管炉水溶解氧表工作是否正常，准确性满足要求，是否定期进行对比检测或按 DL/T 677 要求进行在线整机校验； （4）主要化学在线仪表工作不正常是否超过 7 天未采取处理措施； （5）在线化学仪表选型应满足标准要求	（1）没有在线化学仪表清册、台账不得分； （2）没有在线化学校验、维护计划、记录和报告，不得分； （3）主要化学在线仪表工作不正常超过 7 天未采取处理措施，不得分； （4）主要在线化学仪表未进行定期对比检测或按 DL/T 677 要求进行整机校验，每台扣 5 分； （5）主要在线化学仪表准确性超标，每台扣分 5 分； （6）没有异常、缺陷记录，扣 5 分；未对主要仪表故障及时报修，并进行闭环管理，每台扣 5 分； （7）在线化学仪表检验周期不符合规定，每台表扣 2 分； （8）主要仪表选型不满足规定，每台扣 2 分
2.9	机组水汽质量监督	160		
2.9.1	机组启动过程	20	查看文件记录： （1）启动过程热力系统净化和水汽质量监督检测记录，内容和项目应符合监督标准、运行规程规定，并满足完整性、连续性要求； （2）机组启动过程热力系统净化和水汽质量是否符合标准、规程规定	（1）未制订机组启动热力系统净化措施，没有机组启动水汽监督记录，不得分； （2）机组检修后启动未进行凝汽器汽侧灌水查漏，扣 10 分； （3）机组启动不按技术标准要求投运凝结水精处理设备、化学加药设备扣 10 分； （4）机组启动不按技术标准要求投运在线化学仪表，每台扣 2 分； （5）锅炉点火前给水质量，热态冲洗结束炉水（分离器排水）质量，汽轮机冲转、并网蒸汽质量不合格，每项扣 5 分； （6）机组并网 8h，水汽品质不达标，每项扣 5 分
2.9.2	机组运行过程	30	查看文件记录和现场检查： （1）运行记录、水汽报表和查定报表，内容和项目应符合运行规程规定，并满足完整性、连续性要求； （2）主要化学监督指标异常，凝汽器、热网换热器泄漏导致水汽品质恶化、停机事故报告； （3）水汽品质劣化"三级处理原则"执行情况记录和劣化原因分析； （4）月度水汽质量分析报表（报告）	（1）不执行机组水汽品质劣化"三级处理原则"，不得分； （2）出现主要化学监督指标异常，凝汽器、热网换热器泄漏导致水汽品质恶化、停机事件没有处理、分析报告，不得分； （3）凝汽器泄漏，不及时投运凝结水精处理或未关闭旁路门，导致给水氢电导率超标 2h，扣 10 分； （4）给水、炉水加药泵未及时调整，导致给水、炉水 pH 值超标，炉水磷酸根含量超标，单项超标 4h 每次扣 10 分； （5）运行水汽品质超标，单项超标 4h 每次扣 2 分

表（续）

序号	评价项目	标准分	评价内容与要求	评分标准
2.9.3	给水、炉水处理及水汽品质优化调整试验	30	查看文件记录和现场检查： （1）出现下述情况应进行水汽优化调整试验： 1）发生不明原因的蒸汽质量恶化或汽轮机通流部分积盐； 2）改变锅内装置、改变锅炉热力循环系统或改变燃烧方式、提高额定蒸发量后出现蒸汽质量超标； 3）炉水出现盐类"隐藏"现象； 4）发生炉水杂质浓缩导致炉管结垢、腐蚀问题。 （2）汽包锅炉是否根据炉水水质状况确定了正确排污方式。 （3）超临界机组是否适时采用给水加氧处理工艺。 （4）是否根据凝结水冷却方式、凝汽器严密性和凝结水精处理情况，进行给水、炉水优化处理。 （5）进行给水、炉水处理及水汽品质优化调整的方案、措施和效果评价总结资料保存完好	（1）出现汽轮机严重积盐、炉管严重腐蚀、结垢，蒸汽品质合格率低，不进行给水、炉水处理及水汽品质优化调整试验，不得分。 （2）直流锅炉未适时采用给水加氧处理，导致锅炉受热面结垢达到二类，每台机组扣5分；受热面结垢达到三类，每台机组扣10分；导致水冷壁节流圈堵塞危及锅炉安全运行扣20分。 （3）汽包锅炉未制订合理的排污措施，并落实，每台扣5分。 （4）未根据机组实际情况进行给水、炉水优化处理，每台机组扣5分。 （5）给水、炉水处理及水汽品质优化试验没有方案、实施措施、试验记录、及效果评价总结，每台机组扣5分
2.9.4	机组、热网停备用保护	30	查看文件记录和现场检查：机组、热网停备用保护监督项目、检测记录，热力设备停（备）用保护化学监督检查报告，是否符合技术标准的规定	（1）机组、热网停备用未进行停用保护的，不得分； （2）机组停用保养实施过程监督指标检测缺项，每项扣5分； （3）锅炉、汽轮机、凝汽器（包括直接空冷机组的空冷岛）、热网系统设备停用保护措施或过程控制不当，保护效果差，扣10分； （4）热力设备停（备）用保护没有编写停备用化学监督检查报告，没有进行保护效果检查评价，每台机组扣10分
2.9.5	全厂水汽质量查定	15	查看文件记录： （1）水汽定期查定试验记录、报告和台账，内容和项目符合技术标准，并满足完整性、连续性要求； （2）原水全分析以及报告的规范性； （3）水汽品质合格率统计与分析月、季、年度报表规范	（1）没有建立水汽系统查定台账，不得分； （2）没有水汽品质合格率统计与分析月、季、年度报表，每台机组扣5分； （3）没有按要求进行原水水质全分析，并进行校核，每次扣5分； （4）没有按技术标准规定要求进行水汽系统查定，每项扣5分； （5）水汽定期查定试验记录、报告和台账不符合规定，每项扣2分

表（续）

序号	评价项目	标准分	评价内容与要求	评分标准
2.9.6	、发电机冷却水	15	查看文件记录和现场检查： （1）内冷水水质监督记录和定期查定记录、报告和台账； （2）发电机冷却水水质； （3）发电机冷却水处理工艺调整记录	（1）因内冷水处理系统失效、异常，未及时进行处理，造成内冷水水质电导率高限超标和铜离子含量超标，不得分； （2）内冷水电导率高限超标不得分； （3）内冷水铜离子含量超标，每次扣5分； （4）水质监督记录和定期查定试验记录、报告和台账不符合规定，每项扣2分
2.9.7	热网疏水及其循环水水质	10	查看文件记录和现场检查： （1）水质监督记录和定期查定记录、报告和台账； （2）疏水和厂内控制循环水水质； （3）加热器泄漏处理记录	（1）未及时发现泄漏问题并及时通知有关专业切换换热器、改变疏水回收方式，造成机组水汽品质不合格，不得分； （2）热网循环水未加药，水质指标不合格，扣5分； （3）热网加热器疏水未安装在线氢电导率表，每缺一台扣5分； （4）水质监督记录和试验记录，不符合规定，每项扣2分
2.9.8	机组循环水处理	10	查看文件记录和现场检查： （1）水质监督记录和定期查定记录、报告和台账； （2）循环水药剂选择静态试验和动态模拟试验报告； （3）循环冷却水水质、浓缩倍率； （4）加药调整记录	（1）循环水处理方案没有经静态、动态模拟试验，不得分； （2）循环水处理工艺过程参数和加药量控制不当，造成凝汽器结垢、腐蚀，凝汽器端差超标，不得分； （3）循环水水质指标、浓缩倍率不合格，每台机组扣5分； （4）水质监督记录和试验记录，不符合规定，每项扣2分
2.10	大宗水处理材料、水处理药品、油品和化学药品入厂检验、验收	10	查看文件记录和现场检查： （1）检查大宗水处理材料、水处理药品、油品和化学药品入厂检验记录、实验报告和台账； （2）水处理材料、水处理药品、油品和化学药品出厂检验报告和执行标准； （3）水处理材料、水处理药品、油品和化学药品贮存情况	（1）没有大宗水处理材料、水处理药品、油品和化学药品入厂检验记录、实验报告和台账，不得分； （2）检测发现了不合格水处理材料、水处理药品、油品和化学药品，没有报告和处理结论的，不得分； （3）入厂抽样、检验项目不符合标准和合同规定，每项扣5分； （4）验收合格水处理材料、水处理药品、油品和化学药品存放不符合规定，扣5分
2.11	油气质量监督	70		

表（续）

序号	评价项目	标准分	评价内容与要求	评分标准
2.11.1	汽轮机油	15	查看：油质分析记录、试验报告和台账	（1）没有油质分析记录、试验报告和台账，不得分。 （2）运行机组颗粒度按规定周期连续两次检测不合格，油中含水量大于 100mg/L，未采取处理措施，不得分。 （3）补油、混油不符合规定，不得分。 （4）新建、大修启机前颗粒度检测不合格启动机组不得分；运行机组颗粒度不按期检测，一次扣 2 分。 （5）没有异常数据报告和处理过程的跟踪化验记录，闭环管理，扣 10 分。 （6）油质定期监督试验项目、周期不符合标准、规程规定，存在不合格检测项目，每项扣 2 分
2.11.2	抗燃油	15	查看：油质分析记录、试验报告和台账	（1）没有油质分析记录、试验报告和台账，不得分； （2）运行机组颗粒度按规定周期连续两次检测不合格，未采取处理措施，不得分。 （3）补油、混油不符合规定，不得分。 （4）新建、大修启机前颗粒度检测不合格启动机组不得分；运行机组颗粒度不按期检测，一次扣 2 分。 （5）没有异常数据报告和处理过程的跟踪化验记录，闭环管理，扣 10 分。 （6）油质定期监督试验项目、周期不符合标准、规程规定，存在不合格检测项目，每项扣 2 分
2.11.3	绝缘油	15	查看： （1）油质分析记录、试验报告和台账； （2）溶解气体色谱分析记录、试验报告和台账	（1）没有油质分析、溶解气体色谱分析记录、试验报告和台账，不得分； （2）溶解气体色谱分析出现异常和超过注意值，未进行原因分析和处理，扣 10 分； （3）没有异常数据报告和处理过程的跟踪化验记录，闭环管理，扣 10 分； （4）油质定期监督试验项目、周期不符合标准、规程规定，存在不合格检测项目，每项扣 2 分； （5）500kV 及以上变压器投用前、运行 1 个月以及大修后或有异常时未检测颗粒度，扣 2 分

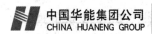
表（续）

序号	评价项目	标准分	评价内容与要求	评分标准
2.11.4	辅机用油	8	查看辅机用油台账，监督检测记录、试验报告和台账	（1）没有主要辅机用油台账，监督检测记录、试验报告，不得分； （2）重要辅机用油检测指标达到换油规定，检修期间未换油，不得分； （3）没有异常数据报告和处理过程的跟踪化验记录，闭环管理，扣2分； （4）油质定期监督试验项目、周期不符合标准、规程规定，存在检测项目不合格，每项扣1分
2.11.5	六氟化硫	5	查看： （1）六氟化硫气体和充六氟化硫气体电气设备分析记录、试验报告和台账； （2）六氟化硫电气设备按规定进行检测	（1）没有六氟化硫气体和充六氟化硫气体电气设备分析记录、试验报告和台账，不得分； （2）没有异常数据报告和处理过程的跟踪化验记录，闭环管理，不得分； （3）六氟化硫检测周期、项目不符合规定，每项扣2分； （4）六氟化硫检测存在不合格项目，每项扣2分
2.11.6	仪用压缩空气	2	查看：仪用压缩空气分析记录、报告	（1）没有分析记录、试验报告和台账，不得分； （2）气体检测周期、项目不符合规定，每项扣1分； （3）气体检测存在不合格项目，每项扣1分； （4）没有异常数据报告和处理过程的跟踪化验记录，闭环管理，不得分
2.11.7	发电机内氢气	10	查看文件记录和现场检查： （1）化学实验室定期检测分析记录、台账； （2）在线纯度、露点和泄漏检测仪表投用状态； （3）在线纯度、露点和泄漏检测的检验和检定； （4）发电机补氢统计数据	（1）没有定期检测分析记录、台账，不得分； （2）发电机内氢气纯度、湿度超标，每项扣5分； （3）未对在线检测分析仪表进行定期检验和检定，每台仪表扣5分； （4）没有发电机补氢统计数据，扣5分
2.12	燃料质量监督	20		
2.12.1	燃煤质量监督	18	查看文件记录和现场检查： （1）实验室煤质检测分析记录、报告、台账或计算机在线录入系统（动态管理平台）； （2）采、制、化仪器设备的检验、检定和管理	（1）检查燃煤（动态管理平台）分析化验记录、报告和台账，不符合规定，不得分； （2）入厂燃煤质量，每漏检一次，扣5分； （3）入炉煤未按规定周期进行检验，一次扣5分； （4）燃煤采、制、化样工作不符合标准，每项扣5分； （5）没有不合格和异常数据处理记录，扣5分

表（续）

序号	评价项目	标准分	评价内容与要求	评分标准
2.12.2	燃油质量监督	2	查看：燃油分析检测记录、报告	（1）没有分析记录、试验报告和台账，不得分； （2）检测存在不合格项目，没有报告，并且入库，不得分； （3）检测项目不符合规定，每项扣2分
2.13	机组热力系统设备的结垢、沉积、腐蚀	120		
2.13.1	锅炉结垢、腐蚀	40	查看文件记录和现场检查： （1）机组检修锅炉化学监督检查计划、检查记录、照片、总结报告； （2）机组检修锅炉受热面及汽包结垢、积盐和腐蚀化学监督检查台账； （3）锅炉受热面割管管样的留存和保管； （4）垢量、成分分析试验报告； （5）评价结论的正确性	（1）没有锅炉化学检查计划、检查记录、照片、总结报告，不得分； （2）锅炉水冷壁、省煤器发生结垢、腐蚀导致爆管引起停机，不得分； （3）腐蚀、结垢评价为二类，每台机组扣10分； （4）腐蚀、结垢评价三类，每台机组扣20分。 （5）割管位置、割管方法，管样加工不符合技术标准规定，每项扣5分； （6）管样没有正确保管，扣5分； （7）未参与汽包、下联箱检修处理后质量验收，扣5分； （8）化学检查报告不符合DL/T 1115规定，内容不全面，腐蚀、结垢评价结论错误，没有对存在的问题进行原因分析和提出改进建议，扣5分～15分
2.13.2	凝汽器腐蚀、结垢	30	查看文件记录和现场检查： （1）机组检修凝汽器汽侧、水侧化学监督检查计划、检查记录、照片、总结报告； （2）机组检修凝汽器结垢、积盐和腐蚀化学监督检查台账； （3）凝汽器抽管管样的留存和保管； （4）垢量、成分分析试验报告； （5）评价结论的正确性	（1）没有凝汽器化学监督检查计划、检查记录、照片、总结报告，不得分； （2）凝汽器发生泄漏并导致凝结水、乃至给水、炉水和蒸汽品质超标，每一次扣5分～15分，造成机组停机不得分； （3）腐蚀、结垢评价为二类，每台扣10分； （4）腐蚀、结垢评价三类，每台扣15分； （5）未参与凝汽器检修后质量验收，每次扣5分； （6）新更换管未按规定进行检验，扣5分； （7）化学监督检查报告中凝汽器腐蚀、结垢评价，结论错误，没有对存在的问题进行原因分析和提出改进建议的，扣5分～10分

表（续）

序号	评价项目	标准分	评价内容与要求	评分标准
2.13.3	汽轮机积盐、腐蚀	40	查看文件记录和现场检查： （1）机组检修汽轮机及附属设备化学监督检查计划、检查记录、照片、总结报告； （2）机组检修汽轮机积盐和腐蚀化学监督检查台账； （3）汽轮机积盐量、成分分析试验报告； （4）评价结论的正确性	（1）没有汽轮机及附属设备化学监督检查计划、检查记录、照片、总结报告，不得分； （2）发生汽轮机严重积盐，导致汽轮机带负荷能力降低，或轴向推力增大，机组需要停机处理或检修，不得分； （3）腐蚀、积盐评价为二类，每项1台扣10分； （4）腐蚀、积盐评价三类，每项1台扣20分； （5）汽轮机严重积盐，没有制订处理措施，并监督执行，扣10分； （6）没有参加汽轮机及附属设备检修后质量验收，一个设备扣5分； （7）化学检查报告不符合 DL/T 1115规定，内容不全面，腐蚀、积盐评价结论错误，没有对存在的问题进行原因分析并提出改进建议，扣5分～10分
2.13.4	热网设备系统腐蚀、结垢	10	查看文件记录和现场检查： （1）机组检修热网加热器及系统化学监督检查计划、检查记录、照片、总结报告； （2）机组检修热力设备结垢、积盐和腐蚀化学监督检查台账； （3）化学监督检查图像资料	（1）水室换热管端的冲刷腐蚀和管口端腐蚀明显，扣5分； （2）水室底部沉积物的堆积严重，扣5分； （3）换热器管腐蚀、结垢严重，换热器运行发生泄漏，不得分； （4）热网循环水管道因腐蚀泄漏，不得分
2.14	化学清洗	30	查看： （1）清洗招、投标文件； （2）化学清洗小型试验报告、清洗方案、过程记录、验收报告、总结报告； （3）化学清洗药品检验、过程监督检测记录	（1）运行锅炉受热面垢量或其他条件达到技术标准规定进行化学清洗要求，未进行化学清洗，不得分； （2）凝汽器、高压加热器结垢导致端差超标，不进行化学清洗，扣5分～20分； （3）热网加热器和其他换热器结垢，不进行化学清洗，扣5分～10分； （4）化学清洗单位没有相应资质进行清洗，不得分；

表（续）

序号	评价项目	标准分	评价内容与要求	评分标准
2.14	化学清洗	30	查看： （1）清洗招、投标过程文件； （2）化学清洗小型试验报告、清洗方案、过程记录、验收报告、总结报告； （3）化学清洗药品检验、过程监督检测记录	（5）未对锅炉化学清洗方案进行审核、批准，方案不按规定上报主管部门批准、备案，扣5分～15分； （6）未进行清洗临时系统安装质量、清洗药品进行验收，扣5分～10分； （7）未对化学清洗过程控制项目进行检测并记录，扣10分； （8）未对锅炉、凝汽器、高压加热器和其他换热器等清洗质量进行验收，扣10分～30分； （9）锅炉化学清洗质量没有达到技术标准合格规定，不得分； （10）凝汽器、高压加热器和其他换热器清洗质量没有达到技术标准或合同要求，扣5分～10分

中国华能集团公司

CHINA HUANENG GROUP

中国华能集团公司火力发电厂技术监督标准汇编

Q/HN-1-0000.08.029—2015

技术标准篇

火力发电厂锅炉压力容器监督标准

2015 - 05 - 01 发布

2015 - 05 - 01 实施

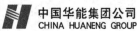
目　次

前　言

　　为加强中国华能集团公司火力发电厂技术监督管理，保证火力发电厂设备安全、经济、稳定、环保运行，特制定本标准。本标准依据国家和行业有关标准、规程和规范，以及中国华能集团公司发电厂的管理要求、结合国内外发电的新技术、监督经验制定。

　　本标准是中国华能集团公司所属火力发电厂锅炉压力容器监督工作的主要依据，是强制性企业标准。

　　本标准自实施之日起，代替 Q/HB-J-08.L12—2009《火力发电厂锅炉压力容器监督标准》。

　　本标准由中国华能集团公司安全监督与生产部提出。

　　本标准由中国华能集团公司安全监督与生产部归口并解释。

　　本标准起草单位：西安热工研究院有限公司。

　　本标准主要起草人：张志博、马剑民、姚兵印。

　　本标准审核单位：中国华能集团公司安全监督与生产部、中国华能集团公司基本建设部、华能国际电力股份有限公司、华能山东发电有限公司、华能陕西发电有限公司、华能呼伦贝尔能源开发有限公司、西安热工研究院有限公司、北方联合电力有限责任公司。

　　本标准主要审核人：赵贺、武春生、罗发青、张俊伟、王金海、邹智成、齐散丹高娃、李益民、王洪涛、冯琳杰、李治发、纪榕、冯童。

　　本标准审定：中国华能集团公司技术工作管理委员会。

　　本标准批准人：寇伟。

火力发电厂锅炉压力容器监督标准

1　范围

本标准规定了中国华能集团公司（以下简称"集团公司"）火力发电厂锅炉压力容器监督工作的主要内容、措施和技术要求。

本标准适用于集团公司火力发电厂锅炉、压力容器监督工作。

2　规范性引用文件

下列文件对于本文件的应用是必不可少的。凡是注日期的引用文件，仅所注日期的版本适用于本文件。凡是不注日期的引用文件，其最新版本（包括所有的修改单）适用于本文件。

GB 150（所有部分）　压力容器

TSG G0001　锅炉安全技术监察规程

TSG R0004　固定式压力容器安全技术监察规程

TSG R5002　压力容器使用管理规则

TSG R7001　压力容器定期检验规则

TSG R7004　压力容器监督检验规则

TSG Z6002　特种设备焊接操作人员考核细则

TSG ZF001　安全阀安全技术监察规程

DL/T 246　化学监督导则

DL/T 561　火力发电厂水汽化学监督导则

DL 612　电力工业锅炉压力容器监察规程

DL 647　电站锅炉压力容器检验规程

DL/T 677　发电厂在线化学仪表检验规程

DL/T 774　火力发电厂热工自动化系统检修运行维护规程

DL/T 794　火力发电厂锅炉化学清洗导则

DL/T 874　电力工业锅炉压力容器安全监督管理（检验）工程师资格考核规则

DL/T 868　焊接工艺评定规程

DL/T 869　火力发电厂焊接技术规程

DL/T 889　电力基本建设热力设备化学监督导则

DL/T 913　火电厂水质分析仪器质量验收导则

DL/T 956　火力发电厂停（备）用热力设备防锈蚀导则

DL/T 977　发电厂热力设备化学清洗单位管理规定

DL/T 1115　火力发电厂机组大修化学检查导则

DL 5190.2　电力建设施工技术规范　第2部分：锅炉机组

DL 5190.4　电力建设施工技术规范　第4部分：热工仪表及控制装置

NB/T 47014　承压设备焊接工艺评定

NB/T 47015　压力容器焊接规程

NB/T 47018（所有部分）　承压设备用焊接材料订货技术条件

NB/T 47044　电站阀门

JB/T 4730　承压设备无损检测

主席令〔2014〕第 4 号　特种设备安全法

国务院令〔2009〕第 549 号　特种设备安全监察条例

质技监局锅发〔1999〕202 号　锅炉定期检验规则

国质检锅〔2003〕207 号　锅炉压力容器使用登记管理办法

国能安全〔2014〕161 号　防止电力生产事故的二十五项重点要求

Q/HB-G-08.L01—2009　华能电厂安全生产管理体系要求

Q/HN-1-0000.08.027—2015　中国华能集团公司火力发电厂燃煤机组金属监督标准

Q/HN-1-0000.08.049—2015　中国华能集团公司电力技术监督管理办法

3　总则

3.1　锅炉压力容器监督工作必须贯彻"安全第一，预防为主"的方针，对受监设备实行在设计、制造、安装、调试、运行、修理改造、检验等全过程的监督。

3.2　锅炉压力容器监督的目的是为了保证火力发电厂锅炉、压力容器的安全运行，延长使用寿命，保护人身安全。

3.3　本标准规定了火力发电厂锅炉、压力容器在制造安装阶段、使用阶段、检修阶段关于金属、焊接、化学、热工以及安全阀等方面的相关管理规定，它是火力发电厂锅炉压力容器监督工作的基础，亦是建立锅炉压力容器技术监督体系的依据。

3.4　各电厂应按照集团公司《华能电厂安全生产管理体系要求》《电力技术监督管理办法》中有关技术监督管理和本标准的要求，结合本厂的实际情况，制定电厂锅炉压力容器监督管理标准；依据国家和行业有关标准和规范，编制、执行运行规程、检修规程和检验及试验规程等相关/支持性文件；以科学、规范的监督管理，保证锅炉压力容器监督工作目标的实现和持续改进。

3.5　从事电站锅炉、压力容器的设计、制造、安装、调试、修理改造、检验和化学清洗单位按主席令〔2014〕第 4 号、国务院令〔2009〕第 549 号、TSG G0001、TSG R0004、DL/T 977 等相关规定，具备合法有效的资格证书。

3.6　锅炉、压力容器安全管理人员，操作人员，水处理作业人员，焊接、热处理、无损检测、理化检验等人员，应按主席令〔2014〕第 4 号、国务院令〔2009〕第 549 号等相关规定取得相应的有效资格证书，按章作业。

3.7　从事锅炉压力容器监督的人员，应熟悉和掌握本标准及相关标准和规程中的规定。

3.8　锅炉压力容器监督适用的设备：

3.8.1　本标准适用于按 TSG G0001 规定的 A 级锅炉，即额定蒸汽压力大于或等于 3.8MPa 的锅炉。监督的锅炉设备、系统、部件范围如下：

a)　锅炉本体：由锅筒、直流锅炉汽水分离器、储水罐、受热面及其集箱和连接管道，炉膛、燃烧设备和空气预热器（包括烟道和风道），构架（包括平台和扶梯），炉墙和除渣设备等组成的整体。

b) 锅炉范围内管道：包括锅炉主给水管道、主蒸汽管道、再热蒸汽管道等。

c) 锅炉安全附件和仪表：包括安全阀、压力测量装置、水（液）位测量与示控装置、温度测量装置、排污和放水装置等安全附件，以及安全保护装置和相关的仪表等。

d) 锅炉辅助设备及系统：包括燃烧制备、汽水、水处理等设备及系统。

3.8.2 本标准适用于按 TSG R0004 规定的火力发电用压力容器的监督。主要包括高压加热器、低压加热器、除氧器、各类扩容器、储气罐、氢罐、氨罐、热交换器等各类压力容器。

4 制造、安装阶段监督

4.1 一般规定

4.1.1 在设备订货合同中应明确设计、制造、检验所依据的规程、规范和标准。对于进口成套设备中由国内加工制造的锅炉压力容器部件，其设计、制造和检验应与进口设备执行同一规程、规范和标准。

4.1.2 锅炉、压力容器在设计、制造、安装过程中，应符合 TSG G0001、TSG R0004、TSG R7004、GB 150、DL 612、DL 647、DL 5190.2 和国能安全〔2014〕161 号的规定。

4.1.3 锅炉、压力容器受压元件的制造、安装及重大修理改造，应经过检验检测机构依照相关安全技术规范进行监督检验，不得使用未经监督检验合格的受压元件。

4.2 化学监督

4.2.1 电力基本建设过程中，锅炉压力容器的化学监督工作应按照 DL/T 889 的规定执行。做好设备和材料的进厂验收和保管工作，并加强对设备安装过程中的监督管理。

4.2.2 锅炉整体水压试验时应采用除盐水，锅炉整体水压试验加药量应符合 DL/T 889 中的规定。锅炉部件制造完毕进行水压试验后，应将存水排净、吹干，并采取防腐措施。经水压试验合格的锅炉，放置 2 周以上不能进行试运行时，应进行防锈蚀保护，保护方法按 DL/T 889 的规定执行。

4.2.3 新建锅炉化学清洗应按照 DL/T 794 执行。锅炉化学清洗的工期应安排在机组即将整套启动前。清洗结束至启动前的停放时间不应超过 20 天，若 20 天内不能投入运行，应按照 DL/T 794、DL/T 956 的要求采取防锈蚀措施，以防止和减少清洗后的再次锈蚀。

4.3 热工监督

4.3.1 锅炉压力容器所用的热工仪表的安装应按照 DL 5190.4 的规定执行，位置应具有代表性。

4.3.2 安装单位技术专责应在锅炉压力容器所用的热工仪表安装前对安装人员进行技术交底，以便科学地组织施工，确保安装质量。安装接线工作应由专业人员进行。

4.3.3 锅炉压力容器所用的热工测量仪表，施工单位在安装前必须进行 100%的检定，并填写符合计量检定规程标准要求的检定报告，施工监理单位及基建技术监督单位应不定期地对施工单位的检定报告进行抽查，检定不合格的仪表不得安装。

4.4 金属材料监督

4.4.1 锅炉、压力容器金属材料，承载构件材料及其焊接材料应当符合相应国家标准和行业标准的要求，受压元件金属材料及其焊接材料在使用条件下应具有足够的强度、塑性、韧性以及良好的抗疲劳性能和抗腐蚀性能。

4.4.2 锅炉、压力容器材料的选用应符合 TSG G0001、TSG R0004。

4.4.3 锅炉、压力容器受压元件入厂或安装前后，均应按照集团公司《火力发电厂燃煤机组

《金属监督标准》中的规定进行检验，其中阀门的制造、检验还应符合 NB/T 47044 的要求。

4.5 焊接监督

4.5.1 锅炉压力容器的焊接过程应按照 TSG G0001、TSG R0004、NB/T 47015、DL/T 869、《火力发电厂燃煤机组金属监督标准》的规定执行。

4.5.2 用焊接方法安装和修理改造受压元件时，应按 DL/T 868、NB/T 47014 的规定进行焊接工艺评定或者具有经过评定合格的焊接工艺规程（WPS）支持并依据批准的焊接工艺评定报告，制定受压元件的焊接作业指导书。

4.5.3 从事锅炉、压力容器受压元件的焊接操作人员，应按照 TSG Z6002 等有关安全技术规范的要求进行考核，取得《特种作业人员证》后，方可在有效期内从事合格项目范围内的焊接工作。

4.5.4 焊接材料的选用应符合 NB/T 47018 的要求。

4.5.5 焊接质量检验和质量标准应按 TSG G0001、TSG R0004、DL 612、DL/T 869 的要求和有关规定执行。受压部件无损检测方法应符合 JB/T 4730 的要求。

4.6 安全阀的监督

4.6.1 锅炉压力容器安全阀的选用及安装应符合 TSG G0001、TSG R0004、TSG ZF001、DL 612 的规定。

4.6.2 每台锅炉至少应装设两个安全阀（包括锅筒和过热器安全阀）。再热器出口处，直流锅炉的外置式启动（汽水）分离器上，直流蒸汽锅炉过热蒸汽系统中两级间的连接管道截止阀前也应装设安全阀。

4.6.3 对于大容量电站锅炉，一般选用具有高排放能力的全量型安全阀。电站锅炉安全阀的配置应由锅炉制造厂或设计部门提出。

4.6.4 安全阀应铅直安装在压力容器液面以上的气相空间部分，或者装设在与压力容器气相空间相连的管道上。安全阀与压力容器之间一般不宜装设截止阀门；对于盛装毒性程度为极高、高度、中度危害介质，易爆介质，腐蚀、黏性介质或者贵重介质的压力容器，为便于安全阀的清洗与更换，经过使用单位主管压力容器安全技术负责人批准，并且制定可靠的防范措施，方可在安全阀与压力容器之间装设截止阀门，压力容器正常运行期间截止阀门必须保证全开（加铅封或者锁定），截止阀门的结构和通径不得妨碍安全阀的安全泄放。

4.6.5 对易爆介质或者毒性程度为极度、高度或者中度危害介质的压力容器，应在安全阀或者爆破片的排出口装设导管，将排放介质引至安全地点，并且进行妥善处理，不得直接排入大气。

5 使用阶段监督

5.1 化学监督

5.1.1 锅炉运行时的监督管理应按照 DL/T 246、DL/T 561 的规定进行防腐防垢处理。

5.1.2 锅炉停用备用应按照 DL/T 956 的规定采取有效的保护措施。

5.2 热工监督

5.2.1 主要热工仪表、自动调节系统、热控保护装置运行维护应按照 DL/T 774 的规定执行。随主设备准确可靠地投入运行，在机组运行期间未经有关领导批准不得无故退出停运。退出投运时应记录退出原因、时间和恢复时间。

5.2.2 热工仪表及控制装置和热控盘内外应保持整洁、完好，照明良好，标志应正确、清晰、齐全。

5.2.3 对于锅炉炉膛压力取样表管、一次风流量取样表管等可能被堵塞的取样表管定期进行吹扫，防止堵塞现象发生。当测量参数反应迟缓时，应及时进行吹扫。

5.2.4 热工仪表的抽检应根据机组运行中热工测量仪表的重要性和使用寿命情况，编制定期抽检程序文件，按照程序文件要求进行定期抽检。

5.2.5 对锅炉压力容器相关控制系统应进行定期检查，不满足调节品质指标要求时应对系统进行优化整定。

5.3 锅炉、压力容器使用管理

5.3.1 锅炉、压力容器安全监督专责工程师应按 DL 612、DL/T 874 的规定，考取电力工业锅炉压力容器安全监督管理工程师资格证书，经单位聘用，方可从事相应的安全监督管理工作。

5.3.2 锅炉、压力容器的使用单位，禁止使用国家明令淘汰和已经报废的设备。应按主席令〔2014〕第 4 号、国质检锅〔2003〕207 号、TSG R5002 的规定，在设备投入使用前或者投入使用后 30 日内及时办理在用锅炉、压力容器使用登记注册，领取使用证书。锅炉、压力容器安全状况发生变化、长期停用、移装或者过户的，按照规定需要变更使用登记的，电厂应办理变更登记，方可继续使用。

5.3.3 锅炉、压力容器存在严重事故隐患，无改造、修理价值，或者达到安全技术规范规定的其他报废条件的，电厂应依法履行报废义务，采取必要措施消除该设备的使用功能，并向原登记的负责特种设备安全监督管理的部门办理使用登记证书注销手续。达到设计使用年限可以继续使用的，应按照安全技术规范的要求通过检验或者安全评估，并办理使用登记证书变更，方可继续使用。允许继续使用的，应采取加强检验、检测和维护保养等措施，确保使用安全。

5.3.4 锅炉、压力容器运行过程应严格按照国能安全〔2014〕161 号及相关规定的程序执行。锅炉、压力容器运行操作人员在锅炉运行前应做好各种检查，应按照规定的程序启动和运行，不应任意提高运行参数。当出现危及安全运行情况时，应停止运行或采取相应的紧急措施。

5.3.5 锅炉主要受压元件、压力容器发生爆破等重大事故时，电厂应及时向产业公司（区域公司）、集团公司报告，对事故应进行全面分析并制定预防措施。事故调查报告及处理意见要及时上报。

5.3.6 锅炉、压力容器退役后重新启用，应进行检验和安全性能评估，并办理审批手续。退役重新启用的设备应重新办理登记手续，并按在役设备管理。经检验报废的设备不允许使用。

5.3.7 锅炉定期外部检验应按照 TSG G0001、质技监局锅发〔1999〕202 号、DL 612、DL 647 的规定执行，每年至少 1 次。

5.3.8 压力容器年度检查应按照 TSG R5002、DL 612 和 DL 647 的规定执行，每年至少进行 1 次。

5.4 安全阀的校验

5.4.1 安全阀的校验应按照 TSG ZF001、DL 612 的规定执行，一般每年至少一次，安全技术规范有相应规定的从其规定。

5.4.2 当符合 TSG ZF001 和 TSG R5002 中的相关规定时，安全阀的校验周期可以适当延长，延长期限按照相应安全技术规范的规定。

5.4.3 安全阀应按照 TSG ZF001、DL 612 的规定定期进行排汽试验。

5.4.4 锅炉压力容器运行中安全阀不允许随意解列和任意提高安全阀的整定压力或者使安全阀失效。

5.4.5 安全阀使用单位应按照 TSG ZF001 的规定做好安全阀的日常检修维护和定期的在线检查、检测工作。

6 检修阶段监督

6.1 化学监督

6.1.1 检修阶段锅炉各部位检查内容、检查方法和评价标准应按 DL/T 1115 执行。

6.1.2 运行锅炉化学清洗按 DL/T 794 的规定执行。

6.2 热工监督

6.2.1 热工仪表及控制装置的检修应随机组 A/B/C 级检修同时进行，并符合 DL/T 774 的检修要求。

6.2.2 机组 A/B/C 级检修中应对热工检测仪表和元件进行校验，并且误差符合要求。

6.2.3 机组 A/B/C 级检修中应按照 DL/T 913 和 DL/T 677 的检验技术方法进行化学分析仪表及在线仪表的检验。

6.2.4 对隐蔽安装的热工检测元件（如孔板、喷嘴和测温套管等）每隔一次 A 级检修应"抽样"进行拆装检查。

6.2.5 金属材料监督和焊接监督参照 4.5 节和 4.6 节的规定执行。

6.3 锅炉定期内部检验

6.3.1 锅炉的使用单位应按照 TSG G0001、质技监局锅发〔1999〕202 号、DL 612、DL 647 的规定，安排锅炉的定期检验工作，并且在锅炉下次检验日期前 1 个月向检验检测机构提出定期检验申请，检验检测机构应制订检验计划。

6.3.2 锅炉定期内部检验结合机组检修进行，一般每 3 年～6 年进行一次。新投产锅炉首次内部检验可以结合第一次检修进行。

6.3.3 除正常的定期检验外，有下列情况之一时，也应进行内部检验：

    a) 移装锅炉投运前。

    b) 锅炉停止运行 1 年以上需要恢复运行前。

6.3.4 由于检修周期等原因不能按期进行锅炉定期检验时，锅炉使用单位在确保锅炉安全运行（或者停用）的前提下，经过使用单位技术负责人审批后，可以适当延长检验周期，同时向锅炉登记地质监部门备案。

6.3.5 锅炉水（耐）压试验应按照 TSG G0001、DL 612、DL 647 中的规定执行。

6.4 压力容器定期检验

6.4.1 使用单位应按照 TSG R0004、TSG R7001、DL 612、DL 647 的规定，于压力容器定期检验有效期届满前 1 个月向特种设备检验机构提出定期检验要求。检验机构接到定期检验要求后，应及时进行检验。压力容器一般应于投用后 3 年内进行首次定期检验。下次的检验周期，由检验机构根据压力容器的安全状况等级进行确定。

6.4.2 有以下情况之一时，压力容器定期检验周期可以适当缩短：

    a) 介质对压力容器材料的腐蚀情况不明或者腐蚀情况异常的。

b） 具有环境开裂倾向或者产生机械损伤现象，并且已经发现开裂的。

c） 改变使用介质并且可能造成腐蚀现象恶化的。

d） 材质劣化现象比较明显的。

e） 使用单位没有按照规定进行年度检查的。

f） 检验中对其他影响安全的因素有怀疑的。

6.4.3　因情况特殊不能按期进行定期检验的压力容器，由使用单位提出书面申请报告说明情况，经使用单位安全管理负责人批准，征得上次承担定期检验的检验机构同意（首次检验的延期不需要），向使用登记机关备案后，可以延期检验；也可以由使用单位提出申请，按照 TSG R0004 7.8 节的规定办理。对无法进行定期检验或者不能按期进行定期检验的压力容器，使用单位均应采取有效的安全保障措施。

6.4.4　压力容器的耐压试验应按照 TSG R0004、DL 612、DL 647 中的规定执行。

6.5　安全阀的离线检查

6.5.1　安全阀使用单位应定期将安全阀从设备上拆下，按照 TSG ZЦ001 的规定，对安全阀进行离线检查。

6.5.2　当出现以下情况时，应进行安全阀的离线检查。

a） 安全阀校验有效期已经到期。

b） 在线运行时，安全阀出现故障或者性能不正常。

c） 安全阀从被保护设备上拆卸。

6.5.3　安全阀有以下情况时，应停止使用并且更换，其中有 a）～e）项问题的安全阀应予以报废。

a） 阀瓣和阀座密封面损坏，已经无法修复。

b） 导向零件锈蚀严重，已经无法修复。

c） 调节圈锈蚀严重，已经无法进行调节。

d） 弹簧腐蚀，已经无法使用。

e） 附件不全而无法配置。

f） 历史记录丢失。

g） 选型不当。

6.5.4　锅炉安全阀的机械电气元件，每次大小修应进行检查和清污工作，确保部件灵活好用。

中国华能集团公司火力发电厂技术监督标准汇编

Q/HN-1-0000.08.030—2015

中国华能集团公司

CHINA HUANENG GROUP

技术标准篇

火力发电厂供热监督标准

2015 - 05 - 01 发布

2015 - 05 - 01 实施

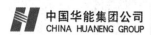
目　次

前　　言

为加强中国华能集团公司火力发电厂供热专业技术监督管理，保证发电厂供热设备安全、经济、稳定、环保运行，特制定本标准。本标准依据国家和行业有关标准、规程和规范，以及中国华能集团公司发电厂的管理要求、结合国内外发电及供热的新技术、监督经验制定。

本标准是中国华能集团公司所属火力发电厂（供热企业）供热监督工作的主要依据，是强制性企业标准。

本标准由中国华能集团公司安全监督与生产部提出。

本标准由中国华能集团公司安全监督与生产部归口并解释。

本标准起草单位：西安热工研究院有限公司、华能呼伦贝尔能源开发有限公司、华能山东发电有限公司、华能国际电力股份有限公司。

本标准主要起草人：安欣、马明、司源、孙吉广、马德红、马强。

本标准审核单位：中国华能集团公司安全监督与生产部、中国华能集团公司基本建设部、西安热工研究院有限公司、北方联合电力有限责任公司、华能山东发电有限公司。

本标准主要审核人：赵贺、武春生、罗发青、张俊伟、蒋宝平、郭俊文、党黎军、鲍军、张义、栾俊、韩传伟、王增泉。

本标准审定：中国华能集团公司技术工作管理委员会。

本标准批准人：寇伟。

火力发电厂供热监督标准

1 范围

本标准规定了中国华能集团公司（以下简称"集团公司"）所属供热企业供热设备及系统设计选型、安装、运行、检修的全过程供热监督相关的技术标准内容、监督管理要求及评价与考核。

本标准适用于集团公司供热企业的供热系统监督工作，包括热源至热用户间产权范围内的供热设施。

2 规范性引用文件

下列文件对于本文件的应用是必不可少的。凡是注日期的引用文件，仅注日期的版本适用于本文件。凡是不注日期的引用文件，其最新版本（包括所有的修改单）适用于本文件。

GB 3096 声环境质量标准

GB 8174 设备及管道绝热效果的测试与评价

GB 12898 国家三、四等水准测量规范

GB 26860 电力安全工作规程

GB 50015 建筑给水排水设计规范

GB 50019 采暖通风与空气调节设计规范

GB 50034 建筑照明设计标准

GB 50052 供配电系统设计规范

GB 50054 低压配电设计规范

GB 50202 建筑地基基础工程施工质量验收规范

GB 50203 砌体工程施工质量验收规范

GB 50204 混凝土结构工程施工质量验收规范

GB 50217 电力工程电缆设计规范

GB 50231 机械设备安装工程施工及验收通用规范

GB 50235 工业金属管道工程施工规范

GB 50236 现场设备、工业管道焊接工程施工及验收规范

GB 50242 建筑给水排水及采暖工程施工质量验收规范

GB 50243 通风与空调工程施工质量验收规范

GB 50264 工业设备及管道绝热工程设计规范

GB 50275 风机、压缩机、泵安装工程施工及验收规范

GB 50303 建筑电气工程施工质量验收规范

GB 50660 大中型火力发电厂设计规范

GB 50727 工业设备及管道防腐蚀工程施工质量验收规范

GB/T 6075　在非旋转部件上测量和评价机器的机械振动

GB/T 8175　设备及管道绝热设计导则

GB/T 12145　火力发电机组及蒸汽动力设备水汽质量

GB/T 12777　金属波纹管膨胀节通用技术条件

GB/T 50627　城镇供热系统评价标准

GB/T 50893　供热系统节能改造技术规范

DL/T 543　电厂用水处理设备验收导则

DL/T 596　电力设备预防性试验规程

DL/T 621　交流电气装置的接地

DL/T 863　汽轮机启动调试导则

DL/T 869　火力发电厂焊接技术规程

DL/T 995　继电保护和电网安全自动装置检验规程

DL/T 1076　火力发电厂化学调试导则

DL/T 5137　电测量及电能计量设计技术规程

DL/T 5175　火力发电厂热工控制系统设计技术规定

DL/T 5182　火力发电厂热工自动化就地设备安装、管路及电缆设计技术规定

DL/T 5190　电力建设施工及验收技术规范

DL/T 5210　电力建设施工质量验收及评价规程

DL/T 5390　火力发电厂和变电站照明设计技术规定

DL/T 5437　火力发电建设工程启动试运及验收规程

CJ 343　污水排入城市下水道水质标准

CJ/T 129　玻璃纤维增强塑料外护层聚氨酯泡沫塑料预制直埋保温管

CJ/T 3016.2　城市供热补偿器焊制套管补偿器

CJJ 28　城镇供热管网工程施工及验收规范

CJJ 34　城镇供热管网设计规范

CJJ 104　城镇供热直埋蒸汽管道技术规程

CJJ 105　城镇供热管网结构设计规范

CJJ 203　城镇供热系统抢修技术规程

CJJ/T 81　城镇供热直埋热水管道技术规程

CJJ/T 88　城镇供热系统安全运行技术规程

CJJ/T 185　城镇供热系统节能技术规范

SH 3532　石油化工换热设备施工及验收规范

GA 836　建设工程消防验收评定规则

JGJ 120　建筑基坑支护技术规程

JGJ 173　供热计量技术规程

CECS 121　城镇供热管网维修技术规程

DBJ 01-619　供热采暖系统水质及防腐技术规程

国务院〔2000〕293号　建设工程勘察设计管理条例

计基础〔2001〕26号　热电联产项目可行性研究技术规定

建城〔2008〕183 号　供热计量技术导则

国能安全〔2014〕161 号　防止电力生产事故的二十五项重点要求

Q/HN-1-0000.08.049—2015　中国华能集团公司电力技术监督管理办法

中国华能集团公司　供热管理办法

中国华能集团公司　火电工程设计导则（2010 年）

建标 112—2008　城镇供热厂工程项目建设标准

3　总则

3.1　供热监督是保证供热企业供热设备及系统安全、经济、稳定、环保运行的重要基础工作，应坚持"安全第一、预防为主"的方针，实行全过程监督。

3.2　供热监督的目的是采用技术措施、技术手段和成熟的管理经验，对供热企业在设计、基建、运行、检修维护中的重要参数、性能、指标和管理过程进行监督，不断提高供热的安全、经济、稳定运行水平。

3.3　本标准规定了火力发电厂（供热企业）的供热设备及系统在设计、基建、运行及检修阶段需满足的质量监督标准和技术标准，同时也规定了供热监督管理要求、评价与考核标准，它是火力发电厂（供热企业）供热监督工作的基础，亦是建立供热技术监督体系的依据。

3.4　各电厂（供热企业）应按照集团公司《华能电厂安全生产管理体系要求》《电力技术监督管理办法》中有关技术监督管理和本标准的要求，结合本单位的实际情况，制定供热监督管理标准；依据国家和行业有关标准和规范，编制、执行运行规程、检修规程和检验及试验规程等相关/支持性文件；以科学、规范的监督管理，保证供热监督工作目标的实现和持续改进。

3.5　从事供热监督的人员，应熟悉和掌握本标准及相关标准和规程中的规定。

3.6　本标准所述热源的定义范围是指汽轮机抽(排)汽口至厂区围墙外 1m 之内的供热设施；供热管网是指热源到热用户热力入口之间的供热设施；热用户是指热力入口之内的供热设施；热力站泛指供热系统内的各类换热站、隔压站、分配站、混水泵站。

4　监督技术标准

4.1　设计阶段监督

4.1.1　总体要求

4.1.1.1　设计阶段供热监督内容包括：已批准的供热区域规划、可行性研究，以及施工图设计阶段的设计成果和审查意见落实情况的监督。

4.1.1.2　勘察、设计工作均应贯彻执行国家有关热电联产项目工程建设的政策和法律法规；满足国家和行业现行发电及热力工程建设强制性条文规定，遵守发电及热力工程建设和设计工作程序。设计文件应做到基础资料可靠、项目内容完整；计算方法正确、深度符合要求。设计文件的文字、符号、数字、图表及影像应准确、清晰。

4.1.1.3　勘察、设计单位的资质、等级范围应符合《建设工程勘察设计管理条例》的要求。

4.1.1.4　设计采用新材料、新工艺、新结构和新设备时，应首先进行技术、经济论证和评审。

4.1.2　可行性研究监督

4.1.2.1　供热企业应依据《热电联产项目可行性研究技术规定》开展供热工程项目的可行性研究工作，可行性研究应包括热源及供热管网两部分。

4.1.2.2 可行性研究应依据已批准的城市供热规划和热电联产规划，结合可行性研究阶段设计要求进行。依据国家相关政策、规定，按照《热电联产项目可行性研究报告内容深度》的要求完成相关专题报告和可行性研究报告的编制。供热管网投资超过 1500 万元应单独编制可研报告。

4.1.2.3 可行性研究监督的内容：

a) 热负荷调查与核实。

b) 热源（供热机组）参数选择及供热方案。

c) 热源厂址条件，包括建设用地、征地拆迁、移民安置、环境因素等内容。

d) 热源部分的设计，主要包括厂区总体规划及总平面布置、热力系统、厂房布置、供排水系统、消防系统、化学水处理系统、电气设备及系统、热工自动化、土建部分等。

e) 供热管网的设计，主要包括供热管网的供热介质及参数说明、管网布置及敷设方式、供热管网与热用户连接方式、调节调度及控制方式、凝结水回收、水力计算、土建工程、保温防腐工程、生产组织和定员编制等主要技术经济指标。

f) 节约与合理利用能源专题报告。

g) 工程项目实施条件、施工组织构想及轮廓进度。

h) 投资估算及财务评价。

4.1.2.4 热负荷调查与核实一般由供热管网的可行性研究单位负责，核实后的设计热负荷同时作为供热企业热源和供热管网可行性研究的编制依据。供热系统热负荷包括工业和民用热负荷，分现状热负荷、近期热负荷、规划热负荷三部分。应绘制出年持续热负荷曲线图。

4.1.2.5 应以核实后的近期热负荷作为设计热负荷，核定供热企业机组供热能力，进行供热机组类型及机炉主设备的选择。供热机组抽、排汽参数应根据热用户要求、供热介质及参数、供热管网情况确定。

4.1.2.6 供热企业的供热范围、供热介质、供热参数、供热方式等应结合机组选型和供热管网的设计，进行全面的技术、经济比较后确定。

4.1.2.7 供热管网设计时应以供热企业热源的最大供热能力为限，一般不考虑规划热负荷，以减少供热管网的初期投资，对于供热需求逐年稳步增长的地区，可以适当考虑后续供热增容的冗余度。

4.1.2.8 供热管网的供热介质、供热参数及运行方式，应根据供热企业、供热管网、热用户的条件、特性和要求，进行全面的技术、经济分析、比较后确定。

4.1.2.9 供热管网应根据设计热负荷进行水力计算和热工计算。蒸汽管网应按最小热负荷进行校核计算，并在可行性研究报告上列出计算结果；对热水管网还应绘制水压图，并决定是否设置、何地设置中继泵站。

4.1.2.10 投资估算应包括：供热企业热源工程、配套送变电工程（接入系统工程）、供热管网工程以及其他（综合利用工程），投资估算必须能够满足限额设计和控制概算的要求。

4.1.2.11 财务评价以内部收益率、投资回收期、能否满足贷款偿还条件为主要评价指标。主要燃料来源及价格应有协议，热、电产品应有销售合同和权威单位的意向性协议，在获得可靠基础数据条件下才能开展财务评价，并保证评价结果真实可靠。

4.1.3 设计监督

4.1.3.1 工程设计应在审查批准的可行性研究报告基础上，根据可行性研究报告审查意见及相关专题报告审查意见进行，工程设计应包括热源、供热管网、热用户三部分。

4.1.3.2 供热企业依据国家、行业技术标准和设计规程、规范进行技术监督。设计进度要满足工程施工进度要求，设计文件应准确完备，符合设计单位内部审查程序。施工详图应符合相应的审查程序。

4.1.3.3 热源设计监督。

4.1.3.3.1 热源设计监督内容包括：系统设计、供热首站设计两方面。热源监督范围包括汽轮机的抽（排）汽口至厂区围墙外 1m 之间的供热设施。

4.1.3.3.2 系统设计。

    a) 抽汽系统依据用户类型不同可分为采暖抽汽、工业抽汽、热网驱动设备用汽三种。应根据供热首站加热器一次侧要求及抽汽参数要求设置必要的减温减压装置，但不宜作为长期对外供热的设备。

        1) 汽轮机抽汽系统采用开孔对外供汽的方式实现热源的供热。开孔位置、抽汽管管径和所提供的蒸汽参数应依据汽轮机通流设备强度要求、近期热负荷、用户的需求、输送距离和供热介质参数等因素确定。抽汽改造方案应经过汽轮机制造厂的校核计算，由汽轮机厂出具供热改造可研方案。

        2) 应核算在最小供热负荷工况下，汽轮机的进汽量不应低于锅炉最低稳燃负荷时的蒸发量。抽凝机组的进汽量应保证汽轮机各级叶片在最小凝汽工况下安全稳定运行。

        3) 供热系统的抽汽引出管上应设置快关阀、止回阀和隔离阀。抽汽量的调整通过快关调节阀控制。热网加热器及除氧器的蒸汽管道上应设调节阀和隔离阀。抽汽管道的各阀门前后、管道的最低点应设凝结水回收点。连接热网加热器的蒸汽管多于两路时，宜设置分汽缸，且分汽缸应有紧急排汽管。

    b) 热源循环水系统的设计应在综合考虑近期规划热负荷、实际热负荷和设备造价后确定。热网循环水侧采用母管制，热网循环泵和加热器进出口管道上应设有隔离阀。热网循环水回水母管应设安全阀，热网循环水泵电机功率大于 15kW 时，应在泵进出口母管设置通过止回阀连接的联络管。

    c) 热源凝结水系统应设有正常疏水和危急疏水两套独立的自动保护装置。凝结水回收至除氧器时，应不影响给水水质；凝结水回收至凝汽器时应对凝汽器强度和冷却能力进行校核计算。

    d) 补给水应采用软化水。正常补给水流量不应小于供热系统循环水量的 2%，事故补给水流量不应小于供热系统循环水量的 4%，补水点宜设置在循环泵入口处。补给水定压运行方式应按一级管网设计要求确定。

    e) 电气设备及系统的设计包括四部分内容，其中电气接线及设备布置应符合 GB 50052、GB 50054 的规定；电缆敷设和防火应符合 GB 50217 的规定；过电压保护和接地系统应符合 DL/T 620、DL/T 621 的规定，新增建筑物应增设接地网；照明设计应符合 DL/T 5390 的规定。

    f) 热工设备及系统的设计应符合 DL/T 5182、DL/T 5175 的规定，系统配置的热量表应符合 CJJ 28 的规定，其他热工测量表计应符合 CJJ 34 的规定。

g) 化学加药系统应能控制热网循环水系统的腐蚀和结垢,补给水的水质标准应满足 CJJ 34 中的规定,氯离子浓度应满足加热器材料在运行工况下的耐蚀要求。

4.1.3.3.3 供热首站。

a) 加热器设置在同一系统不宜少于 2 台,1 台停运时,剩余加热器的容量宜至少满足供热系统现状负荷的 60%～75%（严寒地区取上限）。

b) 供热系统循环水泵容量按照供热管网投运后最大循环水量选择。应尽量减少循环泵的台数,设置 3 台及以下循环泵时应设计备用泵。

c) 供热首站凝结水泵的额定扬程应按凝结水泵至除氧器的位高差、管道阻力和供热负荷段内除氧器工作压力最大值来综合确定。供热系统补水泵的设计应符合 CJJ 34 中的规定。

d) 依据高寒期供热负荷变化需求,供热机组可设计尖峰加热器。对于区域供热负荷增长较快,热源供热增容较为困难的情况,可以设计低真空循环水的供热方式,增加供热能力。

4.1.3.4 供热管网设计监督。

4.1.3.4.1 供热管网设计监督内容应包括：供热负荷要求、供热介质要求、供热管网形式、管网布置与敷设、管网的调节、管网水力计算、管道受力计算、中继泵站与热力站设计、保温与防腐的设计监督、供配电与照明的设计监督、热工检测与控制的设计监督。供热管网设计应符合 CJJ 34、CJJ 105 的规定。供热管网的监督范围包括热源到热用户热力入口之间的供热设施。

4.1.3.4.2 供热管网及热力站设计时,最大生产工艺热负荷应取经核实后的各热用户最大热负荷之和乘以同时使用系数；采暖热负荷应采用核实后的建筑物设计热负荷,进行相应的计算。

4.1.3.4.3 供热管网的供热介质、介质参数以及水质标准应满足以下要求：

a) 承担民用建筑及生活热水热负荷的供热管网应采用水作为供热介质,同时承担工业热负荷的供热管网,其供热介质的选择应依据生产工艺要求和技术经济比较后,综合考虑。

b) 供热管网的介质参数应结合工程条件、热源现状、管网和用户系统等方面因素,进行技术经济比较确定。当不具备条件进行技术经济比较时,介质参数应符合 CJJ 34 中第 4.2 节的规定。

c) 供热管网中水质合格的标准应依据 CJJ 34 中第 4.3 节的原则进行设计。

4.1.3.4.4 供热管网的形式依据供热介质不同,可设计为热水供热管网和蒸汽供热管网；依据工艺流程可设计为开式、闭式、单管制以及多管制；依据热负荷的要求可设计为环状管网和连通干线管网。

4.1.3.4.5 热水管网供热调节应采用热源处集中调节、热力站及建筑引入口处的局部调节及用热设备单独调节相结合的联合调节方式,具体调节方式的确定应依据热源、热负荷和供热季节的变化区别对待；蒸汽管网的调节宜按照用户需求,进行实时分散调节,调节设计时,要与热源的控制调节相结合。

4.1.3.4.6 水力计算时设计流量的计算、比摩阻的计算与确定、回水压力的确定、静态压力的确定、定压方式、水泵选择等应符合 CJJ 34 第 7.0 节规定。

4.1.3.4.7 管网布置与敷设的监督内容包括管网布置、管道敷设、管道材料及连接、热补偿、附件等管网设施。

    a) 供热管网应在城镇规划的指导下，依据热负荷分布、热源位置、其他管线及构筑物、园林绿地、水文、地质条件等因素，经技术经济比较后，确定供热管网的敷设方式、敷设位置、施工方法。

    b) 管道敷设方式、管道保温、防腐、管沟尺寸、管沟通风、事故人孔、安装孔、与建筑物及其他管线最小净距、覆土深度、跨越及穿越要求，交叉施工要求等应符合 CJJ 34 中第 8.2 节的规定。

    c) 供热管道管径小于等于 DN200 的应采用无缝钢管、大于 DN200 的应采用螺旋焊缝钢管，供热管道严禁使用直缝管和薄壁管。

    d) 供热管网敷设分有补偿和无补偿两种方式，采用有补偿敷设方式的补偿器选择应依据敷设条件，综合考虑维修量小、运行可靠、经济性好等因素。直埋蒸汽管道的工作管，必须采用有补偿的敷设方式。

    e) 补偿器的选用应考虑供热管网所处地域及膨胀量，可采用波纹管补偿器和焊接套筒式补偿器。应根据管道设计时的计算膨胀量及强度选用合适型号的补偿器。金属波纹管补偿器应满足 GB/T 12777 要求，波纹管材料应按照工作介质、外部环境和工作温度等工作条件选用，通常选用不锈钢波纹管。选用不锈钢波纹管材料时，可根据供热管网的设计要求选用抗应力腐蚀开裂能力强的材料。焊制套管式补偿器应符合 CJ/T 3016.2 的要求。

    f) 供热管网关断阀、分段阀的设置及选型，排气装置、泄水装置的设置要求，凝结水装置的设置要求和排放要求，旁通阀的设置要求，阀门驱动方式的选择，检查室的要求，操作平台的设置要求，露天、埋地设置的电动阀门的防护措施、管道支座的选型等内容应符合 CJJ 34 中第 8.5 节的规定。

4.1.3.4.8 管道应力计算、补偿器补偿量计算和固定墩推力计算应符合 CJJ 34 中第 9.0 节及 CJJ/T 81 的规定。

4.1.3.4.9 热力站与中继泵站的设计监督内容包括：噪声、设备的选型、位置的确定、供热的规模和方式。

    a) 热力站与中继泵站的噪声应符合 GB 3096 的规定，应有良好的照明通风并保证系统管道排水畅通。站内设有符合要求的起重设备，站内管道管件材质的要求应符合 CJJ 34 中第 10.1 节的规定。

    b) 中继泵站的位置、泵站数量及水泵扬程应在管网水力计算和水压图详细分析的基础上确定。中继泵站应优先考虑回水加压方式，不应建在环状管网的环线上。

    c) 热水热力站供热规模、用户的供热方式、供热设备的选择、设备的布置、水质控制，应符合 CJJ 34 中第 10.3 节的规定。

    d) 蒸汽热力站根据生产工艺、采暖通风空调及生活热负荷的需要，应设置分汽缸、蒸汽分配调节系统、凝结水回收系统，并应符合 CJJ 34 中第 10.4 节的规定。热力站内其他设备的选择、布置应符合 CJJ 34 中第 10.3 节的规定。

4.1.3.4.10 保温材料及其制品的导热系数值、密度、抗压强度应符合 GB 50264 中的规定；保温厚度计算应按 GB/T 8175 的规定进行，散热损失的计算依据 CJJ 34 中第 11.2 节的规定；

预制直埋保温管应符合 CJ/T 129 的规定；管道防腐及保护层防腐应符合 CJJ 34 中第 11.4 节的规定。

4.1.3.4.11 中继泵站、热力站的负荷分级、供电要求和低压配线应符合 GB 50052、GB 50054 的规定。中继泵站及热力站的水泵采用变频调节时，谐波应符合 GB/T 14549 中的规定。照明设计应符合 GB 50034 中的规定。

4.1.3.4.12 热工检测与控制应设置必要的热工参数检测与控制装置，具备远传功能，其硬件选型和软件设计应满足运行控制、调节和生产调度的要求，并符合 DL/T 5182 和 DL/T 5175 的规定。热工系统的参数检测、控制方式、控制要求以及仪表精度，应满足 CJJ 34 中第 13.4 节的规定。

4.1.3.5 热用户设计监督。

4.1.3.5.1 热用户的设计监督内容与供热管网的内容相同之处参照本标准 4.1.3.4 款的规定执行。热用户的监督范围包括热力入口之内的供热设施。

4.1.3.5.2 热用户管网依据不同供热参数，应做好分控设计。

4.1.3.5.3 热用户管网的管道材料，应符合 CJJ 34 中第 8.0 节的规定，用于生活热水供应的管道材料应符合 GB 50015。

4.1.3.5.4 热用户管网与燃气管道交叉敷设时，设计应考虑有防止燃气泄漏进管沟的可靠措施。热用户管道敷设在综合管沟内时，设计应考虑运行期间温度超过其他管线运行要求时，应采取隔热措施或设置自然通风设施。

4.1.3.5.5 热用户管网管径和循环泵的设计参数应依据水力计算结果确定，管网布置应合理。

4.1.3.5.6 热力站设备的选取应符合热负荷要求，并满足近期运行参数的需求。

4.1.3.5.7 在建筑物热力入口处，应设计量表计，并配置数据远传功能。新建建筑用户端应设计分户计量装置。热计量表计应符合 CJJ 28 的规定，热计量表计的安装位置和过滤器的规格应符合产品使用要求。

4.2 施工及验收监督

4.2.1 热源施工及验收监督

4.2.1.1 热源供热系统的建设施工及验收应符合 GB 50242、GB 50243、DL/T 5437、DL/T 5210 和 DL/T 5190 中的规定。

4.2.1.2 热源施工验收监督的内容主要包括：工程测量、供热首站土建工程、管道容器安装及检验、设备安装、防腐保温、系统试验、试运、竣工验收等。

4.2.1.3 工程测量。

4.2.1.3.1 供热抽汽管道安装连接前，应进行汽轮机设备对接测量，并做好管件预制；中低压缸连通管的高度测量应考虑行车的起吊高度，并测量中低压缸连通管蝶阀、连通管引出管的标高。

4.2.1.3.2 设计测量所用控制点的精度等级符合工程测量要求时，测量应与设计测量使用同一测量标志。

4.2.1.3.3 测量确定中低压缸引出管补偿器、安全阀、快关阀、抽汽止回阀的安装位置。抽汽系统、汽水系统与供热首站对应供热系统管道的连接测量，应依据管路系统的路由，现场测量确定补偿器、管件、支吊架、阀门及阀门操作平台等安装位置，并绘制现场测绘图。

4.2.1.4 供热首站土建工程。

4.2.1.4.1 供热首站房屋土建部分符合 GB 50202、GB 50204 的规定。现浇结构模板、预制构件模板、钢筋安装位置的允许偏差及检验方法应符合 DL/T 5190 的要求。

4.2.1.4.2 供热首站设备基础符合设计、安装的要求，设备基础尺寸和位置的允许偏差及检验方法应符合 DL/T 5437、DL/T 5190 的要求。

4.2.1.4.3 管沟、排水沟、电缆沟施工开挖前应先放线、测量高程，经各方共同验收地基、模板、钢筋、管座、混凝土结构等施工应符合 DL/T 5190 的规定。

4.2.1.5 管道容器安装及检验的监督内容主要包括汽、水管道安装，补偿器、减温减压装置、阀门、过滤器的安装与检验，疏水装置的安装与验收等，应符合 DL/T 5190、DL/T 5210、DL/T 5437 的规定。

4.2.1.5.1 在汽轮机缸体附近安装管道时，不得任意在缸体上施焊或引燃电弧。对与汽缸连接的一次门前的管道，焊缝应进行 100%无损探伤。

4.2.1.5.2 管道及管件的焊接应符合 GB 50236、DL/T 869 等标准的要求。焊接前焊接施工单位应具有符合要求的焊接工艺评定，现场焊接应有焊接工艺卡，焊接施工人员具有与其施工相符的焊工资格证书。热处理工作人员应具有热处理人员资格证书。无损检测人员应具有相应无损检测证书，资格证书应复印存档。

4.2.1.5.3 供热管道及管件（弯头、三通等）、补偿器到货后、安装前应进行验收、检验，抽检，管道及管件的规格尺寸、壁厚及焊缝外观质量应符合设计要求，必要时进行无损检测，合金钢部件应进行光谱材质分析。不锈钢波纹管补偿器的波纹管应在加工变形后出厂前进行固溶处理，防止运行后发生应力腐蚀开裂。对不锈钢波纹管进行定量光谱分析抽检，确认波纹管材质正确。

4.2.1.5.4 焊接施工前应对所使用焊接材料（焊丝、焊条、焊剂）进行检查。焊接材料应具有出厂合格证、质量证明书及烘干规范。按照 DL/T 869 要求对焊接材料进行保管、使用。焊条应经烘干后使用，现场焊接时焊条应放入通电的焊条桶内，随用随取。

4.2.1.5.5 焊接质量检验应对每位焊工至少检验一个转动焊口和一个固定焊口，不具备水压试验条件的管道焊缝，应进行 100%无损探伤。

4.2.1.5.6 汽、水管道支、吊架和滑托制作应符合 DL/T 5437 的规定。

4.2.1.5.7 减温减压置的安装与检验。减温减压装置的固定支座应安装牢固，减压阀和减温水调节阀的执行机构应不受外力而失控。减温减压装置安装完毕后应与管道一起进行水压试验。

4.2.1.5.8 供热首站内容器及辅助设备安装。容器、管道、法兰、焊缝及其他连接件的安装位置，应留有足够的检修空间。辅助设备、压力容器的水压试验应按制造厂的规定进行。

4.2.1.5.9 站内管道安装前，应按设计要求核验规格、型号，检查是否符合质量要求。管道穿越基础、墙壁和楼板，应配合土建施工预埋套管和预留孔洞，管道焊缝不应置于套管内和孔洞内。

4.2.1.5.10 水平管道上的阀门，其阀杆及传动装置应按设计规定安装，并动作灵活。放气点高于地面 2m 时，排气阀门应引至距地面 1.5m 处便于安全操作的位置。

4.2.1.5.11 供热系统中与热源有关联的水系统主要包括：供热首站工业水系统、供热补给水系统、供热凝结水回收系统等，以上系统的施工应按照 DL/T 5437、DL/T 863、DL/T 5190 和 DL/T 5210 规定执行。

4.2.1.6 供热首站设备安装的监督包括：泵类设备、加热器、站内系统关联设备、软化水设备、高低压配电设备、高低压电机设备、热工控制设备、测量和分析仪表设备的安装验收，应符合 DL/T 5190 和 DL/T 5210 的相关规定；仪表、阀门安装的通用规定应严格遵守。

4.2.1.6.1 供热首站设备安装前，应按 DL/T 5190 要求进行装前检查，并应做好记录。

4.2.1.6.2 加热器安装应按照 SH 3532、DL/T 5190 和 DL/T 5210 规定执行。

4.2.1.6.3 循坏水泵、凝结水泵、补水泵、消防泵、排污泵等泵类设备安装、验收，应按照 GB 50231、GB 50275 规定执行。3 台及 3 台以上同型号水泵并列安装时，水泵轴线标高的允许偏差为±5mm，2 台以下的允许偏差为±10mm。

4.2.1.6.4 软化水系统设备安装、验收应按照 DL/T 543 规定执行。软化水设备安装好，应保证设备出水达到技术要求。

4.2.1.6.5 分汽缸、分水器、集水器的安装位置、技术标准、规格型号应符合设计要求。同类型的温度表和压力表规格应一致，并经计量检验合格。

4.2.1.6.6 高低压配电装置，高低压发电机，热工控制设备，测量、分析仪表的安装验收按照 DL/T 5190 和 DL/T 5210 规定执行。

4.2.1.6.7 压力表应安装在便于观察的位置，流量测量装置应在管道冲洗合格后安装，前后直管段长度应符合设计要求。

4.2.1.7 防腐、保温与安全设施。

4.2.1.7.1 管道的防腐按照 GB 50727 的规定执行；管道的涂料和保护层应满足 DL/T 5190 的要求。工程竣工验收前，管道、设备外露金属部分所刷涂料的品种、性能、颜色等应与原管道设备所刷涂料相同。

4.2.1.7.2 阀门、法兰等部位的保温结构应易于拆装，阀门保温层应不妨碍填料的更换。

4.2.1.7.3 工程竣工验收前，保温管道的介质流向、设备标识、阀门标牌等符合电力生产企业安全设施规范化标准要求。

4.2.1.7.4 安全设施、装置应按照规范安装完善，并符合 GB 26860 的规定。

4.2.1.7.5 消防设施应配置齐全，验收按照 GA 836 标准执行。

4.2.1.8 供热系统的管道和设备等，应按设计要求进行强度试验和严密性试验，试验应以洁净水作为试验介质，试验按照 DL/T 5190 的规定执行。供热系统中与热源有关联的蒸汽系统包括蒸汽供热管网以及与主机系统关联的供热蒸汽管道安装完毕，应依据供热系统设计、制造、改造等相关技术资料编制吹扫方案，进行管道吹扫，吹扫应符合 DL/T 5190 的规定。

4.2.1.9 供热系统的试运行应在热源具备供热条件后进行，应依据设备说明书、技术协议以及设计方案等资料编制试运行方案。

4.2.1.10 供热系统试运阶段监督主要内容包括：供热系统单体和分部试运、供热系统整体试运。

4.2.1.10.1 供热系统的单体和分部试运内容：

a) 泵类设备、电动机试运行合格，设备的振动数据应满足 GB/T 6075 的规定。

b) 供热系统的电气、热工系统分部试运，应按照 DL/T 995、DL/T 1076、DL/T 863 规定执行。

c) 软化水系统分部试运按照 DL/T 1076 执行。

d) 供热系统单体试运和分步试运阶段的工作应包括：

1) 供热系统设备及管道安装完毕，并经验收合格，具备通水、通汽条件。

2) 系统冲洗干净。

3) 系统阀门调试完毕。

4) 冷却水系统试运正常，排污管道畅通。

5) 各类仪表校验、调整准确，连锁保护装置试验正常。

6) 电动机单体试转正常。

4.2.1.10.2 供热系统的整体试运内容：

a) 连锁保护试验。

b) 热网泵类设备投运。

c) 供热抽汽系统的投运。

d) 供热抽汽系统的停运。

4.2.1.11 竣工验收应在一个或多个施工单位工程验收和试运行合格后进行。

4.2.1.11.1 竣工验收应复检以下主要项目：

a) 承重和受力结构。

b) 结构防水效果。

c) 补偿器。

d) 焊接。

e) 防腐和保温。

f) 泵类设备、电气设备及系统、热工仪表及控制装置。

g) 其他标准设备安装和非标准设备的制造安装。

4.2.1.11.2 竣工验收时，施工单位应提供下列资料：

a) 施工组织设计资料（或施工技术措施）、竣工测量资料、竣工图纸等。

b) 材料的产品合格证、材质单、分析检验报告和设备的产品合格证、安装说明书、技术性能说明书、专用工具和备件的移交证明。

c) 本标准中规定施工单位应进行的各种检查、检验和记录等资料。

d) 施工现场质量管理检查记录、隐蔽工程验收记录、系统调试分项工程质量验收记录以及工程竣工报告。

e) 其他需要提供的资料。

4.2.2 供热管网施工及验收监督

4.2.2.1 供热管网施工及验收阶段监督的内容包括工程测量、土建工程及地下穿越工程、焊接及检验、管道安装及检验、热力站中继泵站及通用组件的安装、防腐和保温、试验清洗试运行及工程验收。施工阶段监督应符合 GB 12898、GB 50202、GB 50203、GB 50204、GB 50236、GB 50299、CJJ 28、CJJ/T 81 和 JGJ 120 的规定。

4.2.2.2 工程测量：

4.2.2.2.1 工程测量的监督工作包括定线测量、水准测量、竣工测量。工程测量控制点精度等级和测量允许偏差应符合 CJJ 28 中的规定。

4.2.2.2.2 定线测量可用电磁波测距法和布设简单图形计算法求距，电磁波测距的相对误差不应大于 1/1000。测量中主要点位应进行必要的加固、埋设标识并在图上绘点，以作为记录。

4.2.2.2.3 水准测量前，应按照 GB 12898 对水准仪和水准尺进行全面检验。临时水准点应设在管线起点、终点、固定支架及地下穿越部位附近，安放应稳固，标志应明显，间距不宜大于300m，并应采取保护措施。

4.2.2.2.4 供热管网工程竣工后应全部进行平面位置和高程测量。测量精度和测量绘制的资料应符合 CJJ 28 中的规定，测量结束后应编写工作说明。

4.2.2.3 土建工程及地下穿越工程：

4.2.2.3.1 开挖工程施工前应对开槽范围内的地上、地下障碍物现场检查，查清障碍物构造以及与工程的相对位置关系，采取满足要求的保护措施。

4.2.2.3.2 土建结构工程的管沟内，管道活动支座应按管道坡度逐个测量支承管道滑托的钢板面高程，高程允许偏差为 -10mm，支座底部找平层应满铺密实。

4.2.2.3.3 回填工程应在隐蔽工程验收合格及竣工测量后及时进行。回填时应确保构筑物的安全，回填土应分层夯实，铺土厚度及密实度应符合 CJJ 28 中第 3.3 节要求。

4.2.2.3.4 地下穿越工程必须保证地下管线和构筑物的正常使用，不得发生沉降、倾斜、塌陷。穿越工程的施工方法、工作坑的位置及工程进行程序应取得穿越部位有关管理单位的同意和配合。任何一种穿越方法施工时，供热管道在结构断面中的位置均应符合设计纵横断面要求。

4.2.2.3.5 热力站及中继泵站的土建工作应执行本标准 4.2.1.4 款中的要求。

4.2.2.4 焊接及检验的监督应参照本标准 4.2.1.5 款的规定执行。

4.2.2.5 管道、附件安装及检验。

4.2.2.5.1 管道安装前应对预制防腐层和保温层的管道及附件进行检查，管件制作和可预组装的部分宜在安装前完成并检验合格。施工阶段管口应用堵板封闭，安装完成后应完成内部清理并及时封闭管口。

4.2.2.5.2 管沟和地上敷设管道安装应符合 CJJ 28 中第 5.4 节的规定。

4.2.2.5.3 法兰、阀门安装前的检验及安装应符合 GB 50235 的规定，重要阀门应由有资质的检测部门进行强度和严密性试验，并填写阀门试验记录。

4.2.2.5.4 补偿器安装前的检查、安装要求和记录应符合 CJJ 28 中第 5.7 节的规定。需要进行预变形的补偿器，预变形量应符合设计要求，并记录补偿器的预变形量。

4.2.2.6 热力站、中继泵站设备的安装验收应执行本标准 4.2.1.6 款和 CJJ 28 中的规定。

4.2.2.7 防腐和保温的安装与验收应执行本标准 4.2.1.7 款和 CJJ 28 中的要求。

4.2.2.8 试验、清洗、试运行。

4.2.2.8.1 供热管网的试验分为强度试验和严密性试验，应采用水为介质做试验。强度试验应在试验段内的管道接口防腐、保温施工及设备安装前进行；严密性试验应在试验范围内的管道工程全部安装完成后进行。试验前固定支架的混凝土应达到设计强度。

    a) 试验前应编制试验方案，应经监理、建设单位和设计单位审查同意，并对有关操作人员进行技术、安全交底。

    b) 供热管网所有系统均应进行强度试验和严密性试验。强度试验压力应为 1.5 倍设计压力，严密性试验压力应为 1.25 倍设计压力，且不得低于 0.6MPa。热力站、中继泵站内的所有系统均应进行严密性试验，试验压力应为 1.25 倍设计压力，且不得低于 0.6MPa。试验合格标准应符合 CJJ 28 中表 8.1.10 条中的规定。

    c) 强度试验和严密性试验时环境温度不宜低于5℃，当环境温度低于5℃时，应有防冻措施。对高差较大的管道，应将试验介质的静压计入试验压力中。热水管道的试验压力应为最高点的压力，但最低点的压力不得超过管道及设备的承受压力。

  d） 当试验过程中发现渗漏时，严禁带压处理，缺陷处理后应重新进行试验。试验合格后，应及时拆除试验用临时加固装置，排净管内积水并填写强度、严密性试验记录。

4.2.2.8.2 供热管网的清洗应在试运行前进行，清洗的方法依据供热管网的运行要求和介质类别而定。清洗前应编制清洗方案，方案应包含清洗方法、技术要求、操作及安全措施，并应符合 CJJ 28 中第 8.2.4 条的规定，清洗合格后应填写清洗检验记录。

4.2.2.8.3 试运行应在单位工程验收合格且热源已具备供热条件后进行。试运行前，应编制试运行方案，试运行方案应由建设单位、设计单位进行审查同意并进行交底。

  a） 供热管线工程宜与热力站工程联合进行试运行，并应具备完善的通信系统及其他安全保障措施。供热工程应在建设单位、设计单位认可的参数下试运行。

  b） 热水管网试运行，升温速度不应大于 10℃/h，试运行的时间应为连续运行 72h。试运行期间，管道、设备的工作状态应正常，并应做好检验和考核的各项工作及试运行记录。

  c） 蒸汽管网试运行，应带热负荷进行，试运行前应进行暖管，待蒸汽压力和温度达到设计参数后，保持恒温时间不宜少于 1h，对系统进行全面检查并应做好记录。

4.2.2.9 竣工验收应执行本标准 4.2.1.11 款中的规定。竣工验收中的保温工程在第一个采暖季结束后，应由建设单位组织，监理单位、施工单位和设计单位参加，对保温效果进行鉴定，并应按 GB 8174 进行测定与评价及提出报告。

4.2.3 热用户施工及验收监督

4.2.3.1 热用户的施工验收监督工作应依据 GB/T 50893、CJJ/T 185、CJJ 28 及 JCJ 173 的标准、规程、规范执行。

4.2.3.2 热用户的施工验收主要包括二级管网、热力站、热力入口装置及分户计量装置的安装、检查、验收。

4.2.3.3 二级管网直埋管道和管件应符合 CJ/T 129 的规定，附件的安装符合 CJJ 28 规定。

4.2.3.4 直埋管道的焊接应有无损探伤报告，架空管道的安装应有水压试验报告。

4.2.3.5 热用户热力站宜设置在负荷中心且地上布置，地下布置的热力站应有独立的排水系统，并应符合防汛、防潮及通风的要求。

4.2.3.6 热用户的排气、泄水的设计、安装应符合设计规范。

4.2.3.7 电气设备及系统、自动化仪表的安装应符合 GB 50303、GBJ 93 的规定。

4.2.3.8 管道、设备保温防腐符合设计要求 CJJ 28 规定，标识标牌齐全、清晰。

4.2.3.9 竣工验收环节的监督工作应执行本标准第 4.2.1.11 款的规定。

4.3 运行监督

4.3.1 热源运行监督

4.3.1.1 热源运行阶段的监督应依据 DL/T 863、DL/T 5437、CJJ 34、CJJ/T 88 及本企业供热系统相关运行规程执行。

4.3.1.2 热源投运前准备：

4.3.1.2.1 设备的保护装置应动作可靠且设置合理，包括加热器水位高保护、循环水泵的电气联动保护、主管网循环水的压力高（低）保护、加热器的超压保护等。

4.3.1.2.2 设备安全参数报警信号准确且保护定值校核无误。

4.3.1.2.3 设备的试验应动作结果正确，包括阀门动作试验、水位试验、泵的连锁试验等。

4.3.1.2.4 设备投运前的检查工作包括供热相关转机设备的检查，各仪表准确齐全，阀门灵活可靠。

4.3.1.3 热源的投运：

4.3.1.3.1 软化水补给水系统和设备应检查完好、操作灵活且各类监测表计符合测量要求，补水泵运行后振动应符合 CB/T 6075 的规定，轴承温度应符合 CJJ/T 88 中的规定。

4.3.1.3.2 主管网通过软水箱向管网注水，并保持水箱水位。

4.3.1.3.3 当主管网注满水后，启动循环水泵运行并检查水泵各部振动、声音、温度、压力正常。

4.3.1.3.4 加热器投入过程应严格控制加热器的温度变化速率，防止加热器超负荷运行，并检查各电动阀门、安全阀、压力表、温度计正常。

4.3.1.3.5 根据加热器水位情况投入凝结水泵至运行状态。

4.3.1.3.6 抽汽系统各设备的试验应正常，抽汽系统的暖管、投运以及加热器的温度变化速率应符合规程要求。

4.3.1.4 热源运行：

4.3.1.4.1 按运行要求对供热系统的运行参数进行全面检查并记录。

4.3.1.4.2 热源管网运行过程中，应控制热源管网水质，异常时应仔细分析原因，进行加热器的隔离或加药处理；观察回水除污器压差，堵塞时及时清理。热源管网的一级热网水质指标应满足附录 A 的要求。

4.3.1.4.3 定期进行加热器危急泄水阀试验，循环泵、凝结水泵、补水泵的切换试验。

4.3.1.5 热源停运和事故处理：

4.3.1.5.1 供热季前应制定供热应急预案，对于供热管网大量失水、泄漏、厂用电消失、系统超压等异常情况应采取必要的预防措施。事故状态停运时应采取防冻措施。

4.3.1.5.2 供热管网停运，应先关闭加热器一次侧调整门，开启管路各凝结水阀门泄压，待供热管网温度降至 50℃以下，停止供热首站循环水泵运行，关闭供回水阀门。

4.3.1.5.3 供热系统停运后，热水供热管网宜采用湿法保护，维持静水压力±0.02MPa，并定期化验监测水质，水质指标应满足附录 B 的要求。

4.3.2 供热管网运行监督

4.3.2.1 供热管网运行阶段的监督应依据 CJJ/T 88、CJJ 104、CJJ/T 81、CJJ 34、CJJ 203、CJJ/T 185、GB/T 12145、DBJ 01-619、CJ 343、DL/T 596、DL/T 995、DL/T 5137、GB/T 50627 及本企业供热系统相关运行规程执行。

4.3.2.2 供热管网运行阶段主要对安全运行和经济运行进行监督，监督工作由运行前的准备、运行及调节、抢修作业、停止运行四部分组成。监督范围包括热水供热管网、蒸汽供热管网和热力站、中继泵站。

4.3.2.3 供热管网运行前准备：

4.3.2.3.1 投入运行前，应编制运行方案。运行方案应包括：注水（蒸汽送汽）、投运的相关要求。改建热水供热管网运行前应试压和冲洗；已停运两年或两年以上的直埋蒸汽供热管网，运行前应按新建管道要求进行吹扫和严密性试验。

4.3.2.3.2 投入运行前，应进行全面检查。检查应符合：阀门严密且灵活可靠、状态符合运行方案要求；安全装置可靠有效；加热器、除污器无堵塞；仪表齐全且精度等级满足要求；水处理和补水设备具备运行条件；泵类设备具备启动条件；自控系统能正常运行；电气系统各项指标符合要求；管道支吊架及井室内爬梯牢固可靠；交通、通信工具及有害气体检测仪器、抽水设备等齐全。蒸汽管道内积水排净，排潮管畅通。

4.3.2.4 运行及调节：

4.3.2.4.1 运行前应根据当地气象条件和供热系统的实际情况，制定运行及调节方案。运行调节方案应包括：运行调节方法，运行水压图、供热调节曲线图表等。

4.3.2.4.2 热水供热管网正式运行前应经冷态试运行，冷态试运无异常，进行供热管网升温时，升温速度不应大于 10℃/h；蒸汽供热管网冷态启动时必须进行暖管，暖管要求应执行本标准第 4.2.2.8.3 项的规定。

4.3.2.4.3 补给水和循环水水质控制指标应符合 GB/T 12145、CJJ 34、DBJ 01-619 的规定，同时二级热网水质应满足附录 C 的要求。每周取样进行化验分析。补水量必须满足系统运行需要，补水压力应符合水压图的要求。热水供热系统必须保持恒压点恒压，恒压点的压力波动范围应控制在 ±0.02MPa 以内。热水供热管网的定压应采用自动控制。

4.3.2.4.4 中继泵站的参数控制，应根据系统调节方案及其水压图要求进行。

4.3.2.4.5 热力站启动应符合 CJJ/T 88 第 4.4 节的规定。

4.3.2.4.6 供热管网投入运行后，应定期进行巡检，并制定巡检方案。巡检方案包括巡检周期、路线、内容、方法及问题上报、处理程序等。当运行参数发生较大变化或外部环境可能损坏供热管道或设施时应加强巡视，并采取防护措施。受限空间作业前应采取必要的安全措施。

4.3.2.4.7 热水供热系统宜实行统一调度调节，应按照 CJJ/T 88 第 3.4 节和第 4.4.2 条的规定进行供热系统初调节和运行调节，初调节宜在冷态运行条件下进行，运行调节根据管网配置和热负荷分配情况选择合适的调节方法。蒸汽供热管网中，当蒸汽用于动力装置热负荷或供热温度不一致时，宜采用中央质调节；当蒸汽用于换热方式运行时，宜采用中央量调节或局部调节。调节宜采用自动化方式。

4.3.2.4.8 供热企业在运行期间应定期检测供热系统实际能耗，并根据实际能耗和供热负荷实际发展情况，合理确定供热系统的经济运行方式。

4.3.2.4.9 供热企业应定期计算、分析一级管网和二级管网的补水率、单位供热面积的热负荷、耗电量、耗热量、单位供热面积的循环流量、一级管网水力平衡度、单位长度的平均温度降等能耗指标，各项指标应达到 CJJ/T 185 和 GB/T 50627 的规定。对通过竣工验收并安装使用热计量装置一年的供热系统，应按照 GB/T 50627 的规定进行能效评价。

4.3.2.5 抢修作业：

4.3.2.5.1 抢修管理单位应根据事故现场情况，结合应急预案确定抢修方案，并按照规定逐级汇报。

4.3.2.5.2 抢修作业前应采取必要的安全措施，抢修过程中应采取防止次生灾害的措施。

4.3.2.5.3 管道和设备的安装应符合 GB 50236、GB 50235、GB 50184 和 CJJ 28 的规定。

4.3.2.5.4 抢修作业完成后应及时进行清理抢修场地，恢复供热系统运行。

    a) 热水供热管网恢复运行的步骤：

        1) 当供回水管网均需要注水时，应先对回水进行注水，待回水管满水后，再通过连通管或热力站内的管道对供水管注水。

2) 宜按地势由低到高进行注水。

3) 注水时应缓慢打开补水管道阀门，并控制注水速度，注水过程中应随时观察排气阀的排气情况。

4) 注水过程中应对故障修复处进行重点检查。

5) 供、回水管道注水完成后，应先缓慢打开回水阀门，再打开供水阀门。

b) 蒸汽供热管网恢复运行的步骤：

1) 打开泄水阀门，排除管道内存水。

2) 按照干线、支线、热用户管线的顺序，分段进行暖管。

3) 利用阀门开度控制暖管升温速度。

4) 暖管过程中应随时排除管内凝结水，凝结水排净且疏水器正常工作后，关闭泄水阀。

5) 管内充满蒸汽且未发生异常现象后，再逐渐开大阀门。

4.3.2.5.5 抢修作业中的临时措施应在正式停热后进行完善。

4.3.2.6 供热管网的停运：

4.3.2.6.1 热水供热管网的停运应沿介质流动方向，依次关闭阀门顺序为先关闭供水阀门，后关闭回水阀门；蒸汽供热管网停运，应沿介质流动方向关闭供汽阀门，将疏水阀门保持开启状态，再次送汽前，严禁关闭。

4.3.2.6.2 热力站、中继泵站的停运应符合 CJJ/T 88 第 4.5 节的规定。

a) 直供系统应随一级管网同时停运。

b) 混水系统应在停止混水泵运行后随一级管网停运。

c) 间供系统应在与一级管网解列后再停止二级管网系统循环泵。

d) 生活水系统应与一级管网解列后停止生活水系统水泵。

e) 软化水系统应停止补水泵运行，并关闭软化水系统进水阀门。

4.3.2.6.3 供热管网的循环泵运行期间停止运行时，应保持必要的静态压力。静态压力不应使供热管网任何一点的水汽化，并应有 3mm H_2O～5mm H_2O 的富裕压力。应使与供热管网直接连接的用户系统充满水。不应超过系统中的任何一点的允许压力。

4.3.2.6.4 直埋蒸汽管道运行中，当蒸汽流量小于安全运行所需最小流量时，应采取安全技术措施或停止管道运行。

4.3.2.7 供热管网停运后的保护：

4.3.2.7.1 停运后的热水供热系统应采用湿保护，保护压力宜控制在供热系统静水压力±0.02MPa，湿法保护水质应满足附录 B 的要求。停运后的蒸汽供热管网疏水排净后，对系统隔离点加堵板封闭，实施干式保护或对蒸汽管网进行充氮保护。

4.3.2.7.2 每周对供热系统检查一次，并做好记录。

4.3.2.7.3 停运期间如果有管网的改造、扩建施工，必须将现状管网与施工管网有效隔离。

4.3.2.7.4 水质控制指标应符合 GB/T 12145、CJJ 34、DBJ 01-619 的规定，每周取样进行化验分析。

4.3.3 热用户运行监督

4.3.3.1 热用户运行阶段的监督工作应符合 CJJ 28、CJJ 34、CECS 121、CJJ 88、JCJ 173 的规定。

4.3.3.2　供热企业在供暖前应要求热用户提供以下资料：供热负荷、用热性质、用热方式、用热参数、供热平面图、供热系统图等。

4.3.3.3　供热企业应根据供热系统安全运行的需要，要求热用户在系统运行前对系统进行检修、清堵、清洗、试压，经供热企业验收合格并提供相应技术文件后方可并入管网。

4.3.3.4　热用户热力入口或分支管道上应安装调节控制装置，以便进行流量调节。供热企业应要求热用户按供热企业的运行方案、调节方案、事故处理方案、停运方案的要求对管辖范围内供热设施进行管理和局部调节。

4.3.3.5　供热企业应要求用户管网发生故障时及时处理并通知供热企业，恢复供热时应经过供热企业同意。

4.3.3.6　未经供热企业同意，热用户不得改变原运行方式、用热方式、系统布置、管道直径及散热片数量等，热用户不得私接供热管道或私自扩大供热负荷。

4.4　检修维护监督

4.4.1　热源检修维护监督

4.4.1.1　热源检修维护监督内容主要是热源主要设备的检修维护。检修维护应符合 DL/T 5437、CECS 121、CJJ 203 的规定。

4.4.1.2　热源检修流程监督应按照集团公司《电力检修标准化管理实施导则（试行）》中的要求执行。

4.4.1.3　热源主要设备监督。

4.4.1.3.1　管壳式换热器内外应无严重结垢现象，一次侧和二次侧不得有窜水现象，管程和壳程阻力损失不应超过设计值的 10%。管壳式换热器仅在结垢严重或换热管束泄漏时需停运维修，一般情况下只需维护而不必维修。

4.4.1.3.2　板式换热器维护检修后，应进行 1.5 倍工作压力持续 30min 的水压试验，压降不得超过 0.05MPa。板式换热器在运行中泄漏时，不得带压夹紧，必须泄压至零后方可进行夹紧至不漏，且夹紧尺寸不得超过装配图中给定的最小尺寸，并符合 CECS 121 的规定。

4.4.1.3.3　水泵的叶轮、导叶表面应光洁无缺陷，轮轴与叶轮、轴套、轴承等的配合应符合设计要求。具备手动盘车条件的水泵在装配好后应试盘，转子转动应灵活，水泵运行后泵轴的径向跳动值不应大于 0.05mm。

4.4.1.3.4　除污器的位置应按介质进出口流向正确安装，排污口朝向应便于检修。滤网孔应保持 85%以上畅通，通流面积低于设计值 80%时应及时清洗。除污器承压能力应与管道相同，自制除污器应有计算文件备查。

4.4.1.3.5　蒸汽疏水阀应在规定温度范围内开启，水排完时应能完全关闭且无明显的漏汽现象。圆盘式蒸汽疏水阀进口完全处于蒸汽状态时，阀片扰动频率不得大于 3 次/min。

4.4.2　供热管网检修维护监督

4.4.2.1　供热管网维护检修监督内容主要包括：维护检修人员及设备要求、维护检修计划的编制、维护项目及质量要求、检修项目及质量要求、检修验收及总结、检修资料归档。供热管网维护检修应符合 CECS 121 和 CJJ 203 的规定。

4.4.2.2　维护检修人员及设备要求。

4.4.2.2.1　供热管网的维护、检修人员必须经过培训和专业资格考试，焊工应持有符合 GB 50236 规定的有效证件。

4.4.2.2.2 供热管网的维护检修，应配备常用的工器具和备品配件。

4.4.2.3 维护检修计划。

4.4.2.3.1 供热管网维护检修计划的编制。计划应依据日常以及定期检查工作的需要进行编制，应依据巡检记录、运行缺陷记录以及定期检查结果三方面因素制定维护检修计划，其中供热系统的定期检查工作应符合附录 D 的要求。

4.4.2.3.2 系统安全影响较大、发现缺陷频率较高的管网和设备，应制定滚动检修计划。

4.4.2.3.3 供热管网的日常检查工作，在供热期间应每周检查两次，非供热期应每周检查一次。节假日、雨季和对新投入运行的管道，宜加强巡视维护检查。检查后，应将检查结果填报检查日志，并依据日志编制维护检修计划。

4.4.2.4 供热管网维护项目及质量要求。

4.4.2.4.1 供热管网的维护项目。

 a） 检查裸露的管道可动附件的油量。

 b） 检查裸露的管道不可动附件外表面。

 c） 检查阀门的灵活性。

 d） 检查温度表、压力表的准确性。

 e） 检查带锁井盖动作灵活性和严密性。

 f） 检查小室的外观情况。

 g） 检查加热器的安全装置、指示表计和阻力损失。

 h） 检查水泵泵轴的径向跳动值不应大于 0.05mm。

 i） 检查除污器的前后压差是否超过规程要求值。

 j） 检查凝结水阀的严密性、可靠性。

4.4.2.4.2 供热管网维护项目的质量要求应符合 CECS 121 中的规定。

4.4.2.5 供热管网检修项目及质量要求。

4.4.2.5.1 供热管网检修项目及质量要求应符合 CECS 121 的规定。

4.4.2.5.2 在切除旧的焊接阀门时，应确保阀体完整。阀门两端应留有 150mm～200mm 的管段。

4.4.2.5.3 焊接后阀门的边缘应与管道边缘连成一圆周。

4.4.2.5.4 更换管段时，应将更换或加装部分的保温层拆除，查明有无焊缝。

4.4.2.5.5 钢管的切割不可用电焊切割，钢管焊接应执行 CJJ 28 的规定。

4.4.2.5.6 套筒补偿器的更换，套筒补偿器安装时套筒与管道中心的偏差不应大于自由公差；焊接时应先焊芯管管端，后焊套筒端，芯管端不得有折点。

4.4.2.5.7 波纹补偿器的更换，补偿器应与管道同轴安装。偏斜不应大于自由公差。安装后波纹管不得有扭转。

4.4.2.5.8 板式换热器检修后应进行 1.5 倍工作压力持续 30min 的水压试验，压力降不得超过 0.05MPa。压紧尺寸不得小于设计给定的极限尺寸。

4.4.2.5.9 装配好的水泵应手动盘车，其转子转动应灵活，不得有偏重、卡涩、摩擦等现象；泵轴的径向跳动值不应大于 0.05mm。

4.4.2.5.10 除污器的检修。

 a） 通过除污器后水应不含杂质和污垢。

 b） 除污器的位置应按介质进出口流向正确安装，排污口朝向位置应便于检修。

   c) 立式直通除污器的出水花管孔不得堵塞，卧式除污器的过滤网应清洁。

   d) 出水花管滤网不得受腐蚀或有脱落现象。

   e) 除污器的承压能力应与管道的承压能力相同。

   f) 立式除污器的排汽阀应操作灵活，手孔密封，不应有漏水现象。

   g) 卧式除污器滤网应能自由取放，不得强行取放。

   h) 滤网孔限应保持 85% 以上畅通，流通面积低于设计的 80% 时应及时清洗。

   i) 自制的除污器应有计算文件备查。

4.4.2.5.11 对热力站内的低压电气设备进行标校、大修后，以及预防性试验时，其试验标准应符合国家现行有关标准的规定。

4.4.2.6 检修验收与总结。

4.4.2.6.1 检修验收的内容应包括：

   a) 检修过程中，关键部位和隐蔽工程必须经策划部或生技部检查合格后，方能进行下一工序的施工。

   b) 检修完成后，由项目申报单位组织技术、策划部或生技部等有关部门进行验收。

   c) 检修除严格按照规定填写检修记录及验收记录外，应详细编写检修方案实施情况总结。

4.4.2.6.2 检修工作实施完成后应编写检修总结，检修总结的内容包括：

   a) 修前缺陷分析。

   b) 检修计划执行情况。

   c) 质量验收情况。

   d) 重点分析修后遗留问题及采取的措施。

   e) 经验教训和建议。

4.4.2.7 检修资料归档。

4.4.2.7.1 根据本企业具体情况确定必须归档的检修资料。

4.4.2.7.2 检修资料应严格按标准格式填写，要求真实准确。

4.4.2.7.3 检修资料应包括：缺陷统计报告、检修计划及方案、质检任务书、隐蔽工程质量验收单、检修质量验收单、检修项目完成报表、无损探伤报告、补偿器安装检查记录表、水压试验报告、管道及附件的产品合格证和试验检验报告。

4.4.2.7.4 技术资料必须编写目录，并分类存放。

4.4.3 热用户检修维护监督

4.4.3.1 热用户供热系统检修维护阶段的监督工作应符合 CJJ 28、CECS 121、JCJ 173 的规定。

4.4.3.2 楼内各热用户散热器、供热管道应按照并联安装，热用户热量表、调温阀、远传抄表系统等热计量装置按照规范要求安装，实行供热计量用户的用户建筑应达到国家节能建筑标准的要求。

5 监督管理要求

5.1 监督基础管理工作

5.1.1 供热监督管理的依据

   电厂（供热企业）应按照集团公司《电力技术监督管理办法》和本标准的要求，制定供热监督管理标准，并根据国家法律、法规及国家、行业、集团公司标准、规范、规程、制度、结合供热企业实际情况，编制供热监督相关/支持性文件；建立健全技术资料档案，以科学、规范的监督管理，保证供热设备安全可靠运行。

5.1.2 供热监督管理应具备的相关/支持性文件

a) 供热监督管理标准或实施细则（包括执行标准、工作要求）。

b) 供热运行规程、检修规程、系统图。

c) 设备定期试验与轮换管理标准。

d) 设备巡回检查管理标准。

e) 设备检修管理标准。

f) 设备缺陷管理标准。

g) 设备停用、退役管理标准。

5.1.3 技术资料档案

5.1.3.1 基建阶段技术资料

a) 供热设备技术规范。

b) 整套设计和制造图纸、设计方案、说明书、出厂试验报告。

c) 网络计划执行情况、材料设备进场使用报验单、安装竣工图纸、质检验收单、施工现场质量管理检查记录、隐蔽工程验收记录、系统调试分项工程质量验收记录以及工程竣工报告。

d) 设计变更文件。

e) 供热改造可行性研究报告、设备监造报告、安装验收记录、缺陷处理报告、调试报告、投产验收报告。

5.1.3.2 设备清册、台账以及图纸资料

a) 供热设备清册；

b) 供热设备台账。

5.1.3.3 试验报告、记录和台账

a) 供热管网投运前严密性试验记录，见附录 E.1。

b) 供热管网投运前强度试验记录，见附录 E.2。

c) 冲洗、试运行的记录。

d) 安全装置试验记录，见附录 E.3。

e) 仪表校验报告。

f) 无损探伤报告。

g) 水质检测报告。

h) 管道壁厚和补偿器抽检评价报告。

5.1.3.4 运行报告和记录

a) 运行分析记录（含安全性、经济性和缺陷分析）。

b) 设备定期轮换记录。

c) 定期试验报告。

d) 运行日志。

e) 巡回检查记录。

f) 供热首站、供热管网、热力站和中继泵站启动/停运过程的记录分析和总结。

g) 培训记录。

h) 供热管网调节记录。

i) 供热专业反事故措施。

j) 缺陷记录。

k) 用户入网前记录。

l) 年度监督计划、供热监督工作总结。

m) 供热监督会议记录和文件。

5.1.3.5 检修维护记录和报告

a) 检修质量控制质检点验收记录。

b) 检修文件包。

c) 检修记录及竣工资料。

d) 检修总结。

e) 日常设备维修（缺陷）记录和异动记录。

5.1.3.6 事故分析报告和记录

a) 设备非计划停运、障碍、事故统计记录。

b) 事故分析报告。

5.1.3.7 技术改造资料

a) 可行性研究报告。

b) 技术方案和措施。

c) 技术图纸、资料、说明书。

d) 质量监督和验收报告。

e) 隐蔽工程验收记录。

f) 改造总结报告和后评价报告。

5.1.3.8 监督管理文件

a) 与供热监督有关的国家法律、法规及国家、行业、集团公司标准、规范、规程、制度。

b) 发电厂和供热企业供热监督标准、规定、规程、措施等。

c) 供热技术监督年度工作计划和总结。

d) 供热技术监督季报、速报。

e) 供热技术监督预警通知单和验收单。

f) 供热技术监督会议纪要。

g) 供热技术监督工作自我评价报告和外部检查评价报告。

h) 供热技术监督人员技术档案、上岗考试成绩和证书。

i) 供热设备质量异常记录文件。

5.2 日常管理内容和要求

5.2.1 健全监督网络与职责

5.2.1.1 各电厂（供热企业）应建立健全由生产副厂长（副工程师）或总工程师领导下的供热技术监督三级管理网。第一级为厂级，包括分管供热的副厂长（总工程师）领导下的供热监督专责人；第二级为部门级，包括涉及供热监督的专工；第三级为班组级，包括各专工领导的班组人员。在分管供热的副厂长（总工程师）领导下由供热监督专责人统筹安排，协调运行、检修等部门，协调汽机、化学、热工、金属、电气等相关专业共同配合完成供热监督工作。供热监督三级网严格执行岗位责任制。

5.2.1.2 按照集团公司《华能电厂安全生产管理办法》和《电力技术监督管理办法》编制电厂供热监督管理标准，做到分工、职责明确，责任到人。

5.2.1.3 供热企业策划部（生技部）是供热技术监督工作归口职能管理部门，在供热企业技术监督领导小组的领导下，负责供热技术监督的组织建设工作，建立健全技术监督网络，并设供热技术监督专责人，负责本企业供热技术监督日常工作的开展和监督管理。

5.2.1.4 供热企业策划部（生技部），根据人员变动情况及时对网络成员进行调整；按照人员培训和上岗资格管理办法的要求，定期对技术监督专责人和特殊技能岗位人员进行专业和技能培训，保证持证上岗。

5.2.2 确定监督标准符合性

5.2.2.1 供热监督标准应符合国家、行业及上级主管单位的有关规定和要求。

5.2.2.2 每年根据新颁布的标准及设备异动情况，对供热设备运行规程、检修规程、制度的有效性、准确性进行评估，对不符合项进行修订，经策划部（生技部）主任审核、生产主管领导审批完成后发布实施。国标、行标及上级监督规程、规定中涵盖的相关供热监督工作均应在厂内规程及规定中详细列写齐全，在供热设备规划、设计、建设、更改过程中的供热监督要求等同采用每年发布的相关标准。

5.2.3 确定仪器仪表有效性

5.2.3.1 应建立供热监督用仪器仪表设备台账，根据检验、使用及更新情况进行补充完善。

5.2.3.2 根据检定周期，每年应制定供热监督仪器仪表的检验计划，根据检验计划定期进行检验或送检，对检验合格的可继续使用，对检验不合格的则送修，对送修仍不合格的报废处理。

5.2.4 监督档案管理

5.2.4.1 供热企业应按照本标准规定的文件、资料、记录和报告目录以及格式要求，建立健全供热技术监督档案、规程、制度和技术资料，确保技术监督原始档案和技术资料的完整性和连续性。

5.2.4.2 根据供热监督组织机构的设置和受监设备的实际情况，要明确档案资料的分级存放地点和指定专人负责整理保管。

5.2.4.3 为便于上级检查和自身管理的需要，供热技术监督专责人要存有本企业供热档案资料目录清册，并负责实时更新。

5.2.5 制定监督工作计划

5.2.5.1 供热技术监督专责人每年 11 月 30 日前应组织制订下年度技术监督工作计划，报送产业公司、区域公司，同时抄送西安热工院。

5.2.5.2 电厂（供热企业）技术监督年度计划的制订依据至少应包括以下几方面：

    a) 国家、行业、地方有关热、电、冷联产方面的政策、法规、标准、规程、反措要求。

    b) 集团公司、产业公司、区域公司、电厂（供热企业）技术监督管理制度和年度技术监督动态管理要求。

c) 集团公司、产业公司、区域公司、电厂（供热企业）技术监督工作规划和年度生产目标。

d) 技术监督体系健全和完善化。

e) 人员培训和监督用仪器设备配备和更新。

f) 供热设备目前的运行状态。

g) 技术监督动态检查、预警、月（季）报提出问题的整改。

h) 供热系统维护检修计划及定期工作计划。

i) 供热重要设备的现存异常、缺陷。

j) 收集的其他有关供热设备设计选型、制造、安装、运行、检修、技术改造等方面的动态信息。

5.2.5.3 电厂（供热企业）技术监督工作计划应实现动态化，即每季度应制订供热技术监督工作计划。年度（季度）监督工作计划应包括以下主要内容：

a) 技术监督组织机构和网络完善；

b) 监督管理标准、技术标准规范制定、修订计划；

c) 人员培训计划（主要包括内部培训、外部培训取证，标准规范宣贯）；

d) 技术监督例行工作计划；

e) 检修期间应开展的技术监督项目计划；

f) 监督用仪器仪表检定计划；

g) 技术监督自我评价、动态检查和复查评估计划；

h) 技术监督预警、动态检查等监督问题整改计划；

i) 技术监督定期工作会议计划。

5.2.5.4 电厂应根据上级公司下发的年度技术监督工作计划，及时修订补充本单位年度技术监督工作计划，并发布实施。

5.2.5.5 供热监督专责人每季度对供热监督各部门的监督计划的执行情况进行检查评估，对不满足监督要求的通过技术监督不符合项通知单（见附录 F）的形式下发到相关部门进行整改，并对供热监督的相关部门进行考评。

5.2.6 监督报告管理

5.2.6.1 供热监督速报的报送

当电厂（供热企业）发生重大监督指标异常，受监控设备重大缺陷、故障和损坏事件，火灾事故等重大事件后 24h 内，应将事件概况、原因分析、采取措施按照附录 G 的格式，以速报的形式报送产业公司、区域公司和西安热工院。

5.2.6.2 供热监督季报的报送

供热技术监督专责人应按照附录 H 的季报格式和要求，组织编写上季度供热技术监督季报。经电厂（供热企业）归口职能管理部门汇总后，于每季度首月 5 日前，将本企业技术监督季报报送产业公司、区域公司和西安热工院。

5.2.6.3 供热监督年度工作总结报告的报送

5.2.6.3.1 供热技术监督专责人应于每年 1 月 5 日前编制完成上年度技术监督工作总结，并报送产业公司、区域公司和西安热工院。

5.2.6.3.2 年度监督工作总结报告主要内容应包括以下几方面：

a) 主要监督工作完成情况、亮点、经验与教训。

b) 设备一般事故、危急缺陷和严重缺陷统计分析。

c) 供热监督存在的主要问题和改进措施。

d) 供热监督下年度工作思路、计划、重点和改进措施。

5.2.7 监督例会管理

5.2.7.1 电厂（供热企业）每年至少召开两次厂级技术监督工作会，会议由电厂技术监督领导小组组长主持，检查评估、总结、布置供热技术监督工作，对技术监督中出现的问题提出处理意见和防范措施，形成会议纪要，按管理流程批准后发布实施。

5.2.7.2 供热专业每季度至少召开一次技术监督工作会议，会议由供热监督专责人主持并形成会议纪要。

5.2.7.3 例会主要内容包括：

a) 两次监督例会时间内的供热监督工作开展情况。

b) 供热监督需要领导协调和其他部门配合和关注的事项。

c) 供热监督存在的主要问题以及解决措施/方案。

d) 上次监督例会提出问题整改措施完成情况的评价。

e) 至下次监督例会时间内的工作要点。

f) 集团公司技术监督季报、监督通讯，集团公司、或产业公司、区域公司供热典型案例，新颁布的国家、行业标准规范，监督新技术等学习交流。

g) 年度监督计划的变更和修订。

5.2.8 监督预警管理

5.2.8.1 集团公司供热监督三级预警项目见附录I。电厂（供热企业）应将三级预警识别纳入日常供热监督管理和考核工作中。

5.2.8.2 对于上级监督单位签发的预警通知单（见附录J），电厂（供热企业）应认真组织人员研究有关问题，制定整改计划，整改计划中应明确整改措施、责任部门、责任人和完成日期。

5.2.8.3 问题整改完成后，电厂（供热企业）应按照验收程序要求，向预警提出单位提出验收申请，经验收合格后，由验收单位填写预警验收单（见附录K），并报送预警签发单位备案。

5.2.9 监督问题整改管理

5.2.9.1 整改问题的提出：

a) 上级或技术监督服务单位在技术监督动态公司检查、预警中提出的整改问题。

b) 《火电技术监督报告》中明确的集团公司或产业公司、区域公司提出的督办问题。

c) 《火电技术监督报告》中明确的电厂（供热企业）需要关注及解决的问题。

d) 电厂（供热企业）供热监督专责人每季度对各部门的监督计划的执行情况进行检查，对不满足监督要求的提出整改问题。

5.2.9.2 问题整改管理：

a) 电厂（供热企业）收到技术监督评价考核报告后，应组织有关人员会同西安热工院或技术监督服务单位，在两周内完成整改计划的制定和审核，整改计划书编写格式见附录L，并将整改计划书报送集团公司，产业公司、区域公司，同时抄送西安热工院或技术监督服务单位。

b) 整改计划应列入或补充列入年度监督工作计划，电厂（供热企业）按照整改计划落

实整改工作，并将整改实施情况及时在技术监督季报中总结上报。

c) 对整改完成的问题，电厂（供热企业）应保存问题整改相关的试验报告、现场图片、影像等技术资料，作为问题整改情况及实施效果评估的依据。

5.2.10 监督评价与考核

5.2.10.1 电厂（供热企业）应将《供热技术监督工作评价表》中的各项要求纳入供热监督日常管理工作中，《供热技术监督工作评价表》见附录 M。

5.2.10.2 电厂（供热企业）应按照《供热技术监督工作评价表》中的各项要求，编制完善各项供热技术监督管理制度和规定，完善各项供热监督的日常管理和检修维护记录，加强供热设备运行、检修维护技术监督。

5.2.10.3 电厂（供热企业）应定期对技术监督工作开展情况组织自我评价，对不满足监督要求的不符合项以通知单的形式下发到相关部门进行整改，并对相关部门及责任人进行考核。

5.3 各阶段监督重点工作

5.3.1 设计阶段监督重点

5.3.1.1 供热设备和系统的设计选型审查应依据 DL 5000《火力发电厂设计技术规程》、CJJ 34《城镇供热管网设计规范》、CJ/T 191《换热站设计标准》、GB 50660《大中型火力发电厂设计规范》、GB 21369《火力发电企业能源计量器具配备和管理要求》等国家标准、电力行业标准、集团公司相关标准和规定。

5.3.1.2 参与项目的可研、初设、设计优化、施工图审核、设备的技术招标及选型等工作。

5.3.1.3 对供热系统不同运行工况下供热首站以及供热管网的热力站和中继泵站各设备的容量和性能提出技术监督意见和要求，对加热器容量和形式、供热系统循环水泵拖动方式、容量及配置、供热系统除氧器的容量和布置、热泵的选型、供热系统凝结水泵和尖峰加热器等主要设备的设计选型进行监督，对供热系统正常运行监视测量装置及节能监督要求的装置设计情况进行监督检查。

5.3.1.4 供热机组供热抽汽参数的选择应进行优化，提高供热机组经济性。

5.3.2 安装及验收阶段监督重点

5.3.2.1 安装监督重点

a) 审查安装主体单位及人员的资质。

b) 审查安装单位所编制的工作计划、进度网络图以及施工方案。

c) 编制安装监督的计划，明确各重要节点的质量见证点，落实验收各见证点。重点对与汽轮机抽气管道相连接的供热管道的安装施工进行检查及验收，供热首站内设备以及中继泵站和热力泵站内设备的安装过程进行监督，确保供热设备设备安装质量和投产后性能达标。

d) 对安装阶段发现的不符合项或达不到标准要求项，应组织、检测、分析、处理。

e) 施工记录、施工验收报告（或记录）、监理合同、监理大纲、监理工程质量管理资料等技术资料应齐全、归档。

5.3.2.2 调试验收监督重点

a) 审查调试单位及人员的资质，明确调试组织结构以及供热专业组成员。

b) 审查调试单位所编制的调试方案、技术措施、进度网络图、各系统措施交底记录以及分系统调试小结。

c) 依据标准相关项目对供热系统调试的关键节点以及重要系统或重要参数进行监督并见证。关键节点包括管道冲洗、循环水管道注水、管道吹管、供热系统启动等。

d) 审查调试单位对调试项目的验收评定以及调试总结。

e) 依据业主方资料验收的标准，按要求归档整个调试过程的调试方案、调试记录、调试报告等相关技术资料。

5.3.3 运行阶段监督重点

5.3.3.1 根据国家和行业有关的技术标准、运行规程和产品技术条件文件，结合电厂（供热企业）的实际制定本企业的《供热运行规程》和供热运行的反事故措施以及预案，并按规定要求进行运行中的监督。

5.3.3.2 每年应对供热运行规程、图册进行一次复查、修订并书面通知有关人员。不需修订的也应出具经复查人、批准人签名"可以继续执行"的书面文件。

5.3.3.3 严格按相关运行规程及反事故措施的要求，组织运行和检修人员对供热设备进行巡视检查和处理工作。发现异常时，应予以消除，对存在的问题需按相关规定加强运行监视。

5.3.3.4 根据系统特点、机组负荷、环境因素和供热管网条件等加强运行监测和数据分析并优化供热系统的运行方式。

5.3.3.5 电厂《设备定期试验与轮换管理标准》对设备进行定期试验和轮换。

5.3.3.6 监督相关运行人员编制机组供热期间运行月度分析、经济性分析等文件，掌握设备运行状态的变化，对设备状况进行预控。

5.3.3.7 设备技术档案、事故档案及试验档案应齐全。

5.3.4 检修维护阶段监督重点

5.3.4.1 贯彻预防为主的方针，做到应修必修，修必修好。按照集团公司《电力检修标准化管理实施导则（试行）》、DL/T 5190 和 DL/T 5210 做好检修全过程的监督管理，实现修后全优目标。

5.3.4.2 根据设备运行状况、技术监督数据和历次检修情况，对供热系统进行状态评估，并根据评估结果和年度检修计划要求，对检修项目进行确认和必要的调整，制订符合实际的技术措施、技术监督工作计划。

5.3.4.3 编写或修编标准项目检修文件包，制订特殊项目的工艺方法、质量标准、技术措施、组织措施和安全措施。检修质量监督的重点是检修项目是否完备，技术措施是否完善，三级验收质检点是否齐全，质量是否达标。监督检修施工各环节的质量控制，并审查各关键见证点的验收。

5.3.4.4 检修项目验收后，确定分部试运以及供热系统启动阶段的试运管理程序。

5.3.4.5 检修结束后，技术资料按照要求归档、设备台账实现动态维护、规程及系统图和定值进行修编，并综合费用以及试运的情况进行综合评价分析。及时编写检修报告，并履行审批手续。

5.3.4.6 技改项目按照集团公司《电力生产资本性支出项目管理办法（试行）》做好项目可研、立项、项目实施、后评价全过程监督。

6 监督评价与考核

6.1 评价内容

6.1.1 供热监督评价考核内容详见附录 M。

6.1.2 供热监督评价内容分为技术监督管理、技术监督标准执行两部分，总分为 1000 分，其中监督管理评价部分包括 8 个大项 31 小项共 400 分，监督标准执行部分包括 4 大项 196 个小项共 600 分，每项检查评分时，如扣分超过本项应得分，则扣完为止。

6.2 评价标准

6.2.1 被评价的电厂（供热企业）按得分率高低分为四个级别，即：优秀、良好、合格、不符合。

6.2.2 得分率高于或等于 90%为"优秀"；80%～90%（不含 90%）为"良好"；70%～80%（不含 80%）为"合格"；低于 70%为"不符合"。

6.3 评价组织与考核

6.3.1 技术监督评价包括集团公司技术监督评价、属地电力技术监督服务单位技术监督评价、电厂（供热企业）技术监督自我评价。

6.3.2 集团公司每年组织西安热工院和公司内部专家，对电厂（供热企业）技术监督工作开展情况、设备状态进行评价，评价工作按照集团公司《电力技术监督管理办法》附录 D《技术监督动态检查管理办法》规定执行，分为现场评价和定期评价。

6.3.2.1 集团公司技术监督现场评价按照集团公司年度技术监督工作计划中所列的电厂（供热企业）名单和时间安排进行。各电厂（供热企业）在现场评价实施前应按附录 M 进行自查，编写自查报告。西安热工院在现场评价结束后三周内，应按照集团公司《电力技术监督管理办法》附录 C 的格式要求完成评价报告，并将评价报告电子版报送集团公司安生部，同时发送产业公司、区域公司及电厂（供热企业）。

6.3.2.2 集团公司技术监督定期评价按照集团公司《电力技术监督管理办法》及本标准要求和规定，对电厂（供热企业）生产技术管理情况、供热系统障碍及非计划停运情况、供热监督报告的内容符合性、准确性、及时性等进行评价，通过年度技术监督报告发布评价结果。

6.3.2.3 对严重违反技术监督制度、由于技术监督不当或监督项目缺失、降低监督标准而造成严重后果、对技术监督发现问题不进行整改的电厂（供热企业），予以通报并限期整改。

6.3.3 电厂（供热企业）应督促属地技术监督服务单位依据技术监督服务合同的规定，提供技术支持和监督服务，依据相关监督标准定期对供热企业技术监督工作开展情况进行检查和评价分析，形成评价报告，并将评价报告电子版和书面版报送产业公司、区域公司及电厂（供热企业）。电厂（供热企业）应将报告归档管理，并落实问题整改。

6.3.4 电厂（供热企业）应按照集团公司《电力技术监督管理办法》及华能电厂安全生产管理体系要求建立完善技术监督评价与考核管理标准，明确各项评价内容和考核标准。

6.3.5 电厂（供热企业）应每年按附录 M，组织安排供热监督工作开展情况的自我评价，并按集团公司《电力技术监督管理办法》附录 D.1 格式编写自查报告，根据评价情况对相关部门和责任人开展技术监督考核工作。

附 录 A

（规范性附录）

一级热网水质控制指标

项　　目		水质标准值	
		补充水（或给水）	循环水（或锅水）
悬浮物 mg/L		≤5	≤10
pH（25℃）	钢制设备	7.0～11.0	9.0～11.0
	铜制设备	9.0～10.0	9.0～10.0
总硬度 mmol/L		≤0.6	≤0.6
溶解氧 mg/L		≤0.1	≤0.1
含油量 mg/L		≤2.0	≤1
氯根 Cl⁻ mg/L	钢制设备	≤300	≤300
	AISI 304 不锈钢	≤10	≤10
	AISI 316 不锈钢	≤100	≤100
	铜制设备	≤100	≤100
硫酸根 SO_4^{2-} mg/L		—	≤150
总铁量 Fe mg/L		≤0.3	≤0.1
总铜量 Cu mg/L		—	≤0.02

附 录 B
（规范性附录）
管道湿法保护水质控制指标

项 目		水质标准值	
		补充水（或给水）	循环水（或锅水）
悬浮物 mg/L		≤5	≤10
pH（25℃）	钢制设备	7.0～11.0	9.0～11.0
	铜制设备	9.0～10.0	9.0～10.0
总硬度 mmol/L		≤0.6	≤0.6
溶解氧 mg/L		≤0.1	≤0.1
含油量 mg/L		≤2.0	≤1
氯根 Cl^- mg/L	钢制设备	≤300	≤300
	AISI 304 不锈钢	≤10	≤10
	AISI 316 不锈钢	≤100	≤100
	铜制设备	≤100	≤100
硫酸根 SO_4^{2-} mg/L		—	≤150
总铁量 Fe mg/L		≤0.3	≤0.1
总铜量 Cu mg/L		—	≤0.02

附　录　C

（规范性附录）

二级热网水质控制指标

项　目		水质标准值	
		补充水	循环水
悬浮物 mg/L		≤5	≤10
pH（25℃）	钢制设备		10.0～12.0
	铜制设备	≥7.0	9.0～10.0
	铝制设备		8.5～9.0
总硬度 mmol/L		≤6	≤0.6
溶解氧 mg/L		—	≤0.1
含油量 mg/L		≤2	≤1
氯根 Cl⁻ mg/L	钢制设备	≤300	≤300
	AISI 304 不锈钢	≤10	≤10
	AISI 316 不锈钢	≤100	≤100
	铜制设备	≤100	≤100
	铝制设备	≤30	≤30
硫酸根 SO_4^{2-} mg/L		—	≤150
总铁量 Fe mg/L	一般	—	≤0.5
	铝制设备		≤0.1
总铜量 Cu mg/L	一般	—	≤0.5
	铝制设备		≤0.02

附 录 D

（规范性附录）

供热系统定期检查表

序号	部件名称	检查项目	检查内容和要求	合格标准	检查周期
1	热网管道	测厚	厚度测量	剩余壁厚不小于 2/3 的设计壁厚	运行十年以上的（架空、直埋）进行普查，以后每年进行一次抽查
		腐蚀、结垢情况	内、外腐蚀情况，内壁结垢情况	点蚀或均匀腐蚀深度不大于1/3 的设计壁厚	运行十年以上进行普查，以后每年进行一次抽查
2	架空固定支架	支架和混凝土支墩	有无松脱、卡死、开裂、失效、移位、变形等	无松脱、卡死、开裂、失效、移位、变形等	每年一次
3	补偿器	补偿器状态	有无卡死、失效、开裂、腐蚀、泄漏、变形等	无卡死、失效、开裂、腐蚀、泄漏、变形	每年一次，直埋式补偿器依据使用年限每年抽检一次
4	阀门	阀门状态	开关是否灵活、有无卡涩、有无泄漏	开关灵活、无卡涩、无泄漏	每年一次
5	仪表	外观、校验	锈蚀、破损、校验精度	外观按热源侧表计要求执行，测量精度应符合设计要求	每年一次
6	换热器	阻力损失、泄漏情况	有无结垢、泄漏现象	换热器波节管或换热器板片两侧应无严重结垢现象；阻力损失不应超过设计值的10%；无泄漏	两年一次
7	泵	装配情况	有无锈蚀、汽蚀、轴承损坏情况	叶轮、导叶表面应光洁无缺陷，轮轴与叶轮、轴套、轴承等的配合表面应无缺陷，配合应符合设计要求，振动符合标准	每年一次
8	除污器	本体检查	有无腐蚀、脱落、堵塞、泄漏	无腐蚀、无脱落、无堵塞、无泄漏	每年一次

附 录 E
（资料性附录）
典型性试验记录表格

E.1 供热管网严密性试验记录（见表 E.1）

表 E.1 供热管网严密性试验记录

试验管段名称		试验日期	年 月 日
管理（建设）单位		施工单位	
试验范围		试验压力 MPa	
试验要求：			
试验情况记录：			
试验结论：			
参加单位及人员签字：			

E.2 供热管网强度试验记录（见表 E.2）

表 E.2 供热管网强度试验记录

试验管段名称		试验日期	年 月 日
管理（建设）单位		施工单位	
试验范围		试验压力 MPa	
试验要求：			
试验情况记录：			
试验结论：			
参加单位及人员签字：			

E.3 安全装置试验记录（见表 E.3）

表 E.3 安全装置试验记录

安全装置规格型号		试验日期	年　月　日
安全装置安装地点			
设计用介质		设计开启压力 MPa	
试验用介质		试验开启压力 MPa	
试验开启次数		试验回座压力 MPa	
试验要求：			
试验情况记录：			
试验结论：			
参加单位及人员签字：			

附 录 F
（规范性附录）
技术监督不符合项通知单

编号（No）：××–××–××

发现部门：	专业：	被通知部门、班组：	签发：	日期：　年　月　日

不符合项描述	1. 不符合项描述： 2. 不符合标准或规程条款说明：
整改措施	3. 整改措施： 制订人/日期：　　　　　　　　　审核人/日期：
整改验收情况	4. 整改自查验收评价： 整改人/日期：　　　　　　　　　自查验收人/日期：
复查验收评价	5. 复查验收评价： 复查验收人/日期：
改进建议	6. 对此类不符合项的改进建议： 建议提出人/日期：
不符合项关闭	整改人：　　　　自查验收人：　　　　复查验收人：　　　　签发人：
编号说明	年份+专业代码+本专业不符合项顺序号

附 录 G
（规范性附录）
技 术 监 督 信 息 速 报

单位名称			
设备名称		事件发生时间	
事件概况	注：有照片时应附照片说明。		
原因分析			
已采取的措施			
监督专责人签字		联系电话： 传　真：	
生产副厂长或总工程师签字		邮　箱：	

附 录 H

（规范性附录）

供热技术监督季报格式

××电厂20××年××季度供热技术监督季报

编写人：×××　固定电话/手机：××××××

审核人：×××

批准人：×××

上报时间：201×年××月××日

H.1 上季度集团公司督办事宜的落实或整改情况

H.2 上季度产业（区域子）公司督办事宜的落实或整改情况

H.3 上季度技术监督季报提出发电厂（供热企业）应关注供热的问题落实或整改情况

H.4 供热监督年度工作计划完成情况统计报表（见表H.1）

表H.1　年度技术监督工作计划和技术监督服务单位合同项目完成情况统计报表

发电企业技术监督计划完成情况			技术监督服务单位合同工作项目完成情况		
年度计划项目数	截至本季度完成项目数	完成率%	合同规定的工作项目数	截至本季度完成项目数	完成率%

说明：

H.5 供热监督考核指标完成情况统计报表

H.5.1 监督管理考核指标报表（见表H.2～表H.4）

监督指标上报说明：每年的1、2、3季度所上报的技术监督指标为季度指标；每年的4季度所上报的技术监督指标为全年指标。

表H.2　供热技术监督预警问题至本季度整改完成情况统计报表

一级预警问题			二级预警问题			三级预警问题		
问题项数	完成项数	完成率%	问题项数	完成项数	完成率%	问题项目	完成项数	完成率%

表 H.3　集团公司技术监督动态检查供热提出问题本季度整改完成情况统计报表

检查年度	检查提出问题项目数（项）			电厂（供热企业）已整改完成项目数统计结果			
	严重问题	一般问题	问题项合计	严重问题	一般问题	完成项目数小计	整改完成率%

表 H.4　集团公司上季度技术监督季报供热提出问题本季度整改完成情况统计报表

专业	上季度监督季报提出问题项目数（项）			截至本季度问题整改完成统计结果			
	重要问题项数	一般问题项数	问题项合计	重要问题完成项数	一般问题完成项数	完成项目数小计	整改完成率%
供热							

H.5.2　技术监督考核指标报表（见表 H.5～表 H.8）

表 H.5　201×年×季度供热监督指标报表（一）

机组编号	容量MW	制造厂	发电量万 kWh	运行小时h	负荷率%	启停机次数		供热概况	
						启	停	供热小时h	供热量万 GJ

表 H.6　201×年×季度供热监督指标报表（二）

机组编号	主蒸汽压力MPa	主蒸汽温度℃	供热抽（排）气压力MPa	热电比%	供热煤耗kg/GJ	供热厂用电率%	补水率%

表 H.7　201×年×季度供热监督指标报表（三）

机组编号	实际供热面积（含自用）m²	供热管网静水压值mH₂O	供热出口母管压力MPa	热网循环水泵单耗kWh/d	水质	机组运行背压kPa

表 H.8 201×年×季度供热监督指标报表（四）

机组编号	一级管网循环水量 t/h	一级管网补水量 t/h	一级管网供回水温度 ℃	二级管网循环水量 t/h	二级管网补水量 t/h	二级管网供回水温度 ℃

H.5.3 监督考核指标简要分析

填报说明：分别对监督管理和技术监督考核指标进行分析，说明未达标指标的原因。

H.6 本季度供热监督工作完成情况

H.6.1 供热技术监督管理工作

填写说明：规程、规范和制度修订，实验仪器购置和定期校验，人员培训、取证，供热专业主要技术改造和新技术应用。

H.6.2 供热监督定期工作、缺陷跟踪完成情况

填写说明：对于监督标准、制度要求的检修维护定期工作、定期试验完成情况以及设备的现存缺陷跟踪管理情况进行分析总结，其中对于未按时、按数量完成的情况应说明。

H.7 本季度供热监督发现的问题、原因分析及处理情况

填写说明：包括试验、检修、运行、巡视中发现的一般事故和一类障碍、危急缺陷和严重缺陷。必要时应提供照片、数据和曲线。

a) 一般事故及一类障碍。

b) 运行发现的主要问题、原因分析及处理情况简述。

c) 检修（计划性检修、临修和消缺）发现的主要问题、原因分析及处理情况简述。

H.8 供热技术监督需要解决的主要问题

H.9 供热技术监督下季度主要工作计划

H.10 技术监督提出问题整改情况

H.10.1 技术监督动态查评提出问题整改完成情况（见表 H.9）

表 H.9 华能集团公司 201×年技术监督动态检查供热专业提出问题至本季度整改完成情况

序号	问题描述	问题性质	西安热工院提出的整改建议	发电（供热）企业制定的整改措施和计划完成时间	目前整改状态或情况说明
注1：填报此表时需要注明集团公司技术监督动态检查的年度； 注2：如4年内开展了2次检查，应按此表分别填报。待年度检查问题全部整改完毕后，不再填报					

H.10.2　技术监督预警问题整改完成情况（见表 H.10）

表 H.10　《华能集团公司火电技术监督报告》（201×年××季度）供热专业提出的存在问题至本季度整改完成情况

序号	问题描述	问题性质	问题分析	解决问题的措施及建议	目前整改状态或情况说明
注：应注明提出问题的《华能火电技术监督报告》的出版年度和月度					

H.10.3　技术监督季报中提出问题整改完成情况（见表 H.11）

表 H.11　技术监督预警问题至本季度整改完成情况

预警通知单编号	预警类别	问题描述	西安热工院提出的整改建议	发电企业制定的整改措施和计划完成时间	目前整改状态或情况说明

附　录　I

（规范性附录）

供热技术监督预警项目

I.1　一级预警

无。

I.2　二级预警

I.2.1　存在以下问题未及时采取措施：

a) 当供热系统补水量超过补水泵的备用率（已启动备用泵）。

b) 供热首站、热力站和中继泵站出入口的关断阀门失灵或卡涩，没有引起重视和没有制定防范措施。

c) 供热管网分段阀门开、关动作异常。

d) 主抽汽管道上的支吊架、膨胀节非正常位移或变形，对供热系统的安全运行造成直接影响。

e) 软化水和补水系统故障，导致制水量低于规程规定值。

f) 换热器出入口压差明显异常，换热器出口温度超出规程规定值。

g) 支线管网管道破损或补偿器泄漏导致系统补水量超过规程规定值。

I.2.2　以下技术管理不到位：

a) 运行方案中制定的供热参数严重偏离实际值。

b) 供热系统运行的安全性未进行预判。

c) 对第三级预警项目未及时进行整改。

I.3　三级预警

I.3.1　未开展如下性能试验或存在漏项：试运期间供热循环泵汽轮机超速试验、安全阀动作试验、严密性试验、强度试验、供热辅机（补水泵、循环泵、疏水泵等）连锁试验。对以上试验数据的准确性、合理性不分析、不把关。对以上试验反映的设备问题未进行治理。

I.3.2　以下应具备的供热典型事故反措不全，存在漏项：如主管网泄漏反措、异常停运反措、热网循环水泵汽轮机断油烧瓦反措、热网循环水泵汽轮机超速反措、热网管道腐蚀反措等。

I.3.3　存在以下问题未及时采取措施：

a) 当热网循环泵及驱动装置的轴振任意方向增大到厂家报警值时，没有引起重视和没有进行试验分析的或振动发生突变未进行分析。

b) 用户换热站压力、温度异常变化，未引起警惕。

c) 用户端阀门卡涩、阀芯脱落。

d) 供热管网排气管、泄水管、排潮管、仪表管泄漏。

e) 热网循环泵汽轮机油温、油压、轴向位移超过规程规定值。

f) 一级热网水质控制指标超过标准值。

附 录 J
（规范性附录）
技术监督预警通知单

通知单编号：T-　　　　　　　预警类别编号：　　　　　　日期：　　年　月　日

发电（供热）企业名称	
设备（系统）名称及编号	
异常情况	
可能造成或已造成的后果	
整改建议	
整改时间要求	

提出单位		签发人	

注：通知单编号：T—预警类别编号—顺序号—年度。预警类别编号：一级预警为1，二级预警为2，三级预警为3。

附 录 K
（规范性附录）
技术监督预警验收单

验收单编号：Y-　　　　　　　预警类别编号：　　　　　日期：　　　年　　月　　日

发电（供热）企业名称	
设备（系统）名称及编号	
异常情况	
技术监督服务单位整改建议	
整改计划	
整改结果	
验收单位	验收人

注：验收单编号：Y—预警类别编号—顺序号—年度。预警类别编号：一级预警为1，二级预警为2，三级预警为3。

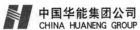

附 录 L
（规范性附录）
技术监督动态检查问题整改计划书

L.1 概述

L.1.1 叙述计划的制定过程（包括西安热工研究院、技术监督服务单位及供热企业参加人等）；

L.1.2 需要说明的问题，如：问题的整改需要较大资金投入或需要较长时间才能完成整改的问题说明。

L.2 重要问题整改计划表（见表L.1）

表L.1 重要问题整改计划表

序号	问题描述	专业	监督单位提出的整改建议	电厂（供热企业）制定的整改措施和计划完成时间	电厂（供热企业）责任人	监督单位责任人	备注

L.3 一般问题整改计划表（见表L.2）

表L.2 一般问题整改计划表

序号	问题描述	专业	监督单位提出的整改建议	电厂（供热企业）制定的整改措施和计划完成时间	电厂（供热企业）责任人	监督单位责任人	备注

附 录 M

（规范性附录）

供热技术监督工作评价表

序号	评价项目	标准分	评价内容与要求	评分标准
1	供热监督管理	400		
1.1	组织与职责	50	查看供热企业技术监督机构文件、上岗资格证	
1.1.1	监督组织健全	10	建立健全监督领导小组领导下的三级供热监督网，在策划部设置供热监督专责人	（1）未建立三级供热监督网，扣10分； （2）未落实供热监督专责人或人员调动未及时变更，扣5分
1.1.2	职责明确并得到落实	10	专业岗位职责明确，落实到人	专业岗位设置不全或未落实到人，每一岗位扣10分
1.1.3	供热专责持证上岗	30	厂级供热监督专责人持有效上岗资格证	未取得资格证书或证书超期，扣25分
1.2	标准符合性	50	查看供热企业供热监督管理标准及保存的国家、行业技术标准。供热企业编制的"供热运行规程""供热检修规程"	
1.2.1	供热监督管理标准	10	（1）编写的内容、格式应符合《华能电厂安全生产管理体系要求》和《华能电厂安全生产管理体系管理标准编制导则》的要求，并统一编号。 （2）"内容应符合国家、行业法律、法规、标准和《华能集团公司电力技术监督管理办法》相关的要求，并符合供热企业实际	（1）不符合《华能电厂安全生产管理体系要求》和《华能电厂安全生产管理体系管理标准编制导则》的编制要求，扣5分； （2）不符合国家、行业法律、法规、标准和《华能集团公司电力技术监督管理办法》相关的要求和供热企业实际，扣5分
1.2.2	国家、行业技术标准	15	保存的技术标准符合集团公司年初发布的供热监督标准目录；及时收集新标准，并在供热企业内发布	（1）缺少标准或未更新，每个扣5分。 （2）标准未在供热企业内发布，扣10分
1.2.3	企业技术标准	15	企业《供热运行规程》《供热检修规程》符合国家和行业技术标准；符合本供热企业实际情况，并按时修订	（1）巡视周期、试验周期、检修周期不符合要求，每项扣10分； （2）性能指标、运行控制指标、工艺控制指标不符合要求，每项扣10分

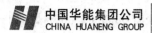
表（续）

序号	评价项目	标准分	评价内容与要求	评分标准
1.2.4	标准更新	10	标准更新符合管理流程	（1）未按时修编，每个扣5分； （2）标准更新不符合标准更新管理流程，每个扣5分
1.3	仪器仪表	50	现场查看；查看仪器仪表台账、检验计划、检验报告	
1.3.1	仪器仪表台账	10	建立仪器仪表台账，栏目应包括：仪器仪表型号、技术参数（量程、精度等级等）、购入时间、供货单位；检验周期、检验日期、使用状态等	（1）仪器仪表记录不全，一台扣5分； （2）新购仪表未录入或检验；报废仪表未注销和另外存放，每台扣10分
1.3.2	仪器仪表资料	10	（1）保存仪器仪表使用说明书； （2）保存用于贸易结算的关口表计的校验报告	（1）使用说明书缺失，一件扣5分； （2）关口表计的校验报告缺漏，一台扣5分
1.3.3	仪器仪表维护	10	（1）仪器仪表存放地点整洁、配有温度计、压力表； （2）仪器仪表的接线及附件不许另作他用； （3）仪器仪表清洁、摆放整齐； （4）有效期内的仪器仪表应贴上有效期标识，不与其他仪器仪表一道存放； （5）待修理、已报废的仪器仪表应另外分别存放	不符合要求，一项扣5分
1.3.4	检验计划和检验报告	10	计划送检的仪表应有对应的检验报告	不符合要求，每台扣5分
1.3.5	对外委试验使用仪器仪表的管理	10	应有试验使用的仪器仪表检验报告复印件	不符合要求，每台扣5分
1.4	监督计划	50	查看监督计划	
1.4.1	计划的制订	20	（1）计划制订时间、依据符合要求。 （2）计划内容应包括： 1）管理制度制定或修订计划； 2）培训计划（内部及外部培训、资格取证、规程宣贯等）； 3）检修中供热监督项目计划； 4）动态检查提出问题整改计划； 5）供热监督中发现重大问题整改计划； 6）仪器仪表送检计划； 7）技改中供热监督项目计划； 8）定期工作（预试、工作会议等）计划	（1）计划制定时间、依据不符合，一个计划扣10分； （2）计划内容不全，一个计划扣5分～10分

表（续）

序号	评价项目	标准分	评价内容与要求	评分标准
1.4.2	计划的审批	15	符合工作流程：班组或部门编制—策划部（生产部）供热专责人审核—策划部（生产部）主任审定—生产厂（公司）级领导审批—下发实施	审批工作流程缺少环节，一个扣10分
1.4.3	计划的上报	15	每年11月30日前上报产业公司、区域公司，同时抄送西安热工研究院	计划上报不按时，扣15分
1.5	监督档案	50	查看监督档案、档案管理的记录	
1.5.1	监督档案清单	10	每类资料有编号、存放地点、保存期限	不符合要求，扣5分
1.5.2	报告和记录	20	（1）各类资料内容齐全、时间连续； （2）及时记录新信息； （3）及时完成预防性试验报告、运行月度分析、定期检修分析、检修总结、故障分析等报告编写，按档案管理流程审核归档	（1）第（1）、（2）项不符合要求，一件扣5分； （2）第（3）项不符合要求，一件扣10分
1.5.3	档案管理	20	（1）资料按规定储存，由专人管理； （2）记录借阅应有借、还记录； （3）有过期文件处置的记录	不符合要求，一项扣10分
1.6	评价与考核	40	查阅评价与考核记录	
1.6.1	动态检查前自我检查	10	自我检查评价切合实际	自我检查评价与动态检查评价的评分相差10分及以上，扣10分
1.6.2	定期监督工作评价	10	有监督工作评价记录	无工作评价记录，扣10分
1.6.3	定期监督工作会议	10	有监督工作会议纪要	无工作会议纪要，扣10分
1.6.4	监督工作考核	10	有监督工作考核记录	发生监督不力事件而未考核，扣10分
1.7	工作报告制度	50	查阅检查之日前两个季度季报、检查速报事件及上报时间	
1.7.1	监督季报、年报	20	（1）每季度首月5日前，应将技术监督季报报送产业、区域子公司和西安热工院； （2）格式和内容符合要求	（1）季报、年报上报迟报1天扣5分； （2）格式不符合，一项扣5分； （3）报表数据不准确，一项扣10分； （4）检查发现的问题，未在季报中上报，每个问题扣10分

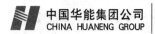
表（续）

序号	评价项目	标准分	评价内容与要求	评分标准
1.7.2	技术监督速报	20	按规定格式和内容编写技术监督速报并及时上报	（1）发生危急事件未上报速报一次扣20分； （2）未按规定时间上报，一件15分； （3）事件描述不符合实际，一件扣15分
1.7.3	年度工作总结报告	10	（1）每年元月5日前组织完成上年度技术监督工作总结报告的编写工作，并将总结报告送产业、区域子公司和西安热工院。 （2）格式和内容符合要求	（1）未按规定时间上报，扣10分； （2）内容不全，扣10分
1.8	监督考核指标	55	查看仪器仪表校验报告；监督预警问题验收单；整改问题完成证明文件。预试计划及预试报告；现场查看，查看检修报告、缺陷记录	
1.8.1	试验仪器仪表校验率	5	要求：100%	不符合要求，不得分
1.8.2	监督预警、季报问题整改完成率	15	要求：100%	不符合要求，不得分
1.8.3	动态检查存在问题整改完成率	15	要求：从供热企业收到动态检查报告之日起：第1年整改完成率不低于85%；第2年整改完成率不低于95%	不符合要求，不得分
1.8.4	缺陷消除率	10	要求： （1）危急缺陷100%； （2）严重缺陷90%	不符合要求，不得分
1.8.5	设备完好率	10	要求： （1）主设备100%； （2）一般设备98%	不符合要求，不得分
2	技术监督实施	600		
2.1	热源技术监督	75		
2.1.1	热源投运前准备	15	设备的保护装置动作可靠且设置合理。加热器水位高保护、循环水泵的电气联动保护、主管网循环水的压力高（低）保护、加热器的超压保护动作正常	备的保护装置动作不正常，每项扣1分
			设备安全参数报警信号准确，保护定值校核无误	设备报警信号不准确，保护定值计算错误，扣1分/项
			设备的试验应动作结果正确，阀门动作试验、水位试验、泵的联锁试验等合格	设备的试验不合格扣1分/项，未做试验扣1分/项
			供热首站相关转机设备的检查，各仪表准确齐全，阀门灵活可靠	设备未检查，仪表不准确，阀门不灵活扣1分/项

表（续）

序号	评价项目	标准分	评价内容与要求	评分标准
2.1.2	热源的投运	25	抽汽系统设备的试验正常，管道疏水点应保证投运阶段可靠的连续疏水	抽汽系统设备试验不正常扣1分/项
			抽汽系统的暖管、投运以及加热器的温度变化速率应符合规程要求	不符合规程要求扣1分/项
			软化水补水系统和设备应完好、操作灵活且各类监测表计符合测量要求	不符合要求扣1分/项
			补水泵运行后振动、轴承温度应符合规程的规定	不符合规程要求扣1分/项
			主管网通过软化水箱向管网注水，并保持水箱水位	不能保持水箱水位扣1分/项
			主管网注满水后，启动循环水泵运行并检查水泵各部振动、声音、温度、压力正常	检查不合格扣1分/项
			加热器的投入时应严格控制加热器的温度变化速率，防止加热器超负荷运行，并检查各电动阀门、安全阀、压力表、温度计正常	检查不合格扣1分/项
			根据加热器水位情况开启凝结水泵运行	凝结泵运行不正常扣1分/项
2.1.3	热源运行	15	依据运行要求对供热系统的运行参数进行全面检查并记录	未检查和记录扣1分/项
			供热管网运行过程中，应控制热网水质，异常时应仔细分析原因，进行加热器的隔离或加药处理	未分析原因和加药处理扣1分/项
			观察供热管网回水除污器压差，堵塞时及时清理，并做好记录	未清理和记录扣1分/项
			进行加热器危急泄水阀试验，循环水泵、凝结水泵、补水泵的定期切换试验等定期工作	未进行定期工作扣1分/项
2.1.4	热源停运和事故处理	20	供热季前各供热企业应制定供热应急预案并进行演练	未制定预案或演练扣1分/项
			对于管网大量失水、泄漏、厂用电消失、系统超压等异常情况应采取必要的预防措施	未制定措施扣2分/项

表（续）

序号	评价项目	标准分	评价内容与要求	评分标准
2.1.4	热源停运和事故处理	20	事故状态停运时应采取防冻措施	未采取措施扣 1 分/项
			供热管网正常停运，应先关闭汽水换热器汽侧调整门，开启供汽管各疏水门泄压，待供热管网温度降至 50℃ 以下，停止首站循环泵运行，关闭供回水阀门	未按顺序停运扣 1 分/项
			热水供热系统停运后，宜采用湿法保护，压力维持静水压力±0.02MPa，并定期化验监测水质。蒸汽供热管网疏水排净后，对系统隔离点加堵板封闭，实施干式保护或对蒸汽管网进行充氮保护	未化验监测扣 1 分/项
2.2	供热管网技术监督	100		
2.2.1	供热管网运行前的准备	10	供热管网投入运行前应编制运行方案	不符合要求，扣 2 分/项
			供热管网投入运行前应对系统的阀门、仪表、支架和水处理及补水设备进行全面检查	不符合要求，扣 2 分/项
			新建、改建热水供热管网运行前应进行试压和冲洗	不符合要求，扣 1 分/项
			在充水过程中应观察排气情况，检查供热管网有无泄漏，供热管网压力接近运行压力时，应进行冷态运行	不符合要求，扣 2 分/项
			热水供热管网升温，每小时不应超过 10℃。在升温过程中，应检查供热管网及补偿器、固定支架等附件的情况	不符合要求，扣 1 分/项
			热水供热管网在每次升压应不超过 0.3MPa，每升压一次应对供热管网检查一次	不符合要求，扣 1 分/项
2.2.2	供热管网的运行	30	应有供热负荷曲线	不符合要求，扣 5 分
			应执行热网供热调度曲线或按热网调度要求调节供热参数	不符合要求，扣 2 分/项
			供回水压力、温度、流量、抽气参数、水质控制指标的允许偏差应列入规程	不符合要求，扣 1 分/项
			供热参数偏离值不得超过允许值	不符合要求，扣 5 分/项

表（续）

序号	评价项目	标准分	评价内容与要求	评分标准
2.2.2	供热管网的运行	30	供热设备运行参数不应超过设备铭牌出力造成过负荷运行，或设备、阀门、管道等不得超过设计能力运行	不符合要求，扣2分/项
			供热管网投入运行后未按巡回检查制度对热网系统进行全面检查	不符合要求，扣1分/项
			不应存在下列情况： （1）供热管网介质有泄漏； （2）补偿器运行状态不正常； （3）活动支架有失稳失垮或固定支架有变形现象； （4）解列阀门有漏水情况； （5）各水泵工作不正常	不符合要求，扣1分/项
			供热系统运行期间，设备完好率不应低于98%	不符合要求，扣1分/百分点
			供热系统运行期间不应因温度达不到标准受到投诉，造成一定社会影响	不符合要求，扣5分/次
			供热管网运行管理部门应设下列图表：供热系统图、热网平面图，热网运行水压图，供热温度调节曲线图表	不符合要求，扣1分/项
			供热管网检查井及地沟的临时照明用电电压不得超过24V	不符合要求，扣1分/项
			供热管网的补水率，应小于2%	不符合要求，扣2分/项
2.2.3	热水供热管网的定压	10	热水供热系统应保持恒压点恒压，恒压点的压力波动范围应控制在±0.02MPa以内	不符合要求，扣2分/次
			热水供热管网的补水定压应采用自动控制方式	不符合要求，扣2分
2.2.4	热网的停止运行	10	供热管网停运前应编制停运方案	不符合要求，扣2分
			供热管网停运应沿介质流动方向依次关闭阀门（先关闭供水供汽阀门，后关闭回水阀门）	不符合要求，扣1分/次
			冬季停运的架空热水供热管网应将管内水放净，再次注水前应将泄水阀门关闭	不符合要求，扣2分/项
			事故停运供热管网的架空管道设备及附件应做防冻保护	不符合要求，扣2分/项
			热水供热管网在停运期间，未进行养护和检查	不符合要求，扣5分

表（续）

序号	评价项目	标准分	评价内容与要求	评分标准
2.2.5	供热管网安全运行能力	30	供热系统因突发性故障，用户停止供热时间按照本企业规定认定为一类障碍	不符合要求，扣 5 分/次
			供热系统因突发性故障，用户停止供热时间按照本企业规定认定为一般事故	不符合要求，扣 10 分/次
			供热系统因突发性故障，对用户停止供热 4h 以上，未按要求及时通知用户	不符合要求，扣 10 分/次
2.2.6	水质要求	10	每周应对一次网供、回水和补水水质化验分析一次	不符合要求，扣 2 分/次
			水质应符合以下要求：悬浮物≤5mg/L、总硬度≤0.6mmol/L、溶解氧≤0.1mg/L、含油量≤2mg/L、pH值（25℃）为 7.0～11.0	不符合要求，扣 2 分/次
2.3	热用户技术监督	25		
2.3.1	设计监督	5	设计单位的资质、等级范围应符合《建设工程勘察设计管理条例》的要求	不符合要求，扣 2 分
			水泵设计参数应依据水力计算结果确定，加热器选型应能满足近期运行参数要求	不符合要求，扣 3 分
2.3.2	施工验收监督	14		
2.3.2.1	供热管网	5	管网布置合理，管径匹配，分支阀门配备齐全	不符合要求，扣 1 分
			管道材质符合设计及 CJJ 34 表 8.3.1 的要求	不符合要求，扣 0.5 分
			直埋管网无损探伤报告合格，架空管网水压试验报告合格	不符合要求，扣 1 分
			保温符合设计要求，标识标志清晰	不符合要求，扣 0.5 分
			分支阀门、补偿器检查井室符合标准 CJJ 34 表 8.5.14、表 8.5.15 的规定	不符合要求，扣 0.5 分
			在热力入口处，供、回水管上应设阀门、温度计、压力表、热量表、滤网等，供、回水管之间宜设连通管	不符合要求，扣 1 分
			热量表应符合 CJ28 的规定，安装位置应符合产品要求；热量信号应传至供热企业集中控制室	不符合要求，扣 0.5 分
			新建住宅集中采暖系统，应设置分户计量和室温控制装置	不符合要求，扣 1 分

表（续）

序号	评价项目	标准分	评价内容与要求	评分标准
2.3.2.2	热力站	7	热力站应位于热负荷中心	不符合要求，扣 0.5 分
			地下布置的热力站应有独立的排水系统	不符合要求，扣 0.5 分
			设备布置合理，安装符合 CJJ 28 要求	不符合要求，扣 1 分
			阀门安装位置合理，开关灵活、关闭严密、无锈蚀	不符合要求，扣 0.5 分
			排污管道应引至地沟	不符合要求，扣 0.5 分
			仪表齐全，指示正确，安装符合 CJ28 的要求；安全装置灵敏、可靠	不符合要求，扣 1 分
			配电柜、控制柜安装符合设计要求	不符合要求，扣 1 分
			热力站的参数检测、控制方式、控制要求满足 CJJ 34 中 13.4 的规定	不符合要求，扣 1 分
			自控系统具备远传功能，可接入远传监控平台	不符合要求，扣 1 分
2.3.2.3	资料	2	要求热用户热力设施施工完毕后，向供热企业提供竣工资料，包括设备合格证、产品质量文件、竣工图、试验报告、电气系统接线图、自控系统接线图、说明书、各种检查、检验和记录等	不符合要求，不得分
2.3.3	运行监督	5	供热前，用热单位应向新热用户要求提供供热负荷、用热性质、用热方式及用热参数，供热平面图、系统图、平面位置图	资料不全扣 1 分
			下发通知，通知热用户在系统运行前对系统进行检修、清堵、清洗、试压，并经供热企业验收合格后方可并网	（1）无通知单扣 0.5 分；（2）未验收扣 0.5 分
			下发通知，要求热用户必须按照供热企业的运行调节方案、事故处理方案、停运方案及管辖范围进行管理和局部调节	（1）无通知单扣 0.5 分；（2）未向用热户提供方案扣 1 分
			告知热用户发生故障时必须及时通知供热企业，恢复供热应经供热企业同意	无告知书扣 1 分
			供热企业应定期检查热用户换热站运行日志	未定期检查扣 0.5 分

表（续）

序号	评价项目	标准分	评价内容与要求	评分标准
2.3.4	检修维护监督	1	供热企业应督促热用户定期检查、维护供热设施，及时消除缺陷	未完成扣 0.5 分
			供热企业应督促热用户在下个采暖季来临前消除全部缺陷	未完成扣 0.5 分
2.4	供热设备监督重点	400		
2.4.1	供热管网及设施	110		
2.4.1.1	供热管网一般要求	10	供热建筑面积大于 $1000 \times 10^4 m^2$ 的供热系统应采用多热源供热，且各热源供热管网干线应连通。在技术经济合理时，供热管网干线宜连接成环状管网	未按要求设置热源和管网每项扣 2 分
			供热系统的主环线或多热源供热系统中热源间的连通干线，在采暖室外计算温度高于−10℃时，事故工况下的最低供热量保证率，应大于 40%；采暖室外计算温度在 −20℃～−10℃间，应大于 55%；在采暖室外计算温度低于−20℃时，应大于 65%	供热量保证率不足最低要求扣 3 分
2.4.1.2	供热管网敷设	10		
2.4.1.2.1	地下敷设	3	直埋敷设热水供热管道应采用钢管、保温层、保护外壳结合成一体的预制保温管道；直埋蒸汽管道保温层、外护管及防腐应符合 CJJ 104 第 5 章和第 6 章的规定	未采用预制保温管道每千米扣 0.5 分；预制保温管道未达到规范要求每千米扣 0.25 分；管道接头及附件保温未达到规范要求每处扣 0.05 分
			隐蔽工程须在验收合格后进行隐蔽施工	没有隐蔽工程验收记录每项扣 0.5 分
			热水供热管道与建筑物（构筑物）及其他管线的最小距离应符合 CJJ 34 表 8.2.11-1 的规定；蒸汽管道与其他设施的最小净距应符合 CJJ 104 表 3.1.2 的要求	不符合规范要求每项扣 0.5 分
			直埋蒸汽管道的工作管，必须采用有补偿的敷设方式	不符合规范要求每项扣 0.5 分
2.4.1.2.2	地上敷设	2	通过学校、幼儿园等人员密集场所的管道应采取防止人身伤害的措施	未采取防止人身伤害的措施每项扣 0.5 分
			地上敷设的供热管道不得架设在腐蚀性介质管道的下方	架设在腐蚀性介质管道的下方每项扣 0.5 分

表（续）

序号	评价项目	标准分	评价内容与要求	评分标准
2.4.1.2.2	地上敷设	2	穿越行人过往频繁地区时，管道保温结构下表面距地面的净距应不小于 2.0m；在不影响交通的地区，应采用低支架，管道保温结构下表面距地面的净距不应小于 0.3m	净距不符合要求每项扣 0.5 分
			同架空输电线或电气化铁路交叉时，管道的金属部分（包括交叉点两侧 5m 范围内钢筋混凝土结构的钢筋）应接地，接地电阻不应大于 10Ω	未接地或接地电阻大于 10Ω每项扣 0.5 分
2.4.1.2.3	管沟敷设	2	管沟敷设尺寸应符合 CJJ 34 表 8.2.7 的规定	不符合规定每项扣0.5 分
			经常进入的通行管沟应有良好通风和照明设备，人在管沟内工作时，管沟内空气温度不得超过 40℃	通风和照明不符合要求或空气温度超过 40℃每处扣 0.5 分
			通行管沟应设事故人孔。热水管道的通行管沟事故人孔间距不应大于 400m，蒸汽管道的通行管沟事故人孔间距不应大于 100m	未设事故人孔或间距大于要求每处扣 0.5 分
			热力网管沟与燃气管道交叉的垂直净距小于 300mm 时，必须采取可靠措施防止燃气泄漏进管沟	未采取可靠措施每项扣 0.5 分
2.4.1.2.4	跨河敷设	3	供热管道架空跨越不通航河流时，管道保温结构表面与 50 年一遇的最高水位的垂直净距不应小于 0.5m。跨越重要河流时，应符合河道管理部门的有关规定	与最高水位的垂直净距小于 0.5m 每项扣 1 分
			管道架空跨越通航河流时，航道的净宽与净高应符合现行国家标准 GB 50139《内河通航标准》的规定	净宽与净高不符合规定每项扣 1 分
			敷设在河底时标高应符合 CJJ 34 第八章 8.1 节第 8.2.13 条 4 款的要求	标高不符合规定每项扣 1 分

表（续）

序号	评价项目	标准分	评价内容与要求	评分标准
2.4.1.3	管道支吊架（墩）	10	支架位置应符合设计要求。固定支架埋设应牢固，固定支架和固定支架卡板安装、焊接及防腐合格；滑动支架滑动面应洁净平整，支架安装的偏移方向及偏移量应符合设计要求，安装、焊接及防腐合格；导向支架的导向性能、安装的偏移方向及偏移量应符合设计要求，无歪斜和卡涩现象，安装、焊接及防腐合格。固定支架、导向支架等型钢支架的根部应做防水护墩	固定支架安装位置不正确每处扣1分，埋设不牢固每处扣1分；固定支架和固定支架卡板安装、焊接及防腐不合格每处扣0.5分。滑动支架滑动面不洁净平整每处扣1.5分。支架安装的偏移方向及偏移量不符合设计要求每处扣1分。安装、焊接及防腐不合格每处扣0.5分。导向支架的导向性能、安装的偏移方向及偏移量不符合设计要求每处扣0.5分；有歪斜和卡涩现象每处扣0.5分；安装、焊接及防腐不合格每处扣0.5分。固定支架、导向支架等型钢支架的根部未做防水护墩每处扣0.5分
2.4.1.4	管道及附件	15		
2.4.1.4.1	材质	10	（1）供热管道壁厚应大于设计壁厚的2/3	管道壁厚小于设计壁厚2/3的，一处扣2分
			（2）供热管道内壁无结垢、无腐蚀、外壁无腐蚀	有结垢或腐蚀现象一处扣1分
			（3）凝结水管道宜采用具有防腐内衬、内防腐涂层的钢管或非金属管道	采用的钢管没有防腐内衬、内防腐涂层一处扣1分
			（4）连接排气、泄水阀门的管道应采用厚壁管	未采用厚壁管一处扣2分
			（5）弯头可采用锻造、热煨或冷弯制成，不得使用由直管段做成的斜接缝弯头。弯头的最小壁厚不得小于直管段壁厚。三通宜采用锻压、拔制制成。三通主管和支管任意点的壁厚不应小于对应焊接的直管壁厚。热水供热管道异径管应采用同心异径管，异径管圆锥角不应大于20°。异径管壁厚不应小于直管段的壁厚。蒸汽管道在任何条件下均应采用钢制附件。直埋蒸汽管道变径时，工作管宜采用底平的偏心异径管	未按要求选用每处扣2分

表（续）

序号	评价项目	标准分	评价内容与要求	评分标准
2.4.1.4.2	焊接	5	（1）一级热网管道焊口应进行100%无损探伤	未按要求进行探伤每处扣1分
			（2）管件与直管连接处的焊口应进行封底焊，封底焊宜采用氩气保护焊打底，或采用双面焊接的方法	焊接方法不符合要求每处扣1分
2.4.1.5	阀门	15		
2.4.1.5.1	材质	3	阀门材质应按照设计温度、压力等级和安装位置进行选择，热水阀门公称压力等级不得小于1.6MPa，蒸汽必须选用2.5MPa以上的阀门，并应比管道设计压力高一个等级	阀门材质不符合要求每处扣1分
2.4.1.5.2	质量要求	4	阀门应开关灵活、无卡涩、无泄漏。阀门必须有制造厂的产品合格证，重要阀门应由有资质的检测机构进行强度和严密性试验	阀门开关失灵、卡涩、泄漏每处扣1分；无合格证或未按要求试验每项扣1分
2.4.1.5.3	设置要求	8	（1）供热管网管道干线、支干线、支线的起点应安装关断阀门	未按要求设置阀门每处扣1分
			（2）热水供热管网干线应装设分段阀门。输送干线分段阀门的间距宜为2000m～3000m；输配干线分段阀门的间距为1000m～1500m	未按要求设置阀门每处扣1分
			（3）安装位置、方向应正确并便于操作	安装位置、方向不正确，影响操作每处扣1分
			（4）位置较高而且需经常操作的阀门处应设操作平台、扶梯和防护栏杆等设施	未按要求设置操作平台或操作平台设置不符合要求每项扣1分
2.4.1.6	补偿器	10		
2.4.1.6.1	设置要求	5	（1）补偿器的规格、安装长度、补偿量和安装位置应符合设计要求。采用套筒补偿器时，最高、最低温度下，补偿器留有的补偿余量不小于20mm	补偿器的规格、安装长度、补偿量和安装位置不符合设计要求，补偿余量不符合要求每项扣2分
			（2）采用波纹管轴向补偿器时，管道上应安装防止波纹管失稳的导向支座	未按要求设置导向支座每项扣0.5分
			（3）采用球形补偿器、铰链型波纹管补偿器，且补偿管段较长时，宜采取减小管道摩擦力的措施	未采取有效的减少摩擦力的措施每项扣0.5分
2.4.1.6.2	使用要求	5	（1）各类补偿器的使用周期不应超过设计允许使用周期	超过使用周期未及时更换每处扣1分
			（2）应按照CECS121要求进行检查维护	检查维护不到位或存在泄漏每处扣1分

表（续）

序号	评价项目	标准分	评价内容与要求	评分标准
2.4.1.7	除污器	5	公称直径大于或等于 500mm 的热水供热管网干管在低点、垂直升高管段前、分段阀门前应设阻力小的永久性除污装置	未按要求设置除污装置每处扣 1 分
2.4.1.8	排气、泄水、旁通装置设置要求	5	（1）每个管段的高点应安装排气装置	未按要求设置排气装置每项扣 1 分
			（2）热水、凝结水管道每个管段的低点应安装泄水装置；蒸汽管道的低点和垂直升高的管段前应设启动疏水和经常输水装置	未按要求设置泄水装置每项扣 1 分
			（3）工作压力大于或等于 1.6MPa 且公称直径大于或等于 500mm 的管道上的闸阀应安装旁通阀	未按要求设置旁通阀每处扣 1 分
2.4.1.9	检查室	10	（1）检查室砌体室壁砂浆应饱满，灰缝平整，抹面压光，不得有空鼓、裂缝等现象	检查室砌体室壁砂浆不饱满，灰缝不平整，抹面没有压光每项扣 1 分
			（2）室内底面应平顺，坡向集水坑，爬梯应安装牢固，位置准确，不得有建筑垃圾等杂物；井圈、井盖型号准确，安装平稳；爬梯高度大于 4m 时应设防护栏或在爬梯中间设平台	室内底面平顺，没有坡向集水坑每项扣 0.5 分；爬梯安装不牢固，位置不准确每项扣 0.5 分；有建筑垃圾等杂物每项扣 1 分；井圈、井盖型号不准确每项扣 1 分，安装不平稳每项扣 1 分；爬梯高度大于 4m 时未设防护栏每项扣 1.5 分，爬梯中间未设平台扣 1.5 分
			（3）管沟敷设的供热管网管道进入建筑物或穿过构筑物时，管道穿墙处应封堵严密	封堵不严密一处扣 1 分
2.4.1.10	保温与防腐	15	（1）金属管道须进行防腐，供热介质温度高于 50℃的管道及附件应采用相应的保温措施，保温层外应有保护层	金属管道未进行防腐扣 1 分，供热介质温度高于 50℃的管道及附件未采用相应的保温措施每处扣 2 分；保温层外没有保护层扣 2 分
			（2）保温结构表面温度不得超过 60℃	保温结构表面温度超过 60℃扣 3 分
			（3）保温材料的材质及厚度应符合设计要求，且保温层及保护层应完好，无破损脱落现象	保温材料的材质及厚度不符合设计要求每项扣 1 分；保温层及保护层有破损脱落每项扣 1 分
			（4）保温工程在第一个采暖季结束后，应有保温测定与评价报告	保温工程在第一个采暖季结束后未进行保温测定扣 2.5 分，没有评价报告扣 2.5 分

表（续）

序号	评价项目	标准分	评价内容与要求	评分标准
2.4.1.11	热用户热力入口装置	5	水力平衡阀、过滤器、旁通管、关断阀等的规格及安装位置应符合设计要求；各种阀门应开关灵活、关闭严密、无滴漏现象；供回水管道上的温度计、压力表，其量程应满足测量需要，安装位置应便于观察	未达到要求每处扣1分
2.4.2	供热首站、热力站和中继泵站	130		
2.4.2.1	加热器	10	（1）一级管网和二级管网回水端差应小于或等于设计值	超过设计值一次扣1分
			（2）当任一台热网加热器停止运行时，其余的热网加热器应能够保证最大热负荷的65%～75%	换热能力不符合要求每处扣1分
			（3）管壳式换热器应有水位计、水位计应符合要求，应有水位高、低信号装置	未设水位计、没有水位高低信号装置每处扣1分
			（4）安全附件应按要求配备，安全阀应定期校验，动作灵敏	安全附件不齐全，安全阀未定期效验每项扣1分
			（5）换热器应无内漏	泄漏一处扣1分
2.4.2.2	水泵	10	（1）应减少并联循环水泵台数，四台及以上并联运行时可不设备用泵	未按要求设置备用泵每处扣1分
			（2）循环水泵的总流量应与系统总设计流量相匹配，供热管网流量应与运行工况计算流量相近；各级循环水泵的总扬程应与设计流量下热源、最不利环路的总压力损失相匹配；循环水泵的工作压力、温度应与供热管网设计参数相匹配；变流量调节的供热系统，循环水泵应采用调速泵，调速泵宜自动控制	实际流量大于计算流量，每超过10%扣1分，总流量小于总设计流量或大于1.2倍总设计流量扣4分，大于1.1倍总设计流量扣2分；扬程小于设计压力损失或大于1.2倍设计压力损失扣4分，大于1.1倍设计压力损失扣2分；承压能力低于设计参数扣1分；耐温能力低于设计参数扣1分；变流量调节的供热系统，未采用调速泵扣3分，调速泵无自动控制扣1分
			（3）最大一台循环水泵退出运行，其余循环水泵的总出力应不少于供热管网最大出力的70%	循环水泵出力不符合要求每处扣1分
			（4）水泵基础和连接水泵的管道宜采取隔振措施	未采取隔振措施，首站、热力站和中继泵站噪声超标，每处扣1分

表（续）

序号	评价项目	标准分	评价内容与要求	评分标准
2.4.2.2	水泵	10	（5）叶轮、导叶表面应光洁无缺陷，轮轴与叶轮、轴套、轴承等的配合表面应无缺陷，配合应符合设计要求，振动符合标准	腐蚀、振动超标每项扣1分
2.4.2.3	补充水设备	10	（1）供热管网补水应设有流量计量装置，并定期进行记录。总补水流量表应有累计流量显示功能	未设计量装置每处扣1分；未按要求进行记录每次扣1分
			（2）补水设备和水源的设计应满足正常状态2%和异常状态下4%～5%的补水要求	补水设备和水源出力不满足要求或存在缺陷每处扣1分
			（3）补水系统应按设计要求实现自动控制	补给水系统未实现自动控制每处扣1分
2.4.2.4	安全防护装置	5	泵入口应设置自动泄压装置，并应满足泄掉一台热网循环泵全部压力的要求	有过压保护但泄压能力不足每处扣1分
2.4.2.5	除污器	5	（1）一级管网供水管道和二级管网回水管道上应装设除污装置	未装设除污装置每处扣1分
			（2）除污器无腐蚀、无脱落、无堵塞、无泄漏	除污器腐蚀、堵塞、泄漏每项扣1分
			（3）应制定定期排污制度，并定期进行排污	未制定排污制度，未定期进行排污每项扣1分
2.4.2.6	管道、阀门的支座、吊架	5	管道、阀门支座和吊架等的安装应符合设计要求	支座或吊架的安装存在缺陷，管道膨胀受阻、振动每项扣1分
2.4.2.7	设备标牌，管道色环、介质名称及流向	5	（1）现场使用的设备应标明设备名称，编号，转动方向，开启、关闭操作方向，且标牌统一、齐全，标志清晰	未按规定执行或不规范，不齐全每项扣1分
			（2）管道弯头、穿墙处及管道密集、难以辨别的部位，必须涂刷色环、介质名称及介质流向箭头，介质名称可用全称或化学符号标识	未按规定执行或不规范，不齐全每项扣1分
2.4.2.8	土建	5	设置在地下的热力站应排水畅通、通风良好	排水和通风不符合要求每处扣1分
2.4.2.9	总补水流量表	5	总补水流量表应有累计流量显示功能	未按要求进行扣5分
2.4.2.10	电气设备	30		
2.4.2.10.1	电气、热控系统设计、施工	10	（1）电气、热控设备接地可靠，安装检测接地电阻符合设计标准要求	未按要求进行扣2分/项

表（续）

序号	评价项目	标准分	评价内容与要求	评分标准
2.4.2.10.1	电气、热控系统设计、施工	10	（2）电缆及其构筑物的防火封堵，必要的地方应安装，设置防火隔板、防火堵料、防火涂料和加装耐火槽盒等设施，电缆均选用C级阻燃电缆	未按要求进行扣 0.5 分/项
			（3）供热首站应设计配置：DCS集散控制系统；热力站应设计分散控制系统的通信、控制；监测及调整控制装置	未按要求进行扣 0.5 分/项
			（4）DCS分散控制系统应保证参数的检测，安全参数的超限报警，热力系统的过程控制，热力系统的安全连锁保护，系统参数的检测等功能的完好性	未按要求进行扣 4 分/项
			（5）6kV高压真空断路器设置短路及过负荷保护，控制器采用微机综合保护器，采用直流操作系统	未按要求进行扣 2 分/项
			（6）热网循环泵、凝结水（疏水）泵电机及供热管网补充水泵电动机使用变频装置，变频控制采用一对一控制方式	未按要求进行扣 1 分/项
2.4.2.10.2	电气系统调试、运行	10	（1）额定电压低于1000V的电机，常温下绝缘电阻测试值应不低于0.5MΩ	未按要求进行扣 1 分/项
			（2）额定电压为1000V及以上的电动机，折算至运行温度，定子绕组不低于1MΩ/kV，转子绕组不低于0.5MΩ/kV	未按要求进行扣 2 分/项
			（3）电动机的电流不得超过额定值；电动机振动应符合专业技术规程标准要求	未按要求进行扣 0.5 分/项
2.4.2.10.3	热控系统调试、运行	10	（1）调试检查、试验DCS系统上位机的自动/手动切换系统可靠性，确保DCS系统自动状态异常时的就地操作	未按要求进行扣 1 分/项
			（2）调试、检查PLC下位机输入、输出通道模块及继电器部件完好，动作可靠；信号源设备及回路，信号源设备完好，回路节点牢固，无虚接、无积灰；UPS电源功能、参数，稳定、可靠；DCS通信可靠	未按要求进行扣 0.5 分/项

表（续）

序号	评价项目	标准分	评价内容与要求	评分标准
2.4.2.10.3	热控系统调试、运行	10	（3）检查 DCS 主要继电器接点闭合后阻值小于 0.5Ω；系统接地电阻小于 1Ω；所有信号电缆对地绝缘电阻大于 20MΩ	未按要求进行扣 0.5 分/项
			（4）检查 DCS 控制室，机房温度在 15℃～30℃之内，湿度在 20%～80%之间	未按要求进行扣 0.5 分/项
2.4.2.11	高、低压配电装置	40		
2.4.2.11.1	高压开关设备	5	（1）高压开关的容量和性能（包括阻流电抗器）应满足短路容量要求	未按要求进行扣 2 分/项
			（2）高压开关的重要试验项目应按照规定进行	未按要求进行扣 1 分/项
			（3）任一台高压开关试验结果应合格	未按要求进行扣 1 分/项
			（4）试验结果不合格应采取可靠措施	未按要求进行扣 2 分/项
			（5）任一台高压开关超期应试验	未按要求进行扣 1 分/项
			（6）任一台高压开关不应存在漏试项目	未按要求进行扣 0.5 分/项
2.4.2.11.2	备用电源	5	（1）备用电源自投装置能正常运行或不存在重要缺陷	未按要求进行扣 5 分/项
			（2）试验项目齐全、记录完整	未按要求进行扣 1 分/项
2.4.2.11.3	断路器大、小修	10	（1）断路器重要反措项目应落实	未按要求进行扣 1 分/项
			（2）大、小修后存在缺陷应及时消除	未按要求进行扣 2 分/项
			（3）主要检修项目没有漏项	未按要求进行扣 2 分/项
			（4）不应因检修项目漏项造成断路器在检修周期内发生故障	未按要求进行扣 3 分/项
			（5）断路器超周期或故障切断次数超限应检修（经过诊断，且主管部门批准延期者除外）	未按要求进行扣 2 分/项
2.4.2.11.4	高、低压配电室和变压器室防触电、防火、防小动物措施	3	（1）应做好防小动物措施（开关室门安装挡鼠板，挡鼠板高度不低于 500mm，电缆孔洞封堵严密）	未按要求进行扣 2 分/项
			（2）应做好防火措施，高压配电室、变压器室及低压动力中心门应采用非燃烧材料制作	未按要求进行扣 0.5 分/项

表（续）

序号	评价项目	标准分	评价内容与要求	评分标准
2.4.2.11.4	高、低压配电室和变压器室防触电、防火、防小动物措施	3	（3）高压带电部分周围应设有固定遮栏，固定遮栏尺寸、安全距离应符合要求	未按要求进行扣 0.5 分/项
			（4）高、低压配电室和变压器室不应存在漏雨、漏水或漏煤粉等现象	未按要求进行扣 2 分/项
2.4.2.11.5	设备编号及标志	2	（1）现场电气设备（开关、隔离开关及接地开关等）应采用双重编号（包括室内开关柜后部应有的设备名称、编号）	未按要求进行扣 0.5 分/项
			（2）控制室内控制盘、仪表上控制开关、按钮、仪表、保险器、二次回路连接片名称清晰、正确	未按要求进行扣 0.5 分/项
2.4.2.11.6	电缆及电缆用构筑物	5	（1）动力电缆绝缘电阻应按照 DL/T 596—1996《电力设备预防性试验规程》要求进行测试	未按要求进行扣 0.5 分/项
			（2）电缆巡检应符合要求（敷设在土中、隧道中及沿桥梁架设的电缆，每三个月至少一次；电缆竖井内的电缆，每半年至少一次；电缆终端头根据运行情况每 1 年～3 年停电检查一次）	未按要求进行扣 0.5 分/项
			（3）电缆允许载流应符合 SDJ 26—1989《发电厂、变电所电缆选择与敷设设计规程》要求	未按要求进行扣 1 分/项
			（4）电缆隧道、电缆沟堵漏及排水设施应符合要求，不能出现积水、油、灰、煤粉或堆放杂物等现象	未按要求进行扣 0.5 分/项
			（5）电缆主隧道及架空电缆主通道分段阻燃措施应完善，长距离沟道内每相距 200m 应设置阻火墙	未按要求进行扣 0.5 分/项
			（6）电缆敷设应符合 SDJ 26—1989《发电厂、变电所电缆选择与敷设设计规程》要求	未按要求进行扣 0.5 分/项
2.4.2.11.7	保护及自动装置	5	（1）应制定保护装置定期检验计划	未按要求进行扣 1 分/项
			（2）应按计划对保护装置进行定期检验	未按要求进行扣 1 分/项
			（3）保护屏上的继电器（含装置）、连接片、试验端子、熔断器、指示灯、端子排和各种小开关标志应符合要求	未按要求进行扣 1 分/项

表（续）

序号	评价项目	标准分	评价内容与要求	评分标准
2.4.2.11.8	直流系统	5	应定期进行蓄电池全容量核对性充放电试验	未按要求进行扣 1 分/项
			运行人员每班应对直流系统进行一次检查	未按要求进行扣 1 分/项
			绝缘监察及信号报警装置不应出现故障	未按要求进行扣 2 分/项
			运行中的直流母线对地绝缘电阻值小于 10MΩ	未按要求进行扣 2 分/项
2.4.3	供热控制	90		
2.4.3.1	控制系统电源	20		
2.4.3.1.1	供热控制系统电源配置要求	10	（1）供热系统应按"两路交流不间断电源供电，当一路电源消失时，另一路电源自动切换"配置	未按要求进行扣 3 分/项
			（2）供热系统所配电源应可靠	未按要求进行扣 2 分/项
2.4.3.1.2	供热控制系统电源参数要求	10	（1）供电电源电压波动不低于 10%	未按要求进行扣 0.5 分/项
			（2）UPS 供电电源电压波动不低于 10% 额定电压或频率范围超出 50Hz±0.5Hz（或不满足制造厂要求）	未按要求进行扣 0.5 分/项
			（3）UPS 电源二次侧未经过批准，不得随意接入新的负荷或 UPS 电源应有 20%～30%裕量	未按要求进行扣 1 分/项
			（4）UPS 电池供电备用时间小于制造厂说明书规定的备用时间，或不能保证连续供电 30min	未按要求进行扣 1 分/项
2.4.3.2	供热操作员站	15		
2.4.3.2.1	操作员站的配置	5	操作员站的数量应能满足供热各种工况下的监测要求，特别是紧急故障处理的要求	未按要求进行扣 2 分/项
2.4.3.2.2	操作员站负荷率	5	在不同工况下测试 5 次，每次测试时间为 10s，取平均值，操作员站 UPS 负荷率应大于 40%	未按要求进行扣 2 分/项
2.4.3.2.3	操作员站可靠性要求	5	操作员站不应存在死机现象	未按要求进行扣 1 分/项
2.4.3.3	供热工程师站和历史站	20		

表（续）

序号	评价项目	标准分	评价内容与要求	评分标准
2.4.3.3.1	工程师站分级授权	5	（1）热工自动化人员应分级授权使用工程师站、操作员站等人机接口	未按要求进行扣 2 分/项
			（2）非授权人员不应使用工程师站、操作员站组态功能	未按要求进行扣 2 分/项
2.4.3.3.2	操作系统、组态软件和应用软件	5	（1）应执行"计算机控制系统的软件和数据库应定期进行备份，完全备份间隔宜三个月一次，部分备份间隔宜每月一次"	未按要求进行扣 0.5 分/项
			（2）应执行"组态软件在检修前后必须完整地拷贝一次，检修后进行核对并拷贝"	未按要求进行扣 0.5 分/项
2.4.3.3.3	软件使用控制	5	不应在控制系统中使用非控制系统软件	未按要求进行扣 1 分/项
2.4.3.3.4	工程师站和历史数据站负荷率	5	在不同工况下测试 5 次，每次测试时间为 10s，取平均值，操作员站 CPU 负荷率应大于 60%	未按要求进行扣 2 分/项
2.4.3.4	供热循环水泵、补水泵连锁功能	15	（1）应设计或投入各类水泵与其相应系统的压力间的连锁	未按要求进行扣 1 分/项
			（2）应设计或投入各类水泵在工作泵事故跳闸时备用泵自启动的连锁	未按要求进行扣 1 分/项
			（3）应设计或投入各类水泵与其进出口电动阀门间的连锁	未按要求进行扣 1 分/项
2.4.3.5	供热参数越限报警系统	20		
2.4.3.5.1	参数越限报警	10	（1）热工参数偏离正常运行范围应发出报警信号	未按要求进行扣 1 分/项
			（2）主要电气设备发生故障应发出报警信号	未按要求进行扣 1 分/项
			（3）控制系统故障应发出报警信号	未按要求进行扣 1 分/项
2.4.3.5.2	供热检测仪表	10	（1）供热仪表校前合格率不应低于 96%	未按要求进行扣 1 分/项
			（2）供热参数检测设备（流量、压力、温度）现场抽检合格率不应低于 98%	未按要求进行扣 1 分/项
2.4.4	技术管理	65		
2.4.4.1	供热管网日常管理	55		

表（续）

序号	评价项目	标准分	评价内容与要求	评分标准
2.4.4.1.1	安全运行	10	应制定工作票、操作票、危险点预控票和设备巡回检查制、设备定期试验轮换制等安全管理制度，内容完善，执行认真	制度不完整或执行不认真扣 10 分
2.4.4.1.2	经济运行	10	建立供热运行调度指挥系统；供热调度应准确，运行调节应及时；运行记录应健全详细；建立经济运行的各项考核制度；各项能耗指标应有定额并严格考核	未建立供热运行调度指挥系统扣 1 分；违反调度指令扣 1.5 分，调度指挥失误扣 1.5 分，运行调节不及时扣 1 分；无运行记录扣 1 分，记录不全扣 0.5 分；未建立经济运行的各项考核制度扣 1 分；没有能耗指标定额扣 1.5 分，未严格考核扣 1 分
2.4.4.1.3	运行维护	10	建立健全各系统设备维护管理制度，应有系统设备维护保养计划，并按计划实施	未建立健全各系统设备维护管理制度扣 3 分，没有系统设备维护保养计划扣 3 分，未按计划实施扣 4 分
2.4.4.1.4	检修管理	10	建立和完善检修质量保证监督体系，实施检修计划、实施和验收全过程管理，对检修质量进行严格评价，按程序验收；外包大修工程应执行招标制、工程监理制和合同管理制	未建立和完善检修质量保证监督体系扣 1 分，未实施检修计划、实施和验收全过程管理扣 4 分，未对检修质量进行严格评价扣 1 分，未按程序验收扣 1 分；外包大修工程未执行招标制、工程监理制和合同管理制每项扣 1 分
2.4.4.1.5	应急管理	10	组织机构健全，职责明确；应急预案内容齐全，措施得当，并能有效实施；备品、备件和材料应齐全、充足；抢修机械和工器具应齐备、好用；技术资料图纸应完备	组织机构不健全扣 1 分，职责不明确扣 1 分；应急预案内容不齐全扣 1 分，措施不得当扣 1 分，不能有效实施扣 1 分；备品、备件和材料不齐全、充足扣 2 分；抢修机械和工器不齐备扣 2 分；技术资料图纸不完备扣 1 分
2.4.4.1.6	热用户管理	5	及时查处热用户擅自连接或者隔断供热设施，擅自安装热水循环装置或者放水装置；擅自改变热用途；其他损害供热设施或者影响供热质量的行为	不及时查处扣 5 分
2.4.4.2	技术资料	10		
2.4.4.2.1	供热设备管理资料	3	应配备设备台账、设备分工、设备缺陷管理等资料	资料不齐全、不准确扣 0.5 分/项

表（续）

序号	评价项目	标准分	评价内容与要求	评分标准
2.4.4.2.2	检修技术资料	3	应有检修和更改该工程计划任务书，安全、技术、组织措施，验收资料，工作总结，技术记录	资料、记录不齐全扣 0.5 分/项
2.4.4.2.3	专业管理技术资料	4	应配备检验试验报告	报告不全或混乱扣 1 分/项
			应配备反措、节能管理、技术监督实施细则等资料	资料不全扣 0.5 分/项
2.4.5	热负荷调查	5	应有现状热负荷统计与发展热负荷调查情况	数据或结论不准确扣 1 分/处

中国华能集团公司

CHINA HUANENG GROUP

中国华能集团公司火力发电厂技术监督标准汇编

Q／HN-1-0000.08.049—2015

管理标准篇

电力技术监督管理办法

2015 － 05 － 01 发布

2015 － 05 － 01 实施

目　次

前　言

电力技术监督是提高发电设备可靠性，保证电厂安全、经济、环保运行的重要基础。为了加强中国华能集团公司的电力技术监督工作，建立、健全技术监督管理体系，确保国家、行业、集团公司相关发电技术标准、规范的落实和执行，进一步促进集团公司发电设备运行安全、可靠性的提高，预防重大事故的发生。根据国家能源局《电力工业技术监督管理规定》和集团公司生产经营管理特点，制定本办法。

本办法是中国华能集团公司及所属产业公司、区域公司和发电企业电力技术监督工作管理的主要依据，是强制性企业标准。

本办法由中国华能集团公司安全监督与生产部提出。

本办法由中国华能集团公司安全监督与生产部归口并解释。

本办法起草单位：中国华能集团公司安全监督与生产部。

本办法批准人：寇伟。

电力技术监督管理办法

1 范围

本办法规定了中国华能集团公司（以下简称"集团公司"）电力技术监督（以下简称"技术监督"）管理工作的机构职责、监督范围和管理要求。

本办法适用于集团公司及所属产业公司、区域公司和发电企业的技术监督管理工作。

2 规范性引用文件

下列文件对于本文件的应用是必不可少的。凡是注日期的引用文件，仅所注日期的版本适用于本文件。凡是不注日期的引用文件，其最新版本（包括所有的修改单）适用于本文件。

DL/T 1051 电力技术监督导则

Q/HB–G–08.L01—2009 华能电厂安全生产管理体系要求

国家能源局 电力工业技术监督管理规定（2012 征求意见稿）

华能安〔2011〕271 号 中国华能集团公司电力技术监督专责人员上岗资格管理办法（试行）

3 总则

3.1 技术监督管理的目的是通过建立高效、通畅、快速反应的技术监督管理体系，确保国家及行业有关技术法规的贯彻实施，确保集团公司有关技术监督管理指令畅通；通过采用有效的测试和管理手段，对发电设备的健康水平及与安全、质量、经济、环保运行有关的重要参数、性能、指标进行监测与控制，及时发现问题，采取相应措施尽快解决问题，提高发电设备的安全可靠性，最终保证集团公司发电设备及相关电网安全、可靠、经济、环保运行。

3.2 技术监督工作要贯彻"安全第一、预防为主"的方针，按照"超前预控、闭环管理"的原则，建立以质量为中心，以相关的法律法规、标准、规程为依据，以计量、检验、试验、监测为手段的技术监督管理体系，对发电布局规划、建设和生产实施全过程技术监督管理。

3.3 集团公司、产业公司、区域公司及所属发电企业应按照《电力工业技术监督管理规定》、DL/T 1051、行业和集团公司技术监督标准开展技术监督工作，履行相应的技术监督职责。

3.4 本办法适用于集团公司、产业公司、区域公司、发电企业（含新、扩建项目）。各产业公司、区域公司及所属发电企业，应根据本办法，结合各自的实际情况，制订相应的技术监督管理标准。

4 机构与职责

4.1 集团公司技术监督工作实行三级管理。第一级为集团公司，第二级为产业公司、区域公司，第三级为发电企业。集团公司委托西安热工院有限公司（以下简称"西安热工院"）对集团公司系统技术监督工作开展情况进行监督管理，并提供技术监督管理技术支持服务。

4.2 集团公司技术监督管理委员会是集团公司技术监督工作的领导机构，技术监督管理委员会下设技术监督管理办公室，设在集团公司安全监督与生产部（以下简称"安生部"），负责归口管理集团公司技术监督工作。集团公司安生部负责已投产发电企业运行、检修、技术改造等方面的技术监督管理工作，基本建设部负责新、扩建发电企业的设计审查、设备监造、安装调试以及试运行阶段的技术监督管理工作。

4.3 各产业公司、区域公司应成立以主管生产的副总经理或总工程师为组长的技术监督领导小组，由生产管理部门归口管理技术监督工作。生产管理部门负责已投产发电企业的技术监督管理工作，基建管理部门负责新、扩建发电企业技术监督管理工作。

4.4 各发电企业是设备的直接管理者，也是实施技术监督的执行者，对技术监督工作负直接责任。应成立以主管生产（基建）的领导或总工程师为组长的技术监督领导小组，建立完善的技术监督网络，设置各专业技术监督专责人，负责日常技术监督工作的开展，包括本企业技术监督工作计划、报表、总结等的收集上报、信息的传递、协调各方关系等。已投产发电企业技术监督工作由生产管理部门归口管理，新建项目的技术监督工作由工程管理部门归口管理。

4.5 集团公司技术监督管理委员会主要职责。

4.5.1 贯彻执行国家、行业有关电力技术监督的方针、政策、法规、标准、规程和制度等，制定、修订集团公司相关技术监督规章制度、标准。

4.5.2 建立集团公司技术监督管理工作体系，落实技术监督管理岗位责任制，协调解决技术监督管理工作各方面的关系。

4.5.3 监督与指导产业公司、区域公司技术监督工作，对产业公司、区域公司技术监督工作实施情况进行检查与评价。

4.5.4 开展技术监督目标管理，制定集团公司技术监督工作规划和年度计划。

4.5.5 收集、审核、分析集团公司技术监督信息，将技术监督管理中反映的突出问题及时反馈给规划、设计、制造、发电、基建等相关单位和部门，形成技术监督管理闭环工作机制。

4.5.6 参与发电企业重大、特大事故的分析调查工作，制订反事故技术措施，组织解决重大技术问题。

4.5.7 开展集团公司技术监督专责人员上岗考试及资格管理工作。

4.5.8 组织开展集团公司重点技术问题的培训，解决共性和难点问题。

4.5.9 定期组织召开集团公司技术监督工作会议，总结、研究技术监督工作。研究、推广技术监督新技术、新方法。

4.6 产业公司、区域公司技术监督主要职责。

4.6.1 贯彻执行国家、行业有关电力技术监督的方针、政策、法规、标准、规程和制度等，以及集团公司有关技术监督规章制度、标准，行使对下属发电企业技术监督的领导职能。

4.6.2 根据产业公司、区域公司具体情况，制定技术监督工作实施细则、考核细则及相关制度。审查所属发电企业技术监督管理标准，并对发电企业的技术监督工作进行指导、监督、检查和考核。

4.6.3 建立健全产业公司、区域公司技术监督管理工作体系，落实技术监督管理岗位责任制。

4.6.4 监督与指导所属发电企业技术监督工作，对发电企业技术监督工作实施和指标完成情况进行检查、评价与考核。

4.6.5　开展技术监督目标管理，制定产业公司、区域公司技术监督工作规划和年度计划。

4.6.6　集团公司委托西安热工院作为发电企业技术监督管理的技术支持服务单位，负责对集团公司系统技术监督工作的开展情况进行监督、检查和技术支持服务，各产业公司、区域公司应与西安热工院签订技术监督管理支持服务合同。

4.6.7　审定所属发电企业的技术监督服务单位，监督发电企业与技术监督服务单位所签合同的执行情况，保证技术监督工作的正常开展。

4.6.8　组织有关专业技术人员，参加新、扩建工程在设计审查、主要设备的监造验收以及安装、调试、生产过程中的技术监督和质量验收工作。

4.6.9　收集、审核、分析和上报所属发电企业的技术监督数据，保证数据的准确性、完整性和及时性，定期向集团公司报送技术监督工作计划、报表和工作总结，报告重大设备隐患、缺陷或事故和分析处理结果。

4.6.10　组织对所属发电企业技术监督动态检查提出问题的整改落实情况和效果进行跟踪检查、复查评估，定期向集团公司报送复查评估报告。

4.6.11　组织并参与发电企业重大隐患、缺陷或事故的分析调查工作，制订反事故技术措施。

4.6.12　签发技术监督预警通知单，对技术监督预警问题进行督办。

4.6.13　组织技术监督专责人员参加集团公司的上岗考试，检查、监督所属发电企业技术监督专责人员持证上岗工作的落实。

4.6.14　组织开展并参加上级单位举办的技术监督业务培训和技术交流活动。

4.6.15　定期组织召开各专业技术监督工作会议，总结技术监督工作，研究、推广、运用技术监督新技术、新方法。

4.7　发电企业技术监督主要职责。

4.7.1　贯彻执行国家、行业、上级单位有关电力技术监督的方针、政策、法规、标准、规程、制度和技术措施等。

4.7.2　根据企业的具体情况，制定相关技术监督管理标准、考核细则及相关制度，明确各项技术监督岗位资格标准和职责。

4.7.3　建立健全企业技术监督工作网络，落实各级技术监督岗位责任制，确保技术监督专责人员持证上岗。

4.7.4　开展技术监督目标管理，制定企业技术监督工作规划和年度计划。

4.7.5　开展全过程技术监督。组织技术监督人员参与企业新、扩建工程的设计审查、设备选型、主要设备的监造验收以及安装、调试阶段的技术监督和质量验收工作。掌握企业设备的运行情况、事故和缺陷情况，认真执行反事故措施，及时消除设备隐患和缺陷。达不到监督指标的，要提出具体改进措施。

4.7.6　按时报送技术监督工作计划、报表、工作总结，确保监督数据真实、可靠。在监督工作中发现设备出现重大隐患、缺陷或事故，及时向上级单位有关部门、技术监督主管部门报告。

4.7.7　组织开展技术监督自我评价，接受技术监督服务单位的动态检查监督评价。

4.7.8　对于技术监督自我评价、动态检查和技术监督预警提出的问题，应按要求及时制定整改计划，明确整改时间、责任部门和人员，实现整改的闭环管理。

4.7.9　组织企业重大设备隐患、缺陷或事故的技术分析、调查工作，制定反事故措施并督促落实。

4.7.10 与技术监督服务单位签订技术监督服务合同，保证合同的顺利执行。

4.7.11 配置必需的检测仪器设备，做好量值传递工作，保证计量量值的统一、准确、可靠。

4.7.12 做好技术监督专责人员的专业培训、上岗资格考试的资质审查和资格申报工作。

4.7.13 开展并参加上级单位举办的技术监督业务培训和技术交流活动。

4.7.14 定期组织召开技术监督工作会议，通报技术监督工作信息，总结、交流技术监督工作经验，推广和采用技术监督新技术、新方法，部署下阶段技术监督工作任务。

4.8 西安热工院技术监督主要职责。

4.8.1 协助集团公司建立和完善技术监督规章制度、标准，定期收集、宣贯国家、行业有关技术监督新标准。

4.8.2 协助集团公司对集团所属产业公司、区域公司及发电企业的技术监督工作进行监督，开展技术监督动态检查工作，并提出评价意见和整改建议。

4.8.3 协助集团公司制定技术监督工作规划和年度计划。

4.8.4 协助集团公司开展重点技术问题研究、分析，解决共性和难点问题。

4.8.5 收集、审核、分析各发电企业上报的技术监督工作计划、报表和工作总结，及时向集团公司报告发现的重大设备隐患、缺陷或事故，并提出预防措施和方案，防止重大恶性事故的发生。定期编辑出版集团公司《电力技术监督报告》和《电力技术监督通讯》。

4.8.6 参加新、扩建工程的设计审查，重要设备的监造验收以及安装、调试、生产等过程中的技术监督和质量验收工作。

4.8.7 参与发电企业重大隐患、缺陷或事故的分析调查工作，提出反事故技术措施。

4.8.8 提出技术监督预警，签发技术监督预警通知单，对预警问题整改情况进行验收。

4.8.9 协助集团公司制定技术监督人员培训计划，对技术监督人员进行定期技术培训。

4.8.10 协助集团公司编制各专业技术监督培训教材和考试题库，做好技术监督专责人员的上岗考试工作。

4.8.11 编写集团公司年度技术监督工作分析总结报告，全面、准确地反映集团公司所属各产业公司、区域公司及发电企业技术监督工作开展情况和设备问题，提出技术监督工作建议。

4.8.12 协助集团公司召开技术监督工作会议，组织开展专业技术交流，研究和推广技术监督新技术、新方法。

4.8.13 完成集团公司委托的其他任务。

4.9 技术监督服务单位主要职责。

4.9.1 贯彻执行国家、行业、集团公司、产业公司、区域公司有关电力技术监督的方针、政策、法规、标准、规程和制度等。

4.9.2 与发电企业签订技术监督服务合同，根据本地区发电企业实际情况，制定技术监督工作实施细则，开展技术监督服务工作。

4.9.3 与产业公司、区域公司及发电企业共同制定技术监督工作规划与年度计划。

4.9.4 了解和掌握发电企业的技术状况，建立、健全主要受监设备的技术监督档案，每年对所服务的发电企业进行 1～2 次技术监督现场动态检查，对存在的问题进行研究并提出建议和措施。

4.9.5 参加所服务发电企业重大设备隐患、缺陷和事故的调查，提出反事故技术措施。

4.9.6 发现有违反标准、规程、制度及反事故措施的行为，和有可能造成人身伤亡、设备损坏的事故隐患时，按规定及时提出技术监督预警，签发技术监督预警通知单，并提出整改建议和措施，对预警问题进行督办验收。

4.9.7 组织对所服务发电企业的技术监督人员进行定期技术培训。

4.9.8 组织召开所服务发电企业技术监督工作会议，总结、交流技术监督工作，推广技术监督新技术、新方法。参加集团公司、产业公司、区域公司组织召开的技术监督工作会议。

4.9.9 依靠科技进步，不断完善和更新测试手段，提高服务质量；加强技术监督信息的交流与服务工作；对技术监督关键技术难题，组织科技攻关。

4.9.10 对于技术监督服务合同履约情况，接受集团公司、产业公司、区域公司和发电企业的监督检查。

5 技术监督范围

5.1 火力发电厂的监督范围：绝缘、继电保护及安全自动装置、励磁、电测、电能质量、节能、环保、锅炉、汽轮机、燃气轮机、热工、化学、金属、锅炉压力容器和供热等15项专业监督。

5.2 水力发电厂的监督范围：绝缘、继电保护及安全自动装置、励磁、电测与热工计量、电能质量、节能、环保、水轮机、水工、监控自动化、化学和金属等12项专业监督。

5.3 风力发电场的监督范围：绝缘、继电保护及安全自动装置、电测、电能质量、风力机、监控自动化、化学和金属等8项专业监督。

5.4 光伏电站的监督范围：绝缘、继电保护及安全自动装置、监控自动化、能效等4项专业监督。

6 技术监督管理

6.1 健全监督网络与职责

6.1.1 各产业公司、区域公司应按照本办法规定，编制本公司技术监督管理标准，应成立技术监督领导小组，日常工作由生产管理部门归口管理。每年年初根据人员调动、岗位调整情况，及时补充和任命技术监督管理成员。

6.1.2 各发电企业应按照本办法和《华能电厂安全生产管理体系要求》规定，编制本企业各专业技术监督管理标准，应成立企业技术监督领导小组，明确各专业技术监督岗位资质、分工和职责，责任到人。

6.1.3 发电企业技术监督工作归口职能管理部门在企业技术监督领导小组的领导下，负责全厂技术监督网络的组织建设工作，各专业技术监督专责人负责本专业技术监督日常工作的开展和监督管理。

6.1.4 技术监督工作归口职能管理部门每年年初要根据人员变动情况及时对网络成员进行调整。按照技术监督人员上岗资格管理办法的要求，定期对技术监督专责人和特殊技能岗位人员进行专业和技能培训，保证持证上岗。

6.2 确定监督标准符合性

6.2.1 国家、行业的有关技术监督法规、标准、规程及反事故措施，以及集团公司相关制度和技术标准，是做好技术监督工作的重要依据，各产业公司、区域公司、发电企业应对发电技术监督用标准等资料收集齐全，并保持最新有效。

6.2.2 发电企业应建立、健全各专业技术监督工作制度、标准、规程，制定规范的检验、试验或监测方法，使监督工作有法可依，有标准对照。

6.2.3 各技术监督专责人应根据新颁布的国家、行业标准、规程及上级主管单位的有关规定和受监设备的异动情况，对受监设备的运行规程、检修维护规程、作业指导书等技术文件中监督标准的有效性、准确性进行评估，对不符合项进行修订，履行审批流程后发布实施。

6.3 确认仪器仪表有效性

6.3.1 发电企业应配备必需的技术监督、检验和计量设备、仪表，建立相应的试验室和计量标准室。

6.3.2 发电企业应编制监督用仪器仪表使用、操作、维护规程，规范仪器仪表管理。

6.3.3 发电企业应建立监督用仪器仪表设备台账，根据检验、使用及更新情况进行补充完善。

6.3.4 发电企业应根据检定周期和项目，制定仪器仪表年度检验计划，按规定进行检验、送检和量值传递，对检验合格的可继续使用，对检验不合格的送修或报废处理，保证仪器仪表有效性。

6.4 建立健全监督档案

6.4.1 发电企业应按照集团公司各专业技术监督标准规定的技术监督资料目录和格式要求，建立健全技术监督各项台账、档案、规程、制度和技术资料，确保技术监督原始档案和技术资料的完整性和连续性。

6.4.2 技术监督专责人应建立本专业监督档案资料目录清册，根据监督组织机构的设置和设备的实际情况，明确档案资料的分级存放地点，并指定专人整理保管。

6.5 制定监督工作计划

6.5.1 集团公司、产业公司、区域公司及发电企业应制定年度技术监督工作计划，并对计划实施过程进行监督。

6.5.2 发电企业技术监督专责人每年 11 月 30 日前应组织制定下年度技术监督工作计划，报送产业公司、区域公司，同时抄送西安热工院。

6.5.3 发电企业技术监督年度计划的制定依据至少应包括以下主要内容：

    a) 国家、行业、地方有关电力生产方面的政策、法规、标准、规程和反措要求；

    b) 集团公司、产业公司、区域公司和发电企业技术监督管理制度和年度技术监督动态管理要求；

    c) 集团公司、产业公司、区域公司和发电企业技术监督工作规划与年度生产目标；

    d) 技术监督体系健全和完善化；

    e) 人员培训和监督用仪器设备配备与更新；

    f) 机组检修计划；

    g) 主、辅设备目前的运行状态；

    h) 技术监督动态检查、预警、月（季）报提出问题的整改；

    i) 收集的其他有关发电设备设计选型、制造、安装、运行、检修、技术改造等方面的动态信息。

6.5.4 发电企业技术监督工作计划应实现动态化，即各专业应每季度制定技术监督工作计划。年度（季度）监督工作计划应包括以下主要内容：

    a) 技术监督组织机构和网络完善；

b)　监督管理标准、技术标准规范制定、修订计划；

c)　人员培训计划（主要包括内部培训、外部培训取证，标准规范宣贯）；

d)　技术监督例行工作计划；

e)　检修期间应开展的技术监督项目计划；

f)　监督用仪器仪表检定计划；

g)　技术监督自我评价、动态检查和复查评估计划；

h)　技术监督预警、动态检查等监督问题整改计划；

i)　技术监督定期工作会议计划。

6.5.5　各产业公司、区域公司每年 12 月 15 日前应制定下年度技术监督工作计划，并将计划报送集团公司，并同时发送西安热工院。

6.5.6　产业公司、区域公司技术监督年度计划的制定依据至少应包括以下几方面：

a)　集团公司、产业公司、区域公司技术监督管理制度和年度技术监督动态管理要求；

b)　集团公司、产业公司、区域公司技术监督工作规划和年度生产目标；

c)　所属发电企业技术监督年度工作计划。

6.5.7　西安热工院每年 12 月 30 日前应制定下年度技术监督工作计划，报集团公司审核批准后发布实施。

6.5.8　集团公司技术监督年度计划的制定依据至少应包括以下几方面：

a)　集团公司技术监督管理制度和年度技术监督动态管理要求；

b)　集团公司技术监督工作规划和年度生产目标；

c)　各产业公司、区域公司技术监督年度工作计划。

6.5.9　产业公司、区域公司和发电企业应根据上级公司下发的年度技术监督工作计划，及时修订补充本单位年度技术监督工作计划，并发布实施。

6.6　监督过程实施

6.6.1　技术监督工作实行全过程、闭环的监督管理方式，要依据相关技术标准、规程、规定和反措在以下环节开展发电设备的技术监督工作。

a)　设计审查；

b)　设备选型与监造；

c)　安装、调试、工程监理；

d)　运行；

e)　检修及停备用；

f)　技术改造；

g)　设备退役鉴定；

h)　仓库管理。

6.6.2　各发电企业对被监督设备（设施）的技术监督要求如下：

a)　应有技术规范、技术指标和检测周期；

b)　应有相应的检测手段和诊断方法；

c)　应有全过程的监督数据记录；

d)　应实现数据、报告、资料等的计算机记录；

e)　应有记录信息的反馈机制和报告的审核、审批制度。

6.6.3 发电企业要严格按技术标准、规程、规定和反措开展监督工作。当国家标准和制造厂标准存在差异时，按高标准执行；由于设备具体情况而不能执行技术标准、规程、规定和反措时，应进行认真分析、讨论并制定相应的监督措施，由发电企业技术监督负责人批准，并报上级技术监督管理部门。

6.6.4 发电企业要积极利用机组检修机会开展技术监督工作。在修前应广泛采集机组运行各项技术数据，分析机组修前运行状态，有针对性地制定大修重点治理项目和技术方案，在检修中组织实施。在检修后要对技术监督工作项目做专项总结，对监督设备的状况给予正确评估，并总结检修中的经验教训。

6.7 工作报告报送管理

6.7.1 技术监督工作实行工作报告管理方式。各产业公司、区域公司、发电企业应按要求及时报送监督速报、监督季报、监督总结等技术监督工作报告。

6.7.2 监督速报报送。

6.7.2.1 发电企业发生重大监督指标异常，受监控设备重大缺陷、故障和损坏事件，火灾事故等重大事件后24h内，技术监督专责人应将事件概况、原因分析、采取措施按照附录B格式，填写速报并报送产业公司、区域公司和西安热工院。

6.7.2.2 西安热工院应分析和总结各发电企业报送的监督速报，编辑汇总后在集团公司《电力技术监督报告》上发布，供各发电企业学习、交流。各发电企业要结合本单位设备实际情况，吸取经验教训，举一反三，认真开展技术监督工作，确保设备健康服役和安全运行。

6.7.3 监督季报报送。

6.7.3.1 发电企业技术监督专责人应按照各专业监督标准规定的季报格式和要求，组织编写上季度技术监督季报，每季度首月5日前报送产业公司、区域公司和西安热工院。

6.7.3.2 西安热工院应于每季度首月25日前编写完成集团公司《电力技术监督报告》，报送集团公司，经集团公司审核后，发送各产业公司、区域公司及发电企业。

6.7.4 监督总结报送。

6.7.4.1 各发电企业每年1月5日前编制完成上年度技术监督工作总结，报送产业公司、区域公司，同时抄送西安热工院。

6.7.4.2 年度监督工作总结主要应包括以下内容：

    a) 主要监督工作完成情况、亮点和经验与教训；

    b) 设备一般事故、危急缺陷和严重缺陷统计分析；

    c) 存在的问题和改进措施；

    d) 下一步工作思路及主要措施。

6.7.4.3 西安热工院每年2月25日前完成上年度集团公司技术监督年度总结报告，并提交集团公司。

6.8 监督预警管理

6.8.1 技术监督工作实行监督预警管理制度。技术监督标准应明确各专业三级预警项目，各发电企业应将三级预警识别纳入日常监督管理和考核工作中。

6.8.2 西安热工院、技术监督服务单位要对监督服务中发现的问题，按照附录A集团公司《技术监督预警管理实施细则》的要求及时提出和签发预警通知单，下发至相关发电企业，同时抄报集团公司、产业公司、区域公司。

6.8.3 发电企业接到预警通知单后，按要求编制报送整改计划，安排问题整改。

6.8.4 预警问题整改完成后，发电企业按照验收程序要求，向预警提出单位提出验收申请，经验收合格后，由验收单位填写预警验收单，并抄报集团公司、产业公司、区域公司备案。

6.9 监督问题整改

6.9.1 技术监督工作实行问题整改跟踪管理方式。技术监督问题的提出包括：

    a) 西安热工院、技术监督服务单位在技术监督动态检查、预警中提出的整改问题；

    b) 《电力技术监督报告》中明确的集团公司或产业公司、区域公司督办问题；

    c) 《电力技术监督报告》中明确的发电企业需要关注及解决的问题；

    d) 发电企业技术监督专责人每季度对监督计划执行情况进行检查，对不满足监督要求提出的整改问题。

6.9.2 技术监督动态检查问题的整改，发电企业按照 7.3.5 条执行。

6.9.3 技术监督预警问题的整改，发电企业按照 6.7 节执行。

6.9.4 《电力技术监督报告》中明确的督办问题、需要关注及解决的问题的整改，发电企业应结合本单位实际情况，制定整改计划和实施方案。

6.9.5 技术监督问题整改计划应列入或补充列入年度监督工作计划，发电企业按照整改计划落实整改工作，并将整改实施情况及时在技术监督季报中总结上报。

6.9.6 对整改完成的问题，发电企业应保存问题整改相关的试验报告、现场图片、影像等技术资料，作为问题整改情况及实施效果评估的依据。

6.9.7 产业公司、区域公司应加强对所管理发电企业技术监督问题整改落实情况的督促检查和跟踪，组织复查评估工作，保证问题整改落实到位，并将复查评估情况报送集团公司。

6.9.8 集团公司定期组织对发电企业技术监督问题整改落实情况和产业公司、区域公司督办情况的抽查。

6.10 人员培训和持证上岗管理

6.10.1 技术监督工作实行持证上岗制度。技术监督岗位及特殊专业岗位应符合国家、行业和集团公司明确的上岗资格要求，各发电企业应将人员培训和持证上岗纳入日常监督管理和考核工作中。

6.10.2 集团公司、各产业公司、区域公司应定期组织发电企业技术监督和专业技术人员培训工作，重点学习宣贯新制度、标准和规范、新技术、先进经验和反措要求，不断提高技术监督人员水平。发电企业技术监督专责人员应经考核取得集团公司颁发的专业技术监督资格证书。

6.10.3 从事电测、热工计量检测、化学水分析、化学仪表检验校准和运行维护、燃煤采制化和用油气分析检验、金属无损检测人员等，应通过国家或行业资格考试并获得上岗资格证书，每项检测和化验项目的工作人员持证人数不得少于 2 人。

6.11 监督例会管理

6.11.1 集团公司、各产业公司、区域公司应定期组织召开技术监督工作会议，总结技术监督工作开展情况，分析存在的问题，宣传和推广新技术、新方法、新标准和监督经验，讨论和部署下年度工作任务和要求。

6.11.2 发电企业每年至少召开两次技术监督工作会议，会议由发电企业技术监督领导小组组长主持，检查评估、总结、布置技术监督工作，对技术监督中出现的问题提出处理意见和防范措施，形成会议纪要，按管理流程批准后发布实施。

7 评价与考核

7.1 评价依据和内容

7.1.1 技术监督工作实行动态检查评价制度。技术监督评价依据本办法及相关火电、水电、风电、光伏监督标准，评价内容包括技术监督管理与监督过程实施情况。

7.2 评价标准

7.2.1 被评价的发电企业按得分率高低分为四个级别，即：优秀、良好、合格、不符合。

7.2.2 得分率高于或等于 90%为"优秀"；80%～90%（不含 90%）为"良好"；70%～80%（不含80%）为"合格"；低于70%为"不符合"。

7.3 评价组织与考核

7.3.1 技术监督评价包括：集团公司技术监督评价，属地电力技术监督服务单位技术监督评价，发电企业技术监督自我评价。

7.3.2 集团公司定期组织西安热工院和公司系统内部专家，对发电企业开展动态检查评价，评价工作按照各专业技术监督标准执行，分为现场评价和定期评价。

7.3.2.1 技术监督现场评价按照集团公司年度技术监督工作计划中所列的发电企业名单和时间安排进行。发电企业在现场评价实施前应按各专业技术监督工作评价表内容进行自查，编写自查报告。西安热工院在现场评价结束后三周内，应按附录C编制完成评价报告，并将评价报告电子版报送集团公司，同时发送产业公司、区域公司及发电企业。

7.3.2.2 技术监督定期评价按照发电企业生产技术管理情况、机组障碍及非计划停运情况、监督工作报告内容符合性、准确性、及时性等进行评价，通过年度技术监督报告发布评价结果。

7.3.3 技术监督服务单位应对所服务的发电企业每年开展 1～2 次技术监督动态检查评价。评价工作按照各专业技术监督标准的规定执行，检查后三周内应参照附录C编制完成评价报告，并将评价报告电子版和书面版报送产业公司、区域公司及发电企业。

7.3.4 西安热工院、技术监督服务单位进行动态检查评价时，要对上次动态检查问题整改计划的完成情况进行核查和统计，并编写上次整改情况总结，附于动态检查评价报告后。

7.3.5 发电企业收到评价报告后两周内，组织有关人员会同西安热工院或技术监督服务单位，在两周内完成整改计划的制订，经产业公司、区域公司生产部门审核批准后，将整改计划书报送集团公司，同时抄送西安热工院、技术监督服务单位。电厂应按照整改计划落实整改工作，并将整改实施情况及时在技术监督季报中总结上报。

7.3.6 集团公司通过《电力技术监督报告》《电力技术监督通讯》等渠道，发布问题整改、复查评估情况。

7.3.7 对严重违反技术监督规定、由于技术监督不当或监督项目缺失、降低监督标准而造成严重后果、对技术监督发现问题不进行整改的电厂，予以通报并限期整改。

7.3.8 各产业公司、区域公司和发电企业应将技术监督工作纳入企业绩效考核体系。

附　录　A
（规范性附录）
技术监督预警管理实施细则

A.1　对于技术监督预警问题，可通过以下技术监督过程进行识别：

A.1.1　设计选型阶段

    a)　设计选型资料；

    b)　设计选型审查会。

A.1.2　制造阶段

    a)　定期报告；

    b)　制造质量的监造报告。

A.1.3　安装和试运行阶段

    a)　安装质量的定期报告；

    b)　安装质量的质检报告；

    c)　系统或设备试验和验收报告；

    d)　试运行和验收报告。

A.1.4　运行和检修阶段

    a)　技术监督年度工作计划、总结，设备台账、检修维护工作总结；

    b)　技术监督月报、季报、速报；

    c)　技术监督动态检查评价报告；

    d)　技术监督定期会议。

A.2　对技术监督过程中发现的问题，按照问题或隐患的风险及危害程度，分为三级管理。其中第一级为严重预警，第二级为重要预警，第三级为一般预警，各监督预警项目参见各专业监督标准。西安热工院、技术监督服务单位对于技术监督过程中发现的符合预警项目的问题，应及时按照 A.3 条规定的程序提出"技术监督预警通知单"，技术监督预警通知单格式和内容要求见附录 A.1。

A.3　技术监督预警提出及签发程序如下：

A.3.1　一级预警通知单由西安热工院提出和签发（对于技术监督服务单位监督服务过程中发现的一级预警问题，技术监督服务单位填写预警通知单后发送西安热工院，由西安热工院签发），同时抄报集团公司，抄送产业公司、区域公司。

A.3.2　二级、三级预警通知单由西安热工院、技术监督服务单位提出和签发，同时抄送产业公司、区域公司。

A.4　发电企业接到技术监督预警通知单后，应认真组织人员研究有关问题，制定整改计划，整改计划中应明确整改措施、责任部门、责任人、完成日期。三级预警问题应在接到通知单后 1 周内完成整改计划；二级预警应在接到通知单后 3 天内完成整改计划；一级预警应在接到通知单后 1 天内完成整改计划；并应在计划规定的时间内完成整改和验收，验收完毕后应填写技术监督预警验收单，预警验收单格式和内容要求见附录 A.2。

A.5　技术监督预警问题整改及验收程序如下：

A.5.1 一级预警的整改计划应发送集团公司、产业公司、区域公司、西安热工院技术监督部，整改完成后由发电企业向西安热工院提出验收申请，经验收合格后，由西安热工院填写技术监督预警验收单，同时抄报集团公司、产业公司、区域公司备案。

A.5.2 二级、三级预警的整改计划应发送产业公司、区域公司、西安热工院技术监督部或技术监督服务单位，整改完成后由发电企业向西安热工院或技术监督服务单位提出验收申请，经验收合格后，由西安热工院或技术监督服务单位填写技术监督预警验收单，同时抄报产业公司、区域公司备案。

A.6 对技术监督预警问题整改后验收不合格情况的处理规定如下：

对预警问题整改后验收不合格时，三级预警由验收单位提高到二级预警重新提出预警，一、二级预警由验收单位按原预警级别重新提出预警，预警通知的提出和签发程序按照 A.3 的规定执行，对预警问题的整改和验收按照 A.5 的规定执行。

附 录 A.1
（规范性附录）
技术监督预警通知单

通知单编号：T-   预警类别：20   年   月   日

发电企业名称	
设备（系统）名称	

异常情况	
可能造成或已造成的后果	
整改建议	
整改时间要求	

提出单位		签发人	

通知单编号：T—预警类别编号—顺序号—年度。预警类别编号：一级预警为1，二级预警为2，三级预警为3。

附　录　A.2
（规范性附录）
技术监督预警验收单

验收单编号：Y-　　　　　　　　　　　　　　　　预警类别：20　　年　　月　　日

发电企业名称	
设备（系统）名称	
异常情况	
技术监督服务单位整改建议	
整改计划	
整改结果	（整改见证资料可附后）
验收结论和意见	
验收单位		验收人	

验收单编号：Y—预警类别编号—顺序号—年度。预警类别编号：一级预警为1，二级预警为2，三级预警为3。验收结论可分为合格和不合格两种。

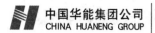

附　录　B
（规范性附录）
技 术 监 督 信 息 速 报

单位名称			
设备名称		事件发生时间	
事件概况	注：有照片时应附照片说明。		
原因分析			
已采取的措施			
监督专责人签字		联系电话： 传　　真：	
生长副厂长或 总工程师签字		邮　　箱：	

附 录 C

（规范性附录）

技术监督现场评价报告

C.1 受监设备概况

内容：说明发电机组的数量、单机容量、总容量、投产时间。

C.1.1 受监控设备主要技术参数

C.1.2 受监控设备近年来发生或存在的问题

C.2 评价结果综述

××××年××月××日～××日期间，西安热工院（或技术监督服务单位），依据集团公司《电力技术监督管理办法》，组织各专业技术人员共××人，对××发电厂（以下简称电厂）绝缘等××项技术监督工作进行了现场评价。

查评组通过询问、查阅和分析各部门提供的管理文件、设备台账、检修总结、试验报告等技术资料，以及对电厂生产现场设备巡视等查评方式，对电厂的技术监督组织与职责、标准符合性、仪器仪表、监督计划、监督档案、持续改进、技术监督指标完成情况和监督过程等八个方面进行了检查和评估；针对检查提出的问题，查评组与电厂的领导和各专业管理人员进行了座谈，充分交换了意见，形成最终查评意见和结论。

C.2.1 上次技术监督现场评价提出问题整改情况

××××年度技术监督现场评价共提出××项问题，已整改完成××项，整改完成率××；其中严重问题××项，已整改完成××项，一般问题××项，已整改完成××项。各专业整改完成情况统计结果见表 C.1。

表 C.1 上次技术监督现场查评提出问题整改情况统计结果

序号	专业名称	应整改问题项数			已完成整改项数			整改完成率 %
		严重问题	一般问题	小计	严重问题	一般问题	小计	
1	绝缘监督							
2								
3								
4								
	合 计							

C.2.2 技术监督指标完成情况

C.2.2.1 各专业技术监督指标完成情况

本次各专业对××××年××月××日～××××年××月××日期间的技术监督指标实际完成情况进行了检查，结果见表 C.2。

表 C.2 技术监督指标完成情况

专业名称	监督指标	本次检查结果	考核值

C.2.2.2 技术监督指标未达标原因及分析

本次对电厂××××年××月××日～××××年××月××日期间的××项技术监督指标完成情况进行了考核，××项考核指标中，有×项指标未达到考核值，达标率为××.×%，×项指标未达标的原因分别是：

C.2.3 本次现场评价发现的严重问题及整改建议

内容：问题描述及整改建议。

C.2.4 本次现场评价结果

本次技术监督评价结果：本次评价应得分数×××、实得分数×××、得分率××%。本次评价共发现××项问题，其中严重问题××项，一般问题××项；对于整改时间长、整改难度较大的问题以建议项提出，本次提出建议项为××项；各专业得分和需纠正或整改问题数、建议项数汇总见表 C.3。

表 C.3 本次技术监督现场评价得分情况和发现问题数量汇总表

序号	专业名称	应得分	实得分	得分率 %	检查项目数	扣分项目数	需纠正或整改问题数		建议项数
							严重问题	一般问题	
1	绝缘监督								
2									
3									
	合计								

C.2.5 对存在问题的纠正整改要求

本次现场评价各专业共提出需纠正或整改问题数××项，按问题性质分类：严重问题××项，一般问题××项；对于整改时间长、整改难度较大的问题以建议项提出，本次提出建议项为××项。针对本次提出的有关问题，给出了相应的解决办法或建议，供电厂参考。

按集团公司《电力技术监督管理办法》规定，电厂在收到技术监督现场查评报告后，应组织有关人员会同西安热工院（或技术监督服务单位），在两周内完成整改计划的制订，经产业公司、区域公司生产部门审核批准后，将整改计划书报送集团公司安生部，同时抄送西安热工院电站技术监督部（或技术监督服务单位）。电厂应按照整改计划落实整改工作，按闭环管理程序要求，将整改实施情况及时在技术监督季报中总结上报。

C.3 各专业现场评价报告

C.3.× ××技术监督评价报告（查评人：×××）

C.3.×.1 评价概况

20××年××月××日～××日期间，西安热工院（或技术监督服务单位），依据集团公司《电力技术监督管理办法》，对××电厂××技术监督工作情况进行了现场评价，并对20××年度技术监督现场查评发现问题的整改情况进行了评估。

"华能电厂××技术监督工作评价表"规定的评价项目共计××项，满分为×××分。本次实际评价项目××项，扣分项目共××项，占实际评价项目的××.×%；本次问题扣分×××分，实得分×××分，得分率为××.×%。得分情况统计结果见表3.×.1；扣分项目及原因汇总见表3.×.2。

表 C.3.×.1 本次××技术监督现场评价得分情况统计结果

评价项目	标准分分	本次得分分	本次得分率%	上次得分分	上次得分率%

表 C.3.×.2 本次××技术监督评价扣分项目及原因汇总

序号	评价项目	标准分	扣分	扣分原因

C.3.×.2 技术监督工作亮点

C.3.×.3 本次现场评价发现的问题

本次现场评价发现问题××项，按问题性质分类：严重问题×项，一般问题××项；对于整改时间长、整改难度较大的问题以建议项提出，本次提出建议项×项。针对本次提出的有关问题，给出了相应的解决办法或建议，供电厂参考。

C.3.×.3.1 严重问题

1）

C.3.×.3.2 一般问题

1）

C.3.×.3.3　建议项

　　1）

C.3.×.4　上次技术监督评价发现问题整改情况

　　20××年度技术监督现场评价提出需纠正或整改问题数××项，本次确认完成整改问题数××项，整改完成率为××.×%。其中严重问题×项，已整改完成×项；一般问题×项，已整改完成×项。整改问题未完成的原因和处理意见见3.×.3。

表 C.3.×.3　整改问题未完成的原因和处理意见

序号	整改问题	原整改计划	未完成原因	检查组意见

　　注：对未完成的整改问题，应列入本次检查整改计划，作为下次核对的内容。